LEHRBUCH

der

vergleichenden Anatomie.

Von

v. SIEBOLD und STANNIUS.

Erster Theil.

Wirbellose Thiere

von

C. Th. v. Siebold.

Berlin.
Verlag von Veit & Comp.
1848.

LEHRBUCH

der

vergleichenden Anatomie

der

WIRBELLOSEN THIERE

von

C. Th. v. SIEBOLD,
Professor zu Freiburg im Breisgau.

Berlin.
Verlag von Veit & Comp.
1848.

Vorrede.

Nachdem in der neueren Zeit die Zootomen den wirbellosen Thieren eine grössere Aufmerksamkeit zugewendet hatten, als es früher geschehen war, und nachdem man zugleich bei diesen Untersuchungen die Fortpflanzungs- und Entwickelungsgeschichte dieser Thiere möglichst zu berücksichtigen angefangen hatte, häufte sich eine so grosse Masse von Material an, mit zum Theil ganz neuen und höchst merkwürdigen Thatsachen, dass sich in den älteren zootomischen Lehrbüchern kaum immer eine Stelle fand, an welcher die verschiedenen, durch die neueren Untersuchungen gewonnenen Resultate eingereiht werden konnten. Dass ich es daher unternommen habe, dieses immer mehr sich anhäufende Material zu ordnen und zu einem Ganzen zu verbinden, bedarf wohl keiner weiteren Rechtfertigung. Nur mit der Art der Anordnung des Stoffes wird vielleicht nicht Jedermann einverstanden sein, da man bisher gewohnt war, die Lehrbücher der vergleichenden Anatomie nicht nach den Klassen der Thiere, sondern nach den Organen derselben bearbeitet zu sehen.

Eine Bearbeitung nach den Organen der Thiere schien mir bei dem gegenwärtigen Standpunkte der Wissenschaft wenigstens vor der Hand nicht ganz passend, indem man die Typen, welche bisher in der Entwickelungsreihe der einzelnen Organe angenommen wurden, nicht mehr fortbestehen lassen konnte. Es sind durch eine erweiterte Benutzung des grossen sich darbietenden Materials so viele Abweichungen von den bisher als Normen hingestellten Thierformen zu Tage gefördert worden, dass die herkömmlichen Typen fast Ausnahmen geworden sind. Man musste es endlich aufgeben, Hydra, Lumbricus, Hirudo, Unio, Helix, Astacus u. s. w. als Repräsentanten gewisser Thierklassen und Thierordnungen immer und immer wieder zu betrachten, da man es jetzt eingesehen, dass diese Land- und Süsswasserthiere der grossen Masse ihrer verwandten Seebewohner gegenüber nicht mehr als ausschliessliche Muster gelten können. Man ist gegenwärtig zu der Ueberzeugung gekommen, dass in den einzelnen Abtheilungen und Klassen der wirbellosen Thiere die Entwickelung und Anordnung der Organe nach viel mehr verschiedenen Typen durchgeführt ist, als man früherhin angenommen, und dass in dieser Beziehung ein ganz anderer Maassstab, an die niedere Thierwelt als an die Wirbelthiere gelegt werden muss. Da aber das ungeheure Material, welches die zahllose Masse der wirbellosen Thiere mit ihren mannichfaltigen und vielfach von einander abweichenden Organisations-Verhältnissen in sich fasst, noch lange nicht nach allen Richtungen hin gleichmässig durchgearbeitet ist, bleibt es gegenwärtig eine zu schwierige Aufgabe, hier die Regeln von den Ausnahmen, das Typische von dem Unwesentlichen zu unterscheiden.

Ich habe es mir ganz besonders angelegen sein lassen, alle die vielen neuen und wichtigen Thatsachen, welche bisher über die Organisation der niederen Thiere erkannt worden sind, so vollständig als möglich zu sammeln und zusammenzustellen. Wo sich mir Gelegenheit bot, habe ich durch eigene Anschauung wiederholt geprüft; wo ich genöthigt war, mich auf die Entdekkungen und Untersuchungen anderer Naturforscher allein zu verlassen, habe ich deren Arbeiten genau citirt.

Die Entwickelungsgeschichte und Histologie konnte ich nicht ausser Acht lassen, weil durch sie oft allein die Möglichkeit gegeben war, das wahre Wesen vieler, in der niederen Thierwelt als Larven verbreiteter Thierformen zu erkennen, und die Bedeutung vieler Organe, für welche sich in Form, Lage und Anordnung nichts Analoges bei der höheren Thierwelt auffinden liess, mit Sicherheit zu enträthseln. Nur mit Hülfe der Histologie durfte ich es wagen, dieses oder jenes Organ als Kieme, Leber, Niere, Eierstock oder Hode u. s. w. zu erklären, während in den, nach einem einzigen Haupt-Typus organisirten Wirbelthieren die Bedeutung der meisten Organe gewöhnlich schon nach ihrer Lage und Verbindung sehr leicht errathen werden kann.

Um weitläuftige Beschreibungen zu ersparen, habe ich, wo es irgend thunlich, auf Abbildungen verwiesen; ich habe zu diesem Behufe stets gute Abbildungen und Originale zu citiren gesucht, da ich mich überzeugt hatte, dass gar manche bildliche Darstellungen, welche als Copieen wiederholt von einer literarischen Arbeit zur anderen übertragen wurden, zuletzt ganz etwas Anderes geworden sind, und am Ende dem Originale gar nicht mehr gleich sahen.

Da die Ausarbeitung des vorliegenden Lehrbuchs bereits im Jahre 1845 begonnen, aber die Vollendung desselben durch meinen Umzug von **Erlangen** nach **Freiburg**, theils durch einen längeren Aufenthalt am adriatischen Meere von meiner Seite verzögert wurde, so konnten die in den letzten Jahren bekannt gewordenen wichtigen Arbeiten über wirbellose Thiere, welche ich in einem Carton zu pag. 6 theilweise eingeschaltet habe, nur zu Nachträgen benutzt werden, um verschiedene frühere Angaben zu bestätigen, zu erweitern, oder zu verbessern.

Ich ergreife nun noch diese Gelegenheit, um den Herren A. **Kölliker**, H. **Koch**, A. **Krohn**, C. **Vogt** und H. **Stannius** hier öffentlich meinen Dank auszusprechen für die freundliche Zuvorkommenheit, mit welcher diese Männer sowol durch

Uebersendung von interessanten und seltenen Seethieren, als auch durch Mittheilung von wichtigen Manuscripten und brieflichen Notizen, nebst der Erlaubniss, dieselben für meine Arbeit benutzen zu dürfen, mich bei diesem schwierigen Unternehmen wesentlich unterstützt haben.

Freiburg im Breisgau, den 27. Februar 1848.

C. Th. v. Siebold.

Inhaltsverzeichniss

nach den Systemen und Organen.

VII. Die Rotatorien.

VIII. Die Ringelwürmer.

IX. Die Acephalen.

X. Die Cephalophoren.

XI. Die Cephalopoden.

XII. Die Krustenthiere.

ERSTER THEIL.

Vergleichende Anatomie der wirbellosen Thiere.

Eintheilung der wirbellosen Thiere.

§. 1.

Die wirbellosen Thiere sind nach sehr verschiedenen und nicht immer scharf abgegrenzten Typen organisirt. Man sieht sich daher genöthigt, eine die Zahl der Wirbelthier-Klassen weit übersteigende Menge von Klassen der Evertebraten aufzustellen. Da aber die Organisations-Verhältnisse der wirbellosen Thiere noch bei weitem nicht nach allen Seiten hin gehörig erkannt werden konnten, so hat bis jetzt noch kein Versuch, diese Thiere auf eine natürliche Weise einzutheilen und zu ordnen, befriedigen wollen. Dazu kömmt noch die grosse Menge von Uebergangsformen, welche die Abgrenzung der einzelnen Klassen ausserordentlich erschweren. Folgende Eintheilung der wirbellosen Thiere, nach welcher die Organisation derselben von den einfacheren hinauf bis zu den complicirteren Thierformen betrachtet werden soll, scheint diesem Zwecke noch am meisten zu entsprechen.

Animalia evertebrata. Wirbellose Thiere.

Kein Rückgrat. Kein Gehirn und Rückenmark.

Erste Hauptgruppe.

Protozoa.

Thiere, in welchen die verschiedenen Systeme der Organe nicht scharf ausgeschieden sind, und deren unregelmässige Form und einfache Organisation sich auf eine Zelle reduziren lassen.

1. Klasse: ***Infusoria***, Infusorien.
2. Klasse: ***Rhizopoda***, Rhizopoden.

Zweite Hauptgruppe.

Zoophyta.

Thiere von regelmässiger Form, in welchen die Organe um einen Mittelpunkt oder um eine Längs-Axe strahlenförmig gelagert sind. Die

Centralmasse des Nervensystems bildet einen den Schlund umschliessenden Ring.

3. Klasse: ***Polypi***, Polypen.
4. Klasse: ***Acalephae***, Quallen.
5. Klasse: ***Echinodermata***, Echinodermen.

Dritte Hauptgruppe.

Vermes.

Thiere mit gestrecktem symmetrischen Leibe, gegen dessen Längs-Axe die Organe so gelagert sind, dass eine rechte und linke Seite, eine Bauch- und Rückenfläche unterschieden werden kann. Die Centralmasse des Nervensystems besteht aus einem Nacken-Ganglion mit oder ohne Bauch-Ganglienkette.

6. Klasse: ***Helminthes***, Helminthen.
7. Klasse: ***Turbellarii***, Strudelwürmer.
8. Klasse: ***Rotatorii***, Räderthiere.
9. Klasse: ***Annulati***, Ringelwürmer.

Vierte Hauptgruppe.

Mollusca.

Thiere von mannichfaltiger Form, deren Leib durch einen fleischigen Mantel eingehüllt ist. Die Centralmasse des Nervensystems besteht aus Ganglien, welche theils den Schlund ringförmig umgeben, theils im Körper zerstreut liegen und durch Nervenfäden untereinander verbunden sind.

10. Klasse: ***Acephala***, Acephalen.
11. Klasse: ***Cephalophora***, Cephalophoren.
12. Klasse: ***Cephalopoda***, Cephalopoden.

Fünfte Hauptgruppe.

Arthropoda.

Thiere mit vollkommen symmetrischer Form und gegliederten Bewegungsorganen. Centralmasse des Nervensystems besteht aus einem den Schlund umfassenden Ganglienring und einer von diesem ausgehenden Bauch-Ganglienkette.

13. Klasse: ***Crustacea***, Krustenthiere.
14. Klasse: ***Arachnida***, Arachniden.
15. Klasse: ***Insecta***, Insekten.

Literatur.

§. 2.

Ausser den verschiedenen älteren und neueren Handbüchern über die gesammte vergleichende Anatomie von Blumenbach[1]), G. Cuvier[2]), F. Meckel[3]), Delle Chiaje[4]), Carus[5]), Grant[6]), Rymer Jones[7]), Strauss-Dürckheim[8]), R. Wagner[9]), liefern die physiologischen Hand- und Lehrbücher von Treviranus[10]), Rudolphi[11]), Dugès[12]), Burdach[13]), J. Müller[14]), R. Wagner[15]), und die medicinische Zoologie von Brandt und Ratzeburg[16]) zahlreiche Beiträge zur Kenntniss des inneren Baues der wirbellosen Thiere. Die von Carus und Otto[17]), so wie von R. Wagner[18]) herausgegebenen Erläuterungstafeln enthalten viele den wirbellosen Thieren gewidmete Tafeln, auch befinden sich in Guerin's Iconographie[19]) viele den inneren Bau der Evertebraten erläuternde Abbildungen.

---

1) Handbuch der vergleichenden Anatomie. Göttingen 1824.

2) Leçons d'anatomie comparée. 5 Vol. Paris 1799—1805. Uebersetzt und mit Anmerkungen und Zusätzen vermehrt von Froriep und Meckel. 4 Bde. Leipzig 1809—10. Sec. édition. 7 Vol. Paris 1835—43. Ist noch unvollendet.

3) System der vergleichenden Anatomie. 6 Bde. Halle 1821—33.

4) Istituzioni di anotomia e fisiologia comparata. Napoli 1832.

5) Lehrbuch der vergleichenden Zootomie. 2te Aufl. Leipzig 1834.

6) Outlines of comparative anatomy. London 1841.

7) A general outline of the animal kingdom and manual of comparative anatomy. London 1841.

8) Traité pratique et théorique d'anatomie comparative. 2 Vol. Paris 1842.

9) Lehrbuch der Zootomie. Zweite völlig umgearbeitete Auflage des „Lehrbuchs der vergleichenden Anatomie." Leipzig 1843.

10) Biologie. 6 Bde. Göttingen 1802—22. Ferner: Erscheinungen und Gesetze des organischen Lebens. 2 Bde. Bremen 1831—33.

11) Grundriss der Physiologie. 2 Bde. Berlin 1821—28.

12) Traité de physiologie comparée de l'homme et des animaux. 3 Vol. Montpellier 1838—39.

13) Die Physiologie als Erfahrungswissenschaft. Erste Auflage, mit Beiträgen von C. v. Baer, Dieffenbach, J. Müller, R. Wagner. 6 Bde. Leipz. 1826—40. Davon die 2te Auflage, mit Beiträgen von E. Meyer, H. Rathke, C. v. Siebold und G. Valentin. 2 Bde. Leipzig 1835—37.

14) Handbuch der Physiologie des Menschen. 2 Bde. 4te Aufl. Coblenz 1844.

15) Lehrbuch der Physiologie. 2te Aufl. Leipzig 1843.

16) Medicinische Zoologie. 2 Bde. Berlin 1829—33.

17) Erläuterungstafeln zur vergleichenden Anatomie. 6 Hfte. Leipz. 1826—43.

18) Icones physiologicae. Erläuterungstafeln zur Physiologie und Entwickelungsgeschichte. Leipzig 1839. Ferner: Icones zootomicae. Handatlas zur vergleichenden Anatomie. Leipzig 1841.

19) Iconographie du règne animal de G. Cuvier ou Représentation d'après nature de l'une des espèces les plus remarquables et souvent non encore figurées de chaque genre d'animaux; pouvant servir d'atlas à tous les Traités de zoolgie. 7 Vol. avec 450 planches. Paris 1830—38.

Zootomische Schriften, welche ausschliesslich die wirbellosen Thiere berücksichtigen, sind folgende:

Schweigger, Handbuch der Naturgeschichte der skelettlosen ungegliederten Thiere. Leipzig 1820.

Delle Chiaje, Memorie su la storia e notomia degli animali senza vertebre del regno di Napoli. 4 Vol.. Napoli 1823—29. ed un Altante di 109 tav.

Sars, Beskrivelser og Jagttagelser over nogle moerkelige eller nye i Havet ved den Bergenske Kyst levende Dyr af Polypernes, Acalephernes, Radiaternes, Annelidernes og Molluskernes Classer. Bergen 1835.

Lamarck, histoire naturelle des animaux sans vertèbres. Deuxième édition par Deshayes et Milne Edwards. 10 Vol. Paris 1835—44.

Milne Edwards, Elémens de zoologie, ou leçons sur l'anatomie, la physiologie, la classification et les moeurs des animaux. Deuxième édition. Animaux sans vertèbres. Paris 1843.

Richard Owen, Lectures on the comparative anatomy and physiology of the invertebrate animals. London 1843.

Erstes Buch.

Die Infusorien und Rhizopoden.

Eintheilung.

§. 3.

Die Infusorien sind keineswegs so hoch organisirte Thiere, als Ehrenberg behauptet, wenn man sie nämlich in einem beschränkteren Sinne betrachtet. Es müssen zunächst die Räderthiere als sehr hoch organisirte Geschöpfe von den Infusorien ganz ausgeschieden werden, wie dies schon von Wiegmann, Burmeister, R. Wagner, Milne Edwards, Rymer Jones u. a. geschehen ist. Aber auch die als Polygastrica noch übrigen Infusorien bedürfen einer weiteren Beschränkung, indem die zu den Closterinen, Bacillarien, Volvocinen gezählten Organismen und wahrscheinlich noch viele andere darmlose Magenthiere Ehrenberg's in das Pflanzenreich verwiesen werden müssen. Die starren Blasen, Kerne, gefärbten und ungefärbten körnigen Massen, welche diese einfachen zellenförmigen Pflanzen-Organismen enthalten, sind von Ehrenberg ganz willkürlich für Verdauungsorgane, männliche und weibliche Geschlechtswerkzeuge und Nervenmasse genommen worden, während den übrigen niederen Organismen, deren thierische Natur nicht geläugnet werden kann, alle diese Organen-Systeme abgehen. Das einzige, was jene niedrigsten Pflanzen-Organismen mit diesen niedrigsten als Infusorien zu betrachtenden Thier-Organismen gemein haben, ist die Zellen-Struktur und die freie Bewegung. Seitdem Schwann [1]) die Uebereinstimmung in der Struktur und Entwickelung bei den Pflanzen und Thieren nachgewiesen hat, kann es nicht mehr frappiren, dass die niedrigsten pflanzlichen und thierischen Organismen in ihrer Zusammensetzung einer einfachen Zelle gleich kommen. Was die freien Ortsbewegungen dieser niederen Organismen betrifft, so hat man die willkürlichen Bewegungen der Infusorien von den unwillkürlichen Bewegungen der niedrigsten Pflanzenformen zu un-

1) Mikroskopische Untersuchungen. Berlin 1839.

terscheiden; auf diesen Unterschied ist jedoch bisher nicht gehörig geachtet worden. Dass die Bewegungen der verschiedenen Vorticellinen, Trachelinen, Kolpodeen, Oxytrichinen u. s. w. von einem inneren Willen dieser Geschöpfe ausgehen, davon überzeugt man sich alsbald, wenn man diese Infusorien mit irgend einiger Aufmerksamkeit in ihrem Thun und Treiben beobachtet. Mit diesen freien Willensäusserungen ist zugleich die Fähigkeit der willkürlichen Kontraktion und Expansion des einfachen zellenförmigen Leibes dieser Thiere verbunden. Ganz anders verhält es sich mit den Ortsbewegungen der niedrigen Pflanzen-Organismen, indem dieselben nicht die Folge eines inneren Willenseinflusses sind und von keinem willkürlich kontraktilen und expansibeln Parenchyme ausgehen, sondern von Flimmerorganen oder von anderen eigenthümlichen, noch nicht erkannten, vielleicht physikalischen Einwirkungen hervorgebracht werden. Flimmerorgane sind nicht mehr ausschliessliches Eigenthum des Thierreichs, was um so weniger auffallen kann, da die Bewegungen der meisten Wimperorgane bei den Thieren dem Willenseinflusse derselben nicht unterworfen sind. Wimperorgane kommen im Pflanzenreiche in Form eines Flimmerepitheliums an den Sporen der Vaucheria [2]) und in Gestalt von einzelnen längeren geiselförmigen Fäden bei den Sporen und Jugendzuständen verschiedener Conferven [3]) vor, in welchen man gar manche von Ehrenberg als Monadinen und Volvocinen beschriebene Organismen erkennt.

So lange man sich nicht mit dem Gedanken vertraut machen kann, dass Flimmerepithelium und bewegliche geiselförmige Fäden auch im Pflanzenreich verbreitet sind, wird man stets schwankend bleiben, ob man gewisse Organismen in das Reich der Thiere oder der Vegetabilien verweisen soll [4]). Die vegetabilische Natur solcher Organismen lässt sich übrigens schon aus dem Umstand errathen, dass dieselben, wenn sie auch durch Flimmerorgane dem Anscheine nach willkürlich im Wasser umhergewälzt oder umhergeschleudert werden, stets die starre Pflanzenform bewahren und nicht ihre äusseren Umrisse durch willkürliche Kontraktion und Expansion des Körperparenchyms verändern. Es muss daher einem gänzlichen Verkennen dieser Verhältnisse zugeschrieben werden, dass in der neuesten Zeit von einigen Naturfor-

---

2) Thuret, recherches sur les organes locomoteurs des spores des Algues. (Annales des sciences naturelles. Botanique. 1843. T. 19. p. 266. Pl. 11. fig. 29. 30.)

3) Ebend. Pl. 10.

4) Einen Beleg hierzu liefern die verschiedenen sich widersprechenden Ansichten der Naturforscher, ob nämlich der rothe Schnee etwas thierisches oder vegetabilisches sei, worüber noch neuerdings Flotow nach sehr sorgfältigen Untersuchungen unsicher geblieben ist. Vergl. Flotow, „über Haematococcus pluvialis," in Nov. Act. Acad. Leop. Carol. Vol. XX. P. II. p. 18.

schern das Bestehen einer Grenze zwischen Pflanzen- und Thierreich geläugnet worden ist [5]).

Eine ganz andere Bewandniss hat es mit den Bacillarien und Diatomeen. Viele dieser niederen Pflanzengebilde sind ihrer Ortsbewegungen wegen für Thiere gehalten worden, obwohl die an ihnen bemerkbaren Ortsveränderungen nicht den geringsten Eindruck machen, als gingen sie von einem inneren Willen dieser Organismen aus. Bei den Bewegungen der starren Diatomeen wird die ganze Pflanze wie eine Magnetnadel in Schwankungen versetzt, wobei dieselbe langsam vorwärts und rückwärts geschoben wird. Gerathen kleine im Wasser flottirende Körperchen mit einer solchen Pflanze in Berührung, so werden sie an ihr auf und nieder geschoben. In ganz ähnlicher Weise werden fremde Körperchen an den Oscillatorien hin und wieder bewegt. Flimmerorgane sind hier auf keinen Fall im Spiele, schon die ganze Art jener Bewegungen spricht gegen das Vorhandensein von fibrirenden Wimpern. Nach Ehrenberg's Angabe sollen die Navicularien aus ihren Panzeröffnungen sohlenartige oder fadenförmige Bewegungsorgane hervorschieben können [6]), welche von anderen Naturforschern jedoch nicht gesehen worden sind.

§. 4.

Die Rhizopoden, deren innerer Bau noch äusserst wenig gekannt ist, scheinen den Infusorien sehr nahe zu stehen; auch ihr Körper kann mit einer einfachen Zelle verglichen werden, da das Parenchym desselben wie bei den Infusorien einen dem Zellenkerne analogen festen Körper enthält und keine besonderen Organensysteme unterscheiden lässt. Es erscheinen diese beiden Klassen der Protozoen besonders durch ihre äusseren Umrisse und durch die Art ihrer Bewegungsorgane von einander verschieden. Bei den Infusorien ist ein bestimmter vorgezeichneter Umriss des kontraktilen Körpers vorhanden, dessen schnelle Ortsbewegungen hauptsächlich durch zitternde Flimmerorgane vermittelt werden. Die Rhizopoden dagegen besitzen einen unbestimmten äusseren Umriss ihres kontraktilen Körpers, der nicht durch Flimmerorgane, sondern durch langsam ein- und ausstülpbare verästelte und stets ihre Gestalt wechselnde Fortsätze träge fortbewegt wird.

---

5) Vgl. Unger, die Pflanze im Momente der Thierwerdung. Wien 1843. Ferner: Kützing, über die Verwandlung der Infusorien in niedere Algenformen. Nordhausen 1844. Dass eine solche Vermischung beider Reiche nicht angenommen werden könne, habe ich in einer Gelegenheits-Schrift (dissertatio de finibus inter regnum animale et vegetabile constituendis. Erlangae 1844.) nachzuweisen gesucht.

6) Abhandlungen der Akademie der Wissenschaften zu Berlin aus dem Jahre 1836. p. 134. Taf. I. Fig. 19. und aus dem Jahre 1839. p. 102. Taf. IV. Fig. 5.

§. 5.

Da bis jetzt zur Kenntniss der inneren Organisation der Rhizopoden nur sehr unbedeutendes Material geliefert worden ist, so konnte hier auf sie sehr wenig Rücksicht genommen werden. Es lohnte daher kaum, die Rhizopoden als Klasse für sich einer besonderen Betrachtung zu unterwerfen, und schien angemessener, dieselben mit den Infusorien in Verbindung zu bringen.

Indem die von Ehrenberg auf unrichtige anatomische Verhältnisse gegründete Infusorien-Abtheilung Polygastrica und deren Ordnungen Anentera und Enterodela nicht mehr fortbestehen können, so dürfte folgende Eintheilung naturgemässer erscheinen:

Protozoa.

Klasse der Infusorien.

Die Bewegungswerkzeuge bestehen hauptsächlich aus Flimmerorganen.

I. Ordnung. *Astoma.*

Infusorien ohne Mundöffnung.

Familie: *ASTASIAEA.*
Gattungen: *Amblyophis*, *Euglena*, *Chlorogonium.*

Familie: *PERIDINAEA.*
Gattungen: *Peridinium*, *Glenodinium.*

Familie: *OPALINAEA.*
Gattung: *Opalina.*

II. Ordnung. *Stomatoda.*

Infusorien mit deutlicher Mundöffnung und Speiseröhre.

Familie: *VORTICELLINA.*
Gattungen: *Stentor*, *Trichodina*, *Vorticella*, *Epistylis*, *Carchesium.*

Familie: *OPHRYDINA.*
Gattungen: *Vaginicola*, *Cothurnia.*

Familie: *ENCHELIA.*
Gattungen: *Actinophrys*, *Leucophrys*, *Prorodon.*

Familie: *TRACHELINA.*
Gattungen: *Glaucoma*, *Spirostomum*, *Trachelius*, *Loxodes*, *Chilodon*, *Phialina*, *Bursaria*, *Nassula.*

Familie: *KOLPODEA.*
Gattungen: *Kolpoda*, *Paramaecium*, *Amphileptus.*

Familie: *OXYTRICHINA.*
Gattungen: *Oxytricha*, *Stylonychia*, *Urostyla.*

Familie: *EUPLOTA.*
Gattungen: *Euplotes*, *Himantophorus*, *Chlamidodon.*

Klasse der Rhizopoden.

Die Bewegungswerkzeuge bestehen aus verästelten, stets veränderlichen und gänzlich zurückziehbaren Fortsätzen.

I. Ordnung. *Monosomatia.*

Familie: *AMOEBAEA.*

Gattung: *Amoeba.*

Familie: *ARCELLINA.*

Gattungen: *Arcella*, *Difflugia*, *Gromia*, *Miliola*, *Euglypha*, *Trinema*.

II. Ordnung. *Polysomatia.*

Gattungen: *Vorticialis*, *Geoponus*, *Nonionina* *).

Literatur.

O. Fr. Müller, Animalcula infusoria. Hafniae 1786.

Ehrenberg, die Infusionsthierchen als vollkommene Organismen. Leipzig 1838. und seine vielen wichtigen Arbeiten über Infusorien und Rhizopoden in den Abhandlungen der Akademie der Wissenschaften zu Berlin und in den Monatsschriften dieser Akademie.

Andrew Pritchard, A history of infusoria, living and fossil, arranged according to the „die Infusionsthierchen“ of C. G. Ehrenberg. Illustrated by nearly 800 coloured engravings of these curious creatures, highly magnified. London 1841.

Kutorga, Naturgeschichte der Infusionsthierchen, vorzüglich nach Ehrenberg's Beobachtungen bearbeitet. Carlsruhe 1841.

Dujardin, Histoire naturelle des zoophytes. Infusoires. Paris 1841. Derselbe handelt zugleich auch die Rhizopoden ab.

Erster Abschnitt.

Von der Hautbedeckung.

§. 6.

Die Protozoen sind von einer sehr zarten Hautschicht umgeben, welche entweder glatt 1) oder mit dicht stehenden flimmernden Wimpern (*Cilia*) 2) besetzt erscheint. In den meisten Fällen bilden die

Flimmer-Cilien mehr oder weniger dichte Längsreihen [3]). Von ganz eigenthümlichen langen und kontraktilen Fäden starrt die Hautoberfläche der Actinophrys.

Zweiter Abschnitt.

Von dem Muskelsysteme und den Bewegungsorganen.

§. 7.

In den Protozoen ist keine von dem übrigen Gewebe abgesonderte Muskelmasse zu unterscheiden, die gallertartige Körpersubstanz ist durchweg kontraktil; nur allein in dem kontraktilen Stiele gewisser Vorticellinen fällt ein deutlich abgegrenzter Längsmuskel in die Augen, welcher während des spiralen Zusammenschnellens des Stieles Querrunzeln erhält [1]).

§. 8.

Als Bewegungswerkzeuge werden von den Infusorien die an ihrer Körperoberfläche verbreiteten Flimmerorgane ganz besonders benutzt. Bei vielen Infusorien sind diese Flimmerorgane an gewissen Stellen des Leibes sehr entwickelt und die Cilien in eigenthümlicher, oft in sehr auffallender Ordnung an einander gereiht. Bei Peridinium läuft ein Wimpernkranz quer um den Leib, bei Stylonychia ist der Rand des platten Körpers mit ausgezeichnet grossen Wimpern gesäumt, während bei den Vorticellinen das vordere Leibesende mit einer ein- und ausstülpbaren, kreisförmig oder spiralförmig gestellten Wimpernreihe besetzt ist. Trichodina besitzt, ausser dem ausstülpbaren Wimpernkranze am Rücken, auch auf der Bauchfläche einen sehr zarten flimmernden häutigen Saum, der an einem sägeförmig ausgezackten Ringe von sehr fester homogener Substanz ausgeht. Dieser zarte Flimmersaum ist bei Trichodina Pediculus ganzrandig, bei Trichodina Mitra [2]) ausgefranzt. Mittelst dieses Flimmersaumes können die Trichodinen sehr geschickt auf Armpolypen und Planarien herumkriechen, aber auch eben so gewandt im Wasser frei umherschwimmen [3]). Bei vielen Infusorien sind die Flimmerorgane in Gestalt einzelner oder doppelter geiselförmiger nicht zurückziehbarer Fäden am Vorderleibsende angebracht, welche peitschenförmig bewegt

---

3) Bei Amphileptus, Chilodon, Opalina etc.

1) Bei Vorticella erscheint der kontraktile Stiel einfach, bei Carchesium dagegen verästelt. Bei Epistylis enthalten die starren Stiele keine Muskeln.

2) Dieses Infusorium wurde von mir als Epizoon auf verschiedenen Planarien entdeckt.

3) Ehrenberg hat den Flimmersaum der Trichodina Pediculus ganz über-

werden und einen sehr lebhaften Strudel im Wasser erregen [4]). Einigen Infusorien dient ein längerer beweglicher und zurückziehbarer Rüssel als Bewegungsorgan [5]). Eigenthümliche fleischige und bewegliche Spitzen (*uncini*) ragen von der Bauchfläche der Oxytrichinen und Euploten herab, auf welchen diese Thierchen wie auf Füssen einherlaufen. Bei diesen Bewegungen wird der Hinterleib der Oxytrichinen von mehreren nach hinten abstehenden steifen Borsten (*setae*) und Griffeln (*styli*) unterstützt.

Die sehr merkwürdigen stets veränderlichen und verästelten Bewegungsorgane, welche von den Rhizopoden aus- und eingestülpt werden, besitzen bei Amoeba, Difflugia und Arcella eine kurze fingerförmige Form [6]), bei den übrigen Gattungen dagegen eine lange Fadenform [7]).

Dritter und vierter Abschnitt.

Von dem Nervensysteme und den Sinnesorganen.

§. 9.

Die Infusorien verrathen in ihrem Betragen deutliche Empfindung und freie Willensäusserungen, auch zeigen sich dieselben für verschiedene Sinneseindrücke empfänglich, ohne dass sich an ihnen eine gesonderte Nervenmasse und eigenthümliche Sinnesorgane mit Bestimmtheit nachweisen liessen. Von Ehrenberg wird die Anwesenheit eines Nervensystems bei seinen polygastrischen Infusorien wohl nur deshalb vorausgesetzt, weil derselbe die rothen Pigmentflecke dieser Thierchen für Augen erklärt und hiernach annimmt, dass diesen doch wenigstens ein Nervenknoten zur Grundlage dienen müsse.

§. 10.

Das Tastgefühl ist bei den nackten Infusorien gewiss über den ganzen Körper hin verbreitet, und bei vielen in den grösseren Cilien der

---

sehen und die starren Sägezähne des ausgezackten Ringes für eben so viele bewegliche Häkchen genommen. Vergl. dessen „Infusionsthierchen" p. 206.

4) Eine einfache Geisel kömmt bei Amblyophis, Euglena, Peridinium, eine doppelte bei Chlorogonium vor.

5) Trachelius trichophorus bewegt einen solchen langen Rüssel tastend umher, ohne damit einen Wasserstrudel zu erregen.

6) Vergl. Ehrenberg, die Infusionsthierchen. Taf. 8. u. 9.

7) Bei Gromia fluviatilis, Miliola vulgaris, Vorticialis strigilata, Euglypha tuberculosa, Trinema acinus nach Dujardin (Annales des sciences naturelles. Zoologie. T. IV. 1835. p. 343. Pl. 9. Ferner: T. V. 1836. p. 196. Pl. 9. Fig. A. und: Infusoires. 1841. p. 249. Pl. 1. Fig. 14—17. Pl. 2. Fig. 1. 2. 7—10. und Pl. 4. Fig. 1.), und bei Geoponus stella borealis, Nonionina germanica nach Ehrenberg (Abhandl. d. Berliner Akademie aus dem Jahre 1839. p. 106. Taf. I. u. II.).

Wimpernkränze und in den beweglichen fussartigen oder rüsselartigen Fortsätzen ihres Leibes besonders ausgebildet vorhanden. Auch die Geschmacksempfindung dürfte den Infusorien nicht abzusprechen sein, da man sie mit einer gewissen Auswahl fressen sieht, ohne dass sich auf ein bestimmtes Geschmacksorgan hinweisen lässt. Empfindung für das Licht ist fast bei allen Infusorien wahrzunehmen, sie mögen mit einem rothen Pigmentflecke versehen sein oder nicht. Das Sehen beschränkt sich hier wohl nur auf Unterscheidung von Licht und Dunkel, was ohne einen besonderen optischen Apparat von der ganzen Körperoberfläche empfunden werden kann.

Der einfache rothe Pigmentfleck, der bei vielen Infusorien vorkömmt [1]), und von Ehrenberg durchweg als Auge betrachtet wird [2]), ist weder von einer Hornhaut überwölbt, noch verbirgt er einen anderen lichtbrechenden Körper, noch steht er überhaupt mit einer der Nervenmasse vergleichbaren Substanz in Verbindung. Ehrenberg legt hier zu grosses Gewicht auf die rothe Farbe des Pigments [3]), da doch rothes Pigment durchaus kein unbedingtes Requisit für ein Auge ist, was die bei den Insekten- und Crustaceenaugen vorkommenden blauen, violetten und grünen Pigmentunterlagen beweisen.

Fünfter Abschnitt.

Von dem Verdauungs-Apparate.

§. 11.

Die Infusorien nehmen entweder feste Nahrungsstoffe von aussen in sich auf, oder absorbiren mit ihrer ganzen Körperoberfläche den nöthigen und passenden Nahrungsstoff in flüssiger Form aus dem Medium, in welchem sie leben.

Letztere Ernährungsweise findet bei den Astomen statt, denen ein Mund und jede Spur eines gesonderten Verdauungsapparates fehlt. Durch die von Gleichen zuerst ausgeübte höchst sinnreiche Methode, die Infusorien mit gefärbten Stoffen zu füttern [1]), lassen sich durchaus keine Mundöffnung noch andere zu den Verdauungswerkzeugen gehörige Organe zur Anschauung bringen. Ehrenberg, welcher diese Thiere ebenfalls nichts fressen gesehen hat, betrachtet die hier und dort im Inneren dieser Infusorien bemerkbaren Bläschen als Magenzellen, welche

1) Bei Amblyophis, Euglena, Chlorogonium u. a.

2) Abhandl. der Berliner Akademie aus dem Jahre 1831, p. 12. und: die Infusionsthierchen, p. 491.

3) Die Infusionsthierchen, p. 492.

1) Auserlesene mikroskopische Entdeckungen, 1777. p. 51. und: Abhandlung über die Saamen- und Infusionsthierchen, 1778. p. 140.

durch Röhren mit einem Munde zusammenhängen sollen. Von der Richtigkeit dieser Angabe wird man sich jedoch niemals überzeugen können. Die Gattung Opalina [2]), welche ausserordentlich grosse, schon mit unbewaffnetem Auge erkennbare Arten enthält, widerlegt am handgreiflichsten Ehrenberg's unrichtige Ansicht über die Verdauungsorgane der Astomen. Die Opalinen zeigen an ihrer Körperoberfläche nirgends eine Mundöffnung, nehmen niemals feste Farbenpartikelchen in sich auf und lassen zu keiner Zeit fremdartige feste etwa als Nahrung verschluckte Substanzen in ihrem Inneren wahrnehmen. Dass aber diese Opalinen mit ihrer Körperoberfläche Flüssigkeiten einsaugen können, erkennt man an solchen Individuen der Opalina Ranarum, welche sich in einem mit vieler Galle angefüllten Mastdarme aufgehalten haben und dann durch und durch grünlich gefärbt sind. Werden die Opalinen, welche nur einen gewissen Grad von Feuchtigkeit zu ihrer Existenz bedürfen, mit Wasser in Berührung gebracht, so saugen sie zu viel Feuchtigkeit aus demselben ein, blähen sich dabei sehr stark auf und sterben nach und nach ab. Es häuft sich bei solchen Opalinen die eingesogene Feuchtigkeit in dicht stehenden hellen blasenförmigen Tropfen unter der Hautbedeckung an. Dergleichen von einer wasserhellen Feuchtigkeit ausgefüllten Räume der Infusorien sind von Ehrenberg als Magenblasen (*ventriculi*) und von Dujardin als *vacuoles* bezeichnet worden.

§. 12.

Diejenigen Infusorien, welche feste Nahrungsstoffe in sich aufnehmen, besitzen einen an einer bestimmten Stelle befindlichen Mund und einen in das Körper-Parenchym hineinragenden Oesophagus oder Schlund, durch welchen die festen Nahrungsstoffe verschluckt und in das sehr lockere, fast flüssige Parenchym des Leibes hineingedrängt werden, ohne dass dieselben von bestimmten Räumen, welche mit Magen- oder Darmhöhlen verglichen werden könnten, aufgenommen werden. In vielen Fällen ist eine zweite, meist an dem der Mundöffnung entgegengesetzten Ende des Leibes angebrachte Oeffnung (*anus*) vorhanden, durch welche die nicht verdauten Stoffe ausgeworfen werden. Da wo ein After fehlt, übernimmt häufig die Mundöffnung die Funktion desselben.

Nach Ehrenberg sollen sich die hier im engeren Sinne genommenen Infusionsthierchen als Infusoria polygastrica von den ebenfalls als Infusorien betrachteten Räderthierchen, Infusoria rotatoria, dadurch unterscheiden, dass erstere mit einer grossen Zahl von Mägen versehen seien, welche in der Abtheilung der darmlosen Magenthierchen,

---

2) Die Gattung Opalina ist von Purkinje und Valentin zuerst aufgestellt worden. Verschiedene Arten derselben kommen im Mastdarme der Frösche ungemein häufig und im Darmkanale der Planarien nicht selten vor.

Polygastrica anentera, mit ihren hohlen Stielen vom Munde herabhängen, und in der Abtheilung der darmführenden Magenthierchen, Polygastrica enterodela, mit ihren hohlen Stielen an einen Darm befestigt sein sollen. Eine solche Organisation der Infusorien, welche übrigens durch Ehrenberg's Autorität ziemlich allgemein als unbezweifelt von den Naturforschern angenommen worden ist, findet aber in der That bei keinem Infusorium statt [1]).

Die von Ehrenberg als Magensäcke betrachteten, im Parenchym der Infusorien unregelmässig zerstreuten, blasenförmigen hohlen Räume besitzen niemals einen hohlen Stiel, durch welchen sie entweder mit einer Mundöffnung bei den Anenteren oder mit einem Darmkanale bei den Enterodelen in Verbindung stehen sollen. Einen Darmkanal wird man überhaupt nicht bei den Infusorien entdecken können. Jene blasenförmigen, starren und nicht rhythmisch kontraktilen Aushöhlungen des Parenchyms enthalten eine klare Feuchtigkeit, welche die Infusorien aus dem flüssigen Medium, in welchem sie sich aufhalten, wenn sie mundlos sind, durch die Hautoberfläche aufsaugen, oder, wenn sie einen Mund und Oesophagus besitzen, durch diese verschlucken und in das nachgiebige, leicht auseinander weichende Parenchym ihres Körpers hineindrängen. Wendet man die von Gleichen und Ehrenberg vielfach benutzte Fütterungsmethode der Infusorien an, so werden die in dem Wasser schwebenden Farbestoff-Partikelchen durch den Strudel, welchen die bewimperten Mundöffnungen vieler Infusorien im Wasser erregen, herbeigeholt und mit dem Wasser verschluckt. Das Wasser sammt den Farbestoff-Partikelchen häuft sich allmälig am unteren Ende

---

1) Schon Focke (Isis 1836, p. 785.) hegte über das Vorhandensein der Mägen bei den Infusorien, wie sie Ehrenberg beschrieben, einige Zweifel, entschiedener traten Dujardin (Annales d. sc. nat. Zoologie. T. IV. 1835. p. 364. und T. V. 1836. p. 193., ferner T. X. 1838. p. 230. und: Hist. nat. d. zoophytes. Infusoires. 1841. p. 57.), Meyen (Müller's Archiv 1839. p. 74.) und Rymer Jones (Annals of natural history, Vol. III. 1839. p. 105. und: A general outline of the animal kingdom, 1841. p. 56.) gegen Ehrenberg auf. Dieser versuchte die ihm gemachten Einwürfe zu beseitigen und berief sich besonders auf die von ihm und von Werneck angefertigten, sehr detaillirten Zeichnungen dieser Organisations-Verhältnisse der polygastrischen Infusorien (Müller's Archiv 1839. p. 80. und Monatsbericht der Berliner Akademie, 1841. p. 102.), allein so detaillirt auch diese Abbildungen des Verdauungssystems der Infusorien gezeichnet sind (vergl. Ehrenberg, in den Abhandl. der Berliner Akademie aus dem Jahre 1830, Taf. 3., ferner aus dem Jahre 1831, Taf. 3. und: die Infusionsthierchen, Taf. 32. 36. u. 39.), so wird man sich doch vergebens bemühen, eine solche Organisation der Verdauungswerkzeuge bei den Infusorien in der Wirklichkeit aufzufinden. Auch das bei Trachelius Ovum vorkommende und von Ehrenberg (die Infusionsthierchen, p. 323. Taf. 33. Fig. XIII. 1.) für einen verzweigten Darmkanal gehaltene Organ ist mir immer nur als ein das äusserst lockere Parenchym durchziehender, faseriger, keineswegs hohler Strang erschienen, der durch seine Verästelungen dem Inneren des Thieres ein grob-maschiges Ansehen giebt.

des Oesophagus an, und drängt hier das nachgiebige Parenchym blasenförmig von einander. So lange dieses Wasser wie ein Tropfen noch mit dem unteren Ende der Speiseröhre zusammenhängt, hat das Ganze das Ansehen einer gestielten Blase; hat sich aber ein solcher Wassertropfen von der Speiseröhre losgelöst, indem er durch die Kontraktion der letzteren in das lockere Parenchym hineingedrängt worden ist, so erscheint derselbe als eine ungestielte Blase, in welcher die verschluckten festen Körper vollständig abgeschlossen liegen. Wenn die Stomatoden auf diese Weise viel gefressen haben, so findet man dergleichen blasenförmige Körper oft in grosser Menge in dem Leibe derselben vor und zwar überall vertheilt, indem die zuerst verschluckten Massen, von den nachfolgenden gedrängt, in dem nachgiebigen Parenchyme nach hinten, nach der Seite oder nach vorne ausweichen. Werden dergleichen mit festem Futter gefüllte Tropfen im Parenchyme der Infusorien zu dicht aneinander gedrängt, so geschieht es zuweilen, dass sie zu einem einzigen grösseren Tropfen ineinander fliessen, was beweist, dass diese Tropfen nicht von besonderen (Magen-) Häuten umgeben sind. Die von den Stomatoden verschluckten natürlichen festen Futterstoffe, welche häufig aus niederen Algen, namentlich aus Diatomeen, Oscillatorien etc., aber auch aus Infusorien bestehen, stecken nicht selten, ohne von einer Feuchtigkeit blasenförmig umgeben zu sein, unmittelbar im Parenchyme. Nach den bei Amoeba, Arcella und Difflugia angestellten Beobachtungen scheint bei den Rhizopoden die Aufnahme der Nahrungsstoffe ganz wie bei den Stomatoden der Infusorien vor sich zu gehen.

§. 13.

Wenn man die blasenförmigen Räume, welche die von aussen aufgenommenen flüssigen und farblosen Nahrungsstoffe der Stomatoden enthalten, in ihrem mittleren horizontalen Durchschnitt mit dem Mikroskope betrachtet, so erscheint der flüssige Inhalt derselben farblos; stellt man aber den Fokus des Mikroskopes so ein, dass man gerade auf die obere convexe oder untere concave Wölbung der blasenförmigen Räume blickt, so erscheinen die Berührungsstellen zwischen den farblosen Tropfen und dem Parenchyme blassroth gefärbt. Dieses von einer optischen Täuschung herrührende Phänomen kann sehr leicht dazu verleiten, die in den Blasenräumen enthaltene farblose Flüssigkeit für wirklich roth gefärbt zu halten, und mag auch wohl Ehrenberg veranlasst haben, der Bursaria vernalis und dem Trachelius Meleagris einen rothgefärbten Magensaft zuzuschreiben [1]). Die violetten Flecke, welche bei Nassula elegans und Chilodon ornatus sich auf dem

1) Die Infusionsthierchen, p. 321. 326. u. 329. Bei Trachelius Meleagris hat Ehrenberg überdies die kontraktilen Blasenräume mit den nicht kontraktilen, Futter aufnehmenden Räumen verwechselt.

Rücken und im Nacken vorfinden, sind nur Haufen von Pigmentkörnern, welche bei Nassula nicht selten ganz fehlen, und zuweilen im aufgelösten Zustande vorhanden sind. Letztere violette Flüssigkeit wird von Ehrenberg [2]) für einen mit der Galle vergleichbaren Magensaft erklärt.

§. 14.

Die festen Nahrungsstoffe, mögen sie unmittelbar im Parenchyme der Infusorien stecken oder von Flüssigkeit blasenförmig umgeben sein, werden durch die Bewegungen der Thiere, während sie sich ausdehnen oder kontrahiren, mit dem gallertartigen Parenchyme des Leibes durcheinander und übereinander geschoben; bei einigen circulirt das lose Parenchym, sammt den in ihm steckenden Nahrungsstoffen, regelmässig und kreisförmig, nach Art des Saftes in den Gliederröhren der Chara-Arten auf und nieder [1]). Ganz besonders auffallend und von höchstem physiologischen Interesse erscheint diese Circulation des Leibesinhalts bei Loxodes Bursaria [2]). Wodurch diese Bewegung hier bedingt wird, ist noch ganz unbekannt; von beweglichen Wimpern rührt dieselbe auf keinen Fall her. Es ist dieses räthselhafte Phänomen auch bei gänzlich ruhigen Individuen zu beobachten und daher gewiss nicht, wie Ehrenberg glaubt [3]), von der blossen Verschiebbarkeit und Kontraktilität des sehr weichen gallertartigen Körperparenchyms dieses Infusoriums abhängig. Ebensowenig kann Ehrenberg's Erklärung genügen [4]), dass sich der Darmkanal eines Infusoriums auf Kosten der anhängenden Magensäcke so weit ausdehnen könne, dass er die ganze Körperhöhle ausfülle, wodurch dann die verschluckten Stoffe im ganzen Körper zu circuliren scheinen.

§. 15.

Die Mundöffnung der Infusorien ist entweder rund oder längsoval und variirt in ihrer Lage, indem sie bald am vorderen Leibesrande, bald aber auch weiter nach hinten, in einigen Fällen bis fast am Anfange des letzten Drittels des Leibes angebracht sein kann. Der Rand des Mundes ist selten nackt [1]), sondern meistens bewimpert [2]). In vielen Fällen ist die Umgebung des Mundes mit einem sehr ausgezeichneten Wimperapparate besetzt. Durch das Spiel dieser Wimpern werden

---

2) Abhandlungen der Berliner Akademie aus dem Jahre 1833, p. 179. und: die Infusionsthierchen, p. 319. 338. u. 339.

1) Bei Vaginicola und Vorticella. Vergl. Focke in der Isis 1836, p. 786. und Meyen in Müller's Archiv 1839, p. 75.

2) Vergl. Focke a. a. O. und Erdl in Müller's Archiv 1841, p. 278.

3) Die Infusionsthierchen, p. 262. — 4) Müller's Archiv 1839, p. 81.

1) Bei Actinophrys. Nackt ist die Mundöffnung auch bei den Rhizopoden Difflugia, Arcella u. a.

2) Bei Bursaria, Paramaecium, Urostyla, Stylonychia etc. Bei Glaucoma scintillans vertritt ein eigenthümlicher, halbmondförmiger Flimmerlappen die Stelle eines Wimpernkranzes am Munde.

nicht bloss Ortsbewegungen von den Infusorien vorgenommen, sondern wird auch, wenn die Thiere still stehen, ein sehr kräftiger, weithin wirkender Wasserstrudel erregt; alle Körperchen, welche in diesen Strudel gerathen, werden gerade auf die Mundöffnung hingetrieben, wobei es dann vom Willen des Thieres abhängt, dieselben zu verschlukken oder wieder von sich zu stossen [3]). Nur in seltenen Fällen ist die Mundhöhle mit einer Art Zahnapparat bewaffnet [4]). Die meist trichterförmig gestaltete Mundhöhle geht in eine bald kürzere, bald längere, gerade oder gekrümmte Speiseröhre über, welche gewöhnlich mit einem zarten Flimmerepithelium ausgekleidet ist [5]). Der After, meistens an der Rückseite des Hinterleibes angebracht, giebt sich höchst selten durch eine kleine äussere Hervorragung zu erkennen [6]).

Sechster und siebenter Abschnitt.

Von dem Circulations- und Respirations-Systeme.

§. 16.

Ein mit eigenen Wandungen von dem übrigen Organismus vollständig abgeschlossenes Gefässsystem ist bei den Protozoen nicht vorhanden, wohl aber finden sich bei sehr vielen (bei den Stomatoden ohne Ausnahme) hohle, rhythmisch kontraktile, gleichsam pulsirende Räume in mannichfaltiger Form, Zahl und Anordnung vor, welche in den mehr

---

3) Bei Stentor, Vorticella, Epistylis, Trichodina etc. dient der früher erwähnte, aus- und einstülpbare Wimperapparat ganz besonders als Strudelorgan. Bei Spirostomum ambiguum leitet eine lange und gerade, bewimperte Rinne das Futter zu dem am hinteren Körpertheile angebrachten Munde.

4) Bei Prorodon, Nassula, Chilodon und Chlamidodon ist nämlich die Mundhöhle mit einem fischreusen-ähnlichen Cylinder von haarigen Zähnen ausgefüllt.

5) Kurz ist die Speiseröhre bei Oxytricha, Stylonychia, Euplotes u. a., langgezogen und etwas spiralig gewunden dagegen bei Vorticella, Carchesium, Epistylis u. a., lang und in einem Bogen gekrümmt zeigt sie sich bei Bursaria truncatella und cordiformis.

6) Die unverdauten Stoffe sammeln sich in der Gegend des Afters an, und werden dann bei Eröffnung desselben mit einiger Gewalt aus dem Parenchyme hervorgepresst. Bei Nassula elegans, welche sich gewöhnlich von *Oscillatoria gracillima* Kütz. ernährt, zerfallen die verschluckten grösseren und kleineren Stücke dieser blaugrün gefärbten Conferve allmählig in blaugrüne Körner, welche bei weiterem Fortschreiten des Verdauungs-Prozesses sich nach und nach braun färben und im Hinterleibe zu unregelmässigen Körnerhaufen zusammenballen, die dann von Zeit zu Zeit aus dem dort befindlichen After als braune Faeces hervorgedrückt werden. Die grünen Körner der Nassula elegans sind daher nicht die Eier dieses Infusoriums, wie Ehrenberg (die Infusionsthierchen, p. 339.) angiebt; ist diese Nassula nüchtern, so erscheint dieselbe bis auf den schönen blauen Pigmentfleck ganz farbelos.

festeren, der äusseren Körperbedeckung näher gelegenen Schichten des Parenchyms angebracht sind, und welche während der Diastole sich durch eine wasserhelle, farblose Feuchtigkeit aufblähen und bei der Systole vollständig verschwinden. Die Diastole und Systole dieser kontraktilen Räume erfolgt in bald mehr, bald weniger regelmässigen Zeitabschnitten auf einander. Wenn mehrere pulsirende Räume in einem Infusorium vorhanden sind, so ist nicht immer eine bestimmte Ordnung in Bezug auf Reihenfolge und Abwechslung der Kontraktionen an denselben wahrzunehmen. Höchst wahrscheinlich ist die Flüssigkeit, welche die durch eine Art von Diastole sich aushöhlenden Räume anfüllt, eine aus dem Parenchyme hervorquellende Ernährungsflüssigkeit, welche bei der Systole wieder in das Parenchym zurückgetrieben wird, wodurch die nöthige Bewegung und Vertheilung dieses Nahrungssaftes bewirkt und eine etwanige Stagnation desselben verhütet werden dürfte. Es wäre demnach diese Vorrichtung als die erste Anlage eines Circulations-Systemes und als der erste Versuch eines Kreislaufes der Ernährungssäfte zu betrachten. Die in diesen pulsirenden Räumen enthaltene Flüssigkeit erscheint übrigens durch optische Täuschung unter denselben Umständen, unter welchen die mit Futter angefüllten, starren Räume einen röthlichen Saft zu enthalten scheinen, ebenfalls röthlich gefärbt [1]).

§. 17.

Mit einem einfachen runden, meistens seitlich angebrachten pulsirenden Behälter sind die Gattungen Vorticella, Epistylis, Loxodes, ferner Amoeba diffluens, Paramaecium Kolpoda, Stylonychia Mytilus, Euplotes Patella etc. versehen. Bei Actinophrys, Bursaria, Trichodina lassen sich ein bis zwei, bei Arcella vulgaris drei bis vier runde, pulsirende Behälter wahrnehmen. In

1) Hierdurch getäuscht, hat Ehrenberg (die Infusionsthierchen, pag. 321. Taf. 33. Fig. VIII.) bei Trachelius Meleagris die acht bis zwölf kontraktilen Räume für eben so viele mit röthlich gefärbtem Verdauungssafte angefüllte Magenzellen erklärt. Ausserdem betrachtet Ehrenberg die pulsirenden Räume da, wo sie einzeln oder gepaart vorkommen, für männliche Samenblasen (Abhandl. der Berl. Akad. aus dem Jahre 1833, p. 172., ferner 1835, p. 158.); in solchen Infusorien dagegen, welche mehrere pulsirende Räume besitzen, nimmt derselbe ganz willkürlich ein bis zwei Räume für männliche kontraktile Samenblasen und die übrigen für Magenblasen, so bei Amphileptus u. a. (die Infusionsthierchen, p. 355.). Nach Ehrenberg's Annahme sollen nun diese Samenblasen während der Kontraktion ihren Sameninhalt über die in den Infusorien vorhandenen Eier ausschütten. Es wäre an und für sich etwas sehr befremdendes, dass bei einem Thiere die ganze Lebenszeit hindurch ununterbrochen Samenergiessungen stattfinden sollen, ausserdem besitzen die Infusorien weder Hoden noch Eierstöcke, und so müssen demnach diese sogenannten kontraktilen Blasen nothwendig einen andern Zweck zu erfüllen haben, welchen ich mit Wiegmann (Archiv f. Naturgeschichte, 1835, Bd. I. p. 12.) in der Vollbringung einer dem Herzen analogen Wirkung zu suchen geneigt bin.

Nassula elegans liegen stets vier runde, kontraktile Behälter der Länge nach hinter einander am Rücken des Leibes herab, bei Trachelius Meleagris erstreckt sich eine Reihe von acht bis zwölf runden kontraktilen Räumen seitlich am Leibe herab, bei den verschiedenen Arten von Amphileptus kommen fünf bis sechszehn mehr oder weniger regelmässig vertheilte, kontraktile Räume vor; bei Stentor fällt ein grosser runder, kontraktiler Raum am Vorderleibsende auf; zugleich erstrecken sich aber auch mehrere andere solche Räume am Leibe seitlich herab, welche zuweilen zu einem langen Kanal vereinigt erscheinen; bei Spirostomum ambiguum zieht sich ein solcher kontraktiler Behälter in Form eines langen pulsirenden Gefässes durch den ganzen langgestreckten Leib hindurch; ganz ähnlich verhält sich Opalina Planariarum. Bei Paramaecium Aurelia haben diese pulsirenden Räume eine sehr auffallende Gestalt, sie bestehen nämlich aus zwei mittleren runden Höhlen, um welche fünf bis sieben kleinere birnförmige Behälter, mit nach aussen gerichteten Spitzen, in Gestalt eines Sternes herumstehen [1]). Bei dem Pulsiren dieser sonderbaren sternförmigen Behälter verschwinden bald die Sterne vollständig, bald nur die mittleren runden Räume, bald nur die Strahlen.

Es kommen diese pulsirenden Räume, nachdem sie während der Systole gänzlich verschwunden waren, während der Diastole fast immer an derselben Stelle des Körpers und in derselben Form und Zahl wieder zum Vorschein, so dass man zu der Annahme verleitet wird, es wären diese Räume nicht blosse Exkavationen des Parenchyms, sondern wirkliche kontraktile Blasen oder Gefässe, deren Wände freilich ausserordentlich zart sein müssen, da sie auch mittelst der stärksten Vergrösserung des Mikroskops nicht wahrgenommen werden können. Bei manchen Infusorien, z. B. bei Trachelius Lamella, tauchen im Hinterleibsende bei der Diastole immer erst zwei bis drei kleine hohle Räume auf, welche sich erst später, nachdem sie grösser geworden und sich berührt haben, zu einer einzigen grossen Höhle vereinigen; es sammeln sich hier wahrscheinlich zwei bis drei Tröpfchen des Nahrungssaftes aus dem Parenchyme an und verfliessen zuletzt zu einem grösseren Tropfen. Ganz ähnlich verhalten sich Phialina vermicularis, Bursaria cordiformis u. a. Auch kömmt es bei diesen Infusorien vor, dass bei starken Kontraktionen des ganzen Leibes ein grösserer runder pulsirender Raum sich in die Länge zieht, in der Mitte einschnürt und zuletzt in zwei kleinere runde Räume von einander theilt, ganz wie wenn sich ein Oeltropfen in zwei Theile auseinander zieht. Bei solchen Erscheinungen kann man sich wiederum kaum denken, dass diese pulsi-

---

1) Vgl. Dujardin, Ann. d. sc. nat., Zoologie, T. X. Pl. 15. Fig. 3. und Infusoires, Pl. 8. Fig. 6. a. Die von Ehrenberg über diese sternförmigen kontraktilen Blasen gelieferten Abbildungen sind ungenau.

renden Aushöhlungen des Parenchyms der Infusorien wirkliche, mit kontraktilen Wänden versehene Blasen oder Gefässe sein sollten.

Fast bei keinem zu den Astomen gehörenden Infusorium liessen sich bis jetzt pulsirende Räume wahrnehmen; nur Cryptomonas ovata[2]) und Opalina Planariarum machen davon eine Ausnahme.

§. 18.

Bei den Infusorien scheint sich der Athmungsprozess nur allein auf Hautrespiration zu beschränken, wobei besonders denjenigen, deren Körper mit Wimpern überkleidet oder mit einem eigenthümlichen Strudelorgane versehen sind, die dadurch erregte Wasserströmung zu statten kömmt. Da übrigens die vorhin erwähnten kontraktilen Räume meistens dicht unter der Hautoberfläche zum Vorschein kommen, so dürfte es dem äusseren Wasser leicht werden, mit der in jenen Räumen sich anhäufenden Ernährungsflüssigkeit in eine dem Respirations-Prozesse vergleichbare Wechselwirkung zu treten. Sehr auffallend verhält sich in dieser Beziehung Actinophrys Sol, deren kontraktile Behälter so dicht unter der allgemeinen Hautbedeckung angebracht sind, dass die aus dem Parenchyme hier zusammenströmende Flüssigkeit die Hautbedeckung wie eine wasserhelle Blase hervortreibt[1]); letztere behält jedoch noch so viel Spannkraft, um durch Kontraktion den Ernährungssaft wieder in das Parenchym zurückzutreiben. Eine Wechselwirkung zwischen der in der hervorgetriebenen Blase enthaltenen Flüssigkeit und dem äusseren Wasser muss hier ausserordentlich leicht vor sich gehen können.

Achter Abschnitt.

Von den Absonderungs-Organen.

§. 19.

Eigenthümliche Absonderungs-Organe sind bei den Protozoen nicht wahrzunehmen, obgleich die Hautbedeckung derselben die Eigenschaft besitzt, verschiedene Stoffe abzusondern, welche bei einigen zu bestimmt geformten Panzern und Schalen erhärten und bei anderen fremde Körper zu einem Gehäuse zusammenhalten, in welche die Thiere sich zurückziehen können. Als gepanzerte Protozoen geben sich Vaginicola, Cothurnia, Arcella u. a. zu erkennen. Der mehr oder weniger harte und nicht feuerbeständige Panzer dieser Thiere besteht wahrschein-

---

2) Vgl. Ehrenberg, die Infusionsthierchen, p. 41. Taf. 2. Fig. XVII.

1) Ehrenberg (die Infusionsthierchen, p. 303. Taf. 31. Fig. VI. 1.) scheint das Hervortreiben dieser kontraktilen Blasen für das Ausstülpen eines Rüssels angesehen zu haben.

lich aus Hornsubstanz, während die meisten Rhizopoden eine feuerbeständige, nach Art der Schneckenhäuser aus Kalkmasse gebildete Schale besitzen. Ein aus zusammengeklebten Sandkörnchen verfertigtes Gehäuse trägt Difflugia mit sich herum.

Neunter Abschnitt.

Von den Fortpflanzungs-Organen.

§. 20.

Die Infusorien pflanzen sich durch Theilung oder Knospen, aber niemals durch Eier fort [1]), daher sie keine eigentlichen Geschlechtswerkzeuge besitzen.

Die Vermehrung durch Theilung geht bei einigen Infusorien der Länge nach [2]), bei anderen der Quere nach [3]) vor sich, bei vielen Infusorienarten finden beide Theilungsarten zugleich statt [4]). Die Knospenbildung tritt dagegen ziemlich beschränkt auf [5]).

§. 21.

Fast bei allen Infusorien, aber auch bei Rhizopoden kömmt im Inneren des Körpers ein scharf abgegrenzter Körper, eine Art Kern (*nucleus*) vor, welcher durch seine feste Beschaffenheit von dem übrigen, ihn umgebenden, weichen Parenchyme auffallend absticht. Dieser feste Kern, welcher in Gestalt und Zahl bei den verschiedenen Infusorien sehr variirt, nimmt an dem Theilungsprozesse derselben einen wesentlichen Antheil. Da, wo ein Infusorium in der Quer- oder Längstheilung begriffen ist, schnürt sich immer der meist in der Mitte des Leibes gelegene Kern ebenfalls durch, so dass nach der Theilung ein jedes der beiden neuen Individuen wieder einen Kern enthält. Wenn ein Infusorium sich theilen will, so ist dies gewöhnlich schon an einer Veränderung des Kernes vorauszusehen; so zeigt sich bei Paramaecium, Bursaria, Chilodon u. a., noch ehe äusserlich am Körper der-

---

1) Von Ehrenberg sind theils Parenchymkörner, Pigmentkörner, theils zerfallene Nahrungsstoffe willkürlich für Eier genommen worden, ohne zu berücksichtigen, dass jenen Körpern alle Requisite eines Eies, nämlich Eihülle, Dottermasse, Keimbläschen und Keimfleck fehlten, weshalb Ehrenberg denn auch, wie er selbst gesteht, den Akt des Auskriechens eines jungen Infusoriums niemals hat zur Anschauung bringen können (Abhandl. der Berl. Akademie aus dem Jahre 1835, p. 156.).

2) Längstheilung wird bei Vorticella, Carchesium beobachtet.

3) Quertheilung ist an Stentor, Leucophrys, Loxodes, Bursaria etc. leicht wahrzunehmen.

4) Bei Bursaria, Opalina, Glaucoma, Chilodon, Paramaecium, Stylonychia, Euplotes etc.

5) Bei Vorticella, Carchesium und Epistylis.

selben eine Quer- oder Längseinschnürung zu bemerken ist, der einfache Kern in die Quere oder Länge eingeschnitten oder schon vollständig zertheilt [1]).

Es zeigt dieser Kern ein äusserst feinkörniges Ansehen und eine so feste Struktur, dass, wenn ein Infusorium zwischen Glasplatten zerquetscht wird und alle Theile desselben dabei auseinander fliessen, dieser Kern seine Form fast ganz unverändert behält. Seine Färbung erscheint bei durchfallendem Lichte schmutzig gelblich. Es scheint derselbe ganz lose im Parenchyme zu liegen, denn man macht gar nicht selten die Beobachtung, dass sich manche Infusorien mit ihrem ganzen Leibe um den in ihrem Inneren still liegenden Kern stets herumdrehen. Ein Zusammenhang eines solchen Kernes mit den übrigen Theilen des Infusoriums, am allerwenigsten mit den pulsirenden Räumen (Samenblasen Ehrenb.), ist hiernach nicht anzunehmen [2]).

§. 22.

Ein einziger, runder oder eiförmiger Kern findet sich bei Euglena, Actinophrys, Arcella, Amoeba, Bursaria, Paramaecium, Glaucoma, Nassula, Chilodon u. s. w. Zwei hinter einander liegende rundliche Kerne sind in Amphileptus Anser und Fasciola, in Trachelius Meleagris und Oxytricha Pellionella, vier dagegen in Stylonychia Mytilus wahrzunehmen. Nicht selten zieht sich eine kleinere oder grössere Anzahl von rundlichen Kernen, welche wie eine Perlschnur unter einander verbunden sind, mehr oder weniger gewunden durch den Leib eines Infusoriums hindurch, z. B. bei Stentor coeruleus und polymorphus, Spirostomum ambiguum und Trachelius moniliger. In manchen Fällen stellt der Kern ein langes Band dar, welches wie bei Vorticella Convallaria, Epistylis leucoa, Prorodon niveus und Bursaria truncatella einfach gebogen, oder wie bei Stentor Roeselii spiralförmig gewunden oder wie bei Euplotes Patella und Trichodina Mitra hufeisenförmig gekrümmt ist. Bei Loxodes Bursaria besitzt der fast nierenförmige Kern an seinem vorderen Ende eine kleine Vertiefung, in welcher ein kleines Kernkörperchen (*nucleolus*) eingedrückt liegt. Der runde Kern von Euglena viridis enthält in seiner Mitte einen wasserhellen Fleck. Bei Chilodon Cucullulus erkennt man in dem Kerne einen ähnlichen hellen Fleck, der überdies noch ein kleines festes Kernchen enthält, wodurch der ganze Kern vollständig einer Zelle gleicht.

---

1) Vgl. Ehrenberg, die Infusionsthierchen, Taf. 36. Fig. VII. 13—19. und Taf. 39. Fig. IX. 4. 5. 11—13.

2) Diesen Kern hat Ehrenberg sonderbarer Weise für eine männliche Samendrüse erklärt. S. Abhandl. d. Berl. Akademie aus dem J. 1835, p. 163. und: die Infusionsthierchen.

§. 23.

Diese Kerne, durch welche die Infusorien einer Zelle ähnlich erscheinen, verdienen eine ganz besondere Aufmerksamkeit, indem sie nach dem Absterben der Thierchen, in welchen sie enthalten waren, nicht sogleich untergehen. Hat sich z. B. eine Euglena viridis kugelförmig zusammengezogen und mit einer Art Kapsel oder Cyste umgeben, was sie nach Ehrenberg [1]) sterbend thun soll, so erhält sich der Kern derselben mit seinem hellen Flecke noch lange Zeit unverändert, vergrössert sich sogar und hat durchaus nicht das Ansehen eines abgestorbenen Körpers. Man möchte fast vermuthen, der Lebenslauf der Euglena viridis sei mit dieser kugelförmigen Zusammenziehung noch nicht zu Ende, sondern beginne über kurz oder lang unter einer anderen Gestalt wieder [2]).

1) Die Infusionsthierchen, p. 110.

2) Vielleicht entwickelt sich dieser Kern, dem der Infusorienleib nur als einstweilige Hülle gedient hat, späterhin zu einem besonderen Thiere, und es sind am Ende alle Individuen der Euglena viridis und noch viele andere Infusorien nur die Larven von anderen Thieren, deren vollständige Metamorphosenreihe bis jetzt noch nicht erkannt wurde. Man möchte fast in Versuchung kommen, zu fragen, ob nicht der Kern der Infusorien zu dem Körper, der ihn einschliesst, dieselbe Beziehung und Bedeutung habe, wie die schlauchartigen Larven zu den sie umhüllenden, infusorienartigen Embryonenleibern des Monostomum mutabile (s. unten)?

Zweites Buch.

Die Polypen.

Eintheilung.

§. 24.

Die Polypen sind entweder festgewachsen oder sitzen mit einem beweglichen Fusse fest. Ihr weicher Körper wird meist von einem festen Gerüste, dem sogenannten Polypenstocke, theils eingehüllt, theils getragen. Dieser Polypenstock ist bald mehr aus horniger, bald mehr aus kalkiger Masse zusammengesetzt. Die Mehrzahl der Polypen sind in grösseren oder kleineren Gruppen durch einen solchen Polypenstock unter einander vereinigt. Die centrale Mundöffnung der Polypen erscheint immer von kontraktilen Tentakeln kreisförmig umstellt. Der Verdauungs-Apparat ist nach zwei ganz verschiedenen Typen organisirt, auf welche die Eintheilung der Polypen in zwei Ordnungen gegründet ist. Den Geschlechtswerkzeugen fehlen durchweg die Begattungsorgane.

Man unterscheidet als Ordnungen:

I. Ordnung. ***Anthozoa.***

Der Verdauungskanal besitzt keinen After und mündet in die Leibeshöhle ein.

Familie: ***Madreporina.***

Gattungen: ***Oculina, Millepora, Madrepora, Caryophyllia, Astraea, Desmophyllum, Maeandrina, Monticularia, Agaricia, Favia.***

Familie: ***Gorgonina.***

Gattung: ***Gorgonia.***

Familie: ***Isidea.***

Gattungen: ***Corallium, Isis.***

Familie: ***Tubiporina.***

Gattung: ***Tubipora.***

Familie: ***Alcyonina.***

Gattungen: ***Alcyonium, Lobularia, Alcyonidium.***

Familie: ***Pennatulina.***

Gattungen: ***Veretillum***, ***Pennatula***, ***Virgularia.***

Familie: ***Sertularina.***

Gattungen: ***Sertularia***, ***Campanularia.***

Familie: ***Zoanthina.***

Gattung: ***Zoanthus.***

Familie: ***Hydrina.***

Gattungen: ***Hydra***, ***Eleutheria***, ***Synhydra***, ***Coryne***, ***Syncoryne***, ***Corymorpha.***

Familie: ***Actinina.***

Gattungen: ***Actinia***, ***Eumenides***, ***Edwardsia.***

II. Ordnung. *Bryozoa.*

Der gegen die Leibeshöhle abgeschlossene Darmkanal mündet mit einem After nach aussen.

Familie: ***Reteporina.***

Gattungen: ***Eschara***, ***Cellepora***, ***Flustra***, ***Bicellaria***, ***Retepora***, ***Telegraphina***, ***Tendra.***

Familie: ***Alcyonellina.***

Gattungen: ***Cristatella***, ***Alcyonella***, ***Bowerbankia***, ***Vesicularia***, ***Lagenella***, ***Plumatella***, ***Lophopus*** *).

Literatur.

Ellis, Essai sur l'histoire naturelle des Corallines et d'autres productions marines du même genre. A la Haye 1756. Deutsch von Krünitz. Nürnb. 1767.

Pallas, Elenchus zoophytorum. Hagae 1766. Dasselbe deutsch: Charakteristik der Thierpflanzen. Nürnb. 1787.

Cavolini, Memorie per servire alla storia dei polipi marini. Napoli 1785. Dasselbe deutsch von Sprengel. Nürnb. 1813.

Rapp, Ueber die Polypen im Allgemeinen und die Aktinien insbesondere. Weimar 1829.

Ehrenberg, Die Corallenthiere des rothen Meeres in den Abhandlungen der Berliner Akademie aus dem Jahre 1832.

Johnston, A history of the british zoophytes. Edinburgh 1838.

---

*) Auch hier sind nur diejenigen Familien erwähnt, deren Organisation ganz besonders in Betracht gezogen wurde. Aus demselben Grunde sind auch bei den späteren Klassen die Familien nicht vollständig aufgezählt.

Erster Abschnitt.

Von der Hautbedeckung und dem Hautskelette.

§. 25.

Die Polypen sind entweder ganz weich [1]) oder besitzen zur Unterstützung ihrer Weichtheile ein festes Gerüste, welches eine kalkige, hornartige oder lederartige Beschaffenheit haben kann. Ein solches Gerüste ist immer Produkt der allgemeinen Hautbedeckung und kann daher mit einem Hautskelette verglichen werden. Dieses unter dem Namen Polypenstock bekannte feste Gerüste wird von den Polypen theils nach innen, theils nach aussen abgelagert; im ersteren Falle bildet es ein Kerngerüste, im letzteren Falle ein Röhrengerüste. Das Kerngerüste besteht bei einigen Polypen [2]) aus einer scheinbar unorganisirten dichten Masse kohlensaurer Kalkerde, bei anderen [3]) dagegen aus einer scheinbar unorganisirten Hornmasse. Da, wo das Gerüste eine mehr lederartige Beschaffenheit hat, ist dasselbe häufig mit einer bald grösseren, bald geringeren Menge von spindelförmigen, meist hökkerigen oder zackigen Kalkkörperchen durchwebt [4]). Auch bei manchen kalkigen Polypenstöcken [5]) besteht das Gerüste aus organisirten Kalkkörperchen, welche zu netzförmigen und kompakteren Massen verschmolzen sind. Bei den Röhrengerüsten ziehen sich die Polypen durch die Mündungen der Röhren in diese zurück. In vielen Fällen steht bei einem solchen gemeinschaftlichen röhrigen Polypenstocke die Leibeshöhle der einzelnen Polypen mit denen der übrigen Polypen durch die Kanäle, welche sich durch die verästelten Röhren hindurchziehen, in Verbindung. An den Kerngerüsten sind ziemlich verbreitet Vertiefungen und Aushöhlungen von mannichfaltiger Grösse und Gestalt angebracht [6]), in welche sich die Polypen verbergen können. In denjenigen Fällen, in welchen das Kerngerüste keine Aushöhlungen besitzt [7]), ziehen sich die Thiere, wie viele der ganz weichen Polypen [8]), bloss in ihren Hautmantel zurück. Bei manchen Polypen [9]) können die für sie

---

1) Die Actininen und Hydrinen. — 2) Bei Corallium u. a. — 3) Bei den Gorgoninen.

4) Spindelförmige und höckerige Kalkkörperchen findet man sehr deutlich in Alcyonium und Lobularia (vgl. Milne Edwards in den Ann. d. sc. nat., Zoologie, T. IV. 1835. Pl. 13. fig. 9. u. Pl. 15. fig. 10. 11.). Dergleichen höckerige Kalkspindeln sind hier nicht bloss im Ledergerüste, sondern auch in der Leibeswand der Polypen selbst enthalten. Aehnliche Spindeln und Nadeln hat Ehrenberg (Abhandl. d. Berl. Akad. a. d. J. 1841, Th. I. p. 403. Taf. I—III.) unter dem Namen Spongolithis und Lithostylidium beschrieben und abgebildet.

5) Bei den Madreporinen. — 6) Bei Millepora, Madrepora, Oculina, Astraea etc. — 7) Bei Gorgonia, Isis, Corallium. — 8) Die Actinien. — 9) Bei Eschara, Cellepora u. a.

bestimmten zellenförmigen Aushöhlungen des Kalkgerüstes mit einem beweglichen Deckelchen verschlossen werden.

§. 26.

Die Hautbedeckung ist bei den Polypen als durchsichtige, von dem darunterliegenden Parenchyme scharf abgegrenzte Cutis zu unterscheiden, welche entweder nackt oder von einem Flimmerepithelium überzogen erscheint. Da gegenwärtig die Hautbedeckung mehrerer Anthozoen, besonders an den Tentakeln mit Flimmerorganen besetzt gefunden wurden [1]), so können jetzt nicht mehr die Bryozoen als bewimperte Polypen, wie dies von Ehrenberg geschehen ist [2]), den Anthozoen als den unbewimperten Polypen gegenübergestellt werden.

§. 27.

Sehr merkwürdig sind die in der Hautbedeckung vieler Polypen verborgen liegenden Nessel-, Angel- oder Giftorgane, auf welche man erst in neuerer Zeit aufmerksam geworden ist.

Die Nesselorgane sind glashelle festhäutige Bläschen von runder, eiförmiger oder cylindrischer Gestalt, welche eine klare Feuchtigkeit und einen meist spiralförmig aufgerollten, bald längeren, bald kürzeren, sehr zarten Faden enthalten. Bei der geringsten Reizung der Haut wird der Faden aus dem Bläschen hervorgeschnellt, wobei derselbe als eine unmittelbare Fortsetzung des Bläschens erscheint. Diese Fäden bleiben gerne an denjenigen Gegenständen, welche die Haut der Polypen berühren, kleben und ziehen das ihnen anhängende Bläschen aus der Haut der Polypen hervor [1]). Von diesen Organen rührt höchst wahrscheinlich das nesselartige Brennen her, welches gewisse Polypen an zarten Stellen der menschlichen Haut erregen.

---

1) Erdl sah ein sehr deutliches Flimmerepithelium auf Actinia und Veretillum. Vgl. Müller's Archiv 1841, p. 423.

2) Abhandlungen der Berl. Akademie a. d. J. 1834, p. 255. u. 377.

1) Diese Nesselorgane, welche in der niederen Thierwelt verbreiteter vorkommen, als man anfangs geahndet hat, sind bis jetzt nur noch sehr unvollkommen gekannt. Rudolph Wagner hat die Nesselorgane zuerst an den Actinien entdeckt, nachdem er sie früher für die Spermatozoïden dieser Polypen gehalten hatte (Wiegmann's Archiv 1835, Bd. 2. p. 215. Taf. III. Fig. 7., ferner 1841, Bd. 1. p. 41. und Icones zootomicae, Tab. 34. fig. 24.). Diese Untersuchungen sind von Erdl erweitert worden, indem derselbe, ausser an Actinia, auch an Veretillum und Alcyonium Nesselorgane nachwies (Müller's Archiv 1841, p. 423. Taf. 15. Fig. 3—6. u. 8. 9.). Bei Alcyonium sah Erdl den ausgetretenen Faden der Nesselorgane anfänglich einfach bandartig ausgebreitet, dann aber korkzieherartig zusammengedreht. Auch in Desmophyllum stellaria Ehrenb. erkannte ich cylindrische Nesselorgane mit langen spiralförmig aufgerollten Fäden. Bei Edwardsia hat Quatrefages sowohl an den Armen, wie an der übrigen Hautoberfläche ebenfalls die Nesselorgane erkannt (Ann. d. sc. nat., Zoologie, T. 18. 1842. p. 81. Pl. 2. fig. 4—6.).

§. 28.

Noch interessanter zeigen sich die den Nesselorganen analogen Angelorgane der verschiedenen Hydra-Arten[1]).

Es finden sich diese Angelorgane nicht bloss an den Armen von Hydra, sondern auch in der Cutis des Leibes und des Fusses vor. Sie bestehen aus ovalen Bläschen, aus welchem von den Armpolypen ein sehr langer zarter Faden hervorgeschnellt wird. Dieser Faden erscheint an seinem freien Ende, mit welchem er zuerst aus den Bläschen hervortritt, etwas angeschwollen und klebrig, während das entgegengesetzte Ende unmittelbar in den hervorgestülpten konischen Hals des Bläschens übergeht. Jedes Bläschen stülpt zugleich mit seinem Halse drei rückwärts gerichtete Häckchen hervor, welche diesen umgeben. Die Umstülpung dieser Angelorgane geschieht immer erst, wenn die Haut der Armpolypen gereizt wird, und insbesondere an den Armen in dem Augenblicke, während welchem diese Polypen ihre Beute ergreifen. Bei dieser Gelegenheit schlingt sich das freie klebrige Fadenende um das erhaschte Thier und tritt das am entgegengesetzten Fadenende hängende Bläschen aus der Haut des Polypen hervor. Sehr häufig ereignet es sich, dass die hervorgeschnellten Angelfäden an den benachbarten Armen der Hydra haften bleiben; in solchen Fällen hängen dann die Bläschen mit ihren Widerhaken von den Armen der Polypen herab, was Ehrenberg verleitet hat, anzunehmen, dass die Bläschen mit ihrem runden Theile zuerst aus der Haut hervortreten, dass die Armpolypen mit allen hervorgestreckten Angelorganen auf Beute lauerten und dass die Angelfäden sich selbst, sammt den Bläschen, wieder in die Arme zurückziehen könnten[2]). Diese Organe mögen übrigens weniger als Angelapparat, sondern mehr als Giftorgane wirken, denn so wie sich einmal einige Bläschen mit ihren Fäden um eine mit den Armen der Hydren erhaschte Nais, Daphnia oder Chironomus-Larve u. s. w. geschlungen haben, so stirbt ein solches Thier immer, wenn es sich auch gleich nach dem Erhaschen wieder aus den Armen der Hydra losgerissen hatte. — Diese Angel- oder Giftorgane gehen daher bei ihrer Benutzung immer verloren. Dasselbe ist auch mit den Nesselorganen der Fall. Ein solcher Verlust wird aber wahrscheinlich durch Entwicklung neuer Gift- und Nesselorgane wieder ersetzt. Es mag hierin der

---

1) Die Angelorgane von Hydra sind von Ehrenberg zuerst beschrieben (Mittheil. a. d. Verhandl. der Gesellschaft naturf. Freunde zu Berlin, 2tes Quartal, 1836, p. 28. und Abhandl. der Berl. Akademie a. d. J. 1835, p. 147, ferner a. d. J. 1836, p. 133. Taf. 2.) und von Erdl einer genaueren Untersuchung unterworfen worden (Müller's Archiv 1841, p. 429. Taf. 15. Fig. 10—13.).

2) Ehrenberg hat (Abhandl. der Berl. Akad. a. d. J. 1836, p. 133. Taf. II. Fig. 1.) eine mit allen hervorgestülpten Angeln lauernde Hydra ideal abgebildet; in der Wirklichkeit wird man eine Hydra niemals auf solche Weise gerüstet antreffen.

Grund liegen, dass die Angaben der Zootomen, indem sie verschiedene Entwicklungsstadien dieser Organe untersuchten, über die Struktur derselben sich so sehr widersprechen [3]).

Zweiter Abschnitt.

Von dem Muskelsysteme und den Bewegungs-Organen.

§. 29.

Die Bewegungen der Polypen werden theils durch die kontraktilen Leibeswandungen ausgeführt, an welchen keine bestimmten Muskelfasern zu entdecken sind, theils aber auch durch deutliche Muskelfasern bewirkt. Bei keiner dieser Muskelfasern sind regelmässige Querstreifen wahrzunehmen, nur hier und da kommen bei ihrer Verkürzung unregelmässige Querrunzeln an ihnen zum Vorschein [1]).

§. 30.

In denjenigen Polypen, in welchen ein Muskelsystem zu unterscheiden ist, bilden mannichfaltig sich kreuzende Fasern eine unter der Cutis gelegene Muskelschicht. Bei Hydra bemerkt man in den Armen deutliche Muskelfasern, welche ein weitmaschiges unter der Haut gelegenes Netz bilden, während man in den Leibeswandungen und in dem Fusse dieses Polypen kaum etwas wahrnimmt, was mit Muskelfasern verglichen werden könnte [1]). Ein noch viel deutlicheres und stärker entwickeltes Mus-

---

3) Erdl, welcher nicht bloss an den Armen der Actinien, sondern auch in eigenthümlichen von ihnen ausgespieenen Fäden eine grosse Menge von Nesselorganen entdeckte, sah die ausgeschnellten Nesselfäden einmal ganz einfach in den Hals der Bläschen übergehen, ein andermal aber fand er den Hals derselben mit zahlreichen, nach hinten gerichteten, Dornen besetzt, ganz wie es Wagner zuerst beschrieben hatte und von Kölliker (Beiträge zur Kenntniss der Geschlechtsverhältnisse und der Samenflüssigkeit wirbelloser Thiere, 1841, p. 44. Fig. 14.) wiederholt beobachtet wurde. Erdl konnte daher die Frage nicht unterdrücken, ob die wechselnde Formation dieser Organe mit der steigenden und schwindenden Thätigkeit des Sexualsystems zusammenhänge? (Vgl. Müller's Archiv 1842, p. 305.)

1) Milne Edwards, welcher bei Eschara quergestreifte Muskelfasern gesehen haben will (Ann. d. sc. nat., T. 6. 1836. p. 3.), dürfte sich leicht getäuscht haben; ich habe weder an Eschara, noch an Alcyonella, Cristatella und andern Polypen dergleichen Querstreifen wahrgenommen, eben so wenig erkannte sie Nordmann bei Cellaria (Observations sur la Faune Pontique, 1840, p. 679. und Müller's Archiv 1842, p. CCVIII.). Die bei der Kontraktion eintretenden unregelmässigen Querrunzeln, welche nachher wieder verschwinden, hat Quatrefages an den Muskelfasern von Edwardsia deutlich beobachtet (Ann. d. sc. nat., T. 18. 1842. p. 84. Pl. 2. fig. 7. a. b.).

1) Vgl. Corda, Nova Acta physico-medica Academiae Caesareae Leopoldino-Carolinae naturae curiosorum, T. 18. 1839. p. 299. oder Ann. d. sc. nat., T. 8. 1837. p. 363.

kelnetz besitzt Eleutheria in den Armen [2]) und Synhydra unter der Haut [3]). Eine sehr ausgezeichnete Muskelschicht liegt unter der Cutis der Actinien. Dieselbe besteht im Mantel derselben aus Längs- und Ringfasern, wodurch der Mantel sich über die Tentakeln zusammenziehen kann, und in Verbindung mit den im Fusse dieser Polypen radienförmig sich ausbreitenden Muskelfasern überhaupt die mannichfaltigsten Gestalten der Actinien hervorgebracht werden [4]).

Die deutlichsten Muskeln haben die Bryozoen aufzuweisen, hier kommen nämlich ganz isolirte, aus parallel nebeneinander liegenden Fasern zusammengesetzte Muskelbündel in der Leibeshöhle vor, welche besonders dazu dienen, die Polypen in ihre Gehäuse zurückzuziehen. Diese Muskelbündel entspringen von der inneren Fläche der Leibeshöhle, inseriren sich theils an die Basis der Tentakeln, theils an den Hals und den Verdauungskanal der Polypen und wirken so fast durchweg als Retraktoren der Tentakeln und des Verdauungskanals [5]). Bei Eschara sind ausserdem noch in jeder Zelle zwei Muskelbündel vorhanden, welche den Deckel derselben bewegen und damit den Eingang zur Zelle verschliessen [6]).

§. 31.

Selbstständige Ortsbewegungen werden von den nicht festgewachsenen Polypen auf verschiedene Weise vorgenommen.

Die Hydra-Arten benutzen ihre weit ausstreckbaren Arme zum Herumklettern; die mit einem breiten Fusse festsitzenden Actinien schieben sich durch die Kontraktionen ihrer Fussscheibe weiter [1]), während die langgestreckten, mit ihrem Hinterleibsende nicht festsitzenden Edwardsien sich wurmförmig herumbewegen [2]). Bei Cristatella mirabilis schiebt sich die ganze Polypenkolonie mit ihrer fussartigen Basis nach Art der Actinien langsam fort [3]). Manche Polypen bewegen

2) Vgl. Quatrefages, Annales d. sc. nat., T. 18. 1842. p. 281. Pl. 8. fig. 3.

3) Vgl. Quatrefages, ebend. T. 20. 1843. p. 238. Pl. 9. fig. 3—5.

4) Berthold, Beiträge zur Anatomie und Physiologie, 1831, p. 16. Auch an dem Leibe der Edwardsia hat Quatrefages sehr deutliche Längs- und Zirkel-Muskelfasern gesehen (Ann. d. sc. nat., T. 18. p. 84.)

5) Dergleichen Muskeln sind von Farre (Philosophical transactions, 1837, p. 387.) an Bowerbankia, Vesicularia, Lagenella und anderen Bryozoen vielfach beobachtet worden. Aehnliche Muskeln hat Milne Edwards in Tubulipora und Eschara gesehen (Ann. d. sc. nat., T. 8. 1837. p. 324. und T. 6. 1836. p. 23. Pl. 1. fig. 1 c. 1 d. Pl. 2. fig. 1 a.). Eine sehr ausführliche Beschreibung der Muskeln des Federbuschpolypen hat Coste geliefert (Comptes rendus, T. 12. 1841. p. 724. und Müller's Archiv 1842, p. CCX.).

6) Vgl. Milne Edwards in den Ann. d. sc. a. a. O. p. 24. Pl. 1. fig. 1 e.

1) Berthold a. a. O. p. 14.

2) Quatrefages, Ann. d. sc. nat., T. 18. p. 74. und Forbes, Annals of natural history, Vol. 8. 1842. p. 243.

3) Dieses von Dalyell beobachtete Fortgleiten der Cristatella (Froriep's Notizen 1834, No. 920. p. 276.) kann ich vollkommen bestätigen; auch Trem-

sich während einer gewissen Entwickelungsperiode mittelst ihres kontraktilen scheibenförmigen Leibes nach Art der Schirmquallen frei im Wasser herum [4]).

§. 32.

Eine ganz merkwürdige Erscheinung bieten die beweglichen Organe gewisser Bryozoen dar, welche als vogelkopfähnliche Körper an der Basis der Polypenzellen hin und her schwingen. Bei einigen dieser Bryozoen haben diese Organe eine Krebsscheerenform; in diesem Falle besteht jedes Organ aus einem beweglichen und einem unbeweglichen Schenkel. Der bewegliche Schenkel ist von horniger Beschaffenheit und wird durch einen in der Höhle des unbeweglichen Schenkels entspringenden Muskel angezogen; durch welche Vorrichtung der Schnabel oder die Scheere geöffnet und das ganze Organ hin und her bewegt wird, konnte bis jetzt nicht mit Sicherheit erkannt werden [1]). Welchen Zweck diese sonderbaren beweglichen Organe, deren Bewegungen selbst nach der Zerstörung der Polypen, also ganz unabhängig von diesen, noch fortbestehen [2]) zu erfüllen haben, konnte eben so wenig errathen werden. Vielleicht sind es Vertheidigungsorgane oder den Pedicellen der Echinodermen analoge Greiforgane.

Dritter und vierter Abschnitt.

Von dem Nervensysteme und den Sinnesorganen.

§. 33.

Ein Nervensystem ist bis jetzt bei den Polypen nur höchst rudimentär und überdies nicht mit befriedigender Sicherheit erkannt wor-

---

bley machte die Mittheilung, dass der Polypenstock von Plumatella cristata binnen acht Tagen etwa einen halben Zoll weiter gleitete (s. dessen Abhandlung z. Geschichte einer Polypenart, 1775, p. 298.).

4) Vgl. die von Steenstrup (Ueber den Generationswechsel, 1842, p. 20.) an Coryne Fritillaria, und von Van Beneden (Mémoire sur les Campanulaires, 1843, p. 29. oder Froriep's neue Notizen 1844, No. 663. p. 38.) an Campanularia gelatinosa gemachten Beobachtungen.

1) Von Ellis sind diese vogelkopfähnlichen Organe (Essai sur l'hist. nat. d. Corallines, 1756, p. 51. Pl. 20. fig. A.) zuerst erwähnt worden. Sehr genau hat sie Nordmann (Observations sur la Faune Pontique, 1840, p. 679. Pl. 3. fig. 4.) beschrieben und abgebildet. Bei Cellaria avicularis, Bicellaria ciliata und Flustra avicularis haben diese Organe eine Krebsscheerenform, bei Retepora cellulosa dagegen eine Pincettenform und bei Telegraphina sind diese beweglichen Organe nur einfache eingelenkte Stacheln. Vgl. auch Krohn in Froriep's neuen Notizen, 1844, No. 533. p. 70.

2) Siehe Darwin's naturwissenschaftliche Reise, übers. von Dieffenbach, 1844, Th. I. p. 252.

den, indem einzelne im Parenchyme abgegrenzte rundliche Massen als Anhäufungen von Nervensubstanz (Ganglien) gedeutet wurden. Dergleichen Nervenanschwellungen will man besonders in der Umgebung der Mundöffnung bemerkt haben [1]).

§. 34.

Nicht weniger glücklich ist man im Auffinden von Sinnesorganen bei diesen Thieren gewesen. Obgleich das Tastgefühl sich über ihren ganzen Körper verbreitet und besonders in den äusserst reizbaren Armen und Tentakeln concentrirt zu erkennen giebt, so haben sich doch noch keine Tastnerven in diesen Theilen mit Bestimmtheit unterscheiden lassen. Auch der Lichtreiz, gegen welchen sich die Polypen mehr oder weniger empfindlich äussern, wird nicht von besonderen Organen, sondern von der allgemeinen Körperbedeckung empfunden.

An einigen Polypen scheinen jedoch in gewissen Entwicklungs-Zuständen, während welcher sie frei umherschwimmen, eigenthümliche, scharf abgegrenzte und am Leibesrande angebrachte Körper als für die Einwirkung des Lichts oder Schalles spezifisch empfängliche Sinnesorgane gedeutet werden zu können. So tragen bei Syncoryne [2]) und Coryne [3]) die glockenförmigen Individuen am Rande ihres Körpers vier rothgefärbte Organe, welche ganz denjenigen Gebilden entsprechen, die am Scheibenrande der Schirmquallen vorkommen und für Sinneswerkzeuge genommen werden. Das an der Basis der sechs Arme von Eleutheria dichotoma bemerkbare Organ entspricht ganz einem Auge, indem sich an demselben eine Cornea, eine Linse, und eine diese Theile umgebende rothe Pigmentschicht unterscheiden lassen [4]). Ferner besitzen die glockenförmigen Individuen der Campanularien an ihrem Scheibenrande farblose Körperchen, welche einen krystallhellen in Säuren sich

---

1) Ein aus zwei Nervenanschwellungen zusammengesetztes Schlundganglion hat Dumortier (Mémoire sur l'anatomie et la physiologie des polypiers composés d'eau douce, 1836, p. 41. Pl. 2. fig. 2.) an Lophopus cristallinus (Plumatella cristata Lam.) und Coste (Comptes rendus, T. 12. 1841. p. 724.) überhaupt an den Federbuschpolypen beobachtet. Auch Nordmann hat einen solchen ganglienartigen Körper unter dem Maule der Plumatella campanulata Lam. (Observ. sur la Faune Pontique, p. 709.) und der Tendra zostericola (Annales d. sc. nat. T. 11. 1838. p. 190.) gesehen. Eben so umgiebt, nach Van Beneden's Aussage (Ann. d. sc. nat., T. 14. 1840. p. 222.) ein Nervenring den Oesophagus der Alcyonella. Die Anwesenheit eines Nervensystems bei Pennatula versichert Costa erkannt zu haben (Froriep's neue Notizen, 1842. No. 450. p. 154.). Das Nervensystem, welches Spix im Fusse der Actinien entdeckt haben wollte (Annales du Muséum d'histoire naturelle, 1809, p. 443. Pl. 33. fig. 4.) ist dagegen mit Recht von den meisten neueren Zootomen als eine Täuschung zurückgewiesen worden. Vgl. Berthold a. a. O. p. 6.

2) Siehe Lowén in Wiegmann's Archiv 1837, Bd. I. p. 323.

3) Siehe Steenstrup, Ueber den Generationswechsel, p. 23.

4) Siehe Quatrefages in den Ann. d. sc. nat., T. 18. 1842. p. 280. Pl. 8. fig. 1. d. d. und fig. 6.

auflösenden Kalkkern enthalten. Es dürften diese Kapseln wohl als die einfachste Form der Gehörwerkzeuge zu betrachten sein, indem hier nichts weiter als ein einfaches Vestibulum mit einem Otolithen vorhanden ist [5]).

Fünfter Abschnitt.

Von dem Verdauungs-Apparate.

§. 35.

Der Verdauungs-Apparat der Polypen erscheint nach zwei verschiedenen Typen entwickelt. Bei den Anthozoen besteht derselbe aus einem Munde und einfachen Magensacke ohne After, bei den Bryozoen dagegen aus einem Munde und After nebst dazwischen liegendem, in mehrere Abschnitte getheilten Verdauungskanale, an welchem man einen Schlund, Magen, Dünndarm und Mastdarm unterscheiden kann.

§. 36.

Die Mundöffnung der Polypen ist fast durchweg von einem Kranze bald längerer bald kürzerer sehr kontraktiler Arme oder Tentakeln umgeben, welche in ihrem Inneren eine mit der Leibeshöhle in Verbindung stehende, röhrenförmige Höhle enthalten [1]). Diese Arme sind entweder

---

5) Siehe Krohn (in Müller's Archiv 1843, p. 176.) und Kölliker (in Froriep's neuen Notizen, 1843, No. 534. p. 81.). Van Beneden erkannte bei den frei umherschwimmenden glocken- und scheibenförmigen Individuen der Campanularia gelatinosa und geniculata nicht allein acht einen Kalkkern enthaltende Randkörper, sondern auch in der Umgebung des Magengrundes vier Nervenanschwellungen (Mémoire sur les Campanulaires de la côte d'Ostende, 1843, p. 24. u. 27. Pl. 2. u. 3.). Ob aber diese Randkörper Seh- und Hörorgane zugleich sein können, indem ihre Kalkkerne, wie Van Beneden meint, bald als Linsen, bald als Otolithen wirken, lasse ich dahingestellt sein. Eben so wenig wage ich zu entscheiden, ob die von Huschke (Lehre von den Eingeweiden und Sinnesorganen, 1844, p. 880.) im Stiele von Veretillum Cynomorium beobachteten eingekapselten kohlensauren Kalkkerne hierher gehören.

1) Die Höhle, welche sich bei den meisten Polypen durch die Arme und Tentakeln hindurch zieht, mündet nicht an der Spitze dieser Organe nach aussen. Ob die Actininen davon eine Ausnahme machen, möchte ich bezweifeln; es muss indessen auffallen, dass Rymer Jones (A general outline of the animal kingdom, p. 41. fig. 13.) bei Actinia und Lesson (Duperrey, Voyage autour du monde. Zoophytes. p. 82. No. 1. fig. 1.) bei Eumenides diese Oeffnungen ausdrücklich erwähnen und deutlich abbilden. Keine Höhlen sollen die Tentakeln der Campanularien nach Van Beneden (a. a. O. p. 15.) enthalten, wogegen die Angaben von Lowén (Wiegmann's Archiv 1837, Bd. 1. p. 252.) sprechen. Bei Hydra münden die Höhlen der Arme an der Basis deutlich in die Magenhöhle ein, was vielleicht noch bei manchen anderen Hydrinen der Fall sein mag.

einfach [2]) oder gefiedert [3]), stehen entweder in einem einfachen [4]) oder einem mehrfachen Kranze [5]) um den Mund, und sind häufig mit Flimmerorganen besetzt [6]). Bei den Actinien sind die cylindrischen Tentakeln rundherum mit einem Flimmerepithelium umgeben, bei den Bryozoen dagegen zieht sich an den beiden Seiten der etwas abgeplatteten Tentakeln nur eine einfache Reihe von Wimpern herab, welche in einer regelmässigen Aufeinanderfolge, nach Art der Räderorgane der Rotatorien, bewegt werden, aber auch wie diese, von den Polypen nach Willkühr zum Stillstand gebracht werden können.

Von vielen mit bewimperten Tentakeln versehenen Polypen werden die feineren Nahrungsstoffe durch die mittelst der Wimpern erzeugte Wasserströmung nach der Mundöffnung geleitet [7]); von einigen werden aber auch die bewimperten Arme zum Ergreifen gröberer Nahrungsstoffe benutzt [8]); in diesem Falle kommen denselben die Nesselorgane und verschiedene Haftorgane zu statten, mit welchen jedoch ganz besonders die zum Ergreifen bestimmten unbewimperten Arme der übrigen Polypen ausgerüstet sind [9]). Ausser den früher beschriebenen Nessel- und Angelorganen, welche sich bei Actinia, Edwardsia, Veretillum, Alcyonium u. a. in den Tentakeln angehäuft finden, und gewiss das Ergreifen, Festhalten und Tödten der Beute sehr begünstigen, sind nämlich bei einigen Polypen noch ganz besondere Haft- oder Greiforgane in den Tentakeln angebracht, welche von den Nesselorganen wesentlich verschieden sind und nicht mit ihnen verwechselt werden dürfen. Diese Haftorgane bestehen meistens aus einer kleinen derbhäutigen Kapsel, aus welcher die Polypen eine kurze steife Borste oder eine Art Stachel hervorpressen können [10]). Mittelst dieser Haftorgane

---

2) Bei Actinia, Hydra, Flustra, Campanularia etc. — 3) Bei Veretillum, Lobularia, Isis, Gorgonia, Zoanthus etc. — 4) Bei Hydra, Flustra, Zoanthus, Veretillum etc. — 5) Bei Actinia, Caryphyllia etc. — 6) Bei Veretillum, Flustra, Eschara, Cristatella, Tubulipora etc. — 7) Bei Flustra, Eschara, Tubulipora, Cristatella etc. — 8) Bei den Actininen. — 9) Z. B. Hydra, Coryne, Eleutheria, Sertularia, Campanularia, Alcyonium etc.

10) Dergleichen Haftorgane hat Quatrefages an den kolbenförmigen Anschwellungen der Arme von Eleutheria angetroffen, auch will derselbe in den Kapseln dieser Organe zwei Muskeln gesehen haben, welche den retraktilen Stachel hervorschieben. (Vgl. Annales d. sc. nat., T. 18. 1842. p. 276. u. 283. Pl. 8. oder Froriep's neue Notizen, 1843, No. 543. p. 230.) Die ovalen Bläschen, welche die Tentakeln der Campanularien rauh machen und welche Lowén (Wiegmann's Archiv 1837, Bd. 1. p. 252.) als stachelähnliche Wärzchen beschreibt, mögen ähnlich beschaffen sein. Bei Hydra wird jedes einzelne Angelorgan an den Armen von einer Gruppe ganz ähnlicher Kapseln umgeben, aus deren Innerem eine steife Borste hervorragt. Es sind diese Haftorgane nur an den Armen und nirgends am übrigen Körper der Hydra anzutreffen. Sie unterscheiden sich von den oben beschriebenen Angelorganen dieser Polypen durch ihre constant geringere Grösse, und dadurch, dass sie keinen Faden aus sich hervorschnellen. Corda hat dieselben von den nicht ausgeschnellten Angelorganen

hängen sich die Arme der Polypen wie Kletten an fremde Gegenstände, was die falsche Annahme veranlasste, als seien sie im Stande, sich mit ihren Armen festzusaugen.

Die immer in der Mitte des vorderen Körperendes angebrachte Mundöffnung ist entweder rund oder oval, und in vielen Fällen von einer aus Ringfasern gebildeten Lippe umgeben [11]). Bei manchen erhebt sich der Mund konisch über die Basis der Tentakeln hervor [12]). Bei den Federbuschpolypen [13]) wird der Eingang der Mundhöhle von einem lebhaft flimmernden, zungenförmigen Fortsatze überwölbt. Diejenigen Anthozoen, welche oft unverhältnissmässig grosse Thiere mit ihren Armen ergreifen und dann verschlucken, können ihren Mund zu einer bewunderungswürdigen Weite öffnen [14]).

Von der Verdauungshöhle der Anthozoen.

§. 37.

Der einfache Magensack der Anthozoen, der bald kürzer bald länger sein kann, mündet in den meisten Fällen unmittelbar mit der Mundöffnung nach aussen [1]); nur bei wenigen ist ein muskulöser Schlund oder Oesophagus vorhanden [2]).

Bei einigen ist der Magensack mit den Leibeswandungen innig verbunden [3]), gewöhnlich aber steht er von den Leibeswandungen mehr oder weniger ab, wodurch eine bald grössere bald kleinere Leibeshöhle gebildet wird, die sich fast immer in die hohlen Arme fortsetzt und bei vielen in Kolonien beisammenlebenden Polypen in die das Innere der Polypenstöcke durchziehende Kanäle übergeht, so dass die Leibeshöhlen der einzelnen Polypen sämmtlich mittelst dieser Kanäle unter einander in Verbindung stehen. Nicht selten treten von der äusseren Fläche der Magenwände

---

ganz gut unterschieden. Vgl. dessen Abhandlung in den Nov. Act. physico-medica, T. 18. p. 300. Tab. 15. fig. 5. 9. u. 10. Vielleicht gehören die blasenartigen Körper, mit welchen Erdl (Müller's Archiv 1841, p. 424. Taf. 15. Fig. 3.) die Tastläppchen von Veretillum Cynomorium besetzt fand, ebenfalls hierher.

11) Bei Actinia Edwardsia etc. — 12) Bei Hydra, Coryne, Campanularia u. a. — 13) Bei Alcyonella, Cristatella. — 14) Z. B. Actinia, Hydra.

1) Bei Veritellum, Alcyonium, Actinia, Hydra etc.

2) Bei Edwardsia. Vgl. Quatrefages (Ann. d. sc. nat., T. 18. Pl. 1. fig. 2. und Pl. 2. fig. 1. 2.

3) Bei Hydra. Der Magensack des Armpolypen stellt nicht, wie man früher angenommen hat, eine blosse Aushöhlung des Leibes dar, sondern derselbe ist in der That mit einer besonderen, von den eigentlichen Leibeswandungen ganz verschiedenen Wandung versehen, welche aber von den ersteren dicht umschlossen wird. Es ist demnach keine Leibeshöhle bei Hydra vorhanden, und die hohlen Arme dieser Polypen münden an ihrer Basis unmittelbar in die Magenhöhle ein. Dasselbe ist auch mit Eleutheria der Fall (vgl. Quatrefages, Ann. d. sc. nat., T. 18. p. 283.).

Längsscheidewände gleich einem Mesenterium nach der inneren Fläche der Leibeswandungen herüber, wodurch die Leibeshöhle in Kammern abgetheilt wird [4]).

Der Grund des Magensackes ist bei vielen, vielleicht bei allen Anthozoen mit einer oder mehreren verschliessbaren Oeffnungen versehen, durch welche die Magenhöhle in die Leibeshöhle ausmündet [5]). Es können die Anthozoen diese Mündungen in ihrem Magengrunde nach Willkühr öffnen und schliessen, wodurch sie im Stande sind, mit Auswahl nur gewisse Stoffe, wahrscheinlich Wasser und verflüssigten Chylus, aus dem Magen in die Leibeshöhle übertreten zu lassen [6]). Es erinnert

4) Solcher Längsscheidewände finden sich häufig acht vor, z. B. bei Veretillum, Alcyonium und Alcyonidium (s. Icones zootomicae, Tab. 34. fig. 2. und Ann. d. sc. nat., T. 4. 1835. Pl. 16. fig. 3. und Pl. 12. fig. 3. 4.). In den Actinien sind deren noch mehr vorhanden. Bei Edwardsia erreichen die acht vom Magen ausgehenden Scheidewände nicht ganz die Leibeswandungen (s. Quatrefages a. a. O. Pl. 1. fig. 2.).

5) Diese Oeffnungen im Grunde des Magens haben schon ältere Zootomen an verschiedenen Polypen beobachtet; sie sind aber von anderen Naturforschern ohne Grund bestritten worden, da man in neuerer Zeit diese Kommunikation zwischen Magen- und Leibeshöhle deutlich erkannt hat, z. B. bei Veretillum Cynomorium (nach Rapp, Nov. Acta physico-medica, T. 14. 1829. p. 650.), ferner bei Alcyonidium, Alcyonium (nach Milne Edwards, Ann. d. sc. nat., T. 4. p. 325. Pl. 15. fig. 6.) und bei Edwardsia (nach Quatrefages, Ann. d. sc. nat., T. 18. p. 91.). Eben so ist bei Sertularia und Campanularia die Oeffnung, mit welcher die Mägen in die röhrenförmigen Höhlen des Polypenstockes einmünden, nachgewiesen (s. Lister, Philosophical transactions, 1834, p. 371. und Van Beneden, Mém. sur les Campanulaires, a. a. O. p. 17.). In den Actinien, welche regelmässig die in ihren Kammern der Leibeshöhle enthaltenen Nesselfäden durch den Mund ausspeien, muss ebenfalls eine Kommunikation zwischen dem Magen und den verschiedenen Kammern der Leibeshöhle vorhanden sein. Auch der Magen von Hydra steht durch eine Oeffnung in seinem Grunde mit der engen röhrenförmigen Höhle des cylindrischen Fusses dieses Polypen in Verbindung. Es befindet sich übrigens an dem unteren Ende dieser Röhre im Fusse der Hydra keine dem After vergleichbare Oeffnung, so wenig als die Röhre des Fusses selbst mit einem Mastdarme verglichen werden kann, da sie weder Faeces noch sonstige Futterstoffe aufnimmt und überhaupt an der oft ungeheuern Ausdehnung des Leibes der mit Frass vollgestopften Individuen keinen Antheil nimmt. Corda schreibt daher der Hydra ganz mit Unrecht einen After zu (s. Nov. Act. physico-medica, T. 18. p. 302. Tab. 14. fig. 2. E.), so wie er auch den Fuss dieses Polypen ganz unbeachtet gelassen hat, während ihn Ehrenberg (Abhandl. d. Berl. Akademie a. d. J. 1836, p. 134. Taf. II. Fig. 1.) sehr deutlich abgebildet hat, und derselbe schon von Rösel (Insekten-Belustigungen, Th. III. Tab. 78. u. 79. Fig. 2., ferner Tab. 86. u. 88. Fig. 6.) bei keinem unverletzten Armpolypen übersehen worden ist.

6) Quatrefages (Ann. d. sc. nat., T. 18. p. 87. u. 91.) sah den Magen der Edwardsia bis zum Grunde hinab mit den Röhren von Spirorbis und anderen festen Nahrungsstoffen angefüllt, ohne dass etwas davon in die Leibeshöhle hinübergeschlüpft war.

dieser gegen die Leibeshöhle nicht abgeschlossene Verdauungsapparat der Anthozoen ganz an die Organisation der Infusorien 7).

Die Magenhöhle erscheint mit einem sehr zarten Flimmerepithelium überzogen, welches sich durch die Magenöffnungen in die Leibeshöhle der Anthozoen fortsetzt und hier nicht allein die äussere Fläche des Magens, die Scheidewände, sondern auch die innere Fläche der Leibeswandungen und die Höhlen der Arme und Kanäle des Polypenstockes auskleidet.

Die Wandungen des Magens zeigen sich sehr verschieden gefärbt, was von eigenthümlichen in den Magenwänden angehäuften Pigmentzellen (Leberzellen) herrührt, welche höchst wahrscheinlich die Funktion einer Leber zu verrichten haben, da fast durchweg ein von dem Darmkanale der Anthozoen gesonderter, der Leber analoger Drüsen-Anhang fehlt 8).

---

7) In den Infusorien hört der Oesophagus an seinem unteren Ende frei auf, so dass die verschluckten Nahrungsstoffe von da unmittelbar in das lockere Parenchym dieser Thiere übertritt und von der durch das Auseinanderweichen des Parenchyms entstehenden Leibeshöhle aufgenommen wird, während bei den Anthozoen es der Magen ist, welcher an seinem unteren Ende ebenfalls frei endigt und statt der rohen Nahrungsstoffe dem Chylus den Uebergang in die Leibeshöhle verstattet.

8) Die in den Magenwandungen enthaltenen Pigmentzellen oder Leberzellen haben bei Edwardsia eine weisse Farbe, bei Alcyonidium und Alcyonium eine gelbe, und bei Veretillum, Hydra etc. eine braune Farbe. In Hydra erkennt man deutlich, dass jede Leberzelle mit einer hellen farblosen Flüssigkeit und unregelmässig gestalteten braunen Pigmentkörnern angefüllt sind. Wahrscheinlich ergiessen diese Zellen durch Bersten ihren Inhalt in die Magenhöhle; die besonderen Ausführungsgänge dieser Zellen wenigstens, welche Corda von Hydra fusca abgebildet hat (siehe Nov. Act. physico-medica, T. 18. p. 302. Tab. 15. fig. 15—17. oder Annales d. scienc. nat., T. 8. p. 366. Pl. 19. fig. 15—17.), habe ich niemals wahrnehmen können. Bei Hydra viridis sind die braunen Leberzellen der Magenwandung deutlich von den grünen im Parenchyme des Leibes gelegenen Pigmentschicht zu unterscheiden; man erkennt dies am besten auf einem Querschnitte eines grünen Armpolypen, bei welcher Gelegenheit man sich zugleich auch überzeugen kann, wie verschieden die innere Fläche der Magenhöhle und die äussere Hautoberfläche organisirt sind. Dort befindet sich ein Flimmerepithelium mit den Leberzellen, hier eine nackte Cutis mit den Angelorganen. Wie sollen nun, gesetzt es können die Hydren nach der Behauptung verschiedener Naturforscher sich wirklich wie ein Handschuh umstülpen, diese Thiere auf diese Weise fortzuexistiren im Stande sein, da ihre so verschieden organisirten inneren und äusseren Hautflächen einander wohl nicht vertreten können und ausserdem die hohlen Arme nicht mehr in die Magenhöhle, sondern bei dessen Umstülpung sämmtlich unmittelbar nach aussen münden würden. Eine Umstülpung der Hydren im unverletzten Zustande ist aber schon deshalb nicht möglich, weil die enge, röhrenförmige Höhle ihres nicht ausdehnbaren Fusses beim Umstülpen den Leib der Polypen gar nicht durchlassen kann. — Der Verdauungssaft der Anthozoen muss übrigens eine ausserordentliche auflösende Kraft besitzen, da z. B. die Actinien die hartschaligsten Crustaceen als Nahrung zu sich nehmen, und selbst in den

Von der Verdauungshöhle der Bryozoen.

§. 38.

Der sehr zusammengesetzte Verdauungskanal der Bryozoen ragt frei in die geräumige Leibeshöhle hinab, und besteht zunächst aus einem bald kürzeren bald längeren Schlunde oder Oesophagus, welcher an seinem unteren Ende in einen eiförmigen oder rundlichen muskulösen Kropf übergeht [1]); von diesem erstreckt sich ein blindsackförmiger Magen in die Leibeshöhle hinunter, aus dessen oberen Ende seitlich ein Dünndarm hervortritt und in die Höhe steigt. Nach kürzerem oder längerem Verlaufe geht derselbe mittelst einer Abschnürung in einen kurzen aber weiten Mastdarm über, welcher ohnweit der Mundöffnung an der äusseren Seite der Tentakel-Basis mit einem After nach aussen mündet [2]). Der Verdauungskanal der Bryozoen steht demnach mit der Leibeshöhle in keiner direkten Verbindung. Die ganze innere Fläche des Verdauungskanales, hauptsächlich der Oesophagus, Magen, Dünndarm und Mastdarm sind mit einem Flimmerepithelium ausgekleidet, wodurch der Darminhalt, besonders die Kothballen des Mastdarmes lebhaft umhergewälzt werden. Die Wände des Magens und Darmes sind durch Leberzellen häufig gelblich, bräunlich oder grün gefärbt.

Sechster und siebenter Abschnitt.

Von dem Circulations- und Respirations-Systeme.

§. 39.

Ein Blutgefässsystem ist bis jetzt nur bei sehr wenigen Polypen sichtbar geworden, jedoch so deutlich und ausgezeichnet, dass dadurch die Bürgschaft gegeben ist, es werde sich ein solches Blutgefässsystem auch noch bei anderen Polypen nachweisen lassen. Die erkannten Blutgefässe bilden in den Leibeswandungen sowohl, wie in den Magenwänden theils Längs- theils Ringgefässe mit dazwischen liegenden Kapillar-

zarten Hydren die verschluckten Naïden und Chironomus-Larven nach kürzester Zeit bersten, zerfallen und zerfliessen, worauf nur allein die unauflöslichen Hornmassen dieser Thiere, die Epidermis, die Borsten, Widerhaken, Kiefern u. s. w. durch den Mund wieder ausgeworfen werden.

1) Bei Bowerbankia (nach Farre, Philosophical transactions, 1837. p. 392. Pl. 20. fig. 5. und Pl. 21. fig. 7.) wird der Kropf von vielen pyramidalischen Körperchen zusammengesetzt, welche mit ihren festen Spitzen nach Innen ragen, so dass sie die Stelle von Zähnen vertreten könnten. Eine ganz ähnliche Organisation des Kropfes sah ich bei Alcyonella stagnorum.

2) Sehr lang ist der Dünndarm bei Bowerbankia und Vesicularia (siehe Farre a. a. O. Pl. 20. u. 22.), sehr kurz sah ich denselben bei der Cristatella mirabilis.

gefässnetzen. Sie sind nicht blosse Aushöhlungen des Parenchyms, sondern von einer besonderen Gefässhaut umschlossen. Die in den Gefässen enthaltene Blutflüssigkeit führt zugleich eine Menge weisser (Blut-) Kügelchen mit sich [1]).

§. 40.

Eine ganz eigenthümliche Saftbewegung findet in allen Anthozoen und Bryozoen statt, indem in der Leibeshöhle dieser Thiere eine meist wasserklare, hier und da farblose rundliche und kleine Körperchen enthaltende Flüssigkeit sich auf und nieder bewegt. Die Flüssigkeit steigt dabei bis in die Spitze der hohlen Tentakeln hinauf, von wo sie umkehrt und wieder in die Leibeshöhle zurückströmt. Diese Strömung setzt sich bei den in Kolonien vereinigten Polypen durch die Kanäle, welche die Polypenstöcke durchziehen, von einer Leibeshöhle zur anderen fort. Es hängt diese Saftbewegung von einem sehr zarten Flimmerepithelium ab, welches die Leibeshöhle und die hohlen Tentakeln der Polypen, sowie die Höhlen und Kanäle der Polypenstöcke auskleidet. In den Bryozoen, deren Leibeshöhle von der Verdauungshöhle abgeschlossen ist, geht diese Saftströmung ununterbrochen und regelmässig in einer und derselben Richtung vor sich, in den Anthozoen dagegen wird diese Saftbewegung dadurch, dass der geöffnete Magengrund entweder Flüssigkeit aus der Leibeshöhle in die Magenhöhle überströmen lässt, oder aus der letzteren in die erstere hineintreibt, in seiner Richtung von Zeit zu Zeit gestört. Auch bei denjenigen Anthozoen, deren hohle Arme unmittelbar in die Magenhöhle ausmünden, lässt sich eine Saftströmung in den Armen wahrnehmen [2]).

---

1) Milne Edwards hat dergleichen Blutgefässnetze in den Leibeswandungen von Alcyonidium elegans und Alcyonium palmatum und stellatum erkannt (vgl. Annales d. sc. natur., T. 4. p. 338.). Sehr genau hat Will neuerdings das Blutgefäss-System von Alcyonium palmatum auseinandergesetzt (s. Froriep's neue Notizen, 1843, No. 599. p. 68.). Nach Will's Angaben lassen sich in den Längsfurchen des Leibes dieses Polypen schon mit blossen Augen die weissen Längsgefässe erkennen. Diese Gefässe treten nach vorne in die Läppchen des Körperrandes, bilden in denselben ein dichtes Netz und senden in jeden Arm einen Ast, welcher für jedes Tastläppchen einen Seitenast abgiebt. Der Hauptstamm der Längsgefässe geht an der Basis der Tentakeln auf die Magenwände über. Aus den acht Haupt-Längsgefässen entspringen an den Uebergangspunkten der Polypenleiber in den Polypenstock sehr viele Seitenäste, welche in den Röhren vielfache Anastomosen eingehen und sich zuletzt zu einem Kapillargefässnetze ausbreiten. Die in der dicklichen Blutflüssigkeit enthaltenen weissen und wenig durchscheinenden Kügelchen besitzen nach Will's Untersuchung einen Durchmesser von $\frac{1}{1000}'''$ und ballen sich ausserhalb der Gefässe in rundliche Klümpchen zusammen. Auch bei den Actinien will derselbe Naturforscher ein ähnliches Gefässsystem erkannt haben.

2) Die Saftbewegung im Innern der Polypen ist vielfältig beobachtet worden. Schon Trembley hat sie in Plumatella cristata erkannt (Mémoire pour servir à l'hist. des Polypes p. 219. Uebers. von Goeze p. 302.), und Dumor-

§. 41.

Ueber die Bedeutung dieser in den hohlen Räumen der Polypen circulirenden Flüssigkeit lässt sich bis jetzt keine ganz sichere Auskunft geben, indem es noch zweifelhaft ist, ob man das Ganze als ein Blutcirculationssystem oder als ein Wassercirculationssystem betrachten soll. Dadurch, dass die Anthozoen mittelst ihres geöffneten Magengrundes Wasser in dieses Gefässsystem einlassen und aus demselben wieder aus-

tier (Mémoire sur l'anatomie et physiologie des polypes, p. 47.) konnte diese Beobachtung nur bestätigen. Cavolini hat diese Saftbewegung in den Röhren verschiedener Sertularinen gesehen (vergl. dessen Abhandl. über Pflanzenthiere, p. 56. 87. ff.). Ueber die Ursache, durch welche diese Saftbewegungen bewirkt werden, sprechen sich die Naturforscher sehr verschieden aus. Nach Gruithuisen (Isis 1828, p. 506.), welcher die Saftbewegung in den hohlen Armen der Hydra erkannte, sollen diese mit einem, den Mund des Polypen umgebenden Ringgefässe communiciren; nach Meyen's (Brown's vermischte botan. Schriften, Bd. 4. p. 490.), nach Ehrenberg's (Mittheilungen a. d. Verhandl. der Gesellschaft naturforsch. Freunde zu Berlin, 1836, p. 27.) und meinen Beobachtungen münden jedoch die Höhlen der Arme unmittelbar in den Magen. Die Bewegung der Flüssigkeit in den Armen von Hydra geht aber nicht bloss durch die allgemeinen Kontraktionen des Leibes vor sich, wie Gruithuisen und Meyen annehmen, sondern wird auch zum Theil von sehr zarten Wimpern veranlasst, welche sowohl den den Saft in den hohlen Armen, als auch in dem hohlen Fusse einer Hydra umhertreiben. Grant, welcher ähnliche Saftbewegungen bei Flustra, Locularia, Virgularia, Pennatula u. a. beobachtete, erkannte zuerst, dass bei dieser Saftcirculation Flimmercilien im Spiele seien (vergl. The new Edinburgh philosophical Journal, 1827, p. 107. und Outlines of comp. anatomy, 1841, p. 430.). Nordmann, welcher in der Leibeshöhle und den Tentakeln von Alcyonella diaphana, Plumatella campanulata und anderen Bryozoen den Saftlauf wahrgenommen hat, konnte keine Flimmerorgane in diesen Höhlen entdecken und verglich deshalb diese Bewegung mit der Saftcirculation in den Gliedern der Chara (vgl. dessen Micrographische Beiträge, Bd. II. p. 75. und Observations sur la Faune Pontique, p. 709.). Ich habe mich dagegen von der Anwesenheit eines Flimmerepitheliums in der Leibeshöhle von Cristatella mirabilis und Alcyonella stagnorum auf das deutlichste überzeugt. Lister beschrieb die Saftcirculation bei Tubularia, Sertularia und Campanularia sehr ausführlich und hat dieselbe, da ihm die Ursache dieser Bewegung nicht deutlich geworden ist, ebenfalls mit der Saftbewegung der Chara verglichen (s. the philosophical transactions, 1834, p. 366. ff.). Ehrenberg (Abhandl. d. Berl. Akademie a. d. J. 1832, p. 299.) und Lowén (Wiegmann's Archiv 1837, Bd. I. p. 254.) glauben bei Sertularia und Campanularia die Saftbewegung einem von den Leibesröhren ausgehenden Motus peristalticus zuschreiben zu müssen, während Van Beneden (Mémoire sur les Campanulaires, a. a. O. p. 18.) die Wände der Röhren bei diesen Polypen sich niemals bewegen sah. Erdl leitet die Saftcirculation in den Tentakeln des Veretillum Cynomorium ebenfalls von einem Flimmerepithelium ab (siehe Müller's Archiv 1841, p. 426.), Will fand die Leibeshöhle und alle Röhren im Stocke des Alcyonium palmatum mit einem Flimmerepithelium überzogen (vgl. Froriep's neue Notizen, 1843, No. 599. p. 69.). Bestimmt rühren auch die von Erdl (Müller's Archiv 1841, p. 428.) und Dumortier (Mémoire a. a. O. p. 52.) in den Tentakelhöhlen der Actinien beobachteten Saftbewegungen von einem solchen Flimmerepithelium her.

lassen können, liegt der Gedanke sehr nahe, dasselbe vertrete als Wassergefässsystem die Stelle eines inneren Respirationsorgans, während die Tentakeln, in deren Höhlen eine regelmässige Saftbewegung stattfindet, als äussere, kiemenartige Respirationswerkzeuge mitwirken mögen.

Wollte man diese Saftbewegung für eine Blutcirculation halten, so würden die circulirende klare Flüssigkeit der Blutflüssigkeit, und die in derselben suspendirten Körperchen den Blutkörperchen analog sein. Dieser Vergleichung steht aber im Wege, dass bei Alcyonium, bei Actinia und vielleicht bei vielen anderen Polypen ein bestimmtes Blutgefässsystem vorhanden ist [1]). Man müsste demnach jene Flüssigkeit mit einem Chylus-Safte vergleichen, der bei den mit einem nach Innen abgeschlossenen Verdauungskanale versehenen Bryozoen aus dem Darmkanal durch Exosmose in die Leibeshöhle gelangt, während derselbe bei den Anthozoen durch den geöffneten Magengrund direkt in dieselbe einströmt [2]). Am schwierigsten lässt sich der Gedanke, als seien diese Saftbewegungen Blutbewegungen, bei den Anthozoen mit dem Umstande vereinigen, dass diese Thiere den Inhalt ihres Blutgefässsystemes willkürlich durch den Magen nach aussen entleeren und auf demselben Wege mit verschlucktem Wasser verdünnen können. Man muss daher auf die Vermuthung zurückkommen, dass die Leibeshöhle und die mit ihr in Verbindung stehenden Kanäle nebst der darin enthaltenen Flüssigkeit, unter der Form eines Wassergefässsystems den Zweck habe, einen Respirationsprozess zu unterhalten, indem bei den Anthozoen alle inneren Theile durch das Flimmerepithelium des Wassercirculationssystems fortwährend mit frischem Wasser bespült werden. Der Wechsel des Wassers wird hier durch abwechselndes Verschlucken und Ausspeien des Wassers vom Magen der Polypen besorgt [3]), wobei es leicht kommen kann, dass zufällig einige Chylus-Körperchen aus dem Magen mit in das Wassergefässsystem fortgerissen werden. Da bei den Bryozoen ein ähnliches Wassergefässsystem vorhanden ist, und dasselbe wohl ebenfalls zur Respiration dient, so muss man sich hier nach Oeffnungen umsehen, durch welche der zum Athmungsprozesse nothwendige Wasserwechsel vor sich gehen könne. Dergleichen Oeffnungen, durch welche die Leibeshöhle der Bryozoen nach aussen mündet, sind auch wirklich in der Gegend des Afters anzutreffen [4]).

---

1) Vergl. §. 39. Anmerk. 1.

2) Bei Sertularia und Campanularia sehen Ehrenberg und Lowén die Röhren des Polypenstockes wirklich als unmittelbare Fortsetzungen des Magens an und bezeichnen sie als Darmröhren, so wie ihren Inhalt als Speisebrei.

3) Dieses abwechselnde Verschlucken und Ausspeien von Wasser haben Lister, Lowén und Van Beneden bei den Sertularien und Tubularien bestimmt beobachtet.

4) Aus einer solchen neben dem After befindlichen Oeffnung hat Meyen (Isis 1828, p. 1228.) die frei in die Leibeshöhle von Alcyonella stagnalis enthalte-

Achter Abschnitt.

Von den Absonderungs-Organen.

§. 42.

Bei den Polypen haben sich bis jetzt keine mit den Harnwerkzeugen vergleichbare Absonderungsorgane auffinden lassen. Als eigenthümliches Absonderungsorgan dürfte bei denjenigen Polypen, welche ein röhrenförmiges Gehäuse bewohnen, der Mantelsaum derselben zu betrachten sein, indem von ihm die Hervorbildung und der Wachsthum der Röhren ausgeht [1]).

Neunter Abschnitt.

Von den Fortpflanzungs-Organen.

§. 43.

Die Polypen vermehren sich durch Selbsttheilung, Knospenbildung und Eier.

1. Die Selbsttheilung kömmt verhältnissmässig selten vor und wird dann fast immer als Längstheilung beobachtet, wobei der Theilungsprozess ein vollständiger oder unvollständiger sein kann [2]).

---

nen Eier hervortreten sehen. Van Beneden (Annales d. sc. nat., T. 14. 1840. p. 222.) will sogar an der Basis der Tentakeln von Alcyonella eine Reihe von Oeffnungen bemerkt haben, welche er *Bouches aquifères* nannte, da durch sie Wasser von aussen in die Leibeshöhle der Polypen eindringen soll. Es findet eine solche Wasseraufnahme vielleicht auch bei den Actinien statt. Rapp (Ueber die Polypen und die Aktinien, a. a. O. p. 47.) bemerkte nämlich an der ganzen Oberfläche des Leibes dieser Polypen viele kleine Oeffnungen vertheilt, welche durch Druck des Leibes einen Wasserstrahl fahren liessen und demnach mit dem allgemeinen Wassergefäss-Systeme in Verbindung stehen dürften. Es ist sehr unwahrscheinlich, dass die hohlen Tentakeln der Actinien, wie von älteren Naturforschern vielfach behauptet wurde, an ihrer Spitze geöffnet seien und hier das Wasser aus- und eintreten liessen. Quatrefages (Ann. d. sc. nat., T. 18. p. 96.) widerspricht dieser Annahme ganz bestimmt. Vgl. auch oben §. 36. Anm. 1.

1) Die kalkigen Röhren von Tubipora, so wie die hornigen Röhren der Sertularinen und verschiedener Bryozoen werden gewiss, wie die Gehäuse der Muscheln und Schnecken, an ihrer Mündung von dem Mandelrande der Polypen abgesondert.

2) Eine Quertheilung will Rösel (Insekten-Belustigungen, Th. III. p. 504. u. 525. Taf. 83. Fig. 3.) bei Hydra beobachtet haben. Eine Längstheilung findet hauptsächlich bei den Madreporinen statt. Kömmt sie vollständig zu Stande, so sind die Zellen der Polypenstöcke vollständig rund herum abgegrenzt, wie bei Astraea, Favia und Coryophyllia; geht die Längstheilung aber unvollständig vor sich, so erscheinen die Zellen wellig, verästelt, gelappt oder überhaupt unregelmässig begrenzt, wie bei Agaricia, Maeandrina, Monticularia etc.

2. Die Knospenbildung ist die verbreitetste Vermehrungsweise der Polypen. Es lösen sich dabei die neu hervorgewachsenen Individuen entweder vollständig ab, oder sie bleiben mit dem Polypenstocke, aus welchem sie hervorgesprossen, verbunden.

a) Die Knospenbildung mit Ablösung des neu hervorgewachsenen Individuums kömmt im Ganzen nicht häufig vor. Am bekanntesten ist diese Fortpflanzungsart bei Hydra. Die Knospen der Hydra sprossen stets an einer bestimmten Gegend des Leibes hervor, nämlich da, wo der Fuss des Thieres vom Körper abgeht [3]). Immer ist eine solche Knospe der Hydra anfangs eine blosse Hervorstülpung der Leibesbedeckung und Magenwandung, so dass die Magenhöhle des neuen Individuums unmittelbar mit der Magenhöhle des Mutterthieres zusammenhängt, und der Speisebrei aus dieser in jene direkt überströmt; erst nachdem der Fuss des neuen Individuums gehörig ausgebildet ist, schnürt sich das untere Ende desselben vom alten Polypen vollständig ab.

b) Die Knospenbildung ohne Ablösung der neu gebildeten Individuen ist bei den Polypen sehr allgemein verbreitet und tritt unter den mannichfaltigsten Modifikationen auf. Es können die Knospen bald an der Seite der Polypenkörper, bald an der Basis derselben sich entwickeln. Im ersteren Falle werden die Polypenstöcke ein baumartiges, verästeltes Ansehen erhalten, im letzteren Falle werden mehr plattenartige, kugelförmige oder rasenförmige Polypenstöcke zu Stande kommen. Diese verschiedenen Knospenbildungen sind nicht an bestimmte Gattungen und Arten der Polypen gebunden, sondern werden häufig durch äussere Einflüsse, namentlich durch die Art des Bodens, auf welchem sich eine Polypenkolonie ausbreitet, bedingt [4]).

---

3) Vgl. Rösel a. a. O. Th. III. Tab. 85. Fig. 2. 3. 5., Tab. 86. u. 88. Fig. g. h. und Tab. 89. Fig. 4. Die Abweichungen von dieser Regel, welche hier und da vorkommen, werden höchst wahrscheinlich durch Verletzungen und andere zufällige Störungen hervorgerufen.

4) Bei einer und derselben Art der Knospenbildung erhalten Eschara und Flustra ein plattenförmiges Ansehen, wenn sie sich auf Steinen, Muscheln, breiten Blättern von Tangen u. dgl. ausbreiten, eine röhrenförmige Gestalt dagegen, wenn sie an runden Pflanzenstengeln herumwachsen. Aehnlich wechselt auch die Gestalt des Polypenstocks von Alcyonella stagnorum. Auf Blättern und an Pflanzenstengeln breitet sich dieser Federbuschpolyp regelmässig dichotomisch aus (vgl. Eichhorn, Beiträge zur Naturgeschichte der kleinsten Thiere, Taf. IV. und Rösel a. a. O. Taf. 73. u. 74.); unter dieser Form ist dieser Polyp als Plumatella campanulata Lam. bekannt geworden. Baut sich aber eine Kolonie desselben Polypen auf einem Steine oder einem Wurzelstocke am Boden des Wassers an, so breitet sich dieselbe anfangs auch dichotomisch aus; da aber bei der weiteren Vermehrung, wegen Mangel an Unterlage, die neuen hervorsprossenden Aeste sich zwischen die alten hineindrängen, so bekömmt eine solche Kolonie

§. 44.

3. Durch Eibildung pflanzen sich wahrscheinlich alle Polypen fort. Diese Fortpflanzungsweise erfordert immer die Anwesenheit zweier verschiedener Organe, von welchen das eine zur Bildung der Eier und das andere zur Hervorbringung des befruchtenden Samens bestimmt ist. Diese beiden einander bedingenden Organe, Eierstock und Hode, sind jetzt auch an vielen Polypen entdeckt worden.

Es sind diese beiden Organe an den Polypen sehr verschieden vertheilt. Gewisse Polypen tragen weibliche und männliche Geschlechtsorgane auf einem Individuum vereinigt [1]), andere sind vollkommen getrennten Geschlechts [2]). Bei denjenigen Polypen, welche in Kolonien beisammen wohnen, sind die einzelnen Individuen getrennten Geschlechts; es können dabei männliche und weibliche Individuen an einem und demselben Polypenstocke vorkommen [3]) oder die männlichen und die weiblichen Individuen von einander getrennt auf verschiedene Stöcke vertheilt sein [4]).

Gewisse Polypen sind und bleiben geschlechtslos, während an ihnen und an ihren Stöcken durch Knospenbildung ganz anders gestaltete Individuen hervorsprossen, in denen sich die Geschlechtswerkzeuge ausbilden [5]). Bei einigen lösen sich diese Individuen, welche meistens eine glocken- oder scheibenförmige Gestalt haben, von dem Polypenstamme ab, noch ehe ihre Geschlechtsorgane zur gehörigen Entwicklung gekommen sind, und erlangen, frei nach Art der Schirmquallen herumschwimmend, erst später ihre Geschlechtsreife [6]). Diese frei herumschwimmenden Polypen sind häufig für Polypenbrut, aber auch wohl eben so oft für wirkliche Acalephen gehalten worden [7]).

---

alsdann ein rasenartiges Ansehen. Ein solcher Rasen wird nach und nach immer dichter und grösser, indem die Röhren der abgestorbenen Generationen fortwährend von dem neuen Nachwuchs als Unterlagen benutzt werden (s. Lamouroux, Exposition méthodique des genres de l'ordre de polypiers, Tab. 76. fig. 5.). In dieser Gestalt wird dieser Polyp als Alcyonella stagnorum aufgeführt. Vergl. Raspail, histoire naturelle de l'Alcyonelle fluviatile.

1) Z. B. Hydra. — 2) Z. B. Actinia. — 3) Bei Alcyonella.

4) Nach Erdl's Beobachtungen tragen die Polypenstöcke von Veretillum Cynomorium und von Alcyonium immer nur entweder weibliche oder männliche Individuen (vgl. Froriep's neue Notizen, 1839, No. 249. p. 101.). Etwas Aehnliches will auch Krohn (Müller's Archiv 1843, p. 181.) bei Sertularia erkannt haben.

5) Z. B. Coryne, Syncoryne, Campanularia. — 6) Bei Coryne, Campanularia.

7) Sehr auffallend ist wenigstens die Aehnlichkeit der von Van Beneden (Mémoire a. a. O. Pl. 2.) gelieferten Abbildung der umherschwimmenden weiblichen Campanularia gelatinosa mit den winzigen Schirmquallen, welche Sars (Beskrivelser a. a. O. p. 28. Taf. 6. Fig. 14.) als Cytaeis octopunctata und Will (Horae tergestinae, 1844, p. 68. Taf. II. Fig. 5.) als Cytaeis polystyla beschrie-

§. 45.

Das Bestehen eines solchen merkwürdigen Verhältnisses von geschlechtlichen und geschlechtslosen Individuen zu einander wird bei den Polypen durch folgende Thatsachen bestätigt: Bei Coryne echinata und vulgaris bilden sich am Grunde der geschlechtslosen kolbenförmigen Polypenleiber vierseitige glockenförmige Körper aus, die eine Menge von Eiern entleeren [1]. Aehnliche, viele Eier enthaltende Glocken wachsen am Grunde des kolbigen Leibes von Syncoryne ramosa hervor [2]. Solche glockenförmige Individuen lösen sich von den keulenförmigen Individuen der Coryne Fritillaria ganz los [3], schwimmen als medusenartige Wesen im Wasser umher, und gelangen so erst zu einer vollkommeneren Entwicklung, während welcher sich in ihnen die Eier ausbilden [4]. Die Campanularien und Sertularien tragen an den Enden ihrer Stengel und Zweige Zellen mit länglichen geschlechtslosen Individuen, während in den Winkeln der Aeste und Zweige anders geformte Zellen hervorwachsen, in welchen sich mehrere kugelförmige Individuen entwickeln. In diesen letzteren bilden sich die Geschlechtsorgane aus und zwar bei Campanularia geniculata, ohne dass sich diese Individuen vom Polypenstocke ablösen, bei Campanularia gelatinosa dagegen erst, nachdem sich dieselben von dem Polypenstocke als medusenartige Wesen getrennt haben [5].

§. 46.

Die Eier der Polypen lassen das Keimbläschen und den Keimfleck zuweilen sehr deutlich erkennen. In manchen Fällen scheinen beide

---

1) Vgl. Wagner in der Isis 1833, p. 256. Taf. XI. und Icones zootomicae, Tab. 34. Fig. 16.

2) Vgl. Lowén in Wiegmann's Archiv 1837, Th. I. p. 321. Taf. VI. Fig. 19—25.

3) Nach Steenstrup, Ueber den Generationswechsel, p. 20. Taf. 1. Fig. 41—47.

4) Aus der von Sars (Beskrivelser a. a. O. p. 6. Tab. I. fig. 3.) an Corymorpha nutans angestellten Beobachtung dürfte hervorgehen, dass auch bei diesem Polypen die später mit Geschlechtsorganen ausgerüsteten Individuen sich von den geschlechtslosen Individuen abtrennen.

5) Nach den Beobachtungen von Krohn (Müller's Archiv 1843, p. 174.) ist es übrigens wahrscheinlich, dass bei Campanularia und Sertularia sich nicht bloss weibliche medusenartige Individuen ausbilden, sondern dass sich auch die männlichen Individuen in ähnlicher Weise entwickeln. Ferner geht aus Ellis' Beschreibung hervor (Essai sur l'hist. nat. des Corallines, p. 116. Pl. 38. fig. 3.), dass sich bei Campanularia dichotoma ebenfalls die Weibchen, welche Ellis für Eier hielt, von dem Polypenstocke ablösen. Auch Meyen (Nov. Act. physico-medica, T. XVI. Suppl. I. 1834. p. 195. Tab. 30. fig. 3. u. 4.) hat die sich entwickelnden medusenartigen Weibchen derselben Campanularia für die Brut genommen.

sehr früh zu verschwinden. Die Eihüllen sind bald einfach [1]), bald höchst eigenthümlich und complicirt organisirt. Die Samenflüssigkeit enthält stets sehr bewegliche Spermatozoïden, welche bei einigen Polypen eine einfach wurmförmige oder haarförmige Gestalt haben, bei anderen dagegen eine Cercarienform darbieten, indem sie aus einem kleinen starren Körperchen und einem zarten beweglichen Haaranhange bestehen. Dieselben erleiden im Wasser weder in ihrer Form noch Bewegung eine Störung [2]).

§. 47.

I. Die Geschlechtstheile sind in allen denjenigen Polypen, welche keine geschlechtslosen Individuen aufzuweisen haben und deren Verdauungskanal von einer Leibeshöhle umgeben ist, im Inneren der letzteren angebracht. Da sie nur zur Zeit der Brunst gehörig entwickelt sind, können sie sehr leicht übersehen werden.

Die Eierstöcke sowohl, wie die Hoden stellen als innere Geschlechtsorgane meistens bandförmige Streifen dar. Diese Bänder sind entweder mit dem einen Ende an den Magen der Polypen befestigt und flottiren mit dem übrigen Theile frei in der Leibeshöhle, oder sitzen nach Art eines Mesenteriums mit der einen Kante an den Magenwänden der Länge nach fest, wobei die eine Kante frei in die Leibeshöhle hervorragt. Zuweilen sind auch die Geschlechtsorgane an den Wandungen der Leibeshöhle angebracht.

Die Eier und Spermatozoïden gelangen hier, nachdem sie sich ent-

---

1) Bei den meisten Anthozoen. Dergleichen einfache Eier hat Wagner (Wiegmann's Archiv 1835, Th. 1. Taf. 3. Fig. 2, Prodromus historiae generationis hominis atque animalium, Tab. I. fig. I. und Icones zootomicae, Tab. 34. fig. 5. 17. 23.) von Actinia, Coryne und Veretillum abgebildet.

2) Eine lineare wurmförmige Gestalt besitzen die Spermatozoïden der meisten Bryozoen; dieselben sind ihrer schlängelnden Bewegungen und ihrer unverhältnissmässigen Grösse wegen schon mehrmals für Parasiten gehalten worden. Kölliker (Beiträge zur Kenntniss der Geschlechtsverhältnisse und der Samenflüssigkeit wirbelloser Thiere, p. 41. Taf. II. Fig. 17.) beobachtete die Entwickelung linearer Spermatozoïden aus Zellen, so wie die Bewegungen derselben in der Leibeshöhle von Flustra carnosa. Aehnliche Spermatozoïden sah ich in Cristatella mirabilis und Plumatella campanulata. Die in der Leibeshöhle von Valkeria Cuscuta sich herumschlängelnden Spermatozoïden haben, nach Farre (Philosophical transactions, 1837, p. 403. Pl. 23. fig. 5. g.), der sie mit Entozoen verwechselte, eine Cercarienform und bestehen aus einem ovalen Körperchen und einem beweglichen linearen Anhang. Ganz eben so gestaltet hat Nordmann die Spermatozoïden von Cellaria avicularia beobachtet (Faune Pontique a. a. O.). Aehnlich verhalten sich auch die Spermatozoïden der Actinien. (Vgl. Erdl in Müller's Archiv, 1842, p. 301. und Kölliker a. a. O. p. 44. fig. 13.) Man hüte sich übrigens, diese Spermatozoïden mit den sonderbaren Nesselorganen der Actinien zu verwechseln, deren Entwickelung vielleicht mit der der Sexualorgane in einem gewissen Zusammenhange steht (s. Erdl a. a. O. p. 305.). Mit lanzenförmigem Körper und zartem Haarenhange bildete Kölliker (a. a. O. fig. 11.) die Spermatozoïden des Alcyonidium gelatinosum ab.

wickelt und von dem Boden ihrer Geschlechtsorgane getrennt haben, zunächst in die Leibeshöhle der Polypen. In denjenigen Polypenstöcken, welche männliche und weibliche Individuen zugleich an sich tragen, und deren Leibeshöhlen untereinander in Verbindung stehen, kann auf diese Weise eine Befruchtung der Eier innerhalb der Leibeshöhle sehr leicht statt finden [1]).

Bei den übrigen mit getrennten Geschlechtern versehenen Polypen wird, da hier allgemein Begattungsorgane fehlen, das Wasser, in welchem diese Thiere leben, die Befruchtung vermitteln müssen, indem dasselbe die Samenfeuchtigkeit mit den im Wasser unveränderlichen Spermatozoïden der männlichen Individuen aufnimmt und den Eiern zuführt. Letztere können auf diese Weise vielleicht, noch ehe sie gelegt wurden, in der Leibeshöhle der Weibchen durch die mit dem Wassercirculations Prozesse dahin gelangte Samenfeuchtigkeit befruchtet werden.

§. 48.

Die Verschiedenheiten, welche diese inneren Geschlechtswerkzeuge bei den einzelnen Polypenfamilien darbieten, sind folgende:

1. Bei den Bryozoen ragt von dem unteren Ende des Magenblindsackes ein bandförmiger Eierstock oder Hode in die Leibeshöhle hinab. In diesen Geschlechtsorganen entwickeln sich nur wenige, zwei, drei bis vier Eier- oder Spermatozoïden-Büschel aus perlschnurförmig hintereinander aufgerichteten Zellen [2]).

Die Eier der Bryozoen, an welchen sich sehr früh Keimbläschen und Keimfleck verlieren, lösen sich, noch ehe ihre Schale gehörig ausgebildet ist, von den Ovarien ab, und werden von den Flimmercilien der Leibeshöhle in dieser auf und nieder bewegt. Dieselben sind fast immer abgeplattet und anfangs von einer zarten farblosen Hülle umgeben; diese wird nach und nach derber, dunkler und an ihrem Rande rundherum von einem hellen durchsichtigen Wulste umgeben. Dergleichen schwarzbraune und ovale Eier bringt Alcyonella und Plumatella hervor [3]). Ganz eigenthümlich verhalten sich die hellbraunnen linsenförmigen Eier der Cristatella mirabilis Dal. (Cristatella Mucedo Cuv.). Hier ragen nämlich auf beiden Seiten des wulstigen

---

1) Bei der mit Flustra verwandten Tendra zostericola, deren Polypen in dicht nebeneinander gelagerten Zellen abgeschlossen stecken, stehen die Zellen der männlichen Individuen durch eine Oeffnung mit den Zellen der Weibchen in Verbindung, wodurch die Spermatozoïden in die Leibeshöhle der letzteren hinüberschlüpfen können. Vgl. Nordmann in den Ann. d. sc. nat., T. 11. 1839. p. 191.

2) Vgl. Meyen in der Isis 1828, Taf. 14. Fig. 1. von Alcyonella stagnorum, Dumortier a. a. O. Pl. I. fig. 3. u. u. von Plumatella cristata und Nordmann in seinen Observat. sur la Faune Pontique, p. 679. fig. 4. A. n. von Cellaria avicularia.

3) Vgl. Raspail a. a. O. Pl. 12. fig. 10—12., Pl. 14. fig. 4—8. u. Pl. 15. fig. 5.

Randes eine Menge Widerhaken rundherum hervor, welche anfangs vom einer Gallerte eingehüllt sind, später aber im Wasser durch das Verschwinden der letzteren frei werden und sich dann leicht an Pflanzen und andere Gegenstände anheften [4]).

2. Bei vielen Anthozoen, deren Magen mit einer deutlichen Leibeshöhle umgeben ist, erstrecken sich die bandförmigen Geschlechtsorgane in Gekrösform und mehrfacher Zahl an den äusseren Magenwandungen herab und ragen während der Brunstzeit oft noch vielfach gekräuselt und traubenförmig in die Leibeshöhle hinab. Als ein solches sehr faltenreiches Gekröse sind die Geschlechtsorgane der Actinien zwischen den Scheidewänden der Leibeshöhle an der äusseren Fläche des Magens angebracht [5]). Aehnlich verhalten sich die inneren Geschlechtswerkzeuge der Edwardsia [6]). In Veretillum [7]) und Alcyonium [8]) hängen diese Gekröse der Geschlechtsorgane vom Magen weit in die Leibeshöhle hinunter.

3. Alcyonidium elegans [9]) und Tubipora musica [10]) tragen ihre gekrösartigen Geschlechtsorgane an der inneren Fläche der Leibeshöhle [11]).

§. 49.

Bei diesen mit inneren Geschlechtstheilen versehenen Polypen geht das Eierlegen auf verschiedene Weise vor sich. Bei den Bryozoen treten höchst wahrscheinlich die Eier durch eine neben dem After befindliche Oeffnung aus der Leibeshöhle hervor [1]). Die Anthozoen speien dagegen ihre Eier aus, nachdem letztere durch den geöffneten Magengrund aus der Leibeshöhle in den Magen übergetreten sind. Die

---

4) Vgl. Turpin und Gervais in den Ann. d. sc. nat., T. 7. 1837. Pl. 3. A. fig. 2—4. und Pl. 4. A. fig. 1—6.

5) Siehe Wagner in Wiegmann's Archiv 1835, Th. 1. Taf. 3. Fig. 1. und Icones zootomicae, Tab. 34. fig. 22.

6) Siehe Quatrefages in den Ann. d. sc. nat. a. a. O. Pl. 1. fig. 7. und Pl. 2. fig. 10.

7) Vgl. Carus und Otto, Erläuterungstafeln, Heft 4. Taf. 1. Fig. 19. und Wagner's Icones zootomicae, Tab. 34. fig. 2.

9) Vgl. Milne Edwards in den Annales d. sc. nat. a. a. O. Pl. 14. fig. 4., Pl. 15. fig. 6. 8. und Pl. 16. fig. 3—5.

9) Ebendas. p. 329. Pl. 12. fig. 3. und Pl. 13. fig. 2. 7.

10) Siehe Rymer Jones, Outlines a. a. O. p. 36. fig. 9. nach Lamouroux.

11) Sehr auffallend ist die Beobachtung Kölliker's (Beiträge a. a. O. p. 46.), dass bei Alcyonidium gelatinosum Johns. (Halodactylus diaphanus Far.) die Sexualorgane sich nicht an den einzelnen Individuen der Polypenkolonie, sondern in der fleischigen Substanz des Polypenstockes hier und dort zerstreut als kleine runde Säcke vorfinden, welche sich an einem und demselben Stocke theils zu Hoden, theils zu Ovarien ausbilden, von welchen es übrigens Kölliker zweifelhaft lässt, ob sie ihren Inhalt innerhalb der Leibeshöhle oder an der äusseren Körperoberfläche entleeren.

1) Vgl. Meyen (Isis 1828, p. 1228.) über Alcyonella stagnorum.

viviparen Actinien gebären ihre Jungen, welche sich im Magengrunde der Mütter entwickeln, auf dieselbe Weise durch den Mund [2]).

§. 50.

II. Mehrere Anthozoen, deren Magen nicht von einer Leibeshöhle umgeben ist, besitzen äussere Geschlechtswerkzeuge; es gilt dies namentlich von Hydra, deren Ovarien und Hoden sich während der Brunst an der äusseren Körperoberfläche eines und desselben Individuums entwickeln.

Als Bette für die Eier der Armpolypen erhebt sich auf derselben Stelle ihres Leibes, auf welcher die Knospenbildung vor sich gegangen ist [1]), die glashelle farblose Cutis in Form eines Wulstes, indem sich unter derselben nach und nach Dottermasse anhäuft. Diese bildet zuletzt eine Art Auswuchs, welcher sich an seiner Basis einschnürt und zu einem Eie abrundet. Da, wo sich die Dotterkugel abschnürt, bildet der Polypenleib eine napfförmige Erhabenheit, in deren seichter Vertiefung nur ein sehr kleiner Theil der Dotterkugel den Mutterleib berührt. Von diesem Napfe geht eine sehr zarte Spinnwebenhaut aus, welche gegen das Ende der Eibildung statt der auseinander gewichenen Cutis das Ei umhüllt. Ein Keimbläschen und Keimfleck ist in demselben nie deutlich wahrzunehmen. Bevor sich ein solches Ei von seinem Mutterboden trennt, nimmt die den Dotter zunächst umgebende Hülle eine derbere Beschaffenheit an; diese Dotterhülle wird dann zugleich von einem gallertartigen Ueberzug umgeben, wobei aus ersterer bei Hydra vulgaris rund herum stumpfe Fortsätze hervorwachsen, welche sich verlängern, an der Spitze ein- oder mehrmals spalten und so ein zackiges Ansehen bekommen. Die zarte Spinnwebenhaut berstet zuletzt, das Ei fällt ab und hängt sich, indem der Gallertüberzug desselben schwindet, irgendwo fest. Aehnlich verhalten sich die Eier von Hydra viridis, nur bilden sich hier ganz kurze, sehr dichtstehende, stumpfe Fortsätze auf der Dotterhülle aus [2]).

An denselben Individuen der Armpolypen, an welchen sich die Eier entwickeln, bilden sich auch die Hoden aus, indem äusserlich am Leibe zwischen der Basis der Fühler und derjenigen Stelle, an welcher

---

2) Von Rathke ist mehrmals junge Brut im Magen der Actinien angetroffen worden. Vgl. dessen Reisebemerkungen aus Taurien, zur Morphologie, 1837, p. 10. und Beiträge zur vergl. Anatomie u. Physiologie in den neuesten Schriften der naturf. Gesellschaft zu Danzig, Bd. 3. Heft 4. 1842. p. 112.

1) Die Fortpflanzung der Armpolypen durch Knospenbildung geht der Eibildung stets voraus.

2) Die Eier von Hydra sind schon von Bernhard Jussieu beobachtet worden (vgl. die Abhandl. der schwedischen Akademie auf das Jahr 1746, Bd. 8. p. 211.), aber später für ein Exanthem der Armpolypen gehalten worden (s. Rösel, Insekten-Belustigungen, Th. III. p. 500. Tab. 83. Fig. 1. 2.). Erst von Ehrenberg wurde diese Eibildung in neuster Zeit wieder klarer erkannt (vgl. die Abhandl. der Berl. Akademie a. d. J. 1836. p. 115. Taf. II.).

die Eier hervorkeimen, kleine konische Auswüchse zum Vorschein kommen, auf deren Gipfel sich eine kleine Papille erhebt. Diese ist an ihrer Spitze durchbohrt und führt in den zelligen inneren Raum der Auswüchse, der wirklichen Hoden der Hydra, in welchen sich die cercarienförmigen Spermatozoïden in Gestalt von rundlichen Körperchen mit sehr zartem beweglichen Haaranhang entwickeln. Diese schlüpfen aus der Mündung der Hoden leicht hervor und umwimmeln im Wasser den Leib der trächtigen Polypen [3]). Die Zahl der Hoden an einem Individuum ist eine durchaus unbestimmte und variirt ungemein [4]).

§. 51.

III. Bei denjenigen Polypen, an deren Polypenkolonien ausser den geschlechtslosen Individuen nur zu gewissen Zeiten Individuen mit Geschlechtswerkzeugen zum Vorschein kommen, bilden sich die Sexualorgane an verschiedenen Stellen dieser glockenförmigen oder medusenartigen Individuen aus. Bei Coryne [1]) und Syncoryne [2]) sprossen die Eier auf der äusseren Fläche des Magens hervor und fallen in die Höhle des glockenförmigen Mantels, aus welcher sie leicht durch Oeffnen des Mantelrandes ins Wasser gelangen. Bei den medusenartigen Individuen von Coryne Fritillaria und Corymorpha nutans scheinen sich die Geschlechtsorgane in den Winkeln des Randes der glockenförmigen Scheibe [3]) und bei Campanularia vielleicht in der Scheibe selbst zu entwickeln.

§. 52.

Aus der Entwickelungs-Geschichte der Polypen-Embryonen geht hervor, dass bei sehr vielen (vielleicht bei allen) Polypen eine Metamorphose statt findet.

Die Entwickelung der Embryonen erfolgt durch den bekannten Durchfurchungsprozess des ganzen Eidotters [1]), nach welchem sich die

---

3) Es sind diese Hoden der Hydren schon von älteren Naturforschern gesehen, aber ebenfalls für eine Ausschlagskrankheit gehalten worden (vgl. Trembley, Abhandlung zur Geschichte einer Polypenart, p. 264. Taf. X. Fig. 4. und Rösel a. a. O. p. 502. Tab. 83. Fig. 4.). Derselbe Irrthum hat sich auch in neuster Zeit wiederholt (s. Laurent in Froriep's neuen Notiz., 1842, No. 513. p. 104.). Die erste Auseinandersetzung der wahren Beschaffenheit dieser Auswüchse an den Armpolypen haben wir Ehrenberg zu verdanken (vgl. Mittheilungen aus den Verhandl. der Gesellsch. naturf. Freunde in Berlin, 1838, p. 14.).

4) Vgl. Wagner, Icones zootomicae, Tab. 34. fig. 10. b. b. Ich beobachtete an einer Hydra vulgaris funfzehn Hoden, an einem anderen Individuum zählte ich sieben Eier und eilf Hoden, und an einem dritten vier Eier und zwölf Hoden.

1) Vgl. Wagner in der Isis 1833, Taf. XI. Fig. 8.

2) Vgl. Lowén in Wiegmann's Archiv 1837, Th. I. Taf. VI. Fig. 19. 20.

3) Vgl. Steenstrup, Ueber den Generationswechsel, p. 23. 24.

1) Sonderbarer Weise geht an den Eiern von Hydra ein Durchfurchungsprozess vor sich, noch ehe sich dieselben von den Polypen getrennt und noch

ser in einen kontraktilen, mehr oder weniger langgestreckten eiförmigen Körper verwandelt, der mittelst eines die ganze Körperoberfläche überziehenden Flimmerepitheliums sich um seine Längsaxe drehend, nach Art vieler Infusorien, frei und willkürlich im Wasser umherschwimmt. Diese infusorienartigen jungen Polypen, welche sich häufig schon im Mutterleibe entwickeln, sind früher für schwimmende Eier gehalten worden [2]. Nach kurzem Herumschwimmen setzen sie sich an einen passenden Gegenstand fest, die Wimpern gehen alsdann gewöhnlich von ihrem Körper verloren; dieser dehiscirt an der freien Seite, und erlaubt so dem im Innern sich entwickelnden Polypen mit seinen Armen nach aussen hervorzutreten. Viele dieser Polypen vermehren sich dann durch Knospenbildung und bilden so die Grundlage zu einer neuen Polypenkolonie [3].

---

ehe sich dieselben von den Polypen getrennt und ehe sie sich mit der harten stacheligen Schale umgeben haben; wann hierauf die Entwickelung des Embryo beginnt, ist mir unbekannt geblieben, da ich niemals die Jungen aus den Eiern habe hervorschlüpfen sehen. Eben so wenig kann ich daher auch angeben, ob Hydra einer Metamorphose unterworfen ist. Pallas (Karakteristik der Thierpflanzen, p. 53.) will die jungen Armpolypen aus den Eiern hervorkommen gesehen haben, beschreibt sie jedoch nicht näher; auch Laurent (Froriep's neue Notizen, No. 513. p. 101.) sagt nur, dass die junge Hydra gut ausgebildet aus dem Eie hervorkrieche, ohne dass derselbe die Beschreibung der Gestalt eines solchen eben ausgeschlüpften Embryo näher angibt.

2) Cavolini (a. a. O. p. 47. u. 50. Taf. IV. Fig. 7—10. u. 13—15.) hat dergleichen Embryonen von Gorgonia und Madrepora beobachtet, wie sich aus seiner Beschreibung recht gut erkennen lässt; auch seine Beschreibungen verschiedener Sertularien-Eier (ebendas. p. 56. 80 ff.) deuten auf solche Embryone hin. Auch Grant (Froriep's Notizen 1828, No. 440. p. 340.) hat die kontraktilen eiförmigen Embryonen von Lobularia digitata, welche er aus dem Maule dieses Polypen hervorschlüpfen und im Wasser herumschwimmen sah, für Eier gehalten. Meyen hat an den umherschwimmenden eiförmigen Embryonen der Alcyonella stagnorum das Flimmerepithelium deutlich erkannt und (in der Isis 1828, p. 1228. Taf. 14. Fig. 4. 5.) abgebildet. Lowén, welcher (in Wiegmann's Archiv 1837, Th. I. p. 260. Taf. 6. Fig. 13. 14.) die langgestreckten infusorienartigen Embryonen der Campanularia geniculata beobachtet hat, nahm den bei der Entwickelung dieser Embryonen stattfindenden Durchfurchungsprozess für eine Selbsttheilung der Embryonen. Nach den Angaben Rathke's (Reisebemerkungen aus Taurien zur Morphologie, p. 10. Tab. I. Fig. 12.), welcher im Magengrunde der Actinien bewegliche Embryonen von linsenförmiger Gestalt angetroffen hat, scheint bei diesen Polypen ebenfalls eine Metamorphose stattzufinden.

3) Diese Metamorphose ist schon von Cavolini (a. a. O. p. 261. Taf. VI. Fig. 7.) an Sertularia racemosa und später von Lowén (a. a. O. p. 261. Taf. VI. Fig. 15—17.) an Campanularia geniculata beobachtet worden. In den infusorienartigen Embryonen von Alcyonella stagnorum entwickeln sich im Innern stets zwei Federbuschpolypen, noch ehe die Embryonen die Eischale verlassen haben; nachdem sich der ausgeschlüpfte Embryo angesetzt hat, berstet die Haut desselben, die Polypen treten hervor, entfalten sich, können sich aber in die geborstene Haut, wie in einen Mantel, zurückziehen. Indem diese Haut sich mit einer

braunen harten Hülle überzieht und neben den beiden Polypen neue Individuen durch Knospenbildung hervorsprossen, ist die Metamorphose vollendet (siehe Meyen, Isis a. a. O.). Bei Cristatella mirabilis und Plumatella campanulata sah ich die Entwickelung der Polypenstöcke ebenso vor sich gehen. An den Embryonen von Cristatella brechen aus der Haut neben den beiden ersten Polypen sehr bald Knospen und neue Polypen hervor, noch ehe sich die kleine Kolonie festgesetzt hat. In diesem Entwickelungszustande sind diese Federbuschpolypen als besondere Art betrachtet und von Cuvier Cristatella Mucedo genannt worden. Vgl. Rösel a. a. O. p. 559. Taf. 91. und Turpin in den Ann. d. sc. nat. T. 7. 1837. p. 65. Pl. 2. u. 3.

Drittes Buch.

Die Acalephen.

Eintheilung.

§. 53.

Die Acalephen besitzen einen aus einer gallertartigen und durchsichtigen Masse zusammengesetzten Körper. Diese Gallertmasse verhält sich ganz wie das *Corpus vitreum* aus dem Augapfel der Wirbelthiere, daher bei dem Trocknen der Quallen dieselben fast ganz verdunsten und von dem umfangreichen Körper derselben nur eine Zeichnung der Umrisse der Thiere, welche von dem vertrockneten zarten Zellgewebe gebildet wird, zurückbleibt. Sämmtliche Quallen bewegen sich, wenn sie ihre vollständige Entwicklung erreicht haben, im Meerwasser frei umher. In ihrem strahlenförmig um einen Mittelpunkt und eine Längsaxe, welche Stellen der Verdauungsapparat einnimmt, gelagerten Organensysteme herrscht die Vierzahl vor. Begattungsorgane fehlen den Geschlechtswerkzeugen durchweg. Die Eintheilungsprincipien sind (nach Eschscholtz System) auf die verschiedene Form und Art der Verdauungswerkzeuge und Bewegungsorgane gegründet.

I. Ordnung. *Siphonophora.*

Die Röhrenquallen nehmen durch mehrfache Saugröhren, welche die Stelle von Mägen vertreten, Nahrung in sich auf. Die Ortsbewegungen werden meistens von knorpeligen Schwimmhöhlen unterstützt.

1. Familie: *DIPHYIDAE.*

Gattungen: *Diphyes*, *Ersaea.*

2. Familie: *PHYSOPHORIDAE.*

Gattungen: *Physophora*, *Stephanomia.*

3. Familie: *PHYSALIDAE.*

Gattung: *Physalia.*

4. Familie: *VELELLIDAE.*

Gattungen: *Rataria*, *Velella*, *Porpita.*

II. Ordnung. *Discophora.*

Die Scheibenquallen besitzen eine einfache centrale Verdauungshöhle und bewegen sich mittelst ihres scheiben- oder glockenförmigen Leibes umher.

1. Familie: ***Aequorina.***

Gattungen: ***Aequorea***, ***Polyxenia.***

2. Familie: ***Oceanidae.***

Gattungen: ***Oceania***, ***Cytaeis***, ***Thaumantias.***

3. Familie: ***Geryonidae.***

Gattung: ***Geryonia.***

4. Familie: ***Rhizostomidae.***

Gattungen: ***Cephea***, ***Cassiopea***, ***Rhizostomum.***

5. Familie: ***Medusidae.***

Gattungen: ***Pelagia***, ***Cyanea***, ***Chrysaora***, ***Medusa***, ***Aurelia***, ***Ephyra***, ***Sthenonia.***

III. Ordnung. *Ctenophora.*

Die Rippenquallen sind mit einer einfachen centralen Mundöffnung und Verdauungshöhle versehen. Ihre Ortsbewegungen werden vornämlich durch in Längsreihen geordnete Flimmerorgane bewirkt.

1. Familie: ***Beroidae.***

Gattungen: ***Beroë***, ***Lesueuria***, ***Medea.***

2. Familie: ***Mnemiadae.***

Gattung: ***Eucharis.***

3. Familie: ***Callianiridae.***

Gattungen: ***Cydippe***, ***Cestum.***

Literatur.

Eschscholtz, System der Acalephen. Berlin 1829.

Lesson, Histoire naturelles des Zoophytes. Acalèphes. Paris 1843.

Will, Horae tergestinae oder Beschreibung und Anatomie der im Herbste 1843 bei Triest beobachteten Acalephen. Leipzig 1844.

Ehrenberg, Ueber die Acalephen des rothen Meeres und den Organismus der Medusen der Ostsee, in den Abhandlungen der Berl. Akad. aus dem Jahre 1835.

Mertens, Beobachtungen und Untersuchungen über die beroëartigen Acalephen, in den Mémoires de l'Académie des sciences de St. Petersbourg. 6me Sér. Tom. II. 1833. p. 479. Im Auszug in der Isis 1836, p. 311.

Brandt, Ausführliche Beschreibung der von C. H. Mertens auf seiner Weltumsegelung beobachteten Schirmquallen, nebst allgemeinen Bemerkungen über die Schirmquallen überhaupt, in den Mém. de l'Acad. d. sc. de St. Petersbourg. 6me Sér. Tom. IV. 1838. p. 239.

Milne Edwards, Observations sur divers Acalèphes, in den Annales d. scienc. naturelles. 2de Sér. Zoologie. Tom. XVI. 1841. p. 194.

Erster Abschnitt.

Von der Hautbedeckung und dem Hautskelette.

§. 54.

Der Körper der Quallen wird fast durchweg von einer gallertartigen aus polyëdrischen Zellen zusammengesetzten Masse gebildet. Bei einigen nimmt diese Gallertsubsanz an gewissen Stellen des Leibes eine knorpelähnliche Dichtigkeit an, nur bei wenigen enthält der Körper wirklich einen knorpeligen oder kalkigen Kern, der mit einem Skelett-Rudimente verglichen werden kann.

In den Diphyïden hat ein grosser Theil des Leibes eine knorpelige Beschaffenheit; in den Physophoriden ist der weiche Leib häufig von Knorpelstücken eingehüllt. Ein einem Skelette vergleichbarer fester Kern kömmt bei den Velelliden vor. Derselbe stellt bei Rataria eine einfache längliche Scheibe dar; bei Velella ist auf einer horizontalen länglich-ovalen Knorpelscheibe eine zweite rechtwinklich aufgesetzt. Die horizontale Scheibe besteht aus vier Stücken, welche durch eine schief laufende Kreuznath untereinander verbunden sind. Die verticale Scheibe, welche mit der horizontalen Scheibe an der schiefen längeren Nath verbunden ist, gleicht einem Kreisabschnitte und wird aus zwei durch ein drittes keilförmiges Stück in der Mitte vereinigten Stücken zusammengesetzt [1]). Die runde unter der Rückenhaut von Porpita gelegene feste Schcibe, welche zwischen zwei Lamellen eine Menge von Luftkanälen enthält, soll eine kalkartige Beschaffenheit haben [2]). Alle diese Scheiben tragen eine Zeichnung von concentrischen Ringen und divergirenden Radien an sich.

§. 55.

Die Körperoberfläche der Acalephen ist von einer sehr zarten Epidermis überzogen. Flimmerorgane finden sich an verschiedenen Stellen des Körpers vor, besonders an den Armen, Tentakeln, Fangfäden, Cirrhen u. s. w., an welchen zugleich such eigenthümliche Nessel- und Greiforgane angebracht sind. Bei den durch ihre nesselnden Eigenschaften berüchtigten Quallen liegen dergleichen Nesselorgane auch am Körper in Haufen unter der Epidermis.

---

1) Vergl. Eschscholtz a. a. O. Taf. 15. und Lesson, Acalèphes a. a. O. Pl. 12. fig. 1. und in Duperrey, Voyage a. a. O., Zoophytes, No. 6. fig. 1. A. A.

2) Vergl. Eschscholtz a. a. O. p. 176. und Lesson, Acalèphes a. a. O. Pl. 12. fig. 3. und in Duperrey, Voyage a. a. O. No. 7. fig. 3.

§. 56.

Die Nesselorgane der Acalephen stellen meistens ovale Kapseln dar, in welchen ein spiralförmig gewundener Faden verborgen liegt; dieser schnellt bei der leisesten Berührung heraus und löst sich sammt der an ihm hängenden Kapsel von der gereizten Hautstelle ab [1]). Statt der Nesselorgane kommen an den Acalephen einfache Greif- oder Haftorgane in Form von ovalen Kapseln vor, aus welchen eine steife Borste hervorragt. Diese Haftorgane verursachen kein Nesseln, sondern sind die Veranlassung, dass sich die mit ihnen besetzten Organe klettenartig an andere Gegenstände anhängen. Sie liegen, in Haufen gruppirt, unter der Haut der Scheibe der meisten nicht nesselnden Schirmquallen und ragen an den Randcirrhen, an den Tentakeln der Arme und Geschlechtsorgane mit ihren Borsten oder Spitzen aus der Haut hervor [2]).

---

1) Wagner (Icones zootomicae, Tab. 33. fig. 8. 10. u. 11. A. B. C. und: über den Bau der Pelagia noctiluca, 1841, ferner in Wiegmann's Archiv 1841, Th. I. p. 39.) fand an der stark nesselnden Pelagia noctiluca diese Nesselzellen unter dem Pflasterepithelium der Scheibe zwischen den Pigmentzellen liegen. Die im geringeren Grade nesselnde Oceania besitzt nach Wagner's Beobachtung nur in den Randfäden dergleichen Nesselzellen; ebenso vermisste Ehrenberg (Wiegmann's Archiv 1842, Th. I. p. 71. Taf. 3.) auf der nicht nesselnden Scheibe der Cyanea capillata die Nesselorgane, während er in den nesselnden Fangcirrhen derselben Meduse Nesselfäden antraf. Auch bei diesen Nesselorganen lässt Ehrenberg, wie bei den Angelorganen der Hydra, die Kapsel zuerst und den Faden zuletzt aus der Haut hervortreten. Von Will (Horae tergestinae p. 62. u. 65.) wurden diese Nesselzellen bei Cephea nur in den fühlerähnlichen Anhängen der Geschlechtsorgane und bei Polyxenia nur in den Randfäden beobachtet. Bei Chrysaora und Aequorea fand Kölliker (Beiträge a. a. O. p. 41.) Nesselorgane gleichfalls in der Nähe der Geschlechtswerkzeuge. Auch die Röhrenquallen scheinen nur in ihren Fangfäden Nesselorgane zu enthalten, z. B. Stephanomia im ganzen Faden nach Milne Edwards (Annales d. sc. nat., T. 16. p. 223. Pl. 8. fig. 9.), ferner Physophora, Diphyes und Ersaea in dem angeschwollenen Theile des Fangfadens nach Philippi (Müller's Archiv 1843, p. 62. Taf. 5. Fig. 9.) und nach Will (a. a. O. p. 79. u. 81. Taf. 2. Fig. 23—25.).

2) Vergl. Siebold's Beiträge zur Naturgeschichte der wirbellosen Thiere, 1839, p. 10. u. 91. Taf. 2. Fig. 39. und Ehrenberg, Ueber die Acalephen des rothen Meeres und den Organismus der Medusen der Ostsee, in den Abhandlungen der Berl. Akademie a. d. J. 1835, p. 205. Taf. 4—8.). Letzterer hat diese Haftorgane mit Saugnäpfen und Saugschüsselchen verglichen. Nach Milne Edwards (Annal. d. sc. nat, T. 16. p. 215.) und nach Will (a. a. O. p. 80. Taf. 2. Fig. 24.) scheinen auf dem Leibe von Beroë und an den Enden der Fangfäden von Diphyes und Ersaea dergleichen Haftorgane vorzukommen. Bei den Ctenophoren sind ferner, nach Will's Beobachtung (a. a. O. p. 51. Taf. 1. Fig. 19. A. B.), die Fangfäden mit zwei verschiedenen eigenthümlichen Arten von Zellen besetzt, von welchen die eine Art bei der leisesten Berührung berstet und eine Flüssigkeit entleert, während die andere Art, nur scheinbar eine Zelle vorstellend, sich zu einem feinen klebrigen Faden entrollt. Solche aufgerollte Fäden sollen, nach Will's Angabe, auch die Warzen am Leibe der Eucharis an sich tragen.

Zweiter Abschnitt.

Von dem Muskelsysteme und den Bewegungsorganen.

§. 57.

Die Quallen sind mit einem deutlichen Muskelsysteme versehen. Ihre kontraktile Substanz erscheint fast überall von langen dünnen Muskelfäden und Muskelbündeln netzförmig durchzogen. In den schlauchförmigen Leibesstücken sind diese Muskeln als Längs- und Ringstreifen, in den scheiben- und glockenförmigen Leibern dagegen als Ring- und Radienstreifen geordnet. In den äusserst kontraktilen Tentakeln und Fühlfäden der Quallen herrschen die Längsmuskelfasern vor [1]). Die einzelnen Muskelbündel erscheinen im ausgedehnten Zustande glatt und gerade, im verkürzten Zustande aber häufig wellenförmig gebogen und quergestreift [2]).

§. 58.

Als eigenthümliche die Ortsbewegungen unterstützende Hülfsorgane sind bei den Physophoriden die mit Luft gefüllten kontraktilen Schwimmblasen [1]) und bei den Rippenquallen die reihenweise geordneten Schwinglappen zu betrachten.

Die einzelnen Schwingläppchen, welche in Reihen hintereinander an den Rippen der Ctenophoren herab angebracht sind und von vielen Zootomen für Athemorgane gehalten wurden, bestehen nicht aus einfachen beweglichen Hautlappen, sondern werden von etwas breit gedrückten, sehr langen und dicht nebeneinander gestellten Flimmer-

---

1) In den kontraktilen Warzen von Eucharis beobachtete Will (a. a. O. p. 48. Taf. 1. Fig. 11.), ausser den vielen Längsmuskeln und wenigen Ringfasern, noch breite platte Quermuskeln, die durch schiefe Bündel unter einander verbunden waren.

2) Vgl. Will a. a. O. p. 47. u. 63. Taf. 1. Fig. 13. Nach Wagner (über den Bau der Pelagia noctiluca und Icones zootom., Tab. 33. fig. 30.) sollen die Muskeln der Scheibenquallen immer deutliche Querstreifen zeigen.

1) In neuerer Zeit fängt man an zu bezweifeln, dass die Physophoriden sich mittelst ihrer von Luft angefüllten Schwimmblase im Meere auf und nieder bewegen könnten, indem sie gar nicht im Stande seien, die Luft aus ihrer Blase herauszulassen. Nach Olfers' Untersuchung (Abhandlungen der Berl. Akademie a. d. J. 1831, p. 157. u. 165. Taf. 1.) ist die Luft bei Physalia von zwei häutigen Blasen eingeschlossen, von welchen nur die äussere durchbohrt ist, während die innere luftenthaltende Blase keine Oeffnung nach aussen besitzen soll. Philippi (Müller's Archiv 1843, p. 63.) fand an der sogenannten Luftblase der Physophora tetrasticha weder eine Oeffnung nach aussen, noch überhaupt Luft in derselben. Auch aus der Beschreibung, welche Milne Edwards von Stephanomia gegeben hat (Ann. d. sc. nat., T. 16. p. 218. Pl. 8. fig. 1. b. u. 2.), geht nicht hervor, dass die innere Luftblase dieser Qualle nach aussen geöffnet ist. Nach Couch (Froriep's neue Notizen, No. 273. p. 129.) soll Physalia nicht im Stande sein, die Luft aus ihrem Behälter beliebig auszustossen. Vgl. unten §. 65.

Cilien gebildet, welche locker unter einander verbunden sind und deren Bewegung der Willkür der Thiere unterworfen ist [2]).

Dritter Abschnitt.

Von dem Nervensysteme.

§. 59.

Ein Nervensystem ist bei verschiedenen Quallen erkannt worden. Bei den Rippenquallen wird der Schlund von einem aus acht Ganglien zusammengesetzten Nervenringe umgeben [1]); diesem gegenüber ist am entgegengesetzten Leibesende ein einfaches Ganglion angebracht. Von diesen Ganglienmassen gehen zarte Nervenfäden ab; auch längs den Rippen erstrecken sich Nervenstränge herab, von welchen in regelmässigen Zwischenräumen zarte Nervenfäden ausstrahlen [2]). Bei den Medusen liegen in der Basis der verschiedenen Tentakeln Ganglien eingebettet, von welchen jene Tentakeln Fäden erhalten [3]).

2) Vgl. Grant in the transactions of the zoological society of London, Vol. I. 1835. p. 9.; Sars, Beskrivelser a. a. O. Pl. 8. fig. 18. e.; ferner Milne Edwards in Annales d. sc. nat, T. 16. p. 201. u. 216. Pl. 4. fig. 2. 3., Pl. 6. fig. 1. c. und Will a. a. O. p. 9. u. 56. Taf. 1. Fig. 5.

1) Die acht Ganglien, welche, durch dünne Fäden ringförmig verbunden, den Mund umgeben, hat Grant (the transactions of the zoolog. soc. of London, Vol. I. p. 10., vgl. auch Wagner's Icones zootomicae, Tab. 33. fig. 37. A. B.) an Cydippe pileus zuerst beobachtet. Von jedem dieser acht Ganglien treten zwei Nerven an die Rippen, während ein dritter Nervenstrang von den Ganglien sich in den Leib begibt, unterwegs zwei bis drei Anschwellungen bildet und die Eingeweide mit Aesten versieht. Patterson (the Edinburgh new philosophical Journal, Vol. 20. p. 26.) und Forbes (Annals of natural history, 1839, p. 145.) sahen ebenfalls einen zarten Nerven-Schlundring an Cydippe, jedoch ohne Ganglien-Anschwellungen an ihm bemerkt zu haben.

2) Milne Edwards (Annales d. sc. nat. a. a. O. p. 206. Pl. 4. fig. 1.) entdeckte an dem Hinterleibsende der Lesueuria vitrea, einer neuen Beroïde, einen ganglienartigen Körper, von welchem vier Nervenfäden nach vorn abgehen, und in den Rippen dieser Qualle einen Nervenfaden, aus welchem in regelmässigen Zwischenräumen zarte Nervenbüschel ausstrahlen. Von Will (Froriep's neue Notizen, No. 599. 1843. p. 67. und Horae tergest. p. 44.) wurde im Hinterleibsende der Cydippe, Eucharis und Medea ein rundliches, mit vier Fortsätzen versehenes, Ganglion von gelblicher Farbe beobachtet, aus welchem 25 bis 30 Nerven entsprangen.

3) Ehrenberg fand längs des ganzen Scheibenrandes von Medusa aurita zwischen je zwei Fühlfäden einen zweischenkligen Nervenknoten; ähnliche Markknötchen will derselbe auch an der Basis der Fühlerkränze, welche die Geschlechtsorgane einfassen, gesehen haben, von denen je zwei Knötchen zu einem Fühlfaden zu gehören scheinen. S. Abhandl. d. Berl. Akad. a. d. J. 1835, p. 203. Tab. IV. Fig. I. x. und Müller's Archiv 1834, p. 571.

Vierter Abschnitt.

Von den Sinnesorganen.

§. 60.

Bei sehr vielen Quallen hängen knopfförmige oder zungenförmige Organe, welche an den Rändern und Enden des Leibes angebracht sind, mit einem in der Nähe liegenden Ganglion zusammen. Es können diese Organe als Sinnesorgane angesprochen werden. Ihre wesentlichen Bestandtheile sind: eine häutige hohle Kapsel und krystallinische Körperchen, welche nebst einer klaren Flüssigkeit in dieser Kapsel enthalten sind. Diese Organe besitzen zuweilen ein rothes Pigment, und sind deshalb für Augen gehalten worden; da aber auch viele dieser Organe pigmentlos sind, so werden sie in neuster Zeit als Gehörwerkzeuge betrachtet, indem man die in den Kapseln enthaltenen und durch Säuren brausend löslichen Krystallkörperchen mit den Otolithen der höheren Thiere vergleicht.

Die acht rothen zungenförmigen Randkörperchen an der Scheibe von Medusa aurita sind für Augen erklärt worden [1]). Es spricht für diese Ansicht nur die Anwesenheit von Pigment in den Körperchen, da die in dem Inneren dieser Organe unregelmässig beisammen liegenden sechsseitigen Krystallkörperchen wohl schwerlich als mit einer Linse vergleichbares lichtbrechendes Medium wirken können.

Die Ctenophoren besitzen nur ein einziges solches Sinnesorgan in der Nähe des Hinterleibsganglion, welches bald als Auge, bald als Gehörorgan angesprochen wird [2]).

Bei vielen Schirmquallen erscheinen diese Sinnesorgane als sehr blassgelbe oder gänzlich ungefärbte Randkörperchen, welche bald mehrere, bald nur einen einzigen Kalkkörper enthalten [3]).

---

1) Diese Randkörperchen, welche schon Gaede (Beiträge zur Anatomie und *Physiologie der Medusen, 1816*, p. 18. u. 28.) und Rosenthal (in der *Zeitschr.* für Physiologie, Bd. I. Heft 2. 1825. p. 326.) an den Medusen gekannt haben, bezeichnete zuerst Ehrenberg als Augen. Vgl. Müller's Archiv 1834, p. 571. und Abhandl. d. Berl. Akad. a. d. J. 1835, p. 190. Tab. 4. u. 5.

2) Von Milne Edwards (Annales d. sc. nat. a. a. O., p. 206. u. 211. Pl. 4. fig. 1. k. und Pl. 5. fig. 4. i.) ist dieses rothgefärbte Organ der Lesueuria vitrea und Beroë Forskalii *organe oculiforme* genannt worden. Nach Will's Untersuchungen (Froriep's neue Notizen No. 599. p. 67. und Horae tergest. p. 45. Taf. 1. fig. 2. 4. u. 20. b.) soll bei Beroë, Eucharis und Cydippe das rothe Pigment in diesem Organe fast ganz fehlen und die Zahl der sechsseitigen Kalkkörperchen in demselben sehr ansehnlich sein, weshalb derselbe diesem Organe die Bedeutung eines Gehörbläschens giebt.

3) Wagner (Ueber den Bau der Pelagia und Icones zootomicae, Tab. 33. fig. 31. g. 23. c. u. 25.) sah diese Randkörperchen an Pelagia noctiluca blassgelb

Ob diese Gehörsteinchen der Quallen dieselben eigenthümlichen Bewegungen an sich wahrnehmen lassen, wie die Otolithen der Gasteropoden und Acephalen, ist noch unentschieden 4).

Fünfter Abschnitt.

Von dem Verdauungs-Apparate.

§. 61.

Die Verdauungsorgane der Acalephen sind nach sehr verschiedenem Typen angeordnet. Die Mundöffnung ist einfach und dann central, oder sie ist in mehrfacher Zahl vorhanden. In der Umgegend der Mundöffnung sind häufig aus- und einziehbare Fangarme und Fangfäden angebracht, welche mit den früher beschriebenen Greif- und Nesselorganen besetzt sind. Die Verdauungshöhle ist immer mit Flimmerepithelium ausgekleidet und mit deutlichen besonderen Wandungen versehen, welche, von keiner Leibeshöhle umgeben, unmittelbar mit dem übrigen

---

gefärbt und an Oceania, Cassiopea und Aurellia ganz farblos. Auch Will erkannte an den mit Krystallhaufen gefüllten Randkörperchen der Cephea nur eine blassgelbe Farbe. Nach Will's Untersuchungen (a. a. O. p. 64. u. 68.) enthalten die farblosen gestielten Randbläschen der Polyxenia leucostyla nur einen einzigen runden Otolithen, während in den Randbläschen der Cytaeis polystyla ein Haufen unregelmässig gestalteter, gelb gefärbter Kalkkörperchen eingeschlossen ist. Bei Geryonia traf Will (a. a. O. p. 72. Taf. 2. Fig. 9. 10.) in den in unbeständiger Zahl vorhandenen Randkörperchen nur ein bis neun Otolithen an. Milne Edwards (Ann. d. sc. nat., T. 16. p. 196. Pl. 1? c.) entdeckte am Scheibenrande der Aequorea violacea Bläschen, welche zwei bis drei sphärische Körperchen enthielten, und daher wohl nichts anderes, als Gehörbläschen waren. Die unter dem Namen Ephyra beschriebenen jüngeren Medusen sind nach Sars (Wiegmann's Archiv 1841, Th. 1. p. 14. Fig. 60.) und Will (a. a. O. p. 75. Taf. 2. Fig. 21. A. B.) bereits mit diesen Randkörperchen ausgerüstet.

4) Von Will ist an den Otolithen der Quallen niemals die eigenthümliche Bewegung wahrgenommen worden, welche die Otolithen in den Gehörblasen der Mollusken darbieten. Kölliker (Froriep's neue Notizen, No. 534. p. 82.) sah bei Pelagia, Cassiopea, Rhizostomum und Oceania die inneren Wände der birnförmigen Randkörperchen, welche Häufchen von kohlensauren Kalkkrystallen enthielten, mit Flimmerhaaren besetzt; in den gestielten Gehörblasen von Geryonia bemerkte derselbe nur eine runde Krystallkugel und keine Flimmerhaare. Bei keiner dieser Medusen fand Kölliker ausgezeichnete Pigment-Anhäufungen in diesen Randkörperchen, nur bei Oceania (nov. spec.) erkannte derselbe an der oberen und äusseren Seite ihrer Basis einen Haufen braunrother Pigmentzellen, der im Inneren einen glashellen rundlichen Körper enthielt und auf der oberen Seite eine runde Oeffnung besass, so dass ein solches Organ ganz einem Auge glich, zumal da ausser der Pigmentschicht und der Linse auch eine pupillenartige Oeffnung und Spuren eines von einem Ganglion ausgehenden Sehnerven vorhanden waren.

Parenchyme des Körpers verbunden sind. Bei den mit nur einer Mundöffnung versehenen Quallen führt diese in eine mehr oder weniger geräumige, zuweilen mit blindsackförmigen Anhängen versehene Verdauungshöhle, welche als Magen betrachtet werden kann.

Einen sehr geräumigen fast den ganzen Leib einnehmenden Magen mit weiter nackter Mundöffnung besitzt Beroë [1]), eine enge nur sehr geringen Raum einnehmende Magenhöhle findet sich bei Cestum, Cydippe, Lesueuria als Aushöhlung des Leibes [2]), und bei Cytaeis, Thaumantias, Geryonia als röhrenförmige Hervorragung des glokkenförmigen Leibes vor [3]). Vier sackförmige Ausstülpungen sind am Magen der Medusa vorhanden [4]), sechszehn solcher Magenanhänge zeigen sich bei Pelagia [5]) und zwei und dreissig dergleichen bei Cyanea [6]).

Sind mehrere Mundöffnungen vorhanden, so leiten entweder mehrere Speiseröhren die eingesogene Nahrung durch die Arme, an welchen die Mundöffnungen angebracht sind, hinauf zu einer centralen Magenhöhle, wie dies bei den Rhizostomiden der Fall ist [7]), oder jeder einzelne Mund steht mit einem besonderen röhrenförmigen Magen in Verbindung, eine Organisation, welche bei den Siphonophoren statt findet. Von den verschiedenen tentakelförmigen Anhängen dieser Röhrenquallen ist nämlich die eine Art hohl, und an der freien Spitze mit einer Oeffnung versehen. Da man diese Anhänge wie Saugröhren häufig Nahrung verschlucken und verdauen sah, so wurden ihre Mündungen für ebensoviele Mäuler und ihre Höhlen für ebensoviele Mägen genommen [8]). Ein eigentlicher Darmkanal fehlt den Acalephen; ein System

---

1) Vgl. Milne Edwards in den Ann. d. sc. nat., T. 16. Pl. 5. u. 6.

2) Vgl. Eschscholtz a. a. O. Taf. 1. u. 2. und Milne Edwards a. a. O. Pl. 3. — 3) Vgl. Will a. a. O. Taf. 2.

4) Siehe Baer in Meckel's deutschem Archiv Bd. 8. 1823. Taf. 4. Fig. 2. und Ehrenberg in den Abhandl. d. Berl. Akad. a. a. O. Taf. 3. Fig. 1.

5) Vgl. Wagner, Icones zootomicae, Taf. 33. Fig. 5.

6) Vgl. Gaede a. a. O. Taf. 2.

7) Siehe Eysenhardt in den Nov. Act. physico-med., T. 10. P. 2. p. 391. Tab. 34. fig. 1. von Rhizostomum Cuvieri.

8) Z. B. bei Diphyes (Will a. a. O. Taf. 2. Fig. 22. etc.) bei Physalia (Olfers in den Abhandl. d. Berl. Akad. a. d. J. 1831, p. 162. Taf. 1.), bei Stephanomia (Milne Edwards in den Annal. d. sc. nat. a. a. O. Pl. 7. 9. u. 10.) und bei Physophora (Philippi in Müller's Archiv 1843, Taf. 5. Fig. 1. u. 4.). Philippi behauptet übrigens (ebend. p. 63. Taf. 5. Fig. 10.), dass diese Saugröhren der Physophora blosse Fang-Apparate seien und dass der eigentliche Magen mit einer einfachen Mundöffnung bei dieser Seeblase am Grunde der Fangarme verborgen liege. Ich vermuthe jedoch, dass diese fragliche Mundöffnung die Mündung des Respirations-Systems ist, so wie die centrale Oeffnung bei Velella und Porpita, welche Lesson (in Duperrey, Voyage a. a. O. p. 49. u. 56. No. 6. fig. B. u. No. 7. fig. C. C.) als Mund betrachtet, wahrscheinlich auch den Respirationsorganen angehört, während die röhrenförmigen Tentakeln dieser Velelliden

von gefässartigen, mit Wasser gefüllten Kanälen, welches mit verschiedenen Oeffnungen in die Magenhöhle der Quallen einmündet und dem Körper dieser Thiere durchzieht, ist bisher als Darmkanal betrachtet worden, dürfte aber, obgleich Faecesballen in seine Kanäle übertreten, besser für ein Respirationssystem zu deuten sein [9]).

Besondere Leberorgane liessen sich bis jetzt auch bei den Quallen nicht mit Bestimmtheit nachweisen [10]).

Sechster Abschnitt.

Von dem Circulations-Systeme.

§. 62.

Es hat seither bei verschiedenen Acalephen ein vielfach durch den Körper verbreitetes System von Kanälen für ein Blutgefässsystem gegolten, in der neuesten Zeit sind jedoch diese aus Ring- und Längsgefässen bestehenden Kanäle viel passender für Wassergefässe und Respirationsorgane erklärt worden, indem ein anderes, von äusserst zarten Wänden eingeschlossenes Gefässsystem in den Quallen existiren und

---

nichts anderes als Mägen sind, zumal da Lesson diese Organe selbst *poches stomacales* nennt und von ihnen behauptet, dass sie die verschluckte Nahrung verdauen. Es müsste ausserdem auch auffallen, dass diese Organe, welche bei Physalia als Mägen angesehen werden, mit ganz gleicher Bildung bei Physophora, Velella, Porpita wiederum eine ganz andere Bedeutung haben sollten. Ob aber die obige Deutung auch wirklich eine richtige ist, das muss freilich noch weiteren Untersuchungen zur Bestätigung vorbehalten bleiben. Vgl. unten die Respirationsorgane.

9) Da man die Wasserkanäle des Respirations-Systems als Darmröhren betrachtet hat, so hat man auch die an dem Leibesende der Rippenquallen und an dem Scheibenrande der Schirmquallen angebrachten Ausmündungen jener Kanäle für Afteröffnungen erklärt, um so mehr, da wirklich die Fäces sowohl bei den Ctenophoren wie bei den Discophoren in die Wasserkanäle hineingedrängt und durch jene Oeffnungen ausgeleert werden. Vergl. Will a. a. O. p. 28. und Ehrenberg in den Abhandlungen der Berl. Akademie a. a. O. p. 189. Taf. 1. u. 4. Fig. 2. z.

10) Es ist bekannt, dass die Acalephen eine ausserordentliche Verdauungskraft besitzen; um so auffallender erscheint es, dass man bis jetzt keine deutlichen Absonderungsorgane in ihren Magenwänden angetroffen hat. Uebrigens will Mertens (in den Mém. de l'Acad. de St. Petersbourg a. a. O. p. 490. Taf. 1. Fig. 5. 6. a. und p. 518. Taf. 8. Fig. 4. u. Taf. 9. Fig. 1. f.) bei Cestum und Cydippe vier an den Wänden des Magens herablaufende Gefässe gesehen haben, welche vielleicht Leberorgane waren. Ob nicht auch jene orange gefärbten Stränge, welche sich an den Magenwänden der Stephanomia herabziehen und von Milne Edwards (Annales d. sc. nat. a. a. O. p. 222. Pl. 7. 9. u. 10.) für Geschlechtswerkzeuge angesprochen werden, Galle absondernde Organe vorstellen dürften?

die Funktion von Blutgefässen verrichten soll. Diese Gefässe begleiten fast durchweg die Wasserkanäle und umschliessen diese röhrenförmig; nur hier und dort gehen kleinere Gefässe ohne Wasserkanäle in das Parenchym ab. Die zarten Wandungen dieser Blutgefässe lassen weder Längs- noch Querfasern in sich erkennen, sind mit keinem Flimmerepithelium ausgekleidet und enthalten eine gefärbte Blutflüssigkeit, nebst gefärbten Blutkörperchen; letztere sind jedoch nur in denjenigen Gefässen zu bemerken, welche die Wasserkänäle umgeben. Eine regelmässige Blutcirculation findet nicht statt; es ziehen sich nur einzelne Stellen des Blutgefässsystems bald hier bald dort unregelmässig zusammen, wobei die Blutkörperchen nur sehr langsam und nach keiner bestimmten Richtung hin von der Stelle bewegt werden [1]).

Siebenter Abschnitt.

Von dem Respirations-Systeme.

§. 63.

Bei den Acalephen ziehen sich eigenthümliche Kanäle durch den Körper hindurch, welche entweder von der Magenhöhle aus oder unmittelbar von aussen Wasser in sich aufnehmen und mittelst besonderer am Körperende oder am Scheibenrande angebrachter Oeffnungen das aufgenommene Wasser wieder herauslassen können. Die Innenfläche dieses Wassergefässsystemes ist mit einem zarten Wimperepithelium ausgekleidet, durch welches die aus den Oeffnungen der Verdauungshöhle

---

1) Diese neuen Aufschlüsse über das Blutgefässsystem der Acalephen haben wir erst kürzlich durch Will erhalten. Vgl. dessen Horae tergestinae. p. 34. und Froriep's neue Notizen. No. 599. 1843. p. 66. Bei Beroë konnte Will die Blutgefässwände deutlich von den Wandungen der in ihnen eingeschlossen liegenden Wasserkanäle unterscheiden, indem erstere mit vielen rothen Pigmentzellen besetzt sind. Die Blutflüssigkeit dieser Rippenqualle schimmert ins grünliche und enthält runde oder länglich runde Blutkörperchen von intensiv rother Farbe, in welchen ein ziemlich grosser Kern eingeschlossen ist. Neben diesen rothen Körperchen fand Will bei Cydippe auch viele grünliche Kernzellen. Derselbe erkannte in Polyxenia ein von den Wasserkanälen geschiedenes Blutgefässsystem, und sah die Wasserkanäle der Cytaeis und Geryonia von Blutgefässen umgeben. In den Blutgefässen der Cephea bewegen sich braune Körperchen umher, woraus Will den Schluss zog, dass die von Ehrenberg (in den Abhandl. d. Berl. Akad. a. a. O. p. 195. Taf. 6. Fig. 3. 9. und in Müller's Archiv. 1834. p. 568.) für Muskelstreifen gehaltenen röthlichen Säume an den Wasserkanälen der Ohrenqualle ebenfalls Blutgefässe seien. In welchem Zusammenhange das von Costa (Annales d. sc. nat. T. 16. 1841. p. 188. Pl. 13. Fig. 3.) beschriebene, mit einer violett gefärbten Flüssigkeit angefüllte Gefässsystem der Velella zu den Wasserkanälen steht, darüber werden noch genauere Untersuchungen entscheiden müssen.

in diese Wasserkanäle hineingerathenen Partikeln des Speisebreies und der Faeces fortbewegt werden. Diese Wasserkanäle sind früher theils für Darmröhren, theils für Blutgefässe gehalten worden; indem man aber in neuerer Zeit dieselben für Respirationsorgane erklärt, giebt man ihnen gewiss eine richtigere Deutung, da sie sehr leicht frisches Wasser in sich aufnehmen können, da sie mit Flimmerorganen, welche bei dem Respirationsprozesse eine sehr wichtige Rolle spielen, ausgerüstet und mit einem Reichthum von Blutgefässen umgeben sind. Die Strömung des Wassers geht in diesen Wasserkanälen an der einen Seite hin, an der anderen Seite zurück, und nur durch die Kontraktionen des Leibes, wodurch frisches Wasser aus der Magenhöhle in das Respirationssystem hineingetrieben wird, erleidet diese regelmässige Wasserströmung eine Unterbrechung [1]).

§. 64.

Dieses Respirationssystem besteht bei den Rippenquallen aus einer trichterförmigen Höhle, mit welcher der Magen durch zwei in seinem Fundus angebrachte und mit Sphinkteren umgebene Oeffnungen in Verbindung steht. Aus diesem Trichter entspringen verschiedene Wasserkanäle, welche sich meist als Längsgefässe im Körper vertheilen und in ein die Mundöffnung umgebendes Ringgefäss einmünden; ausserdem begeben sich vom Trichter zwei kurze Wasserausführungsgänge an das Hinterleibsende, um sich dort nach aussen zu öffnen. Bei Eucharis und Cydippe treten Kanäle, zwei für die Fangarme, zwei für die Seiten des Magens und vier für die Rippen aus dem Trichter her-

1) Man hat diese Wasserkanäle wohl nur deshalb zu den Verdauungswerkzeugen, namentlich bei den Scheibenquallen, gerechnet, weil sich Fäces und Partikelchen der Nahrungsstoffe in ihnen vorfinden und diese durch die an der Peripherie des Leibes angebrachten, vermeintlichen Afteröffnungen entleert werden obwohl die Hauptbestimmung dieser Oeffnungen die ist, das zum Respirationsgeschäft unbrauchbar gewordene Wasser herauszulassen, während bei dem Einathmen von frischem Wasser aus dem Magen verschiedener Inhalt, vielleicht nur zufällig mit hinübergeführt wird, und die Fäces-Entleerung demnach ein Nebengeschäft dieser Organe ist. Es erinnert diese Verbindung des Respirationssystemes mit dem Verdauungsapparate ganz an ähnliche Organisationsverhältnisse der Polypen, wo auch (bei den Anthozoen) der Magengrund durchbohrt ist, und Wasser nebst Mageninhalt in die Leibeshöhle übertritt, so dass letztere mit einem Wassergefässsysteme verglichen werden kann. — Zu der Vergleichung dieser Wasserkanäle der Acalephen mit Blutgefässen haben besonders die Rippenquallen Veranlassung gegeben, bei welchen diese Kanäle mit rother Flüssigkeit gefüllt sein sollten, allein durch Will's Untersuchungen (Horae tergestinae. p. 34.) wissen wir jetzt, dass diese rothe Blutmasse der Ctenophoren gar nicht in den Wasserkanälen enthalten ist, sondern in dem diese Kanäle umschliessenden Blutgefässsysteme circulirt. Es hatte zugleich etwas sehr widerstrebendes, dass die Blutgefässe der Ctenophoren an der Oberfläche des Körpers Mündungen besitzen und sie ihren Inhalt, der überdies noch mit Fäces vermischt werden kann, nach aussen entleeren sollten.

vor, während bei Beroë nur sechs Kanäle, zwei für den Magen und vier für die Rippen aus dem Trichter entspringen. Die Rippenkanäle theilen sich immer in einiger Entfernung vom Trichter, um sich unter die acht Rippen zu begeben. Die beiden Ausführungskanäle des Wassergefässsystemes sind an ihrer Mündung des Hinterleibs bei Cydippe glatt, bei Eucharis mit Schwingblättchen und bei Beroë mit ästigen Anhängen besetzt [1]).

In den Schirmquallen treten aus der Magenhöhle oder aus deren Blindsäcken seitlich bald mehr bald weniger Wasserkanäle hervor, welche in radialer Richtung die Körperscheibe durchlaufen, sich unterwegs zuweilen gabelförmig verzweigen und am Scheibenrande in ein Ringgefäss übergehen, welches sich an verschiedenen Stellen nach aussen öffnet. Bei Cytaeis, Geryonia und Thaumantias münden vier von der Magenhöhle in einem Kreuze nach dem Scheibenrande verlaufende Kanäle in das hier befindliche Ringgefäss [2]) ein. Aus der Magenhöhle von Aequorea laufen 74 radienförmige Wasserkanäle nach dem Ringkanale des Scheibenrandes [3]). In der Medusa aurita unstrahlen von den vier Magenausstülpungen acht einfache und acht unterwegs sich mehrmals gabelförmig theilende Kanäle nach dem Randkanale des Schirmes aus [4]). Sehr viele gefässartig verzweigte Kanäle begeben sich bei Sthenonia und Aurelia vom Magen durch die Scheibe nach dem Randkanale [5]). Die Ausmündungsstellen des Wassergefässsystemes sind bei den Discophoren in dem grossen Ringkanale am Rande der Scheibe angebracht. Bei Medusa aurita mündet dieser Ringkanal mit acht Oeffnungen nach aussen, welche regelmässig mit den Gehörorgànen am Scheibenrande abwechseln [6]). In Cephea sollen sich diese Oeffnungen des Ringkanals dicht unter den Gehörorganen befinden [7]).

In den Röhrenquallen ist das Wassergefässsystem noch nicht genügend erkannt; bei einigen steht eine längliche Höhlung mit

1) Sehr genaue Untersuchungen über das Wassergefässssytem von Eucharis, Cydippe und Beroë hat Will in seinen Hor. tergest. (p. 30. Taf. 1.) angestellt. Das Wassergefässsystem von Beroë ovatus, Forskålii und Lesueuria vitrea ist durch Milne Edwards (Annales d. sc. nat. T. 13. 1840. p. 320. und T. 16. 1841. p. 203 u. 213. Pl. 3—6.) als Circulationssystem ausführlich dargestellt und abgebildet worden.

2) Vgl. Will a. a. O. Taf. 2. Fig. 5. 7. 8. 14. u. 16.

3) Vgl. Milne Edwards in d. Annales d. sc. nat. T. 16. p. 197. Pl. 1. Fig. 1.

4) Vgl. Rosenthal in der Zeitschrift für Physiologie, Bd. 1. Hft. 2. Taf. 11. und Ehrenberg in den Abhandl. d. Berl. Akad. a. a. O. Taf. 1 bis 3.

5) S. Eschscholtz a. a. O. Taf. 4. und Brandt in den Mémoires de l'Acad. d. sc. d. St. Pétersbourg. T. 4. 1838. Pl. 9. 10. u. 11.

6) Nach Ehrenberg in Müller's Archiv. 1834. p. 566. und in d. Abhandl. d. Berl. Akad. a. a. O. p. 188. Taf. 1. Fig. 1. w. und Taf. 4. Fig. 2. z.

7) Nach Will a. a. O. p. 60.

dem Magen, bei anderen unmittelbar mit der Aussenwelt in Verbindung, welche vielleicht einem Respirationsorgane analog sein dürfte [8]).

Achter Abschnitt.

Von den Absonderungs-Organen.

§. 65.

Als ein besonderes Absonderungsorgan scheint der meistens von einer doppelten Haut umschlossene Luftbehälter gewisser Röhrenquallen betrachtet werden zu müssen, da nach der Angabe mehrer Naturforscher diese Seeblasen ihren Behälter nicht von aussen her mit Luft anfüllen können, mithin diese gasförmige Absonderung von den Wänden der inneren Blase ausgehen muss [1]).

8) In Diphyes endigt der Kanal, in welchen die Mägen einmünden, mit einer länglich runden Höhle, welche flimmert und von Will (a. a. O. p. 78. Taf. 2. Fig. 22. a.) vielleicht nicht mit Unrecht als Athemhöhle betrachtet wird. Eine ähnliche Athemhöhle, welche zugleich mit einem blindsackförmigen Anhange versehen ist, findet sich auch bei Ersaea. (Vgl. Will a. a. O. p. 81. Taf. 2. Fig. 27—31. d. e.). Wenn die mit Oeffnungen versehenen Arme der Physophoren wirklich Mägen sind, so dürfte die von diesen Armen verdeckte blasenförmige Höhle, von welcher sich ein Kanal durch die Axe des Thieres hinaufzieht, einem Wassergefässsysteme entsprechen, welches durch eine besondere, zwischen den Armen verborgene Oeffnung Wasser in sich aufnehmen kann. Es ist dies dieselbe Oeffnung, welche von Philippi (in Müller's Archiv. 1843. p. 63 Taf. 5. Fig. 10.) für eine Mundöffnung genommen wird. Nach Lesson (in Duperrey: Voyage a. a. O. No. 6. Fig. B.) befindet sich zwischen den Saugarmen der Velella eine Oeffnung, von welcher ein weiter, sich verästelnder Kanal nach vorne und hinten abgeht; dieser Apparat ist bisher als Verdauungshöhle genommen worden, dürfte aber wol richtiger mit einem Wassergefässsysteme verglichen werden. Auch bei Porpita würde dann die vermeintliche Mundöffnung den Eingang zu einem Respirationssysteme vorstellen. Dass übrigens bei den Röhrenquallen die für das Verdauungssystem und Respirationssystem genommenen Organe nicht noch eine andere Deutung zulassen sollten, möchte ich nicht in Abrede stellen. Will man es mit Philippi vorziehen, in Physophora, Velella, Porpita die zwischen den Fangarmen verborgene Oeffnung mit ihrer Höhle für Mund und Verdauungskanal zu halten, so wird man die hohlen Fangarme zu einem Wassergefässsysteme rechnen müssen. Es erinnern diese Fangarme überdies, ihrer Gestalt und Beweglichkeit nach, an die Füsschen der Echinodermen, nur bleibt es immer sehr auffallend, dass sie wirklich Nahrungsstoffe verschlucken sollen.

1) Die Oeffnungen, welche an den Luftbehältern der Seeblasen vorhanden sein sollen, so wie der gasförmige Inhalt derselben, werden von manchen Naturforschern ganz geläugnet; so will Philippi (Müller's Archiv. 1843. p. 63.) in der am Ende der Axe von Physophora tetrasticha angebrachten blasenförmigen Erweiterung des Axenkanals weder äusserlich eine Oeffnung noch innerlich Luft angetroffen haben. An dem Luftbehälter von Physalia ist es Olfers nie geglückt (in den Abhandlungen der Berliner Akademie. 1831. p. 165.), die Oeffnung des

Neunter Abschnitt.

Von den Fortpflanzungs-Organen.

§. 66.

Eine Vermehrung der Quallen durch Theilung und Knospenbildung ist bis jetzt nur in den Jugendzuständen gewisser Medusen beobachtet worden [1]). Die Fortpflanzung durch Eibildung, also mittelst Geschlechtsorgane wurde in allen Abtheilungen der Quallen erkannt; es sind die männlichen und weiblichen Zeugungstheile entweder in einem Individuum vereinigt oder auf zwei Individuen vertheilt. Ersteres findet bei den Rippenquallen [2]) und letzteres bei den Schirmquallen [3]) statt.

§. 67.

Die Eier der Acalephen sind rund und immer von einer einfachen äusserst zarten Eihülle umgeben, aus deren weisslichem, violettem oder gelblichem Dotter das Keimbläschen mit dem einfachen Keimflecke hervorschimmert [1]). Die Spermatozoïden besitzen bei den meisten Quallen eine Cercarienform, sind sehr beweglich und im Wasser un-

---

inneren Hautsackes, welche sich in der Nähe der mit einem Sphinkter versehenen Oeffnung des äusseren Hautsackes befinden soll, zu entdecken. Bennet (in den Proceedings of the zoological society. 1837. p. 43. oder in Wiegmann's Archiv. 1838. Thl. 2. p. 332.) konnte an der Luftblase von Physalia weder eine Oeffnung wahrnehmen, noch Luft aus ihr hervordrücken. Ob diese mit Luft gefüllten Behälter der Seeblasen etwa, wie Lungen wirkend, bei dem Respirationsprozesse Dienste leisten könnten, das muss späteren genaueren Untersuchungen zur Entscheidung überlassen bleiben.

1) Es muss hier auf die weiter unten zu erwähnende Entwicklungsgeschichte verwiesen werden. Dass auch erwachsene Quallen sich durch Theilung vermehren, kann bis jetzt nicht als erwiesen angesehen werden, denn obgleich nach Mertens's Zeugniss kleine von Cestum und Cydippe losgerissene Körperchen herumschwammen und schnell heranwuchsen, so sind diese Beobachtungen nicht bis zu Ende fortgesetzt worden (s. Mémoires d. l'Acad. d. St. Pétersbourg. T. 2. p. 494. Taf. 1. Fig. 2—4. und p. 527.), und wenn auch Will (Hor. tergest. p. 42) Warzen und Lappen von Eucharis sich ablösen und herumschwimmen sah, so hat derselbe weder diese, noch andere von ihm im Seewasser aufgefundene, sich selbstständig umherbewegende unregelmässige Körperchen (a. a. O. p. 43. Taf. 1. Fig. 7.), welche von Rippenquallen herzurühren schienen, in ausgebildete Ctenophoren übergehen sehen.

2) Vgl. Will in Froriep's neuen Notizen. No. 599. p. 66.

3) Vgl. Siebold in Froriep's Notizen. No. 1081. 1836. p. 33.

1) Vgl. Wagner's Prodromus a. a. O. Taf. 1. Fig. 2. und Icones zootom. Tab. 33. Fig. 15—17, so wie Siebold's Beiträge zur Naturgeschichte wirbelloser Thiere a. a. O. Taf. 1. Fig. A. B., welche Abbildungen der Eier von Cyanea, Pelagia und Medusa darstellen.

veränderlich [2]). In gewissen Röhrenquallen scheinen Spermatozoïden mit linearer Gestalt vorzukommen und eine unverhältnissmässige Grösse zu erreichen [3]).

§. 68.

Da die Geschlechtstheile der Acalephen sich nur zur Brunstzeit gehörig entwickeln und diese bei vielen Quallen nur kurze Zeit dauert, so sind diese Organe häufig ganz übersehen worden. Die männlichen und weiblichen Sexualorgane gleichen sich in Farbe, äusserer Form und Anordnung oft so sehr, dass sie leicht mit einander verwechselt werden. Sie bilden entweder schlauchförmige oder bandförmige Streifen, welche an verschiedenen Stellen des Leibes angebracht sind; im ersteren Falle werden Same und Eier durch besondere Ausführungsgänge entleert, im letzteren Falle gerathen Spermatozoïden und Eier, aus den Flächen des bandförmigen Hoden oder Eierstockes hervortretend, entweder unmittelbar nach aussen, oder in geräumige Höhlen, welche durch weite Oeffnungen mit der Aussenwelt in Verbindung stehen.

Da auch bei den Acalephen Begattungsorgane fehlen, so wird durch das Meerwasser, indem es den männlichen Samen, ohne die Spermatozoïden zu verändern, aufnimmt und den gelegten Eiern zuführt, die Befruchtung der letzteren vermittelt.

§. 69.

In den verschiedenen Abtheilungen der Acalephen erscheinen die Sexualorgane auf folgende Weise angeordnet:

1. Bei den Rippenquallen, welche Zwitter sind, erstrecken sich an den acht Rippen, auf der einen Seite die Hoden, auf der anderen Seite die Ovarien als schlauchförmige Streifen herab. Unter den Rippen läuft von jedem Hoden und Eierstocke, welche nach aussen hin

2) Die Spermatozoïden von Eucharis und Beroë sind rundliche Körperchen mit sehr zartem beweglichem Haaranhange. Vgl. Will a. a. O. Taf. 1. Fig 6. u. 24. Aehnliche Spermatozoïden fand Krohn (Froriep's neue Notizen. No. 356. 1841. p. 52.) bei Cydippe. Auch die Spermatozoïden der Scheibenquallen besitzen dieselbe cercarienförmige Gestalt. Vgl. Siebold's Beiträge a. a. O. Taf. 1. Fig. C. von Medusa, Kölliker's Beiträge a. a. O. Taf. 1. Fig. 8. 9. 10. und Milne Edwards in den Annales d. sc. nat. T. 16. Pl. 1. Fig. 1. d. von Rhizostomum, Chrysaora und Aequorea, ferner Wagner's Icones zootomicae, Tab. 33. Fig. 20. und Will's Horae tergest. Tab. 2. Fig. 12. von Pelagia und Geryonia.

3) Die linearen, ziemlich dicken und beweglichen Körper, welche Will (a. a. O. p. 78. u. 81. Taf. 2. Fig. 26.) in der Athemhöhle, in den Mägen und der allgemeinen Körperhöhle von Diphyes und Ersaea angetroffen und für Entozoen zu halten geneigt ist, dürften vielleicht die Spermatozoïden dieser Thiere sein, indem sie in ihrer Form ganz mit den Spermatozoïden der Alcyonella und Cristatella übereinstimmen.

mit kolbigen Ausbuchtungen versehen sind, ein Ausführungskanal nach dem Mundende hinab, ohne dass sich dort die Austrittsstelle der Samenflüssigkeit oder der Eier deutlich erkennen lässt 1).

2. In sehr vielen Scheibenquallen zeigen die Sexualorgane einen vom Mittelpunkte der Scheibe nach dem Rande hin sich erstreckenden radialen Verlauf. Bei Oceania, Cytaeis, Geryonia und Thaumantias bilden die vier Hoden- oder Ovarienschläuche in der Mitte der Scheibe ein Kreuz, welches von den vier Wasserkanälen durchzogen wird 2). Die Ausführungsgänge laufen nach dem Centrum der Scheibe zur Basis des Magens, lassen aber ihre Mündungen nicht deutlich wahrnehmen 3). In der Scheibe der Aequorea violacea breiten sich 74 doppelte Bandstreifen strahlenförmig aus, welche auf der unteren Fläche der Scheibe mit einem freien gefalteten Saume hervorragen und hier Samen und Eier austreten lassen 4).

3) Eine andere Reihe von Scheibenquallen ist an der Basis des Armstrunkes mit vier weiten Oeffnungen versehen, welche in eben so viele Aushöhlungen der Scheibe führen 5). Im Grunde dieser Höhlen, welche früher für Athemhöhlen gehalten worden sind, finden sich die Geschlechtsorgane in Form eines stark gefalteten Bandes angeheftet. Diese vier Bänder (Hoden oder Ovarien) sind entweder in einem Winkel oder Halbkreise gebogen und bilden bald einen vierstrahligen Stern 6), bald eine vierblättrige Rosette 7). Sind die Geschlechtshöhlen vermehrt, so sind auch die Geschlechtsorgane in derselben Weise vermehrt 8). Der Saum der Geschlechtsorgane ist gemeinhin mit vielen in die Geschlechtshöhlen hineinragenden Tentakeln besetzt 9). In den bandförmigen Hoden dieser Scheibenquallen stecken eine Menge kleiner Schläuche, von welchen sich ein jeder einzeln für sich an der Oberfläche des Bandes nach aussen in die Geschlechtshöhle öffnet, während sich die

---

1) Vgl. Will, Horae tergestinae, p. 38. Taf. 1. Fig. 22. u. 23.

2) Vgl. Wagner, Icones zootom., Tab. 33. fig. 26. a. a., ferner Will a. a. O. Taf. 2. Fig. 5. 7. 8. 14. u. 16., ferner Blainville, Manuel d'Actinologie, 1834, Pl. 37. fig. 3. und Sars, Beskrivelser etc., Tab. 5. fig. 12. 13.

3) S. Will a. a. O. p. 71.

4) Nach Milne Edwards, in den Annales d. sc. nat., T. 16. p. 198. Pl. 1. fig. 1. a. b.

5) Vgl. Gaede, Beiträge a. a. O., Taf. 1. Fig. 1. c. von Medusa, und Lesson in Duperrey, Voyage a. a. O., No. 12. u. 13. von Chrysaora.

6) Bei Rhizostomum.

7) Bei Chrysaora, Medusa, Pelagia, Aurelia etc. Vgl. Ehrenberg, in den Abhandl. d. Berl. Akad. a. a. O., Taf. 1. Fig. 1. Wagner, Icones zootomicae, Tab. 33. fig. 1. und Brandt, in den Mémoires d. St. Pétersbourg, T. 4. Pl. 9. u. 10.

8) Bei Cassiopea erscheinen Geschlechtshöhlen und Geschlechtsorgane bis auf acht vermehrt.

9) Bei Medusa und Pelagia. Vgl. Ehrenberg, in den Abhandl. a. a. O. Taf. 7. und Wagner, Icones zootom., Tab. 33. fig. 13.

Eier bei den bandförmigen Ovarien an der Oberfläche nach und nach abschnüren [10]).

4. Bei den Röhrenquallen bedürfen die Geschlechtsverhältnisse noch einer genaueren Untersuchung In den Diphyiden scheinen die Geschlechstheile in Schlauchform mit einer allgemeinen Körperhöhle zusammenzuhängen [11]).

Während der Brunstzeit sind die weiblichen Individuen gewisser Scheibenquallen leicht von den Männchen zu unterscheiden, indem sie an den Armen herab mit vielen Taschen besetzt sind, in welchen Eier und Brut von den Müttern einige Zeit herumgetragen werden [12]).

§. 70.

Die Entwicklungsgeschichte der jungen Quallen ist nur erst von wenigen Arten genauer bekannt und zeichnet sich bei diesen durch eine höchst merkwürdige Metamorphose aus.

Die Eier wandeln sich, nachdem der ganze Dotter den gewöhnlichen Durchfurchungsprozess überstanden hat, in infusorienartige eiförmige Embryone um, welche mittelst eines Flimmerepitheliums sich um inre Längsaxe drehend, willkürlich im Wasser herumschwimmen [1]). Nach einiger Zeit setzen sie sich mit ihrem Vorderende an irgend einen Gegenstand fest; aus ihrem freien entgegengesetzten Ende sprossen Arme hervor, zwischen welchen sich der Mund des jetzt polypenähnlichen Thieres entwickelt [2]). In diesem Entwicklungsstadium vermehrt sich

10) Vgl. Siebold's Beiträge a. a. O. Taf. 1. Fig. 20. u. 23. und Kölliker's Beiträge a. a. O. p. 40.

11) Bei Diphyes und Ersaea mündet in eine allgemeine Körperhöhle, welche mit den Mägen und Athemhöhlen zusammenhängt, ein mit Zellen gefüllter Sack ein, welchen Will (Horae tergest. p. 78. u. 81. Taf. 2. Fig. 23. c.) für ein Geschlechtsorgan betrachten möchte und in welchem Meyen (Nov. Act. Physico-medica. Vol XVI. Suppl. I. 1834. p. 214. Tab. 36. fig. 2. h. und fig. 6. 7.) Eier gesehen haben will. Nach Philippi's Angaben (in Müller's Archiv. 1843. p. 63. Taf. 5. Fig. 10. a. b.) sollen bei Physophora zwischen den Fangfäden die Geschlechtswerkzeuge als traubenförmige Organe herabhängen, von denen die kürzeren in den Beeren sechs bis zehn Eier, und die längeren Trauben in den Beeren eine krümliche Flüssigkeit (Same?) enthalten.

12) Z. B. Medusa aurita und Cyanea capillata. Vgl. Ehrenberg, in den Abhandl. d. Berl. Akad. a. a. O., Taf. 3. Fig. 1. u. 2. und Taf. 8. Fig. 1. und Sars in Wiegmann's Archiv. 1841. Thl. 1. p. 19.

1) Die Entwicklung und Metamorphose der Brut von Medusa aurita und Cyanea capillata ist durch Siebold (in seinen Beiträgen a. a. O. p. 21. Taf. 1. u. 2. und in Froriep's neuen Notizen. No. 166. 1838. p. 177.) und durch Sars (in Wiegmann's Archiv. 1841. Thl. 1. p. 19. Taf. 1. bis 4.) beobachtet worden. In dem ersten Stadium der Entwicklung (s. Ehrenberg, in den Abhandl. der Berl. Akad. a. a. O., Taf. 8. Fig. 15—18., Siebold, Beiträge a. a. O., Taf. 1. Fig. 17—19. und Sars in Wiegmann's Archiv a. a. O. Taf. 1. Fig. 1—6.) sind die infusorienartigen Medusen schon von Baer (in Meckel's deutsch. Archiv. Bd. 8. 1823. p. 389.) als Larven der Medusen betrachtet worden.

2) Vgl. Siebold's Beiträge a. a. O. p. 29. Taf. 1. Fig. 25—33. und Taf. 2. Fig. 34. und Sars in Wiegmann's Archiv. a. a. O. Taf. 1. Fig. 7—31.

die junge Qualle theils durch Knospen und Ausläufer[3]), theils durch Quertheilung. Die Vermehrung durch Quertheilung geht auf folgende sehr merkwürdige Weise vor sich. Es wächst die polypenartige Qualle in die Länge, ihr Leib schnürt sich in mehre Querabschnitte ein; aus diesen Abschnitten wachsen rundherum acht zweitheilige Fortsätze hervor; hierauf lösen sich die einzelnen Leibesabschnitte der Reihe nach von vorne nach hinten ab, schwimmen als achtstrahlige Qallen frei im Wasser umher und bilden sich nun allmählich zu einer vollständigen Acalephe aus[4]).

---

3) Die Vermehrung der polypenartigen Medusen durch Knospen hat Sars an Cyanea capillata beobachtet. Eben so sah derselbe aus diesen polypenartigen jungen Medusen Stolonen hervorwachsen, aus deren Ende sich ein neuer Polyp entwickelte. Vgl. Wiegmann's Archiv. a. a. O. p. 26. Taf. 1. Fig. 37. 41. 42. und Fig. 38. 39. u. 40.

4) In dem Entwicklungszustande, während welchem die jungen Medusen an ihrem langgestreckten Leibe nur erst die einfachen Querringeln erhalten haben, hatte Sars (in der Isis. 1833. p. 222. Taf. 10. Fig. 2.) anfangs diese Medusenlarven unter dem Namen Scyphistoma als besondere Polypengattung beschrieben, während sie Steenstrup (über den Generationswechsel. p. 17.) als Ammen der Medusen betrachtet. Nachdem aus den Leibesringen die zweitheiligen Fortsätze hervorgewachsen waren und Sars die einzelnen Leibesringe sich ablösen gesehen hatte, wurde dieses Entwicklungsstadium von ihm als eine neue Medusenform unter dem Namen Strobila octoradiata abgebildet (in der Isis. 1833. p. 224. Taf. 10. Fig. 4. und Bescrivelser etc. p. 16. Tab. 3.), aber nachher als der Jugendzustand der Medusa aurita erkannt (in Wiegmann's Archiv. 1837. Thl. 1. p. 406.), wobei ihm nicht entging, dass die als Strobila octoradiata frei umherschwimmenden jungen Medusen höchst wahrscheinlich von Eschscholtz als die besondere Medusengattung Ephyra hingestellt worden ist. Vgl. Wiegmann's Archiv. 1841. Thl. 1. p. 10. Ueberhaupt dürfte es sich wohl mit der Zeit noch herausstellen, dass manche der kleinen glocken- und scheibenförmigen Medusenarten vielleicht nur die Entwicklungsstadien anderer Acalephen sind, da man annehmen darf, dass auch die übrigen Quallen einer ähnlichen Metamorphose unterworfen sind. Eben so werden sich unter den Polypen gewisse kleine nackte Arten wahrscheinlich als Entwicklungsstufen von Acalephen mit der Zeit ausweisen, wodurch man alsdann über die Entscheidung verlegen sein wird, ob man solche Thiere zu den Polypen oder zu den Quallen rechnen soll, wenigstens verdient eine Beobachtung von Dujardin (Comptes rendus. 1843. p. 1132.) in dieser Beziehung unsere ganze Aufmerksamkeit. Derselbe hat nämlich die Entwicklungsgeschichte einer mit Oceania verwandten Schirmqualle verfolgt und erkannt, dass diese sich als junges Thier von einem mit Syncoryne verwandten Polypenstamme ablöst und anfangs grosse Aehnlichkeit mit Eleutheria hat. In einem Cyclus solcher verschiedener Entwicklungsformen wird man jedenfalls diejenige als die Grundform zu betrachten haben, an welcher sich Eierstöcke und Hoden ausbilden.

Viertes Buch.

Die Echinodermen.

Eintheilung.

§. 71.

Die Echinodermen zeichnen sich durch eine mehr oder weniger lederartige Körperbedeckung aus, in welcher häufig netzförmige Kalkkörperchen eingelagert liegen. Es können diese Kalkkörperchen in so überwiegender Menge vorhanden sein, dass sie ein entweder aus beweglichen Gliedern oder aus unbeweglich verbundenen Schilden zusammengesetztes Kalkgerüste darstellen. In den strahlenförmig symmetrisch geordneten Organensystemen herrscht die Fünfzahl vor; bei vielen Echinodermen bildet jedoch der Verdauungskanal einen unsymmetrisch gewundenen Schlauch. Die Echinodermen, welche sämmtlich Seebewohner sind, kriechen grösstentheils mit eigenthümlichen erektilen fussartigen Saugorganen umher; mehrere bewegen sich wurmförmig fort; einige schwimmen, indem sie ihre Körperstrahlen als Ruder benutzen, frei im Wasser, und nur sehr wenige sind fest gewachsen. Begattungsorgane sind nirgends vorhanden.

I. Ordnung. *Crinoïdea.*

Das Kalkgerüst, welches aus beweglichen Gliedern zusammengesetzt ist, entspricht einem äusseren Hautskelete; der Körper strahlenförmig; der Verdauungskanal unsymmetrisch.

1. Familie: *Encrinidae.*

Gattung: *Pentacrinus.*

2. Familie: *Comatulinae.*

Gattung: *Comatula.*

II. Ordnung. *Asteroïdea.*

Das Kalkgerüst bildet ein inneres, aus beweglichen Gliedern zusammengesetztes Skelet, welches von einer bald mehr kalkartigen, bald mehr lederartigen Hautbedeckung umhüllt wird. Der Körper strahlenförmig; der Verdauungskanal symmetrisch.

1. Familie: *OPHIURIDAE.*

Gattungen: *Astrophyton*, *Ophionyx*, *Ophiothrix*, *Ophiomastix*, *Ophiocoma*, *Ophiolepis*, *Ophioderma.*

2. Familie: *ASTEROIDAE.*

Gattungen: *Luidia*, *Astropecten*, *Ctenodiscus*, *Archaster*, *Stellaster*, *Astrogonium*, *Oreaster*, *Pteraster*, *Asteriscus*, *Culcita*, *Ophidiaster*, *Chaetaster*, *Solaster*, *Echinaster*, *Asteracanthion.*

III. Ordnung. *Echinoïdea.*

Das Kalkgerüst besteht aus einem, durch unbeweglich untereinander verbundene Schilde zusammengesetzten, Gehäuse von kugelförmiger oder scheibenförmiger Gestalt. Darmkanal unsymmetrisch.

1. Familie: *ECHINIDAE.*

Gattungen: *Echinus*, *Cidaris.*

2. Familie: *CLYPEASTRIDAE.*

Gattungen: *Laganum*, *Scutella*, *Encope*, *Rotula*, *Lobophora*, *Echinocyamus*, *Mellita*, *Echinanthus.*

3. Familie: *SPATANGIDAE.*

Gattung: *Spatangus.*

IV. Ordnung. *Holothurioïdea.*

Die lederartige Hautbedeckung enthält, statt eines Kalkgerüstes, nur netzförmige Kalkkörperchen in grösserer oder geringerer Anzahl eingewebt. Als Rudiment eines inneren Skelets ist der Schlund von einem Kalkringe umgeben. Körper cylindrisch; Darmkanal meist unsymmetrisch.

1. Familie: *HOLOTHURINAE.*

Gattungen: *Holothuria*, *Pentacta*, *Bohadschia*, *Cladolabes.*

2. Familie: *SYNAPTINAE.*

Gattungen: *Synapta*, *Chirodota.*

V. Ordnung. *Sipunculoïdea.*

Die lederartige Hautbedeckung enthält keine Kalkkörperchen, der Schlund ist von keinem Kalkringe umgeben. Körper cylindrisch; Darmkanal meist unsymmetrisch.

1. Familie: *SIPUNCULIDAE.*

Gattungen: *Sipunculus*, *Phascolosoma.*

2. Familie: *ECHIURIDAE.*

Gattungen: *Thalassema*, *Echiurus.*

Literatur.

Tiedemann, Anatomie der Röhrenholothurie, des pomeranzenfarbigen Seesterns und Steinseeigels. Landshut 1816.

Sharpey, Echinodermata, in der Cyclopaedia of anatomy and physiology. Vol II. p. 30. London 1839.

Agassiz, Monographies d'Échinodermes vivans et fossiles. Neuchatel 1838. 1—3e Livraison.

Valentin, l'Anatomie du genre Echinus. Neuchatel 1842. 4e Livraison des Monographies d'Échinodermes.

Forbes, a history of british Starfishes and other animals of the class Echinodermata. London 1841.

Müller und Troschel, System der Asteriden. Braunschweig 1842.

Erster Abschnitt.

Von der äusseren Hautbedeckung und dem Hautskelete.

§. 72.

Die Echinodermen besitzen, mit Ausnahme der fusslosen Sipunculoiden, ein deutliches Hautskelet, welches in den verschiedenen Ordnungen auf folgende Weise modificirt ist.

1. Bei den Holothurioïdeen ist die lederartige Cutis mit Kalkkörperchen dicht durchsetzt. Diese Kalkkörperchen haben eine sehr unregelmässige Gestalt und sind häufig netzförmig durchlöchert [1]).

2. In den Echinoïdeen hat sich die Kalkmasse von der übrigen weichen Hautbedeckung ausgeschieden, und zu netzförmig durchlöcherten, aber bestimmt gestalteten Kalkplatten umgebildet, welche durch Näthe bewegungslos mit einander verbunden oder innig verschmolzen sind. Die Näthe der Kalkplatten, welche die Schale der Echinoideen zusammensetzen, sind bei den Echinoïden deutlich zu erkennen, werden aber an den Clypeastriden sehr undeutlich und verschwinden, namentlich im Alter, bei einigen ganz [2]). An diesen Kalkplatten, welche

---

1) Die unregelmässigen, zum Theil durchlöcherten Kalkkörperchen des Hautskeletts dieser Echinodermen mengen sich nach dem Tode und der Auflösung der Thiere dem Meeressande bei und werden in demselben, ihrer eigenthümlichen Gestalt und porösen Struktur wegen, sehr leicht mit dem Mikroskope herausgefunden. Von Synapta hat Quatrefages verschiedene Kalkkörperchen dieses Hautskelets abgebildet (in den Annales d. sc. nat. T. 17. 1842. Pl. 3 u. 4.). Es kommen dergleichen mikroskopische Kalkkörperchen in den verschiedenen Weichtheilen der meisten Echinodermen unter den mannichfaltigsten Formen vor, welche zu einem besonderen Studium auffordern, zu dem bereits Ehrenberg (in den Abhandl. d. Berl. Akademie a. d. J. 1841. p. 408.) die Veranlassung gegeben hat, indem dadurch gar manche räthselhafte mikroskopische Körper, auf welche jener Naturforscher die Aufmerksamkeit gelenkt, ihre richtige Deutung erhalten können. — 2) Bei Scutella, Clypeaster u. a.

in regelmässigen Reihen an einander gefügt sind, hat man die sogenannten Ambulacralplatten zu unterscheiden. Diese sind durchlöchert und tragen auf ihrer äusseren Fläche die Füsschen, auf ihrer inneren Fläche dagegen die Ambulacralbläschen. Die Ambulacralplatten stehen meist in fünf doppelten Reihen so zwischen den übrigen Kalkplattenreihen eingefügt, dass ihre Ambulacralporen entweder fünf vom Munde bis zum After sich erstreckende Längsreihen [3]) oder eine auf dem Rücken der Schale sich ausbreitende fünfblättrige Rosette [4]) bilden [5]).

3. Die lederartige Hautbedeckung der Asteroïdeen, welche, wie bei den Holothuroïdeen, eine zahllose Menge kleiner unregelmässiger oder grösserer poröser Kalkkörperchen eingebettet enthält, umschliesst als Hautskelet noch ein zweites, gleichsam inneres Skelet. Dieses letztere besteht aus gliederartig an einander gereihten und beweglich unter einander verbundenen Stücken poröser Kalkmasse, welche sich auf der Bauchseite vom Munde aus nach den Spitzen der Strahlen hin erstrecken. Bei vielen Asteroïden bilden die in der Hautbedeckung liegenden grösseren Kalkkörperchen durch Aneinanderstossen ein Balkennetz [6]) oder ein Plattennetz [7]). An dem inneren gegliederten Skelete der Asteroïden bestehen die einzelnen Glieder meist aus mehren Stücken, welche Lücken als Ambulacralporen zwischen sich lassen und von welchen die beiden mittelsten Hauptstücke in einem stumpfen Winkel zusammenstossen, um die Bauchfurche der Asteroïden zu bilden [8]). Die Ophiuriden besitzen ebenfalls ein inneres gegliedertes Skelet, welches jedoch aus einfachen Gliedern zusammengesetzt wird. Ihre allgemeine Hautbedeckung besteht dagegen an den Armen aus dicht aneinanderstossenden und eingelenkten Kalkschilden und Kalkschuppen, welche das innere Skelet so dicht umschliessen, dass sich hier nicht, wie bei den Asteroïden, die Leibeshöhle vom Körper zwischen allgemeiner Hautbedeckung und innerem Skelete in die Arme fortsetzt.

4. Die Crinoïdeen besitzen nur auf der Bauchseite eine weiche Hautbedeckung; die Rückenseite ist gänzlich verkalket und in ein ge-

---

3) Bei Echinus, Cidaris. — 4) Bei Encope, Rotula, Scutella etc.

5) Eine sehr detaillirte Beschreibung der Echinusschale findet man in Mekkel's System der vergleichenden Anatomie, Thl. II. Abth. 1. 1824. p. 31. und in Valentin's Monographie: Anatomie du genre Echinus. 1841. p. 5.; auch über die feinere Struktur der Kalkplatten von Echinus hat Valentin (ebendas. p. 17. und Tab. 2.) sehr genaue Untersuchungen und Abbildungen geliefert.

6) Bei Asteracanthion, Solaster.

7) Bei Asteracanthion, Oreaster, Solaster etc.

8) Vgl. die von Sharpey in der Cyclopaedia of anatomy a. a. O. Vol. II. p. 31. fig. 8. u. 9. gelieferte Abbildung, und Meckel's vergleichende Anatomie. Thl. 2. Abth. 1. p. 19.

gliedertes Skelet verwandelt, welches sich vom Körper bis in die Arme und Seitenäste fortsetzt und dessen Glieder durch ein elastisches Interartikulargewebe meist beweglich untereinander verbunden sind. Die Glieder des Hautskelets der Crinoïdeen stellen Scheiben oder kurze Cylinder dar, welche zu Armen, Seitenästen (*Pinnulae*), Cirren und bei einigen [9]) zu einem Stiele aneinander gereiht sind. Durch die Axe aller dieser Skelettheile zieht sich ein Kanal hindurch, und auf der Bauchseite der Arme und Pinnulae läuft eine Rinne entlang, welche von der weichen Hautbedeckung (*Perisoma*) brückenartig überzogen wird [10]).

§. 73.

Bei sehr vielen Echinoïdeen ragt vom Rande der unteren, dem Mundende entsprechenden Oeffnung der Schale ein Kranz von mehr oder weniger entwickelten Vorsprüngen rechtwinklich nach innen in die Höhe, welche den Ligamenten und Muskeln des Kauapparates zum Ansatze dienen. In den Echinoïden [1]) ist dieser Knochenkranz am meisten entwickelt; bei ihnen erheben sich an den fünf, den unteren Endpunkten der Ambulacralfelder entsprechenden Stellen über den übrigen Theil des Knochenkranzes eben so viele besondere Fortsätze, welche von einer weiten Oeffnung durchbohrt sind [2]). Bei den Clypeastriden beschränkt sich dieser Knochenkranz meist nur auf fünf einzelne um die Mundöffnung herumstehende Vorsprünge [3]). Den Spatangiden fehlt dieser Knochenkranz ganz und gar.

Diesem Knochenkranze entspricht wahrscheinlich der bei den Holothurioïdeen unter der Lederhaut verborgene und den Schlund umgebende Knochenring, der meistens aus zehn Stücken zusammengesetzt wird und als Rudiment eines inneren Skeletes betrachtet werden kann, da derselbe den Muskeln und Tentakeln zur Befestigung dient. In Holothuria tubulosa ist der vordere Rand dieses Knochenkranzes ausgezackt [4]). In Synapta besteht dieser Knochenkranz aus zwölf Stücken, von welchen fünf Stücke zur Durchlassung der Wasserkanäle mit fünf ovalen Oeffnungen versehen sind [5]).

---

9) Bei Pentacrinus.

10) Auch bei den Crinoïdeen, wie überhaupt bei allen Echinodermen, erscheint die feinere Struktur der kalkigen Skelettheile als Kalknetz. Vgl. Müller, in seinem Archive. 1837. Jahresbericht. p. 93. und über den Bau des Pentacrinus caput Medusae, in den Abhandlungen der Berliner Akademie. a. d. J. 1841. Taf. 1. Fig. 3. — 1) In Echinus, Cidaris.

2) Vgl. Valentin's Monographie a. a. O. Tab. 2. fig. 15.

3) Vgl. Agassiz, Monographies d'Échinodermes. 2de Livr. contenant les Scutelles. Tab. 13. fig. 3. und Tab. 27. fig. 7. von Lobophora und Echinocyamus.

4) Vgl. Tiedemann's Anatomie der Röhrenholothurie a. a. O. p. 26. Taf. 2. Fig. 5. und Wagner, Icones zootom. Tab. 32. fig. 15.

5) Vgl. Quatrefages, in den Annales d. sc. nat. T. 17. 1842. p. 47. Pl. 4. fig. 5. und Pl. 5. fig. 7. c. c.

§. 74.

Die allgemeine Hautbedeckung vieler Asteroïdeen ist von sehr verschieden gestalteten Kalkkörpern über und über bedeckt oder theilweise besetzt. Es stellen diese Kalkkörper bald Platten, Knöpfe, Höcker oder Körner, bald spitze oder stumpfe unbewegliche Stiele, bald runde oder glatte bewegliche Stacheln, Doppelhaken u. s. w. dar [1]).

Bei den Echinoïdeen sind auf den vielen kleineren und grösseren runden Hügeln, welche auf der äusseren Fläche der Kalkschale zerstreut liegen, Stacheln der verschiedensten Grösse beweglich eingelenkt. Es ragen diese Stacheln aus der dünnen allgemeinen Hautbedeckung, welche die Kalkschale überzieht, nackt hervor und werden nur an ihrer Gelenkgrube von derselben, wie von einer Gelenkkapsel, umfasst [2]).

Sehr merkwürdige Hautorgane besitzen die zur Gattung Synapta gehörigen Holothurioïdeen. Hier ragen nämlich kleine ankerförmige Haken aus der Haut hervor, durch welche diese Echinodermen wie Kletten an andere Körper sich anheften können. Jeder einzelne dieser Ankerhaken ist auf einem kleinen durchlöcherten, unter der Haut verborgenen Schildchen in schräger Richtung befestigt [3]).

---

1) Mit Körnern und Knöpfen ist die ganze Körperfläche von Oreaster und Culcita bedeckt, bewegliche platte Stacheln und Randplatten finden sich an Astropecten und Stellaster vor, eine zahllose Menge von Stielen, deren Gipfel mit Borsten besetzt sind, erheben sich aus der Haut von Solaster und Chaetaster. Die Seiten der Arme sind bei Ophiocoma, Ophiomastix u. a. mit glatten Stacheln, bei Ophiothrix dagegen mit echinulirten Stacheln besetzt. Bei Ophionyx befinden sich unterhalb der echinulirten Stacheln noch bewegliche Doppelhaken. Vergl. die schönen zu Müller's und Troschel's System der Asteriden gehörigen Abbildungen.

2) Die Stacheln der Echinoïdeen zeichnen sich durch eine Menge an ihrer Oberfläche herablaufender und gezähnelter Längsrippen aus. Vgl. Valentin's Monographie a. a. O. Tab. 3. fig. 26. An Spatangus kommen spatelförmige und an den Clypeastriden (Mellita, Encope, Laganum etc.) keulenförmige Stacheln vor. Vgl. Agassiz, Monographie der Scutellen a. a. O. Tab. 4. a., 6. a. und 10. a. Die feinere Struktur der Echinoïdeenstacheln hat sich nach Valentin's genauen Untersuchungen (s. dessen Monographie. p. 24. Tab. 3.) als eine sehr complicirte zu erkennen gegeben.

3) Die klettenartige Rauhigkeit der Haut von Synapta ist schon von Eschscholtz (Zoologischer Atlas. Heft 2. 1829. p. 12.) beobachtet worden. Jaeger (de Holothuriis dissert. 1833. Tab. I. fig. 3.) bildete zuerst einen Ankerhaken aus der Haut von Synapta Beselii ab. Eine sehr genaue Beschreibung der Ankerhaken und ihrer Schildchen von Synapta Duvernaea lieferte Quatrefages (Annales d. sc. nat. T. 17. p. 33. Pl. 3.). Dergleichen im Seeschlamme von Vera Cruz aufgefundene Anker hatte Ehrenberg anfangs für von Seeschwammgebilden herrührende Steinconcremente gehalten und als Spongolithis Anchora abgebildet (in den Abhandl. d. Berl. Akademie a. d. J. 1841. p. 323. Taf. 3. No. VII. Fig. 36.), so wie er auch die durchlöcherten schildförmigen Träger jener Anker unter dem Namen Dictyocha splendens für ein kieselschaliges Infusorium genom-

§. 75.

Ein ganz eigenthümliches Kalkstück, die sogenannte Madreporemplatte, findet sich auf dem Hautskelete der Asteroïdeen und Echinoïdeen vor. Bei diesen letzteren nimmt die Madreporenplatte immer die Mitte des Rückens ein, bei ersteren dagegen wechselt sie ihren Platz. Die eigentlichen Asteroïden tragen nämlich die Madreporenplatte, welche zuweilen in mehrfacher Zahl vorhanden ist, excentrisch auf der Rückenseite, während sie bei den Ophiuriden 1) auf die Bauchseite und zwar in den Winkel gerückt ist, welchen zwei von den Armen nach dem Munde laufende Wirbelreihen bilden. Von der inneren Fläche dieser Madreporenplatte erstreckt sich bei einigen Asteroïden ein mit organisirten Kalkpartikelchen gefüllter häutiger Schlauch (Steinkanal), bei anderen dagegen ein gegliederter Kalkstrang schräge durch die Leibeshöhle nach dem Mundrande hin, über deren Funktion bis jetzt noch kein sicherer Aufschluss erlangt worden ist 2).

Zweiter Abschnitt.

Von dem Muskelsysteme und den Bewegungsorganen.

§. 76.

Das Muskelsystem der Echinodermen ist deutlich entwickelt. Die Primitivfasern ihrer Muskelbündel erscheinen als abgeplattete Fasern ohne Querstreifen 1).

---

men hat (ebendas. Fig. 35.); später vermuthete derselbe den richtigen Ursprung dieser Körperchen (ebendas. p. 407. u. 443.). Interessant ist es, dass eben diese ankerförmigen Hauttheile, welche vom Grafen Münster (Beiträge zur Petrefaktenkunde. Heft VI. 1843. p. 92. u. 96. Taf. 4. Fig. 9.) im Kalkmergel bei Streitberg aufgefunden wurden, das Zeugniss über früher dagewesene urweltliche Synapten abgeben. Ausser diesen aus kohlensaurem Kalke bestehenden Hautkörperchen will übrigens Quatrefages (a. a. O. p. 36. Pl. 3. fig. 15.) noch viele andere kleine sphärische Körperchen in der Haut der Synapta Duvernaea gefunden haben, welche aus ihrem Inneren einen zarten Faden hervorstrecken können und von Quatrefages mit Nesselorganen verglichen werden.

1) Bei Astrophyton.

2) Ein Kalkschlauch findet sich bei Astropecten vor. Nach Tiedemann (a. a. O. p. 54.) soll derselbe als Steinkanal den für das Skelett der Seesterne nöthigen Kalkstoff liefern; aber schon Ehrenberg (in Müller's Archiv. 1834. p. 580.) hat darauf aufmerksam gemacht, dass in jenem Kalkbeutel kein blosser Kalkstoff, sondern eine wirklich organisirte, maschenartig durchlöcherte Kalkmasse vorhanden sei. Einen sehr eigenthümlich organisirten gegliederten Kalkstrang besitzt Asteracanthion. Vgl. Siebold in Müller's Archiv. 1836. p. 291. Taf. 10. Fig. 14—18. und Sharpey in der Cyclopaedia a. a. O. Vol. II. p. 35. Fig. 12. 13. s.

1) Nach Wagner's Beobachtung besitzen die Echinodermen keine quer-

An den Armen und Pinnulae der Crinoïdeen sind immer je zwei Glieder durch einen oder zwei kleine auf der Bauchseite angebrachte Muskeln verbunden, denen gegenüber ein elastisches Interartikulargewebe als Antagonist wirkt 2).

Bei den Asteroïdeen, sowohl bei den Asteroïden wie Ophiuriden werden die Lücken, welche die Glieder des inneren Skelets zwischen sich lassen, mit Muskeln ausgefüllt 3). Die allgemeine Hautbedeckung der Asteroïden scheint nur durch ihre Elasticität zur Bewegung der Arme mit beizutragen; bei den Echinoïden dagegen liegen unter der Haut, welche die Schale überzieht, deutliche Muskelbündel, welche für die Bewegung der Stacheln bestimmt sind 4).

Sehr entwickelt zeigt sich die unter der allgemeinen Hautbedeckung liegende Muskelschicht der Holothurioïdeen und Sipunculoïdeen. Hier findet sich zunächst unter der Cutis eine aus ununterbrochen aneinander liegenden Ringfasern zusammengesetzte Muskelschicht, auf welche eine von Längsmuskelfasern gebildete Schicht folgt. Diese besteht in den Holothuroïdeen aus fünf in weiten Zwischenräumen auseinanderliegenden, an den Knochenring sich inserirenden breiten und derben Muskelstreifen 5), während dieselbe in den Sipunculoïdeen aus einer dichten Reihe zahlreicher und schmaler Längsmuskelstreifen zusammengesetzt wird 6).

Die Muskeln, mit welchen die Kauorgane, der Darmkanal und die Tentakeln der Echinodermen versehen sind, werden weiterhin erwähnt werden.

§. 77.

Mit Ausnahme der Synaptinen und Sipunculoïdeen sind die Echi-

---

gestreiften Muskeln (in Müller's Archiv. 1835. p. 319.). Müller bestätigt dies an Pentacrinus und Comatula (in den Abhandl. d. Berl. Akad. a. a. O. p. 214. Tab. 4. fig. 9.). Ich konnte ebenfalls an den Muskeln der Echinen, Asterien, Ophiuren, Holothurien und Sipunceln keine Querstreifen bemerken; Valentin dagegen will an den Muskelfasern der Kauorgane, der Stachelgelenke und des Afters von Echinus Querstreifen gesehen haben (in dessen Monographie a. a. O. p. 101. Tab. 8. fig. 153—155.), während Quatrefages (Annales d. sc. nat. a. a. O. p. 43. Pl. 3. fig. 17.) an den Primitivfasern der Längsmuskeln von Synapta nur während der Kontraktion Querrunzeln entstehen sah.

2) Vgl. Müller in den Abhandl. der Berliner Akademie a. a. O. p. 214. u. 220. Tab. 2. fig. 8. u. 12.

3) Die Lage der zwischen den Gliederstücken der Asteroïden vertheilten Muskeln hat Meckel (System der vergl. Anatomie. Thl. III. p. 14.) genauer angegeben.

4) Vgl. Valentin, Monographie a. a. O. p. 35. Tab. 3. fig. 39.

5) Das Hautmuskelsystem von Holothuria hat Tiedemann (a. a. O. p. 27. Tab. II. u. IV.) und das von Synapta Quatrefages (Annales d. sc. nat. a. a. O. p. 41.) genau beschrieben.

6) Ueber das Muskelsystem von Sipunculus nudus vergl. Grube in Müller's Archiv. 1837. p. 240. Tab. 11. fig. 1.

nodermen mit ganz eigenthümlichen tentakelartigen Bewegungsorganen, mit den sogenannten Füsschen (*Ambulacra*) ausgestattet. Es sind diese Füsschen sehr kontraktile und hohle Fortsätze der Hautoberfläche, welche durch die Ambulacralporen mit kontraktilen, an der inneren Fläche der lederartigen oder kalkigen Körperbedeckung angebrachten Säckchen, den Ambulacralbläschen, in Verbindung stehen. Die Füsschen und Ambulacralbläschen sind mit Quer- und Längsmuskelfasern versehen und enthalten eine wasserhelle Flüssigkeit, welche bei den Kontraktionen dieser Organe durch die Ambulacralporen abwechselnd von den Bläschen in die Füsschen und von da zurückgetrieben werden kann. Hierdurch sowol, wie durch eigene Bewegungen, sind die Füsschen im Stande sich aufzurichten, zu verlängern und tastend umher zu suchen, bis sie einen Gegenstand gefunden, an den sie sich befestigen können, zu welchem Behufe die Füsschen gewisser Echinodermen an ihrem freien Ende noch mit einem Saugapparate versehen sind.

Diese Füsschen, welche von den Thieren theils als Ortsbewegungsorgane, theils als Greiforgane benutzt werden, weichen bei den verschiedenen Ordnungen der Echinodermen in Form und Organisation auf folgende Weise von einander ab.

1. Bei den Crinoïdeen zieht sich von der Mundöffnung aus längs des weichen Perisoms, welches die Bauchseite der Arme und Pinnulae überzieht, eine Rinne hin, deren Ränder von sehr kleinen zarten cylindrischen Füsschen eingefasst sind. Ein jedes dieser Füsschen ist auf seiner ganzen Oberfläche wiederum mit kleinen cylindrischen, am Ende etwas angeschwollenen Fühlerchen besetzt [1]).

2. Die Ophiuriden sind an den Seiten ihrer Arme zwischen den Schilden mit Poren versehen, aus welchen zarte cylindrische, durch eine Menge von Wärzchen höckerig erscheinende Füsschen hervorragen [2]).

3. An den Asteroïden stehen die Füsschen auf den Bauchfurchen, welche sich vom Munde aus durch die Strahlen hinziehen, in zweifacher oder vierfacher Reihe beisammen. Es sind ansehnliche und derbhäutige Cylinder, welche in eine Spitze ausgehen oder an ihrem Ende abgestutzt und mit einer Art Sauggrube endigen [3]).

---

1) Die einer sehr lebhaften wurmförmigen Bewegung fähigen hohlen Füsschen der Comatulen sind an ihrem freien Ende nirgends mit einer Oeffnung versehen. Vgl. Müller, in den Abhandl. der Berl. Akad. a. a. O. p. 222. Tab. IV. fig. 13. u. 14.

2) Mittelst ihrer Wärzchen können sich die sehr beweglichen Tentakeln der Ophiuriden an andere Gegenstände festheften. Vgl. Erdl in Wiegmann's Archiv. 1842. Thl. 1. p. 58. Taf. 2. Fig. 1. a.

3) Ausser der genauen Darstellung, welche Tiedemann von den Füsschen der Asteroïden geliefert hat (a. a. O. p. 56.), ist noch Rymer Jones (manual

4. Bei den Echinoïden erscheinen die Füsschen langgestielt und mit einem ausgezeichneten Saugnapfe ausgerüstet. Sie sind nicht blos auf den Ambulacralplatten angebracht, sondern nehmen auch ihren Platz in der nächsten Umgebung der Mundöffnung ein [4]). Diese ausserordentlich beweglichen Füsschen der Echinoïden dienen hauptsächlich als Bewegungsorgane, indem sie sich über die Stacheln, welche von den Thieren nur als Stützen benutzt werden, weit hinaus verlängern können, um einen Gegenstand zum Ansaugen zu erlangen. Ihre äussere Oberfläche ist mit einem Flimmerepithelium umkleidet und ihr Saugnapf von einem eigenthümlichen weitmaschigen Kalknetze gestützt, während die Wandungen ihres hohlen cylindrischen Körpers einzelne langgestreckte, theils hakenförmige, theils verästelte Kalkkörperchen enthalten [5]).

5. Diejenigen Holothurioïdeen, welche mit Füsschen versehen sind, besitzen diese mit einem mehr oder weniger ausgebildeten Saugnapfe versehenen Bewegungsorgane entweder über den ganzen Leib unregelmässig vertheilt oder in regelmässigen Längsreihen geordnet. Sie erscheinen meist sehr kurz, können tief in die Lederhaut eingezogen, aber auch mit Hülfe ihrer inneren Bläschen so hervorgetrieben werden, dass sie geschickt als Saugwerkzeuge wirken können [6]).

Die Ambulacralbläschen, welche mit dem Circulations- und Respirationssysteme der Echinodermen in einer sehr nahen Beziehung stehen, werden weiterhin noch einmal zur Sprache gebracht werden müssen.

§. 78.

An den Echinoïdeen und Asteroïden kommen noch andere bewegliche Körperchen, die *Pedicellariae*, auf der ganzen Hautoberfläche verbreitet vor, welche, einen beweglichen Zangen- oder

---

of comparat. anatomy. p. 148. fig. 65.) zu vergleichen. Die Spitzen der Füsschen können sich, wie es scheint, bei Astropecten einstülpen, wodurch während des Anheftens der Mangel von Sauggruben ersetzt wird, mit welchen letzteren die Füsschen des Echinaster, Asteriscus, Asteracanthion etc. versehen sind.

4) Bei Echinus stehen diese, den übrigen Füsschen ganz ähnlichen, Saugorgane auf der contraktilen Membran, welche die Mundöffnung umgibt. An Spatangus und Echinanthus trägt die Schale in der Nachbarschaft des Mundes, der Ambulacral-Rosette gegenüber, Reihen von Füsschen, für welche sogar eigene Ambulacral-Poren vorhanden sind.

5) Vgl. Valentin's Monographie a. a. O. p. 37. Tab. 4. u. 5. und Erdl in Wiegmann's Archiv. 1842. Thl. I. p. 55. Taf. II. Fig. 10. Die von Ehrenberg (Abhandl. der Berl. Akad. a. d. J. 1841. p. 324. Taf. III. No. VII. Fig. 37. a. b.) als Spongolithis uncinata abgebildeten Körperchen aus dem Meeresschlamme von Vera Cruz, verglichen mit den von Valentin (Monographie a. a. O. Tab. 5. fig. 65.) abgebildeten Kalkkörperchen, stellen sich auf den ersten Blick als die hakenförmigen Skelettheile von Echinenfüsschen heraus.

6) Vgl. Catalogue of the physiological series of comparative anatomy contained in the Museum of the royal college of surgeons in London. Vol. IV. 1838. p. 196. Pl. 49. fig. 3—5.

Klappenapparat darstellend, hauptsächlich als Greiforgane wirken. Die Pedicellarien der Asteroïden bestehen meist aus zwei schlanken zangenförmigen oder aus zwei breiten klappenförmigen Armen, und werden so in *Pedicellariae forcipatae* und *valvulatae* geschieden. In den meisten Fällen sind dieselben ungestielt [1]). Die Pedicellarien der Echinoïdeen sind von Echinus am vollständigsten gekannt. Dieselben sitzen hier besonders häufig um den Mund herum und zerfallen ihrer Gestalt nach in 1) *Pedicellariae gemmiformes*, mit drei kurzen linsenförmigen Armen, in 2) *Pedicellariae tridactyli*, mit drei langen dünnen und seitlich gezähnten Armen, und in 3) *Pedicellariae ophiocephali*, mit drei löffelförmigen, seitlich gezähnelten Armen. Diese verschiedenen Arme enthalten eine netzförmige Kalkmasse als Grundlage und stehen immer bei den Seeigeln auf einem Stiele, dessen unterer Theil einen cylindrischen Kalkkern einschliesst, während der übrige Theil ganz weich ist und sich verlängern oder spiralförmig zurückziehen kann [2]). Die Pedicellarien der Seeigel, welche zum Theil mit Flimmerepithelium umgeben sind, können mit ihren beweglichen Armen gröbere und feinere Körper packen und einander übergeben, so dass sogar die von den auf der Rückenhälfte oder in der Aftergegend stehenden Pedicellarien ergriffenen Gegenstände nach und nach bis zum Munde eines Seeigels geschafft werden.

---

1) Dreiarmige zangenartige Pedicellarien kommen ausnahmsweise bei Luidia vor. Einen weichen Stiel besitzen die zangenartigen Pedicellarien von Asteracanthion, ungestielte und klappenartige Pedicellarien bemerkt man bei Asteropsis, Stellaster, Astrogonium etc. Vgl. Müller und Troschel a. a. O. p. 10. Taf. 6. Fig. 3—6.

2) Die Pedicellarien der Echinen sind zuerst als Schmarotzer der Seeigel von O. F. Müller (Zoologia danica. Vol. I. 1777. p. 16. Tab. 16.) beschrieben und als Polypen aufgeführt worden. Vgl. Lamarck, hist. nat. des animaux sans vertèbres. T. II. p. 75. Später hat Agassiz (s. Valentin's Monographie a. a. O. p. 51.) diese Körperchen für die Brut der Echinen erklärt. Durch die von Delle Chiaje (Memorie sulla storia e notomia degli animali senza vertebre. Vol. II. 1823. p. 324. Tab. 23. etc.) und von Sars (Beskrivelser a. a. O. p. 42. Tab. 9.) an Echinus, Cidaris und Spatangus vorgenommenen Untersuchungen ist jedoch das wahre Verhältniss der Pedicallarien ausser allen Zweifel gesetzt. Eine sehr genaue Beschreibung dieser merkwürdigen Organe haben neuerdings Valentin (Monographie a. a. O. p. 46. Tab. 4.) und Erdl in Wiegmann's Archiv a. a. O. p. 49. Taf. II. Fig. 1—9.) geliefert.

Dritter Abschnitt.

Von dem Nervensysteme.

§. 79.

Das Nervensystem der Echinodermen umschliesst als Centralorgan den Eingang zur Schlundhöhle in Gestalt eines meist fünfeckigen Nervenringes, von dessen Winkeln die Hauptnervenstämme in der Mittellinie der Strahlen oder der diesen entsprechenden Hautskelettheile bis zu dem entgegengesetzten Leibesende hinablaufen. Die Gestalt dieses Nervenringes richtet sich hauptsächlich nach der Form der Mundöffnung, daher dieselbe bei der nierenförmigen Mundöffnung des Spatangus ein ungleichschenkliges Pentagon darstellt [1]). Ganglienknoten haben sich bis jetzt an dem Schlundringe nicht wahrnehmen lassen. Derselbe sticht übrigens, namentlich bei Echinus und Holothuria, von den aus ihm entspringenden Nerven oft durch seine auffallende Farbe ab, indem seinen Fasern zuweilen violette, grüne oder rothe Pigmentkörner beigemengt sind [2]).

§. 80.

Die aus dem Schlundringe hervortretenden Hauptnervenstämme geben unterwegs rechts und links Nervenäste für die Ambulacren ab und zeichnen sich durch eine Längsfurche aus, wie wenn sie aus einem doppelten Nervenstrange zusammengesetzt wären [3]).

In den Crinoïdeen läuft auf der Bauchseite unterhalb der von dem weichen Perisome gebildeten Tentakel- oder Füsschenrinne ein Nervenstrang hin, welcher einer jeden Pinnula gegenüber eine schwache Anschwellung bildet, aus der ein Nervenfaden in die Pinnula abgeht [4]). Bei den Asteroïden ziehen sich die aus dem knotenlosen Schlundringe hervortretenden Nervenstämme in der Bauchfurche der Strahlen entlang [5]), in den Ophiuriden dagegen liegen sie in einem

1) Vgl. Krohn in Müller's Archiv. 1841. p. 8. Taf. I. Fig. 3. 4.

2) Vgl. Krohn a. a. O. — 3) Vgl. Krohn ebendas. p. 4. u. 10.

4) Vgl. Müller in den Abhandl. der Berliner Akademie a. a. O. p. 233. Taf. IV. Fig. 11. i. und Taf. V. Fig. 16.

5) Das Nervensystem der Asteroïden ist zuerst von Tiedemann (a. a. O. p. 62. Taf. 9. und in Meckel's Deutsch. Arch. Bd. I. 1815. p. 69. Taf. 3. Fig. 1.) mit Sicherheit nachgewiesen worden. Derselbe hat so wenig wie Krohn (a. a. O. p. 4.) in dem Schlundringe an den Ursprungsstellen der Nerven Ganglienanschwellungen wahrnehmen können, während Wagner (Vergleichende Anatomie. 1834. p. 372.) dergleichen Ganglienanschwellungen gesehen zu haben scheint. Die Nervenganglien und die von ihnen ausgehenden Nervenfäden, welche Spix (Annales du Muséum d'hist. nat. T. 13. 1809. p. 439. Pl. 32. fig. 3. 6.) und Konrad (De asteriarum fabrica dissert. 1814. p. 13. fig. III. o.) auf der den Bauchfurchen entgegengesetzten inneren (Rücken-) Seite der Strahlenglieder von Aster-

von den Bauchschilden der Arme verdeckten Kanale verborgen. Dieselben fünf Hauptnervenstränge der Echinoïdeen begeben sich an der inneren Fläche der Ambulacralschilde zwischen den Ambulacralbläschen fortlaufend bis zum Mittelpunkte des Rückens hinauf. Für die Kaumuskeln und den Darmkanal entspringen bei Echinus noch besondere Nerven direkt aus dem Nervenschlundringe [6]. Der dicht am vorderen Umkreise des Knochenkranzes der Holothurien gelegene Schlundring sendet ebenfalls fünf Hauptnervenstränge ab, welche auf der Mitte der breiten Längsmuskeln bis zum Hinterleibsende hinablaufen [7]. Die Mundtentakeln der Holothurien werden mit besonderen, aus dem Schlundringe abgehenden Nerven versehen [8].

Bei den Sipunculiden, so wie den übrigen wurmförmigen Echinodermen, welche Uebergangsformen von den Strahlthieren zu den Anneliden enthalten, weicht die Anordnung des Nervensystems von dem bisher beschriebenen Typus ab, indem der Schlundring nur einen einzigen knotenlosen Nervenstrang bis zum Hinterleibsende hinabschickt, welcher als das erste Auftreten eines Bauchmarkes betrachtet werden kann [9].

---

acanthion rubens und glacialis gesehen haben wollen," sind wol nichts anderes als sehnenartige Fäden gewesen.

6) Krohn (in Müller's Archiv. 1841. p. 2. u. 8.), welcher das Nervensystem von Echinus und Spatangus untersucht hat, konnte im Seeigel die aus den Seiten der fünf Hauptnervenstämme zu den Ambulacren herantretenden Nervenfäden durch die Ambulacralporen hindurch bis zu den Saugnäpfchen der Füsschen verfolgen. Vergl. ferner die von Valentin (Monographie a. a. O. p. 98. Tab. 8. u. 9.) gelieferten Beschreibungen und Abbildungen des Nervensystems der Echinen.

7) Der von Krohn (in Müller's Archiv. 1841. p. 9. Taf. 1. Fig. 5.) beobachtete knotenlose Nervenschlundring der Holothurien lässt seine Hauptnervenstämme durch die fünf Einschnitte hindurchtreten, welche die nach vorne gerichteten Zacken der fünf grösseren Stücke des Knochenkranzes zwischen sich lassen. Die aus diesen Nervenstämmen seitlich entspringenden und für die Ambulacralbläschen bestimmten Nervenfäden konnte Krohn ihrer ungemeinen Feinheit wegen nur mit Mühe beobachten.

8) Vgl. Grant, Outline of comparat. anat. p. 184.

9) Nach Krohn's Untersuchungen (in Müller's Archiv. 1839. p. 348.) entspringt der Schlundring des Sipunculus nudus aus zwei verschmolzenen, auf dem Oesophagus gelegenen Ganglien, welche schon von Delle Chiaje (Memorie a. a. O. Vol. I. p. 15. Tav. I. fig. 6. i.) als solche erkannt, aber später von Grube (in Müller's Archiv. 1837. p. 244.) für die knorpeligen Rudimente eines Knochenkranzes genommen worden sind. Die beiden Seitenäste dieses Nervenschlundringes, so wie das aus ihnen nach unten und hinten hervortretende Bauchmark, welches in seinem Verlaufe rechts und links symmetrische Nervenäste für die Muskel- und Leibeshülle abgibt und am Hinterleibsende mit einer Anschwellung endigt, hat Grube (a. a. O. p. 248. Taf. 10. Fig. 6.) mit dem Blutgefässsysteme des Sipunkels verwechselt. Die von Grube (ebendas. p. 244. Taf. 11. Fig. 4.) erwähnten und für Nerven gehaltenen Fäden, welche den Darmkanal des Sipun-

Vierter Abschnitt.

Von den Sinnesorganen.

§. 81.

Von den Sinnesorganen scheint der Tastsinn bei den Echinodermen sehr verbreitet vorzukommen und in den Mundtentakeln, den Füsschen und Pedicellarien seinen Hauptsitz zu haben.

Einen Gesichtssinn will man bis jetzt nur bei den Asteroïdeen und Echinoïdeen erkannt haben. Es werden nämlich eigenthümliche rothe Pigmentflecke, welche bei den Asteroïdeen an den Endspitzen ihrer Strahlen und bei den Echinoïdeen [1]) auf der Mitte des Rückens an den fünf mit den Genitalplatten regelmässig wechselnden Ocellarplatten angebracht sind, für Augen ausgegeben [2]). Diese Ocellarplatten sind von einem engen Kanale durchbohrt, durch welchen ein zarter, von dem Hauptnervenstamme kommender Faden zu dem rothen Pigmentflecke hindurchtritt [3]). Obgleich nun diese rothen Pigmentflecke in der That mit den Hauptnervenstämmen in Verbindung stehen, so haben sie aber bis jetzt noch keine deutliche lichtbrechende Körper in sich wahrnehmen lassen [4]).

---

culus umspinnen, scheinen nur Zellgewebsfasern zu sein. In Echiurus besteht das Nervensystem nach Forbes und Goodsir (in Froriep's neuen Notizen. No. 392. 1841. p. 279.) aus einem Schlundringe und einem knotenlosen Bauchmarke, welches unsymmetrische Seitenzweige aussendet.

1) Bei den Clypeastriden und Echinoïden.

2) Es sind diese rothen Pigmentflecke der Asteroïdeen, welche schon Vahl (in Müller's Zoologia danica. Tab. 131.) von Pteraster militaris gekannt hat, zuerst von Ehrenberg (in Müller's Archiv. 1834. p. 577. und in den Abhandl. der Berl. Akademie a. d. J. 1835. p. 209. Taf. 8. Fig. 11. 12.) als Augen gedeutet worden. Derselbe sah bei Asteracanthion violaceus an dem Ende der Nerven, auf welchem der Augenfleck aufsitzt, eine kleine Anschwellung. Forbes (History of british starfishes. 1841. p. 152.) machte auf die rothen Augenflecke der Echinen zuerst aufmerksam; ihre Anwesenheit wurde bei den Seeigeln von Agassiz und Valentin bestätigt (s. dessen Monographie a. a. O. p. 10. u. 100. Tab. 2. fig. 12. und Tab. 9. fig. 188. 189.).

3) Vgl. Valentin a. a. O. Tab. 9. fig. 190.

4) Valentin hat sich bisher vergebens Mühe gegeben, einen linsenartigen Körper in diesen Organen zu entdecken. Wenn auch die Lage dieser bei den Seeigeln auf dem Rücken angebrachten rothen Pigmentflecke für augenartige Organe hier eine ganz günstige ist, wenn auch an den Seesternen, bei welchen jene Pigmentflecke auf der Bauchseite am Ende der Bauchfurchen liegen, die Spitzen der Strahlen mit ihren rothen Organen nach dem Rücken aufgebogen sind, und wenn endlich nach Tiedemann's Beobachtung (in Meckel's Deutsch. Archiv a. a. O. p. 175.) die Seesterne Schatten und Licht unterscheiden können, so steht es immer noch in Frage, ob diese Thiere mittelst jener rothen Pigmentflecke wirklich sehen können. Es scheinen diese Echinodermen, wie viele andere niedere Thiere, den

Fünfter Abschnitt.

Von dem Verdauungs-Apparate.

§. 82.

Der Nahrungskanal der Echinodermen liegt stets deutlich isolirt in der Leibeshöhle und wird durch eine Art Gekröse, welches bald aus einzelnen Fäden [1]) bald aus zarten Membranen [2]) besteht, in seiner Lage erhalten. Die fast durchweg central gelegene Mundöffnung ist zuweilen mit einem Tentakelkranze umgeben [3]). In den Asteroïdeen stellt der Nahrungskanal einen weiten, central gelegenen Magensack dar, an welchem After und Anhänge, welche sich in die Strahlen hineinerstrecken, entweder fehlen [4]) oder vorhanden sind [5]). Die übrigen Echinodermen besitzen einen bald kürzeren bald längeren, bis zum After hin mehr oder weniger gewundenen, meist sehr dünnwandigen Darmkanal. Der After wechselt mit seiner Lage ausserordentlich. Bei den Echinoïden und Asteroïden befindet er sich auf der Mitte des Rückens, der Mundöffnung gegenüber. Bei den Holothurioïdeen ist der After am, dem Mundende entgegengesetzten, Hinterleibsende angebracht, während derselbe bei den Clypeastriden und Spatangiden seitlich am Rande der Schale liegt und bei den Crinoïdeen ganz auf die Bauchseite in die Nähe des Mundes gerückt ist. Bei den Sipunculoïdeen steht der After ebenfalls auf der Bauchseite, weit vom Hinterleibsende entfernt.

Ein Flimmerepithelium ist bei mehren Echinodermen auf der inneren Fläche des Verdauungsapparates erkannt worden [6]).

Reiz des Lichtes zu bedürfen und mit ihrer Hautoberfläche zu empfinden, weshalb sie, gleich Pflanzen, auch ohne Augen das Sonnenlicht aufzufinden vermögen. Die von Forbes (History of starfishes. p. 139. und in Froriep's neuen Notizen. No. 420. 1841. p. 26.) mitgetheilte Erzählung, wie Luidia fragilissima durch freiwilliges Abtrennen der Arme mit spöttisch blinzelnden Augen ihren Verfolger anblickend sich der Gefangenschaft zu entziehen wusste, ist recht anziehend zu lesen, kann aber natürlich nichts über das Dasein von Augen bei den Seesternen entscheiden.

1) Bei den Asteroïdeen, Echinoïdeen und Sipunculoïdeen.

2) Bei den Holothurioïdeen.

3) Bei den Holothurioïdeen und Sipunculoïdeen.

4) Bei den Ophiuriden. — 5) Bei den Asteroïden.

6) Nach Sharpey (in der Cyclopaedia a. a. O. Vol. I. p. 616.) und Valentin (in Wagner's Handwörterbuch der Physiologie. Bd. 1. 1842. p. 493.) flimmert bei den Seesternen die ganze innere Fläche der Magenhöhle und ihrer Anhänge. Valentin (Monographie a. a. O. p. 79.) fand auch den ganzen Darmkanal von Echinus mit einem Flimmerepithelium ausgekleidet. Bei Phascolosoma, an dessen Tentakelapparat ich die flimmernden Cilien erkannte, und bei Comatula, an deren Afterröhre Müller (in den Abhandl. der Berl. Akademie a. d. J. 1841.

§. 83.

Die Asteroïdeen und Echinoïdeen bedienen sich der oben beschriebenen Pedicellarien, um Nahrung zu erhaschen und zum Munde zu bringen, dieselben benutzen auch wol eben so oft ihre Füsschen als Greiforgane. Bei den Crinoïdeen dürfte die Tentakelrinne ganz gut dazu geeignet sein, mittelst der zarten Tentakeln Nahrungsstoffe von den Pinnulae und Armen bis zur Mundöffnung hinzuleiten [1]).

Mit ganz besonderen, vollständig einziehbaren Mundtentakeln sind die Holothurioïdeen und Sipunculiden ausgestattet. Bei ersteren erscheinen diese in einem Kranze um den Mund herumgestellten Tentakeln gefiedert oder verästelt, im Inneren hohl, und an ihrer Basis mit dem Knochenkranze und mit länglichen in die Leibeshöhle hinabragenden Bläschen verbunden. Diese Tentakelbläschen können eine in ihnen enthaltene Flüssigkeit durch Kontraktion in die hohlen Tentakeln hineintreiben und so zur Entfaltung der letzteren das ihrige mit beitragen [2]). Das Zurückziehen der Tentakeln geschieht theils durch ihre eigene Kontraktionsfähigkeit, theils durch mehre Muskeln, welche von der inneren Fläche der Leibeshöhle entspringend und an den Knochenkranz sich inserirend, diesen und die an ihn befestigten Tentakeln in die Leibeshöhle hinabziehen [3]). Bei den Sipunculiden besteht der Tentakelapparat aus einem gefranzten Saume, der die Mundöffnung kranzförmig umgibt und ebenfalls mit Tentakelbläschen versehen zu sein scheint [4]). Um die Tentakelmembran zurückzuziehen, begeben sich

---

p. 233.) Flimmerbewegung sah, erstreckt sich das Flimmerepithelium vielleicht ebenfalls in den Darm hinein.

1) Vgl. Müller in den Abhandl. d. Berl. Akad. a. d. J. 1841. p. 222.

2) In Holothuria, Chirodota u. a. sind diese länglichen Tentakelbläschen in derselben Zahl wie die Tentakeln vorhanden. Vgl. Tiedemann a. a. O. Tab. 2. fig. 4. e. und fig. 6. i. und den Catalogue of the Museum in London a. a. O. Vol. IV. Pl. 49. fig. 1. 2. von Holothuria tubulosa, ferner Atlas zoologique de l'Astrolabe. Zoophytes. Pl. 8. fig. 3. von Chirodota fusca. In Pentacta doliolum traf ich nur ein einziges cylindrisches, mit dem Tentakelkranze zusammenhängendes Bläschen an. Bei Synapta Duvernaea (s. Quatrefages in den Annales d. sc. nat. a. a. O.) scheinen diese Bläschen den Tentakeln ganz zu fehlen. Von Cuvier (Anatomie comparée. T. 5. p. 454.) und anderen (s. Grant, Outlines a. a. O. p. 333.) sind diese Bläschen mit Unrecht für Speichelorgane gehalten worden. Sie stehen mit dem Darmkanale in gar keiner Verbindung, wol aber mit dem Circulations- und Respirationssysteme, daher dieser Organe weiterhin noch einmal gedacht werden muss.

3) Als Zurückzieher der Tentakeln wirken bei Pentacta besonders fünf sehr ansehnliche Muskelcylinder, welche von den Längsmuskeln der Körperbedeckung entspringen und sich an den Knochenkranz inseriren. Vgl. Meckel's System d. vergl. Anat. Th. 4. p. 62.

4) Für die Tentakelbläschen des Sipunculus möchte ich die beiden sogenannten Polischen Blasen ansehen, von denen Delle Chiaje (Memorie a. a. O. Tav. I. fig. 6. d.) nur die eine erkannt hatte, während Grube (in Müller's Archiv.

bei Sipunculus und Phascolosoma vier lange, von der inneren Fläche der Leibeswand entspringende Muskeln zum Rüssel 5). Es mögen übrigens diese Mundtentakeln nicht blos als Greiforgane wirken, sondern auch zur Lokomotion und Respiration benutzt werden können 6).

§. 84.

Die Mundöffnung der Comatulinen ist ohne Auszeichnung; bei den Asteroïden wird dieselbe von harten Papillen verdeckt, welche von den Winkeln und Ecken des Mundes hervorragen; bei den Ophiuriden sind die einspringenden Winkel mit harten Papillen und die vorspringenden Ecken mit Kalkzähnen besetzt, zwischen welchen weiche cylindrische Tentakeln verborgen stecken. Dicht hinter diesen Zähnen und Papillen wird der Eingang zur Magenhöhle durch einen häutigen kreisförmigen Sphinkter bezeichnet, während in den Asteroïden ein kurzer Schlund ohne eine solche Scheidewand unmittelbar zum Magen führt.

In den Echinoïdeen und Holothurioïdeen wird der Mund von einer weichen kreisförmigen Lippe umgeben, zwischen welcher bei den Echinoïden und Clypeastriden die Spitzen der Schmelzzähne hervorblicken.

Die Mundhöhle der Echinoïden und Clypeastriden enthält einen sehr ausgezeichneten Kauapparat. Von den Seeigeln ist das Kalkgerüste, welches die Zähne zu tragen hat, unter dem Namen Laterne des Aristoteles lange bekannt. Man muss an diesem kegelförmigen Gerüste Basis und Spitze unterscheiden; letztere wird von den Spitzen der Zähne gebildet, welche aus der Mundöffnung hervorragen, während die Basis des Gerüstes nach dem Rücken der Seeigel hingerichtet ist. Von den 15 Kalkstücken, welche dieses Gerüste zusammensetzen, erscheinen fünf als dreiseitige und ausgehöhlte Pyramiden, welche so unter einander vereinigt sind, dass sie mit zwei ebenen Flächen aneinanderstossen, und die dritte gewölbte Fläche nach aussen wenden. Diese dritte Fläche besitzt auf ihrer inneren Fläche eine Längsrinne, in welche der sehr lange, schmale und sanft gebogene Schmelzzahn eingefügt ist. Ausser diesen fünf grösseren Kalkstücken, welche als die Kiefern der Seeigel angesehen werden könuen, sind noch zwei Arten kleinerer Kalkstücke vorhanden, von denen fünf als platte, länglich-viereckige Stücke an der Basis der Laterne zwischen je zwei Pyramiden angebracht sind, über welche sich die fünf anderen schlanken und

1837. p. 251. Taf. 11. Fig. 2. P.) zwei längliche Polische Blasen mit dem inneren Raume der Tentakelmembran wirklich im Zusammenhange antraf.

5) Vgl. Grube, ebendaselbst p. 241. Tab. 11. fig. 1. u. 2. m. m. und Delle Chiaje, Memorie a. a. O. Tav. I. fig. 3.

6) Bei Synapta Duvernaea dienen die Mundtentakeln, welche nach Quatrefages (a. a. O. p. 63. Pl. 4. fig. 1.) auf ihrer inneren Fläche mit Saugnäpfen ausgerüstet sind, gewiss auch zur Ortsbewegung.

dünnen Kalkstücke hinwegbiegen. Diese Kalkstücke werden durch verschiedene Sehnen und Muskeln theils unter sich, theils mit dem benachbarten von der Schale nach innen in die Höhe ragenden Knochenkranze beweglich verbunden. Von den Muskeln fallen zehn Paar als Haupt-Kaumuskeln besonders leicht in die Augen. Fünf Paar davon entspringen von den längeren Vorsprüngen des Knochenkranzes und inseriren sich vor der Spitze der Laterne an die Pyramiden; die fünf anderen Muskelpaare dagegen begeben sich von den kurzen Vorsprüngen des Knochenkranzes zur Basis der Pyramiden, so dass, wenn die ersteren Muskeln durch ihre Kontraktion die Spitzen der Pyramiden mit den fünf Zähnen von einander entfernen, die letzteren Muskeln die Basis der Pyramiden auseinanderziehen und dadurch die Zahnspitzen wieder einander nähern [1]).

Einfacher ist der Kauapparat der Clypeastriden beschaffen, indem derselbe aus zehn dreieckigen ungleichseitigen Kalkstücken besteht, von welchen immer je zwei zu einem V-förmigen Körper vereinigt sind. Jeder dieser Körper besitzt in seiner vorspringenden Ecke eine Rinne, in welcher ein Schmelzzahn eingefügt ist. Diese fünf Kiefer stehen innerhalb der Schale in der Weise um die Mundöffnung herum, dass die fünf Ecken mit den Zähnen im Mittelpunkte derselben zusammenstossen [2]).

§. 85.

Die Verdauungshöhle der Ophiuriden stellt nur einen einfachen, die Mitte der hohlen Körperscheibe einnehmenden Magensack dar, dessen Seitenrand durch einspringende Scheidewände in mehre Blindsäcke abgetheilt ist. Diese Blindsäcke des Magens dringen niemals in die Strahlen der Ophiuriden ein [3]). Es sind meistens zehn solcher Blindsäcke vorhanden, von denen bei Astrophyton jeder einzelne auf beiden Seiten wieder in eine Menge Blindsäckchen eingeschnürt ist [4]).

In den Asteroïden nimmt der weite Magensack ebenfalls den mittleren Raum der Scheibe ein, sendet aber nach den Strahlen lange Blindsäcke als Radial-Blinddärme ab. An den mit einem After versehenen Seesternen lassen sich drei Abtheilungen der Verdauungshöhle unterscheiden. Der weite Verdauungssack ist nämlich durch eine vorspringende Cirkelfalte in zwei Abtheilungen getheilt; die erste dieser

---

1) Ausser Tiedemann (a. a. O. p. 72. Taf. 10. Fig. 1. u. 2.) haben Meckel (System der vergl. Anat. Th. IV. p. 56.) und Valentin (Monographie a. a. O. p. 63. Tab. 5.) den Kauapparat des Echinus sehr ausführlich beschrieben. Vergl. auch die vortreffliche Abbildung bei Rymer Jones (Manual of comparative anatomy. p. 167. fig. 70. u. 71.).

2) Vgl. Agassiz, Monographie. 2e Livr. contenant les Scutelles. p. 15. Tab. 12. 13. 14. etc.

3) Vgl. Konrad, De asteriarum fabrica. fig. 5.

4) Vgl. Meckel, System der vergl. Anat. Th. 4. p. 50.

Abtheilungen repräsentirt den eigentlichen Magen, von der zweiten Abtheilung gehen die Radial-Blinddärme aus, und als dritte Abtheilung ist der enge kurze Mastdarm anzusehen, welcher aus der Mitte des weiten Verdauungssackes hervortritt und sich zu der am Rücken der Seesterne befindlichen, zwischen den Stacheln, Knöpfen und Stielen der Hautbedeckung verborgen liegenden Afteröffnung begibt. Von diesem Mastdarme gehen bald kürzere bald längere und zuweilen verästelte Blindsäcke ab, welche als Interradial-Blinddärme nicht in die Strahlen hineinragen, sondern sich in dem zwischen den Strahlen befindlichen Raume der Körperscheibe ausbreiten [5]).

In den Comatulinen beginnt der röhrenförmige Darmkanal am Ende der kurzen Schlundröhre mit einem Blindsacke und begibt sich, nachdem er sich um die Axe der Leibeshöhle herumgewunden, zu dem unweit der centralen Mundöffnung ebenfalls auf der Bauchseite gelegenen After, welcher in Gestalt einer kurzen Röhre hervorsteht [6]).

Die Axe in der Mitte der Leibeshöhle von Comatula europaea, um welche sich der Darm wie um eine Spindel herumwindet, wird von einer spongiösen Masse gebildet, von welcher eine Leiste, gleich der *Lamina spiralis* der Ohrschnecke, in die Darmhöhle hineinragt [7]).

Von der zahnlosen Mundhöhle der Spatangen entspringt eine enge Speiseröhre, welche in einen gleichmässig weiten und langen Darmkanal übergeht. Dieser windet sich, ehe er zum After gelangt, zweimal durch die Leibeshöhle hindurch, und sendet unterwegs, etwa hinter dem Ende seines ersten Viertels, einen ziemlich langen Blinddarm ab. Bis zu der Einmündungsstelle dieses Blinddarms ist der Darm, von seinem Ursprunge aus dem Oesophagus an, schwärzlich gefärbt und quergefaltet, während der übrige Theil des Darms eine orange Farbe und keine Querringeln besitzt [8]).

Bei den Clypeastriden werden dem mehrfach gewundenen Darmkanale die Richtung und Lage der Windungen durch viele kalkige Scheidewände, welche das Innere der Schale durchsetzen, vorgezeichnet [9]).

---

5) Ausser Tiedemann (a. a. O. Taf. 7.), dessen Abbildungen man überall copirt findet, vergl. auch die von Müller und Troschel (a. a. O. Taf. 11. u. 12.) gelieferten Original-Darstellungen der Verdauungshöhle von Asteracanthion, Archaster und Culcita.

6) Ueber den Darmkanal der Comatulen vergl. Heusinger in seiner Zeitschrift für die organische Physik. Bd. 3. 1829. p. 371. Taf. 10. 11.

7) Vgl. Müller in den Abhandl. d. Berl. Akad. a. d. J. 1841. p. 230. Taf. 5.

8) Vgl. Meckel (System der vergl. Anat. Th. 4. p. 55.) und Delle Chiaje (Memorie a. a. O. Tav. 25. fig. 12. oder Carus und Otto, Erläuterungstafeln zur vergl. Anat. Heft 4. Tab. 1. fig. 25. oder Wagner, Icones zoot. Tab. 32. fig. 8.) — Die Bedeutung des von Delle Chiaje abgebildeten Kanals, welcher vom Anfang des Darms zum mittleren Theile desselben hinüberläuft und von Meckel unerwähnt geblieben ist, konnte bis jetzt noch nicht enträthselt werden.

9) Vgl. Agassiz, Monographie der Scutellen. p. 14. Tab. 3. 19. a. u. 25.

Der Darmkanal vieler Clypeastren ist anfangs quergefaltet und weiterhin zuweilen mit vielen seitlichen Blindsäcken besetzt, welche ebenfalls durch kalkige Scheidewände von einander getrennt erscheinen 10).

Der von den Kauorganen umgebene Pharynx der Echinoïden besitzt sehr derbe muskulöse Wände; auf ihn folgt der eigentliche Oesophagus, welcher wenig gewunden bis zu dem in der Mitte des Rückens gelegenen After hinaufragt. Von hier windet sich der mit einem Blindsacke beginnende lange Darmkanal mehrfach durch die geräumige Leibeshöhle hindurch 11).

In den Holothurioïdeen erscheint der von einem Knochenkranze umgebene Pharynx sehr muskulös; der darauf folgende lange und ziemlich gleichmässig weite Darmkanal windet sich in den Holothurinen mehrmals in der Leibeshöhle auf und nieder und endigt zuletzt an dem der Mundöffnung entgegengesetzten Hinterleibsende mit einer weiten Kloake, während in den Synaptinen der kürzere Darm nur wenig gewunden ist oder fast ganz gerade verläuft und am Hinterleibsende ohne kloakenförmige Erweiterung in den After ausmündet 12).

Aehnlich wie bei den Synaptinen verhält sich der Darmkanal der Echiuriden 13).

Bei den Sipunculiden bildet der lange Darmkanal hinter der Leibesmitte eine erste, und im Hinterleibsende eine zweite Umbiegung. Der herab und heraufsteigende Theil dieses hinteren Darmendes sind bis zu dem am Bauche gelegenen After spiralförmig um einander gedreht 14).

§. 86.

Von den in den Verdauungskanal einmündenden drüsenartigen Anhängen fehlen den Echinodermen die Speichelorgane vielleicht ganz. Nur bei den Holothurinen lassen sich eigenthümliche Anhänge auf-

---

10) Ebendas. p. 17. Tab. 22. fig. 28. von Laganum und Mellita.

11) Vgl. Tiedemann und Valentin a. a. O.

12) Ausser Delle Chiaje und Tiedemann a. a. O. haben auch Quoy und Gaimard (im Atlas zoologique de l'Astrolabe. Zoophytes. Pl. 6. fig. 2. und Pl. 7. fig. 3.) den Darmkanal von Holothurinen abgebildet, deren Kloake immer durch eine Menge Sehnenfäden rund umher an die Cutis befestigt ist. Einen wenig gewundenen Darmkanal besitzt Chirodota fusca (s. Atlas zoologique de l'Astrolabe. Zoophytes. Pl. 8. fig. 3.), einen fast geraden Darmkanal dagegen Synapta Duvernaea (nach Quatrefages in den Annales d. sc. nat. a. a. O. Pl. 2.).

13) Vgl. Forbes und Goodsir's Bemerkungen zur Anatomie von Thalassema und Echiurus (in Froriep's Neuen Notizen. No. 392. 1841. p. 273. Fig. 12.)

14) Den Darmkanal von Sipunculus nudus und Echinorhynchus haben Delle Chiaje (Memorie Vol. I. p. 9. Tav. 1. fig. 5. 6., p. 126. Tav. 10. fig. 11.) und Grube (in Müller's Archiv. 1837. p. 245. Tab. 11.) genau beschrieben. In Phascolosoma granulatum finde ich den Darmkanal ganz ähnlich beschaffen.

finden, welche mit dem oberen Ende des Darmkanals zusammenhängen und allenfalls für Speichelorgane angesprochen werden könnten. Es variiren diese Darmanhänge in Zahl und Gestalt je nach den verschiedenen Gattungen, Arten und Individuen der Holothurinen ausserordentlich. In Holothuria tubulosa stellen diese Anhänge schneeweisse Cylinder dar, welche mit kurzen weissen Stielen in grosser Menge büschelförmig, etwas entfernt vom Schlundkopfe, am Darmkanale festsitzen [1]).

In Pentacta doliolum gleichen diese Organe, von denen meistens nur ein einziges vorhanden ist, einem weissen gekrümmten Hörnchen, welches einen vielfach geschlängelten Kanal zum unteren Ende des Pharynx, vom Ausführungsgange der Geschlechtsorgane weit entfernt, absendet. Die Wandungen dieser eigenthümlichen weissen Körperchen der Holothurinen enthalten ein von einem Balkennetze zusammengesetztes Kalkskelet, von welchem auch die weisse Farbe dieser Organe herrührt [2]).

Als leberartige Drüsenanhänge sind wol die Radialblinddärme der Asteroïden anzusehen, welche oft in ausgezeichneter Entwickelung von dem Magensacke in jeden Strahl als doppelter Blindkanal hineinragen und an den Seiten in eine Menge von, eine gelbe Flüssigkeit absondernden, Blindsäckchen traubenförmig eingeschnürt sind. Bei den meisten Seesternen entspringt jeder dieser zehn leberartigen Radialblinddärme mit einem besonderen Kanale aus dem Magensacke [3]); bei einigen hängen dagegen die beiden Blinddärme eines jeden Strahles

---

1) Es ist früher schon erwähnt worden, dass die cylindrischen Bläschen, welche Cuvier und viele andere Naturforscher für die Speichelorgane der Holothurien erklärt haben, gar nicht mit dem Darmkanale dieser Echinodermen zusammenhängen, sondern mit den Tentakeln in direkter Verbindung stehen. Die schneeweissen Darmanhänge der Holothuria tubulosa hat Delle Chiaje (Memorie a. a. O. Vol. I. p. 97. Tav. 8. fig. 1. o.) zuerst als Hoden beschrieben; auch Tiedemann (a. a. O. p. 29. Taf. 2. Fig. 6. p.) weist auf eine solche Bedeutung dieser Organe hin. Mit männlichen Geschlechtsverrichtungen haben diese weissen Körperchen aber durchaus nichts zu schaffen, während ich auf der anderen Seite auch nicht verbürgen kann, dass die Deutung derselben als Speichelorgane die richtige sei. Vgl. ferner die Abbildung dieser Organe aus Holothuria atra in Jaeger's Dissert. de Holothuriis. Tab. 3. fig. 2. e. e.

2) Dieses netzförmige Kalkgewebe ist von Jaeger (a. a. O. p. 38. Tab. 3. fig. 7.), von Wagner (in Froriep's Neuen Notizen. No. 249. 1839. p. 99.) und Krohn (ebendas. No. 356. 1841. p. 53.) beobachtet worden. Letzterer, nach dessen Beobachtungen diese Organe mit dem grossen, den Darmkanal umfassenden Ringgefässe zusammenhängen soll, möchte dieselben mit dem sogenannten Steinkanale der Seesterne vergleichen.

3) Vgl. Tiedemann, a. a. O. Taf. 7. oder Wagner, Icones zootom. Tab. 32. fig. 1. von Astropecten aurantiacus; ähnlich verhalten sich Archaster, Culcita und Luidia. Vgl. Müller und Troschel, a. a. O. p. 132. Taf. 11. Fig. 2. und Taf. 12. Fig. 1.

durch einen einzigen gemeinschaftlichen Kanal mit dem Magensacke zusammen [4]).

Die mit einem After versehenen Seesterne besitzen noch eine andere Reihe von drüsenartigen Anhängen, welche als Interradial-Blinddärme vom Mastdarme abgehen. Ihre Bestimmung hat sich bis jetzt nicht errathen lassen. Sie enthalten eine bräunliche Flüssigkeit, welche bei Asteracanthion rubens vergebens auf Harnsäure geprüft worden ist. In Astrogonium, Solaster und Asteracanthion sind nur zwei solche, ästig vertheilte Anhänge des Mastdarms vorhanden [5]), in Archaster und Culcita finden sich deren fünf vor, von denen sich ein jeder einzelne bei Culcita coriacea wieder gabelig in zwei lange traubenförmige Blinddärme abtheilt, welche, durch ein Septum getrennt, sich in dem interradialen Raume ausbreiten [6]). In der afterlosen Gattung Astropecten [7]) stellen zwei mit gemeinschaftlicher Oeffnung im Magengrunde einmündende kurze Blinddärme die Analoga der Interradial-Blinddärme dar, welche in der afterlosen Luidia [8]) ganz fehlen.

In den übrigen Echinodermen, denen dergleichen Drüsenanhänge vollständig abgehen, mögen die Wandungen des Darmkanals selbst einen die Verdauung fördernden Saft absondern und so den Mangel einer Leber ersetzen [9]).

Sechster Abschnitt.

Von dem Circulations-Apparate.

§. 87.

Das Blutgefässsystem der Echinodermen ist, seiner wahren Beschaffenheit nach, bis jetzt nur theilweise bekannt. Zu der Unvollkommenheit und Verwirrung, mit welchen das Blutgefässsystem dieser Thiere bisher beschrieben wurde, mögen besonders die Umstände mit beige-

4) Bei Asteracanthion. Vgl. Konrad, De Asteriarum fabrica. fig. 1. und Müller und Troschel, a. a. O. Taf. 11. Fig. 2.

5) Vgl. Müller und Troschel, a. a. O. p. 132. Taf. 11. Fig. 1. von Asteracanthion rubens. Eine ganze Gruppe dieser Mastdarm-Blinddärme bildet Konrad (a. a. O. Fig. 1. d.) von Asteracanthion glacialis ab.

6) Vgl. Müller und Troschel, a. a. O. p. 132. Taf. 11. Fig. 2. und Taf. 12. Fig. 1. — 7) Vgl. Tiedemann, a. a. O. Taf. 7.

8) Vgl. Müller und Troschel, a. a. O. p. 132.

9) Nach den Abbildungen, welche Valentin über die feinere Struktur der Darmhäute des Echinus gegeben hat (s. dessen Monographie. Tab. 7. fig. 126. 131. 133.), besitzen die Darmwandungen ein ähnliches inneres, aus Leberzellen gebildetes Epithelium, wie die Darmwände der Lumbricinen und der bereits erwähnten Polypen.

tragen haben, dass das Respirationssystem von den Kreislaufsorganen nicht gehörig unterschieden und das, den meisten Echinodermen eigenthümliche Wassergefässsystem, wie es auch bei den Acalephen geschehen ist, mit dem Blutgefässsysteme verwechselt wurde [1]). Aus allen älteren und neueren Untersuchungen geht indessen hervor, dass keinem der Echinodermen ein deutlich abgeschlossenes Blutgefässsystem fehlt, und dass dasselbe fast durchweg aus arteriellen und venösen Gefässstämmen besteht, zwischen welchen bei einigen ein dem Herzen vergleichbares Centralorgan eingefügt ist.

§. 88.

Bei den Crinoïdeen liegt in der Basis des Kelchs ein herzartiges Säckchen, von welchem Gefässe in den Axenkanal der Arme, der Cirren und des Stiels, wenn ein solcher da ist, eindringen, während aus dessen Mitte sich ein Gefäss nach oben in die spongiöse Spindel der Leibeshöhle begibt [1]).

In den Asteroïden finden sich drei Gefässringe vor, von welchen der eine oben unter der Rückenhaut gelegen ist, und die beiden anderen unten die Mundöffnung umgeben.

Zwischen diesen Gefässringen verläuft ein muskulöses längliches Herz, welches sich von der Grube der Madreporenplatte, mit dem Kalkschlauche oder Kalkstrange verbunden, bis zum Munde hin erstreckt. Es ist wahrscheinlich, dass diejenigen Asteroïden, welche mehr als eine

---

1) Durch die ausführlichen aber in vieler Hinsicht sich widersprechenden Arbeiten von Tiedemann und Delle Chiaje (a. a. O. Vgl. auch Meckel System a. a. O. Th. 5. p. 25. und Sharpey, in der Cyclopaedia a. a. O. Vol. II p. 41.) konnte, aus den oben angeführten Gründen, dieser Gegenstand keineswegs aufgeklärt werden. Auch was über die Beschaffenheit des Blutes der Echinodermen gesagt worden ist, muss als unzuverlässig angesehen werden, da zum Theil die in den Füsschen enthaltene Flüssigkeit des Wassergefässsystems für Blut genommen worden ist. Vgl. Wagner, Zur vergleichenden Physiologie des Blutes 1833. p. 28. Eben so wenig können die Beobachtungen von Delle Chiaje (Memorie a. a. O. Vol. II. p. 345.) und Carus (Analekten zur Natur- und Heilkunde. 1829. p. 132. und Lehrbuch der vergl. Zootomie. 1834. p. 673.) über die Art und Richtung des Blutlaufes bei den Echinodermen einen richtigen Aufschluss geben, da hier offenbar kein Blutlauf, sondern nur Flimmerphänomene des Wassergefässsystems gesehen wurden.

1) Das Gefässsystem von Comatula und Pentacrinus ist durch Heusinger (Zeitschrift für organische Physik. Bd. 3. 1828. p. 373. Taf. 10. u. 11.) und Müller (in den Abhandl. d. Berl. Akad. a. d. J. 1841. p. 198. u. 236. Tab. 5.) bekannt geworden. Der unter dem Nervenstrange der Arme, den Kalkgliedern zunächst, gelegene häutige Kanal, dessen Verlauf Müller (a. a. O. p. 233.) nach seinem Uebertritt von den Armen in den Kelch nicht mehr deutlich verfolgen konnte, dürfte ebenfalls für ein Blutgefäss zu nehmen sein. Wie übrigens die feinere Vertheilung des in diesen Gefässen abgeschlossenen Ernährungssaftes an die verschiedenen Organe dieser Echinodermen vor sich geht, ist bis jetzt noch unerforscht geblieben.

Madreporenplatte besitzen, auch mit mehren Kalksträngen und mit mehren herzartigen Gefässen begabt sind [2]). Mit den Ringgefässen hängen eine Menge anderer Gefässe zusammen, welche theils dem Magensacke, dessen Anhängen und den Geschlechtswerkzeugen, theils den Füsschen und den mit diesen verbundenen Ambulacral-Bläschen angehören [3]).

Die Echinoïden besitzen ein an den Oesophagus geheftetes längliches Herz [4]), welches bei Echinus mit mehreren sackförmigen Auf

---

2) Z. B. Echinaster solaris, Ophidiaster multiforis. Vgl. Müller und Troschel, System der Asteriden. p. 134.

3) Nach Tiedemann's Angaben (a. a. O. p. 49. Taf. 8.) hängt das untere Ende des Herzens von Astropecten aurantiacus mit einem den Mund umgebenden Gefässringe zusammen, welcher arterille Aeste an den Magen, an die Blinddarmanhänge und die Geschlechtsorgane absendet, während das obere Ende des Herzens mit einem anderen am Rücken gelegenen Gefässringe verbunden ist, welches die von den eben erwähnten Organen zurückkehrenden Venen aufnimmt. Aus einem dritten röthlichen Gefässringe, welcher dicht unter der Haut des Mundes gelegen, sah Tiedemann nach jedem Strahle ein in der Tentakelrinne ganz oberflächlich fortlaufendes Gefäss abgehen, ohne dass es ihm gelang, die Bedeutung und den Zusammenhang dieser Gefässe mit dem übrigen Blutgefässsysteme zu erkennen. Dagegen wurde von demselben Naturforscher das Wassergefässsystem, welches mit den Ambulacren in einer unmittelbaren Verbindung steht, und einen zwischen den beiden Blutgefässringen des Mundes gelegenen dritten Ring bildet, für ein von den übrigen Circulationsorganen gesondertes Blutgefässsystem der Füsschen erklärt. Ganz anders lauten Volkmann's Angaben (in der Isis. 1837. p. 513.). Nach seinen Beobachtungen geben die in den Tentakelrinnen des Asteracanthion violaceus verlaufenden Gefässstämme des am oberflächlichsten gelegenen Gefässringes Seitenäste an die Füsschen ab; der zweite, aber tiefer gelegene Gefässring des Mundes schickt innerhalb der Leibeshöhle Aeste an die Strahlen und an die Füsschen, welche mit den Höhlungen der letzteren frei communiciren; derselbe Gefässring steht mit dem Gefässringe des Rückens durch Anastomosen in Verbindung. Hiernach denkt sich Volkmann den Gang des Blutes in folgender Weise: Das Herz übergibt seinen Inhalt dem oberflächlich gelegenen Gefässringe, von diesem gelangt das Blut durch die Gefässe der Tentakelrinne in die Höhle der Füsschen und aus dieser, indem die kontraktilen Füsschen als eben so viele Venenherzen wirken, durch die im Inneren der Strahlen gelegenen Gefässstämme in den zweiten Gefässring des Mundes, aus welchem das Blut hinauf in den dritten Gefässring des Rückens und so zurück zum Herzen geleitet wird. Offenbar hat auch Volkmann einen Theil des Wassergefässystems der Füsschen zu dem Blutgefässsysteme gerechnet, und den zweiten Blutgefässring des Mundes wahrscheinlich ganz übersehen. Es wird demnach über die Verzweigung der Arterien und Venen, so wie überhaupt über die Verbreitung des Blutgefässsystems der Asteroïden nicht eher eine sichere Einsicht gewonnen werden können, als bis man bei diesen Untersuchungen das Wassergefässsystem von dem Blutcirculationssysteme unterscheidet und besonders darauf achtet, wie die Blutgefässe nicht unmittelbar in die Ambulacralbläschen einmünden, sondern höchst wahrscheinlich sich mit einem Capillargefässnetze auf denselben ausbreiten.

4) Das Herz des Echinus, welches Valentin (Monographie a. a. O. p. 92.

treibungen versehen ist und im Inneren durch viele unregelmässig vertheilte Scheidewände kavernös erscheint. An beiden Extremen dieses Herzens sind zwei Paar Gefässringe angebracht, von welchen das eine Paar als unteres, auf dem Gipfel der Laterne gelegen, den Oesophagus umgibt und wahrscheinlich dem arteriellen und venösen Systeme angehört. Aehnlich mag es sich mit dem anderen oberen, den After umfassenden Paare von Gefässringen verhalten. Von diesen letzteren sendet der eine Gefässring fünf Aeste zu den Geschlechtswerkzeugen, während der andere den einen der beiden Gefässstämme aufnimmt, welche den Darmkanal von Anfang bis zu Ende besetzt halten. Zwischen jeder der fünf Paar Ambulacralbläschen-Reihen laufen zwei Längsgefässe hin, von welchen rechts und links Seitenäste abgehen und von welchen vermuthlich das eine Gefäss die Funktion einer Kiemenarterie, das andere die Funktion einer Kiemenvene verrichtet [5]).

Das Gefässsystem der Holothurinen, welchem ein herzartiges Centralorgan fehlt, springt im Uebrigen sehr deutlich in die Augen. Von einem den Oesophagus umfassenden Gefässringe geht ein Hauptgefässstamm aus, der sich an den Darm und die Zeugungsorgane ausbreitet und mit einer Aorta verglichen werden kann. Diesem Gefässe entspricht ein zweiter, aus kleineren Aesten zusammentretender Gefässstamm als Hohlader, welche, in zwei Kiemenarterien gespalten, sich auf den Kiemen ausbreitet und von welcher zwei Kiemenvenen nach der Aorta zurückkehren [6]).

In den Sipunculiden und Echiuriden läuft auf der Mittellinie des Bauches und auf dem Darmkanale eine nach den Seiten hin kleinere Aeste abgebender Hauptgefässstamm entlang [7]).

Tab. 8.) genau beschreibt, ist durch eine Art Mesenterium an den Oesophagus befestigt.

5) Obige Angaben stützen sich auf Valentin's Untersuchungen (a. a. O. p. 93.), durch welche die von Tiedemann und Delle Chiaje überlieferte Kenntniss des Gefässsystems der Echinen sehr erweitert worden ist, obgleich es auch Valentin so wenig, wie seinen Vorgängern, gelungen ist, den Zusammenhang der Blutgefässe des Seeigels vollständig zu erkennen. Man kann sich daher immer nur eine hypothetische Vorstellung von dem Kreislaufe dieser Echinodermen machen. — Auf die fünf eigenthümlichen drüsenartigen Organe, welche Valentin mit dem einen der beiden auf der Laterne gelegenen Gefässringe in Verbindung angetroffen hat (Monographie. p. 95. Tab. 7. Fig. 119. i. u. Fig. 120.), kann hier nur als auf noch höchst problematische Körper aufmerksam gemacht werden.

6) Vgl. Tiedemann, a. a. O. p. 15. Das von Quatrefages (a. a. O. p. 58.) beschriebene Blutgefässsystem der Synapta Duvernaea entspricht eigentlich dem Wassergefässsysteme der Holothurien, welches Tiedemann ebenfalls als Blutgefässsystem der Haut und Füsschen aufgeführt hat. Beide Systeme werden daher weiter unten zur Sprache gebracht werden.

7) Ueber das Blutgefässsystem des Sipunculus und Echiurus vergleiche man Grube und Krohn (in Müller's Archiv. 1837. p. 248. und 1839. p. 350.)

Siebenter Abschnitt.

Von dem Respirations-Systeme.

§. 89.

Der Athmungsprozess der Echinodermen geht auf sehr verschiedene Weise vor sich. Es sind entweder 1) ausschliesslich für die Respiration bestimmte Kiemen vorhanden, oder 2) es dienen die vorhandenen Respirationswerkzeuge noch zu anderen Zwecken, oder 3) es dringt das Wasser durch verschiedene Oeffnungen der Körperbedekkung in die Leibeshöhle und umspült sämmtliche Eingeweide, wodurch das Blut, schon während es in den zarten Blutgefässen der Eingeweide circulirt, durch den steten Einfluss des frischen Wassers dem Respirationsprozesse unterworfen werden muss.

Von diesen drei verschiedenen Respirationsmethoden finden sich an den einzelnen Individuen der Asteroïdeen, Synaptinen, Sipunculinen und Echiuriden fast immer zwei, und an denen der Echinoïden und Holothurinen zuweilen alle drei Arten vor.

§. 90.

1. Ausschliesslich dem Athmungsprozesse gewidmete Organe besitzen die Echinoïden als äussere und die Holothurinen und Echiuriden als innere Kiemen.

Die äusseren Kiemen der Echinoïden ragen als fünf Paar dendritisch verzweigte hohle Läppchen auf der weichen Membran des Mundes in der Nähe des unteren Schalenrandes hervor [1]). Es sind diese Kiemen kontraktil, ohne dass sie sich indessen in das Innere des Seeigels zurückziehen können; ihre äussere Fläche sowohl als die durch ihre Aestchen sich hindurchziehende Höhle erscheinen mit einem Flimmerepithelium überzogen. Die Höhle einer jeden Kieme communicirt mit der Leibeshöhle durch eine weite, auf der inneren Fläche der Membran des Mundes angebrachte Oeffnung [2]), so dass diese Kiemen sowol von aussen, wie von innen mit Wasser bespült werden können. Die Wandungen dieser Kiemen enthalten ein weitmaschiges, gitter-

---

ferner Forbes und Goodsir (in Froriep's neuen Notizen. No. 392. a. a. O.). Der Hauptgefässstamm umgibt hier den Bauchnervenstrang so dicht, dass man sich hüten muss, das eine oder das andere dieser Organe zu übersehen oder beide mit einander zu verwechseln.

1) Die schon von Tiedemann (a. a. O. p. 78. Taf. 10. Fig. 5. d. d.) und Delle Chiaje (a. a. O. Vol. 2. p. 338.) gekannten verästelten Organe der Echinoïden sind von Valentin (Monographie a. a. O. p. 82. Tab. 4. Fig. 57. und Tab. 8. Fig. 42.) und von Erdl (in Wiegmann's Archiv. 1842. Th. 1. p. 59. Taf. 2. Fig. 12. 13.) genauer beschrieben worden.

2) Vgl. Valentin, a. a. O. Tab. 7. Fig. 135. l.

artiges Kalkskelet[3]), und ohne Zweifel auch ein den Kiemengefässen angehöriges Capillargefässnetz.

Die inneren Kiemen der Holothurinen entspringen in Gestalt von zwei Röhren aus der Kloake des Darmkanals und verbreiten sich weiterhin mit vielfachen blind endigenden Verzweigungen durch die ganze Leibeshöhle[4]). In Holothuria tubulosa steht die eine Kieme mit den Darmwindungen in sehr genauer Verbindung, während die andere Kieme an die innere Fläche der Leibeshöhle geheftet ist. An ersterer lässt sich die Ausbreitung der Kiemengefässe besonders deutlich erkennen. Diese Kiemen sind ebenfalls mit Flimmerepithelium besetzt und zugleich mit einer sehr auffallenden Kontraktions- und Expansionskraft begabt, wodurch sie mit Hülfe der Kloake das Seewasser geschickt aus- und einpumpen können[5]).

Bei den Echiuriden werden die inneren Kiemen von unverästelten Röhren gebildet. Es sind diese beiden Kiemen des Echiurus vulgaris, welche als sehr bewegliche Schläuche in eine Art Kloake einmünden, äusserlich mit bewimperten trichterförmigen Erhabenheiten besetzt, denen gegenüber auf der inneren Fläche der Kiemenschläuche gleichfalls bewimperte Beutelchen angebracht sind, in welche sich jene Trichter zurückziehen können. Auf diesen Athemsäcken verbreitet sich ein lebhaft roth gefärbtes Blutgefässnetz, welches mit dem Hinterende des grossen Bauchgefässes zusammenhängt[6]).

§. 91.

2. Zu den nicht auschliesslich dem Respirationsgeschäfte gewidmeten Organen gehören die Ambulacren der mit Füsschen versehenen Echinodermen (*Echinodermata pedata*) und die Mundtentakeln der Holothurioïdeen und Sipunculiden, da diese verschiedenen Organe ausserdem noch als Geh- und Greiforgane benutzt werden.

Es enthalten diese Ambulacren und Mundtentakeln sämmtlich Höhlen, welche mit einem eigenthümlichen Wassergefässsysteme

---

3) Vgl. Valentin, a. a. O. Fig. 143. und Erdl, a. a. O. Fig. 13.

4) Die inneren Kiemen der Holothuria tubulosa hat Tiedemann (a. a. O. p. 11. Taf. 2. oder Wagner's Icones zootom. Tab. 32. Fig. 9.) und Delle Chiaje (a. a. O. Tav. 8. u. 9.) sehr genau beschrieben. Vgl. ferner den Atlas zoolog. de l'Astrolabe. Zoophytes. Pl. 7. Fig. 2. 9. p. von Holothuria Ananas, und Pl. 7. Fig. 3. e. von Cladolabes spinosus. Aehnlich verhält sich Pentacta doliolum. Andere Holothurinen sollen nach Cuvier's Angaben (Leçons d'anatomie comparée. T. 7. 1840. p. 536.) nur eine innere Kieme besitzen.

5) Es kommen bei einigen Holothurinen, jedoch, wie es scheint, nicht constant, an dem Stamme der Kiemen eigenthümliche gestielte Blindröhren vor, welche von Jaeger (de Holothuriis a. a. O. Tab. 3. Fig. 9. g.) bei Bohadschia marmorata als Harnorgane gedeutet worden sind, aber noch einer näheren Untersuchung bedürfen.

6) Nach Forbes und Goodsir, in Froriep's neuen Notizen. No. 392. p. 277. von Fig. 12. c. bis Fig. 19.

in unmittelbarer Verbindung stehen. Die ganze innere Fläche dieses Wassergefässsystems bis in die hohlen Tentakeln, Ambulacren und Bläschen hinein, so wie die äussere Fläche der letzteren ist mit einem Flimmerepithelium bedeckt. Dieses Wassergefässsystem ist es, welches bisher von den Zootomen entweder als ein besonderes, für sich abgeschlossenes Blutgefässsystem betrachtet oder von dem Blutgefässsysteme überhaupt nicht scharf unterschieden worden ist. Das in diesem Gefässsysteme enthaltene Wasser dient theils zur Ausdehnung der Füsschen und Mundtentakeln, wie bereits oben (§. 77.) erwähnt wurde, theils vermittelt es den Respirationsprozess, welcher besonders in den Ambulacralbläschen vor sich geht, indem auf diesen sich die Kiemengefässe ausbreiten. Diese Ambulacralbläschen könnten daher ganz gut mit inneren Kiemen verglichen werden, deren Blutgefässe, unter dem Einflusse der Flimmerorgane, sowol von innen durch das Wassergefässsystem, als von aussen durch die aus der Leibeshöhle herbeiströmenden Wassermassen bespült werden. Es besteht dieses Wassergefässsystem in den meisten Fällen aus einem zwischen den Blutgefässringen des Mundes gelegenen Wassergefässringe, von welchem theils nach den hohlen Mundtentakeln, theils nach den Körperseiten Wasserröhren abgeben. Diese Wasserröhren des Körpers laufen stets zwischen den Ambulacralbläschenreihen entlang und münden durch Seitenäste in die einzelnen Bläschen derselben ein.

§. 92.

In den verschiedenen Ordnungen der Echinodermata pedata erscheint dieses Wassergefässsystem auf folgende Weise modificirt:

Die Crinoïdeen und Ophiuriden liessen bis jetzt nur Spuren eines Wassergefässsystems erkennen [1]). Ein dicht unter der Tentakelrinne fortlaufender Kanal in den Crinoïdeen scheint dazu bestimmt zu sein, die Fühlerchen mit Flüssigkeit zu füllen und dürfte hiernach einem Wassergefässsysteme entsprechen. Bei Pentacrinus erscheint dieser Kanal einfach, bei der Comatula dagegen an manchen Stellen durch eine senkrechte Scheidewand getheilt [2]).

Die Asteroïden besitzen ein sehr entwickeltes Wassergefässsystem, dessen Wassergefässring rund herum mit birnförmigen, oft langgestielten Bläschen besetzt ist [3]). Die aus diesem Wassergefässringe des Mun-

1) Dass den Ophiuren das Wassergefässsystem nicht fehlt, darauf deutet eine von Delle Chiaje (a. a. O. Tav. 21. Fig. 17.) gelieferte Abbildung hin.

2) Vgl. Müller, in den Abhandl. d. Berl. Akad a. d. J. 1841. p. 234.

3) Die birnförmigen Bläschenanhänge des Wassergefässringes ragen immer zwischen den grossen Radialgefässstämmen in die Radialräume hinein. Sie variiren in Zahl und Grösse, fehlen auch wol ganz. Astropecten bispinosus besitzt deren nur fünf, in Asteriscus verruculatus, Astropecten pentacanthus und Asteracanthion glacialis stehen zehn solche Bläschen paarweise beisammen, welche in letzterem Seesterne nur sehr wenig entwickelt sind. Bei Astropecten aurantiacus

des hervortretenden Hauptstämme verlaufen auf der äusseren Seite der Strahlen in der Mitte der Tentakelrinne. Die Ambulacralbläschen, in welche die Seitenäste dieser Hauptstämme einmünden, erscheinen entweder einfach gestaltet [4]), oder sind durch einen mehr oder weniger tiefen Einschnitt herzförmig getheilt [5]).

Dem Wassergefässsysteme der Echinoïdeen fehlen die birnförmigen Anhänge des Mundgefässringes [6]). Die aus diesem entspringenden Hauptstämme laufen an der hinteren Wand der Schale entlang. Die Ambulacralbläschen der weichen Mundmembran haben eine konische Gestalt, die übrigen dagegen stellen abgeplattete Säckchen dar, welche dachziegelförmig über einander liegen [7]), und ein deutliches Kiemengefässnetz enthalten [8]).

Von dem Wassergefässringe des Mundes ragen bei den Holothurinen röhrenförmige Anhänge (Tentakelbläschen) nach unten in die Leibeshöhle hinab [9]). Ausser diesen Tentakelbläschen mündet häufig

---

münden in jeden der fünf Winkel des Wassergefässringes drei bis sieben langgestielte Bläschen mit einem gemeinschaftlichen Kanale ein. Vgl. Delle Chiaje a. a. O. Vol. 2. p. 296., Tiedemann a. a. O. p. 52. Taf. 8., Konrad a. a. O. Fig. 3. und Meckel's System. Th. 5. p. 32. — Noch sind hier die drüsigen Körperchen zu erwähnen, welche mit dem Wassergefässringe zusammenhängen und einigermaassen an die drüsenartigen Organe der Blutgefässringe erinnern, auf welche Valentin bei Echinus aufmerksam gemacht hat. Vgl. Delle Chiaje a. a. O. Vol. 2. Tav. 21. Fig. 12. u. 4., Tiedemann a. a. O. Taf. 8. o. o. oder Wagner's Icon. zootom. Tab. 32. Fig. 2. m.

4) Bei Ophidiaster, Asteracanthion, Luidia u. A. Vgl. Müller und Troschel a. a. O. Taf. 11. Fig. 4.

5) Bei Astropecten. Vgl. Konrad a. a. O. Fig. 4. — Wie sich übrigens das Wassergefässsystem der Seesterne mit Wasser füllt, ob von der Spitze der Füsschen oder vom Wassergefässringe des Mundes aus, ist mir bis jetzt nicht klar geworden. Von der Anwesenheit einer Oeffnung an den freien Enden der Füsschen, durch welche das Wasser direkt in die Ambulacren eintreten könnte, habe ich mich nicht überzeugen können.

6) Sehr detaillirte Abbildungen des Wassergefässsystems hat Delle Chiaje (a. a. O. Tav. 26.) von Echinus und Spatangus geliefert, doch sieht man es denselben an, dass das Blutgefässsystem des Darmkanals mit eingemengt ist.

7) Vgl. Valentin, Monographie. Fig. 134—136.

8) Die auf den platten Ambulacralbläschen sich ausbreitenden Kiemengefässe, welche schon Monro (Vergleichung des Baues und der Physiologie der Fische. 1787. p. 91. Taf. 33. Fig. 13—15. oder Cyclopaedia of anatomy a. a. O. Vol. II. p. 35. Fig. 14.) gesehen zu haben scheint, hat Krohn (in Müller's Archiv. 1841. p. 5.) genau beschrieben. — Die Ambulacren des Echinus sollen sich mittelst einer im Saugnapfe der Füsschen befindlichen Oeffnung von aussen her mit Wasser füllen können, welches durch zehn zwischen den Zähnen angebrachte Oeffnungen aus dem Wassergefässsysteme wieder seinen Abfluss findet. Vergl. Tiedemann a. a. O. p. 81., Valentin, Monographie. p. 84., oder Repertorium für Anatomie. 1843. p. 237. und Monro, a. a. O. p. 92.

9) Vgl. Tiedemann a. a. O. Taf. 2. Fig. 4. e. e. und Fig. 6. m. und Delle Chiaje a. a. O. Tav. 8. u. 9.

noch ein ansehnlicher, zuweilen paariger, länglicher Blindschlauch (*Ampulla Poliana*) in den Wassergefässring ein [10]). Den Tentakelbläschen gegenüber treten aus demselben Wassergefässringe Wassergefässe nach oben in die oft baumartig verzweigten, äusseren Kiemen vergleichbaren, Mundtentakeln ein [11]), während zwischen den Tentakelbläschen fünf Hauptwasserkanäle aus eben diesem Ringe entspringen und nach unten an der inneren Fläche des Leibes herablaufen. Diese geben dann, wie gewöhnlich, unterwegs rechts und links Seitenzweige an die meist sehr kleinen Ambulacralbläschen ab [12]).

Der Wassergefässring der Synaptinen, von welchem nur bei einigen Arten röhrenförmige Anhänge in die Leibeshöhle hinabragen [13]), schickt sowol in die Mundtentakeln als an die Leibeswandungen Wasserkanäle hin. Die fünf Hauptwassergefässstämme des Leibes geben indessen, da dem Körper der Synaptinen die Ambulacren fehlen, keine Aeste nach den Seiten ab [14]).

Am wenigsten scheint das Wassergefässsystem bei den Sipunculoïdeen entwickelt zu sein, da bis jetzt nur eine in der Höhle der aus einer doppelten Lamelle zusammengesetzten, gelappten Tentakelmembran unter dem Einflusse von Flimmerorganen circulirende Flüssigkeit und zwei mit dieser Tentakelhöhle communicirende Polische Blasen an den Sipunculiden beobachtet wurden, die aber allerdings auf das Vorhandensein eines Wassergefässsystems hindeuten [15]).

---

10) Vgl. Tiedemann a. a. O. Taf. 2. Fig. 4. a. a. und Fig. 6. g. und Delle Chiaje a. a. O. Tav. 9. Tig. 6. f. von Holothuria tubulosa.

11) Der Lage nach scheinen die Tentakelbläschen der Holothurinen ganz geeignet zu sein, durch Kontraktion das in ihnen enthaltene Wasser in die Tentakeln hineinzutreiben und so das Hervortreten und Entfalten derselben zu vermitteln. Ob die Polischen Blasen die Tentakelbläschen vielleicht hierbei unterstützen, muss ich dahin gestellt sein lassen. Es ist übrigens bei einigen Holothurinen, z. B. bei Cladolabes spinosus (s. Atlas de l'Astrolabe a. a. O. Pl. 7. Fig. 3. f.) und nach meinen Beobachtungen bei Pentacta doliolum nur ein einziger blasenförmiger Anhang des Wassergefässringes vorhanden, wo es sich dann frägt, ob dieser Anhang einem Tentakelbläschen oder einer Polischen Blase analog ist.

12) Vgl. Delle Chiaje a. a. O. Tav. 9. Fig. 6. von Holothuria tubulosa, wo aber auch wiederum das Wassergefässsystem mit dem Blutgefässsystem zusammengeworfen worden ist.

13) Ausgezeichnete röhrenförmige Tentakelbläschen besitzen Chirodota Doreyana und fusca. Vgl. Atlas de l'Astrolabe a. a. O. Pl. 7. Fig. 16. und Pl. 8. Fig. 3.

14) Quatrefages (a. a. O. p. 58. Pl. 4. Fig. 1. und Pl. 5. Fig. 5.)

15) Dass die Tentakelmembran der Sipunculiden wirklich als Kieme dienen könne, scheint aus der Anwesenheit von feinen geschlängelten Gefässen, welchen Grube auf der äusseren Tentakellamelle (Müller's Archiv. 1837. p. 253.) von Sipunculus nudus beobachtet hat, und aus der von mir im Inneren der Tentakelläppchen von Phascolosoma granulatum beobachteten, durch Flimmerepithelium in Bewegung gesetzten Flüssigkeit hervorzugehen. Die Verbindung der beiden Polischen Blasen mit der Höhle der Tentakelmembran ist bei Sipunculus nudus

§. 93.

3. Eine alle Eingeweide der Leibeshöhle umspülende Wassermasse, welche auf die zarten Blutgefässe gewiss nicht ohne Einfluss bleiben kann, wird fast in allen Echinodermen angetroffen. Es circulirt dieses Wasser vermöge des Flimmerepitheliums, welches die ganze Leibeshöhle und sämmtliche Eingeweide dieser Thiere überzieht, höchst wahrscheinlich in bestimmter Richtung rund umher, wird durch verschiedene, am Körper befindliche Respirationsöffnungen nach aussen entleert und mit frischem, auf demselben Wege eingenommenen Wasser vertauscht.

An den Ophiuriden führen auf jedem der fünf Interradialräume zwei oder vier weite Respirationsspalten in das Innere der Leibeshöhle [1]). Bei den Asteroïden wird das frei in der Leibeshöhle circulirende Seewasser durch die längst bekannten tracheenartigen und kontraktilen zarten Röhrchen, welche in zahlreicher Menge die Rükkenfläche der Seesterne bedecken, aus- und eingeathmet, indem diese von innen und aussen flimmernden Röhrchen an ihrer Spitze mit einer Oeffnung versehen sind [2]). Die Wege, auf welchen die Echinoïdeen und Holothurioïdeen ihre Leibeshöhle mit Seewasser anfüllen, sind bis jetzt noch nicht genügend erkannt worden; nur bei Synapta Duvernaea haben sich Respirationsöffnungen deutlich wahrnehmen lassen. Es stehen hier nämlich vier bis fünf flimmernde Papillen zwischen der Basis der Mundtentakeln versteckt, von welchen ein enger Kanal zur Leibeshöhle führt [3]). In die Leibeshöhle der Sipunculiden gelangt das Seewasser durch eine Oeffnung des Hinterleibsendes [4]).

Achter Abschnitt.

Von den Absonderungs-Organen.

§. 94.

An besonderen Absonderungsorganen scheint es den Echinodermen nicht zu fehlen. Die verschiedensten Gegenden ihres Körpers sind mit

---

von Grube (Müller's Archiv a. a. O. p. 251. Taf. 11. Fig. 2. P.) gesehen worden.

1) Vgl. Müller und Troschel a. a. O. Taf. 9. u. 10.

2) Vgl. Ehrenberg in den Abhandl. der Berliner Akademie a. d. J. 1835. Taf. 8. Fig. 12. e. und Sharpey in der Cyclopaedia of anatomy. Vol. I. p. 615. Fig. 298. C.

3) Quatrefages in den Annal. d. sc. nat. a. a. O. p. 64. Pl. 5. Fig. 7. f.

4) Die Art und Weise, wie das Wasser bei den Echiuriden in die Leibeshöhle eintritt, ist mir aus Forbes's und Goodsir's Beschreibung (in Froriep's neuen Notizen. No. 392. p. 277.) nicht recht klar geworden.

drüsenartigen Organen besetzt, deren Bedeutung jedoch bis jetzt nicht errathen werden konnte [1]).

Neunter Abschnitt.

Von den Fortpflanzungs-Organen.

§. 95.

Obgleich die meisten Echinodermen mit einer ausserordentlichen Reproduktionskraft begabt sind, so scheint diese Eigenschaft eben nicht zur Vermehrung der Individuen benutzt zu werden, indem hier weder eine Fortpflanzung durch Theilung noch durch Knospenbildung vorkömmt. Nur die Holothurioïdeen machen vielleicht hiervon eine Ausnahme [1]). Dagegen pflanzen sich die Echinodermen sämmtlich mittelst männlicher und weiblicher Geschlechtswerkzeuge fort, welche vielleicht bei allen auf verschiedene Individuen vertheilt sind, indem Zwitterbildungen zu den Seltenheiten zu gehören scheinen.

Die meist rundlichen Eier der Echinodermen werden von einem zarten Chorion umschlossen, welches, ausser wenigem Eiweiss, verschieden gefärbte Dottermasse nebst Keimbläschen und Keimfleck enthält [2]). Die Saamenflüssigkeit der Hoden zeigt immer eine milchweisse Beschaffenheit. Die cercarienförmigen Spermatozoïden in derselben bestehen fast durchweg aus einem rundlichen oder ovalen starren Körperchen und aus einem sehr beweglichen zarten Haaranhang, dessen Bewegungen durch den Einfluss des Seewassers nicht gehemmt werden [3]).

---

1) Es sind diese verschiedenen drüsigen Körperchen bereits bei den Organen, denen sie anhängen, zur Sprache gebracht worden. Der Kalksack oder Steinkanal gewisser Asterien dürfte wohl schwerlich, wie es bisher geschehen ist, als ein Absonderungsorgan zu betrachten sein.

1) Die Holothurien, welche bekanntlich ihre sämmtlichen Eingeweide in der Gefangenschaft auszuspeien pflegen, sollen nach Dalyell's Angabe (in Froriep's neuen Notizen. No. 331. p. 1.) nicht allein diese verloren gegangenen Theile wieder reproduciren, sondern sich auch von freien Stücken in zwei oder mehre Theile abschnüren, welche sich nach und nach zu vollständigen Individuen heranbilden. Eine solche Vermehrung durch Theilung mag auch Synapta Duvernaea mit sich vornehmen können. Vgl. Quatrefages a. a. O. p. 26.

2) Vgl. die Eier von Comatula europaea (Müller in den Abhandl. d. Berl. Akad. a. d. J. 1841. Taf. 5. Fig. 17.), von Asteracanthion violaceus (Wagner, Prodromus a. a. O. Tab. 1. Fig. 3., oder Carus und Otto, Erläuterungstafeln. Heft 5. Taf. I. Fig. 1.), von Echinus lividus und sphaera (Valentin, Monographie. Fig. 167. u. 169.), von Holothuria tubulosa (Wagner, Icones zoot. Tab. 32. Fig. 12.) und von Synapta Duvernaea (Quatrefages a. a. O. Pl. 5. Fig. 1.)

3) Vgl. die Spermatozoïden von Asteracanthion, Solaster und Echinus (Kölliker, Beiträge a. a. O. Fig. 1—4. und Valentin, Monographie. Fig. 168.),

§. 96.

Die männlichen und weiblichen Geschlechtstheile der Echinodermen gleichen sich in ihren äusseren Umrissen, besonders ausser der Brunstzeit, vollkommen, sind aber im brünstigen Zustande oft schon durch ihre verschiedene Farbe zu unterscheiden. Sie sind an den verschiedensten Stellen des Körpers angebracht und bestehen aus einfachen oder verästelten Schläuchen, an welchen besondere Ausführungsgänge vorhanden sind, aber zuweilen auch ganz fehlen. Im letzteren Falle entleert sich wahrscheinlich der Inhalt der Geschlechtsorgane auf der äusseren Oberfläche derselben durch Dehiscenz. Der Inhalt der Geschlechtswerkzeuge geräth so in die allgemeine Leibeshöhle und wird dann durch die Respirationsöffnungen nach aussen geschafft.

Bei dem gänzlichen Mangel von Begattungsorganen vermittelt auch hier, wie bei den Polypen und Quallen, das Seewasser, dem sich die Saamenflüssigkeit mit den in diesem Elemente unveränderlichen Spermatozoïden beimengt, die Befruchtung der Eier.

§. 97.

An den männlichen und weiblichen Crinoïdeen entwickeln sich eigenthümliche unter dem weichen Perisom der Pinnulae verborgen liegende Schläuche zu Hoden und Ovarien, wahrscheinlich ohne besondere Ausführungsgänge [1]).

In den Ophiuriden bilden die Hoden oder Eierstöcke gelappte und mit einem Stiele versehene Schläuche, welche je zwei und zwei in den Interradialräumen der Scheibe aufgehängt sind. Die zehn Hoden oder Ovarien besitzen in der Regel tiefe Einschnitte, so dass die dadurch gebildeten Lappen gleichsam als besondere Säckchen auf einem

---

von Holothuria und Synapta (Wagner, Icones zootom. Tab. 32. Fig. 13. und Quatrefages a. a. O. Pl. 5. Fig. 2.). Aehnliche Spermatozoïden entdeckte Müller in den männlichen Comatulen (Monatsbericht der Berliner Akad. 1841. p. 189. oder Abhandl. der Berliner Akad. a. a. O. p. 235.). Die Spermatozoïden des männlichen Spatangus violaceus besitzen nach Valentin (Repertorium. 1841. p. 301.) einen länglichen, vorne spitz zugehenden Körper und einen sehr feinen Haaranhang. In den Hoden der männlichen Individuen von Ophioderma longicauda und Ophiothrix fragilis fand ich die Spermatozoïden mit rundlichen Körperchen und zartem Haaranhange.

1) Die Entwicklung der Geschlechtswerkzeuge in den Comatulen ist zuerst von Dujardin beobachtet worden, welcher zugleich bemerkt haben will, dass die rothen Bläschen, welche zu beiden Seiten der Tentakelrinnen angebracht sind, besonders zur Zeit der Brunst einen sehr reichlichen rothen Saft absondern (s. l'Institut No. 119. p. 268. oder Wiegmann's Archiv. 1836. Th. 2. p. 207.). Thompson sah die zusammengeballten Eier der Comatulen aus einer besonderen Oeffnung an den Pinnulae hervortreten (Edinburgh new philosoph. Journ. No. XX. p. 295. oder Froriep's Notizen. No. 1057. 1836. p. 4. Fig. 8.), während nach Müller die Eierentleerung hier durch Dehiscenz vor sich gehen soll (s. Abhandl. d. Berl. Akad. a. d. J. 1841. p. 234. Taf. 5. Fig. 17. 18.).

kolbenförmigen Stiel aufsitzen [2]); diese Säckchen sind dann zuweilen wieder in kleine Läppchen getheilt [3]). In einigen Fällen sind die einzelnen Hoden oder Ovarien wie ein Widderhorn gewunden und in ihrem ganzen Verlaufe in viele Lappen tief eingeschnitten [4]). Der Stiel der einzelnen Geschlechtstheile erstreckt sich nach der Gegend des Mundes hin, wobei es noch unentschieden ist, ob die Hoden- und Eierstockssäckchen ihren Inhalt nach innen in den Stiel oder nach aussen in die Leibeshöhle entleeren. Im ersteren Falle wäre dann der Stiel, mit welchem diese Organe festsitzen, zugleich der Ausführungsgang derselben [5]), im letzteren Falle dagegen gelangten Saame und Eier von der Leibeshöhle durch die weiten Respirationsspalten in das freie Wasser [6]).

Bei den Asteroïden sind die männlichen oder weiblichen Geschlechtsorgane als varikös eingeschnürte Schläuche in den Winkeln der Interradialräume angeheftet [7]). Die afterlosen Seesterne besitzen keine besonderen Genitalöffnungen [8]), eben so scheinen aber auch bei mehren mit einem After versehenen Asterien die Schläuche der Hoden und Eierstöcke geschlossen zu sein [9]). Die Saamenmasse und die sehr kleinen Eier dieser Seesterne gerathen hier in die Leibeshöhle und werden wahrscheinlich durch die Respirationsröhrchen ausgeleert [10]). Auf dem Rücken gewisser Seesterne [11]) dagegen befinden sich in jedem Winkel der interradialen Räume zwei Stellen (*Laminae cribrosae*) mehr oder weniger nahe neben einander, welche von kleinen Oeffnungen durchbohrt sind. Es sind dies die nackten Mündungen der männlichen oder weiblichen Genitalien, welche bei diesen Seesternen als vielfach verzweigte Schläuche zu jeder Seite des interradialen Septums an einem

---

2) Bei Ophioderma longicauda, Ophiolepis scolopendrica etc. Vgl. Rathke in Froriep's neuen Notizen. No. 269. p. 65. und den neuesten Schriften der naturforschenden Gesellschaft in Danzig. Bd. III. Heft 4. 1842. p. 116. Tab. 2. Fig. 3—4.

3) Bei Ophiocoma nigra. Vgl. Rathke in den Danziger Schriften a. a. O. Tab. 2. Fig. 5—7. — 4) Bei Ophiothrix fragilis.

5) Nach Rathke a. a. O.

6) Nach Müller und Troschel a. a. O. p. 133.

7) Ueber die verschiedene Anordnung der Geschlechtsorgane in den Asteroïden haben Müller und Troschel sehr interessante Aufschlüsse geliefert. a. a. O. p. 132. — 8) Z. B. Astropecten und Luidia. — 9) Z. B. Ophidiaster.

10) Nach Sars's Beobachtung (in Wiegmann's Archiv. 1844. Th. 1. p. 169. Taf. 6. Fig. 1. 2.) höhlt sich zu gewissen Zeiten die Bauchseite der Scheibe und der Arme vom weiblichen Echinaster sanguinolentus und Asteracanthion Mülleri zu einer Art Bruthöhle aus, in welcher die Eier während ihrer Entwicklung aufbewahrt werden. Sars vermuthet, dass hier die Eier durch besondere Oeffnungen an der Bauchseite aus der Leibeshöhle in dieses Marsupium gelangen.

11) Bei Asteracanthion rubens und Solaster papposus. Vgl. Müller und Troschel a. a. O. Taf. 12. Fig. 2—4.

einzigen mit einer *Lamina cribrosa* verbundenen Ausführungsgange befestigt sind. In Bezug auf die Zahl der Genitalschläuche weichen die verschiedenen Gattungen der Asteroïden ebenfalls sehr von einander ab. Bei vielen Seesternen hängt auf jeder Seite des interradialen Septums immer nur ein einziger Stamm von Genitalschläuchen [12]), während bei einigen daselbst immer eine ganze Reihe von Schläuchen aufgehängt ist [13]), und in anderen zwei Reihen von, an der Rückenseite der Leibeshöhle aufgehängten, Genitalschläuchen sich bis weit in die Strahlen hineinerstrecken [14]). Die Hoden und Eierstöcke der Echinoïdeen verbreiten sich an der inneren Wand der Schale herab und füllen den Raum aus, welchen die doppelten Ambulacralbläschenreihen zwischen sich lassen. Sie bestehen aus vielfach verästelten, dicht gedrängten Blindkanälchen, welche immer mit besonderen Ausführungsgängen auf den Genitalplatten am Rücken der Schale nach aussen münden [15]). Die Hoden und Ovarien sind in den Echinoïden stets in fünffacher Zahl vorhanden. Ihre, die Geschlechtsöffnungen tragenden fünf Genitalplatten fassen, mit den Ocellarplatten abwechselnd, die Afteröffnung ein [16]). In den Clypeastriden und Spatangiden kommen, nach der Zahl der Genitalöffnungen zu schliessen, vielleicht auch Arten mit vier Geschlechtsdrüsen vor [17]).

Die Holothurinen bieten eine ganz andere Anordnung ihrer Geschlechtswerkzeuge dar. Es bestehen hier Hoden oder Ovarien aus vielfach verästelten Blindkanälen [18]), welche in loser Büschelform frei in der Leibeshöhle flottiren und mit einem einzigen gemeinschaftlichen Ausführungsgange oberhalb des Knochenkranzes zwischen den Mundtentakeln sich nach aussen öffnen. Bei den Männchen bildet der milchweiss gefärbte Hode einen Büschel gedrängt stehender cylindrischer und verästelter Schläuche [19]), bei den Weibchen dagegen sind die

---

12) Bei Echinaster, Astrogonium, Asteriscus, Ctenodiscus etc.

13) Bei Astropecten, Oreaster und Culcita. Vgl. Tiedemann a. a. O. p. 61. Taf. 8. L. L.

14) Bei Archaster, Chaetaster, Luidia und Ophidiaster. Vgl. Müller und Troschel a. a. O. Taf. 12. Fig. 5.

15) Die getrennten Geschlechter von Echinus hat Peters zuerst erkannt. Vgl. Müller's Archiv. 1840. p. 143.

16) Vgl. Tiedemann a. a. O. p. 85. Taf. 10. Fig. 1. 4. 8. und vor Allen Valentin, Monographie. p. 103. Tab. 8.

17) Ich zähle z. B. an Echinanthus, Mellita, Rotula, Scutella u. A. (vergl. Agassiz, Monographie der Scutellen), eben so an Spatangus arcuarius und ovatus nur vier Genitalöffnungen auf dem Rücken der Schale, während ich bei Encope und Clypeaster deren fünf finde und Valentin (Repertorium. 1840. p. 301.) ausdrücklich von fünf Hoden und fünf Ovarien des Spatangus violaceus spricht.

18) Auf die Geschlechtsverschiedenheit der Holothuria tubulosa haben Wagner und Valentin zuerst aufmerksam gemacht. Vgl. Froriep's neue Notizen. No. 249. p. 99.

19) Vgl. Wagner, Icones zootom. Tab. 32. Fig. 11. von Holothuria tubu-

blassröthlichen Ovarienschläuche ausserordentlich lange, verzweigte und etwas plattgedrückte Aeste, welche bis zum Hinterleibsende hinabreichen [20]).

Die Synaptinen scheinen, ganz abweichend von den übrigen Echinodermen, eine hermaphroditische Geschlechtsbildung zu besitzen. Unsere Kenntniss erstreckt sich jedoch in dieser Beziehung nur auf Synapta Duvernaea. Die Hoden und Ovarien sollen hier in einem und demselben Organe vereinigt sein [21]). Es flottiren nämlich drei bis fünf lange cylindrische Schläuche frei in der Leibeshöhle dieser Synapta, welche sich zu einem, hinter dem Knochenkranze ausmündenden gemeinschaftlichen Ausführungsgange vereinigen. Auf der inneren Fläche dieser Röhren erheben sich zur Zeit der Brunst schlauchförmige Fortsätze, in welchen sich die Spermatozoïden entwickeln. Der noch übrige Raum zwischen diesen Fortsätzen wird von einer breiigen Masse ausgefüllt, in welchen sich die Eier entwickeln sollen [22]).

In den Sipunculiden und Echiuriden lassen sich nur zwei oder vier einfache cylindrische und kontraktile Geschlechtssäcke entdecken, welche, von der inneren Bauchfläche aus, in die Leibeshöhle frei hinabragen, an denen noch zu entscheiden ist, ob sie ihren Inhalt durch Dehiscenz in die Leibeshöhle oder durch Geschlechtsmündungen nach aussen entleeren [23]).

---

losa. — Es ist übrigens schon oben (§. 86.) darauf aufmerksam gemacht worden, dass die gestielten weissen Cylinder, welche von einigen Zootomen als Hoden betrachtet wurden (vgl. Delle Chiaje a. a. O. Vol. I. p. 97. Tav. 8. Fig. 1. o.) von den Geschlechtsorganen getrennt, mit dem Darmkanale zusammenhängen.

20) Vgl. the Catalogue of the physiological series etc. a. a. O. Vol. IV. Pl. 49. Fig. 1. c. von Holothuria tubulosa.

21) Nach Quatrefages in den Annales d. sc. nat. a. a. O. p. 66. Pl. 4. Fig. 1 q. und Pl. 5. Fig. 1.

22) Es trägt diese innige Verschmelzung von männlichen und weiblichen Zeugungsorganen etwas so auffallendes an sich, dass man in Versuchung geräth zu glauben, Quatrefages habe hier Entwicklungszellen der Spermatozoïden vielleicht für Eier angesehen.

23) In Sipunculus und Phascolosoma ist etwas vor dem After auf der inneren Fläche der Leibesbedeckung rechts und links ein braun gefärbter Schlauch befestigt (vgl. Delle Chiaje a. a. O. Tav. I. Fig. 5. s. s. und Grube in Müller's Archiv. 1837. Taf. 11. Fig. 1. v°.), welcher als Genitalschlauch angesprochen werden könnte. Grube hat sowol in diesen beiden Schläuchen, wie auch in der Leibeshöhle des Sipunculus nudus Eier angetroffen. Es frägt sich nun, ob hier die Eier sich direkt von den Ovarienschläuchen ablösen und, in die Leibeshöhle gefallen, durch die Respirationsöffnung am Hinterleibsende entleert werden, oder ob sie beim Respiriren mit dem Wasser zufällig von aussen eingezogen werden. Im letzteren Falle müssten die Genitalschläuche besondere Ausführungsgänge besitzen. Bei Sipunculus nudus sind in der That äusserlich, der Insertionsstelle jener Schläuche gegenüber, zwei Gruben vorhanden (vgl. Delle Chiaje a. a. O. Tav. I. Fig. 2. f.), in welchen sich zwei sehr kleine Oeffnungen befinden sollen. Die vier Genitalschläuche des männlichen Echiurus vulgaris ent-

§. 98.

Die wenigen Beobachtungen, welche über die Entwicklung der Echinodermen gemacht worden sind, beschränken sich bis jetzt nur auf die Asteroïden. Auch hier macht die ganze Dottermasse den bekannten Durchfurchungsprozess durch, und verwandelt sich in einen drehrunden, mit Cilien bedeckten infusorienartigen Embryo. Nach einigen Tagen keimen aus demjenigen Theile des Embryo, mit welchem derselbe voranschwimmt, nach und nach vier Warzen hervor, mit welchen sich der Embryo an die Wände der Bruthöhle anhängt; derselbe flacht sich jetzt seitlich ab; auf der einen der beiden Seitenflächen sprossen die Tentakeln in strahlenförmigen Reihen hervor; am Rande der Körperscheibe wachsen fünf Ecken aus, an deren Spitze die rothen Pigmentflecke allmälich zum Vorschein kommen. In diesem Zustande der Entwicklung verschwinden die Cilien von der Oberfläche des Körpers und der junge Seestern kriecht jetzt, nachdem er sich abgelöst und die Anheftungsorgane verloren hat, mittelst seiner Tentakelfüsschen umher [1]).

---

halten nach Forbes's und Goodsir's Beobachtung eine milchweisse, von lebhaften Spermatozoïden wimmelnde Saamenflüssigkeit, während dieselben vier Organe der weiblichen Individuen von Eiern ausgedehnt sind. Vgl. Froriep's neue Notizen a. a. O. p. 281. Fig. 20. 22. und Fig. 12. f. f.

1) Es sind diese interessanten Beobachtungen von Sars (in Wiegmann's Archiv. 1837. Th. 1. p. 404. und 1844. Th. 1. p. 169. Taf. 6. Fig. 4—22.) an Echinaster sanguinolentus und Asteracanthion Mülleri angestellt worden. Bei der Entwicklung dieser Seesterne bemerkte Sars ferner, dass die am Rande der Körperscheibe befindliche Anheftungsstelle allmälich nach dem Rücken hin rückt, und so scheint es sich zu bestätigen, dass die Madreporenplatte ein Ueberbleibsel dieser Anheftungsstelle ist, welche nach Müller und Troschel (System a. a. O. p. 134.) wol mit Recht dem Knopfe der Comatulen zu vergleichen ist, indem von diesem Knopfe der jungen Comatulen ebenfalls der Anheftungsstiel abgeht, wie Thompson an den früher als Pentacrinus europaeus beschriebenen jungen Comatulen gezeigt hat. Vgl. Zeitschrift für die organische Physik. 1828. p. 55. und the new Edinburgh philosoph. Journal. 1836. p. 296. oder Froriep's Notizen. No. 1057. 1836. p. 1. Die von Sars gemachte Aeusserung (in Wiegmann's Archiv. 1844. Th. 1. p. 176.), dass das von ihm ehedem Bipinnaria asterigera genannte Thier (Beskrivelser a. a. O. p. 37. Tab. 15. Fig. 40.) wahrscheinlich nur ein sich entwickelnder und mit einem grossen Schwimmapparate versehener Seestern sei, verdient nicht unbeachtet gelassen zu werden. Die von Dalyell gelieferte Notiz, dass die jungen Holothurien von der Grösse eines Gerstenkorns einer weissen Made ähnlich sehen (vgl. Froriep's neue Notizen. No. 331. p. 2.), ist nicht geeignet, hieraus etwas näheres über die Entwicklungsgeschichte dieser Thiere zu entnehmen, und so bleibt hier der Beobachtung in Bezug auf die Entwicklung der Echinodermen noch ein weites Feld geöffnet.

Fünftes Buch.

Die Helminthen.

Eintheilung.

§. 99.

Die Klasse der Helminthen lässt sich äusserst schwer charakterisiren, indem sie äusserst verschieden organisirte Thiere enthält. Man hat deshalb diese Klasse schon ganz auflösen wollen und den Versuch gemacht, die einzelnen Ordnungen derselben in die übrigen Klassen der wirbellosen Thiere zu vertheilen. Aber auch hierbei stösst man auf mancherlei Hindernisse, so dass vor der Hand nichts übrig bleibt, als diese verschiedenartig organisirten Würmer beisammen zu lassen. Da ein gemeinschaftlicher Charakter an ihren Organisationsverhältnissen nicht aufgefunden werden kann, so muss man denselben von ihrer Lebensweise hernehmen, in welcher fast alle Helminthen mit einander übereinstimmen. Die Helminthen sind nämlich Schmarotzerwürmer [1]), indem sie ihre ganze Lebenszeit hindurch oder während gewisser Lebensperioden in oder auf anderen lebenden Thieren Wohnung und Nahrung suchen.

I. Ordnung. ***Cystici*, Blasenwürmer.**

Der Leib ist blasenförmig aufgetrieben und mit einer wässerigen Feuchtigkeit angefüllt. Verdauungsorgane und Geschlechtswerkzeuge fehlen [2]).

Gattungen: ***Echinococcus*, *Coenurus*, *Cysticercus*, *Anthocephalus*.**

II. Ordnung. ***Cestodes*, Bandwürmer.**

Der parenchymatöse Leib ist bandförmig, zuweilen mit unvollstän-

---

1) Nur die Gattung Anguillula macht davon eine Ausnahme.

2) Der Kopf der geschlechtslosen Blasenwürmer besitzt in seiner Form, seinen Saugnäpfen und seinem Hakenkranze eine solche frappante Aehnlichkeit mit dem Kopfe gewisser Bandwürmer, dass man zu glauben versucht wird, die Blasenwürmer seien nichts anderes als unentwickelte oder larvenartige Bandwürmer.

digen Quereinschnitten, und sehr häufig vollständig in Glieder quer eingeschnitten. Verdauungsorgane fehlen. Die männlichen und weiblichen Geschlechtswerkzeuge, in einem Individuum vereinigt, wiederholen sich in der Regel vielfach hinter einander. Begattungsorgane vorhanden.

Gattungen: ***Gymnorhynchus*, *Tetrarhynchus*, *Bothriocephalus*, *Taenia*, *Triaenophorus*, *Ligula*, *Caryophyllaeus*.**

III. Ordnung. *Trematodes*, Saugwürmer.

Der parenchymatöse Leib meistens abgeplattet. An dem mit einem Munde versehenen und häufig verzweigten Darmkanale fehlt fast immer der After. Die männlichen und weiblichen Geschlechtswerkzeuge sind in einem Individuum vereinigt. Begattungsorgane vorhanden.

Gattungen: ***Gyrodactylus*, *Axine*, *Octobothrium*, *Diplozoon*, *Polystomum*, *Aspidocotylus*, *Aspidogaster*, *Tristomum*, *Monostomum*, *Holostomum*, *Gasterostomum*, *Pentastomum*.**

IV. Ordnung. *Acanthocephali*, Hakenwürmer.

Der schlauchförmige Leib ist abgeplattet, querrunzelig und bläht sich durch Wassereinsaugung walzenförmig auf. Verdauungsorgane fehlen. Die männlichen und weiblichen Geschlechtswerkzeuge sind getrennt auf zwei Individuen vertheilt. Begattungsorgane vorhanden.

Gattung: ***Echinorhynchus*.**

V. Ordnung. *Gordiacei*, Saitenwürmer.

Der fadenförmige Leib walzenförmig. Verdauungswerkzeuge ohne After. Geschlechtswerkzeuge getrennt. Begattungsorgane theilweise vorhanden.

Gattungen: ***Gordius*, *Mermis*.**

VI. Ordnung. *Nematodes*, Rundwürmer.

Der schlauchförmige Leib ist walzenförmig. Der mit Mund und After versehene Verdauungskanal läuft gerade durch die Leibeshöhle. Die männlichen und weiblichen Geschlechtswerkzeuge getrennt. Begattungsorgane vorhanden.

Gattungen: ***Sphaerularia*, *Trichosoma*, *Trichocephalus*, *Filaria*, *Anguillula*, *Physaloptera*, *Liorhynchus*, *Lecanocephalus*, *Cheiracanthus*, *Gnathosoma*, *Ancyracanthus*, *Spiroptera*, *Hedruris*, *Strongylus*, *Cucullanus*, *Oxyuris*, *Ascaris*.**

Literatur.

Goeze, Versuch einer Naturgeschichte der Eingeweidewürmer. Blankenburg 1782.

Zeder, Erster Nachtrag zum vorhergehenden Werke. Leipzig 1800.

Brera, Vorlesungen über die vornehmsten Eingeweidewürmer des menschlichen lebenden Körpers. Aus dem Italienischen von Weber. Leipzig 1803.

Rudolphi, Entozoorum historia naturalis. Amstelaedami 1808—10. und Entozoorum synopsis. Berolini 1819.

Bremser, Ueber lebende Würmer im lebenden Menschen. Wien 1819. Dasselbe Werk französisch unter dem Titel: Traité zoologique et physiologique sur les vers intestinaux de l'homme par Bremser, traduit par Grundler, revu et augmenté de notes par Blainville. Paris 1824. Hierzu: ein Nouvel Atlas par Leblond. Paris 1837.

Bremser, Icones helminthum. Viennae 1824.

Cloquet, Anatomie des vers intestinaux Ascaride lombricoïde et Échinorhynque géant. Paris 1824.

Creplin, Observationes de entozois. Gryphiswaldiae 1825. und Novae observationes de entozois. Berolini 1829.

Mehlis's vortreffliche Bemerkungen zu der vorigen Schrift in der Isis. 1831. p. 68. u. 166.

Bojanus, Enthelminthica in der Isis. 1821. p. 162.

Nitzsch's ausgezeichnete Arbeiten in Ersch's und Gruber's Encyclopaedie, unter den Artikeln: Acanthocephala, Acephalocystis, Amphistoma, Anthocephalus, Ascaris etc.

Creplin's werthvolle Arbeiten ebenda unter den Artikeln: Distomum, Echinococcus, Echinorhynchus, Eingeweidewürmer, Enthelminthologie etc.

Delle Chiaje, Compendio di elmintografia umana. Napoli 1833.

Leuckart, Versuch einer naturgemässen Eintheilung der Helminthen. Heidelberg 1827. und dessen zoologische Bruchstücke. Heft 1. Helmstädt 1820. und Heft 3. Freiburg 1842.

Baer, Beiträge zur Kenntniss der niederen Thiere, in den Nov. Acad. Leop. Carol. Vol. 13. p. 525.

Nordmann, Micrographische Beiträge zur Naturgeschichte der wirbellosen Thiere. Berlin 1832.

E. Schmalz, XXIX. Tabulae anatomiam entozoorum illustrantes. Dresdae 1831. Enthalten fast nur Copien.

C. Th. E. Siebold, Helminthologische Beiträge und Jahresberichte über die Helminthen in Wiegmann's Archiv für Naturgeschichte.

Diesing's vortreffliche Monographien in den Annalen des Wiener Museums.

F. J. C. Mayer, Beiträge zur Anatomie der Entozoen. Bonn 1841.

R. Owen's vortreffliche Bearbeitung des Artikels: Entozoa in the Cyclopaedia of anatomy and physiology, edited by R. Todd.

Dujardin, Histoire naturelle des helminthes. Paris 1845.

Erster Abschnitt.

Von der Hautbedeckung.

§. 100.

Der Körper der Helminthen ist in den meisten Fällen von einer derbhäutigen Cutis umgeben, an welcher man eine zarte homogene Epidermis und eine ziemlich feste Coriumschicht unterscheiden kann. Die Epidermis der vollständig entwickelten Helminthen besitzt niemals Flimmerorgane, dagegen ist sie nicht selten mit hornigen, rückwärts gerichteten Stacheln besetzt, welche sich entweder über den grössten Theil der Körperoberfläche in zierlichen dichten Querreihen ausbreiten [1]), oder sich nur auf das Vorderleibsende beschränken. In letzterem Falle dient dieser Stachelapparat besonders als Anheftungsorgan, daher derselbe bei den Bewegungsorganen specieller besprochen werden wird.

An den meisten Nematoden faltet sich die Epidermis in dicht auf einander folgende Querringel, welche gewöhnlich sehr fein ausgeprägt sind und nur zuweilen so starke Querfalten bilden, dass der Leib der Würmer ganz grob geringelt, gleichsam gegliedert erscheint [2]). In seltenen Fällen kommt die Epidermis am ganzen Körper der Länge nach gefaltet vor [3]). Das unter der Epidermis liegende Corium hat eine faserige Struktur, indem sich zwei Faserschichten als Quer- und

---

1) Eine nach Art einer groben Feile (Raspel) bestachelte Oberhaut besitzen verschiedene Nematoden, Acanthocephalen und Trematoden. Diese Stacheln erscheinen ganz einfach bei Liorhynchus denticulatus und Lecanocephalus spinulosus (nach Diesing in den Annalen des Wiener Museums. Bd. 2. Abth. 2. 1839. Taf. 14. Fig. 14—20.), bei Echinorynchus pyriformis, hystrix etc. (s. Bremser, Icones helminth. Tab. 7.), ferner bei Distomum lima, maculosum, scabrum, ferox, perlatum etc. (s. ebendas. Tab. 10. und Nordmann, Micrograph. Beiträge. Hft. 1. Taf. 9.) und bei Pentastomum denticulatum (s. Diesing a. a. O. Bd. 1. Abth. 1. Taf. 3. Fig. 10—13.). Mit mehrzähnigen Stacheln ist dagegen die Haut der Cheiracanthus-Arten umgürtet (s. Diesing a. a O. Bd. 2. Hft. 2. Taf. 14. 16. u. 17.).

2) Dies findet z. B. an dem Vorderende des Liorhynchus denticulatus und Strongylus annulatus mihi (aus der Luftröhre des Wolfs) statt. An der Ascaris nigrovenosa schlägt sich die Oberhaut mit so langen und schlaffen Querfalten über einander, dass der Leib dieses Wurmes, von den Seitenrändern aus betrachtet, wie gefranzt aussieht.

3) Ausser denjenigen Längsduplikaturen der Oberhaut, welche entweder am Kopfende der Rundwürmer verschieden gestaltete, bald längere, bald kürzere Seitenflügel bilden (s. Bremser, Icones helm. Tab. 4. Fig. 20—24.), oder die Schwanzspitze mancher männlichen Rundwürmer rechts und links einfassen, habe ich bis jetzt nur bei Strongylus striatus und inflexus die Epidermis über den ganzen Körper hin mit dicht stehenden Längsfalten besetzt gesehen.

Längsfasern in einem rechten Winkel und zwei andere Faserschichten schief durchkreuzen [4]). Die Körperhaut aller Helminthen besitzt eine ausserordentliche Einsaugungskraft, welche während des Lebens von den Würmern nach Willkür in Thätigkeit gesetzt wird, nach dem Tode aber in einem so hohen Grade noch fortwirkt, dass die Leiber solcher Würmer oft übermässig ausgedehnt werden und nicht selten aus einander platzen [5]).

§. 101.

Unmittelbar unter der Haut der Blasen- und Bandwürmer liegen eigenthümliche harte, kohlensauren Kalk enthaltende Körperchen, welche als die Spuren eines Hautskelets gelten könnten. Da diese Kalkkörperchen auch hier und dort tiefer im Parenchyme jener Würmer eingestreut vorkommen, können sie noch um so mehr mit den Kalknadeln und Kalknetzen verglichen werden, welche in der Haut und in anderen Weichtheilen vieler Polypen und Echinodermen eingebettet liegen. Es haben diese Kalkkörperchen der Helminthen entweder

---

4) Die verschiedenen sich kreuzenden Faserschichten des Corium fallen bei Gordius und Mermis besonders leicht in die Augen. Vergl. die von Dujardin gelieferte Abbildung in den Ann. d. sc. nat. T. 18. 1842. Pl. 6. Aber auch an Ascaris mystax, microcephala, Distomum echinatum, hians, linea und Monostomum verrucosum konnte ich diese Struktur des Corium erkennen. Von Diesing (in den Annalen des Wiener Museums. Bd. 1. Abth. 2. p. 239. Taf. 22. Fig. 1. c. d) wurden diese vier verschiedenen Faserschichten der Lederhaut bei Amphistomum giganteum als eben so viele Muskelschichten betrachtet. Auf ähnliche Weise haben früher Bojanus (in der Isis. 1821. p. 166. Taf. 2. Fig. 12.) und Laurer (de Amphistomo conico. p. 6. Fig. 15.) diese verschiedenen Schichten des Corium gedeutet. — Eine von dieser Struktur sehr abweichende Haut bietet Echinococcus dar. Hier lässt sich an der sogenannten Mutterblase keine Epidermis von einem Corium unterscheiden, indem die Haut aus einer verhältnissmässig dicken, dem geronnenen Eiweisse ähnlichen Membran besteht, welche aus einer grossen Menge sehr dünner, homogener, dicht über einander liegender Lamellen zusammengesetzt wird.

5) Die Einsaugungsfähigkeit der Haut ist besonders bei den Acanthocephalen sehr auffallend und hier wirklich ein Akt der Lebensthätigkeit, indem die Echinorhynchen, welche an ihrem natürlichen Aufenthaltsorte nur wenig Flüssigkeit in sich aufnehmen, und daher im lebenden Zustande immer abgeplattet und runzelig erscheinen, mit Wasser in Berührung gebracht, abwechselnd anschwellen und wieder erschlaffen. Es ist diese Eigenschaft sowol von Creplin (Nov. observationes de entozois. 1829. p. 44. und in Ersch's und Gruber's Encyclopaedie. Th. 30. 1838. p. 384.), von Mehlis (in der Isis. 1831. p. 167.) wie auch von mir an verschiedenen Echinorhynchen beobachtet worden. Anders verhält es sich mit den Nematoden. Diese können die Einsaugungsfähigkeit ihrer Haut nicht beherrschen und werden deshalb, wenn sie mit Wasser in Berührung kommen, häufig bis zum Bersten aufgebläht und getödtet. Bei den Gordiaceen ist diese Eigenschaft so rein physikalisch, dass vollständig abgestorbene und bandförmig eingetrocknete Individuen des Gordius aquaticus, in Wasser geworfen, sich in kürzester Zeit unter den lebhaftesten hygroskopischen Bewegungen durch Wassereinsaugung wieder vollständig abrunden.

eine ovale oder scheibenförmige Gestalt, sind in den einzelnen Würmern meistens von gleicher Grösse, kommen aber auch in unregelmässiger Gestalt und ungleicher Grösse vor. Sie sind immer ganz farbelos und durchsichtig, brechen das durchfallende Licht wie kleine Glaskörperchen und erscheinen aus concentrischen Schichten zusammengesetzt. In Taenia, Triaenophorus, Bothriocephalus und in in der Echinococcus-Brut liegen die Kalkkörperchen mehr oder weniger vereinzelt unter der Haut, in den runzeligen und gegliederten Leibern der Cysticercus-Arten und des Coenurus dagegen sind sie so dicht gehäuft, dass sie hier ganz dicke Schichten bilden. Sie fehlen in der Schwanzblase der Cysticercus-Arten, nicht aber in den Blasenwänden von Coenurus und Echinococcus, indem sie hier unter dem zarten Epithelium, welches die Blasen auskleidet, zerstreut liegen [1]).

---

1) Es sind diese im ganzen Leibe der genannten Helminthen zerstreuten und niemals von bestimmten Behältern umschlossenen Kalkkörperchen von Pallas, Goeze, Zeder und den meisten Helminthologen bis auf die neueste Zeit für Eier gehalten und oft als solche abgebildet worden. Dieser Irrthum fällt bei den Cestoden sogleich in die Augen, da hier in den hinteren Gliedern des Leibes die wahren Eier von den Kalkkörperchen leicht unterschieden werden können, und die letzteren im Halse und in den vorderen Gliedern, in welchen die Geschlechtstheile entweder ganz fehlen oder noch wenig entwickelt sind, gewöhnlich zahlreicher bemerkt werden als in den hinteren Gliedern. Ausserdem lösen sich diese Kalkkörperchen bei der Einwirkung einer verdünnten Säure unter Gasentwickelung auf, während sich die Eier der Bandwürmer durch ähnliche Einwirkung nur wenig verändern. Die Kalkkörperchen der geschlechtslosen Blasenwürmer, an welchen das Suchen nach Eiern eine vergebliche Mühe bleiben wird, gleichen in ihrer Lage, Struktur und chemischen Zusammensetzung den Kalkkörperchen der mit Geschlechtstheilen ausgerüsteten Cestoden so genau, dass man sich wundern muss, wie dieselben immer wieder mit Eiern verwechselt werden können. Eschricht (in den Nov. Act. Acad. Leop. Carol. Vol. 19. Supplement. alter. 1841. p. 59. u. 103.) hat diese Körperchen, ohne ihren kohlensauren Kalkgehalt gekannt zu haben, als Kernkörner beschrieben und geglaubt, dass dieselben gleichsam als Analoga von Blut- oder Lymphkörperchen bei der Ernährung eine sehr wesentliche Rolle spielten. Eine genaue Beschreibung der Kalkkörperchen von Cysticercus hat Gulliver (in den medico-chirurgical transactions. Vol. 6. London 1841. p. 1., s. Wiegmann's Archiv. 1841. Bd. 2. p. 314.) geliefert, wobei er sie ebenfalls für Eier angesehen hat. Runde und ovale Kalkkörperchen findet man bei Taenia filum, linea, serrata, infundibiliformis etc.; in den beiden erstgenannten Bandwürmern hat Goeze (Versuch einer Naturgeschichte der Eingeweidewürmer. p. 399. Taf. 32. A. Fig. 6. 7. u. 12.) die Kalkkörperchen für Eier und die concentrischen Ringe der Kalkschichten für die Windungen von wurmförmigen Embryonen genommen. An den Kalkkörperchen des Cysticercus cellulosae und pisiformis herrscht hauptsächlich die runde Scheibenform vor; ich sah hier häufig vier bis sechs Kalkschichten einen Kern umschliessen, zuweilen sind auch zwei Kerne zugleich von concentrischen Schichten eingeschlossen, wodurch dergleichen Kalkkörperchen ganz das Ansehen der Brillensteine von Imatra haben. Eine meist ovale oder auch unregelmässige Gestalt und ungleiche Grösse besitzen die Kalkkörperchen der Taenia cucumerina, des Bothriocephalus solidus

Zweiter Abschnitt.

Von dem Muskelsysteme und den Bewegungsorganen.

§. 102.

Die Helminthen besitzen ein sehr deutlich entwickeltes Muskelsystem, dessen Primitivfasern meist abgeplattet und niemals quergestreift sind. Am wenigsten scharf ist das Muskelsystem der Cysticen und Cestoden ausgeprägt, obwohl die Muskelfasern, welche die Wände der Schwanzblase von Cysticercus nach allen Richtungen hin durchziehen, nicht zu verkennen sind [1]). Eben so ist in den Gliedern der Bothriocephalen und Taenien die unter der allgemeinen Hautbedeckung gelegene Schicht von Längsmuskelfasern ziemlich leicht wahrzunehmen [2]). Bei der ausserordentlichen Kontraktionsfähigkeit der Glieder und besonders der Kopfenden der Blasen- und Bandwürmer müssen aber auch noch andere nach den verschiedensten Richtungen hinlaufende Muskelfasern im Parenchyme verborgen liegen, welche wahrscheinlich ihrer Zartheit wegen bis jetzt nicht unterschieden werden konnten. In den äusserst kontraktilen Trematoden bildet ein maschenförmiges Muskelgewebe, an welchem Längs- und Quermuskeln nicht von einander geschieden sind, die Hauptmasse der Körperparenchyms, welches die übrigen Organe des Leibes netzförmig umsponnen hält [3]). Für die Ausübung der allgemeinen Körperbewegungen ist bei den Acanthocephalen, Gordiaceen und Nematoden eine dicht unter der Cutis sich ausbreitende Muskelschicht vorhanden, welche die den Eingeweiden zur Aufnahme dienende gemeinschaftliche Leibeshöhle schlauchförmig umschliesst. An dieser Hautmuskelschicht sind die Längs- und Quermuskeln scharf von einander getrennt. Die Fasern dieser Muskeln laufen parallel neben einander hin, gehen jedoch mittelst seitlicher,

---

und Cysticercus fasciolaris, welche letzteren von Tschudi (die Blasenwürmer. 1837. p. 24. Taf. 2. Fig. 21.) als Eier abgebildet wurden.

1) In der Schwanzblase des Cysticercus cellulosae und tenuicollis, welche der kräftigsten Kontraktionen fähig ist, konnte ich die oben erwähnten Muskelfasern mit ziemlicher Leichtigkeit auffinden. Den Mutterblasen des Echinococcus hominis und veterinorum fehlen die Muskelfasern ganz, sie sind daher auch wol unfahig, selbstständige Bewegungen zu äussern, während die zu gewissen Zeiten in ihnen enthaltene Brut, die sogenannten Echinococcus-Köpfchen, mit deutlichen Bewegungsorganen versehen sind.

2) Die Längsfasern der Hautmuskelschicht sind von Eschricht (a. a. O. p. 55.) in Bothriocephalus latus und von mir in Taenia angulata, lanceolata, nasuta und villosa beobachtet worden.

3) Das netzförmige muskulöse Parenchym der Trematoden hat Diesing (in den Wiener Annalen. Bd. 1. Abth. 2. Taf. 22. Fig. 4. bis 8.) von Amphistomum giganteum sehr schön dargestellt.

spitze Winkel bildender Anastomosen in einander über und nehmen so eine netzförmige Gestalt an [4]). In den meisten Nematoden bilden die Längsmuskeln vier breite Streifen, von welchen zwei auf der Bauchseite und zwei auf der Rückenseite des Leibes herablaufen. Diese vier Muskelstreifen werden durch vier, unmittelbar mit der Cutis zusammenhängende Längslinien von einander getrennt, von denen zwei als schmale Wülste eine Bauch- und Rückenlinie bilden, während die beiden anderen als breite bandförmige Wülste an den Seiten des Leibes angebracht sind [5]). In den Acanthocephalen liegen die Quermuskeln über den Längsmuskeln nach aussen [6]), in den Nematoden und Gordiaceen dagegen nach innen [7]).

---

4) In Ascaris lumbricoïdes liegen die Muskelbündel, wie bei den meisten Nematoden, so dicht beisammen, dass die maschenartigen Räume zwischen ihnen erst dann zum Vorschein kommen, wenn die Muskeln etwas aus einander gezerrt werden. Vgl. Bojanus in der Isis. 1821. Taf. 3. Fig. 48. Sehr deutlich fällt bei Cheiracanthus gracilis die Netzform der Längsmuskeln in die Augen. Vgl. Diesing in den Wiener Annalen. Bd. 2. Hft. 2. p. 225. Taf. 17. Fig. 1. u. 2.

5) Vgl. Bojanus in der Isis. 1821. p. 186. Taf. 3. Fig. 49. und 55. B. von Ascaris lumbricoïdes.

6) Die Quermuskeln der Acanthocephalen stellen vollständige Ringmuskeln dar, welche als ziemlich breite Gürtel die Längsmuskeln umschliessen und unter einander durch kurze schmale Anastomosen in Verbindung stehen. Vergl. in dieser Beziehung den Echinorhynchus Gigas. Bei Echinorhynchus gibbosus erstrecken sich diese Ringmuskeln von unten herauf nicht über den Buckel des Leibes hinaus.

7) Die Quermuskelbündel der Nematoden, welche nicht so gedrängt neben einander liegen, wie die Längsmuskelbündel, bilden keine geschlossene Gürtel, sondern bestehen aus vier Absätzen, indem sie, mit den Längsmuskeln sich kreuzend, von einer Längslinie zur anderen herüberlaufen. So verhält es sich wenigstens bei Ascaris lumbricoïdes, Strongylus Gigas und den meisten Nematoden. Bojanus (in der Isis. 1821. p. 187. Taf. 3. Fig. 51. u. 54.) und Cloquet (Anatomie des vers intest. p. 35. Pl. 2. Fig. 3.) haben diese Quermuskeln als Gefässe betrachtet, welche Verwechselung auch Diesing mit den verästelten Quermuskeln des Cheiracanthus und Ancyracanthus (in den Wiener Annalen. Bd. 2. Abth. 2. Taf. 16. Fig. 1. und Taf. 18. Fig. 2.) begangen hat. Aehnliche Verästelungen der Quermuskeln sah ich auch in Ascaris inflexa und Filaria attenuata. Ganz eigenthümlich verhalten sich diese Quermuskeln in Ascaris spiculigera. Es entspringen hier nämlich kürzere und längere Quermuskeln in einem rechten Winkel aus den Längsmuskeln und inseriren sich an die eine oder die andere der beiden schmalen Längslinien. Die Längsmuskelschicht der Gordiaceen wird von keiner Längslinie unterbrochen, sondern stellt eine kontinuirliche dickwandige und atlasglänzende Röhre dar, in welcher die platten bandförmigen Muskelfasern mit ihren Flächen dicht an einander liegen, und auch wol in einander übergehen, worauf das beim Auseinanderzerren dieser Muskelmasse entstehende langmaschige Netz hinzudeuten scheint. Quermuskeln konnte ich bei Gordius nicht wahrnehmen, dagegen liegt bei Mermis nigrescens ein sehr weitmaschiges Netz von Quermuskeln dicht unter der Längsmuskelschicht; auch Dujardin scheint (in den Ann. d. sc. nat. T. 18. 1842. Pl. 6. Fig. 13.) dieses Netz gesehen zu haben, hat dasselbe aber mit den Eiern dieses Wurms in Verbindung gebracht.

§ 103.

In Bezug auf diejenigen Organe, welche die Fortbewegung, das Anklammern und Anheften des Körpers vermitteln, herrscht unter den Helminthen eine grosse Mannichfaltigkeit.

Bei den Cysticen, Cestoden und Trematoden kommen Saugnäpfe und Sauggruben sehr häufig vor, von denen die ersteren aus äusserst muskulösen und von mehren Schichten Zirkel- und Radial-Muskelfasern zusammengesetzten, mehr oder weniger vertieften, schüsselförmigen Körpern bestehen [1]), während die Sauggruben meist nur Vertiefungen oder Aushöhlungen des kontraktilen Körperparenchyms darstellen, welche entweder einfach oder durch Scheidewände in mehre Abtheilungen getheilt oder auch mit lappenartigen, sehr veränderlichen Anhängen versehen sind [2]). Viele dieser Saugapparate sind theils in

1) An dem Kopfende von jungen Echinococcen, von Coenurus, Cysticercus und Taenia sind regelmässig vier Saugnäpfe vorhanden, welche in ihrer Höhle nicht durchbohrt sind und nur zum Ansaugen dienen können. Wenn demnach Nitzsch (in Ersch's und Gruber's Encyclopaedie. Th. 12. 1824. p. 95.) diese vier Saugnäpfe der Taenien für eben so viele, in Nahrungsgefässe übergehende Mundöffnungen ansieht, so kann dies nur auf einem Versehen beruhen. Nur bei Distomum, Amphistomum, Polystomum und anderen Trematoden ist der am Vorderleibsende befindliche Saugnapf in seinem Grunde durchbohrt und vertritt zugleich die Stelle eines Mundes, während der Bauchnapf der Distomen und die Saugnäpfe am Hinterleibsende der Amphistomen, Polystomen etc., so wie die vielen Saugnäpfe auf dem Rücken von Monostomum verrucosum und auf der Hinterleibsscheibe von Aspidocotylus mutabilis (s. Diesing in den Wiener Annalen. Bd. 2. Abth. 2. p. 234. Taf. 15.) stets undurchbohrt sind. Merkwürdig ist der Saugnapf am Hinterleibsende des Amphistomum subclavatum und unguiculatum beschaffen; hier befindet sich im Grunde desselben ein zweiter kleinerer Saugnapf, welchen Diesing (a. a. O. Bd. 1. Abth. 2. p. 254. Taf. 24.) mit Unrecht für die Mündung der Geschlechtswerkzeuge angesehen wissen will. In den Polystomen treten aus dem Inneren des Leibes sechs lange Muskeln in das Hinterleibsende hinab, breiten sich auf der convexen Fläche der sechs Saugnäpfe aus und dienen dazu, bei dem Herumkriechen den Saugnäpfen die gehörige Richtung zu geben.

2) Zwei oder vier einfache Sauggruben kommen am Kopfe der Bothriocephalen, Tetrarhynchen und Anthocephalen vor; zwei dergleichen Sauggruben sind bei Tristomum, Polystomum und einigen anderen Trematoden zu beiden Seiten des Mundes und bei Axine, Octobothrium und Diplozoon hinter dem Munde auf der Bauchfläche des Halses angebracht. Bei Bothriocephalus tumidulus (s. Bremser, Icones helm. Tab. 13. Fig. 21. oder Leuckart, Zoolog. Bruchstücke. Heft 1. Taf. 1. Fig. 4. u. 5.) erscheinen die vier Sauggruben durch Scheidewände in mehre Abtheilungen geschieden, und bei Aspidogaster (s. Baer in den Nov. Act. Acad. Leop. Carol. Vol. 13. P. II. Tab. 18.) ist die ganze Bauchscheibe durch Längs- und Querwände in eine Menge von viereckigen Sauggruben abgetheilt. Durch die vielen, zum Theil eingekerbten Lappen, welche den Rand der vier Sauggruben des Bothriocephalus auriculatus umgeben (s. Bremser a. a. O. Tab. 13. Fig. 17. u. 19. und Leuckart a. a. O. Taf. 1. Fig. 6—11.), erhält der Kopf dieses Bandwurms ein auffallendes Ansehen. Einfacher verhält

ihrer Höhle, theils an ihrem Rande mit hornigen Haken und Gerüsten besetzt, wodurch sich dergleichen Schmarotzer noch fester anheften können [3]).

Die jungen Echinococcen, Coenurus, Cysticerus und viele Taenien besitzen an ihren Köpfen einen ein- und ausstülpbaren einfachen oder doppelten Hakenkranz. Die einzelnen Haken dieses schon den ältesten Helminthologen bekannt gewesenen Hakenkranzes bestehen aus stark gekrümmten Spitzen, welche nach hinten in einen geraden, bald kürzeren bald längeren stumpfen Stiel übergehen. An der Stelle, an welcher die Krümmung des Hakens aufhört, steht auf der concaven Seite ein kurzer konischer Fortsatz ab. Befindet sich ein solcher Hakenkranz im ausgestülpten und ausgebreiteten Zustande, so ragen die krummen Spitzen der Haken an der Peripherie des vordersten Kopfendes der vorhin genannten Helminthen frei hervor, während die Stiele derselben, gleich Radien, nach innen und ihre Fortsätze nach

---

sich der Kopf des Bothriocephalus tetrapterus mihi (aus dem Darme des Seehundes), indem hier die zusammenstossenden Ränder der Sauggruben in vier dreieckige Lappen verlängert sind, mit welchen das Thier sich fest zu halten im Stande ist. Auf ähnliche Weise werden die Wülste und lappenartigen Anhänge, welche aus dem ausgehöhlten Vorderleibe der in dem Darmkanale von Säugethieren und Vögeln schmarotzenden Holostomen hervorragen (s. Nitzsch in Ersch's und Gruber's Encyclopaedie. Th. 3. p. 399. und Th. 9. 1822. Fig. 1. etc.), von diesen Thieren benutzt, um damit die Zotten des Darmkanals zu umfassen.

3) Es findet diese Verbindung der Saugapparate mit hornigen Haken und Gerüsten besonders bei den Trematoden statt. In Tristomum hamatum (siehe Rathke in Nov. Act. Acad. Leop. Carol. Vol. 20. 1843. p. 241. Tab. 12. Fig. 11.) ragen aus dem Grunde des Hinterleibsnapfes einige spitze Häkchen hervor. In Polystomum appendiculatum (s. Nordmann, Micrograph. Beiträge. Hft. 1. p. 82. Taf. 5. Fig. 6. u. 7.) ist der Rand der sechs Saugnäpfe des Hinterleibes mit einer scharfen Kralle bewaffnet. In Gyrodactylus (ebendas. Taf. 10.) hatten 16 Hornspitzen den Rand der Hinterleibsscheibe besetzt, während zwei bogenförmige Hornrippen den Boden der Scheibe stützen. Ein sehr complicirtes, aus hornigen Bögen und Rippen zusammengesetztes Gerüste dient den acht Saugnäpfen am Hinterleibe von Octobothrium sagittatum, Merlangi etc. und von Diplozoon paradoxum zur Stütze, mit einem ähnlichen Horngerüste ist der ganze Rand des breiten Fusses am Hinterleibsende der Axine gesäumt (s. Leuckart, Zoolog. Bruchstücke. Hft. 3. Taf. 2. und Nordmann, Micrograph. Beiträge. Hft. 1. Taf. 7., ferner Diesing in den Nov. Act. Acad. Leop. Carol. Vol. 18. P. 1. Tab. 17.). Aus den vier zu beiden Seiten der Mundöffnung befindlichen Sauggruben der Pentastomen können theils einfache, theils doppelte, stark gekrümmte Haken hervorgestreckt werden (s. Diesing in den Wiener Annalen. Bd. 1. Abth. 1. Taf. 3. u. 4.). Eine merkwürdige Ausnahme unter den Nematoden macht der von Nitzsch (in Ersch's und Gruber's Encyclopaedie. Th. 6. p. 49. und Th. 9. Taf. A. II.) zu einer besonderen Gattung erhobene Rundwurm Hedruris androphora, dessen Weibchen am Hinterleibe nicht blos mit einem Saugnapfe endigt, sondern auch aus diesem einen hornigen Stachel herausschlagen kann.

hinten gerichtet, im Parenchym verborgen stecken. Die Stiele sowol wie die Fortsätze der Häkchen sind von Muskelmasse umgeben. Treten die Muskeln der Stiele in Wirksamkeit, so werden diese nach unten gezogen, wodurch die Spitzen nach innen zurücktreten und sich in der Längsaxe des Kopfes mit ihrem convexen Rücken an einander legen. Kontrahiren sich die Muskeln der in dieser Lage nach aussen gerichteten Fortsätze, so werden diese nach unten gezogen, wodurch die Stiele sich wieder erheben und die Spitzen bogenförmig nach aussen treten müssen. Bei vielen Bandwürmern ist der Hakenkranz auf einem besonderen Rüssel, dem sogenannten *Rostellum*, angebracht, welcher in eine besondere, zwischen den vier Saugnäpfen des Kopfes verborgene Scheide zurückgezogen werden kann [4]).

Vier lange, gänzlich einziehbare Rüssel ragen am Kopfe von Anthocephalus, Gymnorhynchus und Tetrarhynchus hervor. Diese vier Rüssel, mit welchen die genannten Schmarotzer lockeres thierisches Gewebe durchbohren können, sind mit einer ausserordentlichen Menge kleiner, rückwärts gekrümmter Häkchen besetzt, welche mit einer breiten Basis auf der äusseren Fläche der Rüssel aufsitzen, ohne dass besondere Muskeln an sie herantreten. Jeder Rüssel bildet eine hohle muskulöse Röhre, welche von den Thieren nach Willkür vollständig in eine muskulöse Scheide eingestülpt werden kann, wodurch alsdann die Häkchen in der Axe der Rüsselscheide mit nach oben gerichteten Stacheln an einander zu liegen kommen. Die Länge dieser vier im Kopfe der Thiere verborgenen Rüsselscheiden, welche sich an ihrem unteren Ende gemeinhin zu einem abgerundeten Kolben verbreitern, richtet sich nach der Länge der Rüssel. Bei manchen Tetrarhynchen ragen diese Scheiden aus der Längenaxe des Kopfes oft weit in den Hals der Würmer hinab [5]). Die Acanthocephalen haben nur einen einzigen be-

---

4) Die Zahl der einzelnen Häkchen des Hakenkranzes beläuft sich an den Köpfen von Echinococcus, Coenurus und Cysticercus auf 20 bis 30; eben so viele zählte ich am Hakenkranze von Taenia scolecina, infundibiliformis u. A.; bei Taenia angulata dagegen traf ich nur 18, bei Taenia setigera 10 und bei Taenia lanceolata sogar nur 8 Häkchen an. Taenia scolecina, crassicollis und die verschiedenen Cysticercus-Arten besitzen eine gleiche Zahl grösserer und kleinerer Häkchen, welche, regelmässig mit einander abwechselnd, gleichsam einen doppelten Hakenkranz bilden. Diese Haken gehen bei den Taenien, besonders bei denjenigen, welche ihren Hakenkranz auf einem Rostellum tragen, oft theilweise oder sämmtlich verloren; dergleichen defekte Taenien sind von Rudolphi für von Hause aus unbewaffnete Bandwürmer gehalten worden, wie z. B. Taenia gracilis, angulata, infundibiliformis, setigera, stylosa u. A., welche ich sehr oft mit unversehrtem und vollzähligem Hakenkranze angetroffen habe. Eine von den übrigen Taenien abweichende Bildung bietet das mit Häkchen bewaffnete Rostellum der Taenia cucumerina dar, indem hier die sieben Reihen Häkchen sich in Gestalt und Anordnung ganz wie die Rüsselhäkchen eines Echinorhynchus verhalten.

5) Vgl. Leblond in den Ann. d. sc. nat. T. 6. 1836. Pl. 16. Fig. 5. 6. 7.,

stachelten Rüssel an ihrem Kopfende hervorzustrecken. Die Häkchen desselben, welche ebenfalls mit einer breiten Basis ohne besondere Muskeln auf der äusseren Fläche des röhrenförmigen Rüssels aufsitzen, bilden regelmässige unter einander stehende Reihen. Die Gestalt der Häkchen, so wie die Zahl ihrer Querreihen richtet sich nach der Art der Echinorhynchen. In den meisten Arten nimmt die Grösse der Häkchen nach unten hin ab, so dass die Häkchen der untersten Reihen eines Rüssels nur aus Rudimenten derselben bestehen. Der muskulöse hohle Rüssel der Echinorhynchen wird in eine sehr muskulöse, nach unten rund abgeschlossene Scheide eingestülpt. Diese Rüsselscheide ragt durch den Hals der Thiere frei in die Leibeshöhle hinein und wird in ihren Bewegungen von einigen besonderen Muskeln unterstützt. Es finden sich in den verschiedensten Kratzerarten stets drei Muskeln vor, welche ihrer Lage nach offenbar als Zurückzieher der Rüsselscheide und des mit derselben am oberen Ende in Verbindung stehenden Halses der Kratzer wirken müssen. Zwei dieser Muskeln entspringen als schmale Stränge im vorderen Leibesende rechts und links von der inneren Fläche des Hautmuskelschlauchs, begeben sich, in schräger Richtung frei durch die Leibeshöhle verlaufend, zur Rüsselscheide und inseriren sich bei Echinorynchus Acus, angustatus, fusiformis und Proteus an die Seiten derselben, bei Echinorhynchus Gigas, Haeruca, polymorphus, Hystrix und strumosus dagegen an das untere abgerundete Ende derselben. Zwischen diesen beiden Muskeln, unterhalb ihrer Ursprungsstelle, tritt ein einfacher bandförmiger Muskel aus dem Hautmuskelschlauche hervor und begibt sich frei durch die Leibeshöhle hinauf zu dem unteren Ende der Rüsselscheide. Dieser dritte Muskel hat bei Echinorhynchus polymorphus und Proteus eine pyramidenförmige Gestalt. In Echinorhynchus Gigas und gibbosus befestigen sich zwei vom vordersten Körperende herkommende dünne Muskeln seitlich an die Rüsselscheide und sind wahrscheinlich beim Hervorstrecken des Halses und Rüssels behülflich [6]).

Ausserdem finden sich noch einzelne Hornspitzen, Haken und stachelige Anhänge an verschiedenen Stellen des Körpers gewisser Hel-

---

ferner Goodsir in Froriep's neuen Notizen. 1841. No. 429. Fig. 18. und Mayer in Müller's Archiv. 1842. Taf. 10.

6) Ueber die Zahl und Anordnung der Muskeln des Kratzerrüssels stimmen die Augaben der verschiedenen Helminthologen nicht mit einander überein. Vgl. Nitzsch in der Encyclopaedie. Th. 1. 1818. p. 242., Bojanus in der Isis. 1821. Taf. 3. Fig. 34., Westrumb, De helminthibus acanthocephalis. 1821. p. 50. und Cloquet, Anat. des vers intest. p. 76. Pl. 7. — Von Mehlis (in der Isis. 1831. p. 82.) wurde übrigens die Rüsselscheide für ein Schlund- und Schluckorgan und die beiden seitlichen Muskeln derselben für zwei Gefässe erklärt; in einen ähnlichen Irrthum ist Burow (Echinorhynchi strumosi anatome. 1836. p. 16. Fig. 1. e.) verfallen, indem er diese beiden Muskeln als zwei Darmröhren betrachtete.

minthen vor, welche als Werkzeuge bei dem Herumkriechen und Festklammern benutzt werden [7]).

Dritter Abschnitt.

Von dem Nervensysteme.

§. 104.

Das Nervensystem der Helminthen, welches sehr wenig entwickelt zu sein scheint, ist bisher nur höchst lückenhaft bekannt geworden. Unsere ganze Kenntniss darüber beschränkt sich blos auf ein hier und dort mit Mühe entdecktes Nervenganglion, welches einige Nervenstämme aussendet und als Centralorgan betrachtet werden kann. Es sind aber auch verschiedene andere Theile der Helminthen für Nerven ausgegeben worden, von denen einige dem Nervensysteme bestimmt nicht angehören.

In den Cysticen hat sich bis jetzt noch kein Nervensystem auffinden lassen; die in dieser Beziehung mit Cestoden angestellten Untersuchungen sind fast eben so erfolglos geblieben. Eine einzige auf Tetrarhynchus sich beziehende Notiz lässt übrigens vermuthen, dass in den Cestoden das Kopfende das Centrum des Nervensystems birgt. In dem Kopftheile des Tetrarhynchus attenuatus befindet sich

---

7) Bei mehren Trematoden, z. B. bei Polystomum, Octobothrium u. A. (s. Baer in den Nov. Act. Acad. Leop. Carol. Vol. 13. P. II. Tab. 32. Fig. 7. f. und Mayer, Beiträge etc. Taf. 3. Fig. 3. m. m. und Fig. 8.) sind am Hinterleibsende zwischen den Saugnäpfen noch besondere hornige Haken angebracht, zu welchen ich in Polystomum aus dem Inneren des Leibes besondere Muskelstränge herabtreten sah. In gewissen Cercarien (Larven von Distomen) kann man es sehr deutlich beobachten, wie der über dem Mundnapfe aus dem Rücken (nicht aus dem Munde, wie Wagner in der Isis. 1834. p. 131. meint,) hervorragende hornige Stachel von diesen Schmarotzerlarven bei ihren Wanderungen benutzt wird, um sich einen Weg durch das Parenchym anderer Thiere zu bahnen. Eine ganze Reihe von Distomen, z. B. Distomum echinatum, militare, uncinatum etc. (s. Bremser, Icones helminth. Tab. 10. Fig. 5), welche Rudolphi als Echinostomen aufführt, besitzt einen wulstigen Kragen in der Umgebung des Mundnapfes, auf welchem eine grosse Anzahl gerader Stacheln in einem Kranze herumsteht; eine ähnliche Bewaffnung kommt auch bei einer Cercarie vor. Es geben diese Stacheln eben so leicht verloren, wie die Häkchen der bewaffneten Taenien. Am Munde der Spiroptera crassicauda erkenne ich zu beiden Seiten einen zweispitzigen, nach hinten gerichteten Hornstachel, und weiter nach hinten zwei andere dreispitzige Stacheln. Noch auffallender ist die Bildung der vier, hinter dem Munde herabragenden, gefiederten Hornstacheln des Ancyracanthus pinnatifidus (s. Diesing in den Wiener Annalen. Bd. 2. Abth. 2. Taf. 14. u. 18.). Mit solchen Waffen wird diesen Nematoden das Durchbohren der Magen- und Darmhäute ihrer Wohnthiere gewiss sehr erleichtert.

nämlich zwischen den vier Rüsselscheiden eine kleine platte Anschwellung, von welcher Fäden zu den Rüsseln und deren Scheiden ausgehen [1]).

Sicherer und häufiger ist das Nervensystem in den verschiedenen Trematoden beobachtet worden. Hier liegen dicht hinter dem Mundnapfe zu beiden Seiten des Oesophagus zwei Nervenanschwellungen, welche durch einen über die Speiseröhre quer hinüberlaufenden Nervenfaden unter einander verbunden sind. Von den verschiedenen Nervenästen, welche aus diesen beiden Ganglien nach allen Seiten hin hervortreten, zeichnen sich zwei durch ihre Länge und Stärke als die Hauptnervenstämme aus. Diese laufen an beiden Seiten des Leibes bis zum Hinterleibsende hinab und geben unterwegs verschiedene Seitenäste ab [2]). Die Centralmasse des Nervensystems von Pentastomum besteht nur aus einem einzigen grossen, unter dem Oesophagus gelegenen Hauptganglion, welches vielleicht durch die Verschmelzung zweier Seitenganglien entstanden ist. Dieses Hauptnervenganglion sendet nach allen Seiten Nervenfäden aus, von welchen ein sich verbindendes Nervenpaar die Speiseröhre ringförmig einschliesst, während ein anderes Paar, als die beiden den Trematoden eigenthümlichen Hauptnervenstämme, zu beiden Seiten des Leibes bis in die Schwanzspitze hinabläuft und unterwegs feinere Nervenäste abgibt [3]).

---

1) Müller macht in seinem Archive (1836. p. CVI.) auf dieses Organ als Nervensystem von Tetrarhynchus wol nicht mit Unrecht aufmerksam. Ob die beiden Längsstreifen, welche sich auf der Bauchfläche von Ligula simplicissima an beiden Seiten herabziehen und von welchen ich wenigstens keine Fäden abgehen sah, ebenfalls dem Nervensysteme angehören, wie Lereboullet (in dem Institut. 1839. No. 812. p. 118.) meint, bedarf noch einer genaueren Untersuchung.

2) Das Nervensystem des Amphistomum subtriquetrum und conicum, so wie des Distomum hepaticum haben uns Bojanus (in der Isis. 1821. p. 168. Taf. 2. Fig. 14. 15. 19.), Laurer (de Amphistomo conico. p. 12. Fig. 21. u. 26.) und Mehlis (de Distomate hepatico. p. 22. Fig. 13.) ziemlich genau kennen gelehrt, so dass man, wenn der von diesen Helminthologen eingeschlagene Weg bei den Untersuchungen anderer Trematoden befolgt wird, auch in diesen bei einiger Aufmerksamkeit das Nervensystem wird auffinden können. Diesing (in den Wiener Annalen. Bd. 1. Abth. 2. p. 246. Taf. 22. Fig. 9.) hat auf diese Weise das Nervensystem in Amphistomum giganteum nachgewiesen. Mir ist es möglich gewesen, in dem Distomum duplicatum, welches eigentlich nur die Larve eines Distomen ist, das Nervensystem ganz wie bei Amphistomum conicum angeordnet zu erkennen; ähnlich sah ich das Nervensystem im Distomum holostomum gebildet, nur lagen hier die beiden Ganglien an den Seiten des Schlundkopfes sehr weit aus einander, weshalb die sie verbindende Kommissur ein sehr langes fadenartiges Nackenband darstellte. — An den Hauptstämmen des Nervensystems der Trematoden will bis jetzt nur Laurer Anschwellungen beobachtet haben. Da indessen die übrigen Helminthologen solche Nervenganglien weder erwähnt noch abgebildet haben, und ich selbst dergleichen bei keinem Trematoden gesehen habe, so möchte an der Existenz dieser Ganglien noch zu zweifeln sein.

3) Miram (in den Nov. Act. Acad. Leop. Carol. Vol. 17. P. II. p. 632. Tab.

In den Acanthocephalen erscheint das Centralnervensystem sehr deutlich ausgeprägt. Es steckt dasselbe immer im Grunde der Rüsselscheide, welche von dem eingestülpten Rüssel nie ganz ausgefüllt wird, verborgen und besteht aus einem dichten Haufen unter einander verschmolzener zellenförmiger Ganglienkugeln, aus welchen hier und dort die Zellenkerne und Kernkörperchen hervorleuchten. Diese verhältnissmässig ansehnliche Ganglienmasse dient einer Menge von Nervenfäden zum Ursprunge, welche nach allen Seiten hin ausstrahlen, aber in ihrem Verlaufe, besonders nachdem sie die muskulösen Wände der Rüsselscheide durchbohrt haben, sich ihrer Zartheit wegen nicht weiter verfolgen lassen [4]).

Unter den Gordiaceen [5]) und Nematoden hat bis jetzt nur der einzige Strongylus Gigas ein Nervensystem mit einiger Zuverlässigkeit erkennen lassen. In diesem Riesenwurme läuft nämlich auf der Mitte des Bauchs ein Strang durch den ganzen Leib hin, welcher mit einer Anschwellung am Kopfe beginnt und mit einer solchen am Schwanzende aufhört. Während seines Verlaufs gibt dieser Bauchstrang rechts und links Nervenfäden ab und erinnert so an das Nervensystem der Sipunculiden [6]).

---

46. Fig. 8.) scheint in Pentastomum taenioïdes den die Speiseröhre umgebenden Nervenring übersehen zu haben, obgleich schon Cuvier (le règne animal. T. 3. 1830. p. 254.) und Nordmann in Gemeinschaft mit Mehlis (Micrograph. Beiträge. Hft. 2. p. 141.) auf denselben aufmerksam gemacht haben. Durch die Darstellung, welche Owen (in den transactions of the zoological society of London. Vol. 1. p. 325. Pl. 11. Fig. 13. oder in der Cyclopaedia of anatomy. Vol. 2. p. 130. Fig. 78.) und Diesing (in den Wiener Annalen. Bd. 1. Abth. 1. p. 13. Taf. 1. u. 2.) vom Nervensysteme des Pentastomum taenioïdes und proboscideum geliefert haben, ist jedoch die Anwesenheit eines Nervenringes ausser Zweifel gesetzt.

4) Das Nervensystem der Acanthocephalen habe ich in der oben beschriebenen Weise bei Echinorhynchus Gigas, angustatus, Haeruca und Proteus beobachtet. Man kann sehr leicht zur Anschauung desselben gelangen, wenn man die Rüsselscheide vorsichtig presst, oder aus einander reisst. Im letzteren Falle gelingt es zuweilen, die ganze Ganglienmasse mit ihren Nervenwurzeln zu isoliren. Bei keinem Kratzer, den ich untersucht habe, ist es mir gelungen, in der Umgebung der Geschlechtsöffnung jenen Ganglienring wahrzunehmen, welchen Henle (in Froriep's neuen Notizen. No. 285. p. 330. und in Müller's Archiv. 1840. p. 318.) bei Echinorhynchus nodulosus gesehen haben will. Auch Dujardin (hist. natur. des Helminthes. p. 495. u. 491. Pl. 7. Fig. D. 4.) konnte nichts von Nervenmasse in jener Gegend der Kratzer wahrnehmen, hat dagegen die Centralnervenmasse im Grunde der Rüsselscheide dieser Thiere ganz deutlich gesehen und als *un corps glanduleux ou ganglionaire* bezeichnet und abgebildet.

5) Eine Darlegung des Nervensystems der Gordiaceen ist bisher nicht gelungen. Berthold (Ueber den Bau des Gordius aquaticus. 1842. p. 12.) möchte zwar zwei zarte, durch die Leibeshöhle hinlaufende Fäden für Nerven des Gordius halten, da aber nirgends Seitenäste von ihnen abgehen, so können diese beiden Fäden wol nicht die Bedeutung von Nerven haben.

6) Von vielen Helminthologen sind die beiden schmalen Längswülste, welche,

Vierter Abschnitt.

Von den Sinnesorganen.

§. 105.

Von den Sinnesorganen ist wol nur der Tastsinn in den Helminthen vorzüglich entwickelt, und so mögen die am Kopfe verschiedener Würmer angebrachten Knötchen, Warzen und aus- und einstülpbaren Papillen, Fäden und Lappen hauptsächlich zu Tastwerkzeugen dienen [1]). Die Sehorgane, welche von vielen Naturforschern auf dem Rücken gewisser Helminthen und Helminthenlarven in Gestalt von rothen oder schwarzen Punkten beobachtet wurden, scheinen nichts anderes als einfache Pigmentflecke zu sein, welche durchaus nichts enthalten, was einem lichtbrechenden Körper entsprechen könnte [2]).

---

als Bauch- und Rückenlinien, unmittelbar mit der inneren Fläche der Cutis verbunden, sich durch die ganze Länge des Leibes der meisten Nematoden hinziehen, und für welche man auch analoge Längsstränge in den Acanthocephalen hat wahrnehmen wollen, mit Unrecht als Nervenstämme betrachtet worden. Die von diesen Wülsten abgehenden Seitenäste sind, wie schon oben erwähnt wurde, nichts anderes als Quermuskelbündel. Von diesen Längslinien ist aber der Längsstrang, welchen Otto (im Magazin der Gesellschaft naturforschender Freunde zu Berlin. 7. Jahrg. 1816. p. 225. Taf. 5.) als Nervensystem beschrieben und abgebildet hat, ganz verschieden, und ich bin daher gleichfalls geneigt, denselben mit Otto, der Protestation von Nitzch (in der Encyclopaedie. Th. 6. 1821. p. 45.) und anderen Helminthologen gegenüber, ebenfalls für ein Nervensystem zu halten. Ich sehe nämlich in einem grossen weiblichen Strongylus Gigas, welchen ich vor mir habe, einen einfachen Längsstrang, innerhalb des Muskelschlauchs, also nicht in unmittelbarer Berührung mit der Cutis, auf der Bauchseite des Wurmes herablaufen und unterwegs eine zahllose Menge von Seitenästen abgeben, deren feinere Struktur wesentlich von der der Quermuskelbündel verschieden ist. Ganglienanschwellungen, auf welche Otto aufmerksam gemacht, konnte ich indessen hier eben so wenig als an den Nervenstämmen der anderen Helminthen unterscheiden. Die Abbildung eines doppelten Nervenfaden, welcher sich nach Grant (outlines of comparative anatomy. p. 186. Fig. 82. A.) durch den Leib von Ascaris hinziehen soll, ist wol nur eine ideale Zeichnung.

1) Dergleichen Tastknötchen stehen bei vielen Ascariden, z. B. bei Ascaris osculata, zwischen den grösseren Wülsten des Mundes, umgeben bei Physaloptera alata das Mundende des Leibes in einfacher und bei Ascaris trunculata in doppelter Reihe, und werden von Distomum nodulosum, laureatum etc. am Rande ihres Mundnapfes hervorgestülpt. Bei Holostomum excavatum, podomorphum u. A. ragen zu beiden Seiten des Mundes zwei einziehbare Tastläppchen hervor, welche sich bei Holostomum alatum zu wirklichen Fühlfäden entwickelt haben. Vergl. die von Nitzsch in der Encyclopädie (Th. 3. p. 399. und Th. 9.) gelieferte Abbildung der Holostomen.

2) Die dunkeln Pigmentflecke, welche die eben aus dem Eie geschlüpften infusorienartigen Embryonen verschiedener Trematoden an sich tragen, und von welchen einer den Nacken des jungen Distomum nodulosum und hians, zwei da-

Fünfter Abschnitt.

Von dem Verdauungs-Apparate.

§. 106.

Die Verdauungswerkzeuge befinden sich, je nach den verschiedenen Abtheilungen der Helminthen, auf einer sehr ungleichen Stufe der Entwickelung. In den Cysticen, Cestoden und Acanthocephalen ist weder eine Mundöffnung noch ein deutlicher Verdauungskanal vorhanden. Die Blasen- und Bandwürmer enthalten ein den parenchymatösen Körper durchziehendes Gefässsystem, welches als Verdauungsapparat angesehen werden könnte. Da aber die Kanäle dieses Gefässsystems überall geschlossene Wandungen besitzen, nirgends nach aussen münden, am allerwenigsten durch Oeffnungen, wie man bisher fälschlich angenommen hat, mit den Saugnäpfen des Kopfes in Verbindung stehen, so dürften diese Gefässe eher dem Zwecke eines Circulationssystems als dem eines Verdauungsapparates entsprechen, wobei von der allgemeinen Hautoberfläche durch Endosmose die nöthigen Stoffe der in jenen Gefässen sich bewegenden Ernährungsflüssigkeit zugeführt werden [1]).

---

gegen den Nacken des jungen Monostomum mutabile zieren, sind von Nordmann (Micrograph. Beiträge. Hft. 2. p. 139.) und früher auch von mir (in Wiegmann's Archiv. 1835. Bd. 1. p. 69. Taf. 1. Fig. 3. 4. 5.) als Augen angesehen worden. Drei solche dunkle Augenflecke besitzt die einem Monostomum angehörige Larve, welche unter dem Namen Cercaria ephemera von Nitzsch (Beitrag zur Infusorienkunde. p. 29. Taf. 1.) beschrieben wurde; nur zwei dergleichen Augenflecke beobachtete ich auf dem Rücken verschiedener cercarienartiger Distomenlarven. Die beiden rothen Nackenflecke des Scolex polymorphus (s. Müller, Zoologia danica. Tab. 58. Fig. 16. 17.), so wie die vier braunen Punkte auf dem Nacken des Gyrodactylus auriculatus (s. Nordmann, Micrographische Beiträge. Hft. 1. p. 108. Taf. 10. Fig. 4.) gehören gleichfalls hieher. Endlich muss hier noch das Amphistomum subclavatum erwähnt werden, welches zwei sehr ansehnliche ovale und schwarze Pigmentflecke auf dem Nacken trägt. Es haben diese Pigmentzellen gewiss nur die Bedeutung eines sehr isolirten Farbenschmucks, welcher sich in Polystomum integerrimum ausserordentlich entwickelt hat, da hier ein Netz von schwarzen runden Pigmentzellen unter der ganzen Cutis verbreitet liegt. Zuweilen trifft man auch, namentlich in verschiedenen Cercarien und manchen Individuen von Amphistomum subclavatum, ganz verwischte Pigmentflecke an. Es mögen sich hier die Wandungen der Pigmentzellen aufgelöst haben; wodurch die in ihnen eingeschlossen gewesenen Pigmentmoleküle sich unter die Haut ausgestreut haben.

1) Es ist früher schon bemerkt worden, dass die vier von Nitzsch für Mundöffnungen erklärten Saugnäpfe der Taenien in ihrem Grunde geschlossen sind. Auch Owen (in der Cyclopaedia of anatomy. Vol. II. p. 131.) ist in einem ähnlichen Irrthum befangen, indem er nicht allein die Saugnäpfe der Taenien und Cysticercen, sondern auch die Sauggruben der Bothriocephalen für Mund-

Auch bei den Echinorhynchen wird höchst wahrscheinlich die Zufuhr von Nahrungsstoffen vermittelst der Einsaugungskraft, durch welche sich die Hautbedeckung der Kratzer im hohen Grade auszeichnet, vermittelt 2). Bei diesen Acanthocephalen findet noch das eigenthümliche statt, dass zwischen dem Haut- und Muskelsacke, welche die sehr geräumige Leibeshöhle umschliessen, eine dünne Schicht von feinkörnigem, häufig gelb oder orange gefärbtem Parenchyme gelegen ist, welche von Längs- und Querkanälen durchzogen wird. Diese Kanäle, welche keine besonderen Wandungen besitzen, sondern durch kanalförmige Lücken des Parenchyms gebildet werden, stellen ein zusammenhängendes Gefässsystem dar, in welchem sich eine mit Körnchen und Bläschen gefüllte Flüssigkeit auf und nieder bewegt. Da auch dieses Gefässsystem überall vollständig abgeschlossen und also nicht im Stande ist, rohe Nahrungsstoffe direkt von aussen in sich aufzunehmen, so wird dasselbe nicht einem Verdauungskanale, wofür es von mehren Naturforschern genommen wird, sondern vielmehr einem Ernährungs- oder Blutcirculationssysteme analog sein.

§. 107.

In den übrigen Helminthenabtheilungen sind die Verdauungswerkzeuge fast durchweg deutlich entwickelt. Der Darmkanal der Trematoden beginnt mit einer, meist immer an dem Rande des Kopfendes angebrachten Mundöffnung, welche bei denjenigen Trematoden, deren Kopfende mit einem Saugnapfe besetzt ist, diesen in seinem Grunde durchbohrt. Von dieser Mundöffnung läuft in der Mittellinie des Halses ein bald längerer, bald kürzerer, häufig Sförmig gebogener und dünnhäutiger Oesophagus nach hinten. Dicht hinter der Mundöffnung oder dem Mundnapfe, zuweilen aber auch etwas weiter davon entfernt, wird die Speiseröhre von einem rundlichen oder ovalen muskulösen Schlundkopfe umfasst 1). Vom Ende des Oesophagus begeben sich in den

öffnungen ansieht. Eben so wenig kann ich, weder wie Mehlis (in der Isis. 1831. p. 131.) an den Cestoden, noch wie Owen (Lectures on the comparative anatomy. p. 48. Fig. 21. a.) an Taenia solium eine Mundöffnung in der Kopfspitze erkennen, indem hier die sich etwa vorfindende Grube von dem in die Scheide zurückgezogenen Hakenkranze und mundlosen Rüssel herrührt.

2) Die meisten Helminthologen nehmen an, dass die Echinorhynchen durch eine an der Spitze ihres Rüssels befindliche kleine Mundöffnung Nahrung aufnehmen, wobei die Rüsselscheide als Saug- und Schluckorgan thätig sein soll. Ich habe mich niemals von der Anwesenheit einer solchen Mundöffnung überzeugen können, und zu keiner Zeit verschluckte Nahrungsstoffe in der Höhle der Rüsselscheide angetroffen. Dagegen habe ich, wie Creplin und Mehlis, oft die Beobachtung gemacht, dass lebende Echinorhynchen abwechselnd Flüssigkeit durch die Haut einsogen und wieder von sich gaben.

1) Etwas entfernt vom Mundnapfe ist der Schlundkopf bei Distomum globiporum angebracht. Vgl. Burmeister in Wiegmann's Archiv. 1835. Bd. 2. Taf. 2. Fig. 1. u. 3. In dem Distomum echinatum, militare und in den mit die-

meisten Fällen zwei blind endigende Darmröhren nach beiden Seiten hin und erstrecken sich gewöhnlich bis in das Hinterleibsende hinab [2]). Statt dieses gabelförmigen Darmkanales kommen noch folgende verschiedene Formen des Darmes bei den Trematoden vor. In Monostomum mutabile [3]) und flavum endigen die beiden Darmröhren für sich allein nicht blind, sondern gehen am Hinterleibsende bogenförmig in einander über [4]). Bei Aspidogaster erstreckt sich vom Schlundkopfe ein einfacher, gleichmässig weiter, blind endigender Darmschlauch bis zum Hinterleibsende [5]). Einen ebenfalls einfachen aber sehr kurzen blinden Darmschlauch besitzt Gasterostomum fimbriatum, dessen Mundöffnung auf der Mitte des Bauches angebracht ist. Ganz ähnlich verhält sich Bucephalus polymorphus [6]). In den Pentastomen läuft ein einfacher Darmkanal gerade durch den Leib hindurch und endigt an der Schwanzspitze mit einer Afteröffnung [7]). Mehre Trematoden enthalten Darmröhren, welche in ihrem ganzen Verlaufe mit einfachen oder verästelten blindsackförmigen Ausstülpungen besetzt sind; in einzelnen Trematoden-Arten herrschen diese Verzweigungen so vor,

---

sah ich dieselbe in Distomum oxycephalum; ganz zu fehlen scheint sie in Distomum appendiculatum, so dass hier die Gabelung des Darmkanals sogleich hinter dem Schlundkopfe beginnt.

2) Einen bis in das Hinterleibsende hinabreichenden gabeligen Darm besitzen die verschiedenen Arten von Monostomum, Amphistomum, Holostomum, Distomum, Polystomum etc. In Distomum chilostomum nnd in mehren, die Leibeshöhle von Neuropteren bewohnenden Distomen besteht der Darm nur aus zwei ganz kurzen, vom Oesophagus rechts und links abstehenden Blindsäckchen.

3) Vgl. Creplin, Nov. observat. de entozoïs. Fig. 10. 11.

4) Man hat diesen eigenthümlichen Verlauf des Darmkanals auch dem Distomum tereticolle fälschlich zugeschrieben. Vgl. Wagner, Lehrbuch der vergl. Anatomie. 1834. p. 75. und Creplin in der Encyclopaedie. Th. 29. 1837. p. 314. Zu diesem Irrthume haben wahrscheinlich nur unrichtig kopirte Abbildungen Veranlassung gegeben. Vgl. Annales des sciences nat. T. 2. 1824. p. 493. Pl. 23. Fig. 4. 5. und Schmalz, Tabulae anatomicae entozoorum. Tab. 8. Fig. 2. 3. Geht man auf die, diesen Kopien zum Grunde liegende, Originalzeichnung in der Abhandlung von Jurine zurück (in den Mémoires de la société de physique et d'histoire naturelle de Genève. T. 2. P. 1. 1823. p. 149. Fig. 4. 5.), so findet man keine Spur von jenem bogenförmig nach hinten abgeschlossenen Darmkanal; überdies spricht sich auch Jurine ganz klar darüber aus, dass er die beiden blinden Enden des Darmkanals von Distomum tereticolle richtig gesehen habe.

5) Vgl. Baer in den Nov. Act. Acad. Leop. Carol. Vol. 13. P. 1. p. 536. Taf. 28. und Diesing in den medizinischen Jahrbüchern des k. k. österreichischen Staates. Bd. 16. 1834. p. 423. Fig. 8—11.

6) Bucephalus polymorphus ist vielleicht die Larve eines Gasterostomum, dessen oben erwähnte Art von mir im Darmkanale der Perca fluviatilis und Lucioperca entdeckt worden ist.

7) Vgl. Miram, Owen und Diesing a. a. O. Die am Hinterleibsende der meisten Trematoden sich vorfindende Oeffnung, welche von vielen Helminthologen für einen After gehalten worden ist, gehört einem eigenthümlichen, später zu erwähnenden Excretionsorgane an.

dass der Darmkanal durch den ganzen Körper baumartig verbreitet erscheint [8]). Die Darmwände der Trematoden sind äusserst dünne, aber dennoch einer sehr lebhaften und kräftigen peristaltischen und antiperistaltischen Bewegung fähig, wodurch der Darminhalt auf und nieder getrieben und häufig durch den Mund ausgespien wird [9]).

§. 108.

In den Nematoden und Gordiaceen läuft der Verdauungskanal vom Kopfende, an dessen Spitze die Mundöffnung angebracht ist, gerade durch die Leibeshöhle hindurch und mündet in den ersteren vor der Schwanzspitze mit einem After aus [1]). Die Mundöffnung ist bei sehr

---

8) An den beiden Darmröhren mehrer mit Monostomum trigonocephalum verwandter Trematoden treten auf ihrem ganzen Verlaufe einfache Blindkanäle seitlich hervor; dergleichen einfache Seitenäste kommen auch an den beiden Darmröhren des Octobothrium lanceolatum vor. Vgl. Mayer, Beiträge. p. 21. Taf. 3. Fig. 3. Mehr oder weniger baumartig verzweigt breiten sich diese Seitenäste des Darmkanals in dem Körperparenchyme von Octobothrium palmatum, sagittatum, Merlangi, Polystomum appendiculatum und Tristomum elongatum aus. (Vgl. Leuckart, Zoolog. Bruchstücke. Hft. 3. p. 26. u. 54. Taf. 1. Fig. 4. c. b. und Taf. 2. Fig. 5. d., Nordmann, Micrograph. Beiträge. Hft. 1. p. 79. u. 81. Taf. 7. Fig. 2. und Taf. 5. Fig. 6. und Baer in den Nov. Act. a. a. O. p. 665. Tab. 32. Fig. 2.) Die stärksten Verästelungen bietet der Darmkanal des Distomum hepaticum dar. S. Mehlis, Observationes de Distomate. Fig. 1. 2. 7. 8. In der so höchst merkwürdigen Gattung Diplozoon besteht der Darmkanal aus einem durch die Mitte des ganzen Leibes verlaufenden einfachen Stamme, welcher rechts und links verästelte Blindsäckchen abgibt und in der Vereinigungsstelle der beiden Leiber des Doppelthiers sich zu einer magenartigen gemeinschaftlichen Höhle ausweitet. Vgl. Nordmann a. a. O. Hft. 1. p. 67. Taf. 5. Fig. 2. Die von Baer (in den Nov. Act. a. a. O. p. 682. Tab. 32. Fig. 7. 8.) und anderen für den Darmkanal angesehenen schwärzlichen Verzweigungen im Körper des Polystomum integerrimum gehören dem bereits erwähnten, unter der Haut gelegenen Pigmentnetze an.

9) Der Darmkanal der Trematoden ist in den meisten Fällen theils mit eingesogenem Blute, theils mit bräunlich oder gelblich gefärbtem Speisebrei gefüllt, und fällt dann leicht in die Augen, während er im leeren Zustande, seiner zarten dünnen Wandungen wegen, eben so leicht übersehen werden kann.

1) Unter den Nematoden und Gordiaceen finden sich übrigens auch Thiere, deren Verdauungswerkzeuge sehr unvollkommen entwickelt sind. An Sphaerularia Bombi (s. Wiegmann's Archiv. 1838. Bd. 1. p. 305.) ist weder ein Maul noch ein After aufzufinden; an Stelle des Darmkanals zieht sich hier eine Reihe an einander klebender, länglicher Schläuche, um welche sich die Geschlechtstheile herumwinden, durch die Leibeshöhle hindurch. In Filaria rigida, welche in der Leibeshöhle von Aphodius fimetarius schmarotzt, habe ich gar keine Verdauungswerkzeuge entdecken können (s. Müller's Archiv. 1836. p. 33.). In den verschiedenen Mermisarten lassen sich Mund, Schlundröhre und Darmkanal ganz gut unterscheiden; letzterer endigt aber blind ohne After. Die Mundöffnung von Gordius aquaticus habe ich bis jetzt noch nicht mit Sicherheit auffinden können, ein After fehlt diesem Wurme gewiss, und ausserdem fühlt man sich in Verlegenheit gesetzt, welche von den zwei, den Leib des Gordius durchziehenden Röhren man als Darm ansprechen soll. Vgl. Wiegmann's Archiv. 1843. Bd. 2. p. 305.

vielen Rundwürmern mit Knoten und Wülsten besetzt, und nur selten enthält ihre Mundhöhle hornige zahnartige Apparate [2]). Dicht hinter dem Munde der Nematoden entspringt eine längliche, sehr muskulöse Schlundröhre, welche bei vielen an ihrem unteren Ende in eine kolbenförmige Anschwellung übergeht. Diese Schlundröhre ist zuweilen sehr lang und dann einmal oder mehrmals abgeschnürt [3]). Es wird fast jede Schlundröhre aus drei länglichen Muskelmassen zusammengesetzt, welche durch drei Längsnäthe unter einander verbunden sind. Die von diesen Muskelmassen umschlossene Höhle hat eine dreiseitige Gestalt und wird von einem sehr festen Epithelium ausgekleidet, welches zuweilen eine hornige Beschaffenheit annimmt und in der kolbenförmigen Anschwellung mancher Rundwürmer sich so verdickt, dass es mit einem zahnartigen Apparate verglichen werden kann [4]). Der dicht hinter der Schlundröhre beginnende Darm besteht aus einer geraden, dickwandigen und gleich weiten Röhre, welche vor dem After in einen kurzen muskulösen Mastdarm übergeht. Der eigentliche Darm erscheint entweder grünlich, bräunlich oder schmutziggelb gefärbt, indem seine dicken Wandungen aus dicht an einander gedrängten, mit gefärbten Körnern gefüllten Zellen zusammengesetzt sind. Diese zelligen, sehr lockeren Darmwände, welche nur einer sehr trägen Bewegung fähig sind, werden äusserlich von einer ziemlich festen Hülle, einer Art Peritonaeum umschlossen, innerlich aber von einem sehr zarten Epithelium überzogen [5]). In einigen Ascaris-Arten ragt der

2) Der Eingang zur Mundhöhle ist bei Strongylus armatus, hypostomus, dentatus und tetracanthus mit einem Kranze von hornigen Zähnen besetzt, zu deren Bewegung besondere Muskeln vorhanden sind. S. Mehlis in der Isis. 1831. p. 78. Taf. 2. Fig. 5. 6. In Spiroptera strongylina sah ich die ganze innere Fläche der länglichen Mundhöhle von einem spiralförmig gewundenen Hornwulste ausgekleidet. Höchst complicirt ist der von festen Hornmassen gebildete Apparat, welcher die Mundhöhle von Cucullanus öffnet und schliesst.

3) Eine kolbenförmige Anschwellung der Schlundröhre besitzen Anguillula fluviatilis, Oxyuris vermicularis, Ascaris acuminata, brevicaudata, dactyluris, oxyura, vesicularis u. A. Durch eine tiefe Einschnürung wird die Schlundröhre von Cucullanus elegans, Physaloptera alata, Spiroptera anthuris, europtera, obvelata, crassicauda etc. in zwei Abtheilungen getheilt. In den Trichocephalen ist die äusserst lange Schlundröhre nach unten hin mit sehr vielen, dicht auf eineinander folgenden Einschnürungen versehen. S. Mayer, Beiträge a. a. O. Taf. 1. u. 2. In Trichosoma Falconum erscheint die ebenfalls ausserordentlich lange Schlundröhre in viele Abtheilungen getheilt, wodurch sie ein gegliedertes Ansehen erhält.

4) Die Schlundröhre wird von mehren Helminthologen auch als Oesophagus und die kolbenförmige Anschwellung derselben als Magen bezeichnet.

5) Dieser innere Ueberzug des Darmkanals ist zuweilen mit eigenthümlichen Unebenheiten besetzt, welche bei Ascaris osculata und spiculigera in regelmässigen, zickzackförmigen Reihen stehen, und ganz an die Falten der Darmschleimhaut gewisser Wirbelthiere erinnern. In Ascaris aucta haben diese Unebenheiten die Gestalt von langen spitzen Zotten angenommen.

Darm an der Stelle, an welcher derselbe mit dem unteren Ende der Schlundröhre verbunden ist, über diese mit einer blinddarmartigen Verlängerung nach oben [6]).

§. 109.

Von den mit dem Verdauungskanale in Verbindung stehenden Nebenorganen haben sich in den Helminthen bis jetzt nur Andeutungen hier und dort auffinden lassen.

In den meisten Trematoden liegen zu beiden Seiten des Halses mehr oder weniger entwickelte Stränge oder Kanäle von zelligem Ansehen, welche bei durchfallendem Lichte schmutziggelb gefärbt erscheinen. Dieselben nehmen ihre Richtung nach dem Munde hin, münden vielleicht in die Mundhöhle ein und dürften so eine den Speichelorganen analoge Funktion ausüben [1]). Bei verschiedenen Nematoden ragen zwei oder vier blindschlauchartige Organe von der Kopfspitze neben der Schlundröhre in die Leibeshöhle hinein, welche in die Mundhöhle einmünden und daher schon mit grösserer Wahrscheinlichkeit als Speichelorgane fungiren können [2]). Eine ähnliche Bedeutung wird auch wohl einem blinddarmartigen Anhange zugeschrieben werden müssen, welcher in mehren Ascaris-Arten von der unteren Abschnürung der Schlundröhre sich über den Anfang der Darm

6) Diese blinddarmartige Fortsetzung des Darmkanals, bei deren Anwesenheit gewöhnlich das untere Ende der Schlundröhre eine Einschnürung besitzt, ist von Mehlis (in der Isis. 1831. p. 91. Taf. 2. Fig. 16. 17. 18.) zuerst erkannt worden. Es kömmt dieser Blinddarm in sehr vielen Ascaris-Arten, jedoch von sehr verschiedener Länge vor. In Ascaris heterura, semiteres, ensicaudata ist er sehr kurz und überragt kaum die Einschnürungsstelle der Schlundröhre, in Ascaris depressa, aucta, angulata, mucronata sah ich ihn bis zur Mitte der Schlundröhre hinaufreichen und in Ascaris spiculigera, osculata und in den als Filaria piscium beschriebenen Ascaris-Arten dringt er fast bis in die Kopfspitze hinein.

1) In den cercarienartigen Trematodenlarven, aber auch in den verschiedensten ausgewachsenen Monostomen, Distomen etc., trifft man diese drüsenartigen Organe oft sehr deutlich an. Vgl. Wiegmann's Archiv. 1843. Bd. 2. p. 322.

2) Mehlis (in der Isis. 1831. p. 81. Taf. 2. Fig. 6.) beobachtete in Strongylus armatus ein die Mundhöhle umgebendes Ringgefäss, welches in diese einmündete und zugleich mit zwei an den Seiten der Schlundröhre herablaufenden Strängen zusammenhing; ähnlich verhielten sich Strongylus hypostomus und tetracanthus. Dergleichen, den Speichelorganen analoge, Anhänge fand Owen auch bei der neuen Gattung Gnathosoma (s. Wiegmann's Archiv. 1838. Bd. 1. p. 134.) in Gestalt von vier in den Mund sich öffnenden und die Schlundröhre umgebenden Blindschläuchen. Vier ganz ähnliche Organe in Cheiracanthus und Ancyracanthus werden von Diesing (in den Wiener Annalen. Bd. 2. Abth. 2. p. 224. 226. 228. Taf. 17. Fig. 8. 9. und Taf. 18. Fig. 3.) gewiss mit Unrecht als Analoga der Ambulacralbläschen der Echinodermen beschrieben. Zwei verhältnissmässig lange, blinddarmartige Kanäle sah ich vom Mundende des Strongylus striatus neben der Schlundröhre herabragen, denen ich ebenfalls die Bedeutung eines Speichelorgans zuschreiben möchte.

röhre hinaberstreckt[3]). Abgesonderte, mit dem Darme zusammenhängende Leberorgane fallen in den Helminthen nirgends auf. Bei den Nematoden scheinen die in den dicken Wandungen des Darmkanals enthaltenen körnigen Zellen die Stelle der Leber zu vertreten.

Sechster Abschnitt.

Von dem Circulations-Systeme.

§. 110.

Ein Gefässsystem findet sich bei sehr vielen Helminthen vor. Die Flüssigkeit, welche sich in demselben auf und nieder bewegt, ist meistens ganz wasserhell und enthält häufig blasige oder körnige Körperchen, welche, ihrer Zartheit und Farblosigkeit wegen, oft schwer zu erkennen sind. Die Bewegung dieser Flüssigkeit wird entweder durch die allgemeinen Körperkontraktionen oder durch die kontraktilen Gefässwandungen bewirkt.

Die Acanthocephalen besitzen ein aus wandungslosen Kanälen zusammengesetztes Gefässsystem, welches sich, wie bereits (§. 106.) erwähnt worden ist, in dem unter der Cutis gelegenen Parenchyme ausbreitet. Man unterscheidet in demselben zwei grössere Seitenkanäle, die sich vom Halse der Kratzer durch die ganze Länge des Leibes bis zum Schwanzende heraberstrecken und rechts und links eine Menge kleinerer, unter einander anastomosirender Querkanäle aussenden. Ein Netz solcher Kanäle begibt sich auch unter der Haut des Rüssels bis zu dessen Spitze hinauf[1]). Zugleich stehen die beiden Seitenkanäle in

3) Einen solchen blinddarmähnlichen Anhang der Schlundröhre entdeckte ich in der als Filaria piscium bekannten Gruppe von Ascariden (s. Wiegmann's Archiv. 1838. Bd. 1. p. 309.), ferner in Ascaris mucronata, angulata, osculata, spiculigera, aucta, Acus und labiata. Es ist auffallend, dass ausser den beiden zuletzt genannten Ascariden, alle die übrigen auch am Darm ein Coecum besitzen.

1) In diesem Gefässsysteme, welches Westrumb (de helminthibus acanthocephalis. Tab. 2. Fig. 10. Tab. 3. Fig. 10. 12. 21.) und Burow (Echinorhynchi strumosi anatome. 1836. Fig. 1. 8.) abgebildet haben, und welches von verschiedenen Helminthologen als Verdauungsapparat angesehen wird, kann man die Bewegung der Ernährungsflüssigkeit sehr deutlich beobachten, wenn man die Thiere lebend und unaufgebläht, wie sie sich an ihrem Wohnorte vorfinden, mit dem Mikroskope untersucht. Man wird sich dabei überzeugen, dass die Blutströmung nur allein durch die allgemeinen Körperbewegungen unterhalten wird. Bringt man die Echinorhynchen mit zu viel Wasser in Berührung, so dehnt sich ihr Leib durch Wassereinsaugung nicht allein zu prall aus, sondern es füllen sich auch die Kanäle des Gefässsystems mit so viel Feuchtigkeit, dass das subcutane Parenchym dadurch aus einander getrieben und die Cutis an einzelnen Stellen blasenförmig erhoben wird.

der Gegend des Halses mit dem Gefässysteme der sogenannten Lemnisci in einem unmittelbaren Zusammenhange. Diese Lemniscen nämlich, deren immer zwei zu den Seiten der Rüsselscheide vom Halse der Echinorhynchen in die Leibeshöhle hinabragen, haben meist eine bandförmige Gestalt und enthalten ein feinkörniges Parenchym, welches ganz wie das subcutane Parenchym von einem wandungslosen Gefässsysteme durchzogen wird [2]). Dasselbe besteht bei den meisten Echinorhynchen aus einem Hauptkanale, welcher sich am Rande der Lemniscen herumzieht und kleinere Kanäle nach innen abgibt. Diese letzteren sind es, von welchen das ganze Parenchym der Lemniscen netzförmig durchfurcht wird [3]). In mehren Echinorhynchen [4]) sind die Lemniscen von Muskelfasern umgeben, welche am unteren Ende dieser Organe zu zwei kurzen Muskeln zusammentreten und mit den beiden zu der Rüsselscheide schräge hinüberlaufenden dünnen Muskeln, bald nachdem diese aus der Hautmuskelschicht hervorgetreten sind, sich vereinigen. Jeder Lemniscus verschmälert sich nach oben zu einem engen Halse, welcher da, wo der Rüssel eines Echinorhynchus beginnt, sich unter der Haut verliert. Dies ist zugleich die Stelle, an welcher der Uebergang des Hautgefässsystems in das Gefässsystem der Lemniscen stattfindet, wovon man sich leicht überzeugen kann, da die Flüssigkeit, welche in diesen Gefässen der Haut und der Lemniscen enthalten ist, durch die peristaltischen Bewegungen des Leibes und durch das Ein- und Ausstülpen des Halses und Rüssels hin und her getrieben, bald von den Kanälen der Haut in die Kanäle der Lemniscen hinüberströmt, bald aus diesen wieder in jene zurücktritt [5]).

---

2) Die bandförmige Gestalt der beiden Lemniscen findet man in Echinorhynchus angustatus, Acus, fusiformis, Proteus, polymorphus u. a. Sehr in die Länge gezogen erscheinen diese Lemniscen in Echinorhynchus Gigas; bei Echinorhynchus claviceps übertreffen sie sogar den ganzen Körper an Länge, weshalb sie hier mehrfach gewunden in der Leibeshöhle eingeschlossen liegen. Sehr kurze und fast scheibenförmige Lemniscen trifft man in Echinorhynchus gibbosus, Hystrix und strumosus an.

3) Vgl. Echinorhynchus angustatus, Haeruca, polymorphus, Proteus, gibbosus u. a. Ganz abweichend von dieser Anordnung des Gefässsystems läuft bei Echinorhynchus Gigas ein Hauptkanal durch die Mitte der langen Lemniscen hin, und sendet rechts und links zarte verästelte Kanälchen in das Parenchym hinein. Hier und dort wird der Lauf eines solchen Hauptkanals durch einen grossen hellen und ovalen, dem Ansehen nach blasenförmigen Körper unterbrochen (s. Westrumb a. a. O. Tab. 2. Fig. 7.). Auch in den langen Lemniscen des Echinorhynchus claviceps, so wie unter der Cutis dieses Kratzers kommen dergleichen blasenförmige Körper vor (s. Müller, Zoologia danica. Tab. 61. Fig. 3.). Es zeigt sich übrigens das Vorkommen dieser blasenförmigen Körper, deren Bedeutung ich bis jetzt nicht errathen konnte, weder in Zahl noch Lage constant.

4) Bei Echinorhynchus Acus, angustatus, fusiformis und Proteus.

5) Mehlis (in der Isis. 1831. p. 82.) will am Halse des Echinorhynchus Gigas zwei feine Oeffnungen beobachtet haben, mit welchen die beiden Lemniscen

In den Gordiaceen und Nematoden konnte bisher kein Gefässsystem aufgefunden werden; nur bei der einzigen, als Filaria piscium beschriebenen Gruppe von Rundwürmern erinnert ein in der Leibeshöhle verborgenes bandförmiges Organ, durch welches sich ein wandungsloses Gefässnetz hindurchzieht, an die Lemniscen der Acanthocephalen 6).

§. 111.

Das Circulationssystem der Cysticen, Cestoden und Trematoden ist sehr entwickelt und mit gesonderten Gefässwandungen versehen, welche bei der Fortbewegung der in ihnen enthaltenen Flüssigkeit selbstständig thätig sind. Bei den Blasen- und Bandwürmern besteht dieses Gefässsystem aus zwei Paar Längskanälen, welche die beiden Seiten des Leibes und Halses einnehmen, und während ihres Verlaufs von Zeit zu Zeit durch einen Querkanal unter einander verbunden sind. Im Kopfe treten diese vier Gefässe zu einem weiten, die Rüsselscheide umgebenden Ringgefässe zusammen und stellen hier ein vollständig abgeschlossenes Gefässsystem dar 1). Bei den Trematoden bil-

---

nach aussen mündeten. Wenn diese Mündungen, von deren Anwesenheit ich mir bis jetzt weder an dem Riesenkratzer noch an anderen Echinorhynchen zuverlässige Gewissheit verschaffen konnte, wirklich existirten, so würde dies ein helleres Licht auf die räthselhafte Funktion dieser Organe werfen. So weit wir die Organisationsverhältnisse dieser in die Leibeshöhle der Kratzer hineinragenden Lemniscen bis jetzt kennen, scheint es nicht unpassend, sie als Theile des Ernährungssystems zu betrachten, aus welchen eine Flüssigkeit ausschwitzt, die, indem sie die in der Leibeshöhle flottirenden Organe umspült, zur Ernährung derselben dient.

6) Bei den Nematoden scheint der Darmkanal ohne Vermittelung eines Blutgefässsystems die Ernährungsflüssigkeit in die Leibeshöhle auszuschwitzen, wo sie dann die verschiedenen Organe unmittelbar umspült und tränkt. — Das in Filaria piscium vorkommende bandförmige Organ (s. Wiegmann's Archiv. 1838. Bd. 1. p. 310.), welches ich auch in Ascaris osculata angetroffen habe, zeigt ganz die Gefässverzweigungen, wie die Lemniscen des Echinorhynchus Gigas; auch fehlen die den Hauptkanal unterbrechenden blasenförmigen Körper nicht. Vielleicht trägt dieses bandförmige Organ hier ebenfalls, wie es von den Lemniscen der Echinorhynchen zu vermuthen ist, etwas zur Ausschwitzung eines Nahrungssaftes bei, wiewol es mir bis jetzt nicht gelungen ist, einen Zusammenhang zwischen diesem Organe und dem Verdauungskanale zu erkennen. Die beiden breiteren Seitenwülste, welche sich, wie bereits (§. 102.) erwähnt wurde, in den meisten Nematoden zwischen den Längsmuskeln der Haut herabziehen, sind öfters als Blutgefässe angesprochen worden; allein ich habe weder in ihnen Längskanäle herablaufen, noch aus ihnen Seitenkanäle hervortreten sehen.

1) Die seitlichen Gefässstämme der Blasen- und Bandwürmer, welche von manchen Helminthologen für eben so viele Darmröhren angesehen werden, geben in ihrem Verlaufe keine anderen Seitenäste ab, als jene Querkanäle. Diese gehen immer bei den gegliederten Bandwürmern am unteren Ende der Glieder von den Seitenstämmen ab und verleihen dem ganzen Gefässsysteme ein leiterartiges Ansehen. Es finden sich diese Querkanäle jedoch auch an den Seitenkanälen des ungegliederten Caryophyllaeus mutabilis vor. Platner (in Müller's Archiv.

det das Circulationssystem ein durch den ganzen Körper vielfach verbreitetes und kontraktiles Gefässnetz, an welchem sich besonders zwei auf jeder Seite des Halses und Leibes herablaufende Gefässstämme durch ihre Grösse auszeichnen [2]).

Siebenter Abschnitt.

Von dem Respirations-Systeme.

§. 112.

Ein Respirationssystem hat bei den Helminthen bis jetzt nicht mit Sicherheit nachgewiesen werden können. Die mit einer grossen Einsaugungskraft begabten gestielten Bläschen, welche bei mehren

---

1838. p. 572. Taf. 13. Fig. 4. 5.) will an den Eingängen der Querkanäle von Taenia solium halbmondförmige Klappen beobachtet haben. Die vier Seitengefässe des Halses, welche ich sowol in Taenia als auch in Bothriocephalus und Cysticercus erkannt habe, lassen sich bei Taenia cyathiformis und serrata ausserordentlich deutlich bis in den die Rüsselscheide umfassenden Gefässring verfolgen. In Caryophyllaeus mutabilis und Taenia ocellata, welcher das Rostellum fehlt, ist so wenig wie in Bothriocephalus überhaupt ein solcher Gefässring vorhanden; hier verästeln sich im Kopfe die vier Seitengefässe vielfältig und bilden, indem sie unter einander anastomosiren, ein ausgezeichnetes Gefässnetz. Aehnlich verhält sich auch Bothriocephalus claviceps. Uebrigens muss hier bemerkt werden, dass das ganze Gefässsystem dieser Helminthen leicht übersehen werden kann, indem es sich durch Kontraktion seiner zarten Wandungen den Augen des Beobachters gewöhnlich ganz und gar entzieht.

2) Das Gefässsystem der Trematoden fällt durch die ungemein starken wellenförmigen Schlängelungen seiner einzelnen Gefässe sehr leicht auf. Vergl. Distomum cirrigerum, tereticolle, duplicatum und die verschiedenen Diplostomen (s. Nordmann, Micrograph. Beiträge. Hft. 1. Taf. 2. Fig. 8. und Taf. 4. Fig. 5. 6.). Man hüte sich, die oft sehr fein verästelten Kanäle des später zu erwähnenden Excretionsorgans mit den Blutgefässen zu verwechseln, wie dies öfters geschehen zu sein scheint. So glaube ich, gehört das Gefässnetz, welches Bojanus (in der Isis. 1820. p. 305. Taf. 4.) aus Distomum hepaticum beschreibt, jenem Excretionsorgane an. Eben so hat Laurer (de Amphistomo conico. p. 10. Fig. 22.) die Blutgefässe nicht von dem Aussonderungsorgane scharf geschieden. Auch Nordmann (a. a. O.) scheint in denselben Fehler verfallen zu sein. Die Ernährungsgefässe der Diplostomen gehen nämlich im Schwanzende jederseits in einen weiten Behälter über, zwischen diesen beiden Blutbehältern läuft das Excretionsorgan zur Hinterleibsspitze hinab, dessen Mündung Nordmann für den Ausführungsgang der Ernährungsgefässe genommen hat. Die Ernährungsflüssigkeit, welche in den Gefässen der Trematoden enthalten ist, unterscheidet sich von dem meist sehr grobkörnigen Excret jenes Aussonderungsorganes durch ihr wasserhelles, dem Anscheine nach ganz homogenes Ansehen. In Distomum tereticolle besitzt diese Flüssigkeit auffallender Weise eine röthliche, in den feineren Kapillargefässen eine mehr gelbliche Farbe. S. Wiegmann's Archiv. 1835. Bd. 1. p. 59.

Nematoden von der inneren Fläche der Cutis zwischen den Muskelfasern hindurch in die Leibeshöhle hineinragen, sind zwar mit Tracheenblasen und Kiemen verglichen worden, allein die Struktur dieser Organe ist noch so wenig erforscht worden, dass man sich einer solchen Deutung ihrer Funktion vor der Hand noch enthalten muss [1]).

Eine sehr auffallende Erscheinung bieten in verschiedenen Trematoden die äusserst lebhaft schwingenden Flimmerläppchen dar, welche in gewissen Zwischenräumen auf der inneren Fläche der Gefässwände angebracht sind [2]). Es frägt sich nun, ob diese mit Flimmerorganen versehenen Gefässe einem besonderen und anderen Zwecke dienen, als die nicht flimmernden Ernährungsgefässe. Sie erinnern einigermaassen an das flimmernde Wassergefässsystem der Polypen, Acalephen und Echinodermen und entsprechen vielleicht, wie dieses, einem Respirationsysteme, unterscheiden sich aber dadurch, dass sie nicht durch Oeffnungen mit der äusseren Umgebung in direkter Verbindung stehen, sondern wahrscheinlich durch Endosmose das von der Hautoberfläche aufgesogene Wasser in sich aufnehmen und im Körper verbreiten [3]). Dieser Deutung jener flimmernden Gefässe stellt sich aber

---

1) Bojanus (in der Isis. 1821. p. 187. Taf. 3. Fig. 51—55.) will diese gestielten Bläschen der Ascaris lumbricoïdes, welche auch bei Ascaris depressa und Strongylus Gigas vorkommen, mit den breiten Seitenwülsten im Zusammenhange gesehen haben, was aber kein Licht auf die Bedeutung der Bläschen wirft, da uns das Wesen dieser Seitenlinien ebenfalls noch unklar ist. Die Stigmata, welche Bojanus (a. a. O. p. 187. Taf. 3. Fig. 56.) an den Seitenlinien von Ascaris Acus erkannt zu haben glaubte, kann ich nicht als solche gelten lassen, indem sie sich mir als unter der Haut gelegene zellenartige Körper darstellten.

2) Sehr deutlich erkannte ich diese flimmernden Gefässe in Diplozoon paradoxum, Aspidogaster conchicola, Distomum echinatum, und in einem mit diesem letzteren verwandten Distomum aus dem Darmkanale des Falco apivorus. Ob die Flimmerorgane, welche man im Inneren des Halses von Distomum globiporum und nodulosum (s. Wiegmann's Archiv. 1836. Bd. 1. p. 218.) und im Parenchyme hinter dem Bauchnapfe des Distomum duplicatum unterscheiden kann, ebenfalls hieher gehören, lasse ich dahin gestellt sein. Ehrenberg (in Wiegmann's Archiv. 1835. Bd. 2. p. 128.) hat zuerst auf diese Flimmerbewegung in den Gefässen des Diplozoon aufmerksam gemacht. Wenn die Läppchen ungehindert schwingen, so glaubt man in der That, wie es Nordmann (Micrograph. Beitr. Hft. 1. p. 69.) zuerst bemerkte, die reissend schnelle Strömung einer Flüssigkeit zu sehen. Wird aber einer der vorhin erwähnten Saugwürmer zwischen Glasplatten gepresst und dadurch die freie Bewegung der Flimmerläppchen eingeschränkt, so überzeugt man sich, dass die jetzt langsam hin und her schlagenden Läppchen die einzige Ursache waren, welche unserem Auge die scheinbare und schnelle Bewegung einer Flüssigkeit vorspiegelte, denn wir sind bei den ruhigeren Bewegungen der Flimmerorgane nicht im Stande, die ganz klare homogene Flüssigkeit, welche doch wol in diesem Gefässsysteme enthalten ist, zu unterscheiden.

3) Burmeister (Handbuch der Naturgeschichte. 1837. p. 528.) vergleicht dieses Gefässsystem als gefässartiges Wasserathmungsorgan vielleicht nicht mit Unrecht mit dem Tracheensysteme der Insekten als einem gefässartigen Luft-

auf der anderen Seite wieder die Schwierigkeit entgegen, dass bis jetzt neben diesem flimmernden Gefässsysteme kein anderes, den Blutgefässen entsprechendes System von Organen in den Trematoden beobachtet werden konnte.

Achter Abschnitt.

Von den Absonderungs-Organen.

§. 113.

Eigenthümliche Absonderungs-Organe haben sich bis jetzt nur an den Trematoden und Nematoden erkennen lassen.

Bei den meisten Trematoden liegt in der Mitte des Hinterleibes ein kontraktiler Schlauch verborgen, welcher in der Regel an der Schwanzspitze, selten an dem Hinterrücken [1]), sich nach aussen öffnet [2]). Dieser Schlauch ist entweder einfach [3]) oder gabelförmig gespalten [4]), oder vielfach verästelt; in letzterem Falle erstrecken sich

---

athmungsorgane, wirft aber das Gefässsystem der Helminthen mit dem Excretionsorgane und dessen Ausführungsgange, welche sich bei den meisten Trematoden vorfinden, durch einander. Dennoch hält das abgeschlossene Flimmergefässsystem der Helminthen einen Vergleich mit dem Tracheensysteme aus, wenn man nicht die mit Stigmen versehenen Insekten, sondern diejenigen Wasserinsekten ins Auge fasst, welche ein ganz abgeschlossenes Tracheensystem besitzen (s. weiter unten), und also wegen Mangel von Stigmen nicht direkt Luft von aussen in sich aufnehmen können.

1) Bei Amphistomum.

2) Es ist die bei Distomum, Holostomum, Monostomum, Aspidogaster und bei den Diplostomen als *Foramen caudale* bekannte Oeffnung dieses Excretionsorgans früher von Nardo (in Heusinger's Zeitschrift für organische Physik. 1827. Bd. 1. p. 68.) und Baer (ebendas. Bd. 2. p. 197.) mit einem After verglichen worden. Mehlis (Observationes de Distomate. p. 16.), welcher den Zusammenhang dieser Oeffnung mit einem besonderen, gefässartig verzweigten Organe in Distomum hepaticum nachgewiesen hat, machte mit Recht auf jenen unpassenden Vergleich aufmerksam. Vgl. Isis. 1831. p. 179. — Bei den als Cercaria, Bucephalus und Distomum duplicatum bekannten Trematodenlarven steckt die Basis des Schweifes in dem Ausführungsgange dieses Excretionsorgans, so dass der Inhalt des letzteren erst dann entleert werden kann, nachdem diese Larven ihre Schweife abgeworfen haben.

3) Bei Monostomum Faba, Distomum cirrigerum, Gasterostomum fimbriatum und Bucephalus polymorphus.

4) Bei Distomum chilostomum, clavigerum, Lima, maculosum, tereticolle, variegatum etc., so wie bei mehren Monostomen, wobei die beiden blinden Enden des Schlauchs oft weit bis zum Kopfende sich hinauf erstrecken. In Distomum appendiculatum vereinigen sich die beiden Seitentheile des gabelförmigen Excretionsorgans dicht hinter dem Mundnapfe zu einer Schlinge. In Aspidogaster conchicola besteht dasselbe, fast schon vom *Foramen caudale* an, aus zwei bis zum

seine Fortsätze meist durch den ganzen Körper [5]). Die Wände dieses Organs sind ausserordentlich zart, so dass dasselbe, wenn es sich ganz contrahirt oder entleert hat, kaum unterschieden wird. Der Inhalt desselben besteht aus einer, viele Körner und Bläschen enthaltenden, farblosen Flüssigkeit, welche durch die Kontraktionen des Organs auf und nieder getrieben, und auch durch die Mündung nach aussen entleert wird [6]). Dieses Aussonderungsorgan ist zuweilen mit hellen Körnern, welche eine ziemlich feste Beschaffenheit besitzen und erdige Substanzen zu enthalten scheinen, so strotzend angefüllt, dass das ganze Organ bei auffallendem Lichte mit einer kreideweissen Farbe aus dem Leibe hervorschimmert [7]).

In mehren Nematoden ist auf der Bauchseite, mehr oder weniger von dem Kopfende entfernt, eine feine mit einem Sphinkter umgebene Querspalte zu entdecken, von welcher sich bei einigen Rundwürmern zwei Schläuche zu beiden Seiten des Darmkanals nach unten, bei anderen, ausser diesen beiden Schläuchen, noch zwei Schläuche nach oben erstrecken. Zu welchem Zwecke das in diesen Organen abgesonderte homogene und farblose Sekret dienen soll, wurde noch nicht ermittelt [8]).

Vorderleibsende hinaufreichenden Kanälen. Zwei dergleichen Kanäle winden sich vom Kopfende der Amphistomen zu beiden Seiten des Leibes hinab und vereinigen sich in der Mitte des Hinterrückens in einem birnförmigen Behälter, welcher sich hier nach aussen öffnet. Laurer (de Amphistomo conico. p. 10. Fig. 22.) bildet diesen Behälter ab, mischt aber die beiden Seitenkanäle des Excretionsorganes mit den Ernährungsgefässen zusammen.

5) Ausser Distomum hepaticum und Holostomum urnigerum besitzen auch die stachelköpfigen Distomen ein vielfach verästeltes Excretionsorgan. Vgl. Mehlis in der Isis. 1831. p. 182.

6) Bei dem stachelköpfigen Distomum militare, echinatum etc. hat sich dieses Organ seines Inhalts oft in einem solchen Maasse entledigt, dass dasselbe nur hier und dort isolirte Gruppen von verästelten Kanälen darstellt.

7) Die Festigkeit der Körner mag die Ursache gewesen sein, weshalb Ehrenberg (Symbolae physicae. Animalia evertebrata. Ser. 1. Phytozoa entozoa) dieselben bei Cercaria Ephemera für Eier und die beiden Schläuche des Excretionsorgans für Ovarien gehalten, und Nordmann (Micrograph. Beiträge. Hft. 1. p. 54. Taf. 1. Fig. 7.) das Ausleeren dieser Körner bei Distomum annuligerum für den Akt des Eierlegens angesehen hat. Uebrigens erinnern die festen Körner in dem Absonderungsorgane gewisser Trematoden, z. B. der als Cercaria Ephemera bekannten Monostomen-Larve ihrem Ansehen nach an die unter der Haut gelegenen Kalkkörperchen mancher Bandwürmer, so dass man die Frage aufwerfen möchte, ob die Kalkkörperchen der Cysticen und Cestoden nicht auch ein Auswurfsstoff seien, der aber nicht in einem besonderen Organe angehäuft, sondern unter die Haut dieser Helminthen abgelagert wird.

8) Zwei nach hinten laufende Schläuche bildet dieses Excretionsorgan, auf welches ich in Bagge's Dissertation (de evolutione Strongyli auricularis et Ascaridis acuminatae. 1841. p. 13.) zuerst aufmerksam gemacht habe, in Stron-

Neunter Abschnitt.

Von den Fortpflanzungs-Organen.

§. 114.

In den Helminthen herrscht die Fortpflanzungsweise vermittelst Geschlechtswerkzeugen fast durchweg vor, jedoch findet auch bei einigen wenigen eine Vermehrung durch Selbsttheilung und Knospenbildung statt.

Die Selbsttheilung der Helminthen, welche immer als Quertheilung auftritt, weicht von der Selbsttheilung der Protozoen und Zoophyten dadurch ab, dass sich nicht vollständige neue Individuen erzeugen, sondern dass an einem Individuum nur ein Komplex von gewissen Organen, nämlich die Glieder des Leibes an den Cestoden vermehrt werden. Die Quertheilung kann dabei entweder unvollständig oder ganz vollständig zu Stande kommen. Im letzteren Falle trennen sich die einzelnen Glieder vom Leibe des Bandwurms ab, und leben, ohne sich jedoch zu einem neuen Bandwurme zu entwickeln, selbstständig fort [1]).

Durch Knospenbildung zeichnen sich die beiden geschlechtslosen Blasenwürmer Coenurus und Echinococcus aus. In Coenurus cerebralis geht die Knospenbildung nur unvollständig vor sich, indem die auf der inneren Fläche der Mutterblase hervorsprossenden Knospen sich nicht zu vollständigen neuen Individuen erheben und abtrennen, sondern nur zu einem Halse und Kopfe auswachsen, die sich dann bei erlangter Entwickelung nach aussen hervorstülpen. Bei Echi-

---

gylus auricularis, Ascaris brevicaudata und acuminata (s. Bagge a. a. O. Fig. 30. A. B.); zwei nach hinten und zwei nach vorne sich begebende Schläuche fand ich in Ascaris dactyluris und paucipara mihi (aus dem Darme der Testudo graeca), deren gemeinschaftliche Ausmündungsstelle fast in der Mitte des Leibes angebracht ist.

1) Eine unvollständige Quertheilung erkennt man an Ligula und Triaenophorus, deren Seitenränder fast nur eingekerbt sind; in Bothriocephalus punctatus ist nur hier und dort ein einzelnes Glied vollkommen quer abgegrenzt; an den meisten Stellen seines Leibes hören die von beiden Seiten einander entgegenkommenden Quereinschnitte weit vor der Mittellinie auf; bei Bothriocephalus tetrapterus herrscht schon mehr die vollkommene Quertheilung vor, indem nur einzelne, unvollkommen quergetheilte Glieder zwischen den vollständig abgegrenzten Gliedern bemerkt werden. Am vollständigsten tritt die Quertheilung in den Taenien ein, denn hier grenzen sich nicht allein die einzelnen Glieder vollkommen von einander ab, sondern trennen sich auch ganz los und leben isolirt fort. Die einzelnen Glieder von Taenia solium, cucumerina und anderen kriechen lebhaft umher und erscheinen in einem solchen Grade individualisirt, dass sie ganz das Ansehen von trematodenartigen Würmern haben.

nococcus dagegen erscheint die Knospenbildung als eine vollständige, da die hier ebenfalls auf der inneren Fläche der Mutterblase hervorkeimenden Bläschen, in welchen sich die jungen Echinococcen (die sogenannten Echinococcus-Köpfchen) entwickeln, sich früher oder später von ihrem Keimboden lostrennen und in die von der Mutterblase eingeschlossene Flüssigkeit fallen. Haben sich die jungen Echinococcen gehörig ausgebildet, so bersten die Bläschen, schrumpfen zusammen und stülpen die Brut nach aussen. Man überzeugt sich jetzt, dass die jungen Echinococcen von der inneren Fläche der Bläschen hervorgewachsen sind, denn sie hängen mit derselben gewöhnlich noch durch einen Strang zusammen, welcher, wie der Schweif der Cercarien, durch eine Grube am Hinterleibsende in das Innere der jungen Echinococcen hineinragt. Später trennen sich die jungen Thiere von diesen Strängen, wie die Cercarien von ihren Schweifen, und kriechen mittelst ihres doppelten Hakenkranzes und ihrer vier Saugnäpfe frei umher [2]).

§. 115.

Bei denjenigen Helminthen, welche sich geschlechtlich fortpflanzen, sind die männlichen und weiblichen Zeugungsorgane theils in einem Individuum vereinigt, theils auf zwei Individuen vertheilt. Die Eier und Spermatozoïden, welche sich in ihnen entwickeln, erscheinen nach sehr verschiedenen Typen gebildet. In allen Fällen sind die Begattungsorgane ausserordentlich ausgebildet.

Als Hermaphroditen sind unter den Helminthen die Cestoden und Trematoden bekannt [1]).

Die Organisation der Geschlechtswerkzeuge ist jedoch bei den

---

2) Vgl. Chemnitz, de hydatibus Echinococci hominis commentatio. 1834., ferner Müller in seinem Archive. 1836. p. CVII. und Siebold in Burdach's Physiologie. Bd. 2. 1837. p. 183.

1) In der Gattung Pentastomum, welche in neuerer Zeit von mehren Helminthologen nicht mehr zu den Trematoden gerechnet wird, sollen nach den Untersuchungen von Nordmann (Micrograph. Beiträge. Hft. 2. p. 141.), Diesing (in den Wiener Annalen. Bd. 1. Abth. 1. p. 9.) und Miram (in den Nov. Act. Acad. Leop. Carol. Vol. 17. P. II. p. 636.) die männlichen und weiblichen Geschlechtsorgane auf verschiedene Individuen vertheilt sein, indessen will Owen (in den Transactions of the zoological society of London. 1835. Vol. 1. p. 325.) bei seinen Untersuchungen das entgegengesetzte Resultat erhalten haben. Es kann hier nur die genaue Analyse des Inhalts der einzelnen Abtheilungen der Geschlechtsorgane bei ihrer Deutung auf den richtigen Weg leiten, welchen Valentin (in seinem Repertorium. Bd. 3. 1837. p. 135.) bereits betreten hat, indem er in den Organen eines scheinbar weiblichen Pentastomum taenioïdes, welche von Diesing für die eischalenabsondernden Blindsäcke erklärt worden sind, haarförmige Spermatozoïden erkannt hat. So lange nicht alle einzelnen Abtheilungen der Geschlechtsorgane von Pentastomum mit gleicher Genauigkeit analysirt sind, muss ich mich alles Urtheils über die Geschlechtsverhältnisse dieser Helminthengattung enthalten.

Bandwürmern noch nicht mit genügender Klarheit erkannt worden; um so vollkommener haben sich diese Organisationsverhältnisse bei den Trematoden durchschauen lassen.

Die weiblichen Geschlechtsorgane der Saugwürmer zerfallen in einen Keimstock mit seinem Ausführungsgange, in zwei Dotterstöcke mit ihren Ausführungsgängen und in einen einfachen Uterus nebst Scheide. An den männlichen Geschlechtsorganen derselben unterscheidet man die Hoden mit ihren Ausführungsgängen, den inneren Saamenbehälter und den Cirrusbeutel mit dem äusseren Saamenbehälter und Penis [2]).

Der Keimstock der Trematoden stellt einen rundlichen oder birnförmigen Behälter dar [3]), welcher meistens in der Mitte des Leibes gelegen ist [4]), und sich durch seine blasse Färbung und Durchsichtigkeit auszeichnet. Derselbe ist mit einfachen runden Zellen, den eigentlichen Eikeimen, dicht angefüllt. In diesen entspricht der Kern dem Keimbläschen und das Kernkörperchen dem Keimflecke [5]). Der kurze und enge Ausführungsgang des Keimstockes geht in den Anfang des Eierleiters oder Uterus über. Die beiden, bald kürzeren, bald längeren Dotterstöcke liegen dem Rücken näher zu beiden Seiten des Leibes, nehmen entweder den Hals, den Mittelleib oder Hinterleib ein, ziehen sich häufig auch durch die ganze Länge des Körpers hin. Sie bestehen fast durchweg aus vielfach verästelten Blindsäckchen, welche mit weissen körnigen Dotterkörperchen angefüllt sind und bei auffallendem Lichte als weisse traubenförmige und dendritische Zeichnung durch die Cutis hindurchschimmern [6]). Von diesen Dotterstockstrauben treten mehre Ausführungsgänge nach innen, welche sich dem Keimstocke gegenüber zu zwei Dotterausführungsgängen vereinigen. Diese laufen nun quer gegen einander, und verschmelzen in der Mittellinie des Kör-

---

2) Vgl. Siebold's Abhandlungen in Wiegmann's Archiv. 1836. Bd. 1. p. 217. Taf. 6. und in Müller's Archiv. 1836. p. 232. Taf. 10. Fig. 1.

3) Der Keimstock der Trematoden ist immer viel kleiner als die Hoden, seine äusseren Umrisse richten sich zuweilen, z. B. bei Distomum globiporum und longicolle mihi (aus der Urinblase des Cottus Gobio), ganz nach der Gestalt der letzteren, daher man dieses Organ leicht für einen dritten Hoden ansieht.

4) Bei den Monostomen liegt der Keimstock ganz im Hinterleibsende.

5) In Polystomum, Octobothrium und Diplozoon enthält der Keimstock so grosse Eikeime, dass man sie für schon ausgebildete Eier halten möchte. Es ist hier nämlich zwischen der Zellenwand und dem Kerne (Keimbläschen) eine bedeutende Schicht von eiweissartiger Masse enthalten, welche gleichsam den Dotter repräsentirt. In den übrigen Trematoden erscheint diese Schicht der Eikeime oft so unansehnlich, dass sie kaum bemerkt wird.

6) Folgende Trematoden weichen von der gewöhnlichen Bildung der Dotterstöcke ab. In Distomum longicolle stellen die beiden hinter dem Bauchnapfe gelegenen Dotterstöcke zwei einfache runde Blindsäcke dar; in Distomum cygnoïdes bilden sie zwei auf einen sehr kleinen Raum beschränkte, tief eingeschnittene Körper, und in Distomum gibbosum ist nur ein einziger sternförmiger Dotterstock in der Mitte des Leibes vorhanden.

pers zu einem gemeinschaftlichen Dottergange, der nach kurzem Verlaufe mit dem Keimstocksgange zugleich in den Anfang des langen Uterus einmündet [7]). An derselben Stelle ergiesst der Hals des inneren birnförmigen Saamenbehälters (*Vesicula seminalis interior*) seinen Inhalt, welcher ihm durch ein besonderes *Vas deferens* von dem einen Hoden zugeführt wird, in den Uterus. Dieser beginnt als ein enger Kanal, welcher als *Tuba Fallopii* betrachtet werden kann. Der hierauf folgende erweiterte eigentliche Uterus behält fast während seines ganzen Verlaufs bis zur Vagina gleiche Weite und sehr dünne Wände, ist aber dennoch einer kräftigen peristaltischen Bewegung fähig. Er windet sich durch den grössten Theil des Leibes hindurch und geht zuletzt in eine enge, mehr oder weniger gerade und muskulöse Scheide über, welche stets neben dem Penis nach aussen mündet [8]).

Die Hoden, deren gewöhnlich zwei vorhanden sind [9]), liegen im Hinterleibe fast immer hinter einander [10]) und besitzen meist eine runde oder ovale Gestalt [11]). Sie haben ein farbloses durchsichtiges Ansehen

---

7) Die Dotterstöcke, welche bisher als Eierstöcke gegolten haben, erzeugen nur Dotterkörperchen. Diese enthalten bei den meisten Trematoden einen hellen Kern, daher ihre Verwechselung mit Eiern. Diese Dotterkörperchen oder Dotterzellen mit ihren hellen Kernen können in den frisch gebildeten Eiern immer deutlich von den Eikeimen unterschieden werden. Es schmiegen sich die Dotterzellen in den Ausführungsgängen der Dotterstöcke nach dem engen Raume und ziehen sich gewöhnlich in die Länge, ohne in einander zu fliessen. Solche mit Dotterzellen dicht angefüllte Ausführungsgänge stellen weisse Fäden dar, welche öfters für Nervenäste angesehen worden sind. Haben sich die Dotterstöcke und ihre Ausführungsgänge von ihrem weissen Inhalte entleert, so sind ihre zarten Umrisse fast gar nicht zu unterscheiden.

8) Die Länge des Uterus ist bei den verschiedenen Gattungen und Arten der Trematoden sehr verschieden. Seine Windungen laufen stets unregelmässig auf und nieder und durch einander. Bei Monostomum mutabile, verrucosum u. a. steigt der Eierleiter, nachdem er im Hinterleibsende entsprungen ist, in dichten Querwindungen zum Vorderleibe hinauf.

9) In Amphistomum subclavatum und Aspidogaster conchicola konnte ich nur einen Hoden auffinden, während ich in Distomum appendiculatum und cygnoïdes drei bis vier Hoden zählte.

10) In Distomum ovatum liegen die beiden Hoden neben einander hinter dem Bauchnapfe, in Distomum chilostomum sah ich sie zu beiden Seiten des Bauchnapfes, und in Distomum crassum mihi (aus dem Darme der Hausschwalbe) vor dem Bauchnapfe zu beiden Seiten des Halses angebracht.

11) In Distomum longicolle, lanceolatum, oxyurum, echinatum, globiporum und Amphistomum conicum sind die Hoden mehrmals eingekerbt. S. Bojanus in der Isis. 1821. Taf. 2. Fig. 25—27., Burmeister und Siebold in Wiegmann's Archiv. Bd. 2. 1835. Taf. 2. und Bd. 1. 1836. Taf. 6., ferner Laurer, de Amphistomo conico. Fig. 21. 24. 25. Bei Amphistomum subtriquetrum, giganteum und Distomum hians stellen die beiden Hoden in Folge einer Menge sehr tiefer Einschnitte gleichsam einen Büschel von Blindkanälen dar. Vgl. Bojanus a. a. O. Taf. 2. Fig. 14—17. und Diesing in den Wiener Annalen. Bd. 1. Abth. 2. Taf. 22.

und sondern eine Saamenfeuchtigkeit ab, welche mit äusserst zarten und sehr beweglichen haarförmigen Spermatozoïden angefüllt ist [12]). Von den Hoden begeben sich zwei *Vasa deferentia* nach dem Cirrusbeutel, dessen Grund sie durchbohren, um in die *Vesicula seminalis exterior* einzumünden [13]). Der eine Hode sendet zugleich ein drittes *Vas deferens* ab, welches sich in den Hals der *Vesicula seminalis interior* öffnet [14]). Der Cirrusbeutel besitzt entweder eine länglich birnförmige oder mehr rundliche Gestalt [15]). Der Grund desselben enthält immer die *Vesicula seminalis exterior*, welche, der Einmündungsstelle der Saamenleiter gegenüber, in einen meist sehr langen und gewundenen *Ductus ejaculatorius* und muskulösen röhrenförmigen Penis ausläuft [16]). Für die stets neben einander liegende männliche Ruthe und weibliche Scheide ist eine gemeinschaftliche Geschlechtsöffnung vorhanden, aus welcher der Penis oft weit hervorragt [17]). Beide, Penis und Scheide, stecken bei den meisten Trematoden im Vorderleibsende verborgen und nur bei Holostomum und Gasterostomum sind sie an das Hinterleibsende gerückt [18]). In dem hintersten engeren Ende des Uterus sieht man

---

12) Die Entwickelung der zarten Spermatozoïdenfäden geht in den Hoden der Trematoden nach dem bekannten Gesetze aus Zellen vor sich. Die Haarbüschel begeben sich, wenn sie von den Hoden in die Saamenleiter übertreten, aus einander, und bilden in den Saamenbläschen ein dichtes Gewirre von Spermatozoïden, deren äusserst lebhafte Bewegungen nur gesehen werden können, wenn jene mehr vereinzelt sind, aber augenblicklich unter Oesenbildung aufhören, so wie die Spermatozoïden mit Wasser in Berührung gebracht werden.

13) Diese beiden Saamenleiter vereinigen sich zuweilen, noch ehe sie ihr Ziel erreicht haben, zu einem gemeinschaftlichen Saamenleiter, z. B. in Distomum variegatum und longicolle.

14) Das innere Saamenbläschen zeigt in Distomum variegatum eine auffallende Grösse und übertrifft den Keimstock so wie die beiden Hoden an Umfang.

15) Sehr in die Länge gestreckt erscheint der Cirrusbeutel sammt dem Penis in Distomum Lima, maculosum, variegatum und ovatum, besonders aber in Aspidogaster conchicola und Monostomum verrucosum.

16) Der hervorgestülpte Cirrus oder Penis ist bei Distomum holostomum mit kleinen Höckern und bei Monostomum verrucosum mit einer zahllosen Menge kleiner Wärzchen dicht besetzt.

17) Bei hervorgestülptem Penis sieht man immer, dass am Grunde desselben der Inhalt der Vagina entleert wird. Durch dieses Vorhandensein einer gemeinschaftlichen Geschlechtsöffnung ist es zugleich möglich, dass, wenn diese Oeffnung geschlossen ist, der äusserst biegsame Penis sich in die Scheide hinüberstülpen und seinen Inhalt in dieselbe ergiessen kann, wodurch also hier die Möglichkeit einer Selbstbefruchtung vermittelst Selbstbegattung gegeben ist.

18) Die gemeinschaftliche Geschlechtsöffnung befindet sich gewöhnlich in der Mitte des Halses, bei den Distomen dicht vor dem Bauchnapfe. In Distomum clavigerum und ovatum ist sie ganz seitlich am Halse, und bei Distomum caudale und holostomum ausnahmsweise am Hinterleibsende angebracht. Die Stelle der Geschlechtsöffnung gibt sich auch dann, wenn der Penis nicht hervorgestülpt ist,

häufig Eikeime, Dotterzellen und bewegliche Spermatozoïden durch einander liegen. An dieser Stelle geht wahrscheinlich die Eierbildung vor sich und findet durch die *Vesicula seminalis interior* eine Selbstbefruchtung ohne alle Begattung statt. Die nächstfolgenden Windungen des Uterus führen bereits scharf abgegrenzte, ovale Eier mit sich, von welchen ein jedes einen Eikeim und mehre Dotterzellen enthält. Die Schale dieser Eier, welche sich vor kurzem erst um die Eikeime und Dotterkörperchen herumgebildet hat, ist aber noch farblos, dünnwandig und biegsam, daher sie durch die peristaltischen Zusammenziehungen des Uterus mancherlei Gestalten annimmt. Während die Eier im Uterus weiter nach vorne rücken, verlieren sie diese Biegsamkeit, indem die Eihüllen eine grössere Festigkeit erlangen, eine gelbliche und zuletzt bräunliche Farbe bekommen und zugleich auch, wahrscheinlich durch Verdichtung, an Umfang verlieren. Die meisten Eier der Trematoden dehisciren an dem einen Ende mittelst eines Deckels [19]).

Bei den Cestoden sind die Geschlechtswerkzeuge äusserst zartwandig und so innig mit dem Parenchyme des Leibes verwebt, dass sie in ihrem vollständigen Zusammenhange und Verlaufe bis jetzt noch nicht verfolgt werden konnten. Mit Ausnahme des Caryophyllaeus [20])

---

durch eine kleine Erhabenheit zu erkennen. In Octobothrium und Polystomum liegt dicht hinter dem Geschlechtsporus ein muskulöser rundlicher Schlauch verborgen, in welchem ein Kreis von schlanken hornigen Rippen, deren untere Enden sich in zwei Fortsätze theilen, ein fischreusenartiges Gerüst bildet. Mayer (Beiträge a. a. O. p. 21. Taf. 3. Fig. 3. u. 6.) zählte innerhalb der Geschlechtsöffnung von Octobothrium lanceolatum zehn Rippen, während ich in Polystomum integerrimum nur acht und in Polystomum ocellatum dagegen vierzig solcher Rippen vorfinde. Der Zweck dieser Organe ist mir durchaus unbekannt geblieben.

19) Es scheint, als wenn die Eier der Trematoden nur eine Eischale besässen. Zuweilen bemerkt man zwischen den normalen Eiern im Uterus bald mehr, bald weniger verkrüppelte Eier und ganz unregelmässig gestaltete Körper von gelber oder braungelber Farbe, welche fast nur aus Eischalenmasse bestehen. Wahrscheinlich wurden diese Eischalenmassen von den Wänden des Uterus (der *Tuba Fallopii*) abgesondert, während Dotterstöcke und Keimstock unthätig waren, so dass die Eischalenmasse erhärtete, ehe der Inhalt für die Eier herbeigeschafft war. Unverhältnissmässig grosse Eier kommen in Amphistomum subclavatum, Octobothrium lanceolatum, Polystomum integerrimum und ocellatum vor. Sehr grosse Eier bringt auch Diplozoon paradoxum hervor, an welchen überdies noch das eine schlankere Ende in einen langen, spiralförmig aufgerollten Faden übergeht, wodurch ein solches einzelnes Ei für Hode und Penis gehalten worden ist. Vergl. Nordmann, Micrograph. Beiträge. Hft. 1. p. 73. Taf. 5. u. 6. Fig. 1. h. und Vogt in Müller's Archiv. 1841. p. 34. Taf. 2. Fig. 11. Eine andere sehr abweichende Form bieten die Eier des Monostomum verrucosum und einiger im Darme der Chelonia esculenta wohnenden Monostomen dar. Hier befinden sich anfangs an beiden Enden der ovalen farblosen Eier zwei Knötchen, welche allmälich zu zwei ungemein langen und sehr spitzigen Anhängen auswachsen. Vgl. Dujardin, Histoire naturelle des Helminthes. Pl. 8. Fig. G. und B. 3.

20) Caryophyllaeus mutabilis besitzt nur einen einzigen Cirrusbeutel, aus welchem an der Bauchseite des Hinterleibes der Penis oft ziemlich lang hervorragt.

wiederholen sich die männlichen und weiblichen Geschlechtsorgane in den Bandwürmern unzählige Male hinter einander, und befinden sich dabei in einem und demselben Individuum auf sehr verschiedenen Stufen der Entwickelung. In den hinteren Gegenden eines Bandwurmleibes sind diese Organe immer am meisten entwickelt; weiter nach vorne nimmt ihre Entwickelung allmälich ab, bis sie nach dem Halse hinauf fast nur als Rudimente und zuletzt in der Gegend des Halses noch gar nicht vorhanden sind. An den gegliederten Bandwürmern enthält immer jedes Glied männliche und weibliche Geschlechtstheile zugleich. Sowol in den gegliederten als ungegliederten Bandwürmern scheinen sich die verschiedenen Abschnitte der männlichen und weiblichen Geschlechtswerkzeuge, welche zu einer und derselben Gruppe gehören, ganz wie bei den Trematoden zu verhalten. Es ist wahrscheinlich, dass auch in den Cestoden Keimstöcke und Dotterstöcke von einander gesondert vorkommen [21]). Der Uterus von Ligula, Triaenophorus und Bothriocephalus besteht, ganz nach Art der Trematoden, aus einer vielfach gewundenen, mit braunen ovalen Eiern gefüllten Röhre [22]). In den Taenien dagegen bildet der Uterus einen zelligen oder mit vielen verästelten Blindsäcken versehenen Behälter, welcher mit dem übrigen Körperparenchyme innig verwebt ist [23]). Die Vagina ist ein enger muskulöser Kanal, welcher in der Regel neben dem Penis entweder mit einer besonderen Oeffnung (*Vulva*) oder mit dem, beiden Geschlechtswerkzeugen gemeinschaftlichen ***Porus genitalis*** ausmündet. Von den Hoden,

---

21) Einen Keimstock glaube ich in den einzelnen Gliedern von Bothriocephalus punctatus und Taenia ocellata erkannt zu haben. Die von Eschricht (in den Nov. Act. Acad. Leop. Carol. Vol. 19. Suppl. 2. Tab. 1. Fig. 2. e. e.) als Ovarien gedeuteten Organe des Bothriocephalus latus dürften vielleicht auch Keimstöcke sein. Die Dotterstöcke bilden sowol auf der Bauch- als Rückenfläche des Leibes eine Menge zerstreuter Körnerhaufen, von welchen sehr feine Dotterleiter ausgehen. Es werden diese Dotterhaufen, welche Eschricht (a. a. O. p. 25. Tab. 1. Fig. 5.) Bauch- und Rückenkörner genannt hat, nebst ihren zarten Ausführungsgängen nur dann erkannt, wenn sie mit körniger Dottermasse gefüllt sind. In Taenia ocellata scheinen die Dotterstöcke mehr auf die Seiten eines jeden Gliedes beschränkt zu sein, deren zwei Hauptausführungsgänge am Vorderrande eines jeden Gliedes sehr deutlich in die Augen fallen. Diese vereinigen sich in der Mitte des Vorderrandes zu einem gemeinschaftlichen kurzen Dottergange. An derselben Stelle fliessen zwei querliegende ovale Schläuche, welche höchst wahrscheinlich zweien Keimstöcken entsprechen, in einander.

22) Die Windungen des Uterus nehmen hier in der Regel die Mitte des Leibes ein, wo sie, mit reifen Eiern gefüllt, als braune, rosettenartige Zeichnungen durch die Haut hindurchschimmern. Vgl. Eschricht a. a. O. Tab. 1. u. 2. von Bothriocephalus latus.

23) In den meisten Taenien sind die Umrisse des zelligen Uterus sehr schwer zu unterscheiden; dagegen fallen die seitlichen Blindschläuche des Uterus von Taenia ocellata und die dendritischen Verzweigungen desselben Organs von Taenia solium sehr leicht in die Augen (s. Delle Chiaje, Compendio di elmintografia umana. Tav. 3. Fig. 10.).

welche fast immer die mittelste Schicht des Leibes auszumachen scheinen, ist schwer zu sagen, ob sie auf jeder Seite des Leibes aus einer Reihe in einander mündender Blindsäcke oder aus einem zusammenhangenden, spiralförmig gewundenen Schlauche bestehen. Sehr deutlich ist immer der Cirrusbeutel mit dem in seinen Grund einmündenden *Vas deferens* ausgeprägt. Derselbe enthält, wie bei den Trematoden, eine *Vesicula seminalis*, welche in einen *Ductus ejaculatorius* und muskulösen Penis übergeht 24). Der Inhalt des *Vas deferens*, der Saamenblase und des *Ductus ejaculatorius* besteht immer aus sehr beweglichen, haarförmigen Spermatozoïden 25). Die Geschlechtsöffnungen liegen entweder auf der Mitte der Bauchfläche, oder am Seitenrande des Leibes; es sind aber auch die männlichen und weiblichen Geschlechtsöffnungen getrennt von einander, erstere am Rande, letztere auf der Bauchfläche angebracht 26). Die Eier derjenigen Cestoden, welche einen nach Art der Trematoden gewundenen, schlauchförmigen Uterus besitzen, sind ebenfalls nach dem Typus der Trematodeneier gebildet; auch dehiscirt ihre ovale einfache und braungelbe Eischale in manchen Fällen mit einem Deckel. Ganz anders verhalten sich die

---

24) Der Cirrusbeutel ist entweder kurz birnförmig, oder sehr in die Länge gestreckt. Bei vielen Taenien, z. B. bei Taenia amphitricha, lanceolata, multistriata, scolecina, setigera etc. ist der Penis mit zarten, rückwärts gerichteten Stacheln dicht besetzt (s. Dujardin, Histoire a. a. O. Pl. 9—11.). Mit sehr auffallend groben Borsten erscheint der Penis von Taenia infundibiliformis umgeben; ähnlich verhält sich nach Dujardin (a. a. O. Pl. 9. B. 210.) Taenia sinuosa.

25) Durch gelindes Pressen gelingt es sehr leicht, die in der *Vesicula seminalis* des Cirrusbeutels enthaltenen haarförmigen Spermatozoïden aus dem Penis hervorzudrücken, z. B. bei Bothriocephalus punctatus, latus, Taenia cucumerina, planiceps (aus dem Darmkanale der Hirundo urbica), inflata, pectinata, serpentulus, villosus etc. Die Bewegungen der Spermatozoïden hören auch hier, wie bei den Trematoden, durch Berührung mit Wasser, unter Oesenbildung, sehr bald auf.

26) In Ligula, Bothriocephalus nodosus, latus, claviceps, ditremus, punctatus und tetrapterus trifft man die beiden Geschlechtsöffnungen lateral (auf der Bauchseite) an, indem der Penis dicht über der Vulva aus einer besonderen Mündung hervorgestülpt wird. Vergl. Mehlis in der Isis. 1831. Taf. 1. Fig. 1. 2. und Eschricht a. a. O. Tab. 1. Fig. 5. Bei Bothriocephalus punctatus liegen in jedem Gliede zwei Paar Geschlechtsöffnungen unter einander und bei Bothriocephalus tetrapterus neben einander. In Triaenophorus nodulosus und Taenia ocellata befindet sich die Vulva auf der Bauchfläche und der Penis am Seitenrande. Cirrusbeutel und Vagina münden in Bothriocephalus fragilis, proboscideus, rugosus und in den meisten Taenien marginal (am Seitenrande) mit einem gemeinschaftlichen, meistens auf einer papillenförmigen Erhabenheit angebrachten *Porus genitalis* nach aussen. Einen solchen Geschlechtsporus mit den dahinter liegenden Zeugungstheilen traf ich in Taenia cucumerina und bifaria mihi (aus dem Darme von Anas leucophthalmus) merkwürdiger Weise auf beiden Seitenrändern eines jeden Gliedes an.

Eier der Taenien, welche fast immer von mehren farblosen Eihäuten der verschiedenartigsten und zuweilen wunderlichsten Gestalt umhüllt sind [27]).

§. 116.

Bei den männlichen und weiblichen Individuen der Acanthocephalen nehmen die Geschlechtsorgane den grössten Theil der Leibeshöhle ein. Bei beiden Geschlechtern erstreckt sich vom Grunde der Rüsselscheide ein ***Ligamentum suspensorium*** frei durch die Längsaxe der Leibeshöhle nach unten, um den von dem Hinterleibsende frei sich erhebenden Geschlechtsorganen zur Befestigung zu dienen. Ein eigentlicher Eierstock und Uterus findet sich in den weiblichen Individuen nicht vor, sondern es liegen eine Menge plattgedrückter ovaler oder rundlicher Körper von ansehnlicher Grösse frei in der Feuchtigkeit der Leibeshöhle, welche scharf abgegrenzt sind, aus einer körnig-blasigen Masse bestehen und als eben so viele lose Ovarien betrachtet werden können, indem sich in ihnen die Eier entwickeln [1]).

---

27) Obgleich ich das Keimbläschen mit dem Keimflecke in den Cestodeneiern, wahrscheinlich seiner Zartheit wegen, nicht erkannt habe, so zweifle ich keinen Augenblick an der Anwesenheit desselben, zumal da Kölliker (in Müller's Archiv. 1843. p. 92. Taf. 7. Fig. 44.) dasselbe bereits in den Eiern von Bothriocephalus beobachtet hat. Sehr viele Bothriocephalus-Arten bringen ovale Eier mit einfacher, braun gefärbter Schale hervor; ähnliche aber farblose Eier erzeugen Caryophyllaeus, Ligula, Triaenophorus, Taenia literata, scolecina u. a. Mit zwei farblosen Eihäuten sind die runden Eier von Taenia amphitricha, bifaria, macrorhyncha, serpentulus, serrata etc. und die ovalen Eier von Taenia angulata, villosa u. a. umgeben. Drei farblose Eihäute besitzen die theils ovalen, theils runden Eier von Bothriocephalus infundibiliformis, proboscideus, Taenia porosa, lanceolata, ocellata, setigera, solium etc. In Taenia infundibuliformis und planiceps erscheint die äussere Eihaut auf beiden Seiten zu zwei langen, spitzen Anhängen ausgezogen. In Taenia variabilis sind zwei dergleichen zerfaserte Anhänge vorhanden; bei Taenia cyathiformis ist die äussere birnförmige Hülle am spitzen Ende mit zwei runden, blasenförmigen Anhängen besetzt. Noch viele andere solche Formabweichungen der Bandwurmeier sind von mir (in Burdach's Physiologie. 1837. Bd. 2. p. 201.) und von Dujardin (Histoire a. a. O. Pl. 9—12.) beschrieben worden. Ein merkwürdiges Verhalten zeigen auch noch die runden, zweihäutigen Eier von Taenia cucumerina (s. Creplin, Observat. de entozoïs. Fig. 12. 13.) und crateriformis, welche, zu zehn bis zwanzig beisammen, von einer gemeinschaftlichen gallertartigen Hülle umgeben sind.

1) Die Ovarien der Echinorhynchen sind früher theils als reife Eier, theils als Cotyledonen angesehen worden, daher sie von Westrumb und Cloquet (a. a. O.) auch ganz unrichtig abgebildet wurden, während sie Dujardin (Histoire a. a. O. Pl. 7. Fig. D. 6.) richtig aufgefasst hat. Ueber die Frage, wo sich diese Ovarien ursprünglich entwickeln, scheint mir ein Entwickelungszustand, den ich bei mehren Weibchen von Echinorhynchus gibbosus angetroffen habe, einigermaassen Aufschluss gegeben zu haben. Hier fand ich nämlich einen grossen Theil des *Ligamentum suspensorium* mit grossen, körnigen Kugeln besetzt, während ich in der Leibeshöhle lose Ovarien und Eier vermisste. Ich vermuthe daher, dass dieses Ligament der Boden ist, aus welchem die Ovarien in Kugelform her-

Haben diese eine gewisse Grösse erreicht, so lösen sie sich von den Ovarien ab und fallen in die Leibeshöhle. Diese Eier sind langgestreckt oval, haben nur eine einzige Eihülle und enthalten eine theils blasige, theils sehr feinkörnige Masse ohne Spur eines Keimbläschens. Sie wachsen noch fort und werden dabei von zwei neuen Hüllen umgeben [2]). Ein von der einfachen, am Hinterleibsende angebrachten Vulva hinaufragender muskulöser Kanal kann als Uterus betrachtet werden. Derselbe geht da, wo er mit dem *Ligamentum suspensorium* zusammenhängt, in ein glockenförmiges oder trichterförmiges, der *Tuba Fallopii* vergleichbares Organ über, dessen Rand frei in der Leibeshöhle schwebt. Der Grund dieser Glocke mündet durch eine enge verschliessbare Oeffnung in das obere Ende des Uterus ein und besitzt seitlich einen halbmondförmigen Schlitz. Diese ganze Glocke ist einer sehr lebhaften peristaltischen Bewegung fähig und verschluckt auf diese Weise den losen Inhalt der Leibeshöhle, wobei die grossen Ovarien wieder ausgespien, die kleinen unreifen Eier durch den halbmondförmigen Schlitz in die Leibeshöhle zurückgetrieben und nur allein die reifen Eier in den Uterus hinabgeschoben werden [3]). Aus diesem bald längeren, bald kürzeren Uterus werden dann die Eier durch eine ganz kurze enge Scheide nach aussen entleert.

Die männlichen Individuen der Kratzer enthalten in der Regel zwei hinter einander liegende ovale oder längliche Hoden, welche sich zunächst an das *Ligamentum suspensorium* befestigen. Von diesen beiden Hoden laufen zwei variköse *Vasa deferentia* nach dem Hinterleibsende hinab, wo sie, nachdem sie sich höchst wahrscheinlich mit dem Halse einer unpaarigen länglichen Blase (*Vesicula seminalis?*)

---

vorsprossen, und dass sich dieselben späterhin ablösen und in der Ernährungsflüssigkeit der Leibeshöhle flottirend sich weiter entwickeln.

2) Die langgestreckten Eier der meisten Echinorhynchen kommen in ihrer Bildung vollständig mit einander überein. Sie sind alle farblos und zeichnen sich durch das eigenthümliche Ansehen ihrer mittleren Eihülle aus, welche an beiden Enden eine halsförmige Einschnürung besitzt. Eine Ausnahme davon machen die Eier von Echinorhynchus Gigas. Diese sind nämlich nicht so in die Länge gezogen; ihre mittlere gelbe Eihülle ist, wie die beiden anderen, gleichmässig oval gebildet, und äusserlich mit einer zahllosen Menge kleiner stumpfer Stacheln besetzt. Eine ganz eigenthümliche Eigenschaft lässt sich an der äusseren Eihülle von Echinorhynchus strumosus, Hystrix, angustatus und Proteus wahrnehmen, indem dieselbe nämlich beim Pressen zwischen Glasplatten in ausserordentlich feine Fäden zerfasert.

3) Die glockenförmige *Tuba Fallopii* ist von den Helminthologen Bojanus, Westrumb und Cloquet ganz und gar verkannt worden. Burow (Echinorynchi strumosi anatome. p. 22. Fig. 1. g. und Fig. 6.) hat dieselbe, ohne jedoch sie genau beschrieben zu haben, zuerst abgebildet. Vergl. meine Beschreibung (in Burdach's Physiologie a. a. O. p. 197.), welche von Dujardin (Histoire a. a. O. p. 495. Pl. 7. Fig. D. 5.) neuerlichst bestätigt worden ist.

vereinigt, in das Begattungsorgan übergehen [4]). Unterhalb der Hoden lehnen sich sechs birnförmige, eine feinkörnige Masse absondernde Körper an die Saamenleiter an, deren sechs Ausführungsgänge nach und nach zusammenmünden und mit zwei gemeinschaftlichen Ausführungsgängen an das Begattungsglied herantreten [5]). Der Penis ist in der Regel eingestülpt und stellt hervorgestülpt einen muskulösen napfförmigen Anhang dar, dessen Aushöhlung bei der Begattung das Hinterleibsende des Weibchens aufnimmt [6]). In den Hoden entwickeln sich nach dem bekannten Gesetze haarförmige, sehr bewegliche und im Wasser unter Oesenbildung erstarrende Spermatozoïden [7]). Der gelbbraune wachsartige Kitt, welcher sehr häufig in der Umgebung der Vulva festklebend angetroffen wird, scheint während der Begattung von jenen sechs birnförmigen Körpern der männlichen Kratzer abgesondert zu werden [8]).

§. 117.

Bei den Nematoden bestehen die Fortpflanzungsorgane in beiden Geschlechtern aus einer langen einfachen oder theilweise doppelten, blind endigenden Röhre, welche sich um den geraden Darmkanal herumwindet. In den weiblichen Individuen können Ovarium, *Tuba Fallopii*, Uterus und Scheide, in den männlichen Individuen dagegen Hoden, *Vas deferens*, *Vesicula seminalis* und *Ductus ejaculatarius* als verschiedene Abtheilungen dieser Geschlechtsröhre unterschieden werden. Einfach ist diese Röhre in den Weibchen von Trichosoma, Trichocephalus, Sphaerularia und in allen männlichen Individuen der Rundwürmer überhaupt. Doppelt ist diese Röhre als Ovarium, *Tuba Fallopii* und Uterus bei Filaria, Ascaris, Strongylus, Spiroptera, Oxyuris, Auguillula u. a. [1]). Der hintere, blind endigende Theil

4) Die beiden runden Hoden liegen in Echinorhynchus strumosus neben einander. Da ich die unpaarige längliche Blase stets leer angetroffen habe, so muss ich es unentschieden lassen, ob diese auch wirklich als Saamenblase fungirt.

5) Die sechs birnförmigen Körper sind früher für eben so viele Saamenbläschen erklärt worden (s. Westrumb, de helminth. acanth. p. 55. Tab. 3. Fig. 24. und Nitzsch in der Encyclopaedie. Th. 7. 1821. Taf. zu Acanthocephala Fig. 2. 3. i.). In Echinorhynchus claviceps konnte ich nur einen einzigen birnförmigen Körper entdecken.

6) Das Begattungsglied, welches hervorgestülpt meist schräge vom Hinterleibsende der Kratzer absteht, hat Dujardin (Histoire a. a. O. p. 493. Pl. 7. Fig. D. 1. u. D. 2.) sehr gut abgebildet.

7) Ueber die Spermatozoïden der Acanthocephalen vergl. meine Beobachtungen in Müller's Archiv. 1836. p. 232.

8) Dieser Kitt inkrustirt zuweilen die ganze Schwanzspitze der Weibchen, z. B. von Echinorhynchus Gigas, globocaudatus u. a. Vgl. Cloquet (Anatomie a. a. O. p. 100. Pl. 8. Fig. 4. u. 5.) und Nitzsch (in Wiegmann's Archiv. 1837. Bd. 1. p. 64.).

1) Ueber die einfache Geschlechtsröhre mit ihren verschiedenen Abtheilungen bei dem weiblichen Trichocephalus dispar vergl. Mayer's Beiträge a. a. O. Taf. 2.

der Röhre bildet bei den Weibchen das Ovarium, welches in seinem hintersten Ende kleine runde Zellen enthält. Diese häufen sich weiter nach vorne mehr an, und werden nach und nach mit körniger Dottermasse umhüllt, zwischen welcher die primitiven Zellen mit ihrem Kerne als Keimbläschen hindurchschimmern. In dem vorderen Theile des Eierstocks liegen diese Eier entweder als runde Scheiben in einfacher Reihe hinter einander oder gruppiren sich dicht gedrängt um eine, die Axe der Eierstocksröhre durchziehende Rhachis. In der *Tuba Fallopii*, welche sich durch eine grössere Enge vor der Eierstocksröhre zu erkennen gibt, nehmen die Eier eine vollkommenere Gestalt an, und treten zuletzt, meistens mit doppelter farbloser Hülle umgeben, in den erweiterten Grund des Uterus über 2). Dieser bildet immer den weitesten

---

Auch in Filaria rigida und Ascaris paucipara traf ich die weiblichen Fortpflanzungsorgane einfach an. Sind diese Organe doppelt vorhanden, so erstreckt sich, von der einfachen Vagina aus, entweder der eine Uterus mit seinem Eierleiter und Ovarium nach oben und der andere nach unten, z. B. bei Ascaris brevicaudata, nigrovenosa, Oxyuris vermicularis, Spiroptera Anthuris, Strongylus auricularis, striatus u. a. oder beide Gebärmutterröhren laufen neben einander nach hinten, z. B. bei Ascaris aucta, mystax, lumbricoïdes (s. Cloquet, Anatomie a. a. O. Pl. 1. Fig. 2.), osculata etc. In Cucullanus elegans und microcephalus (aus dem Darme von Emys lutaria) ist nur der Uterus allein doppelt, indem die eine, nach oben sich begebende Gebärmutterröhre in einen Eierleiter uud Eierstock übergeht, während die untere Röhre in der Schwanzspitze blind ohne Tuba und Ovarium endigt. Es kommen ferner auch weibliche Ascaris-Arten vor, deren einfache Vagina sich in eine dreifache und fünffache Geschlechtsröhre spaltet. So sah ich in Ascaris microcephala den Uterus hinter der Scheide in drei Röhren gespalten, von welchen eine jede mit einem Eierleiter und Eierstocke endigte. In Filaria labiata bemerkte Nathusius (in Wiegmann's Archiv. 1837. Bd. 1. p. 57.) das hintere Ende des anfangs einfachen Uterus in fünf Röhren zertheilt. Ganz eigenthümlich nimmt sich der hintere Theil des doppelten Uterus von Strongylus inflexus aus, der durch eine Menge von Verengerungen ein perlschnurartiges Ansehen erhalten hat.

2) Die Eierbildung in verschiedenen Nematoden haben Siebold (in Burdach's Physiologie a. a. O. p. 208.), Bagge (Dissertat. de Strongylo a. a. O. Fig. 1—5.) und Kölliker (in Müller's Archiv. 1843. p. 69. Taf. 6. Fig. 20.) beschrieben. Eine Rhachis erkannte ich in den Ovarien von Ascaris aucta, lumbricoïdes, Mystax, osculata, Cucullanus elegans und Strongylus inflexus. Die unausgebildeten platten Eier dieser Rundwürmer gehen an dem einen Ende in eine Spitze aus, mit welcher sie an der Rhachis festhängen. An den Eiern von Ascaris lumbricoïdes ist diese Spitze während einer gewissen Entwickelungsperiode sehr lang, und das entgegengesetzte stumpfe Ende mehrmals tief eingekerbt, wodurch diese Eier in diesem Zustande ein ganz sonderbares Ansehen erhalten (s. Henle in Müller's Archiv. 1835. p. 602. Taf. 14. Fig. 11.). Die doppelte farblose Eihülle ist in den ausgebildeten, fast immer einfach oval gestalteten Eiern der Rundwürmer nur selten deutlich erkennbar. In Trichosoma und Trichocephalus ragt an beiden Enden der Eier ein kurzes Divertikulum, in Ascaris dentata dagegen ein langer zerfaserter Fortsatz hervor (s. Mayer, Beiträge a. a. O. Taf. 2. Fig. 8. und Kölliker in Müller's Archiv. 1843. Taf. 6. Fig. 16—19.).

Theil der Geschlechtsröhre, und zeichnet sich durch die Fähigkeit, kräftige peristaltische Bewegungen zu äussern, vor den vorhergehenden Abtheilungen der Geschlechtsröhre aus. Die Vagina, welche sich durch ihren engen Kanal und durch ihre muskulösen Wandungen von dem dünnhäutigen Uterus unterscheidet, mündet an sehr verschiedenen Stellen des Körpers aus. In den meisten Fällen, z. B. bei Ascaris, Spiroptera, Strongylus, Oxyuris, Cucullanus und Trichocephalus ist die quer gespaltene *Vulva*, welche zuweilen von einem sehr auffallenden Fleischwulste umgeben ist, entweder etwas vor der Mitte oder gegen die Mitte des Leibes hin angebracht. Zuweilen erscheint sie aber auch ganz nach vorne neben den After gerückt [3]). Im Grunde des Uterus findet sich die Saamenmasse gewöhnlich so angehäuft, dass man den Gedanken fassen muss, hier gehe die Befruchtung der Eier vor sich [4]).

Bei den männlichen Rundwürmern ist der hintere, blind endigende Theil der einfachen Geschlechtsröhre der Hode; eine kurze darauf folgende verengerte Strecke der Röhre entspricht einem *Vas deferens*, welches in einen erweiterten Theil der Röhre, die *Vesicula seminalis*, übergeht. Diese ist gewöhnlich durch eine Abschnürung von dem *Ductus ejaculatorius* geschieden, welcher in eine andere muskulöse Röhre (Penisscheide) einmündet [5]). Letztere enthält in ihrem oberen Theile den aus Hornsubstanz bestehenden Begattungsapparat, welcher bald als einfacher, bald als doppelter kürzerer oder längerer Penis durch Kontraktion der muskulösen Penisscheide aus der stets am Hinterleibsende angebrachten Geschlechtsöffnung [6]) hervor-

---

3) Sehr wulstig erscheint die Umgegend der Vulva bei Ascaris dactyluris, Cucullanus elegans, Strongylus nodularis, striatus u. a. Bei den Trichosomen hängt von der Vulva ein, mit einem Prolapsus vaginae vergleichbarer, Wulst herab (s. Dujardin, Histoire a. a. O. Pl. 1.). In Filaria attenuata, inflexocaudata mihi (aus Cysten der Lunge von Delphinus Phocaena), papillosa u. a. ist die weibliche Geschlechtsöffnung neben dem Munde gelegen (s. Leblond, Quelques matériaux pour servir à l'histoire des Filaires et des Strongles. 1836. Pl. 2. Fig. 1.). In Strongylus paradoxus befindet sich die blasenförmig aufgeschwollene Vulva kurz vor der Schwanzspitze; auch bei Ascaris paucipara ist dieselbe dicht über dem After angebracht.

4) Vgl. Bagge a. a. O. p. 12. und Kölliker in Müller's Archiv. 1843. p. 72.

5) Ueber die männliche Geschlechtsröhre vergl. Mayer, Beiträge a. a. O. Taf. 1. und Cloquet, Anatomie a. a. O. Pl. 1. Fig. 5. und Pl. 2. Fig. 8. Ich habe bis jetzt nur sehr wenige Abweichungen von diesem Typus bei den männlichen Nematoden wahrgenommen. In Filaria attenuata ist nämlich das hinterste Ende des Hoden gabelförmig gespalten, und bei Ascaris vesicularis laufen an der Uebergangsstelle des *Vas deferens* in die *Vesicula seminalis* von dieser zwei ansehnliche, blindschlauchartige Fortsätze in die Höhe.

6) Nach Leblond (a. a. O. p. 20. Pl. 3. Fig. 1.) soll sich die männliche Geschlechtsöffnung der Filaria papillosa, ganz wie die weibliche, dicht neben der

geschoben werden kann. Der Penis ist sehr mannichfaltig gestaltet und besitzt als Antagonisten der Penisscheide zwei an die Peniswurzel sich inserirende langgestreckte Muskeln [7]). Die stets unbeweglichen Spermatozoïden, welche sich in den Hoden der Nematoden entwickeln, behalten meist die Gestalt einer Zelle bei, oder stellen wenigstens niemals haarförmige Körperchen dar [8]). Um bei der Begattung die Ver-

---

Mundöffnung befinden, was ich wenigstens bei Filaria attenuata, inflexo-caudata und einer Filaria aus dem Cavum thoracis eines Sturnus vulgaris nicht bestätigen kann.

7) Einfach und sehr lang erscheint der hornige Penis in Trichocephalus und Trichosoma; derselbe steckt hier, ausser in der muskulösen Scheide, noch in einer zweiten häutigen, zuweilen mit rückwärts gerichteten feinen Stacheln besetzten Scheide, welche bei dem Hervorschieben des Penis nach aussen umgestülpt wird und einem *Praeputium* verglichen werden kann (s. Mayer, Beiträge a. a. O. Taf. 1. und Dujardin, Histoire a. a. O. Pl. 1—3.). Doppelt ist der Penis fast bei allen übrigen Nematoden. Sehr lang sind die beiden Begattungsorgane in Ascaris acuminata, brevicaudata, depressa, spiculigera, Strongylus parodoxus etc.; sehr kurz dagegen in Ascaris ensicaudata, semiteres, Cucullanus elegans, Filaria attenuata, inflexo-caudata, Spiroptera Anthuris, Strongylus inflexus u. a. Von ungleicher Länge zeigen sich die beiden Ruthen in den Spiropteren; bei Ascaris paucipara, brevicaudata und bei den Strongylus-Arten kommt noch ein accessorisches Hornstück, gleichsam als dritter Penis, hinzu. Bei den meisten Nematoden bilden die hornigen Ruthen eine schmale Rinne; höchst unregelmässige Formen bieten die mit verschiedenen Fortsätzen versehenen Ruthen der Strongylen dar. Die zwei schmächtigen, als Zurückzieher des vorgestreckten Penis wirkenden Muskeln entspringen von der inneren Wand der Leibeshöhle und sind doppelt vorhanden, wenn der Penis verdoppelt ist. Ausserordentlich lang sah ich diese vier Muskeln in Ascaris osculata, vesicularis und spiculigera. Vergl. über den Penis der Nematoden Mayer, Beiträge a. a. O. Taf. 1. und Dujardin, Histoire a. a. O. Pl. 1—6.

8) Ueber die Spermatozoïden der Nematoden vergl. Bagge, Dissertatio de Strongylo a. a. O. p. 12. Fig. 27. u. 28. Die Entwickelung der zellenförmigen Spermatozoïden ist in Ascaris paucipara ausnehmend deutlich zu verfolgen, indem hier die Spermatozoïden-Zellen eine ganz ungewöhnliche Grösse erreichen. Im hintersten Ende des Hodens entstehen nämlich zuerst Zellenkerne mit ihrem Kernkörperchen; bei weiterem Fortrücken werden diese Zellenkerne von äusserst feinkörniger Masse eingehüllt, um welche sich eine Zellenmembran herumbildet. Es gleicht auf diese Weise der Hode mit seinem Inhalte ganz und gar einem mit Keimbläschen und Eiern gefüllten Ovarium. Weiterhin dehnt sich die Zellenmembran der einzelnen Spermatozoïden-Zellen mehr und mehr aus; nur die innere Fläche derselben ist dann noch mit einer Schicht feiner Körner belegt, indem im übrigen Theile der Zelle die feinkörnige Masse verschwunden ist. Während dieser Veränderung verwandelt sich der, einem Keimbläschen ähnliche Zellenkern in ein längliches, scharf begrenztes, festes Körperchen. In Strongylus auricularis bieten die Spermatozoïden-Zellen eine birnförmige Gestalt dar; ähnlich verhalten sich diese Saamenkörperchen in Oxyuris ambigua (s. Kölliker a. a. O. p. 73. Taf. 7. Fig. 26.). Kölliker hat sich höchst wahrscheinlich durch Mayer (Neue Untersuchungen aus dem Gebiete der Anatomie und Physiologie. 1842. p. 9.), welcher in Oxyuris vermicularis fadenförmige Spermatozoïden gesehen haben will, verleiten lassen, die birnförmigen Spermatozoïden-Zellen jener Oxyu-

einigung beider Geschlechter noch mehr zu vermitteln, sind die männlichen Individuen häufig in der Umgegend der Geschlechtsöffnung mit lappenartigen Anhängen, mit Warzen und Saugnäpfen versehen; einigen kömmt das spiralförmig aufgerollte Schwanzende gewiss auch dabei zu statten. In vielen Fällen scheint ein wachsartiger Kitt abgesondert zu werden, durch den die Vereinigung der beiden Geschlechter noch ganz besonders befestigt wird [9]).

Die wenigen Erfahrungen, welche bis jetzt über die Geschlechtswerkzeuge der Gordiaceen gemacht worden sind, haben gezeigt, dass dieselben, wie bei den Nematoden, von Anfang bis zu Ende röhrenförmig gebildet sind; indessen wurden doch auch in Bezug auf ihre feinere Struktur und Entwickelungsweise der Spermatozoïden so auffallende Verschiedenheit erkannt, dass dadurch allein schon eine Trennung der Gordiaceen von den Nematoden gerechtfertigt sein dürfte [10]).

---

ris für eben so viele Bündel haarförmiger Saamenkörperchen anzusehen. Mir sind niemals dergleichen Saamenfäden in den Nematoden aufgestossen.

9) Bekannt ist die breite Schwanzklappe der Strongylus-Männchen und das spiralig aufgerollte Schwanzende der männlichen Spiropteren. Eine doppelte Reihe von Warzen zieht sich bei vielen Ascariden-Männchen zu den Seiten der Geschlechtsöffnung herab; bei Ascaris vesicularis und inflexa beobachtete ich dicht über der männlichen Geschlechtsöffnung eine Art Saugnapf, welcher gewiss während der Begattung eine Rolle zu spielen hat. Das Männchen von Hedruris androphora hält das Weibchen mit seinem spiralförmig gewundenen Leib auch ausser der Begattungszeit umfangen, während bei der Begattung des Strongylus trachealis die Schwanzklappe der Männchen so fest auf die Vulva der Weibchen aufgekittet wird, dass die Thiere sich nicht wieder von einander trennen können (s. Siebold und Nathusius in Wiegmann's Archiv. 1836. Bd. 1. p. 105. Taf. 3. und 1837. Bd. 1. p. 60. u. 66.). Bei vielen anderen Strongylus- und Ascaris-Arten findet sich der Umkreis der Vulva nicht selten mit bräunlichem Kitt beklebt, in dem man bei den Strongylus-Weibchen bisweilen die Umrisse der aufgeheftet gewesenen Schwanzklappe ganz deutlich abgedrückt erkennt (s. Mehlis in der Isis. 1831. p. 87.)

10) In der von Dujardin aufgestellten Gordiaceen-Gattung Mermis erinnert der schlauchförmige Uterus, die muskulöse Vagina und die vom Schwanzende weit entfernt angebrachte Vulva noch ganz an die Nematoden. Die Eier der Mermis nigrescens besitzen, wie die Eier der Ascaris dentata, lange zerfaserte Anhänge (s. Dujardin in den Annales d. sc. nat. 1842. T. 18. p. 133. Pl. 6. und Siebold in Wiegmann's Archiv. 1843. Bd. 2. p. 309.), auch liegen im Schwanzende der männlichen Individuen von Mermis albicans mihi (s. die entomologische Zeitung. 1843. p. 79.), wie bei den Nematoden, zwei hornige Begattungsglieder verborgen. Sehr abweichend hiervon zeigt sich die Organisation der Geschlechtswerkzeuge von Gordius (s. Dujardin und Siebold a. a. O.). Hier wird sowol in den männlichen, wie weiblichen Individuen die Leibeshöhle von einer doppelten, nach unten hin einfachen und ungewundenen Geschlechtsröhre ganz ausgefüllt, deren Wände aus sehr grossen Zellen zusammengesetzt sind. Die weibliche und männliche Geschlechtsöffnung ist immer am Hinterleibsende angebracht. Die Hodenschläuche des Gordius aquaticus enthalten im oberen Ende zellige Körperchen, nach unten hin dagegen sehr kleine stabförmige Körperchen, welche ich

§. 118.

Die Entwickelung der durch Geschlechtsorgane und Eier sich fortpflanzenden Helminthen geht, mit Ausnahme der Nematoden und Gordiaceen, durch eine Metamorphose vor sich. Es ist die ganze Metamorphosenreihe aber noch bei keinem Helminthen von Anfang bis zu Ende verfolgt worden; nur einzelne Glieder derselben sind hier und da erst erkannt worden, bei welchen sich die höchst merkwürdige Thatsache herausgestellt hat, dass die aus den Eiern hervorgegangenen Embryonen sich nicht immer durch Metamorphose zuletzt in ein, dem Mutterthiere gleiches Individuum verwandeln, sondern ein neues larvenartiges Wesen aus sich erzeugen, welches Generationen von anderen larvenartigen Wesen hervorbringt. Diese letzteren erst verwandeln sich endlich in Individuen, welche als Schluss dieser Metamorphosenreihe dem ursprünglichen Mutterthiere gleichen. Es ist diese eigenthümliche Art der Fortpflanzung und Entwickelung, welche besonders unter den Trematoden sehr verbreitet vorkommt, mit dem Namen Generationswechsel bezeichnet worden [1]. Ob auch bei den Cestoden und Acanthocephalen ein solcher Generationswechsel besteht, kann noch nicht entschieden ausgesprochen werden, da man bei diesen Helminthen meist nur das erste Glied der Metamorphosenreihe, den aus dem Ei hervorgegangenen Embryo, bis jetzt kennen gelernt hat [2]. In vielen Cestoden und Trematoden entwickeln sich die Embryonen schon vor dem Eierlegen und in einigen Trematoden verlassen dieselben ihre Eischalen, während sich die Eier noch im Uterus befinden.

Die Entwickelung der Cestoden erfolgt in den Eiern in der Weise, dass sich, nach dem Verschwinden des Keimbläschens, im Inneren der körnigen Dottermasse, ohne stattfindende Durchfurchung derselben, einzelne grössere und wasserhelle Embryonalzellen ausbilden, welche sich durch Theilung vermehren und verkleinern. Der ganze Haufe dieser

---

auch zwischen den Eiern im Uterusschlauche entdeckte und daher für die entwickelten Spermatozoïden halte. Die zwischen dem mehr oder weniger gespaltenen Schwanzende der männlichen Gordien angebrachte Geschlechtsöffnung birgt keine Begattungsorgane. Die einfachen, runden, farblosen Eier des Gordius aquaticus kleben im unteren Ende des Uterus durch einen eiweissartigen Ueberzug an einander und werden in Form einer ausserordentlich langen Eierschnur gelegt; eine solche Eierschnur ist von Léon Dufour (in den Annales d. sc. nat. T. 14. 1828. p. 222. Pl. 12. Fig. 4.) für eine Filaria Filariae gehalten worden.

1) Vgl. Steenstrup, Ueber den Generationswechsel oder die Fortpflanzung und Entwickelung durch abwechselnde Generationen, eine eigenthümliche Form der Brutpflege in den niederen Thierklassen. 1842.

2) Die in verschiedenen Seefischen vorkommende trematodenartige Larve, aus welcher ein Tetrarhynchus hervorgeht (s. Miescher im Bericht über die Verhandlungen der naturforsch. Gesellschaft in Basel. 1840. p. 29. und in Wiegmann's Archiv. 1841. Bd. 2. p. 302.) deutet übrigens darauf hin, dass auch bei den Cestoden ein Generationswechsel vorkommt.

Embryonalzellen wächst nach aussen auf Kosten der Dottermasse und tritt zuletzt ganz an deren Stelle. Ist der Dotter völlig geschwunden, so überzieht sich die ganze Masse der jetzt ungemein klein gewordenen Embryonalzellen mit einem zarten Epithelium und stellt einen runden oder ovalen Embryo dar, an dessen einem Ende sechs hornige Häkchen nach und nach zur Ausbildung gelangen [3]).

Auf ähnliche Weise geht vielleicht auch die Entwickelung der Embryonen der Acanthocephalen vor sich, an denen jedoch nur vier hornige Häkchen zum Vorschein kommen [4]).

Die Trematoden entwickeln sich in den Stadien ganz eben so, wie die Cestoden, die ovalen Embryonen überziehen sich hier aber meistens mit einem Flimmerepithelium und erhalten statt der Hornhäkchen am vorderen Leibesende einen Mundnapf [5]).

Ausser dieser ersten Entwickelungsstufe, dem Embryonalzustande, kennt man noch verschiedene andere spätere Entwickelungsstufen oder Larvenzustände, in welchen viele Helminthen für besondere selbstständige Schmarotzer beschrieben und dem Thiersysteme einverleibt worden sind [6]). Unter diesen Helminthenlarven sind besonders

3) Ueber die Entwickelung der Embryonen von Bothriocephalus und Taenia vergl. Siebold (in Burdach's Physiologie a. a. O. p. 200.), Dujardin (in den Annales d. sc. nat. T. 10. 1838. p. 29. Pl. 1. Fig. 10., ferner T. 20. 1843. p. 341. Pl. 15. und Hist. nat. des Helminthes. Pl. 9—12.) und Kölliker (in Müller's Archiv. 1843. p. 91. Taf. 7. Fig. 44—56.). Die kleinen Hornhäkchen, welche von den Bandwurm-Embryonen sehr lebhaft aus- und eingezogen werden, haben einigermaassen Aehnlichkeit mit den Häkchen in den Hakenkränzen der Taenien.

4) Es ist mir bis jetzt nur bei Echinorhynchus Gigas geglückt, Embryonen aus den Eiern hervorzupressen. Die vier Hornhäkchen derselben erinnerten in ihrer Lage und Gestalt an dieselben Waffen der Bandwurm-Embryonen. Alle Kratzer-Embryonen scheinen indessen diese Häkchen nicht zu tragen; wenigstens hat sie Dujardin (Histoire a. a. O. Pl. 7.) an den Embryonen von Echinorhynchus transversus und globocaudatus nicht wahrgenommen.

5) Ueber die Entwickelung der Embryonen von Monostomum und Distomum vergl. Siebold (in Burdach's Physiologie a. a. O. p. 206.) und Kölliker (in Müller's Archiv a. a. O. p. 99.). Die mit einem Flimmerepithelium infusorienartig umherschwimmenden Embryonen, welche zum Theil schon im Uterus die Eischale verlassen, sind von Mehlis (in der Isis. 1831. p. 190.) in Distomum hians, von Nordmann und Creplin (Micrograph. Beiträge. Hft. 2. p. 139. und in der Encyclopaedie. Th. 29. 1837. p. 324,) in Distomum nodulosum und globiporum, und von mir (in Wiegmann's Archiv. 1835. Bd. 1. p. 66. Taf. 1.) in Distomum cygnoïdes, longicolle, Amphistomum subclavatum und Monostomum mutabile beobachtet worden. Vgl. auch Dujardin in den Annales d. sc. nat. T. 8. 1837. p. 303. Pl. 9. Fig. 3. Embryonen ohne Flimmerepithelium sah ich in Distomum tereticolle und Aspidogaster conchicola. Einen Mundnapf besitzen die Embryonen von Distomum longicolle, cygnoïdes, Monostomum mutabile und Aspidogaster conchicola. Bei den letzteren ist sogar auch am Hinterleibsende ein Saugnapf angebracht (s. Dujardin, Histoire a. a. O. p. 325.).

6) Die Gattungen Cercaria, Histrionella, Bucephalus u. a. müssen daher ein-

zwei den Trematoden angehörige Formen hervorzuheben, von welchen die eine die schlauchartigen Larven, und die andere die cercarienartigen Larven darstellt. Die schlauchartigen Larven (die Keimschläuche nach Baer) bilden ein Glied jener merkwürdigen, durch den Generationswechsel vor sich gehenden Metamorphose. Es sind diese Keimschläuche bald unvollkommener, bald vollkommener organisirt. In ihrer Leibeshöhle entwickeln sich neue Generationen von Larven aus Keimkörpern, welche letzteren von einer körnig-blasigen Masse zusammengesetzt werden, und weder in ihrer Organisation noch Entwickelungsweise eine Aehnlichkeit mit Eiern haben. Die aus diesen Keimkörpern hervorgehenden Larven sind entweder wiederum Keimschläuche oder cercarienartige Larven, welche, nach Abwerfung ihres Schweifes, sich zu vollkommenen, mit Geschlechtsorganen versehenen Trematoden ausbilden und so, als letztes Glied, diese Metamorphosenreihe beschliessen 7).

---

geben, da sie nur Larvenzustände verschiedener Trematoden sind. Der von Leblond (in den Annales d. sc. nat. T. 6. 1836. p. 289. Pl. 16. Fig. 3.) als Amphistomum ropaloïdes beschriebene Helminth ist blos eine zur Metamorphosenreihe eines Tetrarhynchus gehörige Larve. Die zur Gattung Scolex gerechneten Helminthen sind gewiss nichts anderes, als unentwickelte Bothriocephalen, so wie der von Nordmann (Micrograph. Beiträge. Hft. 1. p. 101. Taf. 8. Fig. 6. 7.) als Gryporhynchus pusillus beschriebene Wurm wol nur eine ganz junge Taenia ist. Hier wird nun auch der Zweifel rege, ob die geschlechtslosen Cysticen wirklich verdienen, als selbstständige Thierarten betrachtet zu werden. Es ist sehr wahrscheinlich, dass die Blasenwürmer unentwickelte Cestoden sind, in denen sich erst später, z. B. bei Cysticercus fasciolaris, die Geschlechtswerkzeuge entwickeln, nachdem die von ihm bewohnten Nagethiere von Raubthieren gefressen worden sind. Vielleicht verhält sich Taenia crassicollis gerade so zu Cysticercus fasciolaris, wie Bothriocephalus nodosus zu Bothriocephalus solidus. Vgl. Creplin, Nov. observ. a. a. O. p. 90.

7) Die schlauchartigen Larven der Trematoden sind von Steenstrup (a. a. O. p. 50.) mit dem Namen Ammen belegt worden. Wir kennen diese Larven bis jetzt nur als Schmarotzer von Mollusken, nämlich von Paludina, Lymnaeus, Planorbis, Ancylus, Succinea, Anadonta und Unio, ferner von Helix pomatia und Tellina baltica nach Bojanus's, Baer's, Carus's, Steenstrup's und nach meinen Beobachtungen. Die den Bucephalus polymorphus erzeugenden schlauchartigen Larven oder Ammen sind sehr lange, hier und dort varicös angeschwollene und zuweilen verästelte Röhren, an welchen niemals eine Bewegung wahrzunehmen ist (s. Baer in den Nov. Act. Acad. Leop. Carol. Vol. 13. P. 2. p. 570. Tab. 30.). Die Ammen von Distomum duplicatum stellen einfache ovale und starre Keimschläuche dar (s. Baer, ebendas. p. 558. Tab. 29.). Die zur Entwickelung von Cercaria ephemera bestimmten Larven oder Ammen bestehen aus ebenfalls ganz einfachen, aber cylindrischen starren Schläuchen (s. Siebold in Burdach's Physiologie a. a. O. p. 187. und Steenstrup a. a. O. p. 78. Taf. 3. Fig. 1—6.). Cercaria furcata entwickelt sich aus langgestreckten, einfachen, röhrenförmigen Schläuchen, welche einer sehr lebhaften peristaltischen Bewegung fähig sind (s. Baer a. a. O. p. 626. Tab. 31. Fig. 6.). Das merkwürdige Leucochloridium paradoxum ist auch nur eine Trematoden-Amme in Gestalt eines beweglichen cy-

§. 119.

In den Eiern der Nematoden, von welchen viele lebendiggebärend sind, entwickeln sich die Embryonen auf zwei verschiedene Weisen.

---

linderförmigen und geschwänzten Schlauchs (s. Carus in den Nov. Act. Acad. Leop. Carol. Vol. 17. P. 1. p. 85. Tab. 7.). An den träge beweglichen, walzenförmigen und orange gefärbten Ammen der Cercaria ephemera lässt sich eine deutliche Mundöffnung mit dahinter liegendem Schlundkopfe und einfachem Blinddarme wahrnehmen (s. Siebold in Burdach's Physiologie a. a. O. p. 187.). Aehnlich verhalten sich die Keimschläuche von Cercaria echinata; nur ragen hier noch vor dem stumpfen Schwanzende zwei kurze Fortsätze in schräger Richtung hervor (s. Baer a. a. O. p. 629. Tab. 31. Fig. 7. und Steenstrup a. a. O. p. 51. Taf. 2. Fig. 2—4.). — Die Keimkörper, aus welchen sich die cercarienartigen Trematoden-Larven entwickeln, tragen nichts an sich, was mit einer Eihülle oder einem Keimbläschen verglichen werden könnte. Die aus diesen Keimkörpern hervorgehenden Trematoden-Larven sind immer mit einem bald einfachen (Cercaria armata, ephemera, Distomum duplicatum etc.), bald gabelförmigen (Cercaria furcata) oder doppelten Schwanzanhange (Bucephalus polymorphus) versehen. Diese Schwanzanhänge werden von Distomum duplicatum nur sehr träge bewegt, von den Cercarien dagegen ausserordentlich schnell hin und her gepeischt, und von Bucephalus auf eine höchst eigenthümliche Weise hin und her geschnellt, indem hier die beiden fadenförmigen Anhänge sich zugleich ungemein verlängern und verkürzen. Haben die cercarienartigen Larven ihre Entwickelung erreicht, so brechen sie aus ihren Schläuchen hervor und wandern aus, um sich auf andere, von den Mollusken verschiedene Thiere überzusiedeln und dann ihre Metamorphose zur Vollendung zu bringen. Mehre Cercarien scheinen vorzüglich Insekten-Larven aufzusuchen und in diese einzuwandern, wobei ihnen die am Kopfende angebrachten Hornwaffen sehr zu statten kommen. So sah ich Cercaria armata mit Leichtigkeit in die Larven von Ephemera, Nemura und Perla eindringen, indem sie mit ihrem Stachel die Verbindungshaut zwischen den Leibessegmenten der Larven anbohrten. Bei dem Hindurchschlüpfen durch die gemachte enge Oeffnung verloren sie jedesmal ihren Schweif, und kaum in der Leibeshöhle der Insekten-Larven angelangt, umgeben sich diese Cercarien mit einer blasenförmigen Hülle, in welcher der Stachel abgeworfen und die letzte Verwandlung abgewartet wurde. Ob diese in den Insekten zu Stande kommt, möchte ich bezweifeln, da ich bei den vielen trematodenartigen Schmarotzern, welche ich in der Leibeshöhle der verschiedensten Insekten, deren Larven im Wasser leben, z. B. der Arten von Libellula, Agrion, Ephemera, Phryganea etc. angetroffen, niemals die Geschlechtswerkzeuge zur gehörigen Entwickelung herangereift sah. Vielleicht geht die vollständige Entwickelung der Geschlechtsorgane, deren zarte Umrisse man oft schon aus dem Inneren dieser Schmarotzer hervorschimmern sieht, erst dann vor sich, wenn sie mit den Insekten, welche sie bewohnen, von Vögeln oder anderen Thieren verschlungen und so auf einen zur Erreichung der Geschlechtsreife geeigneteren Boden übergepflanzt worden sind. Bei einigen cercarienartigen Larven, welche, ohne ihre ersten Wohnthiere, die Mollusken, zu verlassen, in diesen ihren Schweif abwerfen und sich einkapseln, mag vielleicht darauf gerechnet sein, dass dieselben, sammt ihren ursprünglichen Wohnthieren, von Wasservögeln verzehrt und auf diese Weise nach einem, ihrer weiteren Entwickelung entsprechenden Boden verpflanzt werden. Es muss hier noch besonders bemerkt werden, dass bei der Einkapselung oder Verpuppung der Cercarien die Kapsel oder Cyste von der sich verpuppenden Larve durch einen an der

Entweder durchlaufen die Embryonalzellen im Inneren der Dottermasse, ohne Durchfurchung der letzteren, dieselbe Entwickelung, wie bei den Cestoden und Trematoden, wobei der Dotter nach und nach aufgezehrt wird, oder die ganze Dottermasse verwandelt sich, nach vollständigem Durchfurchungsprocesse, in den Embryo 1). In beiden Fällen erlangt der Embryo schon die Gestalt des erwachsenen Rundwurms, aus dessen Leibeshöhle der fleischige Oesophagus und gerade Darmkanal zwischen den Resten des körnig-blasigen Dotters hindurchblickt, so dass solche junge Nematoden ohne weitere Metamorphose durch blosses Fortwach-

---

Körperoberfläche ausschwitzenden und allmälich erhärtenden Stoff erzeugt wird, und nicht etwa von dem Organe der Wohnhtiere ausgeht. Viele der cercarienartigen Larven mögen bei ihren Wanderungen ihr Ziel verfehlen und dann niemals zur vollendeten Ausbildung gelangen. Solche Wanderungen nehmen gewiss auch viele Cestoden in ihrem jugendlichen Zustande vor. Bei einem Tetrarhynchus wenigstens hat dies Miescher (a. a. O.) direkt beobachtet. Sind wir nun auch, indem wir die cercarienartigen Larven auf ihren Wanderungen verfolgten, im Stande gewesen, bei mehren die Umwandlung dieser Larven zu Monostomen und Distomen, und hiemit den Schluss ihrer ganzen Metamorphose zu beobachten, so haben wir desto weniger Erfahrungen über den Beginn dieser mit Generationswechsel verbundenen Metamorphose bis jetzt einsammeln können. Ueber die Art und Weise, wie die Trematoden-Embryonen in die schlauchartigen Larven, in die sogenannten Ammen übergeben, herrscht noch grosses Dunkel. Nur zwei isolirt dastehende Thatsachen sind geeignet, hier einige Aufklärung zu geben. Nach meinen Beobachtungen nämlich (s. Wiegmann's Archiv. 1835. Bd. 1. p. 75. Taf. 1.) enthält jeder Embryo von Monostomum mutabile einen Keimschlauch, der nach dem Absterben des Embryo frei wird, und in seiner Form, in seinen Bewegungen ganz einer Amme von Cercaria echinata gleicht. Auch aus den Embryonen des Amphistomum subclavatum sah ich einen schlauchförmigen Körper hervorschimmern, konnte mich aber nicht überzeugen, dass derselbe wirklich ein Keimstock gewesen sei. Nach Steenstrup's Beobachtungen endlich (a. a. O. p. 98.) soll ein Paramäcium-artiges Thierchen, welches einem Distomen-Embryo ähnelt, sich in den Muscheln umhertummeln, zuletzt sein Flimmerepithelium abwerfen, erstarren, und sich in den Keimschlauch von Distomum duplicatum verwandeln. Vergl. hierüber meinen Jahresbericht in Wiegmann's Archiv. 1843. Bd. 2. p. 300.

1) Auf diese beiden verschiedenen Entwickelungstypen der Nematoden hat Kölliker zuerst aufmerksam gemacht (s. Müller's Archiv. 1843. p. 68. Taf. 6. u. 7.). Freie Embryonalzellen entwickeln sich im Dotter ohne Durchfurchung des letzteren bei Ascaris dentata, Oxyuris ambigua, Cucullanus elegans u. a. Totale Durchfurchung des Dotters findet statt bei Ascaris nigrovenosa, acuminata, succisa, osculata, labiata, brevicaudata etc., bei Strongylus auricularis, dentatus, Filaria inflexo-caudata, rigida, Sphaerularia Bombi. Nachdem ich zuerst diesen Durchfurchungsprozess des Dotters der Nematoden (in Burdach's Physiologie a. a. O. p. 211.) erwähnt und Bagge (Dissertatio a. a. O.) denselben ausführlicher beschrieben hatte, suchte Kölliker (a. a. O.) diesen Furchungsprozess mit der Zellentheorie in Einklang zu bringen, indem er die aus den abgeschnürten Dotterkugeln hervorschimmernden Bläschen als Embryonalzellen betrachtete, an deren Vermehrung durch Theilung zugleich auch der sie umhüllende Dotter Antheil nimmt.

sen und durch Entwickelung der Geschlechtsorgane das Ende ihrer Ausbildung erreichen [2]). Aus den wenigen Beobachtungen, welche bisher über die Entwickelung der Gordiaceen angestellt wurden geht hervor, dass die Embryonen den erwachsenen Thieren vollkommen ähnlich sind [3]).

---

2) Es scheint, als wenn der gänzlichen Geschlechtsentwickelung gewisser Nematoden, wie bei den Trematoden, eine Wanderung der jungen Individuen vorausgehen müsse. Man findet nämlich in dem Parenchyme der verschiedensten Insekten und Wirbelthiere kleine, von einer Cyste umschlossene und geschlechtslose Nematoden, welche nur durch Wanderung dahin gelangt sein können und erst durch Ueberpflanzung auf andere Thiere, wie die cercarienartigen eingekapselten Trematoden-Larven, zur Entwickelung ihrer Geschlechtsorgane und völligen Ausbildung ihres Körpers gelangen. (Vergl. meine, über geschlechtslose Nematoden und die, von Creplin hierüber gemachten Bemerkungen in Wiegmann's Archiv. 1838. Bd. 1. p. 302. u. 373.). Die Trichina spiralis des Menschen ist bestimmt auch ein solcher encystirter und unentwickelter Rundwurm, in welchem man vergeblich nach Geschlechtsorganen suchen wird. Einige dieser Nematoden scheinen in ihren Cysten fortzuwachsen, ohne dass ihre Geschlechtsorgane in demselben Grade an Ausbildung zunehmen; so findet man die eingekapselte Filaria piscium in Fischen oft sehr herangewachsen, während die Geschlechtstheile derselben immer nur sehr wenig entwickelt angetroffen werden. Diese erreichen ihre vollständige Ausbildung gewiss erst, nachdem die eingekapselten Würmer, wie Bothriocephalus solidus, auf andere Thiere übergepflanzt worden sind. Aus demselben Grunde möchte ich Steenstrup (a. a. O. p. 113.) beistimmen und bezweifeln, dass Filaria piscium, wie Miescher (a. a. O. p. 26.) annimmt, zu jener kolbenförmigen Hülle erstarre, aus welcher später ein trematodenartiges Wesen und zuletzt ein Tetrarhynchus hervorgehe.

3) Vergl. die Untersuchungen von Dujardin (Annales d. sc. nat. T. 18. a. a. O. Pl. 6. Fig. 15. u. 16.) über Mermis nigrescens, welche ich vollkommen bestätigen kann.

Sechstes Buch.

Die Strudelwürmer.

Eintheilung.

§. 120.

Die Strudelwürmer führen ihren Namen von dem Flimmerepithelium, mit welchem ihre ganze Körperoberfläche dicht bedeckt ist. Ihr ungegliederter, theils platter, theils cylindrischer Leib besteht aus einem sehr lockeren Parenchyme, in welchem die inneren Organe wie eingegraben liegen. Ihr Nervensystem erscheint sehr unentwickelt, und stellt da, wo es erkennbar ist, als Centralmasse nur ein Nackenganglion dar, von welchem niemals ein Bauchmark ausgeht. Dem häufig verzweigten Darmkanale fehlt immer ein After. Die Geschlechtstheile sind entweder sehr entwickelt oder fehlen ganz [1]). In ersterem Falle zeigen sich diese Thiere immer als Zwitter und mit Begattungsorganen ausgestattet.

Es sind die Turbellarien vielfach im Thiersysteme herumgestossen worden; ihre Organisation bietet aber so viel Eigenthümliches und Abweichendes dar, dass sie es verdienen, als besondere Klasse hingestellt zu werden. Ehrenberg, welcher die Thiergruppe *Turbellaria* zuerst gründete, hat aber zu viele verschiedene Thiere in dieselbe zusammengezwängt, daher die von Örsted mit richtiger Kritik kürzlich vorgenommene Sichtung dieser Thiergruppe mit Dank aufgenommen werden muss.

I. Ordnung. *Rhabdocoëli.*

Der Darmkanal einfach cylindrisch, der Schlund nicht hervorstreckbar. Die Ortsbewegungen werden meistens schwimmend vorgenommen.

---

1) Ich kann hier die Frage nicht unterdrücken, ob die kleinen geschlechtslosen Strudelwürmer, z. B. Derostomum, Microstomum u. a., wirklich selbstständige Gattungen, und nicht etwa die Larven von anderen niederen Thieren sind

Gattungen: ***Vortex***, ***Derostomum***, ***Gyratrix***, ***Strongylostomum***, ***Mesostomum***, ***Typhloplana***, ***Macrostomum***, ***Microstomum***.

II. Ordnung. *Dendrocoëli*, Plattwürmer.

Der Darmkanal dendritisch verzweigt, der Schlund vollständig hervorstreckbar. Die Ortsbewegungen werden kriechend vorgenommen.

Gattungen: ***Polycelis***, ***Monocelis***, ***Planaria***, ***Leptoplana***, ***Eurylepta***, ***Planocera***, ***Thysanozoon***.

Literatur.

Baer, Ueber Planarien, in den Nov. Act. Acad. Leop. Carol. Vol. 13. 1826. p. 691.

Dugès, Recherches sur l'organisation et les moeurs des Planariees, in den Annales des sciences naturelles. T. 15. 1828. p. 139. und T. 21. 1830. p. 72., auch in der Isis. 1830.. p. 169. oder Froriep's Notizen. 1829. No. 501.

Mertens, Ueber den Bau verschiedener in der See lebender Planarien, in den Mémoires de l'Academie impériale des sciences de St. Petersbourg. 6ème Série. T. 2. 1833. p. 1., auch in der Isis. 1836. p. 307.

Ehrenberg, Phytozoa turbellaria, in den Symbolae physicae. Series I. 1831.

Focke, Ueber Planaria Ehrenbergii, in den Annalen des Wiener Museums der Naturgeschichte. Bd. 1. Abh. 2. 1836. p. 193.

F. F. Schulze, De Planariarum vivendi ratione et structura penitiori nonnulla. Dissertatio. Berolini 1836.

A. S. Örsted, Entwurf einer systematischen Eintheilung und speciellen Beschreibung der Plattwürmer. Copenhagen 1844.

Erster Abschnitt.

Von der Hautbedeckung.

§. 121.

Die ganze Körperoberfläche der Strudelwürmer erscheint von einem Flimmerepithelium überzogen, unter welchem ein sehr lockeres, aus kugeligen Massen zusammengesetztes Körperparenchym gelegen ist. In diesem Parenchyme befinden sich dicht unter dem Flimmerepithelium vieler Strudelwürmer eigenthümliche zellenförmige Körper eingebettet, welche theils an die Nesselorgane gewisser Zoophyten erinnern, theils mit den Angelorganen der Armpolypen vollkommen übereinstimmen 1).

---

1) Bei Microstomum lineare Örst. sind diese Angelorgane denen von Hydra auf ein Haar so ähnlich, dass ich ihre Beschreibung übergehen kann. Örsted (a. a. O. p. 73. Taf. 2. Fig. 18.) beschreibt dieselben als krugförmige Drüsen, in

Jene zellenförmigen Körper schliessen sechs, acht und mehr stabförmige und farblose Körperchen ein, welche bald gerade neben einander liegen, bald etwas spiralförmig gebogen sind. Bei weiterer Entwickelung dieser stabförmigen Körperchen schwindet ihre Zellenmembran, wodurch sie alsdann frei unter der Haut stecken und zuweilen aus derselben nackt hervorragen [2]).

Zweiter Abschnitt.

Von dem Muskelsysteme und den Bewegungsorganen.

§. 122.

Die Strudelwürmer scheinen, trotz ihres ausserordentlich kontraktilen Parenchyms, ein nur sehr wenig entwickeltes Muskelsystem zu besitzen.

In den kleineren Arten der Rhabdocoëlen ist die Muskelmasse von dem übrigen Körperparenchyme nicht zu unterscheiden, und da, wo sich in den grösseren Planarien Muskeln erkennen lassen, erscheinen die Muskelfasern ohne Querstreifen.

Die kleinen cylindrischen Rhabdocoëlen schwimmen, vermittelst ihres Flimmerepitheliums, nach Art vieler Infusorien, sich um die Längsaxe des Körpers drehend, frei im Wasser umher, während die flachen Dendrocoëlen, gleich den Gasteropoden, einherkriechen [1]).

---

deren Mitte sich beständig ein parabolischer Körper bewegen soll. Hätte Örsted diese Organe zwischen Glasplatten gepresst, so würde er den aus denselben hervorschnellenden Faden sammt den Widerhaken erkannt haben.

2) In Planaria lactea sah ich die stabförmigen Körperchen aus dem dünnen Seitenrande des Leibes hervorragen. In den Rückenpapillen von Thysanozoon Diesingii sind die Stäbchen theils in Zellen eingeschlossen, theils frei. Im letzteren Falle blicken sie häufig aus der Haut hervor. Bei Mesostomum Ehrenbergii und rostratum bilden dieselben in der vorderen Leibeshälfte leicht in die Augen fallende Streifen, indem sie hier reihenweise hinter einander geordnet sind. Örsted (a. a. O. p. 70. Taf. 2. Fig. 26. u. 37.) hat diese Stäbchen für eben so viele Muskelbalken angesehen. Die von demselben (ebendas. p. 72. Taf. 2. Fig. 29. u. 34.) beschriebenen Stacheln, welche die ganze Oberfläche des Macrostomum hystrix besetzt halten, mögen ebenfalls hieher gehören. Auch die zarten kurzen Borsten, welche man überall unter der Haut von Derostomum leucops Dug. antrifft, dürften hieher zu rechnen sein.

1) Die Art der Bewegung, mit welcher die flachen Planarien theils auf festen Gegenständen schleichend fortkriechen, theils an der Oberfläche des Wassers dahingleiten, hat bis jetzt nicht befriedigend erklärt werden können. Flimmerepithelium kann hier wol nicht die Hauptveranlassung dieser Bewegung sein. Nach Schulze (a. a. O. p. 32.) sollen die aus der Rückenhaut hervorragenden stabförmigen Körperchen, welche er Borsten nennt, wie Ruder wirken. Nach Mertens's Versicherung (Mémoires a. a. O. p. 5.) bewegt sich die Planaria lichenoïdes mit den hervorgestülpten Lappen ihres Pharynx fort.

Mehre grössere Rhabdocoëlen [2]) scheinen mit Hülfe ihres Flimmerepitheliums, wenn auch nicht frei schwimmend, doch mehr schwebend als kriechend von der Stelle zu kommen.

Dritter und vierter Abschnitt.

Von dem Nervensysteme und den Sinnesorganen.

§. 123.

Das Nervensystem der Turbellarien ist sehr undeutlich ausgeprägt, daher dasselbe bei den kleineren Arten noch gar nicht erkannt werden konnte, und bei den grösseren Arten nur unsicher nachgewiesen worden ist. Der Mittelpunkt des Nervensystems scheint von einem in der Nackengegend gelegenen Doppelganglion gebildet zu werden, welches nach verschiedenen Seiten hin Nervenfäden aussendet [1]).

§. 124.

Von den Sinnesorganen sind bei sehr vielen Strudelwürmern die Sehorgane am meisten entwickelt. Die am vorderen Leibesende bald in zweifacher, bald in mehrfacher Zahl angebrachten rothbraunen oder schwarzen Flecke sind nämlich nicht immer blosse Pigmentzellen [1]), sondern können als Augen angesprochen werden, indem sich an denselben eine Cornea, ein von Pigmentmasse umgebener lichtbrechender Körper und ein Nervenbulbus vorfindet [2]).

---

2) Z. B. Mesostomum.

1) Ein solches getrenntes Nervenganglienpaar sah Ehrenberg (i. d. Abhandl. d. Akad. d. Wissenschaft. zu Berlin a. d. J. 1835. p. 243.) in Planaria lactea. Bei anderen Plattwürmern, z. B. bei Planocera sargassicola und pellucida, scheinen diese beiden Nackenganglien zu einer einzigen Masse verschmolzen zu sein; wenigstens macht das in den eben genannten Plattwürmern von Mertens (a. a. O. Taf. 1. Fig. 6. und Taf. 2. Fig. 3. m. oder Isis. 1836. Taf. 9. Fig. 3. c. m.) für ein Herz erklärte Organ ganz den Eindruck eines doppelten und verschmolzenen Ganglion. Die trägen Pulsationen, welche Mertens an demselben bemerkt haben will, mögen, wie Ehrenberg (a. a. O. p. 244.) vielleicht richtig vermuthet, durch die Kontraktionen der benachbarten Organe bewirkt worden sein. Nach Schulze (a. a. O p. 39) laufen in Planaria torva von einer aus doppelten Ganglien zusammengesetzten Centralnervenmasse zwei Nervenfäden zu beiden Seiten des Darms nach hinten hin.

1) Zwei einzelne Augenflecke kommen am häufigsten vor. In Planocera und Leptoplana stehen deren mehre in Haufen beisammen; in Polycelis nigra ist der ganze Vorderrand des Leibes mit einer Menge von Augenpunkten gesäumt. Bei vielen der kleinen Turbellarien scheinen diese sogenannten Augenpunkte wirklich nichts anderes, als einfache Pigmentflecke zu sein.

2) Bei Planaria lactea liegt in der That zwischen einer hornhautartigen Wölbung der Körperoberfläche und einer halbmondförmig gruppirten Pigmentschicht ein festes glashelles Körperchen von konischer Gestalt eingeschlossen,

Was den Gefühlssinn betrifft, so sind, obgleich die ganze Körperoberfläche der Turbellarien gegen die geringste Berührung äusserst lebhaft reagirt, und der in manchen Plattwürmern mit Zipfeln und Fortsätzen versehene Vorderrand des Leibes diese Eigenschaft besonders concentrirt besitzt [3]), keine bestimmten Organe bis jetzt aufzufinden gewesen, von welchen jener äussere Reiz percipirt wird.

Fünfter Abschnitt.

Von dem Verdauungs-Apparate.

§. 125.

Der Verdauungsapparat der Turbellarien erscheint in den beiden Ordnungen der Rhabdocoëlen und Dendrocoëlen nach ganz verschiedenen Typen gebildet. In beiden Ordnungen wechselt die Mundöffnung so sehr ihren Platz, dass man besondere Gattungen darauf gründet, wenn die Mundöffnung am Vorderleibsende, oder dicht hinter demselben angebracht ist, oder sich dieselbe auf der Mitte des Bauches oder hinter derselben vorfindet. Die Wände des Darmkanals stehen immer unmittelbar mit dem Körperparenchyme in inniger Verbindung. Bei den Rhabdocoëlen befindet sich dicht hinter der Mundöffnung ein muskulöser Schlund, der entweder einen ringförmigen Sphinkter oder eine cylindrische längere oder kürzere Schlundröhre darstellt, welche niemals aus der Mundöffnung hervorgeschoben werden können. Von diesem Schlunde erstreckt sich der Darmkanal als einfacher Blindschlauch bis in die Schwanzspitze, und setzt sich zugleich bei denjenigen Würmern, deren Mund mehr oder weniger nach hinten angebracht ist, in einen längeren oder kürzeren, nach vorne hinaufragenden Blind-

---

welches ganz einem lichtbrechenden Krystallkörper entspricht. Vergl. Ehrenberg (a. a. O. p. 243.) und Schulze (a. a. O. p. 37.). Sehr merkwürdig verhält sich das gleichsam aus zwei Augen verschmolzene Sehorgan von Monocelis. Hier wird der einfache kugelförmige Augapfel nach Örsted's Angabe (a. a. O. p. 6. u. 56. Taf. 1. Fig. 1. 2. und im Texte Fig. 10.) von einem durchsichtigen Glaskörper ausgefüllt, in welchem zwei kegelförmige Krystallkörper mit nach innen gekehrten Spitzen eingesenkt liegen. Örsted konnte hier die beiden, seitlich zu dem Augapfel herantretenden Sehnerven besonders deutlich wahrnehmen. Auffallend bleibt es, dass an einer der drei bekannten Arten, an Monocelis unipunctata, dem Auge das Pigment gänzlich abgeht. Bei Polycelis will Ehrenberg (a. a. O. p. 243.) für die langen Reihen von Augenpunkten mehre strahlige Nervenknoten in der Mitte des Vorderleibes beobachtet haben.

3) Kontraktile fühlerartige Fortsätze befinden sich am Vorderrande der Planaria tentaculata und Eurylepta cornuta, so wie auf dem Nacken von Planocera, bei welcher letzteren sie zugleich einen Theil der Augenpunkte tragen.

schlauch fort[1]). Bei den Dendrocoëlen führt die Mundöffnung in eine weite Rachenhöhle, welche ein hervorstreckbares, äusserst bewegliches Schlingorgan (*Pharynx*) umschlossen hält. Dieses Schlingorgan, welches während des Fressens vollständig aus der Rachenhöhle hervorgeschoben wird, besteht entweder aus einer, von Längs- und Quermuskeln zusammengesetzten einfachen Schlundröhre oder aus einer Menge in einen Kreis um den Mund gestellter gelappter und verzweigter Fangarme. Die Basis dieses Schlingorgans geht in den eigentlichen Darm über, welcher sich mit vielen dendritischen Verästelungen fast durch den ganzen Leib ausbreitet[2]).

Von Speichel und Galle absondernden Organen findet sich bei den Strudelwürmern kaum eine Spur[3]).

---

1) In Gyratrix hermaphroditus und Vortex truncata ist die Mundöffnung nebst cylindrischer Schlundröhre am Kopfende angebracht (s. Ehrenberg in den Abhandlungen der Berl. Akad. p. 178. Taf. 1. Fig. 2. u. 3.). Bei Derostomum liegt hinter der Kopfspitze der Mund mit ringförmigem Schlunde, über welchen der Darm mit einem vorderen blinden Ende bis zur Kopfspitze hinaufragt. Eine Mundöffnung mit ringförmigem Schlunde besitzt auch Mesostomum auf der Mitte des Bauches, Typhloplana dagegen hinter der Mitte, wobei sich das vordere Blinddarmstück des Verdauungskanals eine ziemliche Strecke nach vorne hinaufbegibt (s. Örsted a. a. O. Taf. 2. Fig. 26. u. 31. und Focke a. a. O. Taf. 17.).

2) Die Gattung Planaria ist durch ihre äusserst bewegliche Schlundröhre, welche, vom Körper losgetrennt, noch eine längere Zeit hindurch alles verschluckt, was ihr vor die Mundöffnung kömmt, berühmt geworden (s. Baer a. a. O. p. 716. Tab. 33. Fig. 8—11. und Dugès a. a. O. T. 15. p. 152. Pl. 4. Fig. 18. 19.). Den Uebergang zu den armförmigen Schlingorganen macht die weite und faltige Schlundröhre von Planaria tremellaris (s. Dugès a. a. O. T. 15. Pl. 4. Fig. 20. 21.). Vollständig verästelte Arme stellen die Schlingorgane der Planocera sargassicola, pellucida und Leptoplana lichenoïdes dar, welche, in der Rachenhöhle eingeschlossen, ganz das Ansehen eines verästelten Darmkanals annehmen (s. Mertens a. a. O. Taf. 1. Fig. 2. 3. 6. Taf. 2. Fig. 3. 4. und Isis. 1836. Taf. 9. Fig. 3. b. u. 3. c.). Der dendritische Darmkanal der Dendrocoëlen findet sich in den angeführten Schriften von Baer, Dugès und Mertens vielfach abgebildet.

3) Focke (a. a. O. p. 196. Taf. 17. Fig. 11. c. f.) möchte zwei grössere Seitengefässe und einige drüsige Organe, welche er bei Mesostomum Ehrenbergii in der Nähe des Schlundes und Darmes entdeckt hat, als Speichelwerkzeuge und Leberorgane mit dem Verdauungsapparate in Verbindung bringen, gesteht aber selbst, dass diese Deutung höchst unsicher bleibe.

Sechster und siebenter Abschnitt.

Von dem Circulations- und Respirations-Systeme.

§. 126.

Ein Gefässsystem ist bis jetzt nur höchst unvollkommen in dem lockeren Parenchyme der Turbellarien erkannt worden. In den Dendrocoëlen scheinen konstant zwei Hauptgefässstämme vorzukommen, welche an beiden Seiten des Leibes herablaufen, unterwegs viele sich verzweigende Seitenäste abgeben und an beiden Extremen mit einander anastomosiren. Ein dem Herzen vergleichbares Centralorgan fehlt diesem Gefässsysteme, auch zeigen die Gefässwandungen desselben keine selbstständige Kontraktionsfähigkeit, so dass wahrscheinlich die in demselben circulirende Flüssigkeit durch die allgemeinen Kontraktionen des Leibes fortgetrieben wird [1]. Die in diesem Gefässsysteme enthaltene homogene und wasserklare Flüssigkeit dürfte hiernach wol die Bedeutung eines Ernährungssaftes haben.

Anders verhält es sich mit den Rhabdocoëlen. Hier sind bei einzelnen Arten ein oder zwei Paar Gefässröhren sichtbar geworden, welche, ohne Nebenäste abzugeben, sich an Stärke stets gleich bleibend, durch den Körper hinlaufen und an den Extremen schlingenartig umbiegen. Die in diesen Gefässen enthaltene wasserhelle Flüssigkeit wird durch hier und dort vereinzelt angebrachte Flimmerlappen in Bewegung gesetzt. Eine solche Organisation macht mehr den Eindruck eines Wasser- als eines Blut-Circulationssystems [2].

---

1) Am ausführlichsten hat Dugès (a. a. O. T. 15. p. 160. Pl. 5. Fig. 1. 2. und T. 21. p. 85. Pl. 2. Fig. 24. 25.) das Gefässsystem der Planarien beschrieben und abgebildet. Das herzförmige Organ, welches Mertens (a. a. O. p. 12. Taf. 1. Fig. 6. und Taf. 2. Fig. 3.) mit dem Gefässsysteme der Planocera sargassicola und pellucida in Verbindung bringt, ist wahrscheinlich, wie schon früher bemerkt wurde, das Centralorgan des Nervensystems. Dugès allein will selbstständige Bewegungen an den Gefässen der Dendrocoëlen wahrgenommen haben, während Mertens, Ehrenberg (in den Abhandl. der Berliner Acad. a. a. O. p. 243.), Schulze (a. a. O. p. 18.) und Örsted (a. a. O. p. 16.) das Gegentheil beobachtet haben.

2) In Derostomum leucops Dug. sah ich ein um sich selbst gewundenes, von Anfang bis zu Ende gleich stark bleibendes Gefässpaar aus dem Schwanzende nach dem Kopfende hinauflaufen, wo dasselbe eine einfache Schlinge bildete. Vor der Schwanzspitze trat dasselbe so dicht an die Hautoberfläche heran, dass es mir nicht möglich war zu unterscheiden, ob dasselbe auch hier schlingenförmig in sich selbst umbog oder nach aussen mündete. Ehrenberg (in den Abhandl. der Berl. Acad. a. a. O. p. 178. Taf. 1. Fig. 2.) bildet ein ähnliches, aber doppeltes Gefässpaar von Gyratrix hermaphroditus ab, welches umgekehrt

Besondere Respirationswerkzeuge fehlen den Turbellarien durchweg, wenn man das eben erwähnte Wassergefässsystem nicht als solche betrachten will. Es bleibt daher nur zu vermuthen übrig, dass durch das über den ganzen Körper verbreitete Flimmerepithelium, welches ein beständiges Vorüberströmen von frischem Wasser bewirkt, eine allgemeine Hautrespiration bei den Turbellarien unterhalten werde.

Achter Abschnitt.

Von den Absonderungs-Organen.

§. 127.

Besondere Absonderungsorgane sind an den Strudelwürmern bis jetzt nicht wahrgenommen worden, obgleich dieselben, namentlich die Dendrocoëlen, eine ausserordentliche Menge von Schleim aus ihrer Hautoberfläche absondern [1]).

Neunter Abschnitt.

Von den Fortpflanzungs-Organen.

§. 128.

Die Turbellarien pflanzen sich sowol durch Quertheilung wie durch Geschlechtswerkzeuge fort.

Eine Vermehrung durch Quertheilung findet regelmässig bei den kleineren Rhabdocoëlen statt, an welchen sich keine Spur von Geschlechtsorganen wahrnehmen lässt [1]). Es ist jedoch wahrscheinlich,

---

im Hinterleibsende eine Schlinge erkennen lässt, und im Vorderleibe undeutlich endigt. Das von Ehrenberg im Inneren dieser Gefässe bemerkte Zittern deutet gewiss auf die Anwesenheit von Flimmerlappen hin, welche Örsted (a. a. O. p. 17. Taf. 3. Fig. 48.) in den Gefässen von Mesostomum Ehrenbergii klar erkannt hat, während Focke (a. a. O. p. 200.) nur ihre Wirkungen gesehen zu haben scheint. Es sind dies dieselben Seitengefässe, von welchen Focke vermuthete, dass sie mit dem Schlunde zusammenhingen, was aber nach meinen Beobachtungen durchaus nicht der Fall ist.

1) Ob die unter der Haut der Dendrocoëlen gelegenen zellenförmigen Körper mit dieser Schleimabsonderung in irgend einer Beziehung stehen, bleibt dahingestellt.

1) Eine freiwillige Quertheilung hat Dugès an Derostomum leucops (s. Ann. d. sc. nat. T. 15. p. 169. Pl. 5. Fig. 15.) beobachtet. Einen sehr regelmässigen Theilungsprozess konnte ich an Microstomum lineare verfolgen, indem hier jede

dass sich in diesen Strudelwürmern zu gewissen Zeiten Fortpflanzungsorgane entwickeln, durch welche dann auch eine Vermehrung mittelst Eier möglich ist [2]).

Bei den grösseren Rhabdocoëlen, so wie in den Dendrocoëlen, sind die weiblichen und männlichen Zeugungsorgane nebst Begattungswerkzeugen in einem Individuum so vereinigt, dass eine Selbstbefruchtung durch Selbstbegattung stattfinden kann, obgleich derselben eine Befruchtung durch gegenseitige Begattung von den meisten dieser Strudelwürmer vorgezogen wird [3]). Es ist dieser Fortpflanzungs-Apparat sehr complicirt, und der Inhalt seiner verschiedenen Organe noch nicht genau analysirt worden, daher für die richtige Deutung dieser einzelnen Theile keine zuverlässige Bürgschaft gegeben ist. Im Allgemeinen finden sich folgende Theile am Geschlechtsapparat vor. Ein im Parenchyme des Körpers sich ausbreitender doppelter Eier- oder Dotterstock mündet mit einem gemeinschaftlichen Ausführungsgange in eine geräumige, als Scheide oder Eierleiter zu betrachtende Höhle ein; ein doppelter Hode sendet seine Saamenfeuchtigkeit,

Leibeshälfte, noch ehe sie sich getrennt hatte, sich in der Mitte wieder zu theilen anfing, und jedes dieser vier Stücke bereits wieder eine Andeutung zur Quertheilung an sich trug, so dass der ganze Leib eines solchen Strudelwurms durch sieben Querfurchen in acht gleiche Abschnitte getheilt erschien. Ich muss hier übrigens, um Verwechslungen vorzubeugen, bemerken, dass ich gegen Örsted (a. a. O. p. 73.) die beiden erwähnten Strudelwürmer, an denen ich während ihres Theilungsprozesses durchaus keine Geschlechtsorgane entdecken konnte, für nicht synonym, sondern für zwei ganz verschiedene Thiere erklären muss, indem dem Derostomum leucops Dug. die rothbraunen Augenflecke und Angelorgane fehlen, welche Microstomum lineare Örst. besitzt. — Die bekannte erstaunliche Reproduktionskraft der mit Geschlechtsorganen ausgerüsteten Planarien, vermöge welcher sich diese Plattwürmer durch eine künstliche, nach allen Richtungen hin vorgenommene Theilung vielfach vermehren lassen, lässt vermuthen, dass dieselben Thiere sich auch durch eine zufällige Theilung, der sie bei ihrer Verletzbarkeit so leicht ausgesetzt sind, vermehren mögen.

2) In Microstomum lineare und in den verschiedenen anderen, mit diesem kleinen Strudelwurme verwandten Rhabdocoëlen, z. B. in Gyratrix, Vortex, Strongylostomum u. a. wollen Örsted (a. a. O. p. 21. Taf. 3. Fig. 53. etc.) und Ehrenberg (in den Abhandl. der Berl. Acad. a. a. O. p. 178. Taf. 1. Fig. 2. u. 3.) Eierstöcke, Hoden, Begattungsglieder und Eier wahrgenommen haben; indessen sind die von den genannten Naturforschern darüber gelieferten Notizen zu fragmentarisch, als dass sie bestimmte Anhaltspunkte über diese Organisationsverhältnisse abgeben könnten. Ich kann nicht umhin, hier noch einmal die Frage zu wiederholen, ob nicht unter diesen geschlechtslosen Strudelwürmern larvenartige Thiere mit aufgenommen worden sind, welche sich nach Art der Medusenlarven durch Quertheilung vermehren, und während dieses Zustandes niemals Geschlechtsorgane erhalten.

3) Der Begattungsakt bei Planaria und Mesostomum ist von Baer, Duges und Focke mehrfach beobachtet und abgebildet worden.

welche eine ungeheure Menge haarförmiger und beweglicher Spermatozoïden enthält, durch zwei gewundene *Vasa deferentia* in eine Saamenblase, mit welcher ein sehr erektiler, neben der Scheide gelegener Penis verbunden ist. Für das Hervorschieben dieses Penis, so wie für den Austritt der Eier, ist eine gemeinschaftliche, stets hinter der Mundöffnung angebrachte Geschlechtsöffnung vorhanden. Bei den Planarien münden noch zwei besondere hohle Körper mit engen Ausführungsgängen in die Scheide, von welchen der eine höchst wahrscheinlich zur Absonderung der Eischalenmasse dient und der andere als *Receptaculum seminis* fungirt [4]).

---

4) Ueber die Geschlechtswerkzeuge bei Mesostomum Ehrenbergii vergleiche Focke (a. a. O.), bei Planocera und Leptoplana s. dagegen Mertens (a. a. O.) und bei Derostomum und Planaria Dugès, Baer und Örsted (a. a. O.). Hier wird aber in der Deutung der einzelnen Abtheilungen dieser Organe noch gar manches geändert werden müssen. Um nur bei der Gattung Planaria stehen zu bleiben, so sind die von Baer (a. a. O. Tab. 23. Fig. 18. a. b.) als Keimstöcke und Keimleiter gedeuteten Organe bestimmt die beiden Hoden mit ihren Saamenleitern, da ich sie stets mit haarförmigen Spermatozoïden angefüllt gesehen habe. Beide Saamenleiter münden in einen flaschenförmigen, der *Vesicula seminalis* oder dem *Ductus ejaculatorius* vergleichbaren hohlen Körper ein, dessen Hals in eine äusserst kontraktile und erektile Röhre (den *Penis*) übergeht. Dieser Penis liegt in einer durch eine Scheidewand von der geräumigen Vulva getrennten Höhle, kann aber durch eine vorhandene Oeffnung in die Vulva hinüber- und so auch aus der gemeinschaftlichen Geschlechtsöffnung hervorgeschoben werden. Ausser dem Darmkanale scheint sich noch ein anderes Organ im Parenchyme der Planarien zu verästeln, welches höchst wahrscheinlich die Stelle eines Eierstocks oder vielmehr Dotterstocks vertritt, indem man in den Blindsäcken dieses Organs nur einfache blasige Körper ohne Keimbläschen antrifft. Der von Dugès (a. a. O. T. 15. Pl. 5. Fig. 4. b.) als Ovidukt angesehene Kanal dürfte diesen Dotterstocksverästelungen angehören. Die beiden von Dugès (ebendas. Pl. 5. Fig. 4. u. 8. c.) als *Vésicule copulatrice ou réservoir du sperme et des oeufs* betrachteten Organe habe ich bei keiner Planaria vermisst. Sie stellen nicht, wie Dugès es abbildet, zwei vereinigte, sondern zwei getrennt neben einander liegende birnförmige hohle Körper vor, von welchen der eine mit einem längeren, der andere mit einem kürzeren Kanale in die Vulva einmündet. Da ich in dem ersteren langgestielten Körper wirklich ein Gewirre von haarigen Spermatozoïden angetroffen habe, so möchte ich demselben die Bedeutung eines *Receptaculum seminis* beilegen. In dem anderen kurzgestielten Körper, welchen Baer (a. a. O. Tab. 33. Fig. 18. e.) als Penis genommen hat, habe ich niemals Eier oder Eierkeime, sondern immer nur eine feinkörnige Masse wahrgenommen, ich bin daher geneigt zu glauben, dass dieses Organ den Stoff zur Eischale absondert, welche sich um die in der Vulva sich anhäufenden Dotterzellen herumbildet. Es wird bei den Planarien in diesem runden Scheidengewölbe immer nur ein einziges, unverhältnissmässig grosses Ei gebildet, welche Eibildung nach dem Legen eines Eies mehrmals wiederholt wird. — Ganz anders verhält es sich bei Mesostomum Ehrenbergii. Hier ist eine kurze enge Vagina vorhanden, in welche ebenfalls verschiedene Organe einmünden, deren Bedeutung jedoch noch zuver-

§. 129.

Die Entwickelung der Embryonen ist bis jetzt nur bei den Planarien erkannt worden. Dieselbe weicht auf eine ganz ungewöhnliche Art von den bisher gekannten Entwickelungsweisen der wirbellosen Thiere ab. Es entwickeln sich nämlich in einem grossen Eie der Planaria stets mehre Embryonen zugleich, ohne dass sich ihre Zahl etwa vorher errathen lässt, denn die Eischale schliesst nichts als eine zahllose Menge von locker beisammen liegenden Dotterzellen ein, zwischen welchen bis jetzt keine Spur von einem oder mehren Keimbläschen herausgefunden werden konnte. Diese Dotterzellen enthalten sämmtlich ausser einer eiweissartigen und feinkörnigen Masse einen runden, mit einem Kernkörperchen versehenen Kern, welcher, sammt dem übrigen Inhalte einer jeden Dotterzelle, durch höchst merkwürdige peristaltische Bewegungen der Zellenmembran hin und her geworfen wird. Mit der Zeit verlieren sich diese selbstständigen Bewegungen, die Zellenmembran der einzelnen Dotterzellen schwindet und der Inhalt fliesst mit dem der benachbarten Zellen, welche auf ähnliche Weise ihre Zellenmembran einbüssen, zusammen, wodurch hier und dort Inseln von Dottermasse entstehen, welche sich durch Verschmelzen mit den anderen Dotterzellen nach und nach vergrössern, und zuletzt zu Embryonen umgestalten, indem sie sich scharf abgrenzen, abrunden und mit einem Flimmerepithelium überziehen. Jetzt hört die Vergrösserung dieser Embryonen durch Zellenverschmelzung auf, dagegen hat sich ein an der Peripherie gelegener scheibenförmiger und muskulöser Schlund ausgebildet, welcher die noch übrigen Dotterzellen verschluckt und im Innern assimilirt.

Es plattet sich der kugelförmige Embryo später ab, wächst nach zwei entgegengesetzten Enden aus, und nimmt zuletzt, nachdem auch die Augenpunkte zum Vorschein gekommen sind, eine den älteren Planarien ganz ähnliche Form an. Nach der Zahl der jungen Planarien, welche sich in einem solchen Ei entwickeln, richtet sich die Grösse derselben. Je weniger Individuen sich in einer Eihülle ausbilden, um desto grösser verlassen sie die geborstene Eischale, und umgekehrt, je mehr Individuen zur Ausbildung gelangen, um so kleiner schlüpfen sie

lässiger festgestellt werden muss. Eines derselben enthielt nach meinen Untersuchungen ein Gewirre von beweglichen haarförmigen Spermatozoïden und dürfte demnach einem *Receptaculum seminis* entsprechen. Zwei Kanäle, welche rechts und links von der Scheide abgehen, spalten sich in einen nach oben und unten laufenden einfachen Blindschlauch, in welchem ziemlich grosse Eier in Mehrzahl eine längere Zeit hindurch aufbewahrt werden, weshalb diese Blindschläuche als eben so viele Gebärmütter zu betrachten sind. Vergl. Focke a. a. O. Taf. 17. Fig. 1. u. 11. g. g.

nachher aus. Wovon die Zahl der Embryonen in einer Eischale abhängt, ist noch Räthsel geblieben [1]).

---

1) Vergl. meine hierüber gemachten Mittheilungen im Bericht über die Verhandl. der Berl. Acad. a. d. J. 1841. p. 83. Man kann bei der Entwickelung der Planarien eine längere Zeit die Zahl der durch Verschmelzung oder Verschlucken assimilirten Dotterzellen in den Embryonen an den Kernen beurtheilen, welche sich noch eine längere Zeit hindurch im Parenchyme deutlich unterscheiden lassen. Nach Focke's Angaben (a. a. O. p. 201.) bilden sich auch in dem jungen Mesostomum Ehrenbergii der Schlundnapf und die Sehorgane am frühsten aus, bei welchem Strudelwurme sich übrigens immer nur ein einziger Embryo innerhalb der Gebärmutter aus einem Eie entwickelt.

Siebentes Buch.

Die Rotatorien.

Eintheilung.

§. 130.

Die Räderthiere besitzen einen mit glatter fester Epidermis überzogenen Körper, der meistens durch Einschnitte, wenigstens am Hinterleibsende, gegliedert erscheint und am Vorderleibsende mit ein- und ausstülpbaren Flimmerorganen, den sogenannten Räderorganen, besetzt ist. Ihr sehr undeutlich entwickeltes Nervensystem beschränkt sich fast nur auf eine Nacken-Ganglienmasse. Die geräumige Leibeshöhle enthält einen sehr entwickelten Verdauungskanal, der an seinem Vorderende mit Kauorganen, an seinem Hinterende mit einem After versehen ist. Von Geschlechtswerkzeugen sind bis jetzt nur die weiblichen Zeugungsorgane mit Bestimmtheit erkannt worden.

Dass die Rotatorien, als so hoch organisirte Thiere, nicht mehr bei den Infusorien, deren Organisation sich kaum über die einer einfachen Zelle hinaufgeschwungen hat, stehen bleiben können, leuchtet gewiss jedem Unbefangenen ein. Nur darüber könnte man noch in Zweifel sein, welchen anderen Platz man ihnen im Thiersysteme anweisen soll, ob man sie, wie es Burmeister gethan hat, zu den Crustaceen, oder, wie es Wiegmann, Wagner, Milne Edwards, Berthold und Andere gethan haben, zu den Würmern rechnen soll. Die Wahl zwischen diesen beiden Thierklassen kann aber nicht schwer fallen, da sich bei näherer Erwägung die Rotatorien in mehrer Beziehung gar sehr von den Crustaceen verschieden zeigen. Die Rotatorien, abgesehen von ihrem Mangel eines Bauchmarks und quergestreifter Muskelfasern, besitzen nämlich sowol auf der äusseren Körperfläche, wie im Inneren an den Respirationsorganen und im Darmkanale Flimmerorgane, welche bei keinem Crustaceum, so wie überhaupt bei keinem Arthropoden vorkommen. Die Rotatorien schlüpfen ohne Metamorphose und ohne gegliederte Fusspaare aus dem Ei, während die Crustaceen, selbst solche, welche durch eine rückschreitende Metamorphose sich wurmähnlich umgestalten, als Embryonen wenigstens mit drei gegliederten Fusspaaren ihre Eihüllen verlassen. Dagegen haben die Rotatorien mit sehr vielen Würmern die Gliederung des Leibes, die äusseren und inneren Flimmerorgane, den Mangel eines Bauchmarks und mit allen die Abwesenheit der gegliederten Fusspaare gemein.

Dass sich die Rotatorien, wegen der Gleichförmigkeit ihrer Organisation, nicht noch in Ordnungen zerfällen lassen, kann uns nicht abhalten, diese Thiere, da sie nach einem ganz besonderen Typus organisirt sind, als eine eigene Klasse der grossen Abtheilung der Würmer hinzustellen.

I. Familie. *Monotrocha*, Einräderthiere.

Gattungen: ***Ptygura***, ***Ichthydium***, ***Chaetonotus***, ***Oecistes***, ***Conochilus***.

II. Familie. *Schizotrocha*, Kerbräderthiere.

Gattungen: ***Megalotrocha***, ***Tubicolaria***, ***Stephanoceros***, ***Lacinularia***, ***Melicerta***, ***Floscularia***.

III. Familie. *Polytrocha*, Vielräderthiere.

Gattungen: ***Enteroplea***, ***Pleurotrocha***, ***Hydatina***, ***Notommata***, ***Synchaeta***, ***Polyarthra***, ***Diglena***, ***Triarthra***, ***Eosphora***, ***Cycloglena***, ***Theorus***, ***Mastigocerca***, ***Euchlanis***, ***Salpina***, ***Stephanops***, ***Squamella***.

IV. Familie. *Zygotrocha*, Doppelräderthiere.

Gattungen: ***Rotifer***, ***Actinurus***, ***Philodina***, ***Noteus***, ***Anuraea***, ***Brachionus***.

Literatur.

Vergl. die bei den Infusorien oben angeführte Literatur.

Erster Abschnitt.

Von der Hautbedeckung.

§. 131.

Die Rotatorien sind fast durchweg mit einer glatten und festen Haut überzogen [1]), welche nur am Vorderleibsende eine zartere Beschaffenheit hat, hier nur allein mit Flimmerorganen besetzt ist, und den Kontraktionen des unter ihr liegenden Parenchyms folgt, während dieselbe an den übrigen Stellen des Körpers bei den Kontraktionen desselben mehr durch Runzelung nachgibt. Bei vielen Räderthieren erscheint der Leib durch vorhandene ringförmige Abschnitte der Haut entweder total oder theilweise gegliedert [2]).

Viele Räderthiere besitzen eine so derbe und starre Hautbedeckung, dass sie mit einem hornigen Panzer verglichen werden kann [3]).

Zweiter Abschnitt.

Von dem Muskelsysteme und den Bewegungs-Organen.

§. 132.

Das Muskelsystem der Räderthiere erscheint an vielen Stellen des Leibes sehr deutlich ausgeprägt. Es fallen besonders ringförmige Quermuskeln und verschiedene Längsmuskeln leicht in die Augen, welche als schmale und nicht quergestreifte Muskelbündel von dem übrigen Körperparenchyme scharf abgegrenzt sind [1]). Die Ringmuskeln finden

---

1) Eine von der gewöhnlichen glatten Beschaffenheit der Cutis abweichende Bildung zeigt die Gattung Chaetonotus und Philodina aculeata, deren Körperoberfläche von steifen Borsten und Stacheln starrt; auch kommen in der Gattung Noteus und Anuraea Arten vor, deren facettirte Haut durch eine zahllose Menge von Körnern rauh erscheint.

2) Bei Conochilus, Megalotrocha, Lacinularia, Brachionus, Noteus, Squamella, Notommata, Stephanops etc. ist das Schwanzende entweder quer gerunzelt oder gegliedert. Bei verschiedenen Arten von Hydatina, Rotifer, Philodina, Actinurus, Eosphora u. a. zeigt sich nicht blos das Schwanzende, sondern auch der ganze übrige Leib durch Querringel in mehre Abschnitte getheilt, welche besonders am Hinterleibe wie ein Fernrohr aus- und eingeschoben werden können.

3) Starre Panzer, ähnlich den Schalen der Daphniden, kommen bei Brachionus, Anuraea, Noteus, Salpina, Euchlanis u. a. vor.

1) Die in nicht contrahirtem Zustande glatt erscheinenden Muskeln erhalten bei den verschiedenen Rotatorien während der Kontraktion mehr oder weniger deutliche Querfalten; um so mehr muss es auffallen, dass bei Euchlanis triquetra, nach Ehrenberg's Angaben, (s. die Infusionsthierchen. p. 462. Taf. 57. Fig. 8.) die Längsmuskeln, ganz wie bei den Wirbelthieren, quergestreift sein sollen.

sich in weiten Zwischenräumen von einander auf der inneren Fläche der Cutis gewöhnlich an solchen Stellen angebracht, wo sich Grenzen der Leibesabschnitte befinden. Die Längsmuskeln, an denen sich Rükken-, Bauch- und Seitenmuskeln unterscheiden lassen, entspringen von der inneren Fläche der Cutis und begeben sich in das Kopf- und Schwanzende [2]. Bei den meisten sich frei umher bewegenden Rotatorien ist das Schwanzende mit zwei bald kürzeren, bald längeren steifen Spitzen versehen, welche durch zwei im Schwanze angebrachte keulenförmige oder cylindrische Muskeln zangenförmig bewegt und zum Festhalten benutzt werden. Mehre Rotatorien sind mit beweglichen langen Stielen oder Borsten ausgerüstet, mit deren Hülfe sie sich rudernd oder schnellend fortbewegen können [3].

§. 133.

Höchst charakteristisch für die Rotatorien sind die an ihrem Kopfende angebrachten und unter dem Namen Räderorgane so berühmt gewordenen aus- und einstülpbaren Wimperapparate, mittelst welcher diese Thiere, sich um ihre Körperaxe drehend, frei im Wasser umherschwimmen, oder stillstehend einen Wasserstrudel erregen. Die Gestalt, Zahl und Anordnung dieser Räderorgane ist, je nach den Gattungen der Rotatorien, sehr verschieden und hat zur Charakteristik der Familien benutzt werden können.

Das Räderorgan ist entweder in einfacher, zweifacher oder vielfacher Zahl vorhanden. In sehr vielen Fällen stellt dasselbe eine mehr oder weniger gestielte Scheibe dar, an deren Rand sich Wimpern in regelmässiger Reihefolge schnell hinter einander bewegen, wodurch die scheinbare Drehung der Scheibe erzeugt wird. Diese scheinbare Radbewegung fällt bei denjenigen Rotatorien besonders auf, deren einfache oder doppelte Wimperscheibe nicht eingekerbt, sondern ganzrandig ist [1]. An den mit mehren kleineren Räderorganen versehenen Rotatorien ist die Täuschung einer Radbewegung nicht bemerkbar [2]. Eine ganz abweichende Form des Räderorgans bietet Floscularia und Stephanoceros dar.

---

2) Ueber die Muskeln der Räderthiere vergl. Ehrenberg a. a. O. und seine Beschreibung der Hydatina senta in den Abhandl. der Berl. Akad. a. d. J. 1830. p. 47.

3) Viele Räderthiere gebrauchen die Zangen ihres Schwanzes während des Umherkriechens als Stützen. Die Philodinaeen bewegen sich auch nach Art der Blutegel von der Stelle, indem sie ihren Mund und ihre Schwanzspitze wie einen Saugnapf gebrauchen. Polyarthra besitzt an den Seiten des Leibes mehre Büschel von Stielen, welche ruderförmig bewegt werden. Bei Triarthra sind an der Kehle und am Hinterleibsende lange steife Borsten eingelenkt, mit welchen der Körper flohartig fortgeschnellt wird.

1) Bei Conochilus, Philodina, Actinurus etc.

2) Bei Hydatina. Notommata, Synchaeta, Diglena etc.

Bei dem zuerst genannten Räderthiere stehen auf fünf bis sechs um den Mund gestellten knopfförmigen Fortsätzen äusserst lange Borsten, welche sich meistens träge und nur selten wirbelnd bewegen. Stephanoceros dagegen erinnert ganz an die Bryozoen, indem hier die Wimperorgane fünf fangarmartige, mit wirbelnden Cilien besetzte Fortsätze darstellen [3]). Es weichen übrigens die Räderorgane von den gewöhnlichen, als Flimmerepithelium vorkommenden Wimperorganen dadurch ab, dass die Rotatorien Gewalt über dieselben ausüben und sie nach Willkür zum Stillstand und zur Bewegung bringen können [4]).

Dritter und vierter Abschnitt.

Von dem Nervensysteme und den Sinnesorganen.

§. 134.

Trotz der Durchsichtigkeit der Räderthiere und trotz der Schärfe, mit welcher die einzelnen Organe derselben von einander getrennt erscheinen, ist ihr Nervensystem nicht mit befriedigender Vollständigkeit und Zuverlässigkeit zu ermitteln, indem bei der Kleinheit dieser Thiere die peripherischen Nerven mit optischen Hülfswerkzeugen kaum mehr erreicht und die Nervenstämme und Ganglien von Muskelsträngen, Ligamenten, von kontraktilem Parenchyme u. s. w. nicht unterschieden werden können. So viel scheint indessen fest zu stehen, dass bei allen Räderthieren als Centralorgan des Nervensystems eine Gangliengruppe im Nacken vorhanden ist, von welcher nach verschiedenen Seiten hin Nervenstämme ausstrahlen [1]).

---

3) Vergl. Ehrenberg, die Infusionsthierchen. Taf. 45.

4) Nach Ehrenberg (in den Abhandl. der Berl. Akad. a. d. J. 1831. p. 34.) sollen an der Basis der einzelnen Cilien der Räderorgane verschiedene Muskelstreifen angebracht sein, welche, antagonistisch auf einander wirkend, die Bewegungen der Cilien unterhalten; aber weder Dujardin (Infusoires a. a. O. p. 579.) noch Rymer Jones (Comparative anatomy. p. 120.) konnte sich von der Anwesenheit eines solchen Muskelapparats überzeugen. Das kontraktile Parenchym, an welchem die Wimperscheiben angebracht sind, scheint hauptsächlich nur zur Entfaltung und Einstülpung der Räderorgane bestimmt zu sein.

1) Ehrenberg, dem wir die wichtigsten Notizen über das Nervensystem der Räderthiere verdanken, hat zuerst einen drüsenartigen Körper im Nacken von Hydatina senta und Notommata collaris als Hirnganglion gedeutet (in den Abhandl. der Berl. Akad. a. d. J. 1830. p. 52. Taf. 8. und a. d. J. 1833. p. 189. Taf. 9.) und in den meisten übrigen Rotatorien denselben Körper aufgefunden (s. die Infusionsthierchen. p. 386. etc.). Ausser diesem Hirnganglion erwähnt Ehrenberg bei Hydatina, Synchaeta, Diglena noch verschiedener anderer im Vorderleibe vertheilter Ganglien, welche durch Nervenfäden mit dem Hirne in Verbindung stehen. Zwei Fäden, welche in Enteroplea, Hydatina, Notommata, Diglena u. a. sich vom Hirnganglion zu der im Nacken befindlichen Respirations-

§. 135.

Von den Sinnesorganen existirt, ausser dem Tastsinne, welcher besonders in den Räderorganen und in den über diese hervorragenden fühlerartigen Fortsätzen und Griffeln seinen Sitz zu haben scheint [1]), bei den meisten Rotatorien ein Sehorgan. Dasselbe findet sich am häufigsten als einfacher oder doppelter Augenpunkt auf dem Nacken vor; seltener sind drei oder vier rothe Augenpunkte auf der Stirn angebracht [2]). Diese Augenpunkte haben gewöhnlich eine sehr geringe Grösse, sind aber ganz scharf abgegrenzt und werden von einer Art Hornhaut überwölbt. Sie sitzen entweder unmittelbar auf dem Hirnganglion oder stehen mit demselben durch Nervenäste in Verbindung [3]).

öffnung begeben, werden von Ehrenberg als eine Nervenschlinge betrachtet. Einen bei Notommata, Diglena, Theorus u. a. hinter dem Hirnganglion gelegenen einfachen oder doppelten weissen Schlauch rechnet Ehrenberg (die Infusionsthierchen. p. 425.) als muthmaasslichen Kalkbeutel ebenfalls zum Empfindungssysteme. — Die Beschreibung, welche Grant (Outlines a. a. O. p. 188. Fig. 82.B.) vom Nervensysteme der Hydatina gegeben hat, und nach welcher hier ein aus mehren Ganglien zusammengesetzter Schlundring und ein von diesem ausgehender Bauchstrang vorhanden sein soll, beruht gewiss nur auf blosser Vermuthung und nicht auf wirklicher Anschauung.

1) Bei Conochilus stehen auf der Mitte der Wimperscheibe vier cylindrische Fortsätze, welche meistens mit einer Borste endigen und Fühlern sehr ähnlich sehen. Eine gleiche Bedeutung mögen die aus der Stirne von Synchaeta hervorragenden zwei oder vier Griffel besitzen.

2) Einen einfachen Augenfleck auf der Stirne tragen Euchlanis, Notommata, Synchaeta, Cycloglena, Brachionus etc.; einen doppelten dagegen Conochilus, Megalotrocha, Diglena, Rotifer, Philodina etc.; drei Augenflecke besitzt Eosphora und vier dergleichen die Gattung Squamella, während Hydatina, Enteroplea, Ptygura, Tubicolaria etc., so wie die erwachsenen Individuen von Floscularia dieser Augenflecke gänzlich ermangeln.

3) Ehrenberg, welcher zuerst diese rothen Flecke der Rotatorien als Augen betrachtet hat, setzt in keiner seiner Schriften durch detaillirte Beschreibungen die feinere Struktur dieser Sehorgane aus einander, was um so mehr zu bedauern ist, da Dujardin (Infusoires. p. 591.) diese rothen Punkte bei den Räderthieren nicht als Sehorgane gelten lassen will. Wenn sich Dujardin darauf beruft, dass diese rothen Punkte bei erwachsenen Individuen verschwinden, so verliert dieser Einwand sein Gewicht, so wie wir uns an gewisse Schmarotzerkrebse erinnern, welche im erwachsenen Zustande ebenfalls ihre Augen verlieren. Jedenfalls erscheinen mir die sehr kleinen Augenflecke von Conochilus, Rotifer, Philodina etc. als scharf abgegrenzte, von einer festen Kapsel umgebene Körperchen, total verschieden von den rothen, verwischten, von keiner festen Kapsel eingeschlossenen Pigmenthaufen der Infusorien, welche von Ehrenberg, freilich mit Unrecht, auch für Augen genommen worden sind. — Die unverhältnissmässig grossen rothen Augenflecke, welche Ehrenberg (die Infusionsthierchen. Taf. 51. 53. u. 56.) bei Notommata forcipata, Synchaeta baltica, bei Cycloglena und Eosphora abbildet, erregen übrigens den Verdacht, auch nichts anderes als ein aus einander geflossener Haufe von Pigmentmolekülen zu sein.

Fünfter Abschnitt.

Von dem Verdauungs-Apparate.

§. 136.

An dem Verdauungs-Apparate der Räderthiere, welcher auf einer sehr hohen Stufe der Entwickelung steht, lassen sich folgende Abtheilungen unterscheiden.

Hinter der Mundöffnung ist im Grunde der Mundhöhle ein muskulöser, und mit zwei hornigen, sich seitlich gegen einander bewegenden Kauorganen versehener Schlundkopf gelegen; dieser geht mittelst einer kürzeren oder längeren engen Speiseröhre in eine magenförmige Erweiterung über, welche sich in einen mit einer Afteröffnung ausmündenden Darm fortsetzt.

Die Mundöffnung ist immer so zwischen den Räderorganen angebracht, dass der von denselben erregte Wasserstrudel gerade auf den Mund losstürzt, wobei es dann vom Willen der Thiere abhängt, die mit dem Wasser herbeigerissenen festen Körper zu verschlucken oder von sich zu stossen [1]). Der im kugeligen Schlundkopfe angebrachte hornige Kauapparat besteht aus zwei einzähnigen oder vielzähnigen Kiefern, welche durch besondere Muskeln seitlich gegen einander bewegt werden [2]).

In den meisten Fällen werden die beiden hornigen Kiefer von zwei knieförmig gebogenen Schenkeln (***Processus anterior*** und ***posterior***) gebildet. Von diesen dient der hintere Schenkel den Kaumuskeln zum Ansatze, während der vordere Schenkel in einen einzigen Zahn [3]) oder in einen mehrfach gezähnten Fortsatz [4]) ausläuft. Bei einigen mehrzähnigen Rotatorien [5]) zeichnen sich die beiden Kiefer, welche aus drei hornigen Bögen zusammengesetzt sind, durch ihre Steigbügelform aus. Zwei dieser Bögen (***Arcus superior*** und ***inferior***) bilden den nach innen gekehrten Tritt, während der dritte Bogen (***Arcus externus***) den nach aussen gekehrten Bügel ausmacht. An den unteren Bogen heften sich die Kaumuskeln an, welche die auf den beiden anderen Bögen quer befestigten Zähne gegen ein-

---

1) Von Stephanoceros werden die armförmigen Wirbelorgane zugleich auch wie Greiforgane benutzt (s. Ehrenberg in den Abhandl. der Berl. Akad. a. d. J. 1832. Taf. 11. Fig. 1. e. und die Infusionsthierchen. Taf. 45. Fig. II. 5.).

2) Ueber den Zahnbau der Rotatorien vergl. Ehrenberg in den Abhandl. der Berl. Akad. a. d. J. 1831. p. 46. Taf. 3. u. 4.

3) Bei Pleurotrocha, Furcularia, bei mehren Arten von Notommata, Diglena u. a.

4) Bei Hydatina, Euchlanis, Salpina, Anuraea, Brachionus und verschiedenen Arten von Notommata, Diglena u. a.

5) Bei Philodina, Lacinularia, Melicerta, Conochilus u. a.

ander bewegen. Bei den mehrzähnigen Ein- und Doppelräderthieren verharrt der Schlundkopf stets an einer und derselben Stelle; in den einzahnigen Vielräderthieren dagegen wird der Schlundkopf auf und nieder geschoben, ja selbst aus der Mundöffnung hervorgestreckt, wobei die Zähne, wie Zangen, zum Ergreifen von Nahrungsstoffen angewendet werden.

Der Darmschlauch, welcher meistens gerade durch die Leibeshöhle verläuft und nur in seltenen Fällen eine Umbeugung macht[6], ist auf seiner ganzen inneren Fläche mit einem Flimmerepithelium überzogen und von der magenförmigen Erweiterung an bis kurz vor dem After mit äusserst dicken Wandungen versehen. Diese Magen- und Darmwände bestehen aus grossen Zellen, welche, ausser einem farblosen Kerne, mit braun oder grünlich gefärbter feinkörniger Masse gefüllt sind und wahrscheinlich die Stelle der Leber vertreten. Bei den meisten Rotatorien münden rechts und links in den Anfang der Magenerweiterung zwei, selten mehre dickwandige, mit einem Flimmerepithelium ausgekleidete Blindsäcke ein, deren Wände ebenfalls aus grossen Zellen zusammengesetzt werden; da sich dieselben von den Leberzellen durch ihren gänzlich farblosen Inhalt wesentlich unterscheiden, so dürften diese Blindsäcke vielleicht einem Speichelorgane, etwa dem Pancreas, analog sein[7].

Das kurze dünnwandige Ende des Darmkanals, welches durch Anhäufung von Faeces einer grossen Ausdehnung fähig ist, entspricht einem Mastdarme, dessen Mündung jedoch nicht blos zur Entfernung des Mastdarm-Inhalts, sondern auch zur Entfernung des Inhalts aus den Geschlechtswerkzeugen und dem Wassergefässsysteme dient, und daher statt Afteröffnung besser Kloakenöffnung genannt zu werden verdient. Es ist dieselbe fast immer an der Basis des fussartigen Schwanzendes angebracht.

---

6) In Euchlanis und Brachionus ist die magenförmige Erweiterung von dem übrigen Darme durch eine Abschnürung getrennt, in den Philodinaeen besitzt der gerade Darm von Anfang bis gegen das Ende eine gleichmässige Enge; nur der kurze Mastdarm zeigt sich erweitert. Eine Umbeugung des Darmes findet besonders bei den in einer Hülle steckenden Rotatorien, z. B. bei Tubicolaria, Melicerta u. a. statt, deren After sehr weit nach vorne gerückt ist.

7) Die beiden am Anfange des Darmes einmündenden pankreatischen kurzen Drüsensäcke sind fast immer vorhanden; sie fehlen nur einigen Ichthydinen. In Notommata clavulata und Diglena lacustris hängen hinter den beiden verlängerten Pankreasdrüsen noch mehre kleinere schlauchförmige Drüsen am Magen, welche, wie diese, gleichfalls farblos sind und vielleicht dieselbe Bedeutung haben. In Megalotrocha albo-flavicans besitzt die magenförmige Erweiterung des Darmkanals, ausser den beiden kurzen pankreatischen Drüsensäcken, in ihrem Grunde noch zwei andere blinddarmförmige Anhänge. Vergl. Ehrenberg in den Abhandl. d. Berl. Akad. a. d. J. 1831. Taf. 3. und die Infusionsthierchen. Taf. 50. u. 54.

Sechster und siebenter Abschnitt.

Von dem Circulations- und Respirations-Systeme.

§. 137.

Ein Blutgefässsystem lässt sich bei den Rotatorien mit Sicherheit nicht nachweisen, daher man annehmen muss, dass hier sämmtliche Organe von dem aus den Wandungen des Darmschlauchs hervorschwitzenden Nahrungssafte unmittelbar getränkt werden [1]).

§. 138.

Das einzige in diesen Thieren wahrzunehmende Gefässsystem ist höchst wahrscheinlich ein Wassergefässsystem, welches, seiner Organisation und beschränkten Ausbreitung wegen, für ein Respirationsorgan wird erklärt werden müssen. Es läuft nämlich in den meisten Räderthieren zu beiden Seiten des Leibes ein schmales bandförmiges Organ herab, in welchem sich ein gefässartiger starrer Kanal entlang windet. An dem vorderen Ende dieser beiden Seitenbänder stehen mit den in denselben enthaltenen Gefässen mehre kurze Seitengefässe in Verbindung, welche in die Leibeshöhle frei ausmünden und in ihren Mündungen einen äusserst schnell schwingenden Flimmerlappen besitzen [1]). Diese seitlichen Ausmündungen jener Gefässe gleichen kleinen birnförmigen oder ovalen Körperchen, in deren Höhle das schnell und wellenförmig zitternde Flimmerläppchen, ehe man den Saum desselben durch Pressen zwischen Glasplättchen zu langsameren Schwingungen genöthigt hat, ganz einem flackernden Flämmchen ähnlich sieht.

Die Zahl dieser Zitterorgane variirt, je nach den verschiedenen Räderthier-Arten, und, wie es scheint, bei einer und derselben Art auch je nach den verschiedenen Individuen. In der Regel sind zwei

---

1) Die von Ehrenberg vielfach beschriebenen und abgebildeten Blutgefässe haben weder auf mich, noch auf Dujardin (Infusoires. p. 589.), Rymer Jones (Comparat. anatomy. p. 125.) und Doyère (Annales d. sc. nat. T. 17. 1842. p. 201.) den Eindruck eines Gefässsystems machen können. Die sogenannten Gefässringe, welche in weiten regelmässigen Abständen parallel um den Leib vieler Räderthiere herumlaufen, und welche, wie Ehrenberg (die Infusionsthierchen. p. 415.) selbst gesteht, durch keine Längsgefässe unter einander verbunden werden, sind gewiss nichts anderes, als ringförmige Körpereinschnitte oder Muskeln. Die wahre Beschaffenheit der übrigen, im Körper der Rotatorien verbreiteten fadenförmigen Organe, welche Ehrenberg ebenfalls als Blutgefässe anspricht, lässt sich wegen der ungemeinen Zartheit dieser Gebilde schwer erkennen, daher sie eben so gut für Muskelstränge, Ligamente, Nervenfäden u. s. w. ausgegeben werden könnten.

1) Vergl. Ehrenberg (in den Abhandl. der Berl. Akad. a. d. J. 1833. p. 183.), welcher zuerst auf diese flimmernden Organe, als innere kiemenähnliche Respirationswerkzeuge der Räderthiere aufmerksam gemacht hat.

bis drei Zitterorgane auf jeder Seite vorhanden; zuweilen kann man deren fünf bis acht auf jeder Seite entdecken[2]), und nur in seltenen Fällen erscheint die Zahl der Zitterorgane sehr bedeutend vermehrt[3]).

Im Hinterleibsende der Räderthiere nähern sich jene Seitenbänder einander und ihre beiden Gefässe vereinigen sich zu einer gemeinschaftlichen dünnwandigen, aber sehr lebhaft kontraktilen Blase, welche ihren ganz wasserhellen Inhalt durch die Kloakenöffnung nach aussen entleert[4]). Eine im Nacken der meisten Räderthiere angebrachte, zuweilen auf einem Stiele stehende Oeffnung dient höchst wahrscheinlich dazu, Wasser in die Leibeshöhle eintreten zu lassen, welches von den frei in der Leibeshöhle flottirenden Seitengefässen in das Wassergefässsystem aufgenommen und durch die kontraktile Blase wieder nach aussen abgeführt wird. Auf diese Weise kann ein regelmässiger Wasserwechsel in den Räderthieren unterhalten werden, und dürfte jene im Nacken dieser Thiere befindliche Mündung mit Recht Respirations-Oeffnung oder Respirations-Röhre genannt werden[5]).

Dass auch die Räderorgane, welche durch ihre Wimpern einen schnellen Wasserwechsel erregen und deren Oberfläche mit einem zarten Epithelium überzogen ist, einen Respirationsprozess mit unterhalten können, bleibt wol keinem Zweifel unterworfen.

---

2) Bei Notommata copeus und syrinx.

3) Notommata clavulata und myrmeleo zeichnen sich durch die grösste Zahl ihrer Zitterorgane aus, indem hier 36 bis 48 derselben an jedem Seitenbande einseitig angebracht sind. S. Ehrenberg (die Infusionsthierchen. Taf. 49. u. 50.).

4) Auch auf diese beiden Seitenbänder mit ihrer kontraktilen Blase hat Ehrenberg (in den Abhandl. der Berl. Akad. a. d. J. 1830. p. 51.) zuerst die Aufmerksamkeit der Naturforscher gelenkt, indem er dieselben für die zwei Hoden und die Saamenblase der Räderthiere erklärte. Ueber die Unrichtigkeit dieser Deutung, welcher Ehrenberg auch in seinem späteren grossen Infusorienwerke treu geblieben ist, kann kein Zweifel obwalten, wenn man bedenkt, dass diese beiden Seitenbänder mit ihren flimmernden Seitengefässen und ihrer kontraktilen Blase schon in jungen Räderthieren, noch ehe sie die Leibeshöhle ihrer Mütter verlassen haben, gehörig entwickelt und in Thätigkeit sind. In sämmtlichen, von Ehrenberg über dieses Wassergefässsystem gelieferten Abbildungen vermisst man den gewundenen Kanal, welcher sich mitten durch die Substanz der beiden bandförmigen Organe von Anfang bis zu Ende hindurchzieht, und von jenem Naturforscher nicht bemerkt worden zu sein scheint.

5) Eine im Nacken angebrachte Respirationsöffnung findet sich bei Enteroplea, Hydatina, Diglena, und bei mehren Arten von Notommata. Eine Respirationsröhre dagegen tragen Rotifer, Philodina, Brachionus und einige Arten von Salpina, Euchlanis und Notommata im Nacken. In Actinurus ragt ausnahmsweise eine einfache und in Tubicolaria und Melicerta eine doppelte Respirationsröhre von der Kehle herab.

Achter Abschnitt.

Von den Absonderungs-Organen.

§. 139.

Einige Räderthiere sondern einen gallertartigen Stoff ab, der zu Zellen oder Röhren erhärtet, in welche sich die Thierchen theilweise oder gänzlich hineinziehen können.

Das diesen Gallertstoff liefernde Absonderungs-Organ ist bis jetzt noch nicht ermittelt worden; indessen scheint die Absonderung desselben vom Hinterleibsende, namentlich der Kloakenöffnung dieser Thiere, auszugehen [1]).

Neunter Abschnitt.

Von den Fortpflanzungs-Organen.

§. 140.

Obgleich es ausgemacht ist, dass sich alle Räderthiere niemals durch Theilung oder Knospenbildung vermehren, sondern sich immer mittelst Geschlechtswerkzeugen fortpflanzen, so hat man doch nur erst die weiblichen Fortpflanzungs-Organe allein mit Sicherheit in ihnen wahrnehmen können. Diese werden unverkennbar von einem doppelten oder einfachen, bald längeren, bald kürzeren Eierstocksschlauch gebildet, welcher in dem hinteren Theile der Leibeshöhle, zu den Seiten des Darmkanals gelegen, mit kurzem Eileiter durch die Kloakenöffnung nach aussen mündet. In diesen Ovarien kommen immer nur sehr wenige Eier gleichzeitig zur Ausbildung. Die herangereiften Eier haben stets eine ovale Gestalt, werden von einer einfachen farblosen und festen Hülle umgeben und enthalten zwischen der feinkörnigen, meist ungefärbten Dottermasse ein deutliches Keimbläschen. Mehre Rotatorien tragen die

---

1) Bei Conochilus und Lacinularia, deren stets eine Menge Individuen mit ihren Schwanzenden um einen Mittelpunkt befestigt sind, wird der Kern einer solchen Kolonie von einer lockeren Gallertmasse gebildet, in deren Zellen die Thiere ihren Leib zum Theil zurückzuziehen vermögen. Bei Oecistes, Tubicolaria, Stephanoceros, Floscularia, Limnias steckt jedes Individuum in einer gallertartigen, mehr oder weniger erhärteten isolirten Röhre (s. Ehrenberg, die Infusionsthierchen). Sehr merkwürdig verhalten sich die Röhren von Melicerta, welche Schäffer (die Blumenpolypen der süssen Wasser. 1755. Taf. 1. u. 2.) bereits vortrefflich abgebildet hat und nach Ehrenberg's Beobachtungen (die Infusionsthierchen. p. 406.) aus mehreckigen braunen, von der Kloakenöffnung der Thierchen ausgeschiedenen Körperchen zusammengeklebt werden.

gelegten Eier mit sich herum; nur wenige Arten sind lebendig gebärend [1]).

Da die Räderthierchen mit so deutlichen weiblichen Geschlechtsorganen versehen sind, durfte man mit Recht auch auf die Anwesenheit von männlichen Zeugungsorganen bei diesen Thieren schliessen; allein trotz der sorgfältigsten Bemühungen hat sich bis jetzt noch kein befriedigendes Resultat über die wahre Beschaffenheit ihrer männlichen Geschlechtswerkzeuge erzielen lassen, so dass es noch zweifelhaft ist, ob die Rotatorien Hermaphroditen sind oder getrennte Geschlechter besitzen [2]).

---

1) Ueber die verschiedene Form der Eierstöcke vergl. die klassischen Arbeiten Ehrenberg's. Einen röthlich gefärbten Dotter enthalten die Eier von Philodina roseola, Brachionus rubens und Masticocerca carinata, deren Körperparenchym ebenfalls einen Stich ins Röthliche zeigt. Bei den in Röhren wohnenden Räderthierchen werden die Eier meistens in die Höhlen der Röhren abgesetzt. Bei Triarthra, Polyarthra und an den Brachionaeen bleiben die gelegten Eier an der Kloakenöffnung kleben. In den Philodinaeen kriechen häufig die Jungen schon im Mutterleibe aus und sollen, nach Ehrenberg's Angabe (die Infusionsthierchen. p. 483.), nur noch von der dehnbaren Haut des Eierstocks (dem Uterus) stets umschlossen bleiben. Auf mich hat es jedoch immer den Eindruck gemacht, als trennten sich die herangereiften Eier der viviparen Philodinaeen von ihren Ovarien und geriethen dann frei in die Leibeshöhle, in welcher sich später auch die ausgeschlüpften Jungen umherbewegten. Vielleicht fehlen hier die Eierleiter und schlüpft die Brut durch eine besondere, neben der Kloakenöffnung befindliche Mündung aus der Leibeshöhle der Mütter hervor.

2) Indem man die Anwesenheit von männlichen Geschlechtsorganen voraussetzte, hat man früher die im Nacken vieler Räderthiere angebrachte Respirationsröhre für einen Penis gehalten. Diesen Irrthum hat man jedoch später eingesehen, da man bei den Rotatorien niemals eine Annäherung und Verbindung wahrgenommen, welche für einen Begattungsakt hätte gehalten werden können. Nach Ehrenberg, welcher die Räderthierchen für Hermaphroditen ausgibt, sollen einzelne Partieen des bereits erwähnten Wassergefässsystems die männlichen Zeugungswerkzeuge repräsentiren. Es werden nämlich von diesem Naturforscher die oberen Enden der beiden oben erwähnten Seitenbänder für zwei Hoden, die unteren Enden derselben für zwei *Vasa deferentia* und die kontraktile Blase für die *Vesicula seminalis* erklärt, obgleich im Inneren dieser Organe immer nur eine wasserklare homogene Flüssigkeit angetroffen wird, in der zu keiner Zeit bestimmt geformte Körperchen (Spermatozoïden) vorkommen, und obgleich diese Organe bereits bei den jüngsten Individuen, welche noch keine Spur von weiblichen Geschlechtstheilen enthalten, gehörig entwickelt und in voller Thätigkeit sind. Es wäre wirklich etwas unerhörtes, dass diese Räderthiere von Jugend auf und ihr ganzes Leben hindurch ununterbrochen Saamen entleeren sollten. Man wird hiernach das Bedenken, welches Dujardin (Infusoires. p. 587.) gegen die Richtigkeit der von Ehrenberg vorgenommenen Deutung jener Organe ausgesprochen hat, vollkommen theilen. Auf einige andere Widersprüche, in welche Ehrenberg bei der Beschreibung der männlichen Zeugungsorgane der Rotatorien sich verwickelt hat, machte uns ausserdem noch Doyère (Ann. d. sc. nat. T. 17. 1842. p. 199.) aufmerksam. Kölliker (in Froriep's neuen Notizen. Bd. 28. 1843. p. 17.) fühlte gleichfalls das Unzuverlässige in der eben besprochenen, von

§. 141.

Die Entwickelung der Embryonen geht in den Rotatorien-Eiern, wie bei den meisten wirbellosen Thieren, durch Totalfurchung des Dotters vor sich, wobei aus den Furchungskugeln die Embryonalzellen hervorleuchten. Die ausgebildeten Embryonen sind bereits mit Räderorganen, mit Kauwerkzeugen, Augenflecken u. s. w. versehen, und besitzen ganz die Gestalt der erwachsenen Thiere [1]).

Ehrenberg gewagten Deutung, und suchte in den Räderthieren nach Spermatozoïden, in der Hoffnung, dass diese über die noch zweifelhaften Geschlechtsverhältnisse Aufschluss geben könnten. Derselbe glaubte bei Megalotrocha alboflavicans gewisse zitternde Körper, welche er frei in der Flüssigkeit der Bauchhöhle flottiren sah, für Spermatozoïden halten zu müssen, indem dieselben aus einem birnförmigen Körperchen und fadenförmigem, die mannichfaltigsten Schlängelungen vollführenden Schwanzanhange bestanden. Da Kölliker die Entwickelung dieser cercarienförmigen Spermatozoïden, deren er zehn bis zwanzig in einem Individuum zählen konnte, durch Verlängerung runder und oft kernhaltiger Zellen in solchen Thieren beobachtet haben will, welche zugleich Eier enthielten, so spräche dies allerdings für den Hermaphroditismus der Rotatorien. Diese ganze Beobachtung erregt jedoch einiges Misstrauen, indem Kölliker die freien cercarienförmigen Körperchen mit den festsitzenden Zitterorganen des Wassergefässsystems höchst wahrscheinlich zusammengeworfen hat, von welchen nur etwa vier im vorderen Körperende der Megalotrocha verborgen liegen. — Als sehr beachtenswerth muss hier noch eine von R. Wagner (in der Isis. 1832. p. 386. Taf. 4. Fig. 1. u. 7.) gemachte Beobachtung erwähnt werden, welche vielleicht, weiter verfolgt, näheren Aufschluss über die wahren, bis jetzt verborgen gebliebenen männlichen Geschlechtsverhältnisse der Rotatorien zu geben im Stande ist. Wagner beschrieb nämlich eine in Hydatina senta öfters angetroffene eigenthümliche Art Eier, welche auf ihrer ganzen Oberfläche mit feinen, dicht stehenden Haaren besetzt waren, als eine niedere Entwickelungsstufe dieser Eier, während Ehrenberg (in den Abhandl. der Berl. Akad. a. d. J. 1835. p. 154. und die Infusionsthierchen. p. 415.) diesen zottigen Ueberzug der Rotatorieneier für eine Hygrocrocis-Alge erklärte. Mich haben diese zottigen Zellenkörper in den Rotatorien immer an die Spermatozoïdenhaufen erinnert, welche in den Hoden der Blutegel enthalten sind und von Henle (in Müller's Archiv. 1835. p. 584. Taf. 14. Fig. 6. a.) als weissliche gefilzte Kugeln abgebildet wurden.

1) Eine Totalfurchung der Eier hat Kölliker (in Froriep's neuen Notizen a. a. O.) zuerst bei Megalotrocha beobachtet, während Ehrenberg bei seinen zahlreichen Untersuchungen über die Entwickelung des Eies der Räderthiere diesen Furchungsprozess ganz ausser Acht gelassen hat. Vergl. die Abhandl. der Berl. Akad. a. d. J. 1835. p. 152.

Achtes Buch.

Die Ringelwürmer.

Eintheilung.

§. 142.

Die Annulaten zeichnen sich vor allen übrigen Würmern durch ihre Bauchganglienkette und ihren in Ringel abgetheilten Leib aus, an dessen entgegengesetzten Enden Mund und After angebracht sind. Es nähern sich so die Ringelwürmer den Arthropoden, unterscheiden sich aber von diesen durch die Anwesenheit eines vollständig geschlossenen Blutgefässsystems und den Mangel von gegliederten Bewegungsorganen. Ihr Körperepithelium ist nur da, wo es äussere Kiemen überzieht, mit Flimmercilien besetzt.

Die Nemertinen, welche man bisher zu den Strudelwürmern gerechnet hat, stehen gewiss besser bei den Ringelwürmern, da ihr Körper mehr oder weniger deutlich gegliedert ist, und ihr Körperparenchym sehr an das der Hirudineen erinnert. Ausserdem bietet die Eigenschaft vieler Nemertinen, sich durch starkes Einschnüren freiwillig in mehre Stücke zu trennen, eine Verwandtschaft mit verschiedenen Annulaten dar, welche sich durch gänzliches Durchschnüren ihrer Leibeseinschnitte ebenfalls gerne in mehre Stücke theilen. Es wird daher gerechtfertigt erscheinen, wenn die Nemertinen mit den übrigen Annulaten in folgender Weise verbunden werden.

I. Ordnung. ***Apodes.***

Körper ohne Borsten.

1. Unterordnung. ***Nemertini.***

Körper am Hinterleibsende ohne Ansaugeorgane, Kopfende häufig mit seitlichen Respirationsgruben.

Gattungen: ***Tetrastemma***, ***Polystemma***, ***Micrura***, ***Notospermus***, ***Meckelia***, ***Polia***, ***Nemertes***, ***Borlasia***.

2. Unterordnung. *HIRUDINEI.*

Körper am Hinterleibsende mit Ansaugeorganen.

Gattungen: *Branchiobdella*, *Piscicola*, *Clepsine*, *Nephelis*, *Haemopis*, *Aulacostomum*, *Sanguisuga*, **Pontobdella.*

II. Ordnung. *Chaetopodes.*

Körper mit Borsten.

3. Unterordnung. *LUMBRICINI.* (*ABRANCHIATI.*)

Körper ohne Fussstummeln.

Gattungen: *Chaetogaster*, *Enchytraeus*, *Naïs*, *Lumbriculus*, *Euaxes*, *Saenuris*, *Lumbricus*, *Sternaspis.*

4. Unterordnung. *CAPITIBRANCHIATI.*

Körper mit Fussstummeln, Kiemen am Kopfende.

Gattungen: *Siphonostomum*, *Chloraema*, *Amphicora*, *Serpula*, *Sabella*, *Amphitrite*, *Terebella.*

5. Unterordnung. *DORSIBRANCHIATI.*

Körper mit Fussstummeln, Kiemen an den Körpergliedern.

Gattungen: *Arenicola*, *Ammotrypane*, *Chaetopterus*, *Aricia*, *Aricinella*, *Cirratulus*, *Peripatus*, *Glycera*, *Goniada*, *Nephtys*, *Alciopa*, *Syllis*, *Phyllodoce*, *Hesione*, *Lycastis*, *Nereïs*, *Oenone*, *Aglaura*, *Lumbrinereïs*, *Eunice*, *Amphinome*, *Sigalion*, *Polynoë*, *Aphrodite.*

Literatur.

Pallas, Miscellanea zoologica. Hagae 1766. p. 72.

O. F. Müller, Von den Würmern des süssen und salzigen Wassers. Copenhagen 1771.

Savigny, Description de l'Egypte. Histoire naturelle. Tom. XXI. 1826. Annelides. Vergl. Isis. 1832. p. 937.

Moquin-Tandon, Monographie de la famille des Hirudinées. Paris 1827.

Morren, De lumbrici terrestris historia naturali, nec non anatomia. Bruxelles 1829.

Audouin et Milne Edwards, Classification des Annélides, et description des espèces qui habitent les côtes de la France, in den Annales des sciences. Tom. 27—30. 1832—33. Besonders abgedruckt als Recherches pour servir à l'histoire naturelle du littoral de la France. Tom. II. Paris 1834.

Ehrenberg, Symbolae physicae. Phytozoa turbellaria.

Milne Edwards, Annelida, in the Cyclopaedia of anatomy and physiology. Vol. I. 1836.

Grube, Zur Anatomie und Physiologie der Kiemenwürmer. Königsberg 1838. und: Aktinien, Echinodermen und Würmer des Adriatischen und Mittelmeers. Königsberg 1840.

Örsted, Grönlands Annulata dorsibranchiata. Kjöbenhavn 1843., ferner Annulatorum danicorum conspectus. Fasc. I. Maricolae. Hafniae 1843., und Entwurf einer systematischen Eintheilung und speciellen Beschreibung der Plattwürmer. Copenhagen 1844.

Hoffmeister, De vermibus quibusdam ad genus lumbricorum pertinentibus. Berolini 1842.

Rathke, Zur Fauna der Krim. St. Petersburg 1836. p. 117., ferner: de Bopyro et Nereïde. Rigae 1837., Beiträge zur vergleichenden Anatomie und Physiologie, in den neuesten Schriften der naturforschenden Gesellschaft in Danzig. Bd. 3. Hft. 4. 1842. p. 56. und Beiträge zur Fauna Norwegens, in den Nov. Act. Acad. Nat. Cur. Vol. XX. P. I. 1843. p. 149.

Erster Abschnitt.

Von der Hautbedeckung.

§. 143.

Die allgemeine Hautbedeckung der Ringelwürmer besteht aus einer sehr zarten, nicht flimmernden Epidermis [1]), und einem mehr oder weniger derben Corium, welches aus dünnen aber festen, sich schräge kreuzenden Fasern zusammengewebt ist. Der opalisirende und oft mit den prächtigsten Farben spielende Glanz der Haut vieler Borstenwürmer rührt nicht von besonderen Pigmenten her, sondern ist ein durch das netzförmige Gefüge der Coriumfasern erzeugtes optisches Phänomen; dagegen verdanken die Apoden ihre oft sehr bunte Färbung der Anwesenheit von Pigmentzellen und Pigmentnetzen. Die Epidermis lässt sich meist schwer von dem Corium trennen, während sich letzteres bei vielen Capitibranchiaten und Dorsibranchiaten sehr leicht vom Leibe ablöst. Bei den Apoden ist die allgemeine Hautbedeckung mit der darunter liegenden Muskelschicht sehr innig verbunden.

An verschiedenen Dorsibranchiaten bildet die Cutis fadenförmige oder blattförmige Anhänge, welche zuweilen so stark entwickelt sind, dass sie schuppenartig über einander liegen [2]). Einige Borstenwürmer besitzen, ausser den als Bewegungsorgane dienenden Borsten-

---

1) Nur die äusseren Respirationsorgane der Annulaten sind mit einem Flimmerepithelium überzogen; zwar behauptet Örsted, dass der Körper der Nemertinen mit Flimmerhaaren bedeckt sei (Beschr. der Plattwürmer a. a. O. p. 77.), was mir wenigstens bei den grösseren zu Borlasia, Nemertes, Polia gehörigen Arten unwahrscheinlich zu sein scheint; jedenfalls bedarf diese Angabe von Örsted noch einer genaueren Nachweisung.

2) Schuppenförmige Anhänge bedecken den Rücken von Aphrodite, Polynoë, Sigalion u. a., welche bei Polynoë squamata ausserordentlich leicht abfallen.

und Haarbüscheln, einen solchen Reichthum von Haarwuchs, dass ein grosser Theil ihres Körpers davon bedeckt erscheint [3]).

Zweiter Abschnitt.

Von dem Muskelsysteme und den Bewegungs-Organen.

§. 144.

Das Muskelsystem der Annulaten ist sehr entwickelt, enthält aber nirgends quergestreifte Primitivfasern. Der ganze Leib derselben wird von einer Hautmuskelmasse schlauchförmig eingeschlossen, an welcher zwei bis drei Schichten unterschieden werden können. Von diesen ist die äussere aus Ringmuskeln und die innere aus Längsmuskeln gebildete Schicht am vollkommensten entwickelt, während die mittlere aus schräge sich kreuzenden Fasern zusammengesetzte Muskelschicht weniger deutlich in die Augen fällt und zuweilen gar nicht vorhanden ist [1]). Dieser Muskelschlauch umschliesst bei den Apoden die Eingeweide so eng, dass nur ein geringer Zwischenraum als Leibeshöhle übrig bleibt; bei den Chaetopoden dagegen besitzt dieser Muskelschlauch eine solche Weite, dass dadurch eine bald mehr, bald weniger geräumige Leibeshöhle erzeugt wird. Bei mehren Branchiaten vereinigen sich die Fasern der Hautmuskelmasse zu besonderen Bündeln und bilden auf diese Weise, an Stelle eines gemeinschaftlichen Muskelschlauchs, scharf von einander geschiedene Ring- und Längsmuskelstreifen [2]). In sehr vielen Chaetopoden erheben sich auf der inneren Fläche des Hautmuskelschlauchs da, wo die Leibesabschnitte an einander stossen, ringförmige muskulöse Querscheidewände, welche den Darmkanal der Würmer zuweilen so dicht umschliessen, dass dadurch die Leibeshöhle, je

3) Einen sehr stark mit Haaren und Borsten bewachsenen Rücken besitzt Aphrodite hystrix; bei Aphrodite aculeata sind diese Haare und Borsten so dicht in einander gefilzt, dass sie als eine besondere Haut den ganzen Rücken dieses Wurms bedecken.

1) Eine mittlere Muskelschicht von schräge sich kreuzenden Fasern findet man im Hautmuskelschlauche der Blutegel und Regenwürmer vor. Vgl. Brandt und Ratzeburg, medizinische Zoologie. Bd. II. p. 244. Taf. 29. A. Fig. 1. u. 2. und Morren, a. a. O. p. 83. Bei den Nemertinen fehlt diese Mittelschicht. S. Rathke in den neuesten Schriften der naturforschenden Gesellschaft in Danzig. a. a. O. p. 95.

2) Gesonderte Muskelstreifen besitzen Aphrodite, Polynoë, Nereïs u. a., bei denen besonders die Längsmuskelschicht als Bauch-, Rücken- und Seitenmuskeln geschieden erscheinen. Ueber die Hautmuskeln der Kiemenwürmer vergl. übrigens Rathke (de Bopyro et Nereïde. p. 29. Tab. II. und in den Danziger Schriften a. a. O. p. 62. Taf. IV. Fig. 6.), ferner Grube (zur Anatomie und Physiol. der Kiemenwürmer. p. 4. u. d. f.).

nach der Zahl der Leibesringel in eben so viele Kammern abgetheilt und der Darmkanal selbst in regelmässiger Aufeinanderfolge eingeschnürt erscheint [3]).

§. 145.

Ausser dem allgemeinen, die wurmförmigen Bewegungen des Körpers bewirkenden Hautmuskelsysteme sind bei den Annulaten noch verschiedene andere Gruppen von Muskeln vorhanden, welche 1) theils die für die Ortsbewegungen bestimmten Hülfswerkzeuge, 2) theils mehre andere Organe in Bewegung setzen.

1. Die Hirudineen zeichnen sich bekanntlich durch einen am Hinterleibsende angebrachten, zirkelförmige und strahlenförmige Muskelfasern enthaltenden Saugnapf aus, welcher theils zum Fortbewegen, theils zum Festheften des Leibes benutzt wird.

Die ganze Abtheilung der Chaetopoden ist mit kürzeren Hornnadeln (*Aciculi*) und mit längeren, büschelförmig beisammenstehenden Borsten oder Haaren (*Setae*) von der mannichfaltigsten Gestalt versehen, welche entweder zum Anstemmen beim Kriechen, oder zum Rudern beim Schwimmen benutzt werden. Bei den Branchiaten, welche am reichlichsten mit hornigen Bewegungsorganen ausgestattet sind, stehen die Nadeln und Borsten fast immer jederseits des Leibes auf einer Doppelreihe fleischiger Höcker, von welchen die beiden unteren Reihen als Fusshöcker oder Fussstummel angesehen werden können. Die Lumbricinen sind nur mit kurzen, meist Sförmig gebogenen Nadeln versehen, welche an der Bauchseite zu mehren Längsreihen angebracht sind und ganz in die Leibeshöhle zurückgezogen werden können. Die Naïdinen besitzen, ausser diesen Nadeln am Bauche, noch eine Borstenreihe auf jeder Seite ihres Leibes [1]). Bei den Branchia-

---

3) Wenn diese Querscheidewände auch sehr entwickelt sind und den Darm sehr dicht umschliessen, wie z. B. in Lumbricus, Sabella, Serpula, Eunice etc., so sind doch immer Lücken in diesen Diaphragmen vorhanden, durch welche der Inhalt der Leibeshöhle aus einer Kammer in die andere gelangen kann.

1) Die Nadeln und Borsten der Abranchiaten, über deren verschiedene Form Örsted (Conspectus generum specierumque Naïdum, in Kröyer's Naturhistorik Tidskrift. Bd. IV. 1842. p. 128. Pl. III.) zu vergleichen ist, gehen leicht bei ihrem Gebrauche verloren, werden aber durch Nachwuchs eben so leicht wieder ersetzt, daher die Zahl dieser Bewegungsorgane an den verschiedenen Leibesabschnitten eines und desselben Individuums sehr schwanken kann. Es ist ferner eine ganz eigenthümliche Erscheinung, dass die Nadeln der Lumbricen sehr häufig nach innen sich ablösen und alsdann in die Leibeshöhle fallen, wo sie sich mittelst einer zähen Masse zu Klumpen zusammenballen und in den hintersten Kammern der Leibeshöhle ansammeln. Vergl. Hoffmeister, De vermibus quibusdam a. a. O. Tab. II. Fig. 3. und in Wiegmann's Archiv. 1843. Bd. I. p. 196. Diese Nadelklumpen, in welchen sich gewöhnlich Vibrionen-artige Schmarotzer einnisten, sind von Montègre (Observations sur les lombries, in den Mémoires du Musée. Tom. I. p. 246. Fig. 5. u. 6. g.) für die Eier und Fötus des Regenwurms gehalten worden. Morren (a. a. O. p. 195. Tab. 25—29.) ist

ten haben diese Bewegungsorgane häufig eine messer-, spiess- oder pfeilförmige Gestalt, sind zuweilen auf einer oder auf beiden Seiten gefranzt oder sägenartig eingekerbt und erscheinen hier und da gelenkartig abgesetzt [2]). Die verschiedenen Bewegungen dieser Nadeln und Borsten- oder Haarbüschel werden von einem besonderen Muskelapparate ausgeführt. Es besteht dieser Muskelapparat hauptsächlich aus mehren kurzen Muskeln, welche von der inneren Fläche der Leibeshöhle entspringen und sich in schräger Richtung von oben und unten zur Basis der Nadeln und Borsten begeben. Indem die Wurzelenden der letzteren in die Leibeshöhle der Würmer hineinragen, und die Basis der büschelförmig beisammenstehenden Haare und Borsten von einem gemeinschaftlichen häutigen Schlauch umschlossen ist, werden diese Nadeln und Borstenbüschel durch die Gesammtcontraction jener an ihrer Basis befestigten schrägen Muskeln aus der Leibeshöhle weiter hervorgeschoben, und durch die Contractionen der einzeln wirkenden Muskeln nach verschiedenen Seiten hinbewegt. Andere Muskeln, welche, quer von der Mittellinie der Bauchfläche herüberlaufend, sich an die Basis der Nadeln und Borstenbüschel inseriren oder, gerade von oben und unten kommend, sich unterhalb der Basis derselben an sie anheften, werden diese Bewegungsorgane wieder mehr in den Leib zurückziehen [3]).

2. Bei vielen Branchiaten ist am Kopfende eine Gruppe von Längsmuskeln zu unterscheiden, welche von der inneren Wand der vorderen Leibesabschnitte entspringen und zum Auf- und Niederziehen des Schlundes [4]), zum Aus- und Einschieben der am Kopfe hervorragenden Tentakelbüschel und Borstenbündel [5]) dienen.

---

noch weiter gegangen und hat die Nadeln in jenen Klumpen für Puppenzustände und die zwischen ihnen vorkommenden Vibrionen für die Embryonen der Regenwürmer angesehen.

2) Die fast unerschöpfliche Mannichfaltigkeit in der äusseren Form dieser hornigen Bewegungsorgane, welche unter messer- und pfeilförmiger Gestalt auch wohl als Waffe benutzt werden können, wird man aus folgenden Beschreibungen entnehmen können: Audouin et Milne Edwards, Classification des Annélides a. a. O. Tom. 27. p. 370., ferner Örsted, Grönlands annulata und Annulatorum danic. conspectus. Fasc. I. Pl. I.

3) Vergl. Rathke, De Bopyro et Nereïde. p. 31. Tab. II. Fig. 7. u. 12., Grube, zur Anatomie der Kiemenwürmer. p. 5. etc. und Gruithuisen, Anatomie der gezüngelten Naïde, in den Nov. Act. Acad. Nat. Cur. Tom. XI. p. 240. Tab. 35.

4) Bei Aphrodite, Nereïs, Arenicola u. a.

5) Bei Amphitrite, Siphonostomum u. a.

Dritter Abschnitt.

Von dem Nervensysteme.

§. 146.

Das Nervensystem steht bei den Annulaten, mit Ausnahme der Nemertinen, auf einer sehr hohen Stufe der Entwicklung. Es lässt sich an demselben der Centraltheil von dem peripherischen Theile scharf unterscheiden. Der Centraltheil bildet fast durchweg eine in der Mittellinie des langgestreckten Leibes hinter einander liegende Reihe von Ganglien, welche durch Nervenstränge zu einer zusammenhängenden Ganglienkette verbunden sind. Die vorderste Ganglienanschwellung, welche als ein Analogon des Gehirns der Wirbelthiere betrachtet werden kann, liegt auf dem Oesophagus, während der übrige Theil der Ganglienkette als Bauchmark unterhalb des Verdauungskanals die Mittellinie des Leibes einnimmt. Das auf der Speiseröhre gelegene Gehirnganglion unterscheidet sich von den folgenden Ganglienanschwellungen des Bauchmarks durch seinen bedeutenderen Umfang und erscheint aus der Verschmelzung zweier Ganglien oder einer Gruppe von mehren grösseren oder kleineren symmetrisch geordneten Ganglien hervorgegangen. Die Ganglienanschwellungen des Bauchmarks, deren Zahl nicht immer der Zahl der Leibesabschnitte entspricht, sind meist von gleicher Grösse; nur das erste unter dem Oesophagus gelegene Ganglion übertrifft die übrigen zuweilen an Umfang. Eine jede einzelne Ganglienanschwellung des Bauchmarks besteht eigentlich aus zwei neben einander gelagerten und in einander geschmolzenen Ganglien, deren Verschmelzung entweder ganz innig oder nur sehr unvollständig vor sich gegangen ist. Die Verbindung zwischen dem Hirnganglion und der ersten Ganglienanschwellung des Bauchmarks wird durch zwei Nervenstränge vermittelt, welche rechts und links den Oesophagus umfassen und so mit den beiden Ganglien einen geschlossenen Ring (Nerven-Schlundring) bilden, durch welchen die Speiseröhre hindurchtritt.

§. 147.

In histologischer Beziehung lässt sich in dem Nervensysteme der Annulaten folgende Zusammensetzung und Anordnung der Elementartheile unterscheiden [1]).

---

1) Ueber die feinere Struktur des Nervensystems der Annulaten haben bis jetzt nur die an den Blutegeln angestellten Untersuchungen Aufschluss gegeben. Vergl. Helmholtz, De fabrica systematis nervosi evertebratorum dissertatio. Berol. 1842. p. 12., Hannover, Recherches microscopiques sur le système nerveux. Copenhague 1844. p. 72. Will, Vorläufige Mittheilung über die Struktur der Ganglien und den Ursprung der Nerven bei wirbellosen Thieren, in Mül-

Die Centralmasse des Nervensystems ist von einem faserigen Gewebe (*Neurilema*) umhüllt, welches aus Längs- und Querfasern zusammengesetzt wird und nicht selten mit eigenthümlichen Pigmentzellen belegt ist. Die Nervenstränge und Nervenfäden werden von äusserst zarten Primitivfasern zusammengesetzt, zwischen welchen in den Ganglien zellenförmige Ganglienkugeln von verschiedener Grösse eingelagert liegen [2]). Ein Theil der primitiven Nervenfasern läuft von dem Gehirnganglion an durch alle Bauchganglien hindurch, während ein anderer Theil durch die Nervenwurzeln aus den centralen Ganglien in die peripherischen Nerven übertritt. Unter den Ganglienkugeln des Gehirns und Bauchmarks machen sich viele durch mehr oder weniger lange Fortsätze bemerklich, welche sich bis in die Nervenwurzeln hinein verfolgen lassen [3]).

§. 148.

Die Nerven treten gewöhnlich aus den Ganglienanschwellungen, sowol am Gehirnmarke wie am Bauchmarke, und nur selten aus den, die Ganglien unter einander verbindenden Nervensträngen hervor. Das Gehirnganglion sendet Nerven für die am Kopfe angebrachten Sinnesorgane ab und versorgt zunächst die, den Mund umgebenden lippenartigen, rüssel- und kieferförmigen Organe mit Nervenfäden. Seine geringere oder stärkere Entwickelung steht daher mit der einfacheren oder durch Vervielfältigung der Organe complicirteren Bildung des Kopfendes der Würmer in einem geraden Verhältnisse. Aus den Bauchganglien entspringen in der Regel jederseits zwei bis drei symmetrisch geordnete Hauptnervenstämme als Muskel- und Hautnerven. Von einem vegetativen oder sogenannten Eingeweide-Nerven (*Nervus*

ler's Archiv. 1844. p. 82., Ehrenberg, Beobachtung einer auffallenden, bisher unerkannten Struktur des Seelenorgans bei Menschen und Thieren, in den Abhandl. der Berl. Akad. a. d. J. 1834. p. 720. Tab. 6. Fig. 7., und Valentin, Ueber den Verlauf und die letzten Enden der Nerven, in den Nov. Act. Acad. Nat. Cur. Tom. 18. 1836. p. 202. Tab. 8.

2) Valentin will im Gehirne und in den Bauchganglien des Blutegels die Ganglienkugeln so regelmässig geordnet und in beiden Hälften der einzelnen Ganglien so symmetrisch vertheilt angetroffen haben, dass die Ganglienkugeln an Zahl, Grösse und Lagerung in der einen Seitenhälfte eines Ganglion vollständig mit den Ganglienkugeln der anderen Seitenhälfte übereinstimmen sollen. Vergl. Valentin a. a. O. p. 208. Tab. 8. Fig. 62. etc. Eine Symmetrie, welche im höchsten Grade auffallen muss.

3) Es erhalten die Ganglienkugeln durch solche lange Fortsätze ein keulenförmiges Ansehen, wie sie schon Ehrenberg (a. a. O. Tab. 6. Fig. VII. und Fig. 7.[11.] u. 7.[12.]) gesehen und abgebildet hat. Ob diese Fortsätze wirklich in primitive Nervenfasern übergehen, wie Helmholtz (a. a. O. p. 15.) und Hannover (a. a. O. p. 73. Tab. 6. Fig. 78.) behaupten, wird noch einer weiteren Bestätigung bedürfen, da Valentin bei seinen, dem Anscheine nach, so äusserst genauen Untersuchungen keine Spur von keulenförmigen oder gestielten Ganglienkugeln wahrgenommen hat.

splanchnicus) sind bei den Annulaten die ersten Spuren angetroffen worden, indem nämlich zarte am Darmkanale sich ausbreitende, hier und dort zu Knoten angeschwollene Nervenfäden erkannt wurden, welche theils aus dem Nerven-Schlundringe unmittelbar nach rückwärts hervortreten, theils durch kleine, in der Nähe des Kopfendes gelegene Ganglien mit dem Gehirnmarke verbunden sind [1]).

In den verschiedenen Ordnungen und Unterordnungen der Annulaten unterliegt das Nervensystem noch folgenden Modificationen.

1. Die Nemertinen weichen durch die Organisation ihres Nervensystems auffallend von den übrigen Annulaten ab, indem das Bauchmark aus zwei vollständig von einander getrennten Nervensträngen besteht, welche ohne alle Ganglienanschwellung zu beiden Seiten des Leibes herablaufen und unterwegs rechts und links viele Seitenäste abgeben. Beide Bauchstränge entspringen im Vorderleibsende aus zwei ansehnlichen, über der Schlundröhre unter einander verschmolzenen Ganglienanschwellungen, welche einem Gehirnganglion entsprechen und nach vorne verschiedene Nervenäste absenden [2]).

2. In den Hirudineen stehen die Bauchganglien, welche in viel geringerer Zahl als die Leibesringel vorhanden sind, durch zwei dicht beisammen liegende Stränge in grossen Zwischenräumen unter einander in Verbindung. Die vorderste und hinterste Ganglienanschwellung dieses Bauchmarks zeichnen sich vor den übrigen durch ihre Grösse aus, von denen die erstere die wulstigen Lippen und die letztere den Hinterleibsnapf mit Nervenästen versieht [3]). Das Eingeweide-Nerven-

1) Brandt, Bemerkungen über die Mundmagen- oder Eingeweidenerven der Evertebraten. Leipzig 1835. p. 37.

2) Rathke (in den Danziger Schriften a. a. O. p. 100. Taf. 6. Fig. 10. u. 11.) hat bei Borlasia striata das Nervensystem in der oben angegebenen Weise beschrieben und aus dem Gehirnganglion besonders zwei Paare von Kopfnerven hervortreten sehen, von denen das eine stärkere Paar seine Fasern vorzüglich den beiden seitlichen Kopfgruben (Respirationsgruben) zuwendete, während das andere dünnere Paar, wahrscheinlich für das eigenthümliche, am Kopfende sich ausstülpende, wurmförmige Organ bestimmt, gerade nach vorne lief. Der von Örsted (Beschreibung der Plattwürmer a. a. O. p. 5. u. 18.) angeregte Verdacht, als habe Rathke das Blutgefässsystem für das Nervensystem genommen, scheint ungegründet zu sein, da Quatrefages (in der Iconographie du régne animal de Cuvier. Zoophytes. Pl. 34. Fig. 1.) von Nemertes Camillae, neben dem Blutgefässsysteme, das Nervensystem ganz in der Weise, wie es Rathke beschrieben, abgebildet hat.

3) Vergl. Brandt und Ratzeburg, Medizinische Zoologie. Th. II. p. 250. Tab. 29. B. von Sanguisuga medicinalis, und Leo in Müller's Archiv. 1835. p. 422. Taf. 11. Fig. 10. von Piscicola geometra. Ganz abweichend von dieser Bildung fand Wagner (in der Isis. 1834. p. 131. Taf. 1. Fig. 3.) das Nervensystem der Pontobdella muricata angeordnet. Er sah nämlich die Bauchganglien dieses Egels nur durch einen einzigen Strang unter einander verbunden und aus denselben jederseits nur einen Nervenstamm hervortreten, welcher nach kurzem

system besteht aus einem, vor dem Gehirnganglion gelegenen, und mit demselben durch zwei Fäden verbundenen Nervenknötchen, welchem zwei andere, mit dem Gehirne durch zarte Fäden verbundene Knötchen zur Seite liegen. Aus diesen drei Nervenknötchen treten verschiedene Nervenäste an die Mundtheile, während ein zarter Nervenfaden, der unter dem Darmkanale hinläuft, mit diesen Nervenknötchen zusammenhängt und den unpaarigen Eingeweidenerven repräsentirt [4]).

3. Das Bauchmark der Lumbricinen besteht aus einem doppelten, fast verschmolzenen Nervenstrange, der in dicht auf einander folgenden, der Zahl der Leibesringe entsprechenden Knoten angeschwollen ist [5]).

4. Das Nervensystem der mit äusseren Kiemen versehenen Borstenwürmer ist am vollkommensten entwickelt, zeigt aber grosse Verschiedenheit und Mannichfaltigkeit, sowol in seiner allgemeinen Form, wie in seinen einzelnen Abtheilungen, was mit der bald einfacheren, bald complicirteren Organisation des Kopfendes und der Leibesabschnitte zusammenhängt. Bei denjenigen Branchiaten, deren Kopfende durch den Mangel von Augen und Fühlern sehr einfach organisirt ist, besteht das Bauchmark aus zwei neben einander liegenden Strängen, welche in ihrem Verlaufe undeutliche und nicht scharf abgegrenzte Anschwellungen bilden [6]); beide Stränge weichen am Kopfende aus einander und endigen entweder jederseits mit einem Ganglion, ohne dass sie durch eine Kommissur einen geschlossenen Schlundring zu bilden scheinen [7]), oder werden, nachdem sie den Oesophagus umfasst, durch ein

---

Verlaufe zu einem Knoten anschwoll und dann die verschiedenen Seitenäste abgab. Diese seitlichen Knoten sind, wie Stannius bestätigen kann, nicht durch Längsstränge mit einander verbunden, wie bei den Amphinomiden.

4) Vergl. Brandt in der medizin. Zoologie. Th. II. p. 251. Tab. 29. B. Fig. 7. und Bemerkungen über die Mundmagennerven a. a. O. p. 39. von Sanguisuga medicinalis.

5) Vergl. Gruithuisen in den Nov. Act. Acad. Nat. Cur. Tom. 14. 1828. p. 412. Tab. 25. Fig. 3—5., von Chätogaster diaphanus, ferner Henle, in Müller's Archiv. 1837. p. 85. Taf. 6. Fig. 2. 3. 8. x. y., von Enchytraeus, Roth, de animalium invertebratorum systemate nervoso. Wirceburg 1825. Fig. 3. und Morren a. a. O. p. 117. Tab. 19—23., von Lumbricus terrestris. Im Regenwurme treten aus der Mitte der Ganglien-Anschwellungen zwei Paar Nervenstämme (*Nervi annulares*) seitlich hervor, und zwischen je zwei Ganglien, gegen die Regel, ein anderes Paar von Nervenstämmen (*Nervi interannulares*), welche letzteren sich in den muskulösen Querscheidewänden ausbreiten. Vergl. Morren a. a. O. Sehr abweichend von dieser Organisation zeigt sich die Central-Nervenmasse des Sternaspis thalassemoïdes, welcher in dieser Beziehung auf die Stufe der Sipunculiden zurücktritt, indem sein Bauchmark nur aus einem einfachen Strange besteht, welcher am Schwanzende zu einem Knoten anschwillt. Vergl. Krohn in Müller's Archiv. 1842. p. 427.

6) Bei Arenicola, Ammotrypane und Terebella.

7) Bei Arenicola. Vergl. Grube, zur Anatomie der Kiemenwürmer. p. 17. Tab. 1. Fig. 7., und Stannius, in Müller's Archiv. 1840. p. 379. Tab. 11. Fig. 15.

auf demselben liegendes Ganglion zu einem Schlundringe vereinigt [8]). Bei einigen Kiemenwürmern erscheinen die beiden getrennt neben einander hinlaufenden Bauchstränge nicht zu Ganglien angeschwollen, sondern werden nur in jedem Leibesabschnitte durch zwei Querbalken unter einander verbunden [9]). Bei anderen findet die Verbindung solcher getrennter Bauchstränge gleichzeitig durch oblonge querliegende Ganglien und durch Querbalken Statt [10]). In vielen Kiemenwürmern liegen die beiden Bauchstränge dicht beisammen, scheinen zuweilen nur durch eine Längsfurche von einander geschieden zu sein, und bilden längliche oder rundliche, gemeinschaftliche Ganglienanschwellungen, welche bald in kürzerer, bald in längerer Unterbrechung auf einander folgen [11]). Eine ganze Reihe von Dorsibranchiaten enthält eine Kette von so dicht an einander gerückten Bauchganglien, dass die dazwischen liegenden Bauchstränge fast ganz zu fehlen scheinen [12]). Das Gehirn besteht bei den Capitibranchiaten und denjenigen Dorsibranchiaten, deren Kopf sehr wenig entwickelt ist, nur aus einem mehr oder weniger verschmolzenen Ganglienpaare [13]), während dasselbe in ande-

---

8) Bei Ammotrypane. Vergl. Rathke in den Nov. Act. Acad. Nat. Cur. Vol. 20. p. 197. Tab. 10. Fig. 14. u. 19.

9) Bei Sabella. Vergl. Wagner in der Isis. 1832. p. 657. Taf. 10. Fig. 14., und Grube, zur Anat. der Kiemenwürmer. p. 30. Tab. 2. Fig. 16.

10) Bei Phyllodoce. Die Querbalken beginnen hier erst mit dem siebenten oder neunten Bauchganglion, wechseln mit diesen regelmässig ab und verlieren sich gegen die letzten Leibesringel hin. Vergl. Quatrefages in den Annales des sciences naturelles. Tom. 2. 1844. p. 95. Pl. 2. Fig. 2. u. 3.

11) Bei Siphonostomum, Amphitrite, Amphinome, Aricinella, Polynoë, Aphrodite u. a. In Siphonostomum sind die Bauchganglien sehr in die Länge gestreckt. Vergl. Rathke in den Danziger Schriften a. a. O. p. 90. Taf. 6. Fig. 3. Es geben hier nach Rathke's Angabe die Nervenäste merkwürdiger Weise nicht von den Ganglien, sondern von den zwischen ihnen gelegenen Nervensträngen ab. An der Bauchganglienkette von Amphitrite sind die Bauchganglien ebenfalls länglich, wechseln aber, vom fünften Leibesringel an, mit rundlichen Ganglien regelmässig ab, so dass dann in jedem Leibesabschnitte zwei Ganglien zu liegen kommen. Beide Ganglienarten senden allein Nervenstämme ab; in den vorderen Leibesringeln dagegen, wo die runden Ganglien fehlen, geben, ausser den länglichen Ganglien, auch die zwischen ihnen gelegenen Bauchstränge Nervenäste ab. Vergl. Rathke in den Danziger Schriften a. a. O. p. 75. Taf. 5. Fig. 7. u. 15. In Aricinella (nach Quatrefages in den Annales des sc. nat. a. a O. p. 96. Pl. 2. Fig. 5.) und in Amphinome (nach Treviranus, Beobachtungen aus der Zootomie und Physiologie. 1839. p. 83. Taf. 11. Fig. 72.) sind die Ganglien einander sehr genähert. Bei Aphrodite und Polynoë übersteigt die Zahl der Bauchganglien die der Leibesabschnitte. Vergl. Grube, zur Anatomie der Kiemenwürmer. p. 66.

12) Bei Nereïs, Eunice, Glycera u. a. Vergl. Wagner in der Isis. 1834. p. 133. Taf. 1. Fig. 11., Müller in den Annales des sciences naturelles. Tom. 22. 1831. p. 22. Pl. 4. Fig. 10., Rathke, de Bopyro et Nereïde. p. 41. Tab. 2. Fig. 13., Grube, zur Anatomie der Kiemenwürmer. p. 43. Taf. 2. Fig. 9., und Quatrefages in den Annales d. sc. nat. a. a. O. Pl. 1. Fig. 1. 2. u. 3.

13) Bei Amphitrite, Siphonostomum (vergl. Rathke in den Danziger Schrif-

ren Dorsibranchiaten, an deren deutlich abgesetztem Kopfe Augen und Tentakeln sehr entwickelt sind, eine aus mehren Ganglien verschmolzene Nervenmasse darstellt [14]). Als Eingeweidenerven lassen sich bei den Dorsibranchiaten verschiedene zarte Nervenfäden ansprechen, welche mit besonderen Wurzeln aus dem Gehirnganglion entspringen, sich zu den verschiedenen Abtheilungen des Verdauungskanals begeben, und hier und dort zu Ganglien anschwellen [15]). In den Amphinomiden, Euniciden, Nereïden und Ariciden treten aus dem hinteren Rande des Gehirnganglion zwei Wurzeln als *Nervi pharyngei superiores* hervor, welche sich bald nach ihrem Ursprunge zu einem Ganglion (*Ganglion pharyngeum superius*) vereinigen. Von diesem Ganglion begeben sich wieder zarte Fäden nach rückwärts, welche auf dem Oesophagus mehre Ganglien bilden und sich von da wahrscheinlich weiter an die übrigen Theile des Verdauungskanals verbreiten. Neben diesem *Plexus splanchnicus superior* findet sich zuweilen auch ein *Plexus splanchnicus inferior* vor, indem andere, aus dem Gehirne hervortretende Wurzeln sich nach unten wenden und unterhalb der Schlundröhre theils ein *Ganglion pharyngeum inferius* bilden, theils als *Nervi pharyngei* und *oesophagei* nach rückwärts verlaufen [16]).

Eine sehr merkwürdige Kette von Ganglien liegt in den Amphinomiden auf beiden Seiten des Bauches; es stehen nämlich diese Ganglien nicht allein durch Längsanastomosen unter sich, sondern auch durch Queranastomosen mit der Centralmasse des Nervensystems in

---

ten a. a. O. Taf. 5. Fig. 7. u. 14. und Taf. 6. Fig. 3.) und bei Glycera. Vergl. Quatrefages in den Ann. d. sc. nat. a. a. O. p. 96. Pl. 1. Fig. 3.

14) Bei Nereïs, Eunice, Phyllodoce u. a. Vergl. Müller in den Ann. d. sc. nat. a. a. O. Pl. 4. Fig. 10., Rathke, de Bopyro et Nereïde. p. 43. Tab. 2. Fig. 4., 5. u. 13. und Quatrefages in den Ann. d. sc. nat. a. a. O. p. 81. etc. Pl. 1. Fig. 1. u. 2. Pl. 2. Fig. 1.

15) Cuvier (Vorlesungen über vergleichende Anatomie. Th. 2. p. 337.) hat zuerst bei Aphrodite auf zwei zurücklaufende Nervenfäden aufmerksam gemacht, welche für Eingeweidenerven gelten können, deren Existenz jedoch Grube (zur Anatomie der Kiemenwürmer. p. 58.) bei demselben Wurme nicht bestätigen konnte.

16) Stannius (in der Isis. 1831. p. 986. Taf. 6. Fig. 8. r. r) und Grube (de Pleïone carunculata. 1837. p. 9. Fig. 5. r.) sahen in Amphinomen die beiden Wurzeln des *Plexus splanchnicus superior*, ohne sie jedoch weiter verfolgt zu haben; in Eunice Harassii dagegen erkannte Grube (zur Anatomie der Kiemenwürmer. p. 43. Taf. 2. Fig. 9. i.) ausser diesen beiden Wurzeln auch das von ihnen gebildete *Ganglion pharyngeum superius* nebst den von denselben nach hinten abgehenden Nervenästen. Sehr genaue und detaillirte Beschreibungen und Abbildungen über die Ausbreitung des *Plexus splanchnicus superior* und *inferior* von Eunice, Nereïs, Glycera, Phyllodoce und Aricinella haben wir in der jüngsten Zeit Quatrefages zu verdanken. Vergl. Annales des sciences natur. Tom. 2. 1844. p. 81. Pl. 1. u. 2.

Verbindung, indem die vordersten Seitenganglien nach den die Speiseröhre umfassenden Verbindungsstämmen des Schlundringes und die übrigen hinteren Seitenganglien nach den einzelnen Ganglienanschwellungen des Bauchmarkes querlaufende Verbindungsäste absenden [17]. Welche Bedeutung diesen seitlichen Ganglienketten zuzuschreiben ist, muss für jetzt noch unbeantwortet gelassen werden.

Vierter Abschnitt.

Von den Sinnesorganen.

I. Vom Tastorgane.

§. 149.

In der Klasse der Annulaten ist das Tastgefühl an dem Kopfende ganz besonders ausgebildet [1]). Bei einigen Lumbricinen vertritt das rüsselförmig verlängerte Kopfende die Stelle eines tentakelartigen Tastwerkzeuges [2]). Besondere und oft sehr entwickelte Tastorgane finden sich bei den Branchiaten in Form von fühlerartigen Fortsätzen vor, welche hauptsächlich am Kopfende in mannichfaltiger Gestalt und verschiedener Zahl angebracht sind, aber auch an den übrigen Leibesabschnitten nicht fehlen. Man unterscheidet an diesen Tastorganen die *Antennae* und *Cirri*. Die ersteren befinden sich am Kopfe der Branchiaten, während die Cirren von den übrigen Leibesabschnitten und oft in ganz besonderer Menge vom ersten Leibesabschnitte getragen werden. Sowol die Antennen wie die Cirren sind kontraktil und meistens ungegliedert, doch kommen sie auch ganz deutlich gegliedert vor [3]).

---

17) Die erste Beschreibung dieser beiden seitlichen Ganglienketten in Amphinome rostrata ist von Stannius (in der Isis. 1831. p. 986. Taf. 6. Fig. 4.) ausgegangen; er sah drei Ganglien jederseits mit dem Schlundringe in Verbindung, während Grube (de Pleïone carunculata. p. 10. Fig. 5.) in Amphinome carunculata jederseits eine Verbindung von sechs Seitenganglien mit dem Schlundringe gezählt hat. Es erinnern übrigens diese Seitenganglien an die oben erwähnten von Wagner in Pontobdella muricata beobachteten Seitenganglien.

1) Nach Rathke (in den Danziger Schriften a. a. O. p. 94. u. 100.) soll sich in den beiden seitlichen Kopfgruben (Respirationsgruben) der Nemertinen der Sitz eines schärferen Gefühls befinden, und der lange weisse und bewegliche Rüssel, welcher aus der Spitze des Kopfendes der noch immer so räthselhaften Nemertinen hervorgestülpt werden kann, hauptsächlich zum Tasten bestimmt sein, während andere Naturforscher diesen verschiedenen Organen eine ganz andere Bedeutung beimessen.

2) Bei der bekannten Naïs proboscidea und bei Euaxes filiformis (vergl. Grube in Wiegmann's Archiv. 1844. Th. 1. p. 204. Taf. 7. Fig. 1.) ist dieser Rüssel ungegliedert, bei Rhynchelmis dagegen gegliedert (vergl. Hoffmeister ebendas. 1843. Th. 1. p. 192. Taf. 9. Fig. 8.).

3) Man hat die Antennen der Annulaten als *Tentacula* von den Insekten-

Die Antennen erhalten ihre Nerven unmittelbar aus dem Gehirnganglion [4]), während die Cirren des ersten Leibesabschnittes von der Basis der beiden Seitenäste des Nervenschlundringes oder von dem ersten Bauchganglion aus mit Nerven versorgt werden [5]).

II. Vom Gesichtsorgane.

§. 150.

Der Gesichtssinn ist nicht durchgängig unter den Annulaten verbreitet, denn die Capitibranchiaten erscheinen fast sämmtlich augenlos [1]); eben so fehlt vielen Nemertinen und Lumbricinen jede Spur eines Auges. Aber auch die als Augen angesprochenen braunen und schwarzen Punkte, welche bei verschiedenen Naïden zu zweien, bei Tetrastemma zu vieren, bei Polystemma und Nemertes endlich in Haufen und Reihen auf dem Nacken angebracht sind, dürften wol schwerlich mehr als blosse Pigmentflecke darstellen [2]).

Antennen unterscheiden wollen, indem erstere ungegliedert, letztere dagegen gegliedert seien. Dieser Unterschied lässt sich jedoch nicht festhalten, da bei den verschiedenen Tastorganen der Branchiaten ein allmäliger Uebergang von den ungegliederten Tentakeln zu den gegliederten Antennen stattfindet. Wohl aber weichen die Würmer-Antennen durch ihre Kontraktilität wesentlich von den nicht kontraktilen Insekten-Antennen ab. Gegliederte Antennen besitzen Eunice, Peripatus und Syllis, bei letzterer sind zugleich auch die Cirren gegliedert. Die Verschiedenheiten der Antennen und Cirren in Form, Zahl und Vertheilung muss übrigens der Zoologie zur Auseinandersetzung überlassen bleiben.

4) Bei Nereïs treten für die vier Antennen vier Aeste aus dem vorderen Rande des Gehirns hervor, von welchen die beiden äusseren, zu den grösseren Antennen sich begebenden Tastnerven an ihren Enden auffallend angeschwollen sind. Vergl. Rathke, de Bopyro et Nereïde. p. 43. Tab. 2. Fig. 4. u. 5.

5) Vergl. Rathke ebendas. Tab. 2. Fig. 13. d. d. und in den Danziger Schriften a. a. O. p. 76. Taf. 5. Fig. 14. d. d.

1) Eine merkwürdige Ausnahme bildet die von Ehrenberg (in den Mittheilungen aus den Verhandlungen der Gesellschaft naturf. Freunde zu Berlin a. d. J. 1836. p. 2.) beschriebene Amphicora Sabella, welche nicht blos am Kopfende ein Paar Augen, sondern auch am Hinterleibsende ein zweites Paar Augen besitzen soll.

2) Wenn Gruithuisen (in den Nov. Act. Acad. Nat. Cur. Vol. XI. p. 242.) die beiden Sehorgane der Naïs proboscidea als Pigmentpartikelchen beschreibt, welche in ein empfindliches Parenchym gehüllt seien, so ist dies, wie schon Müller (in den Ann. d. sc. nat. Tom. 22. 1831. p. 20.) ganz richtig bemerkt, keine Beobachtung, sondern nur eine Meinung. Mehr Gewicht hat dagegen die Angabe des Quatrefages (in den Comptes rendus. Tom. 19. 1844. p. 195.), dass die Augenflecke mehrer Nemertinen und einer mit Naïs verwandten Meerannelide allerdings lichtbrechende Körper enthielten und mit dem Nervencentrum durch besondere Fäden in Verbindung ständen. Letztere Annelide soll überdies noch auf jedem Leibesabschnitte rechts und links mit ähnlichen Augenflecken versehen sein, von welchen jeder einen deutlichen Nerven aus dem Bauchmarke erhält. Ist vielleicht dieses Thier mit der von Dujardin (in den Ann. d. sc. nat. T. 11. 1839. p. 293. Pl. 7. Fig. 9.) beschriebenen Naïs picta identisch?

Anders verhält es sich mit den zwei bis zehn Augenflecken der Hirudineen [3]). Hier besteht jedes einzelne Auge [4]) aus einem nach unten etwas verschmächtigten und abgerundeten durchsichtigen Cylinder, welcher nach oben mit einer hornhautartigen Wölbung aus der allgemeinen Hautbedeckung hervorragt, und im übrigen von einer schwarzen Pigmentschicht umgeben ist [5]). Zu jedem dieser Cylinder tritt ein vom Gehirnganglion herkommender Nervenfaden, dem offenbar die Funktion eines Sehnerven zuerkannt werden muss, indem die ganze Organisation jener Cylinder auf ihre Fähigkeit, das Licht zu brechen und zu concentriren, hinweist [6]).

Bei den Dorsibranchiaten kommen neben verschiedenen ganz augenlosen oder mit blossen Augenflecken versehenen Würmern viele zu den Amphinomiden, Nereïden, Euniciden und Aphroditiden gehörigen Arten vor, deren zwei oder vier Augen sehr entwickelt sind [7]). Man kann an diesen Sehorganen einen rundlichen Augapfel unterscheiden, welcher von einer schwarzen oder braunen Pigmentschicht umhüllt wird. Diese ist oft nach oben mit einer sehr deutlichen pupillenartigen runden Oeffnung versehen, über welche sich die allgemeine Hautbedeckung in Gestalt einer Cornea hinwegwölbt. Innerhalb der Pigmenthülle liegt ein durchsichtiger Körper verborgen, welcher höchst wahrscheinlich von einer netzhautartigen Ausbreitung des Sehnerven unmittelbar umgeben ist. Die Sehnerven treten meistens aus der oberen Fläche des Gehirns hervor und bilden nach kurzem Verlaufe, bevor sie

---

3) Zwei, vier und sechs Augen finden sich in der Gattung Clepsine vor, acht Augen besitzt Nephelis, zehn dagegen Haemopis und Sanguisuga, ganz augenlos ist Branchiobdella. Immer nehmen jene Augen in symmetrischer Anordnung den Nacken der Egel ein.

4) Wenigstens bei Sanguisuga officinalis.

5) Die erste Notiz, dass die schwarzen Augenflecke des medizinischen Blutegels wirklich optische Werkzeuge seien, ging von Weber aus (vgl. Meckel's Archiv. 1827. p. 301. Taf. 3. Fig. 24.). Nachdem Brandt (in der medizin. Zoologie. Th. 1. p. 251. Taf. 29. A. Fig. 10—12.) diese Angabe bestätigt, wurde dieselbe später noch dahin erweitert, dass Wagner innerhalb der becherförmigen Pigmentschicht, welche nach oben eine pupillenförmige Oeffnung zeigt, einen durchsichtigen Körper entdeckte, an welchem er zwei Abtheilungen als Linse und Glaskörper zu unterscheiden glaubte. Vergl. Wagner, Lehrbuch der vergl. Anatomie. 1835. p. 428., ferner Lehrbuch der speziellen Physiologie. 1843. p. 383. und Icones physiologicae. 1839. Tab. 28. Fig. 16.

6) Die zehn aus dem Gehirne hervortretenden Sehnerven hat Brandt (med. Zoologie. a. a. O. p. 250. Taf. 29. B. Fig. 2.) bis zu den zehn Augen des medizinischen Blutegels deutlich verfolgen können.

7) Augenlos erscheinen Glycera, Aricia, Arenicola, Cirratulus u. a. Blosse Pigmentflecke tragen Goniada und Nephtys am Kopfe. Zwei Augen besitzen Eunice, Phyllodoce, Alciopa, vier Augen dagegen Nereïs, Syllis, Hesione, Amphinome u. a. Alciopa dürfte ihrer ausserordentlich grossen Augen wegen sich ganz besonders zur Untersuchung dieser Organe eignen.

die Pigmentschicht des Augapfels durchbohren, eine Anschwellung. An einigen Augen soll der lichtbrechende Körper und die pupillenartige Oeffnung der Pigmentschicht fehlen; in diesem Falle würden die Augen dann nur zur Unterscheidung von Hell und Dunkel dienen können [8]).

III. Vom Gehörorgane.

§. 151.

Obgleich den Annulaten eine Empfänglichkeit für Schallwellen nicht abgesprochen werden konnte, so ist man doch erst in neuster Zeit auf den Sitz des Gehörsinns aufmerksam geworden, indem man zwei an dem Schlundringe gewisser Borstenwürmer angebrachte und mit krystallinischen Körpern angefüllte Bläschen für einfache, mehre Otolithen einschliessende *Vestibula* anzusprechen sich veranlasst gesehen hat [1]).

Fünfter Abschnitt.

Von dem Verdauungs-Apparate.

§. 152.

Der Verdauungskanal der Annulaten, welcher nach sehr verschiedenen Typen organisirt ist, mündet stets am Vorder- und Hinterleibsende mit einem Munde und After nach aussen. Derselbe läuft meistens in gerader Richtung mitten durch den langgestreckten Wurmleib hindurch; nur bei einigen füllt er die geräumige Leibeshöhle mit Windun-

---

8) Eine genauere Untersuchung der Augen von Nereïs verdanken wir Müller (in den Annales d. sc. nat. Tom. 22. 1831. p. 22. Pl. 4. Fig. 6—10.) und Wagner (Lehrbuch der Physiologie. p. 383. und Icones physiologicae. Tab. 28. Fig. 15.). Dem letzteren ist es gelungen, den lichtbrechenden Körper, welchen er früher (zur vergleichenden Physiologie des Blutes. 1833. p. 55.) eben so wenig als Müller hatte auffinden können, deutlich wahrzunehmen. Auch ich kann die Anwesenheit eines lichtbrechenden durchsichtigen Körpers in den beiden mit runder Pupille versehenen Augäpfeln der Eunice gigantea bestätigen. Rathke (de Bopyro et Nereïde. p. 44. Tab. 2. Fig. 4. u. 5.) vermisste bei Nereïs pulsatoria und lobulata die Pupille der Augen, während er sie an den Augen der Nereïs Dumerilii bemerken konnte. Nach Wagner fehlte bei mehren Nereïden die Pupille nur in den beiden hinteren, nicht aber in den beiden vorderen Augen.

1) Nachdem ich bei Arenicola die von Grube und Stannius beschriebenen, mit den beiden Seitenästen des unvollkommenen Schlundringes zusammenhängenden runden Anschwellungen mit den Gehörbläschen der Mollusken und ihren Inhalt mit Otolithen verglichen hatte (vergl. Wiegmann's Archiv. 1841. Th. 1. p. 166.), würden von Quatrefages ähnliche, mehre Otolithen einschliessende Gehörwerkzeuge in zweien mit Amphicora verwandten Würmern erkannt (vergl. Comptes rendus. Tom. 19. 1844. p. 195. und Annales d. sc. nat. Tom. 2. 1844. p. 94.).

gen aus. Er ist häufig in verschiedene Abtheilungen geschieden, welche als Schlundröhre, Speiseröhre, Magen und Darm bezeichnet werden können. Die Mundöffnung wird meistens von wulstigen Lippen umgeben. Bei vielen Capitibranchiaten, deren Mundöffnung von einer Menge sehr erektiler Tentakeln und Cirren oft dicht umstellt ist, mögen diese Tastwerkzeuge vielleicht auch als Greiforgane benutzt werden können [1]). Einige andere Capitibranchiaten ziehen sich gewiss durch die, mittelst ihrer flimmernden, den Mund trichter- oder spiralförmig umgebenden Kiemenstrahlen, im Wasser erregte Strömung Nahrungsstoffe herbei [2]). In den meisten Fällen werden von dem wulstigen Maule und dem sehr muskulösen Schlunde der Annulaten feste Nahrungsstoffe verschlungen, oder breiige Massen eingeschlürft. Viele Annulaten können ihre Schluckorgane zugleich als Saugorgane zur Aufnahme von flüssigen Nahrungsstoffen benutzen [3]). Der Magen und Darm sind auf ihrer inneren Fläche mit einem Flimmerepithelium überzogen. Der im Allgemeinen sehr dünnhäutige Darmkanal wird entweder von dem Körperparenchyme eng umschlossen [4]), oder bei dem Vorhandensein einer mehr oder weniger geräumigen Leibeshöhle von vielen diaphragmenartigen Muskelscheidewänden festgehalten und eingeschnürt [5]).

§. 153.

Die spezielle Anordnung des Verdauungs-Apparates in den verschiedenen Annulaten-Abtheilungen ist folgende.

I. Von den Schling- und Kauorganen.

Die Mundöffnung der Nemertinen, welche meistens etwas entfernt vom Kopfende auf der Bauchseite angebracht ist, stellt eine Längsspalte dar [1]), welche in eine sehr geräumige lange und muskulöse Schlund-

---

1) Bei Terebella, Amphitrite, Siphonostomum u. a.

2) Z. B. Sabella, Serpula u. a. — 3) Viele Hirudineen.

4) Bei den Hirudineen und im stärksten Grade bei den Nemertinen.

5) Bei den Chaetopoden.

1) Vergl. Delle Chiaje, Memorie a. a. O. Tav. 78. Fig. 8. b. von Polia geniculata, Huschke in der Isis. 1830. Taf. 7. Fig. 2. von Notospermus drepanensis, Grube, Aktinien, Echinodermen und Würmer etc. a. a. O. Fig. 7. a. von Meckelia annulata, Rathke in den Danziger Schriften a. a. O. Taf. 6. Fig. 8. b. von Borlasia striata, und Ehrenberg, Symbolae physicae. Phytozoa Turbellaria. Tab. 4. Fig. 4. g. von Micrura fasciolata. Ehrenberg erklärt übrigens diese Mundöffnung mit Unrecht für eine Geschlechtsöffnung und hält die Mündung, aus welcher die Nemertinen das rüsselförmige Organ hervorstülpen, für den Mund. Ueberhaupt herrschen in dieser Beziehung noch grosse Widersprüche unter den Naturforschern, indem Dugès (in den Ann. d. sc. nat. Tom. 21. 1830. p. 74. Pl. 2. Fig. 5.) bei Polystemma (Prostoma) armatum und Quatrefages (in der Iconographie du régne animal de Cuvier. Zoophytes. Pl. 34. Fig. 2.) bei Nemertes Mandilla den langen Schlauch, welcher am Kopfende ausmündet, als Schlundröhre ansprechen und annehmen, dass die im Grunde dieses Schlauchs angebrachten hornigen Stacheln beim Verzehren von Beute als Waffen benutzt

röhre führt. Diese ist mit dem Körperparenchyme innig verbunden und geht nach hinten etwas verengert unmittelbar in den Darmkanal über [2]).

Bei den meisten Hirudineen ragt der vordere Rand der am Vorderleibsende angebrachten Mundöffnung als eine Art Oberlippe hervor, und kann sich das sehr bewegliche Maul mit seinen wulstigen Rändern zu einem Saugnapfe beliebig umformen, während bei einigen anderen Egeln am Vorderleibsende ein ausgebildeter, vom übrigen Körper abgegesetzter Mundnapf vorhanden ist [3]). Die Saugorgane des Mundes werden von den Egeln nicht blos, wie ihre Hinterleibsnäpfe, als Bewegungswerkzeuge, sondern auch zur Aufnahme von flüssigen Nahrungsstoffen, namentlich von Thierblut, angewendet. Zu diesem Behufe besitzen mehre Hirudineen in ihrer kurzen und weiten Schlundhöhle, deren muskulöse Wände mit dem Körperparenchyme innig verwebt sind, hornige Waffen, durch welche sie Wunden schlagen und so das Aufsaugen von Thierblut erleichtern. Bei Branchiobdella ist der Schlund mit einem pyramidenförmigen hornigen Ober- und Unterkiefer ausgekleidet [4]). Sanguisuga und Haemopis dagegen enthalten im Grunde ihres Schlundes drei fleischige Kieferwülste, deren bogenförmig vorspringender Rand mit einer Reihe horniger zweischenkliger Zähne eingefasst ist [5]).

Sehr abweichend von dieser Bildung erscheint die Gattung Clepsine, indem hier aus dem Grunde der langen Schlundhöhle eine äusserst bewegliche fleischige Röhre frei heraufragt und rüsselartig aus der Mundöffnung hervorgeschoben werden kann [6]).

Der einfache und kurze muskulöse Schlund der Abranchiaten und Capitibranchiaten bietet nichts auffallendes dar. Dagegen zeichnen sich die Dorsibranchiaten durch eine sehr muskulöse,

---

werden, während Örsted (Beschreibung der Plattwürmer. p. 22. Taf. 3. Fig. 41. 49. 50.) bei Tetrastemma diesen ganzen Apparat für ein gedärmförmiges Zeugungsglied erklärt. (S. weiter unten.) Ich vermuthe fast, dass die eben genannten Würmer gar nicht zu den Nemertinen gehören.

2) Bei Borlasia (nach Rathke a. a. O. p. 96. Taf. 6. Fig. 10. u. 11.) und Polia (nach Delle Chiaje a. a. O. Vol. 2. p. 407. Tav. 28. Fig. 3. j. oder in der Isis. 1832. p. 648. Taf. 10. Fig. II. 3. j.). Ganz ähnlich fand ich die Schlundröhre von Meckelia annulata.

3) Bei Piscicola und Pontobdella.

4) Vergl. Henle in Müller's Archiv. 1835. p. 575. Taf. 14. Fig. 1.

5) Vergl. Moquin-Tandon, Monographie a. a. O. p. 43. Pl. 1. Fig. 2. u. 11., ferner Pl. 4. u. 5., Brandt, Medizinische Zoologie. Th. II. p. 245. Taf. 29. A. Fig. 13—18. u. 21., und Taf. 29. B. Fig. 13—17. Die Kieferwülste dieser Egel werden beim Saugen so hervorgedrängt, dass sie einen dreistrahligen Stern bilden, welche Figur dann auch die von ihnen erzeugte Wunde darstellt.

6) Vergl. Moquin-Tandon a. a. O. Pl. 4. Es erinnert dieser Rüssel ganz an die Schlundröhre der Planarien, welche ebenfalls, ohne umgestülpt zu werden, aus der Mundöffnung einfach hervorgeschoben wird.

bald kürzere, bald längere Schlundröhre aus, welche frei in die Leibeshöhle hinabragt, aber auch weit aus der Mundöffnung hervorgestülpt werden kann, zu welchem Zwecke dieselbe von besonderen Muskeln umgeben ist 7). Bei vielen dieser Annulaten enthält der Pharynx einen hornigen, zuweilen sehr complicirten Kauapparat, welcher bei hervorgestülptem Schlunde oft weit über diesen hervorragt und so auch wol als Greiforgan gebraucht werden kann 8). Es stehen diese Kiefern, deren zwei, vier, sieben und acht bis neun vorhanden sein können, immer einander seitlich gegenüber. Sie sind meistens hakenförmig gekrümmt und auf der concaven Seite gezähnelt, kommen aber bei denjenigen Annulaten, welche sie in zahlreicher Menge besitzen, auf die verschiedenste Weise gestaltet neben einander vor 9).

II. Vom Darmkanal.

§. 154.

Der Darmkanal der Nemertinen, dessen Wandungen mit dem Körperparenchyme eng verbunden sind, verläuft vom Ende des Schlundes ohne magenartige Erweiterung in gerader Richtung bis zum After hinab. Die innere Fläche desselben ist von vorne bis hinten mit unzähligen, dicht gedrängten ringförmigen Falten besetzt, welche an den Seiten ziemlich weit in die Darmhöhle hervorragen, und dadurch zur Bildung von taschenartigen Vertiefungen Veranlassung geben 1).

---

7) Kurz ist diese Schlundröhre bei Amphinome, Nereïs, Eunice, Peripatus etc., sehr lang dagegen bei Aphrodite, Polynoë, Hesione, Phyllodoce, Glycera, Goniada etc. Vergl. Audouin und Milne Edwards, Recherches etc. a. a. O. Die Schlundröhre der Aphrodite, Polynoë, Amphinome u. a. wird auch als Magen genommen (vergl. Treviranus in Tiedemann's Zeitschrift für Physiologie. Bd. 3. p. 161. Taf. 12. Fig. 9. 10. k., Grube, zur Anatomie der Kiemenwürmer. p. 54. u. d. f., und Stannius in der Isis. p. 982.), indessen spricht die Lage, die Struktur und der Muskelapparat dieses Organs ganz für die Funktion eines Pharynx.

8) Kieferlos zeigen sich Amphinome, Phyllodoce, Aricia, Chaetopterus, Arenicola u. a.

9) Zwei stark gekrümmte Kiefer besitzt Nereïs, Lycastis und Peripatus. Vier Kiefer enthalten Polynoë, Aphrodite, Glycera u. a. Acht Kiefer führt Lumbrinereïs bei sich. In den mit sieben Kiefern versehenen Euniceen stehen drei auf der einen und vier auf der anderen Seite, eben so unsymmetrisch sind die neun Kiefer der Aglaura und Oenone vertheilt. Vergl. Audouin und Milne Edwards, Recherches etc. a. a. O.

1) Nach Rathke's Angabe (in den Danziger Schriften a. a. O. p. 96.) sollen bei Borlasia striata diese Querfalten nur im verkürzten Zustande des Wurmes vorhanden sein und während der Ausdehnung desselben verstreichen, wovon ich mich bei dem äusserst faltenreichen Darme der Meckelia annulata nicht überzeugen konnte. Uebrigens hat bereits Delle Chiaje an dem Darme von Polia Sipunculus (Memorie a. a. O. Vol. II. p. 407. Tav. 28. Fig. 3. und Fig. 6. oder in der Isis. 1832. Taf. 10. Fig. II. 3. u. 4.) diese Querfalten gesehen, aber als zu isolirte Taschen abgebildet.

In den Hirudineen wechselt der Verdauungskanal, welcher stets mit einer sehr engen Afteröffnung am Rücken dicht über dem Fussnapfe nach aussen mündet [2]), mit mannichfaltiger Gestalt ab, indem von demselben Blindsäcke abgehen, welche in Zahl und Entwicklung eine grosse Verschiedenheit darbieten [3]). In Nephelis besteht der Verdauungskanal aus einem einfachen, von vorne nach hinten allmälig weiter werdenden Schlauche ohne alle blindsackförmige Anhänge. In Branchiobdella ist der Darmschlauch mehrmals stark eingeschnürt [4]). Bei Pontobdella läuft neben dem letzten Drittel des im Uebrigen einfachen Darmschlauchs ein Blinddarm jederseits herab [5]); bei Haemopis [6]), Clepsine und Sanguisuga wird dieser Theil des Darms ebenfalls auf beiden Seiten von einem solchen langen Blinddarme begleitet; ausserdem erscheint aber der übrige Theil des Nahrungsschlauchs von Sanguisuga noch durch 10 bis 11 Einschnürungen in eben so viele Abtheilungen abgeschnürt, aus denen rechts und links kürzere Blinddärme hervortreten [7]), während der Nahrungsschlauch von Clepsine jederseits mit fünf bis sieben Blindkanälen besetzt ist, welche sämmtlich auch verästelt sein können. Das untere Ende des Nahrungsschlauchs ist dicht hinter dem Abgange der beiden letzten langen Blindsäcke von dem übrigen Theile durch eine klappenartige Scheidewand getrennt, daher man den oberhalb dieser Klappe gelegenen Theil des Nahrungsschlauchs mit seinen Blindsäcken für Magen und verdauenden Darm, den unterhalb derselben gelegenen Theil dagegen für den ausscheidenden Mastdarm ansprechen kann [8]).

An dem Verdauungskanale der Abranchiaten, welcher von Anfang bis zu Ende gerade durch die Leibeshöhle dieser Würmer hindurchläuft, lässt sich ein von dem muskulösen Schlunde abgehender, meistens enger Oesophagus unterscheiden, der nach kürzerem oder längerem Verlaufe in eine magenförmige Erweiterung übergeht; auf diese folgen die übrigen durch die queren Scheidewände der Leibeshöhle abgeschnürten Abtheilungen des Darmkanals, welche sich von der ersten als Magen betrachteten Abtheilung oft in nichts unterschei-

---

2) Bei Piscicola soll ausnahmsweise der After vor dem Fussnapfe auf der Bauchseite des letzten Leibesabschnittes angebracht sein. Vergl. Leo in Müller's Archiv. 1835. p. 420.

3) Vergl. Moquin-Tandon a. a. O. Pl. 1—4.

4) Vergl. Henle in Müller's Archiv. 1835. Taf. 14. Fig. 1.

5) Vergl. Wagner in der Isis. 1834. p. 130. Taf. 1. Fig. 1. u. 2.

6) Vergl. Brandt und Ratzeburg, medizinische Zoologie. Th. II. p. 246. Taf. 29. B. Fig. 12.

7) Ebendas. Taf. 29. A. Fig. 19. 20. u. 55.

8) Dieser Mastdarm ist bei Clepsine marginata ebenfalls mit seitlichen blinddarmartigen Anhängen versehen. Vergl. F. Müller in Wiegmann's Archiv. 1844. Bd. 1. p. 371. Taf. 10. Fig. 14.

den; nur bei einigen verdient diese erste Erweiterung des Darmschlauchs, ihrer dicken und muskulösen Wandungen wegen, als Magen gedeutet zu werden 9).

Eine sehr verschiedene Form bietet der Darmkanal der Capitibranchiaten dar. Bei einigen nämlich beginnt unmittelbar hinter der Schlundröhre der grimmdarmartig eingeschnürte Verdauungskanal 10), der nach hinten zuweilen spiralförmig gewunden ist 11). Bei anderen geht die Speiseröhre in einen mehrfach gewundenen Nahrungsschlauch über, welcher durch keine Diaphragmen mit den Wandungen der Leibeshöhle verbunden ist, sondern lose in der letzteren liegt, und durch verschiedene Einschnürungen in einen Magen, Dünndarm und Dickdarm geschieden ist 12).

In den Dorsibranchiaten zeigt der Darmkanal ebenfalls sehr verschiedene Organisationsverhältnisse. Bei mehren geht der Oesophagus unmittelbar in den Darm über, der entweder gerade verläuft und grimmdarmartige Einschnürungen besitzt 13), zuweilen auch spiralförmig gedreht 14) oder ohne alle Einschnürungen unregelmässig gewunden ist 15). Bei anderen nimmt der, zwischen Pharynx und Darm befindliche, Abschnitt des Verdauungskanals die Ausführungsgänge von Drüsenanhängen auf, weshalb derselbe weniger mit einer Speiseröhre, sondern besser mit einem Magen verglichen zu werden verdient 16). In manchen fehlt der Magen mit seinen Drüsenanhängen, dagegen erscheint der ganze Darmkanal, welcher ohne Windungen und ohne Einschnürungen mitten durch die sehr geräumige Leibeshöhle läuft, auf beiden Seiten mit langen Drüsenanhängen besetzt, die zuweilen sackförmige Er-

---

9) Einen sehr muskulösen Magen besitzt Lumbricus. Vergl. Morren a. a. O. Tab. 11—14. Auch an Naïs proboscidea lässt sich ein Muskelmagen unterscheiden, nicht aber an Lumbriculus und Enchytraeus.

10) Bei Terebella und Sabella. Vergl. Grube, zur Anatomie der Kiemenwürmer. p. 20. u. 27. Taf. 2. Fig. 12., und Milne Edwards, in den Ann. d. sc. nat. Tom. 10. 1838. Pl. 10. u. 11.

11) Bei Sabella. Vergl. Carus und Otto, Erläuterungstafeln. Hft. IV. Taf. 3. Fig. 4. u. 6., und Wagner, Icones zootom. Tab. 27. Fig. 21.

12) Bei Amphitrite und Siphonostomum. Im ersteren Wurme zerfällt der lange und gewundene Magen in einen herabsteigenden und in einen heraufsteigenden Theil. Vergl. Rathke in den Danziger Schriften a. a. O. p. 64. u. 86. Taf. 5 u. 6.

13) Bei Amphinome, Arenicola, Eunice und Nephtys. Vergl. Stannius in der Isis. 1831. Taf. 6. Fig. 10., Milne Edwards in den Ann. d. sc. nat. Tom. 10. 1838. Pl. 12. u. 13., und Grube, zur Anat. der Kiemenwürmer. Taf. 1.

14) Nach Angabe Grube's (ebendas. p. 34.) erinnert der spiralförmig gewundene Darm von Cirratulus ganz an den Darm der Sabella.

15) Bei Ammotrypane (nach Grube, vergl. Rathke in den Nov. Act. Acad. Nat. Cur. Tom. 20. p. 197. Tab. 10. Fig. 13.).

16) Bei Nereïs. Vergl. Rathke, de Bopyro et Nereïde. p. 35. Tab. 2. Fig. 7. u. 8.

weiterungen besitzen, so dass diese Anhänge ganz das Ansehen von Blinddärmen haben [17]).

III. Von den Drüsenanhängen.

§. 155.

Die Drüsenanhänge, welche mit dem Verdauungskanale der Annulaten in Verbindung stehen, lassen sich als Speicheldrüsen und leberartige Organe unterscheiden, von welchen die letzteren wol niemals fehlen, während die ersteren nicht so allgemein verbreitet angetroffen werden.

Die mit Speichelorganen vergleichbaren drüsigen Anhänge hat man bei einzelnen Annulaten entweder mit dem Schlunde oder mit dem Anfange des Darmkanals zusammenhängen sehen. Den Nemertinen fehlt ein solcher Drüsenapparat gänzlich. Dagegen können verschiedene Gruppen von runden Drüsenkörperchen, welche den unterhalb des Schlundes gelegenen Anfang des Verdauungskanals von Sanguisuga einhüllen, und deren Ausführungsgänge, nachdem sie in einander übergegangen sind, zuletzt an mehren Stellen in diesen Theil des Darmkanals ausmünden, mit Bauchspeicheldrüsen verglichen werden [1]). In Lumbricus wird die Schlundröhre jederseits von einer länglichen lappigen Drüsenmasse umgeben, welche eine weissliche Flüssigkeit absondert und vielleicht einer Mundspeicheldrüse analog sein dürfte [2]). Vielleicht haben die vier Paar hellen Blasen, welche am unteren Ende des Oesophagus von Enchytraeus in den Verdauungskanal einmünden, eine ähnliche Bedeutung [3]). Zwei bandförmige Blindschläuche, welche in Siphonostomum an den Seiten der Speiseröhre hinauflaufen und sich mit zwei besonderen Mündungen in die Mundhöhle öffnen, erinnern ebenfalls an Mundspeicheldrüsen [4]). Verschiedene Dorsibranchiaten besitzen zwei Drüsen, welche in den Anfang des Darmkanals einmünden, und höchst wahrscheinlich einen pankreatischen Saft absondern [5]). Noch ungewisser bleibt es, ob man die vielen drüsigen

---

17) In Aphrodite hystrix und aculeata besitzt der ganze Darm auf jeder Seite zwanzig langgestielte Drüsenanhänge, welche bei dem zuletzt genannten Wurme zugleich auch die Rolle von Blinddärmen spielen, indem sie in ihrer Mitte und am Ende sackförmige, mit Darminhalt gefüllte Erweiterungen besitzen. Vergl. Pallas, Miscellanea zoologica. p. 85. Tab. 7. Fig. 11., Treviranus in der Zeitschrift für Physiologie. Bd. 3. p. 162. Taf. 12. Fig. 9. u. 10., und Milne Edwards in der Cyclopaedia of anatomy. Vol. I. p. 169. Fig. 70.

1) Vergl. Brandt in der medizin. Zoologie. Th. II. p. 247. Taf. 29. A. Fig. 22. u. 23.

2) Vergl. Morren a. a. O. p. 129. Tab. X. bis XI. von Lumbricus terrestris.

3) Vergl. Henle in Müller's Archiv. 1837. p. 79. Taf. 6. Fig. 6. d. d.

4) Vergl. Rathke in den Danziger Schriften a. a. O. p. 87. Taf. 5. Fig. 5. c. c.

5) In Nereïs hängen diese beiden Speicheldrüsen durch zwei enge Ausführungsgänge mit der als Magen zu betrachtenden Abschnürung des Darmkanals zusam-

Anhänge von meist weisslicher Farbe, welche rechts und links vom ganzen Darmkanale der Aphroditiden radienartig abgehen, zu den Bauchspeicheldrüsen oder Leberorganen rechnen soll. In Polynoë stellen sie sechszehn cylindrische Schläuche dar, deren blinde, zuweilen in ein Paar Säckchen gespaltene Enden sich zwischen den Muskeln der Leibeswandungen verbergen [6]. In Aphrodite hystrix sind zwanzig enge Schläuche auf jeder Seite des geraden Darmkanals vorhanden, deren traubenförmig angeschwollene drüsige Enden sämmtlich in den von der Leibeswandung gebildeten Rückenfächern versteckt liegen. Aehnlich verhält sich Aphrodite aculeata, jedoch mit dem Unterschiede, dass diese Anhänge mehr das Ansehen von dünnhäutigen Blinddärmen besitzen und nur in ihrer Mitte zwischen den bereits erwähnten sackförmigen Erweiterungen seitlich abstehende, verästelte Blindschläuche von drüsiger Beschaffenheit erkennen lassen [7].

Mit mehr Sicherheit ist wol das eigenthümliche, theils gelbbraun, theils braungrün gefärbte Gewebe, welches den Darmkanal der meisten Annulaten fast auf seinem ganzen Verlaufe dicht umgiebt, als Leberorgan anzusprechen. Bei genauerer Untersuchung besteht dieses Gewebe aus eng zusammengedrängten Drüsensäckchen, welche entweder einzeln auf der inneren Fläche des Darms ihren Inhalt entleeren oder denselben durch mehre gemeinschaftliche Ausführungsgänge in die Darmhöhle überführen [8]. Der Inhalt besteht bei vielen aus einer mit

---

men. Vergl. Rathke, de Bopyro et Nereïde. p. 38. Tab. 2. Fig. 7. g. u. Fig. 8. In Arenicola fand Grube (zur Anatomie der Kiemenwürmer. p. 6. Taf. 1. Fig. 1. u. 5. h.) diese beiden Drüsenanhänge am Anfange des Darmkanals, eben so auch bei Ammotrypane (vergl. Nov. Act. Acad. Nat. Cur. Tom. 20. p. 197. Tab. 10. Fig. 13. u. 19. h.). Vergl. ferner Milne Edwards in den Annales d. sc. nat. Tom. 10. 1838. Pl. 12. Fig. 1. j. von Nereïs, und Pl. 13. Fig. 1. c. e. von Arenicola, und Wagner, Icones zoot. Tab. 27. Fig. 18. g. g. von Nereïs.

6) Vergl. Grube, zur Anatomie der Kiemenwürmer. p. 62. Taf. 2. Fig. 13. von Polynoë squmata.

7) Vergl. Pallas, Treviranus, Milne Edwards a. a. O. und Grube, zur Anatomie der Kiemenwürmer. p. 54.

8) Diese Drüsenschicht bildet nach Henle (in Müller's Archiv. 1837. p. 81. Taf. 6. Fig. 2.) bei Enchytraeus einen zottenförmigen Darmüberzug, sie fehlt aber auch weder bei Lumbricus, Lumbriculus, noch bei Naïs, Chaetogaster etc. Bei Branchiobdella (vergl. Henle in Müller's Archiv. 1835. p. 575.) stellen diese Drüsen grünliche Säckchen, bei Amphitrite (vergl. Rathke in den Danziger Schriften a. a. O. p. 65.) gelbliche Säckchen dar. Bei Sanguisuga münden die Leberschläuche mit ihren Ausführungsgängen in einander, und umspinnen so den Magen und seine Blinddärme (vergl. Brandt in der medizin. Zoologie. p. 247. Taf. 29. A. Fig. 28. u. 29.). In sehr vielen Annulaten hüllt diese Leberdrüsenschicht das auf dem Rücken des Darmes hinlaufende Blutgefäss mit ein. Der von Morren (a. a. O. p. 142. Tab. XV. bis XVI.) unter dem Namen Chloragogena beschriebene gelbe Kanal mag bei Lumbricus terrestris von nichts anderem herrühren, als von dieser Leberdrüsenmasse. Ein anderer, von Blutgefässen durchzogener, oben und unten geschlossener Kanal, welcher beim Regenwurme

braunen Körnern vermischten, klaren Flüssigkeit, wie man sie in der Lebersubstanz der höheren Thiere antrifft.

Sechster Abschnitt.

Von dem Circulations-Systeme.

§. 156.

Die Annulaten sind mit sehr entwickelten Circulationsorganen begabt. Ihr Blut erscheint meistens gefärbt und bewegt sich in einem vollkommen in sich abgeschlossenen Gefässsysteme, welches sich durch verschiedene Eigenthümlichkeiten auszeichnet. — Das ganze Blutgefässsystem der Ringelwürmer zerfällt in einen centralen und peripherischen Theil. Der centrale Theil besteht aus grösseren kontraktilen Gefässstämmen, welche die Stelle eines Herzens vertreten. Bei mehren Ringelwürmern lassen sich aber auch herzartige Organe, in Form von einzelnen oder mehren varikösen Erweiterungen der kontraktilen Gefässstämme unterscheiden. Die kontraktilen Hauptstämme des Blutgefässsystems laufen als Längsgefässe durch den ganzen Körper der Würmer hindurch und nehmen die Mittellinie desselben als Rücken- und Bauchgefässe ein; doch kommen zu diesen bei mehren egelartigen Würmern noch Seitengefässe hinzu. Rücken- und Bauchgefässe gehen an den beiden Extremen in einander über, stehen aber auch in den einzelnen Leibesabschnitten durch Queranastomosen unter einander in Verbindung. Sind Seitengefässe vorhanden, so erscheinen auch diese durch Quergefässe mit den Mediangefässen verbunden. Der peripherische, vermittelst Kapillargefässen sich ausbreitende Theil des Blutgefässsystems tritt an den verschiedensten Stellen, sowol aus den Längsgefäss- wie Quergefässstämmen, hervor. Der Blutlauf geht im Ganzen nach einer bestimmten Richtung vor sich, indem die Rückengefässe durch eine Art peristaltischer Bewegung das Blut von hinten nach vorne in das Bauchgefäss hinübertreiben, und dieses das empfangene Blut von vorne nach hinten wieder in die Rückengefässe zurücksendet. Das Blut kann ausser auf diesem Längswege auch auf kürzerem Querwege von den Rückengefässen in die Bauchgefässe gelangen, indem es in den einzelnen Leibesabschnitten durch die Kapillargefässe oder unmittelbar durch die Queranastomosen hindurchströmt. Es ist übrigens bei dieser Einrichtung sehr wahrscheinlich, dass das Blut in den Quergefässen nicht im-

---

in einem auf der inneren Fläche des Darmkanals hervorragenden Längswulste enthalten und von Morren (a. a. O. p. 138. Tab. XI. bis XII. und XVI. bis XVII.) Typhlosolis genannt worden ist, dürfte vielleicht die Bedeutung eines Chylusbehälters haben.

mer in einer und derselben Richtung fortgetrieben wird, sondern dass unter Umständen der Blutstrom auch gerade umgekehrt von dem Bauchgefässe nach dem Rückengefässe hin von Statten gehen wird. Aus diesem Grunde sieht man sich auch in Verlegenheit gesetzt, welche dieser Gefässstämme als Arterien, welche als Venen zu betrachten sind. Die Respirationsorgane, welche bei so vielen Thieren die Grenze zwischen dem venösen und arteriellen Blutgefässsysteme bilden, stehen bei den meisten Ringelwürmern mit den Quergefässstämmen in Verbindung und können deshalb keinen Ausschlag geben, da es zweifelhaft erscheint, in welcher Richtung, ob vom Rückengefässe oder vom Bauchgefässe aus, die Blutströmung durch dieselben hindurchzieht. Ueberhaupt scheint durch das Vorhandensein einer so grossen Menge von Queranastomosen die Unmöglichkeit gegeben, dass Venen- und Arterienblut scharf von einander getrennt bleiben können. Die Abgrenzung der Venen und Arterien wird daher bei den meisten Ringelwürmern immer nur ganz willkührlich geschehen können.

Das Blut der Annulaten, obgleich es bei vielen durch seine rothe Farbe an das Blut der Wirbelthiere erinnert, ist von diesem sehr verschieden. Man kann an demselben Blutflüssigkeit und Blutkörperchen unterscheiden. Letztere sind stets ungefärbt, von ungleicher Grösse und besitzen eine kugelige Form und körnige Oberfläche [1]). Die Blutflüssigkeit erscheint entweder farblos oder enthält Farbestoff, der in den meisten Fällen roth, aber auch gelb und grün erscheint.

§. 157.

In den Nemertinen, deren Blutgefässsystem rothes Blut enthält [1]), aber bis jetzt nur sehr mangelhaft gekannt ist, scheint die Blutbewegung von zwei im Kopfende verborgen liegenden herzartigen Gefässerweiterungen unterhalten zu werden [2]).

---

1) Ueber die Blutkörperchen der Annulaten vergl. Wagner, zur vergleichenden Physiologie des Blutes. Hft. 1. p. 23. und Hft. 2. p. 39. Nach den Angaben desselben (ebendas. Hft. 1. Fig. 8.) würden die blassroth gefärbten runden Blutscheiben der Terebella, insofern die Beobachtung nicht auf Täuschung beruht, eine auffallende Ausnahme von der Regel bilden.

1) Nach einer Bemerkung von Milne Edwards (in den Ann. d. sc. nat. Tom. 10. 1838. p. 197.) scheinen auch Nemertinen mit ungefärbtem Blute vorzukommen.

2) Das Blutgefässsystem der Nemertinengattung Polystemma ist von Dugès (in den Ann. d. sc. nat. Tom. 21. 1830. p. 75. Pl. 2. Fig. 6.) und Örsted (Beschreibung der Plattwürmer. p. 17.) deutlich beobachtet worden. Es besteht aus mehren Längsgefässen, welche durch keine Queranastomosen, wol aber durch bogenförmige Anastomosen im Kopfende, unter Vermittlung zweier im Nacken gelegener Herzen unter einander verbunden sind. Nach Örsted sollen diese beiden Herzen in zwei Abtheilungen getheilt sein, von denen die vordere Abtheilung dunkleres und die hintere helleres Blut enthalte. Diese Anordnung hat denselben Naturforscher veranlasst, die von Rathke bei Borlasia striata als Gehirnknoten beschriebenen Körper ebenfalls für Herzen und die von ihnen aus-

Die Hirudineen besitzen ausser den beiden Medianstämmen noch zwei Seitenstämme, welche durch eine ausserordentliche Menge von Quergefässen unter einander in Verbindung stehen [3]). Durch die Kontraktionen dieser Gefässstämme wird das Blut bald nach vorne, bald nach hinten getrieben und vermittelst der Queranastomosen abwechselnd von einer Seite zur anderen hin und her gedrängt [4]). Ihr Blut, welches bei den meisten Egelgattungen roth gefärbt und nur bei wenigen ungefärbt ist, zeigt sich sehr arm an Blutkörperchen [5]).

Die Chaetopoden, denen die Seitengefässstämme fehlen, und deren Blutbewegungen häufig noch durch pulsirende herzartige Organe unterstützt werden, zeigen in der Anordnung der grösseren Blutgefässe und Blutbehälter eine ausserordentliche Verschiedenheit und Mannichfaltigkeit.

---

gehenden seitlichen Nervenstränge für Blutgefässe zu betrachten. (Vergl. oben §. 148. Anm. 2.) Allein wenn man die durch Quatrefages (zu dem Règne animal de Cuvier, nouvelle édition, accompagnée de planches gravées, représentant les types de tous les genres etc. Zoophytes. Pl. 34. Fig. 1.) gelieferte Darstellung des Nerven- und Blutgefässsystems von Nemertes Mandilla betrachtet, so überzeugt man sich, dass hier drei Hauptgefässstämme, ein Medianstamm und zwei Seitenstämme vorhanden sind, welche letztere neben den seitlichen Hauptnervensträngen herablaufen, und dass ein von dem Mediangefässstamme zu den beiden Seitenstämmen hinüberlaufendes Gabelgefäss die beiden Gehirnganglien schlingenförmig und eng umgiebt, wodurch diese beiden Nervenknoten leicht übersehen werden könnten. Aehnlich mag es sich mit Borlasia verhalten.

3) Das Blutgefässsystem von Sanguisuga hat Brandt (in der mediz. Zoologie. Th. 2. p. 247. Taf. 29. B.) sehr genau beschrieben. Vergl. auch Bojanus in der Isis. 1818. p. 2089. Taf. 26. Fig. 3. 4.). Bei Nephelis sind nur die beiden Seitenstämme und der das Bauchmark deckende Bauchgefässstamm vorhanden. Vergl. Müller in Meckel's Archiv. 1828. p. 24. Taf. 1. Fig. 1.

4) Die Unregelmässigkeit und Unbeständigkeit, mit welcher das Blut der Hirudineen bald in der einen, bald in der anderen Richtung durch die Gefässe dahinströmt, hat wol die Veranlassung zu den vielen verschiedenen Ansichten über die Blutcirculation dieser Würmer gegeben. Vergl. Dugès in den Ann. d. sc. nat. Tom. 15. 1828. p. 308., Weber in Meckel's Archiv. 1828. p. 399., Müller ebendas. p. 24. und in Burdach's Physiologie. Bd. 4. 1832. p. 143. und endlich Wagner in der Isis. 1832. p. 635. Wenn sich das Dasein von Klappen, welche Leo (in Müller's Archiv. 1835. p. 421. Taf. 11. Fig. 9.) in dem Rücken- und Bauchgefässstamme der Piscicola entdeckt hat, auch in anderen Hirudineen bestätigt, so dürfte dies leicht dazu geeignet sein, auf die Richtung des Blutlaufs in diesen Würmern ein besseres Licht zu werfen.

5) Rothes Blut besitzen Sanguisuga, Haemopis, Pontobdella, Nephelis, Piscicola u. a. Farblos ist das Blut bei einigen Clepsinen. Nach Filippi (Lettera sopra l'anatomia e lo sviluppo delle Clepsine. 1839. Pavia. p. 11.) soll das Blut in verschiedenen Arten von Clepsine braun, gelb, violett und roth gefärbt sein. Derselbe Naturforscher behauptet übrigens (a. a. O. p. 8.), dass bei Clepsine und Piscicola, welche nur Blut anderer niederer Thiere verschlucken, das Blutgefässsystem durch kleine Verbindungskanäle sich unmittelbar in die blinden Säcke des Verdauungskanals öffne, wodurch der Inhalt dieses letzteren geradezu, ohne weitere Vorbereitung, in die Blutgefässe übertreten könne.

Bei den Abranchiaten liegt das Rückengefäss dicht auf dem Darmkanale auf, und wird, wie dieser, von dem Lebergewebe fast ganz und gar eingehüllt. Am Vorderleibsende angelangt, zertheilt sich dasselbe mehrfach in gabelförmige Aeste, welche um den Schlund herumlaufen und sich auf der unteren Seite desselben zu dem Bauchgefässe vereinigen [6]). Dieses geht dann, nachdem es das Bauchmark bis an das Hinterleibsende begleitet hat, durch ähnliche gabelförmige Anastomosen wieder in das Rückengefäss über [7]). Die in den einzelnen Leibesringeln von dem Rücken- und Bauchgefässe abgehenden Queranastomosen bilden bald ganz einfache, bald zu einem Knäuel verschlungene Gefässe [8]). Bei den kleineren Lumbricinen sind diese Quergefässe gewöhnlich nur in den vorderen Leibesringeln zu bemerken, während sie an den übrigen fehlen [9]). Herzartige Organe finden sich in der Gattung Lumbricus vor, indem hier fünf bis neun Paar Queranastomosen in Gestalt von perlschnurförmigen und stark pulsirenden Gefässbogen oberhalb des Magens die Rücken- und Bauchgefässe unter einander verbinden [10]). Die Farbe des Blutes hat sich bei allen Abranchiaten stets roth gezeigt.

In den Capitibranchiaten finden sich häufig zwei Rückengefässe vor, von denen das eine an der inneren Fläche der allgemeinen Leibesbedeckung angebracht ist, während das andere nach gewöhnlicher Weise mit dem Darme in inniger Verbindung steht [11]). Diese Verdop-

---

6) Vergl. Henle in Müller's Archiv. 1837. p. 83. Taf. 6. Fig. 5. von Enchytraeus, und Hoffmeister, de vermibus quibusdam etc. a. a. O. p. 14. Tab. 2. Fig. 4. von Saenuris variegata.

7) In Lumbricus sind, ausser dem Hauptbauchgefässstamme, noch drei feinere Bauchgefässe vorhanden, welche mit dem Bauchmarke in inniger Beziehung stehen. Zwei derselben fassen nämlich das Bauchmark ein, während das dritte unter ihm hinläuft Vergl. Leo, de structura lumbrici terrestris. p. 27., Dugès in den Ann. d. sc. nat Tom. 15. 1828. p. 298., und Morren a. a. O. p. 152. Tab. 21—24. Fig. 5., welcher das Gefässsystem des Regenwurms besonders ausführlich beschrieben hat.

8) Einfache Queranastomosen finden sich bei Lumbricus, knäuelförmige dagegen bei Saenuris. Vergl. Hoffmeister a. a. O.

9) Bei Enchytraeus, Chaetogaster, Naïs u. a. Sehr merkwürdig zeigt sich in dieser Beziehung das Blutgefässsystem von Euaxes und Lumbriculus organisirt. Beiden Würmern fehlen die Queranastomosen, man sieht dagegen in jedem Leibesabschnitte derselben rechts und links zwei Gefässe in das Rückengefäss einmünden, welche sich in mehre blind endigende Gefässstämmchen verzweigen. Vergl. Treviranus, Beobachtungen aus der Zootomie. a. a. O. p. 60., und Grube in Wiegmann's Archiv. 1844. Bd. 1. p. 205. Taf. 7. Fig. 1. u. 2. d.

10) Vergl. Dugès a. a. O. Pl. 8. Fig. 1., und Morren a. a. O. p. 162. Tab. 20—23. 21—24. Fig. 1.

11) Sehr schöne Untersuchungen über das Blutgefässsystem der Capitibranchiaten hat Milne Edwards angestellt. Vergl. Ann. d. sc. nat. Tom. 10. 1838. p. 193. Pl. 10. u. 11.

pelung des Rückengefässes nimmt man besonders bei denjenigen Kopfkiemern wahr, welche einen gewundenen Darmkanal besitzen 12). In diesem Falle ist dann auch noch ein zweites Bauchgefäss vorhanden, welches dem Rückendarmgefässe gegenüber die Windungen des Darmkanals verfolgt. Diese Längsgefässe anastomosiren vielfach unter einander und geben an den Darm und an die Leibeswandungen eine Menge Queräste ab, welche sich zu Kapillargefässen auflösen. Das Rückendarmgefäss schwillt nicht selten am vorderen Ende oberhalb des Schlundes zu einem weiten pulsirenden Schlauche an, der mit einem Herzen verglichen werden kann und zu welchem am Anfange des Darmes zuweilen noch zwei seitliche bogenförmige Schläuche hinzukommen 13). Am äussersten Ende dieses oft herzartig erweiterten Rückengefässes gehen rechts und links verschiedene Stämme ab, welche in die hier angebrachten Kiemen eintreten. Die aus diesen Organen wieder hervortretenden Gefässe begeben sich theils nach vorne an die Tentakeln und die übrigen den Mund umgebenden Organe, theils nach unten, um sich hier in dem Bauchgefässe zu vereinigen. Erwägt man, dass das Blut in dem Rückengefässe von vorne nach hinten getrieben wird, so wird das Rückengefäss und seine herzartige Erweiterung, da sie den Kiemen das Blut zuführen, als Rückenvene und Kiemenherz betrachtet werden können, während das Bauchgefäss, welches die von den Kiemen zurückkehrende Blutmasse in sich aufnimmt, einer Bauchaorta zu vergleichen ist. Es sprechen ausserdem noch andere Umstände für die venöse und arterielle Beschaffenheit des Rücken- und Bauchgefässes. Durch die innige Verbindung des Rückendarmgefässes mit dem Lebergewebe mag ersteres ganz geeignet sein, die Funktion einer *Vena portarum* zu verrichten, so wie die nahe Berührung des Bauchgefässes mit dem Bauchmarke gewiss den Zweck hat, die Centralmasse des Nervensystems von dem direkt aus den Kiemen herabströmenden Arterienblute zu bespülen und zu beleben. Die Blutfarbe der Kopfkiemer ist theils roth, theils grün 14).

Die Dorsibranchiaten besitzen nicht selten doppelte Rücken- und Bauchgefässe, von denen zwei dem Darmkanale und zwei den all-

---

12) Bei Amphitrite, Siphonostomum. Vergl. Rathke in den Danziger Schriften a. a O. p. 76. u. 88. Taf. 5. Fig. 4. u. 5.

13) Ein schlauchförmiges Herz mit zwei Nebenschläuchen lässt sich am Rückengefässe der Terebella unterscheiden. Vergl. Milne Edwards a. a. O. Pl. 10. u. 11. Fig. 1. In Siphonostomum liegt ebenfalls eine solche herzartige Anschwellung auf dem Schlunde, welche überdies noch an ihrem hinteren Ende durch eine starke Einschnürung in zwei Abtheilungen getheilt ist. Vergl. Rathke a. a. O. p. 89. Taf. 6. Fig. 5. f. g.

14) Rothes Blut besitzt Terebella, Amphitrite, Serpula; grün dagegen ist das Blut bei Siphonostomum, Chloraema und bei einigen Arten von Sabella und Serpula.

gemeinen Hautbedeckungen angehören [15]). Diese Längsgefässe sind zuweilen in zwei bis drei neben einander hinlaufende Stämme gespalten [16]). Bei einigen bildet das Vorderende des Hauptrückengefässes auf der Schlundröhre eine schlauchartige Anschwellung, zu welcher am Anfange des Darmes noch zwei seitliche, bogenförmige Anschwellungen hinzutreten [17]); zuweilen sind diese seitlichen, herzartigen Anschwellungen auch allein vorhanden [18]). In mehren dieser Würmer erscheinen die Quergefässe vor ihrem Eintritt in die Kiemen zu wahren Kiemenherzen angeschwollen [19]). Da die Kiemen der Dorsibranchiaten an so vielen Stellen zwischen die Queranastomosen der Rücken- und Bauchgefässe eingeschoben sind, so ist hier eine Sonderung des venösen und arteriellen Blutes viel weniger möglich als bei den Capitibranchiaten, und wird es, wie bei den Hirudineen und Abranchiaten, der Willkühr überlassen bleiben müssen, Venen und Arterien an diesem Gefässsysteme von einander zu unterscheiden. Die Farbe des Blutes zeigt sich bei den meisten Rückenkiemern roth, doch kommt auch gelbes und fast farbloses Blut bei ihnen vor [20]).

Siebenter Abschnitt.

Von dem Respirations-Systeme.

§. 158.

Die Respirationswerkzeuge sind in den verschiedenen Unterordnungen der Annulaten nach ganz verschiedenen Typen organisirt.

Am wenigsten erscheint der Respirationsapparat bei den Nemer-

---

15) Sehr detaillirte Angaben über das Blutgefässsystem der Dorsibranchiaten haben wir Milne Edwards zu verdanken. S. Annales des sciences naturelles a. a. O. Pl. 12. u. 13. Vergl. auch Stannius (in Müller's Archiv. 1840. p. 357.), über das Gefässsystem der Arenicola.

16) Ein doppeltes Rücken-Darmgefäss besitzt Eunice sanguinea (vergl. Milne Edwards a. a. O. Pl. 12. Fig. 2. und Fig. 3ª.), ein doppeltes, neben einander hinlaufendes Bauchgefäss dagegen Nephtis Hombergi. Drei das Bauchmark begleitende Bauchgefässe lassen sich an Arenicola auffinden (vergl. Müller in Burdach's Physiologie a. a. O. p. 147.), drei etwas weiter aus einander liegende Rücken- und Bauchgefässe hat Grube (de Pleione carunculata. Fig. 1. u. 2.) in Amphinome angetroffen.

17) Bei Eunice. S. Milne Edwards a. a. O. Pl. 12. Fig. 2. Dieses Gefässsystem erinnert an das der Terebella.

18) Bei Arenicola. S. Milne Edwards a. a. O. Pl. 13.

19) Bei Eunice. Ebendas. Pl. 12. Fig. 2.

20) Durch rothes Blut zeichnen sich Eunice, Nephtys, Glycera, Arenicola u. A. aus; gelbes Blut fliesst in den Gefässen von Phyllodoce; fast farbeloses in den Gefässen von Aphrodite, Polynoë und Sigalion. Vergl. Milne Edwards a. a. O. p. 196.

tinen entwickelt, indem sich hier keine anderen Organe, mit Ausnahme zweier am Kopfende seitlich angebrachten Längsgruben [1]), vorfinden, welche sich als Respirationswerkzeuge deuten liessen.

Es stellen diese beiden Respirationsgruben zwei mehr oder weniger seichte, längliche Vertiefungen dar, deren Seitenränder sich gewöhnlich so nahe an einander legen, dass man an ihrer Stelle oft nur eine Längsspalte wahrnimmt. Bei einigen Nemertinen ziehen sich diese Kopfgruben so weit am Vorderrande ihres Kopfendes nach vorne hin, dass sie hier ganz in einander übergehen [2]). Diese Gruben sind mit einem, von dem ürigen Körperüberzuge sehr verschiedenen, zarten und flimmernden Epithelium ausgekleidet [3]), wodurch es möglich wird, dass das unter dem zarten Hautüberzuge dieser Kopfgruben vorbeiströmende Blut mit dem durch Flimmerstrudel stets erneuerten Wasser in Wechselwirkung tritt [4]). Bei der Kleinheit dieser Organe wird die allgemeine Hautbedeckung der Nemertinen den Respirationsprozess gewiss noch mit unterstützen.

§. 159.

Eigenthümliche, in der Bauchhöhle der Hirudineen und Lumbricinen verborgen liegende Kanäle lassen sich als innere Kiemen oder Wassergefässe darstellende Respirationswerkzeuge ansprechen.

Bei den Hirudineen ist die feinere Struktur dieses Wassergefässsystems sehr schwer zu durchschauen. Am leichtesten wird man diese Organe in der Branchiobdella gewahr. Hier finden sich nur zwei Paar schleifenförmige, in ihrem Inneren flimmernde Kanäle vor, von

---

1) Vergl. Müller, Zoologia danica. Tab. 68. Fig. 1—4. von Tetrastemma (Planaria) viride, Delle Chiaje, Memorie. a. a. O. Tav. 78. Fig. 8. a. von Polia geniculata, ferner Quoy und Gaimard, Atlas zoologique de l'Astrolabe. Zoophytes. Pl. 24. Fig. 10. von Borlasia viridis, ausserdem den Dictionnaire des sciences naturelles. Tom. 57. 1828. Art. Vers. p. 574. Planches. Parentomozoaires. Nemertés. Fig. 1. u. 2. von Borlasia Angliae und Cerebratulus bilineatus, und Huschke in der Isis. 1830. Taf. 7. Fig. 1—3. von Notospermus drepanensis.

2) Bei Tetrastemma viride, Polia geniculata a. a. O. und bei Micrura fasciolata (nach Ehrenberg, Symbolae physicae. Phytozoa. Tab. 4. Fig. 4. e. i. g.).

3) Vergl. Quatrefages (in den Abbildungen zum Règne animal de Cuvier a. a. O. Zoophytes. Pl. 34. Fig. 1. b. b. von Nemertes Camillae.

4) Rathke (s. oben §. 149. Anm. 1.) hält die beiden Kopfgruben für den Sitz eines feineren Gefühls, doch scheint für die richtigere Ansicht Örsted's, welcher (s. dessen Beschreib. d. Plattwürmer. p. 18. u. 77.) diesen Gruben die Bedeutung von Respirationsorganen beimisst, besonders der Umstand zu sprechen, dass diese Organe mit Flimmerepithelium überzogen sind und ein starkes Blutgefäss dicht unter denselben vorbeizieht (vergl. Quatrefages a. a. O. Pl. 34. Fig. 1. g. g. von Nemertes Camillae), welches wahrscheinlich bei vielen Nemertinen mit rother Farbe durch den zarten Hautüberzug der Kopfgruben hindurchschimmert. Vergl. Tetrastemma viride in Müller's Zoologia danica. Tab. 68., Polia geniculata in Delle Chiaje's Memorie. a. a. O. Tav. 78. Fig. 8. und Notospermus drepanensis in der Isis. 1830. Taf. 7.

welchen das eine Paar am Anfange des zweiten Körperdrittels und das andere Paar am Hinterleibsende zur Seite der Mittellinie auf der Bauchfläche ausmündet. Kurz hinter der Ausmündungsstelle geht ein jeder dieser vier Kanäle in eine rundliche, gelb gefärbte Erweiterung über, aus welcher mehre gewundene und schleifenförmig umgebogene Kanäle hervortreten 1). Eine grössere Anzahl solcher paarigen Organe sind bei den übrigen Egeln vom zweiten Körperdrittel an dicht hinter einander auf der Bauchfläche bis zum Hinterleibsende hinab angebracht. Es ist dabei auffallend, dass das Flimmerepithelium, welches die innere Fläche dieser schleifenförmigen Kanäle bei Branchiobdella auskleidet, bei den andern Egeln fehlt 2).

Auch bei den Lumbricinen ist die Organisation der Respirationswerkzeuge nicht minder schwierig zu begreifen. Bei allen Gattungen finden sich vom Anfange des eigentlichen Darmkanals an jederseits desselben vielfach verschlungene Kanäle vor, welche auf der Bauchfläche zu den Seiten der Mittellinie mit einer engen Oeffnung nach aussen münden, und auf ihrer inneren Fläche mit langen, schlangen-

1) Vergl. Henle (in Müller's Archiv. 1835. p. 576. Taf. 14. Fig. 1.). Durch die Anwesenheit eines Flimmerepitheliums geht in diesen Wasserkanälen der Wechsel des Wassers gewiss sehr leicht und rasch vor sich.

2) Sanguisuga besitzt 17 Paare dieser Organe, welche von Brandt (in der medizin. Zoologie. Th. 2. p. 251. Taf. 29. A. Fig. 55—58.) für eben so viele eigenthümliche Absonderungsorgane erklärt worden sind, da er aus der blasenförmigen Erweiterung dieser Organe durch die Mündungen am Bauche einen weisslichen Saft hervorquellen sah. Das schleifenförmige Organ von Sanguisuga ist übrigens nicht etwa ein einfacher Kanal, wie die meisten Beobachter angeben, sondern wird vielmehr aus einem Konglomerat zahlloser, dicht an einander gelegener und durch einander gewundener, farbloser Kanäle zusammengesetzt, welche zugleich unter einander vielfach anastomosiren, aber keine Spur eines Flimmerepitheliums enthalten. Nach Dugès (in den Annales d. sc. nat. Tom. 15. 1828. p. 308. Pl. 8. Fig. 2. oder in der Isis. 1830. p. 243. Taf. 3. Fig. 2.) scheint es mir glaublich, dass dieses Gefässnetz, welches ich freilich immer farblos gesehen habe, von leeren Blutgefässen herrührt. Es dürften dann die eigentlichen Wassergefässe, durch welche der Respirationsprozess vermittelt würde, zwischen diesen Blutgefässnetzen versteckt sein und wegen Mangel eines Flimmerepitheliums von den Blutgefässen sehr schwer unterschieden werden. — Eben so viele innere Kiemenpaare, wie Sanguisuga besitzt, zähle ich an Nephelis vulgaris. Hier erscheinen die Wassergefässe als Knäuel von nicht flimmernden farblosen Kanälen, mit welchem eine blasenförmige, von rothem Blute strotzende Erweiterung zusammenhängt, so dass dadurch in den hinteren beiden Körperdritteln eine doppelte, innerhalb der seitlichen Längsblutgefässe gelegene Reihe von 17 rothen Blutbehältern wahrgenommen werden kann. Diese Blutbehälter, welche Müller zum Theil gesehen hat (in Meckel's Archiv. 1828. Taf. 1. Fig. 1.), nehmen an den Pulsationen der Hauptblutgefässstämme keinen Antheil; eben so wenig füllen oder entleeren sie sich abwechselnd während der bei diesem Egel Statt findenden seitlichen Blutströmung. Sehr auffallend ist mir ein rosettenförmiges, viellappiges und farbloses Organ, welches mit Flimmercilien besetzt ist, und in diesen Blutbehältern von Nephelis verborgen steckt.

förmig schwingenden Flimmersäumen besetzt sind [3]). Es enthalten diese farblosen Kanäle, welche zuweilen vor ihrer Ausmündung blasenförmig erweitert sind, niemals Luft, daher sie mit Unrecht Luftröhren, Lungenzellen u. s. w. genannt werden [4]). Diese Wasserkanäle der Lumbricinen flottiren häufig frei in der geräumigen Leibeshöhle, wobei ihr freies Ende mit einer von langen Flimmercilien umgebenen Oeffnung versehen ist [5]), während bei einigen Lumbricen diese Kanäle dicht neben einander liegende Endumbiegungsschlingen bilden [6]). Im Lumbricus werden diese Wasserkanäle von einem ausgezeichneten Blutgefässgeflechte umsponnen, an welchem eine Menge gestielter und mit Blut gefüllter blasenförmiger Erweiterungen dem Ganzen ein traubenförmiges Ansehen geben [7]).

---

3) Vergl. Henle in Müller's Archiv. 1837. p. 84. Taf. 6. Fig. 7. 8. v. w. von Enchytraeus, und Gruithuisen in den Nov. Act. Acad. Nat. Cur. Tom. XI. 1823. p. 238. Tab. 35. Fig. 1. i. und Tom. XIV. 1828. Tab. 25. Fig. 5. von Naïs und Chaetogaster.

4) Diese Kanäle durchströmt mit Hülfe des Flimmerapparats sicherlich eine wässerige, zur Respiration taugliche Flüssigkeit, welche die auf dem Lande lebenden Lumbricinen aus dem feuchten Erdreiche, in welchem sie nur allein existiren können, in sich aufzunehmen verstehen.

5) So sah ich es bei Saenuris variegata, Lumbriculus variegatus, Naïs elinguis, Enchytraeus albidus u. A. Es erinnern übrigens die flimmernden, in der Leibeshöhle vieler Lumbricinen frei flottirenden Mündungen dieser Wasserkanäle auffallend an jene Zitterorgane, durch welche die beiden Seitenkanäle der Rotatorien ebenfalls mit der Leibeshöhle zusammenhängen. Vergl. oben §. 138.

6) Bei Lumbricus terrestris und seinen verwandten Arten habe ich wenigstens bis jetzt keine innere Mündung der schleifenförmigen Wasserkanäle auffinden können. Auch Henle (in Müller's Archiv. 1835. p. 580.) sah dieselben immer nur in sich selbst umbiegen. Vielleicht mögen wir sie nur übersehen haben, wie überhaupt gerade bei Lumbricus die Athemwerkzeuge sehr schwierig zu entwirren sind, von deren äusserst complicirter Organisation bis jetzt keine Beschreibung, keine Abbildung einen Begriff hat geben können. Vergl. die dürftigen Abbildungen von Leo, de structura lumbrici terrestris. p. 25. Tab. 1. Fig. 4. und von Morren, a. a. O. p. 53. u. 148. Tab. XIV. XV. Selbst die mehr detaillirten Zeichnungen, welche Hoffmeister geliefert (a. a. O. p. 15. Tab. I. Fig. 35. 36.), genügen keineswegs. Namentlich ist es noch ganz dunkel geblieben, in welchem Zusammenhange die am Ursprunge der Wasserkanäle befindlichen, von vielen Beobachtern als Schleimbeutel betrachteten Drüsen mit jenen Kanälen stehen. Ich konnte wenigstens nicht bemerken, dass diese drüsenartigen Organe einen Stoff auf der Bauchfläche des Regenwurms excernirten. Dagegen sah ich sehr oft am Rücken desselben eine wässerige Flüssigkeit hervorquellen, welche als Inhalt der Leibeshöhle aus kleinen, in der Mittellinie zwischen den Körpereinschnitten verborgenen Oeffnungen ausgepresst wurde. Ob solche Oeffnungen auch bei den übrigen Lumbricinen vorhanden sind, kann ich nicht angeben, doch vermuthe ich es fast, und so wäre es alsdann möglich, dass der für die inneren Kiemen nöthige Wasserwechsel, da die Bewegung der Flimmerorgane in den Wasserkanälen immer nur eine Richtung verfolgt, durch die innere Mündung der Wasserkanäle und die Rückenöffnungen der Leibeshöhle vermittelt werde.

7) Diese vielen blasenförmigen Erweiterungen eines jeden Kiemengefässes

§. 160.

Sehr deutlich fallen die Respirationswerkzeuge der meisten Capiti- und Dorsibranchiaten als äussere Kiemen in die Augen, obgleich sie in sehr verschiedenem Grade bei ihnen entwickelt sind. Immer bilden diese Kiemen Läppchen oder Fäden, deren Oberfläche mit einem zarten Flimmerepithelium überzogen ist, und in deren Innerem man sehr ansehnliche Blutgefässe als Kiemenarterien und Kiemenvenen unterscheiden kann [1]; auch sind die Kiemen dieser Annulaten stets so zwischen dem Venen- und Arteriensysteme eingefügt, dass jedesmal nur ein Theil der ganzen Blutmasse von dem allgemeinen Blutlaufe abgelenkt wird, um durch die Respirationsorgane zu circuliren.

Mehren Capitibranchiaten mögen ihre beiden Tentakelbüschel, deren abgeplattete Fäden mit einer Flimmercilienreihe gesäumt sind und als trichterförmige [2]) oder spiralförmige [3]) Federbüsche ausgebreitet werden, zugleich als Respirationswerkzeuge nützen, indem die Flimmerorgane derselben nicht blos Futterstoffe herbeiziehen, sondern auch einen steten Wasserwechsel unterhalten können. Andere Capitibranchiaten tragen in ihrem Nacken sehr ausgezeichnete und nur allein für den Athmungsprozess bestimmte Kiemen, welche entweder baumförmig verästelt [4]), oder halbseitig gefiedert [5]) sind.

äussern keine Pulsationen und sind gewiss dem einfachen Blutbehälter analog, welcher mit den Wasserkanälen der Nephelis vulgaris in Verbindung steht.

1) Man kann sich diese Respirationsorgane gleichsam als die nach aussen umgestülpten Wassergefässe der Lumbricinen denken, indem durch eine solche Umstülpung der innere flimmernde Wasserkanal zur äusseren, vom Wasser umgebenen flimmernden Oberfläche der Kiemen geworden ist und die den Wasserkanal von aussen umgebenden Blutgefässe in das Innere der Kiemen gelangt sind.

2) Z. B. Serpula, Protula. — 3) Z. B. Sabella.

4) Bei Terebella. Vergl. Delle Chiaje, Memorie a. a. O. Tav. 43. Fig. 1—5. und Tav. 45. Fig. 2. u. 10., ferner Milne Edwards in den Annales d. sc. nat. Tom. X. 1838. p. 200. Pl. 10. u. Pl. 11. Fig. 1. Es sind hier hinter dem Kopfende auf jeder Seite des Nackens drei dicht hinter einander stehende, vielfach verästelte und contractile Kiemenstämme angebracht, in welche durch sechs Seitenäste ein grosser Theil des Blutes aus dem mittleren schlauchartigen Rückengefässstamme eintritt, während der übrige Theil des Blutes sich mit der Fortsetzung des Rückengefässes nach dem Lippenrande und den Tentakeln begibt. Die Blutgefässe bestehen in jedem Kiemenästchen aus einer einfachen Arterie und Vene, welche neben einander hinlaufen und an der Spitze der Kiemenästchen bogenförmig in einander übergehen. Das aus den sechs Kiemen zurückkehrende Blut ergiesst sich durch eben so viele Kiemenvenenäste seitlich in den mittleren Bauchgefässstamm, wobei die häufigen und starken Contractionen und Expansionen der Kiemen gewiss viel zur Fortbewegung des Blutes beitragen.

5) Bei Amphitrite. Vergl. Pallas, Miscellanea zoologica. p. 120. Tab. IX. Fig. 1. 5. 6. 8. e. e. und Rathke in den Danziger Schriften a. a. O. p. 59. Taf. 5. Fig. 1. u. 3. Die halbseitig gefiederten Kiemen, deren hier vier gezählt werden, sind auf der rechten und linken Seite des zweiten und dritten Leibesringels angebracht und enthalten in den einzelnen Kiemenblättchen ein enges Blutgefässnetz.

Bei den Dorsibranchiaten nehmen die Kiemen fast auf allen Leibesabschnitten rechts und links die Seiten des Rückens ein, sind aber bei den Ariciden und Nereïden so vereinfacht oder verkümmert, dass sie in Form von einfachen Läppchen mit den Cirren der Fussstummel ganz übereinkommen [6]).

Sehr auffallend ist der vielleicht gänzliche Mangel von Kiemen bei den Aphroditiden [7]), während diese Organe an den Euniciden, Amphinomiden und Arenicolen theils kammförmig, theils büschelförmig und oft in sehr ausgezeichneter Weise entwickelt sind [8]).

---

6) Sehr kurze Fäden bilden diese Kiemen bei Glycera, Nereïs, Lycastis, Nephtys u. A., sehr lange Fäden dagegen bei Cirratulus; blattförmige Läppchen stellen sie bei Phyllodoce, Alciopa u. A. dar, während sie in Lumbrinereïs, Aglaura und einigen anderen, mit diesen verwandten Annulaten ganz zu fehlen scheinen. Vergl. Milne Edwards, Classification a. a. O. — Es drängt sich hier die Frage auf, ob nicht diejenigen Dorsibranchiaten, bei welchen die äusseren Kiemen so sehr verkümmert erscheinen, diesen Mangel durch einen inneren Respirationsprozess ersetzen können. Wenigstens dürften die zwei Paar, den Pharynx von Nereïs umgebenden, räthselhaften Wundernetze (vergl. Rathke, de Bopyro et Nereïde. p. 48. Tab. II. Fig. 5. hh. und Fig. 8. f. g. h. und Tab. III. Fig. 14., ferner Milne Edwards in den Annales d. sc. nat. Tom. 10. 1838. p. 210. Pl. 12. Fig. 1. o. p.), welche das von dem Rückengefässstamme aus zwei Paar Seitengefässen erhaltene Blut durch eben so viele Seitengefässe dem mittleren Bauchgefässstamme zuführen, recht gut dazu geeignet sein, die Funktion von inneren Kiemen zu übernehmen, indem nach Rathke's Versicherung (a. a. O. p. 40.) auf jeder Seite der Leibesringel zwischen je zwei Fussstummeln eine kleine Oeffnung angebracht ist, durch welche die Leibeshöhle dieses Ringelwurms mit der Aussenwelt in Verbindung steht und der zu einem Respirationsprozesse nöthige Wasserwechsel vor sich gehen könnte.

7) Die Angaben über die Kiemen der Aphroditiden lauten bei den verschiedenen Beobachtern sehr widersprechend; ich für meinen Theil konnte nirgends, weder an Aphrodite hystrix, noch an Aphrodite aculeata eine Spur von äusseren oder inneren Kiemen auffinden, und vermuthe daher, dass auch hier durch sehr kleine, schwer auffindbare Oeffnungen Wasser von aussen in die Leibeshöhle eintreten und allenthalben auf das Blutgefässsystem dieser Annulaten eine Wechselwirkung ausüben könne, wogegen Milne Edwards (in den Abbildungen zu dem Règne animal de Cuvier. Annélides. Pl. 18. Fig. 2ª. c.) rudimentäre, eingekerbte und zwischen den Schuppen der Aphrodite aculeata verborgen steckende Kiemenläppchen abbildet, welche vielleicht nur in ganz frischem Zustande dieses Thieres wahrzunehmen sind. Da übrigens Sharpey (in der Cyclopaedia of anatomy. Vol. I. p. 618.) innerhalb der Leibeshöhle und besonders auf der äusseren Oberfläche des Darms und der Blindsäcke von Aphrodite aculeata lebhafte Flimmerbewegung wahrgenommen hat, so wird es um so wahrscheinlicher, dass hier, wie bei den Asteroïden, durch das in die Leibeshöhle eintretende und sämmtliche Eingeweide umspülende Wasser hauptsächlich der Respirationsprozess unterhalten wird.

8) Kammförmige oder halbseitig gefiederte Kiemen tragen die Leibesringel von Onuphis und Eunice. Vergl. Milne Edwards, Classification a. a. O. An der Diopatra und Chloëia besteht jede Kieme aus einem einzigen verästelten Kiemenbüschel, an den Amphinomiden und Arenicolen dagegen aus mehren

Achter Abschnitt.

Von den Absonderungs-Organen.

§. 161.

Ein grosser Theil der Annulaten sondert auf der Hautoberfläche einen Schleim ab, welcher aus kleinen, ganz einfachen, in der Haut eingesenkt liegenden Drüsenbälgen herrührt 1).

Die Kalkröhren der Serpulinen scheinen von dem wulstigen Kragen, welcher das erste Körpersegment dieser Kopfkiemer umgibt, abgesondert zu werden 2). Ob auch die lederartige Röhre, in welcher verschiedene andere Kiemenwürmer lose verborgen stecken 3), von dem Halskragen dieser Thiere abgesondert werden, muss unentschieden gelassen werden.

Diejenigen Capitibranchiaten, welche sich Röhren aus Sandkörnern, Conchylienfragmenten u. dergl. verfertigen, besitzen vielleicht alle eine dicht hinter dem Maule auf der Bauchseite angebrachte Mün-

---

büschelförmigen Kiemenstämmen. Vergl. Milne Edwards, Classification a. a. O. und dessen Abbildungen zu dem Règne animal de Cuvier. Annélides; ferner Stannius in der Isis. 1831. Taf. 6. In Eunice wird das Blut, nachdem es in den mittleren Bauchgefässstamm übergetreten ist, von hier in die zu herzartigen Schläuchen angeschwollenen unteren Seitengefässe hinübergeschafft und dann durch die Pulsationen dieser Kiemenherzen in die Kiemenäste hineingetrieben, von wo es durch die oberen Seitengefässe in den doppelten Rückengefässstamm einströmt. Vergl. Milne Edwards in den Annales d. sc. nat. Tom. 10. 1838. p. 207. Pl. 12. Fig. 2. In Amphinome liegt innerhalb der Leibeshöhle an der Basis eines jeden Kiemenbüschels ein *Plexus branchialis*, welcher ganz an die Wundernetze der Nereïs erinnert, und von welchem das aus den Kiemen zurückkehrende Blut in die beiden, diesem Kiemenwurme eigenthümlichen seitlichen Bauchlängsgefässe ergiessen soll. Vergl. den Catologue of the physiological series etc. Vol. II. Pl. 14. Fig. 10. oder Rymer Jones, Outline a. a. O. p. 218. Fig. 93. Bei Arenicola piscatorum sind nur 13 mittlere Leibesabschnitte mit Kiemenbüscheln versehen, welche durch einfache Seitengefässe mit dem Bauch- und Rückengefässstamme in Verbindung stehen. Da im vorderen Ende des Leibes zwischen den beiden Bauch- und Rückengefässen dieses Wurms zwei herzartige Seitengefässe eingefügt sind, so mögen diese den Blutlauf im Bauchgefässe von vorne nach hinten unterstützen und das Blut von demselben durch die unteren Seitengefässe in die Kiemen treiben helfen, wodurch diese unteren Seitengefässe als Kiemenarterien und die oberen, von den Kiemen zu dem Rückengefässe hinübertretenden Seitengefässe als Kiemenvenen zu betrachten wären. Vergl. Milne Edwards in den Annales d. sc. nat. a. a. O. p. 215. Pl. 13.

1) Dergleichen Schleimdrüsen stehen bei den Egeln in Bogenreihen, sowohl auf der Bauch- wie Rückenseite der Leibesringel, und geben der Haut ein körniges Ansehen. Vergl. Brandt in der medizin. Zoologie. Th. II. p. 244. Aehnliche Gruppen von Drüsenbälgen sehe ich auch an den grösseren Lumbricinen.

2) Die Kalkabsonderung geht hier wahrscheinlich wie am Mantelsaume der schalentragenden Mollusken vor sich.

3) Z. B. Sabella, Onuphis, Chaetopterus u. A.

dung, welche mit mehren, in dem Vorderleibsende gelegenen Drüsen zusammenhängt und einen Stoff wahrscheinlich als Kitt für die Bereitung der Gehäuse aussondert [4]).

Neunter Abschnitt.

Von den Fortpflanzungs-Organen.

§. 162.

Die Fortpflanzung und Vermehrung der Annulaten geht theils durch Quertheilung, theils durch einen Geschlechtsapparat vor sich.

Die freiwillige Quertheilung kömmt besonders bei den Abranchiaten sehr verbreitet vor [1]), ist aber auch bei den Nemertinen [2]) und Branchiaten [3]) nichts unerhörtes.

Die Theilung erfolgt gewöhnlich in der Mitte oder am Anfange des hinteren Drittels des Körpers. Sehr häufig nimmt man an einem Wurme, der in dem Theilungsprozesse weiter vorgeschritten ist, sowol an dem vorderen wie an dem hinteren künftigen Individuum schon die Stelle wahr, an welcher abermals eine Theilung vor sich gehen soll. Ist der sich theilende Wurm mit einem Rüssel oder mit Tentakeln und Augen versehen, so bilden sich diese am hinteren Individuum vor der Lostrennung desselben vollkommen aus [4]).

---

4) Rathke hat im ersten und zweiten Leibesringel der Amphitrite auf der Bauchwand vier gelbliche Drüsen, welche mit einem gemeinschaftlichen Ausführungsgange am ersten Leibesringel ausmünden, wol mit Recht als kittabsondernde Organe beschrieben. Vergl. die Danziger Schriften a. a. O. p. 71. Taf. 5. Fig. 6. aa. und Fig. 2. d. Die vom Kopfende der Sabella und Terebella in den Leib hinabragenden paarigen Drüsen gehören vielleicht auch hieher, werden aber von Grube für männliche Geschlechtsdrüsen angesehen. Vergl. Grube, zur Anatomie der Kiemenwürmer. p. 31. Taf. 2. Fig. 12. y. und Milne Edwards in den Annales d. sc. nat. Tom. 10. 1838. Pl. 10. n. und Pl. 11. Fig. 1. h. Fig. 2. f.

1) Bei Lumbriculus, Naïs, Chaetogaster, Aeolosoma.

2) Vergl. Johnston im Magazine of Zoologie and Botany. Vol. 1. 1837. p. 534. — 3) Bei den Nereïden.

4) Den Theilungsprozess von mehren Naïs-Arten hat schon O. F. Müller (Naturgeschichte einiger Wurm-Arten des süssen und salzigen Wassers. Taf. II. etc.) beschrieben. Ueber die Theilung von Naïs proboscidea und Chaetogaster diaphanus vergleiche man Gruithuisen's Beobachtungen in den Nov. Act. Acad. Nat. Cur. Tom. XI. p. 243. Tab. 35. Fig. 1. u. 3. und Tom. XIV. p. 412. Tab. 25. Fig. 2., von Aeolosoma s. Örsted in Kröyer's Naturhistorik Tidsskrift. Bd. IV. Pl. 3. Fig. 7. und von Nereïs prolifera s. Müller, Zoologia danica. Tom. II. p. 16. Tab. 52. Fig. 6. Es ist dieser letztere Wurm eine ganz junge Nereïde; höchst wahrscheinlich vermehren sich noch viele andere junge Kiemenwürmer durch eine solche Quertheilung. Quatrefages (Froriep's neue Notizen. No. 726. 1845. p. 344.) erkannte in der Nereïs prolifera kürzlich eine Syllis.

So lange diese Annulaten in der Theilung begriffen sind, lassen sich keine Geschlechtswerkzeuge an ihnen wahrnehmen. Die aus diesen Quertheilungen hervorgegangenen Individuen theilen sich von neuem, welche Vermehrungsweise bis zu einem gewissen Termin der Jahreszeit fortwährt. Ist dieser Termin eingetreten, so entwickeln sich in den bis dahin durch Theilung entstandenen Annulaten Geschlechtsorgane und ihre Vermehrung durch Eier macht nun den Anfang.

Die ausserordentliche Verletzbarkeit und Reproductionskraft vieler Chaetopoden giebt auch häufig zu einer Vermehrung durch künstliche und unfreiwillige Trennung von Gliedern Veranlassung, indem die zufällig und gewaltsam abgerissenen Körperfragmente eines solchen Wurmes zu neuen Individuen auswachsen und die verstümmelten Thiere ihre verloren gegangenen Theile wieder ergänzen [5]). Einige Annulaten haben die Eigenschaft, bei der geringsten Berührung freiwillig Stücke ihres Leibes von sich abzulösen [6]), welche vermuthlich ebenfalls zu neuen Individuen nach und nach auswachsen.

§. 163.

Die meisten Annulaten pflanzen sich durch Geschlechtsorgane fort, und die wenigen Lumbricinen, an welchen man bis jetzt nur eine Vermehrung durch Theilung hat wahrnehmen können, werden wahrscheinlich, wie ihre verwandten Arten, zu gewissen Jahreszeiten auch Geschlechtswerkzeuge erhalten [1]).

Die Annulaten-Eier bieten im Ganzen nichts Auffallendes dar; sie sind stets kugelrund und von einem Chorion und einer zarten Dotterhaut umgeben, in welcher ein feinkörniger Dotter und das Keimbläschen nebst Keimfleck enthalten ist [2]). Die Farbe des Dotters zeigt sich meist

---

5) Die bei den Lumbricinen hierüber von Réaumur, Trembley, Rösel und Bonnet angestellten Versuche sind bekannt. Aber auch an Sabella konnte Dalyell (Froriep's neue Notizen. No. 331. 1840. p. 1.) eine ähnliche Vermehrungsweise wahrnehmen.

6) Eine solche freiwillige Abschnürung bemerkte Grube (zur Anatomie der Kiemenwürmer. p. 58.) bei Polia delineata; eine gleiche Eigenschaft besitzt auch Meckelia annulata.

1) Z. B. Aeolosoma.

2) Vergl. Wagner, Prodromus historiae generationis a. a. O. Tab. I. Fig. 9. u. 10. von Sanguisuga und Nephelis, Stannius in Müller's Archiv. 1840. Taf. XI. Fig. 1. u. 2. von Arenicola piscatorum, ferner Milne Edwards in den Annales d. sc. nat. Tom. III. 1845. Pl. 5. Fig. 2. 3. und Pl. 9. Fig. 43. u. 44. von Terebella und Protula, und Sars in Wiegmann's Archiv. 1845. Bd. 1. Taf. 1. Fig. 13. von Polynoë cirrata. — Wenn die von H. Meckel (in Müller's Archiv. 1844. p. 481. Taf. 13. Fig. 13—23.) abgebildeten Körper wirklich die Eier vom Regenwurme sein sollten, was ich noch nicht für ausgemacht halte, so würden diese von den Eiern der übrigen Annulaten bedeutend abweichen, indem hier innerhalb der Dotterhaut der Dotter noch von einer besonderen Schicht spindelartiger Zellen umgeben ist. Diese sonderbar gestalteten Zellen, welche in verschiedener Zahl und Grösse, aber innerhalb eines und desselben Eies immer von

weisslich oder gelblich, selten intensiv gefärbt [3]). — Die Saamenflüssigkeit strotzt bei den Hirudineen und Lumbricinen von haarförmigen, sehr beweglichen Saamenfäden, während sie bei den übrigen Annulaten cercarienartige Spermatozoïden enthält [4]).

---

ganz gleicher Grösse enthalten sind, wurden wegen ihrer Form schon mehrmals mit Navicularien verglichen (s. Henle in Müller's Archiv. 1835. p. 591. Anm. und Hoffmeister, de vermibus quibusdam etc. Tab. 2. Fig. 14—17.).

3) Einen rosenrothen oder grünlichen Dotter findet man bei Clepsine, einen violetten bei Polynoë.

4) Die Entwickelung der Saamenfäden der Hirudineen und Lumbricinen geht auf eine sehr merkwürdige Weise vor sich, indem die Zellenmembran der Zellen, in welchen sich die Spermatozoïden-Büschel gewöhnlich entwickeln, bei jenen Würmern schwindet, noch ehe die Saamenfäden zur Entwickelung gekommen sind. Diese bilden dann nur erst kleine Bläschen, welche in Menge auf einem durch das Schwinden der Zellenmembran frei gewordenen, scheibenförmigen grossen Kerne aufsitzen, sich, ohne diesen Diskus zu verlassen, nach und nach verlängern und zu beweglichen Fäden umwandeln. Erst wenn sie vollständig entwickelt sind, trennen sich diese Spermatozoïden, nachdem sie sich noch vorher zu Büscheln und Bündeln an einander gefügt haben, von ihren Mutterscheiben los. Mit Wasser in Berührung gebracht, begeben sich die Spermatozoïden eines solchen Bündels aus einander und trillen sich in der bekannten Weise. Vergl. Henle, in Müller's Archiv. 1835. p. 584. Taf. 14. Fig. 4. 6. 7. 9., Kölliker, Beiträge zur Kenntniss der Geschlechtsverhältnisse etc. p. 17. Taf. 2. Fig. 16. 18. u. 19., und H. Meckel, in Müller's Archiv. 1844. p. 477. Taf. 13. Fig. 2—10. von Sanguisuga, Pontobdella und Branchiobdella; ferner Hoffmeister, de vermibus quibusdam etc. Tab. II. Fig. 6—10. Aus der Beschreibung und Abbildung, welche Stannius (in Müller's Archiv. 1840. p. 375. Taf. XI. Fig. 3—6.) von der Saamenfeuchtigkeit aus den männlichen Arenicolen und Rathke (in den Danziger Schriften a. a. O. p. 67. Taf. 5. Fig. 13.) von der aus der Amphitrite auricoma, ferner Quatrefages (in den Abbildungen zu dem Règne animal de Cuvier. Zoophytes. Pl. 34. Fig. 3—5.) über die Entwickelung der Spermatozoïden von Nemertes mandilla geliefert haben, lässt sich schliessen, dass sich die Spermatozoïden der übrigen Annulaten wie die der Hirudineen und Lumbricinen entwickeln. — In den Saamenausführungsgängen bleiben die Spermatozoïden als Büschel beisammen und geben wellenförmige Totalbewegungen von sich, welche unter dem Mikroskope, wenn diese Spermatozoïden-Büschel zur Zeit der Brunst in grosser Menge dicht beisammen liegen und sehr lebhaft schwingen, eines der wunderbarsten Schauspiele gewähren. Vergl. Morren a. a. O. p. 178. Tab. 24—28. und meine Bemerkungen in Müller's Archiv. 1836. p. 42. — Unter den haarförmigen Spermatozoïden der Hirudineen zeichnen sich die Saamenfäden der Branchiobdella aus, indem hier das der feinen Haarspitze entgegengesetzte Ende in einen dickeren Spiralfaden übergeht (vergl. meine Beobachtungen in Müller's Archiv. 1836. p. 42. Taf. 2. Fig. 8.), welcher nach Kölliker (a. a. O. p. 18. Taf. 2. Fig. 16. f.) mit einem kleinen Bläschen endigt. Die cercarienartige Form der Spermatozoïden waltet nach Quatrefages (in den Comptes rendus. Tom. 17. 1843. p. 424.) bei den Kiemenwürmern vor. In den Nemertinen scheinen die Spermatozoïden bald eine einfache Haarform (bei Notospermus, nach Örsted, Entwurf einer Einth. d. Plattwürmer. a. a. O. Tab. 3. Fig. 54.), bald mehr eine Cercarienform (bei Nemertes, nach Quatrefages, in den Abbild. zu dem Règne animal de Cuvier. Zoophytes. Pl. 34. Fig. 6. und

§. 164.

In den Abtheilungen der Hirudineen und Lumbricinen ist der männliche und weibliche Geschlechtsapparat, an welchem sich Hoden, Saamenausführungsgänge und Saamenbläschen, ferner Eierstöcke und Eierleiter unterscheiden lassen, stets in einem und demselben Individuum vereinigt und mit Begattungsorganen ausgerüstet. Die weiblichen Begattungsorgane sind in der vorderen Gegend des Leibes auf der Bauchseite dieser hermaphroditischen Würmer so hinter den männlichen Begattungsorganen angebracht, dass zwei Individuen, durch das Aneinanderlegen ihrer beiden vorderen Bauchflächen von entgegengesetzter Seite her, im Stande sind, sich gegenseitig zu begatten und zu befruchten [1]. Sowol in den männlichen wie weiblichen Geschlechtsorganen sind die Ausführungsgänge nicht selten mit einem zarten Flimmerepithelium ausgekleidet.

Ganz anders verhalten sich die Geschlechtswerkzeuge der Nemertinen und Branchiaten. Hier sind nämlich die männlichen und weiblichen Fortpflanzungsorgane auf zwei verschiedene Individuen vertheilt und sehr einfach nur aus Hoden und Ovarien gebildet.

§. 165.

Ueber die Organisation der Geschlechtsorgane bei den Nemertinen herrscht noch mancherlei Dunkel. Die wenigen, an diesen Würmern bisher angestellten Untersuchungen stimmen eigentlich nur darin mit einander überein, dass die männlichen und weiblichen Fortpflanzungsorgane derselben auf verschiedene Individuen vertheilt gefunden worden sind. Es liegen nämlich zwischen der Cutis und dem Darmkanale dieser Würmer eine grosse Menge von Drüsensäckchen dicht hinter einander seitlich im Parenchyme eingesenkt, welche bei einigen Individuen Eier, bei anderen Saamenmasse enthalten, und mithin für Ovarien oder Hoden genommen werden müssen. Von diesen vielen Eierstöcken und Hoden mündet ein jeder einzeln und für sich an den Seiten des Leibes nach aussen [1]. Sehr widersprechend lauten die Angaben

---

nach Kölliker, in den Verhandlungen der schweizerischen naturforschenden Gesellschaft bei ihrer Versammlung zu Chur. 1844. p. 91.) zu besitzen.

1) Vergl. Bojanus, in der Isis. 1818. Taf. 26. Fig. 1. oder Brandt, in der mediz. Zoologie. Th. 2. Taf. 30. Fig. 25. von Sanguisuga medicinalis, Leo, in Müller's Archiv. 1835. Taf. XI. Fig. 3. von Piscicola geometra, Morren a. a. O. Tab. 27—31. und Hoffmeister, de vermibus etc. Tab. 1. Fig. 30. u. 29. von Lumbricus und Enchytraeus.

1) Vergl. Dugès, in den Annales d. sc. nat. Tom. 21. 1830. p. 76. Pl. 2. Fig. 5. von Polystemma (Prostomum) armatum, Johnston, im Magazine of zoology. Vol. 1. p. 532. Pl. 17. Fig. 2[aa]. 6[a]. und Pl. 18. Fig. 3[a]. von Nemertes und Borlasia, Örsted, Entwurf einer Beschreib. d. Plattwürmer. a. a. O. p. 22. Taf. 3. Fig. 41. von Tetrastemma varicolor, und Kölliker, in den Verhandl. d. schweiz. naturf. Vers. zu Chur. p. 91. von Nemertes, ferner Rathke, in den Danziger Schriften a. a. O. p. 98. von Borlasia striata. Dieser letztere Beobachter

der verschiedenen Beobachter darüber, ob die Nemertinen Begattungsorgane besitzen oder nicht. Nach einigen Naturforschern soll das eigenthümliche wurmförmige Organ, welches in einem längs dem Rücken herablaufenden Kanale verborgen liegt, und von den männlichen wie weiblichen Nemertinen sehr häufig ausgestülpt und lebhaft umher bewegt wird, mit den Geschlechtswerkzeugen als Reizorgan in einer Beziehung stehen, obgleich zwischen ihm und den Hoden oder Ovarien keine directe Verbindung bis jetzt wahrgenommen werden konnte. Nach anderen Forschern soll dagegen dieses Rüsselorgan mit den Geschlechtsfunctionen gar nichts zu thun haben 2).

---

hat übrigens die seitlichen Mündungen jener Geschlechtsorgane nicht wahrnehmen können; bei Nemertes Camilla hat Quatrefages (in den Abbild. zu Cuvier a. a. O. Pl. 34. Fig. 1.n.n.) über diese Mündungen der Geschlechtsorgane ebenfalls nichts angegeben, auch Johnston schweigt über diese Geschlechtsöffnungen. — Nach Örsted's Angabe (Entwurf etc. p. 25. Taf. 3. Fig. 47. von Notospermus flaccidus) sollen die Nemertinen aus ihrer ganzen Körperoberfläche einen gallertartigen Schleim absondern und so eine Hülle um die gelegten Eier bilden, aus welcher sie dann ihren Körper, unter Zurücklassung dieser Eierhülse, hervorziehen. Ein ähnliches Benehmen zeigen beim Eierlegen auch die Lumbricinen und Hirudineen. S. unten.

2) Da die Nemertinen getrennten Geschlechts sind, so kann dies wurmförmige Organ nicht, wie es Huschke gethan (in der Isis. 1830. p. 682. Taf. 7. Fig. 5), für einen Penis und ein umgestülptes Saamengefäss erklärt werden, sondern wird noch am ehesten nach Örsted's Vorschlag (Entwurf a. a. O. p. 25.) als ein stimulirendes Organ anzusehen sein, wenn man es nicht mit Rathke (in den Danziger Schriften a. a. O. p. 100. und in den Nov. Act. Acad. Nat. Cur. Tom. 20. p. 233.) als Tastwerkzeug oder mit Kölliker (in den schweizerischen Verhandlungen a. a. O. p. 90.) als Fang- oder Fressorgan gelten lassen will. Andere Beobachter halten mit Ehrenberg (Symbolae physicae. a. a. O.) dieses Organ für einen Darm und ausstülpbaren Oesophagus, sowie die Mündung desselben für eine Mundöffnung, welche Deutung gewiss unrichtig ist. — Bei Polystemma armatum (nach Dugès, in den Annales d. sc. nat. a. a. O. p. 75. Pl. 2. Fig. 5.), bei Tetrastemma varicolor (nach Örsted, Entwurf a. a. O. p. 23. Taf. 3. Fig. 41.) und bei Nemertes (nach Johnston, im Magazine of zoology. Vol. 1. p. 530. Fig. 2., nach Quatrefages, in den Abbild. zu Cuvier a. a. O. Pl. 34. Fig. 2. und nach Kölliker, in den schweizerischen Verhandl. a. a. O.) ist in der Mitte des wurmförmigen Organs ein eigenthümlicher, nach dem Kopfende hin gerichteter, spitziger Pfriemen angebracht, welcher nach Dugès aus Hornmasse und nach Örsted aus Kalkmasse bestehen soll. Auf beiden Seiten dieses Pfriemens befindet sich ein Behälter, in welchem mehre kleinere unausgebildete Pfriemen wahrscheinlich zum Ersatze für den mittleren, etwa verloren gehenden Pfriemen aufbewahrt werden. Dugès, Johnston und Quatrefages, welche das wurmförmige Organ zu einem Verdauungskanale machen wollen, sowie Kölliker, welcher diesen Rüssel wenigstens als Fang- oder Fressorgan betrachtet wissen will, sehen diese Pfriemen als zahnartige Werkzeuge an, während sie nach Örsted als Reizwaffen zur Thätigkeit der Geschlechtsorgane anspornen sollen. Mich erinnert der Anblick dieser Waffen unwillkürlich an die Liebespfeile der Helicinen.

§. 166.

Die hermaphroditischen Hirudineen und Lumbricinen unterscheiden sich in der Anordnung der Geschlechtswerkzeuge sehr wesentlich von einander.

Die Hirudineen sind nur mit einer einfachen, in der Mittellinie des Bauches hinter einander angebrachten, männlichen und weiblichen Geschlechtsöffnung versehen. Die hintere weibliche Geschlechtsöffnung führt zu einem kurzen muskulösen Schlauche, welcher als Eierbehälter betrachtet werden kann. Aus dem Grunde dieses Eierbehälters geht ein enger, gewundener, bald kürzerer, bald längerer Kanal ab, der sich gabelförmig in zwei, mit einem rundlichen Ovarium endigende Eierleiter theilt 1). Aus der vorderen, männlichen Geschlechtsöffnung kann ein langer, fadenförmiger Penis hervorgestülpt werden, welcher im unausgestülpten Zustande gewunden in einer muskulösen, zwiebelförmigen Scheide verborgen steckt. In den Bulbus dieses Penis mündet rechts und links ein kurzer *Ductus ejaculatorius* ein, welcher aus den beiden, an den Seiten der Penisscheide gelegenen Saamenblasen entspringt. Diese letzteren bestehen aus mehren, mittelst Zellgewebe dicht verbundenen Windungen eines varikös erweiterten Gefässes, welches gleichsam als die Fortsetzung des *Vas deferens* betrachtet werden kann. Die beiden *Vasa deferentia* laufen als enge Kanäle auf den Seiten des Leibes nach hinten hin, und nehmen unterwegs die von innen kommenden kurzen Ausführungsgänge der fünf, neun bis zwölf Paare rundlicher Hoden auf, welche von einander getrennt in einer doppelten Reihe neben dem Bauchmarke herab liegen 2).

Bei mehren Hirudineen steht mit der Geschlechtsfunction noch ein Theil der Körperoberfläche in Beziehung, indem zur Zeit der Brunst sich in der Umgegend der weiblichen Geschlechtsöffnung von Nephelis, sowol auf dem Bauche wie auf dem Rücken, eine Menge Haut-

1) Vergl. Brandt, in der medizin. Zoologie. Th. II. p. 252. Taf. 29. A Fig. 45. 46., ferner Moquin-Tandon, Monographie a. a. O. p. 80. Pl. 1—3 und Leo, in Müller's Archiv. 1835. p. 424. Taf. XI. Fig. 10. von Sanguisuga, Aulacostomum, Nephelis, Pontobdella und Piscicola.

2) Neun Paar Hoden gehören zu dem männlichen Geschlechtsapparate der Sanguisuga. Vergl. Brandt, in der medizinischen Zoologie. Th. II. p. 252. Taf. 29. A. Fig. 32—44. Sieben Paar Hoden enthält Piscicola, deren *Vasa deferentia* sich, ehe sie in die beiden Saamenbläschen einmünden, zu zwei langen, auf und nieder windenden Schläuchen (Nebenhoden nach Leo, a. a. O. 1835. p. 423. Tab. XI. Fig. 10.) erweitern. Nur fünf Paar Hoden besitzt Pontobdella, acht Paar Haemopis und zwölf Paar Aulacostomum. Vergl. Moquin-Tandon, Monographie Pl. III. Fig. 8. Pl. I. Fig. 3. und Pl. II. Fig. 10. Sehr abweichend von dieser Anordnung der Hoden verhält sich Nephelis, indem hier eine sehr grosse Menge Hodenbläschen auf jeder Seite des Hinterleibes zu einer länglichen Traube an einander gedrängt sind. Vergl. Moquin-Tandon, a. a. O. Pl. III. Fig. 4.

drüsen entwickeln, durch welche die Haut ein gedunsenes und lichteres Ansehen erhält, und wodurch ein solcher Egel am Vorderleibsende wie von einem Gürtel umgeben zu sein scheint. Vor dem Eierlegen schwitzt aus diesen Drüsen ein Stoff, welcher im Wasser zu einer hornigen, den Leib des Egels gürtelförmig umschliessenden Haut erhärtet. Hierauf füllt der Wurm diesen Gürtel mit einer bald grösseren, bald geringeren Menge Eier nebst Eiweiss an, und zieht alsdann sein Vorderleibsende von vorne nach hinten aus diesem Gürtel hervor, dessen vordere und hintere Mündung sich vermöge seiner Elasticität schliesst, durch welche aber die in diesen Eierkapseln entwickelte Brut später einen Ausweg findet [3]). In ähnlicher Weise verfertigt auch Sanguisuga ihre Eierkapseln (Cocons), deren äussere Fläche jedoch noch von einer ansehnlichen spongiösen Masse umgeben ist [4]). Clepsine verfertigt für ihre Eier eine sehr zarte Hülle in Form eines Sackes, welchen sie gewöhnlich am Bauche mit sich herumträgt und bei drohenden Gefahren mit ihrem Leibe wie mit einem Schilde bedeckt [5]).

§. 167.

Bei den Lumbricinen lassen sich die Geschlechtsorgane sehr schwer zergliedern, indem die männlichen und weiblichen Zeugungsorgane oft sehr innig mit einander vereinigt, ja zuweilen förmlich in einander geschoben sind. So viel steht übrigens fest, dass die Mündungen der männlichen und weiblichen Fortpflanzungswerkzeuge stets paarig am Vorderleibe neben der Mittellinie des Bauches angebracht sind [1]). Mit diesen Geschlechtsöffnungen hängt eine bald grössere, bald geringere Zahl von wurst- und birnförmigen Drüsen, Schläuchen und Bläschen zusammen, welche sich ihrem Inhalte nach theils als Hoden oder Eierstöcke, theils als Saamenbehälter zu erkennen geben, deren Ausführungsgänge aber bis jetzt nur höchst unvollkommen verfolgt

---

3) Vergl. Rayer, in den Annales d. sc. nat. Tom. 4. 1824. Pl. 10. Fig. 1—6. und Moquin-Tandon, a. a. O. Pl. VI. Fig. 4. e—h. Man findet diese Eierkapseln häufig als braune Schuppen an Wasserpflanzen kleben. Eine ganz ähnliche Eierkapsel bringt Piscicola hervor, in welche aber immer nur ein Ei gelegt wird. S. Leo, a. a. O. p. 425. Taf. XI. Fig. 6. und Brightwell, in den Annals of nat. hist. Vol. IX. 1842. p. 11.

4) Vergl. Rayer, a. a. O. Pl. 10. Fig. 10. etc. und Moquin-Tandon, a. a. O. Pl. V. Nach Wedeke's Beobachtung (in Froriep's neuen Notizen. No. 452. 1842. p. 183.) soll der medizinische Blutegel die äussere spongiose Masse der Eierkapseln in Form von Schaum aus seinem Munde ausspeien.

5) Vergl. Grube, Untersuchungen über die Entwickelung der Clepsinen. 1844. p. 1.

1) Die beiden vorderen männlichen, sowie die beiden hinteren weiblichen Geschlechtsöffnungen des Regenwurms haben Montègre (a. a. O. Fig. II. a. c.), Leo (de structura Lumbrici terrestris. Tab. I. Fig. 2.) und Morren (a. a. O. Tab. III. Fig. 2.) abgebildet. Ich habe diese zwei Paar Geschlechtsöffnungen auch an Saenuris und Naïs deutlich angetroffen.

werden konnten. In einigen Lumbricinen sah man deutlich, dass zwei solcher blindschlauchförmiger Organe gänzlich in einander steckten, von denen der innere nur Spermatozoïden in verschiedenen Entwickelungsstadien enthielt, und mithin ein Hode war, während der äussere, diesen Hoden umhüllende Schlauch in seinem Grunde Eier und Eierkeime beherbergte und mithin einem Ovarium entsprach [2]).

---

2) Diese Ineinandersackung der männlichen Saamendrüse in den weiblichen Eierstock erkannte ich auf das Bestimmteste bei Saenuris variegata und Naïs proboscidea. Nach den neuesten Untersuchungen, welche H. Meckel (in Müller's Archiv. 1844. p. 480. Taf. 13. Fig. 12.) mit den so äusserst verwickelt organisirten Geschlechtswerkzeugen des Lumbricus terrestris angestellt hat, scheinen hier drei Paar Saamenbläschen und drei Paar Hoden vorhanden zu sein, mit welchen letzteren eben so viele Ovarien innig verwachsen sein sollen. Wahrscheinlich sind auch bei dem Regenwurme Hoden und Eierstöcke in einander geschoben, und haben die von den meisten Beobachtern für Hoden angesehenen Bläschen nur die Bedeutung von Saamenbehältern. Vergl. Morren, a. a. O. p. 175. Tab. 7—10., und Treviranus, in der Zeitschrift für Physiologie. Bd. V. p. 154. Taf. 7. Noch ist es mir übrigens bei allen Lumbricinen nicht gelungen, die Ausführungsgänge der in einander geschachtelten Hoden und Ovarien bis zu ihrer Ausmündung zu verfolgen. Es ist dies der schwierigste Theil der Untersuchung, da vermuthlich Saamen- und Eierleiter auch in einander stecken, worauf eine von Dugès gelieferte Abbildung hinzuweisen scheint. Vergl. Annales d. sc. nat. Tom. XV. 1828. p. 328. Pl. 9. Fig. 2. oder Isis. 1830. Taf. III. Tab. 9. Fig. 2. Verschiedene Beobachter sind daher so weit gegangen, anzunehmen, dass die von den Ovarien der Regenwürmer sich ablösenden Eier in die Leibeshöhle fielen, nach und nach bis in das Hinterleibsende geschoben und hier durch verborgene Oeffnungen nach aussen entleert würden. In dieser Ansicht befangen, wurden zusammengeballte Hornnadeln und Vibrionen, welche im Hinterleibsende der Regenwürmer häufig angetroffen werden, für Eier und Brut der Lumbricen angesehen. S. oben §. 145. Anm. 1. und E. Home, Lectures on comparative anatomy. Vol. IV. 1823. Tab. 149. — Bei Saenuris, Euaxes und Naïs ist es mir immer aufgefallen, dass zur Zeit der Brunst von den vorderen beiden Geschlechtsöffnungen zwei Blindsäcke in die Leibeshöhle hinabragen, welche Saamenfeuchtigkeit und längliche Spermatozoïden-Bündel enthalten, zwischen welchen aber niemals in der Entwickelung begriffene Spermatozoïden-Zellen bemerkt werden können. Aehnliches hat auch Dugès (in den Annales d. sc. nat. a. a. O. p. 320. Pl. 7. Fig. 2.) in seiner Naïs filiformis gesehen, nur wusste er nicht, was er aus dem Inhalte dieser Organe machen sollte. Auch Menge (in Wiegmann's Archiv. 1845. Bd. I. p. 32. Taf. 3. Fig. 2. aa. und Fig. 3.) hat diese beiden Blindsäcke bei Euaxes bemerkt, aber geradezu für Hoden erklärt. Da ich durchaus keine Verbindung dieser Blindschläuche mit den weiter hinten gelegenen Hoden auffinden konnte, so möchte man fast glauben, dass die hinteren beiden Geschlechtsöffnungen gewisser Lumbricinen als gemeinschaftliche Mündungen der in einander geschachtelten Hoden und Ovarien dienen und dass die vorderen Blindschläuche, welche zu gewissen Zeiten mit Saamenmasse gefüllt sind, zwei isolirte Saamenbehälter (*Receptacula seminis*) vorstellen, in welche bei der gegenseitigen Begattung der Saame aus den Hoden übergeführt wird, um später erst während des Eierlegens zur Befruchtung der Eier benutzt werden zu können. Aus der Beschreibung, welche Hoffmeister (die bis jetzt bekannten Arten aus der Familie der Regenwürmer. 1845. p. 15.) von dem Begattungsakte des

Begattungswerkzeuge scheinen den grösseren Lumbricinen zu fehlen, welcher Mangel indessen durch die Anwesenheit des, hinter den Geschlechtsöffnungen angebrachten Sattels ersetzt wird, indem die beiden seitlichen Längswülste, durch welche ein solcher, hauptsächlich den Rücken vieler Regenwürmer einnehmende Sattel auf der Bauchfläche derselben abgegrenzt ist, bei der Begattung zum gegenseitigen Festhalten benutzt werden [3]). Im Uebrigen besteht ein solcher Sattel aus einer Anhäufung von Drüsenbälgen, welche besonders zur Zeit der Begattung eine sehr reichliche Menge zähen und weissen Schleims absondern. Es entwickelt sich daher dieser Sattel zur Zeit der Brunst ausserordentlich stark, wogegen er nach dieser Zeit kaum zu erkennen ist. Mit diesem Sattel ist der sogenannte Gürtel verwandt, welcher bei den kleineren Lumbricinen in der Gegend der Geschlechtsöffnungen während der Brunst zur Entwickelung kömmt, und ebenfalls aus einer Menge dicht gedrängt stehender, mehre Leibesringe vollständig umgebender Hautdrüschen besteht [4]). Mit dem Absonderungsstoffe dieser Sattel- und Gürteldrüsen verfertigen die Lumbricinen, wahrscheinlich wie die Hirudineen, eine Eierkapsel, welche aber gewöhnlich oben und unten, wo sich die Oeffnungen derselben befinden, in einen engen Hals oder Stiel auslaufen [5]).

Lumbricus agricola gegeben hat, scheint hervorzugehen, dass bei diesem Wurme die Saamenflüssigkeit ebenfalls von den weiblichen Geschlechtsorganen getrennt bleibt und von besonderen, vielleicht den Saamenbehältern entsprechenden Gruben aufgenommen wird. — Merkwürdiger Weise besitzt Naïs proboscidea trotz ihrer paarigen Geschlechtsöffnungen nur einen Hoden- und Ovarienschlauch, welche beide für sich, obwohl sie in einander geschoben sind, einer lebhaften peristaltischen Bewegung fähig sind, und sich nach vorne gabelförmig theilen. Vergl. Gruithuisen (in den Nov. Act. Acad. Nat. Cur. Tom. XI. p. 246. Tab. 35. Fig. 4. 5.), welcher ganz richtig die Eier im Grunde des Ovarienschlauchs dieser Naïs, nicht aber die Bedeutung des inneren Hodenschlauchs erkannt hatte.

3) Bei Lumbricus olidus greifen die beiden sich begattenden Individuen mit den Sätteln so stark um ihren Leib, dass sich die wulstigen Ränder derselben auf dem Rücken des anderen Individuums berühren. Vergl. Hoffmeister, in Wiegmann's Archiv. 1843. Bd. I. p. 190. und de vermibus quibusdam etc. Tab. I. Fig. 30.

4) Bei Saenuris, Naïs u. A. Vergl. Gruithuisen a. a. O. Tab. 35. Fig. 5. bb.

5) Bei den grossen Lumbricen enthält eine solche Eierkapsel entweder nur ein einziges Ei oder zwei, drei bis sechs Eier (vergl. Léon Dufour, in den Annales d. sc. nat. Tom. 14. 1828. p. 216. Pl. 12. B. oder in Froriep's Notizen. No. 472. 1828. p. 149. Fig. 13—16. und Hoffmeister, de vermibus etc. Tab. I., ferner: die Arten aus der Familie der Regenwürmer. p. 16. 25. u. 42.). Bei den kleineren Lumbricinen, z. B. bei Saenuris, Euaxes, Naïs u. A., schliessen die Eierkapseln fast immer 5 bis 8 Eier ein (vergl. Dugès, in den Annales d. sc. nat. Tom. 15. Pl. 7. Fig. 5. von Naïs). Viele dieser Eierkapseln besitzen ausgefranzte Stiele, mit welchen sie an Pflanzen und anderen Gegenständen festkleben. Sehr sonderbare, schotenförmige Eierkapseln bildet Hoffmeister (die

§. 168.

Die mit getrennten Geschlechtern versehenen Branchiaten, welche durch die Gliederung ihres Leibes, durch die Abscheidung eines mit sehr ausgezeichneten Sinnesorganen ausgestatteten Kopfes, durch die Organisation ihres Nervensystems und Entwickelung ihrer Bewegungsorgane sich vielfach den Arthropoden nähern, treten durch die Vereinfachung ihrer Fortpflanzungsorgane, sowie durch den gänzlichen Mangel von Begattungswerkzeugen wieder bis zu den Zoophyten zurück.

Die Geschlechtswerkzeuge, sowol der Capitibranchiaten, wie der Dorsibranchiaten, bestehen nur aus Drüsenkörpern, welche als Ovarien oder Hoden von der Bauchfläche zwischen den Hautmuskelstreifen in die Bauchhöhle hervorragen [1]), und während der Brunst von Eiern oder Spermatozoïden strotzen, ausser der Brunstzeit aber fast gar nicht in die Augen fallen [2]).

Weder die Hoden, noch die Ovarien der Kiemenwürmer besitzen an der äusseren Körperoberfläche mündende Ausführungsgänge, dieselben lassen vielmehr ihren Saamen und ihre Eier in die Leibeshöhle fahren, daher diese während der Brunst der Kiemenwürmer oft an

---

Arten a. d. Fam. d. Regenwürmer. p. 42. Fig. 9. c.) von dem neuen Regenwurme Criodrilus lacuum ab.

1) Vergl. Treviranus, in der Zeitschrift für Physiologie. Bd. III. 1827. p. 165. Taf. 13. Fig. 17. u. 18. von Aphrodite, Rathke, de Bopyro et Nereïde. p. 39. Tab. II. Fig. 12. l. von Nereïs, ferner in den Danziger Schriften a. a. O. p. 66. Taf. 5. Fig. 6. hh. Fig. 11. aa. von Amphitrite, und Grube, zur Anatomie der Kiemenwürmer. p. 16. Taf. I. Fig. 1. u. 2. m. von Arenicola, ebendas. p. 44. Taf. II. Fig. 6. z. y. von Eunice, und in den Nov. Act. Acad. Nat. Cur. Tom. XX. p. 201. Tab. 10. Fig. 13. 15. m. von Ammotrypane. Wenn Rathke und Grube zugleich befruchtende Organe neben den Ovarien in einem und demselben Kiemenwurme gesehen haben wollen, so beruht dies nur auf einer ganz unsichern, durch keine histologische Untersuchung jener Organe begründeten Annahme.

2) Dieses Schwinden der Geschlechtsdrüsen nach vorübergegangener Brunstzeit ist die Ursache gewesen, warum man bisher so wenig über die Organisation der Geschlechtswerkzeuge bei den Kiemenwürmern hat in Erfahrung bringen können. Die meisten Beobachter, namentlich auch Rathke und Grube, sind früher von dem Gedanken ausgegangen, dass die Branchiaten, gleich den Lumbricinen, Zwitter seien, wogegen Quatrefages, vertraut mit der Entwickelung der Spermatozoïden, bei den verschiedensten Kiemenwürmern, nämlich bei Terebella, Sabella, Aricinella, Nephtys, Syllis, Glycera, Eunice, Sigalion, Phyllodoce, Nereïs und Aphrodite das getrennte Geschlecht erkannte (vergl. Comptes rendus. Tom. 17. 1843. p. 423.). Bei Arenicola errieth schon früher Stannius (in Müller's Archiv. 1840. p. 375.) aus dem verschiedenen Inhalte der Leibeshöhle einzelner Individuen die getrennten Fortpflanzungsorgane ganz richtig. — Die bereits erwähnten, am Kopfende der in Gehäusen wohnenden Kiemenwürmer angebrachten Drüsen, welche von Grube für männliche Geschlechtsdrüsen angesprochen worden sind, haben gewiss, zumal wenn sie bei beiden Geschlechtern und ausser der Brunstzeit gleichmässig entwickelt vorkommen, eine ganz andere Bedeutung. Vergl. oben §. 161. Anm. 4.

allen Stellen damit angefüllt ist [3]). Bei sehr vielen Branchiaten mögen die so schwer auffindbaren Oeffnungen, welche zwischen den Fussstummeln verborgen sein sollen, der Saamenmasse und den Eiern den Austritt aus der Leibeshöhle gestatten [4]). Bei anderen dagegen mag sich durch Abfallen der hinteren Körperringel die Leibeshöhle öffnen, was besonders bei denjenigen geschehen dürfte, in welchen sich die Eier schon innerhalb der Leibeshöhle zu Brut entwickelt [5]). Die Befruchtung der Eier wird gewiss durch das Wasser vermittelt, in welches die männlichen Individuen höchst wahrscheinlich durch dieselben Hautporen, durch welche sich die Weibchen ihrer Eier nach aussen entledigen, ihren Saamen ergiessen. Bei den lebendiggebärenden Kiemenwürmern wird dann das mit Saamen imprägnirte Wasser durch eben diese Hautporen in die Leibeshöhle der weiblichen Individuen zur Befruchtung der Eier eindringen können.

§. 169.

Die Entwickelung der Annulaten erfolgt, so weit sie bis jetzt erkannt worden ist, nach zwei ganz verschiedenen Typen, beginnt aber immer mit totaler Durchfurchung des Dotters.

1. Nachdem sich in den Eiern der Hirudineen der Dotter in mehre grössere Dotterzellen zerklüftet hat, eilt eine im Centrum gelegene Dotterzelle in der weiteren Theilung den übrigen Zellen voraus, um sich zu einem Nahrungsschlauch umzubilden. Die übrigen Zellen

---

3) Nach Quatrefages (in den Comptes rendus. Tom. 17. 1843. a. a. O.) scheinen die Spermatozoïden-Zellen der Kiemenwürmer, noch ehe sich die Spermatozoïden gehörig entwickelt haben, sich von den Hoden zu trennen und ihre Entwickelung erst in der Leibeshöhle zu erreichen. Hiermit stimmen in Bezug auf Arenicola bereits die Angaben von Stannius (in Müller's Archiv. 1840. a. a. O.) überein.

4) Nach Milne Edwards werden von mehren Kopfkiemern, z. B. von Terebella, Serpula, Protula, die Eier durch einen eiweissartigen Schleim zu einem Eierklumpen unter einander verbunden und vor der Mündung der Gehäuse auf Steinen festgeklebt. Vergl. Annales d. sc. nat. Tom. 3. 1845. p. 148. u. 161. Pl. 5. Fig. 1. Pl. 7. Fig. 28. und Pl. 9. Fig. 42. Polynoë cirrata trägt dagegen die gelegten Eier, durch einen zähen Schleim verbunden, unter den Rückenschuppen mit sich herum. Vergl. Sars, in Wiegmann's Archiv. 1845. Bd. I. p. 13. Taf. 1. Fig. 12. Bei den weiblichen Individuen von Exogone und Cystonereïs wurden merkwürdiger Weise die Eier in Reihen hinter einander äusserlich auf der Bauchfläche festsitzend angetroffen. Vergl. Örsted, in Wiegmann's Archiv. 1845. Bd. I. p. 21. Taf. 2. Fig. 4. und Kölliker, nach einem mir gütigst mitgetheilten, für die neuen Denkschriften der allg. schweizerischen Gesellschaft für die gesammten Naturwissenschaften bestimmten Manuscripte, betitelt: Einige Worte zur Entwickelungsgeschichte von Eunice, von H. Koch in Triest, mit einem Nachwort von Kölliker.

5) Nach den Beobachtungen meines Freundes Heinrich Koch in Triest (aus dem vorhin erwähnten Manuscripte) entwickeln sich in einer Eunice, welche mit Eunice sanguinea verwandt ist, die Eier innerhalb der Leibeshöhle ihrer Mutter, aus welcher die jungen Würmchen am abgebrochenen Hinterleibsende derselben später hervorkriechen.

folgen dann in der Zerklüftung nach und geben zum Ursprung eines ersten Embryonaltheils Veranlassung, der sich zur künftigen Bauch- und Nervenseite ausbildet; eine Stelle an der Oberfläche des anfangs kugeligen Embryo, welcher zuletzt mit einem zarten Flimmerepithelium umgeben wird, wandelt sich in eine Art Saugnapf um, welcher mit dem Magensacke in Verbindung tritt und demselben durch Schluckbewegungen Nahrungsstoffe aus dem, den Embryo umgebenden Eiweisse zuführt. Nach und nach nimmt der Embryo eine längliche Gestalt an, verliert, noch ehe er das Ei verlässt, sein Flimmerepithelium, und verwandelt sich zuletzt ohne Metamorphose, indem am Hinterleibsende noch ein Saugnapf zur Ausbildung kömmt, in einen jungen Egel [1]).

2. Bei den Branchiaten geht die Entwickelung der jungen Thiere durch eine vollkommene Metamorphose vor sich, indem alle Dotterzellen eines Eies immer gleichmässig den Durchfurchungsprozess durchmachen und der ganze Dotter zuletzt in einen rundlichen Embryo verwandelt wird, welcher mit einem, über die ganze Körperoberfläche verbreiteten Flimmerepithelium, nachdem er die Eihülle verlassen hat, infusorienartig herumschwimmt. Weiterhin streckt sich ein solcher Embryo mehr in die Länge, sein Flimmerepithelium schwindet zum Theil, indem nur am Vorder- und Hinterleibsende gürtelförmige Stellen mit Flimmercilien übrig bleiben. Es kommen nun auch am voranschwimmenden Vorderleibsende Augen zum Vorschein, der Hinterleib theilt sich durch quere Einschnürungen nach und nach in Segmente, aus welchen mit der Zeit Borsten und Fussstummeln hervorsprossen [2]).

---

1) Vergl. F. de Filippi, Lettera sopra l'anatomia e lo sviluppo delle Clepsine. Pavia 1839. Tav. II., ferner Grube, Untersuchungen über die Entwickelung der Clepsine. p. 15. Taf. 1. etc., und Frey, zur Entwickelungsgeschichte von Nephelis vulgaris (in Froriep's neuen Notizen. No. 807. 1846. p. 228.). Die älteren Untersuchungen von E. H. Weber (in Meckel's Archiv. 1828. p. 366. Taf. 10. u. 11.) und von R. Wagner (in der Isis. 1832. p. 398. Taf. 4.) lassen sich ganz gut auf die Beobachtungen von Filippi reduciren. — Ueber die Entwickelung der Lumbricinen, deren Junge bekanntlich, wie die jungen Hirudineen, ohne Metamorphose ihre Eierkapseln verlassen, liegen noch keine Erfahrungen vor.

2) Vergl. Lovén, in Wiegmann's Archiv. 1842. Bd. I. p. 302. Taf. 7. von Nereïs, Sars, ebendas. 1845. Bd. I. p. 12. Taf. 1. Fig. 1—21. von Polynoë, Örsted, ebendas. p. 20. Taf. 2. von Exogone, ferner Milne Edwards, in den Annales d. sc. nat. Tom. 3. 1845. p. 145. etc. Pl. 5—9. oder in Froriep's neuen Notizen. No. 721. p. 257. von Terebella, Protula und Nereïs; Kölliker (aus dem vorhin erwähnten Manuscripte) beobachtete ebenfalls die Entwickelung und den Furchungsprozess der Eier bei einer Exogone und einer mit dieser verwandten neuen Annelide Cystonereïs, wobei er jedoch wahrnahm, dass die Eier sich hier nicht durch totale gleichmässige Furchung des Dotters in einen Embryo verwandeln, sondern dass sich hier, wie bei den Hirudineen, durch unregelmässige Furchung zuerst nur eine Partie der Furchungskugeln zu einem Embryo-

Indem sich so die jungen Kiemenwürmer der Gestalt von Ringelwürmern überhaupt immer mehr nähern, treten zuletzt auch die verschiedenen Tentakeln, Cirren und Kiemen als Familien-, Gattungs- und Art-Charaktere am Kopfende und an den Seiten des Leibes hervor, mit deren Entwickelung auch die Ausbildung der Verdauungswerkzeuge und Circulationsorgane in gleichem Schritte vorrückt [3]).

---

naltheile ausbilden, welcher der Bauch- und Nervenseite entspricht. Derselbe weiset zugleich auf eine von Milne Edwards gelieferte Abbildung eines Entwickelungsstadiums der Protula hin (s. Annales d. sc. nat. a. a. O. Pl. 9. Fig. 47.), woraus hervorzugehen scheint, dass sich auch noch verschiedene andere Kiemenwürmer nach Art der Hirudineen entwickeln.

3) Man hüte sich daher, dergleichen noch in der Metamorphose begriffene Larven der Kiemenwürmer als besondere Wurmgattungen anzusehen. So ist unter Anderen die Sabellina brachycera, welche Dujardin (in den Annal. d. sc. nat. Tom. XI. 1839. p. 291. Pl. 7. Fig. 6.) beschrieben hat, nichts Anderes, als die Larve einer Terebella, man vergleiche nur damit Milne Edwards's Abbildungen zur Entwickelungsgeschichte der Terebella nebulosa (in den Annal. d. sc. nat. a. a. O. Pl. 7. Fig. 24. u. 25.). Der von Templeton beschriebene Anisomelus luteus (in den Transactions of the zoological society. Vol. II. 1841. p. 27. Tab. XV. Fig. 9—14.) ist vielleicht auch nur eine junge Serpula. Der Mangel an Kiemen und Blutgefässen, welchen Quatrefages in verschiedenen kleinen, von ihm für neue Gattungen gehaltenen Branchiaten, z. B. in Aphlebine und Doyeria, beobachtet hat, deuten gewiss auch auf einen Larvenzustand dieser Annulaten hin. Vergl. Annales d. sc. nat. Tom. I. 1844. p. 18. oder Froriep's neue Notizen. No. 726. p. 341. Ferner sind die in der Leibeshöhle einer Eunice sich entwickelnden jungen Individuen von H. Koch (s. oben §. 168. Anm. 5.) als Lumbrinereïs Blainv. erkannt worden.

Neuntes Buch.

Die Acephalen.

Eintheilung.

§. 170.

Die Acephalen sind hauptsächlich durch ihren kopflosen Körper charakterisirt, der von einem sehr entwickelten Mantel in so ganz eigenthümlicher Weise eingehüllt wird, dass dadurch eine geräumige, mehr oder weniger geschlossene Mantelhöhle gebildet wird, in welcher Mund- und Afteröffnung oft ganz versteckt angebracht sind.

Der Körper der Acephalen bietet entweder eine total unsymmetrische Form dar, oder er ist in eine rechte und linke Seite geschieden. Im letzteren Falle erscheinen fast alle Organe, mit Ausnahme des in der Mittellinie gelegenen Verdauungskanales, paarig vorhanden, wobei bald beide Seiten ganz gleichmässig ausgebildet sind, bald aber auch die eine Seite auf Kosten der anderen stärker entwickelt ist. Die Acephalen sind sämmtlich Wasserthiere; sehr viele derselben heften sich ihr Leben hindurch fest, während eine andere ansehnliche Menge dieser Thiere umherkriechen, und nur eine geringe Zahl davon frei im Wasser umherschwimmen kann. Begattungswerkzeuge fehlen durchweg.

I. Ordnung. *Tunicata.*

Die höchst unsymmetrisch gebauten Thiere werden von ihrem Mantel bis auf zwei enge Oeffnungen ganz und gar eingeschlossen.

1. Familie. *Ascidiae.*

Gattungen: a) ***Compositae.***

Didemnum, Diazona, Aplidium, Botryllus, Botrylloïdes, Leptoclinum, Eucoelium, Synoecium, Polyclinum, Sigillina, Perophora, Pyrosoma.

b) ***Simplices.***

Clavelina, Phallusia, Rhopalaea, Boltenia, Cynthia, Chelyosoma.

2. Familie. *Salpinae.*

Gattung: *Salpa.*

II. Ordnung. *Brachiopoda.*

Die symmetrischen zweischaligen Thiere besitzen innerhalb ihres weit gespaltenen Mantels zwei gefranzte, armartige und hervorstreckbare Tentakeln.

Gattungen: *Orbicula, Terebratula, Lingula.*

III. Ordnung. *Lamellibranchia.*

Die symmetrischen zweischaligen Thiere enthalten innerhalb ihres mehr oder weniger gespaltenen Mantels zwei Paar blattförmige Tentakeln und Kiemen verborgen.

1. Unterordnung. *Monomya.*

1. Familie. *Ostracea.*
   Gattungen: *Ostrea, Anomia.*
2. Familie. *Pectinea.*
   Gattungen: *Pecten, Spondylus, Lima.*
3. Familie. *Malleacea.*
   Gattungen: *Malleus, Perna, Crenatula.*

2. Unterordnung. *Dimya.*

1. Familie. *Aviculacea.*
   Gattungen: *Avicula, Meleagrina, Pinna.*
2. Familie. *Arcacea.*
   Gattungen: *Arca, Pectunculus, Trigonia, Nucula.*
3. Familie. *Najades.*
   Gattungen: *Anodonta, Unio.*
4. Familie. *Mytilacea.*
   Gattungen: *Mytilus, Modiola, Lithodomus, Tichogonia.*
5. Familie. *Chamacea.*
   Gattungen: *Chama, Isocardia.*
6. Familie. *Cardiacea.*
   Gattungen: *Cardium, Lucina, Hiatella, Cyclas, Piscidium, Tellina, Psammobia, Venus, Cytherea, Venerupis, Mactra, Lutraria, Ungulina.*
7. Familie. *Pyloridae.*
   Gattungen: *Mya, Solen, Solenomya, Panopaea.*

3. Unterordnung. *Inclusa.*

1. Familie. *Teredina.*
   Gattungen: *Pholas, Teredo.*
2. Familie. *Aspergillina.*
   Gattungen: *Aspergillum, Clavagella.*

Literatur.

Poli, Testacea utriusque Siciliae eorumque historia et anatome. 1791—95.
J. Rathke, Om Dammuslingen, in den Skrivter af Naturhistorie-Selskabet. Bd. 4. Kjöbenhavn 1797. p. 139.
Cuvier, Mémoire sur l'animal de la Lingule, in den Annales du Muséum d'histoire naturelle. Tom. I. 1802. p. 69. — Mémoire sur les Thalides et sur les Biphores, ebendas. Tom. IV. 1804. p. 360., auch in der Isis. 1820. literar. Anzeiger. p. 260. Taf. 2. — Beide Abhandlungen auch in Cuvier's Mémoires pour servir à l'histoire et à l'anatomie des mollusques. Paris 1817.
Schalk, De Ascidiarum structura, dissert. Hal. 1814.
Savigny, Mémoires sur les animaux sans vertèbres. Part. II. 1816., Recherches anatomiques sur les Ascidies composées et sur les Ascidies simples, auch in der Isis. 1820. lit. Anz. p. 659. Taf. 11—21.
Carus, Beiträge zur Anatomie und Physiologie der Seescheiden (Ascidiae), in Meckel's deutsch. Archiv. 1816. p. 569. und Nov. Act. Acad. Leop. Carol. Vol. 10. 1821. p. 423. Tab. 36. u. 37.
Cuvier, Mémoires sur les Ascidies et sur leur anatomie, in den Mémoires du Muséum d'hist. natur. Tom. II. 1815. p. 10., auch in der Isis. 1820. p. 387. Taf. 8. u. 9.
Chamisso, De animalibus quibusdam e classe vermium Linnaeana. Fasc. I. de Salpis. 1819.
Bojanus, Ueber die Athem- und Kreislaufwerkzeuge der zweischaligen Muscheln. Isis. 1819. p. 42. Taf. 1. u. 2., 1820. p. 404. und 1827. p. 752. Taf. 9.
Eysenhardt, Ueber einige merkwürdige Lebenserscheinungen an Ascidien, in den Nov. Act. Acad. Leop. Carol. Vol. 11. 1823. p. 250. Tab. 36. u. 37.
Pfeiffer, Naturgeschichte deutscher Land- und Süsswasser-Mollusken. Zweite Abth. 1825.
Unger, De Anodonta anatina, dissert. Vindobon. 1827.
Carus, Neue Untersuchungen über die Entwickelungsgeschichte unserer Flussmuschel, in den Nov. Act. Acad. Leop. Carol. Vol. 16. 1832. p. 1. Tab. 1—4.
Meyen, Beiträge zur Zoologie. Erste Abhandl., über die Salpen. Ebendas. p. 363. Tab. 27—29.
Owen, On the anatomy of the Brachiopoda, in den Transactions of the zoological society of London. Vol. I. 1835. p. 145. Pl. 22. u. 23., auch in der Isis. 1835. p. 143. oder in den Annales des sciences naturelles. Tom. III. 1835. p. 52.
Deshayes, Conchifera, in der Cyclopaedia of anatomy and physiology. Vol. I. p. 694. London 1836.
Eschricht, Anatomisk-physiologiske Undersögelser over Salperne. Kjöbenhavn 1840., auch in der Isis. 1842. p. 467. Taf. 2. u. 3., und: Anatomisk Beskrivelse af Chelyosoma Mac-Leayanum. Kjöbenhavn 1841.
Milne Edwards, Observations sur les Ascidies composées. Paris 1841.
Garner, On the anatomy of the Lamellibranchiate Conchifera, in den Transact. of the zool. soc. of London. Vol. II. 1841. p. 87. Pl. 18—20.
Neuwyler, Die Generationsorgane von Unio und Anodonta, in den neuen Denkschriften der allg. schweizerischen Gesellschaft für die gesammten Naturwissenschaften. Bd. VI. 1842. p. 1. Taf. 1—3.
Vogt, Anatomie der Lingula anatina, ebendas. Bd. VII. 1843. p. 1. Taf. 1. u. 2.
Van Beneden, Mémoire sur l'embryogénie, l'anatomie et la physiologie des Ascidies simples etc., s. den Auszug davon in den Bulletins de l'Académie royale de Belgique. Tom. 13. No. 2.

Erster Abschnitt.

Von der Hautbedeckung.

§. 171.

Der Körper der Acephalen ist von einem eigenthümlichen Mantel eingehüllt, der bei den Tunikaten aus einer lederartigen, knorpeligen oder gallertigen, und mit sehr wenig Reizbarkeit begabten Substanz besteht [1]), bei den Lamellibranchien und Brachiopoden dagegen von einer fleischigen, sehr contractilen Haut gebildet wird. Dieser Mantel umschliesst den Körper der Tunikaten ganz vollständig und ist nur von einer Mund- und Afteröffnnng durchbohrt [2]). Bei den zusammengesetzten Tunikaten geht der Mantel der einzelnen Individuen unmittelbar in die Substanz der gemeinsamen Masse über, in welcher die verschiedenen Individuen, bald mehr, bald weniger als Gruppen geordnet, eingebettet liegen, und welche als Ascidienstock vollkommen einem Polypenstocke entspricht. An den Lamellibranchien und Brachiopoden erscheint der Mantel bald mehr, bald weniger gespalten oder fast vollständig in zwei Hälften aufgeschlitzt [3]). Derselbe besitzt bei diesen Bivalven ausserdem noch die Eigenschaft, auf seiner äusseren Fläche, und besonders an seinen freien Rändern, Kalkmasse auszuschwitzen, welche sich zu Muschelschalen organisirt.

§. 172.

Der Mantel der Tunikaten muss sowol in Bezug auf chemische Zusammensetzung, wie in Hinsicht seiner histologischen Verhältnisse, als ein äusserst merkwürdiges Gebilde betrachtet werden. Durch die neuesten chemischen Analysen hat sich nämlich ergeben, dass dieser Mantel, sowol bei den einfachen und zusammengesetzten Ascidien, als auch bei den übrigen salpenartigen Tunikaten, hauptsächlich aus Holzfaser (Cellulose oder Pflanzenmembranenstoff), also aus einer stickstofflosen Substanz besteht [1]).

---

1) Lederartig erscheint der Mantel bei Cynthia, hartknorpelig bei Phallusia, weichknorpelig bei Salpa, und gallertartig bei Clavelina, Diazona, Aplidium, Botryllus, Pyrosoma.

2) Diese Mund- und Afteröffnung der Tunikaten verdienen eigentlich nur als blosse Mündungen der Leibeshöhle betrachtet zu werden und entsprechen den Athemröhren gewisser Lamellibranchien. S. unten §. 190.

3) Einen, bis auf zwei Oeffnungen fast völlig geschlossenen Mantel besitzen Mya, Panopaea, Pholas, Teredo, Aspergillum, zwei grössere Schlitze sind an beiden Enden des Mantels bei Solen, Cyclas, Tellina, Mytilus, Lithodomus u. A. angebracht, ganz offen ist der Mantel dagegen bei den Ostraceen, Pectineen, Arcaceen, Najaden und Brachiopoden.

1) Diese interessante Thatsache ist zuerst von Carl Schmidt (zur vergleichenden Physiologie der wirbellosen Thiere. 1845. p. 61.) bei Cynthia mamillaris festgestellt und jüngst von Löwig und Kölliker durch sehr genaue, auf die ganze Ordnung der Tunikaten ausgedehnte Untersuchungen bestätigt worden

Die mechanische Zusammensetzung des Mantels der Tunikaten gibt sich als eine sehr complicirte zu erkennen. Im Allgemeinen lassen sich an demselben bald mehr oder weniger deutlich zwei bis drei verschiedene Hautschichten unterscheiden. Als innerste Schicht zeigt sich bei einigen Tunikaten [2]) ein Pflasterepithelium, welches von einer einfachen Lage polygonaler kernhaltiger Zellen gebildet wird.

Die Hauptmasse des Mantels, mag er einfachen oder zusammengesetzten Tunikaten angehören, besteht aus einer einfachen oder doppelten, unmittelbar in einander übergehenden Schicht einer homogenen klaren Grundsubstanz, in welcher, je nach den verschiedenen Gattungen und Arten der Tunikaten, und bei einem und demselben Thiere je nach der mehr nach aussen oder mehr nach innen gelegenen Gegend des Mantels, verschiedene Arten elementarer Bestandtheile, nämlich Körner, Kerne, Pigmenthaufen, Zellen, Fasern und Krystalle von kohlensaurem Kalke eingebettet liegen [3]). Von diesen verschiedenen Nebenbestandtheilen ist jede Art, entweder für sich oder zugleich mit mehren der anderen Arten gemischt, innerhalb der homogenen Grundsubstanz des Mantels verbreitet [4]). Bei einigen Tunikaten dringen ausserdem

---

(vergl. den über diese Arbeit von der Akademie der Wissenschaften zu Paris erstatteten Bericht, in den Comptes rendus. 1846. p. 38.). Beide Forscher konnten aber auch nur an diesen Thieren, nämlich an verschiedenen Arten von Phallusia, Cynthia, Clavelina, Diazona, Botryllus, Didemnum, Aplidium, Salpa und Pyrosoma eine solche, Holzfaser enthaltende Substanz entdecken, keineswegs aber an anderen Mollusken, an Annulaten, Helminthen, Echinodermen, Quallen und Polypen, eine solche stickstofflose Substanz auffinden. Diese letztere fehlt gewiss auch den wahren Infusorien; die von Schmidt als Infusorium aufgeführte Frustulia salina, welche auch Cellulose enthalten soll, kann keinen Ausschlag geben, da sie offenbar zu den Pflanzen gehört. Löwig und Kölliker besorgen übrigens mit Recht, dass auch diese Entdeckung von denjenigen, welche die bestehende Grenze zwischen Pflanzen- und Thierreich leugnen (s. oben p. 8.), mit Hast ergriffen würde, um zu zeigen, dass auch von Seiten der chemischen Zusammensetzung kein Unterschied zwischen Pflanze und Thier Statt finde. Jene Forscher suchen daher einem solchen übereilten Schlusse vorzubeugen, und machen ganz besonders darauf aufmerksam, dass die Holzfaser der Tunikaten nie ganz rein in dem Mantel dieser Thiere enthalten, sondern immer noch mit animalischen Elementen gemischt sei, und dass überhaupt noch kein niederes Thier gefunden sei, welches in allen seinen Theilen aus Cellulose bestehe.

2) Bei Phallusia mamillaris, sulcata, Cynthia papillata, pomaria und bei Salpa bicaudata.

3) Diese Grundsubstanz ist es, welche in ihrem chemischen Verhalten vollständig der Cellulose entspricht.

4) Ueber die Structur dieses Mantels der Tunikaten hat Kölliker sehr genaue Untersuchungen angestellt; derselbe hat die Güte gehabt, mir die Resultate dieser Untersuchungen mitzutheilen, und mir zugleich erlaubt, sie hier noch vor dem Drucke seiner mit Löwig gemeinschaftlich vorgenommenen Arbeit (über das Vorkommen von Holzfaser im Thierreich) benutzen zu dürfen. Nach diesen Untersuchungen enthält die mittlere Schicht des Mantels bei Phallusia monachus und sulcata, bei Clavelina lepadiformis und Aplidium gibbulosum in

noch viele Blutgefässe oder verschiedene verästelte Fortsätze des eigentlichen Leibes dieser Thiere in diesen Mantel ein [5]).

---

ihrer glashellen, structurlosen Grundsubstanz viele Kerne und sternförmig verbundene Krystalle, während die äussere Schicht ausserdem noch mit sehr grossen, zierlichen, runden und ausserordentlich zartwandigen Zellen dicht angefüllt ist, welche ohne Spur von Kern einen ganz wasserhellen Inhalt einschliessen. Bei Clavelina lepadiformis ist am Stiele wie an den Sprossen der ganze Mantel von einer solchen Menge rundlicher und länglicher kernloser Zellen durchdrungen, dass die homogene Grundsubstanz vollkommen verdrängt erscheint. Dergleichen Schichten des Mantels haben dann ganz das Ansehen eines Pflanzengewebes. Bei Aplidium gibbulosum und Botryllus violaceus enthalten die zarten Zellen in der mehr nach aussen gelegenen Mantelschicht kohlensauren Kalk, der zuletzt so zunimmt, dass die Zellen der äussersten Schicht vollkommen verkalkt erscheinen. In Didemnum candidum treten diese verkalkten Zellen, welche hier überdies noch mit Kalkstrahlen äusserlich besetzt sind, in solcher Menge auf, dass der ganze Stock dieser zusammengesetzten Ascidie sich von weissen sternförmigen Körperchen ganz durchdrungen zeigt. Ganz ähnlich verhält sich nach Milne Edwards (Observations sur les Ascidies composées. p. 81. Pl. 8. Fig. 2b.) auch Leptoclinum maculosum. Im Mantel von Diazona violaceum, Pyrosoma giganteum, Botryllus polycyclus, Salpa maxima und bicaudata fehlen jene zarten zierlichen Zellen des Mantels, man findet hier in der vorwiegenden homogenen Substanz nur eingestreute Kerne und Körner, zu welchen bei Pyrosoma hier und da noch eigenthümlich verästelte Zellen, und bei Diazona noch farbige Körnchen nebst nadelförmigen Krystallen oder Concretionen von kohlensaurem Kalke hinzukommen. Dergleichen krystallinische Concretionen sind auch bei Salpa maxima in kugeliger oder sternförmiger Gestalt, und bei Salpa bicaudata in dendritisch verästelter Form vorhanden, lösen sich aber nicht in Salzsäure auf, und bestehen daher nicht aus Kalk, sondern wahrscheinlich aus Kieselsäure. Bei Botryllus wird an gewissen Stellen des Mantels seine homogene Grundsubstanz nach allen Richtungen hin von eigenthümlichen, schlangenförmig gewundenen Fasern durchsetzt, welche sich bei der Behandlung mit Kali als stickstofflose Holzfasern ausweisen. Noch complicirter erkannte Kölliker die Structur des Mantels von Cynthia papillata. Hier besteht nämlich die mittlere Schicht desselben aus stickstofflosen, wellenförmigen Längs- und Ringfasern mit eingestreuten Kernen, Körnchen, Krystallen und Zellen, von welchen die letzteren entweder braune Pigmentkörner nebst einem Kerne enthalten, oder mehre Tochterzellen einschliessen, durch welchen letzteren Umstand sie ganz an Knorpelzellen erinnern. Die Structur der dritten äussersten hornigen Schicht konnte Kölliker an Weingeistexemplaren dieser Cynthia nicht ermitteln, doch sah derselbe, dass sie mit der mittleren Schicht die an der Hautoberfläche hervorragenden stacheligen Spitzen bilden half. Im Mantel der Cynthia pomaria erkannte Kölliker Längsfasern in vorherrschender Menge, zwischen welchen Krystalle, runde Pigmentzellen, ferner eigenthümliche, mit gelben Körpern angefüllte Zellen und eine noch ganz besondere Art von Zellen eingestreut lagen, von welchen die letzteren aus Pigmentzellen hervorgehen, und bei ihrem Wachsthume allmälich dicke Wandungen bekommen, die sich zerfasern und die Zellenräume in concentrischen Schichten umschliessen. Diese zerfaserten Zellenmembranen verhalten sich gegen Kali, ganz wie die faserige Hauptmasse, als stickstofflose unlösliche Substanz, während alle übrigen elementaren Theile des Mantels unter der Behandlung mit Kali verschwinden.

5) Blutgefässe führt der Mantel verschiedener Phallusien, welche besonders

§. 173.

Der Mantel der Bivalven, an welchem besonders in der Gegend seiner freien Ränder durch die geringste Berührung Contractionen hervorgerufen werden können, verdankt diese Contractilität einer Menge Muskelfasern, welche das körnige Parenchym des Mantels nach den verschiedensten Richtungen durchkreuzen und an den Mantelsäumen vorzugsweise gehäuft angebracht sind. Ausserdem ist der Mantel der Bivalven noch von Nerven, Blut- und Wassergefässen durchzogen, ja bei einigen Muschelthieren liegen sogar auch die Geschlechtstheile in demselben eingebettet. Sehr häufig ist der Mantel der Lamellibranchien an den Rändern seiner Schlitzen mit äusserst empfindlichen und contractilen Tentakeln besetzt 1); am Afterschlitz, welcher theils bei der Entleerung der Fäces, theils bei der Respiration benutzt wird, fehlen diese Tentakeln selten 2). Bei vielen Lamellibranchien ist dieser Afterschlitz durch Verwachsung in zwei runde Oeffnungen, in eine vordere und eine hintere getheilt 3). Die Ränder dieser beiden Oeffnungen sind nicht selten zu einer fleischigen, bald kürzeren, bald längeren Doppelröhre (*Sipho*) ausgewachsen.

---

in der äusseren Schicht desselben netzförmig ausgebreitet sind. Vergl. Cuvier, Mémoire sur les Ascidies a. a. O. p. 16. Pl. 3. Fig. 1. von Phallusia mamillaris, Savigny, Mémoires a. a. O. p. 102. Pl. 9. Fig. 1. B. von Phallusia sulcata, und Delle Chiaje, Descrizione e notomia degli animali invertebrati della Sicilia citeriore. Tom. III. 1841. p. 33. Tav. 84. Fig. 2. von Phallusia monachus. — Fleischige und verästelte Fortsätze des Leibes dringen in den Mantel verschiedener zusammengesetzter Ascidien ein. Diese sind von Savigny (Mémoires a. a. O. p. 47.) bei Diazona und Botryllus, sowie von Delle Chiaje (Descriz. a. a. O. Tom. III. p. 34. Tav. 83. Fig. 13. 15.) bei Polyclinum viride für Blutgefässe gehalten worden, während sie Milne Edwards (a. a. O. p. 41. Pl. 7. Fig. 1. 1[b]. 1[c]. u. 5[d].) bei Botryllus rotifera und Didemnum gelatinosum für hohle Fortsätze des Leibes ausgegeben hat, worin ihm Kölliker vollkommen beistimmt.

1) Eine doppelte oder dreifache Reihe von cylindrischen Tentakeln hält den Mantelsaum von Avicula, Anomia, Pecten, Spondylus u. A. besetzt; besonders entwickelt erscheinen diese Tentakeln bei Lima, indem sie hier nicht an dem freien, nach innen breit umgeschlagenen Saume des Mantels angebracht sind, sondern den convexen äusseren Rand des Mantelfalzes einnehmen. Ganz eigenthümlich verhalten sich die abgeplatteten, fingerförmigen Tentakeln am Mantelsaume des Mytilus edulis.

2) Bei den Najaden (Unio, Anodonta) ist der Afterschlitz von keinen Tentakeln umgeben, während das von demselben durch einen schmalen Isthmus getrennte hintere Ende der grossen vorderen Mantelspalte mit vielen Tentakeln eingefasst ist. Vergl. Pfeiffer, Naturgeschichte deutscher Land- und Süsswasser-Mollusken. Abth. II. Taf. 1. Fig. 2. 5. 9. p. h. — Merkwürdig ist bei diesen Najaden noch ein dritter, von Bojanus zuerst erwähnter, weit hinter dem Afterschlitze gelegener Rückenschlitz des Mantels, dessen Bedeutung mir noch nicht klar geworden ist. Vergl. Pfeiffer, a. a. O. Taf. 1. Fig. 5. t.

3) Bei Isocardia, Tridacna, Chama u. A.

Beide Röhren, welche öfters zu einem einzigen Fortsatze verschmolzen sind, können weit aus dem Mantel und der Schale hervorgeschoben und gewöhnlich auch vollständig in dieselben wieder zurückgezogen werden [4]).

Statt der contractilen Tentakeln findet sich bei den Brachiopoden der Rand des offenen Mantels mit glasartigen, sehr spröden und steifen Fäden besetzt, welche hohl sind und tief in der Substanz des Mantels wurzeln [5]).

Die innere Fläche des Mantels ist bei den Lamellibranchien, und gewiss auch bei den Brachiopoden, mit einem Flimmerepithelium bedeckt, welches von da auf die äussere Oberfläche aller, von diesem Mantel eingehüllten Theile der Muschelthiere, nämlich des Abdomens, des Fusses, der Mundtentakeln und Kiemenblätter übergeht. Es hat dieses Flimmerepithelium für die Muschelthiere die grösste Bedeutung, indem durch dasselbe eine ununterbrochene Strömung des Wassers innerhalb des Mantels nach bestimmten Richtungen hin unterhalten wird, wodurch dem Munde Nahrungsstoffe, den Kiemen frisches Wasser zugeführt, die Eier und Saamenmasse von den Mündungen der Geschlechtswerkzeuge nach bestimmten Orten hingeleitet und die Fäces von der Mastdarmöffnung nach aussen geschafft werden. Durch die Anwesenheit dieses Flimmerepitheliums erklärt es sich, wie festsitzende oder in Holz und Steinen eingegrabene Muschelthiere fortexistiren können.

---

4) Einen bis zum Grunde getrennten, doppelten Sipho kann Psammobia, Tellina und Venus weit hervorstrecken; mehr oder weniger am Grunde verbundene Athemröhren besitzt Cyclas und Teredo; zu einem einzigen Fortsatze vollständig verwachsen erscheinen die beiden Athemröhren bei Mactra, Mya, Panopaea, Solen, Pholas, Lutraria, Clavagella und Aspergillum. An den beiden letzteren Muschelthieren geht der Mantel ohne allen Absatz unmittelbar in den Sipho über. In dem fast ganz geschlossenen Mantel von Aspergillum und Clavagella befindet sich, ausser dem Sipho und der engen Oeffnung am Vorderleibsende, noch eine ganz kleine Oeffnung auf der Mitte der Bauchseite, deren Zweck mir ebenfalls noch ein Räthsel geblieben ist. Vergl.: Neue wirbellose Thiere des rothen Meeres, bearbeitet von Rüppell und Leuckart, p. 41. Taf. 12. Fig. 4. a. und: On the Anatomy of Clavagella by R. Owen, in den Transact. of the zool. soc. of London. Vol. I. p. 270. Pl. 30. Fig. 13. 14. oder Isis. 1836. p. 440. und 1837. Tab. II. Fig. 13. 14.

5) Diese glasartigen Fäden scheinen aus Hornsubstanz zu bestehen; dieselben sind bei Terebratula sehr klein und glatt, bei Orbicula und Lingula dagegen ausserordentlich lang und gegliedert; bei Orbicula zeigt sich überdies noch jeder Faden an seinen Gliederungen mit kurzen Borsten umgeben. Vergl. Owen, in den Transactions of the zoological society a. a. O. p. 147. u. 154. Pl. 22. u. 23. oder in der Isis. 1835. p. 144. u. 151. Taf. V. u. VI. oder in den Annales d. sc. nat. Tom. III. 1835. p. 55. u. 66. Pl. 1. u. 2., und Vogt, in den neuen Denkschriften der allg. schweizerischen Gesellschaft für die gesammten Naturwissenschaften a. a. O. p. 3. Tab. 1.

§. 174.

Die äussere Fläche des Mantels der Bivalven ist von den beiden Muschelschalen bedeckt, deren mannichfaltige Formen in der Zoologie als Hauptunterscheidungsmerkmale der Gattungen und Arten benutzt worden sind. Die Bestandtheile dieser Schalen bilden hauptsächlich kohlensaurer Kalk und eine organische, homogene, mit ersterem innig verbundene Grundsubstanz, welche aber nur erkannt wird, wenn der kohlensaure Kalk vorher durch Säuren entfernt worden ist. Dieser macht überhaupt die Hauptmasse der Muschelschalen aus und tritt nur bei sehr wenigen zweischaligen Muschelthieren gegen die überwiegende organische Grundsubstanz in den Hintergrund [1]).

In ihrer feineren Structur bieten die Muschelschalen mancherlei Verschiedenheiten dar [2]); doch lassen sich gemeinhin zweierlei Schichten, eine äussere Faserschicht und eine innere Lamellenschicht, unterscheiden, welche oft schon mit einer einfachen Lupe wahrgenommen werden können. Die äussere faserige Schicht scheint ein krystallinisches Gefüge zu besitzen, indem dieselbe aus dicht gedrängten Massen bald schiefwinkelig, bald rechtwinkelig auf der inneren Lamellenschicht aufsitzender, prismatischer Kalksäulchen besteht. Diese Kalksäulchen sind aber nicht aus einer reinen Krystallisation hervorgegangen, sondern bilden nur die Füllung prismatischer Zellen, in welche sich die organische Grundmasse während der Schalenbildung umgewandelt hat [3]); denn so wie durch Säure der kohlensaure Kalk entfernt worden ist, fällt die organische homogene Grundsubstanz in Form leerer, mit zarten Wandungen versehener prismatischer Zellen deutlich in die Augen. In der inneren Lamellenschicht bildet die organische homogene Grundmasse eine Menge dicht über einander liegender blätteriger Ausbreitungen ohne Zellenstructur, welche auf die mannichfaltigste Weise und in den verschiedensten Richtungen dachziegelförmig gefaltet sind. Diese Falten, zwischen welchen der kohlensaure Kalk abgelagert ist, sind es,

1) Sehr gering ist der Kalkgehalt in den Schalen der Lingula; am auffallendsten jedoch sticht dieser Mangel an den beiden biegsamen Schalen von Orbicula in die Augen.

2) Der mikroskopische Bau der Muschelschalen hat in neuerer Zeit das Interesse verschiedener Naturforscher angeregt. Vergl. Deshayes, in der Cyclopaedia of anatomy a. a. O. p. 707., Shuttleworth, über den Bau der Schalen der zweischaligen Mollusken des frischen Wassers (in den Mittheilungen der naturforschenden Gesellschaft in Bern a. d. J. 1843. p. 43.) und Carpenter, in den Annals of natural history. Vol. XII. 1843. p. 373. Pl. 13. 14. und vor allen dessen Mittheilungen in den Reports of the british association. 1844. p. 1. mit vielen Abbildungen.

3) Eine Ausnahme hiervon bildet Mya arenaria, deren Muschelzahn wirkliche Krystallsäulen, welche sternförmig unter einander vereinigt sind, in seinem Inneren enthält. Vergl. Carpenter, in den Annals of natural history a. a. O. Pl. 14. Fig. 8.

welchen die innere Schalenschicht ihren Perlenmutterglanz verdankt. Von diesen beiden Schalenschichten übertrifft bald die äussere, bald die innere die andere an Mächtigkeit [4]). Die äussere faserige Schicht wird gewiss von den Mantelsäumen abgesondert, während die innere Lamellenschicht von einer Ausschwitzung der ganzen äusseren Fläche des Mantels herrührt. Das Wachsen der Schalen geht nicht ununterbrochen vor sich, sondern erfolgt in Absätzen zu gewissen Zeiten des Jahres, was die Bildung von concentrischen, den Jahresringen der Bäume analogen Linien und Furchen auf der äusseren Oberfläche der Schalen zur Folge hat. Die äussere Schalenschicht ist häufig durch und durch gleichmässig gefärbt oder an einzelnen Stellen von Pigment durchdrungen, wogegen die innere Schicht selten Pigment enthält. Diese Farbestoffe der äusseren Schicht werden ebenfalls von den Mantelrändern abgesondert, wie man sich an vernarbten, mit Substanzverlust verbunden gewesenen Wunden der Muschelthiere überzeugen kann, denn dergleichen Wunden an den vom Mantelrande entfernten Stellen, welche früher aus einer Faser- und Lamellenschicht bestanden, werden immer nur mit der einen farblosen Lamellenschicht ausgefüllt [5]).

Bei einigen Bivalven kommen in der Substanz der Schalen, abgesehen von ihrer übrigen Structur, noch eigenthümliche enge Kanäle vor, welche entweder einfach sind und in schiefer Richtung die Schalenwandungen von innen nach aussen durchbohren, oder netzförmig verästelt die Schalensubstanz durchziehen [6]).

Die Muschelschalen sind auf ihrer inneren Fläche nur durch die Muskelinsertionen und an ihrem ganzen Rande durch eine von den

---

4) Diese beiden Schalenschichten, von welchen die äussere Faserschicht ganz an den Zahnschmelz erinnert, lassen sich sehr deutlich bei Malleus, Perna, Crenatula, Avicula, Meleagrina, Pinna, Anodonta, Unio u. A. unterscheiden. Bei Ostrea und Chama wiederholen sich die beiden Schichten in mehren Lagen über einander. An den Schalen verschiedener Pectineen und Cardiaceen scheint die faserige Schicht ganz zu fehlen; auch die Schalen von Anomia sind nur aus einer blätterigen Schicht zusammengesetzt.

5) Auch die Perlenbildung geht nur von der äusseren Fläche des Mantels aus; es zeigen daher die Perlen dieselbe blätterige Structur und irisirende Eigenschaft, wie die innere Lamellenschicht der Muschelschalen.

6) Besonders deutlich erscheinen diese Kanäle bei Terebratula, wo sie sich durch die ganze Dicke der Schalen hindurch erstrecken, was ich auch bei Cyclas wahrnehmen konnte, während ich bei Lingula diese Kanälchen nur auf die innere Schicht beschränkt finde. Bei durchfallendem Lichte betrachtet nehmen sich diese Kanäle schwarz aus; ob dieses Ansehen blos von ihrer grossen Enge allein herrührt, oder ob sie Kalkerde mechanisch abgelagert enthalten, ist mir noch nicht ganz klar geworden; im ersteren Falle würden diese hohlen Räume den Zahnkanälchen des Zahnbeins, im letzteren Falle den kalkführenden sogenannten Knochenkörperchen zu vergleichen sein. — Eine netzförmige Verästelung von Kanälen hat Capenter in den Schalen der Lima rudis betrachtet. Vergl. the Annals of the nat. hist. a. a. O. p. 384. Pl. 13 Fig. 5.

Mantelsäumen ausgehende Epidermis mit den Muschelthieren verwachsen. Die Epidermis, welche eine homogene hornige Beschaffenheit und braungelbe Farbe besitzt, pflanzt sich von den Muschelrändern aber auch auf die äussere Fläche der Schale fort [7]); bei einigen Muschelthieren tritt sie sogar auf den ganzen Sipho über [8]). Sehr häufig findet man indessen diese Epidermis von den älteren Stellen der Schalen abgerieben, was besonders bei denjenigen Muscheln recht in die Augen fällt, deren Epidermis in der Gegend des Schalenrandes blätter- oder haarförmige Auswüchse bildet [9]).

Unter sich sind die beiden Schalen eines Muschelthiers theils durch das sogenannte Schloss (*Cardo*), theils durch das elastische Band (*Ligamentum*) verbunden [10]). Dieses Ligament wirkt bald als ein inneres, bald als ein äusseres den Schliessmuskeln entgegen, und besteht zu diesem Behufe aus sehr elastischen Fasern, welche bei dem inneren Ligamente während der Contraction der Schliessmuskeln zwischen dem Schlosse breit gedrückt und bei dem äusseren Ligamente während der geschlossenen Schalen dagegen ausgedehnt werden; in beiden Fällen werden nachher durch Contraction jener Fasern die Muscheln nachher zum Klaffen gebracht [11]).

§. 175.

Ein sehr merkwürdiges inneres Kalkgerüst steckt innerhalb der beiden Schalen von Terebratula verborgen. Hier gehen nämlich an der nicht durchbohrten Schalenhälfte von den seitlichen Leisten der beiden Schlosszähne zwei dünne, nach aussen gebogene Schenkel nach

---

7) Vergl. Mytilus, Anodonta, Unio, Solen, Lutraria, Mya etc.

8) Bei Mya und Lutraria ist der fleischige Sipho von einer solchen Epidermis vollständig eingehüllt.

9) Bei Mytilus hirsutus, Arca barbata, lacerata, ovata u. A.

10) Die Beschreibung der verschiedenen Formen des Schlosses und Ligamentes der Muscheln kann hier füglich übergangen werden, da dieselben in der Zoographie längst einer sehr genauen Untersuchung unterworfen worden sind. Eine vollständige Abwesenheit des Schlosses nimmt man bei den Inclusen wahr, während wiederum den Brachiopoden das elastische Band fehlt. Bei Orbicula und Lingula vermisst man sogar Schloss und Band zugleich. Eine sehr grosse Abweichung in der Schalenbildung zeichnet die Aspergillinen vor allen Muschelthieren aus. Ihr Mantel hört sehr früh auf, in der gewöhnlichen Weise die beiden Schalen forzubilden, diese verwachsen hierauf an der Stelle, wo sie höchst wahrscheinlich beweglich mit einander eingelenkt waren, während der bis auf ein Paar sehr kleine Oeffnungen ganz geschlossene Mantel und sein langer, zu einer verwachsenen Doppelröhre ausgezogener Sipho eine Kalkkruste ausschwitzt, welche mit jenen beiden verwachsenen Schalen das bekannte sonderbare röhrenförmige Gehäuse bildet.

11) Ein inneres Ligament besitzen die Schalen von Pecten, Spondylus, Mya, Lutaria, Pholas, ein äusseres findet sich dagegen bei den Chamaceen, Cardiaceen, Araceen, Najaden etc. Halb innerlich, halb äusserlich ist das Ligament bei Malleus und mehren anderen Muscheln.

vorne, ferner treten von einer Längsleiste, welche sich auf der Mitte derselben Schale erhebt, zwei kürzere dünne Schenkel ebenfalls nach vorne, welche sich in einem Bogen mit den hinteren längeren Schenkeln vereinigen. Die beiden, aus dieser Vereinigung hervorgegangenen Aeste schlagen sich nach kurzem Verlaufe plötzlich um, und vereinigen sich hinter der Mitte der Schalenhöhle zu einem gemeinschaftlichen Bogen [1]). Bei mehren Terebrateln ist dieses Kalkgerüste viel einfacher gebildet, indem sich vor dem Schlosse der undurchbohrten Schalenhälfte ein centraler Fortsatz erhebt, von welchem sich zwei andere, gabel- oder flügelförmige Fortsätze nach vorne umbiegen [2]). Es dient dieses Gerüste vorzugsweise zum Ansatze der Tentakelarme [3]).

Zweiter Abschnitt.

Von dem Muskelsysteme und den Bewegungs-Organen.

§. 176.

Das Muskelsystem der Acephalen, welches, je nach den verschiedenen Ordnungen derselben, auf einer verschiedenen Stufe der Entwickelung steht, wird aus einfachen und glatten Bündeln primitiver Muskelfasern zusammengesetzt; jedoch machen hiervon die Salpen eine sehr merkwürdige Ausnahme, indem ihre Muskelbündel ausgezeichnet scharf markirte Querstreifen besitzen [1]).

Am einfachsten verhält sich das Muskelsystem bei den Tunicaten, denn hier beschränkt sich dasselbe nur auf eine, unterhalb der allgemeinen Hautbedeckung gelegene Hautmuskelschicht, welche bei

---

1) Bei Terebratula chilensis, dorsata, dentata, Sowerbyi. Vergl. Owen, a. a. O. erste Tafel. Fig. 4.

2) Bei Terebratula rubicunda, psittacea u. A.

3) Bei denjenigen Terebrateln, deren Kalkgerüste sehr entwickelt und nach hinten umgeschlagen ist, sollen die Bogen desselben, nach Owen's Versicherung, trotz ihrer kalkigen Beschaffenheit doch etwas elastisch sein und bei geschlossenen Schalen ein wenig niedergedrückt werden, wodurch dasselbe bei dem Mangel eines elastischen Bandes zur Oeffnung der Schalen etwas beitragen könne.

1) Vergl. Eschricht, over Salperne a. a. O. p. 64. Tab. 3. Fig. 16. Die Querstreifen dieser Muskeln rühren, wie ich mich deutlich an einem Weingeistexemplare der Salpa zonaria überzeugte, von Zickzackbiegungen her, welche auch Will (in Müller's Archiv. 1843. p. 359.) in den Muskeln anderer wirbelloser Thiere wahrgenommen hat. Die Muskelfibrillen von Salpa sind nämlich zu bandförmigen oder abgeplatteten Primitivbündeln vereinigt, welche auf ihrer Fläche durch regelmässig und kurz auf einander folgende Zickzackbiegungen wie eine Hemdkrause gefaltet sind, was besonders deutlich in die Augen fällt, wenn man einzelne bandförmige Primitivbündel auf der Kante liegend betrachtet.

den Ascidien den ganzen Leib der einzelnen Individuen sackförmig einhüllt. In diesem Muschelschlauche, der nur an den beiden Oeffnungen der Leibeshöhle mit der allgemeinen Hautbedeckung verwachsen ist, kreuzen sich eine Menge Ring- und Längsmuskeln; doch lassen sich hier und da auch schiefe Muskelbündel unterscheiden [2]). Bei den Salpen ist dieses Hautmuskelsystem nur auf einzelne, durch eine zarte homogene Haut unter einander verbundene, bandförmige Muskelstreifen reducirt, welche in sehr verschiedener Zahl, Richtung und Entfernung von einander die Leibeshöhle meist gürtelförmig umgeben. Diese bald gerade, bald gebogen verlaufenden Muskelbänder schliessen sich auf der Bauchseite niemals zu einem vollständigen Gürtel, bleiben meistens von einander isolirt, oder verschmelzen an einer oder der anderen Stelle durch bald kürzere, bald längere Anastomosen mit benachbarten Muskelbändern; nur an der hinteren und vorderen Oeffnung der Leibeshöhle stellen diese Muskelmassen wahre Sphinkteren dar [3]). Durch diesen Muskelapparat können die Tunicaten ihre Leibeshöhle abwechselnd verengern und erweitern und so den zu ihrer Ernährung und Respiration nöthigen Wasserwechsel, sowie die Ausstossung von Fäces und Geschlechtssecretionen vornehmen. Die Salpen bedienen sich dieser Bewegungen ausserdem noch, um durch rhythmische Contractionen ihrer Leibes- oder Schwimmhöhle die darin enthaltene Wassermasse aus der hinteren, nach unten gerichteten Oeffnung derselben herauszupressen und sich so im Wasser, indem sich die vordere obere Oeffnung der Schwimmhöhle durch eine membranartige Klappe schliesst, nach vorne fortzustossen.

§. 177.

Sehr entwickelt ist das Muskelsystem der Bivalven, indem hier nicht allein in fast allen Gegenden des Körpers Muskelfasern eingestreut liegen, sondern auch an gewissen Stellen sich Muskelfasern in solcher

---

2) Vergl. Savigny, Mémoires a. a. O. Pl. 5. Fig. 1. u. 2. von Boltenia und Cynthia, Delle Chiaje, Descrizione a. a. O. Tom. 3. p. 23. Tav. 84. Fig. 3. 5. von Phallusia. S. auch the Catalogue of the physiological series etc. a. a. O. Vol. I. Pl. 5. ebenfalls von Phallusia.

3) Fünf bis sieben isolirte, in regelmässigen Zwischenräumen von einander abstehende Muskelgürtel besitzen Salpa cordiformis und zonaria. Vergl. Eschricht, a. a. O. Tab. 1. u. 3. Von den zehn bis eilf Gürteln der Salpa cylindrica nähern sich die vorderen auf dem Rücken durch bogenförmige, nach hinten und vorne gerichtete Krümmungen. Siehe Cuvier, sur les Thalides a. a. O. Fig. 9. und Savigny, Mémoires a. a. O. Pl. 24. Fig. 1. Unter ähnlichen Krümmungen sind bei Salpa mucronata und maxima die Gürtel auf dem Rücken unter einander verschmolzen. S. Meyen, über die Salpen a. a. O. Tab. 28. Fig. 5. und Tab. 29. Fig. 2. Ein eigenthümliches, gitterförmiges Ansehen bieten die durch viele seitliche Anastomosen mit einander verbundenen Muskelgürtel der Salpa pinnata (cristata) dar. Vergl. Chamisso, de Salpa. Fig. 1. G. H. und Cuvier, a. a. O. Fig. 1. 2.

Menge anhäufen, dass sie als ansehnliche isolirte Muskeln von dem übrigen Gewebe leicht unterschieden werden können.

Zu den kräftigsten Muskeln der Muschelthiere gehören die Schliessmuskeln (*Adductores*) ihrer Schalen. Diese bestehen in den Lamellibranchien aus einer entweder einfachen oder doppelten Masse dicht gedrängter und paralleler Muskelfasern, welche sich mit ihren beiden Enden an zwei, einander gegenüber liegenden Punkten der inneren Schalenfläche inseriren. Bei den sogenannten Dimyen können die beiden Schalenschliesser ihrer Lage nach als ein vorderer und hinterer Schliessmuskel betrachtet werden, von welchen der letztere meist der stärkere ist, während bei den Monomyen der einfache, aber sehr starke Schliessmuskel mehr nach der Mitte der Schalen gerückt ist.

Ungleich complicirter verhalten sich die Schliessmuskeln der Brachiopoden. Es sind hier meistens vier Paar Schliessmuskeln vorhanden, von welchen nur einige sich mit beiden Enden an die Schalen inseriren [1]), während die übrigen nur mit dem einen Ende von der Schale entspringen, mit dem anderen dagegen sich in den Stiel dieser Thiere begeben. Ausserdem stimmen die Ursprungsstellen dieser Muskeln auf der einen Schale in ihrer Lage mit den Muskelinsertionen auf der anderen Schale in keiner Weise überein [2]), daher dieselben mehr oder weniger in schiefer Richtung verlaufen, zuweilen sich sogar unterwegs durchkreuzen [3]). Bei dieser Anordnung der Schliessmuskeln,

---

1) Es entspringen zwar verschiedene dieser Muskeln nicht immer unmittelbar von der Schale, sondern theils mit dem einen Ende, theils auch mit beiden Enden von dem Eingeweidesacke, da dieser aber an die Schalen geheftet ist, so werden ihre Muskeln nicht blos auf die Verschiebung der Eingeweide, sondern auch auf die Bewegung der Schalen von Einfluss sein können.

2) Eine Ausnahme hiervon macht Lingula, welche als Hauptschliesser der Schalen einen kurzen derben Muskel besitzt, der am hintersten Ende der Schalen von einer Seite zur anderen gerade herübergeht.

3) Eine speciellere Angabe nebst Abbildungen über die Anordnung dieses Muskelapparats haben Owen und Vogt (a. a. O.) von Terebratula, Orbicula und Lingula geliefert. Bei Terebratula gehen von jeder Schale zwei Paar Muskeln ab. Auf der undurchbohrten Schale entspringt ein vorderes längeres Muskelpaar hinter der Mitte und tritt, nachdem sich ihre beiden dünnen Sehnen vorher gekreuzt, durch die Schalenöffnung in den Stiel hinaus, während ein hinteres kurzes und ganz fleischiges Paar am Grunde des Schlosses den Anfang nimmt, aber ebenfalls im Stiele endigt. Von den vier Muskeln der durchbohrten Schale verläuft nur das hintere Paar zum Stiele, wogegen das vordere, dicht neben einander entspringende Paar sich an den Grund der undurchbohrten Schale befestigt. In Orbicula begeben sich zwei vordere und zwei hintere fleischige Muskeln unter schiefem Verlaufe von einer Schale zur andern, wobei das vordere Paar einige Fasern für den kurzen Stiel absendet. Innerhalb des zwischen diesen vier eigentlichen Schliessmuskeln gelegenen Raumes verlaufen vier andere schmächtige, sich unter einander kreuzende Muskeln, welche sich mit dem einen Ende an den Ein-

welche sich gewöhnlich nach ihrem Ursprunge in dünne Sehnenstränge verwandeln, sind Orbicula und Lingula, denen ausser dem Ligamente auch das Schloss fehlt, gewiss im Stande, mit ihren Schalen zugleich seitliche Verschiebungen vornehmen zu können, je nachdem die eine oder andere Partie dieser schiefen Muskeln sich nur allein contrahirt.

Die Bewegung der an ihrer Spitze spiralförmig aufgerollten armartigen Tentakeln wird bei den Brachiopoden durch eine eigenthümliche Vorrichtung bewirkt. Die Franzen dieser Tentakeln sitzen nämlich auf einem knorpeligen, röhrenförmig ausgehöhlten und nach der Spitze hin verjüngten Fortsatze. In der an beiden Enden geschlossenen Röhre dieser Fortsätze ist eine Flüssigkeit enthalten, welche durch Contraction von Ringmuskelfasern aus der Basis der beiden Fortsätze in die Spitze getrieben wird, wodurch sich diese erhebt und ihre auf einander liegenden Spiralwindungen von einander entfernt werden [4]. Die Abwesenheit des den Schliessmuskeln der Lamellibranchien antagonistisch entgegenwirkenden elastischen Ligamentes wird den Brachiopoden gewiss durch die so eigenthümlich beweglichen Tentakelarme ersetzt, welche höchst wahrscheinlich während ihrer Erection die Schalen etwas heben und lüften können.

Ganz anders verhalten sich die nicht aufgerollten Tentakeln der Lamellibranchien. Sie besitzen, wie die Kiemen dieser Muschelthiere, nur eine sehr geringe Contractionsfähigkeit, was von den nur sparsam mit ihrer Substanz verwebten Muskelfasern herrührt. Sehr reich mit Muskelfasern ist dagegen der äusserst contractile Mantel der Bivalven, zumal in der Gegend seiner freien Ränder, ausgestattet; am gehäuftesten sind dieselben jedoch in dem zu einem Sipho umgestalteten, aus- und einziehbaren Mantelfortsatz vorhanden, in welchem sie sich deutlich zu Ring- und Längsmuskelfasern geordnet haben. Mit der Anwesenheit eines Sipho ist zugleich auch die Gegenwart eines ausgezeichneten flachen Muskelpaars verbunden, welches von der Basis des Sipho entspringt, sich an der äusseren Seite des hinteren Schliessmuskels den beiden Muschelschalen anheftet und die Function eines ***Retractor siphonis*** zu verrichten hat.

§. 178.

Ein sehr entwickeltes Locomotions-Organ stellt bei vielen Lamellibranchien der sogenannte Fuss dar [1], welcher als äusserst mus-

---

geweidesack, mit dem anderen Ende an die Schalen befestigen. Bei Lingula sind ausser dem Hauptschliessmuskel auch noch die übrigen vier Paar Muskeln vorhanden, welche, einander durchkreuzend, in schiefer Richtung durch die Mitte der Schalenhöhle verlaufen und mit beiden Enden vom Eingeweidesacke entspringen.

4) Vergl. Owen, a. a. O., und Vogt, Anatomie der Lingula. p. 8. Tab. II. Fig. 16—18.

1) Der Fuss fehlt besonders denjenigen Muschelthieren, welche sich mit der

kulöser Fortsatz aus der Bauchseite der Thiere schief nach vorne hervortritt und sich mit vier, selten mit mehren sehnenartigen Strängen an der inneren Fläche des Schalenrückens inserirt [2]). Diese Sehnenstränge umfassen die Baucheingeweide, werden nach und nach dicker und muskulös, und bilden zuletzt mit vielen, nach verschiedenen Richtungen sich durchkreuzenden Muskelbündeln den eigentlichen muskulösen und beweglichen Fuss, der in mannichfacher Grösse und Gestalt aus den klaffenden Schalen weit nach vorne herausgeschoben, aber auch vollständig in dieselben zurückgezogen werden kann [3]). Die meisten Lamellibranchien benutzen ihren Fuss, um sich in schlammigen oder sandigen Boden einzugraben oder auf dem weichen Grunde der Gewässer umherzukriechen, indem sie das freie Ende desselben im Boden durch abwechselnde Verlängerung und Verkürzung vorwärts drängen und die übrige Körpermasse mit den Schalen nachziehen. Einige Lamellibranchien können auch nach Art der Gasteropoden mit dem Bauchrande ihres Fusses frei umhergleiten, ja selbst an Wasserpflanzen hinaufkriechen [4]). Bei gewissen Muschelthieren ist das Vorderende des abgestutzten Fusses so ausgehöhlt, dass es höchst wahrscheinlich wie ein Saugnapf benutzt werden kann [5]).

§. 179.

Bei sehr vielen Lamellibranchien [1]) erscheint der Fuss ver-

---

äusseren Fläche ihrer Schalen an Felsen und andere feste Gegenstände mittelst Kalkmasse ankitten.

2) Gewöhnlich verläuft ein Paar dünner Sehnenstränge nach oben und unten, um sich dicht neben den vier Insertionsstellen der beiden Schliessmuskeln an die Schalen zu befestigen; so bei Anodonta, Unio, Cardium u. A. Bei Isocardia bemerkte ich noch ein drittes Sehnenpaar, welches sich im hintersten Ende der beiden Wirbel inserirte. Diese Sehnen wirken mit ihren Muskelbündeln nicht blos als *Retractoren* des Fusses, sondern sie ziehen auch, wenn dieser mit seinem freien Ende einen festen Punkt gefasst hat, die Schalen nach diesem hin.

3) Einen mit breiter Basis vom Bauche entspringenden und seitlich zusammengedrückten Fuss, welcher mit einem kielartigen Rande versehen ist, besitzen Anodonta, Unio; ähnlich verhält sich auch der Fuss von Pectunculus und Venus, nur ist hier der freie Fussrand durch eine Rinne ausgehöhlt, wodurch derselbe doppelt gekielt erscheint. Mit einem sehr langgestreckten, mehr oder weniger kantigen Fuss, der oft mit dünner Basis entspringt, sind Tellina, Donax, Cyclas etc. versehen; derselbe ist überdies noch bei Cardium, Nucula, Trigonia, Mactra und Isocardia haken- oder knieförmig von hinten nach vorne umgebogen. Ein sehr langer, fast cylindrischer und gerader Fuss findet sich bei der Gattung Solen.

4) Z. B. Cyclas und Pisidium. Wahrscheinlich können auch diejenigen Lamellibranchien, deren ganzer freier Bauchrand des Fusses, wie bei Pectunculus, gefurcht ist, oder deren nach vorne umgebogener Fortsatz, wie bei Nucula und Trigonia, nur allein eine Rinne besitzt, mit diesem Theile ihres Fusses nach Art der Gasteropoden frei umherkriechen.

5) Bei Pholas.

1) Bei den Malleaceen, Aviculaceen, Mytilaceen, bei Pecten, Lima, Arca, Tridacna u. A. Merkwürdiger Weise kommt bei den eben aus den Eihüllen ge-

kümmert, aber zugleich in ein, den sogenannten Bart (*Byssus*) absonderndes Organ umgewandelt, mit welchem sich diese Thiere an Steine, Holz oder andere Gegenstände festspinnen. Als solches Organ stellt dieser Fuss einen schmächtigen, zungenförmigen Fortsatz dar [2]), welcher aus- und eingezogen, und allenfalls zum Kriechen nothdürftig gebraucht werden kann, hauptsächlich aber tastend umherbewegt wird, um an einen passenden Ort seinen hornigen Byssus anzukleben [3]). Zu diesem Behufe ist dieses zungenförmige Organ, welches immer nach dem Mundende hinaufgerichtet ist, auf seiner unteren Fläche mit einer Längsfurche versehen, welche an der Wurzel der Zunge in eine Grube ausläuft. Von den Wandungen dieser Furche und Grube geht die Byssus-Absonderung aus; dieselben unterscheiden sich auch wesentlich durch ein drüsenartiges Ansehen von der übrigen Masse des zungenförmigen Fortsatzes, welche nur aus vielen sich kreuzenden Muskelfasern gebildet wird [4]). Der Boden der Grube des zungenförmigen Organs, in welcher die Wurzel des Byssus befestigt ist, erscheint durch eine Menge dicht und aufrecht stehender, weicher Lamellen regelmässig gefurcht, ebenso endigt die compacte Wurzel des Byssus mit feinen, parallel neben einander stehenden Hornlamellen, welche jenen Furchen der Grube in Zahl und Richtung entsprechen [5]). Mittelst dieser Lamellen und Furchen ist die Byssuswurzel in den Boden der Grube, wie unsere Fingernägel in ihr Nagelbette eingefügt. Die compacte Wurzel des Byssus, welche eine bald mehr faserige, bald mehr blätterige Structur besitzt, geht nach oben in einen kürzeren oder längeren Stamm und zuletzt in eine

---

schlüpften jungen Individuen der Anodonta, Unio und Cyclas ein vergängliches, einen Byssusfaden spinnendes Organ vor. Vergl. unten §. 197. Anm. 13.

2) Ueber das Byssus spinnende Organ vergleiche man Deshayes, in der Cyclopaedia of anatomy. Vol. I. p. 702., und besonders Aug. Müller, de Bysso acephalorum. Dissert. Berolin. 1836., oder desselben Abhandlung: über die Byssus der Acephalen, in Wiegmann's Archiv. 1837. Bd. I. p. 1. Taf. 1. u. 2.

3) Das Benehmen, welches Mytilus und Tichogonia bei dem Byssusspinnen beobachten, haben Marion de Procé, in den Annales d. sc. nat. Tom. 18. 1842. p. 59. und A. Müller a. a. O. beschrieben.

4) Die wahre Beschaffenheit der den Byssus absondernden Wandungen, welche die oben erwähnte Furche und Grube der Zunge umgeben, ist mir noch nicht ganz klar geworden. A. Müller bezeichnet (a. a. O.) diese Wandungen als *Glandula byssipara*, welche aus rundlichen Acini bestehen soll; auch will derselbe im Grunde der Furche bei Mytilus edulis Oeffnungen gesehen haben, welche von den Ausführungsgängen dieser Drüse herrühren. Vergl. Wiegmann's Archiv. a. a. O. Taf. I. Fig. 6. Dagegen konnte weder Joh. Müller (de glandularum structura. p. 39.) an Tridacna, noch Rud. Wagner (Lehrb. d. vergl. Anatomie. 1835. p. 271.) an Arca und Pinna etwas Drüsiges im zungenförmigen Organe bemerken.

5) Vergl. A. Müller, in Wiegmann's Archiv. a. a. O. Taf. I. Fig. 5. c. von Tichogonia, und Poli, a. a. O. Tom. II. p. 132. Tab. 24. Fig. 5—7. von Arca.

Menge rundlicher, zuweilen platter Fäden über [6]), deren Enden bei manchen Muschelthieren lappenartig verbreitert sind [7]).

§. 180.

Mehre Bivalven, welche das Vermögen, Ortsbewegungen vorzunehmen, ebenfalls eingebüsst haben, aber kein Byssus spinnendes Organ besitzen, heften sich auf eine andere eigenthümliche Weise an fremde Gegenstände fest. So hat die Gattung Anomia an der einen ihrer Schalen einen tiefen Ausschnitt, aus welchem ein Theil des Schliessmuskels der anderen Schale wie ein kurzer Stiel hervortritt [1]), um sich mit seinem flachen kalkigen Ende an fremde Körper zu befestigen. Bei den Brachiopoden ist zu diesem Zwecke ein ganz besonderer, aus der einen am Schlosse durchbohrten Schale beständig hervorragender Fortsatz als Stiel vorhanden. Dieser Stiel besteht aus einer weichen Röhre, welche vielleicht als Fortsetzung des Mantels zu betrachten ist, und in ihrem Inneren bald mehr muskulöse, bald mehr sehnige Fasern enthält [2]).

---

6) Ueber die feinere Structur des Byssus vergleiche man A. Müller's Abhandlung nebst Abbildungen a. a. O. Eine sehr merkwürdige Form bietet der Byssus von Arca dar; derselbe besteht nämlich aus einem seitlich zusammengedrückten, festen Stamm, der oben und unten gekielt ist, und nirgends Fäden besitzt. Der zarte Byssus von Pinna verhält sich gerade entgegengesetzt; hier erstrecken sich nichts als Fäden ohne allen Stamm bis zur Wurzel hinab.

7) Bei Avicularia und Mytilus. Vergl. Poli a. a. O. Tab. 31. von Mytilus edulis und Tab. 34. Fig. 2. von Pinna muricata.

1) Genau betrachtet besitzt Anomia drei von der undurchbohrten Schale entspringende ungleiche Schliessmuskeln, von welchen der stärkste mit einem der beiden schwächeren Muskeln durch den Ausschnitt der anderen Schale hindurchtritt, während der dritte schwächere Muskel sich an die durchbohrte Schale anheftet.

2) Es ist schon oben (§. 177.) erwähnt worden, dass sich bei den Brachiopoden verschiedene, theils von den Thieren selbst, theils von ihren Schalen entspringende Muskeln in den Stiel begeben. Ausserdem ist der letztere aber noch mit besonderen Muskelmassen versehen, weshalb derselbe contractil sein muss; wenigstens wird dies gewiss bei Lingula in einem bedeutenden Grade der Fall sein, da deren Stiel, besonders im Vergleich mit dem ganz kurzen, einem Saugnapfe ähnlichen Stiele von Orbicula, sehr langgestreckt und entwickelt ist. Seine äussere Röhre besteht nämlich aus dicken, knorpeligen Wandungen von concentrischem Gefüge, während das Innere derselben mit einem sehr ansehnlichen, hohlen Muskelstrange von Längsfasern ausgefüllt ist. Vergl. Owen a. a. O. über Terebratula und Vogt a. a. O. Tab. I. Fig. 1—6. von Lingula.

Dritter Abschnitt.

Von dem Nervensysteme.

§. 181.

An dem Nervensysteme, welches in allen drei Ordnungen der kopflosen Mollusken erkannt worden ist, lässt sich ein centraler und ein peripherischer Theil unterscheiden. Der centrale Theil besteht aus einer oder mehren (meist drei) Ganglienmassen, von welchen der peripherische Theil in Form von dickeren und dünneren Nervenstämmen nach den verschiedensten Richtungen abgeht. Sind mehre Ganglien vorhanden, so liegen dieselben paarweise, mehr oder weniger der Mittellinie des Körpers genähert, an verschiedenen Stellen des Leibes zerstreut. Ein jedes dieser Ganglienpaare ist unter sich durch eine bald kürzere, bald längere Querkommissur verbunden; oft ist ein solches Ganglienpaar sich so nahe gerückt, dass die beiden Ganglien zu einer einzigen Nervenknotenmasse verschmolzen erscheinen. Die einzelnen Ganglienpaare stehen aber auch mit den übrigen, oft sehr entfernt liegenden Ganglienknoten durch sehr lange Kommissuren in Verbindung. Welche von diesen Ganglienmassen der kopflosen Mollusken übrigens einem Gehirnganglion entspricht, ist schwer zu entscheiden. Auch fehlt vielen derselben ein die Mundhöhle umgebender, vollständig geschlossener Nervenring.

§. 182.

Die feinere Structur des Nervensystems der Acephalen ist, seiner ausserordentlichen Weichheit und Zartheit wegen, sehr schwer zu erkennen. Die äusserst feinen Primitivfäden, welche in den Nervenstämmen von einem deutlichen, aber sehr zarten Neurilem zusammengehalten werden, nehmen in den gewöhnlich mit orangegelben Körnerhaufen belegten Ganglien 1) ein sehr aufgelockertes Gebilde zwischen sich auf, das aus sehr kleinen, hellen Blasen zu bestehen scheint und vermuthlich die Stelle der bei anderen wirbellosen Thieren so deutlichen Ganglienkugeln vertritt 2).

§. 183.

1. Am einfachsten verhält sich das Nervensystem der **Tunicaten**, indem dasselbe hier nur eine einzige Nervenknotenmasse bildet, welche

---

1) Bei Unio und Anodonta fallen diese gelb gefärbten Ganglien sehr leicht in die Augen.

2) Obgleich die Najaden sehr grosse Ganglien besitzen, so gelangt man durch die mikroskopische Untersuchung derselben zu keinem anderen weiteren Resultate, da sich weder durch den Pressschieber, noch durch chemische Mittel die kleinen Kugeln oder Blasen jenes Zwischengebildes isoliren oder deutlicher darstellen lassen.

zwischen den beiden Athemlöchern oder Athemröhren unter der allgemeinen Hautbedeckung angebracht ist.

Bei den Salpinen hat man die Centralnervenmasse auf dem Rücken der Thiere vor der Leibesmitte zu suchen, wo sie aus mehren, dicht an einander gedrängten, gelblichen Ganglienanschwellungen zusammengesetzt erscheint, von welchen nach allen Seiten hin Nervenstämme ausstrahlen [1]).

Sehr leicht lässt sich an den Ascidien die aus einem einzigen ansehnlichen Ganglion bestehende Centralnervenmasse auffinden, welche innerhalb der Muskelhülle in dem Winkel zwischen Mund- und Afterröhre gelegen ist. Die von diesem Hauptganglion nach verschiedenen Richtungen abgehenden Nerven verbreiten sich hauptsächlich auf der Muskelhülle, erstrecken sich zum Theil aber auch bis zu den an den Mündungen der beiden Athemröhren angebrachten Sinnesorganen hinauf, und bilden um diejenige Athemröhre, welche gleichzeitig als Mundöffnung dient, einen geschlossenen Ring, der vielleicht einem Nerven-Schlundringe entspricht [2]).

---

1) Von Meyen ist dieser Nervenmasse der Salpen zuerst einer genaueren Erwähnung geschehen, nachdem früher verschiedene andere Theile der Salpen von Savigny (Mémoires a. a. O. Tom. II. p. 127.) und Chamisso (de Salpa a. a. O. p. 5.) für Nerven und Ganglien unrichtigerweise angesehen worden waren. Vergl. Meyen, über die Salpen, in den Nov. Act. Acad. Leop. a. a. O. p. 394. Tab. 27. Fig. 5. d. Fig. 18. von Salpa pinnata und Tab. 28. Fig. 5. h k. Fig. 12. von Salpa mucronata. Auch Quoy und Gaimard haben die Centralnervenmasse auf dem Rücken verschiedener Salpen beobachtet. Vergl. Voyage de la Corvette l'Astrolabe. Zoologie. Tom. III. p. 559. und den dazu gehörigen Atlas zoologique. Mollusques. Pl. 86. oder Isis. 1836. p. 113. Tab. 6. Eine noch genauere Beschreibung des Nervensystems von Salpa hat Eschricht geliefert, wobei derselbe aber diejenige Seite, auf welcher die lappige und hügelige Ganglienmasse gelegen ist, für die Bauchfläche genommen hat. Vergl. seine Abhandlung: over Salperne a. a. O. p. 12. Tab. II. Fig. 8. 10. u v. von Salpa cordiformis und Tab. III. Fig. 22. von Salpa zonaria. Auch durch Delle Chiaje ist das Nervensystem der Salpen beobachtet worden. Vergl. dessen Descriz. e notom. degl. animal. invert. dell. Sicilia. Tom. III. p. 45. Tav. 78. Fig. 3. n. und Fig. 12. von Salpa maxima. — Ob der Nervenring, welcher nach Eschricht durch die hinter der vorderen Respirationsöffnung Statt findende Vereinigung zweier, von der Hauptganglienmasse nach vorne abgehender Nervenstämme gebildet wird und dem Nervenschlundringe analog sein soll, wirklich diese Bedeutung hat, will ich dahingestellt sein lassen.

2) Eine genauere Beschreibung sowie Abbildungen des Nervensystems der einfachen Ascidien besitzen wir in den Schriften von Cuvier (sur les Ascidies a. a. O. p. 24. Pl. II. Fig. 2. c. Fig. 5. g. Pl. III. Fig. 2. u. 3. c. von Cynthia und Phallusia), Eschricht (Beskrivelse af Chelyosoma a. a. O. p. 8. Fig. 4. c.), Delle Chiaje (Descriz. a. a. O. Tom. III. p. 28. Tav. 82. Fig. 2. und Tav. 84. Fig. 3. u. 5. von Phallusia), und Savigny, von welchem letzteren zugleich auch das Nervensystem in den zusammengesetzten Ascidien erkannt worden ist (vergl. dessen Mémoires a. a. O. p. 32. etc. Pl. 9. Fig. 2.[2.] and Pl. 11. Fig. 1.[1.] D.[e] von Phallusia, ferner Pl. 21. Fig. 1.[5.], Pl. 22. Fig. 1.[4.] und Pl. 23. Fig. 1.[8.] D.[e] d.[e] von

2. Weniger sicher ist das Nervensystem der Brachiopoden bis jetzt erkannt worden, doch kann aus der Anwesenheit von zwei bis drei, die Speiseröhre umgebenden Ganglien, welche man bei einigen Armfüsslern bemerkt hat, der Schluss gezogen werden, dass das Nervensystem hier ähnlich, wie bei den Lamellibranchien, angeordnet sein wird [3]).

3. In den Lamellibranchien ist das Nervensystem am deutlichsten entwickelt [4]). Bei der Anordnung desselben herrscht eine grosse Symmetrie, die nur in den ungleichschaligen Blattkiemern gestört ist.

a) Die Centralmasse des Nervensystems besteht hier aus drei

Botryllus und Pyrosoma. — Die etwas in die Länge gestreckte Hauptganglienmasse, welche immer der Afterröhre näher als der Mundröhre gelegen ist, sendet nur von seinem vorderen und hinteren Ende die Nervenstämme ab. Der Nervenring der Ascidien wurde sowol von Cuvier, wie von Delle Chiaje beobachtet. Letzterer erwähnt noch eines besonderen Nervenknotens, den er bei Phallusia mamillaris in dem Nervenringe gesehen haben will, und als das eigentliche Gehirn dieses Thieres betrachtet, während er die in der Nähe der Afterröhre gelegene Hauptganglienmasse als ein *Ganglion sympathicum* bezeichnet.

3) Cuvier (sur la Lingula a. a. O. p. 8.) glaubte bei Lingula an der Basis der Arme zwei Ganglien bemerkt zu haben, von welchen er aber keine Nerven abgehen sah. Durch Owen (a. a. O.) wurden bei Orbicula zwei Nervenknoten vor der Speiseröhre und ein Knoten hinter derselben aufgefunden und zugleich zwei Nervenstämme erkannt, welche von den beiden vorderen Knoten entsprangen und die zwei, zu den beiden Herzen sich begebenden Arterien begleiteten.

4) Der eigentliche Entdecker des Nervensystems der Lamellibranchien ist J. Rathke, welcher (a. a. O. p. 162. Tab. 9. Fig. 10. u. 11.) das vordere Ganglienpaar von Anodonta bereits im Jahre 1797 recht gut dargestellt hat. Zwar hat auch schon Poli das Nervensystem aus verschiedenen Blattkiemern abgebildet (a. a. O. Tab. 36. Fig. 1. n. von Pinna, Tab. 8. Fig. 1. i. von Pholas, Tab. 9. Fig. 10. a. von Unio, Tab. 10. Fig. 15., Tab. 11. Fig. 1. und Tab. 13. Fig. 6. von Solen, Tab. 25. Fig. 1. von Arca, Tab. 32. Fig. 18. r. von Mytilus), derselbe ist aber auf den Irrthum gerathen, dasselbe für ein Milchgefässsystem zu halten. Ueber das Nervensystem der Blattkiemer vergleiche man noch Mangili, nuove ricerche zootomiche sopra alcune specie di conchiglie bivalvi. Milano 1804. (übersetzt in Reil's Archiv. Bd. 9. 1809. p. 213. Tab. X^{b}. von Anodonta), ferner Brandt, über das Nervensystem der Auster (in der medizin. Zoologie. Bd. 2. p. 310. Taf. 36. Fig. 10 — 12.), Garner, on the nervous system of molluscous animals (in den Transactions of the Linnean society. Vol. 17. 1837. p. 485. Pl. 24. von Ostrea, Pecten, Modiola, Mactra, Mya und Pholas) und: on the anat. of the Lamellibranch. (a. a. O. p. 89. Pl. 19. Fig. 5. von Venerupis), Keber, de nervis concharum. Dissert. Berol. 1837., ferner Duvernoy, sur l'animal de l'Onguline (in den Annales d. sc. nat. Tom. 18. 1842. p. 118. Pl. 5. B. Fig. 8.) und: sur le système nerveux des mollusques acéphales bivalves (in den Comptes rendus. 1844. No. 22. 25. und 1845. No. 8. oder in Froriep's neuen Notizen. 1845. No. 731.), Blanchard, Observations sur le système nerveux des mollusques acéphales testacés ou lamellibranches (in den Annales d. sc. nat. Tom. 3. 1844. p. 321. Pl. 12. von Solen, Mactra und Pecten, und in Froriep's neuen Notizen. No. 741.), und John Anderson, nervous system (in der Cyclop. of anat. T. III. p. 604.).

Paar Hauptganglien, nämlich aus dem *Par anterius* oder *labiale*, dem *Par posterius* und dem *Par inferius* oder *abdominale*. Dieses letztere Ganglienpaar ist bei den mit einem Fusse versehenen Blattkiemern besonders entwickelt und wird dann auch *Par pedale* genannt.

Die beiden Ganglien des *Par anterius* liegen rechts und links am Eingange des Verdauungskanals und werden durch einen Nervenstrang, welcher nach vorne um die Mundhöhle bogenförmig herumläuft, unter einander verbunden [5]). Von diesem Ganglienpaare begeben sich zwei andere lange Nervenstränge längs des Rückens nach dem *Par posterius*, welches das umfangreichste ist und gewöhnlich der vorderen Seite des hinteren Schliessmuskels dicht anliegt. Da die beiden Nervenanschwellungen dieses Ganglienpaars entweder durch eine Querkommissur verbunden oder unter einander verschmolzen sind [6]), so lässt sich in dem vorderen und hinteren Hauptganglienpaare mit ihren Kommissuren eine Art Nervenschlundring erkennen, welcher die Basis des Abdomen gürtelförmig umschliesst. Das untere oder Fussganglienpaar steckt in der Tiefe des Fusses gerade da verborgen, wo dieser vom Abdomen abgeht. Beide Ganglien berühren einander in der Mittellinie des Körpers oder sind zuweilen auch zu einem einzigen Ganglion verschmolzen [7]). Dieses Ganglienpaar steht ebenfalls durch zwei Nervenstränge mit den Labial-

5) Die Länge und Krümmung dieses Verbindungsstranges richtet sich nach der Lage der beiden Labialganglien. Je weiter nämlich diese Ganglien hinter der Mundöffnung gelegen sind, um so länger und stärker gebogen wird ihr Verbindungsstrang sein, z. B. bei Pecten; und umgekehrt, je mehr die beiden Ganglien nach vorne gerückt erscheinen, um so kürzer und flacher wird man ihren Verbindungsbogen finden, z. B. bei Pholas, Solen u. A. In der Gattung Venus und Mactra nähern sich die beiden Labialganglien so stark oberhalb der Mundöffnung, dass nur eine ganz kurze Querkommissur statt des bogenförmigen Verbindungsstranges hier vorhanden ist.

6) Das *Par posterius*, welches zu den Kiemen in einer ganz besonderen Beziehung steht, und deshalb auch *Par branchiale* genannt werden kann, ist bei denjenigen Blattkiemern, deren Kiemen nach unten verwachsen sind, z. B. bei Unio, Anodonta, Mactra, Mya, Solen, Pholas, zu einer einzigen Ganglienmasse verschmolzen, während bei Ostrea, Pecten, Avicula, Mytilus, Lithodomus, Modiola, Arca u. A., deren Kiemen getrennt sind, die beiden Nervenknoten des hinteren Ganglienpaars ebenfalls von einander entfernt liegen und nur durch eine Querkommissur verbunden werden.

7) Das *Par pedale* sollte nach den früheren Angaben der Zootomen denjenigen Blattkiemern fehlen, welche keinen Fuss besitzen, allein es findet sich in denselben bei sorgfältiger Untersuchung ein Ganglienpaar vor, welches gewiss dem *Par inferius* entspricht. Ich meine nämlich jenes Ganglienpaar, welches bei Ostrea (vergl. Brandt a. a. O. Tab. 36. Fig. 11. a. o.) dicht hinter den Labialganglien, und bei Pecten (vergl. Grube, in Müller's Archiv. 1840. p. 33. Taf. III. Fig. 3. g. und Blanchard a. a. O. p. 336. Pl. 12. Fig. 3. a. b.) zwischen denselben verborgen liegt und mit dem *Par anterius* durch Kommissuren verbunden ist.

ganglien in Verbindung, wodurch ein zweiter Nervenschlundring hervorgebracht wird [8]).

Ausser diesen Hauptganglien kommen zuweilen noch kleinere Ganglien an gewissen Stellen des Leibes vor; dieselben sind aber nicht constant, indem ihre Anwesenheit immer von der stärkeren Entwickelung einzelner Theile des Muskelsystems abhängt.

b) Der peripherische Theil des Nervensystems tritt fast durchweg nur aus den drei Hauptganglienpaaren des Nervencentrums hervor, indem die Communicationsstränge derselben in der Regel keine Nervenäste abgeben. Die wenigen, äusserst zarten Nervenfäden, welche man hier und da von diesen Kommissuren ausgehen sieht, gehören höchst wahrscheinlich dem Eingeweide-Nervensysteme an, indem die drei Hauptganglienmassen nur sensible und motorische Nerven zu liefern scheinen.

Die Vertheilung der animalischen Nerven findet meist in folgender Weise Statt:

Das *Par anterius* sendet aus seinen beiden Ganglien Nerven nach dem vorderen Theile des Mantels [9]), nach dem vorderen Schliessmuskel, den Mundtentakeln und der Umgebung des Mundes. Das *Par posterius* gibt zwei sehr starke Nervenstämme ab, welche für die Kiemen bestimmt sind, versorgt aber auch den Seitentheil und die hintere Gegend des Mantels [10]), sowie den hinteren Schliessmuskel mit Nerven und schickt zarte Fäden nach dem Herzen und Mastdarm. Ist ein Sipho vorhanden, so erhält derselbe, nebst seinem Muskelapparat, ebenfalls die Nerven von dieser hinteren Ganglienmasse [11]). Die beiden Ganglien

---

8) Man hat häufig von diesen drei Hauptganglien das *Par anterius* als Gehirnganglien betrachtet; aber auch das *Par posterius* ist von einigen Naturforschern für den Haupttheil des centralen Nervensystems angesehen worden. Ich glaube, dass alle drei Ganglienpaare mit ihren bald längeren, bald kürzeren Kommissuren zusammengenommen der Schlundganglienmasse der Gasteropoden entsprechen.

9) Bei Solen, dessen Mantel weit nach vorne über die Mundöffnung hinaus verlängert und durch Muskelmasse verdickt ist, zeigen sich die vorderen Mantelnerven durch zehn bis zwölf, längs des Mantelrandes hinter einander liegende kleine Ganglien verstärkt. Bei Pecten befindet sich in der vorderen Gegend des Mantels jederseits eine muskulöse Stelle, in welcher der Mantelnerve gleichfalls zu einem kleinen Ganglion angeschwollen ist. Vergl. Blanchard a. a. O. p. 333. Pl. 12. Fig. 1. f. von Solen und Fig. 3. c. von Pecten.

10) Im Mantel von Ostrea, Spondylus, Pecten, Lima, und überhaupt von denjenigen Blattkiemern, deren Mantelsäume mit Sinneswerkzeugen reich besetzt sind, vereinigen sich die Aeste der vorderen und hinteren Mantelnerven zu einem gemeinschaftlichen Randnerven, der jene Sinnesorgane mit Zweigen versieht, und dessen Stärke ganz von der Zahl jener Organe abhängt.

11) Wenn die beiden für den Sipho bestimmten Retractoren sehr entwickelt sind, wie bei Solen, Mactra, Venus, Cytherea, so erscheinen ihre beiden Nervenstämme während des Verlaufs durch mehre kleine, ganglienartige Anschwel-

des *Par inferius* sind hauptsächlich für den Fuss bestimmt, daher sich ihre Grösse, wie die Menge der von ihnen abgehenden Nerven, deren Zahl jederseits zwischen zwei und sechs variirt, ganz nach der Entwickelung jenes Organes richtet.

§. 184.

Das Eingeweide-Nervensystem, an dessen Anwesenheit bei den Acephalen nicht zu zweifeln ist, konnte bis jetzt nur in den Lamellibranchien [1]) und auch hier, der ausserordentlichen Zartheit seiner Nervenfäden wegen, nur mit der grössten Mühe und unvollkommen erkannt werden. Man hat nämlich bei einigen Blattkiemern aus den Kommissuren, welche das *Par gangliorum inferius* und *posterius* mit dem *Par anterius* verbinden, hier und da zarte Seitenfäden abgehen sehen, die als sympathische Nerven zu deuten wären, da sie sich theils in den Wandungen des Verdauungskanals und Herzens, theils in der Substanz der Leber, der bojanischen Drüse und der Geschlechtswerkzeuge verlieren [2]).

---

lungen, welche unter einander vermittelst Querfäden vereinigt sind, verstärkt. Vergl. Blanchard a. a. O. p. 333. Pl. 12. Fig. 1. u. 2. d. von Solen und Mactra.

1) Bei den einfachen Ascidien dürfte vielleicht das Ganglion, welches nach Schalk (a. a. O. p. 9. Fig. 4. q r.) zwischen den Darmwindungen im Hinterleibsende einer Phallusia verborgen liegen und nach verschiedenen Seiten hin Nervenäste ausstrahlen soll, einem sympathischen Nervensysteme entsprechen, wenn sich überhaupt die Anwesenheit einer solchen Nervenmasse in den Ascidien wirklich bestätigt, was bisher aber noch nicht geschehen ist.

2) Garner, Duvernoy und Blanchard sahen von den Hauptganglien zarte Nervenfäden in die vegetativen Organe eindringen, waren aber nicht im Stande, sie weit zu verfolgen, und nahmen daher Anstand, dieselben für organische Nerven zu erklären. Entschiedener sprach sich Keber über die Existenz eines sympathischen Nervensystems bei den Lamellibranchien aus; derselbe (a. a. O. p. 15.) hatte nämlich bemerkt, dass sich aus den beiden, für das *Par posterius* bestimmten Kommissuren verschiedene feine Nervenfäden zu dem Verdauungskanale, zur Leber und bojanischen Drüse, und zugleich aus den beiden anderen, für das *Par pedale* bestimmten Kommissuren ähnliche Fäden zu den Geschlechtsorganen begeben; da diese Nerven zwischen den Verdauungswerkzeugen ausserdem noch mehre *Plexus* bildeten, aus welchen einige Fäden nach dem Herzen verliefen, so musste jener Beobachter allerdings die Ueberzeugung gewinnen, hier wirklich organische Nerven vor sich zu haben. Hiernach liessen sich diejenigen Nervenfäden wol auch als sympathische Nerven deuten, welche nach Blanchard (a. a. O. p. 335. Pl. 12. Fig. 1. e.) bei Arca und Solen aus zwei kleinen, den beiden Kommissuren des *Par posterius* angehörigen Ganglien hervorkommen. — Ob das bei fusslosen Blattkiemern zwischen den Labialganglien eingelagerte Ganglienpaar (s. oben §. 183. Anm. 7.) wirklich dem *Par pedale* und nicht vielmehr einer sympathischen Ganglienmasse entspricht, darüber müssen noch genauere Untersuchungen entscheiden, welche sich besonders auf den Verlauf der aus diesen beiden Ganglien hervortretenden Nerven beziehen.

Vierter Abschnitt.

Von den Sinnesorganen.

§. 185.

Unter allen Sinnesorganen kommen bei den Acephalen Tastwerkzeuge am verbreitetsten vor; dieselben stellen meistens konische oder platte, contractile und äusserst reizbare Fortsätze der allgemeinen Hautbedeckung dar, welche mit einem Flimmerepithelium überzogen, und sehr häufig dunkel gefärbt erscheinen. Bei den einfachen, wie zusammengesetzten Ascidien wird der Eingang zur Athemhöhle in der Tiefe der Mundröhre von einer Menge fadenförmiger, zuweilen gefranzter Tentakeln bewacht, welche von einer ringförmigen Stelle der Röhrenwandung hervorragen [1]. Bei den Lamellibranchien sind der Athem- und Afterschlitz des Mantels [2] und die äusseren Mündungen des Sipho [3] sehr häufig mit konischen Tentakeln umstellt, auch besitzen viele Blattkiemer, deren Mantel mehr oder weniger weit gespalten ist, an dem hinteren Ende ihres Mantelrandes [4] oder an dessen ganzem Umfange eine Einfassung von dicht stehenden konischen Tentakeln [5]. Diese Tastwerkzeuge werden sämmtlich von den Mantelnerven aus mit Nervenfäden versorgt.

Die Brachiopoden sind, statt dieser reizbaren contractilen Tentakeln, an ihren Manteländern mit langen, steifen Hornborsten ausgestattet [6], welche weit aus den Schalen hervorragen und vielleicht in der Tiefe des Mantels mit sensibeln Nerven in Verbindung stehen, wodurch sie alsdann, den Lippenborsten gewisser Säugethiere analog, als Tastwerkzeuge dienen könnten.

Die Mundöffnung aller Lamellibranchien ist ausserdem noch mit zwei Paar blattförmigen, contractilen Lappen umgeben, welche rechts und links nach hinten hinabragen und als Mundtentakeln betrachtet werden müssen [7]. Jedes Paar dieser Organe besteht aus

1) Vergl. die Abbildungen in Savigny, Mémoires a. a. O.

2) Bei Cardium, Chama, Tridacna, Isocardia.

3) Bei Solen, Pholas, Aspergillum, Mactra, Venus, Donax etc. In Donax trunculus zeichnet sich die vordere Athemröhre noch besonders durch baumartig verästelte Tentakeln aus. S. Poli a. a. O. Tab. 19. Fig. 15—20.

4) Bei Unio, Anodonta.

5) Eine einfache Tentakelreihe des Mantelsaums findet sich bei Donax, Mactra, Tellina, eine mehrfache dagegen bei Avicula, Anomia, Ostrea, Pecten, Spondylus, Lima.

6) S. oben Owen und Vogt a. a. O.

7) Ob das oblonge Organ, welches bei Salpa cordiformis zwischen der vorderen Athemöffnung und der Centralnervenmasse als zwei, der Länge nach neben einander liegende Hautfalten in die Leibeshöhle hervorragt, den Tastlappen der Blattkiemer entspricht, muss ich unentschieden lassen. Jenes Organ erscheint

einem äusseren und einem inneren Lappen, welche an ihrer Basis unter einander verwachsen sind und sich mit ihren Flächen an einander legen können. Nach hinten läuft der freie Rand der vier Tastlappen etwas zugespitzt aus, nach vorne aber gehen die beiden äusseren Lappen oberhalb der Mundöffnung und die beiden inneren Lappen unterhalb derselben in der Regel in einander über [8]). Die von einander abgewendeten Flächen eines jeden Tastlappenpaares sind glatt und mit einem sehr zarten Flimmerepithelium gleichmässig überzogen, dagegen erscheinen die einander zugekehrten Flächen derselben in ihrer ganzen Ausdehnung von querlaufenden Rinnen durchfurcht, deren Ränder auf beiden Seiten mit einer einfachen Reihe ausgezeichnet starker Flimmercilien besetzt sind [9]).

Als Tastapparat werden auch die beiden merkwürdigen Arme der Brachiopoden angesehen werden müssen, welche zu beiden Seiten der Mundöffnung spiralförmig aufgerollt sind. Die langen Franzen, mit welchen diese beiden hohlen Arme auf einer Seite kammförmig besetzt sind, werden an ihrer Basis durch eine Membran unter einander verbunden und geben sich als weiche und ebenfalls hohle Fäden zu erkennen, die wahrscheinlich contractil sind und Flimmercilien besitzen [10]).

übrigens an seinem freien Rande glatt, an der Basis quer gestreift und erhält von der Hauptganglienmasse zwei Nervenfäden, während ein ähnliches Organ bei Salpa zonaria unmittelbar vor dem Nervencentrum angebracht ist. Vergl. Eschricht, over Salperne a. a. O. p. 14. Fig. 8. 10. u. 22. t. Hierher gehört auch das sonderbare, vor dem Nervencentrum der Salpa mucronata gelegene Organ, welches Meyen (über die Salpen a. a. O. p. 397. Tab. 28. Fig. 5—10.) als männliche Geschlechtsorgane gedeutet hat.

8) Bei Avicularia, Isocardia, Pinna, Cardium, Pectunculus, Mactra, Anodonta, Aspergillum etc. Eine merkwürdige Abweichung bietet in dieser Beziehung Spondylus und Pecten dar. Es gehen hier nämlich die rechten und linken Tastlappen nicht am Munde in einander über, sondern bleiben durch eine grosse Anzahl eigenthümlicher, blumenkohlartig verästelter Tentakeln getrennt, welche die Mundöffnung kreisförmig besetzt halten und auffallend an den contrahirten Tentakelkranz gewisser Holothurien erinnern. Vergl. Poli a. a. O. Tab. 22. Fig. 8. 13. u. 14. Tab. 27. Fig. 6. u. 10.

9) Es finden sich diese von Flimmercilien eingefassten Querrinnen an den vier Kiemenblättern der Lamellibranchien in ganz ähnlicher Weise und zwar auf allen acht Flächen wieder, sowie denn überhaupt jene Tastlappen in ihrem äusseren Ansehen diesen Kiemen auffallend gleichen. Es mögen daher die Tastlappen am Munde der Blattkiemer, wie die Mundtentakeln der Polypen und Holothurioïdeen, zu verschiedenen Zwecken dienen. Sie werden nicht blos als Tastwerkzeuge die dem Munde zuströmenden Nahrungsstoffe prüfen, sondern sie werden sich auch bei dem Respirationsprozesse betheiligen können, sowie sie bestimmt auch als Ingestionswerkzeuge dem Munde Futterstoffe zuleiten.

10) Die Untersuchungen, welche Cuvier, Owen und Vogt (a. a. O.) über diese Tentakelarme der Brachiopoden angestellt haben, beziehen sich nur auf Weingeistexemplare, daher wir noch nicht wissen, wie diese Arme und besonders die Franzen derselben in den lebenden Thieren wirken; auch Müller (Zoologia

§. 186.

Gehörwerkzeuge sind bis jetzt nur in den Lamellibranchien deutlich erkannt worden. Die Sinnesorgane stehen hier auf einer sehr niedrigen Stufe der Entwickelung, indem sie sich auf zwei einfache, rundliche und mit einer klaren Feuchtigkeit gefüllte Gehörkapseln beschränken, deren homogene Wandungen durchsichtig, aber ziemlich dick und fest sind, und einen glashellen, kugelförmigen Otolithen von kohlensaurem Kalke und krystallinischem Gefüge einschliessen 1). Diese beiden Otolithen zeigen in ihren unversehrten Kapseln ununter-

---

danica. Vol. I. p. 4.) und Poli (a. a. O. Tom. II. p. 190. Tab. 30. Fig. 22. u. 23.) erwähnen nichts über die Bewegungen der Franzen an den Armen von Orbicula und Terebratula. Sind diese fadenförmigen Franzen aber contractil und wirklich mit Flimmercilien besetzt, so wäre dieser ganze Tentakelapparat dem der Alcyonellen in vieler Beziehung analog.

1) Ich habe auf diese beiden Sinneswerkzeuge zuerst als auf zwei räthselhafte Organe bei den Najaden, Cardiaceen und Pyloriden aufmerksam gemacht, und bin dann durch Vergleichung dieser Organe mit den noch wenig entwickelten Gehörwerkzeugen von Fischembryonen zur Ueberzeugung gekommen, dass dieselben sehr einfach organisirte Hörorgane darstellen. Vergl. darüber meine Untersuchungen in Müller's Archiv. 1838. p. 49. und in Wiegmann's Archiv. 1841. Bd. 1. p. 148. Taf. VI. Fig. 1. u. 2. von Cyclas cornea, oder Annales d. sc. nat. Tom. X. 1838. p. 319. und Tom. XIX. 1843. p. 193. Pl. 2. B. — Es scheint übrigens, dass auch in den anderen Ordnungen der Acephalen dergleichen einfache Gehörkapseln vorkommen. So ist von Delle Chiaje eines über dem Nervencentrum der Salpa neapolitana gelegenen Organs Erwähnung geschehen, welches sich ganz wie die von mir in dem Fusse der Cycladen entdeckten Gehörkapseln verhalten haben soll. Leider hat Delle Chiaje (Descriz. e notom. degl. animal. invert. a. a. O. Tom. III. p. 45. Tav. 76. Fig. 1. l.) von diesem Organe weder eine genauere Beschreibung noch Abbildung gegeben. Auch bei einer einfachen Ascidie ist ein merkwürdiger Apparat, den Eschricht (anatom. Beskriv. af Chelyosoma Macleayanum. p. 9. Fig. 4. u. 6. d. γ. und Fig. 5.) hier in der Nähe des Nervencentrums aufgefunden hat, von dem Entdecker als Gehörwerkzeug gedeutet worden. Es besteht dieser Apparat aus einem, mit einer weissen Materie gefüllten, birnförmigen Bläschen und einem keulenförmigen Körper, der an seinem verdickten Ende mit einem Ausschnitte und zwei seitlichen Vertiefungen versehen ist. Eine Abbildung, welche Delle Chiaje (Descriz. etc. Tom. III. Tav. 82. Fig. 4.) von der Hauptganglienmasse der Cynthia papillata gegeben hat, erinnert mich an den keulenförmigen Körper aus Chelyosoma, und lässt mich vermuthen, Delle Chiaje habe hier einen ganz ähnlichen Körper vor sich gehabt und für das Nervencentrum genommen, sowie ich denn überhaupt den Glauben hege, dass dieses Organ sowol in den einfachen wie zusammengesetzten Ascidien allgemein verbreitet vorkommt. Savigny hat nämlich bei Cynthia, Phallusia, Aplidium, Polyclinum, Botryllus, Eucoelium, Synoecium, Pyrosoma u. A. zwei Tuberkeln (*Tubercule antérieur et postérieur*) in der Nachbarschaft des die Athemröhre umgebenden Nervenringes wahrgenommen und den einen derselben (in seinen Mémoires a. a. O. Pl. VI. Fig. 1^2. 2. 4^2. h. und Pl. VII. Fig. 2^1.) bei Cynthia abgebildet, der ebenfalls jenem keulenförmigen Körper analog sein möchte. Jedenfalls verdienen diese Tuberkeln mit grösserer Aufmerksamkeit, als es bisher geschehen ist, von den Zootomen beachtet zu werden.

brochen sehr sonderbare, schwankende und rotirende Bewegungen, welche augenblicklich aufhören, sowie eine solche Gehörkapsel gesprengt wird [2]). Beide Gehörkapseln liegen im Fusse gewisser Blattkiemer vor dem Fussganglionpaare verborgen und stehen mit diesem constant in Verbindung [3]), indem sie entweder demselben dicht anliegen oder etwas abgerückt zwei Gehörnerven von diesem Ganglienpaare empfangen [4]).

§. 187.

Die Sehwerkzeuge kommen bei den Acephalen sehr verbreitet und stets in mehrfacher Zahl vor. Dieselben nehmen entweder einen bald grösseren, bald geringeren Theil des Mantelrandes ein, oder beschränken sich blos auf die äusseren Mündungen der bald längeren, bald kürzeren Mantelröhren [1]).

Jedes einzelne Auge stellt einen, aus einer fibrösen *Sclerotica* gebildeten Augapfel dar, der auf einer kleinen Erhabenheit oder in einem contractilen Fortsatze des Mantels eingegraben liegt, und mit

---

2) Diese Bewegungen der Otolithen rühren höchst wahrscheinlich von einem, die Höhle der Gehörkapseln auskleidenden Flimmerepithelium her. S. unten die Gehörwerkzeuge der Gasteropoden.

3) Bei den fusslosen Lamellibranchien konnte ich diese Gehörkapseln bis jetzt nicht auffinden, wenigstens nicht bei Tichogonia und Mytilus, doch scheinen diese Organe auch hier nicht zu fehlen, da kürzlich Deshayes in der fusslosen Gattung Teredo die beiden Gehörkapseln entdeckt hat. Sie sollen bei diesen Thieren am Ende der Scheidewand liegen, welche den Herzbeutel von dem Afterheber trennt, und an welche sich das vordere Ende der Kieme ansetzt. Vergl. Comptes rendus. 1846. Tom. 22. No. 7. oder Froriep's neue Notizen. No. 813. p. 323.

4) Dicht mit den beiden Ganglien des *Par pedale* verbundene Gehörkapseln enthalten die Gattungen Cyclas und Tellina, etwas entfernt von diesen Ganglien findet man die Gehörorgane von Anodonta, Unio, Cardium und Mya. — Es ist merkwürdig, dass sich diese Sinnesorgane in den Embryonen gewisser Blattkiemer (Cyclas) schon ausserordentlich früh entwickeln, während sich bei anderen (Anodonta, Unio) keine Spur davon in ihren Embryonen entdecken lässt.

1) Poli (a. a. O. Tom. II. p. 153. u. 107. Tab. 22. Fig. 1. 4. und Tab. 27. Fig. 5. 14. 15.) war der erste, welcher die merkwürdigen, wie Edelsteine glänzenden Körper an den Mantelrändern von Pecten und Spondylus mit den menschlichen Augen verglich, indem er sie als *Ocelli smaragdino colore coruscantes* bezeichnete. Trotzdem wurden diese Organe erst in neuster Zeit mit grösserer Aufmerksamkeit berücksichtigt. Durch Garner (on the anat. of the lamellibr. Conchif. a. a. O. Pl. 19. Fig. 1. C. u. 3.) geschah der *Ocelli* des Pecten zuerst wieder Erwähnung. Grant (Outlines a. a. O. p. 258.) beschrieb die Augen von Pecten und Spondylus als eine sehr lange gekannte Sache; auch Grube (über die Augen der Muscheln, in Müller's Archiv. 1840. p. 24. Taf. 3. Fig. 1. 2.) und Krohn (über augenähnliche Organe bei Pecten und Spondylus, ebendas. p. 381. Taf. 9. Fig. 16.) setzten den inneren Bau dieser Organe genauer aus einander, bis zuletzt Will (über die Augen der Bivalven und Ascidien, in Froriep's neuen Notizen. No. 622. u. 623. 1844.) diesen Gegenstand am umfassendsten bearbeitete.

einer, von der allgemeinen Hautbedeckung überzogenen *Cornea* daraus hervorragt. Auf die Sclerotica folgt im Innern des Augapfels eine braunrothe Pigmentschicht, welche nach vorne in eine bräunliche oder blaugrüne, von einer runden Pupille durchbohrte *Iris* übergeht und dieser gegenüber im Grunde des Augapfels nicht selten eine Art *Tapetum* zwischen sich aufnimmt. Von diesem, aus stabförmigen Körperchen zusammengesetzten Tapetum geht bei gewissen Blattkiemern das herrliche, smaragdgrüne Leuchten der Augen aus. Die *Retina* breitet sich um einen, aus kernlosen Zellen bestehenden Glaskörper aus, in welchem vorne eine ziemlich platte Linse eingebettet liegt. Die Sehnerven, welche am Grunde der Augäpfel in das Innere derselben eindringen, werden sämmtlich in Gemeinschaft mit den Tentakelnerven von den Mantelnerven, besonders von deren Randnerven, abgegeben [2].

Folgende verschiedene Modificationen hat man bisher an den Augen der Acephalen kennen gelernt:

Bei den Ascidien liegen acht Augen am Eingange der Athemröhre und sechs Augen von dunkelgelber Farbe am Ausgange der Afterröhre in den Winkeln der an diesen Oeffnungen sich vorfindenden Einschnitten zwischen orangefarbenen Pigmenthäufchen verborgen [3].

Bei Pholas, Solen, Venus und Mactra ist eine grössere Anzahl von ungestielten Augen an der Basis der Tentakeln angebracht, welche beide Mündungen des Sipho einfassen. Die Arten von Cardium können eine ausserordentliche Menge contractiler Stiele, an deren Spitze ein, einen Edelsteinglanz von sich gebendes Auge angebracht ist, von den äusseren Mündungen der beiden kurzen Mantelröhren zwischen den klaffenden Schalen hervorstrecken [4].

Tellina zeigt die beiden Mantelränder mit kleinen gestielten Augen von rothgelber Farbe besetzt, welche besonders in der hinteren Gegend der Mantelränder gehäuft stehen; Pinna hingegen trägt an den vorderen Mantelrändern, in der Gegend des vorderen Schliessmuskels, jederseits ohngefähr vierzig kurzgestielte, gelblichbraune Augen, während an den Mantelrändern von Arca und Pectunculus eine grosse Anzahl von braunrothen, meistens ungestielten Augen unregelmässig vertheilt sind [5].

---

2) Vergl. hierüber Garner a. a. O. Fig. 3., Krohn a. a. O. Fig. 16. und Grube a. a. O. Fig. 2.

3) So bei Phallusia, Cynthia und Clavelina nach Will a. a. O. No. 623. p. 102., wo auch Grant (Outlines a. a. O. p. 361.) wenigstens bei Phallusia diese vierzehn Augen gesehen hat.

4) Vergl. Will ebendas. p. 100. Die Farbe der Augen erscheint bei Mactra rothblau, bei den übrigen dagegen braungelb.

5) Vergl. Will a. a. O. Merkwürdiger Weise besitzt Pinna an der Iris ihrer Augen eine längsovale Pupille. Die in grosser Anzahl bei Pectunculus pilosus vorhandenen Augen stehen hier theils vereinzelt, theils zu zwanzig bis dreissig in Gruppen beisammen.

Bei Anomia finden sich am Rande jeder Mantelhälfte etwa zwanzig gelbbraune, ungestielte Augen zwischen den Randtentakeln verborgen; bei Ostrea sind die Sehorgane in bei weitem grösserer Menge vorhanden, da mehr als ein Drittel des Mantelsaums zwischen je zwei Fühlern ein kurzgestieltes, sehr kleines, braunes Auge enthält.

Am deutlichsten fallen die schönen, smaragdglänzenden Augen der Pectineen auf, welche auf ihren Stielen, zwischen den längs der Randfalte des Mantels angebrachten Tentakeln, auf der Seite der gewölbten Schale in sehr grosser Anzahl, auf der Seite der flachen Schale in geringerer Zahl prangen [6]).

Fünfter Abschnitt.

Von dem Verdauungs-Apparate.

§. 188.

Der Verdauungskanal der Acephalen zeigt sich durchweg nach einem einzigen Typus organisirt. Derselbe bildet immer unregelmässige Windungen, welche sich sehr schwer isoliren lassen, da die Wände des Verdauungskanals meistens durch keinen besonderen Peritonealüberzug abgegrenzt, sondern mit den benachbarten Organen, in welchen der Verdauungskanal eingegraben liegt, namentlich mit der Leber und Geschlechtsdrüse innig verschmolzen sind. Die Mund- und Afteröffnung, welche niemals fehlt, ist stets, von der Körperoberfläche entfernt, im Innern der Mantel- oder Leibeshöhle angebracht [1]), und von wulstigen Lippen und häufig auch von tentakelartigen Anhängen umgeben. Die Mundhöhle besitzt weder auffallend muskulöse Wandungen, noch irgend eine Spur von Kauwerkzeugen. Dieselbe geht entweder unmittelbar oder mittelst einer kurzen Speiseröhre in eine magenförmige Erweiterung des Darmkanals über, welche sich meist allmälich zu einem bald kürzeren, bald längeren Darm verengert, sowie überhaupt Magen und Darm in ihrem feineren Baue wenig von einander unterschieden sind. Das Ende des Darmes ragt sehr häufig wie eine Art Papille in

---

6) Vergl. ausser den oben angeführten Abbildungen, welche sich alle auf Pecten und Spondylus beziehen, noch die Abbildungen bei Delle Chiaje (Descriz. a. a. O. Tav. 75. u. 76. von Pecten). Will zählte bei Pecten auf der gewölbten Mantelhälfte 16 bis 24 Augen und auf der flachen Mantelhälfte 35 bis 45 Augen, bei Spondylus gaederopus dagegen auf der gewölbten Seite 30 Augen und auf der flachen Seite sogar 90 Augen.

1) Bei vielen Acephalen, deren Mantel bis auf zwei enge Respirationsöffnungen fast ganz geschlossen ist, z. B. bei den Ascidien und Salpen, werden diese beiden Oeffnungen nur ungeeigneter Weise als Mund- und Afteröffnung bezeichnet werden können.

die Leibeshöhle frei hervor und trägt an der gefranzten Spitze den After. Die innere Fläche des Verdauungskanals ist von Anfang bis zu Ende mit einem ausgezeichneten Flimmerepithelium überzogen. Die Nahrungsstoffe der Acephalen, welche aus Schlamm und sehr kleinen organischen Körpern bestehen, werden bei dem Einathmen des Wassers in die Leibes- oder Athemhöhle aufgenommen und mittelst Flimmerepithelium, welches diese Höhlen auskleidet, dem verborgenen Munde zugeführt, wogegen die Fäces auf ähnliche Weise mit dem auszuathmenden Wasser nach aussen geschafft werden.

§. 189.

Die Eigenthümlichkeiten, welche die Anordnung des Verdauungskanals in den verschiedenen Abtheilungen der Acephalen darbietet, wird man aus dem Folgenden entnehmen können.

Der Verdauungskanal der Salpen ist am wenigsten entwickelt und erscheint auf einen kleinen Knäuel (*Nucleus*) im hinteren Theile der Leibeshöhle zusammengedrängt. Nach diesem Nucleus zieht sich innerhalb der Leibeshöhle längs der Mittellinie des Bauchs eine, aus schmalen Falten gebildete Rinne hin, welche vielleicht durch das Aneinanderlegen ihrer freien Ränder sich beliebig in eine Röhre verwandeln kann. Das hintere Ende dieser Rinne führt, indem es sich etwas zur Seite wendet, direct zum Eingange des Darmkanals, welcher von wulstigen Rändern umgeben ist und als Mundöffnung wird betrachtet werden müssen. Höchst wahrscheinlich sind die Falten dieser, dicht hinter dem vorderen queren Athemloche beginnenden Rinne mit einem Flimmerepithelium versehen, wodurch die bei den Athembewegungen mit dem Wasser in die Leibeshöhle gerathenen festen Nahrungsstoffe auf der Rinne nach der Mundöffnung geleitet werden [1]). Der Darmkanal ist nur kurz, beginnt ohne magenartige Erweiterung sogleich hinter der Mundöffnung, und macht einige zu einem Knäuel verbundene spiralige Windungen [2]), deren äusserstes Ende mit einer weiten Afteröffnung, nicht weit vom Munde, in die Leibeshöhle zurückmündet [3]).

1) Ich sehe diese Rinne deutlich bei Salpa cordiformis und maxima; sie scheint bei keiner Salpa zu fehlen, und wurde bereits von Cuvier erwähnt und abgebildet (s. dessen Mém. sur les Thalides a. a. O. p. 12. Fig. 1. 2. 3. etc. *q*.), auch Savigny (Mémoires a. a. O. p. 124. Pl. 14. Fig. 1. 2. l.) und Eschricht (over Salperne a. a. O. p. 26. Fig. 4. 8. u. 18. m.) gedenken derselben, legen ihr aber, da von ihnen die Bauchöhle der Salpen für den Rücken genommen worden ist, die Bezeichnung Rückenfurche und Rückenfalte bei. Sehr deutlich findet man die Rinne von Salpa gibbosa im Catalogue of the physiological series etc. a. a. O. Vol. I. Pl. VII. Fig. 1. k. abgebildet. Es entspricht diese Rinne wol weniger einem offenen Oesophagus, als vielmehr einer Tentakelrinne, wie eine solche bei den Lamellibranchien auf beiden Seiten des Maules vorkommt.

2) Vergl. Home, Lectures on comparative anatomy. Vol. II. Tab. 72. von Salpa Tilesii.

3) In Bezug auf die Mund- und Afteröffnung der Salpen vergleiche man die

In den Ascidien fällt der stärker entwickelte Darmkanal sehr leicht in die Augen. Die Mundöffnung desselben liegt von der sogenannten Mundröhre, oder richtiger von dem Eingange der Respirationshöhle, sehr weit entfernt im Grunde der letzteren verborgen. Sie ist von wulstigen Lippen umgeben, und an dem hintersten Ende eines, bei sehr vielen Ascidien sich vorfindenden Halbkanals angebracht, welcher ganz der Bauchrinne der Salpen analog gebildet ist, und gewiss auch dieselbe Bedeutung hat. Dieser Halbkanal besteht nämlich aus zwei schmalen Falten, welche unterhalb des, an der inneren Wand der Mundröhre angebrachten Tentakelkranzes ihren Ursprung nehmen, längs der äusseren grossen Curvatur der Athemhöhle herablaufen und sich vom Grunde derselben bogenförmig nach der entgegengesetzten Seite hinauf begeben, um hier nach kürzerem Verlaufe dicht unter der Mundöffnung zu endigen [4]). Von der Mundöffnung führt eine kurze Speiseröhre zu einem länglichen oder runden, häufig scharf abgesetzten Magensacke, welcher im Inneren längsgefaltet erscheint [5]). Der Darm begibt sich zunächst in einem kurzen Bogen nach dem Grunde des

---

von Cuvier und Savigny (a. a. O.) gelieferten Abbildungen. — Einzelne Salpen weichen übrigens hier und da von der oben beschriebenen Organisation des Darmkanals ab. So soll der Darm von Salpa gibbosa nach einem Präparate des Hunter-schen Museums zwei blinddarmartige Anhänge besitzen. Vergl. Home, Lectures a. a. O. Tab. 71. Fig. 2. u. 3. oder: Catalogue of the phys. ser. a. a. O. Vol. I. p. 132. Pl. 7. Fig. 1. u. 2. i. i. Eine noch auffallendere Abweichung bietet der Verdauungskanal von Salpa pinnata dar, indem hier der Darm keinen Nucleus bildet, sondern gleich hinter der Mundöffnung einen Magensack nach hinten sendet, hierauf gerade nach vorne verläuft und neben dem Vorderende der Bauchrinne mit einer Afteröffnung endigt. Vergl. Cuvier a. a. O. p. 11. Fig. 2., Home a. a. O. Tab. 73. Fig. 2. oder: the Catalogue of the phys. ser. a. a. O. Vol. I. Pl. 6. Fig. 4.

4) Savigny hat diesen Halbkanal, ganz wie die Bauchrinne von Salpa, als *Sillon dorsal* aus den verschiedensten Ascidien dargestellt. Vergl. die Abbildungen (a. a. O. Pl. VI. etc.) von Cynthia, Phallusia, Diazona, Synoïcum, Aplidium, Eucoelium, Polyclinum, Botryllus, Pyrosoma u. A. Auch Carus (in den Nov. Act. physico-med. a. a. O. p. 432. Tab. 27. Fig. 1. u. 2. q.) machte auf den Halbkanal der Cynthia microcosmus aufmerksam. — Bei Phallusia intestinalis zieht sich diesem Halbkanale gegenüber auf derjenigen Seite der Respirationshöhle, welche sich an die Afterröhre anlegt, eine Längsreihe von dicht stehenden, ausgezeichnet langen Tentakelfäden bis zur Mundöffnung hinab. Eine ähnliche Tentakelreihe hat Eschricht (a. a. O. p. 10. Fig. 4. u. 6. z.) in der Respirationshöhle von Chelyosoma wahrgenommen.

5) Einen länglichen Magen besitzen Boltenia, Phallusia, Cynthia, Sigillina; einen runden hingegen Aplidium, Eucoelium u. A. Die Längsfalten dieser Magen sind häufig an der äusseren Seite der Magenwandungen durch tiefe Längseinschnitte angedeutet, so bei Sigillina, Aplidium, Botryllus etc. Vergl. hierüber Savigny a. a. O. Nach den Angaben desselben Forschers soll sich am Magengrunde des Botryllus Schlosseri und polycyclus ein kleines Coecum bemerkbar machen. S. Savigny, Mémoires a. a. O. p. 201. Pl. 20. Fig. 5.2. und Pl. 21. Fig. 1.4. c.

Leibes hinab, wendet sich von hier in einem grösseren Bogen nach oben, und kehrt dann nach der Gegend der Mundöffnung zurück, von wo derselbe sich nach der Afterröhre hinzieht und bald dicht hinter der Mündung derselben, bald tiefer unterhalb derselben in einen, mit Franzen umgebenen After ausmündet [6]).

Der Verdauungskanal der Brachiopoden beginnt mit einer einfachen, zwischen der Basis der beiden Tentakelarme verborgenen Mundöffnung, von welcher bei Terebratula ein ziemlich langer, gebogener Oesophagus in den Eingeweidesack eindringt, und hier in einen sehr geräumigen Magensack übergeht [7]), während bei den übrigen Brachiopoden der Verdauungskanal ohne auffallende magenartige Erweiterung sich durch den Eingeweidesack hindurchwindet. Der kurze Darmkanal von Orbicula und Terebratula macht nur eine einzige Krümmung, wendet sich nach rechts und endigt mit einem seitlichen, zwischen den Mantellappen versteckten After, wogegen der ungleich längere Darm von Lingula mehre Windungen macht, aber ebenfalls seitlich mit einem, auf einer kleinen Papille angebrachten After aus dem Eingeweidesacke in die Mantelhöhle hervorragt [8]).

Die Lamellibranchien zeichnen sich durch einen sehr entwickelten Verdauungskanal aus, der aber immer zwischen den übrigen Eingeweiden des Abdomens tief vergraben liegt. Die Mundöffnung der Blattkiemer liegt in der Tiefe der Mantelhöhle unter dem vorderen Schliessmuskel, wo ein solcher da ist, versteckt, und ist von zwei Paar Mundtentakeln in Form von Tastlappen umgeben, welche sehr häufig eine nach dem Munde hinlaufende Rinne bilden, und auf dieser das mittelst Flimmerorganen herbeigeholte Futter vollends der Mundhöhle zuführen [9]). Diese geht entweder direct oder vermittelst einer kurzen

---

6) Ueber den Verlauf des Darms der Ascidien vergleiche man Cuvier und Savigny, sowie auch Home a. a. O. Tab. 74. oder: the Catalogue of the phys. ser. a. a. O. Vol. I. Pl. 5. von Phallusia.

7) Vergl. die von Owen (a. a. O.) gelieferte Abbildung.

8) Vergl. die von Cuvier, Owen und Vogt (a. a. O.) gelieferte Darstellung des Verdauungskanals verschiedener Brachiopoden.

9) Sehr deutlich sieht man bei Cardium, Isocardia, Avicula u. A. die beiden Tastlappenpaare nach dem Munde hin in eine rechte und linke Rinne übergehen, deren Ränder, wie schon früher erwähnt (§. 185.), ober- und unterhalb der Mundöffnung sich vereinigen. Noch auffallender verhalten sich Pectunculus und Arca, deren beide Tastlappenpaare ausserordentlich verkümmert sind und auf jeder Seite des Mundes von Anfang bis zu Ende nur aus zwei schmalen Falten bestehen, welche eine, in die Mundöffnung auslaufende Querrinne bilden, und so ganz an die Bauchrinne der Salpen oder an den Halbkanal der Ascidien erinnern. Welche wichtige Rolle diese Vorrichtung bei der Aufnahme von Futterstoffen spielen muss, davon kann man sich überzeugen, wenn man diese Mundtentakeln der Anodonta und Unio mit fein zerriebenen Farbestoffen bestreut; man wird sich alsdann überzeugen, dass diese Farbestoffe durch die Bewegungen der

Speiseröhre [10]) in einen geräumigen Magen über, dessen innere Fläche durch verschiedene wulstige Erhabenheiten uneben und von mehren Gallenkanälen durchbohrt erscheint. Aus diesem Magen begibt sich ein bald kürzerer, bald längerer Darm nach unten, der im ersteren Falle mit einem einzigen Bogen, im letzteren Falle mit mehren verschiedenen Windungen das Abdomen durchläuft und zuletzt aus dem Rücken desselben als Mastdarm heraustritt [11]). Dieser zieht sich im Mantel vor dem Schlosse und am Rücken des hinteren Schliessmuskels vorbei und endigt zuletzt oberhalb des Afterschlitzes auf einer kleinen Hervorragung als ein mit Franzen besetzter After [12]). Bei den meisten Blattkiemern durchbohrt der Mastdarm auf diesem Wege das Herz [13]). Neben dem Pylorus entspringt nicht selten ein langer Blinddarm [14]), der sich zwischen den Darmwindungen bis in das untere Ende des Abdomens begibt und seiner

---

Flimmerorgane von den beiden äusseren glatten Flächen der Tastlappen nach ihrem freien Rande und von da über die inneren quergefurchten Flächen hinweg bis in den Winkel der letzteren getrieben werden, von wo sie nach vorne in die Rinnen überströmen und so zuletzt in den Mund gleiten.

10) Eine deutliche aber kurze Speiseröhre besitzen Arca, Chama, Pinna, Cardium, Mactra u. A.

11) Einen kurzen, einfach gebogenen Darmkanal findet man in Spondylus, Pecten, Arca, Chama; einen langen, mannichfach gewundenen Darmkanal dagegen in Pholas, Tellina, Cardium, Mactra, Pinna, Ostrea etc.

12) Dicht hinter dem Afterschlitze oder hinterem Mantelloche ist der kurzgestielte After bei Unio, Anodonta, Cardium, Isocardia u. A. angebracht, während bei Aspergillum, Lutraria und Solen die kurze Afterpapille weit vom Sipho entfernt hoch oben in die Mantelhöhle hervorragt. Bei Arca, Pectunculus, Pinna und Avicula läuft der Mastdarm um einen grossen Theil des hinteren Schliessmuskels herum und endigt an der vorderen Seite desselben mit einer Afterpapille, welche bei den beiden zuletzt genannten Blattkiemern sehr lang ist. In Lima steigt der Mastdarm an der Vorderseite des Schliessmuskels sogar wieder eine ganze Strecke in die Höhe, und in den ungleichschaligen Muscheln Pecten und Ostrea verlässt derselbe am Rücken des Schliessmuskels die Mittellinie und läuft schräge nach der abgeflachten Seite hinüber.

13) Hiervon macht Arca, Ostrea und Teredo eine Ausnahme, wie denn überhaupt bei dem letzteren Blattkiemer die Organisation des Verdauungskanals noch in mancher anderen Beziehung grosse Abweichungen darbietet. So besitzt unter anderen der sehr lange Verdauungskanal des Bohrwurms einen doppelten Magen, von welchen der vordere noch durch eine Längsscheidewand bis zu seinem Grunde hinab getheilt ist. Vergl. Home, Lectures a. a. O. Tab. 80. und Deshayes, in den Comptes rendus. 1846. Tom. 22. No. 7. oder Froriep's neue Notizen. No. 813.

14) Ueber den Blinddarm von Solen, Mactra und Cardium vergleiche man die Abbildungen bei Garner, on the anat. of the Lamellibranch. a. a. O. Pl. 18. Fig. 8—10., sowie über die Anordnung des Darmkanals überhaupt die Tafeln von Poli a. a. O. Einen sehr kurzen, rudimentären Blindsack besitzt Clavagella nach Owen's Angabe (s. dessen Anatomy of Clavagella a. a. O. Pl. 30. Fig. 16. r.).

ganzen Länge nach einen knorpelartigen, glashellen und cylindrischen Körper, den sogenannten Krystallstiel, enthält [15]).

Die Höhle des Darmkanals der Blattkiemer ist fast in ihrer ganzen Ausdehnung von einem stark hervorragenden Längswulste bis tief in den Mastdarm hinab durchzogen, wodurch die innere Oberfläche des Verdauungskanals bedeutend vergrössert wird.

§. 190.

Am Eingange des Verdauungskanals der Acephalen scheinen solche drüsenartige Anhänge, welche sich als Speichelorgane ansprechen liessen, fast gänzlich zu fehlen [1]).

---

15) Der Krystallstiel fehlt, mit Ausnahme von Anomia, allen Monomyen (s. Garner a. a. O. p. 89.), kommt dagegen bei sehr vielen Dimyen vor, z. B. bei Pholas, Solen, Arca, Mactra, Donax, Cardium, Tellina, Anodonta, Unio, Mya u. A. Vergl. Poli a. a. O. Tab. 7. 13. 14. 16. 19. 20. u. 24. Bei vielen dieser Blattkiemer fehlt ein Blinddarm und steckt der Krystallstiel alsdann im Darmkanale selbst. Dieser Krystallstiel hat immer eine cylindrische Form, läuft nach unten verdünnt zu und ist an seinem oberen Ende gewöhnlich in mehre unregelmässig gestaltete Lappen getheilt, welche in die Magenhöhle hineinragen und hier die Mündungen der Gallenkanäle zu verstopfen scheinen. Bei den Najaden konnte ich an diesem sonderbaren Körper, der hier unmittelbar ohne Blindsack aus dem Magen in den Darmkanal hinabragt, immer zweierlei Substanzen, eine Rinden- und eine Medullarsubstanz unterscheiden. Die Rindensubstanz, welche eine Art Röhre bildete, bestand aus einer homogenen, hellen und concentrisch geschichteten Masse von der Consistenz gekochten Eiweisses; die in dieser Röhre eingeschlossene Markmasse ist ebenfalls ganz klar und homogen, hat aber eine mehr gallertartige Beschaffenheit und enthält eine bald grössere, bald geringere Menge von sehr kleinen Körnern (bei Unio) oder Stäbchen (bei Anodonta), welche in Säuren unauflöslich sind, und da, wo sie in Menge angehäuft sind, bei auffallendem Lichte dem Krystallstiele eine kreideweisse Farbe geben. Dass auch in anderen Blattkiemern dieser Körper eine ähnliche Structur besitzt, scheint aus der von Poli (a. a. O. Tom. I. p. 47. Tab. VII. Fig. 11.) gelieferten Beschreibung und Abbildung des Krystallstiels von Pholas dactylus hervorzugehen. Ueber die Bestimmung dieses Körpers hat sich bis jetzt noch immer nichts Zuverlässiges ergründen lassen. Uebrigens sucht man häufig in manchen Muschelindividuen vergebens nach einem Krystallstiele, während andere Individuen denselben deutlich bei sich führen, auch erscheint derselbe in gewissen Muschelindividuen mehr entwickelt, mit mehr concentrischen Schichten der Rindensubstanz umgeben, als bei anderen Individuen, woraus sich schliessen lässt, dass dieser Körper zu gewisser Zeit verschwindet und sich nachher wieder neu entwickelt. Der von Bojanus (in der Isis. 1827. Taf. 9. Fig. 9. u. 10.) abgebildete Krystallstiel der Anodonta ist gewiss ein solcher im Entstehen oder Vergehen begriffener Körper gewesen.

1) Von Cuvier (sur la Lingule a. a. O. p. 7. Fig. 10. 11. a.) und Vogt (a. a. O.) ist die vorderste, in den Verdauungskanal der Lingula einmündende Drüsenmasse für eine Speicheldrüse erklärt worden, allein Owen (a. a. O.) hat gegen diese Deutung Einspruch gethan, indem sich alle mit dem Verdauungskanale zusammenhängenden Drüsenkörper bei den verschiedenen Brachiopoden wie Leberdrüsen verhalten sollen.

Die Leber fehlt wol keinem einzigen Acephalen. Sie mündet stets mit mehren Oeffnungen in den Verdauungskanal ein, und umgibt die Wandungen desselben gewöhnlich so dicht, dass diese von der Lebersubstanz oft schwer getrennt werden können.

In den Tunicaten erscheint die Leber noch ziemlich einfach organisirt, indem sie in Gestalt kleiner einfacher oder verästelter Drüsensäckchen dicht gedrängt kleinere oder grössere Strecken der Magen- und Darmwandungen besetzt hält [2]).

Die Brachiopoden besitzen bei weitem höher organisirte Leberorgane, indem sich hier grün gefärbte, von dem Verdauungskanale gesonderte Drüsenbüschel vorfinden, welche nur durch ihre verschiedenen Ausführungskanäle mit den Magen- und Darmwandungen zusammenhängen [3]).

Eine sehr ansehnliche Lebermasse bieten die Lamellibranchien dar. Dieselbe besteht hier aus verschiedenen grösseren und kleineren, den oberen Theil des Rückens im Abdomen einnehmenden Drüsenlappen, in welchen sich die einzelnen, aus braungelben Leberzellen zusammengesetzten Acini deutlich unterscheiden lassen [4]). Die Galle

---

2) In den Salpen rührt von diesen Lebermassen die gelbbraune Farbe des Nucleus her, in welchem der Verdauungskanal verborgen liegt; nur bei Salpa democratica und coerulescens sind die Lebermassen des Nucleus schön blau gefärbt. Die Salpa pinnata, auf deren gerade gestreckten Darmkanal bereits aufmerksam gemacht wurde, zeichnet sich auch noch dadurch aus, dass ihre Leber von dem Darmkanale geschieden ist und sich parallel neben diesem hinzieht. Vergl. Cuvier und Meyen a. a. O. Letzterer will (a. a. O. p. 389. Tab. 27. Fig. 19. m.) in Salpa pinnata sogar eine grün gefärbte Gallenblase gesehen haben, hat aber wahrscheinlich den Magensack dieses Thieres damit verwechselt. — Ueber den feineren Bau der Leberdrüsenschicht auf den Darmwindungen der Salpa cordiformis vergleiche man Eschricht, over Salperne. p. 27. Tab. III. Fig. 20. — Unter den Ascidien sind es besonders die verschiedenen Arten der Phallusia und Diazona, bei welchen sich die Leber als einfache Drüsenschicht auf den Magen- und Darmwandungen ausbreitet, wogegen bei Cynthia ansehnlich entwickelte Drüsenschläuche in der Gegend des Pylorus als gesonderte Leber zusammengedrängt erscheinen. Vergl. Savigny a. a. O. Pl. 12. Fig. 1.[d.] von Diazona etc.

3) Zwei Hauptmassen von Drüsenbüscheln münden bei Terebratula in den Magen, bei Orbicula stehen eine Menge länglicher Leberdrüsenbälge durch viele Oeffnungen mit der magenartigen Erweiterung des Darmes in Verbindung und bei Lingula sind es besonders drei Hauptdrüsenmassen, welche in verschiedenen Entfernungen von einander ihr Secret in den Verdauungskanal ergiessen. Vergl. Owen, Cuvier und Vogt a. a. O.

4) Eine gute Darstellung einzelner Leberlappen mit ihren in einander mündenden Ausführungsgängen hat Poli (a. a. O. Tab. 11. 15. 16.) aus verschiedenen Blattkiemern geliefert. Vergl. auch Bojanus's Abbildungen der Leberdrüse und ihrer Ausführungskanäle von Anodonta (in der Isis. p. 757. Taf. 9.). In Bezug auf den feineren Bau der Leber sind mir bei Cyclas cornea, lacustris, rivicola, Unio pictorum und Tichogonia polymorpha glashelle, kurze und cylindrische

wird aus diesen Drüsenabtheilungen immer nur durch wenige Hauptausführungsgänge in die Magenhöhle oder in das Vorderende des Verdauungskanals ergossen.

Sechster Abschnitt.

Von dem Circulations-Systeme.

§. 191.

Der Blutcirculations-Apparat der Acephalen, sowie der Mollusken überhaupt, erhebt sich über den der Zoophyten und Würmer, insofern die Bewegungen der Blutmassen in demselben immer von einem contractilen Centralorgane, einem Herzen ausgeht, welches zwar hier und da noch sehr einfach gebildet ist, bei vielen Acephalen aber einen so hohen Grad der Entwickelung erreicht, dass sich an demselben Vorhöfe und Herzkammern unterscheiden lassen. Dieses Herz empfängt das Blut aus den Respirationsorganen, um es in den Körper hinauszutreiben, ist mithin als ein Aortenherz zu betrachten. Was das Blutgefässsystem aber selbst betrifft, so sind über die Anordnung desselben, wie man es bisher als bestehend angenommen hatte, in der neuesten Zeit grosse Bedenken erhoben worden, die es höchst wahrscheinlich machen, dass allen Acephalen nur ein Arterien- und Venensystem bestimmt zukommt, dass aber ein, diese beiden Systeme verbindendes Capillargefässnetz nur in den Athemorganen vorhanden ist, und in den übrigen Theilen des Körpers fehlt, wobei das Blut aus den offenen Enden der Arterien in die Zwischenräume (*Lacunae*) des Körperparenchyms hinaustritt und nachher durch an den peripherischen Enden der Venen vorhandene Oeffnungen in das Venensystem wieder zurückkehrt 1).

Fäden aufgefallen, welche etwas gewunden, aber starr von den Wandungen der blinden Leberdrüsenenden in die Höhle derselben hineinragten. Was diese Fäden, welche ich bei Unio batava, tumida, Anodonta anatina, cygnea, Mya arenaria, Cardium edule, Mytilus edulis vergebens suchte, zu bedeuten haben, ist mir räthselhaft geblieben.

1) Es ist dieses Austreten des Blutes der Mollusken in das Parenchym des Körpers und das Ueberströmen desselben von den Arterien nach den Venen hinüber ohne Vermittelung eines Capillargefässsystems und überhaupt ohne alle Gefässwandungen in der neusten Zeit ganz besonders von Milne Edwards (Observations et expériences sur la circulation chez les Mollusques, siehe die Comptes rendus. Tom. 20. 1845. p. 261.) und in Gemeinschaft mit demselben von Valenciennes (Nouvelles observations sur la constitution de l'appareil de la circulation chez les Mollusques, ebendas. p. 750.) zur Sprache gebracht worden. Ihre Beobachtungen beziehen sich nicht blos auf die Salpen und Ascidien, sondern auch auf die Blattkiemer Ostrea, Pinna, Mactra, Venus, Cardium und Solen. Vergl. auch Annales d. sc. nat. Tom. 3. 1845. p. 289. u. 307. oder Froriep's neue Notizen. No. 732. 733. u. 743.

Das Blut der Acephalen ist farbelos und enthält eine nicht ganz geringe Menge rundlicher, ungefärbter Blutkörperchen mit rauher Oberfläche und undeutlichem Kerne [2]).

§. 192.

In den Salpen besteht das Circulationssystem aus zwei Hauptgefässstämmen, von welchen der eine die Mittellinie des Rückens, der andere die des Bauches einnimmt. Im Vorderleibsende gehen beide Gefässstämme durch zwei bogenförmige Gefässe in einander über, im Hinterleibsende dagegen steht das Rückengefäss durch einen einzigen etwas erweiterten Kanal, der dicht vor dem Nucleus angebracht ist, mit dem Bauchgefässe in Verbindung. Dieser Kanal erscheint durch zwei bis drei Einschnürungen in mehre Abtheilungen getheilt und gibt sich durch seine rhythmischen Contractionen als das Herz der Salpen zu erkennen [1]). Durch die Pulsationen dieses, mit einem zarten Pericardium umgebenen Herzens [2]) wird das Blut aus den Gefässstämmen in wandungslosen Strömen nach verschiedenen Richtungen durch die Leibeswandungen fortgetrieben [3]), wobei das auffallende Phänomen wahrgenommen wird, dass das Herz abwechselnd sein Blut bald nach der einen, bald nach der anderen Seite aus sich hervortreibt, und sich so die arterielle Blutströmung in eine venöse und die venöse in eine arterielle Strömung von Zeit zu Zeit umwandelt [4]).

---

2) Vergl. Wagner (zur vergleichenden Physiologie a. a. O. Hft. 1. p. 20. und Hft. 2. p. 40.) über das Blut von Cynthia, Phallusia und Anodonta. In dem Blute der Najaden sah ich Blutkörperchen von unregelmässiger Gestalt, welche ausserhalb der Blutgefässe mit dem übrigen Blute, in einem Uhrglase aufgesammelt, sich zu grossen Haufen zusammenballten; wahrscheinlich wurden sie durch die geringe Menge des Faserstoffs, welcher in diesem Blute enthalten ist, an einander geklebt. Mit Essigsäure in Berührung gebracht, trennten sich die Blutkörperchen wieder von einander, ihre Umrisse wurden ausserordentlich hell, fast unkenntlich, dagegen trat jetzt in jedem derselben ein körniger, vorher unsichtbarer Kern deutlich hervor.

1) Vergl. Cuvier a. a. O. p. 10. Fig. 2. 9. etc. Nach Meyen (a. a. O. p. 375. Tab. 28. Fig. 1. d.) besitzt das Herz von Salpa mucronata zwei Einschnürungen, nach Eschricht (a. a. O. p. 26. Fig. 8. α.) dagegen ist das Herz von Salpa cordiformis durch drei Einschnürungen in vier Abtheilungen getheilt.

2) Das Pericardium der Salpen, dessen Existenz von Meyen (a. a. O. p. 376.) geleugnet wird, ist von Cuvier (a. a. O. p. 10.), Savigny (a. a. O. p. 127.) und Delle Chiaje (Descrizione etc. a. a. O. Tom. III. p. 43. Tav. 78.) als vorhanden bezeichnet worden.

3) In welcher Weise sich diese Blutströme durch den Körper der Salpen ausbreiten, darüber geben die Schilderungen und Abbildungen des Quoy und Gaimard (a. a. O.) und besonders des Delle Chiaje (Descrizione etc. a. a. O.) einen hinreichenden Begriff.

4) Diese merkwürdige Umkehrung der Blutströmung, welche nur bei einem gänzlichen Mangel von Herzklappen möglich sein kann, ist von verschiedenen Beobachtern in den Salpen wahrgenommen und auf gleiche Weise beschrieben

Das Blutgefässsystem der Ascidien steht auf einer ähnlichen niedrigen Stufe der Entwickelung; auch hier circulirt das Blut grösstentheils ausserhalb der Blutgefässe in den hohlen Zwischenräumen des Körperparenchyms, welche häufig gefässartig verzweigte Kanäle darstellen. Das Herz, welches weder den einfachen, noch zusammengesetzten Ascidien fehlt und immer in einem sehr zarten Pericardium eingeschlossen ist, besteht aus einem langen Schlauche, der an beiden Enden in einen Gefässstamm übergeht und zwischen der Wandung des Muskelsackes und der Darmwindung im untersten Ende der Leibeshöhle schlingenförmig gewunden liegt [5]. Die Pulsationen dieses Herzens gleichen ganz den peristaltischen Bewegungen einer Darmröhre und kehren, wie bei den Salpen, zu antiperistaltischen Contractionen um, so dass die beiden, aus den Enden dieses Herzschlauches entspringenden Gefässstämme abwechselnd die Rolle einer Aorta und Hohlvene spielen [6]. Die Blutströme durchziehen nicht blos die Lacunen des Eingeweidesackes, sondern dringen auch in die Wandungen des Mantels und bei den aggregirten Ascidien in den vom Mantel gebildeten Familienstock ein, indem das Blut hier innerhalb verästelter Kanäle, welche als Fortsetzun-

---

worden. Das Herz steht nämlich, ehe es die Richtung in seinen Contractionen wechselt, eine kurze Zeit ganz still, wodurch die Blutströmung im Körper, ehe sie zu einer entgegengesetzten Richtung genöthigt wird, ebenfalls etwas zum Stillstande kommt. Vergl. van Hasselt (in den Annales d. sc. nat. Tom. III. 1824. p. 78.), Eschscholtz (in Müller's Uebersetzung des Jahresberichts der schwed. Akad. d. Wissensch. über d. Fortschr. d. Naturgesch., Anat. u. Physiol. f. d. J. 1825. p. 94.), Quoy und Gaimard (a. a. O. p. 559. oder Isis. 1836. p. 111., sowie Delle Chiaje (Descrizione etc. a. a. O. Tom. III. p. 43.).

5) Ueber das Herz und Blutgefässsystem der Ascidien vergleiche man besonders die Mittheilungen von Milne Edwards (sur les Ascidies composées a. a. O. p. 4.), welcher sowol an Phallusia, Clavelina, wie an Polyclinum, Botryllus, Didemnum, Pyrosoma etc. ein Herz erkannt hat.

6) Auf diesen Wechsel in der Richtung des Blutstroms hat Lister (in den Philosophical transactions. 1834. P. II. p. 365., oder Wiegmann's Archiv. 1835. Bd. I. p. 309.) bei Perophora, einer neuen Gattung aggregirter Ascidien, zuerst aufmerksam gemacht, worauf später Milne Edwards dieses Phänomen an Pyrosoma (in den Annal. d. sc. nat. Tom. 12. 1839. p. 375.) und an verschiedenen einfachen und zusammengesetzten Ascidien bestätigt hat. S. dessen Observ. sur les Ascid. compos. p. 7. — Diese abwechselnden, peristaltischen und antiperistaltischen Bewegungen des Herzens sprechen wiederum dafür, dass auch das Herz der Ascidien keinen Klappenapparat besitzt; es ist daher sehr auffallend, dass Delle Chiaje diesen Thieren Herzklappen zuschreibt, wie denn überhaupt dieser Naturforscher in der Beschreibung des Herzens der Ascidien sehr von den Angaben anderer Beobachter abweicht, indem dasselbe nach seinen Angaben durch die Anwesenheit zweier Herzohren gabelförmig getheilt sein soll. Vergl. desselben Memorie etc. a. a. O. Tom. III. p. 193. Tav. 46. Fig. 13. a b. von Cynthia papillata und Descrizione etc. Tom. III. p. 29. Tav. 82. Fig. 11. u. 12. von Phallusia intestinalis.

gen der Leibeshöhle sich bis in diese Mantelsubstanz hinein erstrecken, fortgetrieben wird 7).

Die Brachiopoden bieten ein sehr merkwürdiges Blutgefässsystem dar, indem sich die, aus den Mantelkiemen zurückkehrenden Venen nicht in einem einzigen Herzen vereinigen, sondern ihr Blut in zwei getrennte, rechts und links an den Seiten des Eingeweidesackes gelegene Herzen ergiessen 8). Durch die Contractionen dieser beiden Herzen wird das Blut ohne Gefässe frei in die Eingeweidehöhle ergossen, welche gleichsam als ein gemeinschaftlicher Visceralsinus betrachtet werden kann 9).

Bei den Lamellibranchien liegt das Herz am unteren Ende des Rückens in einem geräumigen Herzbeutel eingeschlossen, und lässt in der Regel drei Abtheilungen an sich wahrnehmen. Zwei seitliche, dünnwandige Vorkammern von dreieckiger Gestalt empfangen das Blut aus den Kiemen und übergeben es einer einfachen muskulösen Herzkammer, welche fast immer vom Mastdarme durchbohrt wird. Aus dieser wird das Arterienblut durch einen oberen und einen unteren Aortenstamm in den Körper getrieben, indem sein Rücktritt in die beiden Vorhöfe durch die Anwesenheit von Herzklappen verhindert wird 10). Nachdem

---

7) Eine solche Blutströmung innerhalb des Ascidienstocks nahm Lister (a. a. O.) wahr. Hohle, verästelte und blind endigende Fortsätze des Peritonäalsackes, in welchen Milne Edwards eine auf- und absteigende Strömung des Blutes unterscheiden konnte, kommen in den Ascidienstöcken von Botryllus, Diazona, Didemnum und Polyclinum vor. Vergl. Savigny (Mémoires a. a. O. p. 47.), Delle Chiaje (Descrizione etc. a. a. O. p. 34. Tav. 83. Fig. 13. u. 15.) und Milne Edwards (sur les Ascidies a. a. O. p. 41. Pl. 7. Fig. 1. 1.b u. 1.c). Der Letztere beobachtete auch bei Clavelina (ebendas. p. 9. Pl. 2.) in den am unteren Ende des Peritonäalsackes fingerförmig hervorgewachsenen Fortsätzen blind endende, mit der Leibeshöhle communicirende Kanäle, durch welche sich das Blut auf und nieder bewegte. Bei Phallusia sollen die vielen verästelten Kanäle, welche hier den Mantel durchziehen, wirklich Blutgefässe sein. Vergl. Cuvier a. a. O. p. 16. Pl. 3. Fig. 1., Savigny a. a. O. p. 102. Pl. 9. Fig. 1. B., Delle Chiaje, Descrizione a. a. O. p. 33. Tav. 84. Fig. 2. Nach Kölliker's Beobachtung (über das Vorkommen der Holzfaser im Thierreich. a. a. O.) scheinen diese vielfach verästelten Gefässe, welche unmittelbar aus dem Herzen hervortreten, und an ihren äussersten Enden sich pinselförmig verzweigen, dicht unter der Hautoberfläche in andere, diese Arterien auf ihrem Wege begleitende Gefässe überzugehen.

8) Vergl. Cuvier, Owen und Vogt a. a. O.

9) Diese Uebereinstimmung der Blutcirculation der Brachiopoden mit dem ausserhalb der Gefässwandungen Statt findenden Blutlaufe der übrigen Acephalen hat zuerst Owen zur Sprache gebracht. S. dessen Lettre sur l'appareil de la circulation chez les Mollusques de la classe des Brachiopodes (in den Annales d. sc. nat. Tom. 3. 1845. p. 315. Pl. 4. oder in Froriep's neuen Notizen. No. 793.).

10) Ueber die Anordnung dieses centralen Theils des Circulationssystems vergleiche man Poli (a. a. O. Tab. 9. Fig. 12. von Unio, Tab. 13. Fig. 5. von Solen, Tab. 22. Fig. 10. von Spondylus, Tab. 27. Fig. 8. u. 12. von Pecten,

sich diese Aortenstämme in mehre Zweige vertheilt haben, verlieren sich die Gefässwandungen und das Blut strömt in ein System von Lacunen aus, welche sich in Form von sinusartigen Höhlen und netzförmig unter einander verbundenen Kanälen durch den ganzen Körper ausbreiten [11]). Das Venenblut sammelt sich aus diesem Lacunensysteme in besonderen, an der Basis der Kiemen angebrachten Behältern, um von da den Kiemen zugeführt zu werden.

Siebenter Abschnitt.

Von dem Respirations-Systeme.

§. 193.

In sämmtlichen Acephalen muss das Blut während seines Kreislaufs, kurz vorher, ehe es zum Herzen zurückkehrt, ein bestimmtes, als Kieme wirkendes Respirationsorgan durchströmen, welches entweder in einfacher oder in mehrfacher Zahl vorhanden ist und immer in der Leibes- oder Mantelhöhle verborgen liegt. Der für den Respirationsprozess nöthige Wasserwechsel geht durch besondere Oeffnungen der Leibeswandungen oder durch Spalten des Mantels vor sich, welche

---

Tab. 29. Fig. 7. u. 8. von Ostrea, Tab. 31. Fig. 8. u. 9. von Mytilus, und Tab. 38. u. 39. von Pinna), ferner Bojanus, über die Athem- und Kreislaufwerkzeuge der zweischaligen Muscheln (in der Isis. 1819. p. 42. Taf. 1. u. 2. von Anodonta), Treviranus (in seinen Beobachtungen aus der Zootomie und Physiologie. p. 44. Fig. 67. u. 69. von Mytilus und Anodonta) und Garner (in the transactions of the zool. soc. Vol. II. p. 90. Pl. 19. Fig. 4. von Pecten). Eine von diesem Typus sehr abweichende Bildung findet sich in Arca, deren beide Vorhöfe, jeder in einem besonderen, weit von einander entfernt bleibenden Herzventrikel übergeht, aus welchen jederseits zwei obere und zwei untere Aortenstämme entspringen, die sich in der Mittellinie des Ober- und Unterrückens vereinigen. Vergl. Poli a. a. O. Tab. 25. Fig. 2. u. 3.

11) Dieses Lacunensystem bildet besonders im Mantel der Blattkiemer ein schönes Netz von feinen Kanälen, welches bei den Najaden mit blossem Auge erkannt werden kann. Es sind diese feinen, Blut enthaltenden Kanäle nicht mit einem anderen Netze von Kanälen zu verwechseln, welches nicht sogleich an den Blattkiemern wahrgenommen wird. Es gehört dasselbe höchst wahrscheinlich zu einem Systeme von Wasserkanälen, welches sich im Mantel der Lamellibranchien durch Einblasen von Luft sehr leicht darstellen lässt, und so auch auf dem Fusse und an anderen Gegenden des Leibes zur Anschauung gebracht werden kann. Delle Chiaje hat dasselbe als *Rete lymphatico-vasculosum* sehr schön dargestellt (s. dessen Descrizione etc. Tav. 75. Fig. 6. und Tav. 90. Fig. 1. u. 2. im Mantel des Pecten und Solen, ferner Tav. 89. Fig. 11. im Fusse von Mactra. Auch das Blutgefässnetz, welches Poli (a. a. O. Tab. 38.) im Mantel einer Pinna abgebildet hat, ist wahrscheinlich nur ein Netz von Wasser führenden Kanälen gewesen. Ich werde auf diese Verwechselung der Blut führenden Kanäle mit den Wasserkanälen weiter unten (§. 195.) wieder zurückkommen müssen.

häufig zwei kürzere oder längere Athemröhren darstellen. Von diesen beiden Oeffnungen oder Röhren dient die eine zum Einströmen des Wassers, die andere dagegen zum Ausströmen desselben, wobei zugleich Nahrungsstoffe und Fäces ihren Eingang und Ausgang finden. Innerhalb der Mantel- oder Athemhöhle streicht das Wasser nach einer bestimmten Richtung durch den Einfluss von ausgezeichneten Flimmerorganen, mit welchen die Kiemen äusserlich besetzt sind, an diesen vorüber.

§. 194.

Diese Kiemen sind in den verschiedenen Abtheilungen der Acephalen nach viererlei Typen geformt.

1. Bei den Salpen, durch deren Leibeshöhle eine einzige Kieme in schräger Richtung von vorne und oben nach hinten und unten ausgespannt ist, tritt das Wasser durch eine vordere Oeffnung, welche gewöhnlich durch eine Klappe verschlossen werden kann, in die Leibeshöhle ein, aus welcher dasselbe während der Contractionen der Leibeswandungen durch eine hintere Oeffnung wieder herausgepresst wird [1]). Die Kieme selbst, welche sich an ihrem hinteren und unteren Ende in der Nachbarschaft des Herzens etwas nach vorne umbiegt, besteht aus einem schmalen Bande, auf welchem sich einerseits eine Menge dicht an einander gereihter Querleisten und Querfurchen heraberstrecken [2]). Im Innern der Kieme, welche entweder flach ausgespannt ist [3]), oder deren Seitenränder röhrenartig umgerollt sind [4]), breiten sich die Kiemengefässe aus, die am oberen Ende der Kieme mit den Blutgefässen des Körpers und am unteren Ende derselben mit dem Herzen communiciren, während äusserlich die Kieme mit sehr entwickelten Flimmercilien dicht besetzt ist [5]).

2. An den Ascidien erscheinen die beiden Respirationsöffnungen der Leibeshöhle, deren Wandungen in einer grossen Ausdehnung von einem hautartig ausgebreiteten Kiemenapparat ausgekleidet ist, zu zwei kürzeren oder längeren Athemröhren ausgezogen, welche man als Mund- und Afterröhre unterschieden hat. Von diesen leitet die Mundröhre das mit Nahrungsstoffen geschwängerte Wasser direct in diejenige Abthei-

---

1) Diese Athembewegungen dienen den Salpen zugleich auch als Ortsbewegungen, indem bei dem Auspressen des Wassers aus der hinteren Körperöffnung sich die vordere Oeffnung mit Hülfe der Klappe schliesst, und dadurch zugleich das ganze Thier nach vorne fortgestossen wird; daher auch die Leibeshöhle der Salpen häufig Schwimmhöhle genannt wird.

2) Vergl. Cuvier und Savigny a. a. O.

3) Bei Salpa costata und maxima.

4) Bei Salpa pinnata, cylindrica, octofora. In diesem röhrenförmigen Zustande ist die Kieme der genannten Salpen öfters mit einer Trachea verglichen worden. S. Savigny a. a. O. Pl. 24.

5) Diese Flimmerorgane sind zuerst von Meyen (a. a. O. p. 385.) beschrieben worden.

lung der Leibeshöhle, welche den Kiemenapparat enthält und daher Respirationshöhle genannt wird, während die Afterröhre das aus der Athemhöhle ihr zugetriebene Wasser mit den Fäces nach aussen abführt 6). Die Kiemenhaut, welche bei einigen einfachen Ascidien-Arten viele, durch die ganze Athemhöhle sich hinziehende Längsfalten bildet 7), zeigt auf ihrer inneren freien Fläche durch eine Menge rechtwinkelig sich kreuzender Quer- und Längsleisten ein gitterförmiges Ansehen 8). Diese Leisten, auf welchen zuweilen kleine fleischige Papillen hervorragen 9), sind immer an beiden Seiten mit einer einfachen Reihe ausgezeichneter Flimmercilien gesäumt, durch welche die regelmässige Wasserströmung im Athemsacke unterhalten wird. An der grossen und kleinen Curvatur des Athemsackes erstrecken sich aus dem Grunde desselben zwei Längssinus bis zur Mundröhre hinauf, wo beide durch einen cirkelförmigen Kanal mit einander verbunden sind. Diese Blutbehälter senden eine Menge Quergefässe in die Kiemenhaut, in welcher dieselben, durch verticale Anastomosen unter einander communicirend, ein den gitterförmigen Kiemenleisten entsprechendes Kiemengefässnetz darstellen. In diesen Kiemengefässen strömt das Blut umher, ohne dass es sich bei dem, durch die peristaltischen und antiperistaltischen Herzbewegungen unterhaltenen steten Wechsel der Blutströmung entscheiden lässt, welcher von jenen beiden Sinus als arterieller und welcher als venöser Blutbehälter wirkt 10).

3. Bei den Brachiopoden fungirt die innere Lamelle des Mantels als Kieme, indem sich an beiden Mantelhälften unter der inneren Fläche derselben ein System von sehr ausgezeichneten Blutkanälen ausbreitet. In Terebratula und Orbicula kann man auf der undurchbohrten Mantelhälfte vier weite Hauptkanäle und auf der durchbohrten Mantelhälfte zwei dergleichen unterscheiden, welche jederseits von den beiden Herzen abgehen und eine Menge Verästelungen aussenden. Mit diesen weiten Kanälen verlaufen andere enge Kanäle parallel, die an den Mantelrändern in erstere überzugehen scheinen, und vielleicht Kiemenarterien vorstellen, während die weiteren Kanäle wahrscheinlich als Kiemenvenen das Blut den beiden Herzen zurückführen 11). Bei

---

6) Bei den aggregirten Ascidien liegen die einzelnen Thiere so in dem Familienstocke eingebettet, dass immer mehre zusammen sternförmig um eine Grube herum gruppirt sind, und mit ihren Afterröhren in diese ausmünden.

7) Bei Cynthia microcosmus, momus u. A.

8) Vergl. die von Savigny und Milne Edwards (a. a. O.) gelieferten Abbildungen.

9) Bei Phallusia sulcata, monachus, intestinalis und Diazona violacea. Siehe Savigny a. a. O. Pl. 9—12.

10) S. hierüber Milne Edwards, sur les Ascidies compos. p. 7. Auch Cuvier und Savigny haben schon theilsweise diese Anordnung der Kiemengefässe bei den Ascidien gekannt. — 11) Vergl. Owen a. a. O.

der Gattung Lingula sind die Kiemengefässe in wulstartigen Erhabenheiten enthalten, welche der inneren Fläche der beiden Mantelhälften ein ganz eigenthümliches Ansehen geben [12]).

4. Die Lamellibranchien besitzen innerhalb der Mantelhöhle zwei Paar Kiemen, welche das Abdomen und den von diesem ausgehenden Fuss von jeder Seite in Form von vier Blättern einfassen [13]). Das Wasser, welches diese Kiemen bespült, gelangt theils durch die Mantelspalte, theils durch die der Bauchseite näher gelegene besondere Athemöffnung des Mantels oder Athemröhre des Sipho in die Mantelhöhle und wird durch den Afterschlitz oder die dem Rücken näher gelegene Athemröhre (Afterröhre) des Sipho mit den Fäces wieder abgeführt [14]). Die vier Kiemenblätter, welche an ihrem Bauchrande frei, nach dem Rücken hin aber mit der Basis des Abdomens verwachsen sind, ragen immer über dieses nach hinten hinab, und vereinigen sich hier nicht selten mit einander [15]). Jedes Kiemenblatt besteht eigentlich aus einer weit hervorragenden Hautfalte, deren doppelte Lamelle auf ihrer inneren Fläche durch eine Menge Querscheidewände verbunden ist; diesen Scheidewänden entsprechen äusserlich eben so viele Querfurchen, welche sich von der Basis der acht Kiemenflächen nach den vier freien Rändern hinziehen. Alle diese Furchen sind auf jeder Seite von einer einfachen Reihe sehr grosser Flimmercilien eingefasst, welche am freien Rande in ein dichtes Flimmerepithelium übergehen [16]). Die durch die Querscheidewände zwischen den beiden Lamellen der Kiemenblätter erzeugten Fächer, welche mit einem sehr zarten Flimmer-

---

12) Vergl. darüber Cuvier, Owen und Vogt a. a. O.

13) Die beiden äusseren, den Mantel berührenden Kiemenblätter sind meistens etwas kleiner, als die beiden inneren Kiemenblätter, in Cardium ist jedoch das äussere Kiemenpaar um ein Beträchtliches kleiner als das innere. Nach Valenciennes (in den Comptes rendus. Tom. 20. p. 1688. und Tom. 21. p. 511.) soll in Lucina jamaicensis und columbella, in Cytherea tigerina und Tellina crassa nur ein einziges Kiemenpaar vorhanden und in Solen radiatus das einzige Kiemenpaar sogar bis zu zwei schmalen Längswülsten verkümmert sein.

14) Von diesem Ein- und Ausströmen des Wassers durch die verschiedenen Oeffnungen des Mantels wird man sich überzeugen, wenn die Muschelthiere in Ruhe ihren Sipho oder auch nur ihren Mantelsaum zwischen den Schalen hervorstrecken und man alsdann das sie umgebende Wasser mit farbigen Stoffen verunreinigt, wodurch sich die beiden entgegengesetzten Strömungen des Wassers bei der vollkommensten Ruhe der Thiere deutlich verfolgen lassen.

15) Bei Unio, Anodonta, Mactra, Cardium, Isocardia, Lutraria u. A. sind die vier Kiemenblätter an ihrem hinteren Ende unter einander verwachsen; bei Pecten, Avicularia, Arca, Pectunculus und Pinna ragen die beiden Kiemenpaare, welche nicht unter einander verwachsen sind, mit zwei freien Fortsätzen nach hinten.

16) Durch diese Flimmerorgane wird das Wasser auf den beiden Flächen der inneren Kiemen nach deren freiem Rande und auf den beiden Flächen der äusseren Kiemen nach deren Basis hingetrieben.

epithelium ausgekleidet sind, münden an der Basis der Kiemen in die Mantelhöhle aus [17]). Die Kiemen einer ganzen Reihe von Lamellibranchien weichen von der vorhin erwähnten Structur auffallend ab, indem sie, ihrem äusseren Umrisse nach, den übrigen Kiemen gleichen, aber keine ganzen Blätter darstellen, sondern aus einer Menge dicht und lose neben einander gereihter bandförmiger Fäden bestehen [18]). Diese Fäden werden aus zwei Lamellen zusammengesetzt, welche an ihrer Spitze in einander übergehen. Der zwischen diesen beiden Lamellen befindliche Raum dient gewiss nur zur Aufnahme der Kiemengefässe und lässt an der Basis der Kiemenfäden keine Mündung wahrnehmen, wie die Kiemenfächer der übrigen Lamellibranchien. Das zum Durchgang durch die Kiemen bestimmte Blut sammelt sich aus dem Körper der Blattkiemer an der Basis ihrer Respirationsorgane in Längskanälen an, und strömt dann durch rechtwinkelig abgehende Seitengefässe in die Kiemen ein. Hier durchläuft dasselbe ein gitterförmiges Gefässnetz, welches in jeder Lamelle der Kiemenblätter angebracht ist, und ganz an das Kiemengefässnetz der Ascidien erinnert [19]). Eine andere Reihe

---

17) Diese Mündungen der Kiemenfächer sind an der Basis der Kiemen leicht aufzufinden; nur diejenigen Fächermündungen, welche der oberen Partie der beiden äusseren Kiemen angehören, stecken verborgen, indem sie vom Rücken des Mantels kanalartig umschlossen werden. Diese beiden, nach oben blind endigenden Kanäle gehen nach unten zwischen dem Ende des Abdomens und dem After in denjenigen Raum der Mantelhöhle über, der nach dem Afterschlitze oder der Afterröhre hinführt und Kloake genannt werden kann. Vergl. Unio, Anodonta, Venus, Cardium, Isocardia, Mactra u. A. Die Fächer der äusseren Kiemen sind bei manchen dieser Thiere, z. B. bei Unio und Anodonta, vollkommener entwikkelt, als die der inneren Kiemen; auch zeichnen sich ihre Mündungen dadurch aus, dass die Scheidewände an diesen Stellen blasenförmig angeschwollen sind und den Eingang zu den Fächern lippenartig verschliessen. — Sehr verschieden von dieser Bildung verhalten sich die Kiemen der Pinna. Die Lamellen ihrer vier Kiemenblätter sind nicht durch lange Scheidewände, sondern nur durch kurze Fäden an einander geheftet; trotzdem, dass also diese Kiemen keine Fächer enthalten, sind aber doch längs der ganzen Basis der vier Kiemen eine Reihe von Mündungen angebracht, welche zu dem inneren Zwischenraume der Kiemen führen, und an den äusseren Kiemen auf deren äusseren Seite und an den inneren Kiemen auf deren inneren Seite offen da liegen.

18) Diese kammförmige Bildung der Kiemen ist von Baer (in Meckel's Archiv. 1830. p. 340.) an Mytilus und von Meckel (in dessen System der vergleichenden Anatomie. Th. VI. p. 60.) an Spondylus, Pecten und Arca beobachtet worden. Vergl. auch: Règne animal de Cuvier a. a. O. nov. édit. Mollusques. Pl. 74. Fig. 2. a. Ich sah, ausser an diesen Thieren, ganz ähnliche gefranzte Kiemen auch an Pectunculus, Avicularia und Lithodomus, und Philippi (in Wiegmann's Archiv. 1835. Bd. I. p. 274.) in einem noch auffallenderen Grade an Solenomya.

19) Bei Unio, Anodonta, Lima, Pinna, Ostrea etc. S. Treviranus, Beobacht. a. d. Zootomie a. a. O. Fig. 62. 63. u. 65. von Ostrea und Anodonta, und Poli a. a. O. Tab. 9. Fig. 17. von Unio.

von Seitengefässen dient als Kiemenvenen und versammelt das aus den Kiemen zurückkehrende Blut in anderen Längskanälen, von welchen es nach den beiden Vorhöfen des Herzens überfliesst[20]).

§. 195.

Es muss hier noch eines eigenthümlichen Systems von Kanälen erwähnt werden, welches den Leib der Lamellibranchien nach allen Richtungen durchzieht, bisher als ein Wassergefässsystem gegolten hat und, wie bei den Insekten das Tracheensystem, einen inneren Respirationsprozess unterhalten soll[1]). Aber von Anfang an ist gegen die wirkliche Existenz eines solchen Systems von Wasser führenden Kanälen Einspruch gethan worden, obgleich eine Reihe von Thatsachen für die Anwesenheit von nach aussen mündenden Wasserkanälen in den Blattkiemern spricht.

Nimmt man nämlich eine Muschel, nachdem sich dieselbe behaglich im Wasser ausgestreckt hat, schnell aus demselben heraus, so spritzt, indem das Thier Fuss und Mantelränder einzieht, eine Menge feiner Wasserstrahlen an verschiedenen, aber bestimmten Stellen ihres Mantel- und Fussrandes weit hervor. Hiernach muss man wol annehmen, dass sich an den genannten Stellen verschiedene Mündungen von Wasser enthaltenden Behältern befinden. Diese Oeffnungen scheinen jedoch sehr klein zu sein, und ziehen sich wahrscheinlich ausserordentlich fest zusammen, da sie nur während des Wasserspritzens ihre Anwesenheit verrathen, und sich weder nachher noch vorher auffinden lassen[2]). Nur bei wenigen Lamellibranchien ist es bis jetzt gelungen, eigenthümliche Oeffnungen an ihrem Körper wahrzunehmen, welche diesem Wasserkanalsysteme anzugehören scheinen. Es sind dies die kleinen, an der Spitze des Fusses von Solen bemerkbaren Löcher[3]) und die sonderbare, über dem gestielten After von Pinna

---

20) Ueber die Kiemengefässe der Lamellibranchien vergleiche man vorzüglich Bojanus (a. a. O. in der Isis. 1819.), Treviranus (Beobacht. a. a. O. p. 44.) und die schönen Abbildungen im Poli a. a. O.

1) Baer hat zuerst (in Froriep's Notizen. No. 265. 1826. p. 5.) auf dieses System von Wasserkanälen bei den Najaden aufmerksam gemacht, nachdem schon früher Delle Chiaje ein ähnliches System bei den Gasteropoden gefunden hatte (s. unten). Zwar hatte schon Poli dieses System von Kanälen gesehen, doch wurden dieselben von ihm bald als Tracheen, bald als Lymph- oder Blutgefässe bezeichnet.

2) Meckel (System d. vergl. Anatomie. Th. 6. p. 64.) geht gewiss zu weit, wenn er behauptet, dass diese angeblichen Mündungen nur durch zufällige Zerreissungen erzeugt würden. Die Oeffnungen übrigens, welche nach Poli (a. a. O. Introductio. p. 42. u. 52.) sich an den Cirrenspitzen des Mantels der Blattkiemer befinden und durch die hohlen Cirren in ein Tracheensystem führen sollen, habe ich nicht bemerken können.

3) Dergleichen Oeffnungen hat Delle Chiaje (Descrizione a. a. O. Tom. III. p. 60. Tav. 90. Fig. 1. i.) von Solen siliqua als *Fori acquiferi* beschrieben

lang hervorragende Röhre [4]). Aber auch die Wasserkanäle selbst fallen nicht so leicht in die Augen und können nur unter gewissen Verhältnissen unterschieden werden, nämlich wenn man sie künstlich injicirt, was sehr leicht gelingt, indem man durch einen unter die Haut geschobenen Tubulus Luft einbläst. Es bläht sich auf diese Weise ein ausgezeichnet schönes Netz von ziemlich gleich weiten Kanälen auf, welches sich überall unter der Haut ausbreitet und zugleich mit weiteren Kanälen in die Tiefe des Leibes eindringt. Diese Kanäle erscheinen ganz wandungslos und haben überhaupt das Ansehen von blossen Lücken oder Lacunen, welche sich zwischen das verschiedene Parenchym des Muschelleibes hindurchziehen. Es wird dieses Netz von Kanälen durch einige Naturforscher für ein Blut führendes Lacunensystem erklärt [5]), und doch erkennt man, wenn die Wasserkanäle durch Luft aufgeblasen sind, noch ein anderes Netz von engeren Kanälen, welche sich zwischen und über den Wasserkanälen ausbreiten und nichts Anderes sein können, als die von Anfang an sichtbaren, Blut führenden Lacunen [6]). Jedenfalls ist also in den Lamellibranchien ein doppeltes Lacunensystem vorhanden, bei dessen Deutung man, aufrichtig gestanden, allerdings auf mancherlei Bedenklichkeiten stösst. Nimmt man an, das eine Lacunensystem enthalte nur Wasser, das andere nur Blut, so lässt es sich schwer denken, wie zweierlei Netze von wandungslosen Kanälen stets von einander getrennt den Muschelkörper durchziehen

---

und abgebildet. Wahrscheinlich stehen diese Poren mit einem Wasserkanale in Verbindung, den Treviranus (die Erscheinungen und Gesetze des organischen Lebens. Bd. 1. p. 276.) im Fusse von Solen ensis gesehen hat. Die von Garner (in the transact. of the zoolog. society. Vol. II. Pl. 18. Fig. 2. u. 13. f.) auf der Mitte der Fusskante von Psammobia und Cardium als *Porus pedalis* abgebildete Oeffnung gehört gewiss auch zu dem Wasserkanalsysteme.

4) Durch diese Röhre, welche zuweilen von Pinna nobilis aus dem Mantel weit hervorgestreckt werden kann, und welche Poli (a. a. O. Tom. II. p. 241. Tab. 36. Fig. 3. N. und Fig. 7. Z., ferner Tav. 37. Fig. 1. S.) unter dem Namen *Trachea* beschrieben und abgebildet hat, konnte ich mit Leichtigkeit in die netzförmigen Wasserkanäle des Thieres Luft einblasen.

5) S. oben §. 192. Anm. 11. Das Gefässnetz, welches Poli (a. a. O. Tom. I. p. 8. Tab. 9.) im Mantel von Unio mit Quecksilber injicirt und als ein lymphatisches Gefässsystem beschrieben hat, gehört höchst wahrscheinlich dem Wasserkanalsysteme an, ebenso vielleicht auch das von ihm (a. a. O. Tab. 38.) im Mantel der Pinna dargestellte Blutgefässnetz. Sehr schön hat Delle Chiaje (Descriz. a. a. O. Tav. 75. Fig. 6. Tav. 76. Fig. 3. u. 6. und Tav. 90. Fig. 1. u. 2., ferner Tav. 89. Fig. 11.) das Wasserkanalsystem im Mantel und Fusse von Pecten, Pinna, Solen und Mactra dargestellt, aber als ein *Rete lymphatico-vasculosum* gedeutet. Milne Edwards (in den Comptes rendus. Tom. 20. p. 271. oder Annales d. sc. nat. Tom. 3. 1845. p. 300. oder Froriep's neue Notizen. No. 733. p. 99.), welcher diese Wasserkanäle bei Pinna, Mactra, Ostrea u. A. erkannt hat, erklärte sie geradezu für das bei allen Acephalen vorhandene blutführende Lacunensystem.

6) So sah ich es wenigstens bei Unio und Anodonta.

können; wollte man daher die Wasserkanäle etwa als venöse Blutkanäle und das andere Lacunensystem als arterielle Blutkanäle betrachten, wie verträgt sich hiermit der Gedanke, dass auf diese Weise das Blutgefässsystem der Blattkiemer nach aussen hin geöffnet sei, wodurch theils Blut durch natürliche Mündungen ausgelassen, theils Wasser zum Blute direct eingelassen werden könnte [7]. Jedenfalls bedürfen diese eigenthümlichen Organisationsverhältnisse noch genauerer Untersuchungen, um über diese verschiedenen Bedenklichkeiten hinweg kommen zu können.

Achter Abschnitt.

Von den Absonderungs-Organen.

§. 196.

Von dem Mantel der Bivalven als besonderes, den Kalk für die Muschelschalen bereitendes Organ, sowie von dem den Byssus verfertigenden Organe ist bereits die Rede gewesen [1]), daher nur noch eines sehr merkwürdigen Organs erwähnt werden muss, welches unter dem Namen Bojanussche Drüse bekannt ist und bei allen Lamellibranchien angetroffen wird.

Es ist dieses Organ, welches sicherlich die Bedeutung von Nieren hat, stets paarig vorhanden, und stellt einen länglichen, mit drüsigen Wandungen versehenen, geräumigen Sack von schmutziggelber oder schwarzgrüner Farbe dar, welcher jederseits am Rücken der Blattkiemer zwischen dem Herzbeutel und dem unteren Schliessmuskel angebracht ist und sich in der Regel an der Basis der Kiemen zu beiden Seiten des Abdomens hinauf erstreckt. Beide drüsigen Körper berühren sich sehr häufig in der Mittellinie des Rückens, so dass nur eine dünne Scheidewand ihre beiden Höhlen von einander trennt. Diese Höhlen stehen durch zwei kleine, von wulstigen Rändern umgebene Schlitze, welche bald am oberen, bald am unteren Ende der drüsigen Säcke angebracht sind, mit der Mantelhöhle in Verbindung [2]). Die meist sehr

---

7) Ein solches, durch besondere Mündungen nach aussen hin offenstehendes Blutgefässsystem wird von Delle Chiaje (Descrizione a. a. O. Tom. III. p. 53.) geradezu bei den Lamellibranchien angenommen.

1) S. oben §. 174. u. 179.

2) Am oberen Ende der Nierensäcke befinden sich diese Mündungen bei Unio und Anodonta, und zwar dicht neben den beiden Geschlechtsöffnungen. Vergl. Bojanus (in der Isis. 1819. p. 46. Taf. 1. Fig. 1.), Baer (in Meckel's Archiv. 1830. p. 319. Taf. 7. Fig. 1. u. 2.), Pfeiffer (Naturgeschichte deutscher Land- und Süsswasser-Mollusken. Abth. II. Taf. 2. Fig. 19. b.) und Neuwyler (in den neuen Denkschriften a. a. O. Bd. 6. p. 22. Taf. 1. u. 2.). Es stecken hier

dünnen Wandungen der beiden Nierensäcke sind auf ihrer inneren Fläche mit vielen Falten und Vorsprüngen dicht besetzt, wodurch eine Menge Fächer und zellenartige Räume hervorgebracht werden, welche alle mit einem ausnehmend zarten Flimmerepithelium überzogen sind. Das Parenchym dieser Drüsenwandungen besteht aus einem äusserst lockeren Gewebe, welches bei der geringsten Verletzung zu kleinen blasigen und körnigen Körpern zerfällt [3]). Viele dieser blasigen Körper enthalten einen runden, schwarzblauen Kern, von deren Menge die bald dunklere, bald hellere Farbe der Nieren abhängt [4]).

---

immer diese Mündungen in dem Winkel zwischen dem Abdomen und den inneren Kiemen unter der nicht verwachsenen inneren Lamelle der letzteren verborgen. Diese beiden Mündungen sind übrigens schon von Poli (a. a. O. Tom. I. p. 6. Tab. 9. Fig. 15. i. i.) gesehen worden, ohne dass er jedoch ihre Bedeutung gekannt hatte. Bei Pecten und Spondylus dagegen sind die Nierensäcke, welche sich hier an der vorderen Seite des dicken Schliessmuskels herabziehen, ganz an ihrem untersten Ende von zwei Oeffnungen durchbohrt. Vergl. Garner (in the transact. of the zool. soc. a. a. O. Pl. 19. Fig. 2. j. von Pecten). Bei vielen Blattkiemern münden die Geschlechtsorgane in die Harnorgane ein; so nach Garner (a. a. O. p. 92.) bei Tellina, Cardium, Mactra, Pholas und Mya. Sehr deutlich konnte ich mich von den beiden, für die Nieren und Geschlechtsdrüsen besimmten gemeinschaftlichen Mündungen bei Pinna nobilis überzeugen. Hier ragen nämlich auf der vorderen Fläche der breiten Rückenwandung, etwas oberhalb des hinteren grossen Schliessmuskels, zwei von wulstigen Lippen eingefasste Mündungen hervor, welche in einen sehr weiten, dünnhäutigen Sack führen, dessen Wandungen nur an seinem unteren Ende, in der Nähe des grossen Schliessmuskels, auf eine gewisse Strecke beschränkt einen drüsigen Bau besitzen (s. Poli a. a. O. Tab. 37. Fig. 2. D.). Dicht hinter diesen äusseren Mündungen erblickt man innerhalb der beiden Säcke die Geschlechtsöffnungen. Eine noch eigenthümlichere Anordnung der Harnorgane zeigt Mytilus edulis, indem hier die beiden, am Grunde der Kiemen angebrachten Nierensäcke ihrer ganzen Länge nach gespalten erscheinen, so dass man bei dem Auseinanderschlagen der Kiemen geradezu in die Fächer und Zellen dieser Drüsen hineinblicken kann (s. Treviranus, Beobacht. a. d. Zoot. u. Phys. p. 51. Fig. 68. b.).

3) Die feinere Structur dieser drüsigen Organe ist bisher nicht gehörig beachtet, am allerwenigsten aber von Neuwyler richtig erkannt worden, indem er dieselben für zwei Hoden erklärte. Derselbe (a. a. O. p. 25.) spricht von Röhrchen dieser Organe, in welchen er die Spermatozoïden gesehen haben wollte, ohne jedoch die Röhrchen nebst ihrem Inhalte näher zu beschreiben oder abzubilden. Ich habe von allem dem nie etwas bei den Blattkiemern wahrnehmen können. Versucht man es, die Drüsenwandungen dieser Harnorgane auf irgend eine Weise zur Untersuchung für das Mikroskop zuzubereiten, so zerfällt ein Theil ihres ausserordentlich zarten und lockeren Parenchyms zu einer blasigkörnigen Masse, welche sich unter lebhaftem Zittern tanzend durch einander bewegt. Es rühren diese Bewegungen von dem Flimmerepithelium der Drüsenwandungen her, welches in Rudimenten an einzelnen Bläschen und Körnern hängen bleibt, oder an welchem die letzteren festkleben, wodurch sich Neuwyler wahrscheinlich hat verführen lassen, das Ganze für Spermatozoïdengewimmel zu nehmen.

4) Diese runden Kerne, von meist dunkler, brauner oder bläulicher Farbe,

Diese Kerne zeigen eine sehr feste Beschaffenheit und sind als excernirte Stoffe zu betrachten, welche sich zuweilen zu einer solchen Grösse ausbilden, dass sie steinige, mit unbewaffneten Augen erkennbare Concremente darstellen, die um so mehr mit Nierensteinen verglichen werden können, da sie in der That Harnsäure enthalten 5). Die Nierenwandungen sind von einem sehr ausgezeichneten Netze Blut führender Kanäle umgeben, welches aus dem grossen Venenbehälter entspringt, in welchem sich das vom Körper zurückkehrende Blut ansammelt. Ein geringer Theil des durch die Nieren circulirenden Blutes

---

lassen sich in den Nieren von Unio, Anodonta und Cyclas sehr leicht erkennen, sind aber bei jungen Individuen in sehr geringer Menge und ausserordentlicher Kleinheit vorhanden, daher die Nieren solcher Thiere ein sehr blasses Ansehen haben. Es gleichen diese runden Kerne übrigens vollkommen jenen Körpern, welche in der Nierensubstanz der Gasteropoden (s. unten) enthalten sind. Die Aehnlichkeit dieser Körper springt besonders bei Aspergillum vaginiferum in die Augen, dessen dreieckige, zwischen dem Herzen und dem Mastdarmende gelegenen Nierensäcke ihrer ganzen Beschaffenheit nach auffallend an die Nieren der Gasteropoden erinnern, von Leuckart aber für die Leber jenes Blattkiemers erklärt worden sind. Vergl. neue wirbellose Thiere d. roth. Meeres a. a. O. p. 46. Taf. 12. Fig. 6. g.

5) Dergleichen Concremente sind schon von Poli, welcher die Nieren der Lamellibranchien für zwei den Kalk der Schalen absondernde Organe erklärte, bei verschiedenen Blattkiemern in diesen Drüsen entdeckt und beschrieben worden. Vergl. sein klassisches Werk a. a. O. Introductio. p. 18., ferner Tom. II. p. 86. Tab. 20. Fig. 4. u. 6. k. Fig. 12. u. 13. von Cytherea Chio, p. 143. Tab. 26. Fig. 11. 12. u. 13. y. von Pectunculus pilosus, und p. 241. Tab. 37. Fig. 5. 6. u. 8. D. von Pinna nobilis. Es hatten diese Concremente eine unregelmässige Gestalt, und eine bald rothe, bald gelbe Farbe. Ich selbst fand vor Kurzem in mehren Individuen des Pectunculus pilosus die beiden Nieren mit blassen, bernsteinfarbigen, meistens rundlichen Concrementen von verschiedener Grösse vollgestopft, so dass die beiden Organe einem von Eiern strotzenden Fischovarium glichen. Da ich eine ansehnliche Menge von diesen Nierensteinen sammeln konnte, übergab ich einen Theil davon Herrn v. Babo dahier, welcher die Güte hatte, eine qualitative Analyse damit vorzunehmen. Es stellte sich hierdurch heraus, dass diese Concremente, welche einen muscheligen Bruch besassen, aus einer vorherrschenden Menge phosphorsauren Kalks, aus einer Spur von phosphorsaurer Magnesia und einer geringen Menge organischer Materie bestand, welche letztere sich gegen Salpetersäure ganz wie Harnsäure verhielt. Trotzdem, dass sich Bojanus (in der Isis. 1819. p. 46. und 1820. p. 404.) viele Mühe gegeben hatte, die in Rede stehenden drüsigen Organe zu Lungen zu stempeln, so fand doch ihre Deutung als Nieren bei weitem mehr Anklang (s. Treviranus, in Tiedemann's Zeitschrift für Physiologie. Bd. I. p. 53. und Carus, Zootomie. 1834. Bd. II. p. 650.), zumal da sich wirklich Harnsäure in diesen Organen vorfinden sollte (s. Garner, in the transact. of the zool. soc. a. a. O. p. 92. und Owen, lectures on the comp. anat. p. 284.), wovon ich mich bisher nicht hatte überzeugen können. Das chemische Verhalten der oben beschriebenen Concretionen aus Pectunculus pilosus, welche die Anwesenheit von Harnsäure in den Secreten der Bojanschen Drüsen bestätigen, bestärkt mich jetzt in dem Gedanken, dass die Deutung dieser Organe als Nieren richtig ist.

tritt direct zu dem Herzen hinüber, während der grösste Theil desselben sich in die Lungenarterien ergiesst 6).

Neunter Abschnitt.

Von den Fortpflanzungs-Organen.

§. 197.

Die Acephalen pflanzen sich durchweg vermittelst Geschlechtswerkzeugen fort; nur in der Ordnung der Tunicaten kommt auch Vermehrung durch Knospenbildung vor.

Die zusammengesetzten Ascidien nebst einigen einfachen Ascidien sind es nämlich, welche sich auch durch Knospenbildung vermehren, und so an die Zoophyten, namentlich an die Polypen, erinnern, denen sie sonst noch durch mancherlei andere Organisationsverhältnisse nahe treten. Die Knospen, welche immer am unteren Ende des Leibes einer Ascidie hervorwachsen, bilden anfangs kleine, birnförmige, von der allgemeinen Mantelhülle umgebene Ausstülpungen der Leibeswandung, in die sich die Blutcirculation hinein erstreckt. Nach und nach entwickelt sich im abgerundeten Ende dieser Ausstülpungen eine Ascidie, wobei sich der Stiel der Knospe immer mehr verlängert und verdünnt, bis endlich nach völliger Entwickelung des neuen Individuums der Zusammenhang der Leibeswandungen zwischen dem jungen und Mutterthiere ganz schwindet und nur die Mantelhülle gemeinschaftlich bleibt 1).

6) Von der oben angeführten Art der Blutströmung innerhalb der Nieren, wie sie nach Bojanus's Schilderung (in der Isis a. a. O.) allgemein angenommen wird, weicht die Angabe des Treviranus (Beobacht. a. d. Zoot. a. a. O. p. 49.) ab, nach welcher alles aus den Kiemen zurückkehrende Blut, ehe es in das Herz überfliesst, durch die Bojanusschen Drüsen circuliren soll. Es wird hier bei der Verborgenheit dieser Organe sehr schwer sein, durch directe Beobachtung etwas Bestimmtes über die Richtung des Blutstroms zu entscheiden. Nur durch folgende Vergleichung dürfte sich vermuthen lassen, dass die Blutströmung innerhalb dieser Drüsen, wie sie Bojanus beschrieben hat, in der Hauptsache wirklich so Statt findet. Sind nämlich die Bojanusschen Drüsen den Venenanhängen der Cephalopoden analog, was ich mit van der Hoeven (vergl. dessen Bemerkung über Bojanus's Darstellung des Athmens der Acephalen, in Meckel's Archiv. 1828. p. 502.) bestimmt glaube, so hängen jene Drüsen der Blattkiemer mit den die Kiemen aufsuchenden Venen und nicht mit den von den Kiemen nach dem Herzen verlaufenden Arterien zusammen, mithin dürfte wol die Blutströmung innerhalb der Bojanusschen Drüsen nach den Kiemen und nicht nach dem Herzen hin ihren Ausgangspunkt haben.

1) Diese Vermehrung durch Knospenbildung hat Milne Edwards bei Botryllus, Polyclinum, Amaroucium, Didemnum und Perophora beobachtet; sie kommt gewiss auch bei den übrigen aggregirten Ascidien vor, wodurch der Stock

§. 198.

Die Geschlechtswerkzeuge der Acephalen, welche entweder in einem Individuum vereinigt, oder auf ein weibliches und ein männliches Individuum vertheilt sind, stehen auf einer sehr niedrigen Stufe der Entwickelung, indem sie nur, wie bei den Zoophyten, aus einer als Eierstock oder Hode fungirenden Geschlechtsdrüse bestehen, zu welcher nur noch ein Ausführungsgang hinzukommt, denen aber sonst alle Begattungsorgane und besondere, einem Uterus analoge Eierbehälter abgehen.

Die Eier der Acephalen haben meist eine kugelförmige, seltener eine birnförmige oder elliptische Gestalt, und einen blassgelben, bis ins röthliche gefärbten, von einer Dotterhaut und einem glatten, farblosen Chorium umgebenen, feinkörnigen Dotter, aus welchem ein gewöhnlich mit zwei an einander klebenden Kernkörperchen versehenes Keimbläschen hervorschimmert. Chorium und Dotterhaut werden häufig durch eine Eiweissschicht aus einander gehalten 1).

Die Saamenflüssigkeit wird von einer milchigen Feuchtigkeit gebildet, welche zur Zeit der Brunst ein Gewimmel äusserst beweglicher und durch einander hüpfender Spermatozoïden enthält. Diese letzteren bieten fast immer eine Cercarienform dar, indem sie aus einem oblongen, ovalen oder birnförmigen Leibe mit scharf abgesetztem, äusserst zartem Haaranhange bestehen, dessen Beweglichkeit auch in dem Wasser, welches den Acephalen zum Aufenthalte dient, nicht erlischt 2).

---

einer solchen Ascidienfamilie nach und nach vergrössert wird. Bei den einfachen Ascidien Clavelina lepadiformis und producta nehmen die Knospen die Gestalt von Ausläufern (*Stolones*) an, welche sich als neue Individuen gewiss von dem Mutterthiere auch mit dem Mantelüberzuge abtrennen. Vergl. Milne Edwards, sur les Ascid. comp. a. a. O. p. 41. Pl. 3. Fig. 2.c. von Amaroucium proliferum, Pl. 7. Fig. 1. 1.b. u. 1.c. von Botrylloides rotifera, und Pl. 2. Fig. 1.a. und Fig. 3. von Clavelina. Auch Eysenhardt (in den Nov. Act. Acad. Leop. Carol. Vol. XI. p. 263. Taf. 36. Fig. 1. etc.) hat an einer einfachen Ascidie sprossenartige Auswüchse beobachtet.

1) Eier bildeten ab Wagner, Prodromus a. a. O. p. 7. Tab. 1. Fig. 5., Carus, Erläuterungstafeln a. a. O. Hft. V. Taf. 1. Fig. 2. und Nov. Act. Acad. Leop. Carol. a. a. O. p. 26. Taf. 1. von Anodonta und Unio, ferner Milne Edwards, sur les Ascid. comp. p. 25. Pl. 4. Fig. 1—3. von Amaroucium.

2) Die Spermatozoïden der Acephalen sind beschrieben und abgebildet durch Wagner (in Wiegmann's Archiv. 1835. Bd. II. p. 218. Taf. 3. Fig. 8. von Cyclas), Siebold (in Müller's Archiv. 1837. p. 381. Taf. 20. Fig. 12—14. von Unio, Anodonta, Mytilus, Tichogonia, Cardium, Tellina, Mya und Cyclas), Kölliker (Beiträge a. a. O. p. 37. von Pholas) und Krohn (über die männlichen Zeugungsorgane der Ascidien und Salpen, in Froriep's neuen Notizen. No. 356. p. 49. u. 52. von Phallusia und Salpa). Die von Milne Edwards (a. a. O. p. 21. Pl. 3. Fig. 1.c.) beschriebenen Spermatozoïden des Amaroucium weichen mit ihrer langgestreckt spindelförmigen Gestalt ohne abgesetzten Haaranhang auffallend von

Eierstock und Hoden bieten in ihren äusseren Umrissen und in der Form ihrer Ausführungsgänge bei denjenigen Acephalen, welche mit getrennten Geschlechtstheilen versehen sind, keinen Unterschied dar; da überdies die Zeugungsorgane in den männlichen und weiblichen Individuen eine ganz gleiche Lage haben, so sind diese im nicht brünstigen Zustande mit verkümmerten Geschlechtsdrüsen gewöhnlich sehr schwer von einander zu unterscheiden.

Die Saamenmasse wird hier, wie bei den Zoophyten, indem die Begattungsorgane fehlen, durch das Wasser den Eiern zur Befruchtung zugeführt.

§. 199.

Die Geschlechtswerkzeuge der Salpen sind bis jetzt höchst mangelhaft erforscht worden, was vielleicht darin seinen Grund haben mag, dass die Geschlechtsdrüsen bei diesen Thieren ausser der Brunstzeit bis fast zur Unkenntlichkeit verkümmern mögen. Man kennt nur von sehr wenigen Arten derselben die Ovarien, welche in Gestalt zweier, meist zickzackförmig gewundener Stränge oder Schläuche am Rücken der Leibeswandung zu beiden Seiten der Mittellinie zwischen Mantel und Peritonäum angebracht sind und sich bei gewissen Salpen durch ihre violette Farbe auszeichnen [1]). Die Brut der Salpen entwickelt sich immer in der Nähe des Nucleus innerhalb eines vom Peritonäum gebildeten Raumes, von dem es bis jetzt nicht deutlich geworden ist, ob derselbe durch eine Art Eileiter mit den Ovarien zusammenhängt und ob er ausser dem Peritonäum noch besondere Wandungen besitzt, wodurch alsdann diese ganze Höhle mit einem Uterus zu vergleichen wäre. Ueber die männlichen Zeugungsorgane der Salpen fehlt es fast gänzlich an zuverlässigen Untersuchungen; nach einer einzigen Beobachtung lässt sich indessen vermuthen, dass ein Hode zwischen den Windungen des Darms im Nucleus verborgen liegt und neben dem After in die Leibes-

---

dem Typus der übrigen Acephalen-Spermatozoïden ab. Auch ich fand ähnliche Spermatozoïden in Cynthia, nur sah ich das eine Ende des spindelförmigen Körpers in einen viel längeren und zarteren Haaranhang auslaufen, als er von Milne Edwards bei Amaroucium abgebildet worden ist. Dagegen erkannte ich in Phallusia deutlich Spermatozoïden mit oblongem Körper und scharf abgesetztem Haaranhange.

1) Am häufigsten sind diese beiden Ovarien in Salpa pinnata beobachtet worden. Vergl. Forskål, Descriptiones in itinere orientali observ. p. 13. Tab. 35. B. b.[1] 4., Cuvier a. a. O. p. 12. Fig. 1. u. 2. ψ., Chamisso a. a. O. p. 6. Fig. 1., Delle Chiaje, Memorie a. a. O. Tom. III. Tav. 65. Fig. 8. h., ferner Meyen a. a. O. p. 399. Tab. 27. Fig. 1. u. 21. f., und the Catalogue of the phys. ser. etc. Vol. I. Pl. 6. Fig. 1—4. p. Auch bei Salpa cylindrica hat Cuvier (a. a. O. p. 22. Fig. 8.) die zwei Ovarien gesehen. Vor Allem muss hier noch darauf aufmerksam gemacht werden, dass nach Forskål und Chamisso nicht blos die einsam lebende Form der Salpa pinnata, sondern auch die gesellig lebende Form mit zwei violetten Eierstöcken versehen sind.

höhle ausmündet 2), wobei es aber noch unentschieden gelassen werden muss, ob diese Thiere Zwitter oder getrennten Geschlechts sind 3).

Die Ascidien bieten eine deutliche Zwitterbildung dar, indem zwischen den Wandungen des Muskel- und Kiemensackes eines Individuums weibliche und männliche Zeugungsorgane in verschiedener Zahl und Lage vereinigt sind. In den zusammengesetzten, sowie in mehren einfachen Ascidien nimmt eine längliche, compacte Eierstocksmasse von meist schmutzig gelber Farbe den Grund der Leibeshöhle ein; von diesem, deutliche Eier enthaltenden Ovarium begibt sich ein weiter, sehr dünnwandiger Eierleiter, welcher auf seiner inneren Fläche lebhaft flimmert, neben dem Mastdarme nach der Afterröhre hinauf, wo derselbe neben dem After auf einer Papille in die Cloake einmündet. Ganz in der Nähe des Ovariums, häufig unterhalb desselben, liegt eine andere längliche Drüsenmasse, welche sich durch ihren Inhalt als Hode zu erkennen gibt, und ein enges, von weisser Saamenflüssigkeit strotzendes *Vas deferens* in kurzen Wellenwindungen dicht neben dem geraden Eileiter bis zu dessen Mündung hinaufsendet 4). Von dieser

2) Krohn (a. a. O. p. 52.) erkannte nämlich bei Salpa maxima mitten im Nucleus einen rundlichen Hoden, der in seinen vielen zarten Schläuchen weisse Saamenfeuchtigkeit enthielt, und mit einem kurzen Saamenleiter neben dem After in die Schwimmhöhle ausmündete. Höchst wahrscheinlich ist dieser Hode dasselbe Organ, welches Delle Chiaje (Descrizione etc. Tom. III. Tav. 78. Fig. 4. d.) für ein Ovarium angesehen hat. Die Behauptung Meyen's dagegen (a. a. O. p. 397. Tab. 28. Fig. 5—10.), dass das bei Salpa mucronata vor dem Nackenganglion gelegene konische Organ zu den männlichen Geschlechtswerkzeugen gehören soll, ist von demselben durch Nichts begründet worden und gewiss unrichtig, während die Angabe über einen weissen Kanal, welcher in Salpa pinnata den geraden Darmkanal begleiten soll, und von Delle Chiaje (Memorie etc. Vol. III. p. 62. und Descrizione etc. Tom. III. p. 42.) als ein *Vas deferens* bezeichnet wird, durch Krohn's Beobachtung an Zuverlässigkeit gewinnt.

3) Jedenfalls wird man noch besonders die Aufmerksamkeit darauf zu richten haben, ob die beiden Formen einer Salpen-Species, nämlich die einzeln lebende sowol, wie die aggregirte Form, oder nur die eine Form, männliche Sexualorgane besitzen; im letzteren Falle hätten alsdann die Salpen mit den Aphiden eine gewisse Aehnlichkeit.

4) Cuvier und Savigny haben nur die weiblichen Geschlechtstheile der Ascidien gekannt und vielfach abgebildet. Die weiblichen sowol wie die männlichen Geschlechtswerkzeuge hat Milne Edwards (Observat. sur les Ascid. compos. p. 21. Pl. 3. Fig. 1. u. 2.a. und Pl. 2. Fig. 1. u. 3.) von Clavelina, Amaroucium und Polyclinum dargestellt. Sehr eigenthümlich verhält sich der Hode in Phallusia und Rhopalaea, deren Eierstock immer von einer Darmschlinge umgeben ist, während ersterer als ein vielfach verästelter, weisser Kanal sich auf der Lebersubstanz des Darmkanals weit umher ausbreitet, wie es Delle Chiaje (Memorie. Vol. III. p. 192. Tav. 45. Fig. 16. i. und Descrizione. Tom. III. p. 27. Tav. 82. Fig. 13. und Tav. 84. Fig. 1. i.) von Phallusia intestinalis und mentula sehr gut abgebildet hat. Dieselbe Anordnung des Hoden bestätigt Krohn (in Froriep's neuen Notizen. No. 356. p. 49.) von Phallusia, und Philippi (in Müller's Archiv. 1843. p. 48. Taf. IV. Fig. 9.) von Rhopalaea.

Anordnung weichen die Sexualorgane in der Gattung Cynthia auffallend ab. Dieselben sind hier auf beiden Seiten des Leibes zwischen der Kiemenhaut und der Muskelwandung verborgen und mit dieser innig verwachsen. Sie bilden entweder mehre drüsige Erhabenheiten von rundlicher oder eckiger Gestalt, welche zu zwei Partieen an einander gruppirt sind, oder stellen vier längliche Drüsenwülste dar, deren vier deutliche Ausführungsgänge nach kurzem Verlaufe sich, mehr oder weniger von der Afterröhre entfernt, in den zwischen Kiemenhaut und Muskelschlauch vorhandenen Raum öffnen 5).

Von den Brachiopoden kennt man bis jetzt nur die Ovarien, welche die Leber umgeben und die Kiemengefäss-Verzweigungen in beiden Mantelhälften verfolgen und umhüllen 6).

---

5) Carus hat die eine Gruppe von drüsigen, eckigen Hügeln auf der inneren Fläche des Muskelschlauchs in Cynthia microcosmus mit richtigem Blicke als Hoden von der Eierstocksgruppe unterschieden (s. Meckel's Archiv. Bd. II. 1816. p. 577. Tab. 2. Fig. 1. u. 2. u. u. oder Nov. Act. Acad. a. a. O. Tab. 37. Fig. 1. u. 2. k. k.); auch Savigny (a. a. O. p. 92. Pl. 6. Fig. 2. u. 3.) bemerkte in Cynthia microcosmus und pantex die zwei Drüsengruppen mit ihren beiden Ausführungsgängen als die Sexualorgane, ohne jedoch einen Theil derselben für Hoden zu erkennen, während Cuvier (a. a. O. p. 28. Pl. 1. Fig. 3. d. d.), der die Hodengruppe in Cynthia microcosmus ebenfalls gesehen, gar nicht wusste, was er aus ihr machen sollte. Nach Delle Chiaje (Memorie a. a. O. Tav. 45. Fig. 2. h. h.) erscheinen auch in Phallusia phusa die Geschlechtsorgane als eine Menge einzelner Drüsenhügel, welche zu zwei Gruppen vereinigt sind, und zwei von einander getrennte Ausführungsgänge besitzen. Bei Cynthia canopus sind die Geschlechtsdrüsen auf vier längliche Wülste vertheilt, von welchen jeder seinen besondern kurzen Ausführungsgang besitzt, der, vom oberen Ende des Drüsenwulstes ausgehend, nach der Afterröhre hingewendet ist (vergl. Savigny, Mémoires a. a. O. p. 96. Pl. 8. Fig. 1.¹· u. 2.²·). Zwei schlingenförmig gebogene Drüsenwülste findet man in Cynthia papillata (s. Savigny a. a. O. p. 92. Pl. 6. Fig. 4.¹· u. 4.², oder Delle Chiaje, Memorie. Vol. III. p. 191. Tav. 46. Fig. 1. l. l. und Descrizione. Tom. III. p. 27. Tav. 82. Fig. 11. h. h.). Hier ist ausserdem jedes nach der Cloake hin gerichtete Ende dieser beiden Wülste mit einem kurzen Ausführungsgange versehen. Vergleicht man diese Anordnung der Geschlechtsorgane von Cynthia papillata mit der von Cynthia canopus, so macht es ganz den Eindruck, als wären in jener Cynthia die beiden schlingenförmigen Geschlechtsdrüsen aus der Vereinigung von je zwei einzelnen Drüsenwülsten hervorgegangen. Fragen wir, welche von diesen verschiedenen länglichen Drüsenwülsten als Hoden, welche als Ovarien fungiren, so macht es Krohn's Mittheilung (in Froriep's neuen Notizen. No. 356. p. 50.) wahrscheinlich, dass alle jene leicht in die Augen fallenden Drüsenwülste nur Eierstöcke sind; denn Krohn fand bei einer, mit Cynthia canopus vielleicht identischen Ascidien-Art neben den vier kurzen Eierleitern vier andere, leicht zu übersehende Ausführungsgänge, nämlich die *Vasa deferentia*, welche von verästelten, längs den Ovarienwülsten sich ausbreitenden Saamenschläuchen herrührten.

6) Ueber die Ovarien von Terebratula und Orbicula vergleiche man Owen a. a. O. Sehr schön hat Müller (Zoolog. danica. Vol. I. p. 4. Tab. 5. Fig. 1. u. 7.) die Eierstöcke im Mantel von Orbicula dargestellt; weniger gelungen ist

In den Lamellibranchien kommen sowol Zwitterbildungen, wie getrennte Geschlechter vor, jedoch erstere bei weitem weniger verbreitet, als die letzteren. Die wenigen, bis jetzt für hermaphroditisch erkannten Blattkiemer sind Cyclas 7), Pecten 8) und Clavagella 9). Hoden und Ovarien liegen hier auf jeder Seite des Leibes dicht hinter einander zwischen Leber, Darm und Niere eingefügt, ohne dass bis jetzt die Ausführungsgänge dieser verschiedenen Geschlechtsdrüsen genügend dargestellt worden wären. Nur so viel nahm man bei Cyclas wahr, dass die von den beiden Ovarien losgelösten Eier zwischen die Lamellen der Basis der äusseren Kiemen gerathen und hier bei ihrer weiteren Entwickelung einzelne taschenförmige Auftreibungen der Kiemenbasis hervorbringen 10).

Bei den mit getrennten Geschlechtern versehenen übrigen Lamellibranchien 11) nehmen die beiden Ovarien oder Hoden in

---

dagegen die von Poli (a. a. O. Tom. II. p. 191. Tab. 30. Fig. 19. u. 20.) gelieferte Darstellung desselben Gegenstandes.

7) Ueber den Hermaphroditismus von Cyclas vergleiche man meine Abhandlung in Müller's Archiv (1837. p. 383.).

8) Nach Milne Edwards (in den Annal. d. sc. nat. Tom. 18. 1842. p. 322. Pl. 10. Fig. 1.) soll Pecten glaber im Abdomen nach oben die männliche und nach unten die weibliche Geschlechtsdrüse enthalten, wobei zwei Oeffnungen im Grunde der Byssusfurche für die Mündungen der Hoden erklärt werden. Ich kann jedoch bei einer anderen Species von Pecten diesen Hermaphroditismus nicht bestätigen, indem ich im Abdomen derselben entweder nur Hodenmasse oder nur Eierstocksmasse vorfand, auch möchten die von Milne Edwards als Mündungen der männlichen Geschlechtsdrüse betrachteten beiden Oeffnungen im Grunde der Längsfurche des Byssus spinnenden Organs vielleicht den Ausführungsgängen einer Byssusdrüse entsprechen. S. oben §. 179. Anm. 4.

9) In Clavagella fand Krohn (in Froriep's neuen Notizen. No. 356. p. 52.) den Hoden unter der Leber, während der Eierstock Magen und Leber einhüllte.

10) Diese Taschen an den äusseren Kiemen von Cyclas, welche immer nur ein Ei enthalten, hat Carus (in den Erläuterungstafeln. Hft. III. p. 10. Taf. II. Fig. 2.b. u. 3.) nach Jacobson abgebildet.

11) Die männlichen und weiblichen Individuen gewisser Blattkiemer waren schon von dem verdienten Leeuwenhoek (Continuatio arcanorum naturae detectorum. Lugd. Batav. 1722. epist. 95. p. 16.) unterschieden worden, und obgleich die Mehrzahl der Blattkiemer getrennten Geschlechtes ist, hatte doch die spätere Behauptung, dass alle Muschelthiere blos weiblichen Geschlechtes seien, so allgemein Eingang gefunden, dass noch bis auf die neueste Zeit einzelne Naturforscher dieser Meinung anhangen (vergl. Deshayes, in the Cyclopaedia of anat. Vol. I. p. 700., und Garner, in the transact. of the zool. soc. Vol. II. p. 96.), obgleich schon seit mehren Jahren durch meine Untersuchungen (in Müller's Archiv. 1837. p. 380.) die getrennten Geschlechter bei Unio, Anodonta, Mytilus, Tichogonia, Cardium, Tellina und Mya bestimmt nachgewiesen worden sind, und diese Trennung der Geschlechter sowol von Milne Edwards (in den Annales d. sc. nat. Tom. 13. 1840. p. 375.) an Venus, von Owen (Lectures a. a. O. p. 287.) an Anomia, wie von Kölliker (Beiträge a. a. O. p. 37.) an Pholas bestätigt wurde. Diesen Blattkiemern kann ich nachträglich noch Arca, Pectun-

der Regel die Gegend des Abdomens unterhalb der Leber ein, umgeben die Windungen des Verdauungskanals und ragen häufig, mit ihren verästelten Drüsenlappen die Leber bedeckend, am Rücken derselben weit hinauf. Die Ausführungsgänge der beiden Ovarien und Hoden sind auf ihrer inneren Fläche mit einem Flimmerepithelium überzogen, und münden beiderseits am Grunde des Abdomens mit einer engen, von einem Wulste umgebenen Spalte entweder dicht neben der Mündung der Nieren in die Mantelhöhle oder in die Nierensäcke ein [12]). Bei mehren Lamellibranchien, deren Abdomen verkümmert erscheint, breiten sich die Hoden oder Ovarien in der Substanz der beiden Mantelhälften mit vielen Verzweigungen aus [13]). Zur Aufnahme der Eier vertreten grösstentheils die beiden äusseren Kiemen die Stelle eines Uterus oder Brutbehälters, in dessen Fächer sowol die aus den Oviducten hervorgetretenen Eier, als auch die bei dem Athmen aus dem Wasser aufgenommene Saamenmasse mit Hülfe der in der Mantelhöhle überall verbreiteten Flimmercilien hineinbefördert werden [14]). Die äusseren

culus und Lithodomus hinzufügen, an denen ich ebenfalls getrennte Geschlechter erkannt habe. — Wie Neuwyler, durch Verwechselung der von Flimmerepithelium hervorgebrachten Bewegungen mit Spermatozoïden-Gewimmel, die Nieren der Anodonta und Unio für Hoden und die Najaden mithin für Hermaphroditen erklären konnte, darauf ist oben (§. 196. Anm. 3.) bereits hingewiesen worden.

12) Dicht neben einander trifft man die Geschlechts- und Nierenöffnung bei den Najaden an. S. oben §. 196. Anm. 2. und Neumann, de Anodontarum et Unionum oviductu, Dissertat. Regiomont. 1827. Auch bei Tichogonia münden Geschlechtsdrüsen und Nieren neben einander aus. Vergl. van Beneden (in den Annales d. sc. nat. Tom. 7. 1837. p. 128.). Dicht hinter den Mündungen der Nierensäcke sah ich innerhalb derselben die Geschlechtsöffnungen der Pinna nobilis. Nach Garner (a. a. O. p. 92.) findet etwas Aehnliches auch bei Tellina, Cardium, Mactra, Pholas, Mya und Pecten Statt. Die von Valenciennes (Archives du Muséum d'hist. nat. Tom. I. Pl. 2. Fig. 5.) und Delle Chiaje (Descrizione etc. Tom. III. Tav. 90. Fig. 2.) am unteren Ende des Abdomens bei Panopaea und Solen wahrgenommenen beiden Geschlechtsöffnungen gehören wahrscheinlich zugleich auch dem Harnsysteme an.

13) Bei Mytilus (s. Poli a. a. O. Tom. II. p. 202. Tab. 31. Fig. 3.), ferner bei Anomia, Hiatella, Modiola und Lithodomus (nach Garner a. a. O. p. 97.). Bei Lithodomus dactylus fand ich indessen das Abdomen immer mit Hoden- oder Ovarienmasse angefüllt.

14) Bei den Najaden sind die äusseren Kiemen als Eier- und Brutbehälter am gekanntesten. Vergl. Poli (a. a. O. Tom. I. p. 5. Tab. 9. Fig 18.), Pfeiffer (a. a. O. Abth. II. p. 11. Taf. II. Fig. 16—18.), Carus (in den Nov. Act. etc. p. 17. Taf. I. Fig. 8.), und Neuwyler (a. a. O. p. 18. Taf. 3. Fig. 14.) von Unio und Anodonta. Die Eier kleben in den Fächern der Kiemen locker zusammen, uud werden von Unio häufig durch die Afterschlitze ausgeworfen, wobei sie ovale Scheiben darstellen, in welchen man die Form der Kiemenfächer wieder erkennt. Man hat eine lange Zeit es sich nicht zu erklären gewusst, wie die Eier immer nur in die Fächer der äusseren Kiemen gelangen, obgleich die Fächer der inneren Kiemen den beiden Geschlechtsmündungen viel näher liegen, bis Baer (in Meckel's Archiv. 1830. p. 313.) den Umweg nachwies,

Kiemen nehmen die Eier immer in so grosser Menge auf, dass sie während der allmälichen Entwickelung der Brut, besonders bei Anodonta, ausserordentlich anschwellen und einen beträchtlichen Raum einnehmen; zu diesem Behufe erscheinen die Schalen der weiblichen Anodonten gewölbter, als die der männlichen Individuen, daher das Geschlecht dieser Najaden sogar nach der äusseren Form der beiden Schalen bestimmt werden kann [15]).

§. 200.

Die meisten Acephalen erleiden bei ihrer Entwickelung, welche mit einem totalen Durchfurchungsprozesse des Eidotters beginnt, eine Metamorphose, die sich in den verschiedenen Ordnungen dieser Thiere durch mancherlei höchst merkwürdige Eigenthümlichkeiten auszeichnet.

In den Tunicaten hat man die Entwickelung der Ascidien bis jetzt am vollständigsten verfolgen können. Hier verwandelt sich der aus dem totalen Furchungsprozesse [1]) hervorgegangene ovale Embryo in eine cercarienartige Larve [2]), indem der langgestreckte Schwanz derselben nicht aus dem Hinterleibsende des Embryo allmälich hervorwächst, sondern auffallender Weise dadurch gebildet wird, dass

---

auf welchem die Eier längs der Basis der inneren Kieme hinab bis zur Cloake und von da durch einen besonderen Kanal des Mantels hinauf in die Fächer der äusseren Kiemen gleiten, was jetzt, seitdem man mit den Wirkungen der Flimmerorgane bekannt geworden ist, um so leichter einleuchtet. Wie bei Tellina auf ähnliche Weise die von den männlichen Individuen durch die Afterröhre ausgeleerte Saamenmasse von den Weibchen vermittelst der vorderen Athemröhre eingezogen und in die Kiemen geschafft werde, darüber hat uns Will (in Froriep's neuen Notizen. No. 620. p. 57.) belehrt.

15) Diese verschiedene Wölbung der Schalen habe ich bis jetzt nur an den männlichen und weiblichen Anodonten wahrgenommen (s. meine Bemerkungen darüber in Wiegmann's Archiv. 1837. Bd. I. p. 415.), wobei ich mich bei Unio und anderen Blattkiemern vergebens nach einem solchen äusseren Geschlechtsunterschiede umgesehen habe, während Kirtland (in Wiegmann's Archiv. 1836. Bd. I. p. 236.) an nordamerikanischen Unionen die männlichen und weiblichen Individuen nach den verschieden gewölbten Schalen recht gut herauszufinden vermochte.

1) Der totale Furchungsprozess ist von Milne Edwards (sur les Ascid. etc. p. 30. Pl. 4. Fig. 1—4.) an den Eiern von Amaroucium deutlich beobachtet worden.

2) Diese cercarienartigen Fötus hatte schon Savigny (Mémoires a. a. O. Pl. 11. Fig. 2.[3] und Pl. 21. Fig. 1.[t]) in Clavelina und Botryllus gesehen. Später wurden sie auch von Audouin und Milne Edwards (in den Annal. d. sc. nat. Tom. 15. 1828. p. 11.), von Sars (Beskrivelser etc. p. 69. Pl. 12.) und Dalyell (in the Edinburgh new philosophical Journal. January 1839. p. 153.) beschrieben, worauf in der neuesten Zeit Milne Edwards (sur les Ascid. etc. a. a. O.) eine genaue Entwickelungsgeschichte dieser jungen Ascidien lieferte, welche durch die Untersuchungen von van Beneden (Mémoire sur l'embryogénie, l'anatomie et la physiologie des Ascidies a. a. O.) und Kölliker (über das Vorkommen der Holzfaser im Thierreich a. a. O.) noch erweitert worden ist.

eine Reihe oberflächlicher Furchungskugeln verschmilzt und sich seitlich vom übrigen Dotterkörper als Schwanz lostrennt, der anfangs noch eine Zeit lang nach vorne umgeschlagen bleibt, und erst später sich nach hinten ausstreckt. Bei einigen aggregirten Ascidien kommen mit dem Schwanze zugleich auch zwei Augenpunkte auf dem Rücken der Larven zum Vorschein [3]). In dieser Entwickelungsperiode, während welcher die Eier noch in der Cloake liegen können, oder vielleicht schon durch die Afterröhre nach aussen entleert worden sind, durchbrechen die Ascidien-Embryone ihre Eihüllen, und schwimmen mittelst ihres äusserst beweglichen Schwanzes im Wasser frei umher. Bald darauf wird die ganze Larve von einer hellen, structurlosen Hülle umgeben, welche sich später zum Mantel der Ascidie ausbildet. Die Larve hängt sich jetzt mit ihrem Vorderleibsende irgendwo fest, verliert ihren Schwanz und nimmt hierauf die bekannte Gestalt einer Ascidie an [4]). Bei den aggregirten Ascidien wachsen, noch ehe sich die cercarienartige Larve festgeheftet und ihres Schwanzes entledigt hat, aus der vorderen Leibesmasse mehre knopfförmige Fortsätze in den Mantel hinein, die sich nach dem Anheften in eben so viele Individuen einer Ascidien-Familie ausbilden [5]).

Die Entwickelung der Salpen ist bis jetzt nur unvollständig beobachtet worden, indem die frühsten Entwickelungszustände ganz ausser Acht gelassen wurden. Dennoch bieten die aus der Entwickelungsgeschichte der Salpen erkannten späteren Momente höchst interessante und unerhörte Thatsachen dar. Vor Allem muss es auffallen, dass die beiden Formen der Salpen-Arten, welche immer vivipar sind, eine ganz verschiedene Brut erzeugen. Die einsam lebende Form bringt nämlich eine ganze Kette der aggregirten Form hervor, während jedes Individuum der letzteren Form nur vereinzelte Salpen gebären [6]). Keine dieser beiden Brutarten ist einer Metamorphose unterworfen. Die Fötuskette der vereinzelten Salpen stellt fast immer eine doppelte Reihe von jungen, durch mehre Stränge unter einander vereinigter Thiere dar, welche in einem gemeinschaftlichen häutigen Rohre stecken, von dessen

---

3) Bei Amaroucium und Aplidium nach Kölliker's Beobachtungen, was auch van Beneden bestätigt.

4) Vergl. Dalyell a. a. O. über die Entwickelung einer einfachen Ascidie.

5) Nach Milne Edwards (a. a. O. p. 30.) sollen diese knopfförmigen Fortsätze zum Ansaugen dienen, dem jedoch Kölliker's und van Beneden's Beobachtungen widersprechen.

6) Diese zuerst von Chamisso (a. a. O.) dargestellte Fortpflanzungsweise der Salpen erklärte Eschricht (a. a. O.) für unrichtig, indem er behauptet, dass die Salpen im jüngeren Alter vereinzelte Fötus, im vorgeschrittenen Alter dagegen Fötusketten gebären, was aber noch, wie Steenstrup (über den Generationswechsel. p. 36.) ganz richtig bemerkt hat, durch die Erfahrung nicht festgestellt ist.

vorderem Ende die Fötus in abnehmender Entwickelung bis zu dem anderen hinteren Ende verfolgt werden können, wo dieselben fast nur einfache punktförmige Körper darstellen. Das die Fötuskette enthaltende Rohr windet sich meistens um den Nucleus herum, ragt von da zuweilen mit seinem vorderen Ende weit in die Leibeshöhle hinein und scheint mit seinem hinteren Ende in der Gegend des Nucleus an den Rücken der Leibeswandung befestigt zu sein [7]). Die von den Individuen einer Salpenkette erzeugten vereinzelten Salpen entwickeln sich ebenfalls in der Gegend des Nucleus, indem sie merkwürdiger Weise durch einen Stiel, der mit einer Nabelschnur verglichen werden könnte, mit der Rückenwandung des Mutterthieres zusammenhängen. Man findet diese gestielten Embryone, welche noch mit einer besonderen Dottermasse versehen sind, immer nur in sehr geringer Menge, häufig ganz einzeln an der Brutstätte vor [8]). Es fragt sich übrigens, ob die Eier, welche sich zu vereinzelten Salpen entwickeln, an der Brutstätte mit ihrem Stiele nach und nach hervorwachsen, oder ob sie in einem besonderen Ovarium entstehen, und sich, nachdem sie sich von demselben abgelöst, an jener Stelle zur weiteren Entwickelung anheften; fast möchte man glauben, diese ganze Erzeugung vereinzelter Salpen sei nichts Anderes, als eine innere Knospenbildung.

Unter den Lamellibranchien sind es die Najaden, deren Entwickelung am sorgfältigsten beobachtet worden ist. Bald nach begonnenem Furchungsprozesse schliessen sich zwei, an der Oberfläche der Dottermasse neben einander liegende Dotterzellen von der weiter fortschreitenden Furchung [9]) aus und bilden sich allmälich in zwei drei-

---

7) Vergl. die Abbildungen von Chamisso (a. a. O.), von Quoy und Gaimard (in den Annales d. sc. nat. Tom. 10. 1827. p. 226. Pl. 8. Fig. 3—6. und Voyage de découvertes de l'Astrolabe a. a. O., oder Isis. 1836. p. 114. Taf. 6. Fig. 3. u. 14.) und Delle Chiaje (Descrizione a. a. O. Tom. III. p. 42. Tav. 76. Fig. 1.), vor Allem aber siehe die Darstellung von Eschricht (a. a. O. p. 35. Tab. 1. 2. 4. u. 5.).

8) Vergl. Chamisso (a. a. O. Fig. 1. D. u. 1. J. Salpa pinnata mit einem sehr entwickelten Fötus, Fig. 3. F. Salpa zonaria mit drei sehr unentwickelten, knopfförmigen Fötus), Quoy und Gaimard (in der Isis. 1836. Taf. 6. Fig. 12. Salpa pinnata mit einem grösseren Fötus, und in den Annales d. sc. nat. a. a. O. Pl. 8. Fig. 7—9. Salpa microstoma mit vier knopfförmigen Fötus), Meyen (a. a. O. p. 399. Tab. 27. Fig. 9—16. Salpa pinnata, Tab. 28. Fig. 1. u. 2. Salpa mucronata, Tab. 29. Fig. 1. h. Salpa antarctica, Fig. 2—4. Salpa maxima), Eschricht (a. a. O. p. 65. Fig. 27. q. und Fig. 36. ein Individuum der Fötuskette von Salpa cordiformis mit fünf vereinzelten, gestielten Fötus im Innern, vielleicht gehören auch die fünf gestielten Körper hieher, welche Eschricht p. 39. Fig. 18. p. und Fig. 23. von Salpa zonaria beschrieben und abgebildet hat), s. endlich noch Delle Chiaje (Descrizione a. a. O. Tav. 78. Fig. 3. Salpa maxima mit einem gestielten Körper, und Fig. 13. u. 8. Salpa scutigera mit einem entwickelten Fötus).

9) Bei dem Furchungsprozesse des Dotters von Unio und Anodonta lässt

seitige Schalen um, während die übrigen Dotterzellen sich in einen flimmernden, rundlichen Embryo verwandeln, der sich sammt den beiden, ihn theilweise umschliessenden Schalen in langsamen Rotationen innerhalb der Eihülle umherwälzt [10]). Diese Drehungen hören jedoch bald auf, indem sich der Embryo durch eine merkwürdige Metamorphose in zwei flache, von den beiden Schalen bedeckte Hälften theilt [11]). Eine jede dieser Embryonalhälften besitzt einen, neben dem Schlosse gelegenen und mit Flimmercilien umgebenen Mund nebst einem besonderen Darmkanale [12]). Mitten in dem Winkel, welchen die beiden Embryonalhälften an der Schlossnaht der Schalen bilden, erhebt sich ein kurzer hohler Cylinder als Byssusorgan, aus welchem ein ungemein langer, glasheller Byssusfaden hervorragt [13]). Die innere Fläche der beiden Embryonalhälften ist mit drei tentakelartigen, steifen Spitzen besetzt, die an ihrer Basis von einem Wulste umgeben sind [14]). In der

---

sich in jeder neu entstandenen Dotterzelle der helle Kern sehr deutlich wahrnehmen. Carus (in den Nov. Act. a. a. O. p. 43. Tab. II. Fig. 1. 3. 10. u. 11.) hat diese gekernten Dotterzellen ganz gut gesehen, hielt aber die mit vieleckigen Dotterzellen versehenen Eier für erkrankt und abgestorben, deren in Felder abgetheilte Dottermassen auf die Entstehung der Muschelschalen hindeuteten.

10) Die Ursache dieser Rotationen des Muschel-Embryo, welche schon Leeuwenhoek (Continuatio arcanorum naturae. Epist. 95.) in Erstaunen versetzt hatten, wurde sowol von Home (in den Philosophical transactions. 1827. Part. I. p. 39., oder in Heusinger's Zeitschrift für die organische Physik. Bd. I. p. 394.), als von Carus (a. a. O. p. 27.), da sie von der Existenz der Flimmercilien noch keine Ahnung hatten, auf eine ganz ungenügende Weise beurtheilt.

11) Diese sonderbare Theilung des Embryo mit den weit klaffenden Schalen, welche oft in einer Ebene ausgebreitet liegen, mag die Veranlassung gewesen sein, dass Rathke (in den Skrivter af Naturhistorie-Selskabet a. a. O. p. 166. Tab. 10. Fig. 3.) und Jacobson (Observations sur le développement prétendu des oeufs des Moulettes ou Unios et des Anodontes dans leurs branchies, s. in den Annales d. sc. nat. Tom. 14. 1828. p. 22. den von Blainville darüber abgestatteten Rapport) diese Najaden-Brut unter dem Namen *Glochidium parasiticum* für Schmarotzerthiere angesehen haben. Vergl. übrigens über die Entwickelungsgeschichte der Najaden die Arbeiten von Carus (a. a. O.) und Quatrefages (sur la vie interbranchiale des petites Anodontes, in den Annales d. sc. nat. Tom. 4. 1835. p. 283. und Tom. 5. 1836. p. 321. Pl. 12.).

12) S. Quatrefages a. a. O. Pl. 12. Fig. 20.

13) Quatrefages (a. a. O.) hat an jedem Muschelembryo zwei Byssusorgane abgebildet, aus welchen immer ein doppelter Byssusfaden hervortritt; ich habe mich hiervon nicht überzeugen können, sondern stets, wie es auch Carus dargestellt hat, nur ein Byssusorgan mit einem einfachen Byssusfaden wahrgenommen. Es ist ausserdem interessant, dass noch andere Lamellibranchien, wie die Najaden, im Jugenzustande ein Byssus spinnendes Organ besitzen; so erkannte ich deutlich in den ganz jungen Individuen der Cyclas cornea am hinteren Winkel ihres Fusses einen in der Masse des Fusses verborgenen, birnförmigen Drüsenschlauch, aus dessen Mündung ebenfalls ein einfacher langer Byssusfaden hervorragte. — 14) Vergl. Carus a. a. O. Tab. IV. Fig. 14.

Nähe des Schalenschlosses erstreckt sich ein breiter Muskel von einer Embryonalhälfte zur anderen quer herüber, der, nachdem das junge Muschelthier die Eihülle abgestreift hat, die alsdann vollständig klaffenden Schalen durch zuckende Contractionen von Zeit zu Zeit zu schliessen sucht. Die Schalen dieser jungen Muschelthiere sind sehr flach gewölbt und von dreieckiger Gestalt; die eine ihrer drei Kanten, welche ganz gerade läuft, hilft das Schloss bilden, während die beiden anderen, sanft gebogenen Kanten dem Schlosse gegenüber in eine Spitze zusammenstossen; an dieser Spitze ist ein nach unten und innen umgebogener Fortsatz eingelenkt, der auf seiner convexen Seite mit mehren Stacheln besetzt erscheint [15]. Haben diese Embryone die Eischale verlassen, so hängen sie durch Verwirren ihrer Byssusfäden alle unter einander zusammen. Wahrscheinlich geht nachher, nachdem es dem Schliessmuskel gelungen ist, die vorher klaffenden Schalen dauernd zu schliessen, durch eine neue Metamorphose die Verschmelzung der beiden Embryonalhälften vor sich.

15) Vergl. **Rathke**, **Carus** und **Quatrefages** a. a. O.

Zehntes Buch.

Die Cephalophoren.

Eintheilung.

§. 201.

Die Klasse der Cephalophoren enthält sehr verschieden organisirte Thiere, von welchen mehre als Uebergangsthiere in demselben Grade bis zu den Würmern zurückweichen, wie bei der vorhergehenden Klasse mehre Acephalen bis zu den Zoophyten hinabragten. Von der Gattung Sagitta, mit welcher die Reihe der Cephalophoren eröffnet wird, ist es überhaupt noch die Frage, ob sie hier wirklich an ihrem rechten Platze steht, wiewol jeder weitere Versuch, die zu Sagitta gehörenden sonderbaren Wesen in eine andere niedere Thierklasse unterzubringen, keine bessere Befriedigung gewähren will. Dass ferner die Pteropoden, Heteropoden und Gasteropoden unter dem Namen Cephalophoren zusammengefasst worden sind, wird vielleicht Anstoss erregen, da die Cephalopoden ebenfalls auf dieselbe Bezeichnung Anspruch zu machen haben, indessen hat sich für jene drei Ordnungen bis jetzt keine passende gemeinsame Bezeichnung auffinden lassen, so dass lediglich aus Mangel einer besseren Bezeichnung die Cephalophoren in dem erwähnten Sinne genommen wurden [1]).

Was die unten aufgestellte Unterordnung Apneusta und ihre beiden Familien Anangia und Angiophora betrifft, so ist dieselbe in dieser Weise von Kölliker den übrigen, mit gesonderten Athemwerkzeugen ausgerüsteten Gasteropoden gegenüber gegründet worden [2]). Es

1) Auch Meckel hat (s. dessen System der vergl. Anatomie) den Ausdruck Cephalophora in demselben Sinne genommen, wie ich es hier gethan.

2) Kölliker hat in einer noch ungedruckten Arbeit, welche mir derselbe zur Benutzung gütigst mitgetheilt, ausser Flabellina und Polycera drei neue Gattungen niederer Gasteropoden unter dem Namen Acanthina, Lissosoma und Rhodope beschrieben und mit den übrigen von Quatrefages als Phlebenterata bezeichneten Gasteropoden zu der Abtheilung Apneusta vereinigt,

ist diese Eintheilung jener so höchst interessanten Gruppe kleiner Gasteropoden um so lieber angenommen worden, als sie in den anatomischen Verhältnissen dieser Thiere ihre Bestätigung findet, und sich die von Quatrefages für jene Gruppe gewählte Bezeichnung Phlebenterata nach neueren sorgfältigen Untersuchungen als ungeeignet herausgestellt hat.

I. Ordnung. *Pteropoda.*

Schwimmen mit auf beiden Seiten des Leibes symmetrisch ange ordneten flügel- oder flossenförmigen Hautlappen.

1. Familie. *Sagittina.*

Gattung: *Sagitta.*

2. Familie. *Hyaleacea.*

Gattungen: *Hyalea*, *Cleodora*, *Cymbulia*, *Tiedemannia*, *Cuvieria*, *Creseis*, *Limacina.*

3. Familie. *Clioidea.*

Gattungen: *Clio*, *Pneumodermon*, *Spongiobranchaea.*

II. Ordnung. *Heteropoda.*

Bewegen sich mit einem auf der Bauchseite angebrachten kielartigen Schwimmapparat, der zuweilen noch eine Saugscheibe trägt.

Gattungen: *Phyllirrhoë*, *Pterotrachea*, *Carinaria*, *Atlanta.*

III. Ordnung. *Gasteropoda.*

Kriechen mit einer auf der Bauchseite befindlichen sohlenartigen Muskelausbreitung umher.

1. Unterordnung. *Apneusta.*

Ohne gesonderte Athemwerkzeuge und ohne Gehäuse.

1. Familie. *Anangia.*

Gattungen: *Rhodope*, *Pelta*, *Actaeon*, *Actaeonia*, *Lissosoma*, *Chalidis*, *Flabellina*, *Zephyrina*, *Amphorina.*

2. Familie. *Angiophora.*

Gattungen: *Tergipes*, *Venilia* (*Proctonotus*), *Calliopoea*, *Eolidina*, *Aeolis* (*Eolidia*).

2. Unterordnung. *Heterobranchia.*

Athmen mit Kiemen, welche an verschiedenen Stellen des Körpers mehr oder weniger frei angebracht sind, und tragen zuweilen ein sehr einfaches, schüsselförmiges Gehäuse mit sich herum.

---

die er in die folgenden beiden Unterabtheilungen zerfällte: 1) Angiophora (mit einem Herzen und rudimentären Gefässsysteme) und 2) Anangia (ohne Herz und ohne Gefässe).

1. Familie. *Nudibranchiata.*
Gattungen: *Scyllaea*, *Tritonia*, *Thetis*, *Doris*, *Polycera*, *Plocamophorus.*

2. Familie. *Inferobranchiata.*
Gattungen: *Diphyllidia*, *Phyllidia*, *Ancylus.*

3. Familie. *Cyclobranchiata.*
Gattungen: *Patella*, *Chiton.*

4. Familie. *Scutibranchiata.*
Gattungen: *Haliotis*, *Fissurella*, *Emarginula.*

5. Familie. *Tectibranchiata.*
Gattungen: *Gasteropteron*, *Umbrella*, *Doridium*, *Bulla*, *Bullaea*, *Aplysia*, *Notarchus*, *Dolabella*, *Pleurobranchus*, *Pleurobranchaea.*

3. Unterordnung. *Tubicolae.*

Stecken sammt ihren Kiemen in einfachen, wenig gebogenen oder unregelmässig gewundenen Röhren.

1. Familie. *Cirribranchiata.*
Gattung: *Dentalium.*

2. Familie. *Tubulibranchiata.*
Gattungen: *Vermetus*, *Magilus.*

4. Unterordnung. *Pectinibranchiata.*

Kiemen in einer besonderen, auf dem Vorderrücken angebrachten Höhle; Gehäuse mit regelmässig spiraligen Windungen.

1. Familie. *Sigaretina.*
Gattung: *Sigaretus.*

2. Familie. *Purpurifera.*
Gattungen: *Buccinnm*, *Harpa*, *Cassis*, *Purpura*, *Eburnea*, *Terebra.*

3. Familie. *Canalifera.*
Gattungen: *Murex*, *Struthiolaria*, *Tritonium*, *Turbinella*, *Fasciolaria.*

4. Familie. *Alata.*
Gattungen: *Strombus*, *Rostellaria*, *Pterocera.*

5. Familie. *Cerithiacea.*
Gattung: *Cerithium.*

6. Familie. *Volutacea.*
Gattungen: *Voluta*, *Oliva*, *Mitra.*

7. Familie. *Involuta.*
Gattungen: *Cypraea*, *Ovula.*

8. Familie. *Conoïdea.*
Gattung: *Conus.*

9. Familie. *Trochoïdea.*
Gattungen: *Scalaria*, *Turbo*, *Trochus*, *Phasianella*, *Rotella*, *Littorina*, *Janthina.*

10. Familie. *Neritacea.*
Gattungen: *Natica*, *Nerita.*

11. Familie. *Potamophila.*
Gattungen: *Rissoa*, *Paludina*, *Ampullaria*, *Ceratodes*, *Valvata.*

5. Unterordnung. *PULMONATA.*

1. Familie. *Amphipneusta.*
Gattung: *Onchidium.*

2. Familie. *Lymnaeacea.*
Gattungen: *Lymnaeus*, *Planorbis*, *Amphipeplea*, *Physa.*

3. Familie. *Helicina.*
Gattungen: *Helix*, *Caracolla*, *Succinea*, *Bulimus*, *Achatina*, *Clausilia.*

4. Familie. *Limacina.*
Gattungen: *Limax*, *Arion*, *Testacella*, *Parmacella.*

5. Familie. *Auriculacea.*
Gattung: *Auricula.*

6. Familie. *Operculata.*
Gattung: *Cyclostoma.*

Literatur.

Cuvier, Mémoires pour servir à l'histoire et à l'anatomie des Mollusques. Paris 1817. Eine Sammlung von Monographien über Clio, Hyalea, Pneumodermon, Tritonia, Doris, Scyllaea, Aeolis, Glaucus, Thetis, Phyllidia, Pleurobranchus, Aplysia, Bullaea, Bulla, Limax, Helix, Dolabella, Testacella, Parmacella, Onchidium, Lymnaeus, Planorbis, Phasianella, Janthina, Paludina, Turbo, Buccinum, Sigaretus, Haliotis, Fissurella, Emarginula, Patella, Chiton und Carinaria, welche grösstentheils auch in den Annales du Muséum d'histoire naturelle besonders abgedruckt sind. Die Arbeit über Sigaretus bis Carinaria befindet sich auch in der Isis. 1819. p. 713. Taf. 10. u. 11.

Meckel, Beiträge zur vergleichenden Anatomie. Bd. 1. Hft. 1. u. 2., ferner dessen deutsches Archiv für die Physiologie. Bd. 8. p. 190. und Archiv für die Anatomie und Physiologie. 1826. p. 13. enthalten anatomische Beschreibungen von Thetis, Doris, Diphyllidia etc.

Wohnlich, De Helice Pomatia. Dissertat. Wirceburg. 1813.

Leue, De Pleurobranchaea. Diss. Halae 1813.

Kosse, De Pteropodum ordine. Diss. Hal. 1813.

Feider, De Haliotidum structura. Diss. Hal. 1814.

Stiebel, Lymnaei stagnalis anatome. Diss. Gotting. 1815.

Deshayes, Anatomie du genre Dentale, in den Mémoires de la société d'histoire naturelle de Paris. Tom. II. 1825.

Rang, Observations sur le genre Atlante. Ebendas. Tom. 3. 1827. p. 372. Beide Abhandlungen in der Isis. 1832. p. 462. u. 471. im Auszuge.

Treviranus, Ueber die Zeugungstheile und die Fortpflanzung der Mollusken, und über die anatomischen Verwandtschaften des Ancylus fluviatilis, in dessen Zeitschrift für Physiologie. Bd. 1. p. 1. und Bd. 4. p. 192.

Leiblein, Beitrag zu einer Anatomie des Murex brandaris, in Heusinger's Zeitschrift für die organische Physik. Bd. 1. p. 1, oder in den Annales des sciences naturelles. Tom. 14. 1828. p. 177.

Quoy und Gaimard, in der Voyage de la corvette l'Astrolabe sous le commandement de Dumont Durville. Zoologie. Tom. 2. u. 3. 1832. (auch in der Isis. 1834. p. 283. und 1836. p. 31. im Auszuge, haben eine Menge Beobachtungen über den anatomischen Bau der Cephalophoren geliefert.

Rymer Jones, Gasteropoda, in der Cyclopaedia of anatomy and physiology. Vol. II. p. 377. London 1839.

Eschricht, Anatomische Untersuchungen über die Clione borealis. Kopenhagen 1838.

Van Beneden, Exercices zootomiques. Fasc. 1. u. 2. Bruxelles 1839. Eine Sammlung von Monographien über Amphipeplea (Lymnaeus glutinosus), Pneumodermon, Cymbulia, Tiedemannia, Hyalea, Cleodora, Cuvieria und Limacina, welche aus den Nouveaux mémoires de l'Académie royale de Bruxelles besonders abgedruckt sind. Die Abhandlung über Pneumodermon befindet sich auch in Müller's Archiv. 1838. p. 296.

Vogt, Bemerkungen über den Bau des Ancylus fluviatilis, in Müller's Archiv. 1841. p. 25.

Pouchet, Recherches sur l'anatomie et la physiologie des Mollusques. Paris 1842. (ist auf der Seite 24 unvollendet abgebrochen).

Quatrefages, Mémoire sur l'Éolidine paradoxale und Mémoire sur les Gastéropodes Phlébentérés, in den Annales d. sc. nat. Tom. 19. 1843. p. 274. und Tom. 1. 1844. p. 129.

Nordmann, Versuch einer Monographie des Tergipes Edwardsii. St. Petersburg (1843.), aus den Mémoires de l'Académie impériale de St. Petersb. Tom. 4., auch in den Annales d. sc. nat. Tom. 5. 1846. p. 109. im Auszuge abgedruckt.

Krohn, Anatomisch-physiologische Beobachtungen über die Sagitta bipunctata. Hamburg 1844., auch in den Annales d. sc. nat. Tom. 3. 1845. p. 102. und in den Annals of nat. hist. Vol. 16. 1845. p. 289.

Hancock und Embleton, On the anatomy of Eolis, in den Annals of nat. hist. Vol. 15. 1845. p. 1.

Allman, On the anatomy of Actaeon, ebendas. Vol. 16. 1845. p. 145.

Erster Abschnitt.

Von der Hautbedeckung.

§. 202.

Die allgemeine Hautbedeckung der Cephalophoren wird von einem derben Corium gebildet, welches eine zellige Structur besitzt und häufig Pigmentzellen oder wandungslose Pigmenthaufen enthält. Die äussere Oberfläche des Corium, welches bei den Gasteropoden gefurcht oder höckerig erscheint, ist mit einem zarten Epithelium überzogen, welches bei den meisten im Wasser lebenden Cephalophoren fast an allen Stellen des Körpers und bei den Land-Gasteropoden nur an gewissen Stellen mit Flimmercilien dicht besetzt ist [1]). Diese Hautbedeckung hat in ihrem ganzen Verhalten grosse Aehnlichkeit mit einer Schleimhaut, und sondert auch ununterbrochen eine sehr reichliche Menge Schleim ab. Dicht mit dem Corium der Cephalophoren ist eine Muskelschicht innig verwebt, daher die ganze Haut dieser Thiere mit einer ausserordentlichen Contractionsfähigkeit begabt ist.

An sehr vielen Cephalophoren bildet die allgemeine Hautbedeckung entweder um den Hals oder um den Rücken herum eine Falte; hinter oder oberhalb dieser meist kreisförmigen Falte zeigt sich die Cutis gewöhnlich mehr oder weniger zu einem Sacke erweitert, in welchem ein Theil der Eingeweide, wie in einem Bruchsacke eingeschlossen, liegt. Man bezeichnet diesen Theil der allgemeinen Hautbedeckung als den Mantel der Cephalophoren [2]), in welchen sich viele derselben mit ihrem ganzen Körper verbergen können, wobei sich die Falte oder vielmehr der Rand des Mantels sphinkterartig über sie zusammenzieht [3]).

§. 203.

Eine sehr grosse Zahl der Cephalophoren trägt ein einschaliges Kalkgehäuse auf dem Rücken [1]), welches seine Entstehung sowol

---

1) Ein über die ganze Körperoberfläche verbreitetes Flimmerepithelium findet sich bei Lymnaeus, Planorbis, Physa, Paludina, Valvata, Tergipes, Flabellina, Polycera etc. Ein solches Flimmerepithelium sah ich merkwürdiger Weise bei den Landgasteropoden nur auf der unteren Fläche der Sohle, und bei Arion ausserdem noch an den von dem übrigen Körper durch eine Längsfurche geschiedenen Seitenrändern der Sohle, während es an allen übrigen Stellen der Hautoberfläche dieser Schnecke fehlt. Ich kann hiernach Valentin's Aussage (in Wagner's Handwörterbuch der Physiol. Bd. I. p. 429.), dass bei Limax und Helix die ganze äussere Haut sammt den Fühlern flimmern, nicht bestätigen.

2) Bei Limax, Arion und einigen verwandten Schnecken ist dieser Mantel sehr verkümmert, indem er in Form eines Schildes nur einen kleinen Theil des Rückens bedeckt.

3) Nach einem völlig abweichenden Typus ist die, einen faltenlosen, cylindrischen Schlauch darstellende Hautbedeckung der Sagitta organisirt. Dieselbe besteht nämlich in einem festen, nicht contractilen und ganz glatten Corium, welches aus keinen besonderen Gewebselementen zusammengesetzt zu sein scheint, aber bei genauerer Untersuchung dennoch eine faserige Structur an sich erkennen lässt; die Fasern dieser Haut sind ausserordentlich zart, laufen parallel in dichten und ununterbrochenen Reihen von vorne nach hinten, und haben ein variköses, an die Kernfasern erinnerndes Ansehen.

1) Bei Chiton besteht dieses Kalkgehäuse ausnahmsweise aus mehren Schienen, welche dachziegelförmig und beweglich unter einander verbunden sind. — Der

dem Mantelrande, wie der äusseren Fläche des Mantels verdankt. Nur in seltenen Fällen geht die Bildung des Gehäuses im Innern des Mantels vor sich [2]).

Der Mantelrand ist bei der Verfertigung des Gehäuses am meisten betheiligt, da von ihm das Fortwachsen des Gehäuses ausgeht, weshalb er auch stets mit seinen aufgewulsteten Lippen die Mündung desselben berührt. Der grösste Theil der Landschnecken [3]) schliesst mit dem Mantelrande, nach vollendetem Wachsthume des Gehäuses, die Mündung desselben durch eine wulstige Kalklippe ab. Bei gewissen Seeschnecken [4]) wird dieses Aufwerfen einer Kalklippe von dem Mantelrande während des Wachsens mehre Male in regelmässigen Zwischenräumen wiederholt. An mehren Kammkiemern zeigt der Mantelrand verschiedene breitere oder schmälere Fortsätze, von welchen ebenfalls Kalkausschwitzungen ausgehen, die in der Umgebung der Schalenmündung theils zur Bildung flügelförmiger Auswüchse, theils zur Entstehung von hohlen oder rinnenartigen Stacheln Veranlassung geben [5]). Einer dieser Mantelfortsätze zeichnet sich bei vielen Kammkiemern durch eine kanalartige Verlängerung, welche in die Athemhöhle leitet, als Athemröhre ganz besonders aus. Diese Athemröhre des Mantels liegt bei mehren Kammkiemern in einem kanalförmigen Fortsatze der Schalenmündung verborgen [6]), während sie bei anderen aus einem Ausschnitte der Schalenmündung nackt hervorgestreckt wird [7]). Bei einigen Gasteropoden schlägt sich der Mantel äusserlich am Gehäuse weit in die Höhe und überkleidet dann auch noch dasselbe von aussen mit Kalksubstanz [8]).

In dem wulstigen Mantelrande liegen eine Menge kurzer Drüsenschläuche eingebettet, deren Wandung aus grossen Zellen besteht, von welchen ein Theil eine feinkörnige, mit Säuren brausende Masse (kohlensauren Kalk) enthält [9]), während ein anderer Theil derselben Pigment-

---

Kalkgehalt tritt bei einigen Gehäusen gegen die organischen Bestandtheile ganz in den Hintergrund, so dass dieselben dadurch eine hornige Beschaffenheit erhalten, z. B. bei Aplysia, Hyalea und Cleodora; knorpelig sogar ist das Gehäuse bei Cymbulia, wogegen bei den Cypraeen die Kalkmasse fast ausschliesslich neben einem Minimum organischer Substanz das Gehäuse zusammensetzt.

2) Eine im Mantel ganz verborgene Kalkschale besitzen Bullaea, Limax, Testacella. Bei Arion vereinigt sich die innerhalb des Mantels abgesonderte Kalkmasse zu keiner Schale, sondern bildet nur eine Schicht lose an einander liegender Kalkkörner.

3) Bei den Auriculaceen und sehr vielen Helicinen.

4) Bei Murex, Harpa, Scalaria. — 5) Bei Strombus, Pterocera, Murex.

6) Bei Cerithium, Murex, Rostellaria, Turbinella, Fasciolaria u. A.

7) Bei Harpa, Oliva, Voluta, Buccinum, Dolium, Conus etc.

8) Bei Ovula, Cypraea.

9) Vergl. H. Meckel, über die Kalkdrüsen der Gartenschnecke, in Müller's Archiv. 1846. p. 17.

moleküle einschliesst [10]). Aehnliche Kalkzellen, jedoch in geringerer Menge, trifft man in dem von der Schale bedeckten Theile des Mantels an. Die von dieser Mantelfläche ausgehende Absonderung trägt hauptsächlich zur Verdickung der Schalenwandungen bei, und dient zugleich dazu, verletzte, vom Mantelrande entfernte Stellen auszubessern.

Die feinere Structur der Schneckengehäuse ist eine viel einfachere, als die der Muschelschalen, indem sie nur eine einzige Form der Zusammentzung darbietet, welche der inneren Lamellenschicht der Muschelschalen entspricht. Die organische Grundsubstanz stellt nämlich nach Entfernung des kohlensauren Kalks in den Schneckengehäusen eine homogene, dicht gefaltete Membran dar, deren Falten in Form und Zahl, je nach den verschiedenen Schneckengattungen, die grösste Mannichfaltigkeit an sich wahrnehmen lassen. Diese organische Grundsubstanz wird von der äusseren Fläche des Mantels und von dem Mantelrande als schleimige, zähe Masse abgesondert, welche mit Kalk- und Pigmentmolekülen imprägnirt ist, und so schichtweise zur Schalensubstanz erhärtet [11]).

Der Mantelsaum ist in der Regel mit der Schalenmündung durch keine hornige Epidermis verwachsen, und kann sich daher, sammt dem Thiere, oft tief in das Gehäuse zurückziehen. Bei einigen Gasteropoden erscheint jedoch das Gehäuse mit einer Art Epidermis überzogen, auf welcher zuweilen auch haarähnliche Auswüchse vorkommen [12]).

Vielen Gehäusschnecken sitzt noch eine besondere Platte auf dem Rücken des Schwanzendes auf, mit welcher die Thiere nach eingezogenem Körper die Mündung ihrer Schale vollständig verschliessen können; dieser Deckel (*Operculum*), welcher bald aus concentrischen Ringen, bald aus in der Fläche spiralig verlaufenden Windungen zusammengesetzt erscheint, hat entweder eine hornige oder kalkige Beschaffenheit [13]); in beiden Fällen aber besitzt die organische homogene Grund-

---

10) Nach Gray (in the London medical Gazette. Part. 5. 1837—38. Vol. I. p. 830.) sollen im Mantelrande gewisser Gasteropoden eine Menge Farbestoffe absondernder Drüsen eingebettet liegen, von welchen, je nachdem sie ununterbrochen oder in Unterbrechungen Pigment absondern, die verschiedenen Zeichnungen herrühren.

11) In diesem Schleime konnte ich, ausser den sehr kleinen Molekular-Kalkkörperchen, welche sich mit Säuren unter Luftentwickelung auflösten, keine andere feste Elementarkörper unterscheiden. Eben so wenig war ich im Stande, an den Gehäusen von Helix, Bulimus, Cyclostoma, Paludina, Neritina, Cypraea u. A. eine zellige Structur wahrzunehmen, wie sie Bowerbank (in den Annals of nat. hist. No. 68. Febr. 1843. oder in Froriep's neuen Notizen. No. 546. p. 276.) an verschiedenen Schneckenhäusern gesehen haben will.

12) Bei Helix hirsuta, hispida, villosa und bei den Jungen der Paludina vivipara.

13) Hornig ist der Deckel bei Paludina, Conus, Buccinum, Cassis, Murex etc., kalkig dagegen bei Nerita, Turbo, Cyclostoma u. A.

substanz ganz dieselbe lamellige oder faltige Structur, wie in dem Schneckengehäuse. Derjenige Deckel (*Operculum caducum*), mit welchem gewisse Helicinen bei eintretendem Winterschlafe ihr Gehäuse vorübergehend verschliessen, zeigt weder Ringe, spiralige Windungen, noch eine lamellige Structur, sondern verhält sich ganz structurlos.

Ausser den zu einem Gehäuse sich umformenden Kalkablagerungen des Mantels kommen noch im Innern der Cutis an den verschiedensten Stellen des Leibes gewisser Cephalophoren Kalkablagerungen vor, welche sich zuweilen in Gestalt kleiner Nadeln zu netzförmigen Haufen an und über einander lagern [14]).

Zweiter Abschnitt.

Von dem Muskelsysteme und den Bewegungs-Organen.

§. 204.

Die Muskeln der Cephalophoren bestehen aus einfachen, glatten Primitivbündeln, welche bei dem Zergliedern durch Druck sehr leicht in kurze, oblonge Stücke zerfallen, und häufig mit zahlreichen Kernen belegt sind.

Das Hautmuskelsystem zeigt sich in diesen Mollusken ganz besonders entwickelt; dasselbe ist als eine ansehnliche Muskelschicht, in welcher sich, ausser schrägen Muskelfasern, hauptsächlich Längs- und Querfasern bemerkbar machen, mit der allgemeinen Hautbedeckung überall innig verbunden, ohne dass einzelne, scharf abgegrenzte Hautmuskeln unterschieden werden können [1]). Auf der abgeplatteten Bauchseite der Gasteropoden besitzt diese Hautmuskelschicht eine ganz ausserordentliche Mächtigkeit, indem sie hier eine längliche Scheibe,

---

14) In Paludina vivipara stecken eine Menge grosser kugelförmiger Kalkkörper mit concentrischem Gefüge zwischen den Hautschichten, bei Limax findet man ausser der im Mantel verborgenen Kalkschale in der übrigen allgemeinen Hautbedeckung hier und da kohlensauren Kalk in Form einer feinkörnigen Masse abgelagert. Bei Helix bilden dergleichen Kalkablagerungen in den Seiten des Halses und in der Sohle weisse Streifen, welche aus dicht gehäuften, kurzen und cylindrischen Kalknadeln bestehen. Nach Kölliker's Mittheilung wird die ganze Haut der Polycera von verästelten, kalkigen Nadeln durchzogen. Etwas Aehnliches scheint auch die bei Tergipes überall unter der Haut vorhandene Ausbreitung concrementartiger Körper zu bedeuten (s. Nordmann a. a. O. p. 9. Taf. 3. Fig. 4. a.); eben so gehört das Kalknetz hieher, welches sowol im Mantel wie in der Sohle verschiedener Doris-Arten enthalten ist (s. Lowén in der Isis. 1842. p. 361. Taf. 1. Fig. 3.).

1) Hier macht die Gattung Sagittta abermals eine Ausnahme, indem ihre Muskelfasern deutlich quergestreift sind und ihr ganzes Muskelsystem aus einer einfachen, nur Längsfasern darbietenden Hautmuskelschicht besteht.

den sogenannten Fuss, bildet. Die Muskelfasern dieses Fusses ziehen sich in wellenförmig auf einander folgenden Querrunzeln von hinten nach vorne zusammen, wodurch die ganze scheibenförmige Masse an festen Gegenständen oder an der Oberfläche des Wassers langsam dahingleitet [2]). Manche Gasteropoden benutzen ihren Fuss zugleich als Saugnapf, in welchem Falle sehnige Zirkelfasern zwischen den übrigen Muskelfasern eingewebt sind [3]). Bei den Heteropoden ragt auf der Bauchseite des Körpers ein seitlich zusammengedrückter, mit vielen Muskelfasern ausgestatteter Fortsatz hervor, den diese Thiere, indem sie verkehrt im Wasser schwimmen, nach oben richten und als Bewegungsorgan benutzen; an dem kielförmigen Rande dieses Muskellappens ist aber noch eine Art Sauggrube angebracht, die den Heteropoden als Haftorgan dienen soll [4]). An den Pteropoden, an Thetis und Aplysia sind gewisse Stellen des Körpers flügelförmig erweitert und von zahlreichen Muskelbündeln durchzogen, wodurch diese Mollusken im Stande sind, frei im Wasser umherzurudern [5]). Die Flossen, welche

2) Die Breite dieses Fusses variirt bei den verschiedenen Gasteropoden ungemein. An Scyllaea und Tritonia bildet derselbe nur eine ganz schmale Rinne, mit welcher diese Thiere die Ränder der Seetange umfassen können.

3) Z. B. Patella und Haliotis.

4) Vergl. Forskål, Icones a. a. O. Tab. 34. Fig. A., Delle Chiaje, Memorie a. a. O. Tav. 41. Fig. 1. und Descrizione a a. O. Tav. 63. u. 64., Quoy und Gaimard, in den Annales d. sc. nat. Tom. 16. 1829. Pl. 2. Fig 4—6. oder in der Isis. 1833. Taf. 6. von Pterotrachea und Carinaria, ferner Rang, in den Mémoires d. l. soc. d'hist. nat. de Paris a. a. O. p. 375. Pl. 9. Fig. 1. u. 10. a. d. von Altanta.

5) Vergl. Eschricht a. a. O. Tab. 1. Fig 5. von Clio und van Beneden, Exercices a. a. O. Fasc. II. Pl. 1. u. 2. von Cymbulia und Tiedemannia Vielleicht dienen, ausser dem breiten Kopfsegel der Thetis, auch noch die contractilen, seitlichen Rückenanhänge dieses Thieres als Ruder. Die Eigenschaft des leichten Abfallens, welche diese Anhänge mit den Hautschuppen der Polynoë squamata gemein haben, hat zu verschiedenen Deutungen dieser Organe Veranlassung gegeben (s. was hierüber Meckel in seinem Programme: Additamenta ad historiam molluscorum, piscium et amphibiorum, Halae 1832, zusammengestellt hat). Von Rudolphi (Synopsis entozoor. p. 573.) und von Otto (in den Nov. Act. Nat. Cur. Tom. XI. p. 294. Tab. 41. Fig. 1. a—f.) sind diese Anhängsel unter dem Namen *Phoenicurus varius* und *Vertumnus thetidicola* für Parasiten ausgegeben worden. Delle Chiaje, welcher dieselben Anhängsel früher als *Planaria ocellata* beschrieben hatte, stimmte später jenen beiden Naturforschern bei, sprach aber neuerdings den Gedanken aus, dass diese Körper vielleicht die Brut von Thetis sein könnten, welche sich, um von ihrer Mutter Nahrung zu empfangen, auf dem Rücken derselben ansöge. Vergl. dessen Memorie a. a. O. Vol. I. p. 59. Tav. 2. Fig. 9—15., Vol. II. p. 265. und Vol. III. p. 141. Tav. 39. Fig. 1. und dessen Descrizione a. a. O. Tom. II. p. 37. Obwol schon Macri (in den Atti della reale academia delle scienze di Napoli. Vol. II. 1778. p. 170. Tav. 4.) den wahren Zusammenhang dieser Anhängsel mit der Thetis erkannt hatte, so wurde derselbe erst in neuster Zeit von Verani (s. in der Isis. 1842. p. 252.) und von Krohn (in Müller's Archiv. 1842. p. 418.) bestätigt.

bei Sagitta an verschiedenen Stellen des Leibes in horizontaler Richtung angebracht sind, weichen von den Ruderorganen der übrigen Pteropoden dadurch ab, dass sie durchweg aus parallel neben einander hinlaufenden homogenen Fasern zusammengefügt sind, welche von der Basis bis zum Rande der Flossen allmälich dünner werden und mit Muskelfasern nicht die geringste Aehnlichkeit haben [6]).

Einige Pteropoden sind in der Umgebung des Mundes mit Büscheln von tentakelartigen Fortsätzen umgeben, welche kleine Saugnäpfe an sich tragen und deshalb wahrscheinlich als Haftorgane benutzt werden können [7]).

§. 205.

Ausser dem allgemeinen Hautmuskelsysteme kommen in der Leibeshöhle der Cephalophoren noch isolirte, für verschiedene Zwecke bestimmte Muskeln vor. Bei den mit einer gewundenen Schale versehenen Gasteropoden entspringt von der Spindel des Gehäuses ein ansehnlicher, in viele Abtheilungen sich spaltender Muskel, welcher an den Seiten des Leibes herabsteigt, sich in den Fuss inserirt und als Zurückzieher des Schneckenleibes wirkt. Von eben dieser Spindel nehmen noch mehre andere schmälere und breitere Muskeln ihren Ursprung, welche sich theils zu den Fühlern, theils zu dem Schlundkopfe und der Ruthe begeben, und ebenfalls als Zurückzieher dieser Organe thätig sind. In denjenigen Cephalophoren, denen eine Schale fehlt, heften sich die Zurückzieher der verschiedenen Organe an die innere Fläche des Mantels oder des Fusses fest [1]).

Dritter Abschnitt.

Von dem Nervensysteme.

§. 206.

Die Centralmasse des Nervensystems der Cephalophoren besteht aus einer grösseren oder kleineren Gruppe eng zusammengedrängter Ganglien, welche durch verschiedene Nervenstränge unter einander verbunden sind, und den Grund des Schlundkopfes oder den Oesophagus ringförmig umgeben. An diesem Nervenschlundringe lassen sich mehre Abtheilungen unterscheiden, nämlich eine dem Schlunde oder

---

6) Vergl. Krohn a. a. O. p. 6.

7) Vergl. Cuvier, Mémoires a. a. O. p. 8. Pl. I. B. Fig. 8. von Pneumodermon, ferner d'Orbigny, Voyage dans l'Amérique mérid., auch in der Isis. 1839. p. 497. Taf. 1. Fig. IX. 1—15. von Spongiobranchaea und Pneumodermon, und Eschricht a. a. O. p. 8. Tab. II. Fig. 12. u. 13. von Clio.

1) Ueber diese isolirten Muskeln vergl. Cuvier, Mémoires sur la limace et colimaçon a. a. O. p. 11. Pl. 2. Fig. 2. u. 3.

Oesophagus aufliegende Portion von Ganglien, zwei seitliche Portionen und eine unter dem Schlunde gelegene Portion. Die obere Portion besteht in der Regel aus zwei grösseren, dicht an einander gedrängten Ganglien, von welchen der grösste Theil der Sinnesorgane, die Tastwerkzeuge, die Augen, und zuweilen auch die Gehörorgane, mit Nerven versehen werden, daher man diese obere Portion des Ganglienringes mit einem Gehirne vergleichen könnte. Die untere Portion variirt in Form und Ausdehnung ungemein, indem dieselbe bald eine Gruppe von Ganglien, welche entweder unter einander verschmolzen oder durch kurze Verbindungsstränge zu einem Kreise vereinigt sind, bald nur einen einfachen, querlaufenden Nervenstrang darstellt, während die beiden seitlichen Portionen immer die Verbindungsstränge der oberen und unteren Portion in sich schliesst. Die untere Portion des Schlundringes, welche hauptsächlich die Muskeln des Fusses und verschiedene Eingeweide mit Nerven versorgt, hat häufig eine unsymmetrische Form. Die peripherischen Nerven gehen immer von den verschiedenen Ganglienanschwellungen, niemals von den Verbindungssträngen des Schlundringes aus.

§. 207.

Das Nervensystem ist bei den Cephalophoren von einem sehr deutlichen, faserigen Neurileme eingehüllt, in welchem nicht selten verschiedene Pigmente eingestreut vorkommen, wodurch besonders die Ganglien gewisser Cephalophoren eine auffallende Färbung erhalten [1]). Das Neurilem dringt in die Ganglien ein und bildet im Innern derselben Scheidewände, welche die Ganglienkugeln in verschiedene Partieen abtheilen. Die Ganglienkugeln selbst gewähren einen sehr ausgezeichneten Anblick, indem sie, obwol von verschiedener Grösse, immer einen ausnehmend grossen Kern von dunkelkörniger Beschaffenheit enthalten, aus dessen Innerem selten nur ein einziges helles, glänzendes Kernkörperchen, sondern meistens deren zwei bis vier von ungleicher Grösse hervorschimmern [2]). Sehr häufig zeigen sich diese Ganglienkugeln gestielt [3]), und ragen dann mit ihrem meist fadenförmig auslaufenden Stiele weit in die von den Ganglien abgehenden Nervenstämme hinein, so dass man auch hier auf den Gedanken gerathen muss, die gestielten Ganglienkörper seien die Wurzeln oder

1) Orange gefärbte Ganglien enthalten die verschiedenen Lymnaeus-Arten, rothe Ganglien besitzen Planorbis, Paludina, Hyalea, Pleurobranchus u. A.

2) Die Ganglienkugeln von Helix und Limax hat Hannover (Recherches microscopiques sur le système nerveux. 1844. p. 69. Pl. 8.) sehr gut beschrieben und abgebildet.

3) Nach der Abbildung zu schliessen, welche Ehrenberg (unerkannt. Struktur a. a. O. Tab. VI. Fig. I. 1.2.) von den gestielten Ganglienkugeln aus Arion empiricorum geliefert hat, sind von demselben die in diesen Körpern eingeschlossenen grossen Kerne unerkannt geblieben.

Enden von Nerven-Primitivfäden [4]). Diejenigen Primitivfäden übrigens, welche blos die Ganglien durchsetzen, finden sich immer auf der dem Schlunde oder Oesophagus zugewendeten Fläche der Ganglien zusammengedrängt, während die Ganglienkörper auf der vom Nahrungskanale abgewendeten Fläche der Ganglien angebracht sind.

§. 208.

Die Form und Anordnung der verschiedenen Abtheilungen des Nervencentrums sind, je nach den Ordnungen und Familien der Cephalophoren, mancherlei Modificationen unterworfen [1]).

1. Die Heteropoden schliessen sich mit ihren weit aus einander gerückten und durch sehr lange Kommissuren verbundenen Ganglienmassen noch ganz an die Lamellibranchien an. Im Vorderleibsende dieser Thiere liegt nämlich über dem Oesophagus die Gehirnganglienmasse, von welcher zwei sehr lange Nervenstränge zu beiden Seiten des Darmkanals nach hinten verlaufen und sich mit der dort auf der Bauchseite gelegenen unteren Ganglienportion des Schlundringes (*Ganglion pedale*) vereinigen. Von diesen beiden Ganglienportionen versorgt die Gehirnportion die Sinnesorgane, die Haut und die Lippen mit Nerven, wogegen die hintere Portion hauptsächlich dem muskulösen, steuerförmigen Anhange und den Schwanzmuskeln Nervenfäden zusendet [2]).

Mit dieser Anordnung des centralen Nervensystems der Heteropoden stimmt einigermaassen das Nervencentrum der Sagitta überein, indem hier ein sechseckiges Hirnganglion den Schlund von oben bedeckt und mitten auf der Bauchfläche des Rumpfes ein grosses Bauchganglion gelegen ist, welche beide durch zwei starke und sehr lange Schlundkommissuren unter einander verbunden sind. Aus dem Gehirnganglion entspringen zwei Paar Nervenäste, von welchen sich das vordere Paar an die Basis der Mundhäkchen dieses Thieres vertheilt, während das

---

4) Vergl. hierüber Helmholtz (de fabrica syst. nerv. evert. a. a. O. p. 10.), Hannover (a. a O.) und Will (über die Struktur der Ganglien und den Ursprung der Nerven bei wirbellosen Thieren, in Müller's Archiv. 1844. p. 76.).

1) S. die Abbildungen und Beschreibungen über das Nervensystem verschiedener Cephalophoren bei Cuvier (Mémoires a. a O.), bei Garner (on the nervous system of molluscous animals, in the transact. of the Linn. societ. Vol. 17. p. 488.), Rymer Jones (Gasteropoda, in the Cyclopaedia a. a. O. p. 392.), Anderson (nervous system, ebendas. Vol. III. p. 605.) und van Beneden (Exercices a. a. O.).

2) Vergl. die Mittheilungen von Milne Edwards (in den Annales d. sc. nat. Tom. 18. 1842. p. 326. Pl. 11.) und Delle Chiaje (Descrizione a. a. O. Tom. II. p. 99. Tav. 63.) über Carinaria. Aehnlich verhält sich auch Pterotrachea. Nach Delle Chiaje (a. a. O. Tav. 63. Fig. 14. und Tav. 64. Fig. 11.) soll eine von der Hirnganglienmasse abgehende kurze Kommissur die Speiseröhre der Carinaria und Pterotrachea ringförmig umfassen, was weder von Cuvier, noch von Milne Edwards angedeutet worden ist.

hintere Paar zu den Sehorganen tritt, zugleich aber einen Nervenfaden nach innen abgibt, der sich nach hinten wendet und auf der Mitte des Hinterkopfes mit dem gleichen Faden der anderen Seite zu einer Nervenschlinge vereinigt. Das Bauchganglion entlässt nach hinten zwei ansehnliche, divergirende Nervenstämme, von deren äusseren Seite eine zahlreiche Menge zarter Hautnerven abgehen [3]).

2. Bei einigen Tectibranchiaten verbinden sich zwei untere, ziemlich weit aus einander liegende Schlundganglien und ein einfaches oberes Hirnganglion durch drei mässig lange Kommissuren zu einem weiten Schlundringe [4]).

3. Vielen Pteropoden fehlt die Hirnganglienmasse, während die unter dem Oesophagus gelegene Ganglienmasse sehr entwickelt ist. Diese besteht nämlich aus zwei bis drei Paar verschmolzenen Ganglien, von welchen eine einfache Kommissur nach oben abgeht, um den Oesophagus eng und ringförmig zu umschliessen [5]).

4. Eine grosse Anzahl Apneusten und Nudibranchiaten, so wie mehre andere Heterobranchien besitzen umgekehrt eine sehr entwickelte Hirnganglienmasse, von welcher ein einfacher Nervenstrang zur Bildung des Schlundringes nach unten um die Speiseröhre herumläuft. Die Hirnganglien sind bald zu zweien, bald zu vieren vorhanden und entweder durch Querkommissuren verbunden oder unter einander dicht verschmolzen [6]).

---

3) Vergl. Krohn a. a. O. p. 12. Fig. 2. 5. u. 13.

4) Bei den Aplysien, vergl. Cuvier, Mémoires a. a. O. p. 22. Pl. 3. u. 4. Ferner bei Pleurobranchus, vergl. Delle Chiaje, Memorie a. a. O. Tav. 41. Fig. 8. o. v. v.; auch bei der Gattung Pleurobranchaea traf ich dieselbe Beschaffenheit des Ganglien-Schlundringes an.

5) Diese Form des Nervenhalsbandes findet sich hauptsächlich in denjenigen Pteropoden, denen die Augen und Tentakeln verkümmert sind oder ganz fehlen. S. die Beschreibungen und Abbildungen über Hyalea, Tiedemannia, Cleodora, Cuvieria, Limacina und Cymbulia in van Beneden's Exercices a. a. O. Fasc. II. Der Mangel von Augen und Tentakeln ist wol die Ursache, dass bei den Pteropoden die Bauch- und Rückenseite mit einander verwechselt werden. — Es ist übrigens interessant, dass unter den Gasteropoden die Gattung Chiton, welcher ebenfalls die Augen und Fühler abgehen, zwar eine unter der Speiseröhre gelegene und durch kurze Kommissuren vereinigte Querreihe von sechs Ganglien besitzt, mit welcher aber keine Hirnganglien, sondern nur ein einfacher Nervenstrang zur Bildung des Schlundringes verbunden ist. Vergl. Cuvier, Garner und Rymer Jones a. a. O.

6) Bei Bullaea, Doridium und Phyllidia sind zwei, durch eine längere oder kürzere Querkommissur verbundene Hirnganglien vorhanden; bei Tritonia und Scyllaea liegen vier, durch kurze Kommissuren verbundene Ganglien quer auf dem Oesophagus (vergl. hierüber Cuvier a. a. O.). Bei Aeolis bilden vier Ganglien die querliegende Gehirnmasse (s. Delle Chiaje, Descrizione a. a. O. Tav. 88. Fig. 12. u. 15., ferner Hancock und Embleton a. a. O. Pl. 5. Fig. 16.). In Eolidina, Zephyrina, Amphorina, Pelta und Chalidis liegen zwei Paar verschmolzene Ganglien, welche durch eine schmale Kommissur verbunden sind, als Gehirn-

5. In einigen Apneusten besteht die centrale Nervenmasse aus mehren, dicht an einander stossenden Ganglien, welche ohne sichtbare Kommissuren die Speiseröhre eng und ringförmig umfasst halten [7]).

6. Die übrigen Gasteropoden, besonders die Pectinibranchiaten und Pulmonaten besitzen an ihrem Schlundringe, sowol oberhalb wie unterhalb des Oesophagus, eine ansehnliche Ganglienmasse, welche jederseits durch einen einfachen oder noch häufiger durch einen doppelten Verbindungsstrang unter einander zusammenhangen [8]). Die obere Ganglienmasse zeigt sich in der Regel aus zwei Hirnganglien zusammengesetzt, welche entweder durch eine Querkommissur verbunden sind, oder dicht an einander stossen, in welchem Falle sie zuweilen ganz und gar zu einer einzigen Ganglienmasse verschmelzen [9]). Auch die untere Ganglienportion zeigt in ihrer Entwickelung verschiedene Abänderungen, indem sie in einigen dieser Gasteropoden einen Kreis von mehren vollständig getrennten und durch Kommissuren verbundenen Ganglien darstellt [10]), in anderen

---

masse dem Oesophagus auf (vergl. Quatrefages in den Annales d. sc. nat. Tom. 19. 1843. p. 293. Pl. 11. Fig. 3. u. 4. und Tom. 1. 1844. Pl. 6. Fig. 1—4.). Eine einzige grössere Ganglienmasse dagegen stellt das Gehirn im Nacken der Thetis und der verschiedenen Doris-Arten dar (s. Cuvier a. a. O.).

7) In Tergipes wird dieser Schlundring aus acht Ganglien zusammengesetzt (s. Nordmann a. a. O. p. 35. Tab. 2.), in Actaeon dagegen sind nur sieben Ganglien vorhanden, von denen das unterste asymmetrische Ganglion zwei längere Verbindungsfäden nach den beiden grossen Gehirnganglien hinaufsendet, während die beiden seitlichen Ganglien durch eine kurze, unter der Speiseröhre vorüberlaufende Kommissur verbunden sind (s. Allman a. a. O. p. 194. Pl. 7. Fig. 1.). Nach einer von Kölliker mir gemachten Mittheilung wird der Oesophagus der Flabellina von fünf Ganglien ringförmig umschlossen.

8) Vergl. Berthold in Müller's Archiv. 1835. p. 378.

9) Durch eine Querkommissur sind die beiden Gehirnganglien bei Patella, Haliotis, Phasianella, Janthina, Turbo, Paludina, Lymnaeus, Planorbis und bei vielen anderen Gehäus-Gasteropoden verbunden, in Helix, Limax, Cypraea stossen beide Hirnganglien an einander, während sie in Buccinum, Murex, Oliva, Harpa, Voluta und anderen Kammkiemern vollkommen zu einer Masse verschmolzen sind.

10) In Haliotis sind zwei, in Patella vier quergestellte untere Ganglien durch Kommissuren unter einander verbunden, welche an beiden Seiten der Speiseröhre einen doppelten Verbindungsstrang nach dem Gehirne hinaufsenden. Bei Ancylus, Lymnaeus, Planorbis, Physa, Succinea, Bulimus u. A. besteht die untere Schlund-Ganglienmasse meistens aus fünf bis sieben unsymmetrisch angeordneten, durch Kommissuren zu einem Kreise vereinigten Ganglien von ungleicher Grösse. Vergl. hierüber Berthold a. a. O. und meine Bemerkungen in Wiegmann's Archiv. 1841. Bd. I. p. 153. Taf. 6. Fig. 3. von Lymnaeus stagnalis. Nach der Abbildung zu schliessen, welche van Beneden (Exercices a. a. O. Fasc. I., Mém. sur le Lymnaeus glutinosus, p. 30. Pl. 1. Fig. 12 und in den Annales d. sc. nat. Tom. 7. 1837. p. 112. Pl. 3. B.) von dem Nervenschlundringe der Amphipeplea geliefert hat, verhält sich derselbe ähnlich, wie in Lymnaeus. Auch bei Pneumodermon violaceum (s. van Beneden ebendas. p. 45. Pl. 1. Fig. 2.) und bei Clio (s.

dagegen aus einer mehr oder weniger verschmolzenen Ganglienguppe besteht [11]).

§. 209.

Ein Eingeweide-Nervensystem lässt sich in sehr vielen Cephalophoren nachweisen [1]). Man kann an demselben einen *Plexus splanchnicus anterior* und *posterior* unterscheiden. Der vordere Plexus stellt in der Regel ein doppeltes, durch eine Querkommissur verbundenes, oder dicht an einander liegendes, selten verschmolzenes *Ganglion pharyngeum inferius* dar, welches, unter dem Schlunde verborgen, durch zwei Verbindungsfäden mit der Hirnganglienmasse zusammenhängt, und hauptsächlich den Schlundkopf, den Oesophagus und die Speicheldrüsen mit Nerven versorgt, aber auch, wenn der hintere Plexus nicht entwickelt ist, an die Leber und Geschlechtsdrüsen Nerven abgibt [2]). Der hintere Plexus dieses sympathi-

---

Eschricht a. a. O. p. 6. Tab. III. Fig. 28.) scheint die untere Portion des Nervenschlundringes aus einem Kreise von Ganglien zusammengesetzt zu sein.

11) In Helix, Limax, Arion u. A. Bei Limax (s. Pouchet, Recherches a. a. O. p. 8) lassen die verschmolzenen Ganglien der unteren Portion des Schlundringes nur noch eine kleine Oeffnung in ihrer Mitte übrig, welche bei verschiedenen Helix-Arten allmälich ganz verschwindet.

1) Vergl. Brandt, über die Mundmagennerven der Evertebraten a. a. O. p. 43.

2) Die beiden Ganglien des *Plexus splanchnicus* oder *Sympathicus anterior*, welche bald mehr, bald weniger nach vorne vor der unteren Schlund-Ganglienmasse angebracht sind, wurden mit ihren Nervenfäden schon von Cuvier in verschiedenen Gasteropoden als sympathisches Nervensystem erkannt. Siehe dessen Mém. sur le genre l'Aplysia. p. 23. Pl. 4. Fig. 1. c., sur le Lymnée. p. 9. Pl. 1. Fig. 11. u., sur l'Onchidie. p. 14. Pl. 1. Fig. 6. o. Von Brandt (Medizin. Zoologie. Bd. II. p. 328. Tab. 34. Fig. 11. u. 13.) wurde dieser vordere Plexus des sympathischen Nervensystems aus Helix Pomatia, von van Beneden (a. a. O.) aus Amphipeplea, und von Treviranus (Beobacht. aus d. Zootomie u. Physiol. p. 42. Taf. 9. Fig. 60.) aus Limax beschrieben. Man vergl. ferner Schlemm's Untersuchungen über die Nerven der Leber der Gasteropoden (in dessen Dissertation: de hepate ac bile crustaceorum et molluscorum quorundam. Berol. 1844. p. 22. Tab. I. Fig. 2. u. 3.). Auch Delle Chiaje (Memorie a. a. O. Vol. II. p. 123. Tav. 10. Fig. 7. p. und Vol. III. p. 153. Tav. 41. Fig. 8. p.) hat in Doridium und Pleurobranchus diesen Plexus gesehen. Nach Garner (a. a O.) kömmt das doppelte *Ganglion pharyngeum inferius* auch bei Scyllaea, Doris und Aeolis vor. In Patella dagegen fand derselbe den vorderen *Plexus splanchnicus* aus drei Ganglien, aus zwei seitlichen vorderen und einem mittleren, etwas nach hinten gelegenen Ganglion zusammengesetzt. Aehnlich scheint sich nach van Beneden (Exercices a. a. O. Fasc. I. p. 30. Pl. I. Fig. 12. c.) auch Amphipeplea zu verhalten. Bei den Heteropoden findet sich ein sehr entwickelter vorderer *Plexus splanchnicus* mit doppeltem Ganglion und langen, nach der Gehirnmasse zurücklaufenden Verbindungsfäden. Vergl. Milne Edwards (in den Annales d. sc. nat. Tom. 18. p. 327. Pl. XI. Fig. 1. s. x. und Fig. 2. e. f.), so wie Delle Chiaje (Descrizione a. a. O. Tav. 63. Fig. 14. l. und Tav. 64. Fig. 11. d.) über Carinaria und Pterotrachea. Den Pteropoden fehlt dieser Plexus ebenfalls nicht, nur stehen die beiden, bald mehr, bald weniger verschmolzenen Ganglien dessel-

schen Nervensystems besteht aus einer einzigen Ganglienmasse, selten aus zwei getrennten Ganglien, welche unter oder zwischen dem Verdauungskanale verborgen liegen, Nervenäste an den Darmkanal, an die Leber und Geschlechtsdrüsen abgeben, und für die unter dem Oesophagus gelegene Ganglienmasse des Schlundringes zwei Verbindungsfäden nach vorne schicken [3]).

Vierter Abschnitt.

Von den Sinnesorganen.

§. 210.

Die Tastorgane der Cephalophoren sind hauptsächlich in Form von zwei oder vier contractilen Fühlern am Kopfe oder auf dem Rücken des Vorderleibes angebracht [1]). In diese Fühler treten von der Gehirnganglienmasse ansehnliche Tastnerven ein, welche zuweilen an der Spitze des Fühlers ganglienartig anschwellen [2]). In einigen Gasteropoden sind die Fühler hohl und an ihrem freien Ende knopf-

---

ben, da statt der Hirnganglienmasse hier nur ein einfaches Halsband vorhanden ist, nicht mit diesem, sondern mit der unteren Ganglienmasse des Schlundringes in Verbindung. Vergl. van Beneden, Exercices a. a. O. Fasc. II. p. 11. u. d. f. Pl. 1. Fig. 9. u. 10., Pl. 2. Fig. 8. u. 10., Pl. 3. Fig. 6. u. 9. und Pl. 5. Fig. 13. von Cymbulia, Tiedemannia, Hyalea und Limacina.

3) Der *Plexus splanchnicus posterior* mit seinen beiden, von einem einfachen Ganglion nach vorne verlaufenden, langen Verbindungsfäden fällt in Aplysia sehr leicht in die Augen (vergl. Cuvier a. a. O. p. 23. Pl. 4. Fig. 1. R.). Von Delle Chiaje (Memorie a. a. O. Tav. 5. Fig. 1. m., Tav. 10. Fig. 7. o. und Tav. 41. Fig. 8. y. y.) wurde dieser Plexus, ausser in Aplysia, auch noch in Doridium und Pleurobranchus beobachtet, im letzteren Gasteropoden aber mit zwei vollständig getrennten Ganglien begabt gesehen. In Pneumodermon fand van Beneden (Exercices a. a. O. Fasc. I. p. 46. Pl. 1. Fig. 3—5.) diesen Plexus nur mit einem Ganglion ausgestattet, wogegen in dem Visceralsacke der Carinaria nach Milne Edwards (a. a. O. p. 329. Pl. 11. Fig. 1. u. v. und Fig. 6.) ausser einem paarigen *Ganglion abdominale*, welches zwei lange Verbindungsfäden sowol von der Gehirnmasse, wie von dem *Ganglion pedale* erhält, noch ein unpaariges *Ganglion anale* mit den beiden Bauchganglien zusammenhängt.

1) Zwei Fühler kommen am häufigsten vor; vier Fühler besitzen Limax, Arion, Helix, Achatina, Clausilia und andere Helicinen. Ganz fehlen diese Tastorgane bei Sagitta, bei Cleodora, Cuvieria, Hyalea, Pterotrachea, Lissosoma, Rhodope, Phyllidia und Dentalium.

2) Eine solche Anschwellung der Tastnerven lässt sich an den unteren, keine Augen tragenden Fühlern sowol, wie an den oberen, mit Augen versehenen Fühlern verschiedener Limacinen und Helicinen wahrnehmen. Die primitiven Nervenfasern erscheinen in einer solchen Anschwellung durch keine Ganglienkugeln, sondern nur durch eine feinkörnige Masse aufgelockert.

förmig verdickt, welche, wie die Finger eines Handschuhes, aus- und eingestülpt werden können 3). Der grösste Theil der Cephalophoren besitzt jedoch ein Paar massive, meist konische und spitz zulaufende Fühler, oder, statt dessen, zwei rinnenförmige Hautfortsätze, welche durch Contraction ihrer Muskelfasern aber nur verkürzt und nicht eingestülpt werden können 4). Ausser diesen fühlerartigen Organen dienen manchen Cephalophoren zwei contractile, mehr oder weniger lange Lappen, welche von beiden Seiten der die Mundöffnung gleich einer zweiten Lippe überragenden Hautfalte abstehen, ebenfalls noch als Tastwerkzeuge 5). Ebenso werden die in der Umgebung des Mundes angebrachten Haftorgane gewisser Pteropoden, so wie auch die contractilen Fäden und Fortsätze, mit welchen der Mantelrand gewisser Cephalophoren besetzt ist, zum Tasten benutzt werden können 6).

§. 211.

Die Gehörwerkzeuge, welche jetzt in allen Ordnungen der Cephalophoren nachgewiesen sind, stehen, wie bei den Acephalen, auf der niedrigsten Stufe der Entwickelung. Sie werden auch hier nur von zwei einfachen, runden Gehörkapseln gebildet, deren ziemlich feste und durchsichtige Wandungen entweder einen einzigen, aus kohlensaurem Kalke zusammengesetzten Otolithen, oder eine Gruppe von mehren kleinen Otolithen nebst einer klaren Flüssigkeit einschliessen 1).

---

3) Bei den Limacinen und Helicinen; das Einstülpen dieser Tastorgane bewirkt ein Muskel, welcher von der Spindel des Gehäuses oder von der inneren Fläche des verkümmerten Mantels entspringt und sich an die Spitze eines jeden hohlen Fühlers inserirt.

4) Zwei solche konische Fühler kommen am häufigsten an den Kammkiemern vor; seltener sind sie in der Vierzahl vorhanden, wie bei Amphorina, Eolidina, Flabellina und Aeolis. Mit rinnenförmigen Fühlern sind die Dachkiemer Notarchus, Dolabella, Pleurobranchus, Pleurobranchaea und Aplysia ausgestattet. Bei Doris, Tritonia und Scyllaea können die beiden konischen Fühler in besondere röhrenförmige Aushöhlungen des Mantels zurückgezogen werden.

5) Vergl. Flabellina, Aeolis, Doris, Phyllidia, Doridium, Aplysia, Pleurobranchus, Pleurobranchaea, Dolabella, Ampullaria, Ceratodes. Diese Hautlappen erscheinen oft so ausserordentlich entwickelt, dass man verleitet wird, sie als wirkliche Tentakeln mitzuzählen.

6) Ich erinnere an die tentakelartigen Haftorgane von Clio, Pneumodermon und Spongiobranchaea (s. oben §. 204) und an die Fühlfäden des vorderen Mantellappens bei Thetis, Plocamophorus und Tritonia thetidea, so wie an die Auswüchse des seitlichen Mantelrandes bei Haliotis, Doris fimbriata und Cypraea erosa.

1) Auf die Existenz eines Gehörorgans bei den Cephalophoren haben zuerst Eudoux und Souleyet (im Institut. 1838. No. 255. p. 376. oder in Froriep's neuen Notizen. No. 174. 1838. p. 312.) aufmerksam gemacht, nachdem von ihnen an Pterotrachea, Carinaria, Pneumodermon und Phyllirrhoë und von Gaudichaud an Atlanta die Gehörkapseln als runde und auffallend durchsichtige Körperchen, welche mit der hirnförmigen Ganglienmasse durch einen Stiel in Verbindung stand, erkannt worden waren. Laurent (Appendice aux recherches sur les organes auditifs des Mollusques, in den Annales francaises et étrangères d'Ana-

Ist nur ein Otolith vorhanden, so hat derselbe eine Kugelform von krystallinischem Gefüge; enthält die Gehörkapsel aber mehre Otolithen, so haben dieselben eine spindelförmige, etwas platt gedrückte Gestalt und füllen gewöhnlich in grösserer Zahl, zu dreissig bis vierzig, ja in manchen Gasteropoden bis zu achtzig, die Höhle der Kapsel aus [2]).

---

tomie et de Physiologie. Mai 1839. p. 118. Fig. 1—16.) beschrieb diese Gehörkapseln mit ihrem krystallinischen Inhalte etwas genauer, wobei er den von Eudoux und Souleyet angefertigten, auf die Gehörorgane der Heteropoden und Pteropoden Hyalea, Cleodora, Creseis sich beziehenden Abbildungen noch Zeichnungen über diese Sinneswerkzeuge aus Limax und Helix hinzufügte. Hierauf wurden diese Organe, nebst den von ihnen eingeschlossenen schwankenden und zitternden Otolithen, durch Krohn (in Müller's Archiv. 1839. p. 335. und in Froriep's neuen Notizen. Bd. 14. 1840. p. 310. und Bd. 18. 1841. p. 310.) aus verschiedenen Heteropoden, Pteropoden und Gasteropoden ausführlicher beschrieben, während ich selbst (in Wiegmann's Archiv. 1841. Bd. 1. p. 148. Taf. 4. oder in den Annales d. sc. nat. Tom. 19. 1843. p. 193. Pl. 2. B.) an einer anderen Reihe von Land- und Süsswasser-Gasteropoden die Aehnlichkeit dieser Organe mit den Gehörwerkzeugen von Fischembryonen nachzuweisen suchte, worauf Kölliker (über das Gehörorgan der Mollusken, in Froriep's neuen Notizen. Bd. 25. 1843. p. 133.) aus noch vielen anderen See-Gasteropoden und Pteropoden die Gehörwerkzeuge beschrieb, so dass jetzt, nachdem man einmal auf diese Organe aufmerksam geworden ist, bei keiner Zergliederung irgend eines Cephalophoren die beiden Gehörblasen vermisst werden. In folgenden Gattungen sind bis jetzt die Gehörorgane wahrgenommen worden, in den Pteropoden Cymbulia, Tiedemannia, Hyalea, Creseis, Pneumodermon, Limacina, in den Heteropoden Carinaria, Pterotrachea, Phyllirrhoë, Atlanta, in den Gasteropoden Rhodope, Flabellina, Lissosoma, Amphorina, Pelta, Chalidis, Zephyrina, Actaeon, Actaeonia, Aeolis, Venilia, Tergipes, Doris, Polycera, Tritonia, Thetis, Diphyllidia, Ancylus, Doridium, Aplysia, Gasteropteron, Umbrella, Notarchus, Pleurobranchus, Pleurobranchaea, Paludina, Lymnaeus, Planorbis, Physa, Bulimus, Clausilia, Succinea, Helix, Arion, Limax. — Es ist ausserdem interessant, dass sich die beiden Gehörorgane in den Cephalophoren äusserst früh entwickeln und schon unterschieden werden können, während der Embryo noch in den Eihüllen enthalten ist. Nach einer Angabe von Pouchet (in den Annales d. sc. nat. Tom. 10. 1838. p. 64.) hat derselbe in den Embryonen von Lymnaeus die zitternden Otolithen innerhalb der beiden Gehörbläschen bemerkt, ohne jedoch die Bedeutung dieser Organe errathen zu haben. Auch Lowén, dem diese beiden Bläschen in den Jungen von Aeolis aufgefallen waren (s. die Kongl. Vetenskaps Academiens Handlingar. 1839. p. 227. oder Isis. 1842. p. 360. Taf. I. Fig. 1. o.), wusste nicht, was er aus diesen Körpern machen sollte. Von van Beneden (in den Annales d. sc. nat. Tom. 15. 1841. p. 127. Pl. 1. Fig. 13. 15. u. 17. d.) sind diese Gehörbläschen der Embryonen aus Limax und Aplysia für Nervenganglien gehalten worden, während Allmann (a. a. O. p. 153. Pl. 7. Fig. 10—12. d.) dieselben in den Embryonen von Actaeon für Augen angesehen hat. Sars (in Wiegmann's Archiv. 1845. Bd. I. p. 8. Taf. 1. Fig. 7—11.) und Nordmann (a. a. O. p. 44. u. 87. Tab. IV. u. V.) dagegen erkannten diese Organe in den Embryonen von Doris, Tritonia, Tergipes, Buccinum, Littorina, Cerithium, Phasianella und Rissoa ganz richtig als die Gehörwerkzeuge. Nach meinen Beobachtungen lassen sich auch in den Embryonen von Vermetus die beiden Gehörkapseln sehr früh unterscheiden.

2) Nur einen einzigen kugelförmigen Otolithen enthalten die Gehörkapseln

Die Otolithen der Cephalophoren zeigen in einem noch auffallenderen Grade jene eigenthümlichen Bewegungen, welche schon bei den Gehörwerkzeugen der Acephalen erwähnt worden sind. Ausser der schwankenden und rotirenden Bewegung, welche die einzelnen kugeligen Otolithen innerhalb der geschlossenen Gehörkapseln an sich unterscheiden lassen, gewähren nämlich die zitternden, spindelförmigen, auf einen Haufen in der Mitte der Gehörkapseln sich stets zusammendrängenden Otolithen einen ganz wunderbaren Anblick. Als Ursache dieser Bewegungen hat man jüngst zarte, schwingende Wimpern erkannt, welche die innere Fläche der Gehörkapseln auskleiden [3]).

Die Lage der beiden Gehörkapseln wechselt je nach den verschiedenen Ordnungen, Familien und Gattungen der Cephalophoren. Bei mehren Heteropoden und Apneusten sind dieselben hinter den Augen, nicht weit unter der Oberfläche der Haut, angebracht und durch einen bald längeren, bald kürzeren Hörnerven mit der Gehirnmasse verbunden [4]). In verschiedenen Nudibranchiaten liegen dicht hinter den Augen

---

der Heteropoden, Tubulibranchiaten und mehrer Apneusten. Vergl. Delle Chiaje, Descrizione a. a. O. Tom. II. p. 100. Tav. 63. Fig. 5. u. 6 von Carinaria, und Quatrefages, in den Annales d. sc. nat. Tom. 1. 1844. p. 160. Pl. 6. Fig. 8. bis 10. von Actaeon, Pelta und Chalidis. Einen Haufen kleiner spindelförmiger Otolithen beherbergen die Gehörkapseln von einigen Pteropoden und sehr vielen Gasteropoden, z. B. von Cymbulia, Hyalea, Doris, Tritonia, Thetis, Aeolis, Venilia, Pleurobranchaea, Paludina, Planorbis, Lymnaeus, Helix, Limax und vielen anderen Land- und Süsswasser-Gasteropoden (nach Krohn's und meinen Untersuchungen). Es kommen zwischen den spindelförmigen Gehörsteinchen nicht selten solche vor, welche aus zwei oder vier Kalkkörperchen zusammengesetzt erscheinen. Durch Zerdrücken zerfallen sowol die kugeligen wie spindelförmigen Otolithen in vier bis acht Stücke, welche Eigenschaft häufig schon in der Mitte vieler Otolithen durch einen kreuzförmigen Riss angedeutet ist (nach Laurent's, Krohn's und meinen Beobachtungen). Bei der Entwickelung der mit mehren Otolithen gefüllten Gehörkapseln bildet sich zuerst ein einziger Otolith, worauf mehre zum Vorschein kommen und die Zahl derselben überhaupt sich mit dem Heranwachsen des Embryo vermehrt. Vergl. Frey, über die Entwickelung der Gehörwerkzeuge der Mollusken (in Froriep's neuen Notizen. Bd. 37. No. 801. p. 132. und in Wiegmann's Archiv. 1845. Bd. 1. p. 217. Taf. 9.).

3) Da bei diesen Bewegungen die kugelförmigen einzelnen Otolithen niemals die Wandung der Gehörkapseln berühren, sondern immer gleich weit von derselben abstehen, und da die spindelförmigen Otolithen sich ebenfalls immer in der Mitte der Gehörkapseln auf einen Haufen zusammengedrängt halten, gegen welchen ein einzelner Otolith, der sich davon entfernen will, immer wieder zurückgeworfen wird, so liess sich vermuthen, dass hier Flimmerorgane im Spiele seien. Wagner (Lehrbuch der Physiologie. 2te Aufl. 1843. p. 463) glaubte dergleichen Wimpern in den Gehörkapseln bestimmt wahrgenommen zu haben; ganz deutlich sind dieselben auch von Kölliker (a. a. O.) in Tritonia, Thetis, Pleurobranchaea, Diphyllidia, Hyalea, Lissosoma und Rhodope erkannt worden.

4) Vergl. Laurent a. a. O. Fig. 1—6. und Quatrefages in den Annales d. sc. nat. Tom. I. a. a. O. Pl. 4. u. 6. Sehr lang erscheinen die Hörnerven bei

die beiden Gehörkapseln der Hirnganglienmasse unmittelbar auf [5]). Ganz an die untere Seite des Leibes erscheinen die Gehörorgane bei den übrigen Cephalophoren gerückt, wo sie in der Regel mit der unteren Ganglienmasse des Schlundringes unmittelbar verbunden sind, und nur in sehr wenigen Gattungen mittelst zweier spezifischer Gehörnerven von dieser Ganglienmasse abstehen [6]).

§. 212.

Die Sehorgane fehlen nur sehr wenigen Gattungen der Cephalophoren [1]). Keines dieser Mollusken besitzt mehr als zwei Augen, welche im Verhältniss zu der Grösse der Thiere gewöhnlich keinen bedeutenden Umfang einnehmen und bei einigen Heterobranchien sogar verkümmert erscheinen, wogegen sie in den Pectinibranchiaten die vollkommenste Stufe ihrer Entwickelung erreichen [2]).

Carinaria, s. Delle Chiaje, Descrizione a. a. O. Tav. 63. Fig. 3. d. und Fig. 14. f. und Milne Edwards in den Annales d. sc. nat. Tom. 18. 1842. Pl. 11. Fig. 1. z. und Fig. 3. h. Bei manchen durchsichtigen Cephalophoren übrigens kann man schon mit unbewaffnetem Auge die Gehörwerkzeuge als ein Paar weisse Flecke durch die Haut hindurch schimmern sehen.

5) Bei Doris, Thetis, Tritonia, Aeolis (nach Krohn a. a. O.) und auch bei Tergipes (nach Nordmann a. a. O. p. 44. Tab. II.).

6) Nach Krohn (a. a. O. No. 394. p. 311.) hängen bei Pleurobranchaea und Paludina die beiden isolirten Gehörkapseln mit der unteren Schlundganglienmasse durch besondere Gehörnerven zusammen. Aehnlich sollen sich nach Krohn (a. a. O. No. 306. p. 311.) die Gehörwerkzeuge von Cymbulia und Hyalea verhalten, wogegen nach van Beneden's Angabe (Exercices a. a. O. Fasc. II. p. 13. Pl. 1. Fig. 8. f., 9. c. und 10., ferner Pl. 5. Fig. 13. x.) die beiden Gehörbläschen in Cymbulia, Tiedemannia und Limacina sich aus den zwei grösseren Ganglien der unteren Schlundganglienmasse ohne Stiel hervorstülpen sollen. Mit dieser letzteren Angabe stimmt auch Delle Chiaje's Beschreibnng der Gehörorgane von Cymbulia überein. Vergl. dessen Descrizione a. a. O. Tom. I. p. 94. Tav. 32. Fig. 2. i. Aus einer Abbildung, welche Eschricht (a. a. O. p. 6. Tab. 3. Fig. 28. s.) bei Clio von zwei an den vorderen beiden Ganglien des Schlundringes seitlich hervorragenden, kurzgestielten Ganglien geliefert hat, möchte ich schliessen, dass dieselben nichts anderes, als zwei mit kurzen, spezifischen Nerven versehene Gehörkapseln vorstellen. In denjenigen Gasteropoden, deren untere Schlundganglien zu einem Ringe verbunden sind, z B. in Lymnaeus, Planorbis, Physa, Succinea, Bulimus, Ancylus, bilden die Gehörkapseln an der hinteren Seite der beiden vorderen grossen Ganglien zwei blasenförmige Hervorstülpungen. Sind die unteren Schlundganglien sehr nahe an einander gerückt oder zu einer Ganglienmasse verschmolzen, wie bei Helix, so findet man auf der unteren Fläche dieser Ganglienmasse an denjenigen Wölbungen, welche den vorderen grossen Ganglien entsprechen, die ungestielten Gehörkapseln hervorragen.

1) Blind erscheinen Phyllirrhoë, Diphyllidia, Chiton, Dentalium und die Pteropoden, mit Ausnahme von Sagitta und Clio. Bei vielen Pteropoden mögen früher die Hörorgane mit Augen verwechselt worden sein.

2) Nachdem schon Swammerdam (Bibel der Natur. pag. 47. Taf. IV. Fig. 5—8.) bei Helix die Structur der Augen recht gut erkannt hatte, folgten die Arbeiten von Stiebel (in Meckel's deutsch. Archiv. 1819. p. 206. Tab. 5.),

Bei den meisten Cephalophoren bestehen die beiden Augen aus rundlichen Augäpfeln, welche in der Haut eingebettet liegen. Die letztere ist an denjenigen Stellen, wo die Augäpfel angebracht sind, stets pigmentlos und zieht sich verdünnt über die Wölbung der Augen hinweg. Jeder Augapfel erscheint äusserlich durch ein besonderes Gewebe abgegrenzt, das mit einer Sclerotica verglichen werden kann; dicht unter der Hautoberfläche zeigt sich dieses Gewebe etwas dünner und stärker gewölbt, und stellt so eine Art Cornea dar[3]). Die innere Fläche der Sclerotica ist von einer dunkelfarbigen Pigmentschicht, einer Choroïdea, ausgekleidet, welche sich nach vorne über die Cornea nicht hinweg begiebt, sondern hier mit einem freien Rande, einer Pupille, endigt. Bei einigen Gasteropoden ist dieser Pupillenrand noch von einer stärkeren Pigmentschicht umgeben, welche vielleicht die Stelle einer Iris vertritt[4]). Auf der inneren Fläche der Choroïdea breitet sich ein weisslicher Ueberzug aus, der gewiss nichts anderes, als die Retina, die Fortsetzung des Sehnerven ist, welcher, der Cornea gegenüber, die Sclerotica durchbohrt[5]). Den innersten Raum des Augapfels

---

Huschke (Beiträge zur Physiologie und Naturgeschichte. 1824. p. 57. Taf. III. Fig. 8.) und Blainville (de l'organisation des animaux. 1823. p. 445.) über die Augen von Helix, Paludina und Voluta, welche durch die späteren Untersuchungen von Müller (in Meckel's Archiv. 1829. p. 208. Taf. VI. Fig. 4—8. und in den Annales d. sc. nat. Tom. 22. 1831. p. 7. Pl. 3. u. 4. oder in der Isis. 1835. p 347. Taf. VII.) und Krohn (in Müller's Archiv. 1837. p. 479. und 1839. p. 332. Taf. 10. Fig. 6—8.) an den Augen von Helix, Murex, Paludina und Pterotrachea sehr vervollkommnet wurden.

3) Eine auffallende Abweichung hiervon bieten die Augen der Heteropoden dar, indem die sehr stark gewölbte Cornea derselben von einem wallartigen Wulste der allgemeinen Hautbedeckung umgeben ist, und die beiden Augäpfel einen sehr langen Durchmesser besitzen, wobei noch die Sclerotica nach innen und hinten einen rundlichen Vorsprung bildet. Vergl. die von Milne Edwards in den Annales d. sc. nat. Tom. 18. 1842. Pl. 11. Fig. 1. c. gelieferte Abbildung des Augapfels der Carinaria, und vor allen Krohn's Beschreibung des Augapfels der Pterotrachea (a. a. O. 1839.). Auch Clio besitzt sehr langgezogene, cylindrische Augäpfel, aber ohne einen hinteren Fortsatz. Vergl. Eschricht a. a. O. p. 7. Tab. III. Fig. 29. Eine längliche, birnförmige Gestalt bieten die Augäpfel von Actaeon dar, vergl. Quatrefages in den Annales d. sc. nat. Tom. I. 1844. Pl. 6. Fig. 5. und Allman a. a. O. Pl. 7. Fig. 2.

4) Eine dunkle Iris fällt bei Paludina, Murex u. A. leicht in die Augen. Mit einer äusserst brillant und bunt gefärbten Regenbogenhaut prangen die Augen verschiedener Strombus-Arten, vergl. Quoy und Gaimard in der Voyage de l'Astrolabe. Zoologie. Tom. III. p. 56. Atlas. Mollusques. Pl. 50. u. 51. oder Isis. 1836. p. 41. und 1834. Taf. V. Fig. 2. und Taf. VI. Fig. 4. u. 7. Ob sich die Iris dieser Gasteropoden auch verengern und erweitern kann, muss ich dahingestellt sein lassen. — Noch ist zu bemerken, dass die Choroïdea der Heteropoden an gewissen Stellen eigenthümliche Pigmentlücken besitzt, vergl. Krohn a. a. O. 1839. p. 334.

5) Diese weisse Schicht glaubte Krohn (a. a. O. 1837. p. 482.) in Paludina erkannt zu haben.

füllt ein gallertartiger Glaskörper aus, der nach vorne hinter der Cornea eine sphärische Linse einhüllt [6]). Der Sehnerve entspringt aus der Hirnganglienmasse und läuft eine bald kürzere, bald längere Strecke dicht neben dem Fühlernerven seiner Seite hin [7]).

Es gibt übrigens auch eine Reihe von Cephalophoren, bei welchen die Sehorgane nicht auf dieser Höhe der Entwickelung stehen, sondern mehr vereinfacht, zuweilen fast verkümmert erscheinen. Eine solche Vereinfachung findet sich häufig bei den Apneusten und Heterobranchien, so wie bei Sagitta vor [8]). Es sind die Augen derselben nicht immer durch eine Sclerotica scharf abgegrenzt, sondern die lichtbrechenden Medien liegen, von einem Haufen Pigmentkörner umgeben, mehr oder weniger von der Oberfläche des Nackens entfernt, wobei eine hornhautartige Wölbung fehlt und die Augen oft, ohne isolirten Sehnerven, unmittelbar der Gehirnmasse aufsitzen [9]).

Die vollkommener entwickelten Augen stehen fast immer mit den Tentakeln in einer gewissen Verbindung, wobei jedoch ihre Lage ausserordentlich variirt [10]). Sehr häufig ragen nämlich die Augen von der äusseren Seite der Fühlerbasis hervor [11]); bei vielen Pectinibranchiaten sind sie bald höher, bald niedriger an der äusseren Seite der

---

6) Die Existenz eines besonderen Glaskörpers, welchen schon Swammerdam gekannt hat, ist von Krohn (a. a O. 1837.) bestätigt worden.

7) Nach Krohn (a. a. O. 1839.) entspringen bei Paludina, Murex, Aplysia, Cypraea, Rostellaria, Buccinum, Littorina die beiden *Nervi optici*, getrennt von den Fühlernerven, aus den Gehirnganglien, was ich an Helix, Limax, Caracolla u. A. bestätigen kann, während nach Müller (in den Annales d. sc. nat. a. a. O. p. 12. Pl. 3. Fig. 5.) bei Helix der Sehnerve als besonderer Zweig vom Ende des Fühlernerven abgehen soll.

8) Die beiden ziemlich einfachen Augen der Sagitta, welche auf dem Scheitel zwei corneaartige Wölbungen bilden, sind von sphärischer Gestalt und sitzen dicht unter der Kopfhaut einer ganglienartigen Anschwellung des Sehnerven unmittelbar auf. Vergl. Krohn a. a. O. p. 13. Fig. 5. u. 14.

9) Nach Quatrefages (a. a. O. Tom. I. p. 158. Pl. 6. Fig. 6. u. 7.) besitzen die Augen von Pelta und Chalidis statt der Choroïdea einen ohne Sclerotica und Cornea abgeschlossenen Pigmenthaufen, bei Tergipes und Polycera liegen, nach Nordmann's und Kölliker's Beobachtung, die beiden Augen ohne Sehnerven den Hirnganglien dicht auf. Unverhältnissmässig kleine Augen schimmern, mehr oder weniger deutlich, bald vor, bald hinter den beiden Tentakeln bei Doris, Glaucus, Thetis, Aeolis, Doridium, Aplysia, Bulla, Bullaea u. A. durch die Hautbedeckung hindurch.

10) Es ist dies bei verschiedenen Heteropoden, bei allen Pulmonaten, Pectinibranchiaten und bei einigen Heterobranchiaten der Fall. Vergl. Lowén a. a. O. und in der Isis. 1842. p. 364.

11) Auf einer kleinen Erhöhung an der Tentakelbasis sitzen die Augen bei Carinaria, Atlanta, Vermetus, bei den Lymnaceen, den Operculaten, bei Patella, Emarginula, Fissurella, Sigaretus, Paludina, Littorina etc. Diese Erhöhung erscheint bei Haliotis, Navicella, Phasianella, Trochus, Ceratodes, Ampullaria u. A. zu einem Stiele verlängert.

Fühler auf einer Erhabenheit oder auf einem besonderen Stiele angebracht, welcher letztere zuweilen die Fühlerspitze an Umfang und Länge übertrifft [12]); bei mehren Pulmonaten endlich sind die Augen sogar bis an die Fühlerspitze gerückt; in diesem Falle ist es, wenn vier Fühler vorhanden sind, immer das hintere längere Fühlerpaar, welches die Augen trägt [13]).

Fünfter Abschnitt.

Von dem Verdauungs-Apparate.

§. 213.

Die sehr entwickelten Verdauungswerkzeuge der Cephalophoren beginnen immer am Vorderleibsende mit einer von wulstigen Lippen umgebenen rundlichen Mundöffnung, an welcher nur höchst selten besondere Ergreifungsorgane angebracht sind [1]). Die sehr contractilen Lippen, welche den Mund aus- und einstülpen können, sind bei mehren Cephalophoren zu einem fleischigen, cylindrischen Rüssel verlängert [2]). Die Mundhöhle ist von sehr muskulösen Wandungen umgeben und stellt bei den meisten Cephalophoren einen rundlichen, oft sehr ansehnlichen Schlundkopf dar, in dessen Höhle häufig verschieden gestaltete, hornige Verdickungen als unmittelbare Fortsätze des Epitheliums angebracht sind, welche die Function eines Kauapparates zu verrichten haben. In mehren Gasteropoden besteht dieser Kauapparat aus zwei, bald dicht hinter dem Eingange, bald mehr im Grunde der Schlundhöhle befestigten Kiefern in Form von Hornplatten, welche sich mit zwei freien, convexen und schneidenden Rändern seitlich gegen einander bewegen [3]). Sehr viele andere Gasteropoden besitzen

---

12) An der äusseren Seite der Fühler sind die Augen tragenden Hervorragungen bei Buccinum, Harpa, Dolium, Cypraea, Murex, Oliva, Turbo etc. von der Fühlerspitze mehr oder weniger entfernt, und zuweilen so ausserordentlich entwickelt, dass sie z. B. bei Strombus die Fühlerspitzen an Dicke und Länge übertreffen.

13) Bei den Amphipneusten, Helicinen und Limacinen.

1) Hieher gehören die früher (§. 204.) erwähnten tentakelartigen, mit Saugnäpfen versehenen Mundanhängsel der Pteropoden: Clio, Spongibranchaea und Pneumodermon.

2) Einen aus- und einziehbaren Rüssel besitzen Pneumodermon, Spongiobranchaea, Carinaria, Pterotrachea, Thetis, Buccinum, Dolium, Cypraea, Murex, Conus, Voluta, nebst einer Menge anderer Kammkiemer.

3) Es fallen diese beiden seitlichen Kieferränder sehr leicht zwischen den Lippen in die Augen, so bei Scyllaea (s. Cuvier, Mémoires a. a. O. Fig. 6. a. und Fig. 6. b.), bei Tritonia (s. Savigny in der Descript. de l'Égypte, hist. nat. Tom. II. Pl. II. Fig. 1.^{8}—1.^{10} und Delle Chiaje, Descrizione a. a. O. Tav. 42.

dagegen nur einen Oberkiefer, welcher von der Decke der Mundhöhle herabragt und sich durch seine dunkelbraune Farbe leicht bemerkbar macht. Derselbe stellt eine halbmondförmige, hornige Querleiste dar, welche auf ihrer vorderen Fläche verschiedene verticale Leisten besitzt, die an dem unteren, freien und concaven Rande des Kiefers in eben so viele Zahnspitzen auslaufen [4]).

Fast alle Cephalophoren besitzen einen, mit dem Boden ihrer Schlundhöhle verwachsenen, längeren oder kürzeren Fleischwulst, der zuweilen der Länge nach rinnenartig ausgehöhlt ist, und recht gut mit einer Zunge verglichen werden kann. Diese Zunge, welche zuweilen eine sehr beträchtliche Länge hat, und alsdann in einer besonderen häutigen Scheide, am Grunde des Schlundkopfes, nach hinten hervorragt, ist immer mit äusserst feinen, in höchst zierlichen Längs- und Querreihen geordneten Stacheln und gezähnelten Platten von Hornsubstanz belegt, deren Spitzen nach rückwärts gerichtet sind, so dass dieses Organ durch Aus- und Einstülpen von den Cephalophoren sehr geschickt als Ingestionswerkzeug benutzt werden kann [5]).

Fig I.), bei Diphyllidia und Bulla. Auch Venilia, Aeolis, Amphorina und Tergipes sind dicht hinter den Lippen mit zwei seitlichen Hornkiefern bewaffnet (vergl. Alder, Hancock und Embleton in den Annals of nat. hist. Vol. 13. p. 162. Pl. II. Fig. 3. u. 4, Vol. 15. p. 4. Pl. II., ferner Quatrefages in den Annales d. sc. nat. Tom. I. p. 147. Pl. V. Fig. 5., und Nordmann a. a. O. p. 12. Tab. I. Fig. 7.). In Dentalium dagegen sind die beiden schneidenden Seitenkiefer im Grunde der Mundhöhle angebracht (s. Deshayes a. a. O. p. 333. Pl. 15. Fig. 11. b. b., Fig. 15. u. 16. oder in der Isis. 1832. p. 463. Taf. 6. Fig. 15. 19. u. 20.).

4) Dieser Oberkiefer zeigt sich bei den Limacinen und Helicinen ganz besonders entwickelt. Vergl. Cuvier, Mémoires a. a. O. sur la Limace etc. Pl. II. Fig. 4. von Limax, ferner Troschel, über die Mundtheile einheimischer Schnekken, in Wiegmann's Archiv. 1836. Bd. I. p. 257. Taf. IX. Fig. 3—9. von Arion, Limax, Helix, Clausilia und Succinea, und Erdl, Beiträge zur Anatomie der Helicinen, in Mor. Wagner's Reisen in der Regentschaft Algier. Bd. III. p. 268. Tab. 13. u. 14. Bei Lymnaeus und Planorbis stehen dem Oberkiefer zwei kleinere Kiefer zur Seite, welche auch bei Valvata und Paludina vorhanden sind, wogegen bei diesen Kammkiemern der mittlere Kiefer geschwunden ist. Drei Kiefer sind auch bei Zephyrina im Grunde des Schlundkopfes angebracht, vergl. Quatrefages a. a. O. Tom. I. p. 152. Pl. 5. Fig. 1.

5) Vergl. die Beschreibung und Abbildungen, welche Troschel (a. a. O. Taf. 9. u. 10.) von der Zunge unserer Land- und Süsswasser-Gasteropoden, so wie von Amphipeplea (ebendas. 1839. Bd. I. p. 182. Taf. 5. Fig. 8.) geliefert hat. In Bezug auf die Zunge der See-Gasteropoden muss besonders auf Quoy und Gaimard (a. a. O.) verwiesen werden. Ausserdem s. Poli, Testacea Siciliae a. a. O. Tom. I. p. 5. Tab. III. Fig. 9. von Chiton und Savigny in der Descript. de l'Égypte a. a. O. Tom. II. Pl. II. Fig. 2.⁹·—2.¹³· und Pl. III. Fig. 5.⁷·—5.⁸· von Aplysia und Chiton, Rang, Histoire naturelle des Aplysiens. Pl. 20. Fig. 9. bis 13. von Aplysia, Delle Chiaje, Memorie a. a. O. Tav. 15. Fig. 7.—10. von Carinaria, und Eschricht a. a. O. p. 10. Tab. 3. Fig. 20.—23. von Clio. — Mit einer sehr langen Zunge sind die meisten Apneusten ausgestattet, vergl. Quatrefages a. a. O. Tom. I. Pl. 4. u. 5. von Actaeon und Amphorina, Alder,

§. 214.

Der Verdauungskanal der Cephalophoren, welcher häufig auf seiner inneren Fläche Längsfalten besitzt und vom Oesophagus bis in den Mastdarm, so wie bis in die Lebergänge hinein mit einem zarten Flimmerepithelium ausgekleidet ist 1), erscheint in der Regel zwei- bis dreimal länger als der Körper der Thiere, und macht daher innerhalb der Leibeshöhle mehre Umbiegungen, die sich bei den mit einem Gehäuse versehenen Cephalophoren weit in die Windungen desselben hineinerstrecken.

Der Verdauungskanal entspringt zunächst aus dem Grunde des Schlundkopfes mit einer bald kürzeren, bald längeren Speiseröhre, welche zuweilen an ihrem hinteren Ende kropfartig erweitert ist 2).

Hancock und Embleton in den Annals of nat. hist. Vol. 13. Pl. II. Fig. 5. u. 6. und Vol. 15. Pl. I. u. II. von Venilia und Aeolis, Allman ebendas. Vol. 16. Pl. VI. u. VII. Fig. 5. von Actaeon, und Nordmann a. a. O. Tab. I. Fig. 7. — 10. von Tergipes. Die längste Zunge besitzt ausser Patella (s. Cuvier, Mémoires a. a. O. Pl. II.), bei welcher sie fast die Länge des Körpers übertrifft und in eine Schlinge gebogen bis fast zum Hinterleibsende hinabragt, noch Trochus pagodus, in welcher Schnecke die Zunge siebenmal länger ist, als das Thier selbst (s. Quoy und Gaimard a. a. O. und in der Isis. 1836. p. 69. Taf. 4. Fig. 3.). In Pleurobranchaea beschränkt sich der Belag von hornigen Stacheln und Platten nicht blos auf die Zunge, sondern erstreckt sich zugleich auch an den Seitenwänden der Mundhöhle weit in die Höhe; zu einer solchen Fortsetzung des stacheligen Zungenüberzugs mögen auch wol die seitlichen, nach hinten gerichteten Stacheln gehören, welche Eschricht (a. a. O. p. 9.) im Schlunde von Clio angetroffen und als Seitenzähne beschrieben hat. Höchst merkwürdig weicht der Zungenapparat in Pneumodermon ab, indem derselbe aus zwei Zungen nebst zwei blinddarmartigen Scheiden besteht (s. van Beneden, Exercices a. a. O. Fasc. I. p. 47. Pl. 2. Fig. 2. etc.). Sehr verkümmert zeigt sich die Zunge der Pterotrachea, welche nur durch eine einfache Querreihe von spitzen und krummen Stacheln repräsentirt wird. Auch der Hakenkranz, welcher die Mundöffnung der Sagitta umgibt (s. Krohn a. a. O. p. 7. Fig. 3 — 6.) lässt sich auf eine solche einfache und hervorgestülpte Zunge zurückführen, indem derselbe ganz an die bei Pterotrachea hervorgestülpten Zungenhäkchen erinnert (s. Delle Chiaje, Memorie a. a. O. Tav. 69. Fig. 1.).

1) Darmflimmerung kommt vor bei Patella, Buccinum (nach Sharpey, in the Cyclopaedia of anatomy. Vol. I. p. 620.), bei Lymnaeus stagnalis, Paludina vivipara und Helix cellularis (nach Purkinje und Valentin, de phaenomen. mot. vibrat. a. a. O. p. 48.); ferner bei den Apneusten (nach Quatrefages, in den Annales d. sc. nat. Tom. I. p. 166.). Bei Lymnaeus, Planorbis und Clausilia sah ich den Darmkanal ebenfalls flimmern, bei Limax, Arion und Helix dagegen nicht. Es scheint demnach das Flimmerepithelium im Darm der Gasteropoden nicht so allgemein verbreitet zu sein, wie Valentin annimmt (s. Wagner's Handwörterbuch der Physiologie. Bd. I. p. 492.), und namentlich mehren Landschnecken zu fehlen.

2) Einen sehr langen Oesophagus trifft man bei Buccinum, Paludina, Lymnaeus und Planorbis, einen sehr kurzen dagegen bei Thetis, Haliotis, Testacella, Helix und Limax. Eine kropfartige Anschwellung der Speiseröhre befindet sich bei Cymbulia, Onchidium, Lymnaeus und Planorbis dicht vor dem Magen, während

Der Magen, welcher hier und da durch Einschnürungen in mehre Abtheilungen getheilt ist [3]), stellt entweder eine einfache dünnwandige Erweiterung des Verdauungskanals dar [4]), oder wird durch eine, mit derben fleischigen Wandungen umgebene und von dem übrigen Darmkanale scharf abgeschnürte Höhle gebildet [5]), in welcher das Epithelium zuweilen sehr verdickt ist, ja sogar zu hornigen Platten und Zähnen sich entwickelt hat [6]). In der Regel liegen Cardia und Pylorus einander gegenüber, erscheinen aber auch bei manchen Cephalophoren so nahe an einander gerückt, dass der Magen dadurch einem Blindsacke ähnlich geworden ist [7]). Der Darm bietet, nachdem er, mehr oder weniger gewunden, die Leibeshöhle durchzogen hat [8]), nur bei wenigen Cephalophoren eine mastdarmartige Erweiterung dar, und mündet gewöhnlich,

---

bei Buccinum und Voluta etwas oberhalb des Magens ein länglicher Blindsack von der Speiseröhre als Kropf herabragt.

3) Bei Aplysia, Dolabella, Notarchus, Ancylus, Pleurobranchus und Onchidium. Vergl. Cuvier, Mémoires a. a. O. — Was es mit dem gallertartigen Krystallstiel für eine Bewandniss hat, der nach Collier's Angabe (vergl. the Edinburgh new philosoph. Journal. Vol. 7. 1829. p. 225. oder Isis. 1832. p. 815.) bei allen Arten von Strombus und bei einigen Arten von Trochus und Murex aus einem blinddarmartigen Anhang des Magens in diesen hineinragt, darüber weiss ich nichts anzugeben.

4) Bei Cypraea, Cassis, Murex, Testacella, Limax, Helix u. A.

5) Bei Lymnaeus, Planorbis, Thetis u. A.

6) Drei hornige Platten enthält der Magen von Bullaea (vergl. Cuvier a. a. O. Fig. 11.) und von gewissen Pleurobranchus-Arten (s. Meckel, Beiträge a. a. O. Bd. I. Hft. 1. p. 31. Tab. 5. Fig. 36. u. 37.), vier solcher Platten dagegen finden sich im Magen von Cymbulia, Tiedemannia, Hyalea und Limacina (s. van Beneden, Exercices a. a. O. Fasc. II.). Mit vier gezähnelten Hornleisten ist der Magen von Pelta ausgestattet (s. Quatrefages a. a. O. Tom. I. p. 153. Pl. 4. Fig. 5. und Pl. 5. Fig. 7.). Aehnlich verhält sich nach Kölliker's Mittheilung auch Lissosoma. Eine ganze Reihe von schneidenden Hornleisten bedecken die Magenwandungen der Scyllaea (s. Cuvier a. a. O. Fig. 6. d.) und Tritonia (s. Meckel, System der vergl. Anatomie. Thl. IV. p. 188.). Auch Dentalium besitzt einen sehr zusammengesetzten Zahnapparat am Eingange des Magens (s. Deshayes a. a. O. p. 333. Pl. 15. Fig. 13. odor Isis. 1832. p. 463. Taf. 6. Fig. 17.). Am meisten ist jedoch die Gattung Aplysia mit Magenzähnen versorgt; indem hier die innere Fläche des muskulösen zweiten Magens mit einer dreifachen Reihe knorpeliger Platten belegt ist, erscheint zugleich der dünnhäutige dritte Magen mit vielen nach vorne gerichteten Hornhaken bewaffnet (vergl. Cuvier a. a. O. Pl. 3.).

7) Bei Murex, Voluta, Sigaretus, Phyllidia, Diphyllidia, bei vorschiedene Doris-Arten und Carinaria.

8) Sehr kurz und nur wenig gewunden erscheint der Darm bei Clio, Carinaria, Thetis, Tritonia, Diphyllidia, Pleurobranchaea, Buccinum, Murex und Janthina. Bei den übrigen, mit längerem Darme versehenen Cephalophoren macht derselbe meistens mehre Windungen, welche sich besonders an dem sehr langen Darmkanale von Haliotis, Patella und Chiton (vergl. Cuvier a. a. O. Pl. 1—3. und Poli a. a. O. Tab. 3. Fig. 6.) vielfach wiederholen.

neben dem Athemloche, an der vorderen rechten Seite des Leibes, in seltenen Fällen am Hinterleibsende nach aussen [9]). Bei den Pectinibranchiaten ragt der Mastdarm sehr häufig als ein kürzerer oder längerer Fortsatz, an dessen Spitze der After angebracht ist, frei in die Mantelhöhle hinein.

Ein sehr merkwürdiges, von dem eben erwähnten Typus abweichendes Verhalten bietet der Verdauungskanal der Sagitta und der Apneusten dar. In ersterer verläuft nämlich der Verdauungskanal, hinter der Mundöffnung mit einer kurzen Speiseröhre beginnend, ohne magenartige Erweiterung ganz gerade von vorne nach hinten und wendet sich zuletzt bogenförmig nach unten, um mitten auf der Bauchseite des Schwanzes mit einem After zu endigen [10]). Bei den Apneusten dagegen erstrecken sich, hinter einer magenförmigen Anschwellung des Verdauungskanals, verschiedene, zuweilen vielfach verästelte Blindkanäle durch den Leib, welche in denjenigen Gattungen, deren Rücken mit Anhängseln besetzt ist, bis in diese eindringen. Aus diesem Darmkanale tritt, dicht hinter dem Magen, ein kurzer Mastdarm hervor, welcher gewöhnlich auf der rechten Seite des Vorderleibes mit einem oft schwer erkennbaren After ausmündet [11]).

---

9) Bei den Pectinibranchiaten und den meisten Pulmonaten, deren After stets vorne neben dem Athemloche angebracht ist, richtet sich der erstere nach der Lage des letzteren, und findet sich daher am häufigsten auf der rechten, seltener auf der linken Seite vor. Auch bei den übrigen Gasteropoden trifft man den After fast immer rechts an; vorne, rechts hinter dem Kopfe, öffnet sich der After bei Patella; mehr nach der Mitte der rechten Seite ist dagegen der After von Tritonia, Scyllaea und Thetis gerückt, noch weiter nach hinten befindet sich die Afteröffnung bei Diphyllidia, Dolabella, Notarchus, ferner bei Pleurobranchaea, und zwar bei letzterem Dachkiemer über der Kieme, während dieselbe bei Pleurobranchus und Aplysia hinter der Kieme anzutreffen ist. Ganz am Hinterleibsende mündet der After bei Chiton, Phyllidia, Doridium, Bullaea, Testacella und Onchidium aus; ähnlich verhält sich der After von Doris und Polycera, nur erscheint er hier etwas nach dem Rücken hinauf geschoben, wo er von den Kiemenästen rund umstellt ist. Vorne links öffnet sich der After bei Haliotis; im Innern der Kiemenhöhle selbst befindet sich die Afteröffnung bei Sigaretus, Fissurella und Emarginula. Sehr verschiedene Stellen des Leibes nimmt der After an den Heteropoden und Pteropoden ein. Bei Carinaria und Pterotrachea befindet sich derselbe an der Basis des auf dem Rücken sich erhebenden Eingeweidesackes, bei Atlanta ragt derselbe an der rechten Seite des Nackens auf einem Stiele hervor. Bei Phyllirrhoë entdeckt man den After auf der rechten Seite der Leibesmitte, bei Clio und Pneumodermon dicht hinter dem rechten Flügelfortsatze; bei Tiedemannia soll die Afteröffnung sogar auf der Mitte des Bauches, bei Hyalea ebenda, nur etwas zur linken Seite, angebracht sein, wogegen dieselbe bei Cymbulia und Limacina in der Athemhöhle verborgen steckt. Vergl. hierüber besonders die Arbeiten von Cuvier, Meckel und van Beneden.

10) Vergl. Krohn a. a. O. p. 8.

11) Ueber den Darmkanal der Apneusten vergl. man Milne Edwards in den Annales d. sc. nat. Tom. 18. 1842. p. 330. Pl. 10. Fig. 2. von Calliopoea,

§. 215.

In den Cephalophoren, welche feste Nahrungsstoffe verzehren und deshalb häufig mit Kauwerkzeugen ausgerüstet sind, finden sich fast durchweg sehr entwickelte Speichelorgane vor. In der Regel bestehen dieselben aus zwei lappigen Drüsen von gelber Farbe, welche den Oesophagus oder Magen einhüllen und zwei flimmernde Ausführungskanäle nach vorne senden 1). Diese treten mit dem Oesophagus

---

ferner Quatrefages, Alder, Hancock, Embleton, Allman und Nordmann a. a. O. — Am einfachsten verhält sich der Verdauungskanal von Rhodope (nach Kölliker's Mittheilung), da derselbe nur aus einem bis in das Hinterleibsende hinabragenden Blindschlauch besteht, von welchem, neben der Cardia, ein kürzerer Blindsack sich auf der linken Seite der Speiseröhre bis zum Schlundkopfe hinauf begibt, während auf der rechten Seite von dem oberen Ende des Darmschlauchs ein kurzer, seitlich ausmündender Mastdarm abgeht. In Actaeon windet sich, nach Souleyet's Angabe (s. die Comptes rendus. Tom. 20. 1845. p. 94.), der Darmkanal von einer magenförmigen Erweiterung anfangs nach vorne, dann nach hinten, und endigt ebenfalls auf der rechten Seite am Halse des Thieres mit einem After. Mit dieser Angabe stehen die Beschreibungen und Abbildungen, welche Quatrefages (in den Annales d. sc. nat. Tom. I. p. 141. Pl. 4. Fig. 2. und Pl. 5. Fig. 4.), so wie Allman (a. a. O. p. 148. Pl. 6.) vom Verdauungskanal des Actaeon geliefert haben, in einem auffallenden Widerspruch. Nach den Untersuchungen der letzten beiden Naturforscher erstrecken sich nämlich in Actaeon von einer magenförmigen Erweiterung, ausser einem kurzen, an der rechten Seite des Halses ausmündenden Mastdarme, zwei obere und zwei untere enge Darmröhren durch den Körper, von welchen eine Menge verästelter Blindkanäle nach beiden Seiten in das Körperparenchym eindringen. Bei Chalidis entspringen aus dem Oesophagus vier Blindschläuche, von welchen zwei kürzere nach oben und zwei längere nach unten verlaufen; bei Pelta nimmt ein weiter, mit vielen kurzen blindsackförmigen Ausstülpungen versehener Darmschlauch die Mitte des Leibes ein. Bei Aeolis, Flabellina und Tergipes, welche nur einen im Hinterleibe blind endigenden Darmschlauch besitzen, so wie bei Zephyrina, Amphorina und Calliopoea, welche zwei solche Darmschläuche bei sich führen, erstrecken sich aus diesem Verdauungskanale Blindsäcke in die verschiedenen Rückenanhänge dieser Mollusken hinein. Bei Eolidina, welches mit drei durch viele Queranastomosen unter einander verbundenen Darmröhren versehen ist, gehen die Blindkanäle der Rückenanhängsel von den Queranastomosen dieser Darmröhren ab; die mittlere Darmröhre von Eolidina soll, nach Quatrefages, sich am Hinterleibsende mit einem After nach aussen öffnen (s. Annales d. sc. nat. Tom. 19. p. 285. Pl. XI. Fig. 2. c.), was aber später (in den Comptes rend. Tom. 19. p. 811.) von ihm widerrufen wurde, indem hier, wie bei Actaeon, Aeolis, Tergipes und Rhodope der After ebenfalls an der vorderen rechten Seite des Leibes anzutreffen ist. Aehnlich wird es sich auch mit Venilia verhalten, von deren Magen aus nach Alder und Hancock (in den Annals of nat. hist. Vol. 13. p. 163. Pl. II. Fig. 7.) nicht allein eine Menge verästelter Blindkanäle bis in die Seitenanhängsel des Leibes eindringen, sondern auch ein auf dem Rücken des Hinterleibes mit einem After endigender Mastdarm abgehen soll.

1) Bei Helix, Limax, Onchidium, Haliotis, Pleurobranchus und bei den Kammkiemern. Vergl. über die feinere Structur dieser lappigen Speicheldrüsen

durch den Schlundring, und münden, nachdem sie den Grund des Schlundkopfes durchbohrt haben, auf beiden Seiten der Zunge in die Mundhöhle ein. Bei einigen Cephalophoren stellen diese Speichelorgane zwei langgestreckte Drüsenschläuche dar [2]). Einige Gasteropoden sind mit zwei Paar Speicheldrüsen versehen, von denen das eine Paar gewöhnlich sehr weit nach vorne in die Mundhöhle einmündet [3]). Nur in seltenen Fällen scheinen diese Organe ganz zu fehlen [4]).

Sämmtliche Cephalophoren enthalten Galle absondernde Organe, deren Drüsenfollikel die charakteristischen, mit braungelbem Farbestoff gefüllten Leberzellen enthalten [5]). Am häufigsten stellt die Leber der Cephalophoren eine sehr entwickelte, von dem Verdauungskanale scharf abgesonderte, voluminöse Drüse dar, und nur in wenigen Gattungen zeigt sich dieses Organ mit dem Darme mehr oder weniger verschmolzen.

1. Letzteres ist bei einigen Pteropoden und Apneusten der Fall, deren Darmwandungen, wie bei den Würmern, theilweise aus Lebersubstanz gebildet sind, oder mit einer Menge kleiner, in die Verdauungshöhle einzeln einmündender Leberdrüsen-Schläuche besetzt erscheinen [6]).

---

2) Bei Clio, Aplysia, Thetis, Lissosoma, Tergipes und bei einigen Doris-Arten.

3) Bei Janthina, Flabellina, Actaeon und Atlanta. An einigen Gasteropoden, welche nur zwei Speicheldrüsen besitzen, münden dieselben, z. B. bei Rhodope und Eolidina, so weit vor dem Schlundkopfe in die Mundhöhle ein, dass sie dadurch dem vorderen Speicheldrüsenpaare der zuerst genannten Mollusken zu entsprechen scheinen.

4) Bei Sagitta, Cymbulia, Tiedemannia, Dentalium und Chiton.

5) Ueber die feinere Structur der Leberdrüse der Gasteropoden vergleiche Müller, de glandul. secern. struct. p. 71. Tab. X., ferner Schlemm, de hepate ac bile crustac. et mollusc. quorundam, a. a. O. p. 19. Tab. I. u. II., Karsten, Disquisit. microscopica et chemica hepatis et bilis crustaceorum et molluscorum (in den Nov. Act. Acad. Natur. Cur. Tom. 21. p. 304. Tab. 21.) und H. Meckel in Müller's Archiv. 1846. p. 9. Taf. 1.

6) Eine mit den Darmwandungen unmittelbar verschmolzene Lebermasse scheint bei Sagitta vorhanden zu sein (s. Krohn a. a. O. p. 8.). Eine deutliche Verschmelzung der Lebersubstanz und Darmwandung wird man bei Venilia, Aeolis, Eolidina, Amphorina und Zephyrina besonders an den Blindschläuchen gewahr, mit welchen die Verästelungen des Verdauungskanals theils in den Rückenanhängseln, theils im Körperparenchyme endigen. Vergl. Quatrefages (a. a. O. Tom. 19. p. 289. Pl. 11. Fig. 5. und Tom. I. Pl. 4. u. 5.), Alder, Hancock, Embleton (in den Annals a. a. O. Vol. 13. p. 163. Pl. II. Fig. 9. und Vol. 15. p. 80. Pl. 4.). Tergipes soll nach Nordmann (a. a. O. p. 20. Tab. II. u. III. Fig. 3.) eine isolirte Leber besitzen, da jedoch das von demselben als Leberdrüse beschriebene Organ auch mit einem besonderen Ausführungsgange nach aussen zu münden scheint, so macht dasselbe eher den Eindruck eines Harnorgans (s. unten §. 223.). In Pneumodermon und Clio ist der Magen mit einer

2. Die Leberorgane der übrigen Cephalophoren bilden eine vollkommen isolirte, fast immer asymmetrische, drüsige Masse [7]), welche häufig in mehre Lappen getheilt ist, eine gelbbraune oder braungrüne Farbe besitzt, und die Darmwindungen oft ganz umschliesst. Die aus den Leberlappen hervortretenden verästelten Gallengänge vereinigen sich gewöhnlich zu zwei bis drei oder mehren Ausführungsgängen, welche die Galle bald in den Magen, bald in den Darm und nur selten in den Oesophagus ergiessen [8]).

Sechster Abschnitt.

Von dem Circulations-Systeme.

§. 216.

Ueber die wahre Beschaffenheit des Blutcirculations-Apparates der Cephalophoren hatte man sich eine lange Zeit hindurch ein ganz unrichtiges Bild gemacht, indem man denselben als ein vollständig abgeschlossenes Gefässsystem betrachtete; allein so entwickelt auch bei den Cephalophoren auf der einen Seite der ein einfaches Herz darstellende Centraltheil ihres Blutlaufsystems erscheint, eben so auffallend tief tritt auf der anderen Seite der peripherische Theil desselben wieder in der Entwickelung zurück, indem derselbe durchweg eines abgeschlossenen Capillargefässsystems entbehrt. Die Unvollkommenheit dieses Blutgefässsystems der Cephalophoren erreicht aber häufig noch einen höheren Grad, da in vielen Gattungen auch die Körpervenen mehr oder weniger verschwunden sind, ja zuweilen auch die Arterien fehlen. Unter solchen Verhältnissen ist also das Blut der Cephalophoren gezwungen, eine kürzere oder längere Strecke ausserhalb Gefässwandungen frei

---

Menge kleiner Leberdrüsen-Schläuche dicht besetzt (vergl. Cuvier a. a. O. p. 8. Fig. 7. p. und Eschricht a. a. O. p. 11.); auch Rhodope trägt, nach Kölliker's Mittheilung, auf dem Darme viele birnförmige, mit gelben gekernten Zellen gefüllte Leberdrüsen-Schläuche.

7) Zwei, symmetrisch auf beiden Seiten des Verdauungskanals angebrachte Leberdrüsen hat Dentalium aufzuweisen (s. Deshayes a. a. O. Pl. 15. Fig. 11. oder Isis. Taf. 6. Fig. 15. m. m.). Auch Diphyllidia besitzt an jeder Seite des langen Magensackes eine Leber, welche, mit verschiedenen Querkanälen, in diesen einmündet (s. Meckel's Archiv. 1826. p. 15. Taf. I. Fig. 11.).

8) Ueber die äussere Form der Leber bei den Gasteropoden muss auf Cuvier (a. a. O.) verwiesen werden. — Am Pylorus finden sich die Mündungen der Gallengänge in Limax, Helix, Testacella, Doridium und Dentalium vor; bei Haliotis, Vermetus, Pleurobranchus, Diphyllidia, Doris, Planorbis und Lymnaeus dagegen ergiesst sich die Galle in den Darm, und bei Aplysia, Dolabella und Notarchus in den dritten Magen, während bei Onchidium zwei Gallengänge in den Oesophagus und ein dritter Gallengang in den ersten Magen einmündet.

durch bald engere, bald weitere Lücken (*Lacunae*) des Körperparenchyms zu circuliren 1).

Das meist farbelose und zuweilen opalisirende Blut der Cephalophoren ist sehr arm an Blutkörperchen, welche letzteren ebenfalls farbelos erscheinen und eine rundliche Zelle mit ziemlich glatter Hülle und einem sehr schwer sichtbaren körnigen Kerne darstellen 2).

§. 217.

Das Herz der Cephalophoren, welches nur in wenigen Gattungen ganz zu fehlen scheint 1), wird fast immer von einem Pericardium

---

1) Wie fest die Ansicht, dass die Mollusken ein geschlossenes Blutgefässsystem besitzen sollen, Wurzel gefasst hatte, kann man daraus entnehmen, dass Cuvier, obgleich er in Aplysia (s. dessen Mémoires a. a. O. p. 13.) die Venen mit der Leibeshöhle durch besondere Oeffnungen deutlich communiciren sah, diese Einrichtung als eine Ausnahme gelten liess, und den Mollusken dennoch ein vollkommenes Blutgefässsystem zuschrieb (s. dessen Règne animal. Tom. I. p. 50.). Erst in der neuesten Zeit ist bei den Cephalophoren die freie, durch die verschiedenen Lücken und Zwischenräume des Leibes stattfindende Blutcirculation von Pouchet (Recherches a. a. O. p. 13.), Milne Edwards und Valenciennes (in den Comptes rendus. Tom. 20. 1845. p. 261. u. 750, oder in Froriep's neuen Notizen. Bd. 34. p. 81. u. 257.) als Regel nachgewiesen worden.

2) Ueber das Blut und die Blutkörperchen der Gasteropoden vergl. Carus, von den äusseren Lebensbedingungen der weiss- und kaltblütigen Thiere. p. 72., Ehrenberg, unerkannte Structur a. a. O. Tab. VI. Fig. I. 1. u. II. 1. von Arion und Paludina, ferner Erdl, de Helicis Algirae vasis sanguiferis. Dissert. Monach. 1840. p. 10. — Roth scheint die Blutflüssigkeit bei Planorbis gefärbt zu sein. Der Gehalt an Fibrine ist im Blute der Cephalophoren ausserordentlich gering, im Blute von Helix wenigstens zeigt sich nur eine Spur von Faserstoff, der beim Gerinnen die Blutkörperchen mit einem kaum erkennbaren Gespinnste zu Schnüren und Haufen an einander klebt. Die körnigen Kerne dieser Blutkörperchen kommen unter dem Einflusse von Essigsäure sehr deutlich zum Vorschein.

1) In Sagitta hat weder Forbes (im Institut. 1843. p. 358.) noch Darwin (in den Annals of nat. hist. Vol. 13. p. 3.) ein Herz wahrnehmen können, obgleich d'Orbigny (Voyage dans l'Amér. merid. oder in der Isis. 1839. p. 501.) den Herzschlag in diesem räthselhaften Thiere gesehen haben will, und auch Darwin (a. a. O. p. 6.) in den Embryonen desselben, innerhalb des Vorderleibsendes, ein pulsirendes Organ erkannt hat. Nach Quatrefages (a. a. O. Tom. I.) sollen die Gattungen Zephyrina, Actaeon, Amphorina, und nach Kölliker's Mittheilung die Gattungen Flabellina, Lissosoma und Rhodope kein Herz besitzen. Souleyet erklärt sich jedoch mit grosser Bestimmtheit (in den Comptes rend. Tom. 20. 1845. p. 73.) gegen die Angaben des Quatrefages, und schreibt allen Apneusten ein Herz zu. Die Schwierigkeit, mit welcher man bei der Untersuchung dieser sehr zarten Gasteropoden, wegen ihrer Undurchsichtigkeit, häufig zu kämpfen hat, mag die vielen, über die Organisation der Apneusten zu Tage geförderten Widersprüche veranlasst haben. Ueberdies hat man sich noch zu hüten, aus der Entwickelungsgeschichte dieser Thiere falsche Schlüsse über die Organisation der erwachsenen Thiere zu ziehen; so ist es sehr auffallend, dass die Embryone von Actaeon sich ohne Herz vollständig entwickeln (s. Vogt in den Comptes rend. Tom. 21. No. 14. und Tom. 22. No. 9., oder in Froriep's neuen Notizen. No. 795. u. 820.), während bei anderen Gasteropoden das Herz ausser-

eingehüllt [2]), und zerfällt in eine sehr muskulöse, einfache Herzkammer und in eine dünnwandige, ebenfalls einfache, selten doppelte Vorkammer [3]), nach welcher das arterielle Blut aus den Respirationsorganen hinüberströmt, um von dort, durch eine sehr kurze Aorta, in den Körper getrieben zu werden. Beide Kammern haben in der Regel eine birnförmige Gestalt und sind an ihrem breiteren Ende durch eine Einschnürung mit einander verbunden, an welcher Stelle zuweilen ein Klappenapparat den Rücktritt des Blutes aus der Kammer in die Vorkammer verhindert [4]).

Die Lage des Herzens hängt meistens von der Anordnung der Respirationsorgane ab, da dasselbe gewöhnlich an der Basis der Kiemen oder im Grunde der Lungenhöhle seinen Platz einnimmt. Aus diesem Grunde trifft man das Herz der Cephalophoren am häufigsten auf der rechten Seite derselben an [5]). In denjenigen Gattungen, deren Athemorgane symmetrisch angeordnet sind oder ganz fehlen, erscheint das Herz nach der Mittellinie gerückt, wobei die Herzkammer mit der Aorta nach vorne gerichtet ist [6]). Diese Richtung zeigt auch das ausserhalb

---

ordentlich früh im Embryo zur Entwickelung und Thätigkeit gelangt. Nach Nordmann (a. a. O. p. 93.) schreitet die Entwickelung der Embryonen des mit einem Herzen versehenen Tergipes, ganz wie bei Actaeon, ohne Herz vor, es findet hier also nur eine Verspätung in der Bildung des Herzens statt.

2) Ein Herzbeutel scheint den Apneusten zu fehlen.

3) Eine doppelte seitliche Vorkammer findet sich bei Chiton, Haliotis, Fissurella und Emarginula. Die drei letztgenannten Scutibranchiaten erinnern ausserdem noch durch den Umstand an die Lamellibranchien, dass ihre Herzkammer vom Mastdarme durchbohrt wird. Vergl. Cuvier a. a. O. und Meckel, System d. vergl. Anat. Thl. V. p. 115.

4) S. die Abbildungen des Herzens von Helix in Cuvier a. a. O. Pl. I. Fig. 2—4. und Pl. II. Fig. 1. und in Carus, Erläuterungstafeln a. a. O. Hft. VI. Taf. II. Fig. 6., ferner von Hyalea in van Beneden, Exercices a. a. O. Pl. 3. Fig. 11. In Tergipes ist von Nordmann (a. a. O. p. 26. Tab. III. Fig. 4.), statt des zwischen Vor- und Herzkammer fehlenden Klappenapparates, eine sehr bewegliche Klappe zwischen letzterer und dem Aortenbulbus beobachtet worden. Bei Limax und Arion fehlt jeder Klappenapparat am Herzen (s. Treviranus, Beobacht. a. d. Zoot. u. Physiol. p. 40.).

5) Auf der rechten Seite des Rückens befindet sich das Herz bei den meisten Dachkiemern, bei den rechtsgewundenen Pectinibranchiaten und Pulmonaten, so wie bei allen Limacinen, wogegen es bei Ancylus, Haliotis und bei allen linksgewundenen Gasteropoden mit den Athemorganen auf der linken Seite des Rückens anzutreffen ist. Auch bei Carinaria, Clio, Hyalea, Cleodora zeigt sich das Herz, obwol auf der Mitte des Rückens, etwas nach der linken Seite gewendet.

6) Bei den mit symmetrischen Kiemen versehenen Gasteropoden Dentalium, Tritonia, Scyllaea, Thetis, Phyllidia, Fissurella und Emarginula liegt das Herz auf der Mitte des Rückens, bei Doris und Chiton dagegen in der Mittellinie des Hinterleibes, welche letztere Lage auch das Herz der merkwürdigen Lungenschnecke Onchidium einnimmt. Sehr merkwürdig ist es, dass bei symmetrischer

der Mittellinie gelegene Herz vieler anderen Cephalophoren, mit Ausnahme der ein gewundenes Gehäuse tragenden Gattungen, in welche die Spitze der Herzkammer und die daraus hervortretende Aorta stets nach hinten gerichtet erscheint.

§. 218.

Das sehr unvollkommene Gefässsystem der Cephalophoren beschränkt sich höchstens nur auf Arterien mit ihren feineren Verästelungen und auf grössere venöse Kanäle, welche das Blut aus der Leibeshöhle und den Lücken des Körperparenchyms aufsammeln und zu dem Respirations-Gefässsysteme leiten.

Bei Sagitta [1]) und verschiedenen Apneusten [2]) scheint jede Spur eines Blutgefässsystems verschwunden zu sein, und die Ernährungsflüssigkeit, wie bei den Nematoden, aus dem Verdauungskanale unmittelbar in die Leibeshöhle hinüber zu schwitzen.

In einer anderen Reihe von Apneusten sind von einem arteriellen und venösen Blutgefässsysteme nur Rudimente, in Form einer kurzen, aus der Herzkammer nach vorne hervortretenden und gabelförmig sich theilenden Aorta und zweier noch kürzeren, von beiden Seiten in das Hinterende der Vorkammer einmündenden Hohlvenen, vorhanden [3]).

---

vorne und rechts geschoben ist. Vergl. Meckel, System d. vergl. Anat. Thl. V. p. 119. und Archiv für Anat. u. Physiol. 1826. p. 19. — Von den kiemenlosen Apneusten trägt Tergipes (nach Nordmann a. a. O. p. 24. Tab. 2. T. und Tab. 3. Fig. 4.), Eolidina (nach Quatrefages a. a. O. Tom. 19. p. 288. Pl. XI. Fig. 3.), Aeolis (nach Hancock und Embleton a. a. O. Pl. 5. Fig. 16.) und Actaeon (nach Allman a. a. O. p. 149. Pl. 5. Fig. 4.) das Herz unter dem Rücken in der Mittellinie des Körpers.

1) Vergl. Krohn a. a. O. p. 8.

2) Bei Flabellina, Lissosoma, Rhodope nach Kölliker, und bei Zephyrina, Amphorina nach Quatrefages.

3) Ein solches, unter dem Rücken des Vorderleibes verborgenes, rudimentäres Blutgefässsystem ist von Nordmann (a. a. O. p. 24.) an Tergipes, von Quatrefages (a. a. O. p. 288.) an Eolidina, und von van Beneden (in dem Institut. No. 627. oder in Froriep's neuen Notizen. No. 797. p. 68.) an Aeolis nachgewiesen worden, und wird auch, nach der von Allman (a. a. O. Pl. 5. Fig. 4. c.) gelieferten Abbildung, bei Actaeon anzutreffen sein. Es findet, nach Nordmann's Beobachtungen, trotz dieser Unvollkommenheit der Blutgefässe, dennoch ein regelmässiges Circuliren des frei aus den Aortenstämmen in die Leibeshöhle überfliessenden Blutes statt, so dass der ganze Körper von Tergipes, sammt seinen Anhängen, von arteriellen und venösen Strömen durchzogen wird, welche bis zu den beiden, mit offenen Mündungen beginnenden, kurzen Hohlvenen verfolgt werden können. Diese Art der Blutcirculation stimmt ganz mit der bei den Insekten überein, nur verweilt das Blut der Apneusten eine längere Strecke innerhalb arterieller Gefässe, da sowol Nordmann bei Tergipes, wie Quatrefages bei Eolidina auf jeder Seite des Leibes, von der Aortenhälfte aus, einen vorderen und einen hinteren Ast eine Strecke weit verlaufen sahen. In diesem vereinfachten Blutcirculationssysteme der Apneusten konnte sich übrigens

Bei den übrigen, mit Respirationsorganen ausgerüsteten Cephalophoren theilt sich die Aorta, nach kurzem Verlaufe, in zwei grössere Arterien, von welchen die eine vordere durch den Nervenschlundring tritt, die im Kopfende gelegenen Organe mit Aesten versorgt, und zuletzt in die fleischigen Wandungen der Leibeshülle eindringt, während die andere hintere Arterie sich auf den, innerhalb des Eingeweidesackes gelegenen Organen verzweigt. Diese Arterien-Verästelungen, welche zuweilen ein sehr schönes Gefässnetz darstellen, bilden sich nirgends zu einem, in venöse Gefässe hinüberführenden Capillargefässsysteme aus, sondern verschwinden nach und nach spurlos [4]), so dass man annehmen muss, das Blut dieser Cephalophoren ergiesse sich aus den feinsten Enden der Arterien in die Zwischenräume des Parenchyms der Eingeweide, so wie in die Leibeshöhle, von wo es durch verschiedene Oeffnungen, welche sich an der inneren Fläche der Leibeswandungen vorfinden, aufgenommen und durch Venenkanäle, welche

---

Quatrefages anfangs gar nicht zurecht finden, und stellte daher die Behauptung auf, dass bei diesen Gasteropoden der verästelte Darmkanal zugleich die Stelle des Blutgefässsystems vertrete, und bezeichnete diese ganze Gasteropodengruppe mit dem Namen Phlebenterata, was (in den Comptes rend. Tom. 19. u. 20.) zwischen ihm und Souleyet zu einem Streite Veranlassung gab, der nicht endigen zu wollen schien, und in welchem der letztere, auf der anderen Seite wieder zu weit gehend, gegen den Phlebenterismus ein nicht blos den Apneusten, sondern allen Gasteropoden zukommendes, vollständig geschlossenes Blutgefässsystem hartnäckig vertheidigte.

4) Erdl (de Helicis Algirae vasis sanguif. a. a. O.) bildet zwar Venennetze auf dem Verdauungsapparate von Helix ab (s. auch eine Copie davon in Carus, Erläuterungstafeln. Hft. 6. Tab. II. Fig. 5.), die ich aber für nichts anderes, als für Arteriennetze halten kann, und zwar um so mehr, als Erdl in seiner Abhandlung nirgends einen unmittelbaren, durch Capillargefässe bewirkten Zusammenhang von Venen und Arterien nachweist. — Am deutlichsten fällt der Mangel eines Capillargefässsystems und der daraus hervorgehenden Venenwurzeln in Arion auf, dessen grössere, aus der kurzen Aorta nach hinten hervortretende Arterie bei ihrer Ausbreitung auf Darm und Leber so ausgezeichnet schöne, weissgefärbte Verästelungen bildet. Untersucht man die dickeren Stämme dieser Arterie, so erkennt man deutlich, dass ihre muskulösen Wandungen auf der inneren Fläche mit einer Schicht von rundlichen Körnern belegt sind, welche aus kohlensaurem Kalke bestehen und die Ursache der weissen Farbe jener Arterie sind; man kann sich aber auch ferner überzeugen, dass sich in den feineren Verzweigungen dieses weissen Gefässnetzes die muskulösen Wandungen allmälich verlieren, und die Blutbahn nur noch durch jene weisse körnige Masse abgegrenzt ist, bis sich zuletzt auch diese verliert, ohne dass eine Spur von Capillargefässen und Venenwurzeln zu entdecken wäre. — Ueber die Verzweigungen des arteriellen Gefässsystems der verschiedenen Cephalophoren vergleiche man für die Pteropoden die Abhandlungen von van Beneden (a. a. O.) und für die Heteropoden die von Milne Edwards (in den Annales d. sc. nat. Tom. 18. 1842. p. 325. Pl. XI. Fig. 1.) gelieferte Abbildung über Carinaria, so wie für die Gasteropoden die Arbeiten und Abbildungen bei Cuvier, Meckel und Delle Chiaje (a. a. O.).

ohne selbstständige Wandungen in die Muskelsubstanz der Leibeshülle eingegraben sind, nach den Respirationsorganen geleitet wird [5]).

5) Obgleich schon im Jahre 1803 Cuvier (in den Annales du Muséum d'hist. nat. Tom. II. p. 299. Pl. II. Fig. 1. u. 3.) die Oeffnungen der Venenkanäle, welche die fleischigen Leibeswandungen der Aplysia netzförmig, bis zum Eintritt in die Kiemen, durchziehen, auf der inneren Fläche der Leibeshülle erkannt hatte, und diese Organisation sowol von Treviranus (Biologie. Bd. IV. p. 238.), wie von Delle Chiaje (Memorie a a. O. Tom. I. p. 63.) bestätigt worden ist, so konnte man sich bis auf die neueste Zeit nicht mit dem Gedanken vertraut machen, dass alle Cephalophoren ein ähnliches, nicht geschlossenes Gefässsystem besitzen sollten, zumal da jene an den Aplysien gemachte Beobachtung eine lange Zeit ganz vereinzelt dastand. Gegenwärtig haben sich aber so viele neue, diesen Gegenstand betreffende Thatsachen gehäuft, dass jetzt nicht mehr von einzelnen Ausnahmen die Rede sein kann, sondern der Mangel von Capillargefässen und Venenwurzeln, so wie die Existenz von vielen, an der inneren Fläche der Leibeshülle angebrachten und zu venösen Kanälen führenden Oeffnungen als eine, bei den mit Respirationsorganen versehenen Cephalophoren allgemein gültige Regel angenommen werden muss. Am leichtesten kann man sich bei den durch Ersticken getödteten und erschlafften Limax- und Arion-Arten von dem Vorhandensein dieser Oeffnungen der Venenkenäle überzeugen, wobei man die Richtigkeit der von Delle Chiaje über Arion gelieferten, im Jahre 1830 gestochenen Abbildung (s. dessen Memorie a. a. O. Tav 109. Fig. 16. ohne Text, und Descrizione a. a. O. Tom. II. 1841. p. 10. Tav. 37. Fig. 16. dieselbe Tafel mit Text) anerkennen wird, nur dass die Oeffnungen nicht blos längs der beiden, an den Seiten der Leibeswandung herablaufenden Haupt-Venenkanäle, sondern auch an den Verästelungen derselben gesehen werden können. Von Pouchet (a. a. O. p. 19), welcher diese Oeffnungen *Orifices absorbants* genannt hat, ist ebenfalls Arion zur Untersuchung gewählt worden, wogegen Milne Edwards und Valenciennes (in den Comptes rendus a. a. O.) diese Einrichtung des Blutcirculations-Apparates nicht blos bei Aplysia, sondern auch bei Doris, Polycera, Scyllaea, Patella, Chiton, Haliotis, Notarchus, Umbrella, Pleurobranchus, Dolabella, Buccinum, Tritonium, Turbo, Ampullaria, Onchidium, Helix u. A., mithin bei den Nudibranchiaten, Cyclobranchiaten, Scutibranchiaten, Tectibranchiaten, Pectinibranchiaten und Pulmonaten nachgewiesen haben. — Es muss hier noch einmal wiederholt werden, dass diese Venenkanäle nur in die muskulösen Wandungen der Leibeshülle eingegrabene Lücken oder Lacunen sind, und nicht von selbstständigen Gefässhäuten umgeben werden, wie Meckel (System d. vergl. Anat. Thl V. p. 128.) dies von den Venen der Aplysia annimmt. Man kann sich von diesem Mangel besonderer Gefässwandungen deutlich überzeugen, wenn man von den Venenkanälen des Arion Längsstreifen abschneidet und unter dem Mikroskope beobachtet. Dieselben bestehen nämlich aus nichts anderem, als aus einer Menge in den verschiedensten Richtungen sich durchkreuzenden Muskelfasern, von welchen einige sich sphinkterartig um die Venenöffnungen herumziehen, so dass also diese Oeffnungen durch keinen Klappenapparat, sondern durch Muskelcontraction verschlossen werden können. Die Wandungslosigkeit der Venenkanäle der Gasteropoden kann übrigens selbst Souleyet nicht leugnen, verwickelt sich aber deshalb in einen Widerspruch, indem er in seinem, gegen den Phlebenterismus erhobenen Streite allen Gasteropoden ein geschlossenes Blutgefässsystem zuschreibt, aber dennoch eingesteht (s. die Comptes rend. Tom. 20. p. 81. Anm. 3.), dass das Venensystem der Mollusken nicht durchweg von deut-

Siebenter Abschnitt.

Von dem Respirations-Systeme.

§. 219.

Die Athemorgane fehlen nur bei einer geringen Anzahl von Cephalophoren, nämlich bei Sagitta, bei den Apneusten, so wie bei einigen Pteropoden und Heteropoden [1]), so dass man sich hier genöthigt sieht, eine Hautrespiration anzunehmen, welche bei den Apneusten gewiss durch das Flimmerepithelium unterstützt wird [2]), wenn nicht bei einigen dieser Mollusken das vorhandene Wassergefässsystem den Respirationsprozess vielleicht allein vertritt [3]).

I. Von den Kiemen.

§. 220.

Einen meist sehr contractilen und immer mit lebhaft schwingenden Flimmercilien bedeckten Kiemenapparat besitzen, mit Ausnahme der Pulmonaten, fast alle übrigen Cephalophoren [1]). Derselbe wird entweder aus einzelnen, in Reihen oder Büscheln beisammenstehenden Kiemenblättern und Kiemenfäden gebildet, oder stellt bald dendritisch verzweigte, bald feder- oder kammförmig geordnete Fortsätze dar. Bei einigen Gattungen ragen die Kiemen auf dem Rücken oder an den Seiten des Leibes frei hervor, bei anderen dagegen werden sie von einer Mantelfalte mehr oder weniger bedeckt, und bei sehr vielen von einer besonderen, durch den Mantel gebildeten Höhle völlig eingeschlossen. Diese Kiemenhöhle steht durch einen kanalförmigen, bald kürzeren, bald längeren, contractilen Fortsatz des Mantels (Athemröhre, *Sipho*) mit der Aussenwelt in Verbindung [2]).

---

lichen Gefässen gebildet werde, sondern dass ein grosser Theil desselben nur aus Aushöhlungen (*Canaux creusés dans l'épaisseur ou dans l'interstice des organes*) bestehe, welche im Körperparenchyme und zwischen den verschiedenen Organen angebracht sind.

1) Athemorgane scheinen sowol der Sagitta, wie Phyllirrhoë ganz zu fehlen.

2) Die Annahme, dass die bei Aeolis, Eolidina, Venilia, Zephyrina, Amphorina, Flabellina, Calliopoea und Tergipes vorhandenen Rücken- und Seitenanhänge Kiemen seien, wird man fallen lassen müssen, nachdem man sich überzeugt hat, dass in denselben hauptsächlich die Fortsätze des Verdauungskanals enthalten sind.

3) Ueber dieses Wassergefässsystem bei Actaeon und Venilia vergleiche man weiter unten §. 222.

1) Ueber die Wimperorgane der Gasteropodenkiemen vergl. Sharpey in der Cyclop. of anat. Vol. I. p. 619.

2) Ueber den Kiemenapparat der Cephalophoren verweise ich besonders auf die Arbeiten und Abbildungen von Cuvier (Mémoires a. a. O.), Savigny (in der Descript. de l'Égypte a. a. O. Tom. II. Pl. I. bis III.), Meckel (Beiträge zur vergl. Anat. und System d. vergl. Anat. a. a. O.), Quoy und Gaimard (in

Was die Anordnung des Kiemenapparates in den einzelnen Abtheilungen der Cephalophoren betrifft, so herrscht darin folgende Verschiedenheit.

1. In den Pteropoden zeigen sich die Athemorgane sehr ungleich entwickelt, indem bei einigen Gattungen dieselben ganz verkümmert zu sein scheinen, während bei anderen Gattungen in einer geräumigen Kiemenhöhle mehre gefranzte Kiemenblätter zu einer oder zwei Gruppen vereinigt sind, von welcher eine oder zwei Kiemenvenen nach kurzem Verlaufe in den Vorhof des einfachen Herzens einmünden [3]).

2. Die meisten Heteropoden tragen auf der Mitte des Hinterrückens entweder einen kamm- oder federförmigen Kiemenapparat, welcher durch eine kurze Kiemenvene mit dem Herzen in Verbindung steht [4]).

3. Die Ordnung der Gasteropoden zeichnet sich in Form und Lage ihrer Kiemen durch die grösste Mannichfaltigkeit aus, was die Veranlassung gegeben hat, diese Mollusken in Nacktkiemer, Kreiskiemer, Dachkiemer, Kammkiemer u. s. w. einzutheilen. Zwei ansehnliche, aus

---

der Voyage de l'Astrolabe oder Isis a. a. O.) und Delle Chiaje (Memorie und Descrizione a. a. O.).

3) Bei Clio ist man über die Form und den Sitz der Athemwerkzeuge jetzt ganz in Ungewissheit gerathen, seitdem Eschricht (a. a. O. p. 5. u. 16) nachgewiesen hat, dass die von Cuvier (Mémoires a. a. O. p. 5.) in den beiden Flossen gesehenen und für Kiemengefässe gehaltenen Gefässnetze nichts anderes, als Muskelfasern gewesen sind; auch bei Limacina und Cuvieria konnten von van Beneden (a. a. O. p. 42. u. 56.) keine Respirationsorgane herausgefunden werden. Ob der am Hinterleibsende von Pneumodermon wahrnehmbare, vierstrahlige Hautanhang, so wie der an derselben Stelle den Leib von Spongiobranchaea kreisförmig umgebende Hautlappen wirklich Kiemen sind (vergleiche Cuvier, Mémoires a. a. O. p. 7. Pl. B. Fig. 1—6. g. und van Beneden a. a. O. p. 49. Pl. I. Fig. 1. d. von Pneumodermon, so wie d'Orbigny in der Isis. 1839. p. 497. Taf. I. Fig. IX. 1—3. u. 11. 12. von Spongiobranchaea), bedarf wol noch einer genaueren Bestätigung. Dagegen war van Beneden (a. a. O. p. 17. u. 40. Pl. I. Fig. 2. u. 12., Pl. 3. Fig. 1. 5. u. 6.) im Stande, bei Hyalea, Cymbulia und Cleodora die Kiemen und Kiemenvenenstämme vollkommen deutlich wahrzunehmen. Innerhalb einer sehr geräumigen Mantelhöhle von Hyalea nämlich liegen auf dem Rücken des Eingeweidesackes eine Menge in einen weiten Bogen geordnete und durch eine Kiemenvene unter einander verbundene Kiemenblätter, während die auf dem Rücken der beiden anderen Pteropoden angebrachte Mantelhöhle rechts und links eine fächerförmige Kieme enthält. Vergl. auch Delle Chiaje, Descriz. a. a. O. Tom. I. p. 89. Tav. 34. Fig. 9. u. 11.

4) Eine einfache, kammförmige, stets in der Schale verborgene Kieme besitzt Atlanta (s. Rang a. a. O. p. 378. Pl. 9. Fig. 12. oder Isis a. a. O. p. 473. Taf. 7. Fig. 12.), eine sehr entwickelte, halbseitig gefiederte Kieme findet sich bei Carinaria und Pterotrachea (s. Delle Chiaje, Memorie a. a. O. Tav. 14. 15. u. 69., Descrizione a. a. O. Tav. 63. u. 64.), und kann von ersterer unter der Schale hervorgestreckt werden.

feinen Fäden zusammengesetzte Kiemenbüschel sind jederseits am Halse der Cirribranchiaten angebracht[5]). Bei den Nudibranchiaten ist immer eine grössere Zahl von büschelförmigen, federförmigen oder verästelten Kiemen vorhanden, welche entweder zu den Seiten des Rückens reihenweise geordnet sind, oder auf der Mitte des Hinterleibes in einem Kreise stehen[6]). Auch bei den Cyclobranchiaten und einigen Inferobranchiaten zeigen sich die blattförmigen Kiemen regelmässig vertheilt, indem sie, entweder in einem ununterbrochenen Kranze, oder in zwei seitlichen Reihen, die zwischen dem Mantelrande und Fusse sich vorfindende Furche ausfüllen[7]). Die beiden, in der Mantelhöhle gänzlich verborgenen, kammförmigen Kiemenreihen der Scutibranchiaten erinnern noch einigermaassen an eine symmetrische Anordnung[8]), welche bei den übrigen, mit Kiemen athmenden Gasteropoden gänzlich aufgehoben ist. So besitzen alle Tectibranchiaten auf der rechten Seite, selten auf der linken, nur einen einzigen, blätterigen oder gefiederten Kiemenapparat, der von einer Mantelfalte bald mehr, bald weniger überragt, und zuweilen fast ganz bedeckt wird[9]). Eben so enthält die vom Mantel gebildete und vollkommen abgeschlossene Kiemenhöhle auf dem Vorderrücken der Pectinibranchiaten und Tubulibranchiaten eine unpaarige, feder- oder

---

5) Bei Dentalium, vergl. Deshayes a. a. O. p. 334. Pl. 15. Fig. 12. oder Isis a. a. O. p. 464. Taf. 6. Fig. 16.

6) Scyllaea trägt zwei Paar Hautlappen auf dem Rücken, auf und zwischen welchen eine Menge Kiemenbüschel angebracht sind; von Glaucus stehen seitlich drei Paar Fortsätze ab, welche mit langen Kiemenfäden fingerförmig besetzt sind. Bei Thetis ist der platte Rücken mit einer doppelten Reihe halbseitig gefiederter Kiemenfortsätze eingefasst, während sich auf den beiden seitlichen Rückenkanten der Tritonia eine Reihe von vielfach verästelten Kiemenbüscheln hinzieht. Kreisförmig stehen die 5 bis 25 gefiederten, oder bald mehr, bald weniger verästelten Kiemen bei Doris und Polycera auf dem Hinterrücken um den After herum, und können, nachdem sie sich contrahirt, durch den Mantel verborgen werden.

7) Einen vollständigen Kranz bilden die Kiemenblätter bei Patella, Chiton und Phyllidia, zwei seitliche Reihen dagegen bei Diphyllidia.

8) In Fissurella und Emarginula enthält die Mantelhöhle sowol in der rechten, wie linken Seite eine Kiemenreihe, während in Haliotis beide Kiemenreihen auf die linke Seite gerückt sind.

9) Die wenig bedeckte und federförmige Kieme fällt bei Umbrella, Pleurobranchaea und Pleurobranchus auf der rechten Seite leicht in die Augen; auf derselben Seite hat man die zwischen den Mantelfalten oft tief versteckte, blätterige Kieme bei Gasteropteron, Aplysia, Bullaea, Notarchus u. A. zu suchen; auf der linken Seite dagegen findet man die Kieme bei Doridium angebracht und zugleich weit nach hinten gerückt. Ancylus, welcher schon durch seine unpaarige Kieme von den übrigen Inferobranchiaten abweicht, zeigt noch das Eigenthümliche, dass diese, auf der linken Seite unter der Mantelfalte verborgene Kieme nur einen einfachen Hautwulst darstellt (s. Treviranus a. a. O. p. 192. Taf. 17. Fig. 1. u. 2. d. oder Vogt a. a. O. p. 28. Taf. 2. Fig. 1—3. p.).

kammförmige Kieme, welche meistens auf der linken Seite dieser häufig mit einem Sipho versehenen Höhle angeheftet ist [10]).

Das aus den Kiemen nach dem Herzen strömende Blut ergiesst sich bei sehr vielen Nudibranchiaten durch mehre einzelne, von den Respirationsorganen hervortretende Kiemenvenen in den einfachen Vorhof des die Mittellinie des Rückens einnehmenden Herzens [11]). Nur bei einigen dieser Gasteropoden, so wie bei den Cirribranchiaten, Cyclobranchiaten und Scutibranchiaten vereinigen sich die Kiemenvenen auf jeder Seite zu zwei Hauptstämmen, welche in die einfache oder doppelte Vorkammer des Herzens einmünden [12]). Die übrigen, mit unpaarigen, seitlichen Kiemen ausgestatteten Gasteropoden [13]) geben das Blut an das dicht neben der Basis der Kiemen gelegene Herz durch einen einfachen, kurzen Kiemenvenenstamm ab.

II. Von den Lungen.

§. 221.

Die bei den Pulmonaten von dem Mantel gebildete Lungenhöhle ist fast immer auf dem Vorderrücken, höchst selten auf dem Hinterrücken dieser Gasteropoden angebracht [1]). Das sphinkterartig verschliessbare Athemloch befindet sich auf der rechten Seite; nur an den ein links gewundenes Gehäuse tragenden Lungenschnecken auf der linken Seite, und in einer einzigen Gattung auf der Mitte des

---

10) Eine federförmige Kieme, welche aus der Kiemenhöhle frei hervorgestreckt werden kann, trifft man bei Valvata an (s. Gruithuisen in den Nov. Act. Acad. Nat. Cur. Tom. X. p. 441. Tab. 38. Fig. 2. 3. 5. u. 12.). Eine einfache, kammförmige Kieme besitzt Vermetus (s. Philippi, Enumeratio molluscorum Siciliae. Vol. I. p. 169. Tab. IX. Fig. 24.), Rotella und Struthiolaria. Eine doppelt gekämmte Kieme enthält Turbo und Janthina, eine dreifach gekämmte Kieme dagegen Paludina. In einer grossen Anzahl von Kammkiemern, z. B. in Harpa, Cassis, Conus, Buccinum, Terebra, Murex, Voluta, Oliva etc., befindet sich neben einer sehr entwickelten, einfach gekämmten Kieme noch eine zweite kleinere, aber doppelt gekämmte Kieme. — Bei dem im Innern der Kiemenhöhle vor sich gehenden Wasserwechsel, welcher durch die am Nacken dieser Gasteropoden meist etwas zur linken Seite angebrachten Athemöffnung oder Athemröhre unterhalten wird, spielt auch hier wieder das Flimmerepithelium, das nicht allein die Kiemen, sondern auch die innere Fläche der Athemhöhle überzieht, eine wichtige Rolle.

11) Bei Scyllaea, Thetis, Doris.

12) Bei Tritonia, Dentalium, Patella und Chiton, ferner bei Haliotis, Fissurella und Emarginula. Von den Inferobranchiaten gehört Phyllidia ebenfalls hieher, wogegen die Kiemenvenen von Diphyllidia einzeln in den einfachen Vorhof einzutreten scheinen.

13) Die Tubulibranchiaten und Pectinibranchiaten.

1) Auf der Mitte des Rückens befindet sich die Athemhöhle bei Parmacella; ganz nach hinten aber ist dieselbe bei Testacella und Onchidium gerückt.

Hinterleibsendes [2]). Die innere Fläche dieser Lungenhöhle, welche bei den Gehäusschnecken eine dreieckige, bei den Nacktschnecken dagegen eine mehr rundliche Form besitzt [3]), erscheint mit einem erhabenen Gefässnetze ausgekleidet, über welches sich bei den im Wasser lebenden Lungenschnecken ein Flimmerepithelium hinzieht [4]). In den Nacktschnecken stellt dieses Gefässnetz mehr ein gleichmässiges Gitter dar [5]); an den Lungengefässverzweigungen der Gehäusschnecken hingegen lassen sich meistens mehre grössere Kiemenvenen unterscheiden, welche aus den Rändern der Athemhöhle hervortreten und mit fast gleichmässiger Stärke radienartig nach einem mittleren Hauptvenenstamme verlaufen, unter einander eine Menge Anastomosen eingehen und zwischen sich verschiedene kleinere, dendritisch verzweigte Venenstämmchen aufnehmen, bis zuletzt der Hauptvenenstamm in der hinteren Spitze der dreieckigen Lungenhöhle den Vorhof des Herzens erreicht [6]). Bei einer näheren Untersuchung des Lungengefässnetzes weisen sich diese Gefässe als wandungslose Kanäle aus, welche von den muskulösen Längs- und Querfasern des Mantels unmittelbar umgeben sind, so dass also diese Lungenvenen nur eine Fortsetzung der Venenkanäle der Leibeswandung zu sein scheinen.

---

2) Bei Onchidium. Ob bei diesem merkwürdigen amphibischen Mollusk neben der Lunge die contractilen, verästelten Auswüchse des Hinterrückens, deren Ehrenberg über zwanzig zählen konnte, wirklich als Kiemen wirken, wie dieser Naturforscher behauptet (s. dessen Symbolae physicae, animal. evertebr. mollusc.), darüber wird erst eine genauere Analyse jener Organe entscheiden können. Mit mehr Sicherheit hat Troschel (in Wiegmann's Archiv. 1845. Bd. I. p. 197. Taf. 8.) die Ampullarien als amphibische Thiere nachgewiesen, da er in denselben über der Kiemenhöhle eine mit dieser in Verbindung stehende und mit Blutgefässen ausgekleidete Lungenhöhle erkannte.

3) In Limax und Arion hat die Lungenhöhle eine ringförmige Gestalt angenommen, da ihre Mitte von dem Herzen und der Niere ausgefüllt wird.

4) Ein Flimmerepithelium erkannte ich in der Lungenhöhle von Lymnaeaceen, vermisste dasselbe aber in der Athemhöhle von Helix und Arion.

5) Bei Onchidium, Limax etc. Vergl. die Abbildung zu Arion in Cuvier's Mémoires a. a. O. Pl. 2. Fig. 8—10.

6) Vergl. Cuvier, ebendas. Pl. 1. Fig. 2—4. und Treviranus, Beobacht. a. d. Zoot. u. Physiol. Tab. 8. Fig. 57. u. 58. von Helix Pomatia. In dem Lungengefässnetze, welches Erdl (de Hel. Alg. vas. sanguif. a. a. O. Fig. 6., auch in Carus, Erläuterungstafeln. Tab. II. Fig. 10.) sehr detaillirt dargestellt hat, laufen nicht alle Gefässstämme in centripetaler Richtung dem Haupt-Lungenvenenstamme zu, sondern einige der Gefässverzweigungen sind mit ihren grösseren Stämmen gerade umgekehrt nach dem Rande der Lungen hin gerichtet; ein solcher Verlauf von Lungengefässstämmen, unter welchen sich Erdl höchst wahrscheinlich Lungenarterien gedacht hat, ist aber in der Natur nicht vorhanden, vielmehr verhalten sich die Lungengefässe der Helix Algira ganz wie die der Helix Pomatia, was man auch in der von van Beneden gegebenen Abbildung angedeutet sieht (s. dessen Anatomie de l'Helix Algira, in den Annales d. sc. nat. Tom. 5. 1836. Pl. 10. Fig. 3. f.).

III. Von dem Wassergefässsysteme.

§. 222.

Ueber die Existenz von besonderen, Wasser enthaltenden Gefässen und Behältern ist man bei den Cephalophoren noch nicht im Klaren; indessen scheint auch hier, wie bei den Acephalen, ein Wassergefässsystem in Form von wandungslosen, theils einfach verzweigten, theils netzförmig unter einander anastomosirenden Kanälen vorhanden zu sein, welche sich zwischen den Venenkanälen hinziehen und an der Körperoberfläche nach aussen öffnen, wodurch hier also eine dem Tracheensysteme der Insekten analoge Einrichtung gegeben wäre.

Bei einigen Apneusten dürfte über die Gegenwart eines solchen Wassergefässsystems, welches die Function eines inneren Respirationsapparates vertreten kann, kaum ein Zweifel obwalten, seitdem auf dem Rücken dieser Thiere, dicht hinter dem Herzen, ein Wasserbehälter entdeckt worden ist, von welchem nach allen Seiten hin verästelte Wasserkanäle ausstrahlen [1]).

Ueber die Wassergefässe der Pteropoden, Heteropoden und Gasteropoden liegen hauptsächlich ältere Beobachtungen vor, welche in späterer Zeit durch wenige neue Thatsachen erweitert worden sind. Es breitet sich nämlich bei den genannten Cephalophoren ein schönes Netz von wandungslosen Kanälen in der Substanz der Leibeshülle aus, welches durch verschiedene, an der Oberfläche des Körpers angebrachte Mündungen Wasser von aussen in sich aufnehmen soll [2]). Die Behaup-

1) Nach Souleyet (in den Comptes rend. Tom. 19. p. 360. und Tom. 20. p. 93.) breitet sich bei Actaeon von einem hinter dem Herzen auf dem Rücken gelegenen Wasserbehälter, den er *Poche pulmonaire* nennt, ein Wassergefässsystem durch den Körper, das auch Vogt, nach einer mir gütigst gemachten brieflichen Mittheilung, mit einem auf der rechten Seite hinter dem After ausmündenden Kanale deutlich erkannt zu haben versichert, und welches von Allman (a. a. O. p. 148. Pl. 5. Fig. 4. a. a. b.) in Actaeon ebenfalls beobachtet, aber für ein Blutgefässsystem gehalten worden ist. Der bei Venilia auf dem Hinterrücken ausmündende Kanal, welcher von Alder und Hancock (a. a. O. Vol. 13. Pl. 2. Fig. 1. u. 7. b.) für Mastdarm und After genommen worden ist, gehört vielleicht zu einem ähnlichen Wassergefässsysteme, eben so die von Delle Chiaje auf dem Hinterrücken von Aeolis cristata (Venilia?) abgebildete Oeffnung (s. dessen Descrizione a. a. O. Tav. 88. Fig. 2. d.).

2) Delle Chiaje ist bis jetzt immer noch der einzige Naturforscher, welcher ausführlichere Untersuchungen über diese Kanäle der oben genannten Cephalophoren bekannt gemacht hat. In einer früheren Arbeit wurden von demselben diese Wassergefässe als Kanäle beschrieben, welche bei Doris, Thetis, Aplysia, Pleurobranchus, Pleurobranchaea, Bulla, Doridium, Diphyllidia, Turbo, Trochus, Nerita, Conus, Cypraea, Voluta, Buccinum, Murex, Cerithium, Rostellaria, Haliotis und Patella den fleischigen Fuss durchziehen und meistentheils am

tung, dass diese Kanäle wirklich einem Wassergefässsysteme angehören, hat bis jetzt noch keine allgemeine Anerkennung finden wollen, indem man das wirkliche Vorhandensein ihrer äusseren Mündungen in Zweifel stellte und es vorzog, diese Kanäle nur für eine Fortsetzung des Venensystems zu halten [3]). Jedenfalls bedarf dieser Gegenstand bei den Cephalophoren noch einer gründlichen Erforschung, um ihn mit dem, was sich darüber bei den Acephalen und Cephalopoden hat nachweisen lassen, in Einklang zu bringen.

Fussrande mit einer bald grösseren, bald geringeren Zahl von Löchern nach aussen münden sollen (vergl. dessen Descrizione di un nuovo apparato di canali acquosi scoperto negli animali invertebrati marini, in den Memorie a. a. O. Vol. II. p. 259. Tav. 17. Fig. 10—15.). In neuerer Zeit hat Delle Chiaje dasselbe Wassersystem, welches den im Wasser lebenden Pulmonaten fehlen soll, bei einer Menge Cephalophoren als ein schönes, in der Hautbedeckung sich ausbreitendes Netz unter dem Namen *Apparato idro-pneumatico* oder *Sistema linfatico-venoso* beschrieben. Vergl. dessen Descrizione a. a. O. Tom. I. p. 88. etc. und die Abbildungen auf Tav. 32. 34. 40. etc. von Cymbulia, Hyalea, Carinaria, Pterotrachea, Doris, Tritonia, Thetis, Pleurobranchaea, Diphyllidia, Doridium, Gasteropteron, Aplysia, Bulla, Sigaretus und Janthina. Dieses Wassergefässnetz soll bei Cymbulia und Gasteropteron mit einem grossen Sinus zusammenhängen, von welchem ein langer, Wasser zuführender Kanal am Körper frei hervorragt. Vergl. Delle Chiaje, Descrizione a. a. O. Tav. 32. Fig. 1. u. 2. g., ferner Tav. 55. Fig. 2. b. f. und Fig. 4. c. a.

3) Meckel (System d. vergl. Anat. Thl. VI. p. 72.) spricht sich entschieden gegen die Existenz eines besonderen Wassersystems und seiner an der äusseren Körperoberfläche angebrachten Mündungen aus, indem er annimmt, dass die See-Cephalophoren sehr viel Wasser durch blosse Hauteinsaugung in sich aufnehmen und dasselbe ohne besondere Oeffnungen wieder ausleeren können. Milne Edwards (in den Comptes rendus. Tom. 20. p. 271. oder Froriep's neuen Notizen. No. 733. p. 98.) erklärt geradezu den von Delle Chiaje beschriebenen, Wasser zuführenden Apparat der Cephalophoren für zum Venensysteme gehörige Kanäle und Lacunen, leugnet ebenfalls die Mündungen, durch welche an der Körperoberfläche eine Verbindung zwischen diesen Kanälen und dem äusseren Seewasser stattfinden soll, und schreibt den bei diesen Thieren bemerkbaren Ein- und Austritt des Wassers lediglich dem Prozesse der Endosmose und Exosmose zu. Auch van Beneden (in den Annales d. sc. nat. Tom. 4. 1835. p. 250.) will sich bei Aplysia überzeugt haben, dass die sogenannten Wassergefässe nichts anderes, als ein Theil des Venensystems sind, ist aber auf der anderen Seite nicht abgeneigt, bei Aplysia, Carinaria u. A. die Anwesenheit von kleinen Oeffnungen anzunehmen, durch welche diese Mollusken ihr Blut direct mit Seewasser vermischen können (vergl. die Comptes rend. Tom. 20. p. 520. und l'Institut. No. 627. oder Froriep's neue Notizen. No. 727. p. 4. und No. 797. p. 65.).

Achter Abschnitt.

Von den Absonderungs-Organen.

I. Von den Harnorganen.

§. 223.

Ein den Harnorganen entsprechender Apparat findet sich bei den meisten Cephalophoren in Form einer unpaaren, blätterigen Drüse, welche in der Regel neben dem, aus dem Athemorgane zum Vorhofe des Herzens hinüberlaufenden Venenstamme gelegen ist und einen Ausführungsgang absendet, der als Urethra den Mastdarm begleitet und häufig in der Nähe des Afters nach aussen mündet [1]).

Diese Niere hat fast immer eine schmutzig gelbe oder röthliche Farbe und eine blätterige Structur, lässt nirgends Flimmerorgane an sich wahrnehmen und ist noch von einer besonderen Haut sackförmig eingehüllt, welche in den flimmernden Ausführungsgang übergeht. Die einzelnen Lamellen der Harndrüse bestehen aus dicht gedrängten, äusserst zartwandigen Zellen, welche sehr locker zusammenhangen und, ausser einer wasserhellen Feuchtigkeit, einen dunkeln, bei durchfallendem Lichte braun oder violett gefärbten Kern enthalten. Diese Kerne, welche eine rundliche, oft auch höckerige Gestalt besitzen, lassen ein sehr festes, krystallinisches Gefüge an sich wahrnehmen, und stellen gewiss ein concrementartiges Excret der Niere dar [2]), von welchem die Reaction auf Harnsäure herrührt, die sich bei der chemischen Untersuchung der ganzen Harndrüse zu erkennen gibt [3]). Die verzweigten Kanäle, welche man auf dem, die Niere einhüllenden,

1) Es ist dies dieselbe Drüse, welche bei den Gasteropoden von den älteren Naturforschern, Swammerdam, Poli, Blumenbach, für ein kalkabsonderndes Organ und von Cuvier für eine Schleimdrüse erklärt worden ist.

2) Es stimmt diese Drüse also sowol in ihrer Lage, wie in ihrer histologischen Zusammensetzung vollkommen mit den beiden, als Nieren gedeuteten Bojanus'schen Körpern der Lamellibranchien überein, nur mit dem Unterschiede, dass an ersterer die Flimmerorgane fehlen. Ueber die feinere Structur der Niere in den Gasteropoden vergl. man noch H. Meckel (in Müller's Archiv. 1846. p. 13. Taf. 1.).

3) Jacobson (im Journal de physique. Tom. 91. p. 318. oder in Meckel's deutsch. Archiv. Bd. VI. 1820. p. 370.) hat zuerst in dieser Drüse von Helix Pomatia, nemoralis, Limax niger, Lymnaeus stagnalis und Planorbis cornea die Anwesenheit von Harnsäure nachgewiesen, nachdem schon früher durch Döllinger und Wohnlich (s. dessen Dissert. de Helice Pomatia. Wirceb. 1813. p. 23.) dieses Organ als Niere gedeutet worden war. Die Harnsäure verräth sich in getrockneten Nieren der Helix Pomatia und Paludina vivipara ausserordentlich leicht, indem bei der Behandlung mit Salpetersäure und Ammoniak aus diesen Drüsenmassen eine beträchtliche Menge Murexid zum Vorschein kommt.

häutigen Ueberzug sich ausbreiten sieht, lassen das Blut wahrscheinlich aus der Drüse, in welcher durchaus keine Blutgefässe wahrzunehmen sind [4]), nach den Respirationsorganen überströmen.

In der Sagitta sowol, wie in den übrigen Pteropoden, konnte bis jetzt kein, einer Niere entsprechendes Organ aufgefunden werden, wogegen die Heteropoden und Apneusten Spuren von Organen enthalten, durch deren weitere Verfolgung man vielleicht auf Harnwerkzeuge geleitet wird [5]).

Bei den Pectinibranchiaten vertritt die, hinter den Kiemen zwischen dem Herzen und der Leber verborgene, bei gewissen Seeschnecken den sogenannten Purpursaft absondernde Drüse die Stelle einer Niere. Dieselbe besteht aus mehren, häufig verästelten Blättern und mündet entweder mit einer weiten Oeffnung in den Grund der Kiemenhöhle ein, oder sendet einen bald kürzeren, bald längeren Ausführungsgang ab, der neben dem Mastdarme hinläuft und noch innerhalb der Kiemenhöhle endet [6]). In den übrigen Kiemen-Gasteropoden

4) Nach Treviranus (Beobacht. a. d. Anatom. u. Physiol. p. 39.) soll ein Theil des Lungenblutes bei Helix und Arion, statt in das Herz überzufliessen, zuvor noch in diese Niere eintreten, und von da erst nach dem grossen, zur Vorkammer des Herzens sich begebenden Lungenvenenstamm hinüberströmen. Es dürfte sich aber wol schwer beweisen lassen, in welcher Richtung das Blut innerhalb der Nieren strömt.

5) Die von Delle Chiaje (Descrizione a. a. O. Tom. II. p. 96. Tav. 63. Fig. 3. s.) erwähnte, neben dem Herzen und der Kiemenbasis der Carinaria gelegene, schwammige Substanz rührt gewiss von einer Harndrüse her. Der langgestreckte, gelbliche und mit Flimmercilien besetzte Drüsenkörper ohne Ausführungsgang, welchen Nordmann (a. a. O. p. 24. Taf. II. Q.) in Tergipes zwischen Magen, Leber, Herz und Mastdarm wahrgenommen hat, mag ebenfalls einem Harnorgane entsprechen, wenn nicht der daneben liegende, grössere, lappige Körper von gelber Farbe, welcher einen besonderen Ausführungsgang nach aussen zu haben scheint und bereits als Leberdrüse erwähnt worden ist, die Niere vorstellt. Vielleicht gehören auch die von Quatrefages (in den Annales d. sc. nat. Tom. I. p. 136. etc. Pl. 4. Fig. 1—3.) im Hinterleibe von Zephyrina, Actaeon und Amphorina beobachteten gelben Körper hieher.

6) Mit einer weiten Oeffnung mündet diese Drüse bei Tritonium und Murex in den Grund der Kiemenhöhle ein. Vergl. Eysenhardt (in Meckel's deutsch. Archiv. Bd. 8. p. 216. Taf. 3. Fig. 4. r.) und Leiblein (in Heusinger's Zeitschrift für die organ. Physik. Bd. I. p. 4. Taf. 1. h. i. oder Annales d. sc. nat. Tom. 14. 1828. p. 179. Pl. 10. h. i.). Eine ganz ähnliche Harndrüse ist von Delle Chiaje (Descrizione a. a. O. Tom. II. p. 108. Tav. 67. Fig. 3. e. und Tav. 68. Fig. 14. i. l.) als accessorische Respirationshöhle der Janthina beschrieben worden. Einen ziemlich langen Ausführungsgang dieser Harndrüse findet man bei Paludina. Vergl. Cuvier (Mémoires a. a. O. Fig. 3. l. und Fig. 7. p. q.). Diese Harndrüse ist ausserdem noch von Cuvier (a. a. O.), so wie von Quoy und Gaimard (in der Voyage de l'Astrolabe. Zoologie. Tom. II. oder Isis. 1834. p. 285. und 1836. p. 31.) aus Phasianella, Turbo, Buccinum, Mitra, Oliva, Cypraea, Harpa, Dolium, Cassis, Purpura, Fusus, Auricula etc. als Schleimdrüse, Purpurorgan oder Reinigungsorgan beschrieben und abgebildet worden.

hat man die Anwesenheit einer der Niere entsprechenden Drüse noch nicht durchgehends festgestellt, obwol sich bei den meisten, namentlich bei den Nacktkiemern und Dachkiemern, ein drüsiger Apparat vorfindet, der sich als Harndrüse deuten lässt [7]).

In den Land- und Süsswasser-Pulmonaten fällt die blätterige Niere leicht in die Augen. Dieselbe hat bei den Gehäus-Pulmonaten eine bandförmige oder dreieckige Gestalt, und liegt zur Seite des Herzens und des grossen Lungenvenenstammes; ihr Ausführungsgang entspringt am vorderen Ende, läuft zuerst nach hinten, und wendet sich, nachdem er an der hinteren Ecke der Drüse den Mastdarm erreicht, nach vorne, um neben dem After noch innerhalb der Respirationshöhle auszumünden [8]); bei den Limacinen dagegen umgibt die Niere, als ein ringförmiger Wulst, den Herzbeutel, und öffnet sich mit seinem Ausführungsgange an der Decke der Athemhöhle in der Nähe des Respirationsloches [9]).

---

7) Bei Doris liegt zwischen den Leberlappen eine Drüse versteckt, welche einen langen, dicht neben dem After ausmündenden Ausführungsgang nach hinten sendet und zuweilen noch kurz vor ihrer Mündung mit einer blasenartigen Erweiterung versehen ist. Diese Drüse ist früher mit der Leber zusammengeworfen worden, entspricht aber wol einem Harn absondernden Organe. Vergl. Cuvier (a. a. O. p. 16. Pl. 1. u. 2.), Meckel (Beiträge zur vergl. Anat. Bd. I. Hft. 2. p. 9. Taf. 6. Fig. 3. l.) und Delle Chiaje (Descrizione a. a. O. Tom. II. p. 25. Tav. 41. Fig. 12. n. y. und Tav. 100. Fig. 21.). Die dicht neben dem After auf dem Rücken von Thetis befindliche Oeffnung steht ebenfalls mit einer Drüse in Verbindung, welche als Niere angesehen werden kann. Vergl. Cuvier (a. a. O. Fig. 1. e.) und Delle Chiaje (Descrizione etc. Tom. II. p. 35. Tav. 47. Fig. 1. q. und Tav. 49. Fig. 3.). Bei Tritonia sah Delle Chiaje (ebendas. Tav. 42. Fig. 1. u. 3) eine solche Harndrüse in das Rectum einmünden, und bei Gasteropteron (p. 86. Tav. 54. a.) neben der Kiemenbasis und dem Herzen liegen. Die grosse, dreieckige Drüsenmasse, welche bei Aplysia in der die Schale umgebenden Hautwandung gelegen ist, die Stelle zwischen Herz, Kiemenbasis und After einnimmt und eine reichliche Menge rothen Saftes absondert, hat gewiss auch die Function einer Niere zu verrichten. Vergl. Cuvier (a. a. O. p. 11. Pl. II. Fig. 1. C. D. E. und Fig. 3. B. C. D.), ferner Delle Chiaje (Memorie etc. Vol. II. p. 55. Tav. II. Fig. 2. r. t, Fig. 5. u. 6.). In Vermetus und Magilus findet sich hinter der Kieme ebenfalls eine dem Harnorgane der Kammkiemer entsprechende Drüse. — Dieser ganze Drüsenapparat der verschiedenen Kiemen-Gasteropoden bedarf übrigens, sowol in histologischer, wie chemischer Beziehung, noch einer genaueren Analyse.

8) Vergl. die Abbildungen der Niere von Helix und Lymnaeus in Cuvier (a. a. O.) und Treviranus (Beobacht. a. a. O. Tab. 8. Fig. 58.). S. ferner auch Paasch (in Wiegmann's Archiv. 1843. Bd. I. p. 78. etc. und de Gasteropodum nonnullorum hermaphroditicorum systemate genitali et uropoëtico, Dissertat. Berol. 1842.

9) Vergl. Cuvier (a. a. O. Pl. II. Fig. 8—10.) und Treviranus (Beobacht. a. a. O. Tab. 9. Fig. 59.) über Arion, ferner Paasch (a. a. O. p. 82.).

II. Von den besonderen Absonderungs-Organen.

§. 224.

Unter den allgemein verbreiteten, eigenthümlichen Absonderungs-Organen ist bereits des den Kalk absondernden Mantels und Mantelsaumes gedacht worden [1]), und werden weiterhin noch die verschiedenen Drüsenanhänge der Geschlechtswerkzeuge erwähnt werden [2]). Von den weniger allgemein verbreiteten Excretionsorganen der Cephalophoren sind hier noch folgende aufzuführen.

1. Bei den mit Hautanhängseln versehenen Apneusten befindet sich im Zipfel ihrer Rücken- und Seitenfortsätze ein drüsiger Balg, der durch eine an der Spitze des Fortsatzes angebrachte Oeffnung theils eine körnig-schleimige Masse, theils eigenthümliche Körperchen entleert, welche an die Nesselorgane gewisser Zoophyten erinnern [3]).

2. Die Gattung Aplysia ist mit einem eigenthümlichen Excretions-Apparat ausgerüstet, welcher aus einer Gruppe birnförmiger, unterhalb der Kieme an der inneren Fläche der Hautbedeckung angebrachter Drüsenschläuche besteht, und hinter der weiblichen Geschlechtsöffnung eine weissliche Flüssigkeit nach aussen entleert, welcher ätzende Eigenschaften zugeschrieben werden [4]).

---

1) Vergl. §. 203. — 2) Vergl. unten den neunten Abschnitt.

3) Diese Drüsenbälge, welche durch eine selbstständige Contractionsfähigkeit ihren Inhalt nach aussen entleeren können, sollen nach Quatrefages bei Eolidina (s. Annales. d. sc. nat. Tom. 19. p. 287. u. 291. Pl. 11. Fig. 5. u. 6.) mit den in die Rückenanhängsel eintretenden Fortsätzen der Verdauungshöhle durch einen engen Kanal zusammenhangen, wobei die in jene Bälge aus dem Darmkanale hinaufgetriebene Nahrungsflüssigkeit einem Respirationsprozesse unterworfen würde. Nordmann fand dagegen bei Tergipes (a. a. O. p. 33. Tab. II. R. R.) zwischen diesen Drüsenbälgen und den blinden Fortsätzen des Verdauungskanals durchaus keinen Zusammenhang, und überzeugte sich deutlich, wie eine schleimig-körnige Masse aus der an der Spitze jedes Rückenanhängsels befindlichen Oeffnung durch krampfhafte Contractionen der Drüsenbälge entleert wurden. Sehr interessant ist nach Hancock und Embleton das Verhalten des Secrets dieser Drüsen bei Aeolis (a. a. O. p. 80. Pl. 4. u. 5.). Die Drüsenbälge treiben hier nämlich aus ihren Mündungen elliptische Bläschen hervor, durch deren sogleich im Wasser eintretendes Bersten mehre glashelle Cylinder frei werden, aus welchen blitzschnell ein langer, zuweilen spiralig gewundener Faden hervortreibt. Die Beobachter haben diese Körper mit Spermatozoïden verglichen, während sie auf mich ganz den Eindruck von Nesselorganen gemacht haben, wie sie bei den Actinien vorkommen. Wenn Hancock und Embleton auch bei Aeolis einen Verbindungskanal zwischen diesen Drüsenbälgen und den Fortsätzen des Verdauungskanales gesehen und abgebildet haben, so dürfte immer noch die Frage aufgeworfen werden, ob eine solche Verbindung nicht künstlich, durch Pressen bei der Untersuchung, hervorgebracht worden ist.

4) Vergl. Cuvier a. a. O. Pl. 4. Fig. 2. Σ., Delle Chiaje, Memorie a. a. O Vol. II. p. 56. Tav. II. Fig. 2. O. und Fig. 3., so wie Rang, hist. nat. d. Aplys. a. a. O. p. 25.

3. Eine sehr grosse Anzahl von Pectinibranchiaten und Tubulibranchiaten besitzt an der Decke der Mantelhöhle eine Reihe von Falten, welche, ohne besonderen Ausführungsgang, aus ihrer Oberfläche eine ausserordentliche Menge zähen Schleimes ausschwitzen 5).

4. In verschiedenen Land-Gasteropoden erstreckt sich durch die Mittellinie des Fusses ein gerader Kanal, der von einem Flimmerepithelium ausgekleidet wird und durch eine weite Oeffnung unterhalb des Maules ausmündet. Zu beiden Seiten dieses Kanales liegen Reihen von Drüsenbälgen, deren körnig-schleimiges Secret sich in denselben entleert und von da wahrscheinlich mit Hülfe des Flimmerepitheliums nach aussen geschafft wird 6).

Neunter Abschnitt.

Von den Fortpflanzungs-Organen.

§. 225.

Die Cephalophoren pflanzen sich nur durch weibliche und männliche Geschlechtswerkzeuge fort, welche entweder in einem Individuum vereinigt, oder auf zwei Individuen vertheilt erscheinen, und denen in den meisten Fällen Begattungsorgane beigegeben sind. Sowol an den weiblichen wie männlichen Fortpflanzungsorganen lassen sich verschiedene unpaarige Abtheilungen unterscheiden, welche bei ihrer grössten Entwickelung in folgender Weise angeordnet sind. Von dem Ovarium geht eine *Tuba Fallopii* in einen Uterusschlauch über, an dessen Grund ein Eiweiss absonderndes Organ angebracht ist, während am

5) Diese Schleim absondernden Organe, welche Cuvier bei Buccinum (Mémoires a. a. O. p. 5. Fig. 3. f.) als *Feuillets muqueux* beschrieben hat, kommen auch in Murex (s. Eysenhardt in Meckel's deutsch. Archiv. Bd. 8. p. 215. Taf. 3. m. m.), Terebra, Turbo, Voluta, Cypraea, Harpa, Dolium, Cassis, Tritonium u. A. vor (s. Quoy und Gaimard in der Voyage de l'Astrolabe a. a. O. oder Isis. 1836. p. 35. Taf. II. Fig. 6. q., Taf. III. Fig. 10. x. und Fig. 18. m.). In Magilus bemerkte Carus (s. das Museum Senckenbergianum. Bd. 2. p. 197. Taf. 12. Fig. 8. h.) ähnliche Schleimfalten. Bei Vermetus dagegen beobachtete ich nur eine einzige, sehr beträchtliche Längsfalte, welche zur Seite des Mastdarms hinlief und den Ausführungsgang der Geschlechtsorgane bedeckte.

6) Auf diesen Schleim absondernden Apparat von Bulimus, Helix, Limax und Arion hat Kleeberg die Naturforscher-Versammlung zu Heidelberg, 1829, aufmerksam gemacht (s. Isis. 1830. p. 574), aber auch dem Delle Chiaje (Descrizione a. a. O. Tom. II. p. 10. Tav. 37. Fig. 17. x.) war dieser Drüsenapparat bei verchiedenen Helicinen und Limacinen nicht entgangen; es ist daher um so auffallender, wie derselbe von den übrigen Naturforschern so lange unbeachtet bleiben konnte. Die Behauptung Kleeberg's, dass bei Limax und Arion das Venensystem mit diesem Schleimkanale in directer Verbindung stehe, habe ich übrigens an Arion nicht bestätigt gefunden.

Uebergange des Uterus in die Scheide sich die Mündung eines ***Receptaculum seminis*** vorfindet. Die männlichen Zeugungsorgane zerfallen in einen Hoden, in ein ***Vas deferens*** und einen, mit dem ausstülpbaren Penis sich verbindenden ***Ductus ejaculatorius***. Bei Zwitterbildungen sind diese beiden Gruppen von Geschlechtsorganen bald mehr, bald weniger mit einander verschmolzen, indem der Hode in das Ovarium und das ***Vas deferens*** in die ***Tuba Fallopii*** hineingeschoben erscheint, und sehr häufig auch die Vagina nebst dem ***Ductus ejaculatorius*** zu einer gemeinschaftlichen Geschlechtscloake zusammentreten, in welche noch verschiedene andere eigenthümliche, mit den Geschlechtsfunctionen in Beziehung stehende Absonderungsorgane einmünden. Die Höhlen und Kanäle dieser verschiedenen Abtheilungen der weiblichen und männlichen Geschlechtsorgane sind in der Regel mit einem Flimmerepithelium ausgekleidet.

Die Eier der Cephalophoren haben, so wie sie den Eierstock verlassen, eine rundliche, zuweilen elliptische Gestalt, und bestehen aus einem zartwandigen Chorion, das, ausser einer feinkörnigen, sehr verschieden gefärbten Dottermasse, ein Keimbläschen mit einem einfachen Keimflecke einschliesst [1]). Die Saamenmasse wird von einer weissen, opalisirenden Feuchtigkeit gebildet, welche fast nur aus sehr beweglichen Spermatozoïden besteht. Diese letzteren haben entweder eine Cercarienform, oder stellen sehr lange, haarförmige Körper dar, welche an dem einen Ende allmälich in eine bald längere, bald kürzere, häufig spiralig gedrehte Verdickung auslaufen. Die schlängelnden und zitternden Bewegungen dieser Spermatozoïden werden bei denjenigen Cephalophoren, welche mit Begattungsorganen ausgerüstet sind, durch den Einfluss des Wassers aufgehoben, indem sie sich drillen, ringförmig aufwinden und zuletzt erstarren [2]).

---

1) Vergl. Carus, Erläuterungstaf. Hft. V. Tab. II. Fig. 4. a.[1.] von Limax, und in Müller's Archiv. 1835. p. 491. Taf. 12. Fig. 2. von Helix Pomatia, Wagner in Wiegmann's Archiv. 1835. Bd. I. p. 368. und Prodromus a. a. O. p. 7. Tab. I. Fig. 6. u. 7. von Helix und Buccinum, Allman a. a. O. p. 152. Pl. VII. Fig. 7. von Actaeon.

2). Cercarienförmige Spermatozoïden mit länglichem Körper und zartem, scharf abgesetztem Haaranhange fand Wagner und Erdl in Chiton, Patella und Haliotis (s. Froriep's neue Notizen. No. 249. p. 98.); ähnliche Spermatozoïden erkannte ich in der Saamenfeuchtigkeit von Vermetus Gigas und triqueter. Bei Trochus sind die cercarienartigen Spermatozoïden nach Kölliker (Beiträge a. a. O. p. 28.) in der Mitte ihres Körperchens leicht eingeschnürt. Haarförmige, nach beiden Seiten spitz zulaufende Spermatozoïden beobachtete Kölliker (a. a. O. p. 25. Taf. I. Fig. 5.) bei Turbo, Buccinum, Purpura, und Krohn (a. a. O. p. 10. Fig. 12) bei Sagitta. Bei anderen See-Gasteropoden nehmen die haarförmigen Spermatozoïden gegen das eine Ende hin allmälich an Dicke zu, so bei Carinaria (s. Milne Edwards in den Annales d. sc. nat. Tom. 18. p. 324. Pl. 11. Fig. 7.), welches dickere Ende bei Doris, Tergipes und Paludina spiralig gewunden ist

§. 226.

Unter den hermaphroditischen Cephalophoren steht Sagitta ganz isolirt da, indem alle einzelnen Abtheilungen ihres Geschlechtsapparates paarig vorhanden sind. Die beiden Ovarien bestehen aus zwei geraden, nirgends mit Wimperhaaren versehenen Eierschläuchen, welche im hinteren Ende der Rumpfhöhle angebracht sind, und mit einem bogenförmig gekrümmten Eierleiter am Rücken, dicht über der Mitte einer jeden hinteren Seitenflosse, ausmünden. Die beiden, im Innern flimmernden Hoden dagegen füllen die durch ein Längsseptum

---

(vergl. Kölliker, Beiträge a. a. O. p. 35. Taf. I. Fig. 6., Nordmann a. a. O. p. 52. Taf. III. Fig. 8. u. 9., und meine Beobachtungen in Müller's Archiv. 1836. p. 240. Taf. 10.). Bei den Lungen-Gasteropoden besitzen die Saamenfäden nur eine kurze, verdickte, etwas spiralig gedrehte Spitze an dem einen Ende (siehe meine Beobacht. in Müller's Archiv. 1836. p. 45. Taf. 2., Paasch in Wiegmann's Archiv. 1843. Bd. I. p. 71. Taf. 5. und Dujardin, Observateur au microscope. Atlas. Pl. 3.). Die Entwickelung dieser verschiedenen Spermatozoïden geht aus grossen Zellen (Mutterzellen) vor sich, indem sich im Innern einer solchen Mutterzelle eine gewisse Zahl von Bläschen (Tochterzellen) bildet, welche sich zu Spermatozoïden entwickeln, wobei aber die Membran der Mutterzelle sehr früh schwindet, und der übrige Inhalt der letzteren sich zu einem kugeligen Kern zusammenballt, um welchen sich die Tochterzellen herumlegen und zuletzt zu einem Spermatozoïdenbüschel umbilden. Vergl., ausser den Beobachtungen von Kölliker, Nordmann und Paasch a. a. O., auch die von H. Meckel in Müller's Archiv. 1844. p. 483. Taf. 14. Fig. 9—13. und die neuesten Untersuchungen von Kölliker, über die Bildung der Saamenfäden in Bläschen (in den neuen Denkschriften d. allg. schweizer. Gesellsch. f. d. gesammt. Naturwissensch. Bd. 8. 1846. p. 4. Tab. I. Fig. 1—10. von Helix Pomatia). — Sehr merkwürdig ist das Vorkommen der zwei verschiedenen Formen von Spermatozoïden in der Saamenmasse der Paludina vivipara (s. meine Beobachtungen in Müller's Archiv. 1836. p. 245. Taf. 10.). Ausser den bereits erwähnten haarförmigen Spermatozoïden kommen hier nämlich noch lange, cylindrische Körper vor, aus deren einem Ende mehre zarte Fäden mit lebhafter Bewegung hervorragen. Ehrenberg (Symbol. physic., animal. evertebr., Dec. I. Phytoz. entoz. appendix) hat diese zweite Form von Spermatozoïden unter dem Namen *Phacelura Paludinae* als Parasiten beschrieben, Paasch (in Wiegmann's Archiv. 1843. p. 99. Taf. 5. Fig. 8.) will sie dagegen als aus der ersten Form von Spermatozoïden zusammengesetzte Bündel angesehen wissen; auch Kölliker (Beiträge a. a. O. p. 63. und Bildung der Saamenfäden a. a. O. p. 41.) hält beide Formen für verschiedene Entwickelungsstufen einer einzigen Art von Spermatozoïden, indem er die zweite Form als verlängerte Mutterzellen betrachtet, welche mehre Spermatozoïden der ersten Form enthält. Mich stört ebenfalls dieses auffallende Vorkommen von zweierlei Spermatozoïden in einer und derselben Saamenfeuchtigkeit, ich selbst möchte daher die zweite grössere und zusammengesetzte Form dieser Spermatozoïden in die Categorie der Spermatozoïdenschläuche (Spermatophoren) stellen; allein sowol gegen diese Ansicht, wie gegen die Ansichten von Paasch und Kölliker spricht der Umstand, dass man die spiralig gedrehten und verdickten Enden der ersten Spermatozoïdenform an jener zweiten Form nirgends herausfindet, und dass die Entwickelung beider Formen neben einander im Hoden vor sich geht.

in zwei Fächer geschiedene Höhle des Schwanzes aus, und senden zwei kurze Saamenleiter nach hinten, welche, mit zwei vor der Schwanzflosse rechts und links angebrachten, wulstigen Oeffnungen, ohne Begattungsorgane endigen 1).

§. 227.

Von den übrigen hermaphroditischen Cephalophoren, zu welchen die Pteropoden und ein grosser Theil der Gasteropoden gehört, hat man die Geschlechtsorgane der Nudibranchiaten, Inferobranchiaten, Tectibranchiaten und Pulmonaten am häufigsten untersucht. Die einzelnen Abtheilungen dieser Organe wurden aber immer und immer wieder auf so verschiedene und widersprechende Weise gedeutet, dass man fast verzweifeln konnte, jemals über die so höchst verwickelten Geschlechtsverhältnisse dieser Mollusken die richtigen Aufschlüsse zu erhalten 1).

1) Vergl. Krohn a. a. O. p. 9. Fig. 2. u. 7—9. Das Flimmerepithelium, welches die männlichen Fortpflanzungsorgane der Sagitta vom hintersten Ende bis zur Geschlechtsöffnung besetzt hält, bewirkt in den Hoden ein regelmässiges Auf- und Niedersteigen ihres Inhalts, welches Phänomen von Darwin (in den Annals of nat. hist. Vol. 13. p. 3. Pl. I. Fig. 1., oder Froriep's neue Notizen. No. 639. p. 3. Fig. 62., oder Annales d. sc. nat. Tom. 1. 1844. p. 362. Pl. 15. B.) mit der Saftbewegung der Chara verglichen worden ist.

1) Am wenigsten konnte man sich über die Bedeutung der zu einem einzigen Körper (Zwitterdrüse) in einander geschobenen beiden Geschlechtsdrüsen (Hode und Eierstock) vereinigen. Cuvier, welchem Meckel und Carus in ihren verschiedenen Arbeiten beigetreten sind, erklärte die Zwitterdrüse der Pulmonaten für ein Ovarium und die Eiweiss absondernde Drüse für einen Hoden. Treviranus dagegen bezeichnete gerade umgekehrt (in der Zeitschr. f. Physiol. Bd. I. p. 3. und Bd. 5. p. 140.) die Zwitterdrüse als Hode und die Eiweissdrüse als Eierstock, welche Deutung auch von Prevost (in den Mémoires de la soc. de Physique de Genève. Tom. 5. p. 119. und Annales d. sc. nat. Tom. 30. p. 33. u. 43.) und Paasch (in seiner bereits angeführten Dissertation oder in Wiegmann's Archiv. 1843. Bd. I. p. 71. und 1845. Bd. I. p 34.) angenommen wurde. In England erklärte sich Rymer Jones für Cuvier's Ansicht, und Owen für die des Treviranus. Wohnlich (a. a. O. p. 32.) gab die Eiweissdrüse für den Eierstock aus, und nannte den am Uterus herablaufenden Halbkanal Hode, während er die Function der Zwitterdrüse ganz zweifelhaft liess. Erdl, welcher der Zwitterdrüse die Bedeutung eines Eierstocks beilegte, sprach sich (in seinen Beiträgen zur Anatomie der Helicinen a. a. O.) dagegen über die Function der Eiweissdrüse nicht bestimmt aus. Eine äusserst gezwungene Ansicht über die Geschlechtswerkzeuge der Pulmonaten brachte jüngst Steenstrup (Undersögelser over Hermaphroditismens Tilvaerelse i Naturen. 1845. p. 76. Tab. II.) zu Tage, indem er die hermaphroditischen Gasteropoden als Thiere getrennten Geschlechtes betrachtete, in welchen die einzelnen Abtheilungen der Fortpflanzungsorgane doppelt vorhanden sein sollten, von denen aber nur die Gruppe der Geschlechtstheile der einen Seite (wie bei den weiblichen Vögeln) zur Entwickelung käme, während die Gruppe der Geschlechtstheile der anderen Seite unentwickelt bliebe. Hiernach sollte in der einen Lungenschnecke, welche von Steenstrup für ein weibliches Individuum ausgegeben wird, die Zwitterdrüse das entwickelte thätige

Erst in der jüngsten Zeit ist es gelungen, mittelst der mikroskopischen Analyse des Inhalts dieser Geschlechtsorgane über die physiologische Bedeutung derselben Rechenschaft geben zu können. Eine Haupt eigenthümlichkeit, welche die Pteropoden, Apneusten, Nudibranchiaten, Inferobranchiaten, Tectibranchiaten und Pulmonaten auszeichnet, ist die Anwesenheit einer Zwitterdrüse. Durch die nähere Einsicht in den feineren Bau dieser Zwitterdrüse ist der Schlüssel aufgefunden, mit welchem allein die bisherige Verwirrung in den Meinungen über die Geschlechtsorgane dieser Cephalophoren beseitigt werden kann.

Die Zwitterdrüse, welche fast immer in der Lebersubstanz eingebettet liegt, besteht aus finger- oder beerenförmigen, verästelten Blindsäckchen, die, in bald grösseren, bald kleineren Parthieen mit einander vereinigt, eine lappige Drüse darstellen. An den einzelnen Blindsäckchen lässt sich ein äusserer, Eier hervorbringender Drüsensack (Eierstocksfollikel) und ein in diesen hineingestülpter innerer, Saamen erzeugender Drüsensack (Hodenfollikel) unterscheiden. Die Wandungen dieser beiden, in einander geschachtelten Follikeln berühren sich gewöhnlich ganz dicht, und stehen nur an solchen Stellen mehr oder weniger von einander ab, wo sich in dem äusseren Follikel Eier entwickeln, durch welche an den Eierstocksfollikeln rundliche Wülste entstehen, welche die Wandungen der Hodenfollikeln nach innen drängen [2]). Aus den verschiedenen Zwitterdrüsenbälgen treten ebenfalls

---

Ovarium der einen Seite vorstellen, während die Eiweissdrüse das in der Entwickelung gehemmte unthätige Ovarium der anderen Seite wäre. Der Uterusschlauch wird als solcher der thätigen Seite zugerechnet, wogegen das am Uterus herablaufende *Vas deferens* als unentwickelter Uterus der unthätigen Seite angehören, und der gestielten Blase der thätigen Seite die Ruthe als unentwickelte gestielte Blase der unthätigen Seite entsprechen soll. In einem anderen Individuum derselben hermaphroditischen Lungenschnecke, welches von Steenstrup zu einem männlichen Thiere erhoben wird, ist dann die Zwitterdrüse der active Hode, die Eiweissdrüse dagegen der unentwickelte ruhende Hode; der Uterus muss das entwickelte *Vas deferens* der thätigen Seite und das eigentliche *Vas deferens* den in der Entwickelung gehemmten Saamenleiter der unthätigen Seite vorstellen. Mit der gestielten Blase soll es sich alsdann wieder wie in den weiblichen Individuen verhalten, indem die Ruthe auch hier die unentwickelte gestielte Blase der unthätigen Seite vorstellt.

2) Nachdem R. Wagner (s. Wiegmann's Archiv. 1836. Bd. I. p. 370.) in den Blindsäckchen einer und derselben Geschlechtsdrüse bei den verschiedenen Lungenschnecken Eier und Spermatozoïden zugleich angetroffen, und ich mich ebenfalls überzeugt hatte (s. ebendas. 1837. Bd. I. p. 51.), dass bei diesen Gasteropoden Ovarium und Hode in einem gemeinschaftlichen Organe vereinigt seien, setzte H. Meckel (in Müller's Archiv. 1844. p. 483. Taf. 14. u. 15.) die Organisation dieser Zwitterdrüse zuerst genauer aus einander. Um so auffallender ist es aber, wie Steenstrup (Undersögelser a. a. O. p. 76. Tab. II. Fig. 3. u. 4.), da er Meckel's Untersuchungen bereits kannte und auch, nach seinen Abbildun-

eingeschachtelte Ausführungskanäle hervor, welche sich zuletzt zu zwei allgemeinen Ausführungsgängen vereinigen, deren äusserer und weiterer Kanal als *Tuba Fallopii* den inneren, engeren und meistens geschlängelt verlaufenden Kanal als *Vas deferens* einschliesst [3]). Von dieser Zwitterdrüse flimmern die Eierstocksfollikel mit ihrem Eierleiter nicht, während die Hodenfollikel, nebst ihrem Saamenleiter, auf der inneren Fläche ein Flimmerepithelium besitzen. Die weitere Gruppirung und Anordnung der verschiedenen Abtheilungen des Geschlechtsapparates variirt, je nach den verschiedenen Familien und Gattungen der hermaphroditischen Cephalophoren, in endloser Weise. Die beiden, in

---

gen zu urtheilen, die Scheidewände zwischen den in einander gestülpten Eierstocks- und Hodenfollikeln deutlich gesehen hat, von zweien Stücken dieser Zwitterdrüse, welche er aus zweien Individuen von Helix Pomatia herausgenommen hatte, ganz willkührlich das eine Stück für einen Eierstocksfollikel und das andere Stück für einen Hodenfollikel erklären konnte; wobei er in letzterem Stücke nicht blos die wirklichen Saamenzellen des inneren Hodenfollikels, sondern auch die Eier des äusseren Eierstocksfollikels als Saamenzellen bezeichnete, während ihm auf der anderen Seite bei dem Stücke, welches allein Eierstocksfollikel sein soll, ausser den wirklichen Eiern die Saamenzellen des Hodenfollikels auch als Eier gelten, bis zu welchen die bereits entwickelten Spermatozoïden als Saamenmasse durch Paarung von aussen hineingelangt sein sollen.

3) Unter den Pteropoden hat Kölliker (in den schweiz. Denkschriften a. a. O. Bd. 8. p. 39.) die Zwitterdrüse bei Hyalea erkannt, daher der von Cuvier, Eschricht und van Beneden (a. a. O.) beschriebene Eierstock und Eierleiter der Clyo, Cymbulia, Cleodora, Cuvieria, Limacina etc. ebenfalls als Zwitterdrüse und in einander geschachtelter Eier- und Saamenleiter zu betrachten sein wird. Von den Apneusten besitzen, nach Kölliker's Mittheilungen, Aeolis, Lissosoma und Flabellina eine Zwitterdrüse. Die von Allman (a. a. O. p. 152. Pl. 6. u. 7. Fig. 8.) gelieferte Darstellung der durch den Körper des Actaeon vielfach verästelten Eierstöcke, an welchen, ausser den stark hervorragenden, mit Eiern gefüllten Säcken (Eierstocksfollikel), noch kleinere, mit körniger Masse gefüllte Säckchen (Hodenfollikel) zu bemerken sind, deutet ebenfalls auf das Vorhandensein einer Zwitterdrüse hin. Auch Tergipes ist mit einer solchen verästelten Zwitterdrüse ausgerüstet, welche von Nordmann (a. a O. p. 54. Tab. II. u. III. Fig. 5. O. S.) nur unrichtig aufgefasst worden ist, indem derselbe die Hodenfollikel, welche die verschiedenen Entwickelungsstadien der Spermatozoïden enthielten, für eben so viele *Receptacula seminis* ansah, und dabei sich mit der falschen Ansicht behalf, als könnten die Spermatozoïden in jenen Befruchtungstaschen producirt werden. Was die Heterobranchien betrifft, so hat H. Meckel (a. a. O.) bei den Nudibranchiaten (Doris, Tritonia, Thetis), Inferobranchiaten (Diphyllidia) und Tectibranchiaten (Aplysia, Bullaea, Doridium, Umbrella, Pleurobranchaea, Gasteropteron) die Zwitterdrüse vorgefunden. Kölliker (s. die schweiz. Denkschr. a. a. O. p. 40.) bestätigte nicht allein an den genannten Seegasteropoden, sondern auch noch an Notarchus und Pleurobranchus die Existenz einer Zwitterdrüse. In den von Sars (in Wiegmann's Archiv. 1840. Bd. I. p. 197. Taf. 5. Fig. c.) abgebildeten einzelnen Drüsenläppchen des Eierstocks einer Tritonia erkennt man leicht die Zwitterdrüse wieder, wie sie Meckel (a. a. O. Taf. 15. Fig. 14.) von demselben Thiere dargestellt hat.

einander geschachtelten Ausführungsgänge der Zwitterdrüse verlaufen entweder bis zum Grunde des Uterus, oder das *Vas deferens* tritt aus der *Tuba Fallopii* hervor, noch ehe diese den Uterus erreicht hat, und läuft isolirt und gewunden zur Ruthe hinüber 4). Im ersteren Falle setzt von da, wo die Tuba in den Uterus einmündet, das *Vas deferens* seinen Lauf an der Seite des Uterus herab fort, gibt sich jetzt aber auf der inneren Fläche des Uterus als einen Halbkanal zu erkennen 5). Dieser halbkanalförmige Saamenleiter erstreckt sich bei einigen Cephalophoren vom Uterus durch die Scheide hindurch bis in die Geschlechtscloake hinein 6), oder er verwandelt sich, indem er den Uterus verlässt, wieder in einen vollkommen geschlossenen Kanal, der sich nach kürzerem oder längerem isolirten Verlaufe in den Penis einsenkt 7). Mit diesem *Vas deferens* stehen an verschiedenen Stellen blasenförmige oder drüsenartige Anhänge in Verbindung, welche zuweilen Saamenmasse enthalten und dann einer *Epididymis* oder *Vesicula seminalis* entsprechen, sonst aber mit einer *Glandula prostata* verglichen werden können 8). Mit dem Grunde des Uterus

---

4) Letzteres ist bei Thetis, Doris und Pleurobranchaea der Fall, vergl. H. Meckel a. a. O. Taf. 15. Fig. 1. 2. u. 5. Ein solcher Verlauf des *Vas deferens* findet auch bei den Apneusten, nach Kölliker's Mittheilungen wenigstens bei Flabellina und Rhodope, statt; aus der von Allman (a. a. O.) über Actaeon gelieferten Abbildung zu schliessen, trennt sich hier ebenfalls ein *Vas deferens* sehr hoch oben von der Tuba, um in den Penis überzugehen.

5) Auf diesen Halbkanal hat zuerst Prevost aufmerksam gemacht (s. die Mémoires de Genève a. a. O. Tom. 5. p. 123. Pl. 1. Fig. 12. und Pl. 2. Fig. 3., auch in den Annales d. sc. nat. Tom. 30.).

6) Bei Aplysia, vielleicht auch bei Bullaea, Doridium u. A., vergl. H. Meckel a. a. O. Taf. 15. Fig. 7. Auch bei den Pteropoden scheint sich das *Vas deferens* von dem weiblichen Ausführungsgange bis zur Geschlechtscloake nicht zu trennen.

7) Bei den Pulmonaten.

8) Eine *Vesicula seminalis* findet sich bei Helix Pomatia, Aplysia Camelus, Tritonia Ascanii und Diphyllidia lineata an der Stelle, wo das *Vas deferens* mit dem Gebärmuttergrunde zusammentrifft (s. H. Meckel a. a. O. Taf. 14. Fig. 8. d. und Taf. 15. Fig. 7. d., Fig. 12. c. und Fig. 16. c.). Ob die bei den Pteropoden am allgemeinen Ausführungsgange der Zwitterdrüse vorkommende Erweiterung dem *Vas deferens* oder der Tuba angehört, bedarf noch einer genaueren Untersuchung; im ersteren Falle würde dieselbe einer Epididymis oder Saamenblase entsprechen, im lerzteren Falle vielleicht mit einem Uterus zu vergleichen sein. Siehe Eschricht a. a. O. Tab. 3. Fig. 25. r.* von Clio und van Beneden, Exercices a. a. O. Pl. 1. u. d. folg. von Cymbulia, Hyalea etc. Letzterer Naturforscher hat geradezu diese Erweiterung, aber gewiss mit Unrecht, für einen Hoden erklärt. Eine der Prostata vergleichbare Drüsenmasse umgibt den Saamenleiter, bald nachdem derselbe aus dem Eierleiter hervorgetreten ist, bei Thetis und Pleurobranchaea (s. H. Meckel a. a. O. Taf. 15. Fig. 1. h. und Fig. 5. f.), bei Lymnaeus stagnalis (s. Treviranus in der Zeitschrift für Physiol. Bd. 1. Tab. 3. Fig. 14. ♂. oder Paasch in Wiegmann's Archiv. 1843. Bd. I. Taf. 5. Fig. 7. i.), bei Bulimus radiatus und Physa fontinalis (s. Paasch ebendas. 1845. Bd. I. Taf. 5. Fig. 12. n¹. und Fig. 13. i.).

vereinigt sich die meist zungenförmige Eiweissdrüse, welche zuweilen eine sehr beträchtliche Länge annimmt und dann durch Zellgewebe zu einem rundlichen Körper dicht zusammengewunden ist. Die Wandungen dieser Drüse enthalten nichts als mit Eiweisstropfen gefüllte Zellen, welche gewiss dazu dienen, die einzelnen, aus dem Eileiter in den Uterus eintretenden Eier mit einer Eiweissschicht zu umgeben [9]). Der Uterus stellt sehr häufig einen langen und weiten, mit drüsigen, quergefalteten Wandungen versehenen Schlauch dar, der von der darauf folgenden engeren Scheide scharf abgesetzt ist [10]), bildet oft auch nur eine kurze, einfache Erweiterung des Eierleiters [11]), welche zuweilen ohne Abgrenzung unmittelbar in die Scheide übergeht [12]). Diese nimmt in der

---

9) Diese Eiweissdrüse, welche früher bald für einen Hoden, bald für ein Ovarium angesehen wurde (s. die vorhergehende Anm. 1.), hat man in der letzten Zeit mit dem Namen Schleimdrüse oder Uterusdrüse bezeichnet. Eine zungenförmige Gestalt besitzt dieselbe fast bei allen Pulmonaten (vergl. die Abbildungen bei Cuvier, Treviranus, Erdl, Paasch etc. a. a. O.), eine mehr rundlich zusammengedrängte Drüsenmasse bildet sie bei Thetis, Tritonia, Umbrella und Gasteropteron (vergl. H. Meckel a. a. O. Taf. 15. Fig. 1. 12. 15. u. 17.), eine ähnliche, dem Uterus anhängende Drüse besitzen, nach Kölliker, Rhodope und Lissosoma, wozu ich auch noch den von Allman (a. a. O. Pl. 6. γ.) bei Actaeon als Hode bezeichneten drüsigen Körper rechnen möchte; einen knäuelförmig aufgewundenen Drüsenschlauch dagegen stellt dieselbe bei Doris, Aplysia und Diphyllidia dar (s. H. Meckel a. a. O. Taf. 15. Fig. 2. 7. u. 16.).

10) So in den Pulmonaten (vergl. die Abbildungen bei Cuvier, Treviranus, Erdl, Paasch etc.). Die drüsigen Wandungen dieses Uterus sondern gewiss die krystallinische Kalkmasse ab, womit die Eier vieler Helicinen inkrustirt sind (s. Turpin, Aanalyse microscopique de l'oeuf du Limaçon, in den Annales d. sc. nat. Tom. 25. 1832. p. 426. Pl. 15., oder Froriep's Notizen. No. 753.), oder liefern die Gallerte, welche die Eierhaufen der Lymnaeaceen in Form eines Cylinders oder einer Scheibe umschliesst (s. Pfeiffer, Naturgesch. deutscher Land- und Süsswasser-Mollusken. Abth. I. Taf. 7. u. 8.).

11) Bei den Pteropoden bildet der allgemeine Ausführungsgang der Zwitterdrüse, bevor er in die Scheide übergeht, eine einfache oder doppelte Auftreibung, von welcher die der Scheide zunächst gelegene drüsenartige Auftreibung vielleicht einem Uterus entspricht (vergl. van Beneden, Exercices a. a. O. Pl. 3. Fig. 18. e., Pl. 4. A. Fig. 6. d. und B. Fig. 4. d. von Hyalea, Cleodora und Cuvieria). Bei Clio, Cymbulia, Limacina ist es noch nicht ausgemacht, ob die einfache Auftreibung des allgemeinen Ausführungsganges der Zwitterdrüse von dem Saamenleiter oder dem Eierleiter herrührt, und mithin ungewiss, ob dieselbe als Uterus angesprochen werden kann.

12) Einen kurzen, unmittelbar in die Scheide übergehenden Uterus besitzen die Nudibranchiaten, Inferobranchiaten und Tectibranchiaten (s. H. Meckel a. a. O. Taf. 15.), und vielleicht auch die Apneusten. Ob in diesem wenig entwickelten Uterus die Eierhüllen zubereitet werden, welche bei den verschiedenen Nacktkiemern, Dachkiemern und Apneusten die Eierhaufen schnurförmig, bandförmig oder kapselartig einhüllen, muss ich dahingestellt sein lassen. — In Schnur- und Bandform setzen nämlich Aplysia, Doris, Tritonia, Aeolis u. A. ihren Laich ab, welchen Glaucus und Actaeon spiralig an fremde Gegenstände befestigt, während Tergipes seine Eierhaufen in kurzgestielten, nierenförmigen

Regel den bald kürzeren, bald längeren Ausführungsgang einer birnförmigen Blase auf, welche als Befruchtungstasche (***Receptaculum seminis***) kurz nach der Brunstzeit von frischer Saamenmasse strotzt [13]),

---

Kapseln an Seegewächse anheftet. Sehr auffallend ist dabei der Umstand, dass man in den Eierschnüren von Tritonia, Aeolis und Aplysia mehre, von Eiweiss umgebene Eidotter zugleich in einer und derselben Eihaut findet. Vergl. Sars in Wiegmann's Archiv. 1837. Bd. I. p. 402., und 1840. Bd. I. p. 196. Taf. 5—7., van Beneden in den Annales d. sc. nat. Tom. 15. 1841. p. 123. Pl. 1. und Lowén in der Isis. 1842. p. 359.

13) Dieses *Receptaculum seminis* ist früher gewöhnlich als gestielte Blase bezeichnet worden, während Treviranus (in der Zeitschrift f. Physiol. Bd. I. p. 10.) sie als Harnblase betrachtete und ihr bei Arion ganz unrichtig einen Zusammenhang mit der Niere zuschrieb. Ueber die wahre Bedeutung dieses Organs kann jetzt kein Zweifel mehr obwalten, da sich der Inhalt desselben, kurz nach der Begattung untersucht, deutlich als frische Saamenmasse, mit vollkommen entwickelten und beweglichen Spermatozoïden, zu erkennen gibt. Weiterhin, wenn die Thiere ihre Eier längst abgelegt haben, büsst diese Saamenmasse ihre Frische ein und verwandelt sich in eine körnige und zähe Substanz von röthlicher oder rothbrauner Farbe, in welcher zuweilen noch Spuren von abgestorbenen, starren Spermatozoïden aufgefunden werden. Dieser gleichsam vertrocknete, einem Auswurfsstoffe ähnliche Inhalt des *Receptaculum seminis* mag wol die Veranlassung gewesen sein, dass man dieses Organ mit einer Harnblase verglich oder mit dem Purpurbeutel (Niere) anderer Cephalophoren verwechselte. — In den Pteropoden stellt das *Receptaculum seminis* eine kurzgestielte, birnförmige Blase dar, so wenigstens bei Clio (s. Eschricht a. a. O. Tab. 3. Fig. 25. s*.), bei Cymbulia und Limacina (s. van Beneden, Exercices a. a. O. Pl. 1. Fig. 17. d. und Pl. 5. Fig. 12. A., wo dieses Organ als Purpurbeutel dargestellt ist). Auch die Apneusten sind mit einer Befruchtungstasche versehen, denn die langgestielte, birnförmige Blase, welche Nordmann bei Tergipes (a. a. O. p. 49. Tab. 2. L. und Tab. 3. Fig. 5. b. d.) als Hode beschrieben hat, kann ich für nichts anderes halten, zumal da Nordmann immer vollkommen entwickelte Spermatozoïden und keine erst in der Entwickelung begriffene Saamenzellen darin wahrgenommen hat. Ebenso dürfte der von Allman (a. a. O. p. 152. Pl. 6. ♂.) in Acteon beobachteten gestielten Blase mit ihrem halbflüssigen Inhalte die Bedeutung eines *Receptaculum seminis* zuzuschreiben sein. Nach der von Kölliker gemachten Mittheilung besitzen auch Flabellina und Rhodope eine Befruchtungstasche, welche als gestielte, birnförmige Blase in das untere Ende der Scheide einmündet. Einen kurzen Ausführungsgang findet man am *Receptaculum seminis* von Thetis (s. Cuvier a. a. O. Fig. 7. c., Delle Chiaje, Descrizione a. a. O. Tav. 47. Fig. 1. s.), von Aplysia (s. Cuvier a. a. O. Pl. 4. ξ., Delle Chiaje, Memorie a. a. O. Tav. 4. Fig. 1. p.) und Pleurobranchaea (s. H. Meckel a. a. O. Taf. 15. Fig. 5. n., ausserdem Fig. 1. q. und Fig. 7. o.); einen längeren Ausführungsgang dagegen zeigt die Befruchtungstasche von Scyllaea, Bulla und Bullaea (s. Cuvier a. a. O. Fig. 5. l. und Fig. 10. i.), von Doridium, Tritonia, Umbrella, Diphyllidia (s. H. Meckel a. a. O. Taf. 15.) und von Notarchus (s. Delle Chiaje, Descrizione a. a. O. Tav. 64. Fig. 5. n.). Unter den Pulmonaten kommt in der Gattung Helix und Clausilia eine sehr langgestielte Saamentasche vor, während dieselbe in Lymnaeus, Planorbis, Bulimus und Physa nur mässig lang- und in Limax, Arion und Succinea ziemlich kurzgestielt ist. Vergl. d. Abbild. bei Cuvier, Wohnlich, Treviranus, Erdl, Paasch a. a. O.

und zuweilen noch einen blinddarmartigen, seitlichen Divertikel neben sich hat [14]).

Unterhalb der Eintrittsstelle der Befruchtungstasche münden noch verschiedene drüsige Anhänge in die Scheide oder Geschlechtscloake ein, deren Function aber bis jetzt nicht enträthselt werden konnte. Bei den Pteropoden und Heterobranchien kommt ein solcher Anhang in Form eines einfachen, rundlichen oder länglichen Drüsenschlauches vor [15]). Sehr merkwürdig ist der bei verschiedenen Helicinen in die Geschlechtscloake sich öffnende, cylindrische, sogenannte Pfeilsack [16]), welcher mit sehr dicken Wandungen versehen ist, und dessen Basis auf beiden Seiten ein Büschel von mehr oder weniger zahlreichen Blindkanälchen besetzt hält [17]). Im Grunde dieses Pfeil-

---

14) Ein solcher blinddarmartiger Anhang tritt bei verschiedenen Helicinen an dem Ausführungsgange der Saamentasche seitlich hervor, ist bei Bulimus radiatus, Helix arbustorum, lactea und vermiculata sehr lang, bei Helix Pomatia, nemoralis und candidissima dagegen sehr kurz, und fehlt bei Helix fruticum, strigella und rhodostoma ganz. In Helix Algira steht dieser Divertikel mit der Saamentasche unmittelbar in Verbindung (s. die Abbild. bei Erdl und Paasch a. a. O). Bei Doris zeigt sich das *Receptaculum seminis* sehr eigenthümlich gebildet, indem aus dem Einschnitte der nierenförmig gestalteten Saamentasche neben einem bogenartig gewundenen, sehr starken, in die Geschlechtscloake einmündenden Ausführungsgange nicht blos ein blinddarmartiger Anhang hervortritt, sondern auch noch ein kurzer Verbindungskanal nach dem Grunde des Uterus hinüberläuft (s. H. Meckel a. a. O. p. 496. Taf. 15. Fig. 2.). Ob der Kanal, welchen Nordmann an der Saamentasche von Tergipes beobachtete (a. a. O. p. 50. Tab. 3. Fig. 5. d.), aber nicht bis an sein Ende verfolgen konnte, einen blinddarmartigen Anhang oder einen zu den weiblichen Geschlechtstheilen sich begebenden Verbindungsgang darstellt, müssen weitere Untersuchungen entscheiden.

15) Ein drüsenartiger Anhang von rundlicher Form ist bei Cymbulia und Limacina von van Beneden (Exercices a. a. O. Pl. 1. Fig. 17. e. und Pl. 5. Fig. 12. B.) als Prostata und bei Clio von Eschricht (a. a. O. Tab. 3. Fig. 25. u. 26.) als Hode bezeichnet worden. Ein länglicher Drüsenanhang der Geschlechtscloake kommt bei Doridium, Pleurobranchaea, Umbrella und Diphyllidia vor (s. H. Meckel a. a. O. Taf. 15.). Ueber die Function dieser Anhangsdrüse lassen sich nur Vermuthungen aussprechen Vielleicht liefert dieses Organ einen klebrigen Stoff, der bei dem Legen der Eier diese noch mit einem besonderen Ueberzuge umgibt, oder es dient dasselbe als Begattungstasche (*Bursa copulatrix*), während es auf der anderen Seite wieder wahrscheinlicher ist, dass bei der Begattung der Penis in den hohlen Stiel des *Receptaculum seminis* eindringt, zumal da bei den meisten Cephalophoren die Länge des Stiels der Befruchtungstasche der Länge der Ruthe entspricht.

16) Der bald kürzere, bald längere Pfeilsack findet sich in vielen Arten der Gattung Helix vor, fehlt aber bei Helix Algira, candidissima, cellaria und verticillus, während der Pfeilsack in Helix ericetorum doppelt vorhanden ist, und in Helix strigella statt desselben zwei längere Blindschläuche angetroffen werden. Vergl. Wohnlich, Erdl und Paasch a. a. O.

17) Zwei ansehnliche, aus vielen gabelförmig verzweigten Blindkanälen zusammengesetzte Büschel sind in Helix Pomatia, adspersa, austriaca, lactea,

sackes erhebt sich eine konische Papille, aus welcher sich ein kalkiges Concrement, in Gestalt einer Lanzenspitze, der Liebespfeil genannt, mit nach unten gerichteter Spitze, hervorbildet, das bei der Begattung nach aussen hervortritt und häufig in der Umgebung der Geschlechtsöffnung an der Haut klebend angetroffen wird, an dessen Stelle sich aber im Pfeilsacke späterhin wieder ein neuer Liebespfeil erzeugt [18]).

Die männlichen Begattungsorgane der hermaphroditischen Cephalophoren bestehen in einer hervorgestülpten Ruthe von verschiedener Länge, welche, im Ruhestande zurückgezogen, entweder frei zwischen den übrigen Eingeweiden innerhalb der Leibeshöhle verborgen liegt oder von einem besonderen Ruthensacke (***Praeputium***) ganz oder theilweise umschlossen gehalten wird. Diese Ruthe wird fast immer von einem fleischigen, hohlen, an seinem hinteren Ende meistens geschlossenen Cylinder gebildet, welcher nach hinten häufig in einen langen, geisselförmigen Fortsatz (***Flagellum***) ausläuft. Bei vielen Gasteropoden-Gattungen begibt sich das *Vas deferens* zu der Ruthe, um entweder näher an ihrer Basis oder an ihrem hinteren Ende in die Höhle derselben einzumünden [19]). Auch heften sich ein oder mehre schmale

---

naticoides und vermiculata anzutreffen; statt dieser Büschel lassen sich auf jeder Seite des Pfeilsackes bei Helix umbrosa, strigella und striata nur vier, bei Helix incarnata und nemoralis nur drei Blindkanäle auffinden, wogegen in Helix lapicida, arbustorum und personata überhaupt nur zwei Blindkanäle vorhanden sind. Vergl. Cuvier, Wohnlich, Erdl, Paasch a. a. O. und Wagner, Icones zootom. Tab. 30. Fig. 11. u. 12. — In Bezug auf den Nutzen dieser Drüsenschläuche kann ich nur die Frage aufwerfen, ob dieselben nicht etwa einen gerinnbaren Stoff absondern, der während der Begattung, gleich einem Saamenschlauch (Spermatophor), die Saamenflüssigkeit einhüllt und nach der Saamentasche hinleitet. Für die Ueberreste eines solchen Saamenschlauches möchte ich nämlich jene eigenthümlichen dünnen Körper von horniger Beschaffenheit halten, welche bei Helix hortensis, arbustorum und nemoralis nach der Begattung nicht selten aus der Geschlechtscloake hervorragen, und welche, daraus hervorgezogen, sich an beiden Enden spiralig aufrollen. Bei genauerer Untersuchung zeigt es sich, dass sie aus schichtweise abgelagertem und erhärtetem Eiweisse bestehen und in dem hohlen Stiele des *Receptaculum seminis* stecken. Vergl. Huschke in Meckel's Archiv. 1826. p. 629. Taf. 7. Fig. 9. und Carus in Müller's Archiv. 1835. p. 495. Taf. 12. Fig. 4—7.

18) Der Liebespfeil ist in seinem Innern hohl und stellt bei Helix ericetorum und striata ein cylindrisches Stilet dar, zeigt aber bei Helix Pomatia, hortensis und adspersa eine sehr zierliche Structur, indem an demselben vier schneidende, sägenförmig ausgezackte Kanten herablaufen. Vergl. Prevost in dem Mémoire de Genève a. a. O. Tom. 5. p. 121. Pl. 1. Fig. 7. und Carus in Müller's Archiv. 1835. p. 494. Taf. 12. Fig. 9—12. Wahrscheinlich dient dieser Kalkspiess, indem sich die brünstigen Schnecken bei dem Begattungsacte damit gegenseitig berühren, als ein Reizmittel.

19) Einen kurzen und gedrungenen Penis besitzen die Pteropoden. Vergl. die Abbild. über Cymbulia, Tiedemannia, Hyalea, Cleodora, Cuvieria und Limacina bei van Beneden, Exercices a. a. O.; von diesen Pteropoden weicht jedoch Clio

Muskeln an die Ruthe fest, welche von der inneren Fläche der allgemeinen Körperbedeckung oder von der Spindel des Gehäuses entspringen, und so als Zurückzieher derselben wirken [20]).

Was die meist auf der rechten Seite angebrachten, äusseren Mündungen dieser hermaphroditischen Geschlechtswerkzeuge betrifft, so findet folgende verschiedene Anordnung statt: 1) Die Scheide und der Penis münden in die gemeinschaftliche Geschlechtscloake ein, welche sich in der vorderen Gegend des Leibes seitlich nach aussen öffnet [21]). 2) Beide Mündungen liegen neben einander, und zwar die Penisöffnung dicht vor der Scheidenöffnung [22]), oder 3) beide Mündungen sind weit von einander entfernt, wobei häufig von der mehr nach hinten gelegenen Oeffnung der Geschlechtscloake eine Rinne an der Seite des Leibes entlang bis zur Ruthenöffnung hinläuft, welche gewöhnlich unter dem rechten Fühler verborgen steckt [23]). Diese Rinne

---

(nach Eschricht a. a. O. Tab. 3. Fig. 24.) mit ihrer langen und vielfach gewundenen Ruthe auffallend ab. Bei den Apneusten steckt ein mässig langer, spiralig gewundener Penis in einem birnförmigen Ruthensacke verborgen, in dessen Grund das *Vas deferens* eintritt. Vergl. Allman a. a. O. Pl. 6. t. von Actaeon und Nordmann a. a. O. Tab. 3. Fig. 5. p. q. r. von Tergipes. Aehnlich verhält sich auch die Ruthe bei Thetis, Tritonia, Doris und Pleurobranchaea (s. H. Meckel a. a. O. Taf. 15.), welche bei dem letzteren Dachkiemer überdies ausserordentlich lang ist. In Arion, Limax, Succinea, Lymnaeus, Planorbis, Physa, Clausilia, in Helix cellaria und fruticum geht der dicke, mehr oder weniger kurze Penis entweder plötzlich oder allmälich in das *Vas deferens* über, während derselbe bei Bulimus und sehr vielen Helix-Arten nach hinten mit einer langen, frei in die Leibeshöhle hineinragenden Geissel endigt, in welche der Saamenleiter, mehr oder weniger von der Spitze entfernt, seitlich einmündet (vergl. Wohnlich, Treviranus, Erdl, Paasch etc. a. a. O.). Bei Onchidium, Bullaea und Gasteropteron findet sich am Penis eine sehr lange, gewundene Geissel, bei Aplysia und Pleurobranchus dagegen eine kürzere, welche aber nirgends mit dem *Vas deferens* in Verbindung steht (s. Cuvier und H. Meckel a. a. O.).

20) Bei Arion, Limax und Planorbis inseriren sich die zurückziehenden Muskeln an den hinteren Grund des Penis, wogegen sich dieselben bei Lymnaeus und Helix mehr nach vorne und seitlich an die Ruthe anheften (s. Wohnlich, Erdl, Paasch a. a. O.).

21) Eine solche gemeinschaftliche Geschlechtsöffnung besitzen Helix, Limax, Arion, Succinea, Bulimus und Clausilia an der rechten Seite des Halses hinter den Fühlern. Etwas weiter nach hinten, ebenfalls rechterseits, trifft man die gemeinschaftliche Geschlechtsöffnung bei Aeolis, Tergipes, Scyllaea, Doris, Tritonia, Thetis, Pleurobranchus, Pleurobranchaea und Diphyllidia an.

22) Bei Lymnaeus, Planorbis, Physa befindet sich die männliche und weibliche Geschlechtsöffnung auf der linken Seite des Halses hinter dem Fühler, bei Flabellina und Rhodope, so wie bei Cleodora und Cuvieria etwas weiter nach hinten auf der rechten Seite.

23) Bei den meisten Pteropoden (bei Clio, Cymbulia, Tiedemannia, Hyalea und Limacina) befindet sich die Ruthenöffnung vorne am Halse, die Mündung der Geschlechtscloake dagegen etwas weiter nach hinten auf der rechten Seite. Bei Actaeon und Lissosoma sind die beiden Geschlechtsöffnungen auf derselben

dient gewiss dazu, die Saamenflüssigkeit bei der Begattung aus der Geschlechtscloake nach der Penismündung hinzuleiten, wobei höchst wahrscheinlich ein diesen Halbkanal überziehendes Flimmerepithelium behülflich ist.

§. 228.

Die Cephalophoren mit getrennten Geschlechtswerkzeugen können in zwei Abtheilungen unterschieden werden, von denen der einen die Copulationswerkzeuge vollständig fehlen, während die Männchen der anderen Abtheilung mit sehr entwickelten Begattungsorganen ausgerüstet sind.

1. Zu der ersten Abtheilung müssen die Cyclobranchiaten, Scutibranchiaten und wahrscheinlich auch die Tubulibranchiaten nebst den Cirribranchiaten gerechnet werden, deren Geschlechtsdrüse zur Zeit der Brunst durch die Anwesenheit der entwickelten Saamenmasse oder Eierkeime sich leicht als Hode oder Ovarium zu erkennen gibt [1]. Bei Chiton bildet die männliche oder weibliche

---

Seite noch weiter aus einander gerückt. Sehr weit nach hinten ist die Geschlechtscloake auf der rechten Seite von Gasteropteron, Bulla, Bullaea und Aplysia zu bemerken, während sich der Penis unter dem rechten Fühler nach aussen öffnet, ganz besonders weit nach hinten zeigt sich die Mündung der Geschlechtscloake bei Doridium, und zwar auf der linken Seite, daher auch die Ruthenöffnung unter dem linken Fühler angetroffen wird. Am weitesten liegen jedoch die beiden Geschlechtsöffnungen bei Onchidium aus einander, indem die Geschlechtscloake am Hinterleibsende dicht neben dem After und die Ruthe unter dem rechten Fühler ausmündet. Sowol bei diesem Gasteropoden, wie bei den oben genannten Dachkiemern ist der rinnenförmige Halbkanal vorhanden, welcher die beiden, weit von einander entfernten Geschlechtsöffnungen verbindet. Höchst wahrscheinlich wird diese Rinne bei allen denjenigen hermaphroditischen Cephalophoren angetroffen werden, deren Ruthe von den übrigen inneren männlichen Geschlechtsorganen vollkommen getrennt angebracht ist, wenigstens deutet die Furche, welche van Beneden (Exercices a. a. O. Fasc. II. p. 46.) zwischen den beiden getrennten Geschlechtsöffnungen der Hyalea äusserlich wahrgenommen hat, darauf hin, dass auch bei den Pteropoden eine solche äussere Communication zwischen dem isolirten Penis und der Geschlechtscloake vorhanden ist.

1) Die getrennten Geschlechter von Chiton, Patella und Haliotis sind zuerst von R. Wagner und Erdl erkannt worden (vergl. Froriep's neue Notizen. No. 249. 1839. p. 102.), was in Bezug auf Patella von Milne Edwards (in den Annales d. sc. nat. Tom. 13. 1840. p. 376.), so wie von Lebert und Robin (ebendas. Tom. 5. 1846. p. 191. oder in Müller's Archiv. 1846. p. 134.) bestätigt worden ist. Bei verschiedenen Individuen des Vermetus Gigas fand ich in der hinteren Gegend des Leibes zwischen der braungrünen Leber eine drüsige Masse von weissgelber Farbe, welche theils bewegliche Spermatozoïden, theils sehr grosse, spindelförmige Zellen mit unentwickelten Spermatozoïden enthielt und von welcher ein langer Ausführungsgang abging, um sich neben dem After ohne Ruthe nach aussen zu öffnen. Dass dieser Apparat männliches Geschlechtsorgan gewesen, bleibt keinem Zweifel unterworfen; andere Individuen dagegen, in

Geschlechtsdrüse eine langgestreckte, lappige Drüsenmasse, welche die übrigen Eingeweide der Leibeshöhle von vorne bis hinten bedeckt und im Hinterleibsende rechts und links einen kurzen Ausführungsgang als Saamen- oder Eierleiter absendet, um dort auf beiden Seiten unter dem Mantelrande auszumünden [2]). In Patella und Haliotis tritt aus der, von der Leber bedeckten Hoden- oder Eierstocksdrüse nur ein einziger Ausführungsgang nach vorne hervor, der bei dem ersteren Gasteropoden rechts, bei dem letzteren links neben dem After ohne Auszeichnung sich nach aussen öffnet [3]).

2. Zu der anderen Abtheilung der Cephalophoren mit getrennten Geschlechtern, in welcher sich ein hervorstülpbarer Penis vorfindet, gehören verschiedene Heteropoden, sämmtliche Pectinibranchiaten [4]) und Operculaten. Die Eierstocks- oder Hodendrüse steckt hier immer im Grunde des Visceralsackes zwischen der Leber verborgen und sendet einen Ausführungsgang als *Tuba Fallopii* oder *Vas deferens* ab, welcher sich zum Mastdarme begibt und denselben auf seinem weiteren Verlaufe begleitet. Der Eierleiter öffnet sich in der Nähe des Afters, häufig etwas hinter demselben nach aussen, und ist bei den Heteropoden vor seiner Mündung mit einigen drüsigen Anhängen verbunden [5]), wogegen sich derselbe bei den Gasteropoden, so

---

d'histoire naturelle à Strasbourg. Tom. I. p. 3. Fig. 4.) und Carus (im Museum Senckenberg. Bd. II. p. 199. Taf. 12. Fig. 8.) über die Geschlechtsorgane des Magilus antiquus gemachten Angaben deuten auf die getrennten Geschlechter dieses Tubulibranchiaten hin, nur ist es sehr unwahrscheinlich, dass die männlichen Individuen von Magilus, wie Rüppel behauptet, einen Penis besitzen sollen, da wol bei dem in den Madreporinen-Stöcken eingeschlossenen Magilus so weuig, wie bei dem auf den Steinen fest gekitteten Vermetus an eine Begattung zu denken ist; Carus will auch statt einer Ruthe nur eine kaum merklich warzenförmige Erhöhung im Nacken des Magilus wahrgenommen haben. Bei Dentalium, deren Leibeshöhle Deshayes (a. a. O. p. 334. Pl. 15. Fig. 8. f. oder Isis. 1832. p. 464. Taf. 6. Fig. 12. f.) von einem Eierstocke fast ganz ausgefüllt sah, dürfte sich bei genauerer Untersuchung diese Geschlechtsdrüse wol bald als Hode, bald als Ovarium ausweisen.

2) Vergl. Cuvier, Mémoires a. a. O. p. 24. Pl. 3. Fig. 10. u. 13. oder Isis. 1819. p. 734. Taf. 11. Fig. 10. u. 13.

3) Vergl. Cuvier a. a. O. p. 12. u. 18. Pl. II. Fig. 11. e. Fig. 14. u. 15. und Isis. 1819. p. 728. u. 731. Taf. 11. Fig. 11. e. Fig. 14. u. 15.

4) Nur die Gattung Littorina enthält ausnahmsweise Zwitterschnecken, deren ansehnliche Ruthe mit einer Längsrinne unter dem rechten Fühler hervorspringt (s. Quoy und Gaimard in der Voyage de l'Astrolabe oder Isis. 1834. p. 299.).

5) Von den bis jetzt noch höchst mangelhaft gekannten Geschlechtsorganen der Heteropoden sind es nur die der Carinaria, auf welche sich obige Angabe bezieht. Unter diesen zwei bis vier drüsigen, äusserlich sehr dunkel gefärbten Anhängen der Scheide von Carinaria mediterranea zeichnet sich besonders ein spiralig gewundener, im Inneren mit drüsigen Querfalten versehener Schlauch

lange er den Mastdarm begleitet, zu einem mit drüsigen Wandungen versehenen Uterusschlauche erweitert 6). Die verschiedenen, oft sehr regelmässig gebildeten Hüllen, von welchen man die Eier vieler Kammkiemer umgeben findet, werden gewiss von diesen Wandungen der Gebärmutter ausgeschieden 7). Eine in den Uterus einmündende Eiweissdrüse und Saamentasche ist bis jetzt bei den Kammkiemern nur höchst selten angetroffen worden 8). Der Saamenleiter nimmt, gleich der Tuba, denselben Verlauf, begibt sich aber, nachdem er das Ende des Mastdarms erreicht hat, in die Ruthe, welche stets aus der rechten Seite des Körpers hervorragt. Bei den Heteropoden zeigt sich dieselbe nicht selten gabelförmig gespalten, wobei aber der

---

hänge, deren Anwesenheit ich an Weingeistexemplaren bestätigt fand, noch einer genaueren Untersuchung, ehe sich entscheiden lässt, ob sie einem Uterus, einer Saamentasche u. s. w. analog sind.

6) Vergl. Cuvier, Mémoires a. a. O. Fig. 2. u. 3. b., Treviranus in der Zeitschr. f. Physiol. Bd. I. p. 32. Taf. 4. Fig. 21. und Paasch in Wiegmann's Archiv. 1843. Bd. I. p. 100. Taf. 5. Fig. 8. von Paludina vivipara, ferner Leiblein in Heusinger's Zeitschr. Bd. I. p. 32. Taf. 1. Fig. 6. von Murex. Ausserdem haben über diesen Gegenstand Quoy und Gaimard (in der Voyage de l'Astrolabe oder Isis. 1834. u. 1836.) viele Belege geliefert. Bemerkenswerth ist noch bei Strombus lambis die Rinne, welche nach Quoy und Gaimard (a. a. O. oder Isis. 1836. p. 43. Taf. 3. Fig. 18. l.) von der weiblichen Geschlechtsöffnung aus auf der rechten Seite des Fusses entlang läuft.

7) Diese mit Eiern gefüllten Hüllen (Eierkapseln) haben bald eine cylindrische, birnförmige, bald eine trichterförmige Gestalt, sind zuweilen gestielt, sitzen einzeln oder in Gruppen an fremden Gegenständen fest, oder erscheinen zu grösseren Massen unter einander vereinigt oder um einen gemeinschaftlichen Axenkörper befestigt. Diese Eierkapseln öffnen sich häufig mit einer besonderen Spalte, welche bei einigen Arten noch mit einem besonderen Deckel versehen sind. Vergl. Lund, über die Eierhüllen der Gasteropoda pectinibranchiata, in den Annales d. sc. nat. Tom. I. 1834. p. 84. Pl. 6. oder Froriep's Notizen. No. 881. u. 882. und d'Orbigny in den Annales d. sc. nat. Tom. 17. 1842. p. 117. Eine solche, mit einer Axe versehene Eierhüllenmasse, welche Janthina am Fusse längere Zeit mit sich herumträgt, war lange als räthselhafter Körper unter dem Namen *Spuma cartilaginea* gekannt und ist sogar von einigen Naturforschern als ein modificirter Deckel des Gehäuses betrachtet worden. Vergl. Lund a. a. O. Fig. 23., Lesson in der Voyage de la Coquille. Zoologie. Tom. II. oder Isis. 1833. p. 134. Taf. 1. Fig. 1. und Delle Chiaje, Descrizione etc. Tom. II. p. 108. Tav. 67. Fig. 1. u. 2.

8) Eine längliche Eiweissdrüse liegt bei Paludina vivipara unter der hinteren Windung des Fruchthälters verborgen (s. Treviranus a. a. O. p. 31. Tab. 4. Fig. 21. m., und meine Beobachtungen in Müller's Archiv. 1836. p. 243.). Bei derselben Paludina mündet in den Gebärmuttergrund ein ungestieltes *Receptaculum seminis* mit weiter Oeffnung ein, in welchem ich nach der Begattung stets eine Menge beweglicher Spermatozoïden antraf (s. Müller's Archiv. 1836. p. 244.). Den übrigen weiblichen Kammkiemern scheint diese Befruchtungstasche durchweg zu fehlen, auch bei den Weibchen von Cyclostoma konnte Berkeley (in the zoological Journal. Vol. 14. 1829. p. 278. oder Isis. 1830. p. 1264.) keine Saamentasche entdecken.

Ruthenkanal nur an dem einen Ende der Gabel ausmündet[9]). Die Ruthe der männlichen Gasteropoden[10]) ist entweder sehr lang, zungenförmig und dann häufig Sförmig gekrümmt[11]), oder kürzer und lanzettförmig[12]), ragt unter dem rechten Fühler, häufiger noch hinter demselben aus dem Körper seitlich hervor und erscheint nur in seltenen Fällen gänzlich eingestülpt, kann dagegen leicht unter den Mantelrand zurückgeschlagen werden. Bei einigen Gattungen endigt die Spitze der Ruthe mit einem gekrümmten Häkchen[13]). Merkwürdiger Weise mündet der Saamenausführungsgang mehrer Kammkiemer schon oberhalb des Afters aus und setzt sich in Form einer Rinne auf dem Nacken der Schnecken bis zur Basis der Ruthe fort, von wo er entweder auf der äusseren Seite derselben als Halbkanal, oder in ihrem Inneren als vollkommener Kanal bis zur Spitze fortläuft[14]).

---

9) Einen doppelten Penis besitzt Carinaria und Pterotrachea auf der rechten Seite an der Basis des hervorragenden Eingeweidesackes (s. Milne Edwards in den Annales d. sc. nat. Tom. 13. 1840. p. 195. und Tom. 18. p. 323. Pl. 10. Fig. 3.). Wenn bei den übrigen Heteropoden die Ruthe ebenfalls nicht zurückziehbar ist, wie dies nach Milne Edwards bei Carinaria der Fall sein soll, so muss die von Quoy und Gaimard (in der Voyage de l'Astrolabe. Mollusques. Pl. 28. Fig. 10. oder Isis. 1834. Taf. 3. Fig. 10.) mit einem lang hervorragenden, gabelförmigen Penis abgebildete Phyllirrhoë amboinensis für ein Männchen und die von Péron (in den Annales du Muséum. Vol. 15. Fig. 1. oder Kosse, de Pteropodum ordine dissert. Fig. 1.) ohne Ruthe dargestellte Phyllirrhoë bucephalus für ein Weibchen erklärt werden, obwol d'Orbigny (Voyage dans l'Amérique mérid. oder Isis. 1839. p. 519.), so wie Quoy und Gaimard (a. a. O. oder Isis. 1834. p. 296.) diese Heteropoden-Gattung als Zwitter betrachten. Bei Atlanta ragt auf der rechten Seite des Nackens, dicht neben dem gestielten After, ein einfacher, spitz zulaufender Penis hervor; da übrigens Rang (in den Mémoires a. a. O. p. 378. Pl. 9. oder Isis. 1832. Taf. 7.) an allen von ihm untersuchten Exemplaren der Atlanta einen Penis angetroffen hat, so wird es noch in Frage zu stellen sein, ob dieser Heteropode wirklich getrennte Geschlechter besitzt. Ueberhaupt verdienen die inneren Geschlechtswerkzeuge von Atlanta und Phyllirrhoë einer genaueren, den jetzigen Ansprüchen der Wissenschaft angemessenen Analyse unterworfen zu werden, um so für ihren Hermaphroditismus eine sichere Bürgschaft zu erhalten.

10) Ueber die männlichen Geschlechtsorgane der Kammkiemer vergl. man besonders die Arbeiten von Cuvier, Quoy und Gaimard a. a. O.

11) Bei Buccinum, Murex, Dolium, Harpa, Ampullaria, Mitra, Littorina, Strombus, Cyclostoma.

12) Bei Janthina, Eburnea, Conus u. A.

13) Bei Cassis, Dolium, Buccinum, Strombus, Sigaretus und Paludina. Bei Paludina vivipara ist ausserdem noch die Ruthe mit dem rechten Fühler so verbunden, dass dieser wie ein Fortsatz unterhalb ihrer Spitze seitlich hervortritt (s. Treviranus a. a. O. Tab. 4. Fig. 18.).

14) Bei Dolium, Harpa, Ampullaria, Tritonium, Strombus u. A. verläuft der Halbkanal des Saamenausführungsganges bis zur Spitze des Penis (vergl. Quoy und Gaimard a. a. O.), bei Murex dagegen nur bis zur Basis desselben (vergl. Leiblein in Heusinger's Zeitschr. Bd. 1. p. 31. Taf. 1.).

§. 229.

Die Entwickelung der Cephalophoren ist bis jetzt fast nur an den Gasteropoden, und zwar an den Apneusten, Heterobranchien und Pulmonaten, genauer verfolgt worden [1]). Alle hierüber angestellten Beobachtungen stimmen darin überein, dass der Dotter einen regelmässigen und totalen Furchungsprozess durchmacht, nach dessen Beendigung ein meist länglichrunder Embryo zum Vorschein kommt, dessen einer Pol sich einkerbt und mit sehr zarten Flimmercilien bedeckt ist, mit deren Thätigkeit die an den Gasteropoden-Embryonen schon seit langer Zeit gekannte Axendrehung des Embryo eintritt. Von jetzt an weichen die im Wasser athmenden Gasteropoden in ihrer weiteren Entwickelung von den Lungen-Gasteropoden auffallend ab. Bei den Apneusten und Heterobranchien bilden sich nämlich die beiden, durch die vorhin erwähnte Einkerbung entstandenen Hügel zu zwei flügelartigen, abgerundeten Lappen (Segel, *Velum*) aus, an deren Rand nach und nach ausgezeichnet lange Flimmercilien hervorwachsen. Ein dritter Hügel, der sich zwischen den beiden Segeln erhebt, wandelt sich allmälich in den Fuss um. Während sich in der Umgegend der beiden Segel, welche als das Vorderende des Embryo angesehen werden muss, das zarte Flimmerepithelium immer mehr ausbreitet, wird das abgerundete Hinterende des Embryo, mag derselbe einer Nacktschnecke oder Gehäusschnecke angehören, von einer zarten Conchylie, in Form eines Holzschuhes, bedeckt, und der Rücken des Fusses mit einem der Mündung des Gehäuses entsprechenden Deckelchen überwachsen. Von inneren Organen entwickeln sich die beiden Gehörkapseln am frühesten; erst nachdem diese deutlich geworden, bilden sich die Augen aus, kommen die Tentakeln und der Mantelrand, so wie zwischen den Segeln der Mund zum Vorschein, wobei sich im Innern der Magen, der Darm und die Leber abgrenzen. In diesem Zustande verlassen die Jungen die Eihülle und Eierkapsel, und schwimmen, mittelst der langen, schwingenden Cilien ihrer beiden unbeweglich ausgebreiteten Segel frei im Wasser umher [2]). Bei weiterem Fortwachsen dieser jungen Gasteropo-

---

1) Die Entwickelung der Embryone beginnt bei den Cephalophoren in der Regel erst, nachdem die Eier gelegt sind, nur sehr wenige Gasteropoden, z. B. Paludina vivipara und Clausilia ventricosa (s. Held in der Isis. 1834. p. 1001.), sind lebendiggebärend.

2) Die Entwickelungsgeschichte der Apneusten und Heterobranchien ist hauptsächlich durch folgende Untersuchungen bekannt geworden: Sars in Wiegmann's Archiv. 1837. Bd. I. p. 402., 1840. Bd. I. p. 196. Taf. 5—7. und 1845. Bd. I. p. 4. Taf. 1. Fig. 7—11. über Tritonia, Doris, Aplysia und Aeolis, Lowén in den Kongl. Vetenskaps Academ. Handling. 1839. p. 227. oder Isis. 1842. p. 360. Taf. 1. über Aeolis, van Beneden in den Annales d. sc. nat. Tom. 15. 1841. p. 123. Pl. 1. über Aplysia, Nordmann a. a. O. p. 71. Taf. 4. u. 5. über Tergipes, Allman a. a. O. p. 152. Pl. 7. Fig. 10—12., Vogt in den Comptes rend.

den schwinden die Segel wieder, oder bilden sich zu zwei, an beiden Seiten der Mundöffnung hervorragenden, tentakelartigen Fortsätzen aus [3]), während die jungen Nacktschnecken zugleich ihre Schale nebst Operculum verlieren. Aus den vereinzelten Momenten, welche von der Entwickelungsgeschichte der übrigen Kiemen-Gasteropoden bis jetzt bekannt geworden sind, geht hervor, dass auch diese Cephalophoren einer ganz ähnlichen Metamorphose unterworfen sind, nur tragen die Gehäuse ihrer Embryone gewöhnlich schon einige Windungen an sich [4]).

Bei den Gehäus-Lungenschnecken geht die Entwickelung der Embryone ohne eine solche Metamorphose vor sich, wie sie bei den Kiemenschnecken wahrgenommen wird [5]). Haben nämlich die Drehun-

---

Tom. 21. 1845. No. 14. und Tom. 22. No. 9. oder in Froriep's neuen Notizen. No. 795. u. 820. über Actaeon, und Reid in den Annals of nat. hist. Vol. 17. 1846. p. 377. Pl. 10. über Doris und Polycera.

3) Diese Ueberbleibsel der beiden Segel fallen an Tergipes, Aeolis, Tritonia, Doris, Aplysia nnd anderen Heterobranchien leicht in die Augen, ja, bei Thetis sind die bewimperten Kopflappen nichts anderes, als die fast unverändert gebliebenen Segel der Embryone. Vergl. Lowén a. a. O.

4) Nach Lowén (a. a. O. oder Isis. 1842. p. 366. Taf. 1. Fig. 22.) besitzt die junge Rissoa ein ausserordentlich breites Velum. Nordmann (a. a. O. p. 98.), welcher dies bestätigte, fand Littorina und Phasianella in ihrem Jugendzustande ähnlich geformt; die kleinen, mit einem Velum und gewundenen Gehäuse versehenen Mollusken, welche Sars (Beskrivelser a. a. O. p. 77. Fig. 38. u. 39.) früher zu der besonderen Gattung Cirropteron erhoben hatte, wurden später von ihm selbst (in Wiegmann's Archiv. 1840. Bd. I. p. 218.) für die Brut eines Turbo, Trochus oder einer Nerita erklärt, was mit den von Grant (in den Edinburgh new philosoph. Journal. No. 13. 1827.) ebenfalls an Turbo und Nerita, so wie an Buccinum und Purpura gemachten Beobachtungen übereinstimmt. Die von Carus (in den Nov. Act. Acad. Nat. Cur. Tom. 13. 1827. p. 767. Tab. 34. Fig. 2.) gelieferte Abbildung eines Embryo der Paludina vivipara deutet darauf hin, dass auch die Brut dieses Kammkiemers in einer früheren Zeit der Entwickelung ein Velum besitzt. Eben so verhält es sich mit den jungen Thieren, welche Lund (Annales d. sc. nat. Tom. 1. 1834. Pl. 6. Fig. 9—14.) in den Eierkapseln von Murex (?) und Natica (?) angetroffen hat. In den birnförmigen Eierkapseln, welche zu mehren in der Mündung des Gehäuses von Vermetus festhängend vorkommen, erkannte ich die Jungen mit sehr entwickelten und lang bewimperten Segeln und einer regelmässig gewundenen Schale, wie sie von Philippi (in Wiegmann's Archiv. 1839. Bd. I. p. 128. Taf. 4. Fig. 8.) beschrieben worden ist.

5) Die Entwickelung der Gehäus-Lungenschnecken hat die Aufmerksamkeit der Naturforscher vielfach auf sich gezogen. Vergl. Stiebel a. a. O. p. 38. Tab. II., ferner in Meckel's deutsch. Archiv. Bd. I. p. 423. und Bd. II. p. 557. Taf. 6., Hugi in der Isis. 1823. p. 213., Carus, von den äusseren Lebensbedingungen a. a. O. p. 60. Taf. I., Prevost in den Annales d. sc. nat. Tom. 30. 1833. p. 40. von Lymnaeus, Pfeiffer, Naturgeschichte deutscher Land- und Süsswasser-Mollusken. Abth. 3. p. 70. Taf. 1. von Helix, Quatrefages in den Annales d. sc. nat. Tom. 2. 1834. p. 107. Pl. 11. B. von Lymnaeus und Planorbis,

gen des Embryo mittelst der Flimmercilien begonnen, so zieht sich derselbe etwas in die Länge, wobei sich das Hinterleibsende sehr bald spiralig umbiegt und mit einem schüsselförmigen Gehäuse überzieht, an welchem nach und nach Spiralwindungen zum Vorschein kommen, ohne dass sich ein der Mündung der Schale entsprechender Deckel entwickelt. Am Vorderleibsende bilden sich unterdessen Augen, Tentakeln, Mantelsaum und Fuss aus, während im Innern die Gehörkapseln, der Darmkanal mit der Leber und das pulsirende Herz allmälich unterschieden werden können, so dass hier also die Entwickelung eines Kopfsegels, welches die Embryone der Kiemenschnecken charakterisirt, völlig ausbleibt.

In einer sehr abweichenden Weise schreitet bei den nackten Lungenschnecken, nachdem die Axendrehungen der rundlichen Embryone eingetreten sind, die weitere Entwickelung derselben fort 6). Es erheben sich auf dem durchfurchten Dotter dicht neben einander zwei Wülste, von welchen sich der eine mit der Zeit zum Schilde und zu den unter demselben gelegenen Kreislaufs- und Respirationsorganen ausbildet, während sich der andere Wulst in den Fuss umwandelt. Aus diesem sprossen am vorderen Ende Augen, Tentakeln und Lippen hervor, wogegen sich am hinteren Ende eine eigenthümliche contractile Schwanzblase abschnürt; diese drängt ihren Inhalt in die noch übrige Dottermasse hinein, welche wie ein Dottersack zwischen den beiden Wülsten vorne hervorragt und ebenfalls contractionsfähig geworden ist 7), so dass alsdann Schwanzblase und Dottersack durch abwechselnde Contractionen ihren Inhalt hin und her treiben. Zwischen den beiden Wülsten entwickelt sich zuletzt die Leber nebst dem Verdauungskanale auf Kosten des Dottersackes, welcher sich mit der Schwanzblase gleichzeitig verkleinert und am Ende ganz schwindet.

Jacquemin ebendas. Tom. 5. 1836. p. 117. u. 119. oder in den Nov. Act. Acad. Nat. Cur. Tom. 18. 1838. p. 636. Tab. 49. u. 50. von Planorbis, Dumortier in den Nouv. Mémoires de l'Académ. roy. de Bruxelles. Tom. 10. 1837. Pl. 1—4. oder Annales d. sc. nat. Tom. 8. 1837. p. 129. Pl. 3. u. 4., ferner Pouchet in den Annales d. sc. nat Tom. 10. 1838. p. 63. von Lymnaeus, endlich Rathke in Froriep's neuen Notizen. Bd. 24. 1842. p. 161. von Lymnaeus, Planorbis und Helix.

6) Vergl. Laurent in den Annales d. sc. nat. Tom. 4. 1835. p. 248. von Limax und Arion, van Beneden und Windischmann in dem Bulletin de l'Académ. roy. de Bruxelles. Tom. 5. No. 5. p. 286. oder Annales d. sc. nat. Tom. 9. 1838. p. 366. und in Müller's Archiv. 1841. p. 176. Taf. 7. u. 8. von Limax.

7) Diese Contractionsfähigkeit scheint sich an dem Dotter der Limacinen-Eier schon sehr früh zu äussern, da Dujardin (in den Annales d. sc. nat. Tom. 7. 1837. p. 374. und Observateur au microscope. Atlas. 1842. Pl. 5. Fig. 10. u. 11.) in den Eiern von Limax cinereus, bald nachdem sie gelegt waren, sonderbare Bewegungen des Dotters wahrnehmen konnte, welche ganz den Aus- und Einstülpungen des Körperparenchyms der Amoeba glichen.

Die Entwickelungsgeschichte der Sagitta unterscheidet sich, so weit sie bis jetzt erforscht ist [8]), wesentlich von der der Gasteropoden, indem sich hier nicht die ganze Oberfläche des Dotters in den Embryo umwandelt, sondern der letztere sich ringförmig um den Dotter herumbildet und sich mit dem Kopf- und Schwanzende nach und nach von demselben ablöst.

---

8) Vergl. Darwin's Beobachtungen (in den Annals of nat. hist. Vol. 13. p. 4. oder Froriep's neue Notizen. No. 639. p. 5. oder Annales d. sc. nat. Tom. 1. 1844. p. 363.).

Elftes Buch.

Die Cephalopoden.

Eintheilung.

§. 230.

Die Cephalopoden zeichnen sich in ihrer äusseren wie inneren Organisation durch so viele Eigenthümlichkeiten vor allen übrigen Mollusken aus, dass es wol angemessen erscheint, diese nur wenige Gattungen enthaltende, aber für sich abgeschlossene Thierklasse einer gesonderten Betrachtung zu unterwerfen. Einer besonderen Rechtfertigung bedarf es ausserdem noch, dass die verschiedenen, bisher als eine Parasiten-Gattung hingestellten Hectocotylen in diesem Buche als die männlichen Individuen gewisser Octopoden behandelt worden sind [1]). Es ist diese Einverleibung der Hectocotylen in die Cephalopoden-Klasse durch die Untersuchungen Kölliker's hervorgerufen worden. Dieser Naturforscher, dem das Verdienst gebührt, zuerst auf

1) Man kennt jetzt zwei bis drei Arten dieses sonderbaren, einem abgerissenen Octopoden-Arme vergleichbaren Wesens, welches in der Mantelhöhle gewisser Octopoden wohnt und sich hier mit seinen Saugnäpfen festhält. Hectocotylus Argonautae wurde zuerst von Delle Chiaje (Memorie a. a. O. Vol. II. p. 225. Tav. 16. Fig. 1. u. 2. oder Isis. 1832. Taf. 10. Fig. 12. a. b.) als Trichocephalus acetabularis höchst unvollkommen beschrieben, eine von Costa (in den Annales d. sc. nat. Tom. 16. 1841. p. 184. Pl. 13. Fig. 2. a—c.) gelieferte Beschreibung und Abbildung trug wenig zum Erkennen des wahren Wesens dieses Thieres bei. Eine zweite Art, Hectocotylus Octopodis, welche Cuvier (in den Annales d. sc. nat. Tom. 18. 1829. p. 147. Pl. 11. A. Fig. 1—5. oder Froriep's Notizen. Bd. 27. 1830. p. 6. Fig. 16—19. oder Isis. 1832. p. 559. Taf. 9. Fig. 1—5.) aufstellte, soll in der Mantelhöhle des Octopus granulatus Lam. gefunden worden sein. Wahrscheinlich ist mit dem letzteren Cephalopoden der im mittelländischen Meere einheimische Octopus tuberculatus des Delle Chiaje (Octopus Verany des Wagner), oder vielleicht auch der Tremoctopus violaceus gemeint; ist letzteres nicht der Fall, so gibt es noch eine dritte Art von Hectocotylus, nämlich das Männchen von Tremoctopus violaceus.

die innigen Beziehungen der Hectocotylen zu gewissen Octopoden-Weibchen aufmerksam gemacht zu haben, stützt seine Ansicht auf folgende triftige Gründe [2]). Die Hectocotylen haben Kiemen und ein Herz mit Arterien und Venen, können daher keine Helminthen sein, sie haben dagegen mit den Cephalopoden die contractilen Farbenzellen der Haut, die Form der Spermatozoïden und Saugnäpfe gemein, auch ist die Muskelmasse ihres Leibes ganz so, wie bei einem Cephalopoden-Arme construirt. Die Cephalopoden, welchen die Hectocotylen angehören, sind alle Weibchen und die Hectocotylen sämmtlich Männchen; endlich enthalten gewisse Octopoden-Eier Embryone, welche ganz einem Hectocotylus ähnlich sehen. Jeder, der Gelegenheit hat, die bis jetzt bekannt gewordenen Arten, Hectocotylus Argonautae, Octopodis und Tremoctopodis, mit den von ihnen bewohnten weiblichen Cephalopoden zu untersuchen, wird sich von der Richtigkeit obiger Angaben überzeugen, und die, wenn auch höchst sonderbare Verkümmerung der männlichen Individuen von Argonauta und Tremoctopus anerkennen [3]).

1. Familie. ***Nautilina.***

Gattungen: ***Nautilus***, ***Spirula.***

2. Familie. ***Octopoda.***

Gattungen: ***Argonauta***, ***Tremoctopus***, ***Octopus***, ***Eledone.***

3. Familie. ***Loligina.***

Gattungen: ***Sepia***, ***Loligo***, ***Onychoteuthis***, ***Sepioteuthis***, ***Ommastrephes***, ***Loligopsis*** (***Perothis***), ***Cranchia***, ***Rossia***, ***Sepiola.***

Literatur.

Swammerdamm, Zergliederung der spanischen Seekatze (Sepiae maris), in der Bibel der Natur. Leipzig 1752. p. 346. Taf. 50—52.

---

2) Vergl. Kölliker, über Hectocotylus des Tremoctopus violaceus und der Argonauta Argo, in the Annals of natural history. Vol. 16. 1845. p. 414.

3) Ich verdanke es der Güte Kölliker's, dass ich drei Individuen von Hectocotylus Tremoctopodis untersuchen konnte, von welchen ich zwei in einer und derselben Mantelhöhle eines weiblichen Tremoctopus violaceus angetroffen habe. Obgleich nun diese Thiere schon längere Zeit in Weingeist aufbewahrt waren, so konnte ich mich doch an denselben über die Richtigkeit mehrer Angaben Kölliker's überzeugen, aus denen allein schon das wahre Wesen der Hectocotylen mir vollkommen klar geworden ist.

Needham, An acount of some new microscopical discoveries. London 1745. oder Nouvelles découvertes faites avec le microscope. à Leide 1747. (enthält eine Anatomie des Loligo vulgaris).
Cuvier, Mémoire sur les Céphalopodes et leur anatomie, in den Mémoires sur les Mollusques a. a. O. Pl. 1—4.
Brandt in der medizinischen Zoologie. Bd. II. p. 298. Taf. 31. u. 32.
Owen, Memoir on the Pearly Nautilus. London 1832. (in der Isis. 1835. p. 1. oder in den Annales des sciences naturelles. 1833. Tom. 28. p. 87. übersetzt), ferner: Description of some new and rare Cephalopoda, in the transactions of the zoological society. Vol. II. 1841. p. 103., und desselben Artikel: Cephalopoda, in der Cyclopaedia of anatomy. Vol. I. p. 517., so wie dessen twenty-third of the Hunterian lectures, on Cephalopods with chambered shells, 1843.
Grant, On structure and characters of Loligopsis, in the transact. of the zool. soc. Vol. I. 1835. p. 21. Pl. II., ferner: on the anatomy of the Sepiola vulgaris, ebendas. p. 77. Pl. XI. (auch in der Isis. 1836. p. 389. Taf. 10. Fig. 4—10.).
Rathke, Perothis, ein neues Genus der Cephalopoden, in den Mémoires présentés à l'Académie impériale de St. Pétersbourg. Tom. II. 1835. p. 149. Taf. I. u. II.
van Beneden, Mémoire sur l'Argonaute, in den Nouveaux mémoires de l'Académie royale des sciences et belles-lettres de Bruxelles. Tom. XI. 1838. oder in den Exercices zootomiques. Fasc. I. 1839. Pl. 1—5.
Férussac et d'Orbigny, Histoire naturelle générale et particulière des Mollusques. Cephalopodes acétabulifères. Paris 1834.
Valenciennes, Nouvelles recherches sur le Nautile flambé, in den Archives du Muséum d'histoire naturelle. Tom. II. 1841. Pl. VIII.—XI.
Kölliker, Entwickelungsgeschichte der Cephalopoden. Zürich 1841.

Erster Abschnitt.

Von dem inneren Skelete.

§. 231.

In den Cephalopoden finden sich mehre Knorpel vor, welche verschiedenen Muskeln zum Ansatze dienen, die Centralmasse des Nervensystems umhüllen und sich daher als Rudimente eines inneren Skelets deuten lassen.

Diese Knorpel haben ganz die Structur des wahren Knorpelgewebes der Wirbelthiere. Man kann an denselben eine dem mattgeschliffenen Glase vergleichbare, gleichmässige Grundsubstanz von meist gelblicher Farbe, in welcher eine Menge dunkler Moleküle eingestreut liegen, so wie die bekannten Knorpelhöhlen unterscheiden, deren Inhalt aus einem Körnerhäufchen, nebst einem mehr oder weniger deutlichen Kerne besteht. Diese Knorpelhöhlen stehen bald mehr, bald weniger gedrängt beisammen, und werden nicht selten durch eine dünne Scheidewand in zwei Höhlen getheilt.

§. 232.

Diese Rudimente eines inneren Skelets lassen sich am besten in Kopfknorpel, Rückenknorpel, Schlossknorpel, Armknorpel und Flossenknorpel eintheilen [1]).

1. Der Kopfknorpel wird von einer ausgezeichneten, vorne ausgehöhlten und hinten convexen Knorpelmasse gebildet, an welcher man einen mittleren, vom Oesophagus durchbohrten Theil und zwei muschelförmige Seitenfortsätze unterscheiden kann. Der mittlere Theil besitzt oben eine starke, zur Aufnahme des Gehirns bestimmte Aushöhlung, stellt unten einen Wulst dar, in welchem die Gehörorgane verborgen stecken, und ist ausserdem von verschiedenen kleineren und grösseren, zum Durchtritte der Nerven dienenden Kanälen durchbohrt. Die beiden Seitenfortsätze bedecken mit ihrer ausgehöhlten, vorderen Fläche die nach hinten gekehrte Seitenwölbung der Augäpfel, und sind so einer rudimentären Augenhöhle analog, welche bei Loligo und Sepia noch durch zwei besondere, lanzettförmige Knorpelplatten, die vorne und unten am mittleren Knorpeltheile eingelenkt sind und die nach vorne gekehrte Seitenwölbung der Augäpfel umgeben, vervollständigt wird.

Von diesem Baue weicht der Kopfknorpel des Nautilus auffallend ab, indem hier die Seitenfortsätze fehlen und der mittlere Knorpeltheil auf der Rückenseite nicht geschlossen ist, auf der unteren Seite dagegen sehr entwickelt und in zwei nach vorne gerichtete, die Gehörorgane bergende Fortsätze gabelförmig gespalten erscheint [2]).

2. Von den zwei Rückenknorpeln, welche aber nur bei Loligo und Sepia anzutreffen sind, ist der eine untere im Nacken, der andere obere am Vorderende der Rückenschale im Mantel angebracht. Der untere (Nacken-) Knorpel hat bei Loligo eine langgezogene, rautenförmige Gestalt und einen ziemlich massiven Bau, während derselbe bei Sepia aus einer quergestielten, dünnen, halbmondförmigen Knorpelplatte besteht, deren Ausschnitt nach hinten gerichtet ist. In beiden Cephalopoden läuft über die Mittellinie dieser Knorpel eine Längsrinne hin. Der obere Rückenknorpel wird bei beiden Gattungen von einer dünnen, halbmondförmigen Platte dargestellt, deren beide Ecken nach hinten in längere Fortsätze auslaufen.

---

1) Ueber diese verschiedenen Knorpel vergleiche man die Beschreibungen und Abbildungen bei Schultze in Meckel's deutschem Archiv. Bd. 4. p. 334. Taf. IV. Fig. 1. A—G., Spix, Cephalogenesis. p. 33. Taf. V. Fig. 15—17., Meckel, System der vergl. Anatomie. Thl. II. Abth. 1. p. 125., Brandt in der medizin. Zoologie. Bd. II. p. 303. Tab. 32., Owen in der Cyclopaedia of anat. Vol. I. p. 524. Fig. 212. A.—D., und Wagner, Icones zootom. Tab. 29., so wie van Beneden a. a. O. Pl. 1. von Argonauta.

2) Vergl. Owen, on the Nautilus. p. 16. Pl. 8. Fig. 1. oder Isis. 1835. p. 14. oder Annales d. sc. nat. Tom. 28. p. 102. Pl. 4. Fig. 1., und Valenciennes a. a. O. p. 271. Pl. 9. Fig. 4—6.

3. Als Schlossknorpel trifft man bei Argonauta und bei den Loliginen an der Basis des Trichters rechts und links einen länglichen, napfförmigen Knorpel an, in welchen eine gegenüberliegende, auf der inneren Fläche des Mantels angebrachte, knorpelige Erhabenheit bei der Schliessung des Mantels hineinpasst [3]).

4. Ein Armknorpel kommt nur den Sepien zu, wo derselbe als eine schmale und quergelagerte Platte mit drei kurzen, nach vorne gerichteten Fortsätzen dicht vor dem oberen Rande des Kopfknorpels angebracht ist, um der Basis der Arme zur Befestigung zu dienen. Zwei andere schmale Knorpelplatten liegen als Flossenknorpel bei den Loliginen an der Basis der Seitenflossen des Leibes im Mantel versteckt, und erstrecken sich, je nach der Gestalt der Flossen, deren Muskeln sich an jene Knorpel anheften, in bald längerer, bald kürzerer Ausdehnung am Leibe herab [4]).

Zweiter Abschnitt.

Von der Hautbedeckung.

§. 233.

Die Cephalopoden zeichnen sich durch ihre sehr eigenthümlich beschaffene allgemeine Hautbedeckung vor allen übrigen Mollusken aus. Dieselbe lässt sich sehr leicht von der unter ihr liegenden Muskelschicht isoliren, indem sie mit der letzteren durch ein lockeres, aus mannichfach sich kreuzenden Fasern zusammengesetztes, Bindegewebe verbunden ist. Das ausserordentlich zarte Pflasterepithelium der Cutis besitzt bei den erwachsenen Cephalopoden nirgends Flimmercilien. Das Corium wird von einem contractilen Fasergewebe gebildet, welches die merkwürdigen contractilen Farbenzellen (Chromatophoren) enthält [1]).

---

3) S. die Abbildungen in Férussac a. a. O. von Sepia, Sepiola und Argonauta. Bei dem letzteren Cephalopoden stellen die beiden Erhabenheiten des Mantels rundliche Höcker dar; bei Loligo, Onychoteuthis und Sepiola dagegen bestehen dieselben aus zwei sehr langen Längsleisten, welchen eine rinnenförmige Aushöhlung der beiden gegenüberliegenden, langgezogenen Knorpel des Trichters entspricht. Durch diesen Schlossknorpel-Apparat kann mit Hülfe der beiden Rückenknorpel, wo diese vorhanden sind, der den Hals der Cephalopoden kragenförmig umgebende Mantelrand inniger um denselben angeschlossen werden.

4) Sehr lang sind diese Flossenknorpel in Sepia (s. Schultze a. a. O. Fig. C. und D. oder Owen in der Cyclopaed. Fig. 212. D. D.), sehr kurz dagegen in Sepiola.

1) Ueber die Farbenzellen der Cephalopoden vergleiche man San Giovanni in dem Giornale enciclopedico di Napoli. Ann. 13. No. 9. oder in Froriep's Notizen. Bd. 5. 1823. p. 215. oder in den Annales d. sc. nat. Tom. 16. 1829. p. 308., ferner Frenage, Observations sur la mobilité des taches que l'on re-

Diese Farbenzellen sind abgeplattete Höhlen, welche von einer elastischen, ungemein zarten Membran umschlossen werden, und im contrahirten Zustande eine rundliche, im expandirten Zustande aber eine ausgezackte Form darbieten. Die Pigmentkörner sind in einer und derselben Zelle immer von gleicher Farbe angehäuft und bilden entweder rothe, gelbbraune oder blaue, violette Flecke, welche, je nach dem expandirten oder contrahirten Zustande der Zellen, bald heller und grösser, bald saturirter und kleiner erscheinen [2]). In der Regel liegen sehr verschieden gefärbte Chromatophoren unter und neben einander, durch deren gruppenweise und abwechselnd erfolgende Ausdehnung und Zusammenziehung das schon seit den ältesten Zeiten von der Haut der Cephalopoden berühmt gewordene, prachtvolle Farbenspiel zu Stande gebracht wird [3]). Es stehen die Contractionen des Corium und mithin diese

---

marque sur la peau des Calmars etc. Paris 1823., Delle Chiaje, Memorie a. a. O. Vol. IV. 1829. p. 63. oder Descrizione etc. Tom. I. 1841. p. 14., Wagner in der Isis. 1833. p. 159., in Wiegmann's Archiv. 1841. Bd. I. p. 35. und Icones zootom. Tab. 29. Fig. 8—13. und Harless in Wiegmann's Archiv. 1846. Bd. I. p. 34. Taf. 1.

2) Die Bewegungen der Farbenzellen werden nicht direct durch die Membran derselben bewirkt, sondern durch die contractilen Fasern des Corium zu Wege gebracht, welche in die Zellenmembran übergehen und durch ihre Zusammenziehungen die Membran an den Insertionszellen aus einander zerren, wodurch das zackige Ansehen der expandirten Farbenzellen bewirkt wird, aus welchem dieselben, vermöge ihrer elastischen Wandungen, bei Erschlaffung der contractilen Fasern sich wieder in die rundliche Form zurückziehen (vergl. Kölliker, Entwickel. der Cephalop. a. a. O. p. 71. und Harless a. a. O.). In den expandirten Chromatophoren weichen die Pigmentkörner häufig in der Mitte aus einander, indem sie sich nach der Peripherie des erweiterten Zellenraums hindrängen, wodurch alsdann ein heller, ungefärbter Centralfleck innerhalb der Farbenzellen entsteht, welcher von Wagner (a. a. O.) als ein Zellenkern betrachtet worden ist.

3) Diese so höchst charakteristischen, nur den Cephalopoden eigenthümlichen Chromatophoren sind auch in der Haut der Hectocotylen wahrzunehmen und tragen ganz besonders dazu bei, die Abkunft dieser bisher für trematodenartige Parasiten gehaltenen Thiere zu verrathen. Sowol Delle Chiaje, wie Costa (a. a. O.), haben in der colorirten Abbildung des Hectocotylus Argonautae die Farbenzellen dargestellt, und auch ich erkenne dieselben noch deutlich an den Weingeistexemplaren des Hectocotylus Tremoctopodis. Dieselben Chromatophoren, welche Grube (Aktinien, Echinodermen und Würmer des Adriat. und Mittel-Meers. p. 49. Fig. 2.) auf der Haut einer von ihm unter dem Namen Polyporus Chamaeleon aufgestellten Parasiten-Gattung wahrgenommen, machen es zur Gewissheit, dass dieses an den Kiemen eines Seefisches aufgefundene Wesen seiner übrigen Form nach ein abgerissener Arm eines Loliginen gewesen ist. Dass die Haut des Nautilus ebenfalls mit Chromatophoren ausgestattet ist, scheint ausser Zweifel zu sein, da Rumph (Amboinische Raritäten-Kammer von Schnecken und Muscheln. p. 7.) ausdrücklich vom lebendig beobachteten Thiere des Nautilus sagt: „sein oberer Theil ist röthlich oder hellbraun mit einigen schwarzen Flecken, die, wie bei dem Vielfuss, falb werden". Das von Quoy und Gaimard bei Celebes auf-

Farbenveränderungen der Haut unter dem Einflusse des Nervensystems, daher sich das Farbenspiel an Stellen, wo dasselbe ruht, durch einen in der Nähe oder in entfernten Punkten angebrachten Hautreiz erneuern und zu grösserer Lebhaftigkeit anregen lässt; ausserdem bewahren die contractilen Fasern dieses Coriums ihre Contractionsfähigkeit, nachdem sie aus dem Zusammenhange gerissen sind, noch längere Zeit in sich, so dass man auch an losgetrennten grösseren und kleineren Hautstücken den Farbenwechsel eine Zeit lang wahrnehmen kann.

§. 234.

Die Cutis bildet hinter dem Halse der Cephalopoden einen sackförmigen, geräumigen Mantel, welcher den Rumpf vollständig umgibt und mit demselben nur am Rücken verwachsen ist. Dieser Mantel besitzt vorne einen freien Rand, der sich um den Hinterkopf und Hals sphinkterartig anschliessen kann. An der Kehle ragt die Haut in Form eines Trichters hervor, dessen Spitze frei nach vorne gerichtet ist, während die breite Basis desselben mit der Mantelhöhle in Verbindung steht, und von dem Rande des Mantels bedeckt bleibt 1). In diesen Trichter wird das Seewasser mit seinem verschiedenen Inhalte aus der Mantelhöhle durch die Contractionen des Mantels hineingetrieben und alsdann durch die Zusammenziehungen des Trichters zur Spitze des letzteren hinausgepresst, wobei an mehren Cephalopoden der Rücktritt dieser Flüssigkeit durch eine einfache, dicht hinter der Mündung des Trichters an der Rückwand desselben angebrachte, zungenförmige Klappe verhindert wird 2).

---

gefundene, fragmentarische Weichthier, welches diese Naturforscher als von Nautilus Pompilius herrührend bezeichneten (s. die Annales d. sc. nat. Tom. 20. 1830. p. 470. Pl. 14. A. oder Isis. 1834. p. 1146. Taf. 15. A. B.), nimmt jetzt in verschiedener Beziehung unsere Aufmerksamkeit in Anspruch; rührt nämlich dasselbe wirklich von einem Cephalopoden her, so muss es Farbenzellen besitzen, was sich noch an dem zu Paris aufbewahrten Exemplare erkennen lassen dürfte; die röthliche und dunkel getüpfelte Haut, welche nach der colorirten Abbildung dieses Wesen gehabt hat, deutet in der That auf Farbenzellen hin. Wie! wenn dieses flach niedergedrückte Thier mit seinen beiden kurzen, tentakelartigen Fortsätzen gar nicht verstümmelt gewesen, sondern, nach Art der Hectocotylen, ein in seiner Gestalt und Grösse verkümmertes Männchen des Nautilus Pompilius gewesen wäre?

1) Bei Nautilus besteht der Trichter aus zwei ansehnlichen, zu beiden Seiten der Kehlen hervortretende Hautlappen, welche sich auf der Bauchfläche tütenförmig über einander schlagen. Vergl. Owen, on the Nautilus. p. 10. Pl. I. etc. oder Isis. p. 10. oder Annales d. sc. nat. p. 93. Pl. 1. u. 3. oder Valenciennes a. a. O. p. 269. Pl. 10. Fig. 1.

2) So bei Sepia, Sepiola, Loligo, Sepioteuthis, Onychoteuthis und Nautilus. Ueber letzteren Cephalopoden s. Owen a. a. O. Pl. II. Fig. 2. e. und Valenciennes a. a. O. Pl. 11. Fig. 4. λ. In Argonauta, Eledone und Tremoctopus vermisse ich diese Klappe, sie fehlt auch bei Loligopsis und Cranchia; in Octopus dagegen ist statt derselben auf der Bauchseite des Trichters eine querlaufende Leiste vorhanden.

Bei den Loliginen sind die Seiten des Rumpfes mit verschieden gestalteten Hautduplicaturen besetzt, welche von den Thieren als Flossen benutzt werden [3]). Die Octopoden rudern dagegen mit ihren Armen, welche theils an ihrer Basis eine kürzere oder längere Strecke durch die Cutis, wie durch eine Art Schwimmhaut, unter einander verbunden, theils gegen die Spitze hin mit bald schmäleren, bald breiteren Hautfortsätzen eingefasst sind [4]).

§. 235.

Der Mantel vieler Cephalopoden sondert eine Schale ab, welche entweder eine äussere oder eine innere sein kann.

1. Eine äussere, aus kohlensaurem Kalke gebildete Schale trifft man bei der Argonauta und den Nautilinen an. Das Gehäuse des Papier-Nautilus besteht aus sehr dünnen und biegsamen Wänden, in welchen die organische Substanz gegen die Kalkmasse vorherrscht, und diese letztere als sehr dicht stehende, kleine, runde Haufen abgelagert erscheint. Der Stoff zu diesem Gehäuse, welches nirgends mit dem Thiere der Argonauta verwachsen ist, wird hauptsächlich von den breiten Hautlappen geliefert, mit welchen die beiden mittleren Rückenarme die äussere Fläche der Schale umfasst halten, daher diejenige Seite dieser Hautlappen, welche der Schale zugekehrt ist, mit der anderen, von der Schale abgewendeten Seite wenig übereinstimmt. Die letztere zeigt sich nämlich ganz glatt und durch viele Chromatophoren gefärbt, während auf der ersteren die Farbenzellen fast gänzlich fehlen und sich dagegen eine Menge erhabener Linien netzförmig ausbreiten, welche im contrahirten oder gefalteten Zustande der Lappen noch mehr hervortreten und so eine Menge zellenförmiger Vertiefungen erzeugen [1]).

---

3) Bei Sepia und Sepioteuthis erscheinen die beiden Seiten des Rumpfes in ihrer gänzen Ausdehnung mit einem Hautlappen gesäumt; bei Loligo und Onychoteuthis stehen die beiden Flossen in Gestalt zweier dreieckiger Lappen vom Hinterleibsende ab; als zwei kurze, abgerundete Hautlappen sind die beiden Flossen bei Sepiola auf der Mitte der Körperseite und bei Loligopsis, Cranchia an dem Schwanzende angebracht.

4) Dergleichen Schwimmhäute besitzen Octopus, Eledone und Tremoctopus zwischen den Armen, welche besonders bei dem letzteren Cephalopoden an den beiden Rückenarmpaaren stark entwickelt sind. Bei derselben Gattung endigen, wie bei Argonauta, die beiden mittleren Rückenarme mit einem sehr breiten Hautlappen; Argonauta benutzt aber diese beiden Hautlappen nicht als Bewegungs-Organe (s. unten §. 238.), sondern schlägt dieselben gegen die äussere Fläche der Schale zurück, um diese damit fest zu halten. Vergl. Férussac a. a. O. Argonauta. Pl. 1. Fig. 5. u. 6. Pl. 6. Fig. 2. und in den Mémoires d. l. soc. d'hist. nat. d. Paris. Tom. 2. 1825. p. 160. Pl. 6. Fig. 2. oder in der Isis. 1832. p. 460. Taf. 5. Fig. 2., Rang, Documents pour servir à l'histoire naturelle des Cephalopodes, in dem Magasin de Zoologie. 1837. Livr. 4. p. 19. Pl. 86—88. oder in den Annales d. sc. nat. Tom. 7. 1837. p. 176. und Delle Chiaje, Descrizione etc. Tav. 7. Fig. 1. u. 2.

1) Dass diese Fläche der beiden Armlappen in der That den Stoff zur Kalk-

Sehr complicirt ist das Gehäuse der Nautilinen gebaut. Die Wandungen desselben bestehen aus zwei verschiedenen, scharf von einander abgesetzten Kalkschichten, von welchen die innere einen schönen Perlemutterglanz von sich gibt. Die Höhle eines solchen Gehäuses ist bis zu den hintersten Windungen durch eine Menge von Querscheidewänden in Kammern getheilt. Diese Scheidewände zeigen sich sämmtlich durchbohrt, indem sich bei Nautilus [2]) auf der Mitte derselben eine kurze Röhre nach hinten erhebt, während bei Spirula [3]) dicht an der inneren Wand des Gehäuses eine Kalkröhre von einer Scheidewand zur anderen hinüberläuft. Mit diesem Gehäuse ist das Thier, dessen Rumpf nur die vorderste Kammer einnimmt, durch den knorpeligen Rand seines Mantels locker verbunden. Von diesem Mantelrande erhebt sich bei Nautilus am Rücken des Thieres ein die eingerollte Wölbung der Schale umfassender Lappen [4]); ein anderer Fortsatz des Mantels erstreckt sich bei allen Nautilinen von dessen Grunde, in Form einer häutigen Röhre (*Sipho*) durch die Oeffnungen und Kalkröhren der Scheidewände des Gehäuses bis in die hintersten Kammern; die Kammern, welche ausserdem noch mit einer zarten Membran ausgekleidet sind, so wie der Sipho, stehen nirgends durch eine auffallende Oeffnung mit der Aussenwelt in Verbindung.

2. Eine innere Schale liegt bei den Loliginen lose in einer besonderen Rückenhöhle des Mantels verborgen. Dieselbe besteht bei den meisten Gattungen aus einer hornigen, homogenen Masse von gelbbrauner Farbe, und kann, ihrer Gestalt nach, am besten mit einer Feder (*Calamus*) oder einer Lanzenspitze verglichen werden. Es lassen sich nämlich an derselben ein nach unten spitz zulaufender Schaft und zwei bald längere, bald kürzere dünne Seitenflügel unterscheiden [5]). In der

---

schale liefert und dass das Thier von Argonauta seine verletzte Schale mit demselben Stoffe, aus welchem dieselbe gebildet ist, ausbessert, ist jetzt durch verschiedene Beobachter nachgewiesen worden. Vergl. Rang in dem Magasin de zoologie a. a. O., Jeanette Power in den Atti dell' Academia di scienze naturali di Catania. Tom. 12. 1839. oder in der Isis. 1845. p. 606. oder in Wiegmann's Archiv. 1845. Bd. I. p. 369. und derselben further experiments and observations on the Argonauta Argo, in den Reports of british association. 1844. Notices and communications. p. 74. Ueber den Nicht-Parasitismus des Thieres von Argonauta vergleiche man ausserdem noch van Beneden a. a. O. p. 4. und Férussac a. a. O. p. 114.

2) Vergl. Blainville in den Nouvelles Annales du Muséum d'hist. naturelle. Tom. 3. 1834. p. 3. Pl. 1. u. 2.

3) S. Blainville ebendas. p. 18. Pl. 1. Fig. 6. A—F.

4) S. Owen und Valenciennes a. a. O.

5) Vergl. Wagner, Icones zootom. Tab. 29. Fig. 32. von Loligo und Férussac a. a. O. die Abbildungen von Loligo, Loligopsis, Onychoteuthis, Sepiola und Sepioteuthis. — Ich kann es hier nicht unterlassen, auf die urweltlichen Ueberreste eines Thieres aufmerksam zu machen, welche unter dem Namen Aptychus das Interesse der Palaeontologen vielfach in Anspruch genommen

Gattung Sepia weicht diese Rückenschale von der hornigen Schale der übrigen Loliginen auffallend ab, indem dieselbe auf beiden Flächen mit ausgezeichneten Kalkschichten belegt ist, welche derselben aber unrechtmässiger Weise den Namen *Os Sepiae* verschafft haben 6). Die ganze Schale hat eine zungenförmige Gestalt, ist auf beiden Flächen gewölbt und rund umher mit schneidenden Rändern versehen. Nach hinten zeigen sich die Seitenränder besonders dünne und nach der Bauchfläche hin sanft umgebogen, wobei häufig aus der Mitte des Hinterrandes eine konische kurze Spitze hervorragt. Die Hornmasse beschränkt sich nur auf eine ganz dünne Schicht, welche auf beiden Flächen mit einer Kalkschicht belegt ist, gewöhnlich aber an den Rändern von dem Kalkbelege frei bleibt. Der Kalkbelag der Rückenfläche ist ziemlich dünne, jedoch von sehr fester Beschaffenheit und mit höckeriger, nach vorne streifiger Oberfläche versehen. Der Kalkbelag der Bauchfläche dagegen zeigt besonders in der Mitte eine sehr beträchtliche Dicke, aber sonst ein äusserst lockeres Gefüge, an welchem sich eine Menge fast horizontal über einander gelagerter, sehr dünner, poröser Lamellen

---

haben und bis auf die neueste Zeit noch Gegenstand der Controverse geblieben sind, indem man sie bald als Deckel eines Ammoniten oder anderen Mollusks (s. Rüppell, Abbildung und Beschreibung einiger Versteinerungen von Solenhofen. 1829. und Voltz in dem neuen Jahrbuch für Mineralogie etc. 1837. p. 304. u. 432.), bald als Bivalven-ähnliche Schalen (s. H. v. Meyer in den Nov. Act. Acad. Leop. Carol. Nat. Curios. Vol. 15. P. II. p. 125. und in dem Jahrbuch für Mineralogie etc. 1831. p. 391.), bald als innere Schale von Cephalopoden (siehe Coquand im Bulletin de la société Géologique de France. Tom. 12. 1840—41. p. 376.) angesehen hat. Letztere Ansicht ist gewiss die richtige; auf mich wenigstens machen die verschiedenen Aptychen ganz den Eindruck einer inneren Cephalopoden-Schale, an welcher, bei Verkümmerung des Schaftes, die beiden Seitenflügel ausserordentlich entwickelt sind. Ganz überrascht war ich daher, als kürzlich mein College Alexander Braun in einem Gespräche die Bemerkung hinwarf: „dass am Ende die zu Aptychus gehörigen Thiere die männlichen Individuen gewisser Ammoniten gewesen sein könnten". Ruft man sich das Verhältniss der Hectocotylen zu gewissen Octopoden ins Gedächtniss, so verdient der von Braun gegebene Wink, dass es männliche Ammoniten gegeben habe, welche eine von den weiblichen Individuen ganz verschiedene Gestalt gehabt, gewiss weiter benutzt zu werden, um das räthselhafte Wesen der Aptychen von einer anderen Seite her zu beleuchten. Vielleicht waren die zu diesen Schalen gehörigen Thiere als Ammoniten-Männchen ebenfalls, wie die männlichen Individuen von Argonauta und Tremoctopus, verkümmert und deshalb genöthigt, einen parasitischen Aufenthalt in der Mantelhöhle ihrer Weibchen zu suchen, was das häufige Vorkommen der Aptychus-Schalen im Grunde der vorderen Kammer von Ammoniten erklären würde. Die Gestalt dieser Ammoniten-Männchen müsste dann freilich, nach der Form der Schale zu urtheilen, eine sehr breite gewesen sein, wozu man einen Beleg erhalten würde, wenn es sich bestätigte, dass der von Quoy und Gaimard aufgefundene breite und flache Thierkörper wirklich ein Nautilus-Männchen gewesen (s. §. 233. Anm. 3.).

6) Noch unpassender ist von Spix (Cephalogenesis a. a. O. p. 33.) diese Rückenschale mit einem Rudimente der Wirbelsäule verglichen worden.

unterscheiden lassen, welche mit einer Schicht senkrecht gestellter, dichotomisch gespaltener und quer gestreifter Säulchen regelmässig abwechselt [7]). Dieser untere Kalkbelag erscheint von der Mitte aus nach hinten schräge abgestutzt, so dass in dieser Gegend die horizontalen Lamellen mit ihren Rändern zu Tage kommen und leicht gezählt werden können [8]). Obwol man annehmen muss, dass die Kalkmassen der Rückenschale von der inneren Fläche der Rückenhöhle abgesondert wird, so zeigt die dünne faserige Membran, von welcher diese Höhle ausgekleidet wird, nirgends eine drüsige Beschaffenheit.

Dritter Abschnitt.

Von dem Muskelsysteme und den Bewegungs-Organen.

§. 236.

Das Muskelsystem der Cephalopoden nimmt, in Bezug auf seine Entwickelung, eine sehr hohe Stufe ein. Die Primitivfasern desselben sind zwar noch glatt, durchkreuzen sich aber nicht in einem solchen Grade nach allen Richtungen, wie dieses so häufig bei den Muskeln der übrigen Mollusken der Fall ist. Dieselben liegen meistens parallel neben einander und bilden sehr deutliche Muskelbündel von gleichartiger Dicke. Viele primitive Muskelfasern der Cephalopoden zeigen isolirt noch die besondere Neigung, sich zickzackförmig zu biegen, was gewiss mit der Art, wie sich diese Primitivfasern bei der Contraction der Muskeln verkürzen, zusammenhängt. Die Muskelbündel sind durch Zellgewebe nach einer Richtung hin sehr fest unter einander verbunden, und stellen in dieser Weise verschiedene, scharf abgegrenzte, breite und lange Muskeln dar.

§. 237.

Eine sehr ausgezeichnete, aus Ringfasern zusammengesetzte Muskellage hilft den Mantel der Cephalopoden bilden [1]). Von der inneren Fläche dieses muskulösen Sackes entspringen in der Rückengegend zwei Paar ansehnliche, cylindrische Muskeln, von welchen das eine Paar sich nach vorne begibt, um sich von der Basis des Trichters aus in dessen muskulösen Wandungen auszubreiten, während das andere Muskelpaar

---

7) Nach Kölliker (Entwickel. a. a. O. p. 72. Taf. 5. Fig. 45. u. 46.) beginnen diese Kalkstäbchenschichten sich schon in den Embryonen zu bilden.

8) Eine ausführliche Beschreibung des *Os Sepiae* hat Cuvier (Mémoires a. a. O. p. 46.) und Brandt (in der medizin. Zoologie. Bd. II. p. 301. Taf. 31. Fig. 3. u. 6.) geliefert; ausserdem s. Wagner, Icones zootom. Tab. 29. Fig. 34. und Férussac a. a. O.

1) Diese Muskellage bildet bei Sepia keinen geschlossenen Sack, indem dieselbe auf dem Rücken des Mantels fehlt.

nach hinten am Halse in die Höhe steigt und sich theils an den Kopfknorpel, theils an die Basis der Arme inserirt. Zwei andere, mehr häutige Muskeln nehmen von den Seiten des Nackenknorpels ihren Ursprung und gehen ebenfalls in den Trichter über[2]). Mittelst eines Theils dieses Muskelapparats können die Cephalopoden ihre Mantelhöhle, so wie ihren Trichter kräftig zusammenziehen und, während sich der Mantelrand um den Hals und die Basis des Trichters fest anschliesst, den flüssigen Inhalt der Mantelhöhle und des Trichters aus der Spitze des letzteren hervorspritzen; diese Mantelcontractionen werden von vielen Cephalopoden häufig auch dazu benutzt, um sich im Wasser nach hinten eine Strecke weit fort zu stossen und so zu schwimmen.

§. 238.

Die Hauptbewegungsorgane der Cephalopoden sind die an den Kopfknorpel befestigten cylindrischen Arme, welche zugleich auch als Klammer- und Greiforgane benutzt werden. Ein jeder dieser fleischigen Arme besteht aus einer, von verdichtetem Bindegewebe gebildeten, röhrenförmigen Axe, von welcher Muskelfasern radienartig nach der Peripherie der Arme abgehen, während sich zwischen diesen Muskeln Längsmuskelfasern hinziehen und Ringmuskelfasern die äusserste, dicht unter der Cutis gelegene Muskelschicht bilden[1]). An der inneren Seite dieser Arme sind die fleischigen Saugnäpfe befestigt, welche bald in einer einfachen, zweifachen, bald mehrfachen Reihe bis zur Spitze der Arme hinziehen[2]), und bei dem, zwischen den zwei unteren Paaren der acht Arme hervorragenden, langen, neunten und zehnten Arme (Tentakelarme) der Loliginen nur allein an deren Spitze eine Gruppe von Saugschüsseln und Saugwarzen der verschiedensten Grösse darstellen. Zur Bewegung dieser Näpfe gehen Muskelbündel von den Armen ab, welche sich strahlenförmig an jenen ausbreiten und bei den Loliginen ausserdem noch zur Bildung eines Stieles beitragen. Sehr

2) Eine specielle Beschreibung der Muskeln des Rumpfes und Kopfes der Cephalopoden findet man bei Cuvier a. a. O. p. 9., Brandt a. a. O. p. 303. und besonders bei Delle Chiaje, Memorie Vol. 4. p. 72. oder Descrizione Tom. 1. p. 21.

1) Die Axe der meisten Cephalopoden-Arme besitzt eine prismatische Form, daher sich dieselbe auf scheibenförmigen Querdurchschnitten dieser Arme in der Mitte als ein viereckiger oder rhombischer Fleck zu erkennen gibt. Siehe Savigny in der Descript. de l'Égypte, hist. nat. Pl. I. Fig. 1. w. oder Owen in der Cyclopaed. p. 528. Fig. 214. c. oder Férussac a. a. O. Octopus. Pl. 2. Fig. 3. und Pl. 15. Fig. 11.b. Aehnlich verhält sich auch auf dem Querdurchschnitte der Leib von Hectocotylus.

2) Eine einfache Reihe von Saugnäpfen besitzen die Arme von Eledone, eine doppelte Reihe dagegen die Arme der übrigen Octopoden und der meisten Loliginen, während die Arme der Sepien mit mehrfachen Reihen von Saugnäpfen besetzt sind.

einfach und ohne Auszeichnung verhalten sich die cylindrischen Saugnäpfe von Tremoctopus; bei den übrigen Octopoden dagegen ist über die Mündung der Näpfe eine in ihrem Centrum durchbohrte Haut hinübergespannt, deren Oeffnung durch einen vom Grunde eines jeden Napfes sich erhebenden Wulst ausgefüllt werden kann [3]). Durch diese Vorrichtung geht das Festsaugen der gegen einen Gegenstand angedrückten Näpfe in dem Augenblicke vor sich, in welchem jener Wulst aus der Oeffnung der Spannhaut in die Höhe zurückgezogen wird. Bei den Loliginen besitzen die Saugnäpfe sehr dünnhäutige und nachgiebige Seitenwände, welche an ihrem freien Rande von einem hornigen, gezähnelten Rande eingefasst sind; in diesen Ring passt der tellerförmige, fleischige Grund der Näpfe, der bei dem Zurückziehen sehr leicht einen luftleeren Raum bewirkt. Bei Loligopsis und Onychoteuthis erscheinen an den beiden Tentakelarmen viele Saugnäpfe verkümmert, wogegen einzelne Zähne ihrer hornigen Einfassung unverhältnissmässig entwickelt sind oder die ganze Hornmasse sich in eine starke Kralle umgewandelt hat [4]).

Eine von den eben beschriebenen Armen sehr abweichende Bildung bieten die um den Mund gestellten, armartigen Fortsätze des Nautilus dar [5]). Dieselben besitzen keine Spur von Saugorganen, und bestehen aus 38 dreikantigen, etwas platt gedrückten und quer geringelten Fäden, welche an ihrer Basis von eben so vielen contractilen, röhrenförmigen Scheiden umgeben sind, in welche sie sich vollständig zurückziehen können [6]). Dieser ganze Büschel von nach vorne gerichteten Fortsätzen wird ausserdem noch in eine gemeinschaftliche, fleischige Scheide eingehüllt, welche auf dem Rücken wie die Sohle der Gasteropoden abgeplattet ist, und wahrscheinlich, wie diese, zum Kriechen benutzt werden kann [7]).

Die zwischen den Armen vieler Cephalopoden gleich einer Schwimmhaut ausgespannte Cutis enthält ein weitmaschiges Netz von dünnen Längs- und Quermuskeln [8]), wogegen die Flossenhäute der Loliginen

---

3) Obgleich die Doppelreihe von Saugnäpfen, welche sich am Leibe der Hectocotylen hinziehen, gegen das stumpfe Vorderleibsende hin nicht verjüngt ist, so stimmen sie in allem Uebrigen mit den Saugnäpfen von Argonauta und Tremoctopus so genau überein, dass man sich wundern muss, wie die früheren Beobachter dieser vermeintlichen Parasiten die wahre Beziehung derselben zu ihren Wohnthieren nicht hieran schon errathen haben.

4) Vergl. Férussac a. a. O. Loligopsis. Pl. 4. und Onychoteuthis. Pl. 6. 8. etc.

5) Vergl. Owen und Valenciennes a. a. O.

6) Die innere Structur dieser Fäden stimmt mit der der übrigen Cephalopoden-Arme ziemlich überein, s. Owen, on Cephalopods with chambered shells a. a. O. p. 8. Fig. 131. oder in the Cyclopaedia a. a. O. p. 526. Fig. 213. oder in the Annals of nat. hist. Vol. 12. p. 305.

7) Vergl. Owen und Valenciennes a. a. O.

8) Aehnlich verhalten sich auch die breiten Hautlappen an den mittleren

durch breite Muskeln unterstützt werden, welche aus derben, parallel neben einander verwebten und von den Flossenknorpeln rechtwinkelig abgehenden Muskelbündeln gebildet werden.

Zwei ganz eigenthümliche und sehr ansehnliche Muskeln entspringen bei Nautilus von der unteren Seite des Kopfknorpels, und dienen dazu, indem sie divergirend nach hinten laufen, das Thier unter Vermittelung einer Hornplatte gegen den inneren Rand der Schale zu befestigen [9].

Vierter Abschnitt.

Von dem Nervensysteme.

§. 239.

Das Nervensystem erreicht in den Cephalopoden einen sehr hohen Grad der Ausbildung, besonders nähert sich der centrale Theil desselben schon bedeutend dem Gehirne der Wirbelthiere, da die Ganglienmasse in demselben sich ausserordentlich vermehrt findet, und die ganze Gehirnmasse in einer knorpeligen, dem Hirnschedel vergleichbaren Höhle eingeschlossen liegt. Diese Höhle ist zwar nicht rund umher abgeschlossen, sondern nach vorne offen, wird hier aber von verdichtetem, sehnenartigen Bindegewebe, welches die Stelle einer *Dura mater* vertritt, abgegrenzt. Auch die Gehirnmasse selbst, welche die geräumige Höhle des Kopfknorpels bei weitem nicht ausfüllt, wird von einer derben Hirnhaut eingehüllt, die als Neurilem die vom Gehirne abgehenden und den Kopfknorpel an verschiedenen Stellen durchbohrenden Nerven begleitet. Die Lücken, welche zwischen Gehirn und Kopfknorpel übrig bleiben, werden von einer fettartigen Flüssigkeit eingenommen.

Die primitiven Nervenfasern der Cephalopoden stellen feine granulirte und gerade verlaufende Fäden dar [1]), welche durch ein sehr deut-

---

Rückenarmen von Tremoctopus und Argonauta. Es werden aber diese Hautlappen der Argonauta weder als Ruder, noch als Segel angewendet, sondern zum Festhalten der Schale nach hinten zurückgeschlagen (s. oben §. 235. Anm. 4.); die Fortbewegung im Wasser geht bei Argonauta, wie bei den übrigen Cephalopoden, durch Contractionen des Mantels und Trichters vor sich (vergl. Rang in dem Magasin d. Zool. 1837. p. 22. Pl. 87.), um so auffallender ist es, von der Jeanette Power (s. Wiegmann's Archiv. 1845. Bd. I. p. 373.) die alte Fabel abermals wieder ausgesprochen zu sehen, dass Argonauta an der Oberfläche der See ihre beiden breiten Arme zum Segeln in die Luft erhebe.

9) Vergl. Owen, on the Nautilus. p. 17. Pl. 4. Fig. 2. k. oder Isis. p. 15. oder Annales d. sc. nat. p. 103. Pl. 2. Fig. 3. k. und Valenciennes a. a. O. p. 268. Pl. XI. Fig. 4. P.

1) S. Kölliker, Entwickel. d. Cephalopoden. p. 79.

liches Neurilem zu grösseren und kleineren Bündeln vereinigt sind. Die zwischen denselben oft in grosser Menge eingestreut liegenden, länglich-ovalen Körperchen gehören wahrscheinlich dem Neurileme an.

§. 240.

Die Centralmasse des Nervensystems umgibt auch bei den Cephalopoden den Oesophagus als Schlundring, an welchem sich eine obere und untere, durch seitliche Kommissuren verbundene Hirn-Ganglienmasse unterscheiden lässt. Die obere Ganglienmasse besitzt nur einen geringen Umfang und sendet einige feine Nerven nach vorne zu den Mundtheilen. Die untere Ganglienmasse hingegen wird von einer sehr ansehnlichen Markmasse gebildet, welche sich zugleich nach den Seiten hinauf erstreckt, um unmittelbar in die breiten Kommissuren überzugehen. Aus den Seiten dieser Ganglienmasse entspringen die beiden starken Sehnerven nebst den Geruchsnerven, während von der unteren Fläche derselben die Gehörnerven sogleich in den Kopfknorpel eindringen. Aus dem Vorderrande derselben Hauptganglienmasse treten die vier bis fünf Paar grossen Nervenstämme für die Arme nebst einigen, den Kopfmuskeln zugehörigen Nerven hervor; von dem Hinterrande dagegen gehen in divergirender Richtung einige dünne Nerven nach dem Trichter und zwei ausgezeichnet starke Stämme nach dem Rücken des Mantels ab [1]). Es lassen sich an dieser unteren Ganglienmasse des Schlundringes bei Sepia verschiedene Anschwellungen unterscheiden, von welchen sich besonders zwei vordere, die Armnerven absendende und zwei hintere seitliche, den Sehnerven zum Ursprunge dienende Anschwellungen durch ihre Grösse auszeichnen [2]). Bei Nautilus erscheint die untere Hirnganglienmasse in ein vorderes und ein hinteres, querlaufendes Ganglienband getrennt [3]), welches einigermaassen an die unter der Speiseröhre liegenden und in einen Kreis gestellten Ganglien gewisser Gasteropoden erinnert.

§. 241.

An dem peripherischen Theile des Nervensystems der Cephalopoden zeichnen sich besonders die Arm- und Mantelnerven aus.

1) Ausführlich ist das Nervensystem der Cephalopoden beschrieben durch Cuvier, Mémoires p. 34. Pl. 1. Fig. 4. von Octopus, durch Brandt in d. med. Zoolog. p. 308. Taf. 32. Fig. 23. von Sepia, durch Owen und Valenciennes a. a. O. von Nautilus und durch van Beneden a. a. O. von Argonanta. Ausserdem vergleiche man die Abbildung des Nervensystems von Sepia bei Owen, on the Nautilus. Pl. 7. Fig. 3. oder in der Isis. 1835. Taf. IV. 7. Fig. 3. oder in den Annales d. sc. nat. Tom. 28. Pl. 3. Fig. 5. und in der Cyclopaed. Vol. I. p. 549. Fig. 232., ferner die Abbildungen des Nervensystems von Loligo, Sepia und Octopus bei Delle Chiaje, Memorie etc. Tav. 95. 100—102. oder Descrizione etc. Tav. 25. 29—31. — 2) Vergl. Brandt a. a. O.

3) Vergl. Owen, on the Nautilus. p. 36. Pl. 7. Fig. 1. oder Isis. 1835. p. 30. Taf. IV. 7. Fig. 1. oder Annales d. sc. nat. Tom. 28. p. 134. Pl. 3. Fig. 4. und Valenciennes a. a. O. p. 287. Pl. 8. Fig. 2—4.

Die Armnerven dringen an der Basis der Arme in den bereits erwähnten Axenkanal ein und laufen, nachdem sich jeder einzelne Nervenstamm vorher durch eine Queranastomose mit seinen beiden benachbarten Armnerven verbunden hat [1]), bis zur Spitze der Arme hin, wobei sie unterwegs eine Menge Nervenfäden an die Muskelmasse und die Saugnäpfe der Arme abgeben. Bei den Octopoden lassen sich zwei dicht neben einander hinlaufende Stränge an diesen Armnerven unterscheiden, von welchen der eine rechts und links in regelmässigem Wechsel durch Ganglien knotig angeschwollen ist [2]).

Die beiden Mantelnerven, welche, ihrer Stärke wegen, sehr leicht in die Augen fallen, schwellen, nachdem sie zu beiden Seiten zwischen den Halsmuskeln herabgelaufen sind und die innere Fläche des Mantelrückens erreicht haben, zu zwei ausnehmend breiten Ganglien (*Ganglion stellatum*) an, aus deren äusserem Rande eine Menge Nervenäste sternförmig hervortreten und in den fleischigen Mantel eindringen [3]). Bei den mit Flossen versehenen Loliginen senden die beiden Hauptstämme dieser Mantelnerven oberhalb der sternförmigen Mantelganglien einen ansehnlichen Ast ab, der nach kurzem Verlaufe aus dem Mantelganglion einen starken Ast als Zuschuss erhält und sich alsdann in den Flossenmuskeln ausbreitet [4]). In den langgestreckten Loliginen setzt dieser Nerv seinen Lauf noch eine längere Strecke zu beiden Seiten der Mittellinie des Rückens fort, bis er die Basis der grossen Flossen muskeln am Hinterleibsende erreicht [5]).

---

1) S. Cuvier, Mémoires p. 36. Pl. 1. Fig. 4. ψ. von Octopus, Delle Chiaje a. a. O. Tav. 102. (29.) u. 100. (31.) von Octopus und Sepia, Férussac a. a. O. Pl. I.[5] Fig. 1. und van Beneden a. a. O. p. 15. Pl. 2. Fig. 2. und Pl. 4. von Argonauta.

2) Vergl. van Beneden a. a. O. p. 14. Pl. 2. Fig. 3—5., Pl. 3. Fig. 4. und Pl. 4. von Argonauta. Ich fand dieselbe Organisation bei Octopus und Tremoctopus; bei letzterem stechen die röthlichen Ganglien gegen die übrige weisse Nervenmasse besonders auffallend ab. Sowol die glatten, wie die knotigen Nervenstränge senden Nervenfäden ab, welche bei den letzteren aber nur von den Ganglienanschwellungen ausgehen. Ob die glatten Nervenstränge allein die Muskeln der Arme, die knotigen Nervenstränge dagegen die Saugnäpfe mit Nervenfäden versorgen, oder ob die ersteren nur motorische, die letzteren nur sensible Primitivfäden enthalten, muss ich unentschieden lassen. — Ich darf es übrigens hier nicht unerwähnt lassen, dass ich in der Axe des armförmigen Leibes von Hectocotylus Tremoctopodis ebenfalls einen der Zahl der seitlichen Saugnäpfe entsprechenden und sehr entwickelten knotigen Nervenstamm erkannt habe.

3) Vergl. die Abbildungen bei van Beneden, Delle Chiaje, Brandt a. a. O. und bei Owen in der Cyclopaedia. Vol. I. Fig. 232. zu Argonauta, Octopus, Loligo und Sepia.

4) S. die Abbildungen bei Delle Chiaje und Owen a. a. O. von Loligo und Sepia.

5) S. Delle Chiaje a. a. O. Tav. 95. (25.) u. 101. (30.) von Loligo. Die beiden parallel neben einander auf der unteren Fläche des Mantelrückens von

In Nautilus treten vom ganzen Hinterrande des hinteren Ganglienbandes der unteren Hirnmasse zahlreiche Nervenäste hervor, welche sich, ohne ein Ganglion zu bilden, in den beiden Schalenmuskeln ausbreiten und, ihrer Ursprungsstelle nach, als ein Analogon der Mantelnerven der übrigen Cephalopoden gelten können [6]).

Ein dem herumschweifenden Nerven der Wirbelthiere entsprechendes Nervenpaar, welches zwischen den beiden Mantelnerven von der Mitte des Hinterrandes der unteren Hirnmasse entspringt, läuft anfangs hinter dem Trichter am Halse herab, durchbohrt dann die hintere Wand des Trichters und begibt sich von da unter das Peritonäum. Hier senden sie zuerst einige Aeste an den Tintenbeutel ab, um sich nachher an das Herz, die grossen Blutgefässstämme, die sogenannten Kiemenherzen, und Kiemen zu verzweigen. Beide Nervenstämme schwellen bei ihrer Geflechtbildung an verschiedenen Stellen zu Ganglien an [7]), und gehen wahrscheinlich auch mit dem *Plexus splanchnicus posterior* Verbindungen ein.

§. 242.

Das Eingeweide-Nervensystem erscheint bei den Cephalopoden ganz besonders entwickelt. Es lassen sich an demselben ebenfalls wieder ein vorderer und ein hinterer Plexus unterscheiden [1]).

Der *Plexus splanchnicus anterior* besteht aus einem unter dem Schlundkopfe gelegenen *Ganglion pharyngeum inferius*, welches nach vorne an die Mundtheile und nach hinten an die Speiseröhre verschiedene Nervenfäden absendet und zugleich mit der unteren Hirnmasse des Schlundringes durch zwei Kommissuren in Verbindung

---

Loligopsis nach hinten verlaufenden Nervenstämme, welche Grant (a. a. O. p. 21. Pl. 2. Fig. 5. u. 6.) mit dem Rückenmarke der Wirbelthiere vergleicht, gehören ebenfalls hieher. In Onychoteuthis sah ich auch die beiden Flossennerven auf der inneren Fläche des Mantels hinabtreten, während bei Loligo, wie Delle Chiaje es auf seiner Tav. 101. (30.) angedeutet hat, diese beiden Nerven weiterhin die Muskelwandungen des Mantelsackes schräge durchbohren und auf der äusseren Fläche desselben unter der Cutis fortlaufen, um von hier aus die beiden Flossenmuskeln mit Nervenfäden zu versehen.

6) S. Owen, on the Nautilus. p. 38. Pl. 7. Fig. 1. No. 13. oder Isis. p. 32. Taf. IV. 7. Fig. 1. oder Annales d. sc. nat. p. 137. Pl. 3. Fig. 4. No. 13.

7) Diese beiden, dem *Par vagum* analogen Nervenstämme sind von keinem Zergliederer der Cephalopoden vermisst worden. Siehe Cuvier, Mémoires p. 36. Pl. 1. Fig. 4. μ. von Octopus, Brandt a. a. O. Taf. 32. Fig. 3. g. und Fig. 23. k., so wie Owen in der Cyclopaedia. Vol. 1. Fig. 232. c. von Sepia, van Beneden a. a. O. p. 18. Pl. 1. Fig. 7. h., Pl. 3. Fig. 5. k. und Pl. 4. r. von Argonauta, ferner Owen, on the Nautilus. Pl. 7. Fig. 1. No. 15. oder Isis. Taf. IV. 7. Fig. 1. oder Annales d. sc. nat. Pl. 3. Fig. 4. No. 16. von Nautilus, endlich Delle Chiaje a. a. O. Tav. 95. (25.), 100. (31.) u. 102. (29.) von Loligo, Sepia und Octopus.

1) Ueber das sympathische Nervensystem der Cephalopoden vergleiche man Brandt, über die Mundmagennerven der Evertebraten, a. a. O. p. 40.

steht [2]). Diesem Schlundganglion gegenüber findet sich bei den Loliginen auf dem Schlundkopfe noch ein *Ganglion pharyngeum superius* vor, das ebenfalls an die Mundtheile verschiedene Fäden abgibt, zwei Verbindungsfäden um den Oesophagus herum an das untere Schlundganglion sendet und auch durch Nervenäste mit der oberen Hirnmasse in Verbindung zu stehen scheint [3]).

Der *Plexus splanchnicus posterior* gibt sich durch ein dem Magen aufliegendes, ansehnliches *Ganglion gastricum* zu erkennen, von welchem Nervenfäden nach verschiedenen Richtungen zu den übrigen Eingeweiden der Mantelhöhle abgehen und zu welchem zwei den Oesophagus durch den Schlundring begleitende Verbindungsfäden hinablaufen, nachdem sie aus dem unteren Schlundganglion ihren Ursprung genommen haben [4]).

Fünfter Abschnitt.

Von den Sinnesorganen.

§. 243.

Das Tastgefühl zeigt sich bei den Cephalopoden, ausser an der allgemeinen Körperbedeckung und an den gefranzten Lippenhäuten, besonders an den Armen sehr entwickelt [1]); vor allem erscheint aber Nautilus am Kopfe mit Tastorganen ganz besonders ausgerüstet, denn ausser den 38 an sich schon sehr tentakelartig gebildeten Armen besitzt dieses Thier zwischen diesen Organen noch vier um den Mund gestellte, breite Lippenfortsätze, zwei äussere und zwei mittlere, deren Rand mit zwölf kleineren, in ihrer Organisation den Armen ganz ähnlichen, geringelten Fäden besetzt ist. Die Nerven für die Tastfäden der beiden äusseren Lippenfortsätze gehen mit den Nerven der Arme von dem Vorderrande des vorderen Hirnganglienbandes ab; die Nerven der inneren Lippententakeln dagegen entspringen weiter nach der Mittel-

---

2) S. Brandt in der mediz. Zoolog. Bd. II. p. 309. Taf. 32. Fig. 23. u. 3., Owen in der Cyclopaedia a. a. O. Fig. 232. von Sepia, van Beneden a. a. O. p. 16. Pl. 2. Fig. 6. von Argonauta, Delle Chiaje a. a. O. Tav. 95. 100—102. (25. 29—31.) von Loligo, Sepia und Octopus.

3) Vergl. Brandt, Owen und Delle Chiaje a. a. O. von Sepia und Loligo.

4) Vergl. van Beneden a. a. O. Pl. 3. Fig. 1—3. und Pl. 4. von Argonauta, Brandt a. a. O. Tab. 32. Fig. 3. u. 20., so wie Delle Chiaje a. a. O. Tav. 100. (31.) u. 102. (29) von Sepia und Loligo.

1) Bei den Hectocotylen beschränken sich die Sinnesempfindungen nur allein auf das allgemeine Tastgefühl. Ist Costa's Darstellung richtig, so besässe Hectocotylus Argonautae am Vorderende des Leibes sogar ein besonderes, tentakelartiges Tastorgan (s. die Annales d. sc. nat. Tom. 16. Pl. 13. Fig. 2.ᵃ e.f.).

linie hin von demselben Ganglienbande, aber mit zwei gemeinschaftlichen Wurzeln, welche nach einiger Zeit zu einem flachen Ganglienknoten anschwellen und sich dann erst in die einzelnen Nerven dieser Tastorgane spalten [2]). Ausserdem sind noch vier andere geringelte, in eine Scheide zurückziehbare Tentakeln bei Nautilus vorhanden, von welchen je einer vor und hinter dem Auge angebracht ist, und mit einem besonderen, neben der Wurzel der Sehnerven entspringenden Tastnerven versehen wird [3]).

§. 244.

Als Geschmacksorgan lässt sich gewiss die fleischige Zungenspitze der Cephalopoden ansprechen. Dieselbe steckt in dem vorderen Winkel des Unterkiefers verborgen und ist an ihrer abgerundeten Oberfläche mit einer Menge weicher Zotten bedeckt, welche höchst wahrscheinlich die Bedeutung von Zungenpapillen haben [1]).

§. 245.

Die Geruchswerkzeuge sind in der Nachbarschaft der Augen angebracht, und bestehen in einer von wulstigen Rändern umgebenen Grube, oder in einer mit einer Oeffnung versehenen, in die Cutis eingegrabenen Höhle, auf deren Grunde sich zuweilen ein papillenartiger, weisslicher Körper erhebt. Die beiden, für diese Organe bestimmten specifischen Nerven entspringen neben den Sehnerven von dem Sehganglion des Schlundringes, treten mit diesen Nerven eng verbunden in die knorpelige Augenhöhle, und laufen an der Hinterwand derselben nach aussen, wo sie die Riechpapillen aufsuchen und sich innerhalb derselben strahlenförmig ausbreiten [1]).

---

2) S. Owen, on the Nautilus. Pl. 4. und Pl. 7. Fig. 1. oder Isis. 1835. Taf. III. u. IV. oder Annales d. sc. nat. Tom. 28. Pl. 2. Fig. 1. und Pl. 3. Fig. 4.

3) S. ebendas. und Valenciennes a. a. O. Pl. 8. Fig. 2. i. und Pl. 9. Fig. 1. i.

1) Es scheint diese Organisation der Zungenspitze der Cephalopoden den meisten Zootomen entgangen zu sein, und doch finde ich sie sowol bei den Octopoden wie bei den Loliginen ausgeprägt; bis jetzt haben nur Owen (on the Nautilus. p. 23. Pl. 8. Fig. 7. oder Isis. p. 20. Taf. II. oder Annales d. sc. nat. p. 113. Pl. 4. Fig. 7. und in der Cyclopaedia. p. 554. Fig. 236.), so wie Valenciennes (a. a. O. p. 280. Pl. 10. Fig. 3. u. 4.) bei Nautilus auf diesen, alle Charaktere eines Geschmacksorgans darbietenden Theil der Zunge aufmerksam gemacht, welche weichen Papillen man übrigens schon von Savigny (in der Descript. de l'Égypte a. a. O. Pl. I. Fig. 4. u. 5. oder in Férussac a. a. O. Sepia. Pl. 4. Fig. 2.² u. 3.³) aus Sepia abgebildet findet.

1) Die Höhlen dieser Geruchswerkzeuge sind mit ihren Oeffnungen eine lange Zeit für die beiden äusseren Gehörgänge und die in ihrer äusseren Umgebung hervorragenden Wülste und Hautfalten für Rudimente einer Ohrmuschel angesehen worden (s. Férussac a. a. O.), bis Kölliker (in Froriep's neuen Notizen. Bd. 26. 1843. p. 166. und Entwickel. d. Cephalopod. p. 107.) an diesen Organen einen specifischen Nerven mit seinem eigenthümlichen Verlaufe entdeckte und mit Recht das Ganze für ein Sinnesorgan und zwar für Riechorgan erklärte. Sehr wünschenswerth wäre die Beantwortung der Frage, ob bei den an Flimmer-

Bei Nautilus befinden sich die beiden Riechpapillen dicht unter dem Auge innerhalb einer von einem warzenförmigen Wulste von oben her überwölbten Grube [2]). Bei den Octopoden liegen die Geruchsorgane hinter den Augen in dem Winkel versteckt, welchen der Mantel durch seinen Ansatz an den Hinterkopf bildet; dieselben bestehen bei Argonauta und Tremoctopus in zwei nackten Papillen, bei Octopus und Eledone in zwei häutigen Höhlen [3]). An den Loliginen fallen die dicht hinter den Augen etwas nach unten angebrachten Riechhöhlen dadurch leicht in die Augen, dass ihre enge Oeffnung mit einem rundlichen oder länglichen Hautwulste eingefasst ist [4]).

---

organen so armen Cephalopoden diese Riechwerkzeuge Flimmercilien besitzen, da bei den Fischen, an denen ebenfalls der Mangel von Flimmerepithelium vorherrscht, die Geruchswerkzeuge mit Flimmercilien ausgekleidet sind.

2) Valenciennes war darin Kölliker vorausgegangen, dass er bereits 1841 (a. a. O. p. 290. Pl. 8. Fig. 2. h., Pl. 9 Fig. 1. h. x. und Fig. 3.) an Nautilus diese Organe als Riechwerkzeuge beschrieben hatte. Derselbe erkannte nicht blos den zur Riechpapille tretenden specifischen Sinnesnerven, sondern bemerkte auch an der Basis der ersteren eine Oeffnung, welche zu einer in der Papille befindlichen Höhle führt, in der sich eine regelmässig zweizeilig gefaltete Schleimhaut ausbreitet. Owen (on Cephalopods with chamb. shells. p. 11.) erklärte diese Riechpapillen des Nautilus, die derselbe in seiner früheren Abhandlung ganz übersehen zu haben scheint, für kurze, hohle Tentakeln, und will eine Reihe von zwanzig häutigen Lamellen, welche am Eingange des Mundes der Länge nach zwischen den beiden inneren Lippenfortsätzen angebracht sind, zu Geruchsorganen stempeln (s. seine Abhandlung: on the Nautilus. p. 41. Pl. 4. 1., Pl. 7. Fig. 1. g. und Fig. 2. oder Isis. p. 34. Taf. III. u. IV. oder Annales d. sc. nat. p. 141. Pl. 2. Fig. 1. l., Pl. 3. Fig. 4. g. und Fig. 6.), während diese Blätter, welche von den zwei Ganglien der beiden, für die inneren Lippenfortsätze bestimmten Tastnerven mit vielen Fäden versehen werden (s. Owen a. a. O.), auf mich eher den Eindruck von Tastläppchen machen.

3) Bei Argonauta und Tremoctopus bilden die Riechnerven unterwegs ein dem Sehnerven aufliegendes Ganglion (s. Kölliker, Entwickel. d. Cephalopod. p. 168.), welches von van Beneden (a. a. O. p. 13. Pl. 1. Fig. 5. u. 6. k.) zwar gesehen, aber nicht gedeutet wurde; eben so sind die Riechhöhlen mit ihren bei Octopus der Aufmerksamkeit eines Rapp (in den naturwissenschaftlichen Abhandlungen, von einer Gesellschaft in Würtemberg herausgegeben, Bd. I. 1826. p. 69.) und eines Delle Chiaje (Descrizione Tav. 6. Fig. 1. k. und Tav. 18. Fig. 1. y.) nicht entgangen, ohne dass jedoch von ihnen die Bestimmung jener Organe geahnet wurde.

4) Nach einer von Owen (on the Nautilus. Pl. 7. Fig. 3. No. 9. oder Isis. 1835. Taf. IV. oder Annales d. sc. nat. Tom. 28. Pl. 3. Fig. 5. No. 9. und in der Cyclopaedia. Vol. I. p. 549. Fig. 232. k.) gelieferten Abbildung und Notiz scheinen die Riechnerven von Sepia und Loligo neben dem *Ganglion opticum* ebenfalls aus einem besonderen Ganglion zu entspringen. — Den Eingang zu den Riechhöhlen mit seiner wulstigen Umgebung findet man im Férussac (a. a. O. Sepia. Pl. 17. Fig. 2. c., Pl. 18. Fig. 3. b., Pl. 27. Fig. 1. u. 6., Loligo. Pl. 20. Fig. 7., Pl. 23. Fig. 5. u. 17., Pl. 24. Fig. 2. u. 14., Sepioteuthis. Pl. 6. Fig. 2. b., Sepiola. Pl. 3. Fig. 5. u. 15. b.) bei den Loliginen vielfach abgebildet.

§. 246.

Die Gehörwerkzeuge der Cephalopoden stecken in dem unteren mittleren Theile des Kopfknorpels verborgen, wo sie zwei rundliche, mehr oder weniger geräumige Höhlen bilden, die in der Mittellinie durch eine knorpelige Scheidewand geschieden und gegen die Aussenwelt völlig abgeschlossen sind [1]). In den Octopoden besitzen diese beiden Höhlen glatte Wände [2]); in den Loliginen dagegen erheben sich auf der inneren Fläche derselben verschiedene knorpelige Höcker und Wülste, welche zuweilen weit in die Höhlen hineinragen [3]). Es lässt sich dieser Theil der Gehörorgane am besten mit dem knöchernen Labyrinthe der Wirbelthiere vergleichen. In diese beiden Höhlen, welche mit einer flüssigen Substanz gefüllt sind, ragt an derjenigen Stelle des knorpeligen Labyrinthes, an welcher der Hörnerve eintritt, ein birnförmiges Säckchen als häutiges Labyrinth herab, auf welchem sich der Hörnerve ausbreitet und welches einen einzigen Otolithen von unregelmässiger Gestalt, von meist krystallinischer Beschaffenheit und weisser Farbe, enthält [4]).

---

1) Wie schon im vorhergehenden §. 245. gezeigt worden ist, sind die Riechorgane der Loliginen von verschiedenen Naturforschern als äusseres Ohr angesehen worden. — Sehr merkwürdig ist der flimmernde und gewundene Kanal, welchen Kölliker (Entwickel. d. Cephalop. p. 105. Fig. 60—63.) nur bei den Embryonen von Sepia und Loligo aus den Gehörblasen nach vorne verlaufen sah, der aber weder an der Körperoberfläche, noch in den Oesophagus ausmündete, so dass derselbe weder die Bedeutung eines äusseren Gehörganges, noch einer *Tuba Eustachii* haben konnte.

2) Vergl. Scarpa, anatomicae disquisitiones de auditu et olfactu. p. 3. Tab. IV. Fig. 11. von Octopus, Delle Chiaje, Descrizione. Tav. 14. Fig. 1. d. und van Beneden a. a. O. Pl. 1. Fig. 3. von Argonauta.

3) Vergl. Brandt in der mediz. Zool. p. 309. Taf. 32. Fig. 14., Wagner, Icones zoot. Tab. 29. Fig. 37—39., Owen in der Cyclopaedia. Vol. I. p. 554. Fig. 235. oder in the transactions of the zool. soc. Vol. II. Pl. 21. Fig. 17. und Delle Chiaje, Descrizione. Tom. I. p. 68. Tav. 12. Fig. 12. u. 21. von Sepia und Loligo. Von letzterem Naturforscher sind einzelne dieser, in die Labyrinthhöhle hineinragenden, knorpeligen Erhabenheiten mit Gehörknöchelchen verglichen worden; mir scheinen sie eher den Anfängen der halbcirkelförmigen Kanäle zu entsprechen, welche bei den Fischembryonen ebenfalls zuerst als blosse Erhabenheiten an der inneren Fläche der Gehörblase auftreten.

4) Diese Otolithen, welche hauptsächlich aus kohlensaurem Kalke bestehen variiren in ihrer Form ungemein. Bei den Octopoden ist ihre Gestalt mehr scheibenförmig, mit einer ausgehöhlten und einer stark gewölbten, zuweilen konisch erhabenen Fläche (s. Scarpa a. a. O. Tab. IV. Fig. 9. und Weber, de aure et auditu. p. 11. Tab. II. Fig. 8. von Octopus, ferner Delle Chiaje, Memorie oder Descrizione. Tav. 58. oder 12. Fig. 15. 19. 23. u. 24. von Octopus und Eledone). Bei Octopus haben die Otolithen ein krystallnisches Gefüge, wogegen bei Eledone die ziemlich flachen Otolithen, welche auf der einen Seite rothbraun gefärbt sind, aus einer weichen, kalkfreien Masse bestehen, und daher bei den schon längere Zeit in Weingeist aufbewahrten Exemplaren zuweilen ganz verschwinden. Die sehr unregelmässig gestalteten, mit verschiedenen spitzen

Eine etwas abweichende Form bieten die Gehörorgane von Nautilus dar, indem dieselben weit von einander gerückt in den beiden unteren, nach vorne gerichteten Gabelfortsätzen des Kopfknorpels angebracht sind und aus einer sehr langgezogenen, engen Labyrinthhöhle bestehen, welche eine dicke, homogene Flüssigkeit, aber keinen Otolithen enthält [5]).

§. 247.

Die Augen erscheinen bei den Cephalopoden ausserordentlich entwickelt und unverhältnissmässig gross [1]). Obgleich sie aber durch ihre Organisation auf der einen Seite den Sehorganen der Wirbelthiere sehr nahe gerückt sind, so weichen sie auf der anderen Seite wieder von denselben wegen vieler Eigenthümlichkeiten ab [2]). Zunächst müssen an jedem Auge der Octopoden und Loliginen die Augenkapsel und der von dieser eingeschlossene eigentliche Augapfel unterschieden werden. Die Augenkapsel wird von hinten her durch die knorpelige Augenhöhle und durch eine von dem Rande der letzteren abgehende, derbe, faserige Haut gebildet, welche sich vorne mit der allgemeinen Hautbedeckung innig verbindet; diese erhebt sich zu einem ringförmi-

---

Ecken und Einschnitten versehenen Otolithen der Loliginen (s. Scarpa a. a. O. Tab. IV. Fig. 8. und Delle Chiaje a. a. O. Tav. 58. (12.) Fig. 13. 14. 16. 25. u. 26. von Sepia und Loligo) weisen sich unter dem Mikroskope als ein Convolut von keilförmigen, sehr dünnen und spitzen Prismen aus, deren Spitzen sämmtlich nach innen gekehrt sind (s Carus, Lehrb. d. vergl. Zootomie. Thl. I. p. 358.).

5) Vergl. Valenciennes a. a. O. p. 291. Pl. 8. Fig. 2. No. 3. und Pl. 9. Fig. 4. u. 5. α. Wenn Owen (on Cephalopods with chamb. shells. p. 10.) diese Organe, zu welchen Valenciennes aus dem Gehirne unmittelbar hervorkommende Nerven treten sah, für venöse Sinus erklärt und besonders deshalb nicht für Gehörwerkzeuge gelten lassen will, weil dieselben keine Otolithen enthalten, so lässt sich dagegen einwenden, dass die Otolithen von Nautilus wahrscheinlich ohne Kalkmasse gebildet sind und, wie bei Eledone, nach dem Tode erweichen und zerfallen.

1) Die grössten Augen finden sich unter den Loliginen, die kleinsten dagegen unter den Octopoden.

2) Ausser Cuvier (Mémoires. p. 37. Pl. 2. Fig. 5. und Pl. 3. Fig. 7. und Owen in der Cyclopaedia. Vol. I. p. 551. Fig. 234.) vergleiche man noch über die Structur des Cephalopoden-Auges: Massalien, Descript. oculorum Scombri Thynni et Sepiae, dissert. Berol. 1815. p. 10., Soemmerring, de oculorum hominis animaliumque sectione horizontali. p. 76. Tab. 3., Blainville, Principes d'anat. compar. p. 441., Mayer, Analekt. für vergl. Anat. Hft. 1. p. 52., Krohn in den Nov. Act. Acad. Leop. Carol. Tom. 17. Pars I. p. 339. Tab. 26. und Tom. 19. Pars II. p. 43., Wharton Jones in the London and Edinburgh philosophical magazine. 1836. Jan. oder in Froriep's Notizen. Bd. 48. p. 2. Fig. 1. bis 3., Delle Chiaje, Descrizione. Tom. I. p. 70. Tav. 19. u. 29., so wie dessen Abbildungen in seinen Osservazioni anatomiche su l'occhio umano. 1838. Tav. IX. Fig. 1—11., Valentin's idealen Durchschnitt eines Cephalopoden-Auges in Wagner's Icones zoot. Tab. 29. Fig. 42. und John Power in the Dublin Journal of medical science. Vol. 22. 1843. p. 350.

gen Wulste, innerhalb welchem die Fortsetzung der Cutis eine sehr dünne und durchsichtige Beschaffenheit annimmt und die Stelle einer Cornea vertritt, da eine eigentliche Hornhaut den Cephalopoden fehlt [3]). Der ringförmige Wulst der Cutis stellt nicht selten oben und unten eine halbmondförmige Falte dar, welche Muskelfasern enthält und dann wie ein oberes und unteres Augenlid sich über die hornhautartige Wölbung zusammenziehen kann. Die Höhle der Augenkapsel enthält den rundlichen, nach vorne etwas abgeflachten Augapfel, welcher mit der ersteren vorne und an den Seiten nicht verwachsen ist, so dass dadurch ein freier Zwischenraum entsteht, der, bei dem Mangel einer Cornea, mit der vorderen Augenkammer zusammenfällt [4]). Dieser Zwischenraum enthält in den meisten Fällen eine klare Flüssigkeit und wird von einer serösen Haut ausgekleidet, die sowol die hintere Fläche der vorderen Augenkapselwand, als auch die vordere Fläche des Augapfels überzieht. Eben dieser zum Theil die vordere Augenkammer in sich schliessende Raum steht merkwürdiger Weise mit der Aussenwelt durch eine runde Oeffnung in Verbindung, welche bei den Octopoden unter der oberen, einem Augenlide entsprechenden Hautfalte versteckt ist, bei den Loliginen aber am vorderen Rande der die Hornhaut abgrenzenden allgemeinen Hautbedeckung zu Tage liegt, von innen her aber durch eine Art Falte oder Papille verschlossen werden kann. Die seröse Haut der Augenkapselhöhle, welche auf dem Augapfel bis zum Pupillenrande der Iris von einer besonderen, silberglänzenden Pigmentmasse durchzogen und daher auch Argentea genannt wird, lässt sich am passendsten mit einer Conjunctiva vergleichen [5]). Sehr merk-

---

3) Krohn, Valentin u. A. nehmen eine besondere Hornhautsubstanz an, welche zwischen den Hautschichten der vorderen Augenkapselwand eingelagert sein soll.

4) Treviranus (vermischte Schriften. Bd. 3. p. 154.) will eine dünne, aber doch feste, durchsichtige Haut, die sich in die Conjunctiva (Argentea) fortsetzt, dicht vor der Linse der Cephalopoden und mithin eine nach vorne abgeschlossene, vordere Augenkammer bemerkt haben, was jedoch noch einer Bestätigung bedarf.

5) In der Deutung dieser, den Zwischenraum der Augenkapsel auskleidenden Haut stimmen die Zootomen nicht mit einander überein. Von Krohn und Owen (a. a. O.) wird die vordere durchsichtige Stelle der Augenkapsel für eine von der Conjunctiva überzogene Cornea, und der dahinter befindliche Zwischenraum für eine sehr ausgedehnte, mit *Humor aqueus* gefüllte, vordere Augenkammer genommen, wogegen Cuvier, Wharton Jones (a. a. O.) und Joh. Müller (in dessen Archiv. 1836. Jahresbericht. p. 91.) die Höhle der Augenkapsel mit ihrem serösen Ueberzuge als einen geschlossenen Conjunctiva-Sack angesehen wissen wollen, wobei also die vordere durchsichtige Wölbung der Augenkapsel nicht der Cornea, sondern den geschlossenen Augenlidern entspricht. Da ausserdem häufig zwei Augenliderrudimente an den Cephalopoden-Augen vorkommen (s. Mayer, Analekten für vergl. Anat. Hft. 1. p. 52. Taf. IV. Fig. 6—11.), so dürfte jene durchsichtige Wölbung der Augenkapsel dem dritten Augenlide, nämlich der Nick-

würdig ist das Verhalten der Augen bei Onychoteuthis, Loligopsis und den mit diesen verwandten Cephalopoden, indem hier die vordere Wandung der Augenkapsel ganz fehlt, und daher die Linse, da auch keine Cornea vorhanden ist, mit der Aussenwelt (dem Seewasser) in unmittelbarer Berührung steht. Bei Onychoteuthis besitzt der den Augapfel umgebende freie Rand der Augenkapsel nach vorne einen tiefen Ausschnitt, welcher vielleicht einem Thränenkanale entspricht 6). Die von der Argentea gebildete Iris, welche auf ihrer hinteren Wand von einem schwarzen Uveapigmente dicht bedeckt ist und auf ihrer vorderen Wand häufig Chromatophoren enthält, besitzt als Pupille meistens eine querliegende, halbmondförmige, selten runde Spalte, die sich vollkommen schliessen kann 7). Unter der Argentea breitet sich eine dünne, der Sclerotica entsprechende Knorpelhaut aus, welche nach hinten den Augapfel abschliesst und nach vorne eine Strecke weit in die Iris eindringt. Dieselbe dient den Augenmuskeln zum Ansatze und wird von hinten her durch die vielen Stränge des Sehnerven siebförmig durchbohrt. Die Höhle des Augapfels ist zu innerst von einer durch eine sehr zarthäutige Hyaloïdea eingeschlossene, den Glaskörper ersetzende, klare, wässerige Flüssigkeit ausgefüllt. Die kugelförmige Linse der Cephalopoden, welche im Glaskörper tief eingebettet liegt und bräunlich gefärbt erscheint, ragt mit ihrer vorderen Wölbung aus dem Pupillenrande hervor, so dass für die hintere Augenkammer nur ein sehr geringer seitlicher Raum übrig bleibt. Obgleich diese Linse,

---

haut, entsprechen, welche an ihrer Peripherie bis auf eine kleine Oeffnung angewachsen ist. Diese oben erwähnte Oeffnung der Augenkapsel ist von vielen Zergliederern der Cephalopoden, namentlich von Cuvier und Owen, unbeachtet geblieben, wogegen dieselbe von Blainville (Principes d'anat. compar. Tom. I. p. 444. und im Dictionnaire d. sc. nat. Tom. 48. p. 262.) bei Loligo, Octopus und Sepia erwähnt, und von Mayer (Analekten etc. p. 53.) genauer beschrieben worden ist. In dem grossen Werke von Férussac findet man diese Oeffnung als *Orifice lacrymal* vielfach abgebildet, s. Loligo. Pl. 20. Fig. 7., Pl. 23. Fig. 5. a. u. 17., Pl. 24. Fig. 2. d. u. 14., ferner Sepiola. Pl. 3. Fig. 5. u. 15. a., Pl. 6. Fig. 2. a. und Pl. 4. Fig. 10. a.

6) Wegen dieses höchst sonderbaren Organisations-Verhältnisses hat d'Orbigny (s. Férussac a. a. O. Introduction. p. 15.) die oben erwähnten Cephalopoden als Oigopsidés von den übrigen Loliginen, welche er als Myopsidés bezeichnete, getrennt. Den Ausschnitt des Augenkapselrandes, welcher in der Gattung Loligopsis fehlt, findet man im Férussac a. a. O. Onychoteuthis. Pl. 3. Fig. 1., Pl. 3. Fig. 2., Pl. 12. Fig. 4. u. 13., Pl. 14. Fig. 1., Ommastrephes. Pl. 1. Fig. 15. und Pl. 2. Fig. 3. u. 11. als *Sinus lacrymalis* angedeutet.

7) Eine runde Pupille kommt nur bei Onychoteuthis, Ommastrephes und bei den Loligopsiden vor. Der obere, meist convexe Pupillenrand der übrigen Cephalopoden hängt zuweilen als eine Art *Velum* oder *Operculum pupillare* weit herab und erscheint bei Sepia nach dem Tode häufig durch einen Ausschnitt zweilappig. Ueber diese verschiedenen Pupillen der Cephalopoden vergleiche man übrigens die Abbildungen des Férussac a. a. O. und des Delle Chiaje, Osser-

wie bei den Wirbelthieren, aus vielen concentrischen Schichten zusammengesetzt ist, bietet dieselbe jedoch eine grosse Verschiedenheit dar, indem sie merkwürdiger Weise in eine vordere, etwas flachere, und in eine hintere, convexere Hälfte zerfällt, welche beide mit ihren ebenen Grundflächen dicht an einander liegen. Diese beiden Linsenhälften erscheinen übrigens an ihren Rändern sehr stark abgeflacht, und werden durch einen, von der Knorpelschicht und Iris entspringenden, mit schwarzem Pigmente belegten Ciliarkörper dadurch in ihrer Lage erhalten, dass letzterer theils ihre Ränder umfasst, theils zwischen beide Grundflächen vom Rande aus eine Strecke weit eindringt, und eine sehr zarte, durchsichtige Haut aus sich hervortreten lässt, welche als Scheidewand (*Septum*) die Grundflächen beider Linsenhälften in ihrer ganzen Ausdehnung an einander heftet [8]). Die Sehnerven schwellen, nachdem sie durch eine, dem *Foramen opticum* entsprechende Oeffnung des Kopfknorpels in die hintere Augenhöhle gelangt sind, zu einem starken, nierenförmigen Ganglion an; in diesem läuft ein Theil der Primitivfäden durch eine vollständige Durchkreuzung von einer Seite zur anderen hinüber [9]). Nachdem der Sehnerve, in eine Menge Stränge getheilt, aus diesem *Ganglion opticum* durch die Sieblöcher der Knorpelhaut in das Innere des Augapfels eingetreten ist, geht derselbe mit anderen Formelementen in die aus mehren Schichten zusammengesetzte Retina über. Die äussere Schicht der letzteren wird zunächst aus den Fäden des *Ganglion opticum* gebildet, auf diese folgt eine rothbraune Pigmentschicht, welche von einer Menge dicht an einander liegender, rechtwinkelig von der äusseren Retinaschicht abgehender Fäden durchbohrt werden. Als innerste Schicht lässt sich eine Ausbreitung von Kernen unterscheiden, zwischen welchen wahrscheinlich die lichtempfindenden Fäden des Opticus enden [10]). Die äusserste

---

8) Ueber die Linse und den Ciliarkörper siehe Huschke's Commentatio de pectine in oculo avium. 1827. p. 9. Fig. 11. und Delle Chiaje, Descrizione. Tav. 5. Fig. 18. und Tav. 19. Fig. 6—8. Ob diese Linse der Cephalopoden wirklich eine Kapsel besitzt, wie Mayer (Analekten a. a. O. p. 54.) annimmt, das muss ich dahin gestellt sein lassen, da die übrigen Zootomen darüber ganz schweigen.

9) Ueber die Kreuzung der Nervenfäden im *Ganglion opticum* vergleiche man besonders Wharton Jones und John Power a. a. O.

10) Die feinere, sehr complicirte Structur der Netzhaut ist vornehmlich durch Treviranus (a. a. O. p. 155.), Wharton Jones (a. a. O.) und Paccini (nuove ricerche microscopiche sulla tessitura intima della retina nell' Uomo, nei Vertebrati, nei Cefalopodi e negli Insetti. Bologna 1845. p. 55. Fig. 13. u. 14.) genauer beschrieben worden. Die räthselhafte Erscheinung, dass die Retina der Cephalopoden nach den Resultaten älterer zootomischer Forschungen auf ihrer, dem Lichte zugewendeten vorderen concaven Fläche mit einer dunkeln Pigmentschicht bedeckt sein sollte, hat sich seit Wharton Jones' (a. a. O.) und Vatin's Untersuchungen (s. dessen Repertorium für Anatomie. Bd. II. 1837. p. 109.) als eine unrichtige Auffassung der Structur der Netzhaut ausgewiesen.

Schicht der Netzhaut setzt sich als eine sehr dünne Membran vom Ciliarkörper auf das Septum der Linse fort [11]). Die beiden Sehnerven-Ganglien werden von einer eigenthümlichen, sogenannten weissen Masse bedeckt, welche aus Fettzellen zusammengesetzt wird und vielleicht nur die Bedeutung eines Fettpolsters hat [12]). Zur Bewegung der Augäpfel dienen verschiedene gerade und schiefe Muskel, welche von dem knorpeligen Theile der Augenhöhle entspringen und sich meistens an die Mitte des Bulbus festheften.

Eine in mancher Beziehung abweichende Organisation scheinen die Augen des Nautilus zu besitzen, welche auf einem muskulösen Stiele aus dem Kopfe hervorragen, während die Augen bei den übrigen Cephalopoden, mit Ausnahme von Loligopsis, im Kopfe tief eingebettet liegen [13]). Von einem rudimentären unteren Augenlide läuft bei Nautilus eine schmale Furche auf der vorderen Augenfläche bis zur runden kleinen Pupille, vor welcher bis jetzt keine Cornea angetroffen wurde und hinter welcher keine Linse aufgefunden werden konnte [14]).

---

11) Vergl. Krohn und Wharton Jones a. a. O.

12) Diese weisse Masse wird von Mayer (Analekten. p. 53.) als ein halbfetter Drüsenkörper bezeichnet, welcher zahlreiche Ausführungsgänge besitzen und als Thränendrüse den Conjunctiva-Sack mit Flüssigkeit füllen soll, während Kölliker (Entwickel. d. Cephalop. p. 103.) nichts drüsiges an diesen Fettmassen wahrnehmen konnte.

13) Ueber die kurzgestielten Augen von Loligopsis s. Rathke in den Mém. d. St. Pétersb. a. a. O. Taf. 1. und Férussac a. a. O.

14) Da die Untersuchungen des Nautilus-Auges an längst getödteten Thieren angestellt wurden, so kann man sich des Argwohns nicht enthalten, als sei das Widersprechende und Abnorme, was Owen und Valenciennes über die Sehorgane des Nautilus melden, durch den Mangel von frischen Objecten erzeugt worden. Zunächst fällt es auf, dass Owen (on the Nautilus. p. 39. Pl. 1. v. w. oder Isis. p. 32. Taf. I. 1. Fig. 1. v. w. oder Annales d. sc. nat. p. 139. Pl. 1. Fig. 1. v. w.) von einer Leiste und Valenciennes (a. a. O. p. 289. Pl. 9. Fig. 1. No. 3.) von einer Furche spricht, welche sich vom unteren Augenlidrande über die vordere Augenfläche bis zur kleinen Pupille hinzieht. Da dem Nautilus-Auge die Hornhaut fehlt, so möchte man bei Betrachtung der von Valenciennes gelieferten Abbildung (Pl. 8. Fig. 2. P.) fast glauben, Nautilus gehöre zu den spaltäugigen Cephalopoden (Oigopsiden), bei dem sich jedoch das Fehlen einer vorderen Wandung der Augenkapsel nur auf einen Spalt beschränkte, welcher im zusammengezogenen Zustande theils für eine Leiste, theils für eine Furche angesehen worden ist. Aus dieser Oeffnung der Augenkapsel ist vielleicht auch die durch Maceration lose gewordene Linse, welche sowol Owen wie Valenciennes vermissten, später verloren gegangen. Wenn ausserdem Owen die Netzhaut des Nautilus auf der concaven Fläche mit dunklem Pigmente belegt sah, so wird sich dieses Räthsel später bei Untersuchungen frischer Nautilus-Augen auf dieselbe Weise, wie bei den übrigen Cephalopoden, aufklären.

Sechster Abschnitt.

Von dem Verdauungs-Apparate.

§. 248.

Die Mundöffnung der Cephalopoden [1]), welche immer von den zum Theil als Greiforgane dienenden Armen umstellt ist, wird von einer cirkelförmigen, fleischigen und an ihrem Rande eingekerbten oder gefranzten Lippe umschlossen, welche äusserlich noch von einer dünnen, mit einer kreisförmigen Oeffnung versehenen Hautfalte bedeckt wird. Bei den Loliginen kommt noch eine von der Basis der Arme entspringende Hautduplicatur als die dritte äusserste Lippe hinzu, welche einen siebeneckigen, seltener achteckigen Ausschnitt besitzt, von deren Winkeln bald kürzere, bald längere tentakelartige Fortsätze hervorragen [2]). Diese äussere Lippe zeigt sich bei Nautilus ausserordentlich entwickelt, indem sie hier vier ansehnliche, mit langen Tentakeln besetzte Fortsätze darstellt [3]).

Hinter diesen Lippen steckt ein sehr fleischiger, rundlicher Schlundkopf verborgen, welcher am oberen Ende mit zwei sich vertical gegen einander bewegenden, ausgezeichneten Hornkiefern von schwarzbrauner Farbe bewaffnet ist. An jedem dieser Kiefer lassen sich zwei breite Seitenäste unterscheiden, welche sich in einem spitzen Winkel zu einer hakenförmig umgebogenen Spitze vereinigen. Beide Kiefer gleichen bei dem Schliessen ihrer scharf schneidenden Ränder einem umgekehrten Papageienschnabel, indem die Ränder des Unterkiefers weit über die des Oberkiefers übergreifen [4]). Für die Bewegungen der Kiefer, so wie für das Vor- und Zurückziehen des Schlundkopfes ist ein sehr compli-

---

1) Die Oeffnung am Vorderleibsende des Hectocotylus Octopodis, welche Cuvier (in den Annales d. sc. nat. a. a. O. p. 151. Fig. 1. 3. u. 4. f. oder Isis. 1832. p. 560. Taf. IX. oder Froriep's Notizen a. a. O. p 8. Fig. 16. 18. u. 19. f.) als Mundöffnung gedeutet hat, habe ich bei Hectocotylus Tremoctopodis nicht wahrnehmen können; da ausserdem Kölliker (a. a. O.) über das Verdauungssystem der Hectocotylen ganz schweigt, so vermuthe ich, dass diesen männlichen Cephalopoden überhaupt Verdauungswerkzeuge fehlen, und sich dieselben durch Hauteinsaugung innerhalb des Mantels ihrer Weibchen ernähren.

2) Vergl. die verschiedenen Abbildungen zu Sepia, Loligo, Sepioteuthis, Onychoteuthis, Ommastrephes im Férussac a. a. O.

3) S. oben §. 243.

4) S. Cuvier, Mémoires. p. 25. Pl. 3. Fig. 6., Savigny in der Descript. de l'Égypte a. a. O. Pl. I., Delle Chiaje a. a. O. Tav. 60. (10.) Fig. 9., Wagner, Icones zoot. Tab. 29. Fig. 18. und die vielen Abbildungen im Férussac a. a. O. Nach Owen (on the Nautilus. p. 20. Pl. 8. oder Isis p. 18. Taf. I. oder Annales d. sc. nat. p. 109. Pl. 4.) sollen die Kieferspitzen des Nautilus mit einer bläulich-weissen Kalksubstanz überzogen und der Unterkieferrand gezähnelt sein, was von Valenciennes (a. a. O. p. 279. Pl. 11. Fig. 1. u. 2.) nicht bestätigt wird.

cirter Muskelapparat bestimmt, der den Schlundkopf umhüllt und zum Theil von dem Kopfknorpel entspringt [5]).

Zwischen den beiden Aesten des Unterkiefers befindet sich die, einen länglichen Wulst darstellende und am Boden der Mundhöhle festgewachsene, fleischige Zunge, welche an ihrem vorderen Ende mit weichen Geschmackspapillen, auf ihrer übrigen Oberfläche dagegen mit hornigen, in regelmässigen Längsreihen geordneten Platten und nach hinten gerichteten Stacheln von goldgelber Farbe besetzt ist [6]). Das hintere Ende dieser Zunge ist häufig nach vorwärts eingestülpt, so dass dadurch eine Art Höhle entsteht, deren Mündung nach hinten gerichtet ist, und in einen, nach dem Oesophagus hinableitenden Halbkanal übergeht.

§. 249.

Der Verdauungskanal, dem überall Flimmerepithelium fehlt, beginnt hinter dem Schlundkopfe als sehr enger Oesophagus, welcher ziemlich lang, gerade gestreckt und auf seiner inneren Fläche längsgefaltet ist. So wie derselbe aus der ringförmigen Oeffnung des Kopfknorpels nach unten hervorkommt, tritt er in die Peritonealhöhle ein, welche bei den Cephalopoden sehr deutlich entwickelt ist, und durch Einschnürungen in verschiedene Abtheilungen zerfällt. Bei den Loliginen verläuft die Speiseröhre mit gleichmässiger Enge bis zum Magen hinab [1]); bei den Octopoden erweitert sich dagegen der Oesophagus, nachdem er durch die Oeffnung des Kopfknorpels getreten ist, plötzlich mit einer kropfartigen Aussackung, und läuft dann, weit bleibend, bis zum Magen fort [2]); in Nautilus bildet die Speiseröhre, nach unten allmälich weiter werdend, einen sehr ansehnlichen Kropf, aus dessen Grunde der Oesophagus wieder, als ganz enger, kurzer Kanal, zum Magen hinabsteigt [3]). Der Magen besteht bei allen Cephalopoden aus einem, von fleischigen Wandungen umgebenen Sacke, an dessen oberem Ende Cardia und Pylorus dicht neben einander angebracht sind, und

---

5) Ueber diesen Muskelapparat vergl. Cuvier's Abbildungen zu Octopus (a. a. O. Pl. 3. Fig. 3—5.) und Owen's Beschreibung zu Nautilus (a. a. O.), ferner Cuvier, Anat. compar. Tom. 5. p. 9.

6) S. Needham, Nouv. decouv. a. a. O. p. 28. Pl. 3. Fig. 1., Brandt a. a. O. p. 305. Taf. 32. Fig. 6—10., Savigny a. a. O. Pl. I., Férussac a. a. O. Octopus. Pl. 3., Argonauta. Pl. 4., Sepia. Pl. 4., Owen, on the Nautilus. p. 22. Pl. 8. Fig. 6. u. 7. oder Isis. p. 19. Taf. II. oder Annales d. sc. nat. p. 113. Pl. 4. und Valenciennes a. a. O. p. 280. Pl. 10. Fig. 3. u. 4.

1) Bei Sepia, Loligo, Onychoteuthis, Loligopsis, Sepiola u. A.

2) S. Cuvier, Mémoires. Pl. 4. Fig. 1. u. 2. b:, Wagner, Icones zoot. Tab. 29. Fig. 14. von Octopus, van Beneden a. a. O. Pl. 3. Fig. 3. d. von Argonauta, Férussac a. a. O. Octopus. Pl. 13. Fig. 9. u. 10., Argonauta. Pl. 1.[5] Fig. 1. u. 2. und Delle Chiaje, Descrizione. Tav. 15. Fig. 3. von Tremoctopus.

3) S. Owen, on the Nautilus. Pl. 4. oder Isis. Taf. III. oder Annales d. sc. nat. Pl. 2. Fig. 1.

dessen Höhle mit einem sehr festen, längsgefalteten Epithelium ausgekleidet ist[4]). So wie der Darmkanal den Pylorus verlassen hat, stülpt sich derselbe zu einem mit drüsigen und faltigen Wandungen versehenen Blindsacke aus, der bei vielen Gattungen mehr oder weniger in die Länge gezogen und spiralförmig gewunden ist[5]). Der übrige Theil des Darms ist nur kurz und steigt meist gerade, selten gewunden, aus dem Peritonealsacke nach dem Trichter hinauf[6]), um mit einem After dort auszumünden, der gewöhnlich als ein kürzerer oder längerer, dünner Fortsatz an der Basis des Trichters in diesen hervorragt. Die Mündung des Afters erscheint häufig ausgefranzt, zuweilen aber auch rechts und links von zwei zungenförmigen Klappen besetzt, welche sich gegen einander bewegen und so den After verschliessen können[7]).

§. 250.

Die sehr entwickelten Speichelorgane der Cephalopoden müssen in ein oberes und unteres Paar geschieden werden, von welchen das obere Paar zuweilen, das untere Paar nur höchst selten fehlt. Da, wo die oberen Speichelorgane vorhanden sind, bilden sie am Hinterende

4) S. die Abbildungen bei Cuvier, Brandt, Férussac, Owen u. A. In Octopus und Eledone erinnert der Magen durch seine muskulösen Wandungen und durch sein fast horniges Epithelium ganz an einen Vogel-Magen.

5) Dieser Blindsack, welcher von mehren Zootomen als zweiter Magen betrachtet wird, entspricht wahrscheinlich den Pförtneranhängen der Fische. Bei Nautilus stellt derselbe einen rundlichen Sack dar, dessen innere Fläche mit sehr entwickelten Längsfalten besetzt ist, so dass seine Höhle dadurch ein blätteriges Ansehen zeigt (s. Owen, on the Nautilus. p. 25. Pl. 4. y. und Pl. 8. Fig. 8. f. oder Isis. Taf. II. u. III. oder Annales d. sc. nat. Pl. 2. Fig. 1. y. und Pl. 4. Fig. 8. f. In Loligopsis und Sepiola ist dieser rundliche Sack auf seiner inneren Fläche von spiralig laufenden Falten ausgekleidet (s. Grant in the transactions. a. a. O. p. 25. Pl. 2. Fig. 7. g. und p. 81. Pl. 11. Fig. 7. u. 8. c.). In Sepia und in verschiedenen Octopoden erscheint dieser Darmanhang zu einem länglichen Blindschlauche ausgezogen, der auf seiner inneren Fläche mit Querfalten besetzt und durch eine Art Mesenterium zu einer oder mehren Spiralwindungen aufgerollt ist. Vergl. van Beneden a. a. O. Pl. 3. von Argonauta, Delle Chiaje, Descrizione. Tav. 13. 15. u. 18. von Tremoctopus, Sepia und Loligo, Cuvier, Mémoires. Pl. 4. Fig. 1. u. 2. f., Wagner a. a. O. Fig. 14. f. von Octopus, Home, Lectures on comp. anat. Pl. 83. von Loligo sagittata und Férussac a. a. O. Eine merkwürdige Ausnahme hiervon bildet Loligo vulgaris, dessen Blindsack sehr lang, gerade gestreckt ist, und auf der inneren Fläche seiner dünnen Wandungen keine Falten besitzt; s. Meckel, System der vergl. Anat. Thl. 4. p. 199. und Delle Chiaje, Descrizione. Tav. 16. Fig. 5. s.

6) Gerade verläuft der Darm bei Argonauta, Loligo, Sepia, Sepiola und anderen Loliginen, gewunden dagegen bei Octopus, Eledone und Nautilus.

7) Zwei seitliche, frei in die Höhe ragende Klappen erkannte Owen (in den transact. of the zool. soc. Vol. II. Pl. 21. Fig. 16.) am After der Sepioteuthis, zwei ähnliche Klappen sah ich auch bei Tremoctopus. In Loligopsis fand Rathke (s. die Mémoir. d. St. Pétersb. a. a. O. p. 160. Taf. 2) statt dieser Klappen zwei tentakelartige Fäden den After umgeben.

des Schlundkopfes drüsige Lappen, welche mit kurzen Ausführungsgängen hinter der Zungenwurzel in die Mundhöhle einmünden 1). Die beiden hinteren Speicheldrüsen liegen zu beiden Seiten der Speiseröhre im oberen Ende des Peritonealsackes dicht hinter dem Kopfknorpel verborgen. Sie haben meist eine schmutzig-weisse Farbe, und bestehen aus vielen in einander mündenden Drüsenschläuchen, welche bald mehre Lappen bilden, bald eine einzige, mit glatter Oberfläche versehene Drüsenmasse von meist dreieckiger Form darstellen. Die beiden, aus diesen Organen hervorgehenden Ausführungsgänge laufen gegen einander convergirend nach vorne, vereinigen sich unter dem Oesophagus zu einem gemeinschaftlichen Kanale, welcher den ersteren bis zum Schlundkopfe begleitet und alsdann diesen von unten her durchbohrt, um an der Zungenwurzel in die Mundhöhle einzumünden 2).

Die meistens rothgelb gefärbte Leber zeigt sich nur in seltenen Fällen gelappt, während sie in der Regel eine ununterbrochen zusammenhängende Drüsenmasse bildet, welche von einem festen Peritoneal-Ueberzuge, wie von einer Kapsel, umgeben ist 3). Bei den Octopoden liegt dieselbe in Gestalt eines ansehnlichen, eiförmigen, glatten Körpers in der Leibeshöhle 4), während bei den übrigen Cephalopoden, mit wenigen Ausnahmen 5), die Leber, in vier oder zwei Abtheilungen getrennt, den Oesophagus in symmetrischer Anordnung umgibt 6). Die

1) Vergl. Cuvier, Mémoires. p. 27. Pl. 3. Fig. 3. e. von Octopus, Férussac a. a. O. Octopus. Pl. 12. Fig. 6. n. und Pl. 13. Fig. 9. n., Owen in der Cyclopaedia. Vol. I. p. 532. Fig. 218. i. von Onychoteuthis. Bei Nautilus sind nur Spuren dieser beiden oberen Speicheldrüsen und ausserdem gar keine unteren Speicheldrüsen von Owen aufgefunden worden (s. dessen Mem. on the Nautilus. p. 23. Pl. 8. Fig. 7. g. oder Isis. p. 20. Taf. II. oder Annales d. sc. nat. p. 114. Pl. 4. Fig. 7. g.).

2) Ueber den feineren Bau dieser Speicheldrüsen, welche, ausser in Nautilus, auch in Loligopsis zu fehlen scheinen, vergleiche man Müller, de gland. struct. p. 54. Tab. 5. Fig. 9. Gelappt zeigen sich diese Drüsen bei Loligo; eine einzige compacte, mit glatter Oberfläche versehene Drüsenmasse dagegen stellen sie bei Octopus, Eledone, Sepia etc. dar, vergl. Cuvier, Mémoires. Pl. 3. Fig. 2. u. 3., Wagner, Icones zootom. Tab. 29. Fig. 14. k., Brandt a. a. O. Taf. 32. Fig. 3. u. 5., so wie Férussac a. a. O. Octopus. Pl. 12. u. 13. Eine gekörnte Oberfläche findet man an den beiden Speicheldrüsen von Sepiola, s. Delle Chiaje, Descrizione. Tav. 26. Fig. 14. L. und Grant in the transactions etc. Pl. 11. Fig. 8. g.

3) Den feineren Bau dieser Leberdrüse erörterten Müller (de gland. struct. p. 71.) an Octopus und Rathke (a. a. O. p. 137.) an Loligopsis.

4) Vergl. Cuvier, Wagner und Férussac a. a. O.

5) Bei Onychoteuthis Banksii stellt die Leber eine einzige langgestreckte Drüsenmasse dar. Vergl. Owen in der Cyclopaedia. Vol. I. p. 537.

6) Bei Nautilus bildet die Leber vier grosse, aus vielen Lappen zusammengesetzte Abtheilungen, welche rechts und links den kropfartigen Oesophagus begrenzen. S. Owen, on the Nautilus. p. 26. Pl. 4. z. oder Isis. p. 22. Taf. III.

Galle wird bei der einfachen sowol, wie bei der in zwei Hälften getheilten Leber der Cephalopoden durch zwei, aus dem unteren Ende derselben hervortretenden Kanälen abgeleitet. Bei der in vier Stücke getheilten Leber von Nautilus und Loligopsis geht aus jeder Leberportion ein Gallengang ab. Alle diese Gallengänge vereinigen sich weiterhin zu einem gemeinschaftlichen *Ductus choledochus*, der nach kurzem Verlaufe sich seitlich in den Blindsack des Darmes öffnet [7]).

Als Bauchspeicheldrüsen dürfen gewiss mit Recht die kurzen verästelten Drüsenschläuche von blassgelber Farbe angesehen werden, welche bei vielen Cephalopoden die Gallengänge besetzt halten und mit mehren Oeffnungen in diese einmünden [8]).

---

oder Annales d. sc. nat. p. 117. Pl. 2. Fig. 1. z. In Loligopsis guttata liegen, nach Grant (s. the transact. etc. p. 25. Pl. 2. Fig. 4. e. u. 7. a.), die vier Leberportionen tief in der Leibeshöhle verborgen, wogegen die Leber der Loligopsis Eschscholtzii und dubia von Rathke (s. die Mém. d. St. Pétersb. a. a. O. p. 137. u. 170. Taf. 2.) nur aus einer einzigen Masse gebildet angetroffen wurde. Bei Sepia, Loligo, Sepiola u. A. besteht die Leber aus zwei länglichen, mit glatter Oberfläche versehenen Hälften, welche sich vom Halse an zu beiden Seiten der Mittellinie des Rückens hinab erstrecken und deren Länge sich nach der Länge der verschiedenen Arten richtet. Vergl. Brandt a. a. O. Taf. 32. Fig. 3. p. von Sepia und Grant a. a. O. Pl. 11. Fig. 7. u. 8. f. von Sepiola.

7) Vergl. Cuvier, Mémoires. p. 30. Pl. 4. Fig. 2. u. 4. n. n., Férussac a. a. O. Octopus. Pl. 14. Fig. 5. u. 6., Argonauta. Pl. 1.5. Fig. 2. d., Owen, on the Nautilus. Pl. 8. Fig. 8. h. oder Isis. Taf. II. oder Annales d. sc. nat. Pl. 4. Fig. 8. h., Grant in the transact. of the zool. soc. Vol. I. Pl. 2. Fig. 7. b. und Pl. 11. Fig. 7. g. von Loligopsis und Sepiola.

8) Diese Organisation und Anordnung der drüsigen Anhänge der Gallengänge, welche schon von Hunter (the Catalogue of the physiological series etc. Vol. I. p. 229. No. 775.) bei Sepia erkannt und als Bauchspeicheldrüse gedeutet wurden, erinnern ganz an die Fische, bei welchen, nach den Untersuchungen von Stannius, ebenfalls diese Drüsenmasse mit dem *Ductus choledochus* in einem engen Zusammenhange steht (siehe Brockmann (Stannius), de Pancreate Piscium, dissert. Rostoch. 1846.). *) Nach Delle Chiaje (Descriz. Tom. I. p. 32. Tav. 13. u. 18.) kommen diese pancreatischen Drüsenanhänge sowol bei Octopus, Eledone, Tremoctopus, Argonauta, als auch bei Sepia, Loligo und Sepiola vor. Grant (in the Edinburgh philosoph. Journal. Vol. 13. 1825. p. 197. oder in der Isis. 1832. p. 610.) beschrieb diese Drüsenanhänge der beiden Gallengänge aus Loligo sagittata, Owen vermisste sie in Nautilus, fand sie aber in Sepiola, Onychoteuthis, Sepioteuthis und Rossia sehr entwickelt (s. the Cyclopaedia. Vol. I. p. 537.). Vergl. ferner Grant in the transact. of the zool. soc. Vol. I. Pl. 2. Fig. 7. c. und Pl. 11. Fig. 7. 8. u. 13. von Loligopsis und Sepiola. Bei den von Rathke (a. a. O. p. 160. Taf. 2.) untersuchten Loligopsis-Arten erweitert sich die Stelle des gemeinschaftlichen *Ductus choledochus*, wo die pancreatischen Drüsenschläuche einmünden, zu einer rundlichen Blase.

*) Anmerkung. Durch diese neuen Untersuchungen wird eine wesentliche Modification der durch Stannius früher in dem zweiten Theile dieses Lehrbuches gegebenen Darstellung der *Appendices pyloricae* und des *Pancreas* der Fische bedingt, welche Organe also keineswegs identisch sind.

Siebenter Abschnitt.

Von dem Circulations-Systeme.

§. 251.

Das Blutcirculationssystem der Cephalopoden scheint in ähnlicher Weise, wie das der übrigen Mollusken, auf einer niedrigen Stufe der Entwickelung zu stehen [1]); indessen fehlt es noch durchaus an zuverlässigen Untersuchungen, welche namentlich den Mangel eines geschlossenen Blutgefässsystems bei den Cephalopoden überzeugend nachweisen.

Das Blut der Cephalopoden ist meist farbelos, blassgrün oder blassviolett gefärbt, und enthält verhältnissmässig viele rundliche Blutkörperchen mit mehren Körnern in ihrem Inneren. Die meisten dieser Blutkörperchen besitzen keine Färbung, nur hier und da erscheinen einzelne violett gefärbt [2]).

§. 252.

Das Centralorgan des Kreislaufs besteht bei allen Cephalopoden aus einer einfachen, in der Mitte der Leibeshöhle gelegenen und von einem Pericardium umschlossenen Herzkammer von rundlicher oder länglicher Gestalt [1]), welche als Aortenherz wirkt, indem dasselbe bei dem vierkiemigen Nautilus (Tetrabranchiaten) rechts und links ein Paar Kiemenvenen, bei den zweikiemigen Cephalopoden (Dibranchiaten) dagegen auf jeder Seite nur eine Kiemenvene empfängt, und nach oben und unten einen Aortenstamm absendet [2]). Die Eintrittsstellen der Kiemenvenen, so wie die Austrittsstellen der Aorten sind mit Klappen versehen [3]). Die aufsteigende Aorta gibt zu-

---

1) Vergl. hierüber Milne Edwards und Valenciennes in den Comptes rend. Tom. 20. 1845. p. 261. u. 750. oder in Froriep's neuen Notizen. Bd. 34. p. 84. und p. 258., ferner Milne Edwards in den Annales d. sc. nat. Tom. 3. 1845. p. 341.

2) S. Wagner, zur vergl. Physiol. des Bluts. Hft. 1. p. 19. und Delle Chiaje, Descrizione. Tom. 1. p. 57.

1) Die Gestalt dieses Herzens richtet sich nach der Form des Hinterleibes der Cephalopoden, indem bei den kurzleibigen Gattungen das Herz mehr in die Breite, bei den langgestreckten Gattungen dagegen mehr in die Länge gezogen ist. — Nach Kölliker (in the Annals of nat. hist. Vol. 16. p. 414.) besitzen auch die Hectocotylen ein mit Arterien und Venen zusammenhängendes Herz, über dessen Lage aber nichts näheres von ihm angegeben worden ist.

2) Vergl. Owen, on the Nautilus. Pl. 6. Fig. 1. oder Isis. Taf. IV. oder Annales d. sc. nat. Tom. 28. Pl. 3. Fig. 2., Brandt a. a. O. Taf. 32. Fig. 22., s. ferner the Catalogue of the physiol. series etc. a. a. O. Vol. II. Pl. 22. von Sepia, van Beneden a. a. O. Pl. 3. Fig. 5. von Argonauta. Die beiden Kiemenarterien sind häufig vor ihrem Uebergange zum Herzen stark erweitert und können alsdann als Vorhöfe des Herzens angesehen werden.

3) S. Cuvier, Mémoires. p. 22. Pl. 2. Fig. 4. von Octopus und Owen in the Cyclopaedia. Vol. I. p. 541. Fig. 227. von Onychoteuthis.

erst zwei Arterienstämme für den Mantel ab, versorgt dann die Leber, den oberen Theil des Verdauungskanals, die unteren Speichelorgane und den Trichter mit Arterien, und theilt sich hinter dem Kopfknorpel in zwei Stämme, welche um das obere Ende der Speiseröhre einen Ring bilden, aus welchem zwei Arterien für die Augäpfel [4]), acht bis zehn Armarterien und mehre kleine Stämme für die Mundtheile entspringen [5]). Die absteigende oder hintere Aorta versorgt den Magen, den Dünndarm, das Rectum, die Kiemen und Geschlechtsorgane mit ernährenden Gefässen; zuweilen entspringt die Arterie der Geschlechtsdrüse auch unmittelbar aus dem Herzen. Wie sich die feinsten Verzweigungen der Arterien verhalten, ob dieselben unter Vermittelung eines von selbstständigen Wandungen umgebenen Capillargefässsystems direct in die Venenwurzeln übergehen, oder ob sie mit Oeffnungen endigen, durch welche sich das Arterienblut frei in das Parenchym ergiesst, auf alle diese Fragen kann für jetzt nichts bestimmtes geantwortet werden [6]). Das Venensystem beginnt in den verschiedenen Gegenden des Körpers mit einer Menge feiner Gefässverzweigungen, von denen bis jetzt eben so wenig bestimmt nachgewiesen ist, ob sie Fortsetzungen der zarten Arterienverzweigungen sind, oder ob sie, getrennt von diesen, an besonderen Venenmündungen entstehen. Bei ihrem weiteren Verlaufe vereinigen sich die kleineren Venenäste zu grösseren, welche zuletzt in grosse und weite Venenbehälter (*Sinus*) einmünden. Ein solcher ringförmiger Sinus umgibt das obere Ende der Speiseröhre, und nimmt die von den Augen, Armen [7]) und Mundtheilen zurückkehrenden Venen auf; aus diesem Sinus entspringt ein weiter, schlauchförmiger Sinus als *Vena cava superior*, der in die Leibeshöhle hinabsteigt und unterwegs die Mündungen der verschiedenen, von den Eingeweiden der Leibeshöhle herkommenden Venen aufnimmt. In der Mitte des Leibes theilt sich dieser Sinus gabelförmig in zwei grosse Hohlvenenstämme, welche rechts und links zur Basis der Kiemen

---

4) Ueber die Ausbreitung der Augen-Arterien vergl. Krohn (in den Nov. Act. Acad. Nat. Cur. Tom. 19. Pars II. p. 47.).

5) Sehr detaillirt hat Delle Chiaje a. a. O. Tav. 88. 90. 92. u. 94. (oder 20. 28. 22. u. 24.) das arterielle Gefässsystem von Octopus vulgaris, Sepia officinalis, Loligo vulgaris und sagittata dargestellt.

6) Ueber obige Fragen erhält man durch Milne Edwards und Valenciennes (a. a. O.) keinen Aufschluss. Uebrigens ist es auffallend, dass in den vielen verschiedenen, oft sehr detaillirten Abbildungen, welche Delle Chiaje (a. a. O.) über das Blutgefässsystem der Cephalopoden geliefert hat, nirgends eine Stelle wahrzunehmen ist, welche als ein die Verbindung zwischen Arterien und Venen vermittelndes Capillargefässnetz angesehen werden könnte, während Kölliker (Entwickel. d. Ceph. a. a. O. p. 81.) in den Embryonen von Sepia die Capillargefässe schon in Menge gesehen haben will.

7) Die Arme der Cephalopoden enthalten durchweg zwei Venenstämme.

hinabsteigen 8) und an den beiden sogenannten Kiemenherzen endigen 9). In diese beiden Hohlvenen münden noch zwei Venenstämme ein, welche das Blut aus dem Mantel zurückleiten und häufig zu grossen Schläuchen sinusartig erweitert sind 10). Die selbstständigen, aber oft sehr dünnen Wandungen der venösen Blutbehälter sind mit ihrer äusseren Fläche an die benachbarten Organe so innig gewebt, dass man sie leicht für wandungslose Höhlen (*Lacunen*) ansehen möchte 11).

Achter Abschnitt.

Von den Respirations-Organen.

§. 253.

Sämmtliche Cephalopoden athmen mit Kiemen, welche, in der Mantelhöhle von den übrigen Baucheingeweiden gesondert, ausserhalb

---

8) In dem vierkiemigen Nautilus theilt sich dieser Sinus in vier Hohlvenen (s. Owen a. a. O.).

9) Die sogenannten Kiemenherzen der zweikiemigen Cephalopoden bestehen nicht aus Muskelfasern, haben vielmehr ein drüsiges Ansehen und zu den Harnorganen eine nähere Beziehung, s. weiter unten §. 255.

10) Auch das Venensystem hat Delle Chiaje a. a. O. Tav. 87. 89. 91. u. 93. (17. 27. 21. u. 23.) von Octopus, Sepia und Loligo sehr ausführlich dargestellt.

11) Es dürfte demnach die Frage schwer zu entscheiden sein, ob die weiten Behälter, welche Milne Edwards mit Injectionsmasse gefüllt hat (vergl. Annales d. sc. nat. Tom. 3. a. a. O. Pl. 13 — 16.), sinusartige Erweiterungen des Venensystems oder nur Lacunen gewesen sind; im letzteren Falle stände dann wirklich das Venensystem direct mit der Leibeshöhle der Cephalopoden in Verbindung, für welche Verbindung allerdings verschiedene Umstände sprechen; um so mehr ist es zu bedauern, dass Milne Edwards bei diesen Untersuchungen auf das vielfach durch den Körper der Cephalopoden sich verbreitende Wassergefässsystem nicht näher Rücksicht genommen hat, so dass, vor der Hand wenigstens, der Einwurf nicht ganz zurückgewiesen werden kann, als seien bei diesen Einspritzungen venöse Sinus und Wasserbehälter mit einander verwechselt worden. Auch die Lymphbehälter, welche nach Erdl's Angabe (in Wiegmann's Archiv. 1843. Bd. I. p. 163.) die Arterien umgeben und von den letzteren aus injicirt werden können, mögen solche sinusartige Venenerweiterungen sein. Wichtiger ist die Beobachtung des Owen (on the Nautilus. p. 27. Pl. 6. Fig. 1. No. 1.[1.] oder Isis. p. 24. Taf. IV. oder Annales d. sc. nat. p. 121. Pl. 3. Fig. 2. No. 1.[1.]) und Valenciennes (a. a. O. p. 287.), dass die grosse obere Hohlvene des Nautilus Pompilius durch viele Oeffnungen mit der Abdominalhöhle in Verbindung steht; auf diese Weise wäre die letztere als ein grosses Blutreservoir zu betrachten, welche höchst wahrscheinlich die aus dem Darmkanale durchgeschwitzte Nahrungsflüssigkeit dem übrigen Blute zuführt. In einer ähnlichen Beziehung zu dem Blutgefässsysteme dürfte wol auch der Herzbeutel der Cephalopoden stehen, der bei dem Nautilus in die Abdominalhöhle, bei den übrigen Cephalopoden in die grosse Hohlvene mit einer weiten Oeffnung einmünden soll.

des Peritonäums verborgen stecken. Nur die Hectocotylen machen davon eine Ausnahme, indem hier die Kiemen als eine Menge dicht gestellter, zarter, oblonger Blättchen die beiden Seiten der vorderen Leibeshälfte besetzt halten und offen zu Tage liegen [1]). Bei Nautilus sind auf jeder Seite zwei Kiemen, bei den übrigen Cephalopoden dagegen jederseits nur eine Kieme angebracht. Dieselben haben eine pyramidenförmige, mehr oder weniger langgezogene Gestalt, und sind mit der einen Seitenkante durch eine dünne Hautduplicatur an die innere Fläche des Mantels geheftet, wobei sie mit ihrer Spitze frei nach oben ragen. An der festgewachsenen Kante dieser Kiemen-Pyramiden zieht sich der Hauptstamm der Kiemenarterie in Begleitung eines breiten, drüsigen Streifens [2]) in die Höhe, während der Haupt Kiemenvenenstamm längs der gegenüberliegenden freien Kante von der Spitze bis zur Basis der Kieme herabläuft. Zwischen diesen Kiemen-Gefässstämmen sind auf jeder Seite bei dem Nautilus und den Loliginen dreieckige, mit ihren Flächen über einander liegende und nach der Kiemenspitze hin sich verjüngende Kiemenblättchen in grosser Anzahl angebracht, welche sowol auf der unteren, wie oberen Fläche gefaltet sind; bei den Octopoden dagegen ziehen sich, statt der Blätter, jederseits Bogen von einem Hauptstamme der Kiemengefässe zum anderen hinüber, welche auf ihrem convexen Rande mit einer vielfach gekräuselten Hautfalte gesäumt sind [3]). Durch diese Kiemenblättchen und gesäumten Kiemenbogen [4]) ziehen sich die Kiemengefässe

1) So sah ich es bei Hectocotylus Tremoctopodis; nach Kölliker (a. a. O.) besitzt aber auch das Männchen von Argonauta Kiemen.

2) Es ist dieser drüsige Körper von Cuvier (Mémoires. p. 20. Pl. 2. Fig. 3. und Pl. 3. Fig. 1. A.) und anderen Zootomen für einen Muskelstreif ausgegeben worden, während Mayer (Analekten a. a. O. p. 56. Taf. 5. Fig. 1. No. 14.) denselben für eine Milz erklärt hat, da seine innere Textur zellicht-gefässreich ist. Ich konnte ebenfalls keine Muskelfasern, sondern nur eine Menge von Zellen in diesem problematischen Körper wahrnehmen, und muss ebenfalls vermuthen, dass dieses Organ zu dem Venensysteme in einer besonderen Beziehung steht.

3) Vergl. Owen, on the Nautilus. p. 30. Pl. 6. Fig. 1. u. 2. oder Isis. p. 26. Taf. IV. oder Annales d. sc. nat. p. 124. Pl. 3. Fig. 2. u. 3. und Valenciennes a. a. O. p. 281. Pl. 9. u. 10., ferner the Catalogue of the physiolog. series etc. Vol. II. Pl. 21. u. 22. von Sepia, Treviranus, Beobacht. aus der Zootomie und Physiol. p. 37. Taf. 8. Fig. 52—54., Grant in the transact. etc. Vol. I. Pl. 2. und Pl. 11. von Loligopsis und Sepiola, Cuvier, Mémoires. p. 20. Pl. 2. u. 3., Delle Chiaje, Descrizione. Tav. 19. Fig. 1—5. von Octopus und Férussac a. a. O.

4) Die Zahl dieser Kiemenblättchen und Kiemenbogen variirt sehr, Nautilus besitzt an jeder Kieme eine Doppelreihe von 48 Kiemenblättchen; die verschiedenen langgestreckten Loliginen-Arten besitzen sogar eine Doppelreihe von 60 bis 90 Blättchen, während sich in Sepia dagegen nur 30 Paare zählen lassen; in noch geringerer Zahl sind die Kiemenbogen bei den Octopoden vorhanden, indem an den Kiemen von Argonauta nur 15, an Octopus und Eledone nur etwa 12 Bogenpaare gezählt werden können.

aus der Kiemenarterie nach der Kiemenvene hinüber [5]), wobei das Venenblut unterwegs, durch den Einfluss des Seewassers, in Arterienblut umgewandelt wird. Das Wasser wird aber bei den Cephalopoden durch kein Flimmerepithelium an der Oberfläche der Kiemen vorbeigeführt [6]), sondern einzig und allein durch die rhythmischen Athembewegungen dieser Thiere erneuert, indem sie zu beiden Seiten des Trichters, während des Oeffnens ihres Mantelrandes, das Seewasser in die Mantelhöhle einströmen lassen und dasselbe, während des Schliessens des Mantelrandes durch die Contractionen des Mantels und des Trichters, aus der vorderen Mündung des letzteren wieder hervorspritzen [7]).

§. 254.

Das Vorhandensein eines Wassergefässsystems lässt sich bei den Cephalopoden nicht verkennen [1]). Ganz allgemein verbreitet findet sich am Rumpfe dieser Thiere ein wasserführendes System vor, welches zu beiden Seiten des Ausführungsganges des Tintenbeutels mit zwei Oeffnungen ausmündet, die häufig auf einer kleinen, röhrenförmigen Hervorragung des Peritonäums angebracht sind. Eine jede dieser Oeffnungen führt in eine geräumige, neben dem Herzbeutel gelegene, von dünnen Wänden umgebene Höhle (Seitenzelle) [2]), welche die beiden grossen Hohlvenen mit ihren Anhängen enthalten und mit noch anderen, verschiedene Eingeweide umgebenden Wasserzellen durch Oeffnungen und Kanäle in Verbindung stehen. Dergleichen Wasserzellen umschliessen den Magen und Blinddarm, ferner die beiden sogenannten Kiemenherzen, von welchen letzteren Zellen sich ein besonderer Wasserkanal zu den

---

5) Ueber die Verbreitung der Blutgefässe in den Kiemen von Sepia vergl. Tilesius, de respiratione Sepiae officinalis. Tab. I. u. II.

6) Dass bei den an Flimmerorganen armen Cephalopoden auch die Kiemen kein Flimmerepithelium besitzen, ist eine so auffallende Erscheinung, dass ich mir dieselbe, obgleich sie Sharpey (in the Cyclopaedia a. a. O. Vol. I. p. 619.) bereits erwähnt hat, noch einmal durch meinen Freund H. Koch zu Triest an frischen Cephalopoden habe bestätigen lassen.

7) Ueber die Athembewegungen der Cephalopoden vergleiche man Gravenhorst, Tergestina. p. 1. und Wagner in der Isis. 1833. p. 159.

1) Ueber das Wassergefässsystem der Cephalopoden siehe d'Orbigny im Férussac a. a. O. Introduction. p. 20. Ouvertures aquifères, und Delle Chiaje, Descrizione. Tom. I. p. 53. Apparato-acquoso o idro-pneumatico. Beide Naturforscher haben übrigens auch die Thränenöffnungen und den von den Augenkapseln eingeschlossenen, mit Wasser gefüllten Raum zu dem Wassersysteme gerechnet.

2) Vergl. Swammerdam a. a. O. p. 354. Taf. 51. Fig. 1. q. q. und Taf. 52. Fig. 10. g. g., Brandt in d. med. Zool. Bd. II. p. 308. Taf. 32. Fig. 1. u. 24. i. i. von Sepia, Cuvier, Mémoires. p. 15. Pl. 1. Fig. 1. r. r. und Mayer, Analekten a. a. O. p. 54. Taf. 5. Fig. 1. t. u. von Octopus, Savigny a. a. O. Pl. I. Fig. 1.[2] und 3.[1] g. g. von Octopus und Sepia, so wie Férussac a. a. O. Octopus. Pl. 12. Fig. 1., Pl. 13. Fig. 2., Pl. 14. Fig. 1. f. f. r. r. — Vergl. ausserdem Krohn, über das wasserführende System eines Cephalopoden, in Müller's Archiv. 1839. p. 353.

Geschlechtsdrüsen begibt [3]). Nautilus besitzt jederseits im Bauchperitonäum drei Oeffnungen, durch welche das Wasser aus der Mantelhöhle zu sechs besonderen Seitenzellen eintreten kann [4]). Ein anderes System von Wasserkanälen zieht sich, in Form von weiten Wasserbehältern, unter der Hautbedeckung des Kopfes und Halses hin, und dringt mitunter tief zwischen die Organe dieser Körpergegend ein. Diese Wasserbehälter stehen mit der Aussenwelt durch grössere oder kleinere, an verschiedenen Stellen des Kopfes angebrachte Oeffnungen in directer Verbindung [5]).

Neunter Abschnitt.

Von den Absonderungs-Organen.

I. Von den Harnorganen.

§. 255.

Die Harnorgane der Cephalopoden bilden eigenthümliche Anhänge der Hohlvenen, sind aber bisher vielfach verkannt worden. Man findet nämlich bei allen zweikiemigen Cephalopoden die beiden, aus der Theilung des grossen, mittleren, venösen Sinus hervorgegangenen Hohlvenen, welche durch die beiden wasserführenden Seitenzellen schräge nach der Basis der Kiemen hindurchlaufen, an ihrer äusseren Fläche mit einer Menge drüsiger, mannichfaltig verästelter Büschel besetzt, welche frei in die genannten Seitenzellen hineinragen [1]). Zu-

---

3) S. Delle Chiaje, Descrizione. Tav. 15. Fig. 1. q. von Tremoctopus.

4) S. Owen, on the Nautilus. p. 32. oder Isis. p. 27. oder Annales d. sc. nat. p. 127. und Valenciennes a. a. O. p. 285. Pl. 10. Fig. 1. u. 2.

5) Vier sehr ausgezeichnete grosse *Foramina aquifera* besitzt Tremoctopus violaceus, von denen zwei auf dem Rücken des Kopfes, hinter der Basis der oberen Arme, und zwei zu beiden Seiten des Trichters leicht in die Augen fallen (s. Delle Chiaje a. a. O. Tav. 71. (11.) Fig. 10. p , Férussac a. a. O. p. 92. Octopus. Pl. 18. u. 19. Fig. 1.). Bei Octopus tuberculatus sind nur die beiden grossen Oeffnungen an den Seiten des Trichters vorhanden (s. Delle Chiaje a. a. O. Tav. 55. (3.) Fig. 1. d. d., Wagner in Heusinger's Zeitschrift für die organ. Physik. Bd. III. p. 227. Taf. 12. Fig. 1. und Férussac a. a. O. p. 88. Octopus. Pl. 6.[a] Fig. 2.), ähnlich verhält sich auch Ommastrephes todarus (s. Férussac a. a. O. Ommastrephes. Pl. 2. Fig. 3. u. 10.). Bei Octopus indicus bemerkt man zwischen den Armen nahe am Munde acht kleine, zu Wasserbehältern leitende Oeffnungen (Férussac a. a. O. p. 25. Octopus. Pl. 26. Fig. 1.), während bei Sepia, Loligo, Onychoteuthis u. A. nur sechs solche kleine Oeffnungen zwischen den Armen, nach d'Orbigny, vorhanden sein sollen.

1) Vergl. Cuvier, Mémoires. p. 18. Pl. 2. Fig. 1. u. 3., Pl. 3. Fig. 1. x. x., Wagner, Icones zoot. Tab. 29. Fig. 14. q. q. und Fig. 16., Delle Chiaje a. a. O. Tav. 87. 91. 93. u. 99. (17. 21. 23. u. 19.), Carus, Erläuterungstafeln. Hft. 6.

weilen sind auch die anderen grossen Venen, welche innerhalb der beiden Seitenzellen in die Hohlvenen einmünden, mit solchen Drüsenanhängen umgeben [2]). In dem vierkiemigen Nautilus, bei welchem jederseits drei Seitenzellen im Peritonäum vorhanden sind, zieht sich jede der vier Hohlvenen zwischen je zwei dieser Zellen hin, wobei in einer jeden dieser Seitenzellen eine Partie der drüsigen Venenanhänge anzutreffen ist [3]). Diese unter dem Namen schwammige Körper lange gekannten Organe dürfen jetzt mit Sicherheit als Nieren angesprochen werden, da mittelst chemischer Analyse in deren Excret deutlich Harnsäure nachgewiesen werden kann [4]). Durch eine genauere anatomische Untersuchung dieser Organe hat sich ermittelt, dass ihr Parenchym aus einem Gewebe von contractilen Fasern besteht [5]), in welchem sich von den Hohlvenen aus Gefässe ausbreiten; auf diese Faserschicht folgt nach aussen eine structurlose Membran, welche mit mehrfach über einander geschichteten, kern- und körnerhaltigen Zellen belegt ist. An der äusseren Fläche dieser Zellenschicht geht die Harnabsonderung vor sich, welche als schmutzig-gelber Saft unmittelbar in die erwähnten Peritonäalhöhlen gelangt und durch die Oeffnungen derselben, wie aus Harnröhren, nach aussen entleert wird. Es sind mithin diese schwammigen Venenanhänge mit umgestülpten Drüsenschläuchen zu vergleichen, bei denen die Drüsenzellen an die äussere

---

Tab. II. Fig. 15. u. 17., Mayer, Analekten a. a. O. Taf. 5. Fig. 1. s. s. von Octopus, Grant in the transact. a. a. O. Vol. I. Pl. 2. Fig. 8. a. b., Pl. 11. Fig. 9. b. b. von Loligopsis und Sepiola, van Beneden a. a. O. Pl. 3. Fig. 5. f. f. von Argonauta.

2) Vergl. Krohn in Müller's Archiv. 1839. p. 355. und Brandt a. a. O. Taf. 32. Fig. 2. x.

3) Vergl. Owen, on the Nautilus. p. 31. Pl. 5. No. 6. und Pl. 6. Fig. 1. No. 6. oder Isis. p. 26. Taf. III. u. IV. oder Annales d. sc. nat. p. 126. Pl. 3. Fig. 1. u. 2. und Valenciennes a. a. O. p. 286. Pl. 10. Fig. 2. π.

4) Diese Drüsenanhänge, welche bald für einsaugende Gefässe, bald für die Rudimente eines Pfortadersystems, für eine Milz, für Nebenkiemen, Blutbehälter, Geschlechtsorgane u. s. w. angesehen wurden, hat Mayer (Analekten a. a. O. p. 54.) zuerst als Harnwerkzeuge angesprochen, ohne dass jedoch seine Deutung allgemeinen Anklang fand; derselbe deutete zugleich die beiden Peritonäalhöhlen, in welchen die Drüsenanhänge eingeschlossen liegen, und ihre Mündungen als Harnblasen und Harnröhren; auch Savi (in den Atti della terza riunione degli scienziati tenuta nel Firenze. 1841. p. 396. oder in der Isis. 1843. p. 417.) sprach sich für die Bedeutung dieser Anhänge als Harnorgane aus. — Dass diese sogenannten schwammigen Anhänge wirklich Nieren sind, darüber kann wol kein Zweifel mehr obwalten, nachdem Herr E. Harless auf mein Ansuchen diese Organe an frischen Cephalopoden in Triest chemisch untersucht und dabei aus dem Excrete derselben purpursaures Ammoniak dargestellt hat.

5) Von diesem Fasergewebe rührt gewiss die an diesen Anhängen wahrnehmbare Contractionsfähigkeit her (s. Krohn in Froriep's neuen Notizen. Bd. 11. 1839. p. 214. und Erdl in Wiegmann's Archiv. 1843. Bd. I. p. 162.).

Oberfläche und die Blutgefässe nach innen gerückt sind 6). Nicht selten schiessen aber aus dieser Absonderung röthliche Krystalle an, welche die Drüsenbüschel ganz inkrustiren und denselben ein schönes röthliches Ansehen geben 7).

Die sogenannten Kiemenherzen der Dibranchiaten, welche durchaus keine Muskelfasern enthalten, führen diese Bezeichnung unrechtmässiger Weise, und scheinen vielmehr mit den Harnorganen in einer näheren Beziehung zu stehen. Dieselben stellen rundliche, hohle und dickwandige Körper dar, welche zwischen den letzten Nierenbüscheln und der Kiemenbasis an beiden Hohlvenen so angebracht sind, dass das Blut derselben mitten durch ihre Höhle dringt und ihre schwammigen Wandungen bespült 8). Dieselben haben bei den Octopoden eine violette, bei den Loliginen dagegen eine schmutzig gelbe Farbe und bestehen in ihren Wandungen aus einem dichten Gewebe von Zellen, welche bei den Octopoden violette, runde Kerne von krystallinischem Gefüge enthalten, die ganz mit den dunkeln, in den Zellen der Gasteropoden-Nieren enthaltenen Kernen übereinstimmen 9).

II. Von den besonderen Absonderungs-Organen.

§. 256.

Ein in den Cephalopoden allgemein verbreitetes Absonderungs-Organ ist der Tintenbeutel, welcher, von meist birnförmiger Gestalt,

---

6) Auch diesen Aufschluss über das merkwürdige histologische Verhalten der Cephalopoden-Nieren habe ich einer kürzlich mir gemachten brieflichen Mittheilung des E. Harless zu verdanken.

7) Dergleichen carmoisinrothe, aus Rhomboëdern zusammengesetzte Krystalldrusen fand ich häufig an den Nieren der Sepia officinalis; Krohn (in Froriep's neuen Notizen. Bd. 11. p. 215.) vermisste dieselben an den Sepien niemals, suchte sie aber an Octopus und Loligo vulgaris vergebens.

8) Diese sogenannten Kiemenherzen, welche bei Nautilus durchaus fehlen, und bei den übrigen Cephalopoden das Venenblut in die Kiemen eintreiben sollen, besitzen auf ihrer äusseren Fläche einen glatten Peritonäalüberzug, und zeigen auf ihrer inneren Fläche ein cavernöses Ansehen. Vergl. Cuvier, Mémoires. Pl. 2. Fig. 3. No. 9. von Octopus, Carus, Erläuterungstafeln. Hft. 6. 1843. Tab. II. Fig. 18.1. von Sepia. Bei den Loliginen ist ein Theil dieser beiden Organe seitlich oder nach unten abgeschnürt, vergl. Brandt a. a. O. Tab. 32. Fig. 22. q. r., the Catalogue of the phys. ser. etc. Vol. II. Pl. 22. f. x. von Sepia, Delle Chiaje a. a. O. Tav. 91. 93. 95. u. 96. (21. 23. 25. u. 26.) von Loligo und Sepiola.

9) Ueber das eigenthümliche drüsenartige Verhalten dieser gewiss mit Unrecht als Hülfsorgane der Blutbewegung betrachteten Körper, so wie über die Aehnlichkeit ihres Parenchyms mit der Niere der Helix-Arten hat Erdl bereits (in Carus, Erläuterungstafeln. Hft. 6. p. 7.) seine Wahrnehmungen mitgetheilt, welche ich vollkommen bestätigen kann. Jedenfalls verdienen aber diese Körper noch einer genaueren histologischen und chemischen Untersuchung unterworfen zu werden.

in der Mittellinie des Bauches mit nach vorne in den Trichter hinaufragender Spitze gelegen und häufig von einer silberglänzenden Peritonäalschicht umhüllt wird [1]). Die Wandungen seiner verhältnissmässig kleinen Höhle haben eine cavernöse Beschaffenheit [2]), und sondern das berühmte schwarze Pigment ab, welches aus der Mündung des Beutels in den Trichter überfliesst, und durch dessen Contraction aus diesem mit dem Seewasser hervorgespritzt wird. Der Ausführungsgang des Tintenbeutels läuft stets eine Strecke neben dem Mastdarme hin, und endigt entweder dicht hinter dem After oder mündet kurz vor demselben in den Mastdarm ein [3]).

Als ein anderes eigenthümliches Absonderungsorgan dürften die gegen die Aussenwelt abgeschlossenen, innerhalb der Schale der Nautilinen verborgenen Kammern anzusehen sein, da ihre Wandungen, gleich der Schwimmblase der Fische, Luft absondern sollen [4]).

---

1) Dieses Absonderungsorgan, welches bei Nautilus und Hectocotylus ganz fehlt, ist bei den langgestreckten Cephalopoden ebenfalls in die Länge gezogen, besitzt bei den kurz- und breitleibigen Octopoden und Sepien dagegen einen breiten Körper. Vergl. Wagner, Icones zoot. Tab. 29. Fig. 20. h. i. von Octopus, Férussac a. a. O. Argonauta. Pl. 1.[5] Fig. 2. u. 3., Brandt a. a. O. Tab. 32. Fig. 1. u. 24. o. von Sepia. Sehr merkwürdig verhält sich das Tintenorgan bei Sepiola, indem sich dasselbe in gewissen Individuen, ohne Unterschied des Geschlechts und zu gewissen Jahreszeiten, ausserordentlich entwickelt. In einer solchen Sepiola hängen mit dem sonst einfachen Tintensacke zwei längliche Körper durch eine Einschnürung seitlich zusammen, welche Peters (s. Müller's Archiv. 1842. p. 329. Taf. 16. Fig. 1. b. b. und Fig. 8—10.) sich regelmässig contrahiren sah. Diese seitlichen Körper sind schwarz gefärbt und bestehen aus einer drüsigen, mit dem mittleren Tintenbeutel zusammenhängenden Masse, die von einer Muskelschicht umhüllt werden. In Weingeist-Exemplaren zeigt sich die Bauchfläche dieser sonst schwarzen Körper ausgewaschen farblos. Grant (in the transact. a. a. O. Vol. I. p. 82.) scheint nur diesen erhöhten Entwickelungszustand gekannt zu haben, da er den Sepiolen durchweg einen dreilappigen Tintenbeutel zuschreibt. An der von Delle Chiaje (Descrizione. Tav. 11. Fig. 4. l.) abgebildeten Sepiola sind ebenfalls die beiden Seitenorgane des Tintenbeutels deutlich zu erkennen.

2) S. Delle Chiaje, Descrizione. Tom. I. p. 74. Tav. 13. Fig. 1. u. 2. und Tav. 18. Fig. 4. von Loligo, Octopus und Eledone.

3) Letzteres findet bei den Loliginen statt.

4) Owen (on the Nautilus. p. 47. oder Isis. p. 39.) liess es zwar noch ungewiss, ob in den Kammern des Nautilinen-Gehäuses eine Gasart oder eine Flüssigkeit enthalten ist, dagegen wurde aber nach Vrolik's Mittheilung (in the Annals of nat. hist. Vol. 12. p. 174.) in den Kammern des Nautilus Pompilius wirklich Luft angetroffen, welche vorherrschend aus Stickstoff, ohne Spur von Kohlensäure, bestand; es erinnern daher diese Höhlen in vieler Beziehung an die Schwimmblase der Fische, und mögen, wie diese, beim Auf- und Untertauchen der Thiere betheiligt sein.

Zehnter Abschnitt.

Von den Fortpflanzungs-Organen.

§. 257.

Die Cephalopoden besitzen sämmtlich getrennte Geschlechtswerkzeuge, welche sich durch höchst merkwürdige Eigenthümlichkeiten auszeichnen.

Die Eier der Cephalopoden haben, so wie sie sich vom Eierstocke trennen, eine ovale Gestalt und einen gelb oder rosa gefärbten Dotter, der das Keimbläschen mit dem Keimflecke enthält. Die Dotterhaut der Cephalopoden-Eier, an deren spitzem Ende das Keimbläschen Platz nimmt, ist häufig auf ihrer inneren Fläche von verschiedenen, in den Dotter hineinragenden Längs- und Querfalten besetzt, wodurch diese Eier an ihrer Oberfläche ein maschenartiges Ansehen erhalten [1]).

Die äusserst beweglichen Spermatozoïden der Cephalopoden zeigen entweder eine Cercarienform oder eine einfache, haarförmige Gestalt, und stellen immer in Masse beisammen eine weisse Saamen flüssigkeit dar. Die cercarienförmigen Spermatozoïden, welche von den Loliginen erzeugt werden, bestehen aus einem cylindrischen Körperchen und einem scharf abgesetzten, zarten, mässig langen Haaranhange [2]). Haarförmige Spermatozoïden entwickeln sich dagegen in den Octopoden, und zwar sowol in den männlichen Individuen von Octopus und Eledone, als auch in den Hectocotylen [3]).

---

1) Vergl. Kölliker, Entwickel. etc. p. 1. u. 9. Taf. I. Fig. 9—12. Längs- und Querfalten erkennt man an den Eiern von Sepia und Sepiola, nur allein Längsfalten an den Eiern von Argonauta, Tremoctopus, Octopus, Eledone u. A.

2) Vergl. meine Beiträge zur Naturgeschichte der wirbellosen Thiere, in den neuesten Schriften der naturforschenden Gesellschaft in Danzig. Bd. 3. 1839. Hft. 2. p. 54. Taf. II. Fig. 47. von Loligo, und Milne Edwards, in den Annales d. sc. nat. Tom. 18. 1842. p. 337. Pl. 12. Fig. 6., Pl. 13. Fig. 7. von Loligo und Sepia, ferner Peters in Müller's Archiv. 1842. p. 334. Taf. 16. Fig. 14. von Sepiola. — Die Entwickelung dieser Spermatozoïden lässt sich deutlich in den Hoden verfolgen, indem hier in rundlichen Mutterzellen nach meinen Beobachtungen mehre Tochterzellen sich zu eben so vielen Spermatozoïden ausbilden, deren Haaranhänge nach einer Seite hin die zarte Wandung der Mutterzelle durchbrechen.

3) Die Spermatozoïden von Octopus und Eledone hat Milne Edwards (a. a. O. Pl. 13. Fig. 11. und Pl. 14. Fig. 5.) unrichtig mit zu stark verdicktem Körper abgebildet, da sie nur eine ganz geringe knopfartige Anschwellung an ihrem einen Ende besitzen. Vergl. Valentin (Repertorium. Jahrg. 1837. p. 140.) und Philippi (in Müller's Archiv. 1839. p. 308. Taf. 15. Fig. 11.), letzterer hat jedoch die Saamenfäden von Eledone zu kurz abgebildet. Die Spermatozoïden, welche Hectocotylus Tremoctopodis bei sich führt, sah ich ganz vollkommen mit denen aus Eledone übereinstimmen.

§. 258.

Das stets einfache Ovarium der Cephalopoden-Weibchen liegt im Grunde des Mantelsackes, innerhalb einer von dem Peritonäum gebildeten derbhäutigen Hülle (Eierstocks-Kapsel) von runder oder länglicher Gestalt, von deren inneren Fläche, an einer beschränkten Stelle, die eigentliche Eierstocksdrüse als ein vielfach eingeschnittener und gelappter Körper in die Höhle der Eierstockskapsel hineinragt [1]). Die in dem Parenchyme dieser einzelnen Ovarien-Abtheilungen sich entwickelnden Eier bilden anfangs rundliche Erhabenheiten, schnüren sich allmälich ab, und hängen zuletzt als birnförmige Körper durch einen dünnen, bald kürzeren, bald längeren Stiel mit dem Eierstocke zusammen; wobei das Ovarium nur noch einen dünnen Ueberzug der Eier (Eierkapsel) bildet, der von den reiferen Eiern die maschenförmige oder faltige Beschaffenheit der Dotterhaut durchschimmern lässt [2]). Haben die Eier ihre vollständige Reife erlangt, so dehisciren die Eierkapseln, lassen die Eier in die Ovariumkapsel fallen und bleiben als leere, kelchförmige Körper zurück, die einer Rückbildung entgegensehen [3]). Zur Fortschaffung der abgelösten Eier aus der Höhle der Ovarienkapsel dient eine im Grunde der letzteren angebrachte und in den Eierleiter führende Oeffnung. Ausser dieser trichterförmigen Oeffnung des Eierleiters besitzen einige Octopoden an den Seiten der Eierstockskapsel noch zwei Mündungen, welche einem Wasserkanale angehören, und vielleicht bei der Befruchtung der Eier eine wichtige Rolle spielen [4]). Der Eierleiter ist bald einfach, bald doppelt vorhanden, und steigt meist gerade in die Höhe, um an der Seite des Mastdarmes in die Basis des Trichters einzumünden; nur bei Argonauta und Tremoctopus findet man die beiden weib-

1) Vergl. Cuvier, Mémoires. p. 31. Pl. 4. Fig. 6. a. b., van Beneden a. a. O. Pl. 5. Fig. 2. a., Delle Chiaje, Descrizione. Tav. 14—16., und Grant in the transact. etc. Vol. I. Pl. 2. Fig. 9. von Octopus, Argonauta, Eledone, Loligo und Loligopsis.

2) S. Delle Chiaje, Descrizione. Tav. 15. Fig. 15., und Kölliker, Entwickel. etc. Taf. I. Fig. 9. von Sepia, Carus, Erläuterungstafeln. Hft. V. Taf. 2. Fig. 9. von Eledone.

3) Das Dehisciren geschieht bei Sepia durch einen unregelmässigen Riss (s. Kölliker a. a. O. p. 13.), bei Sepiola und Rossia dagegen durch eine runde Oeffnung, welche nach einer von Owen gelieferten Abbildung bei Nautilus eingekerbt ist, und nach Delle Chiaje's Darstellung bei Eledone sehr regelmässig gezähnelt sein soll (s. Grant in the transact. a. a. O. Vol. I. p. 84. Pl. 11. Fig. 12. und Owen ebendas. Vol. II. Pl. 21. Fig. 18., ferner on the Nautilus. p. 42. Pl. 8. Fig. 9. c. c., oder Isis. p. 35. Taf. III., oder Annales d. sc. nat. p. 142. Pl. 4. Fig. 9. c. c., Delle Chiaje a. a. O. Tav. 55. (3.) Fig. 15.).

4) Diese beiden Wasserkanäle setzen die Ovariumkapsel mit den die sogenannten Kiemenherzen umgebenden Wasserzellen in Verbindung (s. §. 250.), und werden sowol bei Octopus, Eledone, wie bei Tremoctopus angetroffen. Vergl. Krohn in Müller's Archiv. 1839. p. 357., Kölliker, Entwickel. etc. p. 11. und Delle Chiaje, Descrizione. Tav. 15. Fig. 1. q. von Tremoctopus.

lichen Geschlechtsöffnungen vom Trichter weit entfernt in der Nähe der Kiemenbasis angebracht [5]). Ist nur eine Tuba vorhanden, so endigt dieselbe stets auf der linken Seite [6]). Bei den meisten Octopoden treten die Eierleiter gegen die Mitte ihres Verlaufes durch eine rundliche, auf der inneren Fläche längsgefaltete Drüsenmasse hindurch, von welcher sich drüsige Längsfalten auf dem Eierleiter bis zur Geschlechtsmündung fortsetzen [7]). In den Loliginen dagegen fehlt diese Drüse, statt dessen ist hier aber der Eierleiter vor seiner Ausmündung von dicken, drüsigen Wandungen umgeben [8]). Höchst wahrscheinlich dient dieser Drüsenapparat dazu, den Stoff zu den verschiedenen Eierhüllen zu liefern, in welche die gelegten Cephalopoden-Eier eingehüllt sind.

Ein eigenthümlicher Drüsenapparat (Nidamental-Drüsen), der mit den Geschlechtswerkzeugen in keiner directen Verbindung steht, liegt bei den weiblichen Loliginen auf dem Tintenbeutel in Form zweier hohler, weisslicher und birnförmiger Körper. Dieselben besitzen eine blätterige Structur, und sind mit ihrer stumpfen Spitze nach vorne gerichtet, wo dieselbe neben der weiblichen Geschlechtsöffnung aus-

---

5) Zwei Eierleiter besitzen Octopus, Eledone, Tremoctopus und Loligo sagittata (s. Cuvier, Mémoires. Pl. 1. Fig. 1. q. q. und Pl. 2. Fig. 1. r. r., Mayer, Analekten a. a. O. Taf. 5. Fig. 1. i. i. f. f., Férussac a. a. O. Octopus. Pl. 15. Fig. 2. l. l., Carus, Erläuterungstafeln. Hft. 5. Taf. 2. Fig. 7. h. h., Wagner, Icones zoot. Tab. 29. Fig 20. m. m, Owen in the transact. etc. Vol. II. p. 121. und the Cyclopaedia a. a. O. Vol. I. p. 558.). Zwei sehr lange, vielfach gewundene Eierleiter findet man in der Argonauta (s. Delle Chiaje, Descrizione, Tav. 14. Fig. 1. z. n., und van Beneden a. a. O. Pl. 5. Fig. 1. u. 2., Férussac a. a. O. Argonauta. Pl. 1.⁴ Fig. 2. s. s.).

6) So bei Nautilus Pompilius (s. Owen a. a. O.), bei Loligo vulgaris (s. Carus, Erläuterungstafeln. Hft. 5. Taf. 2. Fig. 10. m. l.), bei Sepia officinalis, bei Sepioteuthis, Rossia u. A. — Nach Rathke's Angabe (in dem Mémoire de St. Pétersb. a. a. O. p. 161. Taf. 2. Fig. 10. p. q.) soll der einfache Eierleiter vom Eierstocke der Loligopsis gerade nach abwärts steigen und an der Bauchseite vor der Schwanzspitze des Thieres zwischen den beiden Schwanzflossen ausmünden. Da Grant (a. a. O.) über den Verlauf des Eierleiters bei den von ihm untersuchten weiblichen Loligopsis-Individuen ganz schweigt, wäre es zu wünschen, dass diese merkwürdige Abweichung von der Regel noch durch andere Zootomen bestätigt würde.

7) Bei Octopus, Eledone und Tremoctopus ist an jedem der beiden Eileiter eine solche Drüsenanschwellung vorhanden, während sie den Eileitern von Argonauta gänzlich fehlen. Vergl. Cuvier, Mémoires. p. 32. Pl. 4. Fig. 6. g. Férussac a. a. O. Octopus. Pl. 15. Fig. 9. u. 10., Mayer a. a. O. Taf. 5. Fig. 1. g. h. von Octopus, Delle Chiaje, Descrizione. Tav. 15. Fig. 1. n. und Tav. 16. Fig. 6., Wagner, Icones zoot. Tab. 29. Fig. 20. n. n. von Tremoctopus und Eledone.

8) So in Loligo, Sepia, Sepioteuthis, Sepiola u. A. Vergl. Owen in the transact. etc. Vol. II. p. 121. Pl. 21. Fig. 18. e. von Rossia. Bei Nautilus ist der sehr kurze Eileiter fast von Anfang bis zu Ende mit drüsigen Wänden versehen (s. Owen a. a. O.).

mündet [9]). Zuweilen befindet sich noch dicht vor diesen Drüsen ein einzelner oder doppelter drüsiger Körper (accessorische Nidamentaldrüse) von röthlicher Farbe, der nach hinten gelappt ist, aus Blindkanälen zusammengesetzt wird, aber keinen Ausführungsgang an sich wahrnehmen lässt [10]). Dieser ganze Drüsenapparat sondert vielleicht einen Stoff ab, mit welchem die aus dem Oviducte hervorgetretenen Eier und Eierschnüre zusammengeklebt und an fremde Körper gekittet werden.

Die gelegten Eier (Laich) der Cephalopoden erscheinen stets von eigenthümlichen, verschieden gebildeten Hüllen und Fortsätzen umgeben, durch welche sie theils unter sich verbunden, theils an fremde Körper befestigt sind. So stecken die einzelnen Sepien-Eier in einer ovalen, schwarz gefärbten, aus mehren über einander liegenden, hornigen Schichten zusammengesetzten Hülse, welche an dem einen Ende in einen kurzen, gespaltenen Stiel ausläuft, mit dem man diese Eier theils einzeln, theils in Gruppen beisammen an Wasserpflanzen und andere vegetabilische Körper angeheftet findet [11]). Die Loligo-Weibchen vereinigen ihre Eier mittelst einer ungefärbten, gelatinösen Masse zu einem bald kürzeren, bald längeren Strange, und überziehen denselben noch mit einer besonderen Hülse, welche an dem einen Ende in einen dünnen Stiel ausläuft, durch welchen eine Menge Eierstränge zu einem grossen, frei im Meerwasser umhertreibenden Haufen vereinigt werden [12]). Bei Argonauta und Tremoctopus geht von jeder einzelnen ovalen Eihülle, welche aus einer festen, farblosen und homogenen Masse besteht, am spitzen Pole ein langer, dünner Faden ab, der sich mit den Fäden anderer Eier verwickelt, wodurch sämmtliche Eier zu kleineren und grösseren traubenförmigen Klumpen

---

9) Vergl. Swammerdamm, Bibel der Natur. p. 354. Taf. 52. Fig. 10. g. g., Brandt a. a. O. p. 310. Taf. 32. Fig. 25. k. l. und Fig. 28—31. von Sepia, Delle Chiaje, Memorie. Vol. IV. p. 102. oder Descrizione. Tom. I. p. 37. corpi adiposi. Tav. 58. (12.) Fig. 10. a. und Fig. 11 e, und Peters in Müller's Archiv. 1842 p. 335. Taf. 16. Fig. 6. f. f. von Sepiola, Owen in the transact. etc. Vol. II. Pl. 21. Fig. 18. g. g. von Rossia.

10) Diese accessorische Nidamentaldrüse ist bei Sepia und Sepiola einfach vorhanden und erscheint durch tiefe Ausschnitte dreilappig (s. die vorhin citirten Abbildungen a. a. O. und Owen in the transact. etc. Pl. 21. Fig. 19. u. 20. von Sepia), eine doppelte, nach hinten tief eingeschnittene, accessorische Drüse findet sich bei Loligo und Rossia vor (s. Owen ebendas. Pl. 21. Fig. 18. h. h.).

11) S. Cuvier in den nouvelles Annales du Muséum d'histoire naturelle. Tom. I. 1832. p. 153. Pl. 8. Fig. 1—4., Carus, Erläuterungstafeln. Hft. 3. Taf. 2. Fig 16, Owen, in the Cyclopaedia a. a. O. p 560. Fig. 244., und Kölliker, Entwickel. etc. p. 14.

12) Lange Eierstränge erzeugt Loligo vulgaris, kurze dagegen Sepioteuthis. S. Bohadsch, de quibusdam animalibus marinis. p. 135. Tab. 12., Férussac

vereinigt werden. Dergleichen Eierklumpen befestigt Argonauta an die eingerollte Wölbung ihrer Schale [13]), während Tremoctopus die einzelnen, durch Verwickelung der Fäden der Eierhülsen entstandenen Stränge der grösseren Eierklumpen mit einem besonderen stabförmigen Gebilde von lederartiger Beschaffenheit verwebt [14]). Noch andere Cephalopoden geben ihrem Laiche eine röhren- oder bandförmige Beschaffenheit [15]).

§. 259.

In den männlichen Individuen der meisten Cephalopoden nimmt der einfache, weissliche Hode von rundlicher oder länglicher Gestalt den Grund der Mantelhöhle ein. Derselbe ist mit einer von dem Bauchfelle gebildeten Hodenkapsel umgeben, welche nur an einer beschränkten Stelle mit dem Hoden verwachsen ist. Die Hodensubstanz besteht aus einer dichten Menge verästelter Cylinder, welche von der Peripherie nach dem Centrum des Hodens convergiren, wo sich eine enge und unregelmässig gestaltete Höhle befindet. Die Saamenmasse entwickelt sich innerhalb der von den Hodencylindern übrig gelassenen Zwischenräume und gelangt von da in den aus der Hodenkapsel hervortretenden engen und vielfach gewundenen Saamenleiter, welcher gegen sein oberes Ende hin sich plötzlich erweitert und von dicken, drüsigen Wandungen umgeben wird, auf deren innerer Fläche sich ein faltiger Längswulst hinzieht. Dieser drüsige Theil des *Vas deferens* nimmt weiter nach oben die Mündung eines gleichfalls gewundenen und wahrscheinlich als Absonderungsorgan wirkenden Blindschlauchs auf, und öffnet sich zuletzt seitlich in einen weiten, von muskulösen aber dünnen Wänden gebildeten und auf seiner inneren Fläche mit Längsfalten besetzten Sack (*Bursa Needhamii*), von welchem sich eine engere fleischige Röhre (*Ductus ejaculatorius*) gerade in die Höhe zieht und als kurzer Penis zur linken Seite des Mastdarms frei in die Mantelhöhle hervorragt [1]).

---

13) S. Rang in dem Magasin de zoologie. 1837. V. Pl. 87. u. 88., ferner Férussac a. a. O. Argonauta. Pl. 1.3.

14) Dieser stabförmige Träger der Eierklumpen hat eine ganz eigenthümliche Structur, und wird gewiss von dem Tremoctopus-Weibchen selbst verfertigt. Es besteht derselbe nämlich aus deutlich von einander gesonderten, fingerhutartig gestalteten Schichten eines körnigen, wahrscheinlich geronnenen Stoffes, welche, in Menge über einander gestülpt, einen Stab darstellen; an diesem Stabe hält höchst wahrscheinlich Tremoctopus, welcher nach Kölliker (a. a. O. p. 14.) den ganzen Klumpen der gelegten Eier mit den untersten Saugnäpfen eines Armes herumträgt, seine Eiermasse fest.

15) Vergl. Quoy und Gaimard's Beschreibung eines solchen röhrenförmigen und bandförmigen Cephalopoden-Laichs in den Annales d. sc. nat. Tom. 20. 1830. p. 472. Pl. 14. B, und Férussac a. a. O. Octopus. Pl. 28. Fig. 3.

1) Ueber die männlichen Geschlechtstheile von Octopus vergl. man Cuvier (Mémoires a. a. O. p. 32. Pl. 4. Fig. 5.), welcher das obere drüsige Ende des Saamenleiters als eine *Vesicula seminalis* und den blindschlauchförmigen

Bei den Loliginen, so wie bei Octopus und Eledone, wird die Saamenmasse nicht frei, sondern in sehr complicirten Saamenschläuchen (Spermatophoren) durch den Penis entleert. Die Spermatophoren, welche zur Zeit der Brunst sich in grosser Menge innerhalb der ***Bursa Needhamii*** anhäufen, haben eine so auffallende Grösse, dass sie leicht mit unbewaffnetem Auge erkannt werden. Dieselben besitzen immer eine cylindrische Gestalt, und bestehen aus einem derben, homogenen und farblosen Schlauche, welcher an dem einen oberen Ende einfach abgerundet ist, gegen das andere untere Ende hin sich etwas verengert und zuletzt wieder kolbenartig anschwillt. Innerhalb eines solchen Schlauches stecken zweierlei verschiedene Massen eingeschlossen, nämlich ein mit Spermatozoïden gefüllter, sehr zarthäutiger Saamensack und ein zum Ausschnellen des letzteren dienender Apparat. Der Saamensack enthält immer nur vollständig entwickelte, so wie gleichmässig vertheilte Spermatozoïden dicht zusammengedrängt, und füllt so das Vorderende des Saamenschlauches, durch welches derselbe mit milchweisser Farbe hindurchschimmert, fast ganz aus. Das untere Ende dieses Saamensackes ist durch ein kurzes, dünnes Ligament an den vorderen Theil des ausschnellenden Apparates, nämlich an einen mit einem Pumpenstempel vergleichbaren, festen, cylindrischen Körper geheftet, welcher nach hinten in ein spiralig zusammengedrehtes Band übergeht. Dieses spiralige Band läuft innerhalb einer zarten Scheide bis zum hinteren Ende des Saamenschlauches hinab, wo dasselbe in eine Art Einstülpung des letzteren übergeht 2). Die Bildung dieser Spermatophoren

---

Anhang als eine ***Prostata*** betrachtete. Ausserdem s. Delle Chiaje, Descriz. Tav. 6. Fig. 2., Tav. 11. Fig. 2. u. 3., Tav. 12. Fig. 28. von Octopus, Sepia, Loligo, ferner Wagner, Icones zoot. Tab. 29. Fig. 22. von Octopus, Peters in Müller's Archiv 1842. p. 332. Taf. 16. Fig. 2. u. 3. von Sepiola, und vor allen siehe die schöne Darstellung der männlichen Geschlechtsorgane der Sepia durch Milne Edwards in den Annales d. sc. nat. Tom. 18. 1842. p. 344. Pl. 15..

2) Die Spermatophoren von Loligo vulgaris sind durch Needham zuerst sehr genau beschrieben worden (s. dessen account of some new microscopical discoveries. London 1745. oder: nouvelles decouvertes faites avec le microscope. à Leide 1747. Pl. 3. u. 4.). An den Spermatophoren der Loliginen sieht man in dem kolbigen Hinterende, welches ein- bis zweimal eingeschnürt ist, das spiralige Band mit seiner Scheide mehrmals in einander geschlungen, auch fällt hier der Stempel, seiner dunkelbraunen Farbe wegen, sehr leicht in die Augen (s. Krohn in Froriep's neuen Notizen. Bd. 12. 1839. p. 17. Fig. 20. von Sepia, Milne Edwards in den Annales d. sc. nat. Tom. 18. 1842. p. 335. Pl. 12. Fig. 1—5. und Pl. 13. Fig. 1—6. von Loligo und Sepia, Peters in Müller's Archiv. 1842. p. 334. Taf. 16. Fig. 11. von Sepiola). Bei den Spermatophoren von Octopus und Eledone zeigt sich die kolbenförmige Anschwellung des Hinterendes nur schwach ausgeprägt, auch erscheint hier der Saamenschlauch häufig total nach innen umgestülpt; ferner zeichnet sich an diesen Spermatophoren noch

geht offenbar in dem oberen drüsigen Ende des Saamenleiters vor sich, in welchem man häufig die weisse Saamenflüssigkeit in einzelne, hinter einander liegende Partieen abgetheilt und anfangs von farblosen, einfachen Hüllen umgeben findet, die aber bei dem allmälichen Vorrücken innerhalb des drüsigen *Vas deferens* sich immer mehr der vollkommenen Form jener zusammengesetzten Saamenschläuche nähern. In der ***Bursa Needhamii*** liegen die Spermatophoren stets regelmässig der Länge nach beisammen, zuweilen in mehren Schichten hinter einander, wobei die Vorderenden derselben stets nach oben gerichtet sind, und die nach unten gerichteten Hinterenden nicht selten durch äusserst lange, in einander geschlungene, platte Fäden unter einander verbunden erscheinen. Alle diese Saamenschläuche sind im höchsten Grade hygroskopisch, saugen mit der grössten Schnelligkeit wässerige Feuchtigkeit ein und springen alsdann an ihrem Hinterende auf, wodurch dem in das Innere des Saamenschlauches eingezwängten spiraligen Bande Gelegenheit gegeben wird, sammt seiner Scheide hervorzuschnellen und mit dem Stempel zugleich auch den daran befestigten Saamensack aus dem Saamenschlauche ganz hervorzuziehen [3]). Das Hervorschnellen der

---

der weisse Saamensack aus, da derselbe stets spiralig dicht zusammengedreht ist (s. Milne Edwards in den Annales d. sc. nat. a. a. O. p. 338. Pl. 13. Fig. 8. bis 10. und Pl. 14. Fig. 1—6. von Octopus und Eledone, und Philippi in Müller's Archiv. 1839. p. 301. Taf. 15. Fig. 1—6. von Eledone, letzterer hat übrigens die Windungen des spiraligen Bandes unrichtig als nach rückwärts gerichtete Widerhaken aufgefasst).

3) Von dem wahren Wesen dieser Spermatophoren, welche übrigens Redi (de animalculis vivis quae in corporibus animalium vivorum reperiuntur. Lugd. Batav. 1729. p. 252. Tab. II. Fig. 2.) zuerst gesehen, aber für Würmer gehalten hat, hatte schon Swammerdamm (Bibel der Natur. p. 353. Taf. 52. Fig. 6. u. 7.) und vor allen Needham (a. a. O.) eine richtige Ahnung, indem sie die weisse Masse in denselben als den Saamen der Cephalopoden und die Saamenschläuche selbst als eine Art Etuis oder Maschinen betrachteten. Bei den späteren Zootomen gewann dagegen der Gedanke die Oberhand, dass diese Spermatophoren Parasiten sein möchten. Delle Chiaje beschrieb die Spermatophoren von Octopus und Sepia als Monostomum Octopodis und Scolex dibothrius (s. dessen Memorie a. a. O. Vol. IV. p. 53. Tav. 55. Fig. 8. u. 14., so wie Fig. 9. u. 9.[a]), selbst in der neuesten Zeit konnte sich dieser italienische Naturforscher seiner vorgefassten Meinung nicht entschlagen und bildete die ausgeschnellten Spermatophoren von Loligo von neuem als ein Entozoon, und zwar diesmal als einen Echinorhynchus ab (s. dessen Descrizione a. a. O. Tom. III. 1841. p. 138. Tav. 11. Fig. 12. u. 13.). Auch Wagner glaubte früher, dass in den Saamenschläuchen der Sepia ein Echinorhynchus eingeschlossen lebte und bildete den Stempel mit einem Rudimente des spiraligen Bandes als einen solchen Schmarotzer ab (siehe dessen Lehrbuch der vergl. Anatomie. 1835. p. 312. und Müller's Archiv. 1836. p. 230. Taf. 9. Fig. B. u. C.). Am weitesten ist hierauf Carus gegangen, welcher den ganzen Saamenschlauch der Cephalopoden unter dem Namen *Needhamia expulsoria* als ein riesenhaftes Saamenthier beschrieb, und den verschiedenen Inhalt desselben: Saamensack, Stempel, spiraliges Band u. s. w. als

Saamensäcke wird höchst wahrscheinlich von dem spiraligen Bande sogleich bewirkt, so wie die Spermatophoren bei der Begattung aus der Ruthe des Männchens in den Mantelsack des Weibchens hinübergelangt sind. Eine unmittelbare Einbringung des Penis in die weibliche Geschlechtsöffnung scheint bei der ganzen Anordnung der äusseren Mündungen beider Geschlechtswerkzeuge nicht möglich zu sein, und werden sich die Cephalopoden nur mit einer Umarmung begnügen müssen [4]). Die Befruchtung selbst wird schon sehr früh, während sich die Eier noch in der Tiefe der weiblichen Geschlechtsorgane befinden, vor sich gehen müssen, da die Eier später durch zu feste und derbe Hüllen gegen die Einwirkung des Saamens abgeschlossen werden. Es ist daher zu vermuthen, dass der in der Mantelhöhle der Cephalopoden-Weibchen frei gewordene Saame entweder durch antiperistaltische Bewegungen des Eierleiters, oder durch das Wassergefässsystem in die Eierstockskapsel hinabgeschafft wird, um hier die nur von einer zarten Dotterhaut umgebenen Eier zu befruchten [5]).

§. 260.

Bei denjenigen männlichen Individuen der Cephalopoden, welche bisher als Hectocotyli bekannt gewesen sind, nehmen die Geschlechtsorgane an dem im Uebrigen verkümmerten Körper einen unverhältnissmässig grossen Raum ein. Die glatte, napflose, kolbenförmige Anschwellung, in welche das hintere Ende des Leibes dieser Thiere ausläuft, stellt nämlich eine dünnwandige Genitalkapsel dar, in welcher die Saamenmasse mit dem Begattungsorgane eingeschlossen ist [1]). Die Saamenmasse bildet einen langen, perlschnurförmig eingeschnürten und zu einem Knäuel zusammengeballten Strang, welcher aus dicken, ovalen Spermatozoïden-Büscheln besteht, die durch kürzere und dünnere

---

Dickdarm, Dünndarm, Magen, Vormagen und Schlund deutete (in den Nov. Act. Acad. Carol. Leop. Natur. Cur. Tom. 19. P. I. 1839. p. 3. Tab. I. und Erläuterungstafeln a. a. O. Hft. V. 1840. p. 4. Taf. I. Fig. 10.). Erst im Jahre 1839 wurde fast gleichzeitig von verschiedenen Forschern, indem sie sich von der Anwesenheit der Spermatozoïden in dem Saamensacke der Spermatophoren überzeugten, die eigentliche Bedeutung dieser Saamenschläuche vollständig erkannt. Vergl. Philippi in Müller's Archiv. 1839. p. 301., Krohn in Froriep's neuen Notizen. Bd. 12. 1839. p. 17., meine Beiträge zur Naturgeschichte der wirbellosen Thiere. 1839. p. 51., Peters in Müller's Archiv. 1840. p. 98., Milne Edwards in den Annales d. sc. nat. Tom. 13. 1840. p. 193. — Die Geschichte und Schicksale der Needhamschen Saamen-Maschinen sind von Leuckart (Zoologische Bruchstücke. Hft. II. 1841. p. 93.) zusammengestellt worden.

4) Dass zwischen den Cephalopoden eine Art Umarmung statt findet, hat bereits Aristoteles erwähnt (s. dessen historia animalium. lib. V. cap. 5.).

5) Nach Kölliker (Entwickel. a. a. O. p. 11.) geht wirklich die Befruchtung der Eier innerhalb der Ovariumkapsel vor sich.

1) Vergl. Hectocotylus Octopodis in den Annales d. sc. nat. a. a. O. Fig. 1. bis 3. b.

Büschel von haarförmigen Saamenfäden regelmässig unter einander verbunden sind [2]). Zwischen diesem Knäuel des Spermatozoïden-Stranges befindet sich noch der ***Ductus ejaculatorius*** mit seinem ungemein langen, in Windungen zurückgezogenen Penis, der bei Tremoctopus violaceus zuweilen zwischen dem fünftletzten Saugnapfpaare als ein dünner, cylindrischer und in sich aufgerollter Fortsatz nach aussen hervorragt [3]).

§. 261.

Die Entwickelung der Cephalopoden, welche einzig in ihrer Art dasteht, hatte schon seit den ältesten Zeiten die Wissbegierde der Naturforscher gereizt, ist aber erst in der neuesten Zeit richtig und von den frühesten Momenten an aufgefasst worden [1]).

---

2) So sah ich es wenigstens bei den Männchen des Tremoctopus violaceus. Einen glatten, nicht eingeschnürten Strang von haarförmigen Spermatozoïden hat auch Dujardin (histoire naturelle des Helminthes. p. 482.) an dem Hectocotylus Octopodis Cuv. erkannt. Wo dieser Spermatozoïdenstrang seinen Ursprung nimmt, muss ich unbeantwortet lassen, jedoch möchte ich vermuthen, dass dieser Strang früher in einem Saamenleiter oder Hodenkanale enthalten war, dessen Wandungen in den von mir untersuchten Weingeist-Exemplaren verschwunden sind.

3) Der *Ductus ejaculatorius* des Tremoctopus violaceus, der ganz allmälich in die Ruthe übergeht, beginnt mit einer sehr starken, scharf abgesetzten, keulenartigen Verdickung, welche in die Genitalkapsel hineinragt, und an ihrem hinteren freien Ende durchbohrt zu sein scheint, so dass hier vielleicht die Aufnahme der Saamenmasse statt findet. Gegen die Spitze des Penis zu ist der Kanal desselben eine lange Strecke weit mit hornigen Höckerchen dicht ausgekleidet, welche Stelle wahrscheinlich nach aussen umgestülpt werden kann und auf die Möglichkeit einer innigen Copulation mit den weiblichen Geschlechtstheilen hindeutet. Ob auch bei den übrigen Hectocotylen die Ruthe an derselben Stelle, wie bei Tremoctopus, hervorgestülpt wird, muss ich dahin gestellt sein lassen. Nach der Darstellung, welche Delle Chiaje (a. a. O. Tav. 16. Fig. 1. a.) und Costa (a. a. O. Pl. 13. Fig. 2.ª c.) von Hectocotylus Argonautae gegeben haben, wird von diesem Thiere der Penis aus dem Hinterleibsende hervorgestreckt, wenn nicht etwa an den von jenen Naturforschern untersuchten Exemplaren die dünnwandige Genitalkapsel zerrissen und der Penis auf diese Weise frei geworden war.

1) Nachdem schon Aristoteles (historia animalium. Lib. V. Cap. 16. 4.) und nach ihm Cavolini (Abhandlung über die Erzeugung der Fische und der Krebse. 1792. p. 54.) darauf aufmerksam gemacht hatten, dass bei den Tintenfischen der Embryo am Kopfe mit dem Dottersacke verbunden sei, und dass demselben der Dottersack gleichsam aus dem Maule heraushänge, wurde erst in neuerer Zeit diese Angabe genauer verfolgt. Vergl. Froriep, das Thierreich, fünfte Abtheilung. 1806. p. 28. Fig. 8—10., Carus, Erläuterungstafeln. Hft. III. 1831. p. 10. Taf. 2. Fig. 16—30., Cuvier, sur les oeufs de Seiche (in den nouvelles Annales du Muséum d'hist. nat. Tom. I. 1832. p. 153. Pl. 8. Fig. 6—14., im Auszug in den Annales d. sc. nat. Tom. 26. 1832. p. 69. oder in Froriep's Notizen. Bd. 34. p. 199.), Coldstream, über den Fötus der Sepia officinalis (in the London and Edinburgh philosoph. Magazine. Octob. 1833. oder Froriep's

Nach dem Verschwinden des Keimbläschens tritt bei den Cephalopoden-Eiern eine nur auf einen geringen Theil des Dotters sich beschränkende Furchung ein. Es erhebt sich nämlich, und zwar meistens an dem spitzen Pole des Dotters, wo das Keimbläschen sich früher befunden, ein kleiner Hügel aus dem Dotter, der von einer Furche in der Mitte durchschnitten wird; jede Hälfte dieses Hügels wird dann wieder durchfurcht — und so schreitet diese Furchung immer weiter fort: wodurch nach und nach vier, acht u. s. w. Abschnitte entstehen, die einem immer spitzer werdenden Dreiecke gleichen und mit ihren Spitzen convergiren, während ihre Basis unmittelbar in den übrigen Dotter übergeht. Sind diese Längsfurchungen an Zahl etwas vorgeschritten, so beginnen dann auch Querfurchungen, indem die Spitzen dieser Abschnitte durchschnürt werden und anfangs einen Ring von acht bis sechzehn Furchungskugeln im Centrum des Hügels bilden, bei weiterer Theilung der Abschnitte und ihrer abgetrennten Spitzen aber einen Haufen von immer kleiner werdenden Furchungskugeln darstellen [2]). Diese Stelle des Dotters, welche sich zugleich auch an ihrer Peripherie etwas ausbreitet, wandelt sich zuletzt in einen, aus einem äusseren und inneren Blatte zusammengesetzten Keim um. Es erheben sich auf dieser Keimschicht verschiedene Wülste als erste Spuren der Organe des künftigen Embryo: nämlich zuerst ein mittlerer, unpaariger Wulst als Anlage des Mantels, zwei seitliche Wülste als künftige Augäpfel; worauf zwischen diesen drei Wülsten zwei neue Wülste als die beiden Seitenhälften des Trichters bemerkbar werden; auf welche dann die beiden Kiemenwülste und die verschiedenen Armwülste folgen, von denen die zwei Armpaare der Bauchseite zuerst entstehen. Weiterhin treten die Augenwülste und Armwülste mit ihrer Umgebung immer mehr aus der ganzen Dottermasse als Kopftheil des Embryo hervor, von welchem sich, der Dottermasse gegenüber, der Mantelwulst als künftiger Hinterleib abschnürt; so dass schon sehr früh, obgleich der Kopftheil anfangs den Manteltheil an Masse überwiegt, die Gestalt eines Cephalopoden deutlich an einem solchen Embryo in die Augen fällt.

Notizen. Bd. 39. p. 6.), Dugès, note sur le développement de l'embryon chez les Mollusques céphalopodes (in den Annales d. sc. nat. Tom. 8. 1837. p. 107. Pl. 5. oder in Froriep's neuen Notizen. Bd. 7. p. 209. Fig. 3—9.), d'Orbigny im Férussac a. a. O. Loligo. Pl. 10. Fig. 3—6., van Beneden, Recherches sur l'embryogénie des Sépioles (in den Nouvelles Mémoires de l'Académie de Bruxelles. Tom. 14. 1841. Pl. 1.), Delle Chiaje, Descrizione. Tom. I. p. 38. Tav. 6. Fig. 6. u. 7. von Sepia, Tav. 14. Fig. 14—24. von Argonauta, und Tav. 29. Fig. 2—5. von Sepiola; jedoch wurden die frühsten Perioden der Entwickelung der Cephalopoden lange unbeachtet gelassen, bis endlich Kölliker in seiner meisterhaften Entwickelungsgeschichte der Cephalopoden, 1844, diese Lücke ausfüllte.

2) Vergl. Kölliker a. a. O. p. 17. Taf. 1.

Vom Rande des Kopftheils aus, auf dessen hinterer oder Rückenseite der Mund zuerst als eine halbmondförmige Vertiefung zum Vorschein kommt, überwächst das innere Blatt des Keimes nach und nach die ganze Dottermasse, welche so zuletzt in einen Dottersack umgewandelt wird; dieser erhält auf seiner äusseren Oberfläche ein Flimmerepithelium, welches auch noch andere Stellen des Embryo, die Kopflappen, die Arme, die Augen und den Mantel nach und nach überzieht, während die Kiemen und der Trichter, dessen Hälften sich mit der Zeit vereinigen, niemals flimmern [3]). Von den Knorpeln entwickeln sich die Schlossknorpel und der Kopfknorpel am frühsten, die innere Schale [4]), so wie das Nervensystem, das Herz mit dem Gefäss- und Respirations-Systeme, so wie der Verdauungskanal mit seinen verschiedenen Anhängen und der Tintenbeutel entwickeln sich im Cephalopoden-Embryo schon so vollständig, dass alle diese Organe gegen Ende des Embryonallebens, wo sich dann auch einzelne Chromatophoren einfinden, deutlich unterschieden werden können. In Bezug auf den Dottersack ist noch ganz besonders hervorzuheben, dass dieser niemals, wie man bisher geglaubt hat [5]), in den Verdauungskanal einmündet. Indem sich nämlich der Kopftheil des Embryo immer mehr über den Dottersack erhebt und abschnürt, schliesst derselbe einen Theil des Dottersackes in sich ein; so dass dieser hierdurch in einen äusseren und in einen inneren Dottersack, der sich bis in die Mantelhöhle hinab erstreckt, abgeschnürt wird. Diese Abschnürung zieht sich nach und nach in die Länge, und stellt zuletzt einen langen und sehr engen, neben dem Munde aus dem Kopfende hervortretenden Verbindungskanal zwischen dem äusseren und inneren Dottersacke dar. Der bei der weiteren Entwickelung des Embryo durch Resorption im inneren Dottersacke verbrauchte Dotter

---

3) Da die Bildung eines Dottersackes und eines Flimmerepitheliums bei Loligo sehr frühe vor sich geht, bei Sepia dagegen erst, nachdem schon der Embryo mit seinen verschiedenen Organen an Masse zugenommen hat, so finden nur bei den Embryonen des Loligo, nicht aber bei denen der Sepia, Rotationen innerhalb der Eihülle statt (s. Kölliker a. a. O. p. 54.).

4) Die äussere Schale der Argonauta wird von den jungen Thieren gebildet, während sich die Embryone nach abgestreiften Eihüllen noch zwischen dem Laiche innerhalb der Schale ihrer Mutter aufhalten. Vergl. Power in Wiegmann's Archiv. 1845. Bd. I. p. 379. und Maravigno in den Annales d. sc. nat. Tom. 7. 1837. p. 174.

5) Die meisten früheren Beobachter haben sich durch die Zartheit des zwischen dem äusseren und inneren Dottersacke vorhandenen Verbindungskanals und durch die Schwierigkeit der Untersuchung irre leiten lassen und angenommen, der äussere Dottersack münde durch jenen Verbindungskanal in den Oesophagus oder Magen ein. Vergl. Carus a. a. O. Taf. 2. Fig. 27. von Loligo, Cuvier a. a. O. Pl. 8. Fig. 9., Dugès a. a. O. Pl. 5. Fig. 3. von Sepia, und van Beneden a. a. O. Pl. 1. Fig. 13. von Sepiola. Erst durch Kölliker (a. a. O. p. 86. Taf. 4.) wurde hierüber das gehörige Licht verbreitet.

wird durch Nachrücken der noch übrigen Dottermasse aus dem äusseren Dottersacke ersetzt, indem der letztere vermittelst Contractionen seinen Inhalt durch den engen Verbindungskanal in den inneren Dottersack hinabtreiben hilft. Bei der allmälichen Entwickelung der verschiedenen, in der Mantelhöhle gelegenen Organe wird der innere Dottersack durch Rinnen und Eindrücke in Lappen getheilt und zuletzt in mehre vereinzelte Stücke ganz aus einander gedrängt, die nach und nach resorbirt werden, während der Verdauungskanal, wie die übrigen Organe des Embryo, ganz unabhängig vom Dottersacke sich entwickeln.

Von dem Entwickelungsvorgange der männlichen Individuen (Hectocotyli) der Argonauta und des Tremoctopus ist bis jetzt nur das letzte Stadium bekannt geworden, aus welchem hervorgeht, dass die Hectocotyli, noch während sie von der Eihülle umgeben sind, bereits die so höchst auffallende, von ihren Weibchen durchaus abweichende Körperform erhalten [6]).

---

6) Wäre der Umstand, dass die Hectocotyli in dieser Gestalt von Eihüllen umgeben zwischen der übrigen Brut gewisser Cephalopoden vorkommen, gehörig beachtet worden, so wäre man mit diesem Hauptargumente längst im Stande gewesen, das wahre Verhältniss dieser vermeintlichen Parasiten zu ihren Wohnthieren darzulegen. Eine frühere Notiz des Maravigno, welche aber erst von Kölliker (in den Annals of nat. hist. a. a. O. p. 414.) richtig gewürdigt wurde, lässt deutlich erkennen, dass jener italienische Naturforscher wahrscheinlich zufällig bei seinen Untersuchungen der Argonauta-Brut nur auf Eier gestossen war, welche männliche Individuen (Hectocotyli) enthielten. Maravigno (in den Annales d. sc. nat. Tom. 7. 1837. p. 173.) sagt nämlich: „mais encore que le petit poulpe, au sortir de l'oeuf, ne ressemble pas entièrement à ce qu'il sera par la suite; c'est alors une sorte de petit ver (vermicello) pourvu de deux rangées de ventouses dans la longueur, avec un appendice filiforme à une extrémité, et un petit renflement vers l'autre, où il paraît que sont les organes de la digestion." Gewiss weicht die Entwickelung der so heterogen gebildeten männlichen Individuen der Argonauta und des Tremoctopus auffallend von dem Entwickelungshergange der weiblichen Individuen ab.

Zwölftes Buch.

Die Krustenthiere.

Eintheilung.

§. 262.

Bei der Zusammenstellung der Crustaceen wurde der von Erichson aufgestellte Satz [1]) festgehalten, dass die äusseren Bewegungsorgane der Krustenthiere nicht, wie bei den übrigen Arthropoden, auf den Vorderleib beschränkt bleiben, sondern dass hier alle Leibesabschnitte Bewegungsorgane tragen, die sich jedoch in den verschiedenen Gegenden des Körpers verschieden umgestalten, wobei sie die Form von wahren Gehwerkzeugen häufig ganz einbüssen und sich bald in Kieferfüsse, bald in Afterfüsse oder Ruderorgane verwandeln. Von diesem Gesichtspunkte aus die Crustaceen betrachtet, wird man es nicht auffallend finden, wenn die Myriapoden, welche weder zu den Arachniden, noch zu den Insekten gehörig passen wollen, unter den Krustenthieren aufgezählt werden.

I. Ordnung. ***Cirripedia.***

1. Familie. ***Balanodea.***

Gattungen: ***Balanus***, ***Chthamalus***, ***Coronula***, ***Tubicinella.***

2. Familie. ***Lepadea.***

Gattungen: ***Otion***, ***Cineras***, ***Lepas***, ***Pollicipes.***

II. Ordnung. ***Siphonostoma.***

1. Familie. ***Penellina.***

Gattungen: ***Penella***, ***Peniculus***, ***Lernaeocera***, ***Lernaea.***

2. Familie. ***Lernaeodea.***

Gattungen: ***Achtheres***, ***Tracheliastes***, ***Brachiella***, ***Lernaeopoda***, ***Anchorella***, ***Chondracanthus.***

---

1) Erichson, Entomographien. Hft. I. p. 12.

3. Familie. *Ergasilina.*

Gattungen: *Dichelestium*, *Lamproglena*, *Ergasilus*, *Nicothoë.*

4. Familie. *Caligina.*

Gattungen: *Caligus*, *Pandarus*, *Trebius*, *Dinematura*, *Euryphorus*, *Phyllophora.*

5. Familie. *Argulina.*

Gattung: *Argulus.*

III. Ordnung. *Lophyropoda.*

Gattungen: *Cyclopsina*, *Cyclops*, *Anomalocera*, *Calanus*, *Peltidium*, *Hersilia*, *Polyphemus*, *Daphnia*, *Evadne*, *Lynceus*, *Cypris.*

IV. Ordnung. *Phyllopoda.*

Gattungen: *Limnadia*, *Isaura* (*Estheria*), *Apus*, *Branchipus*, *Artemia*, *Chirocephalus.*

V. Ordnung. *Poecilopoda.*

Gattung: *Limulus.*

VI. Ordnung. *Laemodipoda.*

Gattungen: *Cyamus*, *Caprella*, *Leptomera*, *Aegina.*

VII. Ordnung. *Isopoda.*

1. Familie. *Bopyrina.*

Gattungen: *Bopyrus*, *Phryxus*, *Jone*, *Cepon.*

2. Familie. *Cymothoidea.*

Gattungen: *Cymothoa*, *Aega*, *Nerocila*, *Anilocra*, *Serolis.*

3. Familie. *Sphaeromatoda.*

Gattungen: *Sphaeroma*, *Cymodocea*, *Nesea*, *Amphoroïdea.*

4. Familie. *Idotheoidea.*

Gattung: *Idothea.*

5. Familie. *Asellina.*

Gattungen: *Lygia*, *Janira*, *Asellus*, *Lygidium*, *Porcellio*, *Oniscus*, *Armadillidium*, *Tylos.*

VIII. Ordnung. *Amphipoda.*

Gattungen: *Vibilia*, *Hyperia* (*Hiella*), *Phronima*, *Iphimedia*, *Amphithoë*, *Talitrus*, *Gammarus.*

IX. Ordnung. *Stomapoda.*

Gattungen: ***Phyllosoma**, **Amphion**, **Mysis**, **Leucifer**, **Cynthia**, **Thysanopoda**, **Alima**, **Squilla**, **Squillerichthus**.*

X. Ordnung. *Decapoda.*

1. Unterordnung. *MACRURA.*

Gattungen: ***Penaeus**, **Pasiphaea**, **Alpheus**, **Caridina**, **Hippolyte**, **Palaemon**, **Aristeus**, **Gebia**, **Callianassa**, **Crangon**, **Nephrops**, **Astacus**, **Homarus**, **Palinurus**, **Scyllarus**, **Galathea**.*

2. Unterordnung. *ANOMURA.*

Gattungen: ***Pagurus**, **Porcellana**, **Remipes**, **Ranina**, **Homola**, **Lithodes**, **Dromia**, **Dorippe**.*

3. Unterordnung. *BRACHYURA.*

Gattungen: ***Lupea**, **Portunus**, **Eriphia**, **Carpilius**, **Cancer**, **Maja**, **Leucippa**, **Hyas**, **Pisa**, **Stenorhynchus**, **Mithrax**, **Camposcia**, **Ilia**, **Grapsus**, **Ocypoda**, **Uca**, **Gecarcinus**, **Thelphusa**.*

XI. Ordnung. *Myriapoda.*

1. Unterordnung. *CHILOGNATHA.*

Gattungen: ***Glomeris**, **Blaniulus**, **Platyulus**, **Polydesmus**, **Spirobolus**, **Julus**.*

2. Unterordnung. *CHILOPODA.*

Gattungen: ***Cryptops**, **Geophilus**, **Scolopendra**, **Lithobius**, **Scutigera**.*

Literatur.

Swammerdamm, Von der Zergliederung einer Krebsschnecke, in der Bibel der Natur. 1752. p. 84.

Schäffer, Der fischförmige Kiefenfuss. 1754. — Die geschwänzten und ungeschwänzten zackigen Wasserflöhe. 1755. — Der krebsartige Kiefenfuss. 1756.

Rösel, Der Flusskrebs, in dessen Insekten-Belustigungen. Thl. III. 1755. p. 307.

O. F. Müller, Entomostraca. 1785.

Cavolini, Abhandlung über die Erzeugung der Fische und der Krebse. 1792.

Ramdohr, Beiträge zur Naturgeschichte einiger deutschen Monokulus-Arten, in seinen mikrographischen Beiträgen zur Entomologie und Helminthologie. 1805.

Jurine, Mémoire sur l'Argule foliacé, in den Annales du Muséum d'histoire naturelle. Tom. 7. 1806. p. 431. — Histoire des Monocles. 1820.

Prevost, Mémoire sur le Chirocephale, als Anhang in Jurine's Histoire des Monocles. p. 201.

Cuvier, Mémoire sur les animaux des Anatifes et des Balanes, in den Mémoires du Muséum d'hist. nat. Tom. II. 1815. p. 85., auch in den Mémoires sur les Mollusques a. a. O.

Treviranus, Abhandlungen über den inneren Bau der ungeflügelten Insekten, in dessen vermischten Schriften anatomischen und physiologischen Inhalts. Bd. I. u. II. 1816—17.

Geveke, De Cancri Astaci quibusdam partibus. 1817.

Suckow, Anatomisch-physiologische Untersuchungen der Insekten und Krustenthiere. 1818.

Straus, Mémoire sur les Daphnia, in den Mémoires du Muséum d'hist. nat. Tom. 5. 1819. p. 380. — Mémoire sur le Cypris, ebendas. Tom. 7. 1821, p. 33. — Mémoire sur les Hiella, nouveau genre de Crustacés Amphipodes, ebendas. Tom. 18. 1829. p. 51. — Ueber Estheria dahalacensis, eine neue Gattung aus der Familie der Daphniden, in dem Museum Senckenbergianum. Bd. II. 1837. p. 117.

Brongniart, Mémoire sur le Limnadia, in den Mémoires du Muséum d'hist. nat. Tom. 6. 1820. p. 83.

Savigny in der Description de l'Egypte. Hist. nat. Crustacés. 1820—30.

Rathke, Anatomie der Idothea Entomon, in den neuesten Schriften der naturforschenden Gesellschaft in Danzig. Bd. I. 1820. p. 109. — Zur Fauna der Krym. 1836. — De Bopyro et Nereïde, commentationes anatomico-physiologicae duae. 1837. — Bemerkungen über den Bau des Dichelesthium Sturionis und der Lernaeopoda stellata, in den Nov. Act. Nat. Cur. Vol. 19. 1839. p. 127. — Beiträge zur Fauna Norwegens, ebendas. Vol. 20. 1843. p. 3.

Léon Dufour, Recherches anatomiques sur le Lithobius forficatus et la Scutigera lineata, in den Annales d. sc. nat. Tom. 2. 1824. p. 81.

Desmarest, Considerations générales sur la Classe des Crustacés. 1825.

J. Müller, Zur Anatomie der Scolopendra morsitans, in der Isis. 1829. p. 549.

John Thompson, Zoological researches and illustrations or natural history of nondescript or imperfectly known animals. Vol. I. Part. 1. (1831—34.)

Nordmann, Mikrographische Beiträge zur Naturgeschichte der wirbellosen Thiere. Heft II. 1832.

Zenker, De Gammari Pulicis historia naturali atque sanguinis circuitu commentatio. 1832.

Kutorga, Scolopendrae morsitantis anatome. 1834.

Roussel de Vauzème, Sur le Cyamus Ceti, in den Annales d. sc. nat. Tom. 1. 1834. p. 239.

Burmeister, Beiträge zur Naturgeschichte der Rankenfüsser. 1834. — Beschreibung einiger neuen oder weniger bekannten Schmarotzerkrebse, in den Nov. Act. Nat. Cur. Vol. 19. 1835. p. 271.

Martin St. Ange, Mémoire sur l'organisation des Cirripèdes, 1835., auch in den Mémoires présentés à l'Académie roy. des sciences de l'Institut de France. Tom. 6. 1835. p. 513.

Kollar, Beiträge zur Kenntniss der lernäenartigen Crustaceen, in den Annalen des Wiener Museums der Naturgeschichte. Bd. I. 1835. p. 79.

Milne Edwards, Histoire naturelle des Crustacés. 1834—40. — ferner desselben Artikel: Crustacea, in der Cyclopaedia of anatomy. Vol. I. p. 750.

John Coldstream, Cirrhopoda, in der Cyclopaedia of anatomy. Vol. I. p. 683.

Krøyer, Ueber die Schmarotzerkrebse, in dessen Naturhistorisk Tidsskrift. Bd. I. II. 1836—37., auch in der Isis. 1840. p. 702. und 1841. p. 187. — Ueber den Bopyrus abdominalis, ebendas. Bd. III. oder in der Isis. 1841.

p. 693. oder in den Annales d. sc. nat. Tom. 17. 1842. p. 142. — Monografisk Fremstilling af Slaegten Hippolytes Nordiske Arter. 1842.
Brandt, Beiträge zur Kenntniss des inneren Baues von Glomeris marginata, in Müller's Archiv. 1837. p. 320. — Recueil de mémoires relatifs à l'ordre des Insectes Myriapodes. 1841. (aus dem Bulletin scientifique publ. par l'Académie impér. de sciences de St. Pétersbourg. Tom. 5—9.).
van der Hoeven, Recherches sur l'histoire naturelle et l'anatomie des Limules. 1838.
Lovén, Evadne Nordmanni, ein bisher unbekanntes Entomostracon, in Wiegmann's Archiv. 1838. Bd. 1. p. 143.
Joly, Histoire d'un petit Crustacé (Artemia salina), in den Annales d. sc. nat. Tom. 13. 1840. p. 225. — Recherches zoologiques, anatomiques et physiologiques sur l'Isaura cycladoïdes, ebendas. Tom. 17. 1842. p. 293.
Zaddach, De Apodis cancriformis anatome et historia evolutionis. 1841.
Newport, On the organs of reproduction and the developement of Myriapoda, in the philosophical transactions. 1842. Part. II. p. 99., auch in Froriep's neuen Notizen. Bd. 21. p. 161. — On the structure and developement of the nervous and circulatory systems, and on the existence of a complete circulation of the blood in vessels in the Myriapoda and the Macrourous Arachnida, ebendas. 1843. Part. I. p. 243. auch in Froriep's neuen Notizen. Bd. 28. p. 177. oder in den Annales d. sc. nat. Tom. I. 1844. p. 58. oder in den Annals of natural history. Vol. 12. p. 223.
Rymer Jones, Myriapoda, in der Cyclopaedia of anatomy. Vol. 3. 1842. p. 544.
Lereboullet, Mémoire sur la Ligidie, in den Annales d. sc. nat. Tom. 20. 1843. p. 103.
Vogt, Beiträge zur Naturgeschichte der schweizerischen Crustaceen (Argulus und Cyclopsine), in den neuen Denkschriften der allgemeinen schweizerischen Gesellschaft für die gesammten Naturwissenschaften. Bd. 7. 1843.
Frey, De Mysidis flexuosae anatome commentatio. 1846.

Erster Abschnitt.

Von der äusseren Hautbedeckung und dem Hautskelete.

§. 263.

Bei den Crustaceen erscheint die äussere Hautbedeckung mehr oder weniger erhärtet und zu einem vielfach gegliederten Hautskelete umgeformt, welches bald eine lederartige, bald eine hornartige Beschaffenheit besitzt, am häufigsten aber eine harte, kalkige Schale darstellt.

Durch diese Verwandlung der Hautbedeckung der Krustenthiere in ein Schalengerüst hat dieselbe alle Fähigkeit, sich selbstständig zu contrahiren, eingebüsst, und da, wo sie an den Körperbewegungen, besonders in den Einschnitten und Gelenken des Leibes und seiner fühler- oder fussartigen Fortsätze Theil nimmt, ist diese Theilnahme immer eine passive, welche nur auf Faltungen und Biegungen der an den Gelenkeinschnitten angebrachten weichen Hautmasse beruht.

Mit diesem Erstarren der Hautbedeckung fällt zugleich das Auftreten einer eigenthümlichen, organischen Substanz zusammen, welche diesen lederartigen, hornigen oder kalkigen Schalen zur Grundlage dient, und als ein mit besonderen chemischen Eigenschaften ausgestatteter Stoff erkannt worden ist. Es ist dieser Stoff, welcher auch in den übrigen Klassen der Arthropoden einen Hauptbestandtheil des starren Hautskelets ausmacht, *Chitine* genannt worden, und durch seine Unlöslichkeit in Kali mit der Holzfaser verwandt, jedoch auch wieder von derselben durch ihren Stickstoffgehalt wesentlich verschieden [1]).

§. 264.

Was die histologische Zusammensetzung des Hautskelets der Krustenthiere betrifft, so ist darüber schwer etwas Allgemeines anzugeben, da dieselbe ausserordentlich variirt, und sowol in den verschiedenen Ordnungen und Familien dieser Thiere, wie an den verschiedenen Körpergegenden eines und desselben Thieres, den mannichfaltigsten Modificationen unterworfen ist [1]). In der Regel zeigt sich die Hautbedeckung, sie mag hart- oder weichschalig sein, aus einer grösseren oder geringeren Menge von Hautschichten zusammengesetzt, welche ausserordentlich dünne sind, und zugleich eine zartfaserige Structur besitzen. Nicht selten kann aber in diesen dünnen Hautlamellen kaum eine faserige Structur wahrgenommen werden, in vielen Fällen erscheinen sie sogar fast vollkommen homogen. Sehr häufig werden die verschiedenen Hautlamellen von Kanälen durchzogen, welche sich entweder in der Fläche derselben ausbreiten, oder sie rechtwinklich durchsetzen. Die Zartheit und Enge dieser Kanäle erreicht oft einen so hohen Grad, dass dieselben bei durchfallendem Lichte unter dem Mikroskope nur als schwarz gefärbte Linien oder Punkte erkannt werden [2]). Zuweilen lässt sich in dem Hautskelete gewisser Crustaceen eine deutliche Zellenstructur unterscheiden, indem nämlich die Haut hier und da das Ansehen eines Netzes darbietet, welches eine Menge rundlicher oder polyedrischer Maschen einschliesst. Diese Netz- und Maschenbildung ist gewiss dadurch entstanden, dass sich die Wandungen von vielen, in einer Fläche zusammengedrängten Zellen verdickt haben und unter

---

1) Diese Chitine, welche früher für Hornsubstanz gehalten worden ist, wurde zuerst durch die auf Insekten sich beziehenden Untersuchungen Odier's bekannt (s. Mémoires de la société d'histoire naturelle de Paris. Tom. I. 1823. p. 29.). In neuester Zeit hat C. Schmidt (zur vergleichenden Physiologie der wirbellosen Thiere. 1845. p. 32.) über diese merkwürdige Substanz sehr umfassende Untersuchungen angestellt, und gefunden, dass das Hautskelet der Crustaceen sich in seiner chemischen Zusammensetzung ganz wie das der Insekten verhält.

1) Die wenigen, bisher über die feinere Structur des Hautskelets der Crustaceen angestellten Untersuchungen rühren von Valentin her. Vergl. dessen Repertorium für Anatomie und Physiologie. Bd. I. 1836. p. 122.

2) Bei Astacus, Apus, Julus und Glomeris. In der allgemeinen Hautbedekung der genannten Myriapoden sind diese Hautkanäle ziemlich weit, und daher nicht als schwarze Linien zu erkennen.

einander verschmolzen sind. In den kalkigen Schalen geht der kohlensaure und phosphorsaure Kalk eine so innige Verbindung mit der Chitine ein, dass fast nirgends Kalkerde mechanisch abgelagert angetroffen wird [3]). Die Kalkablagerung fehlt immer an denjenigen Stellen des Hautskelets, welche als Respirationsorgane zu fungiren haben. — Die Pigmente kommen entweder als sehr fein zertheilte Körnchen in den verschiedenen Hautschichten vor, oder sie haben in gleichmässiger Auflösung die Schichten des Hautskelets durchdrungen. In gewissen Fällen sind die Farbestoffe in polyedrischen Zellen enthalten, welche eine einfache Schicht unter der durchsichtigen, allgemeinen Hautbedeckung bilden, oder es schimmern strahlenförmig verästelte Pigmentzellen bald einzeln, bald zu einem Netze vereinigt durch die farblose Haut hindurch. Bei verschiedenen niederen Crustaceen rührt die rothe, grüne oder blaue Farbe oft von Oeltropfen her, welche in der von der durchsichtigen Hautbedeckung umgebenen Leibeshöhle eingeschlossen sind [4]).

Die Höcker, Stacheln, Borsten, einfachen oder gefiederten Haare, welche meist eine Höhle oder einen Kanal im Innern besitzen, und die äussere Oberfläche oder die Ränder an den verschiedenen Stellen des Hautskelets besetzt halten, sind immer unmittelbare Fortsetzungen und Auswüchse der Hautbedeckung, und enthalten wie diese als charakteristischen Bestandtheil Chitine.

An keinem Crustaceum, so wie überhaupt an keinem Arthropoden bildet sich, mag die allgemeine Hautbedeckung, wie z. B. an den Respirationsorganen, auch noch so zart sein, auf derselben ein Flimmerepithelium aus [5]). Es scheint dieser Mangel an Flimmerorganen wahrscheinlich mit der Anwesenheit der Chitine zusammenzufallen.

Die innere Fläche des Hautskelets ist in der Regel noch mit einer besonderen, zarten, faserigen Hautschicht ausgekleidet, welche einer inneren Beinhaut entspricht und bei dem Häutungsprozesse, dem alle Crustaceen unterworfen sind, gewiss eine sehr wichtige Rolle spielt, indem wahrscheinlich von diesem inneren Hautüberzuge der Stoff für

---

3) Nach Valentin (a. a. O. p. 124.) soll in den Hautkanälen des Flusskrebses kohlensaurer Kalk abgelagert liegen, was mir zu beobachten nicht geglückt ist.

4) Bei Cyclops, Cyclopsina und anderen Entomostraceen.

5) Es ist zwar von Templeton (in the transactions of the entomological society. Vol. I. p. 195. Pl. 21. Fig. 9. a. und b.) bei Calanus arietis, einem mit Cyclopsina castor verwandten Thierchen, an den Enden der beiden langen Fühler ein Borstenpaar beobachtet worden, welches mit einer Reihe Flimmercilien besetzt gewesen sein soll, allein hierdurch kann meine obige Behauptung vor der Hand noch nicht entkräftet werden, da man schon öfters ein Flimmerphänomen an Organen gesehen haben wollte, an welchen in Wahrheit keine Flimmercilien existirten; jedenfalls sind noch andere Beobachtungen abzuwarten, welche wol schwerlich Templeton's Angabe bestätigen werden.

die neu zu bildende Hautbedeckung schichtweise nach aussen abgesetzt wird.

§. 265.

Ausser dem Hautskelete kommt bei den Cirripedien noch eine Körperbedeckung vor, welche ganz an den Mantel und an die Schalen der Acephalen erinnert. Der Körper dieser Rankenfüssler, welcher mit seinen gegliederten Fortsätzen zwar zunächst von einem Chitine enthaltenden Hautskelete umgeben ist, steckt nämlich noch in einer besonderen Mantelhülle, welche äusserlich mit bald mehr, bald weniger, theils beweglich, theils unbeweglich unter einander verbundenen Kalkschalen belegt ist, und bei den Lepadeen in einen röhrenförmigen Fortsatz ausläuft. Diese mantelartige Hülle mit ihren Ligamenten, welche die beweglichen Verbindungen der äusseren Schalen bewerkstelligen, so wie mit ihrem fussartigen Röhrenfortsatze besitzt ein eben solches lamelliges Chitingewebe, wie das eigentliche Hautskelet der Crustaceen, und ist von einer dünnen Schicht dunkler Pigmentzellen ausgekleidet. Die Schalen der Cirripedien dagegen weichen wesentlich von dem kalkigen Gehäuse der übrigen Krustenthiere ab. Dieselben nehmen an dem Häutungsprozesse, dem das eigentliche Hautskelet sammt dem Mantel der Cirripedien regelmässig unterworfen ist [1]), gar keinen Antheil, und stimmen in ihrer Structur und chemischen Zusammensetzung mit manchen Bivalven überein [2]). Nur die Balaniden machen in Bezug auf ihre Schalenstructur eine merkwürdige Ausnahme, indem ein Theil ihrer Schalen, nämlich die senkrecht stehenden Wandungen in verticaler Richtung und die untere horizontale Wand in radialer Richtung von einer Menge neben einander hinlaufender, nach unten oder nach aussen weiter werdender Röhren durchzogen wird. Diese Röhren, welche den beweglichen Operkeln des Gehäuses und bei der Gattung Balanus den quergestreiften, zwischen den längsgestreiften Schalenstücken unbeweglich eingefügten Stücken fehlen, erscheinen häufig seitlich zusammengedrückt, und durch unvollkommene Längsscheidewände in ihrem Inneren tief gefurcht oder durch vollkommene Querscheidewände vielmals unterbrochen [3]). Die

1) Dass die Cirripedien, gleich den übrigen Crustaceen, ihre Haut von Zeit zu Zeit vollständig abwerfen, wurde bereits von Thompson (zoological researches a. a. O. p. 79. Pl. 10. Fig. 1.) an Balanus pusillus beobachtet. Auch ich fand häufig die ganze Haut mit allen Cirren und Fortsätzen, so wie mit dem Mantel, welcher innerlich die Kalkschale dieses Rankenfüsslers auskleidet, abgestreift und von dem Thiere ausgeworfen, welche Procedur diese kleinen Balanen während der Gefangenschaft in unregelmässigen und oft sehr kurzen Zwischenräumen, nach zwölf, acht, ja nach sechs und fünf Tagen wiederholten.

2) Vergl. Schmidt a. a. O. p. 60.

3) Vergl. Poli a. a. O. Tab. IV. Fig. 6—10., Rapp in Wiegmann's Archiv. 1841. Bd. I. p. 168. und Coldstream in der Cyclopaedia a. a. O. p. 685.

horizontale, den Boden des Gehäuses bildende Kalkwand ist bei Coronula in der Mitte durchbrochen und auf der unteren Fläche ausgehöhlt, die dadurch entstandene Höhlung erscheint von einer Menge symmetrisch angeordneter, verticaler Scheidewände in Kammern getheilt, welche von einer fibrösen Masse ausgefüllt werden [4]. Bei Tubicinella fehlt die horizontale Kalkwand ganz und gar, und die untere Mündung des cylindrischen Gehäuses wird hier allein durch fibröse Masse verschlossen. Diese fibröse Masse, mit welcher Coronula und Tubicinella zugleich an fremde Körper fest gewachsen sind, kann mit dem Stiele der Lepadeen verglichen werden, der bei jenen Cirripedien ein innerer geworden und von dem Gehäuse überwachsen ist. — Das Wachsthum der Cirripedien-Schalen wird übrigens ganz nach ähnlichen Gesetzen, wie bei den zwei- und vielschaligen Mollusken, vor sich gehen, was sich an dem Verlaufe der Wachsthumsstreifen jener Schalen deutlich verräth.

§. 266.

Die äussere Form und Zahl der verschiedenen Abschnitte des Hautskelets, welche ausserordentlich vermehrt, aber auch durch Verschmelzung und Verkümmerung ausserordentlich vermindert sein können, wird von der beschreibenden Zoologie bei der systematischen Eintheilung und Charakterisirung der Ordnungen, Unterordnungen, Familien, Gattungen u. s. w. so genau in Betracht gezogen, dass hier füglich darauf verwiesen werden kann [1].

Auf der inneren Fläche des Hautskelets erheben sich in vielen Krustenthieren an den verschiedensten Stellen der Leibeshöhle Fortsätze und Auswüchse der mannichfaltigsten Gestalt, welche entweder den Muskeln und Sehnen zum Ansatze dienen, oder zur Trennung und Aufbewahrung gewisser Organe Scheidewände und abgeschlossene Räume bilden.

---

4) Vergl. über Coronula diadema und balaenaris Chemnitz, neues Conchylien-Cabinet. Bd. 8. p. 319. Taf. 99. Fig. 844. u. 846., Lamarck, in den Annales d. Mus. d'hist. nat. Tom. I. p. 461. Pl. 30. Fig. 3. und Burmeister, Beiträge a. a. O. p. 34. Taf. 1. Fig. 2. u. 3.

1) Vergl. Savigny, Mémoires a. a O. Part. I. und Erichson, über zoologische Charaktere der Insekten, Arachniden und Crustaceen, in dessen Entomographien. Hft. I. 1840. p. 1. Taf. II.

Zweiter Abschnitt.

Von dem Muskelsysteme und den Bewegungs-Organen.

§. 267.

Die willkürlichen Muskeln der Krustenthiere bestehen durchweg aus quergestreiften Muskelfasern, und zeichnen sich ausserdem noch durch ihre gänzliche Farblosigkeit aus [1]).

Die Insertionen der Muskeln finden immer innerhalb des Hautskelets entweder unmittelbar an der inneren Fläche der Hautbedeckung oder an nach innen hervorragenden Fortsätzen derselben Statt. Diese Fortsätze sind häufig sehr verlängert und haben dann ein sehnenartiges Ansehen, unterscheiden sich aber sowol in ihrer feineren Structur, wie in ihrer chemischen Zusammensetzung wesentlich von dem Sehnengewebe, indem sie aus platten und ungekräuselt gerade neben einander hinlaufenden Fasern zusammengesetzt sind, und als unmittelbare Fortsätze des Hautskelets auch von einer Chitinverbindung gebildet werden.

Die einzelnen Muskeln stellen meistens bandartige Streifen dar, und kommen besonders in solchen Gegenden des Körpers gehäuft vor, wo grosse Beweglichkeit und starke Kraftäusserung entwickelt werden soll, daher gewisse Räume im Innern des Hautskelets zur Aufnahme von ansehnlichen Muskelpartien zu weiten Höhlen und Röhren oft unverhältnissmässig ausgedehnt sind. In der Regel sind die Beugemuskeln auf der Bauchseite, und die antagonistischen Streckmuskeln dagegen auf der Rückenseite des Körpers angebracht. Die Flexoren übertreffen immer als die kräftigeren Muskeln die Extensoren an Umfang. Gewöhnlich begeben sich die Muskeln von einem Segmente des Hautskelets zu dem nächstfolgenden, um das dazwischen liegende Gelenk zu beugen oder zu strecken. Der Verlauf der Muskeln ist meistens gerade, doch kommen besonders da, wo verschiedene Schichten von Muskeln über einander liegen, auch schiefe und sich kreuzende Muskeln vor [2]), nur in seltenen Fällen werden querlaufende Muskeln angetroffen [3]).

Das ganze Muskelsystem steht in den verschiedenen Ordnungen der Crustaceen auf sehr ungleichen Stufen der Entwickelung, indem dasselbe in seiner Ausbildung und Zusammensetzung nach der einen

---

1) Ueber die quergestreiften Muskeln des Astacus vergleiche man Will in Müller's Archiv. 1843. p. 358.

2) Im Schwanze vieler Decapoden und in den Leibesringeln der Myriapoden.

3) In den Myriapoden gehen auf der Bauchfläche quere Muskeln rechts und links von der Mittellinie nach den Seiten der Leibesringe ab, und bei den Lernaeodeen und Ergasilinen ziehen sich unter der Haut, ausser verschiedenen Längsmuskeln, auch Quermuskeln hin.

Seite hin mit der Vervielfältigung der Gliederung des Hautskelets gleichen Schritt hält [4]), und nach der anderen Seite hin mit der Verschmelzung und Verkümmerung der Leibessegmente ebenfalls verkümmert [5]).

§. 268.

Die eigentlichen Bewegungsorgane der Krustenthiere erscheinen im Allgemeinen sehr vermehrt, da sehr häufig alle Leibesringel vom Kopfe bis zum Schwanzende dieser Thiere, nämlich die drei den Brustringen der Insekten entsprechenden Segmente, so wie die übrigen Segmente des vielringeligen Hinterleibes mit einem Paar gegliederter Fortsätze besetzt ist. In der Ordnung der Myriapoden trägt jedes Körpersegment der Chilognathen sogar zwei Fusspaare [1]). Die Gestalt dieser fussartigen Fortsätze der Leibessegmente ist aber den verschiedenartigsten Modificationen unterworfen, wobei sogar auch die Function dieser Organe eine ganz andere wird [2]). Am constantesten behalten die Fusspaare der fünf vorderen Segmente des Hinterleibes ihre Bedeutung

---

4) Ein sehr entwickeltes Muskelsystem wird bei den Decapoden, Stomapoden, Amphipoden, Isopoden, Myriapoden, Poecilopoden und Phyllopoden angetroffen. Vergl. Geveke, de Cancri Astaci quib. part. etc. p. 7. Fig. 1—7., Suckow, anat. physiol. Untersuch. a. a. O. p. 64. Taf. 9. u. 10. von Astacus fluviatilis, Milne Edwards, hist. nat. d. Crust. a. a. O. Tom. I. p. 155. Pl. 13. von Homarus marinus, Kutorga, Scolopendr. morsit. anat. a. a. O. p. 12. Tab. II. Fig. 1. u. 2., van der Hoeven, recherch. sur l'hist. nat. et l'anat. d. Limulus a. a. O. p. 24. Pl. 3., Zaddach, de Apodis cancriformis anat. a. a. O. p. 4. Tab. 1. u. 3.

5) Diese Verkümmerung des Muskelsystems findet bei den niederen parasitischen Crustaceen oft in einem hohen Grade Statt, so dass hier, ausser den wenigen, für die verkümmerten Tast- und Bewegungs-Organe bestimmten Muskeln, nur noch einige Längs- und Quermuskeln unter der allgemeinen Hautbedeckung des fast ungegliederten Rumpfes vorkommen. Vergl. Nordmann, micrograph. Beiträge. Hft. II. p. 6. etc. Taf. I. V. u. VII. von Lamproglena, Achtheres und Tracheliastes, Rathke in den Nov. Act. Nat. Cur. Tom. 19. p. 141. Tab. 17. Fig. 2. u. 3. von Dichelestium, Pickering und Dana in der Isis. 1841. Taf. 4. von Caligus.

1) Diese Abnormität, an welcher die drei zunächst hinter dem Kopfe gelegenen Körperringel keinen Theil haben, ist vielleicht dadurch hervorgerufen worden, dass immer je zwei und zwei Leibessegmente zu einem einzigen verschmolzen sind.

2) In der Deutung der beweglichen Fortsätze, welche die verschiedenen Leibesabschnitte der Krustenthiere besetzt halten, bin ich meist den Grundsätzen Erichson's (s. dessen Entomographien a. a. O.) gefolgt, weil sich diese am consequentesten und durchaus ungezwungen durchführen lassen. In denjenigen Fällen, in welchen diese Betrachtungsweise Erichson's auch den Schein des Gezwungenen annimmt, schwindet dieser Schein, wenn man auf die Entwickelungsgeschichte der Crustaceen zurückgeht. Diese liefert um so leichter den Schlüssel zu manchen schwierigen morphologischen Fragen, als gerade die Metamorphose der Krustenthiere allmälich und meist ohne Sprünge vor sich geht.

als Bewegungsorgane, nehmen aber bald die Gestalt von Schreitfüssen, bald die von Klammer- oder Ruderfüssen an. Als Klammerfüsse sind die letzten Fussglieder der Beine immer mit spitzen, stark gekrümmten Krallen bewaffnet, und als Ruderfüsse haben sich die einzelnen Glieder der Extremitäten in breite Blätter umgestaltet, deren Ränder gewöhnlich mit vielen steifen Borsten oder befiederten Haaren dicht besetzt sind. Die Bewegungsorgane der drei Brustsegmente drängen sich meist nach vorne gegen den Mund und werden alsdann in Kieferfüsse verwandelt, welche, je nach ihrer verschiedenen Metamorphose, entweder als Kauwerkzeuge oder als Tast- und Greiforgane fungiren. Noch wandelbarer zeigen sich die fussartigen Fortsätze der hinteren Segmente des Hinterleibes, indem dieselben, in falsche oder Afterfüsse umgeformt, theils als Ruder- oder Strudelorgane, theils als Respirationswerkzeuge dienen, oder bei dem Fortpflanzungsgeschäfte theils als Begattungsorgane, theils als Träger der Eier benutzt werden. So lange diese Bewegungsorgane Geh- oder Greifwerkzeuge sind, lassen sich an ihnen sechs Abschnitte unterscheiden, nämlich 1) die ***Coxa***, 2) der meistens mit einer Naht versehene ***Trochanter***, 3) das ***Femur***, 4) die ***Tibia***, 5) der ***Metatarsus*** und 6) der ***Tarsus***, dessen Spitze bei den Schreitfüssen häufig in eine kurze, aber unbewegliche Kralle ausläuft. Bei den Ruderfüssen erscheinen die einzelnen Abschnitte derselben mehr oder weniger abgeplattet und verbreitert; als Greifwerkzeuge können diese Organe die Gestalt von Raubfüssen annehmen, in welchem Falle das ganze Tarsenglied sich in eine stark gekrümmte Kralle umformt, die gegen den Metatarsus umgeschlagen werden kann, oder dieselben verwandeln sich in Scheerenfüsse, indem der Metatarsus sich handartig verdickt und nach vorne in einen unbeweglichen Fortsatz (***Index***) ausläuft, gegen welchen das Tarsalglied (***Pollex***) fingerartig angedrückt werden kann.

Durch solche Metamorphosen oder durch gänzliches Verkümmern der Bewegungsorgane lassen sich ohngefähr folgende Haupttypen der verschiedenen Crustaceenformen herausfinden.

1. Die Myriapoden bewahren an allen ihren Leibesringeln eine ziemlich gleichmässige Form von Schreitfüssen, nur bei den Chilopoden erscheint das vordere und mittlere Fusspaar des einem Thorax entsprechenden ersten Körperabschnittes in klauenartige Taster umgewandelt.

2. Bei den Isopoden, Laemodipoden und Amphipoden ist das erste Fusspaar des Thorax zu einem Tastorgane geworden, bei der letztgenannten Ordnung hat sich ausserdem noch das zweite und dritte Fusspaar der Brust zu klauentragenden Greiforganen umgebildet. Die fünf vorderen Fusspaare des Hinterleibes haben als Schreitfüsse sowol bei den Isopoden wie Amphipoden keine Metamorphose erlitten, da-

gegen haben sich die übrigen hinteren Fusspaare des Hinterleibes bei den Isopoden in plattenförmige Respirationsorgane und bei den Amphipoden in kurze, sehr bewegliche Fortsätze verwandelt, welche letzteren mit einer doppelten ein- oder vielgliederigen Ranke endigen und bald als Ruder-, bald als Strudelorgane gebraucht werden.

3. An den Decapoden sind alle drei Fusspaare des gänzlich geschwundenen Thorax in tasterartige Mundtheile übergegangen, während das erste Fusspaar der vorderen Hinterleibsringel sich in der Regel zu kräftigen, scheerenartigen Greiforganen umgebildet hat, und die vier darauf folgenden Bewegungsorgane Schreitfüsse geblieben sind. Die Afterfüsse des schwanzartigen Hinterleibsendes der Decapoden erscheinen zu rankenartigen oder stielartigen Fortsätzen verkümmert, welche sich bei dem Fortpflanzungsgeschäfte betheiligen. Bei den Squillinen haben die drei Fusspaare der Brust nebst den beiden ersten Fusspaaren des vorderen Theiles des Hinterleibes die Gestalt von Raubfüssen angenommen, wogegen die drei folgenden Fusspaare sich als Schreitfüsse erhalten haben, und alle Bewegungsorgane der übrigen hinteren Leibesringe in blätterförmige Flossenfüsse übergegangen sind.

4. In der Abtheilung der niederen Krustenthiere, welche man gewöhnlich als Entomostraceen zusammen zu fassen pflegt, zeigt sich die Mundöffnung an dem durch gänzliche Verschmelzung des Kopfes und der Brust entstandenen Cephalothorax so weit nach hinten gerückt, dass das erste Fusspaar vor demselben angebracht erscheint. Die Bewegungswerkzeuge stellen hier in der Regel Ruder- oder Klammer-Organe vor. Eine sehr eigenthümliche Bildung bieten die drei ersten Fusspaare der Poecilopoden dar, welche mit den drei Paar Kiefern in Scheerenfüsse verwandelt sind. Bei den Phyllopoden und Lophyropoden besitzt das erste und zweite Fusspaar ein antennenartiges Ansehen, von denen bald das erste, bald das meistens verästelte zweite Paar als Ruderorgan dient[3]). Die Bewegungsorgane der vorderen Ringe des Hinterleibes, deren Zahl zuweilen ausserordentlich vermehrt ist, bilden sich bei den genannten Entomostraceen-Ordnungen in der Regel zu Ruderfüssen aus, wobei jedoch die Bewegungsorgane der hinteren Leibesringel ganz ausbleiben.

---

3) Bei Cyclops, Cyclopsina und Cypris hat sich das erste antennenartige Fusspaar zu einem Ruderorgan entwickelt, bei Apus, Limnadia, Daphnia, Polyphemus dagegen ist das zweite fühlerartige und verästelte Fusspaar ein Ruderorgan geworden. Ganz abweichend hiervon zeigen sich die Branchipoden, deren eines vorderes Fusspaar sich in zwei wenig bewegliche, hakenförmige oder fingerförmig getheilte und spiralig aufgerollte Fortsätze umgewandelt hat, welche in den Embryonen und jüngeren Thieren sich deutlich als Ruderorgane zu erkennen geben. Vergl. Jurine, hist. d. Monocles a. a. O. Pl. 20. Fig. 9., Pl. 21. Fig. 1. u. 2. von Chirocephalus, so wie Joly in den Annales d. sc. nat. Tom. 13. Pl. 7. von Artemia.

5. Eine sehr auffallende Metamorphose geht mit dem ersten Fusspaare des Thorax der Cirripedien vor, indem sich dasselbe bei den Lepadeen in den weichen Fuss und bei den Balanodeen in das Kalkgehäuse verwandelt [4]). Die übrigen sechs Paar Bewegungsorgane bilden sich zu vielgliederigen Rankenfüssen aus, wobei der Hinterleib in einen fusslosen Schwanz ausläuft. Von diesen Rankenfüssen werden die drei vorderen kürzeren Paare als Tastorgane, die drei hinteren längeren dagegen als Strudelorgane gebraucht.

6. Bei den Siphonostomen rückt die Mundöffnung noch weiter nach hinten, wobei die Zahl der Füsse sich vermindert, so dass alle drei, dem Thorax entsprechenden Fusspaare, wenn sie vorhanden sind, vor dem Maule angebracht erscheinen. An den Caliginen und Ergasilinen stellen die Brustfüsse Klammerorgane dar, wogegen die Hinterleibsfüsse sich zu rudimentären Flossen umgestaltet haben; nur bei Argulus hat das erste Paar der Hinterleibsfüsse die Form von Saugnäpfen angenommen, während die darauf folgenden übrigen Bewegungsorgane Ruderfüsse geworden sind. Bei den Lernaeodeen gehen die Bewegungsorgane des Hinterleibes ganz verloren und nur einige vordere Klammerfüsse bleiben übrig, von welchen das eine Paar sich bei verschiedenen Gattungen armartig verlängert und an den beiden Spitzen zu einem knopfartigen Haftorgane vereinigt [5]); zuweilen schwinden diese Arme bis auf das knopfartige Haftorgan [6]). Bei den Penellinen beschränken sich die Bewegungsorgane nur auf kleine ungegliederte Stummeln, oder es schwinden auch diese Fussrudimente und das Kopfende des ungeringelten Leibes wächst in steife, gabelige Hornfortsätze aus, mit welchen diese Parasiten im Parenchyme anderer Thiere eingebohrt stecken [7]).

§. 269.

Gewisse Krustenthiere sind vermöge ihrer eigenthümlichen Körperform noch mit ganz besonderen Bewegungsapparaten ausgestattet. Bei den Cypridinen, deren Körper mit einer zweiklappigen Schale überwachsen ist, bewegen sich die beiden Hälften derselben durch eine Art Schloss, und sind an ihrer inneren Fläche gegen den Rücken des Thieres hin Muskelfasern angebracht, welche, wie bei den Bivalven, als Schliessmuskeln wirken. Die Cirripedien besitzen einen ausgezeichneten, quer laufenden Schliessmuskel, welcher sowol bei den Balanodeen wie Lepadeen in dem vorderen, dem Kopfende zunächst gelegenen Winkel der fast immer von Operkeln umgebenen Mantel-

---

4) S. Thompson, zool. researches a. a. O. Pl. IX. Fig. 3. von Balanus, und Burmeister, Beiträge a. a. O. Taf. I. Fig. 3—5. von Lepas.

5) Bei Tracheliastes, Achtheres, Brachiella.

6) Bei Anchorella.

7) Bei Lernaea, Lernaeocera.

spalte angebracht ist [1]). In demselben Winkel der Mantelspalte steht der Körper aller Cirripedien theils durch ihre Hautbedeckung, welche hier vom Vorderende des Leibes zur Auskleidung der Mantelhöhle abgeht, theils durch verschiedene Muskeln mit dem Mantel in Verbindung. Diese Muskeln entspringen am Vorderleibsende der verkehrt in der Mantelhöhle liegenden Thiere, sowol von der nach oben gerichteten Bauchseite, wie von der nach unten gekehrten Rückenseite, so dass die Thiere durch die Contractionen jener oberen Bauchmuskeln, bei erschlafftem Schliessmuskel der Operkeln, zwischen der Mantelspalte hervorgeschoben und durch die Contractionen der unteren Rückenmuskeln in die Mantelhöhle wieder zurückgezogen werden können [2]).

Dritter Abschnitt.

Von dem Nervensysteme.

§. 270.

Das Nervensystem der Crustaceen zeigt in den verschiedenen Ordnungen dieser Arthropoden eine bald höhere, bald geringere Entwickelung [1]). Die Centralmasse desselben stellt ein Bauchmark dar, mit welchem in der Regel eine Gehirnganglienmasse durch einen Schlundring verbunden ist. Das Bauchmark wird bei den langgestreckten, aus vielen hinter einander liegenden und durch Längskommissuren unter einander verbundenen Ganglienpaaren zusammengesetzt. Diese Bauchganglienkette verkürzt sich aber bei verschiedenen Krustenthieren theils durch Verschmelzung, theils durch Ausbleiben von Ganglienpaaren in dem Grade, als das Hautskelet dieser Thiere durch Aneinanderrücken, durch Verschmelzung und Verminderung der Körpersegmente verkürzt wird. Bei den Macruren, Stomapoden, Amphipoden und Isopoden können ohngefähr zehn bis dreizehn Ganglienpaare von ungleicher Grösse am Bauchmarke gezählt werden. Die einzelnen Ganglienpaare liegen meistens in der Mitte der Brust- und Bauchsegmente und sind durch seitliche Fortsätze des Hautskelets, welche

---

1) Vergl. Poli a. a. O. Tab. IV. Fig. 3. J., Cuvier, Mémoires a. a. O. p. 5. Fig. 2. u. 7. e., Fig. 11. A., und Martin St. Ange, Mémoires a. a. O. p. 15. Pl. 2. Fig. 18. S.

2) Vergl. Poli a. a. O. Tab. IV. Fig. 13. y. z. und Fig. 17., Cuvier a. a. O. p. 5. Fig. 18. b. b., und Martin St. Ange, Mémoires a. a. O. p. 14. Pl. 2. Fig. 17. und 19. J.

1) Eine allgemeine Uebersicht über die Anordnung des Nervensystems in den verschiedenen Abtheilungen der Crustaceen lieferten Audouin und Milne Edwards in den Annales d. sc. nat. Tom. 14. 1828. p. 77. Pl. 2—6. Vergl. ferner Milne Edwards, hist. nat. d. Crust. a. a. O. Tom. 1. p. 126. Pl. 11. und seinen Artikel: „Crustacea" in der Cyclopaedia a. a. O. p. 762.

sich von der inneren Fläche dieser Segmente erheben, mehr oder weniger geschützt und abgeschlossen. Der Umfang der einzelnen Ganglienpaare richtet sich nach der Entwickelung der verschiedenen, ihnen angehörigen Körpersegmente und deren Anhänge, daher fast durchweg die Brust- und vorderen Bauchganglien, so wie das letzte Schwanzganglion sehr starke Anschwellungen bilden, indem diese Ganglien die verschiedenen Scheeren-, Raub-, Schreit- und Schwimm-Füsse, so wie die meist sehr entwickelten Schwanzklappen mit Nerven zu versorgen haben. Ausserordentlich vermehrt, jedoch von gleicher Grösse, erscheinen die Ganglien an dem Bauchmarke der Myriapoden. Sehr häufig haben sich die einzelnen Ganglienpaare durch seitliche Verschmelzung zu einer einzigen Ganglienmasse vereinigt, wobei gewöhnlich die doppelten Längskommissuren sich mehr oder weniger genähert haben oder zu einem einzigen Verbindungsstrange verschmolzen sind. Bei gewissen Crustaceen zeigen sich mehre hinter einander liegende Bauchganglien so nahe an einander gerückt, dass die Längskommissuren ganz geschwunden sind; bei den Brachyuren hat sich sogar das ganze Bauchmark zu einer einzigen grossen und centralen Ganglienmasse zusammengezogen.

Die peripherischen Nerven treten stets aus den Ganglien des Bauchmarks hervor, nur selten geben auch die Längskommissuren desselben Seitennerven ab. Die über oder vor dem Schlunde gelegene Gehirnmasse, welche aus einem bald mehr, bald weniger verschmolzenen, ansehnlichen Ganglienpaare besteht, gibt vorzugsweise ihre Nerven an die Sinnesorgane ab; diese Gehirnmasse fehlt in denjenigen niederen Crustaceen, welche ihre Sinnesorgane durch rückschreitende Metamorphose eingebüsst haben, wobei gewöhnlich auch die beiden, von dem vordersten Brustganglion abgehenden, den Oesophagus umfassenden Gehirnkommissuren verschwunden sind.

§. 271.

Die feinere Structur des Nervensystems lässt sich bei mehren Crustaceen-Ordnungen durch Zergliederung und Mikroskop ziemlich deutlich unterscheiden [1]), indem die Elementartheile desselben nicht so ausnehmend zart gebildet sind, wie dies bei mehren bisher besprochenen Klassen der wirbellosen Thiere der Fall gewesen ist. Die von einem sehr zartfaserigen Neurileme umschlossenen Nerven mancher Krustenthiere enthalten bisweilen so starke Nerven-Primitivfäden, dass bei der Untersuchung solcher einzelner primitiver Fäden dieselben von doppelten Contourlinien eingefasst erscheinen und ihr ursprüngliches Ansehen durch varicöse Anschwellungen allmälich verloren geht [2]).

---

1) Vergl. Helmholtz, de fabrica syst. ner. evertebr. a. a. O. p. 17.

2) Vergl. Ehrenberg, unerkannte Structur a. a. O. p. 56. Tab. VI. Fig. 3. bis 5. von Homarus marinus, Astacus fluviatilis und Palaemon squilla; die vari-

In den Ganglien fallen die Ganglienkugeln als sehr ansehnliche, einen unverhältnissmässig grossen Kern nebst Kernkörperchen enthaltende Zellen von rundlicher und zuweilen von birnförmiger Gestalt sehr leicht in die Augen [3]). Was den Verlauf und die Anordnung der primitiven Nervenfäden innerhalb der Ganglien des Bauchmarks betrifft, so kann man bei gewissen Crustaceen zweierlei Arten von Primitivfäden unterscheiden. Die eine Art läuft ununterbrochen über alle Bauchganglien hinweg und hilft so die Längskommissuren bilden. Die andere Art dagegen drängt sich zwischen die Ganglienkugeln hindurch und setzt, indem sie seitlich aus den Ganglien hervortritt, die verschiedenen peripherischen Nerven zusammen [4]).

§. 272.

Bei der specielleren Betrachtung des Nervensystems, je nach den einzelnen Ordnungen der Crustaceen, lässt sich noch folgendes als bemerkenswerth hervorheben [1]).

---

cösen Anschwellungen sind jedoch in einzelnen dieser Abbildungen zu regelmässig dargestellt. S. ferner Hannover, recherches a. a. O. p. 68. Tab. 6. Fig. 76. c. e.

3) Vergl. Hannover a. a. O. p. 67. Fig. 75. u. 76. a. von Astacus fluviatilis, ferner Valentin in den Nov. Act. Nat. Cur. Tom. 18. a. a. O. p. 210. Tab. 9. Fig. 72—85. Letzterer will in den Bauchganglien des Flusskrebses die Ganglienkugeln in zwei Gruppen, in eine rechte und linke, symmetrisch geordnet angetroffen und im Schwanzganglion desselben Krustenthieres sogar zwei solche hinter einander liegende, doppelte Gruppen von Ganglienkugeln beobachtet haben.

4) Diese zwei Arten von Primitivfäden konnte Valentin (a. a. O. p. 211.) in dem Bauchmarke des Flusskrebses deutlich unterscheiden. Sehr ausführliche und mit vielen Abbildungen ausgestattete Beobachtungen über die Anordnung der Nervenfäden im Bauchmarke der Myriapoden haben wir Newport zu verdanken, vergl. dessen oben angeführte Abhandlung in den philosoph. transactions. 1843. p. 243. Pl. XI., im Auszug in Froriep's neuen Notizen. Bd. 28. p. 177., oder in den Annals of nat. hist. Vol. XII. p. 223. oder in den Annales d. sc. nat. 1844. Tom. I. p. 58. Nach Newport's Untersuchungen können an dem Bauchmarke der Myriapoden vier Partieen von Nerven-Primitivfäden unterschieden werden. Eine obere und eine untere, der Länge nach verlaufende Partie sollen die motorischen und sensibeln Nerven von einander getrennt enthalten; eine dritte Partie besteht aus transversalen Primitivfasern, welche in den Ganglien von der einen Seite quer nach der anderen hinüberlaufen; als vierte Partie wird ein Bündel von Primitivfasern bezeichnet, welcher an den Seiten der Längskommissuren von dem einen Ganglion zu dem nächst folgenden herablaufen. Diese letzteren Nervenfäden werden von Newport Verstärkungsfäden genannt. Jeder aus diesem so construirten Bauchmarke der Myriapoden hervortretende peripherische Nervenstamm soll nun Primitivfäden dieser vier Partieen enthalten, wodurch sich die verschiedenen Mitbewegungen und Reflexionserscheinungen der den gereizten Extremitäten gegenüber liegenden Extremitäten durch die transversalen Primitivfäden, und die Reflexbewegungen der hinteren Extremitäten bei Reizung der vorderen und umgekehrt durch die Verstärkungsfäden vermittelt werden.

1) Wenn bei diesen Untersuchungen von dem bisher befolgten Wege abgewichen und die entgegengesetzte Richtung eingeschlagen wird, indem das Ner-

In den Macruren, deren Nervensystem auf der höchsten Stufe der Entwickelung steht[2]), lassen sich am Bauchmarke zwölf meist seitlich verschmolzene Ganglienpaare unterscheiden, von denen die sechs ersten, den Brust- und vorderen Bauchsegmenten angehörigen Paare die stärksten sind, und besonders die Kieferfüsse, Scheeren- und Schreitfüsse mit Nerven versorgen. Die beiden Längskommissuren laufen zwischen den vorderen Bauchganglien dicht neben einander hin, stellen aber zwischen den hinteren Bauchganglien nur einen einzigen gemeinschaftlichen Strang dar. Bei einigen langgeschwänzten Krebsen fehlen diese Längskommissuren den vorderen Ganglien ganz, und sind die letzteren daher mehr oder weniger unter einander verschmolzen[3]). Das Gehirn wird von einer einzigen querliegenden Ganglienmasse gebildet und sendet sowol nach vorne wie nach den Seiten verschiedene Nervenpaare für die Tentakeln, Geruchsorgane, Augen und Gehörwerkzeuge ab, während die beiden, den Oesophagus umschliessenden, langen Kommissuren aus dem hinteren Rande des Gehirnes hervortreten; diese beiden Nervenstränge geben unterwegs für die Kauorgane einige Aeste ab und werden hinter dem Oesophagus, kurz vor ihrem Uebertritt in das erste Brustganglion, durch eine kurze Querkommissur unter einander verbunden[4]).

---

vensystem zuerst an den vollkommeneren Crustaceen-Formen einer genaueren Betrachtung unterworfen und von da allmälich bis zu den unvollkommeneren Formen herab verfolgt wird, so ist dies deshalb geschehen, weil bei den Crustaceen, trotz der vielen verschiedenen Körpergestalten derselben, doch nur ein Typus sich durch die ganze Klasse hinzieht, was bei den bisher betrachteten Klassen der wirbellosen Thiere, z. B. bei den Acephalen, nicht der Fall gewesen ist. Dieser eine Typus gibt sich besonders in den Jugendzuständen der Crustaceen deutlich zu erkennen, und wird nur bei der weiteren Metamorphose verwischt, zumal da diese Metamorphose häufig eine rückschreitende ist, so dass die ganze Organisation eines auf diese Weise verkümmerten Krustenthieres erst dann gehörig verstanden wird, nachdem man die vorausgehenden Jugendzustände derselben erkannt und überhaupt die Crustaceen in ihrer vollkommeneren Organisation aufgefasst hat.

2) Ueber das Nervensystem der langgeschwänzten Crustaceen vergl. man Audouin und Milne Edwards a. a. O. mit den Abbildungen von Homarus, Palaemon und Palinurus, ferner Suckow a. a. O. p. 61. Taf. XI. Fig. 7. von Astacus, Brandt in der medizin. Zoologie. Bd. I. p. 64. Taf. XI. Fig. 1. und besonders Newport in den philosoph. transact. 1834. p. 406. Pl. 17. Fig. 40—42. von Homarus.

3) Bei Palinurus und Palaemon (s. Audouin und Milne Edwards a. a. O.). In beiden Krebsen ist bei dieser Verschmelzung der Ganglien in der Mitte der grossen Ganglienmasse nur noch eine kleine Längsspalte übrig geblieben.

4) Diese Quercommissur fehlt weder bei Palaemon, Palinurus, noch bei Homarus und Astacus. Dieselbe ist von Suckow am Flusskrebse übersehen worden, während sie Brandt hier deutlich erkannt hat (s. in der med. Zoologie a. a. O. und dessen Bemerkungen über die Mundmagennerven a. a. O. Tab. I. Fig. 1. und 2. E., oder in den Annales d. sc. nat. Tom. 5. 1836. Pl. 4.

Das Nervensystem der Stomapoden besteht aus einem Gehirnknoten und aus ohngefähr zehn Bauchganglien, von diesen gehören bei den Squillinen die sechs hinteren Ganglien dem muskulösen Schwanze an, während die vier vorderen die Brust und die drei ersten Bauchringe mit Nerven zu versorgen haben, jedoch deutet der bedeutende Umfang des vordersten, an die verschiedenen Raubfüsse ausstrahlenden Ganglion darauf hin, dass hier mehre Ganglien mit einander verschmolzen sind [5]). In den Mysinen sind die fünf bis sechs ersten und grösseren Ganglien des Bauchmarks, welche durch kurze Doppelkommissuren unter einander in Verbindung stehen, für die Brust und den vorderen Theil des Abdomens bestimmt [6]). Die Gattung Phyllosoma besitzt zwischen der Gehirnmasse und dem Bauchmarke zwei ungemein lange und sehr dünne Schlundkommissuren. Der Brusttheil des Bauchmarkes selbst besteht aus drei Ganglienpaaren, welche fast zu einer Masse verschmolzen sind, hierauf folgen sechs grosse Paare in eine doppelte Längsreihe dicht zusammengedrängter Vorderleibsganglien, welche durch sechs kurze Querkommissuren unter einander verbunden sind. In dem kurzen Schwanze endlich liegen noch sechs Paar kleinere, einander seitlich berührende Ganglienpaare, welche durch sehr dünne Längskommissuren verbunden sind und so das Schwanzende des Bauchmarkes bilden [7]).

Die Anomuren, welche sich durch die Verkümmerung ihres Hinterleibes schon sehr an die Brachyuren anschliessen, geben diese Annäherung auch durch den Bau ihres Nervensystems kund. Bei den Paguren beschränkt sich der vordere Theil des Bauchmarks, welcher für die Kiefer- und Scheerenfüsse und für die zum Theil verkümmerten Schreitfüsse bestimmt ist, nur auf drei Ganglien; in dem Hinterleibe, dessen Bewegungsorgane fast ganz geschwunden sind, besteht die Fortsetzung des Bauchmarkes aus zwei, von dem dritten Bauchganglion abgehenden Nervensträngen, welche sich erst kurz vor dem After zu einem vierten und letzten Ganglion wieder vereinigen [8]). In Homola sind die fünf Ganglienpaare des Vorderleibes zu einer einzigen, in der Mitte durchbohrten Masse verschmolzen, aus deren hinterem Ende ein einfacher Nervenstrang als Rudiment des hinteren Bauchmarks für den ganz verkümmerten Schwanz abgeht [9]).

---

5) S. Cuvier, Leçons a. a. O. Tom. 3. 1845. p. 330. und Delle Chiaje, Descrizione etc. Tav. 86. Fig. 5.

6) S. Frey, de Mysidis flexuosae anatome. p. 9.

7) Vergl. Audouin und Milne Edwards in den Annales d. sc. nat. a. a. O. p. 81. Pl. 3.

8) Vergl. Cuvier, Leçons a. a. O. p. 329. und Owen, Lectures on comp. anat. a. a. O. p. 170.

9) S. Milne Edwards, hist. nat. d. Crust. a. a. O. Pl. 11. Fig. 9.

Die Brachyuren haben nur zwei Centralmassen an ihrem Nervensysteme aufzuweisen, nämlich eine Gehirnmasse, welche, wie bei den übrigen Decapoden, die verschiedenen Sinnesorgane nach vorne und nach den Seiten hin mit Nerven versieht, und eine grosse runde oder ovale, in der Mitte des Thorax gelegene Bauchmarkmasse. Aus dieser letzteren, welche zuweilen im Centrum durchbohrt ist [10]), entspringen alle Nerven des Rumpfes, und gehen nach vorne die beiden Schlundkommissuren zum Gehirne ab, an welchen hinter dem Oesophagus die bekannte Querkommissur nicht fehlt, und von welchen die Kauwerkzeuge mit Nerven versehen werden, während aus dem Hinterende des Bauchmarkes noch ein einfacher, knotenloser Nervenstamm, als rudimentärer Fortsatz des ersteren, in der Mittellinie des kurzen Schwanzes bis zu dessen Spitze läuft [11]).

Unter den Amphipoden besitzen die Gammarinen ein von den ersten Bauchganglien durch seine Grösse kaum abstechendes Gehirnganglion; von den zwölf durch doppelte Längskommissuren verbundenen Bauchganglien dieser Crustaceen sind die hinteren Ganglienpaare, welche in den mit Afterfüssen versehenen Leibesabschnitten verborgen liegen, stets etwas kleiner als die anderen Ganglien [12]). Bei den grossköpfigen Hyperinen zeichnet sich das Gehirnganglienpaar durch seine Grösse vor den übrigen des Bauchmarkes aus, letzteres enthält überdies nur zehn einfache Ganglien von ungleicher Grösse, deren Längskommissuren dicht neben einander hinlaufen, und deren vorderes grösstes Ganglion wahrscheinlich durch Verschmelzung zweier Ganglienpaare entstanden ist [13]).

Das Bauchmark der Isopoden, welches durch zwei kurze Schlundkommissuren mit dem Gehirnganglienpaare verbunden ist, besteht aus sieben, in den Thorax- und vorderen Hinterleibssegmenten gelegenen, durch doppelte Längskommissuren aus einander gehaltenen Ganglienpaaren, aus deren hintersten Ganglien bei einigen Gattungen verschiedene Nerven strahlenförmig nach den theils verkürzten, theils verschmolzenen letzten Leibesabschnitten abgehen [14]). In anderen Isopoden

---

10) Bei Maja Squinado.

11) S. Audouin und Milne Edwards in den Annales d. sc. nat. a. a. O. p. 91. Pl. 6. und des letzteren hist. nat. d. Crust. p. 141. Pl. XI. Fig. 5. u. 10. von Maja Squinado und Cancer Maenas.

12) Vergl. Audouin und Milne Edwards a. a. O. p. 79. Pl. 2. Fig. 1. und des letzteren hist. nat. etc. p. 129. Pl. XI. Fig. 1. von Talitrus.

13) S. Straus, Mém. sur les Hiella, in den Mém. du Muséum d'hist. nat. Tom. 18. 1829. p. 60. Pl. 4. Fig. 16. von Hyperia.

14) S. Treviranus, verm. Schriften. Bd. I. p. 63. Tab. 9. Fig. 53. von Porcellio scaber, Brandt in der mediz. Zoolog. Bd. II. p. 75. Tab. 15. Fig. 28. von Oniscus murarius und Rathke, de Bopyro et Nereide. p. 14. Tab. 3. Fig. 4. von Bopyrus Squillarum.

folgen hinter diesen sieben vorderen Hauptganglienpaaren noch fünf bis sechs kleinere Ganglienpaare, welche bei den Idotheen durch doppelte Längskommissuren unter einander zusammenhängen [15]), oder, wie bei Cymothoa [16]), Aega [17]) und Lygidium [18]), unmittelbar an einander stossen. Uebrigens treten bei vielen Isopoden nicht blos aus den Ganglien, sondern auch aus den Längskommissuren des Bauchmarkes Nerven hervor, von welchen die letzteren sich stets nach dem Rücken der Thiere hinauf begeben [19]).

Das Bauchmark der fast schwanzlosen Laemodipoden besitzt acht Paar Ganglien, von welchen die beiden vordersten Paare noch im Kopfabschnitte dicht hinter einander liegen und an die Kauwerkzeuge, so wie an das erste Fusspaar Nerven abgeben, was ganz für die Verschmelzung der beiden ersten Brustringe mit dem Kopfe spricht. Die übrigen Ganglienpaare haben doppelte, sehr deutlich von einander getrennte Längskommissuren zwischen sich, welche an den beiden vorletzten Ganglienpaaren verkürzt sind, so dass die drei letzten Ganglienpaare bis fast in das drittletzte Hinterleibssegment hinaufgerückt erscheinen [20]).

Bei den Myriapoden zeigen sich die Ganglien des Bauchmarkes ausserordentlich vermehrt, besitzen aber im Durchschnitt eine ziemlich gleiche Grösse. An der Gehirnganglienmasse lässt sich gewöhnlich die linke und rechte Hälfte deutlich unterscheiden und an einer jeden dieser Hälften eine Art *Ganglion opticum* wahrnehmen, welches um so grösser ist, je mehr die Augen eines Myriapoden entwickelt sind. In den Chilopoden liegen die Bauchganglien ziemlich entfernt von einander und werden durch zwei dicht neben einander hinlaufende Längskommissuren, die zuweilen auch zu einem einfachen Strange seitlich verschmolzen sind [21]), als Bauchmark vereinigt. Dieses Bauchmark zählt in Scutigera und Lithobius 16 Ganglien, in Scolopendra 22 und in Geophilus 50 bis über 140 Ganglien. Von diesen Ganglien besitzt das vorderste, welches für die beiden in taster- und klauenartige Organe umgewandelten ersten Fusspaare bestimmt ist,

---

15) S. Rathke, in den Danziger Schriften a. a. O. p. 127. Tab. 4. Fig. 2. von Idothea Entomon.

16) S. Audouin und Milne Edwards a. a. O. p. 83. Pl. 2. Fig. 2. und des letzteren hist. nat. d. Crust. Pl. XI. Fig. 2.

17) Nach Rathke in den Nov. Act. Nat. Cur. Vol. 20. P. 1. p. 33. Tab. 6. Fig. 15.

18) Nach Lereboullet in den Annales d. sc. nat. Tom. 20. a. a. O. p. 124. Pl. 5. Fig. 24.

19) Bei Porcellio, Oniscus, Armadillidium, Idothea.

20) S. Treviranus, verm. Schriften. Bd. II. p. 8. Taf. I. Fig. 5. und Roussel de Vauzème in den Annales d. sc. nat. Tom. I. p. 253. Pl. 9. Fig. 19. von Cyamus. — 21) Bei Geophilus.

einen ungleich grösseren Umfang als die folgenden Ganglien, deren Grösse sich überhaupt nach der Entwickelung der Beine richtet [22]).

Unter den Chilognathen reiht sich die Gattung Polydesmus mit ihren grösseren und nicht so nahe beisammen stehenden Fusspaaren an die vorhergehende Abtheilung der Myriapoden an, indem das Bauchmark über jedem doppelten Fusspaare zu zwei auf einander folgenden Ganglien angeschwollen ist, und die dazwischen liegende Markmasse auf diese Weise einer einfachen Längskommissur entspricht [23]). Den übrigen Chilognathen, deren Fusspaare ausserordentlich gedrängt stehen, fehlen die Längskommissuren ganz, so dass die einander berührenden Bauchganglien, je nach der geringeren oder grösseren Zahl der Fusspaare, eine bald kürzere, bald längere, perlschnurartige Kette bilden, deren Einschnürungen bei gewissen Juliden oft ganz verwischt sind [24]).

Eine merkwürdige Anordnung des Nervensystems bietet Limulus dar, dessen Hauptnervenmasse den Mund ringförmig umgibt. Aus dem vorderen, einem Gehirne entsprechenden Theile dieses Nervenringes, an dessen hinterem, unterhalb der Speiseröhre gelegenen Bogen drei verschiedene Kommissuren hinter einander quer herüberlaufen, gehen mehre Nerven nach vorne, von denen sich die beiden Sehnerven durch ihre Länge besonders auszeichnen. An den Seitentheilen desselben Nervenringes entspringen sechs ansehnliche Nervenpaare für die sechs Paar Scheerenfüsse jenes Krustenthieres, während von dem Hinterrande des Nervenringes ein starker, aus zwei Bündeln zusammengesetzter Nervenstrang hervortritt, in der Mittellinie des Bauches sich nach hinten begibt, und hier verschiedene Nerven an die flossen- und kiemenförmigen Bewegungsorgane aussendet, hierauf sich in seine zwei Bündel theilt, welche neben einander fortlaufen und am Schwanze mit einem Ganglion endigen, von welchem mehre Nervenfäden an die benachbarten Theile und ein langer Faden in den Schwanzstachel abgeht [25]).

---

22) S. Treviranus, verm. Schriften. Bd. II. p. 31. Taf. 7. Fig. 2. u. 5. von Lithobius und Geophilus, Kutorga a. a. O. p. 15. Tab. 2. Fig. 2. und Tab. 3. Fig. 1. u. 2. von Scolopendra morsitans, besonders aber Newport in den philosoph. transact. 1834. p. 408. Pl. 17. Fig 43—48. von Scolopendra und 1843. p. 257. Pl. 11. Fig. 11—13. von Geophilus.

23) Vergl. Newport a. a. O. 1843. p. 252. Pl. 11. Fig. 6. u. 10. oder Owen, Lectures etc. p. 200. Fig. 99.

24) Nur sechszehn Markknoten finden sich am Bauchmarke der Glomeris. Vergl. Brandt in Müller's Archiv. 1837. p. 324. Taf. 12. Fig. 6. Ausserordentlich vermehrt sind die Knoten des Bauchmarkes bei Julus. S. Treviranus, verm. Schriften. Bd. II. p. 16. Taf. 9. und Newport in the philosoph. transact. 1843. p. 247. Pl. XI. Fig. 1. — Die Zahl der Bauchganglien wird während des Wachsens der Myriapoden mit der Zahl der Leibessegmente und der Fusspaare gewöhnlich noch vermehrt.

25) Vergl. van der Hoeven, Recherches etc. p. 21. Pl. 3. Fig. 2. u. 3.

Von den Nervensystemen der Phyllopoden ist das des Apus am vollständigsten bekannt [26]). Das Gehirn stellt hier eine platte, viereckige Masse dar, aus deren oberen Winkeln die beiden Sehnerven abgehen, wogegen von den unteren Winkeln derselben die beiden langen Schlundkommissuren nach hinten laufen. Bevor diese letzteren die beiden Brustganglien erreichen, werden dieselben hinter dem Oesophagus durch eine Querkommissur verbunden. Auf das Brustganglienpaar folgen eine Menge Bauchganglienpaare, welche, wie die beiden Brustganglien, weit aus einander stehen, erst nach hinten allmälich an einander rücken, und zuletzt seitlich zu einem Ganglion verschmelzen. Das Brustganglienpaar, so wie die vorderen Bauchganglienpaare, sind durch doppelte Querkommissuren unter einander verbunden, welche weiter nach hinten in einfache Kommissuren übergehen und sich zuletzt ganz und gar verlieren. Auf eine ähnliche Weise verhalten sich die Längskommissuren dieses Bauchmarkes, welche vorne doppelt und weit getrennt vorhanden sind, nach hinten einander näher rücken und sich immer mehr verkürzen, bis sie zu einer einzigen Kommissur verschmelzen und zuletzt ganz verschwinden, so dass das Bauchmark in einen einfachen, knotigen Nervenstrang ausläuft, der über dem letzten Fusspaare endigt. Die noch übrigen fusslosen Hinterleibsringel erhalten ihre Nerven von zwei langen Nervensträngen, welche aus dem 24sten oder 25sten Bauchganglion entspringen und den Darmkanal bis zum letzten Schwanzringel begleiten, um hier mit einer ganglienartigen Anschwellung zu endigen, aus welcher ausser mehren kurzen Nervenfäden ein langer Nervenast in die beiden Schwanzborsten eindringt. In den übrigen Phyllopoden fällt das Nervensystem, wahrscheinlich seiner Zartheit wegen, sehr schwer in die Augen, daher von dem ganzen Nervensysteme derselben nur ein plattes Kopfganglion bis jetzt unterschieden werden konnte [27]). Noch schwieriger ist das Nervensystem an den meist sehr kleinen Lophyropoden zu beobachten, in welchen man nur hier und da eine vor dem Oesophagus gelegene, mehrfach eingeschnürte Nervenmasse als Gehirnknoten anzusprechen sich veranlasst gesehen hat, da aus denselben einzelne Stränge an die Tast- und Seh-

---

26) Nachdem schon früher das Nervensystem von Apus durch Gaede (in Wiedemann's zoolog. Magazin. Bd. I. Stück 1. p. 91. Taf. I. Fig. 1.) und durch Berthold (in der Isis. 1830. p. 690. Taf. 7. Fig. 4.) beschrieben worden war, so verdanken wir doch Zaddach (a. a. O. p. 35. Tab. III.) die ausführlichsten Untersuchungen über diesen Gegenstand.

27) Vergl. Brongniart a. a. O. p. 87. Pl. 13. Fig. 2. u. 3. a. von Limnadia, und Joly a. a. O. p. 310. Pl. 5. Fig. 5. k. und Pl. 8. Fig. 21. a. von Isaura, welcher letztere Naturforscher (a. a. O. p. 242.) bei Artemia auch nicht einmal ein Gehirnganglion zu entdecken vermochte.

organe nach vorne abgehende und zwei die Speiseröhre umfassende Nerven nach hinten treten, um sich vielleicht in einem Bauchganglion zu vereinigen [28]).

Unter den Siphonostomen beschränkt sich bei Argulus das Nervencentrum, wie bei den Lophyropoden, hauptsächlich auf eine über dem Saugrüssel gelegene Hirnmasse, welche aus drei in ein Dreieck gestellten Ganglien zusammengesetzt wird [29]). Bei den übrigen parasitischen Crustaceen, deren Kopf und Sinnesorgane allmälich schwinden, tritt das Hirnganglion immer mehr in den Hintergrund, während der Bauchmarkstrang deutlicher in die Augen springt. So besitzt Chondracanthus noch ein Gehirnganglion und in den wenigen Körperabschnitten einzelne, weit aus einander liegende Bauchganglien, welche sämmtlich durch doppelte Längskommissuren unter einander verbunden sind [30]). Dem Dichelestium fehlt das Gehirnganglion gänzlich, dagegen liegt unter dem Oesophagus dieses Schmarotzerkrebses ein ausgezeichnetes Brustganglion, welches nach vorne und hinten verschiedene Nerven absendet, und aus dessen Hinterrande ein starker Nervenstamm als Bauchmark sich weiter fortsetzt. Dieses Bauchmark schwillt in den drei vorderen Hinterleibsabschnitten ganglienartig an und spaltet sich zuletzt in zwei bis zur Schwanzspitze sich hinaberstreckende Nervenstämme [31]). In Achtheres und Peniculus sind von dem Nervencentrum nur noch zwei Nervenstränge übrig, welche am Bauche des Hinterleibes zu den Seiten des Darmkanals herablaufen [32]).

Bei den kopflosen Cirripedien besteht das Nervencentrum aus zwei neben einander hinlaufenden Bauchsträngen, welche in ihrem Verlaufe sechs bis sieben Ganglienanschwellungen bilden, aus denen die Nerven für die Cirren seitlich hervortreten. Die beiden vordersten Ganglien sind durch einen bogenförmig um den Oesophagus herumlaufenden Nerven verbunden, welcher verschiedene Fäden an die Kauwerkzeuge abgibt, so dass also ein eigentliches Gehirn fehlt. Die beiden letzten Ganglienpaare sind unter sich fast zu einer einzigen

---

28) Ein solches, durch zwei Einschnürungen in drei hinter einander liegende Ganglien abgetheiltes Gehirn hat Schäffer (die zackigen Wasserflöhe a. a. O. p. 39. Tab. 2. Fig. II. 1. 2. 3.) und Straus (a. a. O. p. 396. Pl. 29. Fig. 6. b. d. e.) von Daphnia, ferner Lovén (a. a. O. p. 151. Taf. 5. Fig. 5. d.) von Evadne abgebildet.

29) Vergl. Jurine in den Annal. d. Mus. Tom. 7. p. 447. Pl. 26. Fig. 11. und Vogt a. a. O. p. 14. Fig. 1. L. und Fig. 11.

30) S. Rathke in den Nov. Act. Nat. Cur. Vol. 20. p. 125.

31) S. Rathke ebendas. Vol. 19. p. 150. Tab. 17. Fig. 3. u. 4.

32) Vergl. Nordmann, micrograph. Beiträge. Hft. 2. p. 72. u. 109. Taf. 5. Fig. 7. J. und Fig. 6.

Ganglienmasse verschmolzen, welche ausser den Cirrennerven noch zwei Fäden in das lange Schwanzende sendet[33]).

§. 273.

Das vegetative Nervensystem ist bei vielen Crustaceen sehr deutlich entwickelt, und wird theils von einem unpaarigen, theils von einem paarigen Eingeweidenerven gebildet.

In den Decapoden und Squillinen entspringt ein unpaariger Eingeweidenerve vom Hinterrande des Gehirns, läuft über den Magen hin, schwillt auf demselben ein- bis zweimal ganglienartig an, verbreitet seine Aeste an den Magenwänden und geht zuletzt rechts und links zur Leber über. Dieser unpaarige Nerve wird durch zwei paarige Nerven verstärkt, welche mit den Nerven der Kauorgane aus den gangliösen Anschwellungen der beiden Schlundkommissuren hervortreten, und vor ihrer Vereinigung mit dem unpaarigen Magennerven noch besondere Nervenzweige an die Seitenwandungen des Magens abgeben[1]).

Bei den Onisciden findet sich nur ein paariges Eingeweide-Nervensystem vor. Es liegen hier nämlich zu beiden Seiten des kleinen Magens zwei Ganglien, welche durch einen kurzen Faden mit dem Gehirne zusammenhängen und nach rückwärts die Magenwandungen mit feinen Aestchen versorgen[2]).

Die Myriapoden besitzen beide Systeme der Eingeweidenerven. Das unpaarige Mundmagen-Nervensystem wird bei denselben von zweien, aus dem Gehirne nach vorne hervortretenden, kurzen Nervenstämmchen gebildet, welche einige dünne Fäden nach den Mundtheilen senden und dann vor dem Gehirne sich zu einem kleinen Ganglion vereinigen. Von diesem läuft ein unpaariger Nerve unter dem Gehirne

---

33) Vergl. Cuvier, Mémoires a. a. O. p. 11. Fig. 11. und Martin St. Ange a. a. O. p. 18. Pl. 2. Fig. 8. von Lepas, ferner Wyman in Silliman's american Journal of sciences and arts. Vol. 39. 1840. p. 182. von Otion.

1) Sehr ausführliche Angaben über das sympathische Nervensystem der Decapoden haben wir Brandt zu verdanken. Vergl. dessen Bemerkungen über die Mundmagen- oder Eingeweidenerven der Evertebraten a. a. O. p. 7. Tab. I. Fig. 1—3. von Astacus und Squilla (auch in den Annales d. sc. nat. Tom. 5. 1836. p. 87. Pl. 4.) und in der mediz. Zoologie. Bd. II. Tab. XI. Fig. 1. i., vergl. ferner Krohn, über die Verdauungsnerven des Krebses, in der Isis. 1834. p. 529. Taf. XII. Fig. 1—4., und Schlemm, de hepate ac bile Crustaceorum et Molluscorum a. a. O. p. 16. Tab. 1. Fig. 2. und Tab. 2. Fig. 13. von Astacus fluviatilis. Suckow (a. a. O. p. 62. Tab. XI. Fig. 7. g.) hat am Flusskrebse und Newport (in den philosoph. transact. 1834. Pl. 17. Fig. 40. f) am Hummer nur den unpaarigen Eingeweidenerven beobachtet und als Herznerven betrachtet; von Audouin und Milne Edwards sind dagegen umgekehrt sowol bei Macruren wie bei Brachyuren die paarigen Eingeweidenerven beschrieben und abgebildet, der unpaarige Nerve aber ganz übersehen worden.

2) S. Brandt, Bemerkungen etc. p. 14. und in der mediz. Zoologie. Bd. II. p. 75. Taf. 15. Fig. 27. c.

hinweg und auf der Speiseröhre bis zum Magen fort, wobei derselbe unterwegs einige Male ganglienartig anschwillt. Das paarige Eingeweide-Nervensystem dagegen besteht aus einer doppelten Reihe von Ganglien, welche von beiden Seiten die Speiseröhre umgeben und theils mit dem Hinterrande des Gehirnes und dem unpaarigen Nerven, theils unter sich durch Nervenäste in Verbindung stehen. Die von diesen Ganglien ausstrahlenden Fäden begeben sich nicht blos an die Speiseröhre, sondern auch an die Speicheldrüsen [3]).

Im Limulus wurde nur ein auf dem Herzen mit einem Ganglion versehener Nervenast als unpaariger Eingeweidenerve wahrgenommen [4]), wogegen in Apus das Eingeweide-Nervensystem sehr entwickelt angetroffen worden ist. Es entspringen hier aus den beiden Schlundkommissuren, wie bei den Decapoden, zwei Nervenstämme, welche kurz nach ihrem Ursprunge durch eine besondere Querkommissur verbunden sind. Diese beiden Nerven vereinigen sich auf dem Oesophagus zu einem unpaarigen Nerven und versorgen die Speiseröhre mit einer Menge von Fäden [5]). Bei den übrigen niederen Krustenthieren sind bis jetzt noch keine Eingeweidenerven erkannt worden.

Vierter Abschnitt.

Von den Sinnesorganen.

§. 274.

Der Tastsinn zeigt sich bei den Crustaceen an den vom Kopfe oder Kopfende abstehenden vielgliederigen Antennen sehr entwickelt, in welchen sich stets ansehnliche, unmittelbar aus dem Gehirne hervortretende Nerven ausbreiten. Häufig sind auch den Kauwerkzeugen ein oder mehre Paare von tasterartigen Fortsätzen beigegeben; ja, nicht selten erscheinen sogar ein oder mehre, die Mundöffnung umgebende Fusspaare in tentakelförmige Tastwerkzeuge umgewandelt, welche bei der Auswahl und dem Festhalten der zu kauenden Nahrungsmittel eine wichtige Rolle spielen [1]).

3) Vergl. Brandt, Bemerkungen a. a. O. p. 34. Taf. 3. Fig. 6—9. und in Müller's Archiv. 1837. Taf. 12. Fig. 7. von Scolopendra Spirobolus und Glomeris, besonders aber Newport in den philosoph. transactions. 1843. p. 246. Pl. XI. Fig. 1. u. 2. von Julus. Treviranus hat offenbar bei Julus schon etwas von dem unpaarigen Mundmagennerven wahrgenommen. S. dessen verm. Schriften. Bd. 2. p. 47. Taf. 4. g.

4) S. van der Hoeven a. a. O. p. 23.

5) S. Zaddach a. a. O. p. 36. Tab. 3. Fig. 5.

1) Die Auseinandersetzung der Formverschiedenheiten dieser Tastwerkzeuge hat sich die Zoologie zur Aufgabe gemacht.

§. 275.

Als Geruchsorgan darf man wol bei den Macruren und Paguren die beiden flachen Höhlen betrachten, welche in dem Basalgliede des ersten oder mittleren Fühlerpaares angebracht sind. Eine jede dieser Höhlen steht durch eine an der oberen Seite des Fühlergliedes befindliche Spaltöffnung, welche gewöhnlich von feinen Borsten eingefasst ist, mit der Aussenwelt in Verbindung. Der innere Raum dieser Riechorgane wird von einer weichen Haut ausgekleidet, zu welcher ein mit dem inneren Fühlernerven aus dem Gehirne entspringender Nervenast herantritt [1]).

§. 276.

Gehörwerkzeuge sind bis jetzt nur an den Decapoden erkannt worden [1]). Es ragt nämlich bei diesen Krustenthieren auf der unteren Seite des Basalgliedes ihres zweiten oder äusseren Fühlerpaares ein konischer, hohler und an der stumpfen Spitze durchbohrter Vorsprung hervor. Die Oeffnung dieses Vorsprunges erscheint stets von einer trommelfellartigen Haut verschlossen, welche letztere in der Regel einen Schlitz in ihrer Mitte besitzt [2]). Hinter dem konischen

---

1) Es sind die Geruchsorgane zuerst von Rosenthal (in Reil's Archiv. Bd. 10. 1811. p. 433. Taf. 8. Fig. 1—4.) an dem Flusskrebse und Hummer beschrieben und als solche gedeutet worden. Später hat Treviranus (Biologie. Bd. 6. 1822. p. 308.) diese Angaben am Hummer bestätigt. Vergl. auch Milne Edwards, hist. nat. d. Crust. Pl. 12. Fig. 1. von Homarus. In neuester Zeit wurden diese Organe von Farre auch an Palinurus und Pagurus aufgefunden. Vergl. the philosoph. transact. 1843. p. 233. Pl. 9. u. 10. oder the Annals of nat. hist. Vol. 12. p. 229. oder Froriep's neue Notizen. Bd. 28. p. 183. Ich konnte diese Riechhöhlen auch an Palaemon, Nephrops und Maja erkennen. Es ist schwer zu begreifen, wie Farre diese Höhlen als Gehörwerkzeuge ausgeben konnte, wobei die Sandkörner, welche von aussen zufällig in das Innere dieser Höhlen gelangen, die Rolle von Otolithen spielen sollen.

1) Obgleich an den übrigen Crustaceen noch keine besonderen Hörorgane entdeckt worden sind, so wird man denselben dennoch die Empfänglichkeit gegen Schalleindrücke nicht absprechen können, wenigstens beweisen die Beobachtungen Coldstream's (s. the Cyclopaedia. Vol. I. p. 688.), dass die Cirripedien ein sehr feines Gehör besitzen, durch welches sie vor dem leisesten Geräusche gewarnt und schnell ihr Gehäuse zu schliessen veranlasst werden.

2) Dieser cylindrische Vorsprung mit seiner trommelfellartig ausgespannten Haut fällt an dem beweglichen Basalgliede des äusseren Fühlerpaares von Homarus, Astacus, Nephrops, Palinurus und anderen Macruren leicht in die Augen. Vergl. Scarpa, anatomicae disquisitiones de auditu et olfactu. p. 2. Tab. IV. Fig. 4. a. b., Weber, de aure animalium aquatilium. p. 8. u. 106. Tab. I. Fig. 1. No. 1. und Milne Edwards, hist. d. Crust. Pl. 12. Fig. 11. o. von Astacus. Einen sehr langen Hörcylinder stellt dieser Vorsprung bei Pagurus striatus und Homola Cuvierii dar. Bei den mit unbeweglichen breiten Basalgliedern des äusseren Fühlerpaares versehenen Dreieckkrabben ragen die Hörcylinder nicht sehr weit aus der Fläche des Fühlergrundes hervor, werden aber doch leicht in der Nähe des Mundrandes wahrgenommen. Vergl. Savigny, Description de

Vorsprunge liegt im Innern des Cephalothorax eine geräumige, dünnwandige und mit einer wasserhellen Flüssigkeit gefüllte Blase verborgen, welche mit einem halsartigen Fortsatze in die Höhle jenes Vorsprunges hinabragt und gewiss die Bedeutung eines Labyrinthes hat [3]), zumal da sich ein besonderer Nerv, welcher gemeinschaftlich mit dem äusseren Fühlernerven aus den Seiten des Gehirnes entspringt, auf den Wandungen dieser Blase ausbreitet [4]). An seinem Grunde steht dieses dünnhäutige Labyrinth mit einem sonderbaren drüsenartigen Körper von meist grünlicher Farbe in Verbindung, dessen Bedeutung aber bis jetzt noch nicht klar geworden ist [5]).

---

l'Egypte a. a. O. Pl. 6. Fig. 4.2. und Fig. 6.2. ae. von Maja und Stenorhynchus, ferner Milne Edwards, hist. d. Crust. Tom. I. p. 268. Pl. 3. Fig. 2. e. Pl. 15. Fig. 2. 10. u. 16. von Maja, Mithrax, Leucippa und Camposcia. Auf der sehr breiten, unbeweglichen Fühlerbasis des Scyllarus latus sind die grossen, aber flachen Hörcylinder ganz nahe an den Mundrand gerückt (s. Savigny a. a. O. Pl. 8. Fig. 1.a. ae.) und bei Scyllarus arctus finde ich dieselben sogar in der halbmondförmigen Vertiefung unterhalb des Mundrandes versteckt. Bei Maja ist jeder Hörcylinder schräge abgestutzt und beweglich mit dem breiten Fühlergliede verbunden, so dass sich derselbe nach innen umlegen und dann wieder, wie eine Art dreieckiger Ohrmuschel, aufrichten kann, zu welchem Behufe auf der inneren Fläche des Gehäuses ein Paar Muskeln angebracht sind, welche sich an einen steigbügelartigen inneren Fortsatz dieser Hörcylinder inseriren. Vergl. Cavolini, Abhandlung über die Erzeugung der Fische und der Krebse. p. 133. und Milne Edwards, hist. d. Crust. Tom. I. p. 124. Pl. 12. Fig. 10. e. l. m. und Fig. 11. oder in the Cyclopaedia a. a. O. p. 768. Fig. 397. u. 398. — Ueber eine von Souleyet gegebene Notiz (s. Froriep's neue Notizen. Bd. 28. p. 84.), nach welcher bei Leucifer in der Basis der inneren Fühler ein kleiner, runder und glänzender Körper einem Gehörorgane angehören soll, werden noch genauere Mittheilungen abzuwarten sein.

3) Früher war man nur auf den in dem Hörcylinder verborgenen Theil jenes Labyrinthes aufmerksam gewesen (vergl. Scarpa a. a. O. Tab. IV. Fig. 6. und Weber a. a. O. Tab. I. Fig. 2.), und erst in neuerer Zeit hat man sich überzeugt, dass jenes kleine Gehörbläschen zu einem hinter demselben gelegenen grösseren Gehörsacke gehöre (vergl. Brandt in der mediz. Zoologie. Bd. II. p. 64. Taf. XI. Fig. 13. a. a., und Neuwyler, anatomische Untersuchungen über den Flusskrebs, in den Verhandlungen der schweizerischen naturforschenden Gesellschaften bei ihrer Versammlung zu Zürich. 1841. p. 176.).

4) Vergl. Scarpa a. a. O. Tab. IV. Fig. 5. g. g. und Weber a. a. O. Tab. I. Fig. 2. No. 7., so wie Brandt und Neuwyler a. a. O., endlich Farre in den philosoph. transact. 1843. Pl. 9. Fig. 10. e. e.

5) Dieser drüsige Körper, welcher auch den Brachyuren nicht zu fehlen scheint, liegt bei den Astacinen hinter der Basis der äusseren Fühler im unteren Theile des Gehäuses verborgen und wird zum Theil von dem häutigen Labyrinthe bedeckt. Vergl. Rösel a. a. O. p. 322. Tab. 58. Fig. 9. c., Suckow a. a. O. p. 55. Taf. 9. Fig. 2. a., und Brandt in der mediz. Zoologie. p. 64. Taf. XI. Fig. 8. k. von Astacus, ferner Milne Edwards, hist. d. Crust. Pl. 12. Fig. 9. a. und Fig. 10. g. von Astacus und Maja. Neuwyler (a. a. O.) hat die beiden grünen Drüsen des Flusskrebses einer besonderen Prüfung unterworfen und sich überzeugt, dass dieselben einen darmartig gewundenen Schlauch dar-

§. 277.

Der Gesichtssinn erscheint bei den Crustaceen ziemlich allgemein verbreitet [1]), nur die Ordnung der Cirripedien, so wie die Familie der Penellinen und Lernaeodeen unter den Schmarotzerkrebsen machen eine Ausnahme, jedoch fehlen den hieher gehörigen Thieren die Augen nur in den letzten Stadien ihrer rückschreitenden Metamorphose, während welchen sie das ganze übrige Leben hindurch an fremden Körpern festgewachsen sind [2]). Ausserdem kommen noch

---

stellen, der in das häutige Labyrinth einmündet. Derselbe glaubte anfangs, diese Körper mit einer Gehörschnecke vergleichen zu können, allein da er gar keinen Nerven zu demselben herantreten sah, gab er diesen Gedanken wieder auf, wobei ihm überhaupt Zweifel aufstiegen, ob diese Drüsen und die zu ihnen gehörigen Wasserbehälter wirklich Gehörwerkzeuge sind. Farre (a. a. O.) hat die Deutung dieser Organe als Gehörwerkzeuge geradezu abgelehnt, und dagegen versucht, die Geruchswerkzeuge, wie bereits erwähnt, zu Ohren zu stempeln, während umgekehrt nach seiner Meinung die oben beschriebenen Gehörorgane als die Riechwerkzeuge zu betrachten seien. Es finden sich freilich in den mit dem äusseren Fühlerpaare der Decapoden zusammenhängenden und für Gehörwerkzeuge ausgegebenen Organen keine Otolithen vor, allein wenn auch diese fehlen, so sind auf der anderen Seite doch die Hauptrequisite jener Sinnesorgane vorhanden, da in den aufgeführten Decapoden ein *Cavum tympani*, an dessen Eingang ein Trommelfell ausgespannt ist, und vor allen ein mit Nervenausbreitungen versehene Gehörblase nachgewiesen werden kann. Wenn daher Frey (de Mysidis anatome. p. 13.) bei Mysis den Sitz des Gehörsinnes in den beiden inneren Schwanzklappen vermuthete, weil er in denselben eine Höhle mit einem strahlenförmigen, im Centrum krystallinischen Körper angetroffen, der ihm ein Otolith zu sein schien, so muss es Verdacht erregen, ob dieser für einen Otolithen so ungewöhnlich gestaltete Körper wirklich die Bestimmung eines Gehörsteins haben kann, da von einem zu dieser Höhle sich begebenden Nerven gar nicht die Rede ist. Uebrigens hat man nicht nöthig, bei den übrigen, mit sehr entwickelten Antennen versehenen Crustaceen an den vom Kopfe weit entfernten Stellen des Körpers nach Gehörwerkzeugen zu suchen, indem an der Basis dieser Antennen, z. B. bei den Amphipoden, noch mancherlei hohle Fortsätze und Auswüchse angebracht sind, die zum Theil für Palpen ausgegeben werden, von denen aber einige bei genauerer Untersuchung sich wol als Gehörwerkzeuge und andere vielleicht als Geruchsorgane herausstellen dürften.

1) Ueber die Augen der Crustaceen vergleiche man besonders J. Müller, zur vergleichenden Physiologie des Gesichtssinnes. p. 307. (auch in den Annales d. sc. nat. Tom. 17. 1829. p. 225. im Auszug) und dessen fortgesetzte Untersuchungen über den Bau der Augen bei den Insekten und Crustaceen, in Meckel's Archiv. 1829. p. 38. und in Tiedemann's Zeitschrift f. Physiologie. Bd. 4. p. 97.

2) Dass die erwachsenen Cirripedien trotz ihres Augenmangels gegen Lichteindruck sehr empfindlich sind, davon habe ich mich an Balanus pusillus überzeugt, von dem ich mehre Individuen zu Danzig in einem flachen Gefässe, welches mit Seewasser gefüllt war, wochenlang am Leben erhalten hatte. Diese Thiere kamen, wenn sie nicht gestört waren, zwischen ihren geöffneten Operceln weit hervor, machten mit den Cirren ihre eigenthümlichen Bewegungen, zogen sich aber blitzschnell in ihr Gehäuse zurück, so wie ich in gewisser Ent-

hier und da unter den anderen Ordnungen der Krustenthiere Gattungen mit blinden Thieren vor; so besitzen die weiblichen Individuen gewisser parasitischer Isopoden keine Augen [3]), und so sind auch einige unterirdisch lebende Myriapoden augenlos [4]).

Die Sehwerkzeuge der Crustaceen stehen auf sehr verschiedenen Stufen der Entwickelung; unter denselben nehmen die sogenannten einfachen Augen die niedrigste Stufe ein. An einem solchen einfachen Auge lässt sich eine gewölbte Cornea unterscheiden, hinter welcher ein lichtbrechender, rundlicher Körper gelegen ist. Dieser Linsenkörper steckt in einer becherförmigen Pigmentmasse, welche bald eine schwarze oder braune, bald eine rothe oder blaue Farbe besitzt, und an seiner hinteren Wölbung von Sehnerven durchbohrt wird. Ein einziges solches einfaches Auge wird von den jungen Individuen der Cirripedien, Penellinen und Lernaeodeen mitten auf der Stirne getragen, geht aber bei der weiteren Metamorphose allmälich ganz verloren [5]). Einige Ergasilinen, so wie die Lophyropoden und Phyllopoden schlüpfen ebenfalls mit einem einfachen Auge aus dem Eie, welches bei den Ergasilinen und gewissen Lophyropoden das ganze Leben hindurch als das einzige Sehwerkzeug fungirt [6]), während dasselbe bei anderen Lophyropoden und bei den Phyllopoden entweder ganz schwindet [7]), oder neben anderen, sich hinzu bildenden Augen in einem, wie es scheint, rudimentären Zustande fortbestehen bleibt [8]).

---

fernung mit der Hand über das Gefäss, ohne dasselbe zu berühren, hinwegfuhr. Aehnliche Empfindlichkeit der erwachsenen Cirripedien gegen Lichtreiz beobachtete auch Coldstream (in der Cyclopaedia a. a. O. p. 688.).

3) Die Weibchen von Jone, Phryxus und Bopyrus.

4) Z. B. bei Polydesmus, Blaniulus, Cryptops und Geophilus.

5) Z. B. bei Achtheres, Tracheliastes, Lernaeocera (s. Nordmann a. a. O. p. 80. etc. Tab. 4. Fig. 5., Tab. 6. Fig. 5. u. 6.). Mit einem einzigen schwarzen Auge verlassen die Cirripedien ihre Eihülle (vergl. Thompson in the philosoph. transactions. 1835. p. 355. oder Owen, Lectures a. a. O. p. 161. Fig. 88. und Goodsir in the Edinburgh new philosoph. Journal. 1843. No. 69. p. 97. Pl. 3. Fig. 8. und Pl. 4. Fig. 13—17. von Lepas und Balanus). Ich erkannte an den Embryonen von Balanus pusillus das einfache Auge roth gefärbt. Wenn Burmeister (Beiträge a. a. O. p. 15. Taf. I. Fig. 2.) an den Jungen von Lepas kein deutliches Auge wahrnehmen konnte, so rührte dies, wie er selbst richtig bemerkte, von dem zerstörenden Einflusse des Weingeistes her, welcher auf die von ihm untersuchten Objecte schon längere Zeit eingewirkt hatte.

6) Bei Lamproglena, Ergasilus (s. Nordmann a. a. O. Tab. II. Fig. 1. u. 7.), ferner bei Cyclops, Cyclopsina, Cypris u. A.

7) Bei Limnadia und Isaura wird dasselbe durch ein zusammengesetztes Auge ersetzt. S. Joly in den Annales d. sc. nat. Tom. 17. Pl. 9. Fig. 39—41.

8) Mehr oder weniger verkümmert hält das unpaarige einfache Auge der Embryonen bei den erwachsenen Individuen des Apus und der Branchipoden zwischen den beiden facettirten Augen Bestand (vergl. Schäffer, der krebsart. Kiefenfuss. Taf. II. Fig. 1. c. und Taf. V. Fig. 3—5., ferner Zaddach a. a. O.

Bei gewissen Ergasilinen 9) und Lophyropoden 10), bei den Caliginen 11) und den männlichen Individuen einiger schmarotzenden Isopoden 12) ist auf dem Kopfschilde ein bleibendes rechtes und linkes Auge angebracht, auch die Poecilopoden besitzen, ausser ihren zusammengesetzten Augen, zwei auf der Mitte der Stirne dicht neben einander liegende einfache Augen 13). Diese einfachen Augen kommen auch in mehrfacher Zahl vor, und stehen dann bei einigen Myriapoden auf jeder Seite des Kopfes zu vieren, sechs oder acht in einer einfachen oder doppelten Reihe als *Oculi seriati* beisammen 14), oder sie sind, wie bei anderen Myriapoden und bei den Isopoden, zu zwanzig bis vierzig als *Oculi gregati* in einem dichten Haufen

p. 48. Tab. II. Fig. 18—22 C. und Tab. IV. von Apus, Prevost in Jurine's hist. d. Monocles. Pl. 20. u. 21. von Chirocephalus, und Joly a. a. O. Tom. 13. Pl. 7. von Artemia); eben so ist der schwarze Punkt, welcher bei Lynceus und bei einigen Daphnien vor dem zusammengesetzten Auge wahrgenommen wird, gewiss nichts anderes, als der Rest jenes von dem Jugendzustande übrig gebliebenen einfachen Auges (s. Müller, Entomostraca. Tab. 9—11. und Jurine, hist. d. Monocles. Pl. 15. u. 16.). — Mit diesem rudimentären einfachen Auge darf jenes problematische blasenförmige Organ nicht verwechselt werden, welches hinter den zusammengesetzten Augen gewisser Phyllopoden und Lophyropoden angebracht ist. Bei Apus enthält dieses Organ einen viertheiligen Kern (s. Schäffer a. a. O. Taf. II. Fig. 1. b. oder Zaddach a. a. O. p. 48. Tab. II. Fig. 10. P. und Fig. 25.); der blasenförmige Körper, welcher sich bei Limnadia hinter dem Auge aus dem Inneren des Kopfes gegen die Stirne hin erhebt (s. Brongniart a. a. O. p. 83. Pl. 13. Fig. 6.), soll nach Straus zur Anheftung des Thieres dienen können (vergl. Museum Senckenberg. Bd. II. p. 126. oder Férussac, Bulletin des sciences naturelles. Tom. 22. 1830. p. 333.); bei Evadne liegt an derselben Stelle hinter dem grossen Auge ein zirkelrunder Muskel, welcher vielleicht auch zum Anheften benutzt wird (s. Lovén a. a. O. p. 147. Taf. 5. Fig. 2. h.).

9) Bei Nicothoë (s. Rathke in den Nov. Act. Nat. Cur. Tom. 20. p. 102. Tab. 5. Fig. 1. 8. u. 10.).

10) Bei Hersilia, Peltidium u. A. (s. Philippi in Wiegmann's Archiv. 1839. Bd. I. p. 128. Taf. 4. Fig. 9. u. 13., oder Milne Edwards, hist. d. Crust. Pl. 37.).

11) Bei Pandarus, Caligus, Trebius, Dinematura u. A. (s. Milne Edwards, hist. d. Crust. Pl. 38. und Krøyer in der naturhist. Tidskr. Bd. I. oder in der Isis. 1841. p. 188. Taf. 1.).

12) Bei Phryxus und Bopyrus (s. Rathke in den Nov. Act. Nat. Cur. Tom. 20. p. 44. Tab. 1. Fig. 13. Tab. II. Fig. 3. und de Bopyro et Nereïde. Tab. I. Fig. 2.).

13) Vergl. van der Hoeven, Recherches etc. p. 23. Pl. 3. Fig. 5. a. a. und Fig. 6. C.

14) Sechs in eine Doppelreihe gestellte Augen besitzt Platyulus auf jeder Seite, vier dagegen Scolopendra, während die acht Augen von Glomeris rechts und links eine einfache Bogenreihe darstellen. Vergl. Müller in Meckel's Archiv. 1829. p. 40. Taf. 3. Fig. 3. u. 4., ferner Kutorga a. a. O. p. 17. Tab. 3. Fig. 3. u. 4. von Scolopendra, und Brandt in der mediz. Zoologie. Bd. II. p. 99. Taf. 15. Fig. 43. von Glomeris.

an einander gedrängt [15]). Zu jedem dieser einzelnen Augen begibt sich alsdann ein einzelner Zweig des nach der Zahl der Augen sich spaltenden Sehnerven.

Eine andere Form von Augen, welche unter den Crustaceen ziemlich verbreitet anzutreffen, aber verschiedenen Modificationen unterworfen ist, umfasst die zusammengesetzten, nicht facettirten Augen. Diese Art von Sehorganen besteht aus einer gemeinschaftlichen glatten Hornhaut, hinter welcher eine Menge dicht neben einander gestellter Augen angebracht sind. Am einfachsten verhalten sich diese zusammengesetzten Augen bei den Cirripedien während gewisser Entwickelungsstadien, bei den Argulinen, Laemodipoden, bei verschiedenen Lophyropoden, Phyllopoden und Amphipoden, indem unmittelbar hinter der glatten Cornea eine bald geringere, bald grössere Menge lichtbrechender Linsen von rundlicher, birnförmiger oder keilförmiger Gestalt beisammen liegen, welche an ihrem zugespitzten hinteren Ende von einer meist dunkelbraun oder schwarz gefärbten Pigmentmasse umgeben sind, und mit ihrem abgerundeten vorderen Ende immer weit aus derselben hervorragen. Der Sehnerve, welcher zu einem solchen Auge herantritt, zerspaltet sich, bevor er in die Pigmentmasse eindringt, in eine der Zahl der Linsen entsprechende Menge von Nervenfäden. Bei Argulus [16]), Cyamus [17]) und bei den Amphipoden [18]) sind stets zwei ziemlich flach gewölbte, zusammengesetzte Augen vorhanden, bei den Lophyropoden Daphnia, Lynceus, Polyphemus, Evadne [19]) u. A., so wie bei den zweischaligen jungen Cirripedien [20]) dagegen stellt dieses Sehorgan einen einzigen, fast

---

15) S. Treviranus, verm. Schriften. Bd. II. p. 32. Taf. 7. Fig. 1. von Lithobius, und Müller in Meckel's Archiv. 1829. p. 43. von Julus. Ferner vergleiche man Treviranus a. a. O. Bd. I. p. 64. Taf. 9. Fig. 54. von Porcellio, Müller a. a. O. p. 42. Taf. 3. Fig. 5. u. 6. von Cymothoa, und Lereboullet in den Annales d. sc. nat. a. a. O. p. 107. Pl. 4. Fig. 2. und 2.b. von Lygidium.

16) Vergl. Jurine a. a. O. p. 446. Pl. 26. Fig. 13. und Müller, über den Bau der Augen von Argulus foliaceus, in der Zeitschrift für Physiologie. Bd. 4. p. 97. Taf. 6. Fig. 5. u. 6.

17) S. Roussel de Vauzème a. a. O. p. 242. Pl. 8. Fig. 5.

18) Vergl. Müller in Meckel's Archiv a. a. O. p. 57. Taf. 3. Fig. 16. u. 17. von Gammarus.

19) Bei Daphnia haben die Linsen eine birnförmige Gestalt (s. Straus a. a. O. p. 397. Pl. 29. Fig. 6. u. 7.), keilförmig dagegen erscheinen die Linsen von Polyphemus und Evadne (s. Jurine, hist. d. Monocles. Pl. 15. Fig. 1—3. und Lovén a. a. O. p. 148. Taf. 5.).

20) Es ist sehr merkwürdig, dass die Cirripedien nach dem Verschwinden ihres einfachen Auges, welches sie in ihrem Embryonalzustande auf der Stirne trugen, ein zweites zusammengesetztes, aber ebenfalls vergängliches Auge erhalten; dasselbe ist innerhalb der beiden Schalen des, nach Art einer Cypris herumschwimmenden, jungen Thieres auf der Unterseite des Kopfendes dicht

kugelförmigen Augapfel dar, welcher aus der Verschmelzung zweier Augen hervorgegangen ist, und daher zuweilen zwei durch die Mittellinie des Körpers getrennte Sehnerven von dem Gehirnganglion empfängt. An den Cyclopen-Augen der Phyllopoden Limnadia und Artemia ist eine solche Verschmelzung noch weniger zu Stande gekommen, indem man an demselben bei genauer Betrachtung die zwei durch eine schmale Mittellinie getrennten Augen bemerken kann[21]. Dieses Cyclopen-Auge ist bei mehren Daphnoïden mit einigen Muskelpaaren versehen, welche den geraden Augenmuskeln der Wirbelthiere entsprechen, und das Auge um seinen Mittelpunkt herumdrehen können[22].

Eine Anzahl zu den Amphipoden, Phyllopoden und Poecilopoden gehöriger Crustaceen besitzen diese zusammengesetzten Augen mit glatter und gemeinschaftlicher Cornea in der Weise modificirt, dass sich unter der glatten Hornhaut eine zweite, aber facettirte Hornhaut vorfindet. Eine jede einzelne Facette der letzteren bildet auf der inneren Seite eine Vertiefung, in welche das abgestutzte Ende eines lichtbrechenden, langgestreckten Kegels eingedrückt ist, während sich die von Pigment umhüllte Spitze desselben mit einem Faden des Opticus verbindet[23]. Eine zweite Modification dieser zusammengesetzten Augen kommt ebenfalls bei einigen Amphipoden und Phyllopoden vor, indem nämlich zwischen der unter der glatten Hornhaut befindlichen facettirten Cornea und den keil- oder kegelförmigen, lichtbrechenden Körpern noch besondere eiförmige Linsen angebracht sind[24].

Die dritte Form der Crustaceen-Augen, die zusammengesetzten, mit einer facettirten Cornea versehenen Augen kommen bei Scutigera und bei den höheren Ordnungen der Krustenthiere vor,

---

vor dem Maule angebracht, besitzt einen Stiel, und stimmt in seinem Baue mit dem Auge der Daphnien überein. Vergl. Thompson, zool. researches a. a. O. p. 77. Pl. IX. Fig. 3. u. 4., oder Burmeister, Beiträge etc. p. 17. Taf. I. Fig. 3—5.

21) Vergl. Brongniart a. a. O. p. 85. Pl. 13. Fig. 3. u. 4. von Limnadia, ferner Joly a. a. O. p. 309. Pl. 7. Fig. 3. Pl. 8. Fig. 24. u. 26. von Isaura, deren Augen eiförmige Linsen enthalten.

22) Bei Daphnia und Evadnè, vergl. Jurine und Lovén a. a. O.

23) Eine solche Modification bieten die Augen von Amphithoë, Apus und Limulus dar. Vergl. Milne Edwards, hist. d. Crust. Tom. I. p. 116., Zaddach a. a. O. p. 45. Tab. II. Fig. 18—24. und van der Hoeven a. a. O. p. 23. Tab. III. Fig. 6. A. u. B.

24) Bei Hyperia (s. Milne Edwards, hist. d. Crust. Tom. III. p. 74. oder in den Annales d. sc. nat. Tom. 20. 1830. p. 388. und Müller in dessen Archiv. 1836. Jahresbericht. p. 102.) und bei Branchipus (s. Burmeister in Müller's Archiv. 1835. p. 529. Taf. 13. Fig. 1—4.). Die Linsen des letztgenannten Phyllopoden stecken in einer becherförmigen Vertiefung der lichtbrechenden Kegel, wodurch diese Sehorgane, welche überdies gestielt sind, den Uebergang zu den eigentlichen facettirten Augen der Crustaceen bilden.

bei welchen letzteren, nämlich bei den Stomapoden und Decapoden, diese Augen in Form einer Halbkugel an der Spitze zweier Stiele, seltener unterhalb der Spitze derselben [25]), angebracht sind. Die Augenstiele sind am Vorderrande des Cephalothorax beweglich eingelenkt, und können meistens in besonderen Gruben verborgen werden. Die stets sehr zahlreichen Hornhaut-Facetten besitzen entweder eine viereckige oder sechseckige Gestalt [26]). Hinter jeder Hornhaut-Facette befindet sich ein kegelförmiger, häufig kantiger Krystallkörper, welcher die Stelle einer Linse vertritt, und mit seiner abgerundeten Spitze in einem becherförmig ausgehöhlten und durchsichtigen Kegel steckt. Diese einem Glaskörper entsprechenden Kegel werden von ihrer stumpfen Spitze aus durch eine kelchförmige Ausbreitung der vereinzelten Nervenfäden des Opticus umfasst, wobei eine Pigmentmasse sowol die einzelnen Nervenfäden wie deren Kelche scheidenartig einhüllt [27]).

Fünfter Abschnitt.

Von dem Verdauungs-Apparate.

§. 278.

Dem Eingange zu den Verdauungswerkzeugen sind bei den Crustaceen in der Regel die vorderen Fusspaare als Kieferfüsse, Greif- oder Raubfüsse sehr nahe gerückt, um die Nahrung zu ergreifen, zu betasten und zum Munde zu bringen [1]). Als Hülfsorgane dienen hierbei vielen Crustaceen die verschieden gestalteten Ruderfüsse, Afterfüsse und Kiemengeisseln, welche durch ihre Bewegungen nicht blos die zur Respiration nöthige Strömung des Wassers unterhalten, sondern auch dem Maule dadurch eine Menge Nahrungsstoff zuführen [2]).

---

25) Bei einigen Ocypoda-Arten.

26) Viereckige Facetten findet man bei Astacus, Homarus, Palinurus, Galathea, Scyllarus, Palaemon, Pasiphaea und Penaeus; sechseckige Facetten dagegen bei Scutigera, Squilla, Phyllosoma, Pagurus, Calianassa, Maja, Campilius, Portunus, Ilia. Vergl. Milne Edwards, hist. d. Crust. Tom. I. p. 117. Pl. 12. und Will, Beiträge zur Anatomie der zusammengesetzten Augen mit facettirter Hornhaut. p. 7. Fig. 3. c.

27) S. Will a. a. O. p. 12. Fig. 3. u. 4. Ausserdem vergl. man Suckow a. a. O. Taf. 10. Fig. 19. u. 20., Soemmering, de oculorum sectione horizontali. p. 75. Tab. III. und Milne Edwards, hist. d. Crust. Pl. 12. Fig. 8. von Astacus.

1) Vergl. oben §. 268.

2) Am deutlichsten lässt sich dies bei den Phyllopoden, Lophyropoden und Cirripedien wahrnehmen. Von den letzteren Crustaceen werden hauptsächlich die hinteren langen cirrenartigen Füsse benutzt, um durch Aus- und Einrollen derselben eine regelmässige Wasserströmung zu unterhalten, wobei die drei

Die Mundöffnung der Crustaceen ist gewöhnlich, von dem Vorderrande des Kopfes mehr oder weniger entfernt, auf der Unterseite angebracht und von einer weichen Oberlippe bedeckt, unter welcher ein Paar kräftige Oberkiefer (*Mandibulae*) angebracht sind, die mit ihren harten und häufig gezähnelten Rändern durch kräftige, von der inneren Fläche der Kopf- und Rückenschale entspringende Muskeln seitlich gegen einander bewegt werden, und bei den höheren Crustaceen mit einem tasterartigen Organe (*Palpus*) besetzt sind [3]). Hinter den Oberkiefern liegen zwei Paare schwächere, weichere und tasterlose Unterkiefer (*Maxillae*), welche meistens aus mehren Stücken zusammengesetzt, bei den Myriapoden aber zu einer Art Unterlippe verschmolzen sind. Zwischen den beiden Oberkiefern und dem ersten Unterkieferpaare ragt häufig ein weicher, zungenförmiger, zuweilen zweitheiliger Fortsatz hervor, der auch als Unterlippe angesehen werden kann [4]).

Bei vielen niederen Crustaceen erleiden die Mundtheile verschiedene Modificationen, wodurch sie sich von der Bedeutung der Kauwerkzeuge immer mehr entfernen. So ist bei den Poecilopoden nur ein einfacher trichterförmiger und kiefernloser Mund vorhanden, indem die drei Kieferpaare sich zu Scheerenfüssen umgestaltet haben [5]).

An den parasitischen Crustaceen verwandeln sich die Mundtheile in Saugorgane, wobei die Lippen sich rüsselartig verlängern und die Kauwerkzeuge immer undeutlicher werden, bis sie zuletzt ganz schwinden. Am leichtesten sind noch die Kauwerkzeuge an dem schnabelförmigen und nach hinten gerichteten Munde der Caliginen herauszufinden. Ober- und Unterlippe erscheinen hier zu einer langen Röhre verschmolzen, in welcher die beiden Oberkiefer als zwei in die Länge

---

vorderen kürzeren Fusspaare die ihnen zugeworfenen Nahrungsstoffe ergreifen und äusserst geschickt festhalten können. Bei diesem Herbeiholen der Nahrungsstoffe werden häufig die Ruderfüsse der Daphnoïden durch Hängenbleiben verschmähter Bissen und Anhängsel verunreinigt, wovon sich diese Thiere aber sehr leicht zu befreien wissen, indem sie ihren mit Stacheln besetzten Schwanz nach vorne umbiegen und damit die mit Haaren und Borsten gesäumten Ruderfüsse gleichsam auskämmen.

3) Bei den Decapoden, Stomapoden, Amphipoden und den meisten Isopoden. An den Chilopoden sind diese Taster nur als ein Rudiment vorhanden, bei den Idotheen, den Chilognathen und den übrigen niederen Crustaceen fehlen dieselben ganz. — Ueber die Mundtheile der Crustaceen vergleiche man übrigens die Beschreibungen und Abbildungen in den bereits angeführten Werken von Savigny, Milne Edwards und Erichson, so wie in den verschiedenen, die Decapoden, Isopoden, Myriapoden, Phyllopoden, Lophyropoden und Cirripedien betreffenden monographischen Arbeiten von Suckow, Brandt, Rathke, Treviranus, Zaddach, Jurine, Lovén, Burmeister, Martin St. Ange etc.

4) Bei Astacus, Palaemon, Palinurus, Squilla.

5) Vergl. van der Hoeven a. a. O. p. 16. Pl. II. Fig. 1. A. von Limulus.

gezogene und gezähnelte Hornfortsätze zu erkennen sind, während die Basis dieses Schnabels von den rudimentären, tasterartigen Unterkiefern umgeben ist[6]. Einen noch vollständigeren Saugapparat stellen die Mundtheile des Argulus dar, indem aus einer nach vorne gerichteten, sehr langen Mundröhre die beiden Mandibeln als dünne und spitze, zum Stechen eingerichtete Stilete weit hervorgeschoben werden können, während die Maxillen vollständig verschwunden sind[7]. Die Lernaeodeen und Penellinen besitzen dagegen einen ziemlich kurzen Saugrüssel, der die beiden ebenfalls kurzen, gezähnelten und meistens hakenförmig gekrümmten Oberkiefer enthält und in dessen äusserer Umgebung die verkümmerten Unterkiefer in Gestalt von Tastern wahrzunehmen sind[8]. Am meisten verkümmert zeigen sich die Mundtheile der Ergasilinen und Bopyrinen, denn hier fehlen nicht blos innerhalb der zu einem kurzen Saugrüssel verschmolzenen Ober- und Unterlippe die Mandibeln, sondern es sind auch die tasterartigen Unterkiefer mit sehr wenigen Ausnahmen gänzlich verschwunden[9].

§. 279.

Der Verdauungskanal zieht sich fast bei allen Crustaceen von der Mundöffnung ohne Windungen durch die Mittellinie des Leibes hindurch[1], und mündet an der Schwanzspitze mit dem After aus[2].

---

6) S. Milne Edwards, sur l'organisation de la bouche chez les Crustacés suceurs, in den Annales d. sc. nat. Tom. 28. 1833. p. 78. Pl. 8. und besonders Burmeister in den Nov. Act. Nat. Cur. Tom. 17. p. 278. Tab. 23—25.

7) Vergl. Jurine a. a. O. p. 440. Pl. 26. Fig. 3—7. u. 16., so wie Vogt a. a. O. p. 7. Fig. 5.

8) S. Nordmann, micrograph. Beiträge a. a. O. Taf. 5—9. und Kollar a. a. O. Taf. 9. u. 10. von Achtheres, Brachiella, Chondracanthus, Tracheliastes und Basanistes, ferner Burmeister a. a. O. p. 310. Tab. 24. A. von Lernaeocera.

9) Vergl. Nordmann a. a. O. Taf. 1—3. von Lamproglena und Ergasilus, Rathke, de Bopyro etc. p. 4. Tab. I. und in den Nov. Act. Nat. Cur. Tom. 20. p. 42. u. 103. Tab. 2. u. 5. von Nicothoë und Phryxus, ferner Kröyer in der Isis. 1841. p. 343. Taf. 5. Fig. 7. C. von Nicothoë. — Eine Ausnahme von dieser Bildung lässt sich an den Mundtheilen von Dichelestium erkennen, dessen Saugrüssel schnabelförmig hervorgezogen ist, und äusserlich von mehren beweglichen Fortsätzen umgeben wird, von denen ein Paar in einer Falte des Rüssels verborgene und gezähnelte Stilete darstellen, welche vielleicht den Mandibeln entsprechen, während ein anderes Paar dieser Fortsätze als tasterartige Maxillen gedeutet werden können. Vergl. Rathke in den Nov. Act. Nat. Cur. Tom. 19. p. 136. Tab. 17. Fig. 12—14. und Milne Edwards, hist. d. Crust. Pl. 39. Fig. 4. a—c. oder in der Cyclopaedia a. a. O. p. 773. Fig. 412—415.

1) Glomeris und Lynceus machen davon eine Ausnahme, indem der Darm bei Glomeris im Hinterleibe sowol, wie im Vorderleibe eine Umbiegung macht (s. Brandt in Müller's Archiv. 1837. p. 322. Taf. 12. Fig. 2.) und derselbe bei Lynceus sich ein- bis zweimal spiralig windet (s. Müller, Entomostraca. Tab. 9. u. 10. und Jurine, hist. d. Monocl. Pl. 15. u. 16.).

2) Nur die Cirripedien machen davon eine Ausnahme, indem ihr Darmkanal zwischen dem letzten Rankenfusspaare an der Basis des langen peitschenförmigen

Seine Wandungen werden aus drei bis vier verschiedenen Schichten zusammengesetzt, von denen die äussere eine feste, mehr oder weniger faserige Haut darstellt, welche die Stelle eines Peritonäalüberzuges vertritt. Die innerste Schicht besteht aus einem glashellen, structurlosen Epithelium, welches niemals Flimmercilien trägt. Dieses Epithelium nimmt sowol in der vorderen, häufig zu einem Magen erweiterten Darmgegend, so wie in dem hinteren, zu einem Mastdarme abgeschnürten Theile des Verdauungskanals eine sehr feste Beschaffenheit an, und zeigt sich, als unmittelbare Fortsetzung der äusseren Hautbedeckung, ebenfalls aus Chitine zusammengesetzt. Dieselbe wird dann auch bei dem Häutungsprozesse im Zusammenhange mit der äusseren Hautbedeckung abgestreift und theils aus der Mundöffnung, theils aus dem After hervorgezogen [3]). Zwischen diesem Epithelium und dem Peritonäum liegt eine körnige und blasige, mit glatten, einfachen und sich kreuzenden Muskelfasern umgebene Schleimhautschicht.

An diesem Verdauungskanale, welcher immer mit einem äusserst kurzen Oesophagus versehen ist, lässt sich nur in den vollkommeneren Crustaceen ein Magen, Dünndarm und Mastdarm unterscheiden, bei den niederen Krustenthieren bildet der Verdauungskanal eine einfache, ziemlich gleich weite Darmröhre, die nur in der Aftergegend durch stärkere Muskelwandungen zuweilen verengert erscheint. Bei den Siphonostomen, vielen Lophyropoden und Phyllopoden läuft derselbe ganz gerade [4]), bei den Daphnoïden und Apoden dagegen steigt das Vorderende des Darmes nach vorne in die Höhe und biegt sich erst am Rücken des Kopfes nach hinten um [5]).

In den übrigen Crustaceen wird durch eine, von der Speiseröhre mehr oder weniger entfernte, pylorusartige Einschnürung des Verdauungskanals ein Magen gebildet, der bei den Cirripedien, Lae-

---

Schwanzes ausmündet. Vergl. Cuvier, Mémoires a. a. O. Fig. 7. k. und Martin St. Ange a. a. O. Pl. 2. Fig. 4. 5. etc. h.

3) Vergl. Schmidt, zur vergl. Physiol. etc. p. 30.

4) Ueber den geraden Darmkanal der Penellinen, Lernaeodeen und Ergasilinen vergleiche man Nordmann a. a. O. Taf. I. bis X., ferner Burmeister in den Nov. Act. Nat. Cur. Tom. 17. p. 311. Tab. 24. A. Fig. 1. von Lernaeocera, Rathke ebendas. Tom. 19. p. 156. Tab. 17. Fig. 2. von Dichelestium, Jurine, hist. d. Monocl. Pl. 1—7. von Cyclops und Cyclopsina, Prevost ebendas. Pl. 20—22. von Chirocephalus, Joly a. a. O. Pl. 7. u. 8. von Artemia.

5) Ueber den bogenförmig nach oben gekrümmten Darm von Daphnia, Lynceus und Polyphemus vergleiche man die Abbildungen in Jurine, hist. d. Monocles. S. ferner Straus a. a. O. Pl. 29. von Daphnia, Brongniart a. a. O. Pl. 13. von Limnadia, Straus im Museum Senckenberg. a. a. O. p. 112. Taf. VII. Fig. 12. und Joly a. a. O. Pl. 7. Fig. 5. von Isaura. Bei Cypris findet sich an dem gekrümmten Darmkanale eine magenartige Abschnürung vor (s. Straus a. a. O. p. 50. Pl. 1. Fig. 10.).

modipoden, Isopoden und Amphipoden nur einen geringen Umfang einnimmt 6), bei den Myriapoden aber ziemlich langgestreckt ist 7). Das Epithelium des Magens mehrer Isopoden und Laemodipoden zeigt sich theils mit Borsten besetzt, theils knorpel- oder hornartig verdickt, wodurch ein Magengerüste und Magenzähne entstehen 8), welche Eigenthümlichkeiten auch in dem etwas weiteren Magen der Poecilopoden und Stomapoden wahrgenommen werden 9). Am meisten erscheint aber in dieser Beziehung der Magen der Decapoden entwickelt, welcher sich zugleich auch durch seine Grösse und sonstige Form auszeichnet. Derselbe besteht nämlich aus einem vorderen, mit dem Oesophagus zusammenhängenden blasenförmigen Theile und einem mit der Spitze nach hinten gerichteten pyramidenförmigen Pförtnertheile. Die innere, von Chitine gebildete Haut dieses Decapoden-Magens ist fast überall mit steifen Borsten und zuweilen mit sehr sonderbaren pinselförmigen Haarauswüchsen besetzt. Die schwieligen und knorpelartig verdickten Stellen der inneren Magenhaut bilden in der Pförtnergegend ein ausgezeichnetes Gerüste, von welchem drei sehr feste Zahnleisten nach innen beweglich hervorragen. Die eine derselben nimmt als un-

---

6) Ueber den Magen und Darm der Cirripedien vergleiche man die Schriften von Cuvier, Burmeister und Martin St. Ange a. a. O. Ueber Cyamus s. Roussel de Vauzème a. a. O. Pl. 8. Fig. 12. u. 18., über Oniscus s. Brandt in der mediz. Zoologie. Bd. II. Tab. 15. Fig. 39., über Lygidium s. Lereboullet a. a. O. p. 126. Pl. 5. Fig. 25. und über Idothea s. Rathke a. a. O. Taf. 4. Fig. 19.

7) Vergl. Ramdohr, Abhandlung über die Verdauungswerkzeuge der Insekten. p. 148. Taf. 15. Fig. 1., Treviranus, verm. Schriften. Bd. II. p. 23. und 43. Taf. 5. Fig. 4. und Taf. 8. Fig. 6. von Lithobius und Julus, ferner Léon Dufour a. a. O. p. 84. u. 95. Pl. 5. Fig. 1. u. 4. von Lithobius und Scutigera, Kutorga a. a. O. p. 5. Tab. I. Fig. 2. von Scolopendra und Brandt in Müller's Archiv a. a. O. Taf. 12. Fig. 2. von Glomeris.

8) Ein eigenthümliches knorpeliges Gestell besitzt der flaschenförmige Magen von Oniscus (s. Brandt in der mediz. Zoologie. Bd. II. p. 74. Taf. 15. Fig. 41. und 42.), auch in Idothea Entomon enthält der Magen ein aus mehren festen Stücken zusammengesetztes Gerüste (s. Rathke a. a. O. p. 119. Taf. 4. Fig. 20. und 21.), bei Lygidium ist das Epithelium des durch mehre Hornstücke gestützten Magens mit einer Menge Hornborsten dicht besetzt (s. Lereboullet a. a. O. p. 127. Pl. 5. Fig. 26—30.), bei Cyamus endlich sind in der Cardia-Gegend des Magens zwei seitliche, dreizähnige Hornleisten angebracht (s. Roussel de Vauzème a. a. O. p. 251. Pl. 8. Fig. 13. u. 14.).

9) Im Limulus verläuft die Speiseröhre nach vorne und geht in einen sehr muskulösen, nach hinten sich umbeugenden Magen über, auf dessen Epithelium sich fünfzehn Längsreihen hornartiger Tuberkeln erheben (s. van der Hoeven a. a. O. p. 17. Pl. 2. Fig. 3. B.). Bei Squilla ist die Pförtnergegend des pyramidenförmigen Magens mit Hornplatten und sehr regelmässigen Haarreihen besetzt (s. Duvernoy in Cuvier, Leçons etc. Tom. V. p. 231.). Auch das von mehren festen Chitin-Lamellen gestützte Epithelium des birnförmigen Magens der Mysis ist mit Borsten und Haaren dicht besetzt (s. Frey a. a. O. p. 16.).

paariger Zahn die Mitte der hinteren Magenwand ein, während die beiden anderen länglichen, mehr oder weniger eingekerbten Zahnleisten seitlich einander gegenüberstehen. An diesen Magen der Decapoden inseriren sich verschiedene, von der inneren Fläche des Cephalothorax entspringende, quergestreifte Muskeln, wodurch jene drei Zahnleisten höchst wahrscheinlich willkürlich gegen einander bewegt und demnach als innere Kauwerkzeuge benutzt werden können [10]).

§. 280.

Ein grosser Theil der Krustenthiere besitzt am Verdauungskanale drüsige Anhänge, von welchen aber nur sehr wenigen die Function von Speichelorganen zugeschrieben werden kann. Zwei solche drüsige Anhänge mit lappiger Form liegen bei den Cirripedien auf dem Magen und ergiessen ihre Absonderungsflüssigkeit als Speichel in das Vorderende des Magens [1]). Sehr deutliche Speichelorgane haben die Myriapoden aufzuweisen, bei welchen zwei oder mehre Drüsenanhänge zu beiden Seiten der Speiseröhre und des Magens angebracht sind, die mit ihren bald kürzeren, bald längeren Ausführungskanälen in die Mundhöhle einmünden [2]). Bei allen übrigen Crustaceen fehlen dergleichen Speicheldrüsen.

---

10) Am genausten ist der Magen des Flusskrebses bekannt geworden. Vergl. die Beschreibungen und Abbildungen von Rösel, Suckow, Brandt a. a. O., s. auch Milne Edwards, hist. d. Crust. Tom. I. p. 67. Pl. 4. Ueber den feineren Bau dieses Magens und die inneren Haarauswüchse desselben stellten Valentin (Repertorium. Bd. I. p. 115. Tab. I. Fig. 15—21.) und Oesterlen (in Müller's Archiv. 1840. p. 387. Taf. 12.) sehr genaue Untersuchungen an. Es finden sich die hier angetroffenen Zahn- und Haarbildungen übrigens auch in den meisten anderen Gattungen der drei Decapoden-Abtheilungen vor, wovon ich mich bei Homarus, Palinurus, Galathea, Pagurus, Cancer, Maja, Lupea u. A. überzeugt habe. In den Gattungen Crangon und Palaemon vermisste ich jedoch die hervorragenden Zahnleisten und fand nur ein behaartes Epithelium des Magens vor; nach Joly (a. a. O. p. 73. Pl. 3. Fig. 27.) stehen bei Caridina dergleichen Haare auf streifenförmigen Verdickungen der Magenhaut.

1) Vergl. Cuvier, Mémoires a. a. O. p. 10. Fig. 9. u. u. und Fig. 11. d. d. von Lepas, Burmeister a. a. O. p. 42. Tab. II. Fig. 13. 14. c. von Coronula, Karsten in den Nov. Act. Nat. Cur. Tom. 21. Tab. 20. Fig. 1. d. von Balanus.

2) Zwei compacte Speicheldrüsen ragen bei Lithobius und Scutigera vom Kopfe in die ersten Leibessegmente hinab (s. Léon Dufour a. a. O. p. 83. u. 95. Pl. 1. u. 5.), und sind von Treviranus (verm. Schriften. Bd. II. p. 25. Taf. 5. Fig. 4. q. q.) als Fettkörper angesehen worden; traubenförmige Drüsenmassen, welche mehre Ausführungsgänge nach der Mundhöhle senden, beobachteten Gaede (in Wiedemann's zoolog. Magazin. Bd. I. p. 107. Taf. 1. Fig. 7. i. i.), Müller (in der Isis. 1829. Taf. 2. Fig. 5.), und Kutorga (a. a. O. p. 4. Tab. I. Fig. 4.) im Vorderleibsende der Scolopendra; nur zwei kurze, wenig gewundene, in die Mundhöhle ausmündende Drüsenschläuche liegen, nach Brandt (in Müller's Archiv. 1837. p. 323. Taf. 12. Fig. 3.), im unteren Theile des Kopfes von Glomeris; in anderen Myriapoden erinnern diese Organe schon mehr an die Speichelwerkzeuge der Insekten, so finden sich im Geophilus zwei ziemlich weit

Die Leber der Krustenthiere, welche entweder nur einen einfachen drüsigen Ueberzug des Verdauungskanals oder ein von demselben gesondertes Organ darstellt, besteht bald aus grösseren, bald aus kleineren, grünlich oder braungelb gefärbten Drüsenschläuchen, deren Wandungen aus vielen, mit braunkörnigem Inhalte gefüllten Zellen und dazwischen liegenden Fettbläschen gebildet sind [3]). Bei den meisten niederen Crustaceen, bei den Siphonostomen, Lophyropoden, Phyllopoden und auch bei den Myriapoden hat sich die Leber von dem Verdauungskanale noch nicht isolirt, indem sie denselben als eine äussere Drüsenschicht einhüllt, deren Follikeln mehr oder weniger aus der äusseren Oberfläche des Verdauungskanals in die Leibeshöhle hervorragen und wahrscheinlich einzeln auf der inneren Fläche des Nahrungsschlauches ihre Absonderungen ergiessen [4]); nur bei Argulus, Daphnia und Apus treten am Vorderende des Darmkanals mehre einfache oder verästelte, blindsackförmige Ausstülpungen hervor, deren Wandungen vorzugsweise als Leberorgane fungiren wer-

---

vom Kopfe entfernte und gewundene Drüsenschläuche, von welchen zwei sehr lange und dünne Ausführungsgänge neben der ebenfalls sehr langen Speiseröhre nach dem Munde hinauflaufen (s. Treviranus a. a O. p. 37. Taf. 7. Fig. 3.). Bei Julus bilden die noch längeren Speichelorgane mit den Harnkanälen ein den Magen umspinnendes Gewirre, aus welchem, nach Treviranus (a. a. O. p. 44. Taf. 8. Fig. 6.), sich jederseits drei Ausführungsgänge zur Mundhöhle hinaufbegeben sollen, Ramdohr (Abhandl. über die Verdauungswerkzeuge etc. p. 149. Taf. 15. Fig. 1. g. g.) bildet jedoch nur zwei einfache Speichelgefässe bei Julus ab, welche Zahl auch von Burmeister (in der Isis. 1834. p. 136.) als richtig erkannt worden ist. Ich sah übrigens die beiden Speichelkanäle jeder Seite bei Julus sabulosus an ihrem Hinterende bogenförmig in einander übergehen.

3) Ueber die feinere Structur der Leberdrüsenschläuche der Crustaceen vergleiche man Schlemm, de hepate ac bile Crustaceorum a. a. O. p. 14. Tab. II. Fig. 1—8. von Astacus, und Karsten in den Nov. Act. Nat. Cur. Tom. 21. p. 295. Tab. 18—20. von Oniscus, Astacus und Balanus.

4) Eine solche, den Verdauungskanal unmittelbar bedeckende Leberdrüsenschicht lässt sich an den Penellinen, Lernaeodeen und Ergasilinen (s. Nordmann a. a. O. Taf. 1—10.), so wie an Artemia (s. Joly a. a. O. p. 239. Pl. 8. Fig. 4.) deutlich unterscheiden. In Chondracanthus mögen die vielen Aussackungen, mit welchen Rathke (in den Nov. Act. Nat. Cur. Tom. 20. p. 122. Tab. 5. Fig. 15.) den ganzen Verdauungskanal dieses Schmarotzerkrebses besetzt gefunden hat, von Lebersubstanz herrühren. Sowol bei den Chilognathen wie Chilopoden sah ich den grössten Theil des Nahrungsschlauches mit kleinen braungelben Drüsenfollikeln besetzt, welche ich für die Leberorgane halten muss, während von den übrigen Zootomen die Malpighischen Kanäle (s. weiter unten §. 287.) als Gallengefässe betrachtet werden. Auch Léon Dufour (a. a. O. p. 96. Pl. 5. Fig. 4. B.) hat am Magen der Scutigera jene Drüsenfollikeln gesehen, ohne sie als Leber gedeutet zu haben. Die vielen grossen Zellen, welche nach Serres (in den Annal. d. Mus. d'hist. nat. Tom. 20. p. 250.) als äusserste Hautschicht den Darmkanal des Lithobius einhüllen soll, sind gewiss nichts anderes als Leberdrüsenfollikeln.

den [5]); bei den Cirripedien bilden dergleichen Blindsäckchen des Magens [6]) einen deutlichen Uebergang zu den Leberorganen der übrigen Crustaceen, welche durch völlige Isolirung und durch besondere, wenn auch kurze Ausführungsgänge sich zu selbstständigen Drüsenorganen erhoben haben. Einige solche gesonderte Leberdrüsen ragen bei den Laemodipoden, Isopoden und Amphipoden als lange, varicös eingeschnürte Blindschläuche vom Magengrund neben dem übrigen Verdauungskanale weit in die Leibeshöhle hinab [7]). In den Poecilopoden,

---

5) Bei Daphnia ragen vom Vorderende des Verdauungskanals zwei seitliche, nach hinten gekrümmte Blindschläuche gegen den Rücken des Kopfes in die Höhe (vergl. Schäffer a. a. O. p. 41. Taf. 2. Fig. 2. k. k., Straus a. a. O. p. 401. Pl. 29. Fig. 6. s. o. s. und Jurine, hist. d. Monocl. Pl. 9. und Pl. 10. Fig. 7. Pl. 11—13.). Auch in Branchipus und Artemia (s. Joly a. a. O.) bietet das Vorderende des Darmkanals zwei kurze, drüsige Ausstülpungen dar, welche mit dem übrigen drüsigen Belag der Verdauungsröhre als Leber gedeutet zu werden verdienen. Zwei vielfach verästelte Blindkanäle erstrecken sich bei Argulus aus den Seiten des Magens zwischen das Parenchym des schildförmigen Leibes (vergl. Jurine a. a. O. p. 441. Pl. 26. Fig. 1—3. und Fig. 9. oder Vogt a. a. O. p. 8. Fig. 1. u. 9.). In Apus beschränken sich diese vom Vorderende des Verdauungskanals strahlenförmig ausgehenden Blindkanäle nur auf den Vorderrand des Cephalothorax (s. Schäffer a. a. O. p. 70. Taf. 5. Fig. 15. a. a.), und sollen dieselben nach Zaddach (a. a. O. p. 8. Tab. I. Fig. 10—13. und Tab. IV.) noch besonders von einer Menge Drüsenbüschelchen besetzt sein.

6) Ausser den Abbildungen der leberartigen Magenanhänge, wie sie in den Abhandlungen von Cuvier, Burmeister und Martin St. Ange (a. a. O.) bei den Rankenfüsslern dargestellt erscheinen, vergleiche man noch besonders die durch Karsten (in den Nov. Act. Nat. Cur. Tom. 21. p. 301. Tab. 20. Fig. 1. bis 4.) gelieferte Darstellung der Leberorgane, welche in Form kurzer Blindschläuche den Pförtner des Magens von Balanus umgeben.

7) Zwei lange Leberschläuche winden sich bei Cyamus neben dem Darmkanale hin (s. Roussel de Vauzème a. a. O. p. 252. Pl. 9. Fig. 19.), die zwei kürzeren Drüsenanhänge des Magens der Idothea, welche von Rathke (a. a. O. p. 121.) als Fettkörper angesehen worden sind, gehören zu dem Leberdrüsen-Apparat, der bei Idothea nach meinen Beobachtungen (in Müller's Archiv. 1837. p. 435.) aus drei Paar gelben, varicös eingeschnürten Drüsenschläuchen besteht. Vier sehr lange, varicöse Leberschläuche münden bei Oniscus, Porcellio, Asellus und Lygidium durch zwei gemeinschaftliche Oeffnungen rechts und links am Pförtner des Magens aus (s. Treviranus, verm. Schriften. Bd. I. p. 57. etc. Taf. 7. Fig. 38. Taf. 9. Fig. 50. und Taf. 11. Fig. 64., Brandt in der mediz. Zoologie. Bd. II. p. 75. Taf. 15. Fig. 39., Lereboullet a. a. O. p. 130. Pl. 5. Fig. 25. und Karsten a. a. O. p. 296. Tab. 27. Fig. 1.). Treviranus, welcher die Ausführungsgänge dieser Drüsenschläuche übersehen hat, betrachtete dieselben als blosse Fettkörper, während Ramdohr (Abhandl. über die Verdauungswerkzeuge etc. p. 204. Taf. 28. Fig. 5.), welcher wol nur aus Versehen bei Porcellio drei solche Anhänge abgebildet hat, dieselben für Speichelwerkzeuge nahm. Drei Paar Leberschläuche sind nach Meckel (System der vergl. Anat. Th. 4. p. 154.) bei Cymothoa, nach Rathke (in den Nov. Act. Nat. Cur. Tom. 20. p. 30. Tab. 6. Fig. 16. d. d. und Fig. 18.) bei Aega, und nach Milne Edwards (hist. nat. d. Crust. Pl. 4. Fig. 3.) bei Lygia vorhanden. Ob bei Hiella, in welchem Amphi-

Stomapoden und den Bopyriden münden an verschiedenen Stellen des Darmkanals die Leberorgane ein [8]). Bei den Decapoden endlich stellt die Leber zwei Drüsenbüschel dar, welche aus mehr oder weniger verästelten und locker unter einander verbundenen Blindschläuchen bestehen. Eine jede dieser Leberdrüsen, welche bald nur die Seiten des Cephalothorax ausfüllen, bald aber auch bis weit in den Schwanztheil der Leibeshöhle hinabreichen, ergiesst ihre Gallenabsonderung durch einen gemeinschaftlichen kurzen Ausführungsgang dicht hinter dem Pförtner rechts und links in den Darmkanal [9]).

§. 281.

In vielen Crustaceen wird der Verdauungskanal von Fettzellen umgeben, deren Inhalt häufig schön orangegelb oder blau gefärbt ist. Diese Fettzellen bestehen entweder aus einzelnen zerstreuten grösseren und kleineren Kugeln [1]), oder hängen in verschieden gestalteten Lappen zusammen [2]). Es ist diese Fettmasse wol jenem *Corpus adiposum*

---

poden nur ein einziger varicöser Leberschlauch nach hinten ragen soll, die übrigen von Straus (a. a. O. p. 59. Pl. 4. Fig. 15.) übersehen worden sind, muss ich dahin gestellt sein lassen, bei Gammarus und anderen Amphipoden wenigstens finde ich zwei Paar lange Leberschläuche vor.

8) In Limulus liegen vier, von verschlungenen Blindschläuchen gebildete Gruppen rechts und links im Cephalothorax, und ergiessen ihre Gallenabsonderung durch vier besondere und weit von einander entfernt angebrachte Ausführungsgänge in das Vorderende des Darmkanals (s. van der Hoeven a. a. O. p. 18. Pl. II. Fig. 1. 5. u. 8.). Bei Squilla, Bopyrus und Phryxus sind die beiden Seiten des ganzen Darmkanals in verschiedenen Zwischenräumen mit verzweigten oder varicösen Leberdrüsensäcken besetzt (s. Müller, de glandular. struct. p. 70. Tab. IX., Duvernoy in den Annales d. sc. nat. Tom. 6. 1836. p. 243. Pl. 15. Fig. 1. von Squilla, und Rathke, de Bopyro et Nereïde. p. 9. Tab. I. Fig. 7. und in den Nov. Act. Nat. Cur. Vol. 20. p. 47. von Bopyrus und Phryxus), während Mysis (s. Frey a. a. O. p. 19.) mit acht rechts und links in den Magengrund einmündenden Leberschläuchen sich wieder an die Amphipoden und Isopoden anschliesst.

9) Ueber die auf den Cephalothorax sich beschränkende, aber umfangreiche Leber des Flusskrebses vergleiche man die Beschreibungen und Abbildungen bei Rösel, Suckow, Geveke, Brandt, Schlemm a. a. O., so wie bei Müller (de glandul. struct. p. 69.), welcher letztere noch bei vielen anderen Macruren und Brachyuren die Leber ähnlich gebildet fand. Eine sehr ausgezeichnete, in verschiedene Lappen symmetrisch zertheilte Lebermasse findet sich nach Milne Edwards (hist. d. Crust. Pl. 4. Fig. 5.) in Maja vor. Bei den Paguren erstreckt sich vom Pylorus an ein langer Gallengang zu beiden Seiten des Darmkanals bis zum Schwanzende hinab, in welchen eine dichte Menge Drüsenschläuche seitlich einmünden (s. Swammerdamm a. a. O. p. 86. Taf. XI. Fig. 4. u. 5., Müller, de gland. struct. p. 70. Tab. 8. Fig. 12. u. 13. und Delle Chiaje, Descrizione etc. Tav. 86. Fig. 6.).

1) Einzelne zerstreute orangegelbe Fettkugeln findet man häufig in Cyclops, Daphnia, Gammarus.

2) Grössere blaue Fettmassen liegen bei Branchipus an den Seiten des Darmkanals; andere weissliche Fettmassen umspinnen nach Art eines Netzes den

analog, welches bei den Insekten allgemein verbreitet vorkommt. Höchst wahrscheinlich steht dieses Fett mit dem Verdauungs- und Assimilationsprozesse in engster Beziehung, indem überschüssige Nahrungsstoffe in diesen Thieren als Fett abgesetzt und aufbewahrt werden, um bei eintretendem Bedürfnisse, z. B. bei dem Häutungsprozesse, verbraucht werden zu können, daher denn auch diese Fettmassen bei den verschiedenen Individuen einer und derselben Krebsart in so ungleicher Menge angehäuft sind oder zuweilen ganz fehlen.

Sechster Abschnitt.

Von dem Circulations-Systeme.

§. 282.

Obgleich das Blut der Krustenthiere in einem sehr regelmässigen Kreislaufe durch den Körper hindurchgetrieben wird, so ist das Blutgefässsystem derselben, wie bei allen Arthropoden, nur sehr unvollkommen entwickelt, indem die Blutströme in den Crustaceen nicht ununterbrochen von bestimmten, dem Circulationssysteme ausschliesslich zugehörenden Wandungen umschlossen sind. Ein die Blutbewegung unterhaltendes Centralorgan fehlt fast niemals und stellt bald ein rundliches, blasenförmiges, bald ein längliches, röhrenförmiges Herz dar, von welchem bei den höheren Crustaceen ein deutliches Arteriensystem ausgeht, das bei den niederen Krustenthieren allmälich verkümmert und sich zuletzt ganz verliert. An der Peripherie der bald längeren, bald kürzeren Arterien findet kein Uebergang dieser letzteren in ein Kapillargefässnetz Statt, sondern das Blut ergiesst sich bei dem gänzlichen Mangel eines geschlossenen Kapillargefässsystems aus den Arterien frei in die Lücken, welche sich in der Leibeshöhle und in den Fortsätzen des Körpers zwischen den verschiedenen Organen vorfinden. Innerhalb dieser Zwischenräume strömt aber das Blut, trotz des Mangels von Blutgefässwandungen, nach bestimmten Richtungen fort, bis dasselbe, auf kürzeren oder längeren Umwegen, wieder am Herzen angelangt ist. Gegen das Ende dieses grossen Kreislaufs wird das Blut nicht selten von besonderen Behältern aufgenommen, welche als venöse Sinus, mithin als die einzigen Rudimente eines Venensystems angesehen werden können. Es werden auf diese Weise bei aller Man-

---

ganzen Darmkanal von Lernaea, Lernaeocera und Lamproglena (s. Rathke in den Nov. Act. Nat. Cur. Tom. 20 p. 129. und Nordmann a. a. O. p. 6. 125. und 132. Taf. I. Fig. 4. Taf. VI. Fig. 4., welcher letztere diese maschigen Körper für eine Leber erklärte). Noch entwickeltere lappige Fettmassen füllen bei den Myriapoden einen grossen Theil der Leibeshöhle aus.

gelhaftigkeit des Blutgefässsystems sämmtliche Organe der Crustaceen von stets sich erneuernden, nirgends stagnirenden Blutströmen bespült und getränkt, an welchen sich, wenn auch die arteriellen Gefässwandungen gänzlich fehlen, dennoch die Arterienströme neben den Venenströmen deutlich unterscheiden lassen.

Das Blut selbst ist entweder farbelos oder besitzt einen Stich ins Röthliche oder Violette. Diese Farbe geht dann von der Blutflüssigkeit aus, da die nur sparsam im Blute enthaltenen Blutzellen stets farbelos sind. Diese letzteren haben eine rundliche, ovale oder birnförmige Gestalt, eine rauhe Oberfläche, so wie eine feinkörnige Structur, und schliessen sehr oft einen ziemlich grossen Kern in sich ein [1]).

§. 283.

Das Herz der Crustaceen liegt stets in der Mittellinie des Körpers dicht unter der Schale des Vorderrückens und ist häufig durch Muskelfasern an die innere Fläche der Hautbedeckung festgeheftet. Die in der Regel dünnen Wandungen des Herzens bestehen aus zerstreuten, sich mannichfaltig kreuzenden Muskelfasern, durch deren Contraction das Blut meistens in der Richtung von hinten nach vorne aus den arteriellen Oeffnungen desselben hervorgetrieben wird, während sich bei dieser Systole die venösen Oeffnungen durch klappenartige Vorrichtungen schliessen. In Bezug auf die Zahl dieser verschiedenen Oeffnungen, auf die Form und Abtheilungen des Herzens kommen folgende verschiedene Modificationen unter den Crustaceen vor.

1. Das Herz vieler niederen Krustenthiere, besonders der Siphonostomen und Lophyropoden, stellt einen einfachen dünnwandigen Schlauch dar, der entweder eine rundliche Gestalt besitzt, oder bald mehr, bald weniger in die Länge gezogen erscheint, aber immer nur mit zwei Oeffnungen, nämlich mit einem hinteren venösen und einem vorderen arteriellen Ostium versehen ist [1]).

---

1) Ueber das Blut der Crustaceen vergleiche man Wagner, zur vergleich. Physiologie des Blutes. p. 21. Blassröthlich ist das Blut im Flusskrebs, intensiver roth finde ich dasselbe bei Apus, und violett bei Gammarus. Blassroth sahen Lund und Schultz (in der Isis. 1830. p. 1223.) auch das Blut von Palinurus. Siehe ferner Nordmann a. a. O. p. 73. über Achtheres, Joly a. a. O. p. 238. über Artemia, Zenker a. a. O. p. 20. über Gammarus, Frey a. a. O. p. 21. über Mysis, und Carus, von den äusseren Lebensbedingungen der weiss- und kaltblütigen Thiere. p. 80.

1) Das rundliche oder eiförmige, äusserst schnell pulsirende Herz fällt bei Daphnia, Lynceus, Polyphemus und Evadne am Vorderrücken sehr leicht in die Augen (s. die Abbildungen bei Straus, Jurine und Lovén a. a. O.), auch in Ergasilus kommt nach Nordmann (a. a. O. p. 11.) im Cephalothorax ein rundliches Herz vor. Jurine (hist. d. Monocles. p. 57. Pl. 5. Fig. 4.) will unter dem Herzen des Cyclops noch ein besonderes Herzohr wahrgenommen haben, von dessen Anwesenheit ich mich nicht überzeugen konnte. Auch das zweite, unter dem Rückenherzen gelegene Bauchherz, welches Perty (in der Isis. 1832.

2. In den übrigen Crustaceen, mit Ausnahme der Myriapoden, hat das Herz ebenfalls die Form eines einfachen kurzen Sackes oder einer einfachen, mehr oder weniger langgezogenen Röhre. In beiden Fällen aber ist dieses Herz von einer grösseren Anzahl arterieller und venöser Ostien durchbohrt. Bei der Systole wird alsdann das Blut des Herzens durch die arteriellen Ostien, welche fast immer in Arterienstämme übergehen, nach allen Seiten hin in den Körper getrieben, während sich die mit Klappen versehenen venösen Oeffnungen schliessen, um sich bei der darauf folgenden Diastole wieder zu öffnen und neues Blut in die Höhle des Herzens einzulassen. Bei den Decapoden nimmt der kurze Herzventrikel die Mitte des Cephalothorax ein und bietet durch mehre hervorstehende Zipfel oft ein vieleckiges oder sternförmiges Ansehen dar. Indem dieses Herz durch verschiedene, sowol nach vorne, nach hinten, als auch nach unten abgehende Arterienstämme das Blut fortsendet, wird von demselben das rückkehrende Blut durch obere, untere und seitliche venöse Oeffnungen aufgenommen [2]). Bei den

p. 725.) bei Daphnia beobachtet haben will, konnte ich so wenig wie Wagner (s. dessen vergl. Anatomie. 1834. p. 166.) auffinden. Als ein mehr länglicher Schlauch nimmt bei Argulus das Herz unter der Mitte des Rückenschildes Platz, welche Lage des Herzens Vogt (a. a. O. p. 9. Taf. 1. Fig. 1., u. 10. M.) gegen Jurine's unrichtige Auffassung (a. a. O. p. 437. Pl. 26.) gehörig erläutert hat. In Achtheres, Dichelestium und Chondracanthus stellt das Herz einen längeren cylindrischen Schlauch dar (s. Nordmann a. a. O. p. 73. und Rathke in den Nov. Act. Nat. Cur. Tom. 19. p. 153. und Tom. 20. p. 125.); das vordere und hintere Klappensystem, welche Pickering und Dana (s. Isis. 1840. p. 206.) in Caligus gesehen haben, sprechen hier auch wol für die Anwesenheit eines zwischen diesen Klappen gelegenen Herzcylinders.

2) An dem vielekigen Herzen der Decapoden sind in der Regel drei vordere, zwei untere und eine hintere Arterienöffnung vorhanden, welche leicht in die Augen springen, da diese Oeffnungen unmittelbar in Arterienstämme übergehen. Vergl. Swammerdamm a. a. O. p. 87. Tab. 11. Fig. 8. von Pagurus, Rösel a. a. O. Taf. 58. Fig. 14. und Suckow a. a. O. p. 58. Taf. 9. Fig. 1. und Taf. 11. Fig. 2—4. von Astacus, ferner Audouin und Milne Edwards in den Annales d. sc. nat. Tom. 11. 1827. p. 353. u. 363. Pl. 24. und Pl. 28. Fig. 1. oder Milne Edwards, hist. d. Crust. Pl. 5. u. 7. von Maja und Homarus, und in der Cyclopaedia a. a. O. p. 775. Fig. 418. von Cancer. Schwieriger sind die sechs venösen, stets mit Klappen versehenen, spaltförmigen Oeffnungen am Herzen der Decapoden wahrzunehmen, zumal da sie mit keinen Venenstämmen zusammenhängen. Nach Lund und A. W. F. Schultz (s. die Isis. 1825. p. 594. Taf. 3. Fig. 2—4., ebendas. 1829. p. 1299. über Homarus, und 1830. p. 1226. nebst der Figur auf p. 1228. über Maja) besitzt das Herz der langgeschwänzten Decapoden zwei obere, zwei untere und zwei seitliche venöse Spaltöffnungen, während am Herzen der Brachyuren vier obere und zwei seitliche solche Oeffnungen vorhanden sind. Krohn konnte (in der Isis. 1834. p. 524. Taf. 12. Fig. 1—3.) diese Beobachtung am Flusskrebs vollkommen bestätigen, von Suckow (a. a. O. p. 58. Taf. 11. Fig. 2. a. a.) sind jedoch nur die beiden oberen venösen Herzspalten des Astacus wahrgenommen worden, wogegen Audouin und Milne Edwards (in den Annales d. sc. nat. a. a. O. p. 357. u. 364. Pl. 26. Fig. 3. N. III)

Poecilopoden, Isopoden, Amphipoden und wahrscheinlich auch bei den Laemodipoden und Cirripedien sendet das röhrenförmige Herz, welches einen grossen Theil der Mittellinie des Vorder- und Mittelrückens einnimmt, sowol nach vorne und nach den Seiten, als auch nach hinten Arterienstämme ab, und gestattet dagegen dem Blute durch seitliche obere venöse Ostien den Eintritt[3]). Dieses röhren-

am Herzen von Homarus und Maja nur die beiden seitlichen venösen Herzspalten gesehen haben. Wenn letzterer Naturforscher (in seiner hist. d. Crust. Tom. I. p. 94. Pl. 5. u. 6.) sich wiederholt dagegen sträubt, die von Lund gelieferte Darstellung der Organisation des Decapoden-Herzens als richtig anzuerkennen, und sich dabei (in der Cyclopaedia a. a. O. p. 777.) auf die Hummer-Präparate des John Hunter beruft: so sprechen gerade diese, wie aus den schönen, durch Owen besorgten Abbildungen derselben hervorgeht (s. Catalogue of the phys. ser. of comp. anat. etc. Vol. II. Pl. 15. h. h. Pl. 16. Fig. 2. d. d. und besonders Fig. 1. f. f. f.), für die Angaben von Lund, Schultz und Krohn; ich erkenne wenigstens in den three orifices of three veins passing into the heart (f. f. f.) deutlich die obere, seitliche und untere venöse Spalte der rechten Seite des Herzens. Vergl. Owen's Beschreibung des Hummer-Herzens in dessen lectures of comp. anat. p. 179. Fig. 91.

3) Ueber das Herz des Limulus vergl. Straus, considérations géner. sur l'anat. comp. des animaux articulés. p. 346. und vor allen van der Hoeven a. a. O. p. 18. Pl. 2. Fig. 9. Ausser einer vorderen und hinteren Arterienöffnung finden sich bei diesem Krebse noch die sieben Mündungen von sieben Paar, seitlich vom röhrenförmigen Herzen abgehender Arterien vor, neben welchen eben so viele mit Klappen versehene venöse Spalten auf dem Rücken des Herzens angebracht sind. Bei den Isopoden hat man an dem röhrenförmigen Herzen, welches vorne und hinten in ein Aortengefäss ausläuft, nur drei bis fünf Paar Seitengefässe abgehen sehen, und deren Mündungen bald für arterielle, bald für venöse Ostien gehalten (s. Treviranus, verm. Schriften. Bd. I. p. 58. und 65. Taf. 8. Fig. 46. und Taf. 9. Fig. 55. von Porcellio und Armadillidium, Brandt in der mediz. Zoologie. Bd. II. p. 75. Taf. 15. Fig. 38. von Porcellio, Lereboullet a. a. O. p. 131. Pl. 5. Fig. 33. von Lygidium, Rathke in den neuesten Danziger Schriften. Bd. I. p. 122. von Idothea und in den Nov. Act. Nat. Cur. Tom. 20. p. 31. von Aega). Es ist jedoch höchst wahrscheinlich, dass die verschiedenen, in Gefässe übergehenden Mündungen des Herzens bei den Isopoden ebenfalls arterielle Ostien sind, und auch hier, wie bei Limulus, auf dem Rücken des Herzens venöse Spaltöffnungen sich vorfinden. Unter den Amphipoden mag Gammarus pulex als Muster gelten, dessen Herz als cylindrischer Schlauch den Rücken der Vorderleibsringel einnimmt. Man kann sich an diesem Thiere sehr leicht überzeugen, wie das Blut bei der Diastole durch verschiedene venöse Rückenspalten in den sich ausdehnenden Herzventrikel hineinstürzt, und wie dasselbe bei der Systole nach vorne, nach den Seiten und zugleich nach hinten durch verschiedene arterielle Ostien wieder in den Körper hinausgetrieben wird. Ueber die Cirripedien-Herzen liegen zwar keine genauen Untersuchungen vor, indessen lässt die Angabe des Martin St. Ange (a. a. O. p. 18.), dass die Rankenfüssler ein Rückengefäss mit seitlich abgehenden Gefässen besitzen, auf eine Uebereinstimmung dieses Herzens mit dem der Isopoden, Amphipoden etc. schliessen. Weniger sicher können aber die dürftigen Notizen von Treviranus (verm. Schriften. Bd. II. p. 8.) und Roussel de Vauzème (a. a. O. p. 254.), nach welchen in der Wallfischlaus nur ein einfacher, vorne und hinten offener

förmige Herz erreicht in den Stomapoden die höchste Stufe der Entwickelung, indem es sich fast durch die ganze Länge des Körpers hinerstreckt [4]; wogegen das weniger langgezogene Herz der Phyllopoden durch verschiedene, auf einander folgende Einschnürungen mehr oder weniger eine gegliederte Röhre darstellt und sich so an den nächstfolgenden Typus anschliesst [5]).

3. Die Myriapoden endlich bieten einen dritten Typus von Herzbildung dar, welcher mit dem sogenannten Rückengefässe der Insekten ziemlich übereinstimmt. Das Herz der Chilognathen sowol, wie das der Chilopoden besteht nämlich aus einer, die ganze Rückenlinie des Leibes einnehmenden, mehr oder weniger gegliederten Röhre, welche nicht blos durch Einschnürungen, sondern auch durch unvollkommene Muskelscheidewände fast in eben so viele Kammern, als Körpersegmente vorhanden sind, abgetheilt ist. Jede einzelne Herzkammer ist, wie bei den Insekten, rechts und links durch dreieckige Muskeln an die innere Wand der Leibessegmente befestigt. Durch diesen Muskelapparat wird hauptsächlich die Diastole des Herzens bewirkt. Das Vorderende dieses Rückenherzens setzt sich durch ein *Ostium arteriosum* in eine Aorta fort, während an dem Hinterende einer jeden Kammer zwei andere arterielle Ostien den Uebergang des Blutes in zwei Seitenarterien ge-

---

Schlauch vorhanden sein soll, darüber Aufschluss geben, ob das Herz der Laemodipoden nach dem oben angeführten zweiten Typus oder nach dem ersten Typus, der dem Herzen der Schmarotzerkrebse eigen ist, organisirt erscheint.

4) Das Herz der Stomapoden-Gattung Mysis stellt nach Frey (a. a. O. p. 21.) einen ziemlich langen, vom Cephalothorax bis in den Hinterleib hinabragenden Rückenschlauch dar, von welchem aber nur durch ein hinteres *Ostium venosum* das Blut in das Herz eintreten soll, während dasselbe durch ein vorderes *Ostium arteriosum* in den Körper hinausgetrieben wird: so dass also Mysis durch diese Organisation des Herzens, wenn sie sich wirklich bestätigen sollte, auffallend von den Isopoden, Amphipoden u. s. w., besonders aber von der anderen Stomapoden-Gattung Squilla, abweichen würde; denn in dieser letztern Gattung hat das röhrenförmige Herz, mit den vorderen, hinteren und seitlichen, in Gefässstämme sich fortsetzenden arteriellen Ostien, die grösste Ausdehnung und Entwickelung erreicht, indem es, mit Ausnahme des Cephalothorax, sich durch die ganze Körperhöhle hinzieht und ohngefähr vierzehn bis siebzehn Paare von Seitenarterien abgibt, und auf dem Rücken von verschiedenen Paaren venöser Spalten durchbohrt ist Vergl. Duvernoy in den Annales d. sc. nat. Tom. 8. 1837. p. 42. Pl. 2. Fig. 1. und besonders Audouin und Milne Edwards ebendas. Tom. 11. 1827. p. 376. Pl. 32., welche letzteren Naturforscher die venösen Rückenspalten am Herzen der Squilla deutlich dargestellt haben.

5) In Branchipus, Artemia, Isaura und Apus nimmt das mehrfach eingeschnürte, röhrenförmige Herz, an welchem die venösen Ostien leicht in die Augen fallen, fast die ganze Mittellinie des Rückens mit Ausnahme des Schwanzendes ein. Vergl. Joly in den Annales d. sc. nat. Tom. 13. a. a. O. p. 239. Pl. 8. Fig. 4. j. und Tom. 17. a. a. O. p. 307. Pl. 9. Fig. 43. r., ferner Krohn in Froriep's Notizen. Bd. 49. p. 305. Fig. 1. u. 2., so wie Zaddach a. a. O. p. 17. Tab. I. Fig. 17. C. und Tab. II. Fig. 4—14.

statten. Für den Eintritt des nach dem Herzen zurückkehrenden Blutes dagegen sind auf dem Rücken des Herzens an jeder Einschnürung desselben ein Paar venöse Ostien angebracht. Das durch diese verschiedenen Rückenöffnungen vom Herzen aufgenommene Blut wird demnach, vermittelst der, von hinten nach vorne auf einander folgenden, Systole der einzelnen Abtheilungen des Herzens, theils von einer Kammer in die nächst vorhergehende und theils in die Arterienstämme fortgetrieben [6]).

§. 284.

Die Blutbewegung ausserhalb des Herzens geht bei den Crustaceen, wie bereits angedeutet worden ist, unter sehr verschiedenen Verhältnissen vor sich. In den niederen Krustenthieren, in den Siphonostomen, Lophyropoden und Phyllopoden circulirt das Blut von Anfang bis zu Ende in regelmässigen Strömungen, aber ohne alle Spur von Gefässwandungen, durch die verschiedenen Lacunen und Zwischenräume, welche die Organe in der Leibeshöhle übrig lassen. Es theilt sich dabei der Aortenstrom kurz nach seinem Austritt aus dem Herzen in einen rechten und linken Strom, der sich unter weiterer mannichfaltiger Theilung in das Kopfende und in dessen Anhänge begibt, alsdann zur Unterseite des Leibes gelangt, und auf der Bauchfläche, unter Abgabe verschiedener schlingenartiger, in die Bewegungsorgane eintretender Seitenströme, bis in das Hinterleibsende hinabdringt, wo sich die Blutmasse nach dem Rücken hinauf wendet, um wieder in das Herz einzutreten [1]).

---

6) Obgleich schon Treviranus (verm. Schriften. Bd. II. p. 31. Taf. 6. Fig. 6.) und Kutorga (a. a. O. p. 18.) über das Herz von Lithobius und Scolopendra einige Mittheilungen gemacht haben, so sind wir doch erst durch die umfassenden und vortrefflichen Untersuchungen Newport's (in den philosoph. transact. Vol. 23. p. 272. Pl. 13. Fig. 18—22. von Scolopendra und Fig. 25. von Scutigera) über den Bau des Myriapoden-Herzens genauer unterrichtet worden. Aus diesen Untersuchungen ist noch hervorzuheben, dass die Muskelscheidewände zwischen den verschiedenen Herzventrikeln eines Chilognathen sehr wenig entwickelt sind, und dass dieselben dagegen bei den Chilopoden recht eigentlich ausgebildet erscheinen.

1) Eine gefässlose Blutströmung beobachtete Nordmann an den Lernaeodeen (a. a. O. p. 73. u. 98.), Pickering und Dana an den Caliginen (in der Isis. 1840 p. 205. und Isis. 1841. Taf. 4.), eben so beschrieb Jurine (a. a. O. p. 437. Pl. 26. Fig. 8.) den Blutlauf von Argulus, welchen Vogt (a. a. O. p. 9. Taf. 1. Fig. 10.) noch genauer darstellte. Ueber die Blutcirculation in Daphnia vergl. Gruithuisen in den Nov. Act. Nat. Cur. Tom. 14. p. 403. Tab. 24. Fig 6., Perty in der Isis. 1832. p. 725. und Ehrenberg in seinem dritten Beitrag zur Organisation in der Richtung des kleinsten Raumes (s. die Abhandl. d. Academie d. Wissensch. zu Berlin. 1835. p. 189. Anm.). Sehr ausführlich hat Zaddach (a. a. O. p. 23. Tab. I. Fig. 17.) den Blutlauf des Apus dargestellt. — Um sich von der totalen Wandungslosigkeit der Blutströme in den niederen Crustaceen zu überzeugen, ist wol kein Thier geeigneter, als der von der Natur ganz abgeplattete und in allen seinen Theilen durchsichtige Argulus foliaceus.

In den übrigen, mit ungegliedertem Herzen versehenen Crustaceen strömt das Blut von arteriellen Gefässwandungen umschlossen aus dem Herzen hervor. Diese Arterienwandungen verlieren sich aber früher oder später, so dass auch hier gegen die Peripherie des arteriellen Gefässsystems hin das Blut sich frei in die Lücken und Lacunen des Körpers ergiesst, aber dennoch mit regelmässiger arterieller Strömung weiter fliesst und zuletzt als venöser Strom umbiegt. In den Isopoden und Amphipoden, vielleicht auch in den Poecilopoden und Laemodipoden besteht das arterielle Gefässsystem nur aus sehr kurzen Stämmen, welche sich, nachdem sie als vordere und hintere Aorta, so wie als Seitenarterien vom Herzen abgegangen sind, sehr bald verlieren [2]).

Ein ziemlich entwickeltes und in seinen feineren Verästelungen weithin zu verfolgendes Arteriensystem bieten die Stomapoden und Decapoden dar. Bei ersteren tritt aus dem Vorderende des Herzens ein einfacher, ziemlich langer, vorderer Aortenstamm nach vorne, um sich zuletzt an die Augen und Tentakeln zu verzweigen, während aus den Seiten des langen, röhrenförmigen Herzens rechts und links eine Menge Arterien für die verschiedenen Körperabschnitte und deren Anhänge entspringen, und vom Hinterende des Herzens ein hinterer Aortenstamm bis zum Schwanzende verläuft [3]).

Bei den Decapoden hingegen gehen von dem kurzen Herzen drei Aortenstämme nach vorne ab, von welchen der mittlere fast un-

---

2) Dass bei den Isopoden und Amphipoden nur ein sehr rudimentäres Arteriensystem vorhanden ist, geht aus den von Treviranus (verm. Schriften. Bd. 1. p. 78.) an Asellus und von Zenker (a. a. O. p. 21.) an Gammarus angestellten Beobachtungen hervor, welche sich auch an verwandten Krustenthieren ausserordentlich leicht wiederholen lassen. Man hat zwar hier und da die Frage aufgeworfen, ob nicht die Blutströme dieser Crustaceen doch von besonderen Gefässwandungen umschlossen würden, die aber ihrer Zartheit wegen nicht in die Augen fielen; allein bei einiger Aufmerksamkeit wird man sich auf das Bestimmteste überzeugen, dass hier von einem Uebersehen zarter Gefässwandungen nicht die Rede sein kann. Es wird nämlich bei Muskelcontractionen und Biegungen der Gelenke das Blut sehr leicht in seiner lacunalen Laufbahn gestört und unterbrochen, wobei die aufgehaltenen Blutkörperchen einem solchen Hindernisse gewöhnlich dadurch aus dem Wege gehen, dass sie an jeder beliebigen Stelle aus dem arteriellen Strome auf kürzestem Wege in den benachbarten venösen Strom quer hinüberschlüpfen. Wenn daher Goodsir (in the Edinburgh new philosoph. Journal. July 1842. p. 184.) bei Caprella die Blutbewegung innerhalb arterieller und venöser Gefässe gesehen haben will, so hat er sich gewiss getäuscht.

3) Die oben beschriebene Anordnung des Arteriensystems der Stomapoden ist von Audouin, Milne Edwards und Duvernoy (in den Annales d. sc. nat. Tom. 11. 1827. p. 377. Pl. 32. und Tom. 8. 1837. p. 33. Pl. 2. Fig. 1.) bei Squilla angetroffen worden, während Mysis in der Organisation ihrer Kreislauforgane, nach den Mittheilungen von Thompson (zoolog. researches a. a. O. Vol. I. p. 13.) und von Frey (a. a. O. p. 13.), sich mehr an die Isopoden und Amphipoden anzuschliessen scheint.

verzweigt sich zu den Augen begibt, während die beiden seitlichen Aorten, welche für die Antennen bestimmt sind, unterwegs an verschiedene, im Cephalothorax gelegene Organe Seitenäste aussenden; nur die beiden Leberorgane werden von zwei besonderen, unmittelbar von der unteren Fläche des Herzens hervortretenden Arterien mit Blut versorgt. Ausserdem entspringt, den vorderen Arterienstämmen gegenüber, aus dem Hinterrande des Herzens eine hintere Aorta, welche sich sogleich nach ihrem Ursprunge in eine Rückenaorta und eine Bauchaorta theilt. Die Rückenaorta bleibt entweder einfach (bei den Macruren), oder spaltet sich gabelförmig (bei den Brachyuren), und begibt sich auf dem Rücken des Hinterleibes bis zur Schwanzspitze, wobei rechts und links Seitenäste aus ihr hervortreten. Die Bauchaorta wendet sich dagegen sogleich nach unten und sendet hauptsächlich ihre Aeste und Verzweigungen in die Beine, Scheeren, Kieferfüsse und Kiefer [4]).

Die lacunalen Venenströme aller dieser, mit einem mehr oder weniger entwickelten Arteriensysteme ausgestatteten, Crustaceen vereinigen sich nach und nach auf der Bauchseite des Körpers in verschiedenen, theils auf der Mittellinie, theils seitlich an der Basis der Beine angebrachten, sinusartigen Höhlen, welche unter einander in Verbindung stehen und aus welchen das Blut nach den Kiemen fliesst [5]). Aus diesen

---

4) Eine sehr ausführliche Darstellung des Arteriensystems von Maja und Homarus haben Audouin und Milne Edwards in ihrer schon mehrmals erwähnten Abhandlung geliefert (s. Annales d. sc. nat. Tom. XI. 1827. p. 352. Pl. 24—29. Recherches anatomiques et physiologiques sur la circulation dans les Crustacés), auch Lund (in der Isis. 1825. p. 393. Taf. 3. Fig. 1.) hat den Verlauf der Arterien des Hummers sehr genau beschrieben. Vor allen muss aber noch auf die vortrefflichen, von Hunter angefertigten, das Arteriensystem des Hummers betreffenden Präparate aufmerksam gemacht werden (s. Catalogue of the physiol. ser. of comp. anat. etc. Vol. II. Pl. 15—18.); über das Arteriensystem des Flusskrebses vergl. Brandt in der mediz. Zoologie a. a. O. p. 63. Taf. 11. Fig. 2. und über das des Cancer Pagurus s. Milne Edwards in der Cyclopaedia a. a. O. p. 775. Fig. 418.

5) Von der Wandlosigkeit der venösen Ströme kann man sich bei Beobachtung des Blutlaufs in den kleineren Isopoden und Amphipoden sehr leicht überzeugen. Aber auch den höheren Crustaceen fehlen die wahren Venen. Vergl. Duvernoy's Beschreibung des Venensystems der Squilla (in den Annales d. sc. nat. Tom. 8. 1837. p. 34. oder in Cuvier, leçons d'anat. comp. Tom. 6. p. 404.). Wenn daher Audouin und Milne Edwards (in den Annales d. sc. nat. a. a. O. Pl. 26—31.) den Decapoden ein durch selbstständige Wandungen abgeschlossenes Venensystem zuschreiben, so haben Lund und Schultz (in der Isis. 1830. p. 1225.) gewiss mit Recht Zweifel gegen die Richtigkeit dieser Behauptung erhoben. Milne Edwards, welcher gegenwärtig die Existenz einer lacunalen Blutströmung in den Mollusken mit so vielem erfolgreichen Eifer zu Tage fördert, scheint sich übrigens in der neueren Zeit mit einer solchen wandlosen venösen Blutcirculation bei den Decapoden vertraut gemacht zu haben, wie dies aus seiner späteren allgemeinen Darstellung des Blutlaufs der Crustaceen hervorgeht (s. desselben hist. d. Crust. Tom. I. p. 101. und in der Cyclopaedia a. a. O. p. 777.).

Respirations-Organen endlich strömt das Blut innerhalb kurzer Kanäle nach einem von zarten, nicht contractilen Wänden umgebenen Rückensinus, in welchem zugleich das Herz vollständig eingeschlossen liegt. Dieser Rückensinus füllt sich während der Systole des Herzens mit dem von den Respirations-Organen zurückkehrenden Arterienblute, das während der Diastole ohne Thätigkeit der Sinuswandungen durch die sich öffnenden venösen Ostien des Herzens gleichsam eingesogen oder eingepumpt wird [6]).

Die Myriapoden besitzen, gleich den Decapoden, ein sehr entwickeltes Arteriensystem, indem nicht allein aus den Seiten des vielkammerigen Herzens eine Menge Arterien entspringen, welche sich in den verschiedenen Körpersegmenten verzweigen, sondern indem auch neben der vorderen Rückenaorta noch zwei andere ansehnliche Arterien abgehen, welche, den Oesophagus umfassend, sich nach unten umbiegen und hier zu einer auf dem Bauchmarke hinablaufenden Supraspinal-Arterie verschmelzen. Diese Arterie gibt eine Menge Seitenäste ab, welche dem Verlaufe der Hauptnervenstämme folgen und sich zuletzt in feine Zweige verästeln [7]). Was aber die Myriapoden von den höheren

---

6) Die aus den Kiemen nach dem Herzen zurückkehrenden Blutmassen sollten sich nach Audouin und Milne Edwards (a. a. O. Pl. 26. Fig. 3.) durch in einander mündende *Vasa branchio-cardiaca* rechts und links unmittelbar in den Herzventrikel ergiessen; allein auch das ist von mehren Seiten mit Recht bestritten worden, indem von jenen französischen Naturforschern der sinusartige Behälter übersehen worden ist, welcher das Herz der höheren Crustaceen ganz umhüllt und zunächst das Kiemenblut aufnimmt. Vergl. Straus (Considérations etc. p. 345.), Lund und Schultz (in der Isis. 1830. p. 1226.), so wie Krohn (ebendas. 1834. p. 522.). Es ist dieser, das Kiemenblut aufnehmende und nicht contractionsfähige Rückensinus bald mit einem Vorhofe des Herzens, bald mit einem Pericardium verglichen worden, welcher Vergleich aber, streng genommen, nicht gehörig passen will.

7) Auf die Verzweigung der vorderen Rückenaorta in Scolopendra hat Straus (Considérations etc. p. 347.) zuerst aufmerksam gemacht. Genauere Untersuchungen über das Arteriensystem der Scolopendra sind von Kutorga (a. a. O. p. 18. Tab. 3.) und Lord (in the medical Gazette. Part. VI. Vol. I. 1837. p. 892.) angestellt worden, namentlich wurde von beiden Naturforschern die Supraspinal-Arterie einer besonderen Berücksichtigung unterworfen. Am ausführlichsten und meisterhaft hat jedoch Newport (in den philosoph. transact. 1843. p. 274. Pl. 3. u. 14.) das Arteriensystem der Myriapoden auseinandergesetzt, wobei sich ergeben hat, dass dieses Gefässsystem in den Juliden noch am wenigsten entwickelt erscheint, und allmälich durch die Glomeriden und Geophiliden hindurch in den Scolopendriden die höchste Stufe der Entwickelung erreicht. Wenn übrigens Kutorga in seiner Arbeit das Herz als Hohlvene und die Supraspinal-Arterie als Aorta betrachtet, so rührt dies von einer gänzlichen Verkennung des wahren Baues jenes Herzens her. Auch Gaede (in Wiedemann's zoolog. Magazin. Bd. I. p. 108. Taf. 1. Fig. 7. g. f.) hat das Gefässsystem der Scolopendra verkannt, indem derselbe offenbar die aus dem Vorderende des Herzens hervortretenden drei Gefässe, nämlich die Rückenaorta und die

Crustaceen entfernt, ist die venöse Blutströmung derselben, welche, obgleich sie ebenfalls ohne Gefässwandungen Statt findet, nicht unterwegs Respirations-Organe aufsucht, um durch diese zu circuliren, sondern unmittelbar in den Rückensinus überströmt, um von da durch die venösen Ostien in die verschiedenen Abtheilungen des Herzventrikels eingesogen zu werden 8).

Siebenter Abschnitt.

Von dem Respirations-Systeme.

§. 285.

Bei der Mehrzahl der Krustenthiere findet Kiemenathmung Statt, doch gibt es unter den niederen Crustaceen viele, an denen keine Spur von Respirationswerkzeugen aufzufinden ist, während die Myriapoden ausschliesslich durch luftführende Tracheen athmen.

Besondere Athemorgane fehlen den meisten Siphonostomen, Lophyropoden und mehren Stomapoden, so dass man annehmen muss, dieser Mangel werde hier durch Hautrespiration ersetzt, wobei an einigen dieser Krustenthiere gewisse Bewegungswerkzeuge als Strudelorgane den Wasserwechsel zu unterhalten haben 1).

---

beiden nach unten sich umbeugenden, die Supraspinal-Arterie zusammensetzenden Gefässe gesehen, aber für Nervenstämme gehalten hat.

8) Newport, welcher das Circulationssystem der Myriapoden so genau beobachtet hat, spricht nirgends in seiner Abhandlung (a. a. O.) von Venen, während er den Rückensinus als Pericardium beschreibt.

1) Kiemenlos erscheinen die Penellinen, Lernaeodeen, Ergasilinen und einige Caliginen. Bei Daphnia, Lynceus und einigen anderen verwandten Lophyropoden dürften die kleinen, am Bauche verborgenen Ruderfüsse mehr die Bedeutung von Strudelorganen haben, während das nach vorn frei hervorragende grössere und meist verästelte Fusspaar das Hauptruderorgan vorstellt; denn man sieht jene Organe bei den genannten Entomostraceen, auch wenn diese Thiere ruhen, in steter Bewegung, wodurch die Höhle der zweiklappigen Schale der Thiere mit immer frischem Wasser bespült wird, und die Bemerkung Ehrenberg's (in seinem dritten Beitrage a. a. O. p. 189. Anm.), dass in jenen Entomostraceen die Innenseite der Schale die Function von Kiemen vertrete, vollkommen gerechtfertigt wird. Auch die lebhaft fibrirenden, mit Borsten besetzten, keulenartigen Körperchen, welche bei Cyclopsina castor an der Basis des ersten, meistens für die hinteren Fühler erklärten Fusspaares angebracht sind (s. Müller, Entomostraca. p. 106. Tab. 16. Fig. 5. u. 6. c. oder Jurine, hist. d. Monocles. p. 52. Pl. 4. Fig. 1. Pl. 5. Fig. 1. b. und Pl. 6. Fig. 13. a.), haben nur die Bedeutung von Strudelorganen. Nur der Gattung Cypris könnten vielleicht besondere Athemwerkzeuge zugeschrieben werden, indem die hieher gehörigen Thierchen an der Basis des hinteren Kieferpaares zwei halbmondförmige, nach oben umgebogene und kammartig eingeschnittene Platten besitzen, welche ganz das Ansehen von

Die Kiemen der Crustaceen haben bald eine blattförmige, bald eine cylindrische Gestalt, stehen oft ganz vereinzelt, oder bilden, mannichfach eingeschnitten und verästelt, sehr zusammengesetzte Organe, an welchen die Kiemenblättchen in regelmässigen Reihen geordnet und die Kiemenröhren zu grösseren und kleineren Büscheln vereinigt sind. Immer besitzen diese Kiemen, mögen sie Blätter oder Röhren darstellen, einen gegen die übrige Körperbedeckung durch grosse Zartheit abstechenden Hautüberzug, der niemals Flimmercilien trägt und in der Regel auch von borsten- oder federförmigen Auswüchsen und Säumen entblösst ist. Im Inneren dieser Athemorgane sind nur sehr wenige Parenchyminseln angebracht, so dass dadurch eine solche Kieme, mag sie eine blattförmige oder eine cylindrische Form haben, stets von vielen und weiten, in einander mündenden Kanälen und Lacunen durchzogen erscheint, an welchen durchaus keine selbstständigen Wände wahrzunehmen sind, und welche von arteriellen und venösen Blutströmen ausgefüllt werden [2]).

Mit den Kiemen stehen häufig verschiedene, in der Nachbarschaft derselben angebrachte Fortsätze in Beziehung, welche bald die Form von vielgliedrigen Geisseln oder Cirren, bald die Gestalt von breiten Schuppen oder Schilden besitzen, und entweder als äusserst bewegliche Strudelorgane nach den Kiemen hin eine regelmässige Wasserströmung bewirken, oder als Kiemendeckel den zarten Respirations-

Kiemen haben. Vergl. Ramdohr, Beiträge a. a. O. p. 15. Taf. 4. Fig. 5. B. und Fig. 8. L., ferner Straus a. a. O. p. 49. Pl. 1. Fig. 4. o. und Fig. 8. e., oder Baird in dem Magazine of Zoology and Botany. Vol. 1. p. 520. Pl. 16. Fig. 8. Ganz unrichtig scheinen diese Organe der Cypris von Treviranus (verm. Schriften. Bd. II. p. 59. Taf. 9. Fig. 5.) aufgefasst worden zu sein. Ohne alle Spur von Kiemen zeigen sich die Gattungen Mysis, Leucifer und Amphion, während verwandte Stomapoden, nämlich Alima und Phyllosoma, zuweilen Rudimente von Kiemen an sich tragen. An den gespaltenen Füssen von Mysis und einigen anderen Stomapoden sind zwar auch die oberen gegliederten fussartigen Fortsätze für Kiemen angesehen worden, allein dieselben haben mit der Organisation einer Kieme nichts gemein, und dienen gewiss nur als Ruder- oder Strudelorgane.

2) Diese Armuth an Parenchym zwischen den beiden Lamellen der blattförmigen Kiemen, so wie das Vorherrschen der weiten, mit Blut gefüllten Lacunen in denselben sind die Veranlassung, dass bei Stockung des Blutlaufs innerhalb der Kiemen die beiden Lamellen derselben sehr häufig von einander weichen und die ganze Kieme durch das stockende Blut blasenförmig aufgetrieben wird, wobei an dem gehäuften Blute zuweilen eine Färbung zum Vorschein kommt, welche sonst an der regelmässig vertheilten Blutmasse nicht zu bemerken war. Am leichtesten kann man sich bei langsam sterbenden Individuen des Asellus, Gammarus oder Apus von dieser pathologischen Umwandlung der Kiemenblätter in Blasen überzeugen, welche bei Gammarus violett und bei Apus schön roth gefärbt sind. Vergl. meinen Aufsatz über die rothen Beutel des Apus cancriformis in der Isis. 1831. p. 429.

werkzeugen zum Schutze dienen, ja zuweilen beide Functionen zugleich in sich vereinigen. Fast immer sind diese Strudel- oder Deckorgane an ihren Rändern mit langen, steifen und häufig gefiederten Borsten besetzt [3]).

Die Kiemen sitzen gewöhnlich an der Basis der vorderen wahren Füsse oder der hinteren falschen Füsse fest, und flottiren entweder frei im Wasser oder stecken in einer besonderen Athemhöhle verborgen, zu welcher durch verschiedene Vorkehrungen das frische Wasser zu- und abgeleitet wird.

§. 286.

Die wichtigsten Verschiedenheiten, welche die Crustaceen in Bezug auf Organisation und Anordnung der Kiemen darbieten, sind folgende.

1. Unter den Caliginen und Argulinen befinden sich mehre Gattungen, welche an verschiedenen Stellen ihres Körpers, auf dem Rücken, am Bauche oder am Hinterleibsende, einige dünne, einfache und borstenlose Blätter tragen, welchen gewiss die Verrichtung eines Kiemenapparats zugeschrieben werden darf [1]).

---

3) Dergleichen mit Borsten und Haaren gesäumte Fortsätze werden häufig für Kiemen ausgegeben, welche Deutung gewiss unrichtig ist, denn jene Organe sind nicht blos mit derber Hautbedeckung umgeben und schon deshalb für die Unterhaltung eines Respirationsprozesses ungeeignet, sondern sie werden auch nur sparsam von Blutströmen durchzogen, welche überdies gar nicht bis in die steifen Haarauswüchse eindringen. Es ist die Anwesenheit von Strudelorganen bei dem gänzlichen Mangel eines Flimmerepitheliums zur Unterhaltung des für die Respiration so nothwendigen steten Wasserwechsels von der grössten Wichtigkeit, daher bei vielen Krustenthieren, denen jene Organe als besondere Anhänge ihres Körpers fehlen, die Beine zu Strudelorganen umgeformt erscheinen.

1) Vier solche gestielte, kiemenartige Blätter halten auf dem Rücken des Euryphorus die beiden grossen Leibeseinschnitte besetzt, und sind von Milne Edwards (hist. nat. d. Crust. Tom. 3. p. 462. Pl. 39. Fig. 1.) als *Appendices élytroïdes* bezeichnet worden. An Dinematura erscheint das letzte Fusspaar in zwei tief eingeschnittene, nackte Kiemenblätter verwandelt (s. Krøyer in der Isis. 1841. p. 275. Taf. 1. Fig. 5. i.), bei Phyllophora hat die Kiemenbildung noch mehr überhand genommen, indem hier jeder einzelne Fuss der vier letzten Fusspaare mit zwei eiförmigen und kahlen Kiemenblättern endigt (s. Milne Edwards a. a. O. Tom. 3. p. 471. Pl. 38. Fig. 14.). Die beiden zarten, lanzettförmigen Schwanzblätter des Argulus, durch welche eine äusserst starke, nur von wenigen Substanzinseln unterbrochene Blutströmung Statt findet, sind gewiss Athemwerkzeuge, denen die in steter Bewegung begriffenen Ruderfüsse, welche Jurine (a. a. O. p. 442.) wol mit Unrecht für Kiemen angesehen hat, zugleich als Strudelorgane dienen. Ob diese beiden Schwanzblätter allein bei Argulus den Respirationsprozess unterhalten, oder ob auch die Seitentheile des Rückenschildes, durch welche zahlreiche Blutströme hinziehen, an diesem Prozesse Theil nehmen, will ich nicht entscheiden, auf keinen Fall möchte ich aber, wie Vogt (a. a. O. p. 11.) es gethan hat, diese Seitenschilde des Argulus als die alleinigen Athemwerkzeuge anerkennen.

2. Die wenig entwickelten Kiemen der Lepadeen bestehen aus cylindrischen oder lanzettförmigen Fortsätzen, welche von der Basis einzelner Rankenfüsse ihren Ursprung nehmen und gegen den Rücken des Thieres umgebogen sind, so dass dieselben immer in der Höhle des Gehäuses verborgen bleiben, in welcher sie aber durch die regelmässigen Bewegungen der hinteren langen Rankenfüsse mit frischem Wasser versorgt werden [2]). Bei den Balanodeen haben die Kiemen den Körper der Thiere verlassen und sich an der inneren Fläche des Mantels entwickelt, wo sie eine bald grössere, bald geringere Menge zarthäutiger Falten oder Lamellen darstellen [3]).

3. Bei den Laemodipoden und einigen Stomapoden beschränkt sich der ganze Kiemenapparat nur auf wenige blasen- oder cylinderförmige, zuweilen ganz rudimentäre Anhänge, welche entweder an der Basis einiger Beine frei hervorragen, oder ganz isolirt von den Seiten des Leibes abstehen [4]).

---

2) An den verschiedenen Lepas-Arten finden sich zwei bis fünf bogenförmig gekrümmte Kiemen vor, welche jederseits von der Basis des ersten Rankenpaares herabhangen. Bei Cineras liegt, ausser den sechs Kiemen des ersten Rankenpaares, auf jeder Seite der Basis des dritten, vierten und fünften Rankenpaares noch eine ganz kurze Kieme dem Rücken des Thieres dicht an, während Otion ausser diesen Kiemen auch am zweiten Rankenpaare ein siebentes Kiemenpaar besitzt. Vergl. Mertens in Müller's Archiv. 1835. p. 502., Wagner, Lehrb. der vergl. Anatomie. p. 200., ferner Cuvier, Mémoires a. a. O. p. 6. Fig. 2. und 5. o. p., Burmeister, Beiträge etc. p. 31. Taf. 1. Fig. 14. c c. und Martin St. Ange, Mémoires a. a. O. Pl. 2. Fig. 17. u. 19. K. K. von Lepas.

3) Ausserordentlich entwickelt zeigen sich diese Kiemenlamellen bei Coronula diadema (s. Burmeister, Beiträge a. a. O. p. 38. Taf. 2. Fig. 10. a. a.), weniger zahlreich erscheinen die Kiemenblätter bei Balanus (s. Cuvier, Mémoires a. a. O. p. 14. Fig. 18. c. c.). Wenn späterhin Burmeister (Handbuch der Naturgeschichte. p. 551.) diese Respirationsorgane, welche in Form und Lage einigermaassen den Kiemen gewisser Brachiopoden (Lingula) entsprechen, bei Coronula nicht mehr als Kiemen gelten lassen will und für Eiersäcke ausgibt, wahrscheinlich weil sie zu gleicher Zeit zur Aufnahme der Eier dienen, so kann wol wegen dieser Nebenfunction den Mantelfalten der Balanodeen die Bedeutung eines Respirationsorgans nicht abgesprochen werden, da auch bei anderen niederen Thieren, namentlich bei den Lamellibranchien, die Kiemen zur Bergung der Eier benutzt werden.

4) Als höchst rudimentärer Kiemenapparat scheint ein kleiner, eiförmiger, gestielter Anhang betrachtet werden zu können, welcher an der Basis der Vorderbeine von Phyllosoma wahrzunehmen ist. Vergl. Milne Edwards, hist. d. Crust. Tom. 2. p. 474. Pl. 28. Fig. 15. a. Sonderbarer Weise kommen bei einem anderen Stomapoden, nämlich bei Squilla, ähnlich gestielte Anhänge in Form von ovalen Blättern an der Basis der zehn Raubfüsse vor (s. Milne Edwards a. a. O. Tom. 2. p. 512. Pl. 26. Fig. 15. Pl. 27. Fig. 13. u. 14. b.), welche man ebenfalls für rudimentäre Kiemen nehmen möchte, wenn Squilla nicht mit noch anderen ausgezeichneten Kiemen ausgestattet wäre (s. weiter unten). Bei Alima tragen die Afterbeine hier und da höchst rudimentäre Kiemen in Form von einfachen Bläschen oder verästelten Fortsätzen (s. Milne Edwards a. a. O. Tom. 2.

4. Die Phyllopoden besitzen an der Basis eines jeden ihrer zahlreichen Schwimmfüsse nach oben ein eiförmiges oder lanzettförmiges Kiemenblatt, welches durch seinen zarten und haarlosen Hautüberzug gegen die übrigen derbhäutigen und mit Borsten gesäumten Abschnitte der blattförmigen Schwimmfüsse sogleich auffällt [5]).

---

p. 506.). — In Caprella und Aegina sind die beiden vorderen fusslosen Hinterleibssegmente mit einer einfachen birnförmigen und sehr zarthäutigen Kieme seitlich besetzt, während bei Leptomera die Basis der sechs Beine, welche den drei vorderen Hinterleibssegmenten angehören, mit einem ähnlichen Kiemenbläschen besetzt ist. Vergl. Müller, Zoologia danica. Tab. 56. Fig. 5. und Tab. 101. Fig. 2., Templeton in den transact. of the entomolog. society. Vol. I. p. 193. Pl. 21. Fig. 7. f. und Kröyer in naturhist. Tidsskr. Bd. IV. p. 490. Pl. 6—8. Schon mehr entwickelt erscheinen die Athemwerkzeuge von Cyamus, dessen Kiemen als vier lange einfache Cylinder von den Seiten der beiden vorderen fusslosen Segmente des Hinterleibes nach dem Rücken in die Höhe ragen. Vergl. Treviranus, verm. Schriften. Bd. 2. p. 9. Taf. 1. Fig. 1—3. und Beobachtungen aus der Zoot. und Physiol. p. 32. Taf. 7. Fig. 48—50., ferner Kröyer a. a. O. Bd. IV. p. 474. Pl. 5. Fig. 70—76. und Roussel de Vauzème a. a. O. p. 248. Pl. 8., nach dessen Beobachtung Cyamus ovalis vier doppelte Kiemencylinder besitzt. Man hat zu verschiedenen Malen diese Kiemen von Cyamus gewiss mit Unrecht als metamorphosirte Beine betrachtet; dass dieselben aber selbstständige Organe sind, geht aus der Betrachtung junger Wallfischläuse hervor (s. Milne Edwards in den Annales d. sc. nat. Tom. 3. 1835. p. 329. Pl. 14. Fig. 14.), hier haben nämlich die noch wenig entwickelten Kiemen ganz dieselbe birnförmige Gestalt, wie bei Leptomera die neben den Beinen angebrachten Kiemen. Den Uebergang zu den mit stärker entwickelten Kiemen versehenen Squillen bildet endlich die Gattung Cynthia, da alle Afterbeine derselben eine gabelförmig getheilte, cylindrische Kieme besitzen, an welcher jeder einzelne Cylinder gegen den anderen hakenförmig umgebogen ist. Vergl. Milne Edwards, hist. d. Crust. Tom. 2. p. 462. Pl. 10. Fig. 5.

5) Diese zarten, haarlosen Kiemenblätter der Phyllopoden erscheinen nach dem Tode gewöhnlich, wie bereits §. 285. Anm. 2. erwähnt worden ist, vom Blute blasenförmig aufgetrieben, und wurden früher für besondere räthselhafte Organe, ja bei Apus von Berthold (in der Isis. 1830. p. 693.) sogar für männliche Geschlechtstheile gehalten, während die übrigen behaarten Abschnitte der Schwimmfüsse zugleich Respirationswerkzeuge sein sollten. Bei abgestorbenen Individuen des Apus sind diese seit langer Zeit als die problematischen rothen Beutel bekannten Kiemen sehr leicht wahrzunehmen (s. Schaeffer a. a. O. Tab. 2. 3. u. 6., Zaddach a. a. O. p. 14. Tab. 2. Fig. 13. B. nnd Tab. 14.). Die wahre Bedeutung dieser rothen Beutel des Apus, welche, wie dessen Schwimmfüsse, von vorne nach hinten an Grösse abnehmen, habe ich in der Isis. 1830. p. 429. aus einander gesetzt, war aber schon von Loschge (im Naturforscher. Stück 19. p. 68. Taf. 3. Fig. 6. 7. u. 10.) ganz richtig beurtheilt worden. An Limnadia und Isaura haben die Kiemen eine sehr langgestreckte Form und eine braunrothe Farbe, fehlen aber an den letzten Schwimmfüssen (s. Brongniart a. a. O. p. 86. Pl. 13. Fig. 7. u. 8., Straus im Museum Senckenberg. a. a. O. p. 124. Taf. 7. Fig. 13. 14. r. und Fig. 15. k., Joly a. a. O. p. 299. Pl. 7. Fig. 2. 6. und 7. f. und Pl. 8. Fig. 8. f. etc.), während sie bei Chirocephalus, Branchipus und Artemia wieder mehr eine ovale Gestalt besitzen und an allen Schwimmfüssen vorhanden sind. Rathke (zur Fauna der Krym. p. 108. Taf. 6.

5. Bei den Amphipoden tragen nur die vorderen Raub- und Gangfüsse, mit Ausnahme des ersten und letzten Fusspaares, Respirationsorgane, welche in Gestalt von einfachen, rundlichen oder eiförmigen, borstenlosen Platten an der inneren Basis der fünf mittleren Beine angebracht sind, und durch die, als Strudelorgane wirkenden, drei vorderen Afterfusspaare ununterbrochen von frischem Wasser bespült werden [6]).

6. An den Isopoden sind fast immer die fünf Paar Afterbeine des Hinterleibes ausschliesslich dem Respirationsgeschäfte gewidmet, wobei die beiden vielgliedrigen Ranken jedes einzelnen Afterfusses sich in zwei Platten umgewandelt haben, welche, sämmtlich nach hinten gewendet, gegen die untere Fläche des meistens sehr vergrösserten letzten Schwanzsegmentes dachziegelförmig angedrückt liegen [7]). Diese

---

Fig. 14. 19—21.) hat die Kiemen von Artemia als blasenförmige Körper wahrscheinlich nach todten Exemplaren sehr deutlich abgebildet; an den von Jurine (hist. d. Monocles. Pl. 21. u. 22.) zu Prevost's Abhandlung gelieferten Abbildungen des Chirocephalus springen die Kiemen nicht sogleich in die Augen, können aber doch bei einiger Aufmerksamkeit herausgefunden werden. — Von Gaede (in Wiedemann's zoolog. Magazin. Bd. I. p. 88.), Berthold (in der Isis. 1830. p. 689. Taf. 7. Fig. 1.) und Zaddach (a. a. O. p. 11. Tab. 1. Fig. 17. und Tab. 2. Fig. 10.) wird das grosse Rückenschild des Apus als Respirationsorgan betrachtet, da mitten durch die beiden Seitenhälften desselben mehre sehr ansehnliche Blutströme dicht neben einander hinlaufen (s. Schäffer a. a. O. p. 72. Taf. 1. Fig. 5. b. b.) und alsbald direct in das Vorderende des Herzens überfliessen. Bei dem Blutreichthume und der Zartheit der unteren Fläche des Rückenschildes in jener Gegend dürfte diesen Stellen des Cephalothorax wol ein Antheil am Respirationsprozesse zuerkannt werden.

6) Es sind die vielgliedrigen, mit Borsten besetzten Afterfüsse der Amphipoden eine lange Zeit als die Kiemen dieser Krebschen angesehen worden, wobei man die an der inneren Seite der Vorderbeine gewöhnlich sehr versteckten wahren Kiemen ganz und gar übersehen hatte. Aber auch nachdem man auf diese letzteren aufmerksam geworden ist, sind sie häufig in ihrer wahren Gestalt verkannt und als Kiemenbläschen beschrieben worden, da sie sich nach langsamem Absterben der Thiere ebenfalls leicht durch ihr stockendes Blut blasenförmig aufblähen. An den weiblichen Individuen der Amphipoden wird man übrigens die haarlosen Kiemenblätter von den an ihrer inneren Seite hervorragenden Blättern der Bruttasche leicht unterscheiden, indem die Ränder der letzteren mit Borsten besetzt sind. Vergl. Straus a. a. O. p. 57. Pl. 4. Fig. 10. und 11. h. von Hiella, Zenker a. a. O. p. 8. von Gammarus, Milne Edwards in den Annales d. sc. nat. Tom. 20. 1830. p. 357. Pl. 10. Fig. 7. und Pl. 11. Fig. 1., ferner ebendas. Tom. 3. 1835. Pl. 14. Fig. 9. und hist. d. Crust. Tom. 3. p. 6. Pl. 2. Fig. 15. c. Pl. 30. Fig. 1. 13. u. 16. von Gammarus, Phronima, Vibilia und Hyperia. Nach der von Savigny in der descript. de l'Egypte a. a. O. Pl. 11. Fig. 4 [2.] u. 4. [3.] gelieferten Abbildung besitzt Amphithoë filosa ausser den zehn runden Kiemenblättern noch ein rudimentäres sechstes Kiemenpaar an den beiden hinteren Füssen.

7) Ueber die Athemwerkzeuge der Isopoden vergl. man besonders Duvernoy und Lereboullet in den Annales d. sc. nat. Tom. 15. 1841. p. 177. Pl. 6.

Platten haben bald eine lanzettförmige, bald eine scheibenförmige oder rhomboide Gestalt, und zeigen bei den männlichen und weiblichen Individuen einer und derselben Species oft ganz verschiedene Umrisse. Von den beiden Platten eines jeden einzelnen Afterfusses erscheint die äussere oder vordere Platte gewöhnlich derbhäutig und am Aussenrande mit Borsten besetzt, während die innere oder hintere Platte einen sehr zarten und meistens ganz haarlosen Hautüberzug besitzt, so dass man diese letzteren Platten als die eigentlichen Kiemen zu betrachten hat, denen die ersteren nur als Kiemendeckel und häufig auch als Strudelorgane dienen. Ersteres ist bei den Land-Isopoden der Fall, deren schiefeckige, etwas concave Kiemendeckel unbeweglich die hinter ihnen gänzlich verborgenen kleinen Kiemenblätter gegen die Aussenwelt abschliessen, und so vor dem Vertrocknen schützen [8]). Bei den meisten Wasser-Isopoden findet dagegen ein ununterbrochenes Auf- und Niederklappen des Kiemenapparates Statt, dessen Kiemenplatten hier mit den Deckplatten oft ganz gleiche Gestalt und Grösse besitzen oder dessen erstes, sehr entwickeltes Deckplattenpaar alle darunter liegenden Platten nach hinten überragt [9]). Ein ganz eigenthümlicher Deckelapparat kommt den Idotheoïdeen zu, indem die beiden Afterfüsse des letzten Schwanzsegmentes sich zu zwei seitlich gegen einander beweglichen Klappen entwickelt haben, welche, gleich den Thüren eines Schrankes, die mit fünf Paar doppelten Platten ausgestatteten Kiemen-

---

8) Bei den Landasseln erscheint der Kiemenapparat überdies etwas verkümmert, indem unter den beiden vorderen Deckplattenpaaren die eigentlichen Kiemen fehlen, und nur die drei hinteren Paare sehr kleine und zarte Kiemenplatten verbergen. Vergl. Treviranus, verm. Schriften. Bd. I. p. 62. Taf. 6. 8. u. 9. von Porcellio, Savigny in der descript. de l'Egypte a. a. O. Pl. 12. Fig. 7. von Lygia und Pl. 13. von Tylos, Porcellio und Armadillidium, Brandt in der med. Zool. Bd. II. Taf. 15. Fig. 35—37. von Porcellio, und Lereboullet a. a. O. p. 118. Pl. 4. Fig. 17. Pl. 5. Fig. 18—22. von Lygidium. Diese Verkümmerung der Kiemen wird bei einigen Oniscinen durch das Hinzutreten von lungenartigen Organen wieder ausgeglichen (vergl. weiter unten §. 287.).

9) Zwei sehr grosse, vordere, gemeinschaftliche Kiemendeckel trifft man bei Asellus an, dessen Kiemenapparat übrigens nur aus drei Paar Platten auf jeder Seite besteht (s. Treviranus, verm. Schriften. Bd. I. p. 75. Taf. 10. u. 12.), während bei Sphaeroma, Cymothoa und verwandten Gattungen jederseits fünf Paar Platten den Kiemenapparat zusammensetzen (s. Savigny a. a. O. Pl. 11. und 12). Bei einigen Arten von Sphaeroma, Cymodocea, Nesea und Amphoroïdea erscheinen die Kiemenblätter der beiden hintersten Kiemenpaare mit vielen Querfalten besetzt, wodurch diese Sphaeromatoden sich in der Kiemenbildung an die Poecilopoden anschliessen (s. Duvernoy und Lereboullet a. a. O. p. 215. Pl. 6. Fig. 15—23. und Milne Edwards, hist. d. Crust. Tom. 3. p. 223. Pl. 32. Fig. 9.). Sehr abweichend zeigt sich Serolis, da hier nur das vierte und fünfte Afterfusspaar in breite Kiemenblätter umgestaltet sind (s. Milne Edwards in den Archives du Muséum d'hist. nat. Tom. II. p. 21. Pl. 2. Fig. 1—6.).

höhlen öffnen und schliessen können [10]). Der Kiemenapparat der Bopyrinen weicht in verschiedenen Beziehungen von dem der übrigen Isopoden ab, indem bei einigen Arten sich die Kiemen, ohne alle Nebenorgane, nur auf vier bis fünf Paar einfacher und über einander liegender Kiemenblätter beschränkt, während bei anderen Arten vier bis sechs Kiemen vorhanden sind, welche als mehr oder weniger tief eingeschnittene, herzförmige Platten oder als lange, zuweilen verästelte Röhren weit über die Seitenränder der Hinterleibssegmente hinausragen [11]).

7. Die Poecilopoden stehen in Bezug auf ihre Respirationswerkzeuge zwischen den Isopoden und Decapoden vollkommen in der Mitte, indem ihre Kiemen, wie bei den Isopoden, an den Afterfüssen angebracht sind, und, wie bei sehr vielen Decapoden, eine vielblätterige Structur besitzen. Es sind nämlich bei Limulus die fünf hinteren, am zweiten Rückenschilde befestigten Afterfüsse, welche, wie das erste Afterfusspaar, in breite Ruderorgane umgewandelt sind, auf ihrer nach oben gekehrten hinteren Fläche mit äusserst zahlreichen, halbovalen und dicht über einander liegenden Kiemenblättern bedeckt, wobei das

---

10) Vergl. Rathke a. a. O. p. 115. Taf. 4. und Milne Edwards, hist. d. Crust. Pl. 10. Fig. 6. u. 7. von Idothea.

11) Fünf Paar kleine, schuppenförmig über einander liegende Kiemenplatten besitzen die männlichen und weiblichen Individuen von Bopyrus Squillae (siehe Rathke, de Bopyro etc. p. 7. Tab. I.), ähnlich verhalten sich wahrscheinlich auch die Männchen von Phryxus Hippolytes (s. Rathke in den Nov. Act. Nat. Cur. Tom. 20. p. 48.). Mit vier Paar herzförmig eingeschnittenen, fast doppelten Kiemenplatten, welche zum Theile vom Hinterleibe seitlich abstehen, sind die Weibchen des Phryxus Hippolytes und Paguri ausgestattet (s. Rathke ebendas. p. 46. u. 59. Tab. 2., Kröyer in der Naturhist. Tidskr. Bd. 3. p. 102. Pl. 1. u. 2. oder in der Isis. 1841. p. 693. und p. 707. Taf. II. Tab. 1. und Taf. III. Tab. 2. oder in den Annales d. sc. nat. Tom. 17. 1842. p. 142. Pl. 6.). Bei Cepon erscheint der Kiemenapparat insofern mehr entwickelt, als ausser den fünf Paar lanzettförmigen Kiemenblättern, welche bei den männlichen Individuen ziemlich lang an den Seiten des Schwanzes hervorragen, die fünf kiementragenden Hinterleibs-Abschnitte nebst dem kiemenlosen Schwanzringel noch sechs Paar lange, schmale und seitlich abstehende Blätter tragen, deren Ränder kammartig ausgeschnitten sind. Duvernoy (s. in den Annales d. sc. nat. Tom. 15. 1841. p. 120. Pl. 4. Fig. 1—11.) bezeichnet diese zwölf Fortsätze als die Hauptkiemen von Cepon, während sie auf mich den Eindruck von Nebenorganen, vielleicht von Strudelorganen, machen, welche aus der Metamorphose der Afterbeine hervorgegangen sind. Bei Jone zeigen sich sämmtliche Hinterleibsringel mit einem Paare langer, nach hinten gerichteter Kiemenröhren besetzt, von welchen die fünf vorderen Kiemenpaare der weiblichen Individuen halbseitig verästelt sind. An diesen Weibchen von Jone scheint sich zugleich noch die Kiemenbildung der Amphipoden zu wiederholen, indem von der Basis ihrer vorderen Beine ein langer und schmaler Bandstreifen (Kiemen?) herabhängt (s. Milne Edwards, hist. d. Crust. Tom. 3. p. 279. Pl. 33. Fig. 14. u. 15.).

erste Ruderfusspaar mit seinen breiten Platten zugleich die Rolle eines Kiemendeckel-Apparates spielen mag [12]).

8. Diejenigen Stomapoden, deren Respirationsorgane zu einer höheren Stufe der Entwickelung gelangt sind, besitzen eine Menge von Kiemenfäden, welche auf einem länglichen Fortsatze kammförmig geordnet stehen, und frei im Wasser flottiren. Bei den Squillinen ist ein solcher Kiemenbüschel an der vorderen Fläche des äusseren Blattes der zehn Schwimmfüsse, in welche sich die fünf Afterfusspaare des Hinterleibes umgestaltet haben, befestigt [13]), nur bei Thysanopoda finden sich diese Kiemenbüschel an der Basis der gespaltenen Beine des Vorderleibes vor [14]).

9. Bei den Decapoden sind alle Kiemen mit der Basis der Füsse des Vorderleibes und einiger Kieferfüsse verwachsen, aber zugleich in einer besonderen, von den Seiten des Cephalothorax überwölbten Kiemenhöhle vollständig versteckt. Eine jede dieser beiden Kiemenhöhlen steht durch zwei Spalten mit der Aussenwelt in Verbindung. Die eine der Spalten befindet sich auf der Unterseite des Leibes zwischen dem unteren Rande des Cephalothorax und der Basis der Beine, und lässt das Wasser von aussen in die Kiemenhöhle eintreten, wogegen die andere zu beiden Seiten der Kauwerkzeuge angebracht ist und dem in der Kiemenhöhle befindlichen Wasser den Austritt gestattet. In dieser vorderen Kiemenspalte, welche zuweilen zu einem Halbkanale ausgezogen ist [15]), liegen verschiedene, dem zweiten und dritten Kieferfusspaare angehörige Lamellen und vielgliederige Geisseln verborgen [16]), durch deren ununterbrochene Bewegung eine regelmässige Wasserströmung von der Kiemenhöhle nach vorn und aussen unterhalten wird [17]). In Rücksicht der Zahl der Kiemen bieten die einzelnen Decapoden-Familien grosse Verschiedenheiten dar, indem sechs, sieben, vierzehn oder achtzehn bis einundzwanzig Kiemen in einer Respirationshöhle enthalten sein können. Sind viele Kiemen vorhanden, so kommen gewöhnlich auf die vier hinteren Kieferfüsse zwei bis drei Kiemen, auf

---

12) Vergl. van der Hoeven a. a. O. p. 10. Pl. 1. Fig. 10. Pl. 2. Fig. 1. und Fig. 11—15., ferner Duvernoy in den Annales d. sc. nat. Tom. 15. 1841. p. 10. Pl. 3.

13) Bei Squilla und Squillerichthus. Vergl. Treviranus, Beobacht. aus der Zoot. und Physiol. p. 22. Taf. 6. Fig. 36—39. und Milne Edwards, hist. d. Crust. Pl. 10. Fig. 4. und Pl. 27. Fig. 7.

14) S. Milne Edwards ebendas. Pl. 10. Fig. 3. und Pl. 26. Fig. 6. oder in den Annales d. sc. nat. Tom. 19. 1830. p. 453. Pl. 19.

15) Bei vielen Brachyuren.

16) Vergl. Suckow a. a. O. Taf. 10. Fig. 1. p. q. Fig. 2. p. r. Fig. 3. d. s. e. von Astacus, Milne Edwards, hist. d. Crust. Pl. 3. Fig. 8—10. i. j. von Maja.

17) Ueber diesen Mechanismus der Respirationsorgane der Decapoden vergleiche man Milne Edwards in den Annales d. sc. nat. Tom. 11. 1839. p. 126. Pl. 3. u. 4.

ein jedes der vier vorderen Fusspaare drei bis vier Kiemen, und auf das hinterste Fusspaar nur eine Kieme. Die Kiemen der Decapoden stehen übrigens nicht alle mit dem beweglichen Grundgliede der Beine in Verbindung, sondern die Mehrzahl sind über der Basis derselben auf dem Boden der Respirationshöhle angeheftet, nur bei mehren, mit sehr vielen Kiemen ausgestatteten Macruren ragt auch von der Coxa der Beine eine Kieme in die Höhe [18]). Auch in dem Baue der einzelnen Kiemen zeigen die Decapoden grosse Verschiedenheiten unter einander. In der Regel gleichen die Kiemen derselben einer sehr langgestreckten und spitzen Pyramide, von deren festgewachsener Basis eine Art Schaft nach der freien Spitze hin verläuft. Von den Seiten dieses Schaftes, welcher der Länge nach von einem arteriellen und venösen Kanale durchzogen wird, stehen eine Menge zarter Kiemencylinder oder Kiemenblätter ab, welche nach der Spitze der Kieme sich allmälich verjüngen [19]).

---

18) Die wenigsten Kiemen finden sich bei den Brachyuren und den Cariden vor. Unter den letzteren besitzen Crangon und Alpheus nur sechs Kiemen, Palaemon und Hippolyte sieben Kiemen in jeder Respirationshöhle. Auch Uca ist nur mit sieben Kiemen auf jeder Seite ausgestattet, während bei der Mehrzahl der Brachyuren, bei Portunus, Grapsus, Thelphusa, Gecarcinus, Pisa, Maja, Cancer etc. im Ganzen achtzehn Kiemen vorhanden sind, deren zwei vordere, in der Regel nur wenig entwickelte Kiemenpaare den beiden hinteren Kieferfusspaaren angehören, und von denen die übrigen Kiemen in der Regel (bei Maja, Cancer, Lupea u. A.) auf dem Boden der Respirationshöhle so nach vorn zusammengedrängt sind, dass der Raum über den beiden letzten Fusspaaren kiemenlos erscheint. Die meisten übrigen Brachyuren besitzen vierzehn Kiemen auf jeder Seite, noch zahlreicher finden sich die Kiemen in verschiedenen Macruren vor: so zähle ich in Astacus, Homarus und Palinurus achtzehn Kiemen, von welchen bei Palinurus und Astacus zwei Kiemen mit dem mittelsten Kieferfusse und drei mit dem hintersten Kieferfusse verbunden sind, während bei Homarus dieser letztere ebenfalls drei Kiemen trägt und der zweite Kieferfuss dagegen nur eine einzige rudimentäre Kieme besitzt. Von den übrigen Kiemen ist bei allen drei genannten Langschwänzen nur eine Kieme auf der Coxa der vier vorderen Beine befestigt. Oberhalb dieser vier, stets nur mit einer Kieme versehenen Beine stehen bei Astacus die anderen Kiemen zu zweien, bei Homarus oberhalb des vierten Beines und bei Palinurus oberhalb des zweiten, dritten und vierten Beines sogar zu dreien über einander, während über dem letzten, stets kiemenlosen Beine nur eine Kieme angebracht ist. Nephrops soll auf jeder Seite zwanzig und Scyllarus sogar ein und zwanzig Kiemen in der Kiemenhöhle verbergen. Vergl. über die Zahl und Anordnung der Decapoden-Kiemen Duvernoy in Cuvier, leçons d'anat. comp. Tom. 7. p. 393.

19) Im Allgemeinen lassen sich die verschiedenen Formen der Decapoden-Kiemen auf zwei Typen reduciren. Der eine Typus, welcher am wenigsten häufig vorkommt, findet sich bei mehren Macruren, z. B. bei Scyllarus, Palinurus, Gebia, Homarus, deren Kiemenschäfte mit einer Menge Kiemencylinder bürstenartig dicht besetzt sind. An den Abbildungen, welche Audouin und Milne Edwards (in den Annales d. sc. nat. Tom. 11. 1827. Pl. 29. Fig. 1. Pl. 30. Fig. 2. und Pl. 31.) von den Kiemen des Homarus geliefert haben, ist übrigens

§. 287.

Mehre Land-Isopoden lassen an ihrem Kiemenapparate ganz eigenthümliche Organisationsverhältnisse unterscheiden, welche offenbar auf Lungenathmung hindeuten. Bei Porcellio und Armadillidium fallen nämlich an den zwei vorderen Paaren der Kiemendeckel vier kreideweisse Flecke auf; es rühren diese von einer gefässartig verzweigten Höhle her, welche zwischen den beiden Lamellen dieser vier Platten enthalten und mit äusserst fein vertheilter Luft angefüllt ist. An der Basis dieser Deckplatten zeigt sich zugleich eine enge Spalte, aus welcher sich die Luft leicht hervorpressen lässt, worauf jene weissen Flecke verschwinden. Die genannten Landasseln sind mit diesen lungen- oder tracheenartigen Höhlen gewiss im Stande, unmittelbar atmosphärische Luft zu respiriren [1]). Noch mehr entwickelt erscheint dieser Luftathmungs-Apparat in Tylos, unter dessen vier Deckplattenpaaren, statt einer einfachen Kiemenplatte, ein oblonger Anhang verborgen liegt, auf welchem eine quergestellte Reihe von verästelten,

---

diese Kiemenbildung nicht sehr deutlich wahrzunehmen. Bei Astacus stehen die Kiemencylinder ziemlich sparsam zu beiden Seiten des Schaftes, wodurch die einzelne Kieme mehr ein federförmiges Ansehen erhält, ausserdem endigen diejenigen Kiemen des Flusskrebses, welche an den beweglichen Hüften der Beine festsitzen, mit einer in viele Falten gelegten, blattförmigen und zarthäutigen Ausbreitung, welche ihrer Structur nach aber ganz mit einem Kiemenblatte übereinkommt (s. Suckow a. a. O. p. 59. Taf. 10. Fig. 1. 2. 25. u. 26. Taf. 11. Fig. 5. u. 6., ferner Brandt in der mediz. Zoologie. Bd. II. Taf. 11. Fig. 23.). Auch bei Homarus und Palinurus findet sich an den mit einer Kieme versehenen Coxen eine blattförmige Ausbreitung vor, welche dicht neben der Hüftkieme von der Coxa entspringt, aber derbhäutig und mit Haaren dicht besetzt ist, so dass diese Blätter nicht als Kiemenplatten dienen können und wahrscheinlich nur als Scheidewände sich zwischen den verschiedenen Kiemenpartieen hinerstrecken. Aristeus, welcher mit sechszehn Kiemen jederseits versehen ist, weicht von den übrigen Macruren ganz besonders ab, indem die einzelnen, federförmigen Kiemen desselben aus einem Schafte bestehen, von welchem rechts und links eine Menge nach aussen umgebogener Fäden abgehen, deren convexe Seite von Büscheln zarter Kiemencylinder dicht besetzt erscheint (s. Duvernoy in den Annales d. sc. nat. Tom. 15. 1841. p. 104. Pl. 5.). Einen zweiten Typus von Kiemenbildung bieten diejenigen Kiemen dar, von deren Schäften eine Menge zarter, bald schiefeckiger, bald abgerundeter, dicht über einander liegender und nach der Spitze hin sich verjüngender Blättchen im rechten Winkel seitlich abstehen. Mit solchen vielblätterigen Kiemen sind vorzugsweise die Brachyuren, Anomuren, und unter den Macruren Galathea und die Cariden Palaemon, Hippolyte, Alpheus, Penaeus, Crangon etc. ausgestattet (s. Audouin und Milne Edwards in den Annales d. sc. nat. Tom. 11. 1827. Pl. 26. und Tom. 11. 1839. Pl. 3. Fig. 1. und Pl. 4. Fig. 1. u. 4. von Maja, Ranina und Palaemon, ferner Kröyer a. a. O. Tab. 1—5. von Hippolyte und Joly a. a. O. p. 71. Pl. 3. Fig. 24. von Caridina.

1) Nach Duvernoy und Lereboullet (a. a. O. p. 231. Pl. 6. Fig. 14.) sollen diese Höhlen Feuchtigkeit absorbiren, um die Kiemen damit anzufeuchten; man vergleiche dagegen meine Bemerkungen in Müller's Archiv. 1842. Jahresbericht. p. 141. Anm. 2.

auf der Unterseite mit einer Art Stigma versehenen Luftsäcken angebracht ist[2]).

Wahre Tracheenathmung findet bei allen Myriapoden Statt, so dass also das Blut hier nicht, wie bei den mit Kiemen versehenen Crustaceen, besondere Organe aufzusuchen hat, um in denselben dem Respirationsprozesse unterworfen zu werden, sondern überall im Körper durch das ausgebreitete Tracheensystem dem Einflusse der in diesem enthaltenen atmosphärischen Luft ausgesetzt ist. Die verschiedenen Luftröhrenspalten (Stigmata), durch welche diese Thiere die Luft aus- und einathmen, fallen bei den Chilopoden sehr leicht in die Augen, da sie meist von einem braunen Chitine-Ring eingefasst sind, und an beiden Seiten des Leibes, zwischen der Basis der Beine und den Rückenschilden, zu Tage liegen; jedoch sind nicht über allen Beinen dergleichen braun eingefasste Spalten wahrzunehmen, indem stigmenlose Körpersegmente mit Stigmen tragenden Segmenten mehr oder weniger regelmässig abwechseln[3]). Bei den Chilognathen hat man die sehr kleinen und engen Luftlöcher auf der Bauchfläche zu suchen, wo sie am Vorderrande einer jeden Bauchplatte zu finden sind, während von dem Hinterrande derselben die Beine entspringen[4]). Der feinere Bau der meistens braun gefärbten Tracheen der Myriapoden stimmt mit dem der Insekten-Tracheen genau überein, daher auf diesen verwiesen werden kann[5]). Unter den Chilognathen zeigen die Julinen ein sehr einfaches Verhalten ihres Tracheensystems. Es entspringen hier von den einzelnen Stigmen die Tracheen in Büscheln, aus welchen die einzelnen Luftröhren, ohne zu verästeln und zu anastomosiren, hervorgehen, um immer dünner und dünner werdend die verschiedenen Organe zu umspinnen[6]). In den Glomerinen dagegen verästeln sich

---

2) S. Savigny in der descript. de l'Egypte a. a. O. Pl. 13. Fig. 1.^{6}—1.^{8}, besonders aber Milne Edwards im Institut. 1839. p. 152. oder in seiner hist. d. Crust. Tom. 3. p. 187. und dessen Abbildungen in der Iconographie du règne animal de Cuvier. Crustac. Pl. 70.

3) Bei Lithobius ist über dem ersten, dritten, fünften, achten, zehnten, zwölften und vierzehnten Fusspaare ein Stigma angebracht (s. Treviranus, verm. Schriften. Bd. II. p. 29. Taf. 4. Fig. 7. und Taf. 6. Fig. 5.), bei Scolopendra verhält sich die Vertheilung der Stigmen ganz ähnlich (s. Kutorga a. a. O. p. 14.).

4) Vergl. Savi in der Isis. 1823. p. 219. Taf. 2. Fig. 9. a. a. und Burmeister ebendas. 1834. p. 134. Taf. 1. Fig. 2. a. a. von Julus. Diese Stigmen der Julen wurden von Treviranus ganz übersehen, indem derselbe die Oeffnungen einer Reihe von Drüsen, welche an den Seiten der Leibesringel ausmünden, für Tracheenspalten gehalten hat (s. dessen verm. Schriften. Bd. II. p. 42. Taf. 8. Fig. 4. S. S.).

5) Der für die Tracheen der Insekten so charakteristische Spiralfaden fehlt auch hier nicht. S. Kutorga a. a. O. p. 14. Tab. 2. Fig. 8.

6) Vergl. Straus, Considérations etc. p. 307. und Burmeister a. a. O. Taf. 1. Fig. 3. von Julus.

die mit zwei Stämmen von den Stigmen entspringenden Tracheen, gehen aber ebenfalls mit den benachbarten Tracheenästen keine Anastomosen ein [7]). Am meisten hat das vielfach verästelte Luftröhrensystem der Chilopoden mit dem der Insekten Aehnlichkeit, da die grossen Tracheenstämme derselben an ihrem Ursprunge durch Längs- und Queranastomosen mit den benachbarten Tracheenstämmen in Verbindung stehen, so dass jedes einzelne Stigma für das ganze Tracheensystem athmen kann [8]).

Achter Abschnitt.

Von den Absonderungs-Organen.

I. Von den Harnorganen.

§. 288.

Harnabsondernde Organe konnten bis jetzt nur in den Myriapoden nachgewiesen werden. Die Tausendfüsse besitzen nämlich, wie die Insekten, lange und dünne, den Magen und Darm mit vielfachen Windungen umspinnende Blindkanäle von bräunlicher Farbe, die sogenannten Malpighischen Gefässe, welche an der Grenze zwischen Magen und Darm in den letzteren einmünden und Harnkanäle vorstellen, da sie gewiss eben so, wie die Malpighischen Gefässe der Insekten, Harnsäure absondern [1]). Bei den meisten Chilopoden ist auf jeder Seite des Pylorus nur ein einziges Harngefäss vorhanden, während bei den Chilognathen jederseits zwei Gefässe mit gemeinschaftlichen Mündungen sich in den Darmkanal öffnen [2]).

---

7) Vergl. Brandt in Müller's Archiv a. a. O. p. 323. Taf. 12. Fig. 4. u. 5. von Glomeris.

8) S. Straus a. a. O. p. 307. und traité d'anat. comp. Tom. 2. p. 161., Treviranus, verm. Schriften. Bd. II. p. 30. Taf. 6. Fig. 6. von Lithobius, und Müller in der Isis. 1829. p. 551. Taf. 2. Fig. 1.

1) Ueber die Malpighischen Gefässe, welche eine lange Zeit als Gallengefässe angesehen wurden, vergleiche man weiter unten die Anatomie der Insekten.

2) Vergl. Ramdohr, Abhandl. über die Verdauungswerkzeuge etc. p. 149. Taf. 15. Fig. 1. von Julus, ferner Treviranus, verm. Schriften a. a. O. p. 24. und 44. Taf. 5. Fig. 4. und Taf. 8. Fig. 6. von Lithobius und Julus, und Léon Dufour in den Annales d. sc. nat. a. a. O. p. 86. u. 96. Pl. 5. Fig. 1. u. 4. von Lithobius und Scutigera, welcher letztere Tausendfuss sich durch zwei Paar Harngefässe von den übrigen Chilopoden auszeichnet. S. ausserdem Kutorga a. a. O. p. 6. Tab. 1. Fig. 2. und Müller in der Isis. 1829. p. 550. Tab. 2. Fig. 5. von Scolopendra, endlich Brandt in Müller's Archiv a. a. O. p. 322. Taf. 12. Fig. 2. von Glomeris.

Ob auch in den übrigen Ordnungen der Krustenthiere Harnorgane vorkommen, muss vor der Hand noch unentschieden gelassen werden. Jedenfalls gibt es bei mehren Decapoden gewisse, bisher nur wenig beachtete Blindschläuche, welche an verschiedenen Stellen zwischen Pylorus und Mastdarm in den Darmkanal einmünden, und sich bei näherer Untersuchung vielleicht als Nieren herausstellen [3]).

II. Von den besonderen Absonderungs-Organen.

§. 289.

Eine sehr merkwürdige Absonderung liefern die Astacinen in der Gestalt der, aus kohlensaurem Kalke zusammengesetzten, sogenannten Krebssteine, welche sich innerhalb zweier seitlichen Taschen (Drüsensäcken) des Krebsmagens ausbilden [1]). Da diese Kalkconcremente nicht zu jeder Zeit in den Krebsen angetroffen werden, sondern sich immer nur vor dem Häutungsprozesse ausbilden, und hierauf bei

---

3) Schon Swammerdamm (a. a. O. p. 87. Taf. 11. Fig. 3.) bildete von Pagurus einen ziemlich langen, in das Hinterende des Darms einmündenden Blindschlauch ab. Drei ziemlich lange Blindschläuche ergiessen bei Maja Squinado ihr Secret in das obere Ende des Darmkanals, und zwar zwei zu beiden Seiten des Pylorus, der dritte dagegen etwas hinter demselben (s. Milne Edwards, hist. nat. d. Crust. Tom. 1. p. 76. Pl. 4. Fig. 1. m. n.). Auch Lund (in der Isis. 1829. p. 1302) sah zwei zu einem Knäuel aufgewickelte Drüsenschläuche rechts und links in den Pylorus einmünden, während ein dritter Blindschlauch in den Mastdarm überging. Dieser hintere Blindkanal soll nach Cuvier (Vorlesungen über vergl. Anat. Thl. 3. p. 678.) in den Macruren, Brachyuren und Anomuren sehr verbreitet vorkommen, namentlich in Astacus fluviatilis, Homarus marinus, Cancer Pagurus, Portunus puber und Cancer Maenas nicht fehlen. Allein eine so allgemeine Verbreitung dieses Blinddarms, wie sie auch von Milne Edwards (a. a. O. Tom. 1. p. 76.) angenommen wird, scheint sich nicht zu bestätigen, denn schon Meckel (System der vergl. Anat. Thl. 4. p. 161.) widerspricht diesen Angaben Cuvier's, indem er weder in den Krabben, noch in Astacus, Scyllarus und Palinurus, wol aber bei Pagurus, Penaeus und Palaemon einen solchen Blinddarm gefunden haben will. Auch Duvernoy (in Cuvier's leçons d'anat. comp. Tom. 5. p. 228.) vermisste in den genannten Langschwänzen, so wie in Galathea squamifera und Palaemon serratus jenen Blindschlauch, erkannte aber dicht hinter dem Pylorus des Portunus puber und am Mastdarme des Cancer Pagurus einen blinddarmartigen Anhang. — Ob jene drüsige Masse, welche nach Milne Edwards (hist. d. Crust. Tom. 1. p. 115. Pl. 10. Fig. 2. j. von Maja) bei den Decapoden unter dem Boden der Respirationshöhlen im Hintergrunde des Cephalothorax versteckt liegen und sich zwischen dem Brustschilde und dem ersten Hinterleibsringel mit einem Ausführungsgange nach aussen öffnen soll, wirklich als Harnwerkzeug diene, muss ich, wie Milne Edwards, unentschieden lassen.

1) Vergl. Suckow a. a. O. p. 53. Taf. 10. Fig. 10. u. 11. e., welcher ganz unrichtig annimmt, dass jene, bei den Gehörwerkzeugen erwähnten, grünen, drüsenartigen Körper (§. 276.) die Krebssteine absondern. S. ferner Brandt in der mediz. Zoologie. Bd. II. p. 63. Taf. 11. Fig. 8. und Fig. 9. c.

der eintretenden Häutung mit dem alten, sich abstossenden Magen in die Höhle des neuen Magens gerathen, in welchem sie allmälich aufgelöst werden, so liegt der Gedanke nahe, dass die Krebssteine mit dem Häutungsprozesse in einer gewissen Beziehung stehen, indem vermuthlich jene Säckchen überschüssige Kalkmasse aus dem Blute absondern und in ihre Höhle als Krebssteine absetzen, damit dieselbe dann später bei der Häutung im Magen von neuem verflüssigt und in das Blut zur Bildung der Kalkschale aufgenommen werde [2]).

Der bekannte braune und ätzende Saft, welchen die meisten Myriapoden bei der Berührung aus einer Reihe, die Seiten der Körperringel durchbohrender Oeffnungen (*Foramina repugnatoria*) entleeren, und welcher einen der Chlorine ähnlich stechenden Geruch von sich gibt, wird in kleinen, birnförmigen, dicht unter der Hautbedeckung angebrachten Drüsensäckchen abgesondert, und dient vielleicht dazu, die Gelenke der Körperringel schlüpfrig zu erhalten [3]).

Verschiedene andere drüsige Organe der Crustaceen, welche mit den Geschlechtsfunctionen in näherer Beziehung stehen, werden im folgenden Abschnitte zur Sprache gebracht werden.

Neunter Abschnitt.

Von den Fortpflanzungs-Organen.

§. 290.

Die Fortpflanzung der Crustaceen wird durch männliche und weibliche Geschlechtsorgane bewerkstelligt, welche auf verschiedene Individuen vertheilt sind, und durch einen Begattungsact mit einander vereinigt werden, zu welchem Behufe in der Regel besondere Copulations-Organe vorhanden sind. Auf der einen Seite bilden jedoch die Cirri-

2) Ueber diese Bedeutung der Krebssteine vergleiche man die Untersuchungen von Baer (in Müller's Archiv. 1834. p. 510.) und Oesterlen (ebendas. 1840. p. 432.).

3) Von Treviranus (verm. Schriften. Bd. II. p. 42. Taf. 8. Fig. 4. *f. f.* und Fig. 5. d. e.) sind diese Organe des Julus für Respirationswerkzeuge gehalten worden, während dieselben von Savi (in der Isis. 1823. p. 218. Taf. 2. Fig. 1. 13. u. 14. a. b.) und von Burmeister (ebendas. 1834. p. 136. Taf. 1. Fig. 1. a. a.) als Hautdrüsen richtig erkannt wurden. Nach Waga (in der revue zoologique par la société Cuvierienne, publ. par Guérin-Meneville. 1839. No. 3. p. 76. oder in Wiegmann's Archiv. 1840. Bd. II. p. 350.) besitzen Polydesmus, Platyulus und Geophilus electricus ähnliche Hautdrüsen an den Seiten des Körpers, aus welchen der zuletzt genannte Tausendfuss eine im Dunkeln leuchtende Feuchtigkeit hervorspritzen kann. In Glomeris sah Brandt (Recueil etc. p. 154. und 157.) diese Drüsensäckchen paarweise auf dem Rücken eines jeden Leibesringels ausmünden.

pedien durch ihren Hermaphroditismus eine Ausnahme, während auf der anderen Seite verschiedene Entomostraceen dadurch von der Regel abweichen, dass ihre Arten fast nur aus weiblichen Individuen bestehen, aus welchen, wie bei den Blattläusen, sich von Generation zu Generation wieder nur weibliche Thiere entwickeln, bis sich erst nach längeren Zwischenräumen von Zeit zu Zeit männliche Thiere einfinden [1]. Mit diesem merkwürdigen Generations-Verhältnisse steht auch wol die Erscheinung in einem Zusammenhange, dass gewisse Crustaceen-Weibchen zweierlei Arten von Eiern hervorbringen, von welchen die eine Art vielleicht selbstständig, ohne Einfluss eines männlichen befruchtenden Saamens, sich fortentwickelt, wogegen die andere Art zu ihrer weiteren Entwickelung der Befruchtung durch männliche Saamenfeuchtigkeit bedarf [2]).

Die Anordnung und Zusammensetzung der Geschlechtswerkzeuge weicht in den verschiedenen Abtheilungen der Crustaceen so auffallend von einander ab, dass sich schwer etwas Allgemeines darüber hinstellen lässt. Am häufigsten ist eine vollkommene Duplicität der inneren und äusseren Geschlechtswerkzeuge, sowol bei den weiblichen wie männlichen Individuen, wahrzunehmen. Fast constant findet sich bei den weiblichen Crustaceen rechts und links ein kürzerer oder längerer, selten verästelter Ovarienschlauch vor, von welchem ein enger, meist langer und häufig gewundener Eierleiter in eine erweiterte Scheide übergeht, die an den verschiedensten Stellen der Bauchfläche, bald ganz vorn, bald in der Mitte des Leibes oder am Schwanzende nach aussen mündet. Nur selten steht mit der Scheide ein ***Receptaculum seminis*** in Verbindung, häufiger dagegen münden an der weiblichen Geschlechtsöffnung eigenthümliche drüsige Schläuche aus, deren klebrige und im Wasser erhärtende Absonderung die Eier überzieht und an einander kittet. Die auf solche Weise schnur- oder traubenförmig vereinigten Eier bleiben alsdann in der Nähe der Geschlechtsöffnung oder an den Afterfüssen kleben, und werden so von den Weibchen bis zur

1) Hieher gehören die Daphnoïdeen, Cyproïdeen und Apoden. Unter den Cyproïdeen kommen männliche Individuen so selten vor, dass man diese Entomostraceen für Zwitter hat ausgeben wollen, und Straus (a. a. O. p. 52. Pl. 1. Fig. 15.) bei Cypris ein Paar problematische, wurstförmige Körper, welche er bei allen als Weibchen erkannten Individuen beobachtete, für die Hoden ansprechen möchte, im Falle diese Thiere wirklich Zwitter sein sollten. In der Gattung Apus sind überhaupt noch gar keine männlichen Individuen mit Sicherheit entdeckt worden, daher man auch die Apoden für Hermaphroditen angesehen hat. Nach Berthold (in der Isis. 1830. p. 693.) sollten die sogenannten rothen Beutel des hermaphroditischen Apus die Hoden sein, dass aber jene Organe nichts anderes, als die nach dem Tode vom Blut aufgeblähten Kiemenblätter sind, habe ich bereits nachgewiesen (s. oben §. 286. Anm. 5.).

2) Dieses Phänomen sowol, wie das vorige, ist gewiss dem in der übrigen niederen Thierwelt so verbreitet vorkommenden Generationswechsel analog.

vollendeten Entwickelung der Embryone herumgetragen. Bei anderen Crustaceen-Weibchen wird der Mangel dieser Kittorgane durch einen besonderen, äusserlich, meistens unter der Brust, angebrachten Behälter (*Marsupium*) ersetzt, in welchem die gelegten Eier, lose beisammen liegend, sich zu Embryonen entwickeln. Bei den männlichen Individuen finden sich dieselben Abtheilungen der inneren Geschlechtsorgane, oft ganz in denselben äusseren Umrissen, wie bei den weiblichen Individuen, vor, welche sich aber bei näherer Untersuchung als Hoden, Saamenleiter und *Ductus ejaculatorius* ausweisen, und ebenfalls an sehr verschiedenen Stellen des Körpers ausmünden. Die meisten Crustaceen-Männchen sind entweder in der Nähe ihrer Geschlechtsöffnungen mit griffel- oder rinnenartigen Begattungsorganen ausgestattet, welche zum Ueberpflanzen des Saamens nach den weiblichen Geschlechtstheilen dienen, oder sie besitzen theils an den Fühlern, theils an einzelnen Füssen haken- oder armartige Gebilde, mit welchen sie zur Vollziehung der Begattung ihre Weibchen geschickt erhaschen und festhalten können. Zuweilen stehen die inneren Geschlechtsorgane der rechten und linken Seite durch Anastomosen unter einander in Verbindung, oder statt der beiden seitlichen Geschlechtsöffnungen ist bei vielen Crustaceen nur eine einzige, in der Mittellinie gelegene Geschlechtsmündung vorhanden. Bei mehren Krustenthieren nehmen sowol die äusseren, wie die inneren Fortpflanzungswerkzeuge in einfacher Zahl die Mittellinie des Leibes ein; nur in wenigen Fällen kommt an den im Uebrigen doppelten Zeugungsorganen die Verschmelzung der Ei- oder Saamenleiter zu einem einzigen Kanale vor, oder findet umgekehrt an den einfachen Zeugungsorganen eine Trennung der Geschlechtsmündungen in zwei besondere Oeffnungen Statt.

Die meistens sehr lebhaft grün, gelb oder violett gefärbten Eier der Crustaceen haben stets eine kugelige Gestalt, welche von dem derben Chorion herrührt, in welches das Keimbläschen mit einem oder mehren Kernkörperchen von einer reichlichen Menge Dotter umgeben ist. Der Dotter besteht aus vielen kleinen Fetttröpfchen, von welchen die Farbe der Eier ausgeht, und welche von einer klaren, eiweissartigen Feuchtigkeit zusammengehalten werden [3]).

Die weisse und zuweilen opalisirende Saamenmasse der Krustenthiere bietet höchst verschiedene und merkwürdige Formen von Spermatozoïden dar, welche fast immer starr und unbeweglich erscheinen, und sich etwa auf folgende Haupttypen zurückführen lassen.

---

3) Ueber die Eier der Crustaceen vergleiche man Rathke, de animalium Crustaceorum generatione. 1844. und dessen Bemerkungen in Froriep's neuen Notizen. Bd. 24. 1842. p. 181., so wie Erdl, Entwickelung des Hummereies, p. 13. und besonders Wagner, Prodromus a. a. O. p. 8. Tab. I. Fig. 12—17.

1. In den Cyclopiden und Chilognathen bewahren die aus Zellen sich entwickelnden Spermatozoïden bis zu ihrer völligen Ausbildung die Zellenform, an der sich äusserlich weder Fortsätze noch Anhänge wahrnehmen lassen [4]).

2. Auch die Decapoden enthalten in ihrer Saamenflüssigkeit als Spermatozoïden fast immer gekernte, zellenförmige Körper, welche mit mehren zarten, fadenförmigen Fortsätzen strahlenartig besetzt, und zuweilen in zwei Abtheilungen abgeschnürt sind [5]).

3. Sehr auffallend weichen die Spermatozoïden der Mysinen, Amphipoden und Isopoden von der Zellenform ab, da sie sehr lange, haarartige Fäden darstellen, welche entweder nach beiden Enden in eine zarte Spitze auslaufen, oder an dem einen Ende eine cylindri-

4) Bei Cyclopsina castor bestehen die Spermatozoïden aus kleinen, feinkörnigen Körperchen von ovaler Gestalt (s. meine Beiträge zur Naturgeschichte der wirbellosen Thiere. p. 41. Taf. 2. Fig. 41—43. c. oder in den Annales d. sc. nat. Tom. 14. 1840. p. 30. Pl. 5. B.). Ueber das Verhalten der Spermatozoïden bei den übrigen Entomostraceen fehlt es noch an hinreichenden Erfahrungen, um etwas Allgemeines darüber sagen zu können; die Form der Spermatozoïden von Cyclopsine castor scheint aber nicht als Typus für die Spermatozoïden der übrigen Entomostraceen gelten zu können, da Wagner (s. Wiegmann's Archiv. 1836. Bd. I. p. 369.) in den Cypris-Männchen grosse fadenförmige und gewundene Spermatozoïden gefunden hat, und ich in den Geschlechtstheilen einer männlichen Daphnia rectirostris längliche, halbmondförmig gekrümmte Spermatozoïden gesehen habe, welche starr waren und im Wasser durch Bersten sich auflösten. — Von Stein (in Müller's Archiv. 1842. p. 263. Taf. 14. Fig. 37. und 40.) sind die Spermatozoïden der Glomeris als spindelförmige Zellen richtig abgebildet worden, dagegen hat derselbe die Spermatozoïden des Julus und Polydesmus weniger genau als kleine wasserhelle Bläschen beschrieben (ebendas. Fig. 36. u. 39.), obgleich sie eine sehr specifische Form darbieten. Bei Julus sabulosus gleichen die Spermatozoïden ganz niedrigen, dosenförmigen Cylindern mit deutlichem, runden Kerne, der in den ähnlichen Saamenkörperchen von Julus hispidus fehlt, bei Julus terrestris haben diese mit einem Kerne versehenen Saamenkörperchen eine konische Gestalt (s. meine Bemerkungen in Müller's Archiv. 1843. Jahresbericht. p. 13.).

5) Nachdem zuerst Henle (in Müller's Archiv. 1835. p. 603. Taf. 14. Fig. 12.) und ich (ebendas. 1836. p. 26. Taf. 3. Fig. 23. u. 24.) auf die sonderbare Form der Spermatozoïden des Flusskrebses aufmerksam gemacht hatten, wurden von Kölliker (Beiträge etc. 1841. p. 7. Taf. 2. u. 3. und über die Bildung der Saamenfäden in Bläschen als allgemeines Entwickelungsgesetz, in dem achten Bande der schweizerischen Denkschriften für die gesammten Naturwissenschaften. 1846. p. 26. Taf. 2.) an den verschiedensten Brachyuren, Anomuren und Macruren die Spermatozoïden als starre Strahlenzellen erkannt, an welchen der abgeschnürte Theil zuweilen stielartig verlängert, die zarten Strahlen häufig bis auf vier und drei vermindert, und die Zellen selbst in einigen Fällen konisch oder cylindrisch verlängert erscheinen. — Am einfachsten verhalten sich die Spermatozoïden von Crangon vulgaris und Palaemon squilla, indem sie, nach meinen Untersuchungen, ein platt gedrücktes Bläschen darstellen, aus dessen Mitte eine kurze Spitze hervorragt.

sche Anschwellung besitzen; auch diese Spermatozoïden geben keine selbstständigen Bewegungen von sich, und bilden, durch Wasser berührt, auch keine Oesen [6]).

4. Bei den Cirripedien und Chilopoden endlich finden sich haarförmige Spermatozoïden vor, welche ausserordentlich beweglich sind, durch den Einfluss des Wassers Oesen bilden und in Ringen zusammenrollen [7]).

Von sehr vielen Crustaceen wird der Saame, in eigenthümlichen Saamenschläuchen (*Spermatophoren*) eingeschlossen, aus den männlichen Geschlechtsorganen entleert.

I. Von den Geschlechtstheilen der hermaphroditischen Crustaceen.

§. 291.

In den hermaphroditischen Cirripedien sind die weiblichen und männlichen Geschlechtswerkzeuge weit von einander getrennt angebracht. Die Ovarien nämlich liegen bei den Lepadeen im oberen Ende des Stiels als verästelte Blindschläuche zwischen der die Höhle des Fusses ausfüllenden flockigen Masse eingebettet [1]), während bei den

6) Einfache, haarförmige Spermatozoïden kommen bei Mysis, Oniscus, Porcellio, Idothea und Gammarus vor. Vergl. meine Untersuchungen in Müller's Archiv. 1836. p. 27. Taf. 3. Fig. 19. u. 20. und ebendas. 1837. p. 433., ferner Kölliker's Beiträge a. a. O. p. 15. Ein cylindrisches und etwas wellenförmig gebogenes Wurzelende erkannte Kölliker (Beiträge etc. p. 14. Taf. 3. Fig. 28. und 29.) an den langen, haarförmigen, aber starren Spermatozoïden der Iphimedia obesa und Hyperia Medusarum. Aehnliche Spermatozoïden traf auch ich in Asellus aquaticus, nur waren hier die cylindrischen Wurzelenden nicht wellenförmig gebogen.

7) Die bei völliger Entwickelung einfach haarförmigen und lebhaft sich schlängelnden Spermatozoïden der Cirripedien wurden von mir (s. Müller's Archiv. 1836. p. 29.) in Balanus pusillus, und von Kölliker (Beiträge etc. p. 16. Taf. 3. Fig. 30. und in den schweizer. Denkschr. a. a. O. p. 33.) in verschiedenen anderen Balaninen, in Chthamalus, Lepas und in Pollicipes beobachtet. — Einen höchst interessanten Anblick gewähren die äusserst beweglichen Spermatozoïden der Chilopoden Lithobius und Geophilus, welche wegen der Dicke und Grösse der Saamenfäden ganz besonders zur Untersuchung zu empfehlen sind (s. Stein in Müller's Archiv. 1842. p. 250. Taf. 13. u. 14. Fig. 19—33.). Die zu einem langen weissen Strange vereinigten Saamenfäden der Scolopendra hat Treviranus (verm. Schriften. Bd. II. p. 26. Taf. 6. Fig. 2. u. 3.) für einen Eingeweidewurm angesehen.

1) Bei Otion hat Burmeister (Beiträge etc. p. 46.) und bei Lepas Wagner (in Müller's Archiv. 1834. p. 469. Taf. 8. Fig. 10.) zuerst auf die Eierstocksfollikel im Fusse dieser Lepadeen aufmerksam gemacht. Martin St. Ange (a. a. O. p. 20. Pl. 1. Fig. 10. u. 11.) bestätigt das Vorhandensein der Ovarien im Fusse von Lepas. Ich fand dieselben auch im Fusse von Cineras und muss noch bemerken, dass im übrigen flockigen Theile des Fusses der Lepadeen rund-

Balanodeen die Eierstocksfollikel zwischen den Lamellen des Mantels vertheilt sind [2]). Als Eierleiter dürfte bei den Lepadeen wol jener Kanal angesehen werden, welcher vom unteren Ende des Schalenschlosses aus sich an der entsprechenden Seite in den Fuss hinabzieht und oben mit einer engen Spalte in die Mantelhöhle einmündet [3]). Wie die Eier der Balanodeen aus dem Mantel in die Höhle desselben gelangen, bedarf noch einer genaueren Untersuchung, denn sowol bei diesen, wie bei den Lepadeen, verweilen die Eier bis zur völligen Entwickelung der Embryone in der Mantelhöhle dieser Thiere. Die blau oder gelb gefärbten Eier bilden hier immer, nachdem sie gelegt sind, durch dichtes Aneinanderkleben eine breite Schicht, welche bei den Balanodeen der inneren Fläche des Mantels dicht anliegt und häufig durch die verschiedenen Kiemenblätter desselben festgehalten wird [4]), oder welche bei den Lepadeen den abgerundeten Körpertheil des Thieres mützenförmig überzieht. Die Hoden bestehen aus einer Menge verästelter Follikeln, welche sich auf beiden Seiten des Verdauungskanals dicht unter der Haut ausbreiten und sich rechts und links zu zwei sehr weiten, schlauchförmigen *Vasa deferentia* vereinigen, die in wellenförmigen Windungen den Darmkanal bis zum After begleiten und dann in einen gemeinschaftlichen engeren *Ductus ejaculatorius* übergehen; da dieser Kanal den ganzen Schwanz der Cirripedien durchläuft und an dessen Spitze ausmündet, so wird dieser Fortsatz gewöhnlich als Penis dieser Krustenthiere betrachtet [5]). Die Länge

---

liche, einen Kern einschliessende Körper frei vertheilt vorkommen, welche nicht mit Eierkeimen zu verwechseln sind und feste Concremente zu sein scheinen.

2) Ueber die Ovarien der Balanodeen konnte man weniger ins Klare kommen, wahrscheinlich weil dieselben in den Wandungen des Mantels dieser Rankenfüssler zu zerstreut liegen und besonders im entleerten Zustande schwer in die Augen fallen, daher mag es auch rühren, dass Poli (Testacea utriusque Siciliae etc. Tom. I. p. 19. u. 28. Tab. 4. Fig. 13. x. x. und Tab. 5. Fig. 13. u. 15.) im Leibe einer Balanus-Art die Hodenfollikel für Ovarien angesprochen hat, während von demselben die Eierstocksfollikel in dem Mantel einer anderen Balanus-Art sehr deutlich gesehen und abgebildet wurden.

3) Diesen von Wagner (a. a. O.) als Eierleiter betrachteten Kanal hat bereits Cuvier (Mémoires a. a. O. p. 4. Fig. 4.) erwähnt.

4) Die Eierschichten bilden bei Balanus gewöhnlich zwei breite Scheiben (s. Poli a. a. O. Tab. 4. Fig. 18. c. c.).

5) Cuvier (Mémoires a. a. O. p. 9. Fig. 8.) hatte die Hoden von Lepas für Ovarien und die weiten *Vasa deferentia* für die Testikel angesehen; erst nachdem man die wahren Ovarien entdeckt hatte, war man zur richtigen Erkenntniss der männlichen Geschlechtstheile gelangt. Vergl. Burmeister, Beiträge a. a. O. p. 33. Taf. 2. Fig. 16., Wagner in Müller's Archiv a. a. O. p. 469. Taf. 8. Fig. 8., und Martin St. Ange a. a. O. p. 21. Pl. 2. von Lepas. Um so auffallender ist es, wenn Goodsir abermals eine Verwirrung über die Geschlechtsverhältnisse der Rankenfüssler zu bringen versucht, indem er (in the Edinburgh

und Beweglichkeit dieses Schwanzes macht es den Rankenfüsslern allerdings möglich, denselben wie einen Penis zu benutzen und zur Selbstbefruchtung mit der am Mantel befindlichen Mündung der Eierleiter in Berührung zu bringen.

II. Von den Geschlechtstheilen der weiblichen Crustaceen.

§. 292.

Die weiblichen Geschlechtsorgane der Siphonostomen und Lophyropoden bestehen fast durchweg aus zwei länglichen, zuweilen gewundenen, zu beiden Seiten des Darmkanals gelegenen Eierstocks-Säcken, deren nach hinten abgehende Eierleiter am Hinterleibsende entweder rechts und links mit zwei besonderen Oeffnungen ausmünden oder sich in einer, die Mittellinie einnehmenden, gemeinschaftlichen Geschlechtsöffnung vereinigen. Bei denjenigen Formen dieser Entomostraceen, welche am Hinterleibe noch mit einem Schwanze versehen sind, befinden sich die Geschlechtsöffnungen nicht, wie der After, an der Spitze dieses Schwanzes, sondern entfernt davon an der Basis desselben. Mit den Geschlechtsöffnungen dieser Krustenthiere hängen sehr häufig die Ausführungsgänge zweier blindschlauchförmiger Kittorgane zusammen, welche die gelegten Eier trauben- oder schnurförmig unter einander verbinden [1]). Zur Befestigung dieser Eiertrauben oder Eier-

Tom. 1. 1844. p. 107. Pl. 15. C. oder Froriep's neue Notizen. No. 651. 1844. p. 193.) die hermaphroditischen Thiere von Balanus für weibliche Individuen erklärt, welche die männlichen Individuen von zwerghafter und verkümmerter Körperform in der Mantelhöhle bei sich führen sollen. Höchst wahrscheinlich sind aber diese vermeintlichen Balanus-Männchen parasitische Krebse, wie Kölliker mit Recht vermuthet (in den schweiz. Denkschr. a. a. O. p. 33.).

1) Vollständig doppelte weibliche Geschlechtsorgane besitzen die Penellinen, Lernaeodeen, Ergasilinen und Caliginen. Vergl. darüber Nordmann a. a. O. p. 6. etc. Taf. 1. Fig. 4. Taf. 5. Fig. 7. und Taf. 6. Fig. 10. von Lamproglena, Achtheres und Peniculus, Goodsir in dem Edingburgh new philosoph. Journ. July. 1842. p. 178. oder in den Annales d. sc. nat. Tom. 18. 1842. p. 181. und Kröyer in der Naturhist. Tidsskr. Bd. I. Pl. 6. oder in der Isis. 1841. p. 194. Taf. I. Tab. 6. Fig. 4. C. von Caligus, ferner Rathke in den Nov. Act. Nat. Cur. Tom. 19. p. 145. Tab. 17. Fig. 2. von Dichelestium. Letzterer Naturforscher machte auch zuerst auf die Kittorgane der verschiedenen Entomostraceen aufmerksam, die er (a. a. O. Tom. 20. p. 106.) besonders bei Nicothoë sehr entwickelt fand, indem sie mit den Eierstöcken sich bis in die flügelförmigen Anhänge dieses Schmarotzers hineinerstreckten. Eine sehr abweichende Form bieten nach Rathke (ebendas. Tom. 20. p. 123. Tab. 5. Fig. 18.) die vielfach verästelten Eierstocksfollikel des Chondracanthus dar. Bei den Cyclopiden findet sich bei übrigens doppelten Ovarien und Kittorganen nur eine einzige gemeinschaftliche Geschlechtsöffnung vor. Am meisten vereinfacht erscheinen aber die weiblichen Geschlechtswerkzeuge bei Argulus, da hier nur ein einziger, an der Basis des Schwanzes ausmündender Eierstocksschlauch vorhanden ist (s. Jurine a. a. O.

schnüre befinden sich in der Nähe der Geschlechtsöffnungen nicht selten haken- oder napfförmige Fortsätze [2]), welche bei den Daphnoïden fehlen, indem diese Entomostraceen ihre gelegten Eier lose in einer zwischen dem Hinterrücken und der Schale angebrachten Bruthöhle mit sich herumtragen [3]). Die Weibchen der Gattung Daphnia bringen, ausser den in ihrer Bruttasche sich schnell zu Embryonen entwickelnden Eiern, noch eine zweite Art von Eiern, die sogenannten Wintereier, hervor, in welchen sich kein Keimbläschen wahrnehmen lässt. Diese werden stets zu zweien von einem sattelförmig sich verdickenden Theile der Rückenschale des Thieres, der sich häufig schwarz färbt und durch einen Häutungsprozess abstreift, eingeschlossen, und so gleichsam von einer zweiklappigen Kapsel den Winter über gegen Verderbniss geschützt [4]).

Unter den Phyllopoden zeichnen sich die Apoden durch ihre sehr entwickelten und vielfach verästelten Ovarienfollikel aus, mit welchen die beiden geraden und weiten, an den Seiten des Darmkanals gelegenen Eierleiter rund umher besetzt sind. Von der Mitte eines jeden dieser Eierleiter geht bei Apus ein kurzer Ausführungsgang nach dem elften Fusspaare ab, an welchem letzteren zwei schüsselförmige und mit einem Deckel versehene Behälter zur Aufnahme der Eier angebracht sind [5]). Bei den Branchipoden nehmen die beiden Ovarien als gerade Blindschläuche im Schwanze zu beiden Seiten des Darmes Platz, und geben an ihrem oberen Ende unterhalb des letzten Fusspaares in einen länglichen, sackförmigen Eierbehälter über; beide Behälter, welche nur durch eine dünne Scheidewand von einander getrennt sind, und an ihrem Hinterende mit einer engen Oeffnung

---

2) S. Nordmann a. a. O. p. 8. Taf. 2. Fig. 6. von Ergasilus.

3) Vergl. Straus, Mém. sur les Daphnia a. a. O. p. 413. Pl. 29. und Jurine, hist. d. Monocles. Pl. 8—16. Die Gattungen Argulus und Cypris weichen von den übrigen Entomostraceen noch besonders dadurch ab, dass sie ihre gelegten Eier nicht mit sich herumtragen, sondern als Laich fremden Gegenständen anheften. Vergl. Jurine, Mém. sur l'Argule a. a. O. p. 451. und Straus, Mém. sur les Cypris a. a. O. p. 54.

4) Diese Sattelbildung, welche mit dem Ablegen der Wintereier zusammenhängt und von Jurine *la maladie de la selle* genannt worden ist, war schon von Müller (Entomostraca. p. 84. Tab. 11. Fig. 9—11. und Tab. 12. Fig. 5.) und Ramdohr (a. a. O. p. 28.) beobachtet worden. Vergleiche auch Straus a. a. O. p. 415. Pl. 29. Fig. 16. u. 17., so wie Jurine, hist. d. Monocles. p. 120. Pl. 11. Fig. 1. u. 4.

5) Vergl. Schäffer, der krebsart. Kiefenfuss. p. 79. Taf. 4. Fig. 2—7. und Zaddach a. a. O. p. 51. Tab. I. von Apus. In Limnadia und Isaura werden die gelegten Eier von keinen besonderen Eierbehältern aufgenommen, sondern zwischen den Schalen von den Füssen herumgetragen, an welchen sie wahrscheinlich mit ihrer haarigen äusseren Eihülle hängen bleiben. S. Brongniart a. a. O. p. 88., Straus in dem Museum Senckenberg. a. a. O. Taf. 7. Fig. 16., Joly a. a. O. p. 308. Pl. 9. A.

ausmünden, bilden unter der Basis des Schwanzes einen länglichen Wulst, in welchem die von einer sehr festen und höckerigen Schale umgebenen Eier durch die Contractionen besonderer Muskelstränge ununterbrochen hin und her geworfen werden [6]). Ausserdem nimmt man über dem letzten Fusspaare eine schräg gestellte Hornleiste an den Seiten des Leibes wahr, an welchen diese Weibchen von den brünstigen Männchen mit ihren Kopfzangen festgehalten werden.

Bei den Poecilopoden verbreiten sich zwei verästelte Eierstöcke durch den Cephalothorax, und vereinigen sich nach und nach zu zwei grösseren Eierleitern, welche an der Basis des ersten Afterfusspaares auf dessen oberer Fläche neben der Mittellinie ausmünden [7]).

Die Laemodipoden, Isopoden, Amphipoden und Mysinen enthalten zwei einfache, den Darmkanal umgebende Ovarienschläuche, welche entweder nach hinten in einen Eierleiter übergehen, oder aus ihrer Seite einen kurzen Ausführungsgang absenden. Die beiden Vulven befinden sich in der Regel an der inneren Seite der Basis des fünften Fusspaares [8]). Die gelegten Eier werden immer unter dem Vorderleibsende in einer Bruttasche aufbewahrt, deren Wandungen zum Theil von zwei bis fünf Paar dachziegelförmig über einander liegender, häufig

---

6) Vergl. Prevost in Jurine's hist. d. Monocles. p. 228. Pl. 20. Fig. 1. und 10. von Chirocephalus; derselbe nimmt übrigens irrthümlicher Weise an (a. a. O. p. 207.), dass bei diesem Thiere die weiblichen Geschlechtstheile an der Spitze des Schwanzes noch besondere Oeffnungen besitzen sollen, durch welche der Saame des Männchens bei der Begattung eindringe. S. ferner Joly a. a. O. p. 240. Pl. 7. Fig. 12. und Pl. 8. Fig. 4., welcher bei Artemia die Eierbehälter als die Ovarien betrachtet. Die hartschaligen, rauhen Eier des Branchipus hat Schäffer (der fischförm. Kiefenfuss. Fig. 14) ziemlich kenntlich abgebildet.

7) S. van der Hoeven a. a. O. p. 21. Pl. 2. Fig. 15. und Pl. 3. Fig. 1. von Limulus.

8) Zwei einfache, nach hinten in einen kurzen Eierleiter übergehende Ovarienschläuche erkennt man bei Cyamus (s. Roussel de Vauzème a. a. O. p. 253. Pl. 9. Fig. 19.), bei Aega (s. Rathke in den Nov. Act. Nat. Cur. Tom. 20. p. 32. Tab. 6. Fig. 17.), bei Mysis (s. Frey a. a. O. p. 25.). Die beiden Eierleiter vereinigen sich bei Bopyrus und Phryxus vor dem After in einer gemeinschaftlichen Vulva (s. Rathke, de Bopyro etc. p. 19. Tab. 1. Fig. 7. und in den Nov. Act. Nat. Cur. Tom. 20. p. 47.). In den Asellinen tritt aus der Seite der beiden Ovarienschläuche, welche oben und unten blind endigen, eine Tuba hervor, die sich zwischen dem Einschnitte des fünften und sechsten Leibesringels verlieren (s. Brandt in der mediz. Zool. Bd. II. p. 76. Taf. 15. Fig. 32.). Aehnlich verhalten sich nach meinen Beobachtungen (in Müller's Archiv. 1837. p. 434.) auch die weiblichen Geschlechtstheile der Idotheen. Die Caprellen besitzen ebenfalls zwei vorn und hinten blind auslaufende Ovarienschläuche, welche nach Goodsir's Beschreibung (in the Edinburgh new philosoph. Journ. July. 1842. p. 184. Pl. 3. Fig. 2.) sich durch zwei Paar, quer nach innen abgehende, kurze Eierleiter vereinigen, und an den beiden Vereinigungsstellen auf der Mitte des Bauches gegen alle Analogie durch zwei hinter einander liegende Vulven nach aussen öffnen sollen.

muschelförmig ausgehöhlter Lamellen gebildet werden 9). Diese, an ihren Rändern gewöhnlich mit Borsten gesäumten Lamellen entwickeln sich hauptsächlich zur Zeit der Brunst und schwinden dann später wieder 10).

Die Ovarien der Squillinen weichen auf eine merkwürdige Weise von den Eierstöcken der übrigen höheren Krustenthiere ab, indem sie aus einer Menge verästelter Lappen bestehen, welche in den Seiten der einzelnen Hinterleibsabschnitte verborgen liegen und sich mit einer regelmässigen Reihe fingerförmiger Blindschläuche bis in das letzte abgeplattete Schwanzsegment hineinerstrecken. Alle diese Eierstocks-Abtheilungen vereinigen sich zu einem weiten und langen, den Ver-

---

9) Die Bruttasche von Cyamus und Caprella besteht aus vier Lamellen, welche an den beiden fusslosen Leibessegmenten unter den Kiemen angebracht sind (s. Roussel de Vauzème a. a. O. p. 249. Pl. 8. Fig. 3. und Goodsir in the Edinburgh new philosoph. Journ. July. 1842. p. 185. Pl. 3. Fig. 3. u. 10.). Auch bei Mysis wird diese Bruthöhle nur aus vier, mit steifen Borsten besetzten Lamellen zusammengesetzt, welche mit den Hüftgliedern der beiden letzten Fusspaare verbunden sind (s. Müller, zool. danica. Tab. 66. Fig. 1. u. 2., Milne Edwards, hist. d. Crust. Pl. 26. Fig. 8. d. und Rathke in Wiegmann's Archiv. 1839. Bd. I. p. 199.). An Nerocila sehe ich gleichfalls vier breite Lamellen, zur Bildung einer Bruthöhle, von den Hüften des sechsten und siebenten Fusspaares entspringen. Bei den Idotheen, Asellinen und Gammarinen dagegen tragen die fünf vorderen Körperabschnitte fünf Paar Bauchlamellen, zwischen welchen die Eier aufgenommen werden. Bei Gammarus erscheint der Rand dieser zehn Bauchlamellen mit langen Borsten besetzt (s. Zenker a. a. O. p. 8. Fig. N. b.). An Cymothoa lässt sich an jeder Hüfte der sechs ersten Fusspaare eine halbmondförmige Bauchlamelle unterscheiden (s. Milne Edwards in den Annales d. sc. nat. Tom. 3. 1835. Pl. 14. Fig. 2. oder in der Cyclopaedia a. a. O. p. 784. Fig. 436.). Nach Savigny's Abbildung (a. a. O. Crustacés. Pl. 11. Fig. 10.2.) scheint sich Anilocra eben so zu verhalten. Die Weibchen von Bopyrus und Phryxus besitzen ebenfalls eine aus sechs Paar Bauchlamellen zusammengesetzte Bruthöhle, welche jedoch bei dem ersteren Schmarotzerkrebse nicht vollständig über einander greifen (s. Rathke, de Bopyro etc. p. 6. Tab. 1. Fig. 5. und in den Nov. Act. Nat. Cur. Tom. 20. p. 44. Tab. 2. Fig. 12.). Das sechste vorderste Paar dieser Lamellen, welches bei Cepon fehlt (s. Duvernoy in den Annales d. sc. nat. Tom. 15. p. 120. Pl. 4. Fig. 2.), ist bei den zuerst genannten Bopyrinen merkwürdiger Weise am Kopfe befestigt. — Nach Treviranus (verm. Schriften. Bd. I. p. 61. Taf. 9. Fig. 52.) erheben sich aus dem Grunde der Bruthöhle der Oniscinen vier kurze, konische Fortsätze, welche eine gelbliche Flüssigkeit absondern sollen, wovon sich jedoch Brandt (a. a. O. Bd. II. p. 72. Taf. 12. Fig. 2. und Taf. 15. Fig. 33.) nicht überzeugen konnte, während Rathke (a. a. O.) zwei von der Bauchwand der Mysis in die Bruthöhle hineinragende Fäden gleichfalls für Absonderungsorgane halten möchte.

10) Dieses Entstehen und Verschwinden der Brutlamellen konnte ich an der Bruttasche von Idothea Entomon deutlich bemerken (s. Müller's Archiv. 1837. p. 435.). Die in Müller's Zoologia danica. Tab. 119. Fig. 16. und in Treviranus, verm. Schriften. Bd. II. Taf. 1. Fig. 2. abgebildeten weiblichen Wallfischläuse waren, nach ihren rudimentären Bauchlamellen zu urtheilen, solche Individuen, deren Bruttasche sich noch nicht gehörig ausgebildet hatte.

dauungskanal umgebenden Schlauch. An dem vorderen Ende dieses Schlauches begeben sich drei Aeste des Eierstocks aus den Seiten derjenigen drei Leibesringel, welche die sechs Schreitfüsse tragen, zur Bauchfläche hinab, um sich in der Mittellinie unter dem Bauchmarke unter einander zu verbinden, und in der Mitte eines jeden dieser drei Vorderleibssegmente eine rundliche Erweiterung zu bilden; von diesen drei, durch Längsanastomosen unter einander verbundenen Erweiterungen geht die vorderste unmittelbar in die gemeinschaftliche, papillenförmige Vulva über, welche auf der Mitte des ersten Vorderleibssegmentes unter einer hornigen Erhabenheit angebracht ist [11]).

Bei den Brachyuren liegen im Cephalothorax zwei vordere und zwei hintere lange Eierstockssäcke von röhrenförmiger Gestalt. Die beiden vorderen Ovarien krümmen sich auf der Leber nach aussen hin, und sind durch einen kurzen Querkanal unter einander verbunden, wogegen das hintere Eierstockspaar zum grössten Theile gerade und dicht neben einander hinläuft und den Vorderdarm bedeckt. Die vordere und hintere Eierstocksröhre einer jeden Seite vereinigen sich zu einer kurzen Vagina, in welche an der Vereinigungsstelle der Ovarien ein birnförmiger Sack einmündet, der theils als *Bursa copulatrix*, theils als Kittorgan betrachtet worden ist, sich aber vielleicht, bei genauerer Untersuchung seines Inhalts, als *Receptaculum seminis* herausstellen dürfte [12]). Die beiden Scheiden öffnen sich unter dem Bauche auf demjenigen Leibesringel, an welchem das dritte Fusspaar befestigt ist, an den Seiten der Mittellinie nach aussen [13]). In den übrigen Decapoden, sowol in den Anomuren, als auch in den Macruren, fehlen die beiden sackförmigen Anhänge der Scheide, während sich die Ovarien

---

11) Die Eierstöcke von Squilla sind zum Theil mit den Leberlappen so innig verwebt, dass man beide Organe schwer von einander trennen und leicht mit einander verwechseln kann. Aus diesem Grunde ist denn auch die Darstellung, welche Duvernoy (in den Annales d. sc. nat. Tom. 6. 1836. p. 248. Pl. 15. und Tom. 8. 1837. p. 42. Pl. 2.) von diesen Organen der Squilla geliefert hat, nicht ganz deutlich ausgefallen; dieser Naturforscher hat hier überdies einen grossen Theil der Ovarien mit ihren weissen Eiern für verschiedene, coagulirtes Blut enthaltende, venöse Sinus angesehen. Will man sich ohngefähr einen Begriff von den Umrissen der weiblichen Geschlechtstheile einer Squilla machen, so werfe man einen Blick auf die vierte Figur (b. g. g.) der 86sten Tafel zu Delle Chiaje's Descrizione etc., welche zwar die Hodenmasse dieses Krustenthieres darstellt, zugleich aber auch, mit Ausnahme der vorderen Abtheilung, ganz die äussere Form der Eierstöcke nachahmt.

12) Vergl. Cavolini a. a. O. p. 138. Taf. 2. Fig 3. von Grapsus, Milne Edwards, hist. d. Crust. Tom. 1. p. 170. Pl. 12. Fig. 12. oder in der Cyclopaedia a. a. O. p. 784. Fig. 434., ferner Carus, Erläuterungstafeln a. a. O. Hft. 5. p. 7. Taf. 3. Fig. 7., und Erdl, Entwickelung des Hummereies. p. 11. von Maja.

13) S. Cavolini a. a. O. Taf. 2. Fig. 2. a. von Grapsus, Milne Edwards, hist. d. Crust. Pl. 3. Fig. 4. i. und Carus a. a. O. Taf. 3. Fig. 8. b. von Maja.

im Allgemeinen wie bei den Brachyuren verhalten [14]). Nur Pagurus und Astacus machen davon eine Ausnahme, indem bei den Paguren die beiden Ovarien mit ihren Tuben hauptsächlich unter dem Rücken des Schwanzes verborgen liegen, während dieselben bei dem Flusskrebse in der Pylorusgegend zu einem einzigen dreilappigen Körper zusammengedrängt sind, von welchem zwei kurze Eierleiter abgehen [15]). Die weiblichen Geschlechtsöffnungen sind bei den Anomuren sowol, wie fast bei allen Macruren, an den beiden Hüftgliedern des dritten Fusspaares angebracht [16]). Die Afterfüsse der Schwanzsegmente zeigen sich bei allen weiblichen Decapoden stets sehr entwickelt und mit vielen Haaren besetzt, da sie dazu bestimmt sind, die gelegten Eier zu tragen, welche mittelst eines klebrigen und im Wasser erhärtenden Ueberzugs sowol unter sich traubenförmig zusammenkleben, als auch an den Borsten der Afterfüsse hängen bleiben, und ausserdem noch bei den Brachyuren und kurzgeschwänzten Anomuren durch den ansehnlich breiten Schwanz gedeckt und geschützt werden [17]).

Die Chilognathen besitzen einen einzigen, weiten und langen Eierstocksschlauch, der sich in zwei kurze, verengte Eierleiter spaltet. Diese münden unter dem dritten und zugleich fusslosen Leibesringel auf zweien schuppenförmigen Körpern nach aussen, in welchen zwei kurze Blindröhren, von denen die eine an ihrem Grunde blasenartig angeschwollen ist, eingegraben liegen. Jedes Paar dieser Blindröhren geht mit einer gemeinschaftlichen Oeffnung in die Vulva über und stellt ein ***Receptaculum seminis*** vor [18]). Die Chilopoden enthalten

---

14) S. Milne Edwards, hist. d. Crust. Tom. I. p. 171. und Duvernoy in Cuvier's Leçons a. a. O. Tom. 8. p. 349.

15) Die inneren weiblichen Geschlechtstheile des Flusskrebses findet man dargestellt in Rösel a. a. O. Taf. 60. Fig. 24. u. 25., in Suckow a. a. O. Taf. 10. Fig. 16. und in Brandt und Ratzeburg's mediz. Zoolog. Bd. II. Taf. 11. Fig. 15.

16) Die beiden Vulven des Flusskrebses erkennt man in den eben angeführten Abbildungen. Ueber die beiden weiblichen Geschlechtsöffnungen der Anomuren, welche, mit Ausnahme der Paguren, von dem nach vorn umgeschlagenen breiten Schwanze bedeckt werden, vergl. man Milne Edwards, hist. d. Crust. Tom. 3. p. 172. etc. Pl. 21. Fig. 8. u. 18. von Dromia und Remipes, ferner in den Archives du Muséum d'hist. nat. Tom. 2. Pl. 26. Fig. 1. e. von Lithodes. — Eine Abweichung von dieser Anordnung nimmt man bei den Cariden wahr, indem hier an denselben Stellen, wo sich in den männlichen Individuen die Saamenausführungsgänge öffnen, nämlich an der äusseren Seite des Hüftgelenks der beiden hintersten Füsse, auch die weiblichen Geschlechtsöffnungen angebracht sind (s. Krőyer a. a. O. p. 27. Fig. 54. A. f. und Fig. 97. B. g. von Hippolyte).

17) Bei Pagurus sind nur die Afterfüsse der einen convexen Seite des Schwanzes entwickelt.

18) Ueber die weiblichen Geschlechtsorgane der Chilognathen sind von verschiedenen Zootomen mancherlei unrichtige Ansichten ausgesprochen worden. So

ebenfalls einen einzigen, langen Eierstocksschlauch, dieser verläuft aber umgekehrt von vorn nach hinten und mündet mit einer kurzen Tuba an dem letzten Leibesringel aus. Das *Receptaculum seminis* besteht hier aus zweien ungestielten oder langgestielten, eiförmigen Saamenkapseln, welche sich zu beiden Seiten des unteren Theiles der Tuba in diese inseriren. Ausserdem nimmt die Scheide kurz vor ihrer Mündung die langen Ausführungsgänge von zwei oder vier *Glandulae sebaceae* auf, welche wahrscheinlich die Eier mit einem klebrigen Ueberzuge versorgen [19]).

---

wollen Treviranus (verm. Schriften. Bd. II. p. 45) in Julus, und Brandt (s. Müller's Archiv. 1837. p. 325. Taf. 12. Fig. 8) in Glomeris doppelte Ovarien gesehen haben, und auch von Stein (Müller's Archiv. 1842. p. 246. u. 248.) ist den Julinen und Glomerinen ein doppelter Eierstock zugeschrieben worden, während nach Newport (in den philos. transact. 1842. p. 99. oder in Froriep's neuen Notizen. Bd. 21. p. 161., s. auch Rymer Jones in der Cyclopaedia a. a. O. p. 552. Fig. 315. u. 316.) bei Julus nur ein einziger Ovariumschlauch anzutreffen ist, welches letztere ich bestätigen kann, und was nach einer späteren Berichtigung von Brandt (Recueil a. a. O. p. 157.) auch bei Glomeris Statt findet. Selbst über die Lage der äusseren Geschlechtsöffnungen der Chilognathen war man mehrmals in Irrthum gerathen. Nach Treviranus und Brandt (a. a. O.) sollten nämlich die Ovarien von Julus und Glomeris am Hinterleibsende münden, obwol hierüber schon Latreille (histoire naturelle des fourmis. 1802. p. 385.) bei Polydesmus die richtigen Andeutungen gegeben hatte, und Savi (in der Isis. 1823. p. 217.) dieselben an Julus bestätigte, worauf dann auch Brandt (Recueil a. a. O. p. 154.) sein an Glomeris begangenes Versehen berichtigte. Am ausführlichsten finden sich die Organisationsverhältnisse der weiblichen Geschlechtsöffnungen der Julinen und Glomerinen mit ihren Saamenbehältern von Stein dargestellt (in Müller's Archiv. 1842. p. 246. Taf. 12. Fig. 12. und Taf. 13. Fig. 15., siehe auch meine Bemerkungen hierzu, ebendas. 1843. Jahresbericht. p. 9.).

19) Ueber die weiblichen Geschlechtsorgane von Lithobius und Scutigera vergleiche man Léon Dufour (a. a. O. p. 89. Pl 5. Fig. 1. u. 4.), welcher die beiden ungestielten *Receptacula seminis* des Lithobius für ein Reservoir der vier *Glandulae sebaceae* und dieselben Organe der Scutigera für die *Glandes sébacées* erklärt hat. Ob die letzteren Organe der Scutigera ganz fehlen, oder von Léon Dufour nur übersehen worden siud, kann ich für jetzt nicht entscheiden. Treviranus (verm. Schriften. Bd. II. p. 28. Taf. 5. Fig. 8.) hat das einfache Ovarium des Lithobius mit den verschiedenen Anhängen ganz richtig gesehen, ohne aber die Bedeutung der letzteren errathen zu haben. Aehnlich erging es Kutorga (a. a. O. p. 8. Tab. 1. Fig. 5.) mit den weiblichen Geschlechtsorganen der Scolopendra. Die von Müller (in der Isis. 1829. p. 550. Taf. 2. Fig. 5.) dargestellten weiblichen Geschlechtsorgane der Scolopendra morsitans sind wahrscheinlich männliche Geschlechtswerkzeuge gewesen. Sehr deutlich hat Stein (a. a. O. p. 239. Taf. 12. Fig. 2. u. 8.) diese Organe von Lithobius und Geophilus beschrieben, von welchen der letztgenannte Tausendfuss zwei langgestielte Saamenkapseln und nur zwei sehr langgestreckte *Glandulae sebaceae* besitzt.

III. Von den Geschlechtstheilen der männlichen Crustaceen.

§. 293.

Viele männliche Siphonostomen weichen nicht allein in ihrer äusseren Gestalt von den weiblichen Individuen oft ausserordentlich ab, sondern bleiben auch auf einer sehr frühen Stufe des Wachsthums stehen, und stellen alsdann, im Vergleich zu ihren Weibchen, wahre Zwergformen dar, so dass sie deshalb entweder ganz übersehen worden oder in ihrer inneren Organisation noch gar nicht gekannt sind [1]).

Die Männchen der Caliginen fallen leichter in die Augen, da sie nur um weniges kleiner sind, als ihre Weibchen. Der Hinterleibs-Abschnitt der ersteren, welcher in der Regel nicht so breit ist, als bei den weiblichen Individuen, besitzt an seinem Ende zwei seitliche Geschlechtsöffnungen. Die Hoden und Saamen-Ausführungsgänge dieser Schmarotzerkrebse sind noch nicht beobachtet worden, werden sich aber in ihren Umrissen und ihrer Anordnung wie die Ovarien und Eierleiter verhalten [2]).

Besser ist man mit den inneren Geschlechtsorganen des männlichen Dichelestium bekannt. Hier stimmen die beiden rundlichen Hoden und die etwas gewundenen *Vasa deferentia* in ihrer äusseren Form und Lage ganz mit den Ovarien und Eierleitern der Weibchen überein, nur erscheinen die Saamenleiter vor ihren Ausmündungen zu zwei Saamenbläschen erweitert [3]).

Die männlichen Individuen von Argulus besitzen an der Basis ihrer beiden hintersten Füsse eine Kralle, welche als Copulations-

1) Dergleichen pygmäenartige, männliche Schmarotzerkrebse, welche man fast immer an Weibchen und zwar in der Nähe der Geschlechtsöffnungen fest geklammert findet, sind zuerst durch Nordmann (a. a. O. p. 76. etc. Taf. 5. 8. 9. u. 10.) an den weiblichen Individuen von Achtheres, Brachiella, Chondracanthus und Anchorella entdeckt worden. Derselbe konnte aber nur bei einem Achtheres-Männchen in dessen Hinterleibe vier rundliche Körper wahrnehmen, welche vielleicht die inneren Geschlechtsorgane gewesen sind. Burmeister (in den Nov. Act. Nat. Cur. Tom. 17. p. 320.) will zwar diese kleinen Krebsformen nicht als die männlichen Individuen der genannten Siphonostomen anerkennen, wogegen Krøyer (in der Naturhist. Tidsskr. Bd. 1. Pl. 3. oder Isis. 1840. p. 710. Taf. 1. Tab. 3.) Nordmann's Ansicht mit triftigen Gründen unterstützt und mehre neue Zwergformen männlicher Lernaeopoden und Lernaeen beschreibt und abbildet. Vergleiche auch die durch Rathke gelieferte Beschreibung des Chondracanthus in den Nov. Act. Nat. Cur. Tom. 20. p. 126. Tab. 5. Fig. 13.

2) Vergl. Krøyer in der Naturhist Tidsskr. Bd. 1. Pl. 6. oder Isis. 1841. p. 194. Taf. 1. Tab. 6.

3) S. Rathke in den Nov. Act. Nat. Cur. Tom. 19. p. 149. Tab. 17. Fig. 17. — Wie sich bei den übrigen Ergasilinen die Männchen verhalten, weiss ich nicht, da bisher immer nur weibliche Individuen dieser Parasiten aufgefunden worden sind.

Organ benutzt wird. Ueber die inneren Geschlechtswerkzeuge der Argulus-Männchen fehlt es dagegen noch an zuverlässigen Erfahrungen [4]).

Die inneren Geschlechtswerkzeuge der häufig anzutreffenden männlichen Cyclopiden bestehen aus einem einzigen, birnförmigen Hoden, dessen *Vas deferens* sich anfangs nach vorn und dann nach hinten umbeugt und auf der Mitte der Basis des Schwanzes ausmündet. In dem unteren Ende des Saamenleiters bildet sich um die Saamenmasse eine cylindrische, homogene Hülle aus, wodurch ein mit einem engen Halse versehener Saamenschlauch erzeugt wird, den das Männchen an die Vulva eines Weibchens festklebt [5]). Zu diesem Behufe sind bei den Cyclopiden-Männchen beide vordere Fühler oder auch nur das eine Fühlhorn am Grunde verdickt und vor der Spitze mit einem besonderen Gelenke versehen, wodurch diese Organe hakenförmig umgeschlagen werden können [6]). Hat mittelst dieser Fühler ein Cyclopiden-Männchen den Hinterleib eines Weibchens umfasst, so schlägt das erstere seinen Hinterleib nach vorn um, und umklammert das Weibchen mit dem einen hakenförmigen Beine seines letzten Fusspaares zum zweiten Male, während es mit dem anderen fingerförmigen Beine den aus seiner Geschlechtsöffnung hervorgleitenden Saamenschlauch ergreift und an die Vulva befestigt [7]).

---

4) Jurine, welcher zuerst auf die oben erwähnten Copulationsorgane des männlichen Argulus aufmerksam gemacht hat, will an der Basis des vorletzten Fusspaares desselben eine blasenförmige Auftreibung bemerkt haben, welche eine befruchtende Feuchtigkeit enthalten soll (s. die Annal. du Mus. a. a. O. p. 448. Pl. 28. Fig. 1. u. 21.).

5) Ueber die Bildung dieser Saamenschläuche bei Cyclopsina castor und minutus, deren Saameninhalt nach ihrer Ejaculation, mit Hülfe einer eigenthümlichen, durch Wassereinsaugung aufquellenden Materie, aus dem Halse der Schläuche hervorgetrieben wird, vergleiche man meine Beiträge zur Naturgeschichte der wirbellosen Thiere. p. 36. Taf. 2. Fig. 41—44. oder in den Annal. d. sc. nat. Tom. 14. 1840. p. 26. Pl. 5. B.

6) Bei Cyclops quadricornis, Cyclopsina minutus und alpestris können die beiden verdickten Fühler hakenförmig umgeschlagen werden, bei Cyclopsine castor und Anomalocera Patersonii findet sich diese Organisation nur an dem einen Fühler vor. Vergleiche die Abbildungen in Müller's Entomostraca und Jurine's hist. d. Monocles, s. ferner Vogt in den schweiz. Denkschr. a. a. O. p. 18. Taf. 2. und Templeton, Description of a new Irish Crustraceous Animal, in the transact. of the entomol. society. Vol. 2. p. 35. Pl. 5. Fig. 1. u. 5. Das asymmetrische hintere Fusspaar hat Jurine (a. a. O. p. 61. Pl. 4. Fig. 2. und Pl. 6. Fig. 11.) von Cyclopsina castor, und Templeton (a. a. O. p. 37. Pl. 5. Fig. 1. und Fig. 18.) von Anomalocera dargestellt.

7) Solche Saamenschläuche, deren wahre Bedeutung bis auf die neueste Zeit unbekannt geblieben war, werden nicht selten durch mehre, in verschiedenen Zwischenräumen auf einander folgende Begattungsakte zu vier bis sechs Stücken einem einzigen Cyclopiden-Weibchen angehängt. S. Müller a. a. O. Tab. 16. Fig. 5. u. 6., und Jurine a. a. O. Pl. 4. Fig. 6. von Cyclopsina castor, ferner

Ueber die männlichen Daphnoïdeen, Cyproïdeen und Apoden, welche nur zu gewissen Zeiten anzutreffen sind, liegen bis jetzt nur äusserst dürftige Untersuchungen vor [8]). Die Hoden erschienen in den Fällen, in welchen sie beobachtet wurden, als zwei rundliche Körper, welche durch zwei Saamenleiter vor dem Schwanze ausmündeten [9]). Die Copulationsorgane sind in Form von Krallen und langen Borsten an den vorderen Beinen angebracht, mit welchen sich diese Entomostraceen bei der Begattung unter der Brust ihrer Weibchen festklammern [10]).

Ramdohr a. a. O. Taf. 3. Fig. 6. u. 9., so wie Jurine a. a. O. Pl. 7. Fig. 2. und 14. von Cyclopsina minutus, dessen hornartig gekrümmten Saamenschläuche mit der Zeit eine braune Färbung annehmen. — Bei Cyclops quadricornis scheint der Saame von den Männchen nicht in besonderen Schläuchen entleert zu werden.

8) Bei Polyphemus, Limnadia und Apus hat man bisher noch gar keine männlichen Individuen mit Sicherheit aufgefunden. Zwar soll Kollar (in der Isis. 1834. p. 680.) die Männchen des Apus cancriformis entdeckt haben, doch ist bis jetzt nichts näheres darüber bekannt geworden. Auf keinen Fall kann die Beschreibung, welche Zaddach (a. a. O. p. 53. Tab. I. Fig. 15. 16. und Tab. 3. Fig. 1. P.) von den Geschlechtswerkzeugen der Männchen des Apus gegeben hat, eine Befriedigung gewähren, denn an der Stelle, wo nach Zaddach's Angabe sich die beiden, zwischen einer Gruppe von kurzen Dornen verborgenen männlichen Geschlechtsöffnungen befinden sollen, nämlich auf dem Rücken des letzten Schwanzringels, finde ich bei allen weiblichen Individuen zwei ganz ähnliche Oeffnungen, und es ist daher zu vermuthen, dass die verästelten Hoden, welche Zaddach im Inneren der wenigen, in Weingeist längere Zeit aufbewahrten und von ihm für Männchen gehaltenen Apus-Individuen gesehen haben will, nichts anderes als unkenntlich gewordene Eierstöcke von Apus-Weibchen gewesen sind. Auch über die Männchen von Cypris wissen wir weiter nichts, als dass ihre Spermatozoiden nach Wagner's Beobachtung (a. a. O.) unverhältnissmässig gross sind, und dass Ledermüller (microscopische Gemüthts- und Augen-Ergötzung. p. 141. Taf. 73. Fig. d.) diese kleinen Entomostraceen in Copula angetroffen haben will; Baird (in dem Magazine of zoology and botany. Vol. I. p. 522.) hat zwar auch zwei Cypris-Individuen öfters an einander hängen sehen, ohne sich jedoch überzeugen zu können, dass dies ein Begattungsact gewesen.

9) Vergl. Lovén in Wiegmann's Archiv a. a. O. p. 160. Taf. 5. Fig. 13. von Evadne.

10) Die männlichen Daphnien tragen an den beiden vordersten, dicht hinter dem Kopfe befindlichen Füssen des Hinterleibes eine Kralle nebst einer langen, dünnen Geissel, zugleich endigt ihr erstes, vor dem Maule am Schnabel angebrachtes und verlängertes Fusspaar mit zwei spitzen Häkchen, während diese Füsschen bei den weiblichen Individuen nur zwei kurze, stumpfe Fühler darstellen (s. Müller, Entomostraca. p. 87. Tab. 12. Fig. 6., Ramdohr a. a. O. p. 25. Taf. 7., Straus in den Mém. d. Mus. Tom. 5. p. 419. Pl. 29. Fig. 18. und 19., oder Jurine, hist. d. Monocles. p. 105. Pl. 11. Fig. 5—8.). Bei den Männchen der Evadne ist nur das erste Fusspaar des Hinterleibes allein an den beiden Endgliedern mit einem Häkchen und einigen längeren Borsten versehen (s. Lovén a. a. O. p. 157. Taf. 5. Fig. 11.), bei Isaura dagegen sind die beiden

Eine sehr merkwürdige Organisation bieten die männlichen Geschlechtswerkzeuge der Branchipoden dar, indem die beiden Hoden als zwei lange und gerade Blindkanäle sich durch die ganze Länge des Schwanzes hinziehen, und von ihrem oberen angeschwollenen Ende einen Ausführungskanal nach innen und rückwärts senden. Beide Saamengänge schwellen kurz nach ihrem Ursprunge zu einer Saamenblase an, und setzen nachher ihren Weg in einem von der Basis des Schwanzes nach hinten hervorragenden doppelten Längswulst fort, an dessen Hinterende sie neben einem mit kurzen Stacheln besetzten Stiel ausmünden. Um die Weibchen bei der Begattung sicher ergreifen und festhalten zu können, sind die beiden vordersten, zangenförmigen Füsse mit hirschgeweihartigen Zacken versehen und an ihrer Basis zugleich mit zwei eigenthümlichen, zuweilen fingerförmig eingeschnittenen und über die Stirn hin gebogenen Fortsätzen besetzt [11]).

Die inneren Geschlechtstheile der männlichen Poecilopoden erscheinen aus verästelten, im Cephalothorax sich ausbreitenden Kanälen zu bestehen, welche an derselben Stelle des ersten Afterfusspaares, an welcher sich die weiblichen Geschlechtsmündungen befinden, mit zwei kurzen und durchbohrten Ruthencylindern endigen [12]).

In den Laemodipoden, Isopoden und Amphipoden bilden die Hoden zu beiden Seiten des Darmkanals zwei Blindschläuche, welche nach hinten in zwei mehr oder weniger gewundene Saamenleiter übergehen, in welche bei den Idotheoïdeen und Asellinen noch zwei Paar ähnliche Hodenschläuche seitlich einmünden. Beide *Vasa deferentia* convergiren im Hinterleibe und gehen hier meistens dicht vor dem ersten Afterfusspaare in der Mittellinie des Körpers entweder in einen doppelten oder gemeinschaftlichen Ausführungsgang über [13]).

---

ersten Fusspaare des Hinterleibes mit derben, hornigen Endkrallen ausgerüstet (s. Straus in dem Mus. Senckenberg. Bd. 2. p. 123. Taf. 7. Fig. 4. u. 13., oder Joly a. a. O. p. 298. Pl. 7. Fig. 2. u. 6.).

11) Vergl. Schäffer, der fischförm. Kiefenfuss. Fig. 3—11. und Müller, zoologia danica. Tab. 48. von Branchipus. Ganz besonders entwickelt sind die fingerförmigen Stirnfortsätze des Chirocephalus. S. Prevost in Jurine's hist. d. Monocles. p. 202. Pl. 22.

12) S. van der Hoeven a. a. O. p. 20. Pl. 2. Fig. 14. u. 18. von Limulus.

13) Bei Cyamus, dessen Schwanzende verkümmert ist, befinden sich dicht vor dem After die Mündungen der beiden getrennt bleibenden Saamenausführungsgänge auf zwei neben einander stehenden papillenförmigen Ruthen (s. Roussel de Vauzème a. a. O. p. 252. Pl. 8. Fig. 7. u. 15.). In Aega liegen die beiden Hodenschläuche Sförmig gewunden weit vorn an den Seiten der Speiseröhre, ihre Saamenleiter erweitern sich an ihrem unteren Ende in eine ebenfalls wie ein S gekrümmte Saamenblase, und münden mit einem kurzen Kanale an der Spitze zweier Papillen aus, welche, in sehr geringer Entfernung von einander, auf der Bauchseite des letzten, wahre Füsse tragenden Hinterleibsringels angebracht sind (s. Rathke in den Nov. Act. Nat. Cur. Tom. 20. p. 32. Tab. 6.

Dieser letztere endigt bei den Isopoden mit einer kurzen, nach hinten zurückgeschlagenen Ruthe, welche noch durch zwei lange, von dem inneren Rande des zweiten blätterigen Afterfusspaares ausgehende Stiele (secundäre Ruthen) unterstützt wird [14].

In den Stomapoden stellen die Hoden mehr oder weniger verzweigte Drüsenlappen dar, von welchen die beiden seitlichen *Vasa deferentia* in zwei hohle Ruthencylinder übergehen, die von der Basis des hintersten Fusspaares nach unten frei hervorragen [15].

Die beiden Hoden der Brachyuren, so wie der kurzgeschwänzten Anomuren, bestehen aus einem Gewirre sehr enger Hodenkanälchen, welche die Seite des Cephalothorax einnehmen, nach und nach weiter werden und so in lange *Vasa deferentia* übergehen; auch

---

Fig. 16.). Die drei Hoden, welche sich in jeder Seite des Vorderleibes bei Idothea, Lygia, Lygidium, Asellus, Porcellio, Oniscus u. A. vorfinden, laufen nach vorn sehr spitz zu und schwellen nach hinten vor ihrer Einmündung in das *Vas deferens* zwiebelartig an. Diese inneren Geschlechtstheile hat bereits Cavolini (a. a. O. p. 155.) aus Lygia oceanica sehr genau beschrieben. Vergl. ausserdem Milne Edwards, hist. d. Crust. Pl. 12. Fig. 13. von Lygia, Brandt in der med. Zool. Bd. II. p. 76. Taf. 15. Fig. 31. von Oniscus, und Lereboullet a. a. O. p. 132. Pl. 5. Fig. 34. von Lygidium.

14) Die äusseren männlichen Begattungsorgane der Asellinen hat Brandt (a. a. O. p. 73. und Taf. 15. Fig. N. V. Z.) beschrieben und abgebildet. Auch Treviranus (verm. Schriften. Bd. I. p. 59. u. 74. Taf. 8. Fig. 48. u. 49. Taf. 12. Fig. 65—67.) hat diese Organe des Porcellio und Asellus genau dargestellt, von den inneren Geschlechtstheilen aber die sechs Hoden ganz übersehen. Die Ruthe und deren stielförmige Hülfsorgane, welche bei den Isopoden stets zwischen den Kiemenblättern versteckt liegen, hat Degeer (Abhandlung zur Geschichte der Insekten. Bd. VII. p. 191. Taf. 32. Fig. 6. u. 20.), so wie Rathke (a. a. O. p. 125. Taf. 4. Fig. 16. 17. f. h. und Fig. 25.) an Idothea Entomon ganz richtig dargestellt; von letzterem Zootomen sind jedoch die inneren Geschlechtstheile dieses Isopoden ganz verkannt worden, indem er (a. a. O. p. 123. Fig. 22.) die männlichen Zeugungsorgane für die weiblichen angesehen hat (s. meine Berichtigung darüber in Müller's Archiv. 1837. p. 434.). Ueber die äusseren Copulations-Organe von Sphaeroma, Lygia, Idothea, Tylos und Oniscus hat auch Savigny (in der Descript. de l'Egypte. Crust. Pl. 12. u. 13.) schöne Abbildungen geliefert. Die secundären, stielförmigen Ruthen hat Lereboullet (a. a. O. p. 120. Pl. 5. Fig. 19.) von Lygidium, ferner Milne Edwards (in den Archives du Mus. d'hist. nat. Tom. II. p. 21. Pl. 2. Fig. 3.* b.[1]) von Serolis und (in den Annal. d. sc. nat. Tom. 15 1841. Pl. 6. Fig. 4.) von Lygia abgebildet.

15) Bei Squilla verhalten sich die viellappigen Hoden in ihrer Lage und in ihren äusseren Umrissen fast ganz wie die Ovarien, nur bleiben die Seitenlappen derselben am Vorderende des Leibes von einander getrennt, und treten die beiden gewundenen Saamenausführungsgänge aus den Seiten der Hoden hervor (siehe Delle Chiaje, Descrizione etc. Tav. 86. Fig. 4.). Die beiden Ruthen der Squilla finde ich im Desmarets Considerations etc. Pl. 42. n. n. richtig abgebildet. Ueber die männlichen Geschlechtsorgane der Mysis, deren Hoden nur aus wenigen Lappen bestehen, vergl. man Frey a. a. O. p. 26.

diese bilden viele Windungen und laufen zuletzt in zwei erweiterte *Ductus ejaculatorii* aus [16]). Bei den männlichen Paguriden stecken, wie bei den weiblichen Individuen, die inneren Geschlechtsorgane in dem Schwanze verborgen. Ihre Hoden werden von zwei weiten Schläuchen gebildet, welche sich plötzlich zu einem langen, anfangs geraden, dann spiralig gewundenen *Vas deferens* verengern. Dieses erweitert sich später wieder und läuft allmälich in einen *Ductus ejaculatorius* aus [17]). Im Cephalothorax einiger Macruren finden sich zwei vordere und zwei zum Theil in den Schwanz hineinragende hintere weite Hodenschläuche vor, deren vorderes Paar hinter der Mitte durch eine Queranastomose verbunden ist. Die beiden hinteren Hodenschläuche stossen mit den vorderen in dem Hinterende des Cephalothorax zusammen und bilden alsdann einen rechten und linken, kurzen, engen Saamen-Ausführungsgang, der mit einem erweiterten *Ductus ejaculatorius* endigt [18]). Bei anderen Macruren bestehen die Hoden aus einem einzigen, dreilappigen Drüsenkörper, der die Pylorusgegend des Magens bedeckt und zwei lange, vielfach gewundene *Vasa deferentia* aussendet, die sich gegen ihr Ende zu einem fast geraden *Ductus ejaculatorius* erweitern [19]). Die Saamen-Ausführungsgänge der Decapoden fallen in der Regel, wenn sie mit Saamenmasse gefüllt sind, durch ihre kreideweisse Farbe leicht in die Augen. Bei manchen Decapoden theilt sich diese Saamenfeuchtigkeit, während sie in den Ausführungsgängen gegen die äussere Mündung vorrückt, in einzelne Partieen ab, um welche sich eigenthümliche Saamenschläuche (*Spermatophoren*) herumbilden. Diese haben meistens eine birnfömige Gestalt und hängen durch ein gemeinschaftliches Band unter einander zusammen [20]). Die äusseren Geschlechtswerkzeuge zeigen bei den männ-

---

16) Vergl. Cavolini a. a. O. p. 144., und Milne Edwards, hist. d. Crust. Tom. I. p. 166. und in der Cyclopaedia a. a. O. p. 783. Fig. 418. von Cancer Pagurus.

17) S. Swammerdamm a. a. O. p. 86. Taf. 11. Fig. 6. und Delle Chiaje, Descrizione etc. Tav. 86. Fig. 6.

18) Bei Homarus, s. Milne Edwards, hist. nat. d. Crust. Pl. 12. Fig. 15., und bei Scyllarus, s. Delle Chiaje, Descrizione etc. Tav. 87. Fig. 6.

19) Bei Astacus, s. Rösel a. a. O. Taf. 58. Fig. 9. und Taf. 60. Fig. 23., Suckow a. a. O. Taf. 10. Fig. 15., Brandt in der med. Zool. Bd. II. Taf. 11. Fig. 14., Milne Edwards, hist. d. Crust. Pl. 12. Fig. 14., und Carus, Erläuterungstafeln. Hft. 5. Taf. 3. Fig. 9.

20) Diese Spermatophoren, welche wir durch Kölliker zuerst kennen gelernt haben, sind bei Galathea durch ästige Stiele unter einander verbunden und hängen bei Pagurus durch eine bandartige Masse einseitig neben einander. Vergl. Kölliker, Beiträge zur Kenntniss der Geschlechtsverhältnisse etc. p. 9. Fig. 21. und 22., ferner in den schweizer. Denkschriften. Bd. 8. a. a. O. p. 52. Fig. 32—35. Man vergleiche auch meine Beschreibung der Spermatophoren des Pagurus Bern-

lichen Decapoden, obgleich ihre Saamen-Ausführungsgänge fast durchweg auf dem Hüftgelenke des letzten Fusspaares ausmünden [21]), in Bezug auf ihre Copulationsorgane mancherlei Verschiedenheiten. Bei den Paguriden und Macruren stellen die Geschlechtsmündungen der Männchen zwei von einem weichen Sphincter umgebene Oeffnungen dar, an denen keine Spur eines Penis wahrzunehmen ist, und aus welchen sie vielleicht der *Ductus ejaculatorius* bei der Begattung hervorstülpt [22]). Die Brachyuren und kurzschwänzigen Anomuren hingegen besitzen an der Stelle der männlichen Geschlechtsöffnungen zwei röhrenförmige Ruthen, welche bald kürzer, bald länger sind, und von der Wurzel des gegen den Bauch angedrückten Schwanzes stets bedeckt werden [23]). Bei sehr vielen Decapoden erscheinen die beiden Afterfüsse des ersten Schwanzringels in stielförmige Fortsätze (secundäre Ruthen) umgewandelt, welche zuweilen an ihrer Spitze eine Rinne darstellen, bei einigen kurzgeschwänzten Anomuren nimmt auch das zweite Afterfusspaar an dem Copulationsgeschäfte Antheil und hat sich zu diesem Zwecke in stielförmige Fortsätze verlängert [24]).

hardus in Müller's Archiv. 1842. Jahresbericht. p. 136. Anm. 1. Uebrigens hüte man sich, die in den Hoden der Decapoden enthaltenen Mutterzellen, in welchen sich strahlenförmige Spermatozoïden-Zellen entwickeln, etwa für Spermatophoren zu nehmen.

21) Die Landkrabben machen eine Ausnahme, indem ihre männlichen Geschlechtsöffnungen auf dem hintersten Leibesringel ausmünden. S. Milne Edwards, hist. d. Crust. Tom. I. p. 168. Pl. 18. Fig. 6. von Gecarcinus.

22) Ueber Astacus vergleiche man die vorhin angeführten Abbildungen, über Palinurus dagegen s. Milne Edwards, hist. d. Crust. Pl. 23. Fig. 2. und über Hippolyte s. Kröyer a. a. O. p. 27. Fig. 54. B. f.

23) Zwei ziemlich kurze und weiche Ruthen besitzen Maja, Pisa, Cancer, Grapsus, Lupea, Gecarcinus, Porcellana, Homola u. A., zwei lange, hartwandige Penisröhren dagegen ragen unter dem Schwanze von Dromia nach vorn.

24) Sehr leicht fallen am ersten Schwanzringel von Homarus, Nephrops und Astacus die mit einer Rinne versehenen secundären Ruthenstiele in die Augen, s. Rösel a. a. O. Taf. 56. und Carus, Erläuterungstafeln. Hft. 5. Taf. 3. Fig. 12. von Astacus, bei welchem Krebse diese Organe an der Spitze etwas spiralig gedreht erscheinen. Einfacher verhalten sich die langen, unter dem Schwanze verborgen liegenden, secundären Ruthenstiele der männlichen Brachyuren und kurzgeschwänzten Anomuren, an denen die meisten übrigen Afterfüsse ganz verschwunden sind. Vergl. Milne Edwards, hist. d. Crust. Tom. I. p. 169. Pl. 3. Fig. 6. 15. u. 16. von Maja, deren zweites Afterfusspaar nur ganz verkümmert vorhanden ist, welche Verkümmerung auch noch bei Grapsus, Cancer, Lupea, Ocypoda, Porcellana u. A. wahrgenommen werden kann. Vergl. die schönen Abbildungen von Savigny in den Descript. de l'Egypte. Crust. Pl. 2—7., s. auch Cavolini a. a. O. Taf. 2. Fig. 10. von Grapsus. Bei Dromia zeigen sich dagegen die beiden Afterfüsse des zweiten Schwanzringels in zwei lange Stacheln ausgezogen; auch bei Homola ist das zweite Afterfusspaar stielartig verlängert, und endigt dasselbe an der Spitze mit einer Art Saugnapf, so dass gewiss auch diese

Unter den Myriapoden besitzen die Glomerinen einen doppelten, in den Hinterleib hinabragenden Hodenschlauch, welcher aus einer dichten Menge verschmolzener Bläschen zusammengesetzt wird, und sich im Vorderleibe zu einem gemeinschaftlichen *Vas deferens* vereinigt. Bei den Julinen dagegen bilden die Hoden zwar auch eine Menge von Blasen, jedoch münden diese vereinzelt an der äusseren Seite zweier neben einander hinlaufender *Vasa deferentia* in diese ein, welche letzteren zugleich durch viele Queranastomosen leiterartig verbunden sind. Nach vorn verlieren sich die Hodenblasen an den Saamen-Ausführungsgängen, diese weichen zuletzt bogenförmig aus einander, was auch mit dem sich spaltenden *Vas deferens* der Glomerinen geschieht. Auf diese Weise erreichen die Saamen-Ausführungsgänge der Myriapoden als zwei gesonderte *Ductus ejaculatorii* eine unter dem dritten vorderen Leibesringel angebrachte dreieckige Schuppe, an deren zwei nach unten gerichteten Ecken dieselben mit zwei kurzen, konischen, penisartigen Hervorragungen ausmünden 25). In den Chilopoden sind die am Hinterleibsende mündenden männlichen Zeugungsorgane nach einem ganz anderen Typus hochst complicirt zusammengesetzt. Bei einigen dieser Tausendfüsse ist nur ein einziger langer Hodenschlauch vorhanden, mit dem sich zwei seitliche, ebenfalls sehr lange Blindschläuche als Nebenhoden (?) vereinigen; aus der Vereinigungsstelle treten dann zwei kurze *Vasa deferentia* hervor, welche

---

Fortsätze bei der Begattung als Copulationsorgane mitwirken werden. An Galathea, Palinurus und Scyllarus vermisst man dergleichen Hülfsorgane, bei den beiden zuletzt genannten männlichen Langschwänzen sind die Afterfüsse des ersten Schwanzringels sogar gänzlich verschwunden. Auch den Cariden fehlen meistens äussere Begattungswerkzeuge und es erscheint in der Regel das erste Afterfusspaar dieser Macruren eben so gebildet, wie die übrigen Afterfüsse des Schwanzes; nur bei Crangon sehe ich den inneren Fortsatz der gespaltenen vordersten Afterfüsse sehr entwickelt und haarlos, während dieselben inneren Fortsätze an den hinteren Afterfüssen verkümmert und, wie die äusseren Fortsätze, stark behaart sind. Auch bei Caridina findet nach Joly (a. a. O. p. 43. Pl. 3. Fig. 20.) etwas ähnliches Statt. Bei Hippolyte hat Krøyer (a. a. O. p. 27. Taf. 2. Fig. 54. B. g.) zwischen dem vierten Fusspaare der männlichen Individuen ein Paar kurze, gekrümmte Fortsätze wahrgenommen, die sich als secundäre Ruthen betrachten lassen.

25) Ueber die männlichen Geschlechtstheile der Chilognathen vergleiche man Newport in den philosoph. transact. 1842. a. a. O. p. 99. und Rymer Jones in der Cyclopaedia of anat. Vol. 3. p. 551. Fig. 314., ferner Stein in Müller's Archiv. 1842. p. 246. Taf. 12—14. von Julus, Polydesmus und Glomeris. Ueber die beiden Hoden der Glomeris siehe Brandt, welcher dieselben früher als zwei Ovarien beschrieben hatte, in dessen Beiträgen a. a. O. p. 325. Taf. 12. Fig. 8. nebst Berichtigung in dem Recueil a. a. O. p. 157. In Bezug auf die äusseren Begattungsorgane der Juliden sind noch die Untersuchungen von Latreille und Savi (a. a. O.) anzuführen.

mit einem gemeinschaftlichen kurzen Penis von glockenförmiger Gestalt endigen. Andere Chilopoden dagegen besitzen zwei bis drei varicös angeschwollene Hodenschläuche, welche an beiden Enden schlingenförmig unter einander anastomosiren und zuletzt in ein bald längeres, bald kürzeres *Vas deferens* auslaufen, welches sich bei seinem weiteren Verlaufe gabelförmig spaltet und sich zuletzt wieder in der kurzen Ruthe vereinigt. Mit der gemeinschaftlichen Geschlechtsöffnung hängen bei allen Chilopoden-Männchen die kurzen Ausführungsgänge von vier oder zwei länglichen Nebendrüsen zusammen, deren Bedeutung noch nicht erkannt worden ist [26]).

§. 294.

Die Entwickelung der Crustaceen geht, wie bei allen Arthropoden, nach einem besonderen Typus vor sich [1]), indem nach dem

---

26) Ein einziger Hodenschlauch mit zwei Nebenhoden und vier unteren Nebendrüsen findet sich bei Lithobius vor (s. Treviranus, verm. Schriften. Bd. II. p. 25. Taf. 5. Fig. 7., Léon Dufour a. a. O. p. 87. Pl. 5. Fig. 2. u 3., oder Stein a. a. O p. 240. Taf. 12 Fig. 1.). Drei unter einander anastomosirende, varicöse Hoden mit zwei unteren Nebendrüsen besitzt Geophilus (s. Stein a. a. O. p. 243. Taf. 12. Fig. 7.). Nach Müller's Abbildung zu schliessen (a. a. O. Taf. 2. Fig. 5.) werden die Hoden der Scolopendra morsitans aus zwei anastomosirenden, varicösen Hoden zusammengesetzt, was aus der Untersuchung von Kutorga (a. a. O. p. 10. Tab. 2. Fig. 4—6.) weniger deutlich hervorgeht, während letzterer die Anwesenheit von vier unteren Nebendrüsen an der Ausmündungsstelle der männlichen Geschlechtstheile bei demselben Tausendfusse bestimmt nachwies. Sehr abweichend von dieser Organisation hat Léon Dufour (a. a. O. p. 97. Pl. 5. Fig. 5.) die männlichen Geschlechtswerkzeuge der Scutigera dargestellt, indem hier zwei Hodenschläuche vorhanden sein sollen, welche sich nach oben bogenförmig vereinigen und hierauf einen langen, vielfach gewundenen und mit einer doppelten gestielten Blase (*Vesiculae seminales?*) versehenen Kanal aussenden, wogegen die beiden unteren Enden dieser Hoden in zwei *Vasa deferentia* übergehen, welche unterwegs zu zwei weiten *Ductus ejaculatorii* aufschwellen. Vielleicht lässt sich dieses so auffallende Verhalten der männlichen Geschlechtstheile von Scutigera bei einer wiederholten Analyse auf dieselbe Organisation, wie sie bei Scolopendra angetroffen wird, zurückführen.

1) Die Entwickelungsgeschichte der Krustenthiere ist besonders durch die zahlreichen und genauen Untersuchungen Rathke's aufgehellt worden. Siehe dessen Untersuchungen über die Bildung und Entwickelung des Flusskrebses. 1829., auch in Burdach's Physiologie. Bd. II. 1837. p. 250., desselben Abhandlungen zur Bildungs- und Entwickelungsgeschichte des Menschen und der Thiere. 1833., desselben Mittheilungen über die Entwickelung der Decapoden in Müller's Archiv. 1836. p. 187., oder in Wiegmann's Archiv. 1840. Bd. I. p. 241., oder in den neuesten Schriften der Danziger naturforsch. Gesellschaft. Bd. 3. Hft. 4. 1842. p. 23., ferner desselben Arbeit: Zur Morphologie, Reisebemerkungen aus Taurien. 1837., so wie desselben Beobachtungen und Betrachtungen über die Entwickelung der Mysis vulgaris, in Wiegmann's Archiv. 1839. Bd. I. p. 195., dessen Bemerkungen über die Entstehung einiger wirbellosen Thiere, in Froriep's neuen Notizen. Bd. 24. 1842. p. 181., und endlich dessen Commentatio de animalium

Verschwinden des Keimbläschens auf der Oberfläche des Dotters an einem bestimmten Puncte ein partieller Furchungsprozess eintritt, durch welchen eine scheibenförmige Embryonalschicht von klarer, feinkörniger Beschaffenheit entsteht [2]). Die Ränder dieser Keimscheibe breiten sich über die Oberfläche des Dotters immer mehr aus und schliessen zuletzt durch ihr Zusammenstossen die ganze übrige Dottermasse ein. An dem einen Pole des Eies, an welchem die Keimscheibe zuerst zum Vorschein kommt, bildet sich die Bauchseite mit dem Bauchmarke des künftigen Embryo aus, während der gegenüber liegende Ei-Pol, auf welchem sich die Ränder der Keimscheibe zuletzt berühren, dem Rücken des jungen Thieres entspricht. Es lässt sich an dem Keime sehr früh ein äusseres seröses Blatt und ein inneres Schleimblatt unterscheiden, von welchen letzteres, nachdem es die ganze Dottermasse umschlossen hat, sich nach und nach zu dem Verdauungskanale umwandelt, wobei die Leberorgane durch Ausstülpung aus demselben hervorgehen, die Fühler, Mundtheile, Beine und Kiemen dagegen aus dem äusseren serösen Blatte hervorwachsen.

Die auf diese Weise entstehenden Crustaceen-Embryonen bieten eine sehr verschiedene Gestalt dar, welche häufig von der des erwachsenen Thieres so auffallend abweicht, dass dergleichen junge Krustenthiere sich bei ihrer weiteren Ausbildung einer bedeutenden Metamorphose unterwerfen müssen, während welcher sie eine bald grössere, bald geringere Menge von, mit dem Häutungsprozesse zusammenfallenden Verwandlungsstadien durchzumachen haben.

Eine unter den niederen Crustaceen, den Cirripedien, Siphonostomen, Lophyropoden und Phyllopoden sehr verbreitete Embryonenform ist diejenige, welche zuerst bei Cyclops bekannt geworden ist, und eine grosse Reihe von Metamorphosen bedingt. In diesem monokulusartigen Larvenzustande haben dergleichen Embryone einen eiförmigen, ungegliederten Leib, der meist mit einem einzigen, einfachen Auge und mit zwei oder drei Paar langbehaarten Ruderfüssen ausgestattet ist [3]).

---

crustaceorum generatione. 1844. Ausserdem vergleiche man auch Erdl, über die Entwickelung des Hummereies. 1843., und Joly, über die Entwickelung der Caridina, in den Annal. d. sc. nat. Tom. 19. a. a. O. p. 57. Pl. 4.

2) Nur Cancer Maenas macht vielleicht eine Ausnahme, indem hier eine totale Durchfurchung der Eier Statt zu finden scheint. Vergl. Rathke in Froriep's neuen Notizen a. a. O. p. 182. und Erdl a. a. O. p. 27.

3) In monokulusartiger Larvengestalt schlüpfen merkwürdiger Weise die jungen sechsbeinigen Cirripedien aus dem Eie. Vergl. Thompson, zoological researches a. a. O. p. 69. Pl 9. von Balanus, Burmeister, Beiträge a. a. O. p. 12. Taf. 1. von Lepas, Goodsir in the Edinburgh new philosophical Journal. No. 69. July. 1843. p. 97. Pl. 3. u. 4. oder in der Isis. 1844. p. 901. Taf. 1. Fig.

Eine ebenfalls sehr bedeutende Metamorphose müssen einige junge Brachyuren eingehen, da sie als langgeschwänzte, grossäugige Krebschen aus den Eiern hervorschlüpfen und gleich nach der ersten Häutung einen monströsen, stachelförmigen Stirn- und Rückenauswuchs erhalten [4]).

---

8. und 11—17. von Balanus. Diese Rankenfüssler-Larven verwandeln sich, ehe sie sich zur Vollendung ihrer Metamorphose festheften, vorher noch in ein zweischaliges, cyprisartiges Wesen. Unter den Siphonostomen kommen die monokulusartigen Embryone sehr allgemein vor. Durch Nordmann (a. a. O. p. 11. etc. Taf. 2—7.) kennen wir dergleichen Larven von Ergasilus und Lernaeocera mit drei Fusspaaren, ferner von Achtheres und Tracheliastes mit zwei Fusspaaren. Nach Kollar's Beobachtung (a. a. O. p. 87. Taf. 10. Fig. 10.) werden von Basanistes, und nach Rathke's Angabe (zur Morphologie a. a. O. p. 34. Taf. 1.) von Lernaopoda sechsbeinige monokulusartige Embryone hervorgebracht, wogegen Goodsir (a. a. O. No. 65. July. 1842. p. 178. Pl. 3. Fig. 19—23.) in den Eiern von Caligus vierbeinige Embryone beobachtete. Eine Ausnahme hiervon machen die Larven von Nicothoë (s. Rathke in den Nov. Act. Nat. Cur. Vol. 20. p. 109. Tab. 5. Fig. 8—10.) und von Argulus (s. Müller, Entomostraca. p. 122. Tab. 20. Fig. 2. oder Jurine a. a. O. p. 453. Pl. 26. Fig. 4.), indem dieselben mit zwei einfachen Augen, mit einem gegliederten Körper und mit mehr als drei Fusspaaren die Eihülle verlassen. Am längsten sind die sechsbeinigen monokulusartigen Larven der Cyclopiden bekannt, welche jedoch früher von Müller (Entomostraca. p. 39. Tab. 1. u. 2) unter dem Namen Nauplius und Amymone als besondere Entomostraceen-Gattungen beschrieben wurden. Vergl. Degeer, Abhandl. a. a. O. Bd. 7. p. 181. Taf. 30. von Cyclops, Ramdohr a. a. O. p. 5. etc. Taf. 1. u. 3, besonders aber Jurine, hist. d. Monocles. p. 15. etc. Pl. 1—7. von Cyclops und Cyclopsina. Die jungen Daphnoïdeen und Cyproïdeen dagegen sehen bei dem Ausschlüpfen aus dem Eie den erwachsenen Thieren schon ziemlich ähnlich, deren einfaches Auge deutlich aus der sehr frühen Verschmelzung zweier Augen entsteht. S. Jurine a. a. O. p. 113. Pl. 9. und Pl. 8. von Daphnia und Cypris, Rathke, Abhandlungen zur Bildungs- und Entwickelungsgeschichte etc. p. 85. von Daphnia und Lynceus, ferner Baird in dem Magazine of Zoologie and Botany. Vol. I. p. 522. und Vol. II. Pl. 5. Fig. 12. von Cypris, endlich Lovén a. a. O. p. 161. Taf. 5. Fig. 12. von Evadne. Bei den Phyllopoden besitzen die monokulusartigen Embryone der Apoden zwei Paar Beine, die Embryone der Branchipoden dagegen drei Paar Beine. Vergl. Schäffer, der krebsartige Kiefenfuss. p. 118. Taf. 1. Fig. 3. und Zaddach a. a. O. p. 55. Tab. 4. Fig. 1—3. von Apus, Joly a. a. O. p. 321. Pl. 9. Fig. 39. von Isaura, Prevost in Jurine's hist. d. Monocles. p. 214. Pl. 20. Fig. 9. von Chirocephalus, und Joly a. a. O. p. 257. Pl. 7. Fig. 4. von Artemia.

4) Diese höchst sonderbar gestalteten Embryone wurden bisher zu besonderen Crustaceen-Gattungen erhoben und unter dem Namen Megalops, Monolepis und Zoëa in den Systemen aufgeführt (s. Milne Edwards, hist. nat. d. Crust. Tom. II. p. 260. u. 431.), bis Thompson die wahre Abstammung dieser verkannten Krebschen entdeckte. S. dessen Zoological researches etc. Pl. I. und desselben Memoir on the double metamorphosis in the Decapodous Crustacea, in the philosoph. transact. 1835. Part. II. p. 539., ferner desselben Mittheilungen in the Edinburgh new philosoph. Journal. No. 20. p. 221. und in the entomological Magazine. No. 14. p. 370. Obgleich diese Beobachtungen von verschiedenen Seiten

Eine bald mehr, bald weniger von der Gestalt der erwachsenen Thiere abweichende Körperform bieten die jungen Paguriden und Macruren dar[5]). Am wenigsten weichen die Embryone der Poecilopoden, Laemodipoden, Stomapoden, Isopoden und Amphipoden von den vollständig ausgebildeten Individuen ab[6]), und bei

---

bestätigt wurden, so wollte man denselben nicht sogleich vollen Glauben schenken, besonders da Rathke (in Müller's Archiv. 1836. p. 187.) seine Stimme dagegen erhoben hatte. Daher noch Templeton für solche Embryone die Gattung Zoëa fortbestehen liess (s. the transactions of the entomological society. Vol. II. p. 115. Pl. 12.) und Westwood (on the supposed existence of metamorphoses in the Crustacea, in the philosoph. transact. 1835. Part. II. p. 311. Pl. 4.) sich nicht entschliessen konnte, diese Gattung Zoëa fallen zu lassen. Nachdem aber Du Cane (in the Annals of nat. hist. Vol. 3. 1839. p. 438. Pl. 11. oder in Froriep's neuen Notizen. Bd. 13. p. 5. Fig. 10—13.) die interessanten Beobachtungen Thompson's an Cancer Maenas von neuem bestätigte, und Rathke (in Wiegmann's Archiv. 1840. Bd. I. p. 246. oder in den neuesten Danziger Schriften a. a. O. p. 39. Taf. 4.) späterhin die Embryone von Hyas in der Gestalt einer Zoëa erkannt hatte, so wird jetzt niemand mehr die wirkliche Existenz dieser merkwürdigen Metamorphose bei den Brachyuren in Zweifel ziehen. Vergleiche auch noch Steenstrup in der Oversigt over det kgl. danske Videnskabernes Selskabs Forhandlinger. 1840. p. 15. oder in Müller's Archiv. 1841. Jahresbericht. p. 218. über Hyas, und Goodsir in the Edinburgh new philosophical Journal. No. 65. 1842. p. 181. Pl. 3. Fig. 16—18. über Cancer Maenas.

5) Auch die nur mit einem stachelförmigen Stirnfortsatze versehenen Embryone der Paguren sind früher als besondere Arten der Zoëa aufgeführt worden, bis man durch Thompson's Entdeckung auf ihre Herkunft aufmerksam geworden ist. Vergl. Philippi in Wiegmann's Archiv. 1840. Bd. I. p. 184. Taf. 3. Fig. 7. u. 8., ferner Rathke ebendas. p. 242. und in den Danziger Schriften a. a. O. p. 29. Taf. 3., ausserdem Steenstrup a. a. O., und Goodsir a. a. O. No. 65. p. 182. Pl. 3. Fig. 12—14. Geringere Formverschiedenheiten kommen zwischen den Embryonen und den Eltern des Astacus, Homarus und anderer Macruren vor. S. Rathke, Entwickel. des Flusskrebses und in den Danziger Schriften a. a. O. p. 23. Taf. 2. von Homarus, Du Cane in the Annals of nat. hist. Vol. II. 1839. p. 178. Pl. 6. u. 7. oder in Froriep's neuen Notizen. Bd. 13. p. 3. Fig. 4—9. von Palaemon und Crangon, Krőyer, Monograf. a. a. O. p. 37. Pl. 6. von Hippolyte und Homarus, Joly in den Annales d. sc. nat. Tom. 19. a. a. O. Pl. 4. von Caridina, und Erdl a. a. O. p. 18. Taf. 3. u. 4. von Homarus.

6) Nach Milne Edwards (im Institut. 1838. No. 258. p. 397.) sollen sich an den zum Auskriechen reifen Embryonen des Limulus schon der Cephalothorax und Hinterleib unterscheiden lassen, während an dem letzteren nur drei Paar Anhänge vorhanden sind und der lange Schwanzstachel noch ganz fehlt. Ein den Eltern sehr ähnlicher Embryo des Cyamus ist von Milne Edwards in den Annales d. sc. nat. Tom. 3. 1835. p. 328. Pl. 14. Fig. 14. dargestellt worden. Ueber die Embryone der Isopoden und Amphipoden vergleiche man Rathke, Abhandlungen a. a. O. über die Entwickelung der Wasserassel und Kellerassel, ferner: zur Morphologie etc. p. 41. Taf. 2. u. 3. von Bopyrus, Idothea, Janira, Lygia und Amphithoë, und in den Nov. Act. Nat. Cur. Tom. 20. p. 49. Tab. I.

den Myriapoden endlich beschränkt sich die ganze Metamorphose überhaupt nur auf Vermehrung der Zahl der Körpersegmente und der Fusspaare [7]).

---

von Phryxus, ausserdem Milne Edwards in den Annales d. sc. nat. Tom. 3. 1835. p. 323. Pl. 14. von Cymothoa, Anilocra, Phronima und Amphithoë, endlich Rathke in Wiegmann's Archiv. 1839. a. a. O. Taf. 6. von Mysis.

7) Vergl. Gervais in den Annal. de la société entomologique de France. 1837. oder im Institut. 1839. p. 22., Waga in der Revue zoologique par la société Cuvier. publ. par Guérin-Meneville. 1839. No. 3. p. 76. (auch in Wiegmann's Archiv. 1840. Bd. II. p. 351.) und besonders Newport in the philosoph. transact. 1842. Part. II. p. 99. (auch in Froriep's neuen Notizen. Bd. 21. p. 161. oder in der Cyclopaedia a. a. O. Vol. 3. p. 353. Fig. 317—326.).

Dreizehntes Buch.

Die Arachniden.

Eintheilung.

§. 295.

Die Arachniden, welche nach sehr verschiedenen Typen organisirt sind, haben alle vier Fusspaare. In dieser Beziehung machen selbst die Tardigraden keine Ausnahme, über deren Stellung bei den Arachniden man sich vielleicht wundern wird, allein diese Thiere sind wol nirgends passender unterzubringen, als gerade hier, nur müssen sie obenan gestellt werden, da sie den Uebergang von den Arachniden zu den Annulaten bilden, ganz in derselben Weise, wie die Cirripedien als Uebergangsthiere die Crustaceen mit den Acephalen verbinden.

Gewöhnlich werden die Arachniden als fühlerlose Arthropoden bezeichnet, was unrichtig ist, da bei denselben die Fühler nicht eigentlich fehlen, sondern, wie weiter unten gezeigt werden wird, als metamorphosirte Kieferfühler an die Stelle der verschwundenen Mandibeln gerückt sind.

I. Ordnung.

Cephalothorax vielgliederig, besondere Athemorgane fehlen.

1. Unterordnung. *Tardigrada.*

Beine rudimentär, Hinterleib fehlt.

Gattungen: ***Milnesium***, ***Macrobiotus***, ***Emydium***.

2. Unterordnung. *Pycnogonidae.*

Beine sehr entwickelt, Hinterleib rudimentär.

Gattungen: ***Nymphon***, ***Ammothea***, ***Pallene***, ***Phoxichilidium***, ***Pariboea***, ***Endeis***, ***Phoxichilus***, ***Pycnogonum***.

II. Ordnung.

Cephalothorax ungegliedert oder zweigliederig, Athemorgane stellen Tracheen vor.

3. Unterordnung. *Acarina.*

Der ungegliederte Hinterleib mit dem Cephalothorax verschmolzen, Palpen einfach.

1. Familie. *Acarea.*
   Gattungen: ***Demodex***, ***Sarcoptes***, ***Glycyphagus***, ***Tyroglyphus***, ***Melichares***, ***Dermaleichus***, ***Acarus***, ***Pteroptus***.
2. Familie. *Hydrachnea.*
   Gattungen: ***Limnochares***, ***Arrenurus***, ***Eylaïs***, ***Diplodontus***, ***Hydrachna***, ***Atax***.
3. Familie. *Oribatea.*
   Gattungen: ***Hoplophora***, ***Oribates***, ***Zetes***, ***Pelops***, ***Damaeus***.
4. Familie. *Gamasea.*
   Gattungen: ***Dermanyssus***, ***Uropoda***, ***Gamasus***, ***Argas***.
5. Familie. *Ixodea.*
   Gattung: ***Ixodes***.
6. Familie. *Bdellea.*
   Gattungen: ***Bdella***, ***Molgus***.
7. Familie. *Trombidina.*
   Gattungen: ***Erythraeus***, ***Trombidium***, ***Smaridia***, ***Tetranychus***, ***Rhyncholophus***, ***Rhaphygnathus***, ***Penthaleus***.

4. Unterordnung. *Opilionina.*

Der gegliederte Hinterleib vom Cephalothorax nicht abgesetzt, Palpen einfach.

Gattungen: ***Phalangium***, ***Gonyleptes***, ***Eusarcus***.

5. Unterordnung. *Pseudoscorpii.*

Der gegliederte Hinterleib vom Cephalothorax nicht abgesetzt, Palpen scheerenförmig.

Gattungen: ***Obisium***, ***Chelifer***.

6. Unterordnung. *Solpugidae.*

Der gegliederte Hinterleib vom Cephalothorax abgeschnürt, Palpen einfach.

Gattung: ***Galeodes***.

III. Ordnung.

Der ungegliederte Hinterleib vom ebenfalls ungegliederten Cephalothorax abgeschnürt, Athemorgane bestehen aus Tracheen und Lungen.

7. Unterordnung. *Araneae.*

Gattungen: *Mygale*, *Thomisus*, *Uptiotes*, *Lycosa*, *Dolomedes*, *Salticus*, *Segestria*, *Dysdera*, *Scytodes*, *Clubiona*, *Drassus*, *Argyroneta*, *Clotho*, *Agelena*, *Lachesis*, *Tegenaria*, *Micryphantes*, *Theridion*, *Linyphia*, *Epeira*, *Tetragnathus*.

IV. Ordnung.

Hinterleib gegliedert, Cephalothorax ungegliedert, Athemorgane bestehen nur aus Lungen.

8. Unterordnung. *Phrynidae.*

Hinterleib vom Cephalothorax abgeschnürt, Kieferfühler mit einer Klaue.

Gattungen: *Thelyphonus*, *Phrynus*.

9. Unterordnung. *Scorpionidae.*

Hinterleib vom Cephalothorax nicht abgesetzt, Kieferfühler mit einer Scheere.

Gattungen: *Scorpio*, *Buthus*, *Androctonus*.

Literatur.

Leeuwenhoek, Continuatio arcanorum naturae. 1719. Epistola 138. p. 312. (über Spinnen).

Roesel, Insekten-Belustigungen. Thl. IV. 1761. p. 241. Beschreibung der Kreuzspinne.

Degeer, Abhandlungen zur Geschichte der Insekten. Bd. 7. 1783.

Hermann, Mémoire aptérologique. 1804.

J. F. Meckel, Beiträge zur vergleichenden Anatomie. Bd. I Hft. 2. 1809. p. 105. (über den Scorpion).

Treviranus, Ueber den inneren Bau der Arachniden. 1812., desselben vermischte Schriften anatomischen und physiologischen Inhalts. Bd. 1. 1816., und über den Bau der Nigua (Acarus americanus) in der Zeitschrift für Physiologie. Bd. 4. 1831. p. 185.

Serres in den Mémoires du Muséum d'histoire naturelle. Tom. 5. 1819. p. 86. (über Scorpio).

Léon Dufour in den Annales générales des sciences physiques de Bruxelles. Tom. 4—6. (über Spinnen).

J. Müller, Beiträge zur Anatomie des Scorpions, in **Meckel's** Archiv für Anatomie. 1828. p. 29.

Lyonet, Anatomie de différentes espèces d'Insectes, in den Mémoires du Muséum d'hist. nat. Tom. 18. 1829. p. 282. u. 377. (über Milben und Spinnen).

Brandt in der medizinischen Zoologie. Bd. 2. 1833. p. 87. (über Spinnen), und Recherches sur l'anatomie des Araignées in den Annales des sciences natur. Tom. 13. 1840. p. 180.

Savigny in der Description de l'Egypte. Histoire naturelle. Arachnides. Pl. 1—9.
Audouin, Lettre contenant des recherches sur quelques Araignées parasites, in den Annal. d. sc. nat. Tom. 25. 1832. p. 401., ferner in der Cyclopaedia of anatomy. Vol. 1. 1836. p. 196. Arachnida.
Dugès, Recherches sur l'ordre Acariens, in den Annal. d. sc. nat. Tom. 1. 1834. p. 5. und Tom. 2. p. 18., ferner sur les Aranéides, ebendas. Tom. 6. 1836. p. 159.
Walckenaër, Histoire naturelle des Insectes aptères. Tom. 1—3. 1837—44. Der letzte Band ist von Gervais bearbeitet.
Doyère, Sur les Tardigrades, in den Annales des sc. natur. Tom. 14. 1840. p. 269.
van der Hoeven, Bijdragen tot de kennis van het geslacht Phrynus, in der Tijdschrift voor natuurlijke Geschiedenis en Physiologie. D. 9. 1842. p. 68.
Grube, Einige Resultate aus Untersuchungen über die Anatomie der Araneïden, in Müller's Archiv für Anatomie. 1842. p. 296.
Menge, Ueber die Lebensweise der Arachniden, in den neuesten Schriften der naturforschenden Gesellschaft in Danzig. Bd. IV. Hft. 1. 1843. p. 1.
Tulk, Upon the anatomy of Phalangium Opilio, in the Annals of natural history. Tom. XII. 1843. p. 153. oder in Froriep's neuen Notizen. Bd. 30. 1844. p. 97.
Dujardin, Sur les Acariens, in den Comptes rendus. Tom. XIX. 1844. p. 1158. und Mémoire sur les Acariens, in den Annal. d. sc. nat. Tom. III. 1845. p. 5.
Quatrefages, Mémoire sur l'organisation des Pycnogonides, in den Annal. d. sc. nat. Tom. IV. 1845. p. 69.
Blanchard, Observations sur l'organisation d'un type de la classe des Arachnides, le genre Galéode, in den Comptes rendus. Tom. XXI. 1845. p. 1383.
Wasmann, Beiträge zur Anatomie der Spinnen, in den Abhandlungen des naturwissenschaftlichen Vereins in Hamburg. 1846.

Erster Abschnitt.

Von der äusseren Hautbedeckung und dem Hautskelete.

§. 296.

Die Hautbedeckung der Arachniden zeigt in der Regel eine weiche, lederartige Beschaffenheit und erscheint nur in wenigen Fällen hornartig erhärtet 1). Trotz der Weichheit und Biegsamkeit fehlt derselben jede Spur einer selbstständigen Contractionsfähigkeit, dagegen besitzt die Haut vieler Arachniden einen hohen Grad von Dehnbarkeit. Diese Eigenschaft tritt besonders an der Haut derjenigen Arachniden recht auffallend hervor, welche auf langes Fasten angewiesen sind und nur zu gewissen Zeiten Gelegenheit finden, ihren Verdauungskanal mit Futterstoffen, namentlich mit eingesogenen animalischen Säften, anzu-

---

1) Z. B. bei den Scorpioniden und Phryniden. Den höchsten Grad der Erhärtung und Sprödigkeit erreicht die Hautbedeckung der Oribateen, welche beim Drucke ohne die geringste Nachgiebigkeit wie Glas zerspringt.

füllen [2]). Der Hauptbestandtheil der Hautbedeckung wird bei den Arachniden ebenfalls von der den Arthropoden eigenthümlichen und in Aetzkali unlöslichen Chitine gebildet [3]). Von dieser Chitine rührt gewiss auch die Festigkeit und Unzerstörbarkeit her, welche man sowol an den frischen, wie an den vor längerer Zeit abgeworfenen Hautbälgen der kleinen und zarten Acarinen und Tardigraden wahrnehmen kann [4]).

§. 297.

Bei den meisten Arachniden lassen sich an der Hautbedeckung zweierlei Hautschichten, nämlich eine äussere und eine innere Haut, unterscheiden. Die äussere oder Oberhaut ist die festeste und stärkste, und besitzt nicht selten an den Extremitäten und am Cephalothorax eine zellige Structur. Diese Oberhaut bietet am Hinterleibe der Araneen und Acarinen ganz eigenthümliche, wellenförmige, die Basis der Haarauswüchse in concentrischen Ringen umgebende Zeichnungen dar [1]), von denen es sich schwer entscheiden lässt, ob sie von einem besonderen inneren Structurverhältnisse oder von zarten Faltungen der Oberhaut herrühren. Nur an Ixodes kann man sich deutlich überzeugen, dass dergleichen, in dichten, wellenförmigen Ringen um den Hinterleib sich herumziehenden Linien von Falten der Oberhaut herrühren, da dieselben an vollgesogenen und dick aufgeblähten Individuen vollständig verschwunden, mithin verstrichen erscheinen. Diese Oberhaut der Arachniden ist häufig mit Warzen, kolbenartigen Auswüchsen, Stacheln, Borsten, mit einfachen oder gefiederten Haaren, ja zuweilen sogar mit Schuppen besetzt [2]), Diese verschiedenen Hautauswüchse, welche meistens hohl sind, stehen entweder vereinzelt, oder breiten sich bald pelzartig, bald sammetartig über die ganze Körperoberfläche

---

2) Z. B. die Arten von Ixodes und Argas, so wie die unter dem Namen Achlysia und Leptus bekannten schmarotzenden Larven gewisser Hydrachneen und Trombidinen.

3) S. Lassaigne in den Comptes rendus. Tom. 16. 1843. No. 19. oder in Froriep's neuen Notizen. Bd. 27. p. 8., vergl. ferner Schmidt, zur vergleichenden Physiologie. p. 47.

4) Diese Festigkeit der allgemeinen Hautbedeckung gibt uns einen Wink, dass die Tardigraden bei den Arachniden wol am zweckmässigsten untergebracht sind, und nicht zu den Würmern gerechnet werden können, da die Haut der letzteren keine Chitine enthält und sich daher in Aetzkali sehr leicht auflöst. Vergl. die von Lassaigne (a. a. O.) am Regenwurme, und von Loewig und Kölliker (in den Annal. d. sc. nat. Tom. 5. 1846. p. 198.) an Ascaris, Meckelia, Sabella, Hermione und Nephtys angestellten Versuche.

1) Z. B. bei Epeira, Segestria, Thomisus, Argyroneta, Salticus, Sarcoptes etc.

2) Gefiederte Haare kommen bei den Araneen sehr häufig vor, lanzettförmige Schuppen finde ich bei Salticus, sehr reich an kolbigen und anderen sonderbaren Auswüchsen zeigt sich die Haut der Trombidinen. Vergl. Hermann a. a. O. Pl. 3. Fig. O—Y.

aus. Die innere Hautschicht der Arachniden besteht aus einer sehr zarten und stets farblosen Membran von feinkörniger oder zartfaseriger Beschaffenheit, welche an denjenigen Stellen, an welchen auf der Oberhaut Haare und andere Auswüchse hervorragen, durchlöchert erscheint [3]). Dicht unter dieser inneren Haut, von welcher bei dem Häutungsprozesse gewiss der Wiederersatz der abgeworfenen Oberhaut ausgeht, liegt eine Schicht farbiger Körner und Bläschen, die durch die allgemeine Hautbedeckung hindurchschimmert, und vielen Arachniden eine oft ausgezeichnet schöne Färbung verleiht.

Die verschiedenen Abschnitte des Hautskelets, deren Zahl am Rumpfe der Arachniden gewöhnlich sehr vermindert ist, werden nach ihrer Form und Anzahl in der Zoologie einer so genauen Berücksichtigung unterworfen, dass sie hier füglich übergangen werden können.

Von der inneren Fläche des Cephalothorax erheben sich, namentlich bei den Opilioninen und Araneen verschiedene Fortsätze und Leisten, welche, wie bei den Crustaceen, zum Ansatze von Muskeln oder zu Scheidewänden gewisser Organe dienen. Diese Fortsätze bilden bei den Araneen auf dem Boden des Cephalothorax eine horizontale, feste Platte, gleichsam eine Art inneres Skelet, welche vorn und hinten mit dem Bruststücke durch ein Paar sehnige Bänder verbunden ist, an ihrem Vorderrande einen tiefen Ausschnitt besitzt und den unteren Muskeln der Extremitäten, so wie verschiedenen anderen Muskeln zum Ansatze dient [4]).

Zweiter Abschnitt.

Von dem Muskelsysteme und den Bewegungs-Organen.

§. 298.

Die willkürlichen Muskeln der Arachniden besitzen eine schmutzig gelbe Farbe und zeichnen sich, wie die der Crustaceen, durch ihre

---

3) Ob sich an diesen Stellen die zarte Membran in die hohlen Hautauswüchse der Epidermis fortsetzt, und ob sich diese Fortsätze bei dem Trennen der beiden Hautschichten von der inneren Haut losreissen, wodurch die letztere alsdann durchlöchert erscheint, das muss ich unbeantwortet lassen.

4) Diese Platte ist schon von Lyonet (a. a. O. p. 405. Pl. 21. Fig. 26.) und Treviranus (Bau der Arachniden. Taf. 2. Fig. 23.) gesehen, am genausten aber von Wasmann (a. a. O. p. 2. Fig. 2—4.) beschrieben worden. Vielleicht besitzt auch Phalangium eine solche rudimentäre, unter dem Bauchmarke gelegene Platte, wodurch das Ansehen entsteht, als entspringen hier die Muskeln von dem Bauchmarke selbst. Vergl. Tulk a. a. O. p. 325. oder in Froriep's neuen Notizen. Bd. 30. p. 136.

sehr deutlichen Querstreifen aus [1]). Auch in der Anordnung des Muskelsystems stimmen die Arachniden mit den Crustaceen überein [2]). Am gehäuftesten findet sich die Muskulatur im Cephalothorax vor, indem von hier sowol die Muskeln der Mundtheile, als auch die Muskeln für die ersten Glieder der Tastorgane und Gehwerkzeuge entspringen. Bei denjenigen Arachniden, deren Hinterleib ungegliedert ist, weicht die Muskulatur des letzteren von der der Crustaceen ab, indem zunächst unter der allgemeinen Hautbedeckung eine dünne Hautmuskelschicht angebracht ist, welche aus vielen kurzen, bandartigen, nach verschiedenen Richtungen sich kreuzenden und häufig unter einander anastomosirenden Muskelstreifen zusammengesetzt wird [3]). Ausserdem sind sowol auf dem Rücken, wie auf dem Bauche des Hinterleibes sehr vieler Arachniden narbenartige Vertiefungen in der Hautbedeckung angebracht, von welchen dünne Muskelstränge entspringen und zwischen den Eingeweiden in die Tiefe des Hinterleibes eindringen. In der Regel läuft bei den Araneen auf der Bauchfläche zu beiden Seiten der Mittellinie ein sehnenartiges Band hin, an welches sich mehre dieser Muskelstränge festheften [4]). Wahrscheinlich vermögen die Arachniden mittelst dieses Muskelapparates ihren Hinterleib in verschiedenen Richtungen zu comprimiren.

§. 299.

Die Gehwerkzeuge sind bei den Arachniden nur allein am Cephalothorax angebracht und bestehen aus vier Paar Beinen, von welchen das vorderste Paar als das metamorphosirte hinterste Kieferpaar angesehen werden kann [1]). Nur bei mehren Milben besitzen die jungen Thiere

---

1) Eine Ausnahme hiervon machen die mit glatten Muskeln versehenen Tardigraden. Vergl. Doyère a. a. O. p. 336.

2) Ueber die Anordnung des Muskelsystems bei den Scorpioniden und Araneen vergleiche man Meckel, System der vergl. Anat. Thl. 3. p. 47., über die Muskeln von Phalangium und Mygale siehe Tulk und Wasmann a. a. O. Ungemein deutlich springt das äusserst complicirte Muskelsystem der durchsichtigen Tardigraden in die Augen. S. Doyere a. a. O. p. 335. Pl. 17—19.

3) Diese Hautmuskelschicht, welche schon Treviranus (verm. Schriften. Bd. 1. p. 9. Taf. 1. Fig. 3. a. n.) und Brandt (in der medizin. Zoologie. Bd. 1. p. 88. Taf. 15. Fig. 8. a. a. oder in den Annal. d. sc. nat. Tom. 13. p. 180. Pl. 4. Fig. 1. a. a.) an Epeira beobachtet haben, wurde auch von Tulk (a. a. O. p. 154.) an Phalangium wahrgenommen, und von Wasmann (a. a. O. p. 8. Fig. 7. u. 8.) aus Mygale genauer dargestellt.

4) Ueber diese Muskeln, deren narbenartige Hautinsertionsstellen Treviranus (Bau der Arachniden. p. 23. Taf. 2. Fig. 17—19. und Taf. 3. Fig. 28. und vermischte Schriften. Bd. 1. p. 18. u. 33. Taf. 2.) bei den Araneen, bei Chelifer und Phalangium für Stigmen angesehen hat, vergleiche man Brandt (in der medizin. Zoologie a. a. O. p. 88. Taf. 15. Fig. 8. c. c. und in den Annal. d. sc. nat. a. a. O.) und Wasmann (a. a. O. p. 3. Fig. 1. 6. u. 24.).

1) Vergl. Dugès in den Annal. d. sc. nat. Tom. 1. p. 7. und Erichson, Entomographien. Hft. 1. p. 7.

sechs Beine, während die jungen Pycnogoniden sogar nur mit vier Beinen ausgestattet sind. Bei Phrynus und Thelyphonus stellt das erste Fusspaar mehr noch zwei vielgliederige Tastorgane dar, während dieselben Organe bei Galeodes schon ganz das Ansehen von Beinen gewonnen haben, aber noch keine Fussklauen besitzen, bei Mygale ist sogar auch das erste Maxillenpaar fussartig geworden, und an seinem Ende nicht blos mit einer Kralle, sondern auch mit einer Sohle versehen. Die meisten übrigen Arachniden besitzen an allen acht Fussenden Krallen, deren Zahl bis auf vier gesteigert sein kann 2). Bei vielen Araneen sind auf der convexen Seite der Fusskrallen kammartige Fortsätze angebracht 3).

Als Typus für die Gliederung der acht Arachniden-Beine lässt sich folgendes feststellen. Ein jedes dieser Bewegungsorgane entspringt mit einer beweglichen Coxa, auf welche ein kurzer Trochanter und ein längeres derbes Femur folgt, die Tibia zerfällt durch ein Gelenk in zwei ungleiche Glieder, denen sich ein längeres und ein kürzeres Tarsenglied anschliesst. Von diesem Typus weicht bei den Phryniden nicht blos das bereits erwähnte vielgliederige und fühlerartige erste Fusspaar ab, sondern auch an den übrigen drei Fusspaaren dieser Tarantelspinne erscheint die Zahl der Glieder vermehrt, indem jedes der sechs hinteren Füsse vier Tarsenglieder besitzt. Am meisten weichen jedoch die Beine der Phalangien von der gewöhnlichen Fussbildung der Arachniden ab, da bei denselben an allen acht Beinen die Tarsenglieder ausserordentlich vermehrt sind. Es kommen aber auch auf der anderen Seite unter den niederen Arachniden, namentlich unter den Acarinen und Tardigraden, Thiere vor, an denen die sieben erwähnten Abschnitte der Beine nicht so leicht herausgefunden werden können, da die Gelenkeinschnitte derselben entweder vermindert oder ganz undeutlich geworden sind; bei mehren dieser niederen Arachniden sind sogar einige oder alle Fusspaare zu wahren Fussstummeln verkümmert oder eingeschrumpft 4). Viele schmarotzende Milben sind noch mit einem weichen Haftlappen (*Arolium*) zwischen den Krallen versehen, womit sich dieselben, wie mit Saugwerkzeugen,

2) Am häufigsten sind zwei Krallen an jedem Fusse vorhanden, nur eine Kralle besitzt Phalangium, Hoplophora und Damaeus an den Beinen; drei Krallen tragen die Spinnen Segestria, Lachesis, Clotho und die Milben Demodex, Pelops, Zetes, Oribates an ihren Füssen; mit vier Krallen sind dagegen die Fussstummeln von Emydium und Macrobiotus besetzt.

3) Vergl. die Abbildungen von Savigny a. a. O.

4) Undeutliche und in der Zahl verminderte Gelenkeinschnitte bemerkt man an allen acht Beinen von Tyroglyphus und Glyciphagus, so wie an den Vorderbeinen von Sarcoptes, während die Hinterbeine der verschiedenen Sarcoptes-Arten und sämmtliche Beine der Tardigraden und der Demodex folliculorum in blosse Fussrudimente übergegangen sind.

festhalten können [5]). Am meisten erscheinen diese Haftorgane bei den krallenlosen Sarcoptes-Arten und verwandten Schmarotzer-Milben entwickelt, indem sie als langgestielte Haftscheiben von den Enden aller oder mehrer Fusspaare herabragen [6]). An den im Wasser frei umherschwimmenden Hydrachneen bieten die als Ruderorgane dienenden Beine, ausser einer starken einseitigen Behaarung, keine weitere Umbildung dar.

Dritter Abschnitt.

Von dem Nervensysteme.

§. 300.

Das Nervensystem der Arachniden steht auf sehr verschiedenen Stufen der Entwickelung, indem mit dem Verschwinden der Körpergliederung zugleich auch die Gliederung des Nervencentrums aufgehört hat, und das Bauchmark häufig, wie bei den kurzschwänzigen Decapoden, zu einer einzigen, die Bauchfläche des Cephalothorax einnehmenden Ganglienmasse verschmolzen ist, während sich in dem vielgliederigen Leibe anderer Arachniden die gegliederte Bauchganglien-Kette der langschwänzigen Decapoden wiederholt. In beiden Fällen lässt sich, mit wenigen Ausnahmen, eine über dem Schlunde gelegene Gehirnganglienmasse unterscheiden, die durch zwei sehr kurze, die Speiseröhre umfassende Seitenkommissuren mit dem Bauchmarke in Verbindung steht, und die Augen, so wie die Kieferfühler oder sogenannten Mandibeln mit Nerven versorgt, während das in Tastwerkzeuge umgewandelte erste Maxillenpaar seine Nerven aus dem Vorderende der Bauchganglienmasse erhält.

Die elementare Zusammensetzung des Nervensystems weicht bei den Arachniden in so fern von der des Nervensystems der Crustaceen ab, als dasselbe viel zartere Primitivfasern und kleinere gekernte Ganglienkugeln enthält [1]). In Bezug auf Verlauf und Anordnung der primitiven Nervenfäden stimmt die centrale Nervenmasse der Scorpioniden ganz

---

5) Z. B. Ixodes, Argas, Dermanyssus, Pteroptus u. A.

6) Bei Sarcoptes Ovis und Cati trägt das vorletzte Fusspaar, bei Sarcoptes Equi dagegen das letzte Fusspaar keinen Haftapparat, bei Sarcoptes Cynotis und Rupicaprae fehlen, wie bei Sarcoptes Scabiei, den vier hintersten Füssen die Haftscheiben, wogegen Sarcoptes Hippopodes, Glycyphagus Prunorum und Melichares agilis an allen acht Beinen mit langgestielten Haftorganen versehen sind. Vergl. Hering, die Krätzmilben der Thiere, in den Nov. Act. Nat. Cur. Vol. 18. P. II. Tab. 43—45.

1) S. Hannover a. a. O. p. 71. Pl. 6. Fig. 83. u. 84.

mit den bereits angeführten Organisationsverhältnissen des Nervensystems der Myriapoden überein [2]).

§. 301.

Die grösste Vereinfachung in der Organisation des Nervensystems findet bei den Acarinen Statt, indem sich dasselbe da, wo es sich bis jetzt hat nachweisen lassen [1]), nur auf einen einzigen Bauchmarkknoten beschränkt, von dem die peripherischen Nerven nach allen Seiten hin ausstrahlen, und auf dessen Rückenfläche sich für den Durchgang des Oesophagus nur ein ganz einfaches, queres Nervenband brückenartig erhebt [2]).

In den Tardigraden hat das Nervensystem bereits einen höheren Grad der Entwickelung erreicht, obgleich sich an demselben noch keine Gehirnganglienmasse abgesondert hat. Es sind hier nämlich in den vier Leibessegmenten eben so viele Bauchganglien vorhanden, welche durch lange, doppelte Längskommissuren unter einander in Verbindung stehen. Eine jede der drei Doppelkommissuren besitzt in ihrer Mitte eine Querkommissur. Die aus den vier Ganglien hervortretenden zarten Nervenfäden sind für die Muskeln bestimmt, wogegen sich vier stärkere, aus dem ersten Bauchganglion nach vorn verlaufende Stämme als für die Palpen und Augen bestimmte Sinnesnerven zu erkennen geben [3]).

Die Pycnogoniden besitzen ebenfalls ein aus vier Ganglien zusammengesetztes Bauchmark, jedoch sind hier die Ganglien, welche jederseits einen Hauptnervenstamm für die vier Fusspaare abgeben, ohne alle Kommissuren dicht an einander gedrängt, und steht das vorderste Ganglion durch zwei kurze Seitenkommissuren mit einem ovalen Gehirnganglion in Verbindung [4]).

Bei den Araneen besteht der Centraltheil des Nervensystems aus einer grösseren unteren und einer kleineren oberen Ganglienmasse,

---

2) Vergl oben §. 271. und Newport in den philosophical transactions. 1843. a. a. O.

1) Bei sehr vielen kleinen Acarinen, namentlich bei Sarcoptes und Demodex hat es bis jetzt, aller Bemühungen zum Trotz, nicht glücken wollen, auch nur eine Spur des Nervensystems zu entdecken, was wol der Zartheit desselben und der Kleinheit der Thiere zugeschrieben werden muss.

2) Ueber das Nervensystem von Trombidium hat Treviranus (in den verm. Schriften. Bd. 1. p. 47. Fig. 32.) Untersuchungen angestellt, welche Dujardin (in den Annal. d. sc. nat. Tom. 3. p. 19.) sowol an Trombidium, wie auch an Limnochares bestätigte. Später überzeugte sich auch Treviranus (in der Zeitschrift für Physiologie a. a. O. p. 189. Taf. 16. Fig. 7. c.) an Ixodes von dem Durchtritt der Speiseröhre durch die Hauptganglienmasse. Sehr deutlich fällt die brückenartige Hirnkommissur auf der etwas roth gefärbten Ganglienmasse von Trombidium in die Augen.

3) Vergl. Doyère a. a. O. p. 343. Pl. 17. von Milnesium.

4) Vergl. Quatrefages a. a. O. p. 77. Pl. 1. Fig. 1.ᵃ u. 2.ᵃ, ferner Pl. 2. Fig. 2. u. 3. von Ammothea und Phoxichilus.

welche nur in ihrer Mitte durch eine kleine Lücke zur Durchlassung der Speiseröhre von einander getrennt sind. Die obere Ganglienmasse, welche nach vorn etwas ausgerandet ist, versieht die Kieferfühler und Augen mit Nerven und entspricht dem Gehirne; die untere, in der Mitte des Cephalothorax gelegene Hauptganglienmasse läuft jederseits in vier starke Fortsätze aus, von welchen die Nerven für die vier Fusspaare abgehen. Aus dem Vorderrande dieser grossen, sternförmigen Bauchganglienmasse entspringen ausserdem noch die Nerven der beiden Palpen, während vom Hinterrande derselben zwei Hauptnervenstämme für die Hinterleibseingeweide hervortreten [5]). Aehnlich verhält sich auch das Nervensystem von Galeodes [6]), Phrynus und Thelyphonus [7]).

Die Centralmasse des Nervensystems der Phalangien beginnt vor dem Oesophagus mit zwei konischen, dicht an einander gedrückten Gehirnganglien, welche sich durch zwei kurze Seitenkommissuren mit der hinter der Speiseröhre gelegenen Querportion der, zu einer einzigen Masse verschmolzenen, Bauchganglien verbinden. Diese Bauchganglienmasse erscheint an beiden Seiten ihrer, die Mitte des Cephalothorax einnehmenden Querportion zu einem grösseren vorderen und zu einem kleineren hinteren Fortsatze umgebogen, aus welchen nach aussen die Nervenstämme für die acht Beine und nach vorn die Nerven für die Palpen hervortreten, während von dem Hinterrande der Querportion sich mehre Nervenstämme an die Hinterleibseingeweide vertheilen [8]).

Einen sehr hohen Grad der Entwickelung bietet das Nervensystem der Scorpioniden dar. Das der Speiseröhre aufliegende und nicht sehr umfangreiche Gehirn besteht aus zwei verschmolzenen, rundlichen Ganglien. Dasselbe gibt nach oben und vorn die Nerven an die Augen und Kieferfühler ab, und verbindet sich nach unten durch zwei kurze, aber starke, den Oesophagus umfassende Kommissuren mit dem vordersten Bauchganglion. Dieses stellt eine sehr ansehnliche, wahrscheinlich aus der Verschmelzung mehrer Ganglien hervorgegangene Markmasse dar, welche die Mitte des Cephalothorax einnimmt und sowol die bei-

---

5) S. Treviranus, über den inneren Bau der Arachniden. p. 44. Taf. 5. Fig. 45. und in der Zeitschrift für Physiologie. Bd 4. p. 94. Taf. 6. Fig. 4., Lyonet a. a. O. p. 405. Pl. 21. Fig. 22., Brandt in der mediz. Zoologie. Bd. 2. p. 90. Taf. 15. Fig. 3. u. 4. oder in den Annal. d. sc. nat. Tom. 13. p. 184. Pl. 4. Fig. 4., Dugès ebendas. Tom. 6. p. 174., und Grube a. a. O. p. 302., ferner eine sehr instructive Seitenansicht des Nervensystems von Mygale in Owen, Lecture a. a. O. p. 255. Fig. 109.

6) S. Blanchard a. a. O. p. 1384.

7) Vergl. van der Hoeven in der Tijdschrift a. a. O. IX. 1842. p. 68. und X. 1843. p. 369.

8) Dieses Nervensystem der Phalangier ist zum Theil schon von Treviranus (verm. Schriften. Bd. 1. p. 38. Taf. 4. Fig. 24.) beschrieben, besonders aber von Tulk (a. a. O. p. 324. Pl. 5. Fig. 31.) sehr ausführlich dargestellt

den scheerenförmigen Palpen, als auch die acht Beine mit Nerven versorgt. In dem übrigen Theile des gegliederten Leibes liegen drei kleinere Bauchganglien, hinter welchen noch vier andere Schwanzganglien folgen. Alle diese Ganglien sind durch lange Doppelkommissuren zu einer einzigen Ganglienkette unter einander verbunden, von welchen die sieben hinteren, kleineren Ganglien jederseits zwei Hauptnervenstämme abgeben, während von dem letzten Schwanzganglion noch zwei andere Nervenstränge nach hinten hervortreten, welche sich weiterhin vereinigen und, rechts und links Seitennerven aussendend, bis zur Schwanzspitze verlaufen [9]).

§. 302.

Ein Eingeweide-Nervensystem hat sich bis jetzt nur in den höheren Arachniden, aber hier sehr entwickelt, auffinden lassen. Am schwierigsten gelang die Nachweisung eines vom Gehirne ausgehenden und zurücklaufenden, unpaarigen Magennerven, indessen ist derselbe, wenigsten bei einigen Araneen, beobachtet worden, von deren Hinterrande des Gehirns zwei sehr zarte Nervenfäden entspringen, welche durch die Centralöffnung des Ringmagens hindurchtreten und sich dann auf dem Rücken des Magens vereinigen [1]). Auch die Scorpioniden besitzen einen ähnlichen, mit zwei Wurzeln vom Hirnganglion ausgehenden Magennerven, der an der Vereinigung der beiden Nervenwurzeln zu einem kleinen Ganglion anschwillt [2]).

Ausgezeichnet erscheinen in den Phalangien, Araneen, Galeoden und Phryniden diejenigen Eingeweidenerven, welche, von dem Hinterrande der im Cephalothorax gelegenen Bauchmarkmasse entspringend, sich zu den Verdauungswerkzeugen, zu den Respirations- und Kreislaufs-Organen, so wie zu den Generationswerkzeugen begeben, und zuweilen, während ihres Verlaufs, noch verschiedene Ganglien-

---

9) Ueber das Nervensystem der Scorpioniden vergleiche man die Beschreibungen von Treviranus (innerer Bau der Arachniden. p. 14. Taf. 1. Fig. 13. und Zeitschrift für Physiologie. Bd. 4. p. 89. Taf. 6. Fig. 1—3.), und Müller (a. a. O. p. 60. Taf. 1. Fig. 5. u. 7.), vor allem aber die meisterhafte Darstellung von Newport (in den philosophical transactions. 1843. p. 260. Pl. 12.), welcher bei Androctonus die Nerven der Extremitäten bis in die Tarsenglieder und in die Dornen der letzteren verfolgte.

1) Dieser *Nervus sympathicus recurrens* wurde von Brandt in Epeira entdeckt. S. die mediz. Zoologie. Bd. 2. p. 90. Taf. 15. Fig. 4. d. und Fig. 6. c. oder in der Isis. 1831. p. 1105. Taf. 7. Fig. 6. b, vergl. ferner Brandt's Bemerkungen über die Mundmagennerven a. a. O. p. 15. oder in den Annal. d. sc. nat. Tom. 5. p. 94. und Tom. 13. p. 185. Pl. 4. Fig. 2. c. Derselbe Nerve wurde auch von Grube (a. a. O. p. 302.) in anderen deutschen Spinnen wiedergefunden. Nach Dugès sollen sich bei Mygale (s. Annal. d. sc. nat. Tom. 6. p. 175.) statt jener einfachen Nervenfäden zwei seitliche Ganglionnetze vom Gehirne zu dem Magen begeben.

2) Vergl. Newport a. a. O.

anschwellungen bilden. Bei Phalangium treten aus der Querportion der centralen Bauchganglienmasse drei Stämme dieser Eingeweidenerven nach hinten hervor. Der mittlere Stamm derselben spaltet sich in zwei Aeste, welche zu zwei, durch eine quere Anastomose verbundenen Ganglien anschwellen; von diesen beiden Ganglien begibt sich ein Nervenplexus zu den inneren Zeugungstheilen und dem Corium. Die beiden anderen, zur Seite dieses mittleren Abdominalnerven, theilen sich gleich nach ihrem Ursprunge in zwei Aeste, von welchen die beiden äusseren Aeste nach sehr kurzem Verlaufe und die beiden inneren nach längerem Verlaufe ein Ganglion bilden. Aus den zwei äusseren dieser Ganglien erhalten die Geschlechtswerkzeuge gegen ihre Ausmündung hin verschiedene Nervenfäden, während die zwei inneren Ganglien den Verdauungskanal und die in der Nachbarschaft desselben befindlichen Organe mit Nerven versorgen [3]). Bei den Araneen, Galeoden und Phryniden begeben sich aus dem Hinterende des Hauptbauchganglions zwei ansehnliche, neben einander hinlaufende Nervenstränge in die Abdominalhöhle, in welcher sie sich strahlenförmig an die Verdauungswerkzeuge, die Lungensäcke, Zeugungstheile und die übrigen Hinterleibseingeweide vertheilen, zuweilen sich aber noch vor ihrer Theilung zu einem gemeinschaftlichen Ganglion vereinigen [4]).

Vierter Abschnitt.

Von den Sinnesorganen.

§. 303.

Die fühlerartigen, vielgliederigen Fortsätze, mit welchen die Crustaceen und Insekten allgemein ausgestattet sind, fehlen den Arachniden oder sind vielmehr in Greif- und Beissorgane umgewandelt und an die Stelle der Mandibeln gerückt [1]). Es müssen dagegen die sehr

---

3) Vergl. Treviranus, verm. Schriften. Bd. 1. p. 38. Taf. 4. Fig. 24. und Tulk a. a. O. p. 325. Pl. 5. Fig. 31. u. 33.

4) Diese Ganglienanschwellung ist von Treviranus (Bau der Arachniden. p. 45. Taf. 5. Fig. 45.) bei deutschen Spinnen, und von Dugès (in den Annal. d. sc. nat. Tom. 6. p. 175) bei Mygale beobachtet worden. Nach Brandt (in der mediz. Zoologie. Bd. 2. Taf. 15. Fig. 3. und in den Annal. d. sc. nat. Tom. 13. p. 185. Pl. 4. Fig. 4.) fehlt dieses Ganglion in Epeira, dasselbe wurde aber auch von Treviranus (in der Zeitschrift für Physiologie. Bd. 4. p. 95.) bei einer brasilianischen Spinne vermisst. In Galeodes hat Blanchard (a. a. O. p. 1384.) diesen Markknoten erkannt, während derselbe auch in Thelyphonus von van der Hoeven (s. Tijdschrift etc. D. X. p. 370.) aufgefunden wurde.

1) Vergl. unten §. 306. Wenn übrigens Latreille (s. Cuvier, le règne animal. Tom. 4. 1829. p. 207.) diese sogenannten Mandibeln, welche man als das vorderste Kieferpaar bei den Arachniden zu betrachten pflegt, als metamorphosirte

entwickelten Palpen des ersten Maxillenpaares, welche nur sehr wenigen Arachniden fehlen [2]), als der Hauptsitz des Tastsinnes betrachtet werden. Zu diesen Tastwerkzeugen begeben sich auch immer zwei sehr ansehnliche Nerven, welche aus dem Vorderende der Bauchganglienmasse entspringen [3]). Aber auch den nervenreichen Fussenden der Arachniden wird ein feines Tastgefühl nicht abgesprochen werden können, was sich zum Theil bei den Phryniden und Opilioninen an den vielgliederigen, antennenartigen Beinen zu erkennen gibt, noch mehr aber bei den spinnenden Araneen ausgesprochen ist, indem die Füsse der letzteren bei dem Verfertigen der Gewebe ganz besonders thätig sind.

§. 304.

Obgleich man den Arachniden sowol Geschmacks- wie auch Geruchs-Empfindung zugestehen muss, und obgleich diese Thiere nach den gemachten Erfahrungen einen sehr ausgebildeten Gehörsinn besitzen müssen, so hat sich bis jetzt weder über den Sitz, noch besonders über die Beschaffenheit eines für die Auffassung solcher Sinneseindrücke bestimmten Organes etwas genügendes auffinden lassen [1]).

§. 305.

Die Sehorgane der Arachniden bestehen immer nur aus einfachen Augen (***Stemmata***), doch gibt es unter den niederen Arachniden eine ganze Reihe von Thieren, nämlich die schmarotzenden Milben mit ihren Verwandten, welche ganz augenlos sind [1]).

Die Stemmata der Arachniden stimmen in ihrer Organisation vollkommen mit den einfachen Augen der Crustaceen überein; sie besitzen eine einfache, gewölbte Cornea, dahinter eine kugelige Linse und einen concav-convexen Glaskörper, welcher letztere von einer becherförmigen Ausbreitung der Retina umfasst wird. Ein jedes dieser

---

Fühler angesehen wissen will, so kann man ihm nicht Unrecht geben, da dieselben ihre Nerven nicht aus der Bauchganglienmasse, sondern, wie die Fühler der Crustaceen und Insekten, unmittelbar aus dem Gehirnganglion erhalten.

2) Diese Palpen werden bei Pycnogonum, Phoxichilus, Phoxichilidium und Pallene vermisst. Vergl. die Abbildungen von Savigny, Mémoires a. a. O. I. Pl. 5. Fig. 3., von Johnston im Magazine of Zoology and Botany. Vol. 1. Pl. 13. Fig. 1—8., und von Milne Edwards, hist. nat. d. Crust. Pl. 41. Fig. 6. Bei den Scorpioniden, so wie bei Obisium, Chelifer, Phrynus und Thelyphonus sind die Palpen scheerenartige Greiforgane geworden.

3) Vergl. Treviranus in der Zeitschrift für Physiologie. Bd. 4. p. 94. Taf. 6. Fig. 4. No. 4. von einer brasilianischen Spinne, und Doyère a. a. O. p. 349. Pl. 17. Fig. 1. n. a. von Milnesium.

1) Der Analogie nach dürfte der Geschmacksinn wol auch bei den Arachniden am Eingange des Schlundes seinen Sitz haben.

1) Augenlos erscheinen Demodex, Sarcoptes, Pteroptus, Dermanyssus, Gamasus, Thyroglyphus, Glycyphagus, Acarus, Argas, Ixodes u. A.

Ocellen wird von hinten her durch eine verschieden gefärbte, einer Chorioïdea entsprechende Pigmentschicht umgeben, welche vorn zwischen der Linse und dem Glaskörper mit einem irisartigen Ringe endigt, und da, wo zwei Ocellen sehr nahe beisammen stehen, beide Organe gemeinschaftlich einhüllt [2]).

In Bezug auf Zahl, Lage, Anordnung und Richtung der Augen herrschen bei den Arachniden sehr grosse Verschiedenheiten, welche vielfach als zoologische Charaktere benutzt worden sind. Zwei Augen tragen Chelifer, Erythraeus, Smaridia, Tetranychus, Arrenurus und die Tardigraden auf dem Vorderrücken, während dieselben bei mehren Oribateen ganz auf die Seite des Vorderleibes gerückt sind. Bei Trombidium erscheinen die beiden Augen dicht über dem ersten Fusspaare, sonderbarer Weise auf einem beweglichen, kolbenförmigen Stiele angebracht [3]). Vier Augen stehen bei den Pycnogoniden und bei Obisium auf dem vordersten Körperabschnitte, und bei Bdella, Rhyncholophus, Eylaïs, Atax, Diplodontus, Hydrachna und Limnochares auf dem Vorderrücken des ungegliederten Leibes [4]). Bei den Opilioninen finden sich zwei mittlere

---

2) Ueber die Construction der Arachniden-Augen vergleiche man Soemmering, de oculorum hominis animaliumque sectione horizontali. p. 74. Tab. 3., und Gaede in den Nov. Act. Nat. Cur. Vol. XI. p. 338. von Mygale, besonders aber Müller, zur vergleichenden Physiologie des Gesichtsinnes. p. 316. Taf. 7. Fig. 8—11. oder in den Annal. d. sc. nat. Tom. 17. 1829. p. 234. Pl. 12. Fig. 1. bis 4. von Androctonus und Galeodes. Brants (in der Tijdschrift etc. D. V. oder in den Annal. d. sc. nat. Tom. 9. 1838. p. 308.), welcher an den Ocellen von Buthus und Mygale die Angaben Müller's bestätigte, will ausserdem noch hinter dem Glaskörper Röhren bemerkt haben, die den durchsichtigen Glaskegeln in den zusammengesetzten Augen der Crustaceen und Insekten analog sein sollen. Müller (s. dessen Archiv. 1838. Jahresbericht. p. 139.) konnte aber in den erwähnten Arachniden-Augen keine solche Röhren auffinden, sah aber dagegen die Fasern des Sehnerven, nachdem sie ein Auge erreicht haben, durch lange, fadenartige Pigmentkörper getrennt werden, welche Fasern jedoch, ihres trüben Ansehens wegen, mit den in Weingeist vollkommen klar bleibenden Glaskegeln der facettirten Arthropoden-Augen nicht zu verwechseln sind.

3) Diese gestielten Augen, welche schon Degeer (a. a. O. p. 57. Taf. 8. Fig. 15. y. y.) abgebildet hat, wurden von Hermann (a. a. O. p. 19. Pl. 3. Fig. E. u. G.) als *Oculi inferi* bezeichnet. Vergl. auch Treviranus, verm. Schriften. Bd. 1. p. 49. Fig. 31. 33. u. 34. o. o.

4) Bei Bdella sind die Augen ganz seitlich angebracht; bei den oben genannten Hydrachneen stehen immer zwei Ocellen so nahe beisammen, dass sie leicht für ein einziges Auge gehalten werden. Beide Augenpaare erscheinen bei Atax, Diplodontus und Hydrachna weit von einander getrennt, bei Eylaïs und Limnochares dagegen auf der Mitte des Vorderrückens sehr genähert. Bei den jungen Individuen dieser Wassermilben ist übrigens die Stellung der Augen häufig eine andere (s. Dugès in den Annal. d. sc. nat. Tom. 1. p. 144. Pl. 9. u. 10.). Das Zusammenrücken der Ocellen mag Wagner (Lehrbuch der vergl. Anat. p. 431.) vielleicht veranlasst haben, gewissen Hydrachneen zusammengesetzte

grössere und zwei seitliche kleinere Ocellen vor, von welchen das mittlere Augenpaar auf einem hervorragenden Höcker aufsitzt und seine Hornhautwölbungen nach rechts und links gerichtet hält [5]). Galeodes besitzt am Vorderrande des ersten Körperabschnittes sechs Ocellen, von welchen das grössere mittlere Paar nach oben, und das vor diesem angebrachte kleinere Paar nach vorn gerichtet ist, während das fünfte und sechste Auge über dem Ursprunge der vorderen Beine nach den Seiten hin blickt [6]). Die Araneen sind gewöhnlich mit acht Augen ausgestattet, nur wenige müssen sich mit sechs Augen begnügen [7]). Diese Spinnenaugen haben an einem und demselben Individuum meistens eine verschiedene Grösse und befinden sich immer in mannichfaltiger, aber symmetrischer Gruppirung auf dem Cephalothorax, wo sie bald mehr zusammengedrängt die Mitte des Vorderrückens einnehmen, oder bald mehr zerstreut am Vorder- und Seitenrande desselben umherstehen [8]). Die rückenständigen Ocellen haben die Wölbung ihrer Cornea nach oben und die randständigen Ocellen dagegen nach vorn und nach den Seiten hin gerichtet. Die Anordnung und Richtung der Augen hängt bei den Spinnen mit der Lebensweise dieser Thiere innig zusammen, indem ein Theil derselben von Winkeln, Ritzen oder Röhren aus nach Beute spähet, während ein anderer Theil derselben in aufgespannten Netzen lauernd oder frei umherschweifend nach allen Seiten hin seine Aufmerksamkeit zu wenden hat. Auch die Beschaffenheit des Augenpigments steht mit der Lebensweise der Araneen in Beziehung, indem die Augen der Tagspinnen, wie bei den übrigen Arachniden, ein grünes, röthliches oder braunschwarzes Pigment enthalten, wogegen aus den Augen der nächtlichen Spinnen statt des Pigmentes ein prächtig glänzendes Tapetum hervorschimmert [9]). Bei den Phryniden sind ebenfalls acht Stemmata vorhanden, von denen zwei vorn auf der Mitte des Bruststückes, und an jeder Seite desselben drei Augen im Dreiecke stehen. Die meisten Augen finden sich bei den Scorpio-

---

Augen zuzuschreiben. Nach Dujardin's Versicherung (in den Annal. d. sc. nat. Tom. 3. p. 19.) besitzt indessen Penthaleus wirklich ein einziges, aus acht bis zehn Facetten zusammengesetztes Auge, während einige andere, zu Oribates und Molgus gehörende Landmilben nur ein einziges Stemma auf ihrem Rücken tragen sollen.

5) Vergl. Treviranus, verm. Schriften. Bd. 1. p. 24. Taf. 2. Fig. 10. Die beiden seitlichen, kleineren Augen fehlen übrigens bei mehren Opilioninen. Nach Tulk (a. a. O. p. 326. Pl. 5. Fig. 32.) sollen ein Paar Muskeln, welche zu den beiden mittleren Ocellen herantreten, eine Verschiebung des Inhalts dieser Augen bewirken können.

6) Vergl. Müller, zur vergl. Physiol. etc. p. 322. Taf. 7. Fig. 11.

7) Sechs Augen finden sich bei Scytodes, Segestria, Dysdera und Uptiotes vor.

8) Vergl. Savigny in der Descript. de l'Egypte a. a. O. Pl. 1—7., und Walckenaër a. a. O. Pl. 1—4. etc.

9) Vergl. Dugès in den Annal. d. sc. nat. Tom. 6. p. 175.

niden vor, welche ausser den zwei grösseren, die Mitte des Cephalothorax einnehmenden Ocellen am Vorderrande desselben jederseits noch eine Reihe von zwei bis fünf kleineren Augen besitzen.

Die Zahl der Sehnerven richtet sich in der Regel nach der Zahl der vorhandenen Stemmata, doch machen die Scorpioniden hiervon eine Ausnahme, da aus ihrem Gehirne zu den Seiten der beiden mittleren Sehnerven zwei gemeinschaftliche, für die beiden Reihen der Randocellen bestimmte Sehnerven entspringen, welche sich erst gegen Ende ihres Verlaufs spalten, um zu den einzelnen Ocellen zu gelangen [10]. Die Länge des Sehnerven ist, wegen der tieferen Lage des Gehirns, gewöhnlich eine sehr beträchtliche; nur die Pycnogoniden weichen in dieser Beziehung von den übrigen Arachniden auffallend ab, indem bei Phoxichilus alle vier Augen unmittelbar dem Gehirne aufsitzen, und bei Ammothea sich der Opticus als ein kurzer, dicker, den vier Ocellen gemeinschaftlicher Fortsatz des Gehirns erhebt [11].

Fünfter Abschnitt.

Von dem Verdauungs-Apparate.

§. 306.

Die den Eingang zu dem Verdauungskanale umgebenden Mundtheile der Arachniden erscheinen sehr verschieden gebildet, stimmen aber darin mit einander überein, dass sie niemals Mandibeln besitzen. Diejenigen Organe, welche man gewöhnlich als Mandibeln bezeichnet, sind nichts anderes, als die in Greif- oder Beissorgane umgewandelten Fühler, was schon ihre aus dem Gehirne entspringenden Nerven beweisen, ausserdem aber noch daraus hervorgeht, dass diese sogenannten Mandibeln oder richtiger Kieferfühler niemals, wie die wahren Mandibeln der übrigen Arthropoden, in horizontaler Richtung kauend gegen einander wirken. Die meisten Arachniden verschlucken nur flüssige Nahrungsstoffe, daher auch das Basalglied der Maxillen mehr oder weniger verkümmert ist, und nur in wenigen Fällen eine zum Kauen eingerichtete Lade darstellt, während sich die übrigen Glieder derselben zu einer meist sehr ausgezeichneten Tast- oder Greifpalpe entwickelt haben.

Im Allgemeinen lässt sich die Organisation der Mundtheile bei den Arachniden nach folgenden fünf verschiedenen Typen unterscheiden.

---

10) S. Treviranus in der Zeitschr. f. Physiol. Bd. 4. p. 92. Tab. 6. Fig. 3. und Müller, zur vergl. Physiol. etc. p. 321. Taf. 7. Fig. 10. oder in den Annal. d. sc. nat. Tom. 17. p. 238. Pl. 17. Fig. 3.

11) S. Quatrefages a. a. O. p. 77. Pl. 1. Fig. 1.ᵃ und Fig. 2.ᵃ

1. Bei den Tardigraden sind die Mundtheile in vollständige Saugorgane umgewandelt. Dieselben beginnen mit einer Art Saugnapf, hinter welchem eine fleischige Rohre in das Innere des Kopfendes hinabragt. Zu beiden Seiten dieser Röhre liegen zwei stiletförmige Körper (Zähne), welche vermittelst eines besonderen Muskelapparates in die Röhre hinein und nach vorn geschoben werden können [1]).

2. Einen von den Kauwerkzeugen sehr abweichenden Bau zeigen auch die Mundtheile der meisten Acarinen, indem die beiden Kieferfühler derselben bald Scheeren- oder Klauenfühler, bald messer- oder stiletförmige Fortsätze darstellen, mit welchen letzteren die Acarinen stechen und durch Seitenbewegungen dieser Waffen zugleich auch nach aussen schneiden können. Diese Kieferfühler liegen entweder nackt zu Tage, oder werden, nach Art eines Perspectives, aus- und eingezogen, sind aber auch zuweilen von einem stirn- oder kinnartigen Fortsatze von oben oder von unten her gedeckt. In seltenen Fällen erscheinen diese letzteren Fortsätze zu einem kürzeren oder längeren Rüssel vereinigt, aus welchem die Kieferfühler alsdann hervorgeschoben werden [2]). Das an den Seiten der Kieferfühler angebrachte erste Maxillenpaar hat die Bedeutung von Kauorganen ganz eingebüsst, und vertritt in Form von Palpen nur allein die Stelle von Tastorganen. Diese Palpen erscheinen bald mehrgliederig, bald nur eingliederig und ausserdem so verschieden gestaltet, dass sie sich als *Palpi rapaces*, *anchorarii*, *fusiformes*, *filiformes*, *antenniformes*, *valvaeformes* und *adnati* unterscheiden lassen [3]).

---

1) Vergl. Doyère a. a. O. p. 319. Pl. 13—15.

2) Ueber die Kieferfühler der Milben vergleiche man die Beschreibungen und Abbildungen von Hermann, Dugès und Dujardin (a. a. O.). — Scheerenförmige Kieferfühler besitzen die Acareen, Gamaseen und Bdelleen. Vergleiche Dujardin, Observateur au Microscope. Pl. 17. Fig. 10. 11. von Acarus. Klauenfühler findet man bei Trombidium, Erythraeus, Smaridia, Atax und Eylaïs. Vergl. Treviranus, verm. Schriften. Bd. 1. Taf. 5. Fig. 29. von Trombidium. Stiletförmige Kieferfühler kommen bei den Ixodeen, bei Tetranychus, Rhyncholophus, Rhaphignathus und Hydrachna vor. Von einem Stirnfortsatze, der auch als Oberlippe betrachtet wird, sind die Kieferfühler des Dermanyssus und Rhaphignathus überdeckt, ein Kinnfortsatz oder eine Unterlippe dagegen ist bei den Ixodeen wahrzunehmen, während bei Smaridia und Sarcoptes diese Mundtheile von einer Art Röhre umgeben sind. Vergl. Dujardin, Observateur etc. Pl. 17. Fig. 1—4. von Sarcoptes. An Ixodes erscheinen die messerförmigen Kieferfühler nach aussen gezähnelt, auch sind bei dieser Schmarotzer-Milbe sogar an dem langen Kinnfortsatze rechts und links eine Menge Zähne angebracht. Vergl. Savigny in der Description de l'Egypte. Pl. 9., und Audouin in den Annales d. sc. nat. Tom. 25. Pl. 14. Die von Audouin an den Kieferfühlern des Ixodes Erinacei bemerkte Kürze und Ungleichheit rührte blos von dem Umstande her, dass dieselben nur unvollständig und ungleich hervorgeschoben waren.

3) Diese Eintheilung der Palpen rührt von Dugès her, vergl. die Annal. d. sc. nat. Tom. 1. p. 11.

3. Die Oribateen, welche sowol unter den Acarinen, wie unter den Arachniden überhaupt als Pflanzenfresser ganz isolirt dastehen, zeichnen sich auch durch die Bildung ihrer Mundtheile aus. Das dicht hinter den aus- und einschiebbaren Scheerenfühlern befindliche erste Maxillenpaar ist nämlich ein vollkommenes Kauorgan, an welchem sich das Basalglied auf Kosten der übrigen, nur eine kurze Palpe darstellenden Glieder zu einer sehr ansehnlichen und gezähnelten Lade entwickelt hat [4]).

4. Die Pycnogoniden, Opilioninen, Pseudoscorpien, Galeoden und Scorpioniden haben ein dreigliederiges Scheerenfühlerpaar mit einander gemein, hinter welchem das von Kauwerkzeugen ganz und gar abweichende erste Maxillenpaar angebracht ist [5]). Beide Maxillen bieten bei den Scorpioniden und Pseudoscorpien die Form von zwei sehr langen, armförmigen Scheeren dar, während dieselben bei den Galeoden, Pycnogoniden und Opilioninen fühlerartige Tastorgane geworden sind. Nur an dem Basalgliede dieser Palpen ist bei den Phalangien ein haariger, stumpfer Fortsatz wahrzunehmen, der mit dem Rudimente einer Lade verglichen werden kann [6]). Bei den Scorpioniden berühren die beiden Basalglieder der Tasterscheeren sich mit ihren inneren platten Flächen so genau, dass sie recht gut zum Zerquetschen weicher thierischer Substanzen benutzt werden können [7]).

5. In den Phryniden und Araneen haben die beiden Kieferfühler die Gestalt von zweigliederigen Klauenfühlern angenommen. Das Wurzelglied dieser sogenannten Mandibeln ist immer ausserordentlich dick, auf welchem das Endglied als eine schmächtige, gebogene und sehr spitz zulaufende Klaue eingelenkt erscheint [8]). Diese letztere

---

4) Von der Anwesenheit horniger und gezähnelter, zum Kauen eingerichteter Maxillen habe ich mich bei Hoplophora, Pelops, Zetes, Oribates, Damaeus und anderen Oribateen überzeugt.

5) Nur einige Pycnogoniden machen davon eine Ausnahme, indem Pariboea einfache, keulenformige, zweigliederige Kieferfühler besitzt, und Endeïs, Pycnogonum und Phoxichilus diese Organe ganz entbehren. Vergl. Philippi in Wiegmann's Archiv. 1843. Bd. 1. Taf. 9. Fig. 1—3., s. ferner Savigny, Johnston und Milne Edwards a. a. O.

6) Vergl. Savigny, Mémoires a. a. O. I. Pl 6. Fig. 2. d.

7) Bekanntlich saugen die Scorpioniden, wie die meisten übrigen vom Raube lebenden Arachniden, ihre Beute nur aus, Galeodes soll dagegen die geraubten Insekten vollständig verzehren, indem er die letzteren mit seinen Scheerenfühlern nicht blos ergreift und zum Munde führt, sondern auch zertrümmert und zerschneidet, wobei aber jede Scheere für sich thätig ist (s. Hutton in den Annals of nat. hist. Vol. 12. 1843. p. 81. oder in Froriep's neuen Notizen. Bd. 28. p. 49). Ein gleiches Benehmen zeigen gewiss auch die Phalangien, in deren Darmkanal man die unverdauten Trümmer verzehrter Insekten antrifft (s. Tulk a. a. O. p. 248.).

8) Vergl. Roesel a. a. O. Taf. 37. und Savigny in Descript. de l'Egypte. Pl. 1—8., so wie Lyonet a. a. O. Pl. 19. u. 21.

liegt in der Ruhe, nach innen oder unten umgeschlagen, dem Wurzelgliede dicht an, und wird von den Thieren aufgerichtet, um ihren Feinden oder der erhaschten Beute eine vergiftete Wunde beizubringen, zu welchem Behufe an der Spitze einer jeden Klaue der Ausführungsgang einer Giftdrüse ausmündet 9). An dem ersten Maxillenpaare, welches bei den Spinnen in lange Tastorgane und bei den Phryniden in Greiforgane umgewandelt ist, bilden die beiden Basalglieder zwei nach vorn gerichtete Vorsprünge, welche sich mit ihren borstigen Seitenkanten dicht berühren und den Eingang zur Mundhöhle verdecken 10). Da die Spinnen mittelst dieser Vorsprünge die erhaschten und auszusaugenden Thiere zerquetschen und in die Mundhöhle hineindrücken, so können dieselben wol als Maxillen-Rudimente betrachtet werden.

Die Mundhöhle ist bei den meisten Arachniden an ihrer äusseren Mündung mit einem weichen, wulstigen und unebenen Rande umgeben, welchen man theils als Ober- und Unterlippe, theils als Zunge hat deuten wollen 11). Die Mündung und Höhle des Mundes erscheinen häufig mit nach innen gerichteten Härchen dicht bedeckt, zwischen welchen hier und da härtere Hornleisten wahrgenommen werden, die wahrscheinlich wie Zähne zu wirken haben. Als eine Eigenthümlichkeit der geräumigen Mundhöhle der Araneen muss eine rinnenförmige Leiste erwähnt werden, welche auf der Mittellinie des Gaumens nach hinten läuft und in den Oesophagus übergeht 12). Die Seitenränder dieses Halbkanals können sich an einander schieben und zu einer Röhre schliessen, welche Vorrichtung den Spinnen bei dem Aussaugen der mit ihren Klauenfühlern vielfach durchbohrten und in die Mundhöhle geschobenen Beute gewiss sehr zu Statten kommt.

Die Nahrungsstoffe werden vom Munde sehr vieler Arachniden durch einen sehr engen Oesophagus in den eigentlichen Verdauungskanal geleitet 13). Bei den Araneen hat der knieförmig gebogene, enge Speisekanal eine hornige Beschaffenheit und endigt vor seinem Uebergange in den Magen mit einer prismatischen muskulösen An-

9) Siehe unten §. 315.

10) Vergl. Treviranus, Bau der Arachniden. Taf. 2. Fig. 14—16. r. und Brandt in der mediz. Zoologie. Bd. 2. Taf. 15. Fig. 9. u. 18. b.

11) Bei den Araneen und Scorpioniden bezeichnet eine haarige und wulstige Oberlippe den Eingang zur Mundhöhle, mehre solche Wülste umgeben die Mundöffnung der Opilioninen, während bei den Pycnogoniden die wulstige Mundöffnung rüsselförmig zwischen den Kiefern hervorragt.

12) Vergl. Lyonet a. a. O. p. 401. Pl. 21. Fig. 4. u. 5., und Dugès in den Annal. d. sc. Tom. 6. p. 178.

13) Bei den Acarinen, Pycnogoniden und Araneen. In dem Oesophagus der Pycnogoniden wollte Quatrefages (s. Comptes rendus. Tom. 19. 1844. p. 1152.) ein Flimmerepithelium gesehen haben, allein derselbe hat später (in den Annal. d. sc. nat. Tom. 4. p. 72.) selbst eingestanden, dass er sich getäuscht habe, und dass den Asselspinnen, wie allen übrigen Arthropoden, Flimmerorgane abgehen.

schwellung, an welche sich ein ansehnlicher, von der Mitte des Rückenschildes entspringender und durch die Centralöffnung des Ringmagens hindurchtretender Muskel inserirt [14]), wodurch diese ganze Vorrichtung wol ganz besonders geeignet erscheint, bei dem Aufsaugen und Hinunterschlürfen der Nahrungsstoffe als Saugapparat zu wirken [15]). Auch in den Tardigraden endigt der Schlund mit einem ausgezeichneten muskulösen Saugapparat, der bei Macrobiotus und Emydium einer hohlen Kugel gleicht, und bei Milnesium dagegen eine cylindrische Gestalt besitzt [16]).

§. 307.

Der Verdauungskanal der Arachniden zeigt sich nach zwei verschiedenen Typen organisirt.

1. Der Magen der Tardigraden, Acarinen, Pycnogoniden, Opilioninen, Solpugiden und Araneen besitzt eine bald grössere, bald geringere Menge blindsackförmiger Ausstülpungen von der verschiedenartigsten Gestalt und Ausdehnung, und geht nach hinten in einen kurzen, engen Darm über, welcher in gerader Richtung nach dem meist am Hinterleibsende angebrachten After verläuft. Vor diesem Ende besitzt der Darm in der Regel eine durch Abschnürung bezeichnete mastdarm- oder vielmehr cloakenartige Erweiterung. Bei den Tardigraden füllt der langgezogene Magen den grössten Theil der Leibeshöhle aus und erscheint in seiner ganzen Ausdehnung durch eine Menge von Einschnürungen und Einschnitte in viele unregelmässig geordnete Blindsäcke abgetheilt [1]). In den Acarinen, deren After vom Hinterleibsende mehr nach der Mitte des Bauches gerückt ist, ragen fast immer drei kurze Blindsäcke vom kurzen Magenschlauche nach vorn in die Höhe, während zwei längere, mehr oder weniger eingeschnürte Blindsäcke die Seiten des Hinterleibes einnehmen. Bei verschiedenen Schmarotzer-Milben erscheinen diese Magen-Blindsäcke tief eingekerbt oder gabelförmig getheilt [2]). Fünf Paar ausserordentlich

---

14) S. Brandt in der mediz. Zoologie. Bd. 1. p. 89. Taf. 15. Fig. 6. b. oder in den Annal. d. sc. nat. Tom. 13. p. 183. Pl. 4. Fig. 2. b.

15) Dieser Saugapparat wurde kürzlich von Wasmann (a. a. O. p. 10. Fig. 13. i. m.) richtig beschrieben und gedeutet, war aber schon von Lyonet (a. a. O. p. 402. Pl. 21. Fig. 4. CDE) ganz gut aufgefasst worden, wogegen Brandt (in der mediz. Zoologie. Bd. 2. p. 87.) diesen Apparat für ein Zungenbein erklärt hat.

16) S. Doyère a. a. O. p. 322. Pl. 13—15.

1) Vergl. Doyère ebendas. p. 324. Pl. 15.

2) Vergl. Lyonet a. a. O. Pl. 13. Fig. 11. u. 12., Dugès a. a. O. Tom. 1. Pl. 1. Fig. 27. Tom. 2. Pl. 7. von Erythraeus, Dermanyssus und Ixodes, ferner Treviranus in der Zeitschrift für Physiologie. Bd. 4. p. 189. Taf. 16. Gabelförmig verzweigte Magenblindsäcke finden sich in Ixodes vor, von denen die hinteren langen Blindschläuche im Hinterleibsende sich nach unten umbeugen und sich noch eine weite Strecke nach vorn begeben. Diese verschiedenen

lange Blindröhren erstrecken sich vom kurzen Magen der Pycnogoniden theils in die zwei Scheerenfühler, theils in die acht langen Beine bis zu dem Ende der Tibien hinein [3]). Bei Galeodes dringen vom Magen aus blindschlauchartige Fortsätze sowol in die vier Paar Beine, als auch in die Basis der Scheerenfühler und Tastpalpen ein [4]). An dem weiten Magen der Phalangien lassen sich dreissig kleinere und grössere, blindsackförmige Anhänge unterscheiden. Es befinden sich hier nämlich am oberen Theile des Magens vier Reihen kurzer Coeca, während sich drei Paar längere, seitliche Blindschläuche fast durch die ganze Länge der Leibeshöhle hinabziehen, von denen das mittlere Paar ausserdem noch mit kurzen Säcken besetzt ist [5]). Eine ganz merkwürdige Anordnung bietet der auf den Cephalothorax sich beschränkende Magen der Araneen dar. Derselbe spaltet sich im Hinterende der Brusthöhle dicht hinter dem Saugapparate in zwei Seitenhälften, welche sich bogenförmig nach vorne krümmen und hier zu einem Ringe verschmelzen, aus dessen Seiten fünf Paar nach dem Ursprunge der Beine und Palpen hingewendeter Blindschläuche entspringen. Der Einmündung des Saugapparates gegenüber tritt aus diesem Ringmagen der Darm hervor, welcher mitten durch die Hinterleibshöhle verläuft und vor dem After mit einer cloakenartigen Erweiterung endigt [6]).

Blindschläuche der Milben schimmern häufig, besonders wenn sie mit gefärbtem Inhalte angefüllt sind, in bestimmten Umrissen durch die Haut hindurch, entziehen sich aber auch bei den sehr kleinen Milbenarten im leeren Zustande ihrer zarten Wandungen wegen um so leichter unseren forschenden Blicken. Mir gelang es jedoch immer, selbst bei den kleinsten Oribateen, die selbstständigen Darmwandungen zu unterscheiden, zumal wenn sie mit festen Futterstoffen gefüllt waren. Es muss daher die von Dujardin kürzlich hingestellte Behauptung (s. die Annal. d. sc. nat. Tom. 3. p. 14. oder Comptes rendus a. a. O. p. 1159.), dass die von den Milben eingesogenen Nahrungsstoffe in keinen mit besonderen Wandungen abgeschlossenen Verdauungskanal gelangen, sondern sich frei in die Zwischenräume des Leibes vertheilen, als durchaus unrichtig zurückgewiesen werden.

3) S. Milne Edwards, hist. nat. d. Crust. Tom. 3. p. 531. und Quatrefages a. a. O. p. 72. Pl. 1. u. 2.

4) S. Blanchard a. a. O. p. 1384.

5) Vergl. Ramdohr, Abhandl. über die Verdauungswerkzeuge etc. p. 205. Taf. 29., Treviranus, verm. Schriften. Bd. 1. p. 29. Taf. 3. und Tulk a. a. O. p. 246. Pl. 4.

6) Ueber den Ringmagen der Spinnen, von welchem Treviranus (Bau der Arachniden. p. 30. Taf. 2. Fig. 24. v. b.) bei Tegenaria nur vier Coeca erkannt hatte, vergleiche man Brandt in der mediz. Zoologie. Bd. 2. p. 89. Taf. 15. Fig. 6. oder in der Isis. 1831. p. 1105. Taf. 7. Fig. 6. oder in den Annal. d. sc. nat. Tom. 13. p. 182. Pl. 4. Fig. 2., ferner Owen, Lectures etc. p. 257. Fig. 110. und Wasmann a. a. O. p. 11. Fig. 17. u. 18. Nach den Beobachtungen des letzteren biegen sich bei Mygale die vier Paar langen Blindschläuche des Ringmagens an der Basis der acht Beine nach unten um, um sich nach der Brust

2. Der Verdauungskanal der Phryniden[7]) und Scorpioniden[8]) verhält sich im Vergleich mit den oben beschriebenen Verdauungswerkzeugen ausserordentlich einfach, indem er von einer ganz geraden, ziemlich gleich weiten Darmröhre gebildet wird, die nirgends eine magenartige Erweiterung oder blindsackförmige Anhänge besitzt und am Hinterleibsende mit dem After ausmündet[9]).

§. 308.

Von den drüsigen Nebenorganen des Verdauungskanals dürften die Speicheldrüsen vielleicht bei keinem der Arachniden fehlen, da sie sich an vielen niederen Arachniden, bei denen man sie am wenigsten vermuthete, ganz deutlich haben unterscheiden lassen. In den Tardigraden liegen zu beiden Seiten des Saugapparats zwei ansehnliche, lappige Drüsenschläuche, welche, obwol sie bis zu ihrer Ausmündungsstelle noch nicht mit Sicherheit verfolgt werden konnten, vollkommen einem Speichelorgane entsprechen[1]). Bei den Oribateen findet man im Vorderleibsende ein Paar einfache, nach den Mundtheilen verlaufende farblose Drüsenschläuche, die gewiss auch die Bedeutung von Speichelorganen haben[2]). Ausserordentlich entwickelte Speicheldrüsen bietet Ixodes dar, dieselben bestehen hier aus zwei grossen, die Seiten des Vorderleibes einnehmenden Haufen von Bläschen, welche mit kurzen Stielen in zwei vielfach verästelte Ausführungsgänge einmünden. Diese letzteren, in deren Wandungen ein fester Spiralfaden verläuft, endigen in der Mundhöhle an der Basis des kinnartigen Fortsatzes[3]). Bei den Araneen gelangt man durch eine Spalte der Ober-

---

zu begeben, wo dieselben sich theils verästeln, theils unter einander anastomosiren. Bei Argyroneta und einigen Epeira-Arten sollen nach Grube (in Müller's Archiv. 1842. p. 208.) die beiden Seitenhälften des Magens sich am Vorderende nicht zu einem Ringe vereinigen, sondern nur eng berühren. Die Wandungen des Ringmagens der Araneen enthalten übrigens feinkörnige Zellen, welche bei auffallendem Lichte milchweiss erscheinen und vielleicht eine Art Magensaft absondern.

7) Vergl. van der Hoeven in der Tijdschrift a. a. O. D. IX. p. 68. von Phrynus.

8) S. Meckel, Beiträge a. a. O. p. 107. Taf. 7. Fig. 13., Treviranus, Bau der Arachniden. p. 6. Taf. 1. Fig. 6. und Müller a. a. O. p. 45. Taf. 2. Fig. 22.

9) Bei den Scorpioniden befindet sich der After am vorletzten Schwanzringel.

1) Vergl. Doyère a. a. O. p. 321. Pl. 13—15.

2) Ich sah diese Drüsenschläuche in Hoplophora, Zetes und Oribates.

3) Die Speicheldrüsen von Ixodes Ricinus ähneln ganz den traubenförmigen Speichelorganen vieler Insekten. Die gestielten, mit wasserhellen Kernzellen angefüllten Acini werden von zahlreichen, verästelten Tracheen umsponnen, mit welchen die Ausführungsgänge der Drüsen jedoch nicht verwechselt werden können, da in den letzteren die Windungen der Spiralfäden sehr weit aus einander stehen, während bei den Tracheen die Spiralfäden sich ganz dicht neben einander fortwinden.

lippe zu einer über dem Gaumen befindlichen Höhle, in deren Grund eine wasserhelle Drüsenmasse angebracht ist. Höchst wahrscheinlich sondert letztere einen Speichelsaft ab, welcher während der Zubereitung eines Futterballens von der Spalte der Oberlippe ausfliesst und die auszusaugenden Futterstoffe anfeuchtet [4]). Die in dem Vorderleibe der Scorpioniden jederseits verborgen liegenden und nach vorn verlaufenden zwei Paar Drüsenschläuche, welche mit dem Oesophagus zusammenhängen, verdienen wol auch als Speichel absondernde Organe angesprochen zu werden [5]).

Eine von dem Verdauungskanale isolirte Leber kommt den Araneen und Scorpioniden zu, ist aber eine lange Zeit als blosser Fettkörper betrachtet worden. In den Tardigraden, Acarinen, Pycnogoniden und Opilioninen vertreten gewiss die drüsigen, aus körnigen, meistens braungelb gefärbten Zellen zusammengesetzten Wandungen der blindsackförmigen Magenanhänge die Stelle eines Galle absondernden Organes [6]). Die braune oder schmutziggelb gefärbte Leber der Araneen besitzt einen sehr bedeutenden Umfang, indem dieselbe einen grossen Theil der Hinterleibshöhle ausfüllt und die meisten Eingeweide derselben umhüllt. Dieselbe bildet scheinbar eine compacte Masse, besteht aber aus einer Menge vielfach verästelter und dicht an einander gedrängter Blindsäcke, deren dicke Wände von Leberzellen strotzen, und welche ohngefähr in der Mitte des Darmkanals mit vier kurzen Gallengängen in diesen einmünden [7]). Auch die Scorpioniden zeichnen sich durch eine sehr ansehnliche, viellappige Lebermasse aus, welche sich zu beiden Seiten der Leibeshöhle bis in die Basis des Schwanzes erstreckt, und theils den Darm, theils das Herz und die Geschlechtswerkzeuge dicht umgeben. Die verästelten Gallenkanäle durchziehen gruppenweise das Parenchym dieser Leber und führen ihr Secret rechts und links durch fünf Paar kurze Ausführungs-

---

4) Es ist dieser Drüsenapparat von Wasmann (a. a. O. p. 8. Fig. 16.) bei Mygale angetroffen worden; ich fand denselben aber auch an anderen Spinnen vor.

5) S. Müller a. a. O. p. 52. und Newport in den philosoph. transactions. 1843. Pl. 15. Fig. 39.

6) Bei den Tardigraden, Acarinen und Opilioninen wenigstens fand ich deutliche Leberzellen in den Wandungen der Magensäcke. Vergl. auch Doyère a. a. O. p. 327. Pl. 15.

7) Die voluminöse Leber der Spinnen, deren Zusammenhang mit dem Darmkanale schon Treviranus (Bau der Arachniden. p. 30. u. 47. Taf. 2. Fig. 24. dd. und Taf. 5. Fig. 47.) beobachtet hat, wurde auch ihrem übrigen Baue nach von Dugès (in den Annal. d. sc. nat. Tom. 6. p. 179.), von Grube (a. a. O. p. 299.) und Wasmann (a. a. O. p. 13. Fig. 17. m. n. und Fig. 20—22.) richtig beurtheilt. Vergl. auch Owen, Lectures etc. p. 258. Fig. 110. i. i.

gänge in weiten, aber gleichen Abständen von einander dem Darmkanale zu [8]).

Sechster Abschnitt.

Von dem Circulations-Systeme.

§. 309.

Von den Organen des Blutkreislaufes findet sich bei vielen Arachniden nur ein Herz in Form eines gegliederten Rückengefässes vor, zu welchem sich bei den höheren Arachniden auch noch ein bald mehr, bald weniger entwickeltes Blutgefässsystem gesellt, während bei den niederen Arachniden, bei den Tardigraden, Acarinen und Pycnogoniden nicht allein die Blutgefässe fehlen, sondern auch das Herz vermisst wird. Es findet daher in diesen Arachniden gar kein regelmässiger Kreislauf des Blutes Statt, indem die Ernährungsflüssigkeit oder das Blut frei in den Zwischenräumen des Leibes vertheilt ist, und durch die verschiedenen Muskelbewegungen und Contractionen des Verdauungskanals in der Leibeshöhle und in den Extremitäten unregelmässig hin und her getrieben wird [1]).

Das Blut der Arachniden erscheint vollkommen farblos und bekommt nur in grösserer Menge beisammen ein schwach milchiges Ansehen. Dasselbe enthält eine sparsame Menge körniger Blutzellen von ziemlich regelmässiger, rundlicher Gestalt und vereinzelte, sehr kleine Körner, welche vielleicht von zerfallenen Blutzellen herrühren [2]).

§. 310.

Die Kreislaufsorgane, welche sich bis jetzt in den Arachniden haben auffinden lassen, zeigen sich in folgender Weise beschaffen.

---

8) Vergl. Meckel, Beiträge etc. p. 107. Taf. 7. Fig. 13. u. 15., der jedoch nur vier Paar Gallengänge gesehen, s. ferner Treviranus, Bau der Arachniden. p. 8. Taf. 1. Fig. 6. A. v., und Müller a. a. O. p. 35. u. 46. Taf. 2. Fig. 22. D. D., endlich Newport in den philosoph. transact. 1843. Pl. 14. Fig. 32.

1) C. A. S. Schultze (in seiner Schrift: Macrobiotus Hufelandii) will zwar in den Tardigraden Blutgefässe gesehen haben, allein weder Doyère (a. a. O. p. 310.) noch ich haben sich von der Existenz eines Blutgefässsystems in diesen Thierchen überzeugen können. — Ueber die lacunale Blutbewegung in den Pycnogoniden vergleiche man Quatrefages a. a. O. p. 76.

2) Ueber das Blut der Arachniden vergl. Wagner, zur vergl. Physiologie des Blutes. Hft. 1. p. 27. Fig. XI. von Scorpio europaeus, Horn, das Leben des Blutes. p. 10. Taf. 1. Fig. 12. von Tegenaria domestica, und Doyère a. a. O. p. 309. Pl. 15. Fig. 5. von einem Tardigraden.

Bei den Phalangien scheinen sich die Kreislaufsorgane nur auf ein in drei Kammern abgeschnürtes, vorn und hinten spitz zulaufendes Rückengefäss zu beschränken [1]).

In den Araneen nimmt das spindelförmige und mehrmals eingeschnürte Rückengefäss hauptsächlich das Abdomen ein, in welchem es durch dreieckige Quermuskeln an den Rücken der allgemeinen Hautbedeckung befestigt ist. Dieses Herz, welches sich zugleich auch durch den Bauchstiel in den Cephalothorax fortsetzt, sendet sowol aus seinen Seiten, als auch aus seinem vorderen und hinteren Ende mehre in ihrem weiteren Verlaufe sich verästelnde Gefässe ab, welche gewiss die Bedeutung von Arterien haben und von denen die zwei zunächst hinter dem Bauchstiele abgehenden Arterien die Lungensäcke aufsuchen, während die folgenden hauptsächlich in die Leber eindringen. Alle diese Blutgefässe verlieren sich allmälich, wodurch das Blut genöthigt wird, seinen weiteren Lauf in lacunalen Strömungen fortzusetzen, und ohne Venenwandungen nach dem Herzen oder vielmehr nach dem das Rückengefäss einhüllenden, dem Rückensinus der Crustaceen entsprechenden Blutbehälter zurückzukehren, von welchem es durch die mit Klappen versehenen Seitenspalten des Herzens in letzteres eintritt [2]).

Die höchste Stufe der Entwickelung hat das Blutgefässsystem in den Scorpioniden erreicht, indem hier ausser dem langgezogenen, vielkammerigen Herzen und dem sehr ausgebildeten Arteriensysteme zugleich auch ein Venensystem vorhanden ist [3]). Das

---

1) Vergl. Tulk a. a. O. p. 249. Pl. 4. Fig. 17. H., s. auch Treviranus, verm. Schriften. Bd. 1. p. 31. Taf. 3. Fig. 16. k. u. 18.

2) Ueber das Blutgefässsystem der Spinnen vergl. Meckel in Cuvier's Vorles. über vergl. Anat. Th. 4. p. 261., Treviranus, Bau der Arachniden. p. 28. Taf. 3. Fig. 28—31., ferner dessen verm. Schriften. Bd. 1. p. 4. Taf. 1. Fig. 1., Gaede in den Nov. Act. Nat. Cur. Tom. XI. p. 335. Tab. 44. Fig. 3. von Mygale, und Brandt in der mediz. Zoologie. Bd. 2. p. 89. Taf. 15. Fig. 16. und 17. Vergl. auch Dugès (a. a. O. p. 181.), welcher ebenfalls das Venensystem bei den Araneen vermisst hat, zugleich aber das Herz bis in den Cephalothorax hinein verfolgen konnte, wogegen Wasmann (a. a. O. p. 16. Fig. 24.) bei Mygale über den vom Herzen abgehenden Arterien auch mehre in dasselbe eintretende Venenstämme gesehen haben will. Die Uebereinstimmung des Herzens der Spinnen und Crustaceen, auf welche Straus (Considération etc. p. 345. und Traité d'anat. compar. Tom. 2. p. 251.) besonders aufmerksam gemacht hat, ist von Grant (Outlines etc. p. 452.) und Grube (a. a. O. p. 300.) bestätigt worden.

3) Nachdem früher durch Treviranus (Bau der Arachniden. p. 9. Taf. 1. Fig. 7.) und Müller (a. a. O. p. 38. Taf. 2. Fig. 22.) nur das Herz und die grösseren Gefässstämme der Scorpione bekannt geworden waren, erhielten wir von Newport in der neuesten Zeit eine meisterhafte, mit vortrefflichen Abbildungen begleitete Beschreibung des ganzen Blutgefässsystems dieser langgeschwänzten Arachniden. Vergl. the philosophical transactions. 1843. p. 286. Pl. 14. u. 15.

cylindrische Herz der Scorpione, dessen Wände Längs- und Quermuskelfasern enthalten, wird zwischen dem Diaphragma des Cephalothorax und dem letzten Hinterleibssegmente durch mehre quere, dreieckige Rückenmuskeln in seiner Lage erhalten, und erscheint in acht Kammern abgeschnürt, von welchen sowol die vorderen als die hinteren nach und nach an Grösse abnehmen und die beiden äussersten Kammern zuletzt in einen Arterienstamm auslaufen. Der vordere, einer Aorta vergleichbare Stamm verästelt sich sehr bald, und versorgt die Beine, Scheeren und Kieferfühler, so wie die im Kopfende gelegenen Organe mit Blut. Zwei Seitenäste dieser Aorta biegen sich um den Oesophagus nach unten, vereinigen sich alsdann zu einem ansehnlichen Gefässe, welches als Supraspinal-Arterie auf der Bauchganglienkette nach hinten bis zum Schwanzende verläuft und unterwegs viele Seitenäste abgibt [4]). Der aus der hintersten Herzkammer abgehende Arterienstamm pflanzt sich ebenfalls, rechts und links viele Seitenzweige aussendend, bis zur Schwanzspitze fort. Aus den übrigen Herzkammern entspringt jederseits eine kürzere Arterie, welche sich nur in den benachbarten Organen ausbreitet. Ausser diesen, sowol für Muskeln als Eingeweide bestimmten Arterien besitzen die Scorpione noch eine besondere Visceral-Arterie, welche aus der vorderen Aorta, bevor sich diese in die beiden den Oesophagus umfassenden Stämme theilt, nach hinten zu dem Verdauungskanale abgeht, und nach den Seiten hin die Leber mit Blutgefässen versieht [5]). Diese verschiedenen Arterien sollen mit ihren letzten Verzweigungen unmittelbar in ein Venensystem übergehen [6]), von welchem sich besonders eine Subspinal-Vene auszeichnet. Dieselbe bringt das venöse Blut zu den Lungensäcken, von wo die in Arterienblut umgewandelte Blutmasse innerhalb besonderer Gefässe durch Seitenöffnungen, welche paarweise an den Herzventrikeln angebracht sind, nach dem Herzen zurückkehrt, nachdem sie wahrscheinlich vorher von einem das Rückengefäss umgebenden Sinus aufgenommen worden.

---

4) Diese Supraspinal-Arterie war schon, wie es scheint, von Müller (a. a. O. p. 62. Taf. 1. Fig. 5. r. r.) gesehen, aber für ein Ligament gehalten worden.

5) Nach Newport's Beobachtungen erscheint diese Visceral-Arterie, welche bei Androctonus einfach ist, bei Buthus in zwei Stämme gespalten.

6) Newport spricht in seiner Abhandlung von verschiedenen zwischen den Arterien und Venen der Scorpione Statt findenden Anastomosen, ohne sie aber bestimmt nachzuweisen oder in seinen sonst so schönen Abbildungen deutlich darzustellen. Dieser Umstand macht mich einigermaassen bedenklich, es als ausgemacht anzunehmen, dass bei den Scorpioniden die Arterien direct in Venen übergehen, und dass mithin diese Arachniden ein Capillargefässsystem besitzen sollen, während in den übrigen Arachniden, so wie in allen anderen Arthropoden, überhaupt ein solcher inniger Zusammenhang des Arterien- und Venensystems durchaus fehlt.

Siebenter Abschnitt.

Von dem Respirations-Systeme.

§. 311.

Die höheren Arachniden besitzen als Respirationsorgane Tracheen oder Lungen, wogegen sich in vielen niederen Arachniden, nämlich in den Tardigraden[1]), in den Pycnogoniden[2]) und einigen parasitischen Acarinen[3]) auch keine Spur von Athemwerkzeugen bis jetzt haben auffinden lassen, so dass diesen Thieren eine blosse Hautrespiration zugeschrieben werden muss.

Mit Tracheen athmen viele Acarinen, die Opilioninen, die Pseudoscorpien und Solpugiden, mit Lungen dagegen die Araneen, Phryniden und Scorpioniden. Man hat hiernach diese Arthropoden in den zoologischen Systemen als Tracheen-Arachniden und Lungen-Arachniden (Arachnidae trachaeariae und pulmonariae) unterschieden, allein diese Eintheilung hat gegenwärtig ihre durchgreifende Gültigkeit verloren, da sich ergeben hat, dass die Araneen ausser mit Lungen zugleich noch mit einem bald mehr, bald weniger entwickelten Tracheensysteme ausgestattet sind.

§. 312.

Die Tracheen der Acarinen zeichnen sich durch ihre ungemeine Zartheit aus, und lassen nur bei den grösseren Milben-Arten den bekannten Spiralfaden erkennen. Sie entspringen in der Regel mit einem unverästelten Büschel von zwei Stigmen, welche bald vorn zwischen den Vorderbeinen, wie bei den Hydrachneen, Oribateen und Trombidinen sehr versteckt angebracht sind, bald an den Seiten des Leibes über dem dritten Fusspaare, wie bei den Gamaseen, oder hinter dem letzten Fusspaare, wie bei den Ixodeen, vermöge ihres braunen Hornringes leicht in die Augen springen[1]).

1) Vergl. Doyère a. a. O. p. 316.

2) S. Quatrefages a. a. O. p. 76.

3) Bei Demodex, Sarcoptes, Acarus u. A.

1) Zwei ausgezeichnete, unverästelte Tracheenbüschel entspringen bei Trombidium von den hinter dem zweiten Fusspaare liegenden Stigmen (s. Treviranus, verm. Schriften. Bd. 1. p. 47. Taf. 6. Fig. 32. t. t.). Diese Tracheen gehen aber nicht unmittelbar von den Stigmen ab, sondern von zwei kurzen und weiten Luftröhren, welche Treviranus übersehen hat. Bei Gamasus und Uropoda isoliren sich von den beiden verästelten Tracheenbüscheln zwei unverästelte Tracheen, welche, gleich stark bleibend, in einem sanften Bogen an dem Seitenrande des Vorderleibes hinlaufen, und über der Basis der Mundtheile plötzlich blind endigen. Die beiden seitlichen Stigmata von Ixodes haben Lyonet (a. a. O. p. 288. Pl. 14. Fig. 3. u. 5.), Treviranus (in der Zeitschrift f. Physiol. Bd. 4. p. 187. Taf. 15. Fig. 2. *f. f.*) und Audouin (in den Annal. d. sc. nat. Tom. 25.

Bei den im Wasser lebenden Hydrachneen, welche sich niemals, um Luft zu schöpfen, willkürlich an die Oberfläche des Wassers begeben, müssen die Tracheen die Eigenschaft besitzen, ihren Blutbedarf aus dem Wasser zu absorbiren [2]).

Die Pseudoscorpien besitzen auf der Bauchseite der beiden ersten Hinterleibssegmente ein Paar seitliche Stigmata mit vier kurzen und weiten Luftröhrenstämmen, von welchen sich viele unverästelte Tracheen durch den ganzen Körper ausbreiten [3]). Für das Tracheensystem der Solpugiden, welches sich, wie in den Insekten, durch den Körper verzweigt, sind drei Stigmenpaare vorhanden [4]). Bei den Phalangien findet sich ein sehr entwickeltes Tracheensystem vor, welches nur durch zwei mit einer hornigen Klappe versehene und unter den Hüften der hintersten Beine verborgene Stigmata mit der Aussenwelt in Verbindung steht. Die beiden, von diesen Athemspalten entspringenden, weiten Tracheenschläuche begeben sich in schräger Richtung nach dem Kopfende, sind durch eine Queranastomose unter einander verbunden und senden sowol nach vorn, nach den Seiten, wie auch nach hinten eine Menge dünnerer Tracheenäste ab, welche sich auf den Eingeweiden der Leibeshöhle ausbreiten und bis in die Palpen und Beine hinein verzweigen [5]).

Mehre Araneen sind auf der Bauchfläche ihres Abdomens hinter den zu den beiden Lungensäcken führenden Spalten mit zwei anderen Oeffnungen versehen, welche als die Mündungen eines Tracheensystems

---

p. 419. Pl. 14. Fig. 2. q. r. s.) genauer beschrieben. — Ueber das Tracheensystem der Acarinen vergleiche man ausserdem noch Dujardin in den Annal. d. sc. nat. Tom. 3. p. 16. und in den Compt. rend. a. a. O. p. 1160. Es dürfte übrigens die Behauptung des Dujardin schwer zu beweisen sein, dass nämlich das Tracheensystem der Milben allein zur Exspiration und die allgemeine Hautbedeckung derselben nur zur Inspiration der Luft bestimmt sein soll.

2) Dugès (traité de Physiologie. Tom. 2. p. 549.) stellt gewiss mit Recht das Tracheensystem der Hydrachneen in die Categorie der *Branchiae tracheales*, welche bei den im Wasser lebenden Insekten-Larven so sehr verbreitet vorkommen (s. weiter unten).

3) Nach Audouin (in den Annal. d. sc. nat. Tom. 27. 1832. p. 62.) sollen die Tracheen bei Obisium verzweigt sein, was ich nicht bestätigen kann. Von den narbenartigen, fälschlich für Stigmen angesehenen Gruben am Hinterleibe des Chelifer ist bereits oben (§. 298. Anm. 4.) die Rede gewesen. Das Tracheensystem der Pseudoscorpien fällt übrigens mit Hülfe des Mikroskops so leicht in die Augen, dass man nicht begreifen kann, wie sich dasselbe den Blicken der Zootomen so lange entziehen und noch neuerdings von Tulk (in den Annals of nat. hist. Vol. 15. p. 57.) bei Obisium vermisst werden konnte.

4) Vergl. Müller in der Isis. 1828. p. 711. und die von Milne Edwards besorgte Abbildung zu dem Règne animal de Cuvier, Arachnides.

5) S. Treviranus, verm. Schriften. Bd. 1. p. 32. Taf. 4. Fig. 19. und Tulk a. a. O. p. 327. Pl. 5. Fig. 33.

erkannt worden sind. Bei Segestria, Dysdera [6]) und Argyroneta [7]) hängen mit diesen beiden, dicht hinter den Lungensäcken angebrachten Luftröhrenspalten zwei weite Tracheenschläuche zusammen, welche von einem hornartigen, festen Gitterwerke umgeben sind. Aus dem oberen und unteren Ende dieser beiden Schläuche entspringen zahllose, dünnere, durchaus unverästelte und spiralfaserlose Tracheen, welche sich büschelweise theils im Hinterleibe, theils im Cephalothorax ausbreiten und bis zu den äussersten Spitzen der Extremitäten verlaufen. Abweichend hiervon verhält sich das ebenfalls sehr entwickelte Tracheensystem von Salticus und Micryphantes [8]), indem hier die beiden Stigmen weit von den Lungensäcken entfernt am Hinterleibsende liegen, von welchen unmittelbar zwei Büschel unverästelter, nur auf die Eingeweide des Abdomens beschränkt bleibender Tracheen abgehen [9]). Aber auch bei den übrigen Spinnen findet sich ein bisher gänzlich übersehenes, freilich nur wenig entwickeltes Tracheensystem vor. Nämlich dicht vor den Spinnwarzen ist am Bauche der meisten Spinnen eine Querspalte sehr versteckt angebracht, welche zu einem ganz kurzen Luftröhrenschlauche führt. Von diesem gehen vier einfache, nirgends verästelte Luftröhren ab, welche merkwürdiger Weise nicht cylindrisch, sondern bandartig abgeplattet erscheinen, keine Spur eines Spiralfadens enthalten und allmälich zu einer feinen Spitze auslaufend bis zur Basis des Abdomens hinaufreichen. Jede dieser platten, silberglänzenden Tracheen besteht aus einer dünnen, aber festen, homogenen Membran, welche äusserlich von einer weichen, glashellen, einem Peritonealüberzuge entsprechenden Haut umhüllt wird. Die Luft zeigt sich in diesen Tracheen eben so fein zertheilt, wie in den Lungenplatten der Arachniden, wodurch sich diese platten Tracheen wesentlich von den cylindrischen Tracheen der übrigen Arachniden unterscheiden [10]).

---

6) Vergl. Dugès in le Temps. 1835. No. 1942. Feuilleton. Académie des sciences. Séance du 9. Février, oder in Froriep's Notizen. Bd. 43. p. 231. oder in den Annal. d. sc. nat. Tom. 6. p. 183., siehe ferner die Abbildungen zu dem Règne animal de Cuvier, Arachnides. Pl. 3. Fig. 4. Pl. 5. Fig. 4. oder Owen, Lectures etc. p. 259. Fig. 112.

7) Vergl. Grube a. a. O. p. 300. und Menge a. a. O. p. 22. Taf. 1. Fig. 6—14.

8) Vergl. Menge a. a. O. p. 23. Taf. 1. Fig. 15.

9) Nachdem ich Gelegenheit gehabt, mich von der Anwesenheit dieses interessanten Tracheensystems an Segestria, Argyroneta, Salticus und Micryphantes zu überzeugen, muss ich noch hinzufügen, dass die Hauptluftröhrenstämme platt gedrückt sind und dass dieselben die Luft äusserst fein zertheilt enthalten, während die Luft in den feineren, cylindrischen Tracheen, welche von jenen platten Hauptstämmen büschelweise abgehen, eine ununterbrochene Säule bildet.

10) Ich habe dieses Tracheensystem weder bei Epeira, Tetragnathus, Drassus, Clubiona, Theridion, Lycosa, Diomedes, noch bei anderen, von mir unter-

§. 313.

Die andere, als Lungen bezeichnete Form von Respirationswerkzeugen der Arachniden besteht aus rundlichen Säcken, welche auf der Bauchfläche des Hinterleibes angebracht sind und hier mit einer queren Athemspalte nach aussen münden. An der äusseren convexen Fläche eines jeden Lungensackes stehen eine Menge dünner, aber fester Platten von dreieckiger oder rautenförmiger Gestalt, wie die Blätter eines Buchs, dicht an einander gereiht. Dieselben geben bei auffallendem Lichte, ganz wie die Tracheen, einen Silberglanz von sich, während sie bei durchfallendem Lichte dunkelviolett, fast schwarz erscheinen. Eine jede dieser Platten stellt eine Hautduplicatur dar, zwischen welcher die von dem Lungensacke aus eingedrungene Luft sich äusserst fein zertheilt. Es lässt sich auf diesen Lungenplatten auch nicht eine Spur von Blutgefässen entdecken, daher es höchst wahrscheinlich ist, dass sich das von den Lungenarterien herbeigeführte Blut in der Umgebung der Lungen frei ergiesst und so die Lungenplatten umspült [1]). Bei den Scorpioniden sind die Bauchplatten der vier vorderen Hinterleibssegmente von zwei Reihen querer Athemspalten durchbohrt und demnach mit acht Lungensäcken versehen, von welchen ein jeder ohngefähr zwanzig fächerförmig gefaltete Lungenplatten trägt [2]). Die Gattung

---

suchten Spinnen vermisst, und bin sogar im Stande gewesen, dasselbe bei den noch ganz jungen, eben aus dem Eie geschlüpften Spinnen zu unterscheiden. Nur bei Thomisus viaticus verzweigen sich die vier platten Tracheenstämme mehrfach und bilden so einen Uebergang zu dem entwickelteren Tracheensysteme der Salticen. Bei dem durchfallenden Lichte erscheinen sie schwarz, und mögen vielleicht manchmal als Harnkanäle angesehen worden sein. Dieselben unterscheiden sich aber in dieser Beleuchtung von den Harnkanälen sehr leicht, da sie nicht, wie die letzteren, beim Drucke bersten und einen körnigen Inhalt entleeren, sondern unter Entweichen der Luft sich entfärben und durchsichtig werden, wobei nach aufgehobenem Drucke mit der zurückkehrenden Luft die frühere Undurchsichtigkeit und schwarze Färbung wieder eintritt.

1) Es sind übrigens diese Organe, an welchen sich keine deutliche Bewegung wahrnehmen lässt, von verschiedenen Zootomen auch Kiemen genannt worden, da aber in denselben der Respirationsprozess durch Lufteinathmung von Statten geht, so verdienen sie den Namen Lungen wol mit vollem Rechte.

2) Ueber die Structur der Scorpioniden-Lungen vergleiche man Meckel in Cuvier's Vorles. über vergl. Anatomie. Th. 4. p. 291., Treviranus, Bau der Arachniden. p. 7. Taf. 1. und Beobacht. aus der Physiologie. p. 25. Fig. 40—42., Müller in der Isis. 1828. p. 708. Taf. 10. Fig. 1—3. und in Meckel's Archiv a. a. O. p. 39. Taf. 2. Fig. 11—13. Müller hat diesen Respirationsapparat der Scorpioniden ganz richtig auf die oben angegebene Weise aufgefasst, wogegen Treviranus und andere Zootomen annehmen, dass die atmosphärische Luft, statt in die Lungenplatten einzudringen, von dem Lungensacke aus äusserlich die Lungenplatten umgeben soll, während umgekehrt das Blut zwischen den beiden Lamellen der Lungenplatten circulire. Newport (in den philosoph. transactions. 1843. p. 295. Pl. 14.) hat sich daher auch wol getäuscht, wenn er angibt, dass zwischen den beiden Lamellen einer jeden Lungenplatte der Scorpioniden sich

Phrynus enthält nur zwei Paar Lungensäcke, welche zwischen dem ersten und zweiten, so wie zwischen dem zweiten und dritten Bauchsegmente ausmünden, und von denen jeder einzelne Sack mit ohngefähr achtzig Lungenplatten besetzt ist[3]). Zwei mit weniger Platten besetzte Lungensäcke finden sich bei den Araneen zu beiden Seiten der Basis des Hinterleibes vor, nur die Mygaliden machen davon eine Ausnahme, indem bei ihnen dicht hinter diesem Lungenpaare noch ein zweites Paar angebracht ist. Die Lage der Lungensäcke wird bei den Spinnen äusserlich durch eine dreieckige und hornige Hautplatte angedeutet, an deren Hinterrande die Athemspalte regelmässig ihren Platz findet[4]).

Achter Abschnitt.

Von den Absonderungs-Organen.

I. Von den Harnorganen.

§. 314.

Die bei den meisten Arachniden in das untere abgeschnürte Ende des Verdauungskanals ausmündenden dünnen und in der Regel vielfach verzweigten Drüsenschläuche stimmen in ihrer Structur und in ihrem Secrete vollkommen mit den Malpighischen Gefässen der Insekten überein, und sind auch, wie diese, eine lange Zeit für Gallengefässe gehalten worden. Gegenwärtig müssen aber dieselben, nachdem man die wahre Bedeutung dieser Drüsenschläuche in den Insekten erkannt hat, als Harn absondernde Organe betrachtet werden. Der Harn häuft sich gewöhnlich in dem Mastdarme oder vielmehr in der Cloake als eine trübe, schmutzigweisse, selten röthliche Flüssigkeit an, in welcher eine unzählige Menge bei durchfallendem Lichte schwarz erscheinender Moleküle suspendirt sind.

---

kernlose Zellen und ein zartes Capillargefässnetz befinden, und dass dieses letztere von einem am freien Rande der Platte hinlaufenden Aste der Lungenarterie entspringe.

3) Vergl. van der Hoeven in der Tijdschrift a. a. O.

4) Die Structur der Spinnen-Lungen haben wir ebenfalls durch Meckel (in Cuvier's Vorles. a. a. O. p. 290.), dann durch Treviranus (Bau der Arachniden. p. 24. Taf. 2. und Beobachtungen etc. p. 29. Fig. 43—47.), Gaede (in den Nov. Act. Nat. Cur. Tom. XI. p. 335. von Mygale), vor allen aber durch Müller (in der Isis. 1828. p. 709. Taf. 10. Fig. 4—6.) kennen gelernt. Vergleiche auch Menge a. a. O. p. 21. Taf. 1. Fig. 6—9. — Wie das Blut übrigens aus den Lungen der Spinnen bei der Abwesenheit eines Venensystems nach dem Herzen zurückkehrt, ob durch einen kürzeren oder längeren lacunalen Umweg, diese Frage muss ich hier unbeantwortet lassen.

Den Tardigraden und Pycnogoniden scheinen die Harnorgane zu fehlen, dagegen sind sie zwischen den Magensäcken verschiedener Acarinen in Form von verästelten oder unverästelten, weiss gefärbten Blindkanälen leicht wahrzunehmen [1]). In den Phalangien winden sich zwei Paar solcher Harnkanäle zwischen den Blindsäcken des Magens umher [2]). Bei den Araneen bestehen die Nieren aus einer Menge weisser oder röthlicher, vielfach verästelter Blindschläuche, deren zarte Aeste sich zwischen den verschiedenen Abtheilungen der Leber weit umher verbreiten und sich zuletzt mit zwei Hauptstämmen (*Ureteren*) in die mit einer blindsackförmigen Ausstülpung versehene Cloake einmünden [3]). Die Scorpioniden enthalten ganz ähnliche dünne Harnkanäle, welche, sich mannichfaltig verzweigend, theils in die Zwischenräume der Leberlappen eindringen, theils den Verdauungskanal umspinnen und ihren Excretionsstoff jederseits unterhalb der Gallengänge durch zwei Harnleiter in das untere Ende des Darmes ergiessen [4]).

---

1) In den Hydrachneen, Gamaseen, Trombidinen und Ixodeen konnte ich diese Harnkanäle mit leichter Mühe auffinden; auch hat Treviranus (in der Zeitschrift für Physiol. Bd 4. p. 189. Taf. 16. Fig. 8. n. n.) ihre Einmündungsstellen an der Cloake von Ixodes gesehen. In Ixodes Ricinus sah ich die Harnkanäle als zwei einfache, unverästelte Blindschläuche mit ihren Windungen bis in das Vorderleibsende hinaufragen; Ixodes americanus verhält sich ganz eben so, und die von Treviranus (a. a. O. Fig. 7. g. g.) als Speichelorgane betrachteten Drüsenschläuche der Nigua sind gewiss nur die vorderen Enden der Harnkanäle. Beide Zecken-Arten enthalten in ihrer Cloake einen weissen Harn.

2) Vergl. Treviranus, verm. Schriften. Bd. 1. p. 31. Taf. 3. Fig. 16. u. 17. Von Tulk (a. a. O. p. 249. Pl. 4. Fig. 17.), welcher diese Harnkanäle nicht gehörig bis zu ihrer Einmündung in den Darm verfolgen konnte, wurde ein Theil derselben als Speichelorgane angesprochen.

3) Die Harnkanäle der Spinnen waren von Ramdohr (a. a. O. p. 208. Taf. 30. Fig. 2.) und Treviranus (Bau der Arachniden. p. 30. Taf. 2. Fig. 24.) nur unvollständig gekannt. Genauer hat sie dagegen Brandt (in der medizin. Zoologie. Bd. 2. p. 89. Taf. 15. Fig. 6. u. 17. oder in den Annales d. sc. nat. Tom. 13. p. 183. Pl. 4. Fig. 2. u. 3.) dargestellt. Vor allen aber vergleiche man Wasmann a. a. O. p. 17. Fig. 17. u. 21—23. über die Nieren von Mygale. Der Harn der meisten Araneen ist schmutzigweiss, bei Mygale dagegen röthlich. Bei mehren in Weingeist aufbewahrten Exemplaren einer grossen Vogelspinne fand ich innerhalb der beiden Harnleiter harte, röthlich gefärbte Concremente, welche auch schon Dugès (in den Annal. d. sc. nat. Tom. 6. p. 180.) bemerkt hatte, und aus welchen ich bei der Behandlung mit Salpetersäure und Ammoniak deutlich Purpursäure darstellen konnte.

4) Vergl. Treviranus, Bau der Arachniden. p. 6. Taf. 1. Fig. 6., und Müller a. a. O. p. 47. Taf. 2. Fig. 22. Die Angabe des letzteren, dass diese Drüsenkanäle mit dem Herzen der Scorpione zusammenhängen, beruht wol nur auf einer Verwechsluug mit Blutgefässen.

II. Von den besonderen Absonderungs-Organen.

§. 315.

Sehr viele Arachniden besitzen Giftdrüsen, deren Secret sich an der Spitze einer hohlen, gekrümmten Klaue nach aussen entleert. Zwei solche Drüsen stehen bei einigen Acarinen, bei den Araneen und gewiss auch bei den Phryniden mit den Klauen ihrer Klauenfühler in Verbindung und sind häufig mit Speichelorganen verwechselt worden. In den Trombidinen liegen zu beiden Seiten des Vorderleibes zwei farblose, schmale und gewundene Drüsenschläuche, welche sich an ihrem Vorderende zu einem dünnwandigen, cylindrischen Giftbehälter erweitern und alsdann einen langen, engen Kanal in die Klauenfühler senden [1]. Der Giftapparat der Araneen besteht aus zwei länglichen, zuweilen schwach gebogenen Blindschläuchen, deren Wandungen von einer einfachen Schicht platter, in einer Spirale verlaufender Muskelbündel umgeben ist [2]. Beide Drüsen ragen von der Basis der Klauenfühler bald mehr, bald weniger in den Cephalothorax hinein [3], und gehen nach vorn plötzlich in einen engen, nach der Spitze der hohlen Klaue verlaufenden Ausführungsgang über [4]. Die Scorpioniden besitzen als Giftapparat in ihrem letzten Schwanzsegmente zwei ovale Drüsenschläuche, deren Ausführungsgänge sich an der Spitze des gekrümmten Schwanzstachels isolirt neben einander öffnen. Die Wände der beiden Drüsen sind von einer einfachen Lage abgeplatteter, zirkelförmiger und glatter Muskelbündel dicht umgeben [5].

---

1) Die beiden Giftdrüsen von Trombidium holosericeum und Rhyncholophus phalangioïdes laufen sonderbarer Weise an ihrem Hinterende ringförmig in sich zurück und bilden so eine enge Oese. Treviranus (verm. Schriften. Bd. 1. p. 48. Taf. 6. Fig. 34.) hat den Giftapparat der erstgenannten Milbe nur sehr unvollkommen beschrieben und, ohne die Ausführungsgänge desselben wahrgenommen zu haben, als Speicheldrüsen gedeutet, während von Dugès (in den Annal. d. sc. nat. Tom. 3. p. 10.) der Zusammenhang dieser Drüsenschläuche mit den Klauenfühlern ganz gut erkannt worden ist.

2) Es ist auffallend, dass sich diese Muskelbündel in ihrer histologischen Structur so sehr verschieden verhalten. Bei Lycosa, Drassus, Tegenaria und Micryphantes fand ich dieselben sehr deutlich quergestreift, bei Epeira, Thomisus, Clubiona und Mygale dagegen erschienen sie glatt, und bei Salticus hatten dieselben eine undeutliche Querzeichnung, so dass ich nicht wusste, ob ich sie zu den quergestreiften oder zu den glatten Muskeln rechnen sollte.

3) Bei Mygale bleiben diese Drüsen im Basalgliede der beiden Klauenfühler vollkommen verborgen.

4) Vergl. Treviranus, Bau der Arachniden. p. 31. Taf. 2. Fig. 21. u. 22., Lyonet a. a. O. p. 397. Pl. 20. Fig. 16. u. 17., Brandt in der mediz. Zoologie. Bd. 2. Taf. 15. Fig. 6. oder in den Annal. d. sc. nat. Tom. 13. Pl. 4. Fig. 2., und Wasmann a. a. O. p. 19. Fig. 25. u. 26. Ueber den feineren Bau dieser Giftdrüsen siehe ausserdem H. Meckel in Müller's Archiv. 1846. p. 35.

5) Vergl. Müller in Meckel's Archiv a. a. O. p. 52. Taf. 1. Fig. 7. u. 8.;

Einen sehr merkwürdigen Absonderungsapparat bilden die Spinnorgane der Araneen, deren zähes, glashelles Secret aus drei, seltener aus zwei Paar unterhalb des Afters am Hinterleibe angebrachter Spinnwarzen hervorquillt und sogleich an der Luft zu Fäden erhärtet [6]. Die Drüsen, welche diesen Spinnstoff aus hellen, mit einem Kerne und Kernkörperchen versehenen Zellen absondern, liegen in verschiedener Anzahl und mannichfaltigster Form und Anordnung zwischen den übrigen Eingeweiden der Hinterleibshöhle verborgen. Es lassen sich ohngefähr fünf verschiedene Arten dieser Spinndrüsen herausfinden, welche aber nicht immer alle zugleich in einer und derselben Spinnengattung vorkommen. Wahrscheinlich besitzen die aus den verschiedenen Spinndrüsen gesponnenen Fäden je nach ihrem Ursprunge besondere Eigenschaften. Da Epeira alle fünf Arten von Spinndrüsen in sich vereinigt, so sollen diese gleichsam als Muster hier näher beschrieben werden [7]. 1) Die eine Form von Spinndrüsen wird aus kleinen, birnförmigen Drüsenschläuchen gebildet, welche zu hunderten in Gruppen beisammen liegen und mit kurzen, schraubenförmig um einander geschlungenen Ausführungsgängen auf den sechs Spinnwarzen der Kreuzspinne ausmünden [8]. 2) Eine andere Form von Spinndrüsen besteht aus sechs langen, gewundenen Schläuchen, welche allmälich anschwellen und in einen ebenfalls langen, eine doppelte Schlinge bildenden Ausführungskanal übergehen. 3) Ausser diesen für die sechs Spinnwarzen bestimmten Drüsen sind noch drei Paar ganz ähnliche Drüsenschläuche vorhanden, welche einzeln ohne Anschwellung in einen kurzen Ausführungsgang auslaufen. 4) Die vierte Art Spinndrüsen stellt zwei Gruppen vielfach verästelter Drüsensäckchen dar, deren mässig lange Ausführungsgänge für die beiden oberen Spinnwarzen bestimmt sind. 5) Zwei wenig verzweigte Blindschläuche bilden die fünfte Art von

---

Serres (a. a. O. p. 90.) betrachtet die beiden, von Muskelfasern umgebenen Stämme der Giftdrüsen als Giftbehälter, deren eigentliches absonderndes Organ in Form einer aus zahllosen Drüsenfollikeln zusammengesetzten Hülle die Muskelschicht der Giftbehälter äusserlich umgeben soll. In der That fand ich bei Scorpio europaeus die Muskelschicht der beiden Giftblasen von einer Schicht cylindrischer Zellen vollkommen eingeschlossen.

6) Zwei Paar Spinnwarzen besitzen die Mygaliden, während die meisten übrigen Spinnen mit sechs Spinnwarzen ausgestattet sind.

7) Bei der obigen Beschreibung der verschiedenen Spinnwarzen von Epeira bin ich den sorgfältigen Untersuchungen H. Meckel's gefolgt (s. Müller's Archiv. 1846. p. 50. Taf. 3. Fig. 40—49.). Von älteren Beschreibungen dieses Gegenstandes vergleiche man Treviranus, Bau der Arachniden. p. 41. Taf. 4. und 5., ferner dessen verm. Schriften. Bd. 1. p. 11. Taf. 1. Fig. 4. und Brandt in der mediz. Zoologie. Bd. 2. p. 89. Taf. 15. Fig. 5. oder in den Annal. d. sc. nat. Tom. 13. p. 184. Pl. 4. Fig. 5.

8) Mygale enthält nur diese eine Form von Spinndrüsen dicht hinter den Spinnwarzen in vier Gruppen abgetheilt.

Spinndrüsen, welche von Zeit zu Zeit varicös anschwellen und mit einem kurzen Gange auf den beiden mittleren Spinnwarzen endigen. Die drei Paar Spinnwarzen der meisten Araneen gleichen stumpfen Kegeln, von welchen das mittlere Paar aus zwei Gliedern zusammengesetzt wird, während das vordere und hintere Paar dreigliederig erscheint. Der Gipfel dieser Warzen enthält das eigentliche, von vielen steifen Borsten und Haaren umgebene Spinnfeld, auf welchem eine Menge feiner, horniger Röhrchen, als Fortsetzungen der Spinngefässe, hervorragen. Ein jedes Spinnröhrchen besteht aus zwei Theilen, einem dickeren Basaltheile und einem stark abgesetzten, sehr dünnen Endstücke, durch dessen Mündung der Spinnstoff als zarter Faden hervorquillt [9]). Die Zahl der Spinnröhrchen, von welchen sich die den langen unverästelten Spinndrüsen angehörigen Röhrchen durch ihre Grösse vor den übrigen auszeichnen, variiren je nach den Arten, nach dem Geschlechte und dem Alter der Araneen ausserordentlich [10]). Zu diesen sechs Spinnwarzen, mit denen die meisten Spinnen versehen sind, kommt bei einigen Arten von Clubiona und Drassus noch ein viertes eingliederiges und verschmolzenes Paar hinzu, welches weiter nach vorn am Bauche angebracht ist, und mit welchem gleichzeitig ein kammartiges Instrument (*Calamistrum*) am Metatarsalgliede der beiden Hinterfüsse in Beziehung steht [11]).

Ein Sförmig gekrümmter Drüsenschlauch, der auf dem Darmkanale von Phalangium aufliegt, und an beiden Enden einen engen Kanal absendet, ist bis jetzt seiner Bedeutung nach räthselhaft geblieben. Obgleich der Verlauf seiner Ausführungsgänge noch nicht gehörig erkannt wurde, so darf man, da dieser Apparat nur bei männlichen Individuen vorkommen soll, wol vermuthen, dass er mit der Geschlechtsfunction in irgend einer Beziehung stehe [12]).

---

9) Ueber die Spinnwarzen und Spinnröhrchen, welche letzteren sowol Leeuwenhoek (a. a. O. p. 326. Fig. 5. u. 6.), wie Roesel (a. a. O. Taf. 38. Fig. 4.) schon ganz richtig abgebildet haben, vergleiche man die Beschreibungen von Lyonet a. a. O. p. 387. Pl. 19. Fig. 6—12., Wasmann a. a. O. p. 20. Fig. 31—34. und H. Meckel a. a. O. p. 54. Taf. 3. Fig. 43—45.

10) Auf den Spinnwarzen der Epeira befinden sich mehr denn tausend Spinnröhren, Tegenaria dagegen besitzt gegen 400 Spinnröhren, Clubiona und Lycosa gegen 300, Segestria nur gegen 100, während die kleineren Spinnen mit noch weniger Spinnröhrchen versehen sind. Vergleiche hierüber Blackwall, researches on the number and structure of the mammulae employed by Spiders in the process of spinning, in the transactions of the Linnean society. Vol. 18. 1841. p. 219. oder in the Annals of nat. hist. Vol. 15. p. 221., ferner Menge a. a. O. p. 24.

11) Nach den Angaben von Blackwall (a. a. O.) besitzen dieses vierte Spinnwarzenpaar Clubiona atrox, Drassus viridissimus, parvulus und exiguus.

12) Vergl. Treviranus, verm. Schriften. Bd. 1. p. 37. Taf. 3. Fig. 17. h. und Tulk a. a. O. p. 252. Pl. 4. Fig. 21.

Bei einigen Acarinen kommen gewisse Erscheinungen vor, welche vermuthen lassen, dass diese Arachniden mit eigenthümlichen Absonderungsorganen versehen sind, deren nach aussen gelangtes Secret, gleich dem Spinnstoffe, einen Gerinnungsprozess eingeht. Aus einem solchen geronnenen Stoffe ist nämlich bei den zu der Gattung Uropoda erhobenen Milben der von ihrem Hinterleibsende abgehende Stiel gebildet, mit welchem diese Thiere an Insekten festkleben. Dieser aus einer homogenen und festen Masse bestehende und oben und unten sich scheibenförmig ausbreitende Stiel ist früher für eine Art Saugrüssel gehalten worden [13]). Mehre Hydrachnen befestigen ihr Vorderleibsende vermöge eines gerinnenden Klebestoffes an Wasserpflanzen und warten auf diese Weise die Vollendung ihres Häutungsprozesses ab [14]). Eine nähere Nachweisung der hierbei betheiligten Secretionsorgane ist bis jetzt noch nicht gelungen.

Neunter Abschnitt.

Von den Fortpflanzungs-Organen.

§. 316.

Die Arachniden vermehren sich durchweg durch eine geschlechtliche Fortpflanzungsweise, wobei ihre männlichen und weiblichen Zeugungsorgane auf verschiedene Individuen vertheilt sind. Die Eier werden in den Geschlechtstheilen der Weibchen von den oft mit ganz eigenthümlichen Begattungswerkzeugen begabten männlichen Individuen befruchtet. Als eine Ausnahme von dieser Regel stehen die Tardigraden da, indem sie nicht allein Zwitter sind, sondern zugleich auch keine Begattungsorgane besitzen.

Im Allgemeinen zeigen sich die Geschlechtswerkzeuge der Arachni-

13) Ueber Uropoda vegetans vergleiche man Degeer a. a. O. p. 52. Taf. 7. Fig. 16. und Dugès in den Annal. d. sc. nat. Tom. 2. p. 30. Der bald kürzere, bald längere Stiel sitzt oft an den härtesten Stellen der Coleopteren fest. Seine Bildung hängt wahrscheinlich mit irgend einem Verwandlungsprozesse der Milben zusammen und wird sicherlich durch ein Secret veranlasst, welches von einem am After ausmündenden Drüsenapparate ausgesondert wird, wenigstens erscheint mir diese Annahme naturgemässer, als die von Dugès (a. a. O. p. 30.) ausgesprochene und von Dujardin (in den Comptes rendus a. a. O. p. 1160.) wiederholte Meinung, dass nämlich bei den Uropoden die aus dem After hervortretenden Fäces zu einem Stiele erhärten sollen.

14) Nach Dugès (in den Annal. d. sc. nat. Tom. 1. p. 170.) bohrt sich die ausgewachsene Hydrachna cruenta vor ihrer Häutung mit ihren Mundtheilen in Wasserpflanzen ein, allein ich beobachtete dieselbe auch an glatten Glaswänden befestigt und erstarrt, wobei ihre Mundtheile deutlich von einer Art Kitt umflossen waren.

den aus folgenden Theilen zusammengesetzt. Die Ovarien- oder Hodenschläuche erscheinen immer doppelt vorhanden, sind aber zuweilen in der Mittellinie unter einander verschmolzen; sie liegen stets im Hinterleibe der Thiere und gehen in zwei Ausführungsgänge über, welche sich in der Regel mit einer gemeinschaftlichen, an der Basis des Hinterleibes oder unter der Brust angebrachten Geschlechtsmündung endigen. Die Eierstöcke bekommen immer, wenn sie von Eiern strotzen, ein traubenartiges Ansehen. Die Geschlechtsöffnungen sind nur bisweilen mit einer Legeröhre oder Ruthe versehen. Mit den Ausführungskanälen der Ovarien oder Hoden hängen hier und da Nebenorgane zusammen, welche bei den Weibchen entweder zur Aufnahme des Saamens dienen, oder einen zum Ueberziehen der Eier bestimmten Klebestoff absondern, während dergleichen Anhänge bei den männlichen Arachniden als Nebenhoden oder Saamenbläschen betrachtet werden müssen. Sehr häufig unterscheiden sich die männlichen Individuen durch eine auffallende Bildung der Kieferfühler, der Palpen oder gewisser Fusspaare von ihren Weibchen; die genannten Organe haben alsdann bei der Begattung zum Theil die Function von Klammerorganen zu verrichten, zum Theil sogar auch die Stelle einer Ruthe zu vertreten.

Die Eier der Arachniden haben fast immer eine rundliche, seltener eine ovale Form [1]), und enthalten innerhalb des glatten Corium als Dotter eine Menge farbloser, häufig aber auch sehr lebhaft gefärbter Fettbläschen, zwischen welchen das Keimbläschen versteckt liegt. Der Keimfleck des letzteren besteht entweder aus einem einzigen Körperchen oder aus einem Haufen kleiner Körnchen [2]). Merkwürdig nehmen sich die Eier von Lycosa, Thomisus, Diomedes, Salticus und Tegenaria aus, indem sie, ausser dem Keimbläschen, so lange sie noch nicht vollständig mit Dotter angefüllt sind, noch einen besonderen runden Kern von feinkörniger, aber fester Beschaffenheit enthalten [3]). Die niederen Arachniden bringen nur eine geringe Zahl von Eiern gleichzeitig in

1) Ovale Eier erzeugen die Oribateen und Scorpioniden.

2) Ein einziges plattes Kernkörperchen trifft man in dem Keimbläschen von Scorpio, Thomisus, Theridion, Micriphantes, Lycosa, Phalangium, Obisium, Trombidium, Hydrachna, Ixodes, Oribates, Bdella u. A. an, einen Haufen feiner Körner enthält dagegen das Keimbläschen von Epeira, Clubiona und Salticus. S. Wagner, Prodromus a. a. O. p. 8. Tab. 1. Fig. 11. von Epeira.

3) Es sticht dieser Kern, der noch ein centrales Kernkörperchen zu enthalten scheint, bei durchfallendem Lichte durch seine schmutziggelbe Farbe gegen den übrigen Inhalt der Eier ab, auch hat es mir immer den Anschein gehabt, als ob sich von der Peripherie dieses Kernes eine Körnerschicht nach der anderen ablöse und sich dem Eiweisse beimenge, wobei der Kern jedoch stets dieselbe Grösse behält. Jedenfalls spielt derselbe bei der Ausbildung der Eier eine wichtige Rolle, da er schon äusserst früh da ist und sich sehr spät verliert.

ihren Ovarien hervor, welche aber in Vergleich zur Körpergrösse der Thiere oft einen ausserordentlichen Umfang besitzen [4]).

Ueber die elementare Zusammensetzung der Saamenmasse sind bei den Arachniden bis jetzt nur sehr spärliche Untersuchungen angestellt worden, doch geht aus denselben bereits so viel hervor, dass die Spermatozoïden der verschiedenen Arachniden ausserordentlich von einander abweichen. Die Tardigraden besitzen cercarienförmige Spermatozoïden, die Scorpioniden dagegen wahre Saamenfäden von einfacher Haarform; beide Arten von Spermatozoïden äussern sehr lebhafte Bewegungen, welche bei der Berührung mit Wasser aufhören [5]). In der Saamenmasse der Araneen finden sich stets bewegungslose Körperchen von runder oder nierenförmiger Gestalt vor [6]). Bei den Acarinen zeigen sich die bewegungslosen Spermatozoïden nach den verschiedensten Typen gebildet [7]).

---

4) Sehr grosse, runde Eier bringen die Tardigraden hervor, auch die ovalen Eier der Oribateen und der Schmarotzer-Milben Sarcoptes, Demodex haben eine auffallende Grösse.

5) Vergl. Doyère a. a. O. p. 354. Pl. 16. Fig. 5. von Macrobiotus, und Kölliker in den schweizerischen Denkschriften. Bd. 8. a. a. O. p. 25. Taf. 2. Fig. 16. von Scorpio europaeus. Ich sah die lebhaften, charakteristischen Bewegungen der Saamenfäden dieses Skorpions, sobald sie mit Wasser in Berührung kamen, augenblicklich unter Oesenbildung verschwinden.

6) Aus runden, zellenförmigen Körperchen bestehen die Spermatozoïden von Tegenaria, Salticus, Lycosa und Theridion, eine nieren- oder halbmondförmige Gestalt haben dagegen die Spermatozoïden von Micryphantes und Clubiona. Die Entwickelung dieser Saamenkörperchen geht haufenweise in grösseren Mutterzellen vor sich. Bei Tegenaria lassen die Spermatozoïden deutlich einen runden Kern erkennen, bei Lycosa ist dieser Kern länglich und liegt gekrümmt an der Wand des Spermatozoïden-Bläschens fest, so dass ich anfangs glaubte, es seien diese Bläschen oder Zellen nur frühere Entwickelungszustände von cercarienförmigen Spermatozoïden, allein ich kam von diesem Gedanken bald wieder zurück, da ich in dem *Receptaculum seminis* der Weibchen dieselbe Form von Spermatozoïden wieder fand, und sie demnach als die vollkommen ausgebildete Entwickelungsstufe der Spermatozoïden dieser Spinne halten musste.

7) Die Spermatozoïden von Trombidium, Zetes, Oribates, Hoplophora entwickeln sich nach meinen Untersuchungen als sehr kleine und starre Kügelchen haufenweise in sehr grossen Mutterzellen; bei Bdella haben die auf ähnliche Weise entstehenden Spermatozoïden eine spindelförmige Gestalt. Höchst merkwürdig erschien mir der Inhalt der männlichen Geschlechtstheile bei anderen Acarinen. Ich fand nämlich bei den Hydrachneen und Gamaseen in den Hoden rundliche Haufen keulenförmiger Körper, in deren angeschwollenen Enden ein länglicher, körniger Fleck zu erkennen war; ich konnte mich deutlich überzeugen, dass diese unbeweglichen und zugleich unverhältnissmässig grossen Spermatozoïden aus runden Kernkellen hervorgingen. In den Hoden von Ixodes Ricinus sah ich eine zahllose Menge wasserheller, ziemlich langer und grosser Stäbe, welche sich nicht bewegten, durch Berührung mit Wasser aber eine bogenförmige Krümmung annahmen und an dem einen Ende kolbenförmig anschwollen.

I. Von den Geschlechtstheilen der hermaphroditischen Arachniden.

§. 317.

Die Tardigraden besitzen nur einen einzigen weiten Ovarienschlauch, welcher der hinteren Hälfte des Darmkanals aufliegt und in die vom Mastdarme gebildete Cloake einmündet. Mit dieser letzteren hängen zugleich die beiden seitlichen, engeren Hodenschläuche und ein unpaariges, birnförmiges Saamenbläschen zusammen. Die grossen Eier von Macrobiotus ursellus, von Emydium und Milnesium, welche mit einem glatten Corium umgeben sind, werden während des Häutungsprozesses in die sich abstreifende feste Epidermis gelegt, so dass der vollständig abgeworfene Hautbalg dieser Thiere den Eiern als gemeinschaftliche Hülle dient. Die übrigen Arten von Macrobiotus schützen ihre Eier nicht auf diese Weise, sondern umgeben sie einzeln mit einer sehr festen und höckerigen Eikapsel [1]).

II. Von den Geschlechtstheilen der weiblichen Arachniden.

§. 318.

Die weiblichen Geschlechtstheile der Acarinen bestehen aus zwei Eierstockssäcken, deren Eierleiter sich auf der Mitte des Bauches oder mehr nach vorn auf der Brust bald zwischen, bald hinter den beiden letzten Fusspaaren mit einer gemeinschaftlichen Vulva nach aussen öffnen [1]). Bei mehren Milben gehen die Eierleiter in eine hervor-

1) Ueber die Geschlechtstheile der Tardigraden vergl. Doyère a. a. O. p. 350. Pl. 13. 14. u. 16. — Dass die Tardigraden bei der Häutung ihre Eier in den Hautbalg hineinlegen, ist schon von Goeze (in Bonnet's Abhandlungen aus der Insektologie. 1773. p. 374.) und O. F. Müller (in Fuessly's Archiv der Insektenkunde. Hft. 6. p. 27. Taf. 36. Fig. 4. u. 5.) beobachtet worden.

1) Bei den Ixodeen und Gamaseen befindet sich die weibliche Geschlechtsöffnung unter der Brust, bei den Trombidinen, Bdelleen, Hydrachneen und Oribateen dagegen auf dem Bauche. Vergl. Treviranus, verm. Schriften. Taf. 5. von Hydrachna und Trombidium, ferner Audouin in den Annal. d. sc. nat. Tom. 25. Pl. 14., J. Müller in den Nov. Act. Nat. Cur. Vol. 15. Tab. 67. und Treviranus in der Zeitschrift f. Physiol. Bd. 4. Taf. 16. Fig. 2. von Ixodes. — Ueber die Eierstöcke und Eierleiter der Milben besitzen wir nur die Darstellungen, welche Treviranus in den verm. Schriften. Bd. 1. p 47. Taf. 6. Fig. 32. E. q. von Trombidium, und in der Zeitschrift f. Physiol. Bd. 4. p. 190. Taf. 16. Fig. 7. 8. u. 10. λ. λ. von Ixodes gegeben hat. An den weiblichen Geschlechtstheilen von Ixodes Ricinus habe ich noch folgende Eigenthümlichkeiten wahrgenommen, welche von Treviranus bei Ixodes americanus wahrscheinlich übersehen worden sind. Die beiden langen Eierstocksschläuche gehen nämlich im Hinterleibsende bogenförmig in einander über, die beiden aus ihnen entspringenden Eierleiter münden rechts und links in einen birnförmigen Uterus ein, welcher durch seinen hohlen Hals mit einem weiten, von der Vulva abgehenden Blindschlauche seitlich

schiebbare Legeröhre über, mittelst welcher die Eier unter die Haut von Pflanzen oder Thieren geschoben werden können [2]). Viele Milben umhüllen ihren gelegten Eierhaufen mit einer zähen und gerinnenden Masse und kleben sie so zugleich an verschiedene Gegenstände fest, was gewiss auf die Anwesenheit von Kittorganen schliessen lässt [3]).

Ueber die inneren Geschlechtsorgane der Pycnogoniden sind bis jetzt noch keine Nachforschungen angestellt worden, während man schon lange die weiblichen Individuen derselben an den fadenförmigen, neun- bis zehngliederigen Eierträgern unterscheidet, welche vor dem ersten Fusspaare angebracht sind [4]).

In den Phalangien stellen die inneren weiblichen Geschlechts-

---

in Verbindung steht. Dieser letztere ist durch eine innere Scheidewand in einen hinteren grösseren und in einen vorderen kleineren Abschnitt getheilt, von welchen der hintere Abschnitt den bei der Begattung überströmenden Saamen aufnimmt, der von hier in den Uterus und selbst bis in die beiden gewundenen Eierleiter übertritt, während der vordere Abschnitt jenes Schlauches die eigentliche Scheide vorstellt, in welche zwei cylindrische, mit hellen Absonderungszellen gefüllte kurze Drüsenschläuche ihr Secret (Kittstoff?) durch zwei kurze Ausführungsgänge ergiessen. Ich konnte übrigens auch bei anderen Milben, z. B. bei den Hydrachneen, Gamaseen und Oribateen verschiedene, den weiblichen Geschlechtswerkzeugen angehörige Organe mehr oder weniger deutlich unterscheiden, ohne jedoch ihren Zusammenhang unter einander so vollständig, wie bei Ixodes, zu übersehen, jedenfalls durfte ich aber schon hieraus die Ueberzeugung gewinnen, dass Dujardin (in den Annal. d. sc. nat. Tom. 3. p. 20.) zu weit gegangen, indem er behauptete, dass bei den meisten Milben sich die Eier frei im Parenchyme der Thiere, ohne ein durch selbstständige Wandungen abgegrenztes Ovarium, ausbilden sollten. — Nach der Angabe desselben Naturforschers (ebendas.) soll Oribates lebendige Jungen gebären und dazu eine ausserordentlich weite, von zwei Seitenflügeln verschliessbare Vulva besitzen, vor welcher sich eine andere, ebenfalls von zwei Seitenflügeln verschlossene Oeffnung befindet. Eine hinter dieser kleineren Oeffnung verborgene Röhre will Dujardin als Penis betrachten, woraus hervorgehen soll, dass Oribates eine hermaphroditische Milbe sei. Was nun das Lebendiggebären der Oribateen betrifft, so kann ich dasselbe bei Hoplophora, Zetes, Oribates bestätigen; von dem Hermaphroditismus dieser Milben dagegen habe ich mich nicht überzeugen können, da ich die hintere, sehr weite, zweiklappige Oeffnung am Bauche dieser Thiere als die Afteröffnung, und die vordere, kleinere, zweiklappige Oeffnung als eine mit einer Legeröhre versehene Vulva erkannt habe.

2) Z. B. Hydrachna. Vergl. Dugès in den Annal. d. sc. nat. Tom. 1. p. 165. Eine unter dem Namen Hydrachna Concharum oder Limnochares Anodontae lange bekannte und in der Mantelhöhle der Anodonten schmarotzende Milbe schiebt ihre Eier tief unter die Haut des Mantels jener Muscheln. Vergl. Pfeiffer, Naturgeschichte deutscher Land- und Süsswasser-Mollusken. Abtheil. 2. p. 27. Taf. 1. und Baer in den Nov. Act. Nat. Cur. Vol. 13. p. 590. Tab. 29.

3) Z. B. Eylaïs, Limnochares, Diplodontus.

4) Vergl. Johnston in dem Magazine of Zoology. Vol. 1. p. 370. Pl. 13., Milne Edwards, hist. nat. d. Crust. Pl. 41. Fig. 7. und Philippi in Wiegmann's Archiv. 1843. Bd. 1. p. 177. Taf. 9. Bei Phoxichilidium sind die beiden Eierträger übrigens nur fünfgliederig.

organe zwei unter sich zu einem gewundenen Schlauche verschmolzene Eierstöcke dar, welche einen grossen Theil des Hinterleibes ausfüllen und nach vorn in zwei kurze Oviducte übergehen. Diese vereinigen sich zu einem weiten Eiersacke, welcher zwischen den Windungen der Ovarien im Hinterleibsende in einen Winkel umgebogen liegt und mit seinem Vorderende sich zu einem zweiten Eierleiter verengert, der sich vielfach in der Leibeshöhle umherwindet und zuletzt mit einer hornigen, gegliederten Legeröhre endigt. Diese letztere kann durch einen besonderen Muskelapparat zwischen den Hinterbeinen aus- und eingeschoben werden. Unterhalb der Muskelscheide dieser Legeröhre ziehen sich zwei Blindröhren hin, die sich an der Basis der ersteren in den Eierleiter öffnen und entweder die Bedeutung von Saamenbehältern oder Kittorganen haben [5]).

Bei den meisten Araneen liegen die beiden länglichen Eierstöcke zwischen den Lebermassen verborgen, und münden mit zwei kurzen Oviducten in eine zwischen den beiden Lungensäcken angebrachte Scheide ein. Diese letztere wird von einer hornartigen Platte getragen, und öffnet sich mit einer Querspalte nach aussen, nachdem sie vorher die Ausführungsgänge zweier neben einander liegender *Receptacula seminis* aufgenommen hat. Beide Saamenbehälter haben eine birnförmige Gestalt und bestehen fast immer aus einer hornigen, dunkelbraun gefärbten Masse, welche mit der allgemeinen Hautbedeckung dicht verbunden sind und bald einen kurzen, bald einen langen, in sich verschlungenen, hornigen Ausführungsgang besitzen [6]). Die Spinnenweibchen umgeben ihre gelegten Eierhaufen mit einer aus Spinngewebe verfertigten Hülle, daher sich keine Kittorgane in ihnen vorfinden. In Bezug auf die äusseren weiblichen Geschlechtstheile zeigen die Epeiriden eine merkwürdige Abweichung, indem der Eingang ihrer Scheide von einem nach hinten hervorragenden, mehr oder weniger hornigen Fortsatze bedeckt wird, in dessen Basis die birnförmigen und gestielten Saamenbehälter angebracht sind [7]). Welche Function

5) Vergl. Treviranus, verm. Schriften. Bd. 1. p. 34. Taf. 4. Fig. 20. u. 23., ferner Tulk a. a. O. p. 318. Pl. 5. Fig. 26—29.

6) Die Ovarien und Eierleiter hat Treviranus (Bau der Arachniden. p. 37. Taf. 4. Fig. 32.) ganz gut dargestellt, selbst die *Receptacula seminis* sind von ihm gesehen, aber für knorpelige Körper gehalten worden (ebendas. p. 38. Taf. 2. Fig. 20. o., Taf. 4. Fig. 40. o. und Fig. 41.). Von späteren Zootomen sind diese Organe ganz unbeachtet geblieben. Eine kurze, birnförmige Gestalt besitzen die beiden Saamenbehälter von Lycosa, Theridion und Micryphantes, während dieselben bei Drassus, Salticus und Thomisus mit einem langen und verschlungenen Ausführungsgang versehen sind.

7) Dieser Fortsatz hat bei Epeira Diadema eine Sförmige Gestalt und ist schon von Leeuwenhoek (a. a. O. p. 336. Fig. 8.), Roesel (a. a. O. p. 253. Taf. 37. Fig. 1. b. und Taf. 38. Fig. 1. u. 3.) und Degeer (a. a. O. p. 85. Taf. 12. Fig. 10.) beschrieben und abgebildet worden. Vergl. auch Treviranus, Bau

dieser Fortsatz zu verrichten hat, ob er sich bei dem Begattungsgeschäfte oder bei dem Eierlegen betheiligt, ist zur Zeit noch unbekannt.

Die weiblichen Scorpioniden enthalten in ihrem Hinterleibe als Ovarien drei Längsröhren, welche durch vier Paar Querröhren unter einander verbunden sind. Die beiden äusseren Längsröhren setzen sich als Oviducte nach vorn fort und vereinigen sich zu einer kurzen, an der Basis des Hinterleibes ausmündenden Scheide. Beide Eierleiter bilden vor ihrer Vereinigung eine rundliche Erweiterung, welche, da man Saamenmasse in derselben antrifft, für ein ***Receptaculum seminis*** angesehen werden kann [8]).

III. Von den Geschlechtstheilen der männlichen Arachniden.

§. 319.

Die wenigen Untersuchungen, welche bisher über die männlichen Geschlechtsorgane der Acarinen angestellt wurden, lassen vermuthen, dass dieselben nach sehr verschiedenen Typen angeordnet sind. In Trombidium kann man nämlich zwanzig roth gefärbte Hodenbläschen unterscheiden, welche durch kurze Stiele an ein ringförmiges, zwischen den Hinterbeinen ausmündendes *Vas deferens* befestigt sind. Mit diesem letzteren hängen vor der Ausmündung noch zwei ausgezeichnete, langgestielte Blasen von brauner Farbe zusammen, deren Bedeutung noch nicht erkannt werden konnte [1]). Bei Ixodes stellen die Hoden eine Gruppe von vier bis fünf Paar kürzerer und längerer Drüsenschläuche dar, welche in der Mitte des Hinterleibes unter einander verschmolzen sind und zwei enge, an der Basis des Kinnfortsatzes ausmündende *Vasa deferentia* nach vorn senden, daher diese Zecken bei der Begattung ihre Kieferfühler nebst dem Kinnfortsatze tief in die

---

der Arachniden. p. 39. Taf. 2. Fig. 18. c. und Savigny in der desript. d. l'Egypte a. a. O. Pl. 2. Fig. 8. m. Bei Nephila fasciata zeigt dieser Fortsatz eine zungenförmige Gestalt.

8) Die weiblichen Geschlechtstheile der Scorpioniden sind von Meckel (Beiträge a. a. O. p. 113. Taf. 7. Fig. 18—20.), von Treviranus (Bau der Arachniden. p. 12. Taf. 1. Fig. 12.) und von Müller (a. a. O. p. 53. Taf. 2. Fig. 14—19.) beschrieben worden. Letzterer fand bei den grösseren afrikanischen Skorpionen die Eier in langen, varicös eingeschnürten, blindschlauchartigen Seitenanhängseln der Ovarien, welche sich erst mit der Ausbildung der Eier entwickeln, während bei dem kleinen europäischen Skorpione die Eier bei ihrem Wachsthume nur einfache, birnförmige Ausstülpungen an den Eierstocksröhren hervorbringen. — In den beiden Saamenbehältern lebender Weibchen von Scorpio europaeus habe ich übrigens die Saamenmasse mit lebhaftem Spermatozoïden-Gewimmel angetroffen.

1) Dieser zusammengesetzte Bau der männlichen Geschlechtsorgane ist von mir in Trombidium holosericeum wahrgenommen worden, nachdem er von Treviranus (verm. Schriften. Bd. 1. p. 48. Taf. 6. Fig. 35.) ganz und gar verkannt worden war.

Scheide der Weibchen hineinschieben, während die beiden Palpen in einem rechten Winkel vom Kinnfortsatze abweichen und äusserlich gegen die Brust des Weibchens angedrückt bleiben 2). In Gamasus scheinen dagegen nur zwei getrennte, einfache Hodenschläuche nebst Saamenleitern vorhanden zu sein. Bei mehren Acarinen-Männchen lässt sich ein kurzer Penis nachweisen, welcher an derselben Stelle, wo bei den Weibchen sich die Vulva befindet, angebracht ist, und zuweilen im Innern des Leibes versteckt liegt 3). Andere männliche Milben dagegen zeichnen sich vor ihren Weibchen durch die stärkere und eigenthümliche Entwickelung der Scheerenfühler, so wie einzelner Fusspaare aus, welche Organe bei der Begattung gewiss zum Festhalten der Weibchen benutzt werden 4).

Die Hoden der Phalangien bestehen aus einem Haufen enger Blindkanäle, welche sich in einem Punkte zu einem langen, gewundenen Saamenleiter vereinigen. Letzterer geht in einen *Ductus ejaculatorius* über, der die mit verschiedenen Muskeln ausgestattete Penisrohre durchbohrt. Der Körper dieses Begattungsorganes, welches mit einer hakenförmigen Eichel endigt, hat eine hornige Beschaffenheit, und kann aus einer muskulösen Scheide unter der Brust weit hervorgeschoben werden 5). Bei mehren Opilioninen sind die Hinterbeine der Männchen

---

2) Es ist dieser merkwürdige Begattungsact schon von Degeer (a. a. O. p. 45. Taf. 6. Fig. 6.) an Ixodes Ricinus beobachtet und später auch von Ph. W. J. Müller (in Germar's Magazin der Entomologie. Bd. 2. 1817. p. 281.) beschrieben worden, aber von den übrigen Entomologen und Entomotomen ganz unbeachtet geblieben. Daher denn auch das von dem weiblichen Ixodes Ricinus so sehr verschieden gebildete Männchen bald unter dem Namen Ixodes Reduvius (s. Audouin a. a. O. Tom. 25. p. 422. Pl. 14. Fig. 4.), bald als Ixodes marginalis (s. Hahn, die Arachniden. Bd. 2. p. 63. Fig. 153.) für eine ganz besondere Zecken-Art ausgegeben worden ist. Die Männchen von Ixodes Ricinus unterscheiden sich nämlich von den weiblichen Individuen durch ein den ganzen Leib bedeckendes Rückenschild, durch kürzere Palpen und durch eine geringere Anzahl von Zähnen am ebenfalls kürzeren Kinnfortsatze.

3) Bei Bdella ragt auf dem Bauche, bei Gamasus auf der Brust ein Penis hervor, während derselbe bei den Oribateen hinter der zweiklappigen Geschlechtsöffnung zurückgezogen ist. Sehr sonderbar nehmen sich die Männchen von Arrenurus aus, deren Ruthe aus einer besonderen Abschnürung des Hinterleibes hervorragt (s. Dugès a. a. O. Tom. 1. p. 155. Pl. 10. Fig. 20.).

4) Bei gewissen Gamasus-Männchen erscheinen die beiden Scheerenfühler eigenthümlich durchbrochen, wobei zugleich das zweite Fusspaar sehr verdickt und mit mehren Stacheln und Auswüchsen versehen ist. Bei Dermaleichus ist es das dritte Fusspaar der Männchen, welches zuweilen ungemein verdickt und mit starken Krallen bewaffnet erscheint. Auch bei Sarcoptes sind die Hinterfüsse der Männchen länger und sowol mit Krallen als auch mit Haftscheiben ausgestattet, während sich die Hinterbeine der Weibchen verkümmert zeigen.

5) Vergl. Treviranus, verm. Schriften. Bd. 1. p. 36. Taf. 4. Fig. 21. 22. und Tulk a. a. O. p. 250. Pl. 4. Fig. 21—24.

mit ausgezeichneten Stacheln und Auswüchsen besetzt, welche gewiss während der Begattung ihre Bedeutung finden [6]).

Die Hoden der Araneen liegen als zwei lange, einfache, aber vielfach in einander gewundene Blindkanäle zwischen der Leber verborgen [7]), und senden ihre beiden Saamenleiter nach der Basis des Hinterleibes, wo zwischen den beiden Lungensäcken die Geschlechtsöffnung auf einem Hornplättchen angebracht ist. Diese männliche Geschlechtsöffnung stellt eine einfache Querspalte dar, welche bei dem Begattungsacte niemals mit der Vulva der Weibchen in Berührung gebracht wird. Die männlichen Spinnen bedienen sich vielmehr immer ihrer löffelförmig ausgehöhlten und oft ausserordentlich complicirt gebildeten Palpen als Begattungsorgane, indem sie dieselben mit Saamen füllen und alsdann gegen die Vulva appliciren, um so den Saamen in die weiblichen Geschlechtsorgane hinüber zu schaffen. Zu diesem Behufe enthält das letzte, immer sehr angeschwollene und ausgehöhlte Glied der Palpen in der Regel einen weichen, spiralig aufgerollten Körper, an dessen Ende ein rinnenförmiger und gekrümmter Fortsatz von Hornmasse, ferner ein horniger, gebogener Faden und mehre andere Haken und Fortsätze von der mannichfaltigsten Form angebracht sind. Diese verschiedenen Fortsätze können aus ihrer Höhle hervorgeschoben werden, und dienen bei der Begattung theils als Anheftungsorgane, theils als Leiter des Saamens [8]).

---

6) Bei Eusarcus, Gonyleptes u. A. Die bei den männlichen Phalangien oft ausserordentlich kräftig entwickelten Scheerenfühler haben mit dem Begattungsacte selbst nichts zu thun, sondern werden von den eifersüchtigen Männchen dazu benutzt, sich gegenseitig zu bekämpfen. S. Latreille, hist. nat. d. Fourmis etc. p. 380.

7) Ueber die Hoden der Spinnen vergleiche man Treviranus, Bau der Arachniden. p. 37. Taf. 4. Fig. 33. und Brandt in der mediz. Zoologie. Bd. 2. p. 89. Taf. 15. Fig. 7.

8) Man ist eine lange Zeit über die Ausmündungsstelle der *Vasa deferentia* bei den Spinnen in Zweifel gewesen, indem man bei der Begattung zweier Spinnen niemals die beiden Geschlechtsöffnungen mit einander in Berührung kommen sah. Nachdem man sich überzeugt hatte, dass die Palpen der Männchen allein die Vulva der Weibchen berühren, wollte man sogar die Ausführungsgänge der Hoden in den Palpen selbst suchen. Erst in neuester Zeit erkannte man, dass bei den Araneen, wie bei den Libellulinen (s. meine Abhandlung in Germar's Zeitschrift für die Entomologie. Bd. 2. p. 423.), das Begattungsglied und die *Vesicula seminalis* von der männlichen Geschlechtsöffnung vollkommen getrennt ist. Will man sich überzeugen, dass das Andrücken der männlichen Palpen gegen die Vulva der Spinnenweibchen wirklich Begattungsact ist, so darf man nur die Palpen eines solchen, in der Begattung begriffenen Spinnenmännchen unter dem Mikroskope untersuchen, man wird alsdann mit Leichtigkeit eine Menge von Saamenfeuchtigkeit aus dem Innern des letzten Palpengliedes hervorpressen können. Eben so wird man auch nach solcher Begattung die beiden *Receptacula seminis* der Weibchen mit Saamenmasse gefüllt finden. — Die

In den Scorpioniden bildet jeder der beiden Hodenschläuche eine von der Lebersubstanz eingehüllte Schlinge, zwischen welcher zwei Querkanäle von einer Seite zur andern hinüberlaufen. Aus dem Vorderrande beider Schlingen begibt sich ein kurzes *Vas deferens* zu der an der Basis des Hinterleibes befindlichen Geschlechtsöffnung, welche unterwegs die Mündung eines längeren und eines kürzeren Blindschlauches aufnimmt. Die beiden längeren Blindschläuche enthalten eine körnig-blasige Masse und haben vielleicht die Bedeutung einer Nebendrüse, während sich die beiden kürzeren Blindschläuche durch ihren Inhalt deutlich als *Vesiculae seminales* ankündigen [9]). Aus der Geschlechtsöffnung der männlichen Scorpioniden ragt eine kleine, tief eingeschnittene Papille hervor, welche den weiblichen Individuen fehlt, und als rudimentärer Penis betrachtet werden kann. Ob die beiden kammförmigen, äusseren Seitenanhänge der Geschlechtsöffnung, welche aber auch den weiblichen Scorpioniden nicht fehlen, bei dem Begat-

---

Gestalt der Palpen variirt bei den Spinnenmännchen, je nach den verschiedenen Gattungen und Arten, in unendlicher Mannichfaltigkeit. Sehr einfache und nur mässig angeschwollene Palpen besitzen die Männchen von Clubiona und Lycosa, bei den Männchen von Epeira, Tegenaria, Linyphia, Micryphantes, Salticus, Argyroneta u. A. dagegen zeigt sich die Zusammensetzung des letzten Palpalgliedes so ausserordentlich complicirt, dass sich, trotz der sorgfältigsten Beschreibung, kein deutliches Bild davon geben lässt. Vergleiche darüber die Abbildungen in Lyonet a. a. O. p. 383. Pl. 19. u. 20., Treviranus, Bau der Arachniden. p. 37. Taf. 4. Fig. 35—37., Brandt in der mediz. Zoologie. Bd. 2. p. 87. Taf. 15. Fig. 1., ferner Savigny in der descript. de l'Egypte. Pl. 1—7. und Menge a. a. O. p. 35. Taf. 3. Fig. 13—27. Ueber den Begattungsact hat Treviranus (Bau der Arachniden. p. 33.) die älteren Beobachtungen von Lister, Lyonet, Clerk und Degeer zusammengestellt, erklärte aber denselben für ein blosses Vorspiel, welches nur dazu diene, den Begattungstrieb anzuregen, worauf dann erst der eigentliche Begattungsact, nämlich die gegenseitige Berührung der männlichen und weiblichen Geschlechtsöffnung, folgen sollte, welche jedoch von Treviranus selbst niemals beobachtet worden ist. Die neueren Beobachter Dugès (in den Annal. d. sc. nat. Tom. 6. p. 187.), Menge (a. a. O. p. 36.) und Blackwall (in den Annals of nat. hist. Vol. 15. p. 225.) konnten natürlich nur die Beobachtungen der älteren Naturforscher bestätigen. Durch Menge wissen wir jetzt, dass die Spinnenmännchen (von Linyphia und Agelena), um ihre Palpen mit Saamen zu füllen, einen Tropfen Saamenfeuchtigkeit aus ihrer Geschlechtsöffnung fahren lassen und denselben alsdann mit dem kolbigen und hohlen Ende ihrer beiden Palpen abwechselnd auftupfen oder gleichsam aufschöpfen.

9) Ueber die männlichen Geschlechtsorgane der Scorpione, welche Treviranus (Bau der Arachniden. p. 22. Taf. 1. Fig. 11.) ganz ungenügend beschrieben hat, vergleiche man Meckel (Beiträge a. a. O. p. 114. Taf. 7. Fig. 14.), Serres (a. a. O. p. 89.) und Müller (a. a. O. p. 59. Taf. 1. Fig. 8.). — In den beiden, von mir als Saamenbläschen bezeichneten, kleinen Blindschläuchen konnte ich an lebenden Exemplaren des Scorpio europaeus deutlich Spermatozoïdengewimmel wahrnehmen.

tungsacte vielleicht eine Rolle spielen, muss für jetzt noch unentschieden bleiben [10]).

§. 320.

Ueber die Entwickelung der Arachniden fehlt es noch an zureichenden Untersuchungen, doch lassen schon die wenigen Beobachtungen, welche bisher über die frühsten Stadien der Entwickelungsgeschichte dieser Arthropoden angestellt worden sind [1]), deutlich erkennen, dass mit wenigen Ausnahmen [2]) auch hier, wie bei den Crustaceen, nach dem Verschwinden des Keimbläschens zuerst ein oberflächlicher, partieller Furchungsprozess des Dotters auftritt, durch welchen sich eine dünne Embryonalschicht bildet, die aus feinen, von einer klaren, zähen Feuchtigkeit zusammengehaltenen Molekularkörperchen gebildet ist und bei auffallendem Lichte durch ihre weissliche Farbe von dem noch übrigen Dotter absticht. Während sich diese ovale Keimschicht, deren Längsaxe die Bauch- oder Nervenseite des künftigen Embryo andeutet, nach den Seiten und dem Rücken hin weiter ausbreitet, sondert sich in ihr ein äusseres seröses und ein inneres mucöses Blatt ab, von welchen das letztere nach und nach den noch übrigen Dotter umschliesst, und sich durch Einschnürungen in den Verdauungskanal mit seinen verschiedenen Abtheilungen und Anhängen verwandelt, während an der äusseren Oberfläche des serösen Blattes verschiedene, symmetrisch vertheilte Verdickungen und Hervorragungen zum Vorschein kommen, aus denen mit der Zeit die Leibesabschnitte, die Mundtheile, Tastwerkzeuge und Bewegungsorgane des Embryo hervorgehen.

---

10) In neuerer Zeit hat Tulk (in den Annals of nat. hist. Vol. 15. p. 56.) die Meinung ausgesprochen, dass diese farblosen Kämme der Skorpione zum Reinigen der Palpen, der Tarsen und des Schwanzendes dienen möchten; derselbe berief sich dabei auf die ganz ähnlich gestalteten, glashellen Kämme, welche bei Obisium zwischen den Zangen der Scheerenfühler angebracht sind und wirklich von diesen Pseudoscorpionen als Reinigungsapparat benutzt werden.

1) Die frühsten Stadien der Entwickelung sind bis jetzt nur an Spinnen und Skorpionen beobachtet worden. S. Herold, de generatione aranearum in ovo. 1824., Rathke, zur Entwickelungsgeschichte des Skorpions (in seiner Schrift: zur Morphologie, Reisebemerkungen aus Taurien. 1837. p. 17. oder in Burdach's Physiologie. Bd. 2. 1837. p. 242.), und desselben Bemerkungen über die Entstehung einiger wirbelloser Thiere (in Froriep's neuen Notizen. Bd. 24. 1842. p. 165. von Lycosa saccata), ferner Kölliker in Müller's Archiv. 1843. p. 139. von Scorpio europaeus. Was die Entwickelung der Acarinen betrifft, so konnte ich mich an den Oribateen- und Hydrachneen-Eiern überzeugen, dass hier ganz derselbe Hergang der Entwickelung, wie bei den meisten übrigen Arachniden, Statt findet.

2) Bei Macrobiotus Hufelandii beobachtete ich deutlich, dass die von der abgeworfenen Haut umhüllten Eier einen totalen Furchungsprozess durchmachten; auch bei Pycnogonum soll nach Kölliker (s. Müller's Archiv. 1843. p. 136.) eine vollkommene Furchung des Eidotters Statt finden.

Die Entwickelung der Embryone geht fast bei allen Arachniden erst dann vor sich, nachdem die Eier gelegt worden sind, die Scorpioniden und Oribateen allein machen hiervon als lebendiggebärende Thiere eine Ausnahme [3]).

Die Embryone der meisten Arachniden haben, wenn sie ihre Eihülle verlassen, fast ganz die Gestalt der erwachsenen Thiere [4]), nur die niederen Arachniden machen davon eine Ausnahme, indem sie erst nach mehren Häutungsprozessen, also nach einer wahren Metamorphose, ihren Eltern ähnlich werden. Die auffallendste Verwandlung dieser Art müssen die Pycnogoniden durchmachen, da die Embryone derselben einen kurzen, durchaus ungegliederten Leib, und ausser den beiden Scheerenfühlern nur vier drei- oder zweigliederige Beine besitzen, von welchen bald die beiden Fühler, bald die vier Beine mit einer sehr langen Geissel versehen sind. Erst bei der weiteren Metamorphose kommen nach und nach die noch fehlenden Beine, so wie die Gliederungen des Leibes und der Extremitäten zum Vorschein [5]). Bei den Emydien [6]) und den meisten Acarinen schlüpfen die Embryone als sechsbeinige Thierchen aus den Eiern hervor, sind aber sonst ihren Eltern ziemlich ähnlich, so dass sich ihre Metamorphose nur auf Erzeugung des noch fehlenden Fusspaares beschränkt. Nur bei Hydrachna findet eine Art von Metamorphose Statt, da die Embryone derselben einen ausserordentlich grossen und breiten Schnabel besitzen, den man sehr leicht für einen vom Rumpfe abgeschnürten Kopf halten möchte [7]). Dieses Missverhältniss zwischen Schnabel und Rumpf kehrt sich später

---

3) Die Scorpioniden zeigen in dieser Beziehung ein sehr merkwürdiges Verhalten, indem die Entwickelung der Embryone in den Ovarien vor sich geht, ohne dass die Eier den Ort ihrer Bildungsstätte verlassen. Vergl. Müller a. a. O. p. 55., und Rathke, zur Morphologie a. a. O. Offenbar muss hier die Saamenmasse mit der Zeit aus den beiden Saamenbehältern zur Befruchtung bis in die Ovarien selbst hinaufgelangen. — Bei den Oribateen scheint die Entwickelung der Embryone in einer dicht hinter der Legeröhre befindlichen uterusartigen Erweiterung des Eierleiters vor sich zu gehen.

4) Bei den Araneen tritt erst nach den späteren Häutungen der durch die eigenthümliche Palpenbildung so auffallend charakterisirte Geschlechtsunterschied hervor.

5) Vergl. Krőyer in der Naturhistorisk Tidsskrift. Bd. 3. 1840. p. 299. oder in der Isis. 1841. p. 713. Taf. III. Tab. 3. oder in den Annal. d. sc. nat. Tom. 17. p. 288. Pl. 13. B.

6) Vergl. Doyère a. a. O. p. 358. Die Embryone der übrigen Tardigraden besitzen vier Fusspaare.

7) Vergl. Dugès in den Annal. d. sc. nat. Tom. 1. p. 166. Pl. 11. Fig. 47. Dass dieser gegen den Rumpf eingelenkte Schnabel nur Träger der Mundtheile und nicht wirklich ein Kopf ist, geht aus der Stellung der Augen klar hervor, welche nicht diesem Schnabel, sondern dem mit dem Hinterleibe verschmolzenen Cephalothorax aufsitzen.

um, nachdem die jungen Hydrachnen ihren Schnabel in verschiedene Insekten eingebohrt und ihren Leib durch eingesogene Nahrungsstoffe monströs ausgedehnt haben. Dergleichen sechsbeinige, als Epizoen schmarotzende Hydrachnen wurden lange Zeit unter dem Namen Achlysia für besondere Milbenarten angesehen, bis man sich später überzeugte, dass aus diesen sechsbeinigen Schmarotzermilben bei der nächsten Häutung vollkommen entwickelte achtbeinige Hydrachnen hervorschlüpften [8]). Aehnliche Metamorphosen gehen auch die Trombidien ein, welche sich als sechsbeinige, rothe Larven an Fliegen, Heuschrekken, Blattläusen und verschiedenen anderen Land-Insekten festsaugen, und bisher zu den besonderen Milben-Gattungen Astoma, Leptus, Ocypeta gerechnet wurden [9]).

8) Vergl. Audouin, Mémoire sur l'Achlysie (in den Mémoires de la société d'hist. nat. de Paris. Tom. 1. p. 98. Pl. 5. No. 2.). Man findet diese rothen Achlysien nicht selten mit wurstförmig verunstaltem Leibe auf dem Rücken des weichen Abdomens von Dytiscus und Hydrophilus festgesogen. Noch häufiger hängen kleinere Achlysien an den Einschnitten des Leibes und der Glieder von Nepa und Ranatra. Die wahre Natur dieser Epizoen haben Burmeister (in der Isis. 1834. p. 138. Taf. 1. Fig. 1—6.) und Dugès (in den Annal. d. sc. nat. Tom. 1. 1834. p. 166. Pl. 11. Fig. 49—55.) aufgehellt.

9) Vergl. Gervais in Walckenaër, Aptères a. a. O. Tom. 3. p. 178.

Vierzehntes Buch.

Die Insekten.

Eintheilung.

§. 321.

Da fast alle Ordnungen und Familien der Insekten mit wenigen Ausnahmen den Zootomen leicht zugänglich gewesen sind, so sind die anatomischen Untersuchungen derselben nicht, wie in manchen andern Thierklassen nur auf einzelne Gattungen und Arten beschränkt geblieben, sondern über die meisten Insekten-Familien ausgedehnt worden. Bei einem so überaus reichen Material würde es aber zu weit führen, wenn hier alle Gattungen, ja selbst alle Familien, an denen die Organisationsverhältnisse der Insekten nachgewiesen wurden, der Reihe nach aufgeführt würden.

A. Insekten ohne Verwandlung.
(*Insecta ametabola.*)

I. Ordnung. *Aptera.*

Familien. *Pediculidae*, *Nirmidae*, *Poduridae*, *Lepismidae.*

B. Insekten mit unvollkommener Verwandlung.
(*Insecta hemimetabola.*)

1. Mit saugenden Mundtheilen.

II. Ordnung. *Hemiptera.*

Familien. *Coccidae*, *Aphididae*, *Psyllidae*, *Cicadidae*, *Cercopidae*, *Naucoridae*, *Nepidae*, *Coreidae*, *Pentatomidae.*

2. Mit kauenden Mundtheilen.

III. Ordnung. *Orthoptera.*

Familien. *Physopoda*, *Forficulidae*, *Psocidae*, *Perlidae*, *Ephemeridae*, *Libellulidae*, *Termitidae*, *Acrididae*, *Locustidae*, *Achetidae*, *Phasmidae*, *Mantidae*, *Blattidae*.

C. Insekten mit vollkommener Verwandlung. *(Insecta holometabola.)*

1. Mit saugenden Mundtheilen.

a) Nur zwei entwickelte Vorderflügel.
Die Unterlippe ist Saugorgan geworden.

IV. Ordnung. *Diptera.*

Familien. *Pulicidae*, *Nycteribidae*, *Hippoboscidae*, *Muscidae*, *Oestridae*, *Syrphidae*, *Conopidae*, *Stomoxydae*, *Bombylidae*, *Anthracidae*, *Leptidae*, *Henopidae*, *Asilidae*, *Stratiomydae*, *Tabanidae*, *Tipulidae*, *Culicidae*.

b) Vier beschuppte Flügel.
Die Unterkiefer sind Saugorgan geworden.

V. Ordnung. *Lepidoptera.*

Familien. *Tineidae*, *Pyralidae*, *Geometridae*, *Noctuidae*, *Bombycidae*, *Hepiolidae*, *Zygaenidae*, *Sphingidae*, *Papilionidae*.

c) Vier nackte Flügel.
Die Zunge ist Saugorgan geworden.

VI. Ordnung. *Hymenoptera.*

Familien. *Apidae*, *Andrenidae*, *Vespidae*, *Formicidae*, *Scoliadae*, *Mutillidae*, *Pompilidae*, *Crabronidae*, *Bembecidae*, *Chrysididae*, *Cynipidae*, *Ichneumonidae*, *Siricidae*, *Tenthredinidae*.

2. Mit kauenden Mundtheilen.

a) Nur zwei entwickelte Hinterflügel.

VII. Ordnung. *Strepsiptera.*

b) Vier häutige Flügel.

VIII. Ordnung. *Neuroptera.*

Familien. *Phryganidae*, *Sialidae*, *Hemerobidae*, *Myrmeleonidae*, *Rhaphidiadae*, *Panorpidae*, *Mantispidae*.

c) Zwei hornige Vorderflügel und zwei häutige Hinterflügel.

IX. Ordnung. *Coleoptera.*

Familien. ***Pselaphidae***, ***Coccinellidae***, ***Chrysomelidae***, ***Cerambycidae***, ***Curculionidae***, ***Cistelidae***, ***Meloidae***, ***Tenebrionidae***, ***Pyrochroidae***, ***Elateridae***, ***Lamellicornes***, ***Clavicornes***, ***Hydrophilidae***, ***Hydracanthari***, ***Staphylinidae***, ***Carabidae***.

Literatur.

Réaumer, Mémoires pour servir à l'histoire des Insectes. 1734.

Roesel, Insekten-Belustigungen. 1746.

Swammerdamm, Bibel der Natur. 1752.

Lyonet, Traité anatomique de la chenille, qui ronge le bois de saule. 1762. und Anatomie de différentes espèces d'Insectes, in den Mémoires du Muséum etc. Tom. XVIII—XX. 1829—32.

Degeer, Abhandlungen zur Geschichte der Insekten. 1776.

Meckel, Beiträge zur vergleichenden Anatomie. 1808.

Gaede, Beiträge zu der Anatomie der Insekten. 1815.

Suckow, Anatomisch-physiologische Untersuchungen der Insekten und Krustenthiere. 1818.

Straus-Durckheim, Considérations générales sur l'anatomie comparée des animaux articulés. 1828.

Kirby and Spence, Introduction to Entomology, oder Einleitung in die Entomologie, herausgegeben von Oken. 1823—33.

Burmeister, Handbuch der Entomologie. 1832.

Brandt und Ratzeburg, Medizinische Zoologie. Zweiter Bd. 1833.

Ratzeburg, Die Forstinsekten. 1837.

Lacordaire, Introduction à l'entomologie. 1834—38.

Westwood, An Introduction to the modern classification of insects. 1839.

Newport, Insecta, Artikel in the Cyclopaedia of anatomy and physiology. Vol. II. 1839.

Léon Dufour, Recherches anatomiques et physiologiques sur les Hémiptères. 1833., und: Recherches anat. et physiol. sur les Orthoptères, les Hymenoptères et les Neuroptères. 1841. Beide Abhandlungen sind abgedruckt in den Mémoires présentés par divers savants à l'Académie royale des sciences de l'Institut de France. Sciences mathém. et physiques. Tom. IV. u. VII.

Nicolet, Recherches pour servir à l'histoire des Podurelles. 1841., in den neuen Denkschriften der allg. schweizerischen Gesellschaft etc. Bd. VI.

Erster Abschnitt.

Von der äusseren Hautbedeckung und dem Hautskelete.

§. 322.

Bei den Insekten ist die allgemeine Hautbedeckung des vielfach gegliederten Körpers, wie bei den übrigen Arthropoden zu einem Hautskelete erhärtet, welches bald eine weiche mehr lederartige, bald eine sehr feste hornartige Beschaffenheit zeigt. Die Elasticität und Nachgiebigkeit derselben beschränkt sich meist nur auf diejenigen dünnen und weicheren Hautstellen, welche an den sogenannten Einschnitten die Körper- und Glieder-Abschnitte untereinander verbindet. Der charakteristische chemische Bestandtheil des Hautskelets besteht auch hier wieder aus Chitine, jener eigenthümlichen in Aetzkali unlöslichen stickstoffhaltigen Masse, mit welcher oft prächtige Pigmente innig verbunden sind [1]). Diese Chitin-Masse betheiligt sich zugleich auch bei der Bildung der äusseren haarigen und schuppigen Hautauswüchse, so wie bei den nach innen hervorragenden, einem inneren Skelete vergleichbaren Fortsätzen der Hautbedeckung.

§. 323.

Die Hautbedeckung ist ihrem histologischen Baue nach sehr verschieden und oft ausserordentlich complicirt gebildet, so dass man mit der grössten Mühe kaum im Stande ist, ihre wahren Strukturverhältnisse zu entziffern. An denjenigen Insekten, deren Hautbedeckung eine sehr feste hornige Beschaffenheit besitzt, lässt sich immer eine Epidermis unterscheiden, welche aus kernlosen nebeneinander gelagerten und innig verbundenen Pflasterzellen besteht. Häufig haben diese letzteren ihre Selbstständigkeit noch in so weit erhalten, dass sie deutlich eine einfache Schicht polyedrischer Zellen darstellen; ebenso häufig sind sie aber auch an ihren Berührungsstellen mehr oder weniger mit einander verschmolzen, wodurch an einer solchen Epidermis alsdann eine dachziegel- oder wellenförmige Zeichnung erzeugt wird. Die Struktur der unter der Epidermis befindlichen übrigen Chitinmasse wird einigermaassen erst dann deutlich, nachdem man die ganze Hautbedeckung der Insekten mit Aetzkali theils macerirt, theils entfärbt hat. Dieselbe

---

1) Vergl. Odier in den Mémoires de la société d'hist. nat. de Paris. Tom. I. a. a. O., ferner Lassaigne in den Comptes rendus. Tom. 16. 1843. pag. 1087. (auch in Froriep's neuen Notizen. Bd. 27. pag. 7.), welcher den Namen Entomoderm für diese Substanz vorschlägt, siehe ausserdem noch Schmidt, zur vergleich. Physiolog. a. a. O. pag. 32. — Die Färbungen des Hautskelets gehen wahrscheinlich von einem Oele aus, welches besonders bei den Käfern häufig die Chitinmasse durchdringt. Vergl. Bernard-Deschamps, sur les élytres des Coléoptères, in den Annal. d. sc. nat. Tom. 3. 1845. pag. 354.

stellt meistens verschiedene faserige Schichten dar, welche auf die mannichfaltigste Weise über- und nebeneinander gelagert sind, und dabei oft äusserst zierliche Zeichnungen hervorbringen. In manchen Fällen lassen dergleichen netzförmige oder sternförmige Zeichnungen auch auf die Anwesenheit von Intercellular-Gängen und Poren-Kanälchen schliessen [1]). In den dünnhäutigen Theilen des Hautskelets kann bei den Insekten selten eine Struktur wahrgenommen werden, indem diese Hautmasse in der Regel, namentlich die der Flügel, ganz homogen erscheinen.

Aus der äusseren Fläche des Hautskelets ragen häufig eine Menge von Auswüchsen in Form von Höckern, Stacheln und Haaren hervor, welche meistens hohl sind. Die haarförmigen Auswüchse erscheinen entweder nackt und glatt, oder mit Nebenhaaren und Widerhaken besetzt [2]). Viele dieser Hautauswüchse stecken mit einem kurzen

---

1) In Bezug auf die bis jetzt nur in sehr geringem Umfange angestellten histologischen Untersuchungen des Hautskelets der Insekten kann ich nur auf die Arbeiten von H. Meyer (in Müller's Archiv, 1842. pag. 12. über Lucanus Cervus) und von Platner (ebendas. pag. 38. Taf. 3. über die Seidenraupe) verweisen.

2) Mit Widerhaken sind fast immer die Haare der verschiedenen Bärenraupen besetzt (s. die Abbildungen in Réaumur, Mémoires etc. Tom. I. Pl. 6. und Degeer, Abhandl. Thl. I. Taf. 9—13.), welche leicht abbrechen und auf unsere Haut gebracht, sich mit dem abgebrochenen Ende voran in dieselbe einbohren, wodurch oft unerträgliches Jucken und sogar Entzündung der Haut erregt wird. Die Prozessionsraupen haben sich in dieser Beziehung einen so üblen Ruf erworben, dass sie sogar für giftig ausgegeben worden sind. Vergl. Nicolai, die Wander- oder Prozessionsraupe. 1833. pag. 21. und Ratzeburg, die Forstinsekten, Thl. II. pag. 127. Taf. 1. Fig. 11. 12. u. Taf. 8. a. Welche entsetzliche Leiden die Haare dieser Raupen im menschlichen Körper hervorbringen können, das beweist der Krankheitsfall Ratzeburg's, welcher von diesem ausgezeichneten Entomologen selbst erlitten und mitgetheilt wurde. Vergl. die entomologische Zeitung. 1846. pag. 35. Wenn man bedenkt, dass die feinen Haare der Processionsraupen wie feiner Staub auf unsre Haut und in unsre Respirationsorgane gelangen können, wo sie dann immer tiefer und tiefer in den Körper eindringen und so unterwegs eine Menge von Nervenfäden direkt berühren werden, so wird sich hierdurch die Hervorrufung aller jener Symptome erklären lassen, an welchen Ratzeburg gelitten, ohne dass man nöthig hat, jene Raupenhaare als die Träger eines spezifischen Giftes anzusehen. Das Einbohren in die Haut, so wie das Weiterschlüpfen unterhalb derselben geht mit dem haarigen Staube der Processionsraupe um so leichter vor sich, als die einzelnen Härchen, welche diesen sogenannten giftigen Staub bilden, nicht aus abgebrochenen Stücken, sondern aus feinen, an beiden Enden zugespitzten Spindeln bestehen, welche an dem obern Ende mit nach oben gerichteten Zähnen besetzt sind, und mit ihrem untern Ende in einem kleinen Grübchen der Raupe ganz lose stecken, daher diese Härchen bei der leisesten Berührung sich so leicht von ihrem Befestigungsorte unversehrt abtrennen. Die dunkeln, auf dem Rücken der Prozessionsraupen sich hinziehenden, durch eine Kreuzlinie in vier Theile getrennten Flecke

Stiele ziemlich lose in kleinen Gruben der Hautoberfläche und gehen daher sehr leicht verloren. In der Regel zeigen sich diese Hautgebilde abgeplattet, schuppenförmig und gefärbt. Ihre Gestalt variirt in unendlicher Mannichfaltigkeit, sowol nach den verschiedenen Insekten-Arten, als auch nach den verschiedenen Stellen, welche sie bei einer Insekten-Art besetzt halten, wobei sie oft auf den Flächen der Länge nach gerippt und an den Rändern gezähnelt oder tief ausgeschnitten erscheinen. Diese Schuppen stehen entweder gerade von der Hautoberfläche ab, und bilden so einen pelzartigen, leicht abwischbaren Ueberzug, oder sie liegen dachziegelförmig dicht neben- und aufeinander [3]).

(s. Ratzeburg, die Forstinsekten, a. a. O. Taf. 8.ᵃ· Fig. 1.ᴸ· u. 1.ᴸ) bestehen aus einem flachen Wulste, auf welchem tausende von solchen kleinen Grübchen beisammenstehen, die den Spitzen der zahllosen Härchen zur Aufnahme dienen. Bei verschiedenen Vögeln und Amphibien, welche sich von Insekten und Raupen nähren, bohren sich die abgebrochenen Haare und borstigen Theile des Hautskelets der verschluckten Insekten auch vom Verdauungskanale aus in den Körper jener Insectivoren ein. Ich würde diesen Umstand hier nicht zur Sprache gebracht haben, nachdem man längst das wahre Wesen des haarigen Magens, mit welchem die älteren Individuen des Kukuks ausgestattet erscheinen, erkannt hat (s. die über diesen Gegenstand von Brehm, Richter, Carus, Oken und Bruch geführte Diskussion in der Isis, Jahrgang 1823. pag. 222. u. 666. Taf. 8., ferner Jahrg. 1825. pag. 579. Taf. 4.), wenn nicht neuerdings diese Wanderungen von Insekten-Fragmenten aus dem Verdauungskanale der Frösche in das Mesenterium hinüber ebenso, wie die haarige Auskleidung des Kukuksmagens verkannt worden wären. Im Mesenterium der genannten Batrachier nämlich findet man nicht ganz selten abgebrochene Haare und Borsten von Insekten, welche durch concentrische Bindegewebs-Schichten eingeschlossen sind und so gleichsam von einer Cyste umgeben in ihren weiteren Wanderungen aufgehalten werden. Dergleichen enkystirte Insekten-Haare sind von Remak (s. Müller's Archiv. 1841. pag. 451.) als parasitische räthselhafte Hornfäden aus dem Gekröse der Frösche beschrieben worden, während Mayer in Bonn sogar soweit gegangen ist, ähnliche Körper im Frosch-Mesenterium für Pacinische Körperchen zu halten (s. dessen Abhandl., die Pacinischen Körperchen. 1844. pag. 14. Fig. 2.).

3) Diese leicht ablösbare Bekleidung des Hautskelets der Insekten bildet bei den Lepidopteren, Anthraciden und Bombyliden einen pelzartigen Haarüberzug des Körpers, liegt aber dagegen dem Leibe vieler Curculioniden, Melolonthiden, Clavicorniern, Lepismiden, Poduriden und den Flügeln der Culiciden und Lepidopteren, schuppenförmig auf. Die schuppenförmige Hautbekleidung der Insekten hat von jeher die Aufmerksamkeit der Naturforscher auf sich gezogen, in deren Schriften man die verschiedensten Schuppen der Schmetterlinge, Käfer u. s. w. abgebildet findet. Vergl. ausser Réaumur und Degeer a. a. O. noch Lyonet in den Mémoires du Muséum, Tom. XX. pag. 82. Pl. 6—11., ferner Bernard-Dechamps, recherches microscopiques sur l'organisation des ailes des Lepidoptères, in den Annales d. sc. nat. Tom. III. 1835. Pl. 3. u. 4., Ratzeburg, die Forstinsekten, Thl. II.. Taf. 1., Dujardin, observateur au Microscope, pag. 121. Pl. 7. 9. 11. u. 12., Nicolet, a. a. O. pag. 22. Pl. 2. über die Schuppen der Poduriden, und H. Fischer in der Isis. 1846. pag. 401. Taf. 4. über die Käfer-Schuppen.

§. 324.

Die einzelnen Abschnitte des Hautskelets werden ihrer Gestalt und Verbindung nach von der Zoologie einer so genauen Betrachtung unterworfen, dass dieselben hier übergangen werden können. Da die innere Fläche des Hautskelets zugleich den willkürlichen Muskeln zum Ansatze dient, so muss sich die Gestalt und der äussere Umriss derjenigen Abschnitte des Hautskelets, in welchen Muskeln angebracht sind, nach dem Umfange dieser letzteren richten, daher besitzt bei denjenigen Insekten, welche mit kräftigen Beissorganen ausgestattet sind, der die Kaumuskeln enthaltende Kopf gewöhnlich einen sehr beträchtlichen Umfang, daher verrathen viele raubende, grabende und springende Insekten ihre Lebensweise schon durch die angeschwollenen, mit starker Muskelkraft begabten Beine. Aus demselben Grunde zeigt sich bei den fliegenden Insekten der Mesothorax und Metathorax so stark entwickelt, da dieselben nicht blos einen Theil der Muskeln der beiden hinteren Fusspaare, sondern zugleich auch die Muskeln der Flugorgane aufzunehmen haben, was besonders bei denjenigen Insekten recht in die Augen fällt, unter welchen gewisse Arten und Geschlechter stets flügellos bleiben.

Von der inneren Fläche des Hautskelets treten in die Kopf- und Brusthöhle noch verschiedene Fortsätze als inneres Skelet hervor, welche theils als Scheidewände gewisse Organe von einander trennen, theils auch für die Muskeln Ansatzpunkte darbieten, und dann oft gabelförmig getheilt sind [1]).

Zweiter Abschnitt.

Von dem Muskelsysteme, den Bewegungs- und Stimm-Organen.

§. 325.

Bei den Insekten besitzen die willkürlichen Muskeln nicht allein quergestreifte Muskelbündel, sondern auch die organischen Muskeln zeigen häufig, z. B. am Magen und Darmkanale deutliche Querstreifen [1]). Sämmtliche Muskeln erscheinen entweder ganz farbelos oder schmutziggelb gefärbt. Letztere Farbe fällt besonders an den die Flugorgane

1) Ueber das innere Skelet der Insekten vergleiche man Audouin in den Annales générales des sciences physiques Tom. VII. pag. 182. oder in Meckel's deutsch. Archiv. Bd. VII. pag. 435., Eschscholtz in der Isis. 1822. pag. 52., Burmeister, Handbuch a. a. O. Bd. I. pag. 251. und Newport in der Cyclopaedia a. a. O. Vol. II. pag. 909.

1) Bei Necrophorus.

bewegenden Muskeln des Thorax auf, welche sich noch dadurch vor den übrigen willkürlichen Muskeln auszeichnen, dass sie weniger deutlich quergestreift sind, und ihre primitiven Fasern sehr leicht erkennen lassen; ja, diese Flügelmuskel haben bei den meisten Insekten sogar die Neigung, bei dem leisesten Drucke in diese elementaren Muskelfibrillen zu zerfallen, während die Fibrillen der übrigen willkürlichen Muskelbündel fest zusammenhalten [2]).

Die Befestigung der Muskeln findet bei den Insekten, wie bei den Crustaceen, unmittelbar an dem Hautskelete Statt. Nur an den Extremitäten kommen sehnenartige Verlängerungen vor, welche aber nichts anderes sind, als Fortsätze des Chitin-Skelets. Diese ziehen sich als lange, meistens abgeplattete Stiele durch die Axe der röhrenförmigen Glieder-Abschnitte hin und dienen so den kurzen, von der inneren Fläche der Glieder in schräger Richtung herantretenden Muskelbündeln zum Ansatze. In den vollkommen entwickelten Insekten sind die meistens sehr wenig beweglichen Segmente des Rumpfes auch nur mit wenigen Muskeln ausgestattet, dagegen findet sich bei denjenigen im Larvenzustande befindlichen Insekten, deren Extremitäten entweder verkümmert sind oder ganz fehlen, ein sehr ausgezeichnetes Hautmuskelsystem dicht unter den Körpersegmenten vor, welches oft aus mehren Schichten übereinander liegender platter Muskelstreifen besteht [3]).

§. 326.

Die eigentlichen Bewegungsorgane der Insekten sind hauptsächlich die Beine und Flügel. Die Zahl der wahren Beine beschränkt sich hier immer nur auf drei Paar an den drei ersten, auf den Kopf folgenden Leibes-Abschnitten (***Prothorax***, ***Mesothorax***, ***Metathorax***) befestigten vielgliedrigen Anhängen. An jedem dieser Beine lassen sich eine ***Coxa***, ein ***Trochanter***, ein ***Femur***, eine ***Tibia*** und ein ***Tarsus*** unterscheiden. Der Tarsus zerfällt häufig in mehre Glieder, deren Zahl bis auf fünf gesteigert sein kann. Die Gestalt dieser Beine variirt je nach der verschiedenen Lebensweise der Insekten ausserordentlich, doch lassen sich ohngefähr folgende Formen: ***Pedes***

---

2) Bei Dipteren, Hemipteren, Hymenopteren gelingt auf diese Weise die Zergliederung der Flügel-Muskeln in ihre elementaren Bestandtheile ausserordentlich leicht.

3) Eine sehr detaillirte Darstellung der Myologie lieferte Lyonet (Traité etc. pag. 114. Pl. 6—8.) von der Raupe des Cossus, vergl. auch die von Newport (in den philosophical transactions. 1836. pag. 537. Pl. 37.) über die Hautmuskel der Raupe des Sphinx Ligustri, und von Straus (considérations. etc. pag. 140. Pl. 3. u. 4.) über das Muskelsystem der Melolontha vulgaris gegebene Beschreibung. Ausserdem muss noch auf die Arbeiten von Meckel (System a. a. O. Thl. III. pag. 22.), Cuvier (Leçons etc. Tom. II. pag. 64.), Burmeister (Handbuch etc. Bd. I. pag. 267.), Lacordaire (Introduction etc. Tom. II. p. 249.), und Newport (in der Cyclopaedia a .a. O. p. 934.) verwiesen werden.

cursorii, *ambulatorii*, *gressorii*, *natatorii*, *saltatorii*, *raptorii* und *fossorii* als am meisten verbreitet unterscheiden [1]). Die Tarsenglieder sind häufig auf ihrer unteren Seite verbreitert und stellen dann entweder eine nackte fleischige Sohle oder einen dicht behaarten Fussballen von meistens herzförmiger Gestalt dar. Bei den Dytisciden erscheinen einzelne oder mehre dieser Tarsenglieder in eine Art Saugscheibe umgewandelt. Das letzte Tarsal-Glied der Insekten trägt in der Regel zwei bewegliche Krallen, welche zuweilen tief gespalten oder auf ihrer concaven Kante gezähnelt sind [2]), und nur in seltenen Fällen eine dritte Kralle zwischen sich haben [3]). Bei den Strepsipteren und Physopoden fehlen diese Krallen durchweg. Bei den Dipteren und mehren Hymenopteren ragen vom letzten Tarsengliede unter den Krallen noch weiche, mit kurzen Papillen dicht besetzte Hautläppchen (*Arolia*) hervor, mit welchen sich diese Insekten noch besonders festhalten können [4]). Bei einer grossen Anzahl von Insekten-Larven sind die sechs Beine entweder sehr verkürzt und verkümmert, oder ganz geschwunden. Im ersteren Falle kommen häufig zu den verkürzten, meist nur mit einer Kralle versehenen sechs Beinen noch mehre von den übrigen Körpersegmenten nach unten hervorragende kurze stumpfe Fortsätze hinzu, welche mittelst einer behaarten Sohle sich festklammern können und hauptsächlich als Gehwerkzeuge dienen [5]). Statt dieser Fussstummel sind bei vielen, ganz fusslosen Larven die Körpersegmente mit ganz einfachen Höckern oder mit Gür-

---

1) Ueber das Gehen, Springen und Schwimmen der Insekten vergleiche man Straus, Considérations etc. p. 180.

2) Gespaltene Krallen besitzt Meloë, gezähnelte Krallen kommen bei den Pompiliden, Hippobosciden, Cisteliden, ferner unter den Carabiden bei Taphria, Dolichus, Calathus und Pristonychus vor.

3) Eine dritte kleine Kralle ragt zwischen den beiden grösseren Krallen des Lucanus Cervus hervor. Höchst sonderbar nehmen sich die drei geraden lanzettförmigen Krallen aus, welche an den Fussenden der unter dem Namen Triungulinus bekannt gewordenen parasitischen Larven der Meloiden angebracht sind. Viele Curculioniden klammern sich mit klauenartigen unbeweglichen Fortsätzen ihrer Tibien fest.

4) Ein solches Haftläppchen besitzen die Tenthrediniden an jedem Fusse, mit zwei bis drei Haftläppchen ist dagegen jedes Fussende der Dipteren ausgestattet. Ueber diese Haftlappen, so wie über die Fussklauen und Tarsenbildung der Insekten überhaupt vergleiche man die schönen Abbildungen in Ev. Home, Lectures on comparat. anatomy. Vol. IV. Tab. 81—84. Nach Blackwall (in den transactions of the Linnean society. Vol. XVI. d. 487. u. 767., ferner in the Annals of nat. hist. Vol. XV. p. 115.) sollen die Papillen der Arolien einen klebrigen Saft absondern, welcher das Umherkriechen der Insekten an steilen und glatten Wänden recht eigentlich möglich mache. Die Richtigkeit dieser Behauptung, welcher auch Spence (in the transactions of the entomological society. Vol. IV. p. 18.) beigetreten ist, bedarf indessen noch einer genaueren Prüfung.

5) Bei den Lepidopteren und Tenthrediniden.

teln von nach hinten gerichteten Borsten und Stacheln versehen, welche während des Umherkriechens zum Anstemmen benutzt werden.[6]).

Die zum Fliegen bestimmten Bewegungsorgane sind als Vorderflügel am Mesothorax, und als Hinterflügel am Metathorax eingelenkt, doch kommen, abgesehen von den Apteren, fast unter allen übrigen Insekten-Ordnungen auch flügellose Gattungen vor[7]). Sehr häufig sind die weiblichen Individuen gewisser Insekten-Gattungen ungeflügelt[8]), sowie auch die geschlechtslosen Individuen gewisser Insekten-Familien keine Flügel tragen[9]). Noch häufiger erscheinen die Hinterflügel zu kleinen gestielten Schwingkolben umgewandelt[10]), welche Umgestaltung auch an den Vorderflügeln, jedoch höchst selten angetroffen wird[11]). Die Flügel sind eigentlich nur Duplikaturen des Hautskelets, welche von Blutkanälen und Tracheen durchzogen werden, ihre Form, ihr Geäder und ihre Faltung, Verkürzung u. s. w., sowie ihre zuweilen vorkommende vollständige Verkümmerung kann hier übergangen werden, da dieser Gegenstand von der Zoologie ausführlich abgehandelt wird. Die Bewegung der Flügel wird durch zwei Streckmuskeln und mehre kleine Beugemuskeln bewerkstelligt, welche von den mittleren und hinteren Brustsegmenten entspringen und sich an die von den Flügelwurzeln abgehenden sehnenartigen Fortsätze inseriren. Die Stärke dieser Muskeln richtet sich nach der Grösse und Thätigkeit der Flügel, daher bei den Lepidopteren, den Hymenopteren, den meisten Neuropteren, den Libelluliden und Perliden, ferner bei den Cicadinen und Aphiden, deren vier Flügel während des Fliegens sich gleichmässig betheiligen, auch die Muskeln aller vier Flügel in einem gleichmässigen Verhältnisse entwickelt sind, während bei den Coleopteren, den Wanzen und vielen Orthopteren, deren Vorderflügel eigentlich nur zur Bedeckung der beiden hinteren Flugorgane dienen, die Muskeln jener Flügel im Vergleich zu denen der Hinterflügel nur einen geringen Umfang einnehmen[12]).

---

6) Bei vielen Dipteren.

7) Unter den Orthopteren sind einige Blattiden, Acrididen, Phasmodeen und Psociden, unter den Hemipteren die Gattung Acanthias und Rhizobius, unter den Dipteren die Gattung Melophagus, Phthiridium und Pulex flügellos.

8) Bei Lampyris, bei einigen Blattiden, Cocciden, Bombyciden, Geometriden, bei den Mutilliden und Strepsipteren.

9) Bei den Formiciden und Termitiden.

10) Bei den Coccinen und Dipteren. Gänzlich verschwunden sind die Hinterflügel bei einigen Ephemeriden.

11) Die beiden sonderbar verdrehten Kolben der Strepsipteren, welche vor den Fächerflügeln angebracht sind, und an lebenden Individuen fast ununterbrochen schwingen, sind ihrer Einfügung nach nichts anderes als verkümmerte Vorderflügel.

12) Ueber da Fliegen der Insekten vergleiche man Straus, Considérations

Ein ganz eigenthümliches Bewegungsorgan in Form einer Springgabel kommt bei den meisten Poduriden und den jungen Larven von Xenos Sphecidarum vor. Diese Thiere besitzen nämlich am Hinterleibsende oder am Bauche ihres Abdomen einen in zwei Stiele auslaufenden Fortsatz, welcher in der Ruhe horizontal nach hinten absteht. Diese Gabel wird vermittelst eines besonderen Muskelapparats nach vorn gegen den Bauch umgebogen und dann kräftig wieder nach hinten ausgestreckt, wodurch das ganze Thier weit empor geschnellt wird [13]).

§. 327.

Eine Menge von Insekten geben Laute von sich, welche theils als klare Töne, theils als unreine Geräusche von unserem Ohre empfunden werden. Zur Hervorbringung dieser Laute sind zuweilen besondere Stimmorgane vorhanden, häufiger noch werden verschiedene harte Theile des Hautskelets durch Muskelcontraction unmittelbar in Vibration versetzt oder durch Aneinanderreiben zum Schwingen veranlasst. In allen diesen Fällen geht die Stimmbildung, ohne Mitwirkung der Athemwerkzeuge, immer von der Thätigkeit willkürlicher Muskeln allein aus [1]).

Das eigenthümliche Summen und Singen, welches viele Dipteren und Hymenopteren während des Fliegens hören lassen, rührt gewiss von der Vibration her, in welche der Thorax durch die schnell aufeinanderfolgenden Contractionen der Flügelmuskel geräth [2]). Ob die

---

etc. p. 200., besonders aber die ausführliche, mit vielen Abbildungen erläuterte Abhandlung von Chabrier in den Mémoires du Muséum. Tom. VI—VIII.

13) Vergl. Nicolet a. a. O. p. 39. Pl. 3., und meine Beiträge zur Naturgeschichte der wirbellosen Thiere p. 84. Taf. 3. Fig. 70. Diese Springgabel fehlt übrigens den Poduriden-Gattungen Achorutes und Anurophorus, sowie unter den Strepsipteren den Larven von Stylops.

1) Einige Insekten benutzen zur Hervorbringung von Tönen auch fremde Gegenstände, gegen welche sie gewisse harte Theile ihres Hautskelets reiben oder klopfen. Die Männchen von Mycterus curculioides schlagen ihr Hinterleibsende auf Holz, auf welchem sie sich niedergelassen haben, mit solcher Heftigkeit nieder, dass dadurch ein ziemlich lauter Ton entsteht, der wahrscheinlich irgend ein begattungslustiges Weibchen herbeilocken soll. Die unbehülflichen Larven von Vespa Crabro fahren, wenn sie hungrig sind, hastig mit ihren harten Kiefer-Spitzen an den Wänden der aus Holzspänen verfertigten Zellen herab, und suchen so durch Erzeugung eines kratzenden Geräusches die Aufmerksamkeit ihrer Futter herbeibringenden Eltern auf sich zu ziehen.

2) Man hat dieses Gesumme der Insekten auf verschiedene Weise zu erklären gesucht; auf keinen Fall gehen diese Töne von den Bewegungen der Flügel allein aus, da sie auch nach abgeschnittenen Flügeln ein solches Insekt noch hervorbringen kann; ebenso wenig ist dieses Singen und Summen der durch die Stigmen des Thorax schnell aus- und einströmenden Luft zuzuschreiben, durch welche der Thorax in ein Schwingen und Beben gerathen soll. Burmeister welcher diese letztere Meinung vertheidigte (s. dessen Handbuch a. a. O. Bd. I.

Töne, welche einige Schmetterlinge von sich geben, durch Reiben gewisser Theile ihres Hautskelets oder durch einen besonderen Stimmapparat erzeugt werden, ist noch durch genauere Untersuchungen festzustellen [3]). Von vielen Coleopteren dagegen werden zirpende Töne offenbar durch die Bewegung des Prothorax gegen den Mesothorax, oder durch das Reiben des Abdomen gegen die innere Fläche der Flügeldecken hervorgebracht. Auch Reduvius stridulus, Mutilla europaea und Mantis religiosa geben durch Reiben gewisser Hautskelettheile eigenthümliche Geräusche von sich [4]). Verschiedene Acrididen-Männchen streichen die mit einer rauhen Längsleiste versehene innere Seite ihrer Hinterschenkel an der äusseren Fläche der Flügeldecken auf und nieder, wodurch sie je nach der Art ihres Geigens verschiedene Töne hervorbringen [5]). Das Geschrille der männlichen Locustiden und Achetiden geht von der Wurzel der beiden Flügeldecken aus, indem der sehr harte und scharfe Innenrand der einen Flügelwurzel gegen eine gerippte Hornleiste gerieben wird, welche an

---

p. 508. und in Poggendorf's Annalen der Physik. Bd. 38. 1836. p. 283. Taf. 3. Fig. 7—9), vergleicht diese durch Athmungsbewegungen hervorgebrachten Laute der Insekten mit dem Tone einer Sirene, wird aber in seiner Theorie von Goureau, Solier und Erichson hinreichend widerlegt. Vergl. Silberman's Revue entomologique. Tom. 3. p. 105., ferner Annales de la société entomolog. de France. Tom. 6. 1837. p. 31. und Wiegmann's Archiv. 1838. Bd. II. p. 193. Es lassen sich übrigens die verschiedenen summenden Töne der Fliegen und Bienen sehr täuschend nachahmen, wenn man eine erschütterte Stimmgabel mit einem gespannten Papierstreifen in Berührung bringt, bei welchem Experimente durchaus keine Luftströmung in Anwendung kommt.

3) Bei Euprepia pudica sollen durch Reiben eines an den beiden Hinterhüften befindlichen Wulstes gegen die Mittelhüften besondere Töne hervorgerufen werden (s. Solier in den Annal. de la soc. entom. a. a. O.). Die Ursache des von Acherontia Atropos ausgehenden knarrenden Geräusches ist auf die verschiedenste Weise, aber immer noch nicht genügend erklärt worden. Vergl. Passerini in den Annal. d. sc. nat. Tom. 13. 1828. p. 332., R. Wagner in Müller's Archiv. 1836. p. 60., ferner Goureau, Nordmann und Duponchel in den Annal. d. l. soc. ent. d. Fr. Tom. 6—9., oder in Wiegmann's Archiv. 1839—41. Jahresbericht.

4) Vergl. Burmeister, Handbuch etc. Bd. I. p. 507., und Goureau in Silberman's Revue entomologique. Tom. 3. p. 101.

5) Vergl. hierüber meine Bemerkungen in Wiegmann's Archiv. 1844. Bd. I. p. 53. — An den Männchen von Gomphoceros und Oedipoda lässt sich dieses Geigen sehr leicht beobachten. Bei Pneumora maculata befindet sich an den Seiten des zweiten Hinterleibssegments eine sehr grob gezähnelte schräge Leiste, gegen welche wahrscheinlich die an der inneren Fläche der hinteren Oberschenkel angebrachte hornige Erhabenheit zur Tonerzeugung gerieben wird. Wodurch das knarrende Geräusch entsteht, welches die männliche Oedipoda stridula während des Fliegens hören lässt, ist mir noch nicht klar geworden.

der unteren Fläche der anderen Flügelwurzel in der Nähe der sogenannten Trommelscheibe angebracht ist [6]).

Ein sehr merkwürdiger Stimmapparat findet sich bei den männlichen Singcicaden an der Unterseite des ersten Hinterleibssegmentes in Form zweier geräumiger Trommelhöhlen vor. In der Tiefe dieser Stimmhöhle, deren Eingang von einem nach hinten freien und abgerundeten Deckel mehr oder weniger bedeckt wird, ist eine gefaltete trockne Trommelhaut ausgespannt, mit welcher ein starker kegelförmiger, von dem mittleren gabelförmigen Fortsatze des zweiten Bauchsegmentes entspringender Muskel verbunden ist. Mittelst dieses Muskels wird die Trommelhaut an einer Stelle eingebogen, welche dann vermöge ihrer Elasticität wieder zurückspringt, und so nach Art einer biegsamen Metallplatte den berühmten lauten Ton von sich giebt, der durch das Mitresoniren der sowohl in der Trommelhöhle, als auch in den benachbarten blasenförmig erweiterten Tracheen eingeschlossenen Luft gewiss noch bedeutend verstärkt wird [7]).

Dritter Abschnitt.

Von dem Nervensysteme.

§. 328.

Der Centraltheil des Nervensystems zerfällt bei den Insekten, wie bei den übrigen Arthropoden in eine Gehirn- und Bauchmark-Masse [1]).

Das im Kopfsegmente verborgene Gehirn besteht aus einer, über

---

6) Ueber dieses Stimmorgan vergleiche man Goureau und Solier in den Annales de la soc. entom. d. Fr. 1837. p. 31., Newport in der Cyclopaedia a. a. O. Vol. II. p. 928. Fig. 394—396., Goldfuss, Symbolae ad Orthopterorum quorundam Oeconomiam. Bonn. Dissert. 1843. p. 5. Fig. 1—10., und meine Bemerkungen in Wiegmann's Archiv. a. a. O. p. 69. Burmeister (Handbuch etc. Bd. I. p. 511.) suchte auch hier die aus den Stigmen der Locustiden und Acrididen mit Gewalt hervorströmende Luft auf eine sehr gezwungene Weise zu erklären.

7) Ueber das Stimmorgan der Singzirpen vergleiche man Réaumur, Mémoires etc. Tom. V. 4. mém. Pl. 17., ferner Burmeister, Handbuch a. a. O. Bd. I. p. 513., Ratzeburg in der mediz. Zoologie. Bd. II. p. 208. Taf. 27., und vor allen Carus, Analekten zur Naturwissenschaft. p. 142. Fig. 1—18.

1) Ueber das Nervensystem der Insekten im Allgemeinen vergleiche man Burmeister, Handbuch etc. Bd. I. p. 290., Lacordaire, Introduction a. a. O. Tom. II. p. 183., Newport in der Cyclopaedia a. a. O. Vol. II. p. 942., und Blanchard in den Annales d. sc. nat. Tom. V. 1846. p. 273.

dem Oesophagus liegenden Ganglienmasse (*Ganglion supraoesophageum*), welche durch zwei, die Speiseröhre umfassende Seitenkommissuren mit einer unter dem Schlunde versteckten kleinen Ganglienmasse (*Ganglion infraoesophageum*) verbunden ist. Das obere dieser beiden Schlundganglien entspricht dem grossen Gehirne der Wirbelthiere, während das untere Schlundganglion mit dem kleinen Gehirne oder dem verlängerten Rückenmarke verglichen werden kann. Die dem unteren Schlundganglion sich anschliessende Bauchmark-Masse ist je nach den Insekten-Ordnungen verschiedenen Abänderungen unterworfen, indem dieselbe entweder eine gegliederte, mit paarigen Längskommissuren versehene Kette von bald mehr bald weniger auseinander liegenden Ganglien darstellt, oder auch aus einer einzigen verschmolzenen Ganglienmasse besteht. Die Zahl der Bauchganglien [2]), welche niemals die Zahl der Leibessegmente übersteigt, so wie die Anwesenheit und Länge der Längskommissuren richtet sich häufig nach der Zahl, Grösse und Beweglichkeit der einzelnen Körpersegmente, daher die Ganglien in denjenigen vollkommen entwickelten Insekten, deren Hinterleibssegmente sehr verkürzt sind und ihre selbstständige Bewegungsfähigkeit eingebüsst haben, einander sehr genähert oder ganz untereinander verschmolzen sind, während in den gleichmässig ausgebildeten und beweglichen Leibessegmenten der meisten Larven die ziemlich gleich grossen Ganglien der einzelnen Segmente weit auseinander liegen und durch lange Längskommissuren verbunden sind. Die doppelten Verbindungsstränge des Bauchmarks sind selten zu einem einzigen Strange untereinander verschmolzen, wogegen die einzelnen Ganglien sowol des Bauchmarks wie des Gehirns fast immer aus der Verschmelzung zweier nebeneinander liegender Ganglien hervorgegangen zu sein scheinen.

Ausser der Verschiedenheit, welche sich zwischen den Nervensystemen der Larve, der Puppe und des Imago eines Insektes vorfindet, ändert der Bau des Nervencentrums oft innerhalb der Grenze einer und derselben Insekten-Ordnung in einem so hohen Grade ab, dass manche Insekten-Gruppen, welche sich in ihrem übrigen vollkommenen Entwickelungszustande sehr nahe stehen, ein ganz verschieden gebildetes Bauchmark aufzuweisen haben. Es beziehen sich diese mannichfaltigen Verschiedenheiten in der Anordnung des Bauchmarks besonders wieder auf die Zahl der Ganglien, auf die grössere oder geringere Länge der Verbindungsstränge, sowie auf die Menge und den Grad der an den Bauchganglien eingetretenen Verschmelzungen.

---

2) In der Angabe der Zahl der Bauchganglien widersprechen sich die verschiedenen Entomotomen, indem das untere Schlundganglion häufig als erstes Bauchganglion gezählt wird.

Von dem oberen Gehirnganglion, welches häufig aus zwei mehr oder weniger verschmolzenen Hemisphären gebildet wird, entspringen zwei Fühlernerven und die beiden ansehnlichen, für die zusammengesetzten Augen bestimmten Sehnerven. Da wo einfache Augen allein vorhanden sind, oder mit den facettirten Augen zusammen vorkommen, werden auch diese Stemmata vom oberen Schlundganglion aus mit Nerven versehen, welche zuweilen von einer gemeinschaftlichen Wurzel abgehen. Das untere Gehirn- oder Schlundganglion versorgt vorzugsweise die verschiedenen Kiefer und deren Taster mit Nervenfäden. Die drei Thorax-Ganglien zeichnen sich bei den vollkommen entwickelten Insekten vor den übrigen Bauchganglien durch ihren grösseren Umfang aus, da sie nicht allein die stärker entwickelten Beine, sondern auch die Flügel-Muskeln mit Nerven zu versorgen haben. Die Abdominalganglien sind meistens klein und von gleicher Grösse, da sie nur die Muskeln der Hinterleibssegmente mit Nerven zu versehen haben. Das letzte Bauchganglion allein weicht von den übrigen Hinterleibsganglien durch seinen grösseren Umfang ab, da von demselben zugleich auch der Mastdarm und die Ausführungsgänge der Geschlechtswerkzeuge Nervenäste erhalten.

In der Regel treten die Nerven mit zwei bis drei Hauptwurzeln jederseits aus den einzelnen Bauchganglien hervor, wobei aber auch gewisse Nerven von den Längskommissuren abgegeben werden. Bei denjenigen Insekten, deren Bauchganglien vollständig untereinander verschmolzen sind, findet ein strahlenförmiges Auseinanderweichen der von der gemeinschaftlichen Bauchmarkmasse dicht nebeneinander abgehenden Nervenwurzeln statt.

§. 329.

Ueber die feinere Struktur des Nervensystems der Insekten, welches durchweg von einem faserigen Neurileme eingehüllt ist, haben verschiedene genauere Untersuchungen gelehrt, dass auch hier die beiden elementaren Bestandtheile nicht fehlen; es lassen sich nämlich äusserst zarte Nerven-Primitivfäden unterscheiden, zwischen welchen innerhalb der Ganglien-Anschwellungen und der Gehirnmasse ziemlich kleine Ganglienkugeln eingebettet liegen. Letztere zeigen eine ausnehmend zarte Beschaffenheit, und enthalten ausser dem Kerne und Kernkörperchen gewöhnlich eine farblose feinkörnige Masse, die zuweilen aber auch röthlich oder bräunlich gefärbt erscheint [1]).

---

1) Die grosse Zartheit dieser Ganglienkugeln ist wohl die Ursache gewesen, dass sie von Treviranus (Beiträge zur Aufklärung der Erscheinungen und Gesetze des organischen Lebens. Bd. I. Heft 2. p. 62.) nicht bemerkt worden sind, während sie Ehrenberg (unerkannte Struktur etc. p. 56. Taf. VI. Fig. 6. von Geotrupes), Pappenheim (die specielle Gewebelehre des Gehörorgans. p. 51.), Helmholtz (de fabric. syst. nat. etc. p. 21.), Hannover (Recherches

In Bezug auf den Verlauf und die Anordnung der Nervenfibrillen innerhalb des Nervencentrum lassen sich bei den Insekten, ganz wie bei den Crustaceen, zweierlei Arten von Primitivfäden unterscheiden, von welchen nur die eine Art als untere Nervenstränge in die Ganglien eindringen, während die andere Art als obere Nervenstränge über die Ganglien hinweglaufen. Beide Arten von Nervenfäden geben nach den Seiten hin Nervenäste ab, und setzen so, indem die oberen Stränge wahrscheinlich den motorischen Nerven und die unteren die Ganglien durchsetzenden Stränge den sensibeln Nerven der Wirbelthiere entsprechen, die gemischten Nerven des peripherischen Nervensystems zusammen [2].

§. 330.

Die Anordnung des ganzen Nervensystems zeigt in den einzelnen Insekten-Ordnungen noch folgende speciellere Verschiedenheiten [1].

In der Ordnung der Apteren stellt das Bauchmark der Pediculiden drei dicht aneinander gedrängte Ganglien-Anschwellungen dar, welche den Thoraxsegmenten entsprechen und von welchen das Vorderbrust-Ganglion mit dem Gehirne in Verbindung steht, während von dem Hinterbrust-Ganglion verschiedene Nervenstämme nach dem Abdomen ausstrahlen [2]. Das Nervensystem der Poduriden weicht von dieser Anordnung nur dadurch ab, dass die drei Brustganglien von zwei doppelten Längskommissuren auseinander gehalten werden [3]. Noch abweichender verhält sich das Bauchmark der Lepismiden, da dasselbe aus eilf, durch doppelte Längskommissuren verbundenen Ganglienknoten zusammengesetzt wird [4].

Bei den Hemipteren beschränkt sich das Bauchmark auf ein vorderes kleineres und ein hinteres grösseres Brustganglion, welche beide in Pentatoma und Cicada nur durch eine Einschnürung getrennt sind, bei Nepa dagegen weit voneinander abstehen, und zwei lange Verbindungsstränge zwischen sich haben. Von dem hinteren Brustganglion setzt sich alsdann das Bauchmark als zwei nebeneinander hinlaufende,

---

microscop. etc. p. 71. Pl. VI. Fig. 81. 82. von Aeschna), und Will (in Müller's Archiv. 1844. p. 81.) deutlich erkannt haben.

2) Newport hat zuerst auf diesen Unterschied der Nerven-Stränge des Bauchmarks in der Puppe und dem Imago von Sphinx Ligustri aufmerksam gemacht (s. the philosoph. transactions. 1834. P. II. p. 389. Pl. 13—17. und in der Cyclopaedia a. a. O. p. 946.), auch von Hagen sind diese beiden Arten von Nervensträngen in Aeschna grandis und Gryllotalpa vulgaris beobachtet worden (s. die entomologische Zeitung. 1844. p. 364.).

1) Verschiedene specielle Angaben über die Anordnung des Nervensystems der Insekten findet man in Cuvier's Leçons etc. Tom. 3. 1845. p. 334.

2) Vergl. Swammerdamm, Bibel der Natur. p. 36. Taf. 2. Fig. 7.

3) Vergl. Nicolet a. a. O. p. 44. Pl. 4. Fig. 1. von Smynthurus.

4) Vergl. Treviranus vermischte Schrift. Bd. II. Hft. 1. p. 17. Taf. 4. Fig. 3.

nach aussen verschiedene Seitenäste abgebende Hauptnervenstämme fort, welche bei Pentatoma zu einem gemeinschaftlichen Stamme verschmolzen sind [5]).

An der Bauchganglienkette der Dipteren, welche immer nur einfache Längskommissuren besitzt, varjirt die Zahl der Ganglien-Anschwellungen nach den verschiedenen Familien, wobei in der Regel mit der Länge der Leibessegmente die Vermehrung der Ganglien zusammenfällt [6]). Die stärkste Centralisation des Bauchmarks findet dem nach bei den kurzleibigen Hippobosciden [7]), Oestriden und den mit einer Deckschuppe versehenen Musciden (Calypterae) statt, indem hier nur ein einziges Brustganglion vorhanden, von welchem die verschiedenen Nervenstämme nach allen Seiten hin ausstrahlen. Diejenigen Musciden (Acalypterae) dagegen, deren Schwingkolben unbedeckt sind, sowie die Syrphiden [8]) und Conopiden besitzen ausser dem einfachen Brustganglion noch ein bis zwei Abdominal-Ganglien, welche bei den Scenopiniden bis auf fünf, bei den Tabaniden, Stratiomyden [9]), Thereviden, Leptiden, Asiliden und Bombyliden bis auf sechs vermehrt sind. In den Empiden, Culiciden und Tipuliden erscheint die Zahl der Bauchganglien noch grösser, indem die erstere Familie ausser drei Brustganglien noch fünf Hinterleibsganglien enthält, und bei den beiden zuletzt genannten Familien zu den drei Brustganglien sogar noch sechs Abdominalganglien hinzukommen. Bei den Larven der Dipteren finden sich in der Regel ein Paar Ganglien mehr vor, als in den vollkommen ausgebildeten Thieren dieser Insekten-Ordnung, nur in den Zweiflüglern mit vollständig verschmolzenem Bauchmarke erstreckt sich diese Centralisation auch auf das Bauchmark ihrer Larven [10]). Die Larven der übrigen

---

5) Vergl. Treviranus, Beiträge zur Anatomie und Physiologie der Sinneswerkzeuge. Hft. I. Taf. 2. Fig. 24. von Cicada, und Léon Dufour, Recherches sur les Hémiptères a. a. O. p. 259. Pl. 19. Fig. 801—803. von Pentatoma, Nepa und Cicada.

6) Ueber das Nervensystem der Dipteren vergleiche man Léon Dufour in den Annal. d. sc. nat. Tom. I. 1844. p. 245.

7) Vergl. Léon Dufour ebendas. Tom. III. 1845. p. 64. Pl. 2. Fig. 12.

8) Vergl. Burmeister, Handbuch etc. Bd. I. p. 307. Taf. 16. Fig. 11. von Eristalis tenax.

9) Vergl. Swammerdamm, Bibel der Natur. p. 270. Taf. 41. Fig. 7. von Stratiomys.

10) In den Larven von Oestrus bovis sah ich das Bauchmark zu einem einzigen grossen Ganglion im Vorderleibsende zusammengezogen; es beruht daher wol die Darstellung des Nervensystems, welche I. L. Fischer (observationes de Oestro ovino atque bovino. Dissert. Lips. 1787. p. 32. oder in Werneri vermium intestinalium expositionis continuatio tertia. p. 28. Tab. 3. Fig. 4.) von der Larve der Schafbremse gegeben hat, und nach welcher sich zwei durch Queranastomosen verbundene lange knotige Hauptstränge durch den Leib

Dipteren dagegen besitzen entweder ein perlschnurförmiges, aus zehn dicht aneinander gedrängten Ganglien zusammengesetztes Bauchmark oder eine Kette von eilf Bauchganglien, welche durch lange, zuweilen doppelte Längskommissuren verbunden sind [11]).

Bei den Strepsipteren bildet das Bauchmark im Thorax des Imago, der Puppe sowie der Larve einen einzigen ansehnlichen Ganglienknoten, von welchem nach den verschiedenen Seiten hin die Nervenstämme ausstrahlen [12]).

Die Lepidopteren enthalten als fertige Schmetterlinge ein aus sieben Ganglien zusammengesetztes Bauchmark, von welchen die bei den ersten, dem Thorax angehörigen Ganglien die stärksten sind. Die doppelten Längskommissuren, welche sich zwischen diesen Ganglien befinden, erscheinen nur zwischen den beiden Brustganglien voneinander getrennt, während die übrigen Doppelkommissuren mehr oder weniger unter sich verschmolzen sind. In den Raupen besteht die Bauchganglienkette aus eilf fast gleich starken Ganglien-Anschwellungen, an welchen die hinteren Doppelkommissuren meist seitlich verschmolzen sind, während die zwischen dem ersten, zweiten und dritten Bauchganglion angebrachten doppelten Längskommissuren dagegen weit voneinander abstehen [13]). Mit dieser Bauchganglienkette geht während des Puppenzustandes eine auffallende Veränderung vor sich, indem

---

der Larve erstrecken sollen, auf einer fehlerhaften Beobachtung. Eine vollständige Verschmelzung mehrerer Bauchganglien zu einem einzigen Bauchmarkstreifen findet bei den Larven von Piophila und Eristalis statt. Vergl. Swammerdamm, Bibel etc. p. 279. Taf. 43. Fig. 7. und Burmeister, Handbuch a. a. O. Taf. 16. Fig. 10.

11) Die Larven von Stratiomys besitzen ein aus zehn dicht aneinander gereihten Ganglien gebildetes Bauchmark (s. Swammerdamm, Bibel etc. p. 264. Taf. 40. Fig. 5.). In den Larven von Culex, Chironomus, Simulia und anderen Tipuliden dagegen stehen die zehn Ganglien durch doppelte Längskommissuren weit von einander getrennt.

12) In den fusslosen Larven und larvenartigen Weibchen des Xenos Rossii erkannte ich diese Hauptnervenmasse innerhalb des vordersten, einen Cephalothorax darstellenden Leibesabschnittes.

13) Vergl. über das Nervensystem der Nessel- und Seidenraupe die Abbildung im Swammerdamm a. a. O. p. 387. u. 230. Taf. 28. Fig. 3. u. Taf. 34. Fig. 7., ferner über das Nervensystem der Raupe und der Phaläne des Cossus ligniperda die Untersuchungen von Lyonet: traité etc. p. 190 Pl. 9. und in den Mémoires du Muséum a. a. O. p. 191. Pl. 51. (17.), über das Nervensystem der Puppe und des Falters einer Gastropacha Pini, s. Suckow anat. physiol. Untersuch. etc. p. 40. Taf. 7. Fig. 37. u. 38., vor allen s. die vortreffliche Darstellung des Nervensystems der Larve, der Puppe und des Schmetterlings von Sphinx Ligustri, welche wir Newport verdanken, in den philosoph. transactions. 1832. p. 383. Pl. 12. und 13., ferner 1834. p. 389. Pl. 13—18., auch in der Cyclopaedia a. a. O. p. 943. Fig. 406. 414. und 415.

das erste und zweite, sowie das dritte und vierte Bauchganglion sich unter Verkürzung ihrer paarigen Längskommissuren allmälig einander nähern, und zuletzt zu den zwei, die Beine und Flügel versorgenden Brustganglien des Schmetterlings verschmelzen, wobei zugleich das fünfte und sechste Bauchganglion entweder ganz schwinden oder sich zu einem einzigen Ganglion umbilden [14]).

Bei den Hymenopteren bildet das Bauchmark eine mit längeren und kürzeren Doppelkommissuren versehene Kette von meist sieben bis acht Ganglien, deren vorderstes kleineres und zweites grösseres Ganglion dem Thorax angehören, und aus der Verschmelzung mehrer Markknoten hervorgegangen sind. Von den übrigen fünf bis sechs im Hinterleibe gelegenen Bauchganglien erscheinen die beiden letzten Ganglien entweder einander sehr genähert oder zu einem einzigen grösseren Knoten vereinigt [15]). Während des Larvenzustandes der Hymenopteren zeigt sich die Zahl der mit doppelten Längskommissuren versehenen Bauchganglien in der Regel, wie bei den Schmetterlingsraupen, bis auf eilf vermehrt, was besonders in den sogenannten Afterraupen der Tenthrediniden der Fall ist [16]).

Das Nervensystem der Orthopteren und Neuropteren besitzt in den verschiedenen Ertwickelungszuständen fast immer drei Brustganglien, nebst sechs bis sieben Hinterleibsganglien, welche sämmtlich durch doppelte Längskommissuren zu einer der Länge des Körpers entsprechenden Ganglienkette verbunden sind [17]).

---

14) Diese Metamorphose des Nervensystems ist zuerst von Herold (Entwicklungsgeschichte der Schmetterlinge. a. a. O. Taf. II.) an Pontia Brassicae beobachtet und später von Newport an Sphinx Ligustri und Vanessa Urticae wiederholt worden. S. the philosoph. transact. 1834. Pl. 15. und 16. Fig. 20—30. oder in der Cyclopaedia a. a. O. p. 962. Fig 420—423.

15) Vergl. Swammerdamm: Bibel etc. p. 207. Taf. 22. Fig. 6. von Apis mellifica, Treviranus, Biologie. Bd. V. Taf. 1. von Bombus muscorum, ferner Brandt und Ratzeburg, Med. Zoologie. Bd. II. p. 203. Taf. 25. Fig 31. von Apis mellifica. Ueber die Anordnung des Bauchstranges der Hymenopteren vergleiche man ausserdem noch Léon Dufour, Recherches sur les Orthoptères etc. p. 381., nach dessen Untersuchungen die Zahl der Hinterleibsganglien bei den Hymenopteren in der Weise variiren, dass Vespa, Scolia, die meisten Apiden und Andreniden fünf Abdominalganglien, dagegen Odynerus, Sphex, Pompilus, Chrysis, die Ichneumoniden, Bembeciden, Larra, Tiplica sechs Bauchganglien besitzen, während Tripoxylon vier, und Eucera drei Bauchganglien enthalten.

16) Die Ganglienkette der Tenthrediniden, Apiden, Vespiden und anderer Hymenopteren erleidet gewiss während des Puppenzustandes eine ganz ähnliche Metamorphose wie der Bauchmark-Strang der Lepidopteren.

17) Vergl. Swammerdamm: Bibel etc. p. 108. Tal. 14. von einer Ephemera-Puppe, Marcel de Serres in den Mémoires du Muséum etc. Tom. IV. 1818. Pl. 8. (1.) Fig. 1. von Acridium, J. Müller in den Nov. Act. Nat. Cur. Tom. XIV. Tab. 9. Fig. 4. und Tom XII. p. 568. Tab. L. Fig. 1. von Acridium und Bacteria, ferner Newport in der Cyclopaedia a. a. O. Vol. II. p. 950. Fig.

In der Anordnung und Zahl der Bauchganglien herrscht bei den Coleopteren die grösste Mannichfaltigkeit, indem die Längskommissuren, welche immer doppelt vorhanden sind, hier und dort verkürzt erscheinen oder auch ganz fehlen, wodurch die Ganglienkette bald mehr bald weniger verkürzt ist, und die Ganglienknoten zuweilen ganz nahe aneinander gerückt oder fast zu einer einzigen Ganglienmasse verschmolzen sind. Es bietet das Nervensystem der Coleopteren in dieser Beziehung ohngefähr zwei Haupttypen dar, zwischen welchen jedoch keine ganz scharfe Grenze gezogen werden kann, da eine Menge der verschiedenartigsten Uebergangsformen dazwischen liegen [18]. Den einen Typus, welcher wegen Mangels aller Längskommissuren den höchsten Grad von Concentration zeigt, bietet das Bauchmark der meisten Lamellicornier, der Curculioniden und Scolyten dar; hier besteht nämlich die ganze Bauchmark-Masse aus drei dicht aneinander gerückten Ganglien-Anschwellungen, von welchen die erste Anschwellung dem Brustganglion des Prothorax und die zweite grössere Anschwellung dem verschmolzenen zweiten und dritten Brustganglion entspricht, der sich eine oblonge Ganglienmasse als concentrirter Hinterleibsstrang anschliesst, von welchem die Nerven nach den Muskeln des Abdomen ausstrahlen [19]. Den zweiten Typus stellen diejenigen

---

409. und 410. von Forficula und Locusta, Léon Dufour in den Annal. d. sc. nat. Tom. XIII. 1828. p. 361. Pl. 22. Fig. 4. von Forficula und dessen Recherches sur les Orthoptères etc. p. 281. Pl. 2. Fig. 7. von Oedipoda, und p. 561. Pl. 11. Fig. 160. von Libellula. Nach Léon Dufour sollen sich in Ephemera sowie in Libellula sieben Hinterleibsganglien, in Perla und Phryganea dagegen nur sechs solcher Ganglien vorfinden, während Pictet (Recherches pour servir à l'histoire et l'anatomie des Phryganides. Pl. 2. Fig. 33—36.) und Burmeister (Handbuch etc. Bd. II. p. 895. u. 898.) diesen Insekten sowohl im Larven- wie im vollkommenen Zustande acht Hinterleibsganglien zuschreiben; auch die Ephemeriden sollen nach Burmeister (a. a. O. p. 763.) sogar neun solcher Ganglien besitzen. In der sehr gedrungenen Larve von Myrmeleon erscheinen acht Markknoten als Hinterleibsganglien dicht aneinander gedrängt, vor welchen noch zwei andere getrennte Ganglien der Brust liegen (s. Cuvier, leçons etc. Tom. 3. p. 341.). Von Loew wird (in Germar's Zeitschrift. Bd. IV. p. 424.) hervorgehoben, dass die echten, im engeren Sinne genommenen Neuropteren sich durch Trennung der beiden letzten Nervenknoten des Bauchmarkes auszeichnen, während bei allen Orthopteren diese beiden Markknoten verschmolzen sind.

18) Eine sehr ausführliche, mit schönen und vielen Abbildungen gezierte Abhandlung über das Nervensystem der Käfer haben wir jüngst durch Blanchard erhalten; s. Annales d. sc. nat. Tom. 5. 1846. p. 273. Pl. 8—15. und die Darstellung des Nervensystems von Melolontha, Carabus, Otiorhynchus, Cerambyx in der nouvelles édition du Règne animal de Cuvier (Insectes), Pl. 3. 3. bis. und Pl. 4.

19) Vergl. Straus, Considérations etc. p. 391. Pl. 9. Fig. 1. von Melolontha vulgaris, und ferner Blanchard a. a. O. — Eine ähnliche Centralisation des Nervensystems kommt in der Familie der Histeriden, Gyriniden, Nitiduliden und

Formen des Abdominalstranges dar, welche sich durch die ganze Länge des Leibes hinziehen; eine solche Ausdehnung besitzt vor allen der fünfknotige Abdominalstrang der Cisteliden, Oedemeriden und Cerambyciden, der fast bis zum Hinterleibsende hinabläuft[20]. In den Käferlarven erscheinen die beiden Formen des Bauchmarks fast ohne alle vermittelnde Uebergänge viel schärfer von einander geschieden[21].

Scaphididen vor, deren Abdominalstrang ebenfalls einen einzigen länglichen Markknoten bildet, während die Brustganglien aus drei, durch doppelte Längscommissuren getrennte Anschwellungen bestehen. Bei den meisten übrigen Coleopteren-Familien zeigen sich die drei Brustganglien auf gleiche Weise mehr oder weniger von einander gesondert, wobei sich die verschiedenen Abweichungen ihres Nervensystems nur auf den Hinterleibsstrang beschränken. In den Endomychiden, Meloïden und Chrysomeliden haben die meist sehr kurzen Doppelkommissuren des Abdominalstranges nur vier Ganglienknoten zwischen sich. Vergl. Audouin in den Annal. d. sc. nat. Tom. 9. 1826. p. 36. Pl. 42. Fig. 16. von Lytta, Brandt in der mediz. Zoologie. Bd. II. p. 103. Taf. 17. Fig. 2. Taf. 19. Fig. 19. von Meloë und Lytta, Newport in der Cyclopaedia a. a. O. Vol. II. p. 950. Fig. 408. von Timarcha, und Joly in den Annal. d. sc. nat. Tom II. 1844. p. 24. Pl. 4. Fig. 16. von Colaspis. Eine ebenso kurze Ausdehnung lässt sich auch an den mit sechs Knoten ausgestatteten Abdominalstrange der Dytisciden und Byturen unterscheiden. S. Burmeister, Handbuch a. a. O. Taf. 16. Fig. 9. von Dytiscus. Diese Abbildung ist jedoch im Vergleich zu der von Blanchard (a. a. O. p. 343. Pl. 10. Fig. 1.) gelieferten Darstellung nicht ganz genau. In den Staphyliniden, Silphiden und Hydrophiliden reicht der Hinterleibsstrang trotz seiner sieben bis acht Knoten nicht sehr weit in das Abdomen hinab, eine grössere Ausdehnung besitzt dagegen der sechs- bis siebenknotige Abdominalstrang der Carabiden, Lucaniden und Pyrochroiden. Vergl. Léon Dufour in den Annal. d. sc. nat. Tom. 8. 1826. p. 27. Pl. 21. bis. Fig. 2. von Carabus, und ebendas. Tom 13. 1840. p. 332. Pl. 6. Fig. 9. von Pyrochroa. In einem noch höheren Grade zeigt sich der achtknotige Hinterleibsstrang der Elateriden, Cleriden und Telephoren verlängert.

20) Vergl. Blanchard a. a. O.

21) Bei denjenigen Lamellicorniern und Curculioniden, welchen ein sehr concentrirtes Bauchmark eigenthümlich ist, haben sich die eilf gleich grossen Ganglien des lezteren auch in den Larven ohne Spur von Verbindungssträngen zu einem kurzen knotigen Markstrange zusammengedrängt. Vergl. Swammerdamm, Bibel etc. p. 131. Taf. 28. Fig. 1. von Oryctes, Léon Dufour in den Annal. d. sc. nat. Tom. 18. 1842. p. 170. Pl. 4. Fig 11. von Cetonia, Burmeister, Zur Naturgeschichte der Calandra, p. 13. Fig. 13. und 14., Blanchard in den Annal. d. sc. nat. a. a. O. Pl. 14. Fig. 1. ebenfalls von Calandra. In den Larven der Meloïden, Pyrochroiden, Lucaniden, Chrysomeliden, Tenebrionen, so wie der meisten übrigen Käferfamilien nimmt der eilfknotige und mit Doppelkommissuren versehene Bauchstrang, dessen drei Brustganglien sich durch ihre Grösse von den acht Hinterleibsganglien nur wenig unterscheiden, fast die ganze Körperlänge ein. Vergl. Brandt in der med. Zoologie. Bd. II. p. 105. Taf. 17. Fig. 20. Taf. 19. Fig. 31. von Meloë und Lytta, Léon Dufour in den Annal. d. sc. nat. Tom. 13. 1840. p. 327. Pl. 5. Fig. 8. von Pyrochroa, und ebendas. Tom. 18. 1842. p. 172. Pl. 5. Fig. 17. von Dorcus, Newport in der Cyclopaedia a. a. O. p. 943. Fig. 404.

§. 331.

Ein System der Eingeweidenerven lässt sich sowol in den vollkommen entwickelten Insekten, wie in deren Puppen und Larven als unpaariger und paariger Nervenstrang nachweisen, von welchen bald mehr der unpaarige Nerve, bald mehr der paarige Nerve eine höhere Entwickelung erreicht hat. Der unpaare Mund Magennerve entspringt aus dem Vorderrande der beiden Hirnhälften mit zwei kurzen Fäden, welche sich dicht vor dem Gehirne zu einem dem Schlunde aufliegenden Markknötchen (*Ganglion frontale*) vereinigen. Von diesen Ganglien begeben sich einzelne Fäden nach der Oberlippe, während auf der entgegengesetzten Seite ein einfacher Nerve (*Nervus recurrens*) über den Oesophagus hin bis zu dem Magen verläuft und unterwegs rechts und links feste Aeste abgiebt. Auf dem Magen angelangt theilt sich dieser Nerve, nachdem er vorher bisweilen zu einem Ganglion angeschwollen, in zwei sich weiter verzweigende Aeste. Der paarige Eingeweidenerve stellt ein bis drei Paar hinter dem Gehirne gelegene Markknötchen dar, welche die beiden Seiten der Speiseröhre einnehmen und sowol unter sich, so wie mit dem Hinterende des Gehirns und dem *Nervus recurrens* durch dünne Nervenfäden verbunden sind. Dieselben geben zarte Nervenäste an den Oesophagus ab und anastomosiren in gewissen Fällen auch mit dem unpaarigen Nerven [1]).

In den einzelnen Insekten-Ordnungen hat sich das sympathische Nervensystem auf folgende Weise zu erkennen gegeben:

Bei den Hemipteren sind ausser dem unpaaren Eingeweide-Ner-

---

von Timarcha, Joly in den Annal. d. sc. nat. Tom. 2. 1844. p. 24. Pl. 4. Fig. 14. von Colaspis, und Blanchard ebendas. Pl. 15. Fig. 7. und Pl. 10. Fig. 5. von Chrysomela und Tenebrio. Nur in den Carabiden, Silphiden, Staphyliniden, und Diaperiden endigt das Bauchmark der Larven ohngeachtet des aus acht Ganglien zusammengesetzten Abdominalstranges, schon oberhalb der letzten Hinterleibsabschnitte; am kürzesten zeigt sich jedoch in dieser Beziehung das Bauchmark der Dytisciden-Larven, deren siebenknotiger Abdominalstrang sich nur bis zu der Hälfte des langgestreckten Hinterleibes erstreckt. Vergl. Burmeister in den transactions of the entomological society. Vol. I. p. 239. Pl. 24. Fig. 9. von Calosoma, Blanchard in den Annal. d. sc. nat. a. a. O. Pl. 9. Fig. 3. u. 5. Pl. 11. Fig. 4. Pl. 10. Fig. 2 von Silpha, Staphylinus, Diaperis und Dytiscus.

1) Ueber das Eingeweide-Nervensystem der Insekten, von welchem schon Swammerdamm den rücklaufenden Nerven gesehen hatte, vergl. man ausser Burmeister (Handbuch a. a. O. Bd. I. p. 308.) und Lacordaire (Introduction etc. Tom. II. p. 214.) noch besonders J. Müller, über den Nervus sympathicus der Insekten, in den Nov. Act. Nat. Cur. Vol. 14. 1828. p. 73., und Brandt in der Isis, 1831. p. 1103., ferner desselben Bemerkungen über die Mundmagen- oder Eingeweidenerven der Evertebraten. 1835. p. 16. oder in den Annal. d. sc. nat. Tom. 5. 1836. p. 95. und Newport in der Cyclopaedia a. a. O. Vol. II. p. 957.

vensystem auch von dem paarigen Systeme auf jeder Seite der Speiseröhre zwei hintereinander liegende Ganglienknötchen erkannt worden [2]). Den Dipteren scheint das vegetative Nervensystem nicht zu fehlen, wenigstens haben sich auf dem Chylusmagen der Hippobosciden ein Paar Fäden unterscheiden lassen, welche höchst wahrscheinlich dem paarigen Systeme angehören [3]). Die Lepidopteren besitzen einen sehr entwickelten *Nervus recurrens*, welcher in den Raupen häufig mehre dicht hintereinander liegende Ganglienknötchen bildet und mit dem Gehirne jederseits durch einen doppelten Nervenbogen in Verbindung stehen. Das paarige Nervensystem entspringt zu beiden Seiten des Oesophagus, meist aus zwei hintereinander liegenden Ganglien, welche in den Raupen und Puppen oft bis zur Verschmelzung einander genähert sind, und ausser den mit dem rücklaufenden Nerven anastomosirenden Aesten auch Fäden an das Rückengefäss absenden [4]). In den Hymenopteren sind ebenfalls beide vegetativen Nervensysteme aufgefunden worden [5]); auch den Neuropteren und Orthopteren fehlen beide Systeme der Eingeweidenerven nicht, von welchen die paarigen Stämme bei den Acrididen und Gryllotalpen sehr stark entwickelt sind, und sowol an ihrem oberen Ende zwei Ganglienpaare besitzen, als auch in ihrem weiteren Verlaufe eine bis zwei Ganglien-

---

2) Schon Meckel (Beiträge zur vergl. Anat. Bd. I. p. 4.) hat in der Singcicade den *Nervus recurrens* beobachtet, und von Brandt (Bemerkungen etc. p. 23. Taf. 2. Fig. 1. u. 2) sind neben demselben in Cygaeus zugleich auch die Ganglien des paarigen Systems gesehen worden.

3) Vergl. Léon Dufour in den Annal. d. sc. nat. Tom. 3. 1845. p. 67.

4) Den rücklaufenden Nerven erkannte Swammerdamm (Bibel etc. p. 132. Taf. 28. Fig 3. g.) zuerst in der Seidenraupe, worauf Lyonet (traité etc. p. 577. Pl. 12. Fig. 1. Pl. 13. Fig. 1. Pl. 16. Fig. 14. und Pl. 18. Fig. 1.) von der Weidenbohrer-Raupe auch das paarige Nervensystem und dessen Beziehung zu dem Rückengefässe beschrieben hat. Später sind dann beide Systeme sowol in verschiedenen Raupen, Puppen, als auch in den Schmetterlingen wieder gefunden worden. Vergl. Suckow (anatom. physiolog. Untersuch. etc. p. 40. Taf. 7. Fig. 33. bis 38. von der Puppe und dem Schmetterlinge der Gastropacha Pini), welcher ausser dem paarigen Nervensysteme ebenfalls den Herznerven erkannte, s. ferner J. Müller (in den Nov. Act. Nat. Cur. etc. p. 97. Tab. 9. Fig. 1.), welcher den rücklaufenden Nerven einer Sphinx-Raupe darstellte, während Brandt (in der Isis a. a. O. p. 1104. Taf. 7. Fig. 3. u. 4., und Bemerkung etc. p. 20.) beide Systeme aus der Raupe und dem Schmetterlinge des Bombyx Mori beschrieb. Ausgezeichnet sind die Untersuchungen, welche Newport (in den philosoph. transact. 1832. p. 383. Pl. 12. u. 13., und 1834. p. 389. Pl. 13. u. 14.) über diesen Gegenstand an der Raupe und dem Imago von Sphinx Ligustri angestellt hat.

5) Nachdem früher schon Treviranus den *Nervus recurrens* in Apis mellifica beobachtet haben wollte (s. dessen vermischte Schriften. Bd. III. p. 59.), wurde von Brandt (in der mediz. Zoologie. Bd. II. p. 203. Taf. 25. Fig. 32. und Bemerkungen etc. p. 22.) sowol das unpaarige wie paarige Nervensystem in der Honigbiene und Hummel wahrgenommen.

Anschwellungen bilden, wogegen in den Libelluliden und Blattiden, besonders aber in den Phasmodeen der unpaarige Nervenstamm eine beträchtliche Entwickelung zeigt [6]. Die Coleopteren besitzen als Imago sowie als Larve neben einem schwach entwickelten, meist von zwei Paar Ganglien ausgehenden paarigen Nervensysteme einen sehr entwickelten *Nervus recurrens*, welcher nur selten dicht hinter dem *Ganglion frontale* ein zweites Ganglion besitzt. in der Regel aber bei seinem weiteren Verlaufe auf der Speiseröhre zu einem Ganglion anschwillt und sich dann gabelförmig spaltet [7].

Ein ganz besonderes System von Nerven findet sich bei sehr vielen Insekten in den drei verschiedenen Entwickelungsstadien als Respirations-Nerven vor, welche höchst wahrscheinlich zu den sogenannten gemischten Nerven gerechnet werden müssen, indem sie ausser moto-

---

6) Nach Burmeister (Handbuch etc. Bd. I. p. 310. Taf. 16. Fig. 6. von Gryllus migratorius) endigt der vom Stirnganglion zurücklaufende Nerve nach kurzem Verlaufe mit einer Ganglien-Anschwellung, welche durch zwei Fäden mit den beiden inneren grösseren Ganglien des paarigen Nervensystems in Verbindung steht; von diesem letzteren Ganglion breiten sich mehre Nervenfäden auf der Speiseröhre aus, und begeben sich zwei kurze Verbindungsfäden nach den beiden äusseren Ganglien desselben paarigen Nervensystems, welches sich mit zwei seitlichen Stämmen auf der Speiseröhre fortsetzt und auf dem Kropfe sich zu einem, mit vier Ganglien versehenen Nervengeflechte ausbreitet. Vergl. auch Brandt in der Isis. 1831. p. 1104. p. 7. Fig. 5. von derselben Wanderheuschrecke.. Nach Brandt's Untersuchungen (s. dessen Bemerkungen etc. p. 29. Taf. 2. Fig. 7—9.) verhält sich das paarige Nervensystem bei Gryllotalpa ähnlich, nur geht das Nervengeflechte des Muskelmagens aus zwei hinteren Ganglien-Anschwellungen der paarigen Stämme hervor. Vergl. über Gryllotalpa noch Léon Dufour, recherches sur les Orthoptères etc. p. 285. Pl. 3. Fig. 22. Bei Phasma ferula erstreckt sich zwischen den wenig entwickelten zwei Paar vorderen Ganglien des paarigen Nervensystems ein sehr ansehnlicher unpaariger Nerve nach hinten. Vergl. hierüber Brandt, Bemerkungen etc. p. 27. Taf. 3. Fig. 1—5., und J. Müller in den Nov. Act. Nat. Cur. a. a. O. p. 85. Tab. 8. Fig. 1. u. 3. Beide Zootomen lieferten ausserdem noch über die vegetativen Nerven von Libellula, Blatta, Mantis und Gryllus verschiedene Notizen und Abbildungen.

7) Den *Nervus recurrens* hat Swammerdamm in der Nashornkäfer-Larve gesehen (s. dessen Bibel a. a. O. p. 132. Taf. 28. Fig. 2.). Aus Lucanus und Dytiscus hat Müller (in den Nov. Act. etc. p. 94. Tab. 7. Fig. 4. u. 5.) den rücklaufenden Nerven abgebildet. An Melolontha wurde von Straus (Considérations etc. p. 406. u. 391. Pl. 9.) ausser dem unpaarigen Nerven zugleich auch das paarige Nervensystem beobachtet, aber nur als accessorische Ganglien des Gehirns angesehen, während Brandt (in der mediz. Zoologie. Bd. II. p. 103. u. 118. Taf. 17. Fig. 3. u. 4. Taf. 19. Fig. 20.) die Bedeutung dieses paarigen Nervensystems bei Meloë und Lytta zuerst erkannte. Man vergl. ausserdem noch Burmeister, Handbuch etc. Taf. 16. Fig. 8. von einer Calosoma-Larve, Newport in den philosoph. transactions. 1834. Pl. 13. Fig. 4. u. 5. von dem Käfer und der Larve der Timarcha tenebricosa, und in der Cyclopaedia etc. Fig. 405. 412. 416—418. von Timarcha, Meloë und Lucanus, ferner Schiödte in Krøyer's naturhist. Tidsskrift. B. IV. p. 104. Pl. 1. von Acilius.

rischen Nervenfasern noch vegetative Fäden enthalten. Dieses Nervensystem entspringt nämlich mit verschiedenen unpaarigen Wurzeln aus den zwischen je zwei Bauchganglien herablaufenden Verbindungssträngen. Jeder dieser unpaarigen Nerven theilt sich in zwei rechtwinkelig abgehende Aeste (*Nervi transversi*), welche sowol mit den einzelnen Bauchganglien, als auch mit den von diesen abgehenden peripherischen Nerven Anastomosen eingehen und zugleich auch von den Ganglien des paarigen Eingeweide-Nervensystems organische Fasern erhalten.

Diese Respirations-Nerven begeben sich zu den grossen Tracheenstämmen, und vorzüglich zu den Muskeln der Athemlöcher, daher die Athembewegungen dieser Thiere wol nicht als reine willkürliche Bewegungen angesehen werden können [8]).

Vierter Abschnitt.

Von den Sinnesorganen.

§. 332.

Das Tastgefühl erscheint bei den Insekten an sehr verschiedenen Stellen des Körpers concentrirt [1]). Am deutlichsten zeigt sich, wenn man die Insekten in ihren verschiedenen Lebensverhältnissen beobachtet, der Tastsinn an den um den Mund gestellten Palpen ausgeprägt, daher diese Organe auch in der Regel an ihrer Spitze mit einer wei-

---

8) Obgleich schon Lyonet diese respiratorischen Nerven bei der Weidenbohrer-Raupe (s. dessen traité etc. p. 98. u. 201. Pl. 4. Fig. 5. Pl. 9. Fig. 1.) unter der Bezeichnung *brides épinières* beschrieben hatte, so lenkte erst in neuester Zeit Newport von neuem die Aufmerksamkeit der Zootomen wieder auf diesen Gegenstand, indem er (in den philosoph. transact. 1832. Pl. 12. Fig. 4., 1834. Pl. 13. etc. und 1836. Pl. 36., so wie in der Cyclopaedia a. a. O. p. 947. Fig. 400. etc.) an der Larve, Puppe und dem Schmetterlinge von Sphinx Ligustri mit bewunderungswürdiger Sorgfalt die Ausbreitung dieses respiratorischen Nervengeflechtes uns kennen lehrte. Man vergleiche ausserdem die von Müller (in dessen Archiv 1835. p. 82.) über die Bedeutung dieses Nervensystems ausgesprochene Ansicht. — Bei verschiedenen Coleopteren und Orthopteren, bei Locusta, Gryllotalpa, Carabus, bilden nach Newport's Beobachtungen die unpaarigen Aeste dieses Nervensystems an der Stelle, wo die *Nervi transversi* abgehen, kleine Ganglien-Anschwellungen.

1) Ueber die Sinne der Insekten im Allgemeinen vergl. man ausser den angeführten Schriften von Spence und Kirby, von Burmeister, von Lacordaire noch Schelver's Versuch einer Naturgeschichte der Sinneswerkzeuge bei den Insekten und Würmern, 1798, in welchem man die diesen Gegenstand betreffenden Ansichten der älteren Naturforscher zusammengetragen findet.

chen Stelle versehen sind [2]). Ebenso kann den Antennen der Sitz des Tastgefühls nicht abgesprochen werden, dieselben finden je nach ihrer Gestalt und Entwickelung, so wie nach der Lebensweise der Insekten als Tastwerkzeuge die verschiedenartigsten Anwendungen. Jedenfalls werden von den beiden unmittelbar aus der oberen Gehirnmasse abgehenden Antennen-Nerven die geringsten Erschütterungen, welche auf die äussere harte, aber häufig mit Haaren und Borsten besetzte Oberfläche dieser Organe einwirken, leicht empfunden werden. Bei denjenigen Insekten, deren Antennen als lange Fäden ohne besonders auffallende Beweglichkeit nach verschiedenen Seiten hin ausgestreckt werden, dürften dieselben gleich den Lippenborsten vieler Säugethiere nur als wachende oder warnende Tastwerkzeuge dienen, während viele andere Insekten ihre ungemein beweglichen Fühler deutlich wie Finger zum Tasten benutzen [3]). Auch die verschiedenen Zustände der Atmosphäre, besonders die Temperatur derselben, werden von den Insekten gewiss mittelst der Antennen aufgefasst, um darnach ihr Thun und Treiben einzurichten. An denjenigen Insekten, deren Mundtheile in Saugwerkzeuge umgewandelt sind, lässt sich leicht erkennen, dass die Spitze ihres Schnabels oder Rüssels mit einem feinen Tastgefühle ausgestattet ist. Ebenso kann man sich bei denjenigen Insekten-Weibchen, welche mittelst einer Legeröhre ihre Eier an verborgene Orte hin zu schaffen haben, während des Eierlegens überzeugen, dass das freie Ende dieses Legeapparates ein sehr ausgebildetes Tastgefühl besitzen muss. Endlich wird man auch den sechs Fussspitzen vieler Insekten, welche theils als Larven, theils als Imagines zur Ausübung gewisser Kunsttriebe sich ihrer Füsse zu bedienen haben, ein feines Tastgefühl zuschreiben müssen [4]). Die Poduriden führen an der Unterseite ihres ersten Abdominalsegmentes ein sonderbares weiches Organ, welches in Form eines zweilappigen oder gabelförmigen Fortsatzes aus- und eingestülpt werden kann, und wahrscheinlich von diesen Thierchen als Tastwerkzeug benutzt wird [5]).

---

2) Der Gefühlssinn der Palpen kommt den Insekten während des Fressens sehr zu Statten, indem sie damit ihre Futterstoffe betasten, festhalten und für die Kiefer gehörig zurecht schieben.

3) Ein solches tastendes Spiel der Fühler kann man besonders bei den Hymenopteren beobachten.

4) Ich erinnere hier nur an die Ateuchiden, Rhynchiten unter den Coleopteren, an die Grabwespen unter den Hymenopteren, an die Larven der Phryganiden unter den Neuropteren.

5) Bei Smynthurus stellen diese Organe zwei sehr lange contractile Cylinder dar. Vergl. Degeer, Abhandlungen etc. Bd. VII. p. 20. Taf. 3. Fig. 10. und Nicolet, recherches a. a. O. p. 42. Pl. 3. Fig. 5. 19—22. — Ob die weichen, oft sehr schön roth oder orange gefärbten Fortsätze, welche von Malachius aus den Seiten des Leibes, von Stenus aus dem Hinterleibsende, von den Raupen

§. 333.

Der Sitz des Geschmacksinnes dürfte wol bei denjenigen Insekten, welche eine weiche Zunge besitzen, in diesem Organe zu vermuthen sein. Eine solche weiche Zunge findet sich besonders deutlich bei den kauenden Carabiden, Locustiden, Acrididen, Libelluliden, Vespiden, so wie bei den leckenden Apiden und Musciden vor, während sie bei den saugenden Insekten entweder fehlt, oder in eine hornige Borste umgewandelt ist. Diese Verhornung ist jedoch auch an der Zunge verschiedener, mit Kauorganen ausgerüsteten Insekten vorgegangen.

§. 334.

Die Geruchsorgane, mit deren Hülfe die meisten Insekten oft auf eine bewunderungswürdige Weise die für sie oder ihre Brut bestimmten Nahrungsstoffe aufzuspüren wissen, haben bis heute noch nicht an diesen Thieren mit Sicherheit nachgewiesen werden können. Die verschiedenartigsten Vermuthungen, welche man über den Sitz des Geruchsinnes bei den Insekten ausgesprochen hat, mussten bis jetzt als ungenügend angesehen werden, zumal da man häufig solche Organe oder Gegenden des Insektenleibes für Riechwerkzeuge hat ausgeben wollen, welche eine trockne Oberfläche darbieten und allein schon deshalb unfähig sind, riechbare Stoffe zu empfinden [1]).

§. 335.

Ueber die Gehörwerkzeuge der Insekten waltet ebenfalls noch ein grosses Dunkel; man hat zwar, nachdem die Erfahrung längst ge-

---

verschiedener Schmetterlinge (Papilio Machaon und Podalirius, Harpyia Vinula etc.) aus dem Nacken oder Rücken hervorgestülpt werden können, in dieselbe Kategorie von Tastwerkzeugen gehören, muss ich dahingestellt sein lassen.

1) Nach Rosenthal (in Reil's Archiv, Bd. X. p. 136. Taf. 8. Fig. 5. u. 6.) sollte eine unterhalb der Fühler gelegene doppelte längliche Grube, welche von der trocknen und dichten allgemeinen Hautbedeckung gebildet wird und hinter welcher eine faltige Haut verborgen steckt, das Geruchsorgan der Musciden darstellen. Ebenso wurden seit Réaumur die jede Spur einer feuchten Oberfläche entbehrenden Antennen bis auf die neueste Zeit als Geruchsorgane hingestellt (vergl. Lefébvre in den Annales de la société entomologique de France. Vol. VII. p. 395. oder in den Annal. d. sc. nat. Tom. XI. 1839. p. 191., und Küster in der Isis. 1844. p. 647.), obgleich die Struktur dieser Organe nicht im entferntesten den anatomisch-physiologischen Erfordernissen eines Riechwerkzeuges entspricht; aus gleichen Gründen konnte die Behauptung des Marcel de Serres (in den Annales d. Mus. Tom. 17. p. 426.), nach welcher die von einer geschlossenen Hautbedeckung umgebenen Palpen der Orthopteren zum Riechen geeignet sein sollen, keinen Anklang finden. Auch der von Baster zuerst ausgesprochene und von Straus (Considérations etc. p. 420.) wiederholten Meinung, dass nämlich die Mündungen des Tracheensystems Geruchseindrücke empfinden könnten, gebricht es an einer näheren Begründung. Treviranus half sich damit, dass er (in den vermischten Schriften, Bd. II. Heft 2. p. 153.) annahm, die ganze innere feuchte Mundhöhle der Insekten könne Geruchseindrücke empfinden.

lehrt hatte, dass der grösste Theil der Insekten für Schalleindrücke empfänglich ist, verschiedene Versuche gemacht, bald dieses bald jenes Organ als Gehörwerkzeuge zu deuten, hatte sich aber dabei entweder gänzlich getäuscht oder ausser Acht gelassen, dass nur da von einem Gehörorgane die Rede sein kann, wo ein specifischer Gehörnerve unmittelbar mit einem zur Aufnahme, Fortleitung und Concentrirung von Schallwellen nothwendigen und geeigneten physikalischen (akustischen) Apparat verbunden ist [1]).

Nur bei gewissen Orthopteren ist es in neuester Zeit gelungen, ein paariges Organ zu entdecken, welches mit den erforderlichen Werkzeugen eines Gehörsinnes ausgestattet erscheint. Dieses Organ stellt in den Acrididen eine von einem Hornringe umgebene und mehr oder weniger überwölbte Grube oder Ohrmuschel dar, in deren Grunde eine trommelfellartige Membran ausgespannt ist. Auf der inneren Fläche dieser letzteren erheben sich ein Paar hornartige Fortsätze, zwischen welchen ein mit heller Flüssigkeit gefülltes, äusserst zartes Bläschen als häutiges Labyrinth befestigt ist. Mit diesem steht ein besonderer, aus dem dritten Brustganglion entspringender Hörnerve in Verbindung, der auf dem Trommelfelle zu einem Ganglion anschwillt und in der nächsten Umgebung des Labyrinthes mit einer Menge von Ganglienkugeln locker umgebenen, keulenförmigen und äusserst feingestielten Stäbchen (primitive Nervenfäden?) endigt [2]).

---

1) Die gröbste Täuschung hat sich in dieser Beziehung L. W. Clarke (in dem Magazine of natural history, 1838. Sept. oder in Froriep's neuen Notizen, Bd. IX. p. 4. Fig. 12. a—n.) zu Schulden kommen lassen, indem er in der Fühler-Basis des Carabus nemoralis *Illig.* einen aus einer *Auricula*, einem *Meatus auditorius externus* und *internus*, einem *Tympanum* und Labyrinthe zusammengesetzten Hörapparat beschrieben hat, von dem auch nicht eine Spur vorhanden ist. Die beiden von Treviranus (in den Annalen der Wetterauischen Gesellschaft f. d. gesammte Naturkunde, Bd. I. Heft 2. p. 169. Taf. 5. Fig. 1—3.) an der Einlenkung der Fühler bei Blatta orientalis als Gehörorgane beschriebenen weissen gewölbten Flecke sind, wie Burmeister (Handbuch etc. Bd. II. p. 469.) ganz richtig bemerkt hat, nichts anderes als zwei unentwickelte Nebenaugen. Newport (in the transactions of the entomological society, Vol. II. p. 229.) und Goureau (in den Annales d. l. soc. entom. Tom. X. p. 10.) gestehen den Fühlern ausser dem Tastvermögen zugleich noch die Function eines Hörapparates zu. Dieser Behauptung kann man jedoch, wie dies schon von Erichson geschehen ist (s. Wiegmann's Archiv. 1839. Bd. II. p. 285.), nur in soweit beistimmen, als den Fühlern gleich anderen festen Körpern die Fähigkeit nicht abgesprochen werden kann, Schallschwingungen aus der Luft aufzufangen und fortzuleiten; immer wird dann noch der für diese Schallschwingungen empfängliche Hörnerve zu suchen sein, da unmöglich der Tastnerve der Antennen zugleich auch den spezifischen *Nervus acusticus* vertreten kann.

2) Nachdem dieses Organ von Latreille (in den Mémoires du Muséum, Tom. 8. p. 123.) und von Burmeister (Handbuch etc. Bd. 1. p. 512.) für ein

Ein ähnliches Gehörorgan tragen die Locustiden und Achetiden in den Schienen der beiden Vorderbeine [3]). Ein Theil der Locustiden [4]) besitzt auf beiden Seiten der Vorderschienen dicht unter dem Kniegelenke eine Grube, während ein anderer Theil dieser Orthopteren-Familie [5]) an denselben Stellen mit zwei mehr oder weniger geräumigen, durch eine Oeffnung nach vorn mündender Höhlen (Gehörkapseln) versehen sind [6]). Sowol in jenen Gruben, wie in diesen Höhlen der beiden Vorder-Tibien der Locustiden ist nach innen ein längsovales Trommelfell angebracht. Zwischen den beiden Trommelfellen bildet der Haupttracheenstamm der Vorderbeine eine blasenartige Anschwellung, an deren oberem Ende der von dem ersten Brustganglion entspringende und mit dem Hauptschenkelnerven herablaufende Gehörnerve zu einem Ganglion anschwillt. Aus dieser Ganglion-Anschwellung zieht sich an der sanft ausgehöhlten Vorderseite der Tracheenblase eine bandartige Nervenmasse herab, auf welcher sich eine Reihe hintereinander liegender wasserheller Bläschen erhebt, die wiederum jene merkwürdigen keulenförmigen und fein gestielten Stäbchen (primitive Nervenfäden?) enthalten. Die beiden grossen Tracheenstämme der Vorderbeine münden mit zwei weiten trichterförmigen Oeffnungen am Hinterrande des Prothorax aus, so dass hier ebenfalls ein Theil des Tracheensystems, wie bei den Acrididen, einen Vergleich mit einer *Tuba Eustachii* zulässt [7]). In den Achetiden zeigt sich an der äusseren Seite der beiden Vorderbeine, dicht unter der Kniebeuge, eine von einer silberglänzenden Haut (Trommelfell) verschlos-

---

Gesichtssinnes, p. 439., vergl. auch Nov. Act. Nat. Cur. Vol. 14. Tab. 9.) zuerst den glücklichen Gedanken, dieses Organ bei Gryllus hieroglyphicus als Gehörwerkzeug zu deuten. Ich selbst unternahm es später (in Wiegmann's Archiv. 1844. Bd. I. p. 56. Taf. 1. Fig. 1—7.), bei Gomphoceros, Oedipoda, Podisma, Caloptenus und Truxalis durch genauere Analyse dieser Organe die von Müller diesem Apparate nur muthmasslich beigelegte Deutung als richtig nachzuweisen.

3) Vergl. meine Untersuchungen in Wiegmann's Archiv a. a. O. p. 72. Taf. 1. Fig. 8—17.

4) Bei Meconema, Barbitistes, Phaneroptera, Phylloptera.

5) Bei Decticus, Locusta, Xiphidium, Ephippigera, Saga, Conocephalus, Callimenus, Acanthodis, Pseudophyllus u. a.

6) Die verschiedene Form dieser Oeffnungen, auf welche bereits Degeer (Abhandlungen a. a. O. Th. III. p. 285. Taf. 37. Fig. 6.) und Lansdown Guilding (in the transactions of the Linn. soc. Vol. XV. 1827. p. 153.) aufmerksam gemacht haben, wurde von Burmeister (Handb. etc. Bd. II. p. 673.) zur Eintheilung der Locustiden benutzt.

7) Gewöhnlich werden diese beiden weiten trichterförmigen Tracheen-Eingänge, welche Léon Dufour (Recherches sur les Orthoptères etc. p. 279. Pl. 1. Fig. 2.) als *vessies aërostatiques* bezeichnete, für die Stigmata des Prothorax gehalten, obgleich diese letzteren Luftlöcher dicht vor jenen Oeffnungen in der gewöhnlichen Form und Grösse wahrgenommen werden können.

sene Oeffnung, hinter welcher ein ähnliches Gehörorgan verborgen steckt [8]).

§. 336.

Die Sehorgane der Insekten stellen entweder einfache oder zusammengesetzte Augen dar [1]), von welchen die einfache Form hauptsächlich bei den Larven der holometabolischen Insekten, die zusammengesetzte Form vorzugsweise bei den Imagines angetroffen wird; doch gibt es auch eine Menge von Insekten, welche als Imagines mit beiden Augen-Formen zugleich ausgestattet sind. Nur sehr wenige Insekten besitzen im vollkommen entwickelten Zustande gar keine Augen [2]), dagegen erscheinen sehr viele holometabolische Insekten als Larven und Puppen ganz blind [3]).

1. Die einfachen Augen (*Ocelli, Stemmata*) der Insekten bestehen aus einer gewölbten rundlichen oder elliptischen Cornea, hinter welcher eine kugelige oder walzenförmige Linse verborgen liegt. Der Sehnerve bildet zur Aufnahme der Linse eine becherförmige Ausbreitung, die von einer sehr verschieden gefärbten Pigmentschicht, wie von einer Chorioidea umgeben wird [4]). Diese Ocellen sitzen zuweilen dem Gehirne so dicht auf, dass die Nerven derselben sich nur als ganz niedrige Sehhügel aus dem Gehirne erheben [5]). Für diejenigen Ocellen,

---

8) Bei Acheta achatina und italica befindet sich zugleich auch auf der inneren Seite der Vordertibien ein gleich grosses Trommelfell, welches bei Acheta sylvestris, domestica und campestris an dieser inneren Seite der Tibien nur schwach angedeutet ist.

1) Ueber die Augen der Insekten vergleiche man Marcel de Serres, Mémoires sur les yeux composés et les yeux lisses des Insectes, übersetzt von Dieffenbach, ferner Treviranus, vermischte Schriften, Bd. 3. p. 147. und Beiträge zur Anatomie und Physiologie der Sinneswerkzeuge, Heft 1. p. 84., endlich J. Müller, zur vergleichenden Physiologie des Gesichtssinnes, p. 326. oder in den Annal. d. sc. nat Tom. 17. 1829. p. 242. (im Auszug), und dessen Abhandlung in Meckel's Archiv. 1829. p. 38.

2) Augenlos sind mehre, unter Baumrinde lebende Arten von Ptilium (s. Erichson, Naturgeschichte der Insekten Deutschlands. Bd. 3. p. 32.), ferner der in unterirdischen Höhlen sich aufhaltende Anophthalmus (s. Sturm, Deutschlands Fauna, Abth. 5. Bd. 15.) und der bekannte, in Ameisenhaufen wohnende Claviger.

3) Hieher gehören die Larven der Hymenopteren mit Ausnahme der Tenthrediniden, ferner die in thierischen und vegetabilischen Substanzen lebenden Dipteren-Larven, die Larven der Elateriden, Histeriden, Lamellicornier, Tenebrionen und überhaupt die fusslosen Coleopteren-Larven, so wie die fusslosen Schmarotzer-Larven der Strepsipteren, deren Weibchen in ihrem letzten Entwicklungszustande ebenfalls blind bleiben.

4) Ueber die einfachen Augen der Dytiscus-Larven vergl. man Müller in Meckel's Archiv. a. a. O. p. 39. Taf 3. Fig. 1. u. 2., ferner über die Ocellen von Cicada, Vespa, Bombus und Libellula s. Treviranus, Beiträge etc. p. 84. Taf. 2. Fig. 25—35.

5) Bei Bombus, Apis, Vespa. Vergl. Treviranus, Biologie, Bd. V. Taf. 2.

welche weiter vom Gehirne entfernt sind und in Gruppen beisammenstehen, entspringen die Sehnerven mit einem gemeinschaftlichen längeren oder kürzeren Stamme, der sich erst später in die, der Zahl der einfachen Augen entsprechenden Aeste abtheilt [6]. Die Zahl und Anordnung der einfachen Augen variirt in den verschiedenen Insekten-Abtheilungen auf die mannichfaltigste Weise. Bei denjenigen Insekten und Insektenlarven, welche die Ocellen als einzigen Sehapparat besitzen, findet man dieselben stets an den Seiten des Kopfes angebracht. Es ist dann jederseits entweder nur ein einziges Stemma oder ein Haufe von mehren Stemmata vorhanden, welche bald mehr in Reihen (*Ocelli seriati*), bald mehr in unregelmässig vertheilten Gruppen (*Ocelli gregati*) beisammen stehen. Nur zwei seitliche einfache Augen trifft man bei den Pediculiden, Nirmiden, Cocciden, bei den Larven der Phryganiden und Tenthrediniden, sowie bei vielen, im Wasser lebenden Dipteren-Larven an. Eine Gruppe von vier bis acht Ocellen befindet sich auf beiden Seiten des Kopfes bei den Poduriden [7]), bei den Schmetterlingsraupen, den sechsbeinigen Strepsipteren-Larven, den Larven der Hemerobiden, Myrmeleontiden, Rhaphididen und den sechsbeinigen Käferlarven [8]). Die grösste Zahl von Ocellen stehen bei den geflügelten Strepsipteren-Männchen beisammen, und bilden zwei seitliche kugelförmige Hervorragungen, welche füglich den Uebergang zu den facettirten Augen machen, indem die 50—70 Ocellen einer jeden Seite schon einander sehr nahe gerückt sind, und nur durch eine dichte Masse kurzer Borsten von einander getrennt werden [9]). Bei sehr vielen Insekten

---

und dessen Beiträge a. a. O. Taf. 2. Fig. 29., ferner Brandt und Ratzeburg, mediz. Zoologie. Bd. II. Taf. 25. Fig 31. u. 32.

6) In vielen Schmetterlings- und Käfer-Larven gehen die Sehnerven für die beiden seitlichen Augengruppen mit zwei längeren oder kürzeren Wurzeln von den Seiten des Gehirnes ab. Vergl. Lyonet, Traité etc. p. 581. Pl. 18. Fig 1. nr. 1. u. Fig. 6. von der Weidenbohrer Raupe, Suckow, anatom. physiol. Untersuchung. a. a. O. p. 41. Taf. 3. Fig. 34. von der Fichtenspinner-Raupe, und Burmeister, in the transactions of the entomolog. society. Vol. I. p. 239. Pl. 23. Fig. 7. von einer Calosoma-Larve. Bei Cicada erhalten die drei Stemmata der Stirn ihre Sehnerven von einer, aus der Mitte des Gehirnes entspringenden gemeinschaftlichen Wurzel. Vergl. Treviranus, Beiträge etc. Taf. II. Fig 24., und Léon Dufour, Recherches sur les Hémiptères a. a. O. Pl. 19. Fig. 203.

7) Vergl. Nicolet, Recherches sur les Podurelles a. a. O. p. 28. Pl. 2. u. 3.

8) Hieher gehören die carnivoren Larven der Carabiden, Staphyliniden, Dytisciden, Dermestiden, Silphiden etc., ferner die herbivoren Larven der Chrysomelinen. Nur zwei grosse Ocellen tragen die Cicindelen-Larven an jeder Seite des Kopfes, während die Larven von Lycus, Meloë, Lampyris und Cantharis sogar nur ein einfaches Auge jederseits besitzen.

9) Vergl. Templeton, Description of a new Strepsipterous Insect, in the transactions of the entomolog. soc. Vol. III. p. 54. Pl. 4.

sind zwischen den beiden facettirten Augen noch drei einfache, in einem Dreiecke stehende Augen auf der Stirn vorhanden[10]).

2. An den zusammengesetzten, mit einer facettirten Hornhaut ausgestatteten Augen der Insekten[11]) zeigen sich die einzelnen Sehorgane ausserordentlich dicht aneinandergerückt, so dass sich ihre bald dickeren bald dünneren Corneen, welche nur sehr wenig gewölbt sind und eine vier- oder sechseckige Gestalt haben, sich mit ihren Seiten unmittelbar berühren. Die Grösse der Facetten bleibt sich an einem und demselben Auge nicht immer gleich, indem bald die oberen Facetten, bald die Facetten des Mittelfeldes grösser erscheinen als die übrigen[12]). Hinter jeder Hornhaut vertritt eine durchsichtige Pyramide die Stelle einer Linse. Die nach innen gerichtete stumpfe Spitze der einzelnen Pyramiden steckt in einer durchsichtigen fingerhutartigen Masse, welche einem Glaskörper entspricht. Dieses *Corpus vitreum* wird von einer becherförmigen Ausbreitung eines Nervenfadens umgeben, der von dem rechten oder linken Sehnerven-Ganglion entspringt, zu welchem die beiden starken Sehnerven bald nach ihrem Abgange vom Gehirne stets anschwellen[13]). Jede Krystallpyramide ist

---

10) Drei einfache Stirn- oder Scheitelaugen besitzen sehr viele Orthopteren, nämlich die Mantiden, Acrididen, Libelluliden, Perliden, Psociden, Ephemeriden und einige Phasmiden, ferner die Neuropteren Hemerobius, Panorpa und Phryganea, sowie die Hemipteren Pentatoma, Coreus, Berytus, Cicada. Sehr verbreitet kommen auch die drei Scheitelaugen unter den Dipteren vor, sie finden sich hier bei den Musciden, Syrphiden, Stomoxyden, Bombyliden, Anthraciden, Oestriden, Asiliden, Empiden etc., fehlen dagegen bei Tabanus, Haematopota, Conops, Hippobosca, Melophagus und vielen Tipuliden. Unter den Hymenopteren werden eben diese drei Stirnaugen bei keiner Gattung vermisst, sie gehen nur den geschlechtslosen Ameisen und den weiblichen Individuen von Mutilla und Myrmosa ab. Zwei Stirnaugen besitzen die meisten Zirpen, die Dipteren Sciophila, Mycetobia und Leja, die Lepidopteren Sesia, Euprepia, Pyralis nebst vielen Noctuiden, ferner die Orthopteren Gryllotalpa, Blatta und Termes, sowie die Käfer Omalium und Anthophagus.

11) Ueber den feineren Bau der zusammengesetzten Augen der Insekten vergl. man Straus, Considérations etc. p. 411. Pl. 9., Dugès in den Annal. d. sc. nat. Tom. 20. 1830. p. 341. Pl. 12. oder in Froriep's Notizen. Bd. 29. p. 257., R. Wagner in Wiegmann's Archiv. 1835. Bd. I. p. 372. Taf. 5., und vor allen Will, Beiträge zur Anatomie der zusammengesetzten Augen mit facettirter Hornhaut. 1840.

12) Diese Grössen-Verschiedenheit der Facetten hat schon Marcel de Serres (a. a. O. p. 45.) bei Libellula wahrgenommen, sie findet sich aber auch an den Augen von Lagria flava, gibbosa, atra, von Tabanus rusticus und einigen anderen Dipteren vor. Vergl. Ashton in the transact. of the entomol. soc. Vol. II. p. 253. Pl. 21.

13) Die becherförmige, einer Retina entsprechende Ausbreitung der einzelnen Fäden des Sehnerven soll nach Müller (s. dessen Archiv, 1835. p. 613.) nur die Fortsetzung der Nervenscheiden sein, während das eigentliche Nervenmark

nebst ihrem Glaskörper und Nervenfaden durch eine meist braunroth gefärbte Pigmentscheide (*Chorioidea*) umgeben, welche hinter der Cornea eine Art Pupille bildet [14]), und von welcher keineswegs das oft ungemein schöne Farbenspiel der facettirten Insekten-Augen ausgeht [15]).

Die Grösse und Gestalt der facettirten Augen ist bei den Insekten sehr verschieden, daher auch die Zahl der Facetten und der dahinter liegenden Sehapparate ausserordentlich variirt [16]). Die Insecta hemimetabola haben als Larven und Puppen in der Regel eine geringere Anzahl von Facetten und mithin kleinere Augen wie im vollkommen entwickelten Zustande. Unverhältnissmässig grosse Augen finden sich bei den Libelluliden und Dipteren vor [17]), während die Ameisen dagegen vielleicht die kleinsten facettirten Augen besitzen. Bei sehr vielen Zweiflüglern und einigen Hymenopteren zeigen sich die facettirten Augen der Männchen um vieles grösser als die der Weibchen, und stossen häufig auf dem Scheitel oder der Stirn aneinander [18]). Auch sind bei gewissen Hymenopteren und Dipteren die zusammengesetzten Augen nicht selten behaart, wobei die Haare in den Winkeln der Facetten angebracht sind [19]). Die facettirten Augen stellen meistens kugelförmige oder längsovale Erhabenheiten am Kopfe dar, welche bei vielen Cerambyciden und Vespiden nach vorn oder innen tief ausgeschnitten sind. Höchst sonderbar nehmen sich die auf zwei sehr langen unbeweglichen Stirnfortsätzen angebrachten

---

an den Spitzen der lichtbrechenden Glaskörper aufhört, was jedoch von Will (in Müller's Archiv, 1843. p. 349.) nicht zugegeben wird.

14) Eine jede dieser Pupillen werden nach Will's Angabe (in Müller's Archiv 1843. p. 350.) durch 30 bis 35 zarte Fäden bewegt, welche von vier, die Krystallpyramiden umgebenden, durchsichtigen Cylindern entspringen sollen, aber von Brants (in der Tijdschrift voor natuurlijke geschiedenis en physiologie, 1844. II.) nicht für contractile Fasern, sondern für Tracheenzweige gehalten werden.

15) Der edelsteinartige Glanz der Insekten-Augen, welcher bei vielen Libelluliden, Tabaniden, Hemerobien etc. schmaragdgrün und pfauenschweifartig erscheint, rührt bei genauerer Prüfung von den Corneen her, unter weichen, ebenso wie bei den dunkeln Augen der anderen Insekten, braunrothe Chorioideen versteckt sind.

16) An grösseren Augen lassen sich oft mehre tausend Facetten zählen. Vergl. Müller, zur vergleich. Physiol. d. Gesichtssinnes. p. 340. und Will, Beiträge etc. p. 10.

17) Die gröste Ausdehnung haben die facettirten Augen der Henopiden erreicht, deren Kopf fast nichts als ein einziges Auge darstellt. Vergl. Erichson, Entomographien. Heft. I. p. 132. Taf. 1.

18) Bei den Hymenopteren Astata, Larra, Tachytes, Apis, und bei den Musciden, Syrphiden, Leptiden, Tabaniden, Stratiomyden und vielen anderen Dipteren-Familien.

19) Bei Apis, Tabanus, Anthomyia, Eristalis, Volucella u. a. Dipteren.

facettirten Augen von Diopsis [20]), welche wie die Augen der übrigen Insekten nur durch die Bewegungen des ganzen Kopfes eine andere Richtung annehmen können [21]).

Fünfter Abschnitt.

Von dem Verdauungs-Apparate.

§. 337.

Die Insekten benutzen bei der Aufnahme der Nahrungsmittel ihre Lippen- und Kieferpalpen sehr häufig als Greiforgane, um damit die Futterstoffe an den Mund zu drücken oder ganz in denselben hineinzuschieben, aber auch die Vorderbeine dienen vielen Insekten während ihrer verschiedenen Lebensstadien zum Ergreifen und Festhalten der Nahrung. An einigen Insekten ist das erste Fusspaar ganz besonders zum Greifen eingerichtet, indem es in wahre Raubfüsse metamorphosirt ist [1]). Ein ganz eigenthümliches Greiforgan stellt bei den Larven und Puppen der Libelluliden die Unterlippe dar, welche wie eine Art Maske die Kauorgane des Mundes bedeckt, und mittelst einer doppelten Einlenkung blitzschnell weit hervor und wieder zurück geschoben werden kann, wobei von den zwei, am Vorderrande der Lippe eingelenkten scharfen Klauen die erzielte Beute erfasst und zum Munde geführt wird [2]).

Die Mundtheile der Insekten können als Kau- und Saug-Organe unterschieden werden, zwischen welchen jedoch verschiedene Uebergangsformen vorkommen. Die Saugorgane lassen sich in ihren einzelnen Theilen auf die Kauorgane zurückführen, indem man sie gleichsam als metamorphosirte Kauwerkzeuge betrachten kann, daher der kauenden Mundtheile zuerst Erwähnung geschehen soll, deren speciellere Betrachtung jedoch der Zoologie überlassen bleiben muss.

---

20) Vergl. Linné, Amoenitates academicae. Vol. 8. Tab. 6., und Dalman in Fuessly's Archiv der Insektenkunde, Heft 1. Taf. 6., oder in der Isis. 1820. p. 501. Taf. 5.

21) Im Allgemeinen bewegen die Insekten bei dem Umherblicken ihren Kopf fast gar nicht, um so mehr muss die grosse Beweglichkeit des Kopfes bei Mantis religiosa auffallen, welche durch die verschiedenartigsten, schnell aufeinander folgenden Stellungen ihres Kopfes deutlich zu erkennen giebt, dass sie auf Beute lauernd ihre Blicke nach allen Seiten hin umherschweifen lässt.

1) Z. B. bei Syrtis, Naucoris, Nepa, Ranatra, Hemerodromia, Mantis, Mantispa u. a.

2) Vergl. Roesel, Insektenbelustigungen. Th. II. Insector. aquatil. Classis II. p. 12. Taf 3. u. 9., sowie Suckow in Heusinger's Zeitschrift der organ. Physik. Bd. II. Taf. 1.

Die Kauwerkzeuge der Insekten [3]) bestehen aus zwei Kiefer-Paaren, welche als zwei Oberkiefer und zwei Unterkiefer sich seitlich gegeneinander bewegen, und vorn durch eine Oberlippe (*Labrum*), und hinten durch eine Unterlippe (*Labium*), bald mehr bald weniger bedeckt werden. Die beiden Oberkiefer (*Mandibulae*) sind die härtesten Theile des ganzen Kauapparates und stellen zwei einfache hornige, an ihrem freien Ende gezähnte Fortsätze dar. Die beiden Unterkiefer (*Maxillae*) dagegen erscheinen in der Regel weicher und aus mehren Stücken zusammengesetzt, von welchen die nach aussen gerichteten, ein- bis sechsgliederigen Kiefertaster (*Palpi maxillares*) und die in einen inneren und äusseren Lappen (*Lobus internus* und *externus*) gespaltenen, meist gezähnten oder behaarten Laden die wesentlichsten Theile sind. Die Unterlippe, welche zwei ein- bis viergliederige Lippentaster (*Palpi labiales*) trägt, kann auch als drittes Kieferpaar betrachtet werden, dessen beide Seitenhälften bald mehr bald weniger untereinander in der Mittellinie verwachsen sind [4]). Bei den Coleopteren, Neuropteren und Orthopteren zeigen sich die Fresswerkzeuge nach diesem Typus gestaltet. Es stellt sich dabei unter den, in einem weiteren Sinne genommenen Orthopteren eine interessante Uebereinstimmung heraus, indem ihre, als drittes Kieferpaar zu betrachtende Unterlippe durch eine tiefe Spalte in eine rechte und linke Hälfte zerfällt, während die Unterlippe der eigentlichen Neuropteren wie bei den Coleopteren ungetheilt ist [5]).

---

3) Ausser den angeführten Schriften von Straus, Spence und Kirby, Brandt und Ratzeburg, Burmeister, Lacordaire, Newport und Westwood vergleiche man noch über die Mundtheile der Insekten Savigny, Mémoires sur les animaux sans vertèbres. I. p. 1. Pl. 1—4. (auch in der Isis. 1818. p. 1405. Taf. 18.), Nees von Esenbeck in der Isis. 1818. p. 1386., so wie Suckow in Heusinger's Zeitschrift. Bd. III. Taf. 1—9.

4) Diese schon von Oken, Savigny und Leach ausgesprochene Ansicht hat neuerdings Brullé (in den Annal. d. sc. nat. Tom. II. 1844. p. 324.) näher durchzuführen gesucht.

5) Wir sind jetzt im Stande, durch diese verschiedenen Organisations-Verhältnisse der Unterlippe, auf welche Erichson (in seinen Entomographien, Heft I. p. 5. und in Germar's Zeitschrift für die Entomologie, Bd. I. p. 150. Taf. 2.) ganz besonders aufmerksam gemacht hat, die hemimetabolischen Neuropteren von den holometabolischen Netzflüglern auch in ihrem vollkommen entwickelten Zustande von einander zu scheiden, und können es um so mehr rechtfertigen, wenn wir die Netzflügler mit unvollkommener Verwandlung, deren Puppen fressen und nicht ruhen, von den eigentlichen Neuropteren mit vollkommener Verwandlung und ruhenden, nicht fressenden Puppen trennen, und dieselben zugleich den Orthopteren einverleiben, da sie in ihren verschiedenen Entwickelungszuständen, wie die Orthopteren eine gespaltene Unterlippe besitzen. — Sehr klar fällt der Unterschied zwischen den Unterlippen der Orthopteren und Neuropteren an den vortrefflichen Abbildungen in die Augen, welche Savigny von den Mundtheilen jener Insekten geliefert hat. Vergl. Histoire de l'Egypte. Orthoptères. Pl. 1—7. und Neuroptères. Pl. 1—3.

Die an der Basis der Unterlippe befestigte Zunge hat bald eine fleischige bald eine hornige Beschaffenheit, und erscheint entweder einfach oder gespalten. Dieselbe ist häufig auch ganz verkümmert, in anderen Fällen dagegen verlängert und zu einer Art Saugorgan umgebildet. Letztere Umwandlung der Zunge findet bei den Hymenopteren auf eine sehr auffallende Weise Statt, wobei zugleich die beiden Maxillen als Kauwerkzeuge ihre Bedeutung verloren haben und als gerade, mehr oder weniger verlängerte Fortsätze sowol die Zunge wie die Lippentaster scheidenartig umgeben [6]).

Eine von dieser Organisation sehr verschiedene Beschaffenheit bieten die, in wahre Saugwerkzeuge umgewandelten Mundtheile der Dipteren, Hemipteren und Lepidopteren dar. Bei den mit einem Rüssel (*Proboscis*) versehenen Dipteren bildet die Unterlippe eine Art von Saugröhre (*Theca*), welche häufig knieförmig gebogen ist. Die Basis derselben ist von vier bis sechs Borsten oder hornigen Blättern umgeben, welche theils als Mandibeln und Maxillen, theils als Oberlippe und Zunge gedeutet werden können [7]). An dem, in einen Schnabel (*Rostrum*) verlängerten Saugapparate der Hemipteren hat sich die Unterlippe in zwei viergliederige, eine Röhre bildende Rinnen verwandelt, welche die borstenförmigen Mandibeln und Maxillen in sich einschliessen [8]). Noch abweichender haben sich die Mundtheile der Lepidopteren umgestaltet, indem die Oberkiefer zu ganz kurzen Fortsätzen verkümmert sind und die Unterkiefer sich in zwei lange Rinnen verwandelt haben, welche sich spiralig aufrollen können und zugleich durch dichtes Aneinanderlegen eine Saugröhre (*Lingua spiralis*) bilden, deren Basis von zwei sehr kurzen, zwei- bis dreigliederigen Kiefertastern umgeben ist, während die zwei bis drei Glieder der beiden stark behaarten Lippentaster ansehnliche Fortsätze bilden, zwischen welchen sich die aufgerollte Saugröhre leicht verbergen kann [9]).

---

6) Vergl. Swammerdamm, Bibel etc. Taf. 17. Fig. 5., Treviranus, vermischte Schrift. Bd. II. Heft 2. p. 112. Taf. 12—14., Brandt und Ratzeburg, mediz. Zoologie. Bd. II. Taf. 25. Fig. 8—16., Newport in der Cyclopaedia a. a. O. p. 897. Fig. 375. u. 376., endlich vor allen Savigny in der Histoire de l'Egypte. Hymenoptères. Pl. 1—20.

7) Vergl. Savigny, Mémoires sur les anim. sans vert. I. Pl. 4. Fig. 1., und Newport in der Cyclopaedia a. a. O. Fig. 379—381.

8) Vergl. Savigny, Mémoires etc. I. Pl. 4. Fig. 2. u, 3., Ratzeburg in der mediz. Zoologie. Bd. II. Taf. 27. und Burmeister, Handbuch etc. Bd. II. Taf. 1.

9) Diese Saugröhre erreicht bei den Papilioniden und Sphingiden eine sehr bedeutende Länge, während sie bei vielen Bombyciden und Pyraliden sehr verkürzt ist. Vergl. Savigny, Mémoires etc. I. p. 1. Pl. 1—3., Ratzeburg, die Forstinsekten. Thl. II. p. 2. Taf. 1. und Newport in der Cyclopaedia a. a. O. p. 900. Fig. 377. u. 378.

In der Ordnung der Apteren beginnen die Mundtheile zu verkümmern, indem die vier Taster, welche an den Lepismiden noch vorhanden sind, bei den Poduriden bereits fehlen [10]), und die beiden Maxillen hinter den kräftigen Mandibeln der Nirmiden nebst ihren Tastern häufig ganz klein geworden sind. Eine noch auffallendere Umgestaltung haben die Mundtheile der Pediculiden erlitten, welche aus einer weichen, hervorstülpbaren Scheide (Unterlippe) eine von vier steifen Borsten (Kiefer-Rudimenten) zusammengesetzte Saugröhre hervorstrecken können [11]).

Unter den Larven der Insekten herrschen die Kauorgane vor, indem nicht bloss die kauenden Coleopteren und Orthopteren, sowie viele Hymenopteren und Neuropteren im Larvenzustande dieselben Kauwerkzeuge besitzen, welche sich auch an ihren Imagines vorfinden [12]), sondern indem auch die Raupen der saugenden Lepidopteren [13]), und die mit einem deutlichen Kopfe versehenen Larven verschiedener Dipteren [14]), ähnliche, zum Kauen eingerichtete Mundtheile aufzuweisen haben, bei denen jedoch häufig die Maxillen und Palpen zu fehlen pflegen [15]). Bei den kopflosen Dipteren-Larven dagegen, bei den Strepsipteren-Larven und bei einigen parasitischen Hymenopteren-Larven sind die Mundtheile mehr zum Schlürfen als zum Kauen eingerichtet, da innerhalb ihrer weichen und wulstigen Lippen entweder die hornigen Mundtheile ganz fehlen [16]), oder zwischen diesen Lippen zwei parallel nebeneinander liegende und hakenförmig

---

10) Vergl. Nicolet, Recherches a. a. O. p. 34. Pl. 4.

11) Vergl. Burmeister in der Linnaea entomologica. Bd. II. p. 569. Taf. 1.

12) Vergl. ausser Ratzeburg, die Forstinsekten. Thl. I. u. III., auch Hartig, die Aderflügler Deutschlands. Taf. 1—8. über Afterraupen, Burmeister in den transactions of the entomolog. soc. Vol. I. Pl. 23. u. 24. über Calosoma, und dessen Naturgeschichte der Calandra. Fig. 10—12., ferner Waterhouse in den transact. of the ent. soc. Vol. I. Pl. 3—5. von Rhaphidia und verschiedenen Coleopteren.

13) Vergl. Lyonet, Traité a. a. O. Pl. 2. und Ratzeburg, die Forstinsekten. Thl. II. Taf. 1.

14) Die Larven von Culex, Chironomus, Corethra und Simulia nebst mehren anderen, im Wasser lebenden Tipularien-Larven gehören hieher.

15) Bei den im faulen Holze und in Pilzen lebenden Larven von Sciara, Mycetophila, Sciophila, Ceroplatus u. a. Vergl. Léon Dufour in den Annal. d. sc. nat. Tom. XI. 1839. p. 204. Pl. 5. Fig. 23. und Tom. XII. p. 10.

16) Statt der harten Kiefern ist die Mundöffnung der fusslosen Strepsipteren-Larven (s. meine Untersuchungen in Wiegmann's Archiv. 1843. Bd. I. p. 159. Taf. 7. Fig. 14.), und der jüngeren Larven von Microgaster (s. Ratzeburg, die Ichneumonen der Forstinsekten. p. 13. Taf. 9.) von weichen Papillen umgeben, welche jedoch gegen das Ende ihres Larvenlebens sich in zwei hornige Kiefer verwandeln, womit sich diese Larven alsdann zu ihrer weiteren Entwickelung durch die Haut ihrer Wohnthiere durchbeissen können.

gekrümmte Kiefer hervorgeschoben werden können, die theils zum Anklammern, theils zum Schaben oder Verwunden dienen [17]).

Ganz eigenthümlich sind die Mundtheile der Larven der Myrmeleontiden, Hemerobiden und Dytisciden gebildet. Es fehlt nämlich diesen Larven die eigentliche Mundöffnung, die beiden Maxillen, welche zwar vorhanden sind, zeigen sich durchaus nicht zum Kauen geeignet, ebenso wenig sind die Mandibeln Kauwerkzeuge geblieben, sondern in zwei ansehnliche gekrümmte und hohle Krallen umgeformt, welche an ihrer Spitze mit einer engen Spalte versehen sind. Diese Krallen werden von den genannten Larven in erhaschte Insekten eingeschlagen, um so das Blut und andere flüssige Stoffe aus ihrer Beute in die, mit den Höhlen der Krallen zusammenhängende Speiseröhre einzusaugen [18]).

Eine nicht unbeträchtliche Zahl von Insekten nehmen als Imagines gar keine Nahrung mehr zu sich, ihre ganze Lebensthätigkeit scheint nur allein auf das Fortpflanzungsgeschäft gerichtet zu sein. An solchen Insekten finden sich oft höchst rudimentäre Kiefern vor, welche weder zum Kauen noch Saugen geeignet sind [19]), ja, an einigen Imagines vermisst man nicht blos diese Mundtheile, sondern es zeigt sich auch die Mundöffnung selbst, wie bei allen ruhenden Puppen, verschlossen [20]).

§. 338.

Der Verdauungskanal der Insekten und Insekten-Larven besitzt bald eine geringe bald eine sehr beträchtliche Länge; im ersteren Falle läuft derselbe vom Munde bis zu dem After gerade durch die Mittellinie der Leibeshöhle hin, im letzteren Falle dagegen bildet er im Abdomen verschiedene Biegungen und Schlingen. Nirgends dienen die-

---

17) Bei den Musciden, Oestriden, Syrphiden und anderen Dipteren. Vergl. Swammerdamm, Bibel etc. Taf. 43. Fig. 5. und Léon Dufour in den Annal. d. sc. nat. Tom. I. 1844. p. 372. Pl. 16. Fig. 8. u. 10. und Tom. XII. 1839. p. 4. Pl. 2. u. 3.

18) Vergl. Roesel, Insektenbelust. etc. Thl. III. Taf. 17—18. von Myrmeleon, Thl. II. Insector. aquatil. Classis I Taf. 1—3. von Dytiscus, Ratzeburg, die Forstinsekten. Thl. III. Taf. 16. von Hemerobius. Bei den Dytiscus-Larven sind die Laden der Maxillen ganz verkümmert, aber dennoch mit Palpen besetzt, bei den Larven von Hemerobius bewegen sich die dünnen schmächtigen tasterlosen Maxillen in der, auf der convaven Seite der Mandibeln befindlichen Rinne auf und nieder, während dieselben bei den Larven von Myrmeleon in den hohlen Mandibeln ganz und gar eingeschlossen stecken.

19) Sehr weiche verkümmerte Kiefer besitzen die Ephemeriden und Phryganiden während des letzten Stadiums ihrer Entwickelung, ganz untauglich zur Aufnahme von Nahrungsstoffen erscheint auch der rudimentäre Saugrüssel vieler Bombyciden und Hepioliden, ebenso haben die beiden schmalen, sich kreuzender Kiefer der Strepsipteren-Männchen ganz die Bedeutung von Kauorganen verloren.

20) Bewegliche Mundtheile nebst Mundöffnung fehlen verschiedenen Oestriden und Henopiden, sowie den männlichen Cocciden.

sem Verdauungskanale besondere, einem Mesenterium entsprechende Bänder zur Befestigung, sondern eine Menge zarter Tracheen-Verästelungen, welche den Darmschlauch von allen Seiten umspinnen, erhalten denselben in seiner Lage. Der ganze Verdauungskanal wird stets durch einen homogenen Peritoneal-Ueberzug eingehüllt, unter welchem eine muskulöse, besonders am Mund- und Afterrande des Darms sehr stark entwickelte, aus Längs- und Ringsfasern zusammengesetzte Hautschicht gelegen ist. Eine andere homogene Haut zieht sich als eine Epithelium-Auskleidung durch die ganze Verdauungshöhle hindurch. Dieses Epithelium besitzt sowol in seinem oberen wie unteren Ende durch Chitin-Gehalt eine sehr feste Beschaffenheit, während dasselbe im übrigen mittleren Theile des Darmkanals äusserst zarthäutig erscheint. Zwischen diesem Epithelium und der Muskelschicht breitet sich in dem ganzen mittleren Abschnitte des Verdauungskanals eine aus dichtgedrängten Zellen zusammengesetzte Schicht aus, an der deutlich eine drüsige Beschaffenheit wahrgenommen werden kann.

Die einzelnen Abschnitte des Verdauungskanals der Insekten lassen sich am zweckmässigsten auf folgende Weise unterscheiden. Der erste Hauptabschnitt ist die muskulöse, durch die drei Brustringe sich hinziehende Speiseröhre (***Oesophagus***), welche sich nach hinten nicht selten zu einem Kropfe (***Ingluvies***) und muskulösen Kaumagen (***Proventiculus***) ausdehnt, oder von welcher sich zuweilen eine mehr oder weniger gestielte dünnwandige Blase als Saugmagen abschnürt, der sich im leeren Zustande vielfach zusammenfaltet. Der zweite Hauptabschnitt des Verdauungskanals wird von dem eigentlichen verdauenden und Chylus bereitenden Magen (***Ventriculus***) gebildet, welcher an der Insertion der Malpighischen Gefässe in den dritten Hauptabschnitt des Verdauungskanals übergeht. Dieser Abschnitt beginnt mit einem engen Krummdarme (***Ileum***), der sich meist nach kurzem Verlaufe zu einem bald kürzeren, bald längeren Dickdarme (***Crassum***) erweitert, von dessen oberem Ende zuweilen ein Blinddarm (***Coecum***) in die Höhe steigt, während sein unteres Ende in einen ganz kurzen muskulösen Mastdarm (***Rectum***) ausläuft [1]. Der

---

1) Die Funktion dieser verschiedenen Abschnitte des Verdauungskanals der Insekten entspricht nicht immer den von den Wirbelthieren hergenommenen Bezeichnungen derselben. Der Ventrikel ist der eigentliche chylopoëtische Darmabschnitt, wie ihn Burmeister (zur Naturgeschichte der Calandra. p. 9.) gewiss richtig gedeutet hat, und vereinigt demnach die Funktion eines Magens und Dünndarms der Säugethiere. Der Kropf und Kaumagen hingegen ist dem Kropfe und Muskelmagen der Vögel analog. Der kurze Krummdarm, welcher gewöhnlich mit dem Dünndarme der Wirbelthiere verglichen wird, spielt bei dem Verdauungsprozesse wahrscheinlich eine sehr untergeordnete Rolle; nach Burmeister dient derselbe nur als Chymus- oder Chylusleiter, während er bei gewissen Insekten zu einer ansehnlichen Länge ausgezogen erscheint, und in diesem Zu-

Dickdarm enthält fast bei allen Imagines vier bis sechs paarweise hintereinander oder in eine Querreihe geordnete Organe von ganz eigenthümlicher Beschaffenheit und räthselhafter Bedeutung. Dieselben bestehen nämlich aus durchsichtigen Wülsten von rundlicher, eiförmiger oder länglicher Gestalt, welche in das Innere des Mastdarms hervorragen, an ihrer Basis zuweilen mit einem hornigen Ringe eingefasst sind, und in ihrer Substanz von einer Menge Tracheen-Verästelungen quastenförmig durchzogen werden [2]). Die Lepidopteren weichen hierin auffallend von den übrigen Insekten ab, da sie fast durchweg eine grosse Anzahl dieser problematischen Wülste im Dickdarme bergen [3]). Ebenso merkwürdig bleibt es, dass diese Organe allen Insekten während ihres Larven- und Puppenzustandes fehlen. Der After der Insekten ist in allen Entwickelungsstadien am letzten Körpersegmente angebracht. Bei den ruhenden und nicht fressenden Puppen jedoch zeigt sich derselbe ebenso wie die Mundöffnung verschlossen; nur bei den Larven der

---

stande den Speisebrei vielleicht einer abermaligen Verdauung unterwirft. In dem Blinddarm sammelt sich häufig nur die Absonderungs-Flüssigkeit der Malpighischen Gefässe an, daher derselbe mehr dem uropoëtischen als chylopoëtischen Systeme angehört (s. unten §. 346.).

2) Es ist unbegreiflich, wie diese in der Insektenwelt so allgemein verbreiteten Organe bisher keine genauere Beachtung finden konnten. Schon Swammerdamm (Bibel etc. Taf. 18. Fig. 1.) hatte diese Organe in der Honigbiene wahrgenommen. Suckow (in Heusinger's Zeitschrift. Bd. III. p. 21. Taf 6. Fig. 121. u. 128.) bezeichnete sie bei Vespa Crabro und Apis mellifica als kallöse Anschwellungen, Brandt und Ratzeburg (mediz. Zoologie. Bd. II. Taf. 25. Fig. 29. von der Honigbiene), sowie Burmeister (Handbuch etc. Bd. I. p. 149.) erwähnen diese Organe nur ganz obenhin, während sie Léon Dufour (Recherches sur les Orthoptères etc. p. 396. u. 427.) von verschiedenen Orthopteren, Neuropteren und Hymenopteren als *Boutons charnus* abbildet, und Newport (in der Cyclopaedia Vol. II. p. 970. Fig. 424. von Carabus monilis) als *glandular protuberances* bezeichnet. Alle angeführten Abbildungen geben übrigens nur den blossen Umriss dieser Organe, ohne den feineren Bau derselben anzudeuten. Sehr deutlich springen diese vier Organe an dem Dickdarme der Musciden in die Augen, vergl. Ramdohr, Abhandlung über die Verdauungswerkzeuge der Insekten. Taf. 19. Fig. 2. M. M. und Suckow a. a. O. Taf. 9. Fig. 153. Ganz sonderbar weichen diese vier ovalen Wülste im Dickdarme des Melophagus von denen der übrigen pupiparen Dipteren ab, indem sie auf ihrer convexen Fläche mit kurzen steifen Plättchen überwachsen sind, vergl. Léon Dufour in den Annal. d. sc. nat. Tom. III. 1845. p. 71. Pl. 2. Fig. 13—15.

3) Ich konnte bei den Zygaeniden dreissig solche Wülste, bei den Papilioniden, Noctuiden und Geometriden sogar nahe an hundert Wülste im Dickdarme zählen. Hepiolus, Tinea und Adela machen dagegen eine Ausnahme, indem sie nur, wie die meisten übrigen Insekten, sechs Dickdarm-Wülste enthalten. Von Treviranus (verm. Schrift. Bd. II. p. 106. Taf. 12. Fig. 4.) und Lyonet (in den Mémoires d. Mus. etc. Tom. 20. p. 184. Pl. 18. Fig. 6.) sind diese Organe der Schmetterlinge als Drüsen gedeutet worden.

Strepsipteren, Apiden und Vespiden fehlt mit dem After zugleich auch der Krumm- und Dickdarm 4).

Die Form und Anordnung der verschiedenen Abschnitte des Verdauungskanales ist je nach der Lebensweise und den Entwickelungsstadien der Insekten in den einzelnen Ordnungen derselben unzähligen Modificationen unterworfen, wodurch es ausserordentlich erschwert wird, eine allgemeine Uebersicht dieser verschiedenen Organisations-Verhältnisse zu geben 5).

Man darf wol die Verdauungswege derjenigen vollkommen entwickelten Insekten, welche als Imagines auf eine verhältnissmässig lange Lebensthätigkeit angewiesen sind, und mittelst Kauorgane viele feste Stoffe zu sich nehmen, als den Grundtypus der Verdauungs werkzeuge der Insekten überhaupt ansehen, daher dieselben in der Betrachtung vorangestellt werden sollen.

In den Coleopteren 6) geht der Oesophagus nach unten fast immer in eine kropfartige Erweiterung über 7), unter welcher sich bei den Cicindeliden, Carabiden, Dytisciden und Gyriniden noch ein besonderer eiförmiger Kaumagen befindet. Dieser letztere enthält auf der inneren Fläche verschiedene Längsfalten, welche in der Regel an ihren hervorragenden Kanten mit Borsten oder hornigen Fortsätzen besetzt sind. Der darmartige Magen hat bei den carnivoren Käfern eine mässige Länge, erscheint dagegen bei den herbivoren Käfern sehr lang und zuweilen sogar mehrfach gewunden 8). Derselbe ist fast immer seiner ganzen Ausdehnung nach äusserlich mit kleinen Blindsäckchen dicht besetzt oder durch viele aufeinander folgende Einschnürun-

---

4) Wahrscheinlich findet sich dieselbe Organisation des Verdauungskanals auch bei den in Insekten schmarotzenden Hymenopteren- und Dipteren-Larven vor.

5) Ueber den Verdauungskanal der Insekten vergleiche man ausser den bereits angeführten Schriften von Swammerdamm, Gaede, Burmeister, Lacordaire und Newport noch besonders Ramdohr, Abhandlung über die Verdauungswerkzeuge der Insekten, Marcel de Serres in den Annal. d. Mus. Tom. XX. p. 48. und Suckow in Heusinger's Zeitschrift. Bd. III. p. 1.

6) Die Verdauungswerkzeuge der Coleopteren hat besonders Léon Dufour (in den Annal. d. sc. nat. Tom. II. u. III. 1824. und Tom. 1. 1834.) durch zahlreiche Untersuchungen und Abbildungen erläutert. S. ausserdem Ramdohr in dem Magazin der naturforsch. Freunde zu Berlin. 1807. p. 207. Taf. 4. von Carabus, Brandt in der mediz. Zoolog. Bd. II. Taf. 17. u. 19. von Meloë und Lytta, Straus, Considérations etc. Pl. 5. von Melolontha.

7) Diese kropfartige Erweiterung zeigt sich bei Oedemera durch einen Stiel von dem übrigen Oesophagus vollständig abgeschnürt. S. Léon Dufour a. a. O. Tom. 3. Pl. 30. Fig. 7. u. 8.

8) Die grösste Länge des Magenschlauchs trifft man in den Melolonthiden und Hydrophiliden an. Vergl. Straus a. a. O. Pl. 5. und Suckow in Heusinger's Zeitschrift. Bd. II. Taf. 3. u. 4.

gen geringelt[9]). Der Krumm- und Dickdarm hat fast immer nur einen geringen Umfang[10]).

Unter den Orthopteren zeichnen sich die gefrässigen Forficuliden, Termitiden, Blattiden, Achetiden, Locustiden, Acrididen und Mantiden durch eine ansehnliche kropfartige Erweiterung ihrer Speiseröhre aus[11]), welche sich bei Gryllotalpa von dem Oesophagus vollständig abgeschnürt hat. Der auf diesen Kropf folgende längere oder kürzere Kaumagen ist in seinem Inneren mit regelmässigen Reihen gezähnelter Hornplatten belegt[12]). Der eigentliche Chylus-Magen stellt fast immer einen glatten, mässig langen Schlauch dar, der nur zuweilen eine ganze oder halbe Windung macht[13]). Bei den meisten genannten Orthopteren stehen vom oberen Ende dieses Magens zwei, sechs oder acht mässig lange Blindschläuche ab[14]), während das untere Ende desselben in einen, häufig etwas gewundenen Krummdarm und kurzen Dickdarm übergeht. In den Perliden, denen ein besonderer Kaumagen fehlt, ist das obere Ende des Magens ebenfalls von vier bis acht nach oben gerichteten Blindsäcken umgeben[15]). Bei den Phas-

---

9) Ein quergeringelter Magen findet sich vorzugsweise bei pflanzenfressenden Käfern, z. B. bei Meloë, Lytta, Cantharis. Ganz glatt ist der Magen von Lycus, Telephorus, Malachius und Cistela. Bei den Elateriden ragen am oberen Ende des glatten Magens zwei blinddarmförmige Ausstülpungen in die Höhe, welche bei den Buprestiden eine ansehnliche Länge erreichen. Vergl. Léon Dufour a. a. O. Tom. 3. Pl. 11. Fig. 1. 3. u. 4., Meckel, Beiträge etc. Bd. I. Hft. 2. p. 129. Taf. 8. Fig. 5. und Gaede in den Nov. Act. Nat. Cur. Vol. XI. p. 330. Tab. 44. Fig. 1.

10) Bei den Dytisciden erstreckt sich vom oberen Ende des weiten Mastdarms ein ziemlich langer und enger Blinddarm in die Höhe. Vergl. Ramdohr, Abhandlung a. a. O. Taf. 2., Léon Dufour a. a. O. Tom. 3. Pl. 10. Fig. 3. und Burmeister, Handbuch etc. Bd. 1. Taf. 10. Fig. 4.

11) Vergl. Ramdohr, Abhandl. etc. Taf. 1., Marcel de Serres a. a. O. Pl. 1—3., Gaede, Beiträge etc. Taf. 1. u. 2. von Blatta und Acheta, Suckow in Heusinger's Zeitschrift. Bd. III. Taf. 7. Fig. 134—136. von Gryllotalpa, Burmeister, Handbuch etc. Bd. I. Taf. XI. Fig. 1—6., und Léon Dufour in den Annal. d. sc. nat. Tom. 13. 1828. p. 350. Pl. 20. von Forficula, und dessen Recherches sur les Orthoptères a. a. O. Pl. 1—5. u. 13.

12) Vergl. darüber die eben angeführten Abbildungen. Bei Termes scheint nach Léon Dufour (Recherches etc. p. 608. Pl. 13. Fig. 196.) dieser Kaumagen mit seinem Zahnapparate zu fehlen, allein nach Burmeister (Handbuch etc. Bd. I. p. 137. Taf. XI. Fig. 8—10.) steckt derselbe im Grunde des Oesophagus verborgen.

13) Bei Gryllotalpa und Ephippigera.

14) Ganz fehlen diese Blindsäcke am Magen von Forficula und Termes, zwei Blindsäcke besitzen Acheta, Gryllotalpa, Locusta und Ephippigera, wogegen die Mantiden, Blattiden und Acrididen mit sechs bis acht Blindschläuchen ausgestattet sind; bei den Acrididen geht von jedem dieser Blindschläuche sowol nach oben wie nach unten ein Fortsatz ab.

15) Vergl. Suckow in Heusinger's Zeitschrift. Bd. II. p. 267. Taf. 16.

modeen und Libelluliden stülpt sich die lange und weite Speiseröhre etwas in das obere Ende des geraden, langen und quer geringelten Chylus-Magens hinein, der an dieser Stelle keine Blindsäcke besitzt und nach unten in einen sehr kurzen Krumm- und Dickdarm ausläuft 16). Der Verdauungskanal der Ephemeriden, welche als Imagines keine Nahrungsstoffe aufnehmen, zeigt sich sehr wenig entwickelt, indem seine Wandungen von Anfang bis zu Ende äusserst dünnhäutig erscheinen, und die Speiseröhre desselben unmittelbar in den blasenförmig erweiterten Magen übergeht, auf den ein kurzer gerader Darm folgt 17).

Die räuberischen Panorpiden weichen von den übrigen Neuropteren auffallend ab, und schliessen sich noch an die vorhergehende Ordnung an, indem hinter dem engen und kurzen Oesophagus der ersteren noch innerhalb der Brusthöhle ein kugeliger und muskulöser Kaumagen liegt, dessen Höhle von einer braungefärbten, mit steifen Haaren dicht besetzten Chitinhaut überzogen ist. Der auf den geraden Magenschlauch der Elephantenfliegen folgende lange Krummdarm macht vor seinem Uebergang in den länglichen Dickdarm ein Paar Windungen 18). Die übrigen Neuropteren, nämlich die Myrmeleontiden, Hemerobiden, Sialiden und Phryganiden sind sämmtlich mit einem langgezogenen, nach unten blasenförmig erweiterten Oesophagus ausgestattet, von dem häufig sich ein länglicher dünnwandiger Saugmagen seitlich abgeschnürt hat. Der Chylus-Magen dieser Netzflügler ist mässig lang und mehr oder weniger quer geringelt 19). Die beiden letzten Abtheilungen des übrigen, ganz gerade verlaufenden Verdauungskanals zeigen nur eine sehr geringe Ausdehnung.

Die Hymenopteren, welche häufig flüssige Nahrungsstoffe ein-

Fig. 7., und Léon Dufour, Recherches etc. Pl. 13. Fig. 198., so wie auch Pictet, Histoire naturelle des Insectes Neuroptères. Famille des Perlides. Diese Blindsäcke gehen übrigens der Gattung Nemura ab.

16) Vergl Ramdohr, Abhandlung etc. Taf. 15. von Libellula und Agrion, Suckow a. a. O. Bd. II. Taf. 2. Fig. 14. von Aeschna, ferner Léon Dufour, Recherches etc. p. 568. Pl. 11. von Aeschna und Libellula, sowie Müller in den Nov. Act. Nat. Cur. Vol. XII. p. 571. Tab. 50. von Bacteria. Auch Psocus besitzt keine Magenanhängsel, s. Nitzsch in Germar's Magazin. Bd. 4. p. 277. Taf. 2. Fig. 1.

17) Vergl. Léon Dufour, Recherches etc. Pl. XI. Fig. 167., und Pictet, hist. nat. des Insect. Neuropt. Famille des Éphémérines.

18) S. Ramdohr, Abhandl. etc. p. 150. Taf. 26. Fig. 1. und Léon Dufour, Recherches etc. p. 582. Pl. XI. Fig. 169.

19) Vergl. Ramdohr, Abhandl. etc. Taf. 16. Fig. 2. und Taf. 17. Fig. 2. u. 6., ferner Léon Dufour, Recherches etc. Pl. 12. u. 13., und Pictet, Recherches pour servir à l'histoire et à l'anatomie des Phryganides. — Bei den Myrmeleontiden und Hemerobiden allein befindet sich noch zwischen Oesophagus und Chylusmagen ein kugeliger und schwieliger Kaumagen.

schlürfen, besitzen einen langen, nach unten sich zu einem dünnwandigen Saugmagen erweiternden Oesophagus 20). Bei den Vespiden, Apiden und Andreniden stellt dieser Saugmagen häufig eine seitliche Ausstülpung des Oesophagus dar, die sich bei verschiedenen Crabroniden mit einem engen kurzen Stiel abgeschnürt hat 21). Viele Hymenopteren sind mit einem ganz rudimentären schwieligen Kaumagen ausgestattet, der vom Grunde des Oesophagus umhüllt wird, nur bei Formica, Cynips, Leucospis und Xyphidria fällt derselbe als ein unbedeckter, besonderer, kugelförmiger Abschnitt des Verdauungskanals leicht in die Augen. Diejenigen Hymenopteren, welche während eines langen und thätigen Lebens hauptsächlich für die Ernährung und Aufziehung ihrer Brut zu sorgen haben 22), besitzen einen ziemlich langen und gewundenen Magen- und Darmschlauch, von welchen ersterer in der Regel durch viele Einschnürungen geringelt erscheint. Die Cynipiden, Ichneumoniden, Tenthrediniden und Siriciden, welche nach der Begattung und Ablegung der Eier sich müssig umhertreiben, enthalten nur einen ganz kurzen geraden Magen und Darm.

Die grösste Mannichfaltigkeit in der Anordnung der verschiedenen Abtheilungen des Verdauungskanals herrscht bei den mit wahren Saugwerkzeugen versehenen Insekten vor, unter denen sich die Hemipteren durch einen sehr complicirten und zuweilen höchst abweichenden Bau des Darmrohrs ganz besonders auszeichnen 23). Der Oesophagus dieser Schnabelkerfe ist meistens kurz und eng, während ihr Chylus-Magen in der Regel eine bedeutende Länge besitzt, und mit mehrfachen Windungen die Hinterleibshöhle durchzieht. An diesem Magen lassen sich zwei bis drei, in Form und Struktur scharf abgegrenzte Abschnitte unterscheiden. Der erste dieser Abschnitte stellt einen geraden, weiten und mehrfach eingeschnürten Drüsen-Magen (Vormagen) dar, von welchem der zweite Abschnitt als ein langer und gewundener Kanal abgeht, der ebenfalls von drüsigen Wandungen gebildet wird und nicht selten mehr oder weniger nach hinten zu einem

---

20) Vergl. Swammerdamm, Bibel etc. Taf. 18. Fig. 1., Treviranus, vermischt. Schrift. Bd. II. Taf. 14. u. 16., Brandt und Ratzeburg, medizin. Zoologie. Bd. II. Taf. 25. Fig. 29., Ramdohr a. a. O. Taf. 12—14., Suckow a. a. O. Bd. III. Taf. 6. 7. u. 8., endlich Léon Dufour, Recherches etc. p. 389. Pl. 5—10.

21) Bei Chrysis und Hedychrum bildet dieser Saugmagen zwei seitliche Blindsäcke am unteren Ende der Speiseröhre. Vergl. Suckow a. a. O. Bd. III. Taf. 9. Fig. 155. und Léon Dufour a. a. O. Pl. 9. Fig. 113. u. 116.

22) Die Apiden, Andreniden, Vespiden, Larriden u. a.

23) Ueber die Verdauungswerkzeuge der Hemipteren vergl. Ramdohr, Abhandlung etc. Taf. 22. u. 23., Suckow a. a. O. Bd. III. Taf. 7. u. 8., Léon Dufour, Recherches sur les Hémiptères. p. 20. Pl. 1—9.

ovalen Magensacke aufgebläht ist[24]). Dieser darmförmige Abschnitt des Chylus-Magens bildet in den Zirpen sonderbarer Weise eine Art Schlinge, indem das hintere Ende desselben bei Tettigonia, Cercopis und Ledra an den Vormagen befestigt ist, und bei Cicada sogar unter der Muskelhaut des Vormagens eine Strecke fortläuft[25]). Bei den Pentatomiden und gewissen Coreiden kommt noch ein dritter, sehr merkwürdiger Abschnitt des Chylus-Magens hinzu, der aus einem sehr engen, etwas gewundenen Kanale besteht, in welchen vier oder zwei Reihen eng miteinander verbundener Drüsenschläuche einmünden[26]). Krumm- und Dickdarm sind fast immer zu einem kurzen birnförmigen Schlauche vereinigt, an welchem zuweilen eine seitliche blindsackförmige Ausstülpung hervorragt[27]). Eine auffallende Abweichung hiervon bietet der enge Krummdarm der Zirpen dar, da derselbe fast immer sehr lang und gewunden ist.

Die Dipteren zeichnen sich durch den Besitz eines mehr oder weniger langgestielten Saugmagens aus, dessen hohler Stiel dicht über dem Chylus-Magen aus der Seite des engen und kurzen Oesophagus entspringt und den ersteren bis in die Hinterleibshöhle begleitet, wo er zu einem dünnhäutigen, nur von zarten Muskelfasern umgebenen Behälter aufschwillt. Dieser Saugmagen hat entweder eine längliche oder rundliche Gestalt, und ist häufig durch einen tiefen Einschnitt herzförmig getheilt[28]). Der stets in die Länge gezogene Chylus-Magen,

---

24) Bei Notonecta, Naucoris, Velia, Ligaeus, Coreus, Pyrrhocoris, Pentatoma, Tetyra, Syromastes u. a.

25) Vergl. Ramdohr a. a. O. Taf. 23. Fig. 3., Suckow a. a. O. Taf. 7. Fig. 138. und Léon Dufour a. a. O. Pl. 8. oder in den Annal. d. sc. nat. Tom. 5. 1825. p. 157. Pl 4. Früher glaubte man, dass bei Cicada der Chylusmagen in den Vormagen völlig einmünde, bis der wahre Verlauf dieses Chylusmagens durch Doyère (in den Annal. d. sc. nat. Tom. XI. 1839. p. 81. Pl. 1.) aufgeklärt, und von Léon Dofour (ebendas. Tom. XII. p. 287.) bestätigt wurde. Vermuthlich wird der bei Dorthesia und Psylla sich vorfindende ringförmige Chylusmagen auf ähnliche Weise gebildet. Vergl. Léon Dufour, Recherches a. a. O. Pl. 9. Fig. 108. u. 110.

26) Vier Drüsen-Reihen besitzt Pentatoma und Tetyra, zwei dagegen Syromastes und Coreus. Vergl. Ramdohr a. a. O. p. 189. Taf. 22. Fig. 3. u. 4., Léon Dufour, Recherches etc. p. 21. Pl. 1. u. 2. Beide Entomotomen hielten diese Drüsen-Reihen für quergefaltete Halbkanäle, noch unrichtiger hatte Treviranus (in den Annalen der Wetterauischen Gesellschaft für die Naturkunde. Bd. I. Hft. 2. p. 175. Taf. 5. Fig. 4.) diese vier Drüsen-Reihen an Pentatoma rufipes aufgefasst, indem er dieselben für eben so viele nebeneinander liegende, aber gesonderte Darmröhren erklärte.

27) Bei Coreus, Pelogonus, Ranatra und Nepa.

28) Einfach ist der Saugmagen bei den Tipuliden und Leptiden, herzförmig oder doppelt dagegen bei den Tabaniden, Syrphiden und Musciden. Vergl. Ramdohr und Suckow a. a. O., sowie Treviranus vermischt. Schriften. Bd. II. p. 142. Taf. 17., und Léon Dufour in den Annal. d. sc. nat. Tom. I. 1844. p. 376. Pl. 16. Fig. 12.

welcher an seinem oberen Ende zuweilen eine magenartige Erweiterung, im übrigen dagegen ein darmartiges Ansehen darbietet, zieht sich durch die Bauchhöhle der kurzleibigen Dipteren mit verschiedenen Windungen hindurch. Nur in einigen Familien gehen von der Cardia-Gegend desselben zwei seitliche Blindsäcke ab [29]. Der enge und mässig lange Krummdarm endigt immer mit einem kurzen birnförmigen Dickdarme.

Die Lepidopteren, welche als Imagines nur Honigsaft verzehren, ziehen denselben ebenfalls mittelst eines dünnwandigen Saugmagens ein, der das Vorderende der Bauchhöhle einnimmt und durch einen kurzen Stiel mit dem unteren Ende der langen und engen Speiseröhre zusammenhängt [30]. Der mässig lange und weite Magen besitzt häufig ringförmige Einschnürungen und verläuft stets gerade, während der lange und enge Krummdarm fast immer mehrfach gewunden erscheint. Der weite Dickdarm, welcher bei den Schmetterlingen immer einen sehr auffallenden Abschnitt des Verdauungskanals bildet, stülpt sich häufig nach oben zu einem Blinddarme aus [31].

---

29) Zwei Blindsäcke ragen an der Cardia der Chylusmagen bei den Tabaniden nach oben, bei den Leptiden und Bombyliden dagegen nach unten, während bei den Syrphiden von jeder Seite der Cardia sowol nach oben wie nach unten ein varicöser Blindschlauch abgeht. Die Dipteren füllen diesen Saugmagen entweder mit flüssigen Stoffen (Honigsaft, Blut) oder mit festen Nahrungsmitteln (Pollenkörnern) an, welche aber nur in diesem Behälter aufbewahrt werden und gewiss keine Veränderung in demselben erleiden, da die Waudungen desselben auch nicht eine Spur von drüsenartigen Zellen enthalten. Es ist übrigens auffallend, dass die Puliciden und Hippobosciden, welche ausschliesslich thierische Säfte einsaugen, zwar eine kropfartige Anschwellung an ihrem unteren Ende der Speiseröhre, aber durchaus keinen seitlichen Saugmagen besitzen. Vergl. Ramdohr a. a. O. Taf. 21. u. 23. von Melophagus und Pulex, ferner Léon Dufour in den Annal. d. sc. nat. Tom. VI. 1825. p. 303. Pl. 13. Fig. 1., und Tom. III. 1845. p. 69. Pl. 2. Fig. 13. von Hippobosca und Melophagus. Bei Pulex ist die kropfartige Anschwellung durch einen inneren grobhaarigen Ueberzug einem Kaumagen ähnlich geworden.

30) Vergl. Swammerdamm, Bibel etc. Taf. 36. Fig. 1. von Vanessa Urticae, Treviranus, vermischt. Schrift. Bd. II. p. 103. Taf. XI. und in den Annalen der Wetterauischen Gesellsch. etc. Bd. III. Hft. I. p. 147. Taf. 16. von Vanessa, Sphinx und Deilephila, Suckow a. a. O. Taf. 9. Fig. 161. von Yponomeuta, und Newport in der Cyclopaedia a. a. O. Fig. 430. u. 431. von Sphinx und Pontia. Bei den Zygaeniden ist dieser Saugmagen doppelt vorhanden (s. Ramdohr a. a. O. Taf. 18. Fig. 1). In den Hepioliden, Bombyciden und denjenigen Schmetterlingen dagegen, welche mit ihren verkümmerten Mundtheilen gar keine Nahrung mehr zu sich nehmen können, fehlt auch dieser innere Saugapparat gänzlich. Vergl. Treviranus verm. Schrift. a. a. O. p. 107., ferner in den Wetterauisch. Annal. a. a. O. p. 158. Taf. 17., und Lyonet in den Mémoires d. Mus. etc. Tom. 20. p. 208. Pl. 19. Fig. 10.

31) Ein solcher Blinddarm wird bei Hipparchia, Pontia, Sphinx, Gastropacha, Euprepia, Acidalia, Cabera, Adela, Chilo und Tinea angetroffen, fehlt dagegen bei Vanessa, Zygaena, Hepiolus, Cossus, Yponomeuta und Pterophorus.

Unter den Apteren besitzen die Nirmiden, Poduriden und Lepismiden am unteren Ende ihrer Speiseröhre eine kropfartige Erweiterung, auf welche bei der Zuckerlaus ein kugelförmiger, mit sechs Zähnen besetzter Kaumagen folgt. Der Chylus-Magen der Apteren ist schlauchförmig in die Länge gezogen und nur bei den Pediculiden gewunden. Derselbe besitzt ausserdem in den parasitischen Nirmiden und Pediculiden am oberen Ende zwei nach vorn ragende Blindsäckchen und geht bei allen Apteren in einen sehr kurzen Krumm- und Dickdarm über [32]).

Der Verdauungskanal der Larven und Puppen zeigt sich bei den Insekten mit unvollkommener Verwandlung, nämlich bei den Orthopteren und Hemipteren nur wenig von dem der Imagines verschieden [33]). Auch bei den Coleopteren weicht die Organisation der Verdauungswerkzeuge in den Larven und Imagines wenig von einander ab, da diese holometabolischen Insekten sowol im Larven- wie im vollkommen entwickelten Zustande fast immer eine gleiche Lebensweise führen, worauf schon die Aehnlichkeit ihrer Mundtheile hinweiset. In der Regel besitzen die Käferlarven einen etwas weiteren und kürzeren Chylusmagen, auch finden sich in demselben weniger blindsackförmige Magen-Anhänge, wie in den vollkommen ausgebildeten Käfern vor [34]).

---

32) Vergl. Nitzsch in Germar's Magazin der Entomologie. Bd. 3. p. 280. über die Nirmiden, Nicolet a. a. O. p. 46. Pl. 4. Fig. 2. über die Poduriden, Swammerdamm, Bibel etc. p. 33. Taf. 2. Fig. 3., Ramdohr a. a. O. p. 185. Taf. 16. Fig. 3. und Taf. 25. Fig. 4., und Treviranus, vermischt. Schrif. Bd. II. p. 13. Taf. 3. Fig. 1—6. über Pediculus und Lepisma.

33) Vergl. Suckow in Heusinger's Zeitschrift. Bd. II. Taf. 1. Fig. 8. von Aeschna, und Rathke in Müller's Archiv. 1844. p. 35. Taf. 2. Fig. 4. von Gryllotalpa.

34) In den Larven von Calosoma sind an dem geraden Magenschlauche gar keine Blindsäckchen zu erkennen (s. Burmeister in den transact. of the entomolog. soc. Vol. I. p. 236. Pl. 24. Fig. 10. u. 11.), auch bei Hydrophilus piceus und Dytiscus marginalis lassen sich an dem wenig gewundenen und quer geringelten Chylusmagen der Larven keine Blindsäcke wahrnehmen (s. Suckow in Heusinger's Zeitschr. Bd. II. Taf. 4. Fig. 26. und Burmeister, Handbuch etc. Bd. I. Taf. 10. Fig. 3). Sehr wenig unterscheidet sich der Verdauungskanal bei den Larven und Imagines der Lampyriden, Pyrochroiden, Mordelliden und Curculioniden (s. Léon Dufour in den Annal. d. sc. nat. Tom. 3. 1824. Pl. 11. Fig. 7. von Lampyris, ebendas. Tom. 13. 1840. Pl. 5. Fig. 5. von Pyrochroa, Tom. 14. 1840. Pl. 11. Fig. 9. von Mordella, und Burmeister, zur Naturgeschichte der Calandra. p. 8. Fig 3). Die auffallendste Verschiedenheit zeigt sich bei den Lamellicorniern zwischen dem Verdauungskanale der Imagines und ihrer Larven. Letztere enthalten nämlich einen geraden und sehr weiten Chylusmagen, welcher an seinem Anfange und Ende, zuweilen auch in der Mitte, mit einem Kreise dicht anliegender, einfacher oder mehrfach eingekerbter Blindschläuche besetzt ist. Dieselben Larven sind zugleich mit einem ganz kurzen Krummdarme und einem ausserordentlich weiten, stets nach vorn umgeschlage-

Die Larven der übrigen holometabolischen Insekten, welche sich schon durch die Form der Mundtheile von ihren Imagines wesentlich unterscheiden, sind zugleich auf ganz andere Nahrungsmittel angewiesen, daher der Verdauungskanal derselben ebenfalls in seiner Anordnung von dem der vollkommen entwickelten Insekten bedeutend abweicht, und sich während des ruhenden Puppen-Zustandes einer allmäligen Verwandlung unterziehen muss 35). Ein grosser Theil der hierher gehörigen Larven ist mit kräftigen Kauwerkzeugen bewaffnet, nämlich die Raupen der Lepidopteren, die Afterraupen der Tenthrediniden, die Larven der Siriciden, Phryganiden, Sialiden, sowie die mit einem Kopfe versehenen Culiciden- und Tipuliden-Larven. Alle diese Larven besitzen einen ganz geraden, nur selten die Länge des Körpers übertreffenden Verdauungskanal, an welchem der weite, meist quer geringelte Chylusmagen den längsten Abschnitt und der Krummdarm nebst dem Dickdarme den kürzesten Abschnitt darstellt. In den Schmetterlings-Raupen zeichnet sich der rundliche und weite Krummdarm ausserdem noch durch sechs Längsfurchen aus, durch welche derselbe in ebensoviele Seitentaschen eingeschnürt ist 36). Ganz anders verhält sich dagegen der Verdauungskanal in den mit einem Kopfe versehenen Larven der Mycetophiliden und Sciariden, sowie in den kopflosen Dipteren-Larven. Derselbe übertrifft nämlich den Körper mehr oder weniger an Länge, und besitzt am unteren Ende des Oesophagus, der bei einigen Musciden-Larven mit einem langen seitlichen Saugmagen versehen ist, eine kropfartige Anschwellung, hinter welcher von der Cardia des langen und gewundenen Chylusmagens zwei oder vier Blindschläuche nach oben oder nach unten abgehen 37).

---

nen Dickdarme ausgestattet. Vergl. Roesel, Insektenbelust. Thl. II. Taf. 8. u. 9., Suckow a. a. O. Bd. III. Taf. 3. Fig. 87. von Melolontha, Léon Dufour in den Annal. d. sc. nat. Tom. 18. 1842. Pl. 4. Fig. 8. und Pl. 5. Fig. 18. von Cetonia und Dorcus, und die ausgezeichnete Arbeit des De Haan, sur les métamorphoses des Coléoptères, mém. 1ère les Lamellicornes, in den Nouvelles Annales du Muséum. Tom. 4. 1835. p. 153. Pl. 16—19.

35) Ueber diese Metamorphose des Darmkanals der Insekten vergleiche man Dutrochet im Journal de physique etc. Tom. 86. 1818. p. 130., oder in Meckel's deutsch. Archiv. Bd. 4, p 285. Taf. 3. von Bombyx, Myrmeleon, Apis, Polistes, Tenthredo und Eristalis.

36) Vergl. Swammerdamm, Bibel etc. Taf. 34. Fig. 4., Lyonet, Traité etc. Pl. 13., Ramdohr a. a. O. Taf. 18. Fig. 5. Die allmälige Metamorphose des Darmkanals der Lepidopteren haben verschiedene Naturforscher sehr genau verfolgt. Vergl. Herold, Entwickelungsgeschichte der Schmetterlinge. Taf. 3. Fig. 1—12. von Pontia Brassicae, Suckow, anatom. physiolog. Untersuch. p. 24. Taf. 2. Fig. 1—10. von Gastropacha Pini, s. auch den von Newport *in situ* dargestellten Verdauungskanal einer Raupe, Puppe und eines Schmetterlings des Sphinx Ligustri in den philosophical transact. 1834. Pl. 14. Fig. 11—13.

37) Vergl. Swammerdamm, Bibel etc. Taf. 41. Fig. 6. und Taf. 43. Fig. 5. von Stratiomys und Piophila, Ramdohr a. a. O. Taf. 19. Fig. 1. von Musca,

In denjenigen Neuropteren-Larven, welche mit ihren hohlen Kieferzangen flüssige Nahrungsstoffe einsaugen, dehnt sich der Oesophagus nach unten zu einem birnförmigen Saugmagen aus, auf welchen ein weiter, mässig langer und schwach gebogener Chylusmagen folgt. Der Krummdarm ist lang, gewunden und ausserordentlich eng, sein Hinterende mündet in einen weiten blasenförmigen Dickdarm ein, der in einen röhrenförmigen Mastdarm von horniger Beschaffenheit übergeht [38]).

§. 339.

Von den drüsigen Anhängen des Verdauungskanals finden sich die Speichelorgane sowol bei den Imagines, wie bei den Larven und fressenden Puppen der Insekten allgemein verbreitet vor. Sie stellen in der Regel ein bis zwei Paar, selten drei Paar farblose Drüsenschläuche dar, welche eine sehr verschiedene Länge besitzen. Die kurzen Speichelgefässe ragen oft kaum über den Prothorax hinab, während die längeren Speicheldrüsen den Verdauungskanal bis weit in die Hinterleibshöhle hinabbegleiten und sich hier noch mannichfaltig hin und her winden. Ihre Ausführungsgänge werden von einer festen Haut gebildet, wodurch dieselben gegen die Drüsenwandungen scharf abstechen [1]). Die zwischen dem mittleren Ausführungskanale und der äusseren homogenen Hülle der Speicheldrüsen befindliche Drüsensubstanz besteht aus farblosen gekernten Zellen, von welchen häufig sehr feine Ausführungsröhrchen rund umher in den mittleren allgemeinen Ausführungskanal einmünden. Nicht selten zieht sich, wie bei den Tracheen, ein spiraliger Faden durch diese Ausführungskanäle der rechten und linken Seite hindurch, welche letztere gewöhnlich getrennt von einander, seltener zu einem gemeinschaftlichen Gange vereinigt [2]),

---

Léon Dufour in den Annal. d. sc. nat. Tom. XI. 1839. p. 212. Pl. 5. Fig. 23. Tom. XII. p. 13. u. 18. Pl. 1. Fig. 1. u. 4. und Tom. I. 1844. p. 372. Pl. 16. Fig. 8. von Ceroplatus, Sapromyza, Piophila. Die Metamorphose, welche dieser Darmkanal in der Puppe von Sarcophaga carnaria erleidet, ist durch eine Reihe Abbildungen von Suckow (in Heusinger's Zeitschrift. Bd. III. Taf. 9. Fig. 147—153.) erläutert worden, jedoch hat derselbe die blinddarmartigen Magen-Anhänge der Larven auf dieselbe unrichtige Weise, wie Ramdohr (a. a. O. p. 171.), als vier, den Magen mit den Speichelgefässen verbindende Röhren angesehen.

38) Vergl. Ramdohr a. a. O. p. 154. Taf. 17. Fig. 1. und Léon Dufour, Recherches etc. p. 589. Pl. 12. Fig. 175. von Myrmeleon. Der Dickdarm nebst Mastdarm dient übrigens in dieser Larve nicht zur Entleerung von Faeces, sondern hat hier, sonderbar genug, die Bedeutung eines Spinnapparates (s. unten §. 347).

1) Ueber die feinere Struktur dieser Speichelorgane vergl. H. Meckel in Müller's Archiv. 1846. p. 25. Taf. 1. u. 2.

2) Bei Piophila, Musca, Sarcophaga, Tabanus, Hippobosca, Oestrus, Mordella, Mantis und Forficula.

von unten her in die Mundhöhle einmünden. Zuweilen hängen mit den Ausführungsgängen vor ihrer Ausmündung noch besondere Speichelbehälter zusammen [3]).

Bei sehr vielen Apteren [4]), Dipteren, Lepidopteren und Coleopteren [5]) stellen die Speichelgefässe zwei einfache Drüsenschläuche dar, welche sich bei den Larven der Dipteren und Lepidopteren oft weit in die Leibeshöhle hinabwinden [6]). In den Cerambyciden, Tenebrioniden, Mordelliden [7]) und in einem grossen Theile der Hymenopteren [8]) bilden die Speichelorgane zwei mehr oder weniger kurze verästelte Drüsenbüschel, welche oft ganz im Kopfe verborgen stecken [9]). Unter den Neuropteren sind die Myrmeleontiden und Sialiden mit zwei einfachen und kurzen Speicheldrüsenschläuchen ausgestattet, während die Phryganiden und Hemerobiden zwei sehr entwickelte und verästelte Speicheldrüsen enthalten [10]). Höchst sonderbar unterscheiden sich die männlichen Individuen der Panorpiden durch drei Paar sehr lange und gewundene Speicheldrüsenschläuche von ihren Weibchen, in welchen sich die rudimentären, nur zwei kleine Bläschen darstellenden Speichelorgane mit Mühe auffinden lassen [11]). In der Ordnung der Orthopteren scheinen den Libelluliden und Ephemeriden die Speichelorgane ganz abzugehen, in den Achetiden, Acrididen, Locustiden, Mantiden, Blattiden, Termitiden und Perliden dagegen sind diese Organe

---

3) In Forficula, Musca, Sarcophaga und Hippobosca erweitert sich jeder der beiden Ausführungsgänge zu einem rundlichen Speichelbehälter, in den Termitiden, Acrididen, Achetiden und Mantiden dagegen hängt von den beiden Ausführungsgängen ein länglicher gestielter Speichelbehälter herab. Vergl. die Abbildungen in den Schriften von Léon Dufour.

4) Bei den Nirmiden.

5) Bei Pyrochroa, Lixus, Phyllobius, Diaperis, Lema, Oedemera, Chrysomela. Coccionella. In dem letzteren Käfer sind die beiden sehr langen Speichelgefässe zu einem Knäuel aufgewunden.

6) Vergl. die Abbildungen in den bereits angeführten Schriften von Swammerdamm, Lyonet, Ramdohr, Suckow, Herold und Léon Dufour.

7) Vergl. Léon Dufour in den Annal. d. sc. nat. Tom. 4. 1824. Pl. 29. Fig. 4. u. 5. Tom. 14. 1840. Pl. 11. Fig. 16.

8) S. Léon Dufour, Recherches etc. p. 390. Fig. 48. 72. 109. und 148. von Apis, Andrena, Philanthus und Xyphidria.

9) In den Käfern bestehen die Enden der verästelten Speicheldrüsen aus langgestreckten gewundenen Blindschläuchen, in den Hymenopteren dagegen haben die Speichelorgane mehr ein traubenförmiges Ansehen, da ihre Drüsenschläuche blasenförmig gestaltet sind.

10) Vergl. Léon Dufour, Recherches etc. p. 563. Fig. 179. 184. 191. 192. 208. u. 209. von Myrmeleon, Sialis, Hemerobius und Phryganea.

11) Vergl. Brants in der Tijdschrift voor naturlijke Geschidenis en Physiologie. 1839. p. 173., und Léon Dufour, Recherches etc. p. 582. Fig. 169. von Panorpa.

sehr entwickelt, indem dieselben innerhalb des Thorax aus zwei, vier oder sechs traubenförmigen Haufen von blasigen Drüsenschläuchen bestehen, welche ausser ihren langen spiralfaserigen Ausführungsgängen häufig noch langgestielte birnförmige Speichelbehälter besitzen [12]. Bei den Hemipteren [13]) fehlen den Aphiden und Psylliden die Speicheldrüsen, während diese Organe in den Wanzen und Zirpen sehr entwickelt und merkwürdig gebildet sind. Es kommen nämlich in den genannten Hemipteren fast allgemein ein Paar gelappte Speicheldrüsen vor, welche durch eine Einschnürung in ein oberes kleineres und ein unteres grösseres Stück getheilt sind, und von welchen häufig längere oder kürzere fingerförmige Fortsätze abstehen. Ihr Ausführungsgang trennt sich sogleich bei seinem Ursprunge in zwei besondere Kanäle, welche entweder gleich lang sind, oder von welchen der eine den anderen an Länge ausserordentlich übertrifft und sich in wellenförmigen Bogen in die Bauchhöhle hinabwindet, um von da erst nach der Mundhöhle hinaufzusteigen [14]). Ausser diesen beiden eingeschnürten Drüsen besitzen viele Wanzen noch ein Paar, seltener zwei Paar einfache Speicheldrüsenschläuche [15]), welche sich zuweilen an ihrem Ende schlauchförmig erweitern [16]). Die Speichelorgane der Singcicaden weichen in mancher Beziehung von denen der übrigen Zirpen ab, indem sie ausser zwei einfachen gewundenen Drüsenschläuchen in ihrem Kopfe noch ein anderes Paar Speicheldrüsen bergen, welche aus zwei hintereinander liegenden Büscheln kurzer cylindrischer

---

12) Vergl. Léon Dufour, Recherches etc. p. 296. Pl. 1—5. u. 13. von Tridactylus, Oedipoda, Gryllotalpa, Ephippigera, Mantis, Blatta, Termes und Perla.

13) Ueber die Speichelorgane der Hemipteren vergl. man ausser Ramdohr a. a. O. Taf. 22. u. 23., ganz besonders Léon Dufour, Recherches sur les Hémiptères a. a. O. p. 118. Pl. 1—9.

14) Gleich lang sind die beiden Ausführungsgänge der eingeschnürten Speicheldrüsen bei Ranatra, Nepa, Naucoris, Corixa, Reduvius, Syrtis; einen kurzen und einen sehr langen Ausführungsgang besitzt dagegen dieses Drüsen-Paar bei Tetyra, Pentatoma, Syromastes, Coreus, Ligaeus, Aphrophora, Cercopis. In den genannten Wasserwanzen sind übrigens die beiden eingeschnürten Speicheldrüsen aus vielen rundlichen Drüsenbälgen zusammengesetzt. — Es wird allgemein dieses eingeschnürte Drüsen-Paar als aus zwei Drüsen zusammengesetzt betrachtet, von welchen eine jede mit einem besonderen Ausführungsgange versehen sein soll, was jedoch unrichtig ist; beide Ausführungsgänge entspringen immer nur aus einem gemeinschaftlichen Punkte in der Einschnürung der vermeintlichen Doppeldrüse. Nur bei Ranatra erscheint das obere kleinere Stück der Drüse von dem unteren grösseren Stücke völlig getrennt.

15) Ein Paar einfache Speicheldrüsen findet man bei Tetyra, Pentatoma, Pyrrhocoris, Ligaeus, Naucoris, Nepa und Ranatra, zwei Paar dagegen bei Coreus und Alydus. In Nepa und Ranatra schwellen dieselben unterwegs zu einem ovalen Speichelbehälter an.

16) Bei Syrtis, Reduvius, Pelegonus und Corixa.

Blindschläuche bestehen [17]). Ob nicht eines oder das andere Paar dieser verschiedenen Speichelorgane der Hemipteren die Bedeutung von Giftdrüsen hat, verdient noch näher untersucht zu werden.

Besondere von dem Darmkanale getrennte Leberorgane kommen bei den Insekten nirgends vor, immer vertreten die Wandungen des Chylus-Magens die Stelle einer Leber, indem ihr innerer drüsiger Ueberzug aus dicht gedrängten Leberzellen besteht. Bei sehr vielen Insekten, welche an ihrem Chylus-Magen blinddarmartige Aussackungen besitzen, enthalten auch diese Anhänge in ihren Wandungen eine Menge Leberzellen, durch welche gewiss ein der Galle analoger Verdauungssaft abgesondert wird [18]).

Einige Insekten sind am Krummdarme mit drüsenartigen Anhängen versehen, deren Absonderungsstoff einem pankreatischen Safte entsprechen dürfte. Es wären hiernach jene bereits erwähnten doppelten oder vierfachen Reihen von Drüsensäckchen, welche sich am Krummdarme der Pentatomiden und einiger Coreiden herabziehen, als *Pancreas* zu betrachten, auch die verästelten Drüsenanhänge, welche bei Gryllotalpa unterhalb der beiden Blindsäcke in den Chylus-Magen einmünden, so wie die drei bis vier Drüsenschläuche, welche bei Pyrrhocoris rechts und links von dem unteren Theile des Krummdarmes abstehen, mögen vielleicht die Funktion einer Bauchspeicheldrüse zu verrichten haben [19]).

Ein mit dem Verdauungs- und Assimilations-Prozesse in engster Beziehung stehendes Organ ist das in allen Insekten vorhandene *Corpus adiposum*, welches aus einer unzähligen Menge von Fettzellen besteht. Dieser Fettkörper zeigt sich gegen Ende des Larven-Lebens ausserordentlich entwickelt und wird hauptsächlich während des Puppen-Lebens vielfach verbraucht, so dass derselbe in den Imagines mehr oder weniger geschwunden erscheint. Die Farbe des Fettkörpers ist meistens weiss oder blassgelb, doch kommen auch grün, roth oder orange gefärbte Fettkörper vor. In den Larven kleben die Fettzellen gewöhnlich zu grösseren Lappen aneinander und bilden so bald verästelte oder maschige, bald faltige Blätter, welche sich innerhalb der ganzen Leibeshöhle zwischen den verschiedenen Organen ausbreiten.

---

17) Vergl. Léon Dufour in den Annal. d. sc. nat. Tom. 5. 1825. p. 158. Pl. 4., und Recherches etc. Pl. 8.

18) Ueber diese gallabsondernden Organe vergl. man J. Müller, de glandularum structura. p. 67. — Die *Malpighischen Gefässe* der Insekten, welche früher allgemein als die Gallengefässe angesehen wurden, werden weiter unten (§. 346.) bei den Harnorganen zur Sprache gebracht werden.

19) Vergl. Léon Dufour, Recherches sur les Orthoptères etc. p. 332. Pl. 2. Fig. 19. von Gryllotalpa, und Recherches sur les Hémiptères. p. 44. Pl. 2. Fig. 19. u. 21. von Pyrrhocoris.

Immer werden diese Lappen und Blätter von einer Menge zarter Tracheen-Verästelungen durchzogen und zusammengehalten. Bei den Imagines beschränkt sich der Rest des Fettkörpers meist nur auf die Hinterleibshöhle, in welcher häufig seine zerfallenen Fettzellen, ohne von dem Tracheensysteme zusammengehalten zu werden, lose zerstreut liegen [20]).

Sechster Abschnitt.

Von dem Circulations-Systeme.

§. 340.

Das sehr wenig entwickelte Blutgefässsystem der Insekten besteht aus einem gegliederten kontraktilen Rückengefässe (*Vas dorsale*) und aus einer nach dem Kopfe hingerichteten Aorta. Ersteres vollzieht die Funktion eines Herzens, während letztere das Blut von dem Herzen in den Körper hinausleitet. Trotz dieses rudimentären Blutgefässsystems circulirt das Blut der Insekten durch das Rückengefäss und die Aorta von hinten nach vorn, und von der Mündung der Aorta aus ohne alle Gefässwandungen in regelmässigen Strömen nach den verschiedensten Richtungen durch den Insekten-Körper. Das Blut tritt bei diesem Kreislaufe in die Fühler, Extremitäten, Flügel und in die übrigen Fortsätze des Leibes als Arterienstrom ein und kehrt daraus als Venenstrom zurück. Sämmtliches Blut vereinigt sich zuletzt in zwei seitlichen, nach dem Hinterleibsende gerichteten Hauptströmen, welche durch seitliche Spalten des Rückengefässes in dieses zurückkehren [1]).

---

20) Vergl. Léon Dufour, Recherches anatomiques sur les Carabiques: du tissu adipeux splanchnique, in den Annal. d. sc. nat. Tom. 8. 1826. p. 29., ferner Recherches sur les Hémiptères. p. 141. und Recherches sur les Orthoptères etc. p. 291. 385. u. 562.

1) Schon Swammerdamm, Malpighi und andere ältere Naturforscher hatten sich über das Blutlauf-System der Insekten ziemlich richtige Begriffe gemacht, welche man aber später ganz fallen liess, indem das Rückengefäss für einen abgeschlossenen Kanal angesehen wurde, der nur als einfacher Behälter des Ernährungssaftes dienen sollte. Der von diesem herzartigen Gefässe ausgehende Blutkreislauf wurde zuerst wieder von Carus mit Bestimmtheit nachgewiesen und hierauf sowol an Larven, Puppen wie an Imagines der verschiedensten Insekten von vielen Seiten her bestätigt. Vergl. Carus, Entdeckung eines einfachen, vom Herzen aus beschleunigten Blutkreislaufes in den Larven netzflüglicher Insekten. 1827. und dessen fernere Beobachtungen in den Nov. Act. Nat. Cur. Vol. 15. P. II. p. 8. Tab. 51. und in seinem Lehrbuch der vergleich. Zootomie. 1834. p. 687., Rud. Wagner in der Isis. 1832. p. 320. u. 778., Burmeister, Handbuch etc. Bd. I. p. 164. u. 436., Bowerbank in dem Entomological Magazine. Vol. I. 1833. p. 239. und Vol. IV. 1835. p. 179. (auch in Froriep's Notizen. Bd. 39. p. 149.), Tyrrell in den

Das Blut der Insekten besteht aus einer meist farbelosen, zuweilen

---

philosophical transactions. 1835. p. 317. und Newport in der Cyclopaedia a. a. O. Vol. II. p. 980., Milne Edwards in den Annal. d. sc. nat. Tom. 3. 1845. p. 278., und Quatrefages im l'Institut. 1845. p. 305. Nachdem von so vielen ausgezeichneten Naturforschern die durch das Rückengefäss unterhaltene Blutzirkulation in den Insekten beobachtet worden, erscheint es um so unbegreiflicher, wie Léon Dufour (Recherches sur les Hémiptères. p. 272., Recherches sur les Orthoptères etc. p. 287. und in den Annal. d. sc. nat. Tom. 16. 1841. p. 10.) den Insekten einen regelmässigen Kreislauf des Blutes absprechen und das Rückengefäss als ein eigenthümliches Sekretionsorgan betrachten kann, welches durchaus keine Oeffnungen besitze und daher mit der Funktion eines Herzens gar nichts zu thun haben könne. Derselbe Entomotom beruft sich auf Cuvier, welcher ebenfalls dem *Vas dorsale* der Insekten weder den Namen noch die Funktion eines Herzens zukommen lassen wollte (s. des letzteren Abhandlung, sur la manière, dont se fait la nutrition dans les Insectes, in den Mémoires de la société d'histoire naturelle de Paris. Tom. 7. 1798. p. 34., oder in Reil's Archiv. Bd. 5. p. 97). Wenn sich Léon Dufour (in den Comptes rendus. Tom. 19. 1844. p. 188). zuletzt noch durch Carus' Ausspruch (in seinen Erläuterungstafeln zur vergl Anatom. Heft 6. p. 8.), „dass bei den vollkommenen Insekten, deren Luftathmung durch das im ganzen Körper sich ausbreitende Tracheensystem so sehr entwickelt sei, deshalb der Blutkreislauf ganz wegfalle," in seinem Irrthume noch mehr bestärkt sieht, so muss hier bemerkt werden, dass Carus durch obigen Ausspruch mit seinen eigenen Beobachtungen in Widerspruch gerathen ist, da er sowol in den angeführten Erläuterungstafeln, wie in den erwähnten Nov. Act. Nat. Cur. den Blutkreislauf bei verschiedenen vollkommen entwickelten Kerfen nachgewiesen hat. Jedenfalls ist der von Cuvier ausgesprochene Satz richtig: „dass in den Insekten das Blut die atmosphärische Luft nicht aufzusuchen habe, da dasselbe umgekehrt von der atmosphärischen Luft vermittelst des Tracheensystems aufgesucht wird." Es kann jedoch dieser Satz nur allein auf den kleinen Kreislauf, welchen das Blut des Respirationsprozesses wegen in isolirten Athmungsorganen durchzumachen hat, angewendet werden, da der grosse Kreislauf, welcher die Zufuhr von Ernährungsflüssigkeit und die Unterhaltung des Stoffwechsels zum Zwecke hat, durch das Tracheensystem in den Insekten nicht überflüssig und bedeutungslos gemacht wird. Der Beweis für die wirkliche Existenz einer durch das *Vas dorsale* unterhaltenen Blutzirkulation ist in den Insekten durch direkte Beobachtungen so sicher und leicht zu liefern, als es wol kaum durch die Injektionsversuche, wie sie von Blanchard (in den Comptes rendus. Tom. 24. 1847. p. 870.) angestellt worden sind, geschehen kann. Wenn übrigens in manchen Insekten trotz ihrer Durchsichtigkeit der Blutlauf nicht zu erkennen ist, so wäre es voreilig, diesen Thieren sogleich die Blutzirkulation abzusprechen, da das Blut mancher Insekten so arm an Blutkörperchen ist, dass deshalb die Bewegung des Blutes, welche nur durch die Bewegung der in ihm suspendirten Körperchen wahrgenommen werden kann, nicht zu unserer Anschauung gelangt. Verloren hat jüngst das Historische über die Blutzirkulation in den Insekten sehr vollständig zusammengestellt und demselben neue bestätigende Beobachtungen hinzugefügt. Vergl. Holländische Beiträge zu den anatomischen und physiologischen Wissenschaften. Bd. I. Heft 2. p. 220. und Mémoire en réponse à la question suivante: éclaircir par des observations nouvelles le phénomène de la circulation dans les insectes, en recherchant si on peut la reconnaître dans les larves des différents ordres de ces animaux, par Verloren (in den Mémoires couronnés et mémoires des sa-

gelblich oder grünlich, selten roth gefärbten Flüssigkeit [2]), in welcher nur eine sparsame Menge sehr kleiner Blutkörperchen von ovaler oder rundlicher Gestalt flottiren. Diese letzteren sind stets farblos, enthalten zuweilen einen Kern und haben ein granulirtes Ansehen [3]).

Das in gleichen Zwischenräumen eingeschnürte Rückengefäss nimmt immer die Mittellinie des Hinterleibes eines Insektes ein, und ist durch mehrere dreieckige Muskeln, deren Spitzen nach aussen gerichtet sind, an den Rücken der Hinterleibssegmente befestigt. Seine Wandungen bestehen aus Längs- und Querfasern, die von aussen her durch eine zarte Peritonealschicht umgeben sind. Die Höhle dieses Herzens wird von einer anderen zarten Haut ausgekleidet, welche an den eingeschnürten Stellen nach innen eine klappenartige Hervorragung bildet, wodurch das Rückengefäss je nach der Zahl der Einschnürungen in eben so viele Kammern abgetheilt wird. Jede dieser Herzkammern besitzt an ihrem Vorderende rechts und links eine Spalte, welche von innen her durch eine klappenartige Hautfalte verschlossen werden kann [4]). Das aus dem Körper zurückkehrende Blut sammelt sich in der nächsten Umgebung dieses Herzens an, und tritt bei der Diastole der einzelnen Herzkammern durch die Seitenspalten in die verschiedenen Herzkammern ein [5]), welche sich in regelmässiger Reihefolge von hinten nach vorn zusammenziehen, und so unter Mitwirkung des Klappen-Apparates das Blut in die Aorta treiben. Diese ist nichts anderes, als die Fortsetzung der vordersten Herzkammer und läuft als

---

vants étrangers publiés par l'Académie royale des sciences, des lettres et des beaux-arts de Belgique. Tom. 19. 1847).

2) Eine roth gefärbte Blutflüssigkeit enthalten verschiedene Chironomus-Larven.

3) Ueber das Blut der Insekten vergleiche man Wagner, zur vergleich. Physiologie des Blutes. Heft 1. p. 26. und Heft 2. p. 39. sowie in der Isis. 1832. p. 323., ferner Horn, das Leben des Blutes. p. 9. Taf. 1., und Newport im Institut. 1845. p. 241. oder in den Annal. d. sc. nat. Tom. 3. 1845. p. 364. oder in Froriep's neuen Notizen. Bd. 34. p. 9.

4) Ueber die Struktur des Rückengefässes der Insekten vergleiche man Straus, Considérations etc. p. 356. Pl. 8. von Melolontha vulgaris, Wagner in der Isis. 1832. a. a. O. Taf. 2. von Dipteren- und Ephemeriden-Larven, und in Müller's Archiv. 1835. p. 311. Taf. 5. von der Larve der Corethra plumicornis, ferner Newport in den philosophical transact. 1843. p. 272. und in der Cyclopaedia a. a. O. p. 976. Fig. 433. A. und 434. von Lucanus Cervus und Asilus crabriformis, endlich Verloren, Mémoire a. a. O. p. 31. Pl. 3—7. von Chironomus, Sphinx, Rhynchophorus, Pompilus, Syrphus und Vespa. — Die Einschnürungen des Rückengefässes zeigen sich übrigens in den Larven von Dipteren und Hymenopteren sehr wenig ausgeprägt.

5) Nach Newport (in der Cyclopaedia a. a. O. p. 977.) soll der Raum, in welchem sich das zum Herzen zurückkehrende Blut anhäuft, noch von einer sehr zarten Membran abgegrenzt sein und mithin als ein wahrer Vorhof betrachtet werden können.

eine einfache enge Röhre unter dem Rücken des Thorax bis zu dem Kopfganglion, wo dieselbe entweder mit einer einzigen Oeffnung endigt, oder sich in mehre kurze Aeste spaltet, welche ebenfalls mit offenen Mündungen plötzlich enden [6]). Die Länge des Rückengefässes richtet sich sowol bei den vollkommen entwickelten Insekten wie bei den Puppen und Larven nach der Länge des Hinterleibes. Die Zahl ihrer Kammern ist sehr unbeständig, doch scheinen acht Herzkammern ziemlich verbreitet vorzukommen [7]).

Die Blutcirculation geht in den Insekten, nachdem das Blut die Aorta im Kopfende der Thiere verlassen hat, ohne alle Gefässwandungen regelmässig durch den ganzen Körper vor sich, so dass also alle Organe desselben vom Blute bespült werden [8]), und die durch die Wandungen des Verdauungskanals in die Leibeshöhle ausschwitzenden neuen Ernährungsflüssigkeiten unmittelbar in das Blut übergehen. Die Existenz einer solchen lacunalen Blutcirculation der Insekten ist in neuester Zeit bestritten worden, obgleich man sich durch direkte Beobachtung an vielen durchsichtigen Insekten und deren Larven von dem Mangel der Blutgefässwandungen deutlich überzeugen kann. Die Gefässwandungen, welche man an gewissen Stellen verschiedener Insekten hat wahrnehmen wollen, dürften daher nur auf Täuschungen oder auf einer unrichtigen Deutung beruhen [9]). Ebenso haben sich

---

6) Eine Verzweigung der Aorta findet bei Meloë, Blaps, Timarcha, Vanessa und Sphinx Statt. Vergl. Newport in der Cyclopaedia a. a. O. p. 978.

7) Bei den Orthopteren, Lepidopteren und deren Larven, sowie bei verschiedenen Dipteren-Larven. — Nur selten kommen mehr als acht Kammern am Rückengefässe vor, z. B. in den Poduriden (s. Nicolet a. a. O. p. 50. Pl. 4. Fig. 3.), häufiger werden sieben Herzkammern angetroffen, z. B. in Lucanus und Dytiscus (s. Newport in der Cyclopaedia a. a. O. Fig. 433. A. und Wagner, Icones zootom. Tab. 23. Fig. 2). Burmeister (Handbuch etc. Bd. I. p. 165.) will in der Larve von Calosoma sogar nur vier Herzkammern beobachtet haben.

8) In den Fühlern, Beinen, Schwanzfäden und anderen Fortsätzen des Insekten-Leibes kann man den venösen und arteriellen Blutstrom nebeneinander hinlaufen sehen, in den Flügeln dagegen fliesst das Blut innerhalb der hohlen Adern nur als einzelner Venen- oder Arterien-Strom. Man wird aber die Wandungen dieser hohlen Flügeladern deshalb nicht für Venen- und Arterien-Wände ansehen dürfen, ihre Höhlen sind dennoch nichts anderes als kanalförmige Fortsetzungen der allgemeinen Leibeshöhle, wie dies die Tracheenäste beweisen, welche sich mit den Blutströmen zugleich durch diese hohlen Adern hindurchziehen. — Eine sehr vollständige Aufführung aller Gründe, welche gegen die Anwesenheit eines Blutgefässsystems in den Insekten sprechen, befindet sich in der bereits erwähnten Abhandlung von Verloren (Mémoire etc. p. 76).

9) Hierher sind wohl die zarten Wandungen zu rechnen, welche Bowerbank und Newport (a. a. O.) in der Umgebung der beiden seitlichen, nach dem Hinterleibsende von Ephemera gerichteten Blutströme gesehen haben wollen. Ein anderes Gefäss, welches nach den Angaben von Treviranus (in der Zeit-

auch jene eigenthümlichen pulsirenden Organe, welche in den Extremitäten mehrer Wasserwanzen angebracht sein und auf den Blutlauf einwirken sollen, als eine unsichere Beobachtung herausgestellt [10]).

Siebenter Abschnitt.

Von dem Respirations-Systeme.

§. 341.

Die Insekten athmen in allen ihren verschiedenen Lebenszuständen vermittelst eines Tracheensystems, dessen mit Luft ausgefüllte Gefässe sich durch alle Theile des Körpers verzweigen und in das Parenchym der verschiedensten Organe eindringen. Dieses System von Luftgefässen mündet entweder mit Athemlöchern nach aussen und nimmt durch diese die atmosphärische Luft direkt in sich auf, oder dasselbe ist gegen aussen vollständig abgeschlossen und scheidet alsdann seinen Luftbedarf aus dem Wasser ab, zu welchem Zwecke verschiedene Endzweige des Tracheensystems in lamellen- oder röhrenartige und zugleich sehr zarthäutige Fortsätze des Leibes hineinragen, welche letzteren alsdann vom Wasser bespült werden und daher häufig mit Kiemen verglichen worden sind [1]). Im ersteren Falle kann man

---

schrift für Physiologie. Bd. 4. p. 182. Taf. 14. Fig. 13.) und Newport (in den philosoph. transact. 1834. p. 395. Pl. 14. Fig. 9. und in der Cyclopaedia a. a. O. p. 980.) in den Schmetterlingen und Raupen auf dem Bauchganglienstrange liegen, und der Supraspinal-Arterie der Myriapoden (s. oben §. 284.) entsprechen soll, verdient noch genauer untersucht zu werden, denn da sich das Vorkommen eines solchen Gefässes nur auf eine gewisse Gruppe von Insekten beschränkt, so muss die Frage erhoben werden, ob dieses Organ als Gefäss auch wirklich seine richtige Deutung gefunden hat.

10) Die Angaben über diese pulsirenden Organe lauten sehr widersprechend. Behn beschrieb dieselben (in Müller's Archiv. 1835. p. 554. Taf. 13. Fig. 13. u. 14. oder in den Annal. d. sc. nat. Tom. 4. 1835. p. 5.) bei Corixa, Ploa, Naucoris, Nepa und Ranatra als zarte bewegliche Lamellen, welche von der inneren Wandung der Schienbeine in deren Höhle hineinragen sollen, Verloren (Mémoire etc. p. 82. Pl. 6. Fig. 24. u. 25.) bestätigte diese Beobachtungen an Sigara, während weder Léon Dufour (in den Annal. d. sc. nat. Tom. 4. 1835. p. 313.) noch Wesmaël (in dem Bulletin de l'Académie des sciences et belles lettres de Bruxelles. Tom. 3. p. 158.) sich von der Anwesenheit solcher Organe in den genannten Wasserwanzen überzeugen konnten. Es rühren diese vermeintlichen Pulsationen vielleicht von nichts anderem als von Kontraktionen benachbarter Muskelfasern her.

1) Vergl. Burmeister, Handbuch etc. Bd. I. p. 179., Lacordaire, Introduction etc. Tom. II. p. 89. und Newport in der Cyclopaedia a. a. O. p. 983. — Es haben diese Organe übrigens durchaus nicht die Bedeutung von wahren Kiemen, da in denselben das Blut der Insekten keinem Respirationsprocesse unter-

das Luftgefässystem als Lungentracheen, und im zweiten Falle als Kiementracheen betrachten.

Die Tracheen stellen immer cylindrische Röhren dar, an welchen sich dickere und dünnere Stämme unterscheiden lassen. Dieselben bilden in ihrem Verlaufe nicht selten blasenförmige Erweiterungen, gehen sehr häufig die verschiedenartigsten Anastomosen ein und verzweigen sich weiterhin regelmässig nach Art der Blutgefässe in eine Menge zarter Aeste, welche immer feiner und feiner werdend zuletzt blind endigen, so dass also bei dem Luftwechsel die auszuathmende Luft in den feinen Tracheenästen auf demselben Wege zurückkehren muss, durch welchen die eingeathmete Luft bis in die feinsten Tracheenverzweigungen vorgedrungen ist.

Die merkwürdige Struktur der Tracheen, welche nach Aufnahme von Luft einen schönen Silberglanz von sich geben, hat schon von jeher die Aufmerksamkeit der Zootomen auf sich gezogen [2]). Es lässt sich an den Luftgefässen eine äussere zarte und glashelle Haut unterscheiden, welche einem Peritoneal-Ueberzuge entspricht, farblos ist, und nur zuweilen braun gefärbt erscheint [3]). Die Höhle der Tracheen wird von einer noch zarteren Haut ausgekleidet, welche aus einem Pflasterepithelium zu bestehen scheint [4]). Zwischen beiden Häuten zieht sich

---

worfen wird, was sich schon durch die geringe Blutströmung innerhalb dieser unechten Kiemen zu erkennen giebt. Offenbar findet an diesen Fortsätzen zwischen dem Wasser und den Tracheen-Enden vermittelst des Prozesses der Ex- und Endosmose ein Austausch von Luft Statt, um dem übrigen Tracheensysteme stets frische Luft zuzuführen. Dugès (Traité de Physiologie. Tom. II. p. 549.) vermied es daher mit Recht, diese Organe wirkliche Kiemen zu nennen, indem er sie als *Branchies trachéales* bezeichnete.

2) Ueber die feinere Struktur der Tracheen vergleiche man ausser Burmeister, Lacordaire und Newport (a. a. O.) besonders noch C. Sprengel, Commentarius de partibus quibus Insecta spiritus ducunt. 1815., Suckow in Heusinger's Zeitschrift. Bd. II. p. 24. Taf. 1. Fig. 10., Straus, Considérations etc. p. 315. Pl. 6. Fig. 5., Newport in den philosoph. transact. 1836. p. 529., und Platner in Müller's Archiv. 1844. p. 38. Taf. 3.

3) Die braune Farbe dieser Membran findet sich in den Libelluliden und Locustiden vor, und geht von einer äusserst feinkörnigen Masse aus, welche in der Peritonealhaut eingeschlossen ist.

4) Vergl. Platner a. a. O. — Diese zarte innerste Haut der Tracheen wird von den meisten Zootomen für eine Schleimhaut erklärt. Es lag auf diese Weise der Gedanke nahe, diese die Respirationsorgane der Insekten auskleidende Schleimhaut möchte, wie in den Lungen der Wirbelthiere mit Flimmercilien besetzt sein. Allein es kommt auch hier, wie an allen übrigen Stellen des Insektenleibes keine Spur von Flimmerepithelium vor, welches sich einmal mit der Chitine nicht zu vertragen scheint. Wenn daher Peters (in Müller's Archiv. 1841. p. 233.) behauptet, in den Tracheen von Lampyris, Coccionella, Musca und anderen Insekten Flimmerbewegung gesehen zu haben, wobei er jedoch gesteht, dass er die Cilien selbst nicht habe unterscheiden können, so beruht diese Beobach-

ein fester spiralförmiger Faden hin, dessen Windungen in der Regel dicht aneinander gedrängt sind. Die Spiralfäden der Tracheen haben bald eine cylindrische, bald eine abgeplattete bandförmige Gestalt, und sind meistens glashell und farblos, nur in seltenen Fällen dunkel gefärbt [5]). Sie laufen häufig eine lange Strecke ununterbrochen fort, und spalten sich nur selten gegen ihr Ende hin gabelförmig. Neue Spiralfäden beginnen in den Tracheen zwischen den Windungen des vorhergehenden Fadens, was an dem Eintritt einer Verästelung leicht wahrgenommen werden kann. In den feinsten Verzweigungen der Tracheen werden die Spiralfäden immer dünner und undeutlicher, bis sie sich zuletzt ganz verlieren. Auch in den blasenförmigen Tracheen-Erweiterungen vieler Insekten erscheinen die Spiralfäden oft ganz verschwunden [6]).

§. 342.

Die sogenannten Kiementracheen kommen nur bei gewissen, im Wasser lebenden Larven und Puppen und wol niemals in vollkommen entwickelten Insekten vor. Der Mangel der Stigmen wird an diesem Tracheensysteme meistens durch die Anwesenheit von unechten Kiemen oder Tracheen-Kiemen (***Branchiae spuriae s. tracheales***) ersetzt. Es stellen diese Organe cylindrische oder blattförmige Auswüchse des Leibes dar, welche unter einem sehr zarten Hautüberzuge einen oder mehre äusserst fein und vielfältig verzweigte Tracheenstämme enthalten. Es stehen diese Tracheenkiemen entweder einzeln oder in Büscheln beisammen; im letzteren Falle sind sie häufig finger- oder federförmig verästelt, wobei den feineren Tracheenästen gewöhnlich die Spiralfäden fehlen. Alle in den Tracheenkiemen enthaltenen Luftgefässe gehen von den grösseren Tracheenstämmen des Leibes aus. Dergleichen Tracheen-Kiemen lassen sich an verschiedenen Tipuliden, an einer Nymphula, an den Phryganiden, Sialiden, Ephemeriden, Perliden, Libelluliden, sowie an den Gyriniden wahrnehmen.

Am einfachsten verhält sich das stigmenlose Tracheensystem in den Larven der Tipuliden Chironomus, Tanypus, Corethra und Simulia, sowie einiger Larven der Phryganiden Rhyacophila und Hydropsyche deren Tracheen sich nicht in besondere kiemenartige Hautfortsätze begeben, sondern sich dicht unter der Hautoberfläche

---

tung gewiss auf Täuschung. Ich habe in den Tracheen der Insekten immer vergebens nach Flimmerbewegung gesucht. Ebenso wenig ist es auch Stein (Vergleichende Anatomie und Physiologie der Insekten. 1847. p. 105.) gelungen, Wimperbewegung in den Tracheen zu sehen.

5) In den Larven der Dytisciden sind es die Spiralfäden, von welchen an den Tracheen die schwarze Farbe herrührt.

6) Bei den Musciden, Syrphiden, Vespiden, Apiden und Melolonthiden.

ausbreiten und so Gelegenheit finden, frische Luft aus dem Wasser zu absorbiren. Unter den genannten Tipuliden zeichnen sich die Larven von Corethra noch dadurch aus, dass ihr Luftgefäss-System sowol im Vorder- wie Hinterleibsende dicht unter der Haut zwei nebeneinander liegende Tracheenblasen besitzt, durch welche höchst wahrscheinlich der nöthige Luftwechsel besorgt wird [1]). Bei den Puppen der Simulien ragen von den Seiten der Vorderbrust zwei aus sechs bis acht langen Blindrohren zusammengesetzte Tracheenkiemen-Büschel in die Höhe, welche in ihren Röhren immer nur eine einzige unverästelte Trachee ohne Spiralfaden enthalten [2]). Von den verschiedenen, unter dem Wasserspiegel lebenden Schmetterlings-Raupen ist nur die einzige Raupe der Nymphula stratiotalis mit Tracheenkiemen ausgerüstet, welche in Gestalt von Fäden an den Seiten der Leibessegmente büschelweise beisammen stehen [3]). Bei den Larven von Sialis ist jeder der sieben bis acht Hinterleibssegmente rechts und links mit einem gegliederten und behaarten Faden besetzt, der ein ansehnliches Luftgefäss enthält, und gewiss als Tracheenkieme betrachtet werden kann [4]). Die meisten Phryganiden tragen sowol im Larven- wie im Puppen-Zustande an den Seiten ihrer Hinterleibssegmente eine oder zwei Reihen zu zwei bis fünf beisammen stehender fadenförmiger, selten verästelter Tracheenkiemen, welche gegen den Rücken in die Höhe geschlagen sind [5]). Bei den Larven und Puppen der Ephemeriden stehen von jeder Seite der vorderen Hinterleibssegmente ein Paar Tracheenkiemen ab, welche entweder sämmtlich mannichfach verästelte Tracheenbüschel darstellen oder an welchen eine, von einer Tracheenverästelung durchzogene Lamelle mit einem Tracheenbüschel regelmässig abwechselt [6]). Alle Ephemeriden sind im Stande, mit ihren

---

1) Vergl. Réaumur, Mémoires a. a. O. Tom. 5. Pl. 6. Fig. 7. oder Lyonet in den Mémoires du Muséum etc. Tom. 19. Pl. 9. Fig. 14. u. 15.

2) Vergl. Verdat und Fries in Thon's entomologischem Archiv. Bd. II. p. 66. u. 69. Taf. 3. — Man hüte sich übrigens, an dergleichen stigmenlosen Larven oder Puppen nicht sogleich jeden vom Leibe abstehenden Haarbüschel, wie dies mehrfach geschehen ist, für einen Tracheenbüschel zu nehmen.

3) Vergl. Degeer, Abhandlung. Thl. I. Abth. 3. p. 85. Taf. 37. Fig. 5. u. 6.

4) Vergl. Roesel, Insekten-Belustigungen. Thl. II. Insect. aquat. Class. II. Taf. 23., Degeer, Abhandl. etc. Thl. II. Taf. 23., Suckow in Heusinger's Zeitschrift. Bd. II. Taf. 3. Fig. 23. u. 24., ferner Pictet in den Annal. d. sc. nat. Tom. 5. 1836. Pl. 3. Diese Tracheen werden bei der Verpuppung, welche Sialis ausserhalb des Wassers vornimmt, abgeworfen.

5) S. die Abbildungen in Pictet, Recherches pour servir à l'hist. et à l'anatomie des Phryganides. Pl. II. etc. und Degeer, Abhandl. etc. Thl. II. Taf. 12. Verästelt erscheinen die Tracheenkiemen bei Hydropsyche und Rhyacophila.

6) Vergl. Swammerdamm, Bibel etc. Taf. 13—15., Réaumur, Mémoires etc. Tom. 6. Pl. 42—46., Degeer, Abhandlung. Thl. II. Taf. 16—18., Suckow in Heusinger's Zeitschrift. Bd. II. Taf. 3, Fig. 21. u. 22., Carus, Entdeckung

Tracheenkiemen bald langsame rhythmische, bald schnelle zitternde Athembewegungen vorzunehmen. Bei den Perliden sind die fadenförmigen verästelten Tracheenkiemen an den drei Brustsegmenten der Larven und Puppen angebracht, wo sie zu mehren kurzen Büscheln beisammen die Basis der sechs Beine von den Seiten und von oben her umgeben [7]. Unter den Libelluliden zeichnen sich die Larven und Puppen von Agrion und Calopteryx durch drei blattförmige, vom Hinterleibsende vertikal abstehende Tracheenkiemen aus, welche eine längliche Form besitzen und an der Spitze abgerundet sind [8]. Nach einem ganz anderen Typus dagegen sind die Tracheenkiemen der Larven und Puppen bei Aeschna, Libellula und bei den übrigen Libelluliden organisirt. Dieselben befinden sich hier nämlich in dem sehr geräumigen Mastdarme versteckt, und bestehen aus einer Menge vom Epithelium des Rektum gebildeten Falten, zwischen welchen sich äusserst zahlreiche und feine, von mehren grösseren Tracheenstämmen ausgehende Luftröhren-Verästelungen ausbreiten. Der Mastdarm ist ausserdem mit einer sehr entwickelten Muskelschicht umgeben, und am After mit drei pyramidenförmigen Klappen versehen, durch deren Bewegung das zur Respiration nöthige Aus- und Einströmen des Wassers unterhalten wird [9]. Die Larven von Gyrinus endlich sind an den sieben ersten Hinterleibssegmenten mit einer, und an dem achten Segmente mit zwei langen seitlichen Tracheenkiemen von fadenförmiger Gestalt besetzt [10].

---

eines Blutkreislaufs a. a. O. Taf. 3. und die Abbildungen in Pictet, Histoire des Insectes Néuroptères, Éphémérines.

7) S. die Abbildungen in Pictet, Hist. d. Insectes Néuropt. Perlides. — Nach einer Mittheilung von Newport (in den Annals of nat. hist. Vol. 13. p. 21. oder in Froriep's neuen Notizen. Bd. 30. p. 179. oder in den Annal. d. sc. nat. Tom. 1. 1844. p. 183.) sollen bei Pteronarcys regalis diese Tracheenkiemen-Büschel auch am Thorax des vollkommnen entwickelten Insektes fortbestehen. Es wäre dies eine sehr auffallende Anomalie, welche jedoch noch genauer bestätigt zu werden verdient, da durch die Angaben Newport's es noch keineswegs sicher gestellt ist, dass die am Thorax der genannten Perlide bemerkbaren Haarbüschel ihrem anatomischen Baue nach sich wirklich wie Tracheenkiemen verhalten.

8) Vergl. Roesel, Insektenbelustig. Thl. II. Insect. aquat. Class. II. Taf. 9. u. 11. oder Carus, Entdeckung eines Blutkreislaufs a. a. O. Taf. 1.

9) Vergl. Roesel a. a. O. Taf. 3—8., und Suckow in Heusinger's Zeitschrift. Bd. II. p. 35. Taf. 1. u. 2.

10) Vergl. Roesel a. a. O. Thl. III. Taf. 31., und Degeer, Abhandlung. Bd. IV. Taf. 13. — Ob die gefiederten Fortsätze, welche bei gewissen Hydrophiliden-Larven von den Seiten der Hinterleibssegmente abstehen, und als Kiemen betrachtet werden, wirklich Tracheen-Kiemen sind, das müssen noch genauere Untersuchungen entscheiden. Mir will es scheinen, als seien in den Hydrophiliden-Larven Lungen- und Kiemen-Tracheen miteinander vereinigt. Vergl. Roesel, Insektenbelust. Thl. II. Insect. aquat. Class. I. Taf. 4., und Lyonet in den Mém. d. Mus. Tom. 18. Pl. 23. (12.) Fig. 47. von Hydrophilus caraboides.

§. 343.

Die bei weitem am meisten unter den Insekten verbreiteten Lungentracheen zeichnen sich durch die Anwesenheit von Athemlöchern (*Spiracula*, *Stigmata*) aus. Diese Athemlöcher stellen an verschiedenen Gegenden der Körperoberfläche angebrachte rundliche Löcher oder enge zweilippige Spalten des Hautskelets dar, welche bei vielen weichhäutigen Insekten noch mit einem besonderen Hornringe eingefasst sind. In der Regel erscheinen die Ränder oder Lippen der Stigmata mit dichtstehenden kurzen und einfachen oder gefiederten Härchen gesäumt [1]), und können dieselben durch einen hinter den Athemlöchern angebrachten Muskelapparat, der zuweilen noch von ein Paar nach innen vorspringenden Hornplatten unterstützt wird, geöffnet und geschlossen werden, wobei der ganze Hinterleib vieler Insekten sehr lebhafte Athembewegungen an sich wahrnehmen lässt [2]).

Eine eigenthümliche Organisation der Stigmata bieten die Larven der Lamellicornier dar, indem sich hier an der Stelle der Athemlöcher eine Hornplatte befindet, welche nach ihrem Rande hin in der Ausdehnung eines halben Mondes oder eines fast geschlossenen Ringes zum Durchtritt der Luft siebförmig durchlöchert ist [3]). Die beiden grossen Athemlöcher am Hinterleibsende der Oestriden-Larven sind von ähnlichen Hornplatten bedeckt, auch bei einigen Musciden-Larven findet sich die Mündung der beiden hinteren Stigmata von einer Horn-

1) Vergl. Léon Dufour in den Annal. d. sc. nat. Tom. 8. 1826. p. 20. Pl. 21.

2) Die Locustiden, Libelluliden und andere Orthopteren machen durch abwechselnde Verengerung und Ausdehnung ihrer Hinterleibssegmente deutliche Ex- und Inspirationsbewegungen, die Apiden, Vespiden und andere Hymenopteren dagegen verengern und erweitern ihre Abdominalhöhle bei dem Athmen durch Ein- und Ausschieben der Hinterleibssegmente. Dergleichen Athembewegungen werden von verschiedenen Lamellicorniern regelmässig vor dem Auffliegen vorgenommen, wahrscheinlich um ihr Tracheensystem durch und durch mit Luft voll zu pumpen.

3) Sprengel (a. a. O. p. 9. Tab. I.) hat die Stigmata der Lamellicornier ganz richtig beschrieben. Nach Treviranus (die Erscheinungen und Gesetze des organ. Lebens. Bd. I. p. 258.) soll jedoch gar keine Durchlöcherung an den genannten Organen vorhanden sein, und die Luft durch Endosmose durch die verschlossenen Stigmata eindringen, während Burmeister (Handbuch etc. Bd. I. p. 172.) an diesen Hornplatten eine einzige centrale Oeffnung gesehen haben will, durch welche die Luft aus- und eintrete. Ich kann nur Sprengel beistimmen, und glaube, dass man die siebartige Durchlöcherung am Rande dieser Hornplatten deshalb leicht übersieht, weil die kleinen Oeffnungen hinter einem hornigen unebenen Netzwerke der Platten verborgen stecken. Auch Léon Dufour (in den Annal d. sc. nat. Tom. 18. 1842. p. 173. Pl. 4. Fig. 7.) hat die Stigmen der Cetonia-Larve unrichtig aufgefasst, denn was derselbe hier für eine transversale Spalte erklärt, ist nur eine Falte der bei dem Präpariren niedergedrückten, im unversehrten Zustande aber gewölbten undurchbohrten mittleren Hornplatte.

platte verschlossen, welche jedoch durch drei deutliche Spalten durchbrochen ist.

Von jedem Stigma geht meistens nur ein einziger Tracheenstamm ab, der sich bald früher bald später verästelt; zuweilen entspringen aber auch unmittelbar aus jedem Stigma mehre Tracheenstämme zugleich [4]).

Die Stigmata der vollkommen entwickelten Insekten sind meistens an den Seiten des Leibes in der zwischen je zwei Segmenten befindlichen Verbindungshaut angebracht, jedoch fehlen sie regelmässig an der Verbindungshaut zwischen Kopf und Prothorax, sowie zwischen dem letzten und vorletzten Hinterleibssegmente. In vielen Fällen werden die Athemlöcher von den Rändern der Körpersegmente bedeckt. Bei den Käfern sind die Stigmata des Hinterleibes oft so hoch hinaufgerückt, dass sie unter den Flügeldecken versteckt liegen [5]). Die Zahl und Stellung der Stigmata ist übrigens bei den Insekten einer unendlichen Menge von Modifikationen unterworfen, und bleibt sich häufig im Larven-, im Puppen- und Imago-Zustande einer und derselben Insekten-Art nicht einmal gleich. Am wenigsten weichen in dieser Beziehung die verschiedenen Entwickelungsformen der hemimetabolischen Insekten voneinander ab. Eine merkwürdige Ausnahme bilden unter den Hemipteren die Naucoriden und Nepiden. Diese Wasserwanzen sind nämlich, abgesehen von ihren Stigmaten des Thorax, nur noch am Hinterleibsende mit zwei Luftlöchern ausgerüstet, welche während des Aufenthalts im Wasser von diesen Hydrocoren wahrscheinlich allein zum Athmen benutzt werden, und bei der Gattung Nepa und Ranatra mit einer langen, aus zwei Halbkanälen gebildeten

---

4) Bei den Larven der Lamellicornier. Vergl. Sprengel a. a. O. Taf. 1. Fig. 1. von der Larve des Geotrupes. Sehr sonderbar verhalten sich in dieser Beziehung die entwickelten Käfer einiger Capricornier, indem hier von den Athemlöchern des Thorax, ausser den grösseren Tracheenstämmen noch eine zahllose Menge zarter Tracheenästchen abgehen. S. Pictet in den Mémoires de la soc. de Physique et d'Hist. nat. de Génève. Tom. 7. 1836. p. 393. Fig. 5. u. 6. von Hammaticherus heros, oder in den Annal. d. sc. nat. Tom. 7. 1837. p. 63.

5) Aus diesem Grunde genügt es den im Wasser lebenden Dytisciden und Gyriniden, behufs des Athmens nur das Hinterleibsende aus dem Wasser hervorzustecken, um so frische Luft unter die Flügeldecken zu ziehen und den Athemlöchern zuzuführen. Die Notonectiden, die Hydrophiliden, Parniden und andere Wasserkäfer athmen unter Wasser mit einem Luftvorrath, der bei dem Untertauchen an der behaarten Unterseite ihres Körpers hängen bleibt. Diese Luft wird von Hydrophilus auf eine ganz sonderbare Weise erneuert, indem dieser Käfer nur seine umgeknickten Fühler etwas aus dem Wasser hervorstreckt, wodurch eine Verbindung der an der Unterseite des Käfers haftenden Luft mit der äusseren atmosphärischen Luft hergestellt wird. Vergl. Nitzsch in Reil's Archiv. Bd. 10. p. 440. Taf. 9.

Athemröhre in Verbindung stehen [6]). Die geringste Zahl der Athemlöcher besitzen die Larven der Dytisciden, ferner die Larven der Stratiomyden, der Conopiden, einiger Tipuliden und Tachinarien, deren Tracheensystem mit zwei dicht nebeneinander stehenden Stigmaten am Hinterleibsende ausmündet. Beide Athemlöcher sind zuweilen auf einer längeren oder kürzeren Athemröhre (*Sipho*) angebracht, und mit einem Kranze von steifen Haaren oder gefiederten Borsten umstellt. Zuweilen erscheint diese Athemröhre sehr lang und gegliedert, so dass sie perspektivartig aus- und eingeschoben werden kann [7]). Bei der Verpuppung gehen zuweilen auffallende Veränderungen mit der Anordnung dieser Athemlöcher vor. Die Puppen von Culex verlieren die Athemröhre am Hinterleibsende, während sie dagegen zwei, zwischen dem Pro- und Mesothorax seitlich hervorragende trichterförmige Athemröhren erhalten [8]), auch die Puppe von Ptychoptera respirirt durch eine, aus dem Nacken hervorragende und gewundene Athemröhre [9]). Bei den Strepsipteren athmen die Puppen der Männchen, so wie die fusslosen Weibchen ebenfalls nur durch zwei Luftlöcher, welche an den

---

6) Vergl. Roesel, Insektenbelust. Thl. III. Taf. 22. u. 23., ferner Léon Dufour, Recherches sur les Hémiptères p. 244. Pl. 17. Fig. 195. und Pl. 18. Bei Nepa sind zwar noch an den übrigen Hinterleibssegmenten stigmenartige Hornringe wahrzunehmen, welche jedoch geschlossen sind und mit Recht von Léon Dufour als falsche Stigmata bezeichnet wurden. In den früheren Jugendzuständen von Nepa dagegen zeigen sich auch diese Hinterleibsstigmata geöffnet und thätig, indem von der rinnenförmig ausgehöhlten Schwanzspitze der Larven und Puppen dieser Wasserwanzen sich auf der Unterseite des Abdomen rechts und links zwei, mit dicht stehenden Haaren eingefasste Halbkanäle hinziehen, in welchen die verschiedenen Hinterleibsstigmata verborgen liegen und von der Schwanzspitze aus mit frischer Luft versorgt werden.

7) Bei dieser Anordnung der Athemlöcher müssen sich die im Wasser lebenden Larven der Dytisciden, Culiciden, Stratiomyden, um Athem zu holen, an die Oberfläche des Wassers begeben, wobei sie nur die Mündung ihrer Stigmata mit nach unten hängendem Leibe aus dem Wasserspiegel hervorstecken und ihr ganzer Körper von der Luft, welche an dem Haarkranze der Athemlöcher sehr leicht adhärirt, getragen wird. Manche Tipuliden, z. B. Ptychoptera, gelangen in seichten Gewässern noch leichter durch blosses Ausschieben ihrer langen gegliederten Athemröhre zur atmosphärischen Luft. Vergl. Swammerdamm. Bibel etc. Taf. 31. Fig. 5. und Taf 39. ven Culex und Stratiomys, Lyonet in den Mém. d. Mus. Tom. 19. Pl. 18. (10.) Fig. 1—3. von Ptychoptera. Die parasitisch lebenden Larven der Conopiden und der zu den Tachinarien gehörigen Ocyptera-Arten, welche die Leibeshöhle von Cassida, Pentatoma, Bombus und Andrena bewohnen, wissen sich athembare Luft dadurch zu verschaffen, dass sie ihr, die beiden Stigmata tragendes Hinterleibsende entweder mit einem Athemloche oder einem Tracheenstamme ihres Wohnthieres in direkte Verbindung bringen. Vergl. hierüber Léon Dufour in den Annal. d. sc. nat. Tom. 10. 1827. p. 255. und Tom. 7. 1837. p. 16. Pl. 1. Fig. 13.

8) Vergl. Swammerdamm a. a. O.

9) Vergl. Lyonet a. a. O. Fig. 4. u. 5.

Seiten des Cephalothorax angebracht sind[10]). Der grösste Theil der kopflosen Dipteren-Larven besitzt nur vier Tracheenöffnungen, von welchen zwei grössere das abgestutzte Ende des Hinterleibs und zwei kleinere die Seiten des zweiten Körpersegmentes einnehmen. Die beiden letzteren ragen zuweilen röhrenförmig aus der Haut hervor und erscheinen oft noch an ihren Enden fingerförmig abgetheilt[11]). Die beiden hinteren Stigmata stellen bei den Larven vieler Syrphiden und Tachinarien kürzere oder längere Athemröhren dar, welche nicht selten zu einer einzigen Röhre verschmolzen sind[12]). Auch die Larven der Cocciden sind nur mit vier Luftlöchern auf der Unterseite ihres Mittelleibes versehen[13]). Die meisten Larven der Coleopteren, Hymenopteren, Lepidopteren, so wie die mit einem Kopfe versehenen Larven der Dipteren besitzen zahlreiche Athemlöcher, welche jederseits in der Mitte eines Körpersegments angebracht sind, nur dem zweiten und dritten Thoraxsegmente, nebst dem letzten Hinterleibssegmente dieser Larven fehlen die Stigmata konstant.

§. 344.

Die innere Anordnung des Tracheensystems findet in den verschiedenen Insekten-Familien auf die mannichfaltigste Weise Statt[1]), indessen lassen sich doch zwei Hauptformen an diesen, so verschieden verzweigten Tracheensystemen unterscheiden.

1. Die eine, am häufigsten vorkommende Hauptform von Tracheensystem besteht aus zwei ansehnlichen seitlichen Hauptstämmen, in welche die von den Stigmaten oder Tracheenkiemen kommenden Tracheenstämme seitlich einmünden. Von beiden Haupttracheenstämmen gehen dann die Aeste an die verschiedenen Theile des Körpers ab.

2. Bei der zweiten, weniger verbreiteten Hauptform begeben sich die aus den Stigmaten oder Tracheen-Kiemen entspringenden Luftröhren-Stämme mit ihren Verzweigungen nach den verschiedenen Organen des Leibes, senden aber nach vorn und hinten zu den zunächst gelegenen Tracheen-Wurzelstämmen eine Verbindungsröhre; auch stehen nicht selten die aus den Stigmen entspringenden Stämme eines und desselben Körpersegmentes durch querlaufende Kommunikationsröhren untereinander in Verbindung.

---

10) S. meine Abhandlung in Wiegmann's Archiv. 1843. Bd. I. Taf. 7.

11) Vergl. Bouché, Naturgeschichte der Insekten. Taf. 5. u. 6., Léon Dufour in den Annal. d. sc. nat. Tom. 12. 1839. Pl. 2. u. 3. Tom. 13. 1840. Pl. 3. Tom. 1. 1844. Pl. 16. von Tachina, Anthomyia, Helomyza, Sapromyza, Piophila u. a.

12) Eine ausgezeichnet lange und gegliederte Athemröhre findet sich am Hinterleibsende der Eristalis-Larven vor. Vergl. Réaumur, Mémoires a. a. O. Tom. 4. Pl. 30—32.

13) Vergl. Burmeister, Handbuch etc. Bd. II. Taf. 1. Fig. 10—12.

1) Vergl. hierüber ausser Burmeister und Lacordaire a. a. O. noch die Abhandlung von Marcel de Serres in den Mém. d. Mus. Tom. 4. p. 313.

Häufig sind diese beiden Hauptformen von Tracheensystemen in einem und demselben Insekte mehr oder weniger vereinigt. In vielen Fällen erweitern sich die, von den Athemlöchern entspringenden Tracheen-Wurzeln bei ihrer Einmündung in den seitlichen Hauptstamm zu einer grossen Blase, oder es bilden die grösseren und kleineren sich im Körper verzweigenden Tracheenäste eine Menge grösserer und kleinerer blasenförmiger Anschwellungen, wodurch das ganze Tracheensystem ein varicöses Ansehen erhält.

Unter den Apteren besitzen die Pediculiden, Nirmiden und Poduriden ein mit der ersten Hauptform übereinstimmendes Tracheensystem [2]). Die Lepismiden machen dagegen eine Ausnahme, indem hier von jedem der zwischen den Leibeseinschnitten verborgen liegenden Luftlöchern ein Tracheenstamm entspringt, der sich, ohne mit den benachbarten Tracheenstämmen zu anastomosiren, isolirt im Körper verzweigt [3]).

In den Hemipteren zeigt das Tracheensystem eine sehr verschiedene Anordnung, indem die von den einzelnen Luftlöchern entspringenden Tracheenstämme bald, ohne Anastomosen einzugehen, sich verästeln, bald zu zwei seitlichen Hauptstämmen zusammentreten. Unter den Zirpen sind die Singcicaden und unter den Wanzen die Pentatomiden mit blasigen Luftgefässen versehen, von welchen sich bei Cicada, zwei in der Basis des Abdomen gelegene Luftblasen durch ihre enorme Grösse auszeichnen [4]). Sehr merkwürdig verhält sich das Tracheensystem von Nepa, dessen Tracheenwurzeln sich zu zwei Seitenstämmen vereinigen und zugleich in jedem Bauchsegmente eine, von der einen Seite zu der anderen hinüberlaufende Queranastomose bilden. Die beiden Seitenstämme der Tracheen schwellen im Thorax dieser Wasserwanzen zu einigen grossen Luftblasen an, zwischen welchen rechts und links sich zwei andere Tracheenstämme hinziehen, die nach

2) Bei den Poduriden besitzen die, von den beiden Hauptstämmen seitlich abgehenden sechs Tracheenäste eine längliche Anschwellung. Vergl. Nicolet a. a. O. p. 47. Pl. 4. Fig. 3.

3) Nachdem Burmeister (in der Isis. 1834. p. 137.) das lange vermisste Tracheensystem von Lepisma aufgefunden hatte, muss die von Guérin (in den Annal. d. sc. nat. Tom. 5. 1836. p. 374.) ausgesprochene Behauptung, dass bei Machilis ein Tracheensystem fehle, als unrichtig zurückgewiesen werden. Ich finde dasselbe bei Machilis ebenso deutlich und ganz auf dieselbe Weise organisirt, wie bei Lepisma. Die an den Seiten der Bauchschienen angebrachten zarthäutigen Säcke der Machilis, welche von Guérin für Respirationsorgane ausgegeben worden sind, müssen daher eine andere Bedeutung haben.

4) Vergl. Burmeister, Handbuch etc. Bd. II. Taf. 1. Fig. 10—12. von Cocciden, Léon Dufour, Recherches a. a. O. Pl. 17. Fig. 194. von Tetyra und Carus, Analekten etc. p. 156. von Cicada.

beiden Seiten eine zahllose Menge zarter und äusserst dicht stehender Luftgefässe in die Thoraxmuskeln hineinsenden [5]).

Die Dipteren enthalten ein, nach der oben erwähnten ersten Hauptform angeordnetes Luftröhren-System, welches sehr häufig, besonders bei den kurz- und breitleibigen Dipteren mit blasenförmigen Anschwellungen besetzt ist, von denen zwei, in der Basis des Abdomen gelegene Luftblasen wegen ihrer ausgezeichneten Grösse leicht in die Augen fallen und zuweilen fast die ganze Bauchhöhle ausfüllen [6]). In den Larven der Dipteren zeigt sich übrigens die zuerst erwähnte Hauptform von Tracheensystemen am deutlichsten ausgeprägt, an welcher die beiden seitlichen Haupttracheen-Stämme in jedem Leibessegmente durch eine quere Kommunikationsröhre verbunden sind [7]).

In den verschiedenen Entwickelungszuständen der Lepidopteren findet sich ebenfalls ein, mit der ersten Hauptform übereinstimmendes Tracheensystem vor [8]), welches bei den, mit grosser Ausdauer umherschwärmenden Imagines gewisser Sphingiden, Bombyciden und Noctuiden eine grössere oder geringere Menge blasenförmiger Erweiterungen und Anhänge besitzt [9]).

Die Luftröhren der Hymenopteren, welche durchweg nach der ersten Hauptform angeordnet sind, senden von ihren beiden Hauptstämmen zahlreiche Queranastomosen aus und zeigen in der Regel an vielen Stellen blasige Anschwellungen [10]). Letztere erreichen an den beiden seitlichen Haupttracheen-Stämmen des Abdomen eine ansehnliche Grösse und stossen oft so dicht aneinander, dass dadurch ein solcher Luftröhrenstamm das Ansehen eines einzigen weiten und mehrfach eingeschnürten Luftsackes erhält [11]). Zuweilen zeichnen sich nur zwei,

---

5) Vergl. Léon Dufour, Recherches etc. p. 244. Pl. 18.

6) Bei den Musciden, Syrphiden, Tabaniden, Asiliden, Leptiden u. a.

7) Vergl. Swammerdamm, Bibel etc. Taf. 40. Fig. 1. von der Larve einer Stratiomys, Bouché, Naturgeschichte der Insekten. Taf. 6. Fig. 1. von der Larve einer Anthomyia, und Léon Dufour in den Annal. d. sc. nat. Tom. 12. 1839. Pl. 1—3.

8) Vergl. Lyonet, Traité etc. Pl. 10. u. 11. von der Raupe des Cossus ligniperda.

9) Vergl. Sprengel a. a. O. Tab. 3. Fig. 24. von Sphinx Ligustri. Zuweilen beschränkt sich die Zahl dieser blasenförmigen Anhänge nur auf zwei grosse, in dem Thorax verborgene Luftbehälter. Vergl. Suckow, anatom. physiolog. Untersuch. p. 36. Taf. 7. Fig. 30. von Gastropacha Pini.

10) Diese blasigen Anschwellungen fehlen in den Cynipiden, Chalciden und in einigen Ichneumoniden. Vergl. übrigens über das Tracheensystem der Hymenopteren die Untersuchungen von Léon Dufour, Recherches sur les Orthopt. etc. p. 374.

11) Bei den Apiden, Andreniden, Vespiden und Bembeciden. Vergl. Brandt und Ratzeburg in der mediz. Zoolog. Bd. II. Taf. 25. Fig. 30. von Apis mellifica, Newport in den philosoph. transact. 1836. Pl. 36. oder in der Cyclopaedia etc. Vol. II. Fig. 436. von Bombus terrestris.

an der Basis des Abdomen zunächst gelegene Tracheenblasen durch ihre enorme Grösse vor allen übrigen aus [12]). Auch am Tracheensysteme der Hymenopteren-Larven lassen sich ziemlich allgemein zwei seitliche Hauptstämme mit queren Kommunikationsröhren unterscheiden [13]).

Die echten Neuroptoren athmen in ihren verschiedenen Verwandlungszuständen durch ein ziemlich einfaches, mit zwei seitlichen Hauptstämmen ausgestattetes Tracheensystem, während die Orthopteren grösstentheils ein ausserordentlich entwickeltes Luftgefässystem aufzuweisen haben. Die Blattiden, Forficuliden, Ephemeriden und Perliden enthalten zwar noch ein weniger ausgebildetes, von zwei seitlichen Hauptstämmen ausgehendes Tracheensystem [14]), allein schon in den Libelluliden dehnen sich die beiden Seitenstämme des Tracheensystems zu zwei sehr ansehnlichen Luftröhren aus, welche in den Libellen-Larven mit noch zwei anderen Luftgefässstämmen aus den Tracheen-Kiemen des Mastdarms entspringen [15]). Die übrigen Orthopteren besitzen äusserst zahlreiche, nach der zweiten Hauptform geordnete Tracheen, indem ihre Wurzelstämme durch eine Menge weitröhriger Längs- und Queranastomosen netzartig untereinander verbunden sind [16]), von welchen bei den Acrididen viele quere Verbindungsröhren sich in weite Luftbehälter ausgedehnt haben [17]).

In den Coleopteren erscheinen die Tracheen stets sehr entwickelt und bei den Larven derselben mehr nach der ersten Hauptform, bei den Imagines dagegen mehr nach der zweiten Hauptform angeordnet [18]). Die Kommunikationsröhren, welche die Tracheenwurzeln der entwickelten Käfer untereinander verbinden, sind häufig dop-

---

12) Bei vielen Tenthrediniden, bei Myrmosa, Scolia, Crabro, Pompilus, Sphex u. a.

13) Vergl. Swammerdamm, Bibel etc. Taf. 24. Fig. 1. von der Larve einer Honigbiene. — Sehr merkwürdig verhalten sich nach den Beobachtungen von Ratzeburg (die Ichneumonen der Forstinsekten. p. 63. u. 81. Taf. 9.) die parasitischen Larven von Microgaster und Anomalon, welche in ihren frühsten Jugendzuständen noch keine Spur von Tracheen enthalten und vielleicht mit Hülfe eines zarthäutigen Schwanzanhanges athmen.

14) Vergl. Swammerdamm, Bibel etc. Taf. 14. und Carus, Entdeckung eines Blutlaufes a. a. O. Taf. 3. von der Larve und Puppe einer Ephemera.

15) Vergl. Suckow in Heusinger's Zeitschrift. Bd. II. Taf. 1. u. 2. von der Larve und dem Imago einer Aeschna.

16) Bei den Locustiden, Achetiden, Mantiden. Vergl. Léon Dufour, Recherches sur les Orthopt. etc. p. 269. Pl. 1. Fig. 1. von Oedipoda, und Marcel de Serres in den Mém. du Mus. a. a. O. Tom. IV. p. 331. Pl. 4. (16.) von Mantis, auch in der Isis. 1819. p. 627. Taf. 9.

17) Vergl. Marcel de Serres a. a. O. Pl. 3. (15.) von Truxalis, und Léon Dufour a. a. O. Pl. 1. von Oedipoda.

18) Vergl. Burmeister in the transact. of the entomological soc. etc. Vol. I

pelt vorhanden [19]). Die höchste Entwickelung erreicht das Luftgefässsystem in den Palpicorniern und Lamellicorniern, deren gröbere und feinere Tracheen mit einer Menge endständiger Luftblasen besetzt sind [20]).

Achter Abschnitt.

Von den Absonderungs-Organen.

I. Von den Harnorganen.

§. 345.

Die Malpighischen Gefässe, welche in den verschiedenen Verwandlungsstadien der Insekten allgemein verbreitet vorkommen [1]), müssen jetzt, nachdem in ihrem Sekrete mit Bestimmtheit Harnsäure erkannt worden ist, als die Nieren der Insekten angesehen werden [2]).

Pl. 24. Fig. 9. von der Larve des Calosoma Sycophanta, und Audouin in den Annal. d. sc. nat. Tom. 9. 1826. Pl. 43. Fig. 3. von Lytta vesicatoria.

19) Vergl. Léon Dufour in den Annal. d. sc. nat. Tom. 8. 1826. p. 23. Pl. 21. bis. Fig. 1. und Pictet in den Mém. de Génève a. a. O. Tom. 7. p. 397. Fig. 6. von Hammaticherus heros.

20) Vergl. Swammerdamm, Bibel etc. Taf. 29. Fig. 9. von Geotrupes nasicornis, und Straus, Considérations etc. Pl. 7. von Melolontha vulgaris. Vergl. ausserdem über das Tracheensystem der Käfer Léon Dufour in den Annal. d. sc. nat. Tom. 8. 1826. p. 22.

1) Bis jetzt sind die Malpighischen Gefässe nur in Coccus, Chermes und in den Aphiden vermisst worden. Vergl. Ramdohr, Abhandl. über die Verdauungswerkzeuge der Insekten. p. 198. Taf. 26., und Léon Dufour, Recherches sur les Hémiptères. p. 116. Fig. 114. Auch in den verschiedenen Verwandlungszuständen der Strepsipteren vermisste ich die Malpighischen Gefässe, nur in den vollkommen entwickelten männlichen Individuen von Xenos Rossii entdeckte ich am unteren Ende des Darmkanals einen sonderbaren Anhang von drüsiger Beschaffenheit, der einem netzartig durchlöcherten Lappen glich, und vielleicht die Bedeutung eines Harnorgans hatte.

2) Nachdem die Malpighischen Gefässe lange Zeit als Leberorgane gegolten hatten, machte zuerst Rengger (physiologische Untersuchungen über die Haushaltung der Insekten. 1817. p. 27.) auf ihre Bedeutung als Harnwerkzeuge aufmerksam, ohne jedoch die Existenz von Harnsäure in dem Absonderungsstoffe jener Organe nachgewiesen zu haben. Dieser chemische Beweis ist aber durch Brugnatelli und Wurzer an dem Harnsekrete des Bombyx Mori geliefert worden (s. Meckel's deutsch. Archiv. Bd. 2. 1816. p. 629. und Bd. 4. 1818. p. 213). Später wurde das Vorkommen der Harnsäure in dem Sekrete der Malpighischen Gefässe auch durch Chevreul bei Melolontha vulgaris (s. Straus, Considérations etc. p. 251.) und durch Audouin bei Lucanus cervus und Polistes gallica (in den Annal. d. sc. nat. Tom. 5. 1836. p. 129.) bestätigt. Vergl. ausserdem Meckel über die Gallen- und Harnorgane der Insekten in dessen Archiv. 1826. p. 21. und Groshans de systemate uropoëtico, quod est Radiatorum, Articulatorum et Molluscorum Acephalorum. 1837. p. 39.

Dieselben stellen immer mehre, sehr dünne und lange Drüsenschläuche dar, welche entweder einzeln oder zu einem bis zwei Ausführungsgängen vereinigt, in das untere, dem Pylorus entsprechende Ende des Chylus-Magens einmünden. Diese Ausführungsgänge erscheinen zuweilen an ihrer Einmündungsstelle harnblasenartig angeschwollen. Die den Ausführungsgängen entgegengesetzten Enden der Harnkanäle hören entweder blind auf, oder gehen paarweise bogenförmig ineinander über. Sehr häufig besitzen die Harn-absondernden Gefässe eine bedeutende Länge, in welchem Falle sie immer mit vielfachen und unregelmässig auf- und niedersteigenden Windungen den Verdauungskanal dicht umgeben. Ganz merkwürdig verkriechen sich in gewissen Insekten die Harngefässe bald mit ihren vorderen Einmündungsstellen zwischen den Häuten des Chylus-Magens, bald mit ihren hinteren Enden zwischen den Häuten des Dickdarmes; welcher letztere Zustand häufig für eine zweite Einmündung in den Verdauungskanal gehalten worden ist [3]).

Immer sind diese gelblich oder bräunlich gefärbten Harngefässe, welche häufig durch seichte Einschnürungen ein varicöses Ansehen bekommen haben [4]), äusserlich von einer zarten und homogenen Haut abgegrenzt, und in ihrem Innern mit einer Menge von Zellen angefüllt. Diese letzteren liegen, wegen ihrer ansehnlichen Grösse und wegen der Enge der Drüsenschläuche, mehr hinter- als nebeneinander und lassen nirgends einen, durch ein besonderes Epithelium scharf abgegrenzten Drüsenkanal zwischen sich erkennen. Jede Zelle enthält ausser einem hellen farblosen Kerne eine Menge äusserst feiner Körnchen, welche bei durchfallendem Lichte stets schwarz erscheinen, bei auffallendem Lichte dagegen meist schmutzig gelb oder braun, selten grün oder roth gefärbt sind [5]). Dieser feinkörnige Inhalt der Nierenzellen, welcher zugleich den Harnkanälen die ihnen eigenthümliche Färbung verleiht, geräth bei dem Schwinden der Zellenmembran in die Intercellularräume der Drüsenschläuche und fliesst so nach und nach durch die Mündungen

3) Die blinden Enden solcher Harnkanäle hat Léon Dufour deutlich nachgewiesen. Vergl. Annal. d. sc. nat. Tom. 14. 1840. p. 231. Pl. 11. Fig. 11. von der Larve einer Mordella, und Tom. 19. 1843. p. 155. Pl. 6. Fig. 9. von Hammaticherus heros.

4) Eine auffallende Abweichung bieten in dieser Hinsicht die Harnkanäle von Melolontha vulgaris und Sphinx Ligustri dar, indem dieselben eine lange Strecke weit auf beiden Seiten mit einer dichten Menge kurzer Blindröhrchen kammförmig besetzt sind. Vergl. Ramdohr, Abhandlung etc. Taf. 8. Fig. 1. u. 2., Léon Dufour in den Annal. d. sc. nat. Tom. 3. 1823. Pl. 14. Fig. 4. u. 5. oder Straus, Considérations etc. Pl. 5. Fig. 6. u. 10. von Melolontha, und Newport in der Cyclopaedia a. a. O. p. 974. Fig. 432. von Sphinx.

5) Ueber die feinere Struktur der Malpighischen Gefässe s. H. Meckel in Müller's Archiv. 1846. p. 41. Taf. 2.

der letzteren in den Verdauungskanal der Insekten über. Hier sammelt sich derselbe im Dickdarme oder in dessen blinddarmartigem Anhange an, und wird entweder zugleich mit den Faeces oder für sich allein, als eine verschieden gefärbte trübe Flüssigkeit durch den After entleert [6]).

§. 346.

In den einzelnen Ordnungen der Insekten sind die Malpighischen Gefässe je nach ihrer Zahl, Länge, Einmündnng und Gruppirung sehr verschiedenen Modifikationen unterworfen [1]).

Die Apteren besitzen nur mässig lange Harngefässe, deren Zahl sich bei den Lepismiden und Parasiten auf vier, bei den Poduriden dagegen auf sechs beläuft [2]).

Bei den Hemipteren trifft man immer nur vier ziemlich lange Harnkanäle an, deren Enden bei den Wasserwanzen und vielen Landwanzen sich paarweise zu einer Schlinge verbinden [3]). In einigen Wanzen gehen die Ausführungsgänge dieser Harnorgane in eine oder zwei dicht über dem Dickdarme angebrachte harnblasenartige Erweiterungen über [4]). Nur in wenigen Landwanzen, sowie in verschiedenen Zirpen endigen die vier Harnkanäle frei [5]). Dieselben kriechen in den

---

6) Die Entleerung des reinen Harnes findet vorzüglich bei den holometabolischen Insekten nach Vollendung des Puppenschlafes Statt. Bekanntlich spritzen die frisch ausgeschlüpften Schmetterlinge ihren verschieden gefärbten Harn in reichlicher Menge von sich. In dem Verdauungskanale der Larve und Puppe von Myrmeleon häuft sich nach und nach eine grosse Masse rosa gefärbten Harnes an, welchen das vollkommene Insekt gleich nach dem Verlassen der Puppenhülse als festes Concrement von länglich eiförmiger Gestalt auswirft. Réaumur (Mémoires a. a. O. Tom. VI. 10. mém. Pl. 34. Fig. 12. 13.) sowol wie Roesel (Insektenbelust. Thl. III. p. 123. Taf. 20. Fig. 28. 29.) haben dieses Harnconcrement irrthümlicher Weise für ein Ei des Ameisenlöwen gehalten. — In den Ausführungskanälen der Malpighischen Gefässe schlagen sich zwischen dem körnigen Harne zuweilen rothe quadrat-pyramidale Krystalle nieder, z. B. bei den Larven von Sphinx und Ephemera.

1) Ueber die Anordnung der Malpighischen Gefässe in den verschiedenen Insekten vergleiche man die Abbildungen zu Ramdohr's Abhandlung über die Verdauungswerkzeuge der Insekten, zu Suckow's Abhandl. in Heusinger's Zeitschrift. Bd. III. und Léon Dufour, sur les vaisseaux biliaires ou le foie des Insectes in den Annal. d. sc. nat. Tom. 19. 1843. p. 145. Pl 7—9.

2) Vergl. Treviranus, vermischt. Schrift. Bd. II. Taf. 3. Fig. 1. von Lepisma, Swammerdamm, Bibel etc. Taf. 2. Fig. 2. von Pediculus, und Nicolet, Recherches a. a. O. Pl. 4. Fig. 2. von Podura.

3) Bei den Naucoriden und Nepiden, bei Salda, Capsus und Reduvius. Auch in Dorthesia bilden die vier Harnkanäle zwei kurze Schlingen. Vergl. Léon Dufour, Recherches etc. p. 19. Pl. 1—9.

4) Bei Pentatoma, Tetyra, Pyrrhocoris, Ligaeus, Gerris, Stenocephalus.

5) Bei Cimex, Ploiaria, Miris, Alydus und Coreus. In den zwei zuletzt genannten Wanzen endigen die vier freien Harnkanäle am Pylorus mit einer ge-

Cicaden und Cercopiden mit einem Theile des Darmkanales unter die Häute des Vormagens und münden hier versteckt in das untere Ende des Chylusmagens ein [6]).

Die Dipteren enthalten fast durchweg vier lange Malpighische Gefässe, nur die Culiciden und Psychoden sind ausnahmsweise mit fünf Harnkanälen ausgestattet [7]). Bei sehr vielen Dipteren münden je zwei Harngefässe mit einem gemeinschaftlichen Ausführungsgange in das untere Ende des Chylusmagens ein [8]). Schlingenartige Verbindungen dieser Harnorgane finden sich nur in den Tipuliden, Leptiden und Bombyliden vor [9]).

Bei den Lepidopteren ergiessen fast durchweg sechs lange und freie Harngefässe mit zwei besonderen Ausführungsgängen ihr Sekret in den Chylusmagen [10]).

Die Hymenopteren zeichnen sich durch eine ansehnliche Menge, aber meist kurzer Malpighischer Gefässe aus, welche zu 20 bis 150 den Pylorus umgeben [11]). In den Orthopteren verhalten sich die Harngefässe ganz ähnlich [12]), sind aber oft noch in viel grösserer Anzahl

---

meinschaftlichen harnblasenartigen Anschwellung. In Alydus, Aradus, Aneurus, Cixius, Issus und Asiraca vereinigen sich jederseits zwei Harnkanäle zu einem gemeinschaftlichen Ausführungsgange. Vier ganz rudimenätre Blindkanälchen stellen die Malpighischen Gefässe von Psylla dar. Vergl. Léon Dufour, Recherches a. a. O.

6) Ueber das wahre Verhalten der Harnkanäle von Cicada war man lange im Unklaren. Doyère erkannte zuerst, dass diese Gefässe sich zwischen den Häuten des Magens verbergen, glaubte aber zugleich, dass sie nach einem kurzen verborgenen Verlaufe wieder zu Tage kämen, und schrieb daher den Singzirpen nur zwei Harnkanäle zu (s. die Annal. d. sc. nat. Tom. XI. 1839. p. 81. Pl. 1.), welcher Irrthum jedoch von Léon Dufour (ebendas. Tom. XII. p. 287.) berichtigt wurde.

7) Vergl. Léon Dufour in den Annal. d. sc. nat. Tom. 19. a. a. O. Pl. 8. Fig. 26. von Anopheles.

8) Bei den Musciden, Oestriden, Conopiden, Syrphiden und Hippobosciden. In den Stratiomyden vereinigen sich die vier Harnkanäle sogar zu einem einzigen Ausführungsgange. Vergl. Swammerdamm, Bibel etc. Taf. 41. Fig. 6. von Stratiomys, Léon Dufour a. a. O. Pl. 8. Fig. 28. von Sargus.

9) Vergl. Ramdohr a. a. O. Taf. 20.

10) In Pterophorus und Yponomeuta hat Suckow (a. a. O. Taf. 9. Fig. 159. u. 161.) nur vier Harngefässe wahrnehmen können.

11) Vergl. Léon Dufour, Recherches sur les Orthopt. Pl. 3—10. Die geringste Zahl dieser Harnkanäle trifft man in den Formiciden, Cynipiden und Ichneumoniden an.

12) Nur in den Ephemeriden weicht die Gestalt der kurzen Harngefässe etwas ab, indem ihre freien Enden fast immer verdickt und die verengten Ausführungskanäle ein oder ein Paar Mal spiralig gedreht sind.

vorhanden [13]), nur die Termitiden machen eine Ausnahme, da dieselben nicht mehr als sechs Harnkanäle besitzen [14]).

Die wahren Neuropteren unterscheiden sich von den Orthopteren durch ihre langen und gewundenen Malpighischen Gefässe, deren Zahl sich nur auf 6 bis 8 beläuft [15]).

Die meist langen und vielfach auf und nieder gewundenen Harngefässe der Coleopteren überschreiten niemals die Zahl von vier oder sechs Kanälen [16]). In denjenigen Käfern, welche nur vier Harngefässe besitzen, erscheinen dieselben fast immer je zwei und zwei schlingenartig untereinander verbunden, während in den mit sechs Harnkanälen ausgestatteten Coleopteren die hinteren Enden dieser Kanäle häufig an den Dickdarm befestigt sind [17]).

Die Harngefässe der Larven und Puppen stimmen in Zahl und Anordnung ziemlich mit denen ihrer Imagines überein [18]). Nur in den Larven gewisser Orthopteren und Hymenopteren sind diese Organe in geringerer Menge enthalten [19]), auch zeigen sich bei den Lepidopteren

---

13) Vergl. Léon Dufour, Recherches sur les Orthop. etc. Pl. 1—4., 11. u. 13. Gryllotalpa fällt vor den übrigen Orthopteren dadurch auf, dass ihre Harnkanäle sich zu einem einzigen Ausführungsgange büschelförmig vereinigen.

14) Vergl. Léon Dufour, Recherches a. a. O. Pl. 13. Fig. 196.

15) Vergl. Léon Dufour ebendas. Pl. 11—13. Sechs Harngefässe besitzen die Phryganiden, Sialiden, Panorpiden und Rhaphididen, acht dagegen die Myrmeleontiden und Hemerobiden.

16) Mit vier Harngefässen sind die Carabiden, Staphyliniden, Gyriniden, Palpicornier, Lamellicornier, Cantbariden und Buprestiden versehen, sechs Harnkanäle finden sich dagegen in den Byrrhiden, Nitiduliden, Dermestiden, Cleriden, Meloïden, Pyrochroiden, Bruchiden, Bostriciden, Capricorniern, Chrysomeliden und Coccionelliden vor.

17) Ueber die Harnkanäle der Käfer vergleiche man übrigens ausser Ramdohr und Suckow a. a. O. noch die Abbildungen von Léon Dufour in den Annal. d. sc. nat. 1824. Tom. 2—4. 1834., Tom. 1. Pl. 2. u. 3., 1840. Tom. 13. Pl. 5. u. 6., Tom. 14. Pl. 11., Tom. 19. Pl. 6. — Ein ganz eigenthümliches Ansehen zeigen die sechs Harngefässe von Donacia, von welchen zwei Paar mit ihren hinteren Enden schlingenförmig ineinander übergehen, und mit dem vorderen Ende sich in einer gemeinschaftlichen harnblasenförmigen Anschwellung vereinigen, während das dritte, frei endigende Paar von Harnkanälen isolirt am Pylorus des Chylusmagens einmündet. Vergl. hierüber Léon Dufour in den Annal. sc. nat. 1824. Tom. 4. Pl. 7. Fig. 7. 8. und 1843. Tom. 19. Pl. 7. Fig. 10.

18) Vergl. ausser Ramdohr und Suckow a. a. O. noch Léon Dufour in den Annal. d. sc. nat. 1839. Tom. 12. Pl. 1. Tom. 13. Pl. 5. und Tom. 18. Pl. 4. von der Larve einer Tipulide, einer Sapromyza, Pyrochroa, Cetonia etc., ferner De Haan in den Nouvelles Annales du Muséum etc. Tom. 4. Pl. 16—19. von den Larven verschiedener Lamellicornier, Burmeister in den transact. of the entomolog. soc. Vol. I. Pl. 24. Fig. 10. von der Larve eines Calosoma, und dessen Abhandl. zur Naturgeschichte der Calandra a. a. O. Fig. 3.

19) Die Larven der Apiden und Vespiden besitzen nur vier Harnkanäle. Vergl. Swammerdamm, Bibel etc. Taf. 24. Fig. 6. von der Larve einer Honig-

die sonst freien Enden der sechs Harnkanäle zwischen den Dickdarmhäuten der Raupen versteckt [20]). In den Buprestiden unterscheiden sich die Larven durch sechs Harnkanäle von den mit vier solchen Gefässen ausgestatteten Imagines [21]).

II. Von den besonderen Absonderungsorganen.

§. 347.

Eine grosse Anzahl von Insekten und Insekten-Larven ist mit eigenthümlichen Drüsen ausgestattet, welche sehr verschiedenartige und den spezifischen Eigenschaften nach oft höchst merkwürdige Absonderungsstoffe liefern.

Bei sehr vielen Insekten findet sich ein den Hautdrüsen der Wirbelthiere analoger Absonderungsapparat vor, welcher aus rundlichen, unter der allgemeinen Hautbedeckung verborgenen Drüsenbälgen (*Glandulae odoriferae*) besteht, und an den Einschnitten der Leibessegmente oder an den Gelenken der Extremitäten mittelst ganz kurzer Ausführungsgänge einen stark riechenden Saft entleert, der entweder in sichtbaren Tropfen an den Drüsenmündungen hervorquillt [1]), oder die äussere Oberfläche des Körpers überzieht und sich dann nur durch seinen eigenthümlichen Geruch verräth [2]). Bei den wanzenartigen In-

---

biene, Suckow in Heusinger's Zeitschrift. Bd. III. Taf. 6. Fig. 180. und Ramdohr a. a. O. Taf. 12. von der Larve einer Vespa; s. ferner Rathke in Müller's Archiv. 1844. p. 36. Taf. 2. von der Larve einer Gryllotalpa.

20) Vergl. Lyonet, Traité etc. Pl. 13. und Suckow, anatom. physiolog. Untersuchungen. Taf. 2.

21) Vergl. Léon Dufour in den Annal. d. sc. nat. Tom. 14. 1840. p. 114. Diese Harnkanäle sind von Loew (in der entomologisch. Zeitung. 1841. p. 37. Fig. 3.) an der Larve von Buprestis mariana wol nur übersehen worden, sonst hätte er die beiden blinddarmartigen Anhänge am oberen Ende des Chylus-Magens, mit welchen auch die Imagines der Buprestiden ausgestattet sind (s. oben §. 338.), nicht fälschlich für die Malpighischen Gefässe gehalten.

1) Bei den Euprepien und Zygaenen quillt ein solcher gelber und klarer Saft unter dem Halskragen hervor, bei verschiedenen Meloïden, Chrysomeliden und Coccionelliden dagegen tritt ein ähnlicher Saft an den Kniegelenken aus. Auch die Larven der zuletzt genannten Käfer, sowie viele den Tenthrediniden angehörige Afterraupen geben bei der leisesten Berührung dergleichen Tropfen durch ihre Haut von sich. Sehr häufig erinnert der Geruch dieses Sekrets an den frisch ausgepressten Mohnsaft. Einen höchst eckelhaften Gestank verbreitet die milchige Flüssigkeit, welche bei Dytiscus und Colymbetes zwischen Kopf und Halsschild abgesondert wird. — Ob der helle Saft, welchen die verschiedenen Aphiden aus zwei am Hinterleibe hervorragenden sogenannten Honigröhren bei der Berührung fahren lassen, in dieselbe Kategorie von Absonderungen gehören, wie die eben besprochenen Sekrete, das muss ich dahin gestellt sein lassen.

2) Gewisse Phryganiden, Hemerobiden, Crabroniden, Scoliaden, Ichneumoniden etc. geben die verschiedenartigsten specifischen Gerüche von sich, ohne dass das Sekret ihrer *Glandulae odoriferae* deutlich in die Augen fällt.

sekten wird der seines Gestanks wegen so berüchtigt gewordene Saft nur aus einer einzigen unpaarigen, gelb oder roth gefärbten Drüse von birnförmiger Gestalt abgesondert, welche die Mitte des Metathorax einnimmt, und zwischen den Hinterbeinen ausmündet 3). Bei anderen Insekten liegen ähnliche Absonderungsorgane im Hinterleibsende verborgen, wo ihr Sekret in reichlicher Menge als ein trüber, stinkender Saft neben dem After hervorquillt. Diese Afterdrüsen sind in der Regel paarig vorhanden, und bestehen aus einfachen Drüsenschläuchen, deren Sekret sich in einem kontraktilen, ebenfalls paarigen Behälter von rundlicher oder länglicher Form ansammelt 4). Bei vielen Käfern sondern diese Afterdrüsen einen ätzenden Saft ab, welcher zugleich einen stechenden und mehr oder weniger aromatischen Geruch besitzt. Solche Afterdrüsen zeigen alsdann mannichfaltige Verästelungen oder bestehen aus traubenförmig angeordneten Acini, welche sich sämmtlich in einen oder mehre lange Ausführungsgänge vereinigen 5). Diese letzteren münden in den Hals zweier muskulöser birnförmiger Saftbehälter ein, durch deren kräftige Kontraktion jene ätzende Feuchtigkeit als Vertheidigungsmittel von den Käfern aus der Aftergegend fortgespritzt wird 6). Die Ameisen besitzen ebenfalls in der Aftergegend einen Drüsenapparat, aus welchem ein scharfes saures Sekret ausgespritzt wird. Derselbe ist jedoch unpaarig und besteht in einem einzigen

3) Vergl. Léon Dufour, Recherches a. a. O. p. 266. Pl. 17. Fig. 194. Uebrigens thut man Unrecht, wenn man alle Wanzen dieses Sekrets wegen verabscheut, da bei manchen Arten, z. B. bei Syromastes, die *Glandula odorifera* einen ganz angenehmen, an die feine Bergamott-Birne erinnernden Geruch von sich giebt.

4) Diese Afterdrüsen, welche von Burmeister (Handbuch etc. Bd. 1. p. 157.), Lacordaire (Introduction etc. Tom. II. p. 54.), Grant (Outlines a. a. O. p. 584.) und anderen Zootomen ganz unrichtig für Harnorgane gehalten worden sind, stellen in den Dytisciden und Gyriniden zwei einfache lange und gewundene Blindkanäle dar, deren Behälter durch zwei kurze Ausführungsgänge einen stinkenden Saft zu beiden Seiten des Afters hervorpressen. In den Sylphiden, welche diesen Drüsenapparat unpaarig besitzen, mündet der Saftbehälter seitlich in den Mastdarm ein. Vergl. H. Meckel in Müller's Archiv. 1846. p. 47. und Léon Dufour in den Annal. d. sc. nat. Tom. 8. 1826. p. 15. Tom. 3. Pl. 10. Fig. 3. 4. u. 5. Pl. 13. Fig. 5. u. 7. von Dytiscus, Gyrinus und Sylpha. In Gryllotalpa sitzen die Afterdrüsen auf den beiden Saftbehältern als kleine lappige Körper auf. Vergl. Léon Dufour, Recherches sur les Orthopt. etc. p. 346. Pl. 2. Fig. 19.

5) Bei den Carabiden und Staphyliniden. Vergl. Léon Dufour in den Annal. d. sc. nat. Tom. 8. 1826. p. 6., Tom. 2. Pl. 20. u. 21., Tom. 3. Pl. 10., Tom. 7. Pl. 19. u. 20., s. auch J. Müller, *de glandularum structura*. Tab. I. Fig. 13—18., ferner Stein, vergleich. Anatomie und Physiologie der Insekten. 1847. Taf 1. Fig. 4. g. g. von Dianous, und Taf. 3. Fig. 3. l. n. von Oxytelus.

6) Bekanntlich ist dieses Sekret bei Brachynus so flüchtiger Natur, dass dasselbe bei dem Hervorspritzen in Gasform explodirt.

Saftbehälter, von dessen Halse nur ein einfacher Drüsenschlauch abgeht [7]). Auch die Raupen von Harpyia wissen sich durch das Hervorspritzen eines ätzenden Saftes zu vertheidigen, der in einem Drüsensacke abgesondert wird, dessen Mündung dicht unter dem Kopfe am ersten Leibesringe angebracht ist.

Unter den Hymenopteren sind die weiblichen Individuen der Vespiden, Fossores, Andreniden und Apiden in der Aftergegend mit einem Drüsen-Apparate ausgestattet, dessen giftiges Sekret die genannten Insekten mittelst eines ausgehöhlten Stachels ihren Feinden oder ihrer Beute einimpfen [8]). Dieser Giftapparat besteht aus einem doppelten langen Drüsenschlauche, welcher zuweilen sich mit vielfachen Verästelungen ausbreitet [9]). Die feinere Struktur dieser Drüsenschläuche erinnert an die Speicheldrüse der Insekten [10]). Die beiden Giftdrüsen ergiessen bald isolirt, bald zu einem gemeinschaftlichen Drüsenkanale vereinigt, ihr Sekret in den Grund eines dünnwandigen aber kontraktilen Giftbehälters von birnförmiger Gestalt, dessen längerer oder kürzerer Durchführungsgang sich in den hohlen hornigen Stachel begibt [11]). Dieser letztere wird von zwei dicht unter einander verbundenen seitlichen Hälften zusammengesetzt, welche häufig an der Spitze mit rückwärts gerichteten Zähnchen besetzt sind, und sich in einer gespaltenen Hornscheide hin und her bewegen lassen [12]). Die

---

7) Vergl. Léon Dufour, Recherches sur les Orthopt. etc. p. 413. Pl. 7. Fig. 86.

8) Die Arbeitsbienen, welche bekanntlich mit einem ähnlichen Giftapparate ausgestattet sind, müssen übrigens als weibliche Individuen angesehen werden, deren Geschlechtsorgane unentwickelt geblieben sind. Viele Grabwespen, welche ihre Brut mit Insekten füttern, verwunden diese mit ihrem Stachel, um sie alsdann leichter überwältigen und forttragen zu können. Einige solcher Grabwespen tragen sogar die so überwundene Beute auf den Stachel gespiesst in ihre Nester (s. meine Observationes quaedam de Oxybelo atque Miltogramma. 1841. p. 11). Die Verwundung tödtet nicht immer die erhaschten Insekten, sondern lähmt dieselben bloss; auf diese Weise kann sich ein Vorrath solcher eingefangener Insekten mehre Tage hindurch in den verborgenen Höhlen neben den wehrlosen Larven der Grabwespen frisch erhalten.

9) Zwei einfache Giftdrüsen-Schläuche besitzt Vespa, Scolia, Crabro, Halictus, Apis u. a., während sie bei Pompilus, Philanthus, Larra, Bombus u. a. verästelt sind.

10) Ueber die feinere Struktur dieser Giftdrüsen vergleiche man H. Meckel in Müller's Archiv. 1846. p. 45. Taf. 3.

11) Genauere Darstellungen dieses Giftapparates finden sich in den Schriften des Swammerdamm (Bibel der Natur. p. 183. Taf. 8. von Apis), Brandt und Ratzeburg (mediz. Zoologie. Bd. II. p. 203. Taf. 25. Fig. 39—42), Ramdohr (Abhandlung über die Verdauungswerkz. Taf. 14. Fig. 5. von Pompilus) und Suckow (in Heusinger's Zeitschrift. Bd. II. Taf. 14. Fig. 38. u. 46. von Apis und Crabro).

12) Vergl. Swammerdamm a. a. O. Taf. 18. Fig. 3.

Scheide sowol wie der Stachel sind an ihrer Basis mit einem besondern Muskelapparat ausgestattet, durch welchen diese im Hinterleibsende verborgen liegende Waffe aus- und eingeschoben wird.

Eine andere Reihe von Absonderungsorganen, welche bei vielen weiblichen Insekten in die Basis der Legeröhre einmünden, stehen mit dem Legegeschäfte in so inniger Beziehung, dass sie geeigneter bei der Betrachtung der Geschlechtswerkzeuge besprochen werden können [13]).

Ein sehr grosser Theil derjenigen Insekten, welche einer vollkommenen Metamorphose unterworfen sind, besitzen im Larvenzustande Spinnorgane, mit deren Sekret viele Larven vor ihrer Verpuppung ein Gehäuse weben, oder die Höhle, welche zu ihrem bisherigen Aufenthalte gedient hat, verschliessen, während andere das Sekret ihrer Spinnwerkzeuge dazu benutzen, verschiedene fremde Körper zu einem Gehäuse zusammenzukleben. Man findet daher bei diesen Insekten vor Eintritt der Puppen-Periode die Spinnwerkzeuge auf der höchsten Stufe der Entwicklung, doch zeigen sich bei denjenigen Insektenlarven, welche unter dem Namen Sackträger und Blattwickler bekannt sind, und bei denjenigen Raupen, welche in einem gemeinschaftlichen Gewebe beisammen wohnen, diese Spinnorgane schon in den frühsten Perioden des Larvenzustandes entwickelt und thätig. Die eigentlichen, Seide absondernden Drüsen dieses Apparates bestehen aus zwei langen dickwandigen Blindschläuchen, welche mehr oder weniger gewunden die Seiten des Leibes einnehmen, und nach vorn in zwei enge Ausführungskanäle übergehen, deren gemeinschaftliche Mündung an der Unterlippe meistens auf einer kurzen röhrenförmigen Hervorragung angebracht ist [14]). Höchst sonderbar verhält sich bei der Larve von Myrmeleon der Spinnapparat, indem der weite Mastdarm in einen, Seide absondernden Drüsensack umgewandelt ist, dessen gegliederte Spinnröhre an der Stelle des Afters hervorgeschoben wird [15]).

Eine ganz besondere Bewandtniss hat es mit dem Wachs bereitenden Apparate der Apiden. Die Arbeitsbienen liefern nämlich dieses Sekret in Form dünner Scheiben, welche sich zwischen den dachziegelförmig übereinander liegenden Bauchschienen des Hinterleibes bilden,

---

13) S. unten §. 350.

14) Vergl. Roesel, Insektenbelustigungen. Thl. III. Classis I. Papilionum nocturnorum. Taf. 9. von Bombyx, Lyonet, Traité etc. p. 498. Pl. 14. u. 15. von Cossus, Suckow, anatom. physiol. Untersuch. p. 29. Taf. 7. Fig. 31. von Gastropacha, Pictet, Recherches pour servir à l'hist. des Phryganides. Pl. 3. Fig. 1. von Phryganea. — Die Rückbildung dieser Spinnorgane während des Puppenlebens ist von Herold (Entwickelungsgeschichte der Schmetterlinge. Taf. 3.) und von Suckow (a. a. O. Taf. 2.) an Pontia und Gastropacha mit vieler Sorgfalt dargestellt worden.

15) Vergl. Réaumur, Mémoires etc. Tom. 6. Pl. 32. Fig. 7. u. 8.. oder Ramdohr, Abhandlung etc. Taf. 17. Fig. 1.

ohne dass sich in dieser Gegend die Mündungen von besonderen Drüsen bis jetzt haben auffinden lassen. Man muss daher annehmen, dass sich auf der äusseren Oberfläche der zarten Verbindungshäute der Bauchschienen die Wachsmasse durch einen Durchschwitzungsprozess von innen her ansammele [16]. Es kommen übrigens noch bei vielen anderen Insekten Sekrete vor, welche ebenfalls ohne besonderen Drüsenapparat durch die allgemeine Hautbedeckung hindurchschwitzen und gleich dem Wachse an der Luft erhärten. Solche geronnene Hautsekrete bilden meistens eine weisse weiche Masse, welche in Form von Pulver, Flocken, Fäden und dergl. an der Hautoberfläche kleben bleiben [17].

Die Leuchtorgane der Lampyriden und gewisser Elateriden, welche ein phosphorescirendes Licht absondern [18]), bestehen aus einer Anhäufung von kugelförmigen Zellen, die eine feinkörnige Masse ein-

16) Ueber den feineren Bau dieser zarten wachsabsondernden Hautstellen (Wachshäute) der Arbeitsbiene vergleiche man Treviranus in der Zeitschrift für Physiologie. Bd. 3. p. 62. u. 225., sowie Brandt und Ratzeburg, mediz. Zoologie. Bd. II. p. 179. Taf. 25. Fig. 18. — Die Wachsbereitung der Bienen ist in neuester Zeit von französischen Naturforschern vielfach besprochen worden, wobei Milne Edwards von neuem die schon früher einmal bekämpfte Behauptung aufstellte, dass das Wachs in besonderen Drüsenbälgen, welche hinter den Bauchschienen verborgen liegen sollen, abgesondert werde. Die von Léon Dufour unternommenen sorgfältigen Untersuchungen konnten indessen die Existenz solcher *Glandulae ceriferae* nicht bestätigen. Vergl. die auf diesen Gegenstand sich beziehenden Aufsätze in den Comptes rendus. Vol. 17., im Institut. 1843., und in Froriep's neuen Notizen. Bd. 28. u. 29. Man kann sich übrigens von dem Mangel solcher Drüsensäcke an den Bauchschienen der Arbeitsbienen leicht überzeugen; wenn man dagegen verschiedene Andreniden untersucht, so entdeckt man allerdings auf der rechten und linken Seite ihrer Bauchschienen ein birnförmiges Drüsensäckchen, welches durch einen kurzen, zwischen den Segmenten versteckten Ausführungskanal eine fettartige Masse nach aussen absondert.

17) Dergleichen Hautsekrete bedecken die ganze Körperoberfläche verschiedener Cocciden und Aphididen mit einer Art Puder oder Wolle, bei den weiblichen Individuen von Dorthesia ist nicht allein der ganze Körper mit einem solchen Sekrete in Form einer festen weissen Kruste umgeben, sondern es werden auch die gelegten Eier von dieser Kruste eingehüllt und an den Hinterleib dieser Scharlachläuse befestigt. Bei mehren Cocciden-Männchen bildet dieses Sekret am Hinterleibsende einen artigen, aber leicht vergänglichen Schmuck in Form von lang abstehenden weissen Härchen. Sehr sonderbar nimmt sich dieses Sekret an gewissen Zirpen (Lystra, Flata) aus, deren Brust und Hinterleib hier und dort mit einem schimmelartigen Ueberzug bedeckt ist. Auch die Larven von mehren Blattwespen (z. B. von Tenthredo ovata) sowie von gewissen Coccionelliden (von Scymnus) schwitzen einen Saft aus, der sich auf der Hautoberfläche in eine weisse flockige Masse umwandelt.

18) Ueber das Leuchten der genannten Coleopteren vergleiche man Carus, Analekten etc. p. 168., Burmeister, Handbuch etc. Bd. I. p. 534., und Lacordaire, Introduction etc. Tom. II. p. 140.

schliessen und von äusserst zahlreichen Tracheen-Verästelungen umsponnen und zusammengehalten werden [19]. Diese leuchtende Substanz, welche bei dem auffallenden Tageslichte eine schwefelgelbe Farbe besitzt, füllt in den Lampyriden einen Theil der Hinterleibshöhle aus und leuchtet auf der Bauchseite durch die letzten dünnhäutigen Hinterleibssegmente hindurch, während sie in den Elateriden an zwei durchsichtigen Stellen auf dem Rücken des Thorax hervorschimmert. Die Lichterzeugung rührt in diesen mit Tracheen so ausserordentlich reich ausgestatteten Organen gewiss von einer Art Verbrennungsprozess her, welcher durch den von den Tracheen herbeigeführten Sauerstoff unterhalten wird. Von diesem Prozesse mag auch die rhythmisch bald schwächer bald stärker vor sich gehende Lichtentwicklung herrühren, welche man bei lebenskräftigen Leuchtkäfern wahrnimmt, und welche nicht mit der Pulsation des Herzens, sondern mit dem Aus- und Einathmen der Thiere zusammenfällt [20].

Neunter Abschnitt.

Von den Fortpflanzungs-Organen.

§. 348.

Die Vermehrung der Insekten geht stets durch Geschlechtsorgane vor sich, welche auf verschiedene Individuen vertheilt und mit Begattungswerkzeugen ausgestattet sind [1]. Bei einigen Insekten, nämlich bei

---

19) Der feinere Bau der Leuchtorgane bei Lampyris italica ist von Peters (in Müller's Archiv. 1841. p. 229.) und von Morren (in der Isis. 1843. p. 412.) untersucht worden. Letzterer schreibt übrigens diesem Thiere einen Phosphorgehalt zu, ohne jedoch eine bestimmte Rechenschaft darüber abzugeben.

20) Matteucci hat über das Leuchten der Lampyris italica sehr umfassende Versuche angestellt, aus denen hervorgeht, dass die leuchtende Substanz dieses Käfers auf Kosten des von den Tracheen herbeigeführten Sauerstoffes verbrenne, wobei weder eine Temperaturerhöhung noch Phosphor entdeckt werden konnte. Vergl. Matteucci, Leçons sur les phénomènes physiques des corps vivants. Paris. 1847. p. 151. oder in den Comptes rendus. Vol. 17. 1843. p. 309. und in Froriep's neuen Notizen. Nr. 583 p. 168. auch in den Notizen von Schleiden und Froriep. Nr. 9. p. 135.

1) Der Hermaphroditismus, welcher von Hartig gewissen Cynips-Arten zugeschrieben worden ist, wurde von Ratzeburg und mir als eine unrichtige Auffassung der inneren Organisation weiblicher Cynipiden nachgewiesen. Vergl. Germar's Zeitschrift der Entomologie. Bd. III. p. 322. Taf. 1., Bd. IV. p. 380. u. 396. Diejenigen wahren Hermaphroditen, welche man bis jetzt in anderen Insekten-Ordnungen, namentlich unter den Lepidopteren nicht ganz selten angetroffen hat, gehören in die Reihe der Missbildungen. Klug (in den Verhandlungen der Gesellsch. naturforsch. Freunde in Berlin. Bd. I. p. 363. oder Jahr-

den Apiden und Termitiden stehen die Weibchen den männlichen Individuen an Zahl ausserordentlich nach. In den Kolonien der Bienen, Termiten und Ameisen kommen ausser den Männchen und Weibchen noch eine Menge geschlechtsloser Individuen (die sogenannten Arbeiter und Soldaten) vor.

Die Geschlechtstheile der Insekten entwickeln sich vorzüglich während des Puppenzustandes, doch sind dieselben bereits in den jüngsten Larven als Keime vorhanden, an denen schon sehr früh die Unterschiede der beiden Geschlechter hervortreten [2]). Diese als Keime stets vorhandenen weiblichen Geschlechtstheile bleiben bei einer grossen Anzahl von Bienen-Larven, wahrscheinlich durch den Einfluss der Nahrungsstoffe unentwickelt, woraus die vorhin genannten Arbeitsbienen hervorgehen, während bei einer anderen Fütterungsweise aus denselben Larven vollkommen gebildete weibliche Individuen (Bienenköniginnen) erzogen werden können [3]).

Sehr merkwürdig verhalten sich die Aphiden, indem bei ihnen mehre Generationen hindurch nur weibliche Individuen zum Vorschein kommen, die ohne Einfluss männlicher Geschlechtsorgane lebende Junge gebären [4]).

---

bücher der Insektenkunde. Bd. I. p. 254.), Ochsenheimer (die Schmetterlinge von Europa. Bd. IV. p. 185.), und Lefebvre (in den Annal. de la société entomologique de France. Tom. IV. 1835. p. 145.) haben eine Menge Beobachtungen über Zwitterbildungen der Insekten aufgezeichnet. Vergl. auch Burmeister, Handbuch etc. Bd. I. p. 338.

2) Herold (Entwickelungsgeschichte der Schmetterlinge) hat über diese frühe Entwickelung der Geschlechtsorgane bei Pontia Brassicae höchst interessante Untersuchungen angestellt, mit welchen die Beobachtungen Suckow's (anatom. physiolog. Unters. p. 31. Taf. 3. u. 5.) an Gastropacha Pini übereinstimmen. Vergl. auch Herold, Disquisitiones de animalium vertebris carentium in ovo formatione. Tab. I. Fig. IX. oder in den Annal. d. sc. nat. Tom. 12. 1839. p. 186. Pl. 7. Fig. 8. Dass auch in anderen Insekten-Ordnungen die Geschlechtstheile sich sehr frühe entwickeln, darauf deuten die Abbildungen hin, welche Suckow (in Heusinger's Zeitschrift. Bd. II. Taf. 10. Fig. 9.) von Aphrophora spumaria, und Léon Dufour (in den Annal. d. sc. nat. Tom. 13. 1840. Pl. 3. Fig. 5.) von Pyrochroa coccinea geliefert haben.

3) Vergl. über die Entstehung der geschlechtslosen Individuen bei den Hymenopteren die Bemerkungen von Treviranus in dessen Zeitschrift. Bd. III. p. 220. Die unentwickelten Eierstöcke und die Rudimente des Receptaculum seminis lassen sich bei allen Arbeitsbienen auffinden. Vergl. Ratzeburg in den Nov. Act. Nat. Cur. Vol. XV. P. II. p. 613. Tab. 47., und meine Bemerkungen in Germar's Zeitschrift. Bd. 4. p. 375.

4) Es lässt sich diese auffallende Vermehrungsweise der Blattläuse (s. unten § 350.) mit jener Erscheinung, welche von Steenstrup als Generationswechsel bezeichnet worden ist, ganz gut in Einklang bringen, indem man solche lebendiggebärende Aphiden als Ammen betrachtet. Höchst wahrscheinlich müssen auch gewisse Cynips-Arten für dergleichen Ammenbildungen angesehen werden, da bis jetzt die zu diesen Arten gehörigen männlichen Individuen nicht aufgefunden

Die Geschlechtsorgane der Insekten bestehen im Allgemeinen aus zwei Ovarien oder Hoden, welche symmetrisch in der rechten und linken Seite des Abdomen angebracht sind, und deren Eier- oder Saamenleiter (*Tubae* oder *Vasa deferentia*) sich zu einem gemeinschaftlichen, unterhalb des Afters endigenden Ausführungsgange (*Vagina* oder *Ductus ejaculatorius*) vereinigen. Mit diesem Ausführungsgange verbinden sich noch verschiedene paarige und unpaarige Anhänge, von welchen einige bei den weiblichen Insekten als Saamenbehälter (*Receptaculum seminis*) und Begattungstasche (*Bursa copulatrix*) fungiren, während andere Anhänge sowol bei weiblichen wie männlichen Individuen wahre Absonderungsorgane darstellen. Die Scheide setzt sich häufig noch in einen, aus mehren Hornleisten zusammengesetzten Legeapparat fort, welchem in den männlichen Individuen ein anderer, aus mehren Hornstücken gebildeter Apparat als Penis entspricht.

Die Insekten-Eier bieten in ihrer Gestalt und Farbe die grosste Mannichfaltigkeit dar, auch sind dieselben äusserlich oft mit den verschiedensten, zuweilen sehr zierlich gestalteten Erhabenheiten und Runzeln besetzt [5]). Eine sehr auffallende Form zeigen die Eier gewisser Cynipiden, Ichneumoniden und Siriciden, indem das eine Ende derselben durch eine Einschnürung in einen langen, geraden oder gekrümmten Fortsatz ausgezogen ist. [6]). Bei einigen Wasserwanzen ist das hintere Ende der länglichen Eier mit langen steifen Borsten umgeben [7]). Die von einem meist sehr festhäutigen Chorium und einer zarten Dotterhaut eingeschlossene Dottermasse besteht aus bald mehr bald weniger gefärbten Fettbläschen, von denen häufig die Farbe der Eier herrührt. Das Keimbläschen enthält einen ansehnlichen Keimfleck,

---

wurden, wenigstens hat Hartig (in Germar's Zeitschrift. Bd. 4. p. 398.) unter vielen tausend Individuen von Cynips folii und divisa kein einziges Männchen entdecken können. Aehnliche Beobachtungen sind auch von Léon Dufour (Recherches sur les Orthopt. etc. p. 527.) gemacht worden. Ebenso vermuthe ich, dass die von verschiedenen Lepidopterologen den Weibchen gewisser Psyche-Arten zugeschriebene Fähigkeit, ohne vorausgegangene Begattung entwickelungsfähige Eier zu legen, auf Ammenbildung beruhen möchte.

5) Eine grosse Anzahl von verschiedenen Formen der Insekten-Eier haben Kirby und Spence (Einleitung etc. p. 100. Taf. 15.) abgebildet. Vergl. auch Burmeister, Handbuch etc. Taf. 1., und Lacordaire, Introduction etc. Pl. 1.

6) Vergl. Léon Dufour, Recherches sur les Orthopt. etc. Fig. 128. u. 149. von Cynips und Xyphidria, Hartig in Wiegmann's Archiv. 1837. Bd. I. p. 151. Taf. 4. von Tryphon, Paniscus und anderen Ichneumonen, und in Germar's Zeitschrift. p. 327. Taf. 1. Fig. 5. u. 6. von Cynips.

7) Zwei lange Borsten tragen die Eier von Ranatra, während an den Eiern von Nepa ein ganzer Kranz solcher Borsten sich vorfinden. Vergl. Roesel, Insektenbelust. Thl. III. Taf. 22. u. 23., oder Léon Dufour, Recherches sur les Hémipt. Pl. 16.

der zuweilen in mehre Stücke zerfallen ist[8]). Die Bildung der Insekten-Eier geht nach zwei verschiedenen Typen vor sich. 1. Bei den Orthopteren und verschiedenen Coleopteren werden die Keimbläschen, welche sich im hinteren blinden Ende der röhrenförmigen Eierstöcke entwickeln, nach und nach von einem Hofe körniger Dottermassen umgeben. Dieser Dotterhof vergrössert sich allmälig, wobei sich an der Peripherie ein immer fester werdendes Chorium ausbildet. Während dieser Entwicklung reihen sich die Eier hintereinander und rücken so innerhalb der Eierstocksröhre immer mehr nach der Mündung derselben vor[9]). 2. Sehr auffallend weicht hiervon die Genesis der Eier in den Lepidopteren, Dipteren, Hymenopteren, Neuropteren, Cicindeliden, Carabiden und Hydrocanthariden ab, indem der um die Keimbläschen zuerst entstandene Dotterhof sich dadurch vergrössert, dass sich zwischen je zwei Dotterhöfen eine Gruppe grosser Dotterzellen ausbildet, deren Inhalt mit dem darunter befindlichen Dotterhofe verschmilzt, während von unten her das aus einer einfachen Zellenschicht hervorgehende Chorium über den Dotterhof und die Dotterzellen hinwächst und zuletzt, nachdem der Dotterhof den gehörigen Umfang erreicht hat, am oberen Ende desselben sich schliesst. Die Zeit, zu welcher die Eier ihre vollendete Reife erreichen, fällt bei den Lepidopteren, Tipuliden und Ephemeriden mit dem Ende des Puppenlebens zusammen, so dass diese Insekten gleich nach dem Abstreifen ihrer Puppenhülle die Eier ablegen können, wogegen sich in den Ovarien der Libelluliden, Locustiden, besonders der Apiden die Eier um vieles später ausbilden.

Die Saamenfeuchtigkeit aller Insekten enthält sehr bewegliche Spermatozoiden, welche durchweg eine haarförmige Gestalt besitzen und bei der Berührung mit Wasser augenblicklich unter Oesenbildung erstarren. Diese Spermatozoiden[10]) entwickeln sich innerhalb grösserer Zellen, deren Membran später schwindet, während die innerhalb derselben entstandenen Saamenfäden noch eine längere Zeit beisammen bleiben und verschieden gestaltete Spermatozoïden-Bündel darstel

8) Vergl. Wagner, Prodromus a. a. O. p. 9. Tab. II. Fig. 18—22.

9) Vergl. Wagner, Beiträge zur Geschichte der Zeugung und Entwickelung, in den Abhandlungen der physical. mathemat. Klasse der Akademie zu München. Bd. II. 1837. p. 554. Taf. 2. Fig. 1. von Agrion, und Stein, vergleich. Anatomie und Physiologie der Insekten. I. p. 47. Taf. 9. Fig. 4. u. 8. von Telephorus und Acheta.

10) Herold hat zuerst auf diese merkwürdige Genesis der Schmetterlingseier aufmerksam gemacht, s. dessen Disquisitiones etc. Tab. I. Fig. 11—18, oder in den Annal. d. sc. nat. Tom. 12. 1839. p. 195. Pl. 7. Fig. 13—18. Noch ausführlichere Untersuchungen sind aber hierüber von Stein angestellt worden, s. dessen vergleich. Anat. a. a. O. p. 52. Taf. 9. Fig. 2. 9. u. 13. von Pontia und Pterostichus.

len[11]). Bei mehren Insekten vereinigen sich diese Bündel hintereinander und stellen alsdann lange wurmförmige Körper dar[12]). Erst bei dem allmäligen Vorrücken der Saamenmasse innerhalb der Vasa deferentia verlassen die Spermatozoïden diese Gruppirung, wobei sie sich zuweilen wieder auf eine ganz andere und merkwürdige Weise untereinander verbinden und lange federförmige Gebilde darstellen, welche durch die lebhaft schwingenden freien Enden der Saamenfäden in ganz auffallende Bewegungen versetzt werden[13]). Auch sind bereits in den weiblichen Geschlechtstheilen mehrer, den Lepidopteren, Orthopteren und Coleopteren angehörenden Insekten eigenthümliche, länger oder kürzer gestielte, und auch ungestielte hohle Körper beobachtet worden, welche aus ziemlich festen, dem geronnenen Eiweisse vergleichbaren Wandungen bestehen und in ihrem Innern mit Spermatozoïden angefüllt sind, daher diese Körper wol am besten mit Spermatophoren verglichen werden können[14]).

---

11) Ueber die Insekten-Spermatozoïden und deren Entwickelung vergleiche man meine Abhandlung in Müller's Archiv. 1836. p. 30., und Kölliker in den neuen schweizerischen Denkschriften. Bd. 8. p. 24.

12) S. meine Abhandlung in Müller's Archiv. a. a. O. p. 38. Taf. 3. Fig. 16—18. von Pontia. Bei den Lepidopteren überhaupt kommen diese wurmförmigen Spermatozoïden-Bündel allgemein verbreitet vor, aber auch in Dipteren und Coleopteren sind dieselben anzutreffen. Vergl. Loew, Horae anatomicae. Hft. I. 1841. p 26. Taf. 2. von Scatopse, und Hammerschmidt in der Isis. 1838. p. 358. Taf. 4. von Cleonus und verschiedenen Lepidopteren. Letzterer Naturforscher hielt übrigens diese Saamenfäden-Bündel für riesige Saamenthiere, die er mit den Namen Pagiura, Spirilura, Cincinnura belegte.

13) Dergleichen federförmige, aus Spermatozoïden zusammengesetzte Körper entdeckte ich im *Receptaculum seminis* von Locusta und Decticus, vergl. hierüber meine Untersuchungen in den Nov. Act. Nat. Cur. Vol. 21. 1845. p. 251. Tab. 14—15. Aehnliche, zu einem langen Strange verbundene Spermatozoïden hat Dujardin (Observateur au Microscope. 1842. Pl. 11. Fig. 18. u. 19.) in den männlichen Geschlechtstheilen von Tettigonia plebeja und Sphodrus terricola wahrgenommen. Auch von Stein sind dergleichen lange Saamenfäden-Stränge in den Saamenbehältern verschiedener weiblicher Carabiden aufgefunden worden. S. dessen vergleich. Anat. etc. p. 106. Tab. I. Fig. 19. von Loricera.

14) Kurz gestielte birnförmige Saamenschläuche sind in dem *Receptaculum seminis* der befruchteten Weibchen von Locusta und Decticus enthalten (s. meine Abhandlung in den Nov. Act. Nat. Cur. a. a. O. p. 262. Tab. 16. Fig. 14. u. 15.), sehr langgestielte rundliche Spermatophoren finden sich in der *Bursa copulatrix* sehr vieler Lepidopteren vor. Auch in der Begattungstasche der befruchteten Käfer-Weibchen stecken häufig mehre Saamenschläuche beisammen, welche je nach den Käfer-Arten die verschiedensten Formen besitzen, und von welchen sich die langgezogenen Spermatophoren der Clivina fossor durch ihren ausserordentlich langen und gewundenen Stiel ganz besonders auszeichnen. Vergl. Stein a. a. O. p. 91. Taf. I. VII. u. VIII. — Aeltere Entomotomen haben diese Spermatophoren für die nach dem Begattungsakte abgerissene Ruthe gehalten, auch ich habe mir früher die Anwesenheit dieser Körper in der Begattungstasche der weiblichen Insekten nicht anders erklären können (s. meine Abhandlung über

I. Von den Geschlechtsorganen der weiblichen Insekten.

§. 349.

Die beiden Eierstöcke der Insekten werden immer aus einer grösseren oder geringeren Anzahl von Röhren zusammengesetzt, welche nach oben hin in eine äusserst zarte Spitze auslaufen, nach unten dagegen an Dicke zunehmen und auf mannichfaltige Weise angeordnet in die beiden Tuben einmünden [1]. Diese Eierstocksröhren, welche stets von zahlreichen Tracheennetzen umhüllt werden, endigen nach oben blind, setzen sich aber noch über das blinde Ende hinaus als zarte Fäden fort, die sich aneinander legen, und die beiden Ovarien an den Thorax befestigen [2]. Die Eierstocksröhren haben eine sehr verschiedene Länge, nach welcher sich die Zahl der in einer einfachen Reihe hintereinander aufgereihten Eier und Eierkeime richtet, so dass man auf diese Weise einfächerige, zweifächerige und mehrfächerige Eierstocksröhren unterscheiden kann. Die beiden Tuben sind in der Regel kurz und häufig an ihren hinteren Enden, wenn sich hier viele Eierstocksröhren zugleich vereinigen, kelchartig erweitert.

Die Saamentasche (***Receptaculum seminis***) ist ein bald paariger bald unpaariger, mit einer muskulösen Schicht umgebener fester

---

die Spermatozoïden in den befruchteten Insekten Weibchen, in Müller's Archiv. 1837. p. 399. u. 419.), habe mich aber später von der wahren Beschaffenheit dieser Körper überzeugt, und finde daher die über diesen Gegenstand von Stein (a. a. O. p. 86.) gemachte Berichtigung vollkommen gegründet.

1) Ueber die verschiedenen Formen dieser Anordnung der Eierstocksröhren vergleiche man J. Müller in den Nov. Act. Nat. Cur. Vol. XII. p. 585., Burmeister, Handbuch etc. Bd. I. p. 199. und Lacordaire, Introduction etc. Tom. II. p. 329. — Von dieser Form der Eierstöcke weichen indessen die Ovarien der Strepsipteren ganz auffallend ab, überhaupt zeigen die weiblichen Fächerflügler eine so merkwürdig vereinfachte Organisation ihrer Geschlechtstheile, dass sie ganz einzig in ihrer Art unter den Insekten dastehen. Ihre beiden Eierstöcke bilden anfangs zwei längliche, aus unzähligen Eierkeimen zusammengesetzte Körper, welche nach der gehörigen Ausbildung der Eierkeime vollständig in Eier zerfallen, die dann zwischen den Fettzellen in der ganzen Leibeshöhle zerstreut liegen. Auf der Bauchfläche des fusslosen larvenartigen Weibchens der Strepsipteren zieht sich ein flacher Kanal (Brutkanal) entlang, der an den vorletzten Leibesringel blind endigt, und auf dem Cephalothorax mit einer halbmondförmigen Oeffnung (Geschlechtsöffnung) nach aussen mündet. Von diesem Kanale ragen drei bis fünf nach vorn umgebogene Röhren frei in die Leibeshöhle, welche von der in der Leibeshöhle sich entwickelnden Brut zum Ausgang benutzt werden. Vergl. meine Beiträge zur Naturgeschichte der wirbellos. Thiere. p. 75. Taf. 3. Fig. 62. u. 67., ferner Wiegmann's Archiv. 1843. Bd. I. p. 147. Die Bauchseite dieser weiblichen Strepsipteren ist übrigens früher von mir unrichtig für die Rückenseite gehalten worden.

2) J. Müller hat diese Verbindungsfäden für Gefässe erklärt, welche eine Verbindung zwischen den Eierstöcken und dem Rückengefässe unterhalten sollen. S. Nov. Act. Nat. Cur. Vol. XII. p. 580.

Behälter (*Capsula seminalis*) von mannichfaltiger Gestalt, der unterhalb der Vereinigung der beiden Tuben mit kürzerem oder längerem Kanale (*Ductus seminalis*) in die Scheide einmündet, und mit welchem zuweilen ein einfacher oder gabelförmig getheilter Drüsenschlauch (*Glandula appendicularis*) zusammenhängt [3]). Die Saamentasche enthält bei denjenigen Insekten-Weibchen, welche so eben ihre Puppenhülle verlassen haben, oder sich überhaupt noch im jungfräulichen Zustande befinden, niemals Spermatozoïden, während sie nach der Begattung stets mit einem Gewirre von lebhaft sich bewegenden Saamenfäden angefüllt ist. Die Beweglichkeit derselben dauert innerhalb der Saamentasche ausserordentlich lange aus, wovon man sich an überwinternden weiblichen Insekten überzeugen kann [4]).

Die Begattungstasche (*Bursa copulatrix*) wird fast immer von einem weiten birnförmigen Behälter gebildet, der fast stets unterhalb der Saamentasche in die Scheide einmündet; dieselbe nimmt bei der Begattung ausser der Ruthe oft auch Saamenmasse in sich auf, wel-

3) Dieses *Receptaculum seminis* ist eine lange Zeit hindurch ganz unbeachtet geblieben, oder zum Theil für eine *Bursa copulatrix* und für ein Kittorgan gehalten worden, daher die früheren Beschreibungen und Darstellungen meist ein unvollkommenes Bild von diesem Apparate liefern. Erst in neuerer Zeit ist man in Deutschland auf die Anwesenheit und die Bedeutung dieses Organs aufmerksam geworden (s. meine Abhandlung in Müller's Archiv. 1837. p. 392. und Stein vergl. Anat. etc. 1847. p. 96.), dennoch werden auch jetzt noch die Saamentasche und Begattungstasche miteinander verwechselt, namentlich bleibt Léon Dufour bis auf die neueste Zeit seinem Irrthume getreu, indem er das *Receptaculum seminis*, wie er es von Anfang an gethan, fortwährend als *Glande sébifique* bezeichnet.

4) Vergl. meine an Vespa (in Wiegmann's Archiv. 1839. Bd. I. p. 107.) und an Culex (in Germar's Zeitschrift. Bd. II. 1840. p. 442.) angestellten Beobachtungen. S. auch Stein a. a. O. p. 112., der die lange Lebensdauer der Spermatozoïden in den Saamenkapseln der Coleopteren erkannte. Wahrscheinlich dient die von der Anhangsdrüse abgesonderte Feuchtigkeit dazu, die Spermatozoïden in der Saamenkapsel frisch zu erhalten und vor dem Vertrocknen zu bewahren. Mit dieser in der Saamentasche der Weibchen aufbewahrten Saamenmasse werden gewiss die Eier innerhalb der Scheide, während sie an der Ausmündung des *Receptaculum seminis* vorbeischlüpfen, befruchtet, indem wahrscheinlich die Saamenkapsel von dem diese letztere umgebenden Muskelapparat zusammengedrückt wird. Durch die lange Ausdauer des Saamens innerhalb des *Receptaculum seminis* erklärt es sich, wie gewisse Insekten-Weibchen sehr lange nach dem Begattungsakte und zu einer Zeit, in welcher längst alle Männchen verschwunden sind, befruchtete Eier legen können. Es fällt nämlich der Zeitraum, bis zu welchem die Eier in den Ovarien ihre gehörige Reife erhalten haben, um gelegt werden zu können, durchaus nicht immer mit der Begattungszeit zusammen. Die über diese letztere Erscheinung bekannt gewordenen Erfahrungen hat Müller (in den Nov. Act. Nat. Cur. Vol. XII. p. 624.) zusammengestellt.

che entweder in besonders geformten Saamenschläuchen oder von formloser gallertartiger Umhüllungsmasse umgeben hineingeschafft wird [5]).

Die am untersten Ende der Scheide angebrachten Absonderungswerkzeuge bestehen in der Regel aus zwei kürzeren oder längeren Drüsenschläuchen, welche bald unmittelbar, bald mit zwei besonderen engen Ausführungsgängen rechts und links in die Scheide münden, und häufig noch mit zwei blasenförmigen Behältern in Verbindung stehen. In den meisten Fällen kann dieser Apparat mit Schleim- oder Kittorganen (*Glandulae sebaceae* sive *colleteriae*) verglichen werden, indem er einen klebrigen und gerinnbaren Stoff absondert, mit welchem die Eier unter sich verklebt, umhüllt und an fremde Gegenstände befestigt werden. Bei den Ichneumoniden-Weibchen dient dieser Absonderungsapparat wol dazu, um mit dem Sekrete desselben die Wunden zu verkitten, welche diese Schlupfwespen nach dem Eierlegen an den verschiedenen Insekten-Larven zurücklassen. Auch dürfte derselbe Drüsenapparat bei denjenigen Insekten, welche mittelst einer Legeröhre ihre Eier in Pflanzengewebe schieben, und dadurch zugleich einen Gallenauswuchs erzeugen, als eine Art Reiz- oder Giftorgan diese krankhafte Wucherung des Pflanzenparenchyms hervorrufen.

§. 350.

Von den verschiedenen zahllosen Modifikationen, welchen die einzelnen Abschnitte der weiblichen Geschlechtsorgane in Zahl, Form und Anordnung je nach den Ordnungen und Familien der Insekten unterworfen sind, lassen sich die wichtigsten in folgender Weise zusammenstellen.

In den Apteren bestehen die beiden Ovarien nur aus vier bis fünf Eierstocksröhren, welche bei den Pediculiden sich an einer und derselben Stelle in das hintere Ende der beiden kurzen Tuben öffnen, während bei den Lepismiden dieselben, von einander getrennt, die äussere Seite der mässig langen Tuben in Zwischenräumen besetzt halten. Zwei mehrfach eingekerbte kurze Blindsäcke, welche bei beiden

5) Diese Begattungstasche ist ihrer Grösse wegen den Entomotomen am frühsten aufgefallen, wurde aber häufig, selbst bis auf die neueste Zeit für eine Befruchtungstasche oder einen Saamenbehälter (*Spermatheca*) gehalten. Die Spermatozoïden gelangen gewiss durch ihre eigene Beweglichkeit aus dieser Begattungstasche nach dem *Receptaculum seminis* hinüber, und machen sich höchst wahrscheinlich bald nach dem Begattungsakte auf den Weg, da ein längerer Aufenthalt in der *Bursa copulatrix* ihnen nicht zuträglich zu sein scheint, wenigstens findet man diejenigen Spermatozoïden, welche in dieser Tasche zwischen der krümlich und zäh gewordenen Umhüllungsmasse zurückgeblieben sind, erstarrt und gleichsam abgestorben. John Hunter (in den philosophical transactions. 1774.) konnte demnach zu seinen gelungenen künstlichen Befruchtungsversuchen den Saamen nur aus der Begattungstasche solcher Schmetterlingsweibchen genommen haben, welche sich erst kürzlich begattet hatten.

Familien in das untere Ende der Scheide von den Seiten her einmünden, vertreten wahrscheinlich die Stelle eines Kittorgans [1]). Eine besondere Saamen- und Begattungstasche scheinen den hierher gehörigen Insekten-Weibchen zu fehlen.

Die Eierstöcke der Hemipteren werden von vier bis acht bald kürzeren bald längeren Röhren gebildet, welche quirlförmig von dem Hinterende der kurzen Tuben entspringen. Nur die Psylliden und Cicaden machen eine Ausnahme, indem die Ovarien der ersteren aus 10—30 einfächerigen Röhren, die der Singzirpen aus 20—70 zweifächerigen Röhren zusammengesetzt werden. Die Cicaden zeichnen sich ausserdem noch dadurch aus, dass ihre beiden Tuben sich in mehre Aeste verzweigen, von welchen ein jeder an seinem Hinterende einen Büschel Eierstocksröhren trägt [2]). Das *Receptaculum seminis* stellt bei den Zirpen zwei einfache schmächtige Blindröhren dar [3]). Die übrigen Hemipteren besitzen dagegen nur einen einzigen Saamenbehälter, welcher bei den Psylliden und eierlegenden Aphiden eine birnförmige Gestalt besitzt [4]), bei den Naucoriden und Nepiden einen länglichen, etwas gewundenen Blindschlauch darstellt, und bei den Hydrometriden in einen ausserordentlich langen, vielfach verschlungenen Blindkanal verwandelt ist. Auch bei vielen Capsiden und anderen Landwanzen besteht das *Receptaculum seminis* aus einem ziemlich langen und gewundenen Blindkanal; bei den Pentatomiden dagegen endigt der kürzere *Ductus seminalis* mit einer hornigen, braungefärbten *Capsula seminalis* von birnförmiger Gestalt, welche durch Einschnürungen und Fortsätze oft ein ganz eigenthümliches Aussehen erhält. Der Saamengang der Pentatomiden ist zuweilen zu einer Blase mehr oder weniger ausgeweitet, von deren Grunde eine hornige Röhre frei herabragt, die in ihrem Innern eine zweite Röhre als unmittelbare Fortsetzung der *Capsula seminis* enthält [5]). Eine Begattungstasche

---

1) Vergl. Swammerdamm, Bibel etc. p. 37. Taf. II. Fig. 8. von Pediculus, und Treviranus, vermischt. Schrift. Bd. II. p. 15. Taf. III. Fig. 8. u. 9. von Lepisma.

2) Vergl. Léon Dufour, Recherches sur les Hémiptères a. a. O. Pl. 14—17., und in den Annal. d. sc. nat. Tom. 5. 1825. p. 168. Pl. 4. von Cicada, und Suckow in Heusinger's Zeitschrift. Bd. II. Taf. 15. Fig. 55. u. 57. von Nepa und Cercopis.

3) Vergl. Meckel, Beiträge etc. Bd. I. Hft. 1. Taf. 1. Fig. 6. i. i., Léon Dufour in den Annal. d. sc. nat. Tom. V. 1825. Pl. 4. Fig. 5. l. l. und Fig. 8. d. d., und Doyère ebendas. Tom. VII. 1837. Pl. 8. Fig. 3—7. ε. ε. von Ledra und Cicada.

4) S. meine Abhandlung über die inneren Geschlechtswerkzeuge der viviparen und oviparen Blattläuse, in Froriep's neuen Notizen. Bd. XII. p. 308.

5) Ueber den Saamenbehälter der wanzenartigen Hemipteren vergleiche man Léon Dufour, Recherches etc. Pl. 14—16., und Siebold in Müller's Archiv. 1837. p. 410. Taf. 20. Fig. 4—6.

fehlt den meisten Hemipteren, nur die Zirpen besitzen eine solche in Form einer sehr enghalsigen birnförmigen Blase [6]). Der Absonderungsapparat stellt in den eierlegenden Aphiden und vielen Landwanzen zwei rundliche Drüsensäcke dar [7]), während derselbe bei den Zirpen nur aus einem einzigen langen und gewundenen Drüsenkanale besteht [8]). Die lebendig gebärenden Aphiden weichen als ammenartige Wesen auf eine eigenthümliche Weise von den eierlegenden Aphiden ab, indem nämlich letztere acht einkammerige Eierstocksröhren, eine Saamentasche und zwei Kittorgane besitzen, führen jene dagegen acht vielkammerige Eierstocksröhren bei sich, deren Eierleiter nirgends mit einem Anhange versehen ist [9]).

Die Ovarien der Dipteren [10]) erscheinen fast durchweg mit einer sehr grossen Anzahl von kurzen Röhren ausgestattet, welche meistens drei bis vier Kammern enthalten, nur in einigen Fällen sind die längeren Eierstocksröhren in achtzehn bis zwanzig Kammern abgeschnürt [11]). Die Gruppirung dieser Eierstocksröhren findet auf eine sehr mannichfaltige Weise statt, indem dieselben sich bald an einer einzigen Stelle des Hinterendes der beiden kurzen Tuben inseriren, bald einzeilig oder vielzeilig aus den Seiten der längeren Tuben entspringen. Das *Receptaculum seminis* bietet die verschiedenartigsten Formen dar [12]), und

---

6) Vergl. Meckel und Léon Dufour a. a. O. Nach Doyère (a. a. O. p. 203. Pl. 8. Fig. 3.) ist bei den Cicaden-Weibchen neben dem in die Legeröhre übergehenden Eierleiter eine besondere äussere Oeffnung vorhanden, durch welche der Penis in die Begattungstasche eingeführt wird.

7) Vergl. Léon Dufour, Recherches etc. Pl. 14. u. 15.

8) Vergl. Meckel, Suckow, Léon Dufour und Doyère a. a. O.

9) Vergl. meine Untersuchungen in Froriep's neuen Notizen. Bd. 12. p. 307. — Dutrochet hat (in den Annal. d. sc. nat. Tom. 30. 1833. p. 204. Pl. 17. C. Fig. 1.), wie es scheint, ohne zu wollen, die Geschlechtsorgane einer oviparen Blattlaus abgebildet, und das *Receptaculum seminis* für ein Saamen secernirendes Organ genommen, welche Organisation er alsdann auf die viviparen Blattläuse übertrug, und so für Hermaphroditismus erklärte.

10) Ueber die inneren weiblichen Geschlechtsorgane der Dipteren vergleiche man Léon Dufour in den Annal. d. sc. nat. Tom. 1. 1844. p. 253. und besonders Loew, Horae anatomicae. p. 61.

11) Bei Ephydra und Tachina. Vergl. Loew a. a. O. Taf. IV. Fig. 3. u. 10.

12) Ueber das *Receptaculum seminis* der Dipteren s. Siebold in Müller's Archiv. 1837. p. 414. Taf. 20. Fig. 7—10, und besonders Loew a. a. O. p. 89. Taf. 4—6., und in Germar's Zeitschrift. Bd. 3. p. 386. Taf. 3., dessen zahlreiche Abbildungen über die unerschöpfliche Mannichfaltigkeit der Formen dieser Saamentaschen Aufschluss geben. Wenn Léon Dufour (in den Annal. d. sc. nat. Tom. 1. 1844. p. 262.) die Saamentasche nur als ein Reservoir der benachbarten Absonderungsorgane gelten lassen will, so rührt dies gewiss davon her, dass dieser sonst so ausgezeichnete Entomotom die mikroskopische Analyse der Sekrete und Flüssigkeiten, welche in den verschiedenen Drüsen und Organen der Insekten enthalten sind, ganz ausser Acht gelassen hat.

ist meist in dreifacher Zahl, selten doppelt oder einfach, vorhanden [13]. Die Saamenkapseln, deren innerste Hülle gewöhnlich aus einer hornigen braungefärbten Masse besteht, sind entweder rundlich, birnförmig oder in die Länge gestreckt, und im letzteren Falle häufig gewunden oder spiralig aufgerollt. Die von den Saamenkapseln entspringenden engen Saamenkanäle münden, wenn ihrer drei vorhanden sind, entweder isolirt in die Scheide ein, oder vereinigen sich zu einem oder zwei Ausführungsgängen. Dicht unter diesen befinden sich rechts und links die Insertionsstellen zweier Kittorgane oder Absonderungswerkzeuge, welche den Dipteren niemals fehlen, und zwei einfache, selten verästelte Drüsenschläuche darstellen, deren sehr enge Ausführungskanäle nur zuweilen eine blasenförmige Anschwellung besitzen [14]. Eine Begattungstasche scheint den Dipteren durchweg abzugehen. Die Scheide vieler Musciden zeigt sich unterhalb der Saamentasche zwar häufig zu einem weiten, zuweilen herzförmig eingeschnürten Behälter ausgedehnt, der aber nicht als *Bursa copulatrix*, sondern als ein Eierbehälter oder Uterus zu betrachten ist, indem sich in der Höhle desselben die befruchteten Eier, bevor sie gelegt werden, in Menge anhäufen und daselbst längere Zeit verweilen, wobei die Entwickelung der Larven in diesen Eiern gewöhnlich so weit vorschreitet, dass sie ihre Eihüllen abstreifen und lebendig geboren werden [15]. Ganz sonderbar erscheint dieser Eierbehälter bei gewissen Tachinen gestaltet, indem hier die ausserordentlich lange und spiralig gewundene Scheide in ihrer ganzen Ausdehnung gleichmässig erweitert und zu gewissen Zeiten von vorn bis hinten mit kleinen Maden oder Eiern vollgestopft ist [16]. In den pupiparen Hippobosciden sind die weiblichen Geschlechtsorgane nach

---

13) Nur ein einziges *Receptaculum seminis* besitzt Pulex, Empis, Dolichopus und Hilara, während sich in Piophila, Stomoxys und Borborus zwei Saamentaschen vorfinden.

14) Vergl. Siebold und Loew a. a. O. Diese drüsigen Anhänge sondern bei gewissen Tipuliden eine sehr ansehnliche Menge gallertartiger Masse ab, welche die Eier schnurförmig einhüllt. Dergleichen von den Tipuliden in das Wasser abgelegte Eierschnüre sind eine lange Zeit von den Botanikern unter dem Namen Glooonema für Algen gehalten worden.

15) Solche vivipare Insekten kommen in den Gattungen Musca, Anthomyia, Sarcophaga, Tachina, Dexia, Miltogramma u. a. vor. Vergleiche meine Abhandlungen in Froriep's neuen Notizen. Bd. III. pag. 337. und in Wiegmann's Archiv, 1838. Bd. I. pag. 197., so wie meine Observationes quaedam entomologicae. pag. 18.; Léon Dufour (in den Annales des sciences nat. Tom. I. 1844. p. 261.) bezeichnete diesen Behälter als *Réservoir ovolarvigère*, vergl. auch dessen Histoire des métamorphoses et de l'anatomie du Piophila petasionis, ebendas. p. 382. Pl. 16. Fig. 16. g. Auch Loew (Horae anatomicae. Tab. IV. Fig. 9. 11. 14. Tab. V. Fig. 13.) bildet von Musca, Dexia, Piophila und Psila ähnliche uterusartige Behälter ab.

16) Diese lange spiralförmig zusammengerollte Scheide, welche früher als ein *Ovarium spirale* beschrieben worden ist, findet sich in *Tachina fera*,

einem ganz besonderen, der merkwürdigen Fortpflanzungsweise dieser Insekten entsprechenden Typus organisirt. Die beiden Ovarien bestehen nur aus zwei einkammerigen Röhren von ungleicher Grösse, welche rechts und links durch eine kurze Tuba in die Scheide einmünden. Das obere Ende dieser Scheide enthält nach der Befruchtung die Saamenmasse und vertritt demnach die Stelle eines *Receptaculum seminis*, während der untere ungemein erweiterte Theil der Scheide als Uterus betrachtet werden muss. Das obere engere Ende der Scheide wird von zwei kleinen einfachen oder sparsam verästelten Drüsenschläuchen (*Glandulae sebaceae*) durchbohrt 17), auf welche die beiden Ausführungsgänge eines sehr ansehnlichen und vielfach verzweigten paarigen Drüsenapparates folgen, dessen Sekret gewiss dazu dient, die im Uterus nach der Reihe einsam heranwachsenden Larven zu ernähren 18).

In den Lepidopteren ist jedes Ovarium aus vier sehr langen vielkammerigen und spiralig aufgerollten Eierstocksröhren zusammengesetzt. Das *Receptaculum seminis* der Schmetterlinge 19) besteht aus einer birnförmigen, häufig mit einem langen spiralig gedrehten *Ductus seminalis* versehenen Saamenkapsel, in deren Grund bald eine einfache, bald eine gabelförmig getheilte Anhangsdrüse einmündet 20). Unterhalb der Saamentasche ist stets ein paariges umfangreiches Kittorgan angebracht, welches von zwei mehr oder weniger langen und gewundenen einfachen Blindkanälen gebildet wird, die mit einem gemeinschaftlichen kurzen Ausführungsgang in die Scheide münden und an ihrer Vereinigungsstelle in der Regel zu zwei blasenförmigen Behältern anschwellen 21). Einige Schmetterlinge sind ausserdem noch kurz vor der äusseren Scheidenöffnung mit zwei kleineren verästelten Drüsenorganen

---

tesselata, *grossa*, *vulpina*, *haemorrhoidalis* u. a. vor. S. meine Abhandlung in Wiegmann's Archiv a. a. O. p. 194. und Réaumur, Mémoires etc. Tom. IV. 10. mém. p. 412. Pl. 29. Fig. 7. u. 8.

17) Zwei einfache Drüsenschläuche besitzt Melophagus, zwei verästelte dagegen Hippobosca.

18) Vergl. meine Untersuchungen in Müller's Archiv. 1837. p. 425. und Léon Dufour in den Annal. d. sc. nat. Tom. VI. 1825. p. 308. Pl. 13. und Tom. III. 1845. p. 76. Pl. 3. Letzterer hat die weiblichen Geschlechtstheile von Hippobosca und Melophagus sehr gut abgebildet, aber die Drüsen-Anhänge der Scheide insofern unrichtig gedeutet, als er das obere kleine Drüsen-Paar, welches niemals Spermatozoïden enthält, für ein *Receptaculum seminis* erklärte.

19) Ueber die Anhänge der weiblichen Geschlechtstheile bei den Schmetterlingen vergl. Siebold in Müller's Archiv. 1837. p. 417.

20) Die Saamentasche ist von Herold (Entwickelungsgeschichte der Schmetterlinge. Taf. IV. Fig. 1. u. y. p. und Taf. 25. etc.) als einhorniges Absonderungsorgan in verschiedenen Entwickelungszuständen abgebildet worden. S. auch Suckow, anatom.-physiolog. Unters. Taf. VI. g. g.

21) Vergl. Herold a. a. O. Taf. III. Fig. 1. t. z. und die folgenden Tafeln, ferner Suckow a. a. O. Taf. VI. l. l.

versehen, welche vielleicht einen zur Begattung anregenden Riechstoff absondern [22]). Die Begattungstasche endlich zeigt bei allen Lepidopteren ein sehr ausgezeichnetes Verhalten, indem sie als ein umfangreicher, birnförmiger, zuweilen in der Mitte eingeschnürter Behälter, der mit einem besonderen, unterhalb der Vulva sich nach Aussen öffnenden Ruthenkanal versehen ist. Dieser letztere giebt unterweges einen gewundenen engen Seitenkanal ab, welcher sich, der Mündung des ***Receptaculum seminis*** gegenüber, in die Scheide öffnet und so die Verbindung der Begattungstasche mit der Saamentasche herstellt [23]).

Die Eierstöcke der Hymenopteren bieten in Bezug auf die Zahl der Eierstocksröhren grosse Verschiedenheit dar [24]), indem dieselben bald nur aus vier bis sechs, bald aus acht bis zehn Röhren bestehen, deren Zahl jedoch bei einigen Hymenopteren von zwanzig sogar bis auf hundert gesteigert sein kann [25]). Immer zeigen sich diese Eierstocksröhren vielkammerig, ohne jedoch eine bedeutende Länge zu erreichen. Das ***Receptaculum seminis*** ist fast immer einfach vorhanden und wird von einer runden oder eiförmigen Saamenkapsel gebildet, welche in einen meist kurzen Saamenkanal übergeht [26]). Eine ***Glandula appendicularis*** fehlt bei diesem Typus der Saamentasche niemals und stellt einen meistens gabelförmig getheilten Drüsenschlauch dar, der in den

---

22) Bei Melitaea, Argynnis, Zygaena u. a.

23) Vergl. Herold a. a. O. Taf. III. Fig. 1. x. f. g. und die folgenden Tafeln, ferner Suckow a. a. O. Taf. VI. K. (undeutlich). Uebrigens hat schon Malpighi (de Bombyce 1669. pag. 81. Tab. XII. Fig. 1. J. K. M.) neben den übrigen Anhängen der Scheide die Begattungstasche des Seidenspinners und ihren seitlichen Verbindungskanal recht gut gekannt. Bei Euprepia Hebe besitzt dieser Verbindungskanal eine birnförmige Ausstülpung.

24) Ueber die weiblichen Geschlechtsorgane der Hymenopteren s. Léon Dufour, Recherches sur les Orthoptères etc. pag. 406.

25) Drei bis vier Eierstocksröhren finden sich bei Xylocopa, Bombus, Anthophora, Chrysis, fünf bis sechs bei Nomada, Sapyga, Chalcis, Vespa, acht bis zehn bei Pimpla, Paniscus, zehn bis zwölf bei den Tenthrediniden, während Myrmica, Xiphydria und Banchus zwanzig bis fünfundzwanzig Röhren, und Apis sogar über hundert Röhren in jedem Ovarium enthalten. — Eine merkwürdige Abweichung bieten die beiden Ovarien von Chelonus dar, welche aus je zwei langen gewundenen Röhren bestehen, die an ihrem unteren Ende sehr stark angeschwollen sind. Léon Dufour (a. a. O. pag. 541. Pl. 10. Fig. 143.) betrachtet diese Anschwellungen als eine Art Uterus, in dem sich die Larven dieses Ichneumoniden entwickeln sollen, was jedoch noch einer genaueren Untersuchung bedarf.

26) Ueber das *Receptaculum seminis* vergl. man Siebold, Observat. quaedam entomolog. a. a. O. pag. 6. und in Germar's Zeitschrift Bd. IV. pag. 362. Taf. 2. — Bei denjenigen Hymenopteren-Weibchen, welche schnell hintereinander eine sehr grosse Anzahl von Eiern zu legen haben, besitzt die Saamenkapsel einen sehr bedeutenden Umfang. Vgl. Swammerdamm, Bibel etc. Taf. 19. Fig. 3. t. u. u., wo man das ganze *Receptaculum seminis* der Honigbiene schon recht gut und vollständig abgebildet findet.

Ductus seminalis und nur selten in die *Capsula seminalis* selbst einmündet 27). In den Tenthrediniden ist übrigens dieser Apparat nach einem ganz anderen Typus gebildet, indem die Saamentasche eine einfache, mehr oder weniger abgeschnürte Aussackung der Scheide darstellt, an der keine Anhangsdrüse wahrzunehmen ist 28). Eine Begattungstasche fehlt allen Hymenopteren, eben so werden auch an denjenigen Hymenopteren-Weibchen, welche mit einem Stachel und einer Giftdrüse ausgerüstet sind, die *Glandulae sebaceae* vermisst, während die mit einer Legeröhre versehenen Hymenopteren ausgezeichnete, in den Legeapparat einmündende Drüsen besitzt, die wahrscheinlich bei dem Eierlegen theils als Kittorgane, theils als Reizorgane wirken. Dieser Absonderungsapparat besteht aus einer vielfach verästelten paarigen oder unpaarigen Drüse, deren Ausführungsgang den Hals eines birnförmigen Behälters aufnimmt, oder zuweilen selbst zu einem blasenförmigen Reservoir angeschwollen erscheint 29).

Die beiden Ovarien der Orthopteren werden fast immer von einer sehr grossen Anzahl vielkammeriger Röhren zusammengesetzt, welche meist einzeilig an der inneren oder äusseren Seite der beiden weiten und zuweilen sehr langen Tuben einmünden 30). Die Saamen-

---

27) Eine einfache *Glandula appendicularis* mündet bei den Pteromalinen und Cynipiden in den *Ductus seminalis* seitlich ein, eine doppelte Anhangsdrüse dagegen hängt bei *Vespa Crabro* und *Tiphia femorata* unmittelbar mit der *Capsula seminalis* zusammen.

28) Diese Saamentasche ist ausnahmsweise bei Lyda doppelt vorhanden.

29) Einen unpaarigen, mit seitlichem birnförmigen Behälter versehenen Drüsenapparat besitzen die verschiedenen Ichneumoniden. Vgl. Léon Dufour, Recherches etc. Pl. 10. Fig. 137—142. von Pimpla und Bracon. Derselbe Naturforscher bezeichnet diesen Drüsenapparat, um ihn von der *Glande sébifique* zu unterscheiden, mit dem Namen *Glande sérifique*. In Sirex fand ich den Ausführungsgang dieser vielfach verästelten unpaarigen Drüse zu einem weiten runden Behälter angeschwollen. In den Tenthrediniden ist derselbe verästelte Drüsenapparat nebst blasenförmigem Behälter doppelt vorhanden. Vergl. Léon Dufour a. a. O. Pl. 10. Fig. 155—157. von Tenthredo und Cimbex.

30) Bei den Locustiden, Acrididen, Mantiden und Libelluliden entspringen die Eierstocksröhren auf der inneren Seite, bei den Phasmiden und Ephemeriden dagegen auf der äusseren Seite der beiden Tuben. *Forficula gigantea* besitzt übrigens nur fünf innere vielkammerige Eierstocksröhren, während die sehr langen Tuben der *Forficula auricularis* von einer Menge einkammeriger Röhren rund herum umgeben ist. Bei Mantis stehen zugleich die einzeiligen Eierstocksröhren in mehren Büscheln beisammen, bei *Oedipoda coerulescens* und *Truxalis nasuta* dagegen sind die beiden langen gewundenen und blind endigenden Tuben nur an ihrem unteren Ende mit Eierstocksröhren besetzt: noch auffallender erscheinen die beiden ungemein langen und gewundenen Tuben der *Perla bicaudata* gestaltet, indem sie nur an ihrer oberen Hälfte einzeilige Eierstocksröhren tragen und zugleich schlingenförmig in einander übergehen. Ueber diese verschiedene Anordnung der Ovarien vergleiche man Léon Dufour, Recherches sur les Orthopt. etc. Pl. 2—5. und Pl. 11. Fig. 165. Pl. 13. Fig. 206., ferner in den Annal. d. sc. nat. Tom. XIII. 1828. Pl. 21. und 22. von Forficula.

tasche besteht häufig aus einem einfachen, bald länger bald kürzer gestielten Blindschlauch, dessen blindes Ende bei den Psociden, Forficuliden, Locustiden, Phasmiden und Mantiden sich zu einer birnförmigen Saamenkapsel erweitert [31]); eine ähnliche *Capsula seminalis* stülpt sich dagegen bei den Acrididen häufig vor der Spitze aus der Seite des *Ductus seminalis* hervor [32]). Eine paarige, zwei kurze Blindschläuche darstellende Saamentasche besitzen die meisten Blattiden [33]) und Libelluliden [34]), während merkwürdiger Weise dieses Organ den Ephemeriden ganz zu fehlen scheint. Eine rundliche *Bursa copulatrix* kommt nur den Libelluliden zu [35]). Auch die drüsigen Anhänge der Scheide sind bei den Orthopteren nicht allgemein vorhanden. Sie fehlen nämlich den Forficuliden, Phasmiden, Perliden, Ephemeriden, Libelluliden und Acrididen gänzlich, bei Decticus und Locusta dagegen findet sich ein Kittorgan in Gestalt eines einfachen, mässig langen Drüsenschlauchs vor [36]), welches bei den Achetiden von einem mehr oder weniger ver-

---

31) Bei Forficula und Acheta ist die Saamenkapsel mit einem langen und gewundenen Stiel versehen, bei den Psociden und Locustiden dagegen besitzt dieselbe nur einen kurzen Saamengang. Die Saamentasche des *Psocus pulsatorius* enthält mehre kugelförmige langgestielte Körper (s. Nitzsch in Germar's Magazin, Bd. IV. pag. 281. Taf. 2. Fig. 3—5.), welche früher von mir (in Müller's Archiv, 1837. pag. 410.) für *Capsulae seminales* gehalten worden sind, aber wahrscheinlich Spermatophoren vorstellen. In Perla wird die Saamentasche von einem einfachen hornförmig gekrümmten Blindsacke gebildet, dessen Grund mehre kurze Drüsenschläuche (*Glandulae appendiculares*?) trägt. Ueber die Saamentasche der oben angeführten Orthopteren vergleiche man besonders Rösel, Insektenbelustig. Th. II. Heuschrecken- und Grillen-Sammlung Taf. IX. Fig. 3. k. von Decticus, Léon Dufour, Recherches sur les Orthopt. etc. Pl. 3. Fig. 31. Pl. 4. Fig. 43. von Acheta und Mantis, Siebold in den Nov. Act. Nat. Cur. Vol. XXI. P. 1. pag. 254. Tab. 14. Fig. 1. c. von Locusta.

32) Vgl. Hegetschweiler, de insectorum genitalibus dissertat. Fig. VII. f. e., und Siebold in Müller's Archiv, 1837. pag. 409. Taf. XX. Fig. 3. von Gryllus. Der *Ductus seminalis* ist in der Regel sehr lang und vielfach in einander geschlungen, so bei Gryllus, Truxalis u. a.

33) Bei *Blatta orientalis* sind zwei kurze gewundene Saamentaschen, bei *Blatta germanica* dagegen zwei grössere und zwei kleinere Saamentaschen vorhanden. Vgl. Siebold in Müller's Archiv, 1837. pag. 408.

34) Die paarigen Saamentaschen von Libellula, Aeschna und Diastatomma stellen zwei kleine Blindschläuche dar, welche bei Calopteryx mit einem gemeinschaftlichen *Ductus seminalis* sich in die Scheide öffnen, wogegen bei Agrion nur ein einziger blinddarmartiger Saamenbehälter vorhanden ist. Vgl. Rathke, de Libellarum partibus genitalibus. Tab. I. Fig. 11—13. Tab II. Fig. 12—14. und Tab. III. Fig. 9—11. c., und Léon Dufour a. a. O. Pl. XI. Fig. 165. d. d. von Libellula, Aeschna und Agrion. S. auch meine Abhandlung über die Fortpflanzung der Libellulinen in Germar's Zeitschrift Bd. I. pag. 433.

35) Vgl. Rathke a. a. O. Tab. I. Fig. 11—13. Tab. II. Fig. 12—13. und Tab. III. Fig. 9—11. b.

36) Vgl. Rösel a. a. O. Taf. IX. Fig. 3. i. und Siebold in den Nov. Act. etc. pag. 255. Tab. 14. Fig. 1. e.

ästelten Drüsenapparat gebildet wird, bei den Blattiden und Mantiden sogar eine sehr ansehnliche Masse theils einfacher, theils verästelter Drüsenschläuche darstellt [37]).

Die Neuropteren besitzen stets vielkammerige Eierstocksröhren, von welchen je zehn Röhren bei den Hemerobiden und Myrmeleoniden an der äusseren Seite der beiden weiten Tuben entspringen, während bei den Phryganiden eine sehr grosse Anzahl von Eierstocksröhren sich einzeilig an die beiden Tuben inseriren [38]). Bei Panorpa dagegen sind zehn vielkammerige Röhren und bei Sialis eine sehr grosse Menge derselben quirlförmig am hinteren Ende der beiden Tuben angebracht. Die Saamentasche stellt bei Myrmeleon und Panorpa einen lang gestielten Behälter dar, in dessen Grund bei Hemerobius eine einfache und bei Rhaphidia eine doppelte ***Glandula appendicularis*** einmündet [39]). Bei den Phryganiden zeigt sich dieses Receptaculum noch zusammengesetzter, indem ausser einer langen, vielfach verschlungenen ***Glandula appendicularis***, welche in den Hals oder Grund der ***Capsula seminalis*** einmündet, an dem unteren Ende des ***Ductus seminalis*** noch ein zweiter gewundener Drüsenkanal und ein kurz gestielter Behälter angebracht ist, der vielleicht einer Begattungstasche entspricht [40]). Auch in Sialis besitzt die Scheide ausser zwei seitlichen, als Saamentaschen fungirenden blindsackförmigen Ausstülpungen einen ansehnlichen blasenförmigen, mit einer schwärzlichen Flüssigkeit gefüllten Anhang, dessen Bedeutung bis jetzt nicht ganz klar geworden ist [41]). Zwei einfache, mehr oder weniger gewundene Drüsenschläuche hängen bei Myrmeleon, Hemerobius und Panorpa mit der Scheide zusammen [42]), und stellen wahrscheinlich Kittorgane dar, die bei den Phryganiden in Form von sechs fingerförmigen Drüsenschläuchen vorhanden sind [43]).

Die Coleopteren besitzen meistens dreifächerige, seltener viel-

---

37) Vgl. Léon Dufour, Recherches etc. Pl. 3. Fig. 31. d. von Oecanthus, Pl. 4. Fig. 43. von Mantis. Dieser bei den Blattiden und Mantiden in einem so hohen Grade entwickelte Kittapparat kann nicht überraschen, da bekanntlich diese Orthopteren-Weibchen ihre Eier in einer sehr umfangreichen vielfächerigen Kapsel entweder mit sich herumtragen oder an fremde Körper befestigen. Vergl. Gaede, Beiträge etc. Taf. I. Fig. 13. 14. von ***Blatta orientalis***, und Rösel a. a O. Th. IV. Taf. XII. von Mantis.

38) Ueber die weiblichen Geschlechtsorgane der Neuropteren vergleiche man Léon Dufour, Recherches sur les Orthopt. etc. Pl. 12. und 13.

39) Vgl. Léon Dufour a. a. O. Pl. 12. Fig. 174. d. von Panorpa.

40) Ebendas. Pl. 13. Fig. 211. und 212.

41) Vgl. Léon Dufour ebendas. Pl. 12. Fig. 188. b. und Suckow in Heusinger's Zeitschrift Bd. II. Taf. 16. Fig. 16. d.

42) Vgl. Léon Dufour a. a. O. Pl. 12. Fig. 174. und 194. c. c.

43) Ebendas. Pl. 13. Fig. 211. Mittelst dieser Drüsenanhänge hüllen die Phryganeen-Weibchen ihre Eier in eine, im Wasser aufquellende Gallertmasse, welche häufig als ringförmiger Laich an Steinen und Wasserpflanzen festklebt.

fächerige Eierstocksröhren [44]), welche sich zu fünf bis zehn, auch zu fünfzehn bis dreissig und vierzig Röhren büschelförmig an das kelchförmige Oberende der Tuben befestigen [45]). Ausser diesen büschelförmigen Ovarien kommen auch hier und da traubenförmige Eierstöcke vor, an denen die grosse Zahl der Eierstocksröhren dachziegelförmig die beiden weiten Kelche der Tuben umgeben [46]). In denjenigen Käfern, welche nur mit wenigen Eierstocksröhren begabt sind, stehen dieselben nur selten in ein- oder zweizeiliger Ordnung von den beiden Tuben ab [47]). Das ***Receptaculum seminis*** besteht bei den meisten Käfern aus einer keulenförmigen, oft bogenförmig gekrümmten ***Capsula seminalis***, deren innere braungefärbte Wand eine feste hornige Beschaffenheit besitzt, und welche durch einen langen gewundenen oder spiralig gedrehten ***Ductus seminalis*** mit der Scheide oder der Begattungstasche in Verbindung steht. Bei sehr vielen Käfern lässt sich an dieser Saamenkapsel ein aus quergestreiften Muskelfasern zusammengesetzter Muskelapparat unterscheiden, welcher sicherlich eine comprimirende Wirkung auf die Saamenkapsel ausübt. In der Regel mündet an der Basis dieser Saamenkapsel eine einfache, selten gabelförmig getheilte oder vielfach verästelte ***Glandula appendicularis*** ein, welche zuweilen mit einem langen gewundenen Ausführungsgange versehen ist [48]). Zuweilen stellt das ganze ***Receptaculum seminis*** nur einen einfachen,

---

44) Vielfächerige Röhren findet man in den Carabiden, Hydrocanthariden, Cyphonen, Telephoniden und Curculioniden, während die Staphyliniden gewöhnlich nur zweifächerige Eierstocksröhren enthalten. Vgl. hierüber Stein, Vergleichende Anat. etc. pag. 29.

45) Vielröhrige Ovarien kommen bei den Carabiden, Hydrocanthariden, Hydrophiliden, Elateriden, Chrysomeliden und Coccionelliden vor, wogegen bei Apion, Lixus, Hylesinus nur zwei Eierstocksröhren auf jeder Seite der Leibeshöhle vorhanden sind. Vgl. Léon Dufour in den Annal. d. sc. nat. Tom. VI. 1825. Pl. 17—20., Suckow in Heusinger's Zeitschrift, Bd. II. Taf. 13. und Stein a. a. O. Taf. III.—VIII.

46) Bei den Meloïden. Vgl. Brandt und Ratzeburg, medizin. Zoolog. Bd. II. Taf. 17. Fig. 2.

47) Einzeilige Eierstöcke besitzen Macronychus, Oxytelus, Silpha und Byrrhus, zweizeilige Ovarien dagegen enthalten die Gattungen Stenelmis, Lycus, Oedemera und Hydrobius. Vgl. Léon Dufour in den Annal. d. sc. nat. Tom. III. 1835. Pl. 7. Fig. 25. und 27., ferner Stein a. a. O. Taf. III. Fig. 3. und 16. Taf. IV. Fig. 3. und 4. Taf. VI. Fig. 8. Sehr merkwürdig verhalten sich nach Stein's Beobachtungen (a. a. O. pag. 30. Taf. I. Fig. 4.) ***Dianous coerulescens***, ***Myrmedonia caniculata***, ***Homalota canaliculata*** und eine Trichopteryx-Art, welche als die einzigen bis jetzt bekannt gewordenen Insekten nur einen einzigen Eierstock und Eierleiter besitzen, indem letzterer zehn bis zwölf zweizeilig angeordnete Eierstocksröhren trägt.

48) Ueber die mannichfaltigen Formen des ***Receptaculum seminis*** der Käfer vergleiche man Léon Dufour in den Annal. d. sc. nat. Tom. 6. 1825. Tom. 3. 1835. etc., Siebold in Müller's Archiv, 1837. pag. 404. Taf. 20. Fig. 1. und

selten gegabelten farblosen Blinddarm von verschiedener Länge dar [49]). Als Eigenthümlichkeit der meisten Hydrocanthariden und einiger Carabiden, deren *Ductus seminalis* von der Begattungstasche abgeht, ist dem *Receptaculum seminis* noch ein besonderer Befruchtungskanal beigegeben, welcher, von der Saamenkapsel entspringend, sich in das obere Ende der Scheide öffnet [50]). Eine *Bursa copulatrix* kommt bei den Coleopteren fast allgemein verbreitet vor. Nur bei wenigen Käfern besteht dieselbe in einer einfachen Erweiterung der Scheide [51]); am häufigsten stellt die Begattungstasche einen von der oberen Wandung der Scheide abgehenden muskulösen Blindsack dar, der bald mehr und bald weniger in die Länge gezogen und im ersteren Falle sogar gewunden ist [52]). Mit dieser Begattungstasche ist sehr häufig eine ungemein lange Scheide verbunden, welche sich in einem doppelten Bogen S-förmig umbiegt und gemeinschaftlich mit dem Mastdarme in einen kloakenartigen Kanal eintritt. Zur Bewegung dieser langen gewundenen Scheide ist dann auch ein besonderer complicirter Muskelapparat vorhanden [53]). Besondere drüsige Anhänge fehlen der Scheide der Coleopteren, dagegen besitzen die Hydrophiliden an den beiden Tuben zwei vielfach verästelte Drüsenanhänge, welchen wahrscheinlich die Bedeutung von Kittorganen zugeschrieben werden muss [54]); auch mögen die drüsigen

---

vor allen Stein a. a. O. pag. 96. nebst den dazu gehörigen genauen Abbildungen. — Durch einen sehr complicirten, vielfach verästelten Bau zeichnet sich die Anhangsdrüse der Elateriden aus. Vgl. Léon Dufour i. d. Ann. d. sc. nat. Tom. VI. 1825. Pl. 17. Fig. 8—10. und Stein a. a. O. pag. 129. Taf. V. Gänzlich fehlt die Befruchtungstasche bei *Xantholinus punctatus*, *Lathridius porcatus*, *Notoxus monoceros* und *Lagria hirta*. Vgl. Stein a. a. O. pag. 93.

49) Bei den Carabiden und einigen Staphyliniden. In Stenus und Paederus ist dieses *Receptaculum seminis* paarig vorhanden. Vgl. Stein a. a. O. p. 97. Taf. I. und III. Fig. 6.

50) Bei den Hydrocanthariden und einigen Carabiden. Vgl. hierüber Stein a. a. O. pag. 99. Taf. I. Fig. 12. und Taf. II.

51) Bei Silpha, Dromius, Calosoma und anderen Carabiden.

52) Vgl. Straus, Considérations etc. Pl. 6. Fig. 2. o. n. von Melolontha, Brandt und Ratzeburg, mediz. Zoolog. Bd. II. Taf. 17. Fig. 2. n. m. von Meloë, Suckow in Heusinger's Zeitschrift Bd. II. Taf. 13., Siebold in Müller's Archiv, 1837. pag. 405., besonders aber Stein a. a. O. pag. 69. nebst den dazu gehörigen Abbildungen.

53) Diese lange muskulöse und gebogene Scheide kommt bei den Cerambyciden, Curculioniden, Elateriden, Buprestiden und den meisten Heteromeren, ferner bei den Histeriden, Dermestiden, Parniden etc. vor. Vgl. hierüber die genaue Beschreibung von Stein a. a. O. pag. 71. Taf. 6—8.

54) Vergl. Stein a. a. O. pag. 33. Taf. IV. Fig. 3. von *Hydrobius fuscipes* In *Hydrophilus piceus* und *caraboides* sind sogar zwei Arten solcher Drüsenanhänge vorhanden, von denen die eine Art acht gabelästige Drüsenschläuche und die andere dagegen vier einfache Drüsenkanäle an jedem Kelche der Tuben darstellt. Vgl. Léon Dufour (in den Annal. d. sc. nat. Tom. VI. 1825. p. 445. Pl. 18. Fig. 5.) und Suckow (in Heusinger's Zeitschrift, Bd. II. Taf. 13.

Wandungen, welche sich an dem oberen Ende der Tuben bei den Staphyliniden und Hysteriden wahrnehmen lassen, die Stelle von Kittorganen vertreten [55]).

§. 351.

Die äusseren Fortpflanzungsorgane der weiblichen Insekten verhalten sich bei den Apteren, Hemipteren, Lepidopteren, Coleopteren, bei vielen Dipteren, Orthopteren und Neuropteren, so wie bei einigen Hymenopteren ziemlich einfach, indem die Scheide an ihrer Mündung durch eine obere und zwei seitliche Hornleisten von verschiedener Gestalt und Länge gestützt wird. Nur bei einigen Coleopteren, Dipteren und Hymenopteren kann dieselbe als *Vagina tubiformis* röhrenförmig hervorgeschoben werden, wobei dieselbe mehr oder weniger gegliedert erscheint [1]). Jene Hornleisten am Eingange der Scheide dienen bei der Begattung zum Festhalten der Ruthe und bei dem Eierlegen zum Herausleiten der Eier [2]). Bei den Acrididen ist ein oberes und ein unteres Paar konischer Hornleisten vorhanden, welche zangenförmig sich öffnen und schliessen können. An mehren Gattungen der Tipuliden und Asiliden stellen die beiden seitlichen sehr verlängerten Hornleisten eine einfache Legescheide (*Vagina bivalvis*) dar [3]), welche sich bei Boreus und Acheta zu einer langen Legeröhre und bei Rhaphidia zu einem langen säbelförmigen Legeapparat entwickelt hat. Auch die Weibchen der Locustiden sind mit einem nach hinten frei hervorragenden Legesäbel ausgestattet, der aber zusammengesetzter ist, indem eine jede der beiden seitlichen Klappen der Länge nach in drei Stücke gespalten ist, von welchen vier äussere hornige Stücke zwei innere weiche Stücke scheidenartig umschliessen. Ein ähnlicher zusammengesetzter Legeapparat steckt bei den Tenthrediniden und bei Aeschna, Agrion, so wie bei Calopteryx zwischen zwei besonderen Klappen unter dem Hinter-

---

Fig. 34.), welcher jedoch die gabelästigen Drüsenanhänge übersehen hat. — Bekanntlich umspinnen die Weibchen der Hydrophiliden ihre gelegten Eierhaufen mit einer Art Cocon (s. Lyonet in den Mém. d. Mus. etc. Tom. 18. pag. 454. Pl. 24.), welchen Spercheus zwischen den Hinterbeinen mit sich herum trägt.

55) Vgl. Stein a. a. O. pag. 35.

1) Eine ungegliederte Legeröhre können die Cerambyciden hervorschieben, während dieselbe bei den Chrysididen und vielen Musciden gegliedert ist und perspektivartig aus- und eingezogen wird. Die Ringe dieser gegliederten Legeröhre sind übrigens nichts anderes als die metamorphosirten letzten Hinterleibssegmente. Vergl. Léon Dufour, Annal. d. sc. nat. Tom. I. 1844. pag. 383. Pl. 16. Fig. 16. von Piophila.

2) Ueber den Legeapparat der Insekten s. Burmeister, Handbuch etc. Bd. I. pag. 209. Taf. 12. und Lacordaire, Introduction, Tom. II. pag. 353.

3) Bei Limnobia, Ptychoptera, Tipula, Ctenophora, Asilus, Laphria. — Unter diesen Dipteren zeichnet sich *Ctenophora ruficornis* durch die sehr verlängerten Hornleisten ihrer Legescheide ganz besonders aus.

leibsende verborgen, nur erscheinen die einzelnen Stücke dieser Legescheide sägeartig gezähnelt, daher dieselbe mehr den Namen Legesäge verdient[4]). Auch die Siriciden besitzen einen, aus gezähnelten Hornleisten zusammengesetzten Legeapparat, der seinem Ansehen nach mit einem Legebohrer verglichen werden kann und bei einigen Arten weit über die kurzen Seitenklappen nach hinten hervorragt[5]). Die Ichneumoniden, die Cynipiden und Cicadiden sind mit einer kürzeren oder längeren Legeröhre (*Terebra*) ausgestattet, welche aus zwei seitlichen rinnenförmigen Scheiden zusammengesetzt wird, in der zwei innig verbundene hornige Gräten als eine Art Stachel hin und her geschoben werden. Dieser Stachel dient theils zum Durchbohren von Substanzen, in welche die Eier niedergelegt werden sollen, theils zum Herausleiten der Eier längs der rinnenförmigen Scheide[6]). Alle diese verschiedenen Legewerkzeuge sind an ihrer Basis mit einem complicirten Muskelapparat ausgestattet, mittelst welches die einzelnen Abtheilungen der ersteren in Bewegung gesetzt werden.

Ein eigenthümlicher rinnenförmiger Anhang des vorletzten Hinterleibsringels dient bei einigen Libelluliden zur Aufnahme der aus der Scheide hervorschlüpfenden Eier, welche auf diese Weise in grösseren Partieen nach den passenden Brutplätzen getragen werden[7]).

---

4) Ueber den Bau dieser Legesäge vergleiche man Lyonet in den Mém. d. Mus. etc. Tom. 19. pag. 57. Pl. 6—8. (14—16.), Mouches à scies., und Hartig, die Adlerflügler Deutschlands pag. 37. Taf. I. u. d. f., ferner Réaumur, Mémoires etc. Tom. VI. 11. mém. Pl. 40. Fig. 6—9. von Agrion. Der Legeapparat wird bekanntlich von diesen Insekten benutzt, um die Epidermis von Pflanzen zu durchsägen und alsdann die Eier in das Parenchym derselben zu schieben. Das Eierlegen der Tenthrediniden ist von Dahlbom (in der Isis. 1837. pag. 76.) und von Ratzeburg (Forstinsekten. Th. III. pag. 65.) näher beschrieben worden, während der Legeakt der *Agrion forcipula* von mir (in Wiegmann's Archiv, 1841. Bd. I. pag. 205.) beobachtet wurde.

5) Eine genauere Darstellung des Legebohrers der Siriciden, welcher bei Xiphydria und Sirex besonders lang ist, haben Hartig und Ratzeburg a. a. O. geliefert.

6) Vgl. über diese Legeröhre der Hymenopteren Hartig, die Adlerflügler a. a. O. pag. 16., ferner in Wiegmann's Archiv, 1837. Bd. 1. pag. 151. und in Germar's Zeitschrift, Bd. III. pag. 326., Ratzeburg in der mediz. Zool. Bd. II. pag. 145. Taf. 23. von Cynips; über die Legeröhre der Zirpen s. Réaumur, Mémoires etc. Tom. V. 4. mém. Pl. 18. und Doyère in den Annal. d. sc. nat. Tom. 7. 1837. pag. 193.

7) Eine kurze dreieckige Eierrinne besitzt *Libellula vulgata* und *cancellata* eine lange spitzauslaufende Eierrinne ragt bei *Cordulia metallica* senkrecht nach unten, während bei *Epitheca bimaculata* eine lange, herzförmig ausgeschnittene Rinne dem Hinterleibe dicht anliegt. — Wahrscheinlich hat der merkwürdige äussere und tief ausgehöhlte Anhang der weiblichen Geschlechtstheile von *Doritis Apollo* und *Mnemosyne*, über welchen uns bis jetzt noch kein Lepidopterologe Aufschluss gegeben hat, ebenfalls die Bedeutung einer Eiertasche.

II. Von den Geschlechts-Organen der männlichen Insekten.

§. 352.

Die Hoden, welche wie die Ovarien der Insekten doppelt vorhanden sind, bestehen entweder aus zwei einfachen kürzeren oder längeren Blindschläuchen, welche im letzteren Falle oft zu einem Knäuel aufgewickelt erscheinen, oder sie werden aus mehren verschieden gestalteten Blindschläuchen auf die mannichfaltigste Weise zusammengesetzt, wobei die Gruppirung derselben nicht selten an die Anordnung der Eierstocksschläuche erinnert, wie denn die inneren männlichen Geschlechtstheile überhaupt bei den Insekten in ihren Umrissen sowol, wie in der Zahl und Zusammensetzung ihrer verschiedenen Abschnitte mit den inneren weiblichen Geschlechtsorganen oft merkwürdig übereinstimmen. Bei sehr vielen Insekten werden die Hoden von einer sehr lebhaft gefärbten Pigmentschicht bedeckt oder von einer besonderen Membran (*Tunica vaginalis*) eingehüllt. Die beiden *Vasa deferentia* besitzen eine sehr verschiedene Länge und übertreffen oft in einem hohen Grade die Körperlänge des Insektes, so dass sie vielfach gewunden in der Hinterleibshöhle verborgen liegen.

Die Zahl der Saamenleiter ist häufig bei den aus mehren Schläuchen zusammengesetzten Hoden vermehrt, indem von jedem einzelnen Hodenschlauche ein *Vas deferens* entspringt. Diese Saamenleiter vereinigen sich indessen sehr bald auf jeder Seite zu einem gemeinschaftlichen Saamenleiter. Zuweilen zeigen beide Saamenleiter an ihrem unteren Ende zwei blasenförmige Anschwellungen, welche als Saamenblasen (*Vesiculae seminales*) gedeutet werden können. An der Vereinigungsstelle der beiden Saamenleiter münden in der Regel zwei einfache kürzere oder längere Drüsenschläuche, als *Glandulae mucosae* in den *Ductus ejaculatorius* ein. Diese Drüsenanhänge, welche aber auch paarig oder aus zahlreichen Drüsenbüscheln zusammengesetzt sein können, sondern einen körnigen, leicht gerinnbaren Schleim ab, der wahrscheinlich dazu dient, während der Begattung theils mit dem Penis die *Bursa copulatrix* zu füllen und auszudehnen, theils die Saamenmasse in einzelnen Partieen einzuhüllen und sich so durch Gerinnung in Saamenschläuche (Spermatophoren) umzuwandeln [1]).

§. 353.

In den verschiedenen Ordnungen der Insekten erleiden die inneren männlichen Geschlechtsorgane folgende Hauptmodificationen.

---

1) Ueber die mannichfaltige Form der einfachen und zusammengesetzten Hoden, so wie über die männlichen Geschlechtsorgane der Insekten überhaupt siehe Burmeister, Handbuch etc. Bd. I. pag. 217. und Lacordaire a. a. O. Tom. II. pag. 305.

Unter den Apteren zeichnet sich Lepisma durch mehre ovale Hodenschläuche aus, deren *Vasa deferentia* anfangs unregelmässige Verästelungen bilden, weiterhin aber zu zwei gemeinschaftlichen, nach unten erweiterten Saamenleitern verschmolzen sind, mit denen zwei bogenförmig gekrümmte accessorische Drüsenschläuche in den *Ductus ejaculatorius* einmünden [1]).

In den Hemipteren bieten die inneren männlichen Fortpflanzungswerkzeuge eine grosse Mannichfaltigkeit der Formen dar [2]). Nur zwei einfache birnförmige, häufig schön roth gefärbte Hodenschläuche finden sich in den Pentatomiden vor, welche zuweilen an ihrem freien Ende mehrfach eingekerbt sind, und so den Uebergang zu derjenigen Form bilden, welche aus sieben länglichen, fächerförmig verbundenen Hodenschläuchen besteht und bei verschiedenen Landwanzen angetroffen wird [3]). Zuweilen entspringen diese sieben Hodenschläuche auch büschelförmig von dem oberen Ende der beiden Tuben [4]). In den Zirpen zeigen sich diese büschelförmig geordneten Saamenschläuche ausserordentlich vermehrt [5]), während sie bei Psylla bis auf vier und bei Aphis bis auf drei jederseits verringert sind [6]). Bei den Hydrometriden sind nur zwei oder vier längliche Hodenschläuche vorhanden, aus deren Seite die Saamenleiter entspringen. Zwei Paar lange und spiralig aufgerollte Hodenschläuche kommen bei Pelogonus und Notonecta vor, während Nepa und Ranatra fünf lange und gewundene Hodenschläuche jederseits besitzen. Die *Vasa deferentia* sind bei den meisten Landwanzen, bei den Psylliden und Aphiden kurz, bei den Wasserwanzen und Zirpen dagegen sehr lang und vielfach verschlungen. Die Drüsenanhänge der Saamenausführungsgänge sind bei den Hemipteren meistens sehr entwickelt und münden häufig oberhalb des *Ductus ejaculatorius* in die beiden Saamenleiter ein [7]). Da, wo diese accessorischen

---

1) Vgl. Treviranus, vermischte Schriften, Bd. II. pag. 15. Taf. 4. Fig. 2. — Die Pediculiden sind nur mit zwei Paar Hoden ausgestattet.

2) Vgl. Léon Dufour, recherches sur les Hémiptères. Pl. 10—13.

3) Bei Coreus, Alydus, Pyrrhocoris und Acanthia.

4) Bei Capsus, Miris, Aradus.

5) Vgl. Léon Dufour in den Annal. d. sc. nat. Tom. 5. 1825. Pl. 6. Fig. 6. und 7. und in den Recherch. sur les Hémipt. Pl. 13. Fig. 152—155. von Cicada, Aphrophora und Issus.

6) In *Aphis Lonicerae* liegen die sechs Hodenschläuche in der Mittellinie der Leibeshöhle so dicht zusammengedrängt, dass man sie leicht für eine einzige Hodenmasse ansehen kann. Vgl. meine Beobachtungen in Froriep's neuen Notizen, Bd. XII. pag. 307. Nach Morren's Beschreibung (in den Annal. d. sc. nat. Tom. VI. 1836. pag. 87. Pl. 6.) scheint bei *Aphis Persicae* wirklich eine solche Verschmelzung des rechten und linken Hodens Statt gefunden zu haben.

7) Bei Aradus und Nepa, so wie bei Cicada und Aphrophora finden die Einmündungen der beiden einfachen Drüsenschläuche, welche bei den Zirpen ausserordentlich lang und gewunden sind, an den Seiten der Saamenleiter Statt, wäh-

Drüsen zu fehlen scheinen, bieten die *Vasa deferentia* während ihres Verlaufs oder an ihrem unteren Ende blasenförmige Erweiterungen dar, welche vielleicht die Stelle jener Schleim absondernden Organe vertreten [8]. Bei den Pentatomiden stellen die accessorischen Anhänge zwei oder vier büschelförmige Gruppen vielfach verästelter Drüsenschläuche dar, wobei das obere blasenförmig erweiterte Ende des *Ductus ejaculatorius* zuweilen in zwei bis drei Abtheilungen abgeschnürt erscheint, welche wahrscheinlich die Rolle von Schleimbehältern zu spielen scheinen [9].

Bei den Dipteren zeigen sich die männlichen Geschlechtsorgane bei weitem weniger zusammengesetzt [10], indem immer nur zwei einfache Hoden vorhanden sind, deren äussere Hülle häufig eine braune oder gelbe Farbe besitzt. Diese Hoden haben meist eine birnförmige oder ovale Gestalt, sind zuweilen mehr in die Länge gezogen, und dann entweder hakenförmig umgebogen oder verschieden gewunden [11]. Ihre *Vasa deferentia* haben in der Regel eine unbedeutende Länge [12] und münden immer gemeinschaftlich mit zwei einfachen, mässig langen accessorischen Drüsenschläuchen [13] in das obere Ende des *Ductus ejaculatorius* ein.

Die Hoden der Lepidopteren werden stets nur von zwei ovalen oder rundlichen Schläuchen gebildet, welche häufig von einer schönen Pigmentschicht umgeben sind [14], und noch häufiger in der Mittellinie

---

rend bei Aphis zwei, bei Notonecta, Miris und Capsus vier mässig lange Drüsenschläuche gemeinschaftlich mit den Saamenleitern in den *Ductus ejaculatorius* übergehen.

8) Bei Psylla, Pyrrhocoris, Velia und Gerris. Léon Dufour (recherches etc.) hat diese Erweiterungen der Saamenleiter geradezu für *Vesiculae seminales* erklärt.

9) Von Léon Dufour (recherches etc. Pl. 10.) sind auch diese Behälter für Saamenblasen ausgegeben worden.

10) Ueber die männlichen Geschlechtsorgane der Dipteren hat ausser Léon Dufour (in den Annal. d. sc. nat. Tom I. 1844. pag. 250.) besonders Loew (*Horae anatomicae*, pag. 9. Taf. 1—3.) sehr genaue und detaillirte Untersuchungen geliefert.

11) Zwei lange, wellenförmig gewundene Hoden besitzt Myopa, während dieselben bei Asilus und Dasypogon schraubenförmig gewunden sind, und die beiden ungemein langen Hoden der Hipposbosciden einen verwickelten Knäuel darstellen. Vgl. Léon Dufour in den Annal. d. sc. nat. a. a. O.

12) Nur Stratiomys ist mit sehr langen, zu einem Knäuel verschlungenen Saamenleitern versehen.

13) Diese beiden Drüsenschläuche, welche bei Hippobosca, Dolichopus, Asilus und Stratiomys sehr lang, bei Trypeta und Psila dagegen verästelt erscheinen, fehlen bei Leptis und werden hier wahrscheinlich durch zwei Anschwellungen am unteren Ende der beiden Saamenleiter ersetzt. — Bei Empis und Scatopse kommt zu diesem oberen Drüsenpaare noch ein unteres Drüsenpaar hinzu.

14) Karmoisinrothe Hoden besitzen Argynnis, Hipparchia, Pontia, Liparis, grüne Hoden dagegen finden sich bei Lycaena und Sphinx.

des Hinterleibes einander so nahe gerückt sind, dass sie zu einem einzigen rundlichen Körper verschmolzen erscheinen [15]). Die beiden, aus dem getrennten oder verschmolzenen Hodenpaare entspringenden Saamenleiter vereinigen sich nach kurzem Verlaufe mit zwei einfachen accessorischen, langen und vielfach gewundenen Drüsenschläuchen zu einem sehr langen mannichfaltig verschlungenen *Ductus ejaculatorius* [16]).

Bei den Hymenopteren [17]) lassen sich mehre Formenverschiedenheiten der Hoden unterscheiden, indem nämlich ausser zwei, einfachen, eiförmigen Saamen absondernden Schläuchen [18]) nicht selten zwei, aus mehren länglichen Schläuchen büschelförmig zusammengesetzte Hoden vorkommen, welche mit einem Theil der knäuelförmig aufgerollten Saamenleiter von einer gemeinschaftlichen Hülle umgeben werden; fast noch häufiger werden diese beiden Hodenbüschel zusammen, von einer einzigen Hülle eingekapselt, in der Mittellinie der Leibeshöhle angetroffen [19]). In den Tenthrediniden und Siriciden stellen die rundlichen, traubenförmig unter einander verbundenen Hodenschläuche zwei getrennte uneingekapselte Organe dar [20]). Die beiden Saamenleiter der Hymenopteren haben in der Regel eine unbedeutende Länge und zeigen an ihrem unteren Ende zuweilen zwei blasenförmige Erweiterungen, welche Saamen enthalten und mithin als Saamenbläschen angesprochen werden können [21]). Fast durchweg enthalten die männlichen Hymenopteren zwei accessorische birnförmige Drüsenschläuche, in deren Hals sich die beiden Saamenleiter einsenken, und deren Ausführungsgänge nach unten sich zu einem kurzen *Ductus ejaculatorius* vereinigen [22]).

---

15) Zwei getrennte Hoden erkannte Suckow (in Heusinger's Zeitschrift, Bd. II. Taf. 10. Fig. 10.) bei Yponomeuta. Eine vollständige Verschmelzung beider Hoden findet bei den Papilioniden, Sphingiden, Bombyciden u. a. statt.

16) Vgl. Herold: Entwickelungsgeschichte der Schmetterlinge Taf. 4. und 32. von *Pontia Brassicae*, und Suckow, anatom. physiolog. Untersuch. Taf. 4. von *Gastropacha Pini*.

17) Ueber die männlichen Geschlechtsorgane der Hymenopteren hat Léon Dufour (recherches sur les Orthopt. etc. p. 399. Pl. 5—10.) sehr zahlreiche Untersuchungen und Abbildungen geliefert.

18) Zwei einfache Hoden besitzen Parnopes, Cynips, Diplolepis, Chelonus.

19) Zwei eingekapselte Hodenbüschel lassen sich in Apis, Xylocopa und Bombus nachweisen. Vgl. Léon Dufour a. a. O. Fig. 53—62. In einer einzigen Kapsel finden sich die beiden Hodenbüschel bei Anthophora, Anthidium, Odynerus, Tiphia, Scolia, Pompilus und Crabro vereinigt. Vgl. Léon Dufour a. a. O. Pl. 6—9.

20) Vgl. Léon Dufour a. a. O. Fig. 150—154. von Tenthredo, Hylotoma und Cephus.

21) Mit zwei Saamenblasen endigen die beiden *Vasa deferentia* bei Cynips, Chelonus, Apis, Xylocopa.

22) Vgl. Brandt und Ratzeburg, mediz. Zoolog. Bd. II. Taf. 25. Fig. 35. von Apis, s. auch Léon Dufour a. a. O.

Die geflügelten Strepsipteren enthalten zwei birnförmige Hoden, deren sehr kurze Saamenleiter sich oberhalb des *Ductus ejaculatorius* zu zwei Saamenbläschen erweitern, wobei an keiner Stelle dieser Saamenausführungsgänge ein accessorischer Drüsen-Anhang wahrzunehmen ist.

In der Ordnung der Orthopteren werden die beiden Hoden fast durchweg aus einer geringeren oder grösseren Anzahl von Schläuchen zusammengesetzt. Bei den Acrididen, Locustiden, Achetiden, Blattiden und Mantiden bestehen die Hoden aus länglichen, büschel- oder dachziegelförmig aneinander gefügten Blindröhren, welche, wie bei den Hymenopteren, nicht selten mit einer gemeinschaftlichen Hülle umgeben sind. Auch hier erscheinen zuweilen beide Gruppen der Hodenschläuche durch diese *Tunica vaginalis* zu einer einzigen Hodenmasse in der Mittellinie des Abdomen verbunden 23). Die Phasmiden, Libelluliden, Perliden und Ephemeriden besitzen dagegen eine Menge rundlicher Hodenschläuche, welche das obere weite Ende der beiden Saamenleiter eine lange Strecke hin beerenförmig umgeben 24). Die beiden Saamenleiter erscheinen meistens sehr kurz, nur bei den Achetiden und Locustiden stellen sie ungemein lange, fast von Anfang bis zu Ende spiralig gewundene Ausführungskanäle dar 25). Mehre Orthopteren sind mit sehr entwickelten accessorischen Drüsenanhängen ausgestattet, welche häufig verästelte Drüsenbüschel darstellen und zuweilen in paarigen Gruppen hintereinander den kurzen *Ductus ejaculatorius* umgeben 26). Ein Theil dieses Drüsenapparates, zwischen welchem hier und da auch blasenartige Behälter angebracht sind, sondern gewiss bei den Locustiden den Stoff zur Bildung der Spermatophoren ab, während der *Ductus ejaculatorius* der Phasmiden, Libelluliden und Ephemeriden von allen drüsigen Anhängen entblösst ist.

---

23) Vgl. Léon Dufour, Recherches sur les Orthopt. etc. Pl. 1—5. Zwei büschelförmige getrennte Hoden besitzen Gryllotalpa, Oecanthus, Ephippigera, zwei dachziegelförmig geordnete Gruppen länglicher Hodenschläuche dagegen finden sich in Tetrix, Locusta und Decticus vor. Eine einzige vereinigte Hodenmasse hat Oedipoda und Blatta aufzuweisen.

24) Vgl. Suckow in Heusinger's Zeitschrift Bd. II. Taf. 12. Fig. 25. und Taf. 10. Fig. 8., Rathke, de Libell. partib. genital. Tab. I. Fig. 3. und Léon Dufour a. a. O. Pl. 11. Fig. 164. und Pl. 13. Fig. 204. von Perla und Libellula.

25) Vergl. Léon Dufour a. a. O. Fig. 25. und 36. von Gryllotalpa und Ephippigera.

26) Nur zwei Drüsenschläuche vereinigen sich bei den Perliden mit den beiden Saamenleitern, zwei ansehnliche lange Drüsenbüschel kommen bei Tetrix und den Acrididen, Achetiden und Blattiden vor, unter welchen in den Mantiden und Locustiden noch ein bis zwei Paar kürzere Drüsenbüschel angebracht sind. Vgl. Léon Dufour a. a. O. Pl. 3—5.

Die verschiedenen Gattungen der Neuropteren bieten nur wenige Modificationen an ihren männlichen Geschlechtsorganen dar. Panorpa enthält nämlich zwei ganz einfache eiförmige Hoden [27]), während diese Organe der übrigen Neuropteren aus zwei Büscheln länglicher oder runder Schläuche bestehen [28]), welche bei Myrmeleon und Hemerobius zwei ovale, von besonderen Hüllen umgebene Hoden darstellen. Die beiden kurzen Saamenleiter nehmen an ihrem unteren Ende stets die Mündungen zweier eiförmigen oder länglichen accessorischen Drüsenschläuche auf [29]).

Die männlichen Fortpflanzungsorgane der Coleopteren variiren unter den mannichfaltigsten Formen [30]). Bei den Carabiden, Hydrocanthariden und Lucaniden bestehen die beiden Hoden aus zwei ungemein langen, zu einem Knäuel verschlungenen Blindröhren [31]), welche zuweilen noch von zwei besonderen Hüllen eingekapselt sind [32]). Die Elateriden, Tilliden, Canthariden, sehr viele Heteromeren und Coccionelliden dagegen sind mit einer geringeren oder grösseren Menge kurzer rundlicher oder länglicher Schläuche ausgestattet, welche büschelförmig zu zwei Hoden vereinigt sind [33]). Auch hier kommt bei einigen Gattungen eine kapselartige Umhüllung der Hoden vor [34]). In den Hydrophiliden und Pyrochroiden nehmen die zahlreichen kurzen Hodenschläuche in dichten Massen eine weite Strecke hin die Seiten des Hinterendes der Saamenleiter ein [35]). Bei den Staphyliniden und Silphiden sitzen die birnförmigen Hodenschläuche traubenförmig dem einfachen oder vielfach verästelten Hinterende der *Vasa deferentia*

---

27) Vgl. Léon Dufour a. a. O. Fig. 172.

28) Bei Sialis und Phryganea.

29) Vgl. Léon Dufour a. a. O. Pl. 12. Fig. 172—210. von Panorpa, Myrmeleon, Sialis, Phryganea, ferner Suckow in Heusinger's Zeitschrift Bd. II. Taf. 16. Fig. 15. von Sialis.

30) Ueber die männlichen Geschlechtsorgane vergleiche man vorzüglich Léon Dufour in den Annal. d. sc. nat. Tom. 6. 1825. pag. 152. Pl. 4—9. und Tom. 1. 1834. pag. 76. Pl. 3. u. 4.

31) In Harpalus sind beide Blindröhren zu einem einzigen Knäuel verschlungen.

32) Zwei eingekapselte Hoden besitzen Cybister, Scarites und Clivina.

33) Nur drei bis sieben Schläuche enthält jeder Hodenbüschel bei Dermestes, Heterocerus, Anthrenus, Oedemera, Helops, Diaperis, Tenebrio, während bei Blaps, Pimelia, Mylabris, Telephorus, Bostrichus, bei den Elateriden und Coccionelliden eine grössere Zahl von Schläuchen die beiden Hoden zusammensetzen.

34) Eine Tunica vaginalis besitzen Clerus, Trichodes, Mylabris, welche bei Galeruca sogar beide Hoden als einen einzigen Körper gemeinschaftlich überzieht.

35) Vgl. Swammerdamm, Bibel etc. Taf. 22. Fig. 5. und Suckow in Heusinger's Zeitschrift Bd. II. Taf. 10. Fig. 1. u. 2. von Hydrophilus, Léon Dufour in den Annal. d. sc. nat. Tom. 13. 1840. Taf. 6. A. Fig. 18. von Pyrochroa.

auf [36]). In den Lamellicorniern, Cerambyciden, Curculioniden und Crioceriden erscheinen die Hoden nach einem ganz anderen Typus gebildet, indem die Zahl der Hoden jederseits auf zwei, sechs bis zwölf vermehrt ist. Diese Hoden stellen meistens rundliche und scheibenförmig niedergedrückte Schläuche dar, welche ziemlich kurze Ausführungskanäle an das Hinterende der beiden gemeinschaftlichen Saamenleiter absenden [37]). Die *Vasa deferentia* der Käfer sind in der Regel nur mässig lang, doch kommen unter den Carabiden, Hydrocanthariden und Cerambyciden auch sehr lange Saamenleiter vor, welche knäuel- oder spiralförmig gewunden sind [38]). Nur bei wenigen Coleopteren sind die beiden Saamenleiter während ihres Verlaufs zu einer *Vesicula seminalis* angeschwollen [39]). Die accessorischen Drüsen fehlen keinem Käfer-Männchen, dieselben münden entweder mit den Saamenleitern zusammen in das obere Ende des *Ductus ejaculatorius* oder verbinden sich mit den Saamenleitern, bevor diese den gemeinschaftlichen Saamengang erreichen. In sehr vielen Coleopteren besteht dieser Drüsenapparat nur aus zwei einfachen bald kürzeren, bald längeren Blindschläuchen [40]), welche jedoch bei einigen Käfern ausserordentlich lang sind und alsdann zwei verschlungene Knäule bilden [41]). Eine andere Reihe von Käfern besitzen vier bis acht paarweise geordnete blindschlauchförmige Anhänge von verschiedener Länge und Weite, von welchen ein oder das andere Paar wahrscheinlich zu blossen Behältern für das Sekret der übrigen eigentlichen Drüsenschläuche bestimmt ist [42]). Der stets sehr muskulöse *Ductus ejaculatorius*

---

36) Sehr vielfache Verästelungen bieten die beiden Hoden von Silpha dar Vgl. Léon Dufour in den Annal. d. sc. nat. Tom. 6. 1825. Pl. 6. Fig. 6.

37) Zwei Paar Hoden besitzen Hammaticherus, Anthribus, Lixus und Donacia, in Melolontha und Prionus lassen sich jederseits sechs, in Trichius neun, und in Cetonia zwölf Hoden unterscheiden. Vgl. ausser Léon Dufour a. a. O. noch Suckow in Heusinger's Zeitschrift Bd. II. Taf. XI. und Straus, Considérations etc. Pl. VI.

38) Dieser Knäuel der beiden Saamenleiter erscheint bei Cybister sogar von einer besonderen Membran eingekapselt. Vgl. Léon Dufour, Annal. d. sc. nat. Tom. VI. 1825. Pl. 5. Fig. 1.

39) Eine blasenförmige Erweiterung befindet sich bei Hydrophilus am unteren Ende, bei Anthribus und Lixus am oberen Ende der Saamenleiter.

40) Bei den Carabiden, Hydrocanthariden, bei Mordella, Anthribus, Galeruca, Coccionella.

41) Bei Melolontha, Cetonia und Lucanus. Vgl. Léon Dufour, Straus und Suckow a. a. O.

42) Bei den Staphyliniden, Cantchariden, Byrrhiden, Elateriden, Tilliden, Meloïden, Tenebrioniden, Pyrochroiden, Dermestiden, Cerambyciden, bei Donacia, Heterocerus u. a. Vgl. Léon Dufour, Suckow a. a. O. so wie Brandt und Ratzeburg, med. Zoologie Bd. II. Taf. 17. und 19. Besonders entwickelt zeigt sich dieser Drüsenapparat bei Hydrophilus piceus, indem hier unter den vier Paar

zeigt sich bei vielen Käfern sehr lang und mehrfach gewunden, wodurch die Ruthe in den Stand gesetzt ist, bei der Begattung weit hervorgeschoben werden zu können.

§. 354.

Die Begattungsorgane der männlichen Insekten werden aus verschiedenen hornigen Leisten, klappen- und zangenförmigen Fortsätzen gebildet [1]), welche in ihren Formen eine so grosse Mannichfaltigkeit darbieten, dass sich die nächsten verwandten Insekten-Arten durch bestimmte und constante Modificationen ihrer hornigen Ruthentheile scharf von einander unterscheiden [2]).

Ausser diesen, am Hinterleibsende angebrachten eigentlichen Begattungsorganen sind häufig noch an den Fühlern, den Mundtheilen, den Beinen und an anderen Gegenden des Leibes bei verschiedenen Insekten-Männchen Hülfswerkzeuge vorhanden, welche von diesen Kerfen theils zum Ergreifen, theils zum Festhalten der Weibchen gebraucht werden, und in der Zoologie längst Gegenstand sorgfältiger Beschreibungen geworden sind.

Bei den meisten Hemipteren steckt im Hinterleibsende eine hornige Kapsel verborgen, aus welcher eine röhrenförmige Ruthe hervorgeschoben werden kann. An sehr vielen Dipteren ragen die männlichen Begattungsorgane vom Hinterleibsende frei hervor. Dieselben bestehen dann häufig aus zwei hornigen, verschieden gestalteten Seitenklappen, welche den bald kürzeren, bald längeren Penis scheidenartig umschliessen [3]). Die Lepidopteren, Hymenopteren, Or-

---

Drüsenanhängen ein Paar durch seine Länge und Dicke sich auszeichnet und zugleich an seinem Ende aus einer Menge kleiner Drüsenschläuche zusammengesetzt erscheint. Vgl. Swammerdamm, Bibel etc. Taf. 22. Fig. 4., Léon Dufour a. a. O. Tom. 6. Pl. 6. Fig. 7. und Suckow a. a. O. Taf. 10. Fig. 1. und 3.

1) Vgl. Burmeister, Handbuch etc. Bd. I. pag. 227. Taf. 13.

2) Diese verschiedenen Formen-Verhältnisse der äusseren männlichen Geschlechtswerkzeuge sind bis jetzt noch wenig von den Entomologen zur Unterscheidung verwandter Species benutzt worden, und würden, wenn man sie gehörig beachtet hätte, die Aufstellung mancher schlechten Species verhütet haben. Dieselben bestimmten Verschiedenheiten der einzelnen hornigen und starren Theile der Ruthe machen es auch den verwandten Arten unmöglich, durch Copulation Bastardverbindungen einzugehen, indem die harten Begattungsorgane eines männlichen Insektes den gleichfalls harten Umgebungen der weiblichen Geschlechtsöffnung seiner Art so genau entsprechen, dass nur diese allein zusammenpassen und sich innig mit einander vereinigen können. Léon Dufour bezeichnet daher die hornigen Copulationsorgane der Insekten ganz gut als die *garantie de la conservation des types*, und als die *sauvegarde de la légitimité de l'espèce.*

3) Dieser hornige Ruthenapparat fällt durch seine grossen und oft aufgeblähten Seitenklappen bei den Dolichopiden, Empiden, bei Asilus, Laphria, Ctenophora, Nematocera und bei anderen Tipuliden sehr leicht in dio Augen. Vgl. Schummel, Beiträge zur Entomologie, Taf. 1—3. von Tipula.

thopteren und Neuropteren besitzen ein äusseres und ein inneres Klappenpaar, welche den röhren- oder rinnenförmigen Penis umgeben [4]. Nur die Ephemeriden und Strepsipteren zeichnen sich durch sehr einfache männliche Copulationsorgane aus, indem am Penis der ersteren der Klappenapparat fehlt, und durch zwei lange, vom vorletzten Hinterleibssegmente entspringende und nach innen gebogene dünne dreigliederige Stiele ersetzt wird, während der ebenfalls nackte hornige Penis der Strepsipteren durch ein Gelenk wie die Klinge eines Taschenmessers nach der Seite gegen den Hinterleib eingeschlagen werden kann. Am einfachsten ist jedoch die Mündung des *Ductus ejaculatorius* am Hinterleibsende der Libelluliden beschaffen, welche nur von zwei sehr kleinen, flach anliegenden ovalen Klappen äusserlich bedeckt wird. Dennoch fehlt diesen Insekten der Penis nicht, der hier merkwürdiger Weise, sammt einer von hornigen Wandungen umschlossenen Saamenblase, an der Basis des Abdomen in einer Grube verborgen liegt [5]. Diese Ruthe ist bei Aeschna, Libellula und Gomphus dreigliederig, bei Calopteryx und Agrion dagegen eingliederig, und hängt bei den letzten beiden Gattungen nicht unmittelbar mit der Saamenblase zusammen. Die männlichen Libelluliden müssen, bevor sie sich begatten, durch Umbeugen ihres Hinterleibes gegen die Basis des Abdomen die hier versteckte *Vesicula seminalis* mit Saamenfeuchtigkeit füllen, und dann erst ein Weibchen aufsuchen, welches sie mittelst ihres, am Hinterleibsende hervorragenden Zangenapparates im Nacken ergreifen, worauf alsdann das Weibchen seine Geschlechtsöffnung gegen den mit Saamen gefüllten Ruthenapparat zur Begattung umbeugt [6]. Jene Zangen am Hinterleibsende der männlichen Libelluliden bieten bei den einzelnen Arten sehr bestimmte specifische Formverschiedenheiten dar [7], denen eine eben so specifisch verschiedene Skulptur am Prothorax der weiblichen Arten entspricht. Die Begattungsorgane der

---

4) Bei den Panorpiden sind diese Begattungsorgane in einen sehr aufgeblähten Zangenapparat umgewandelt, bei Psyche dagegen kann der lange Penis perspektivartig hervorgeschoben werden, wodurch diese Schmetterlinge im Stande sind, den Begattungsakt mit ihren, in Säcken verborgen bleibenden Weibchen zu vollziehen.

5) Ueber die Begattungsorgane der Libelluliden vergleiche man Rathke, de Libellularum part. genital. und meine Untersuchungen in Germar's Zeitschr. Bd. II. pag. 421.

6) Den Begattungsakt der Libelluliden findet man von Swammerdamm, Bibel etc. Taf. 12. Fig. 3., Réaumur, Mémoires etc. Tom. VI. Pl. 40. und 41. und Roesel, Insektenbelustig. Th. II. Insect. aquat. Class. II. Taf. X. dargestellt.

7) Die verschiedenen Formen dieses Zangenapparates sind von Charpentier, Horae entomologicae Tab. I. und Selys Longchamps, Monographie des Libellulides d'Europe Pl. 1—4. abgebildet.

männlichen Coleopteren bestehen aus einer, mehr oder weniger hornigen, von einem häutigen Präputium überzogenen Kapsel, in welcher ein platt gedrückter breiter, von seitlichen Hornleisten gestützter Kanal als eigentliche Ruthe verborgen steckt. Diese Begattungswerkzeuge liegen in der Ruhe vollkommen innerhalb der Hinterleibshöhle zurückgezogen, und können durch einen ausgezeichneten Muskelapparat weit hervorgeschoben werden [8]). Bei den männlichen Individuen von Dermestes ragt auf dem dritten und vierten Hinterleibssegmente, aus einer in der Mittellinie angebrachten Oeffnung, ein Pinsel steifer Borsten hervor, mit welchem ein muskulöser rundlicher Körper in Verbindung steht, der auf der inneren Fläche jener Segmente angebracht ist. Diese Haarpinsel stehen gewiss mit dem Begattungsgeschäfte in einer gewissen Beziehung [9]).

§. 355.

Die Entwickelung der Insekten-Larven geht innerhalb des Eies auf dieselbe Weise vor sich, wie bei den meisten übrigen Arthropoden. Es bildet sich nämlich, nachdem das Keimbläschen schon ausserordentlich früh verschwunden ist [1]), vermittelst eines oberflächlichen isolirten Dotterfurchungsprocesses eine rundliche oder längsovale Keimschicht aus, welche durch ihre glashelle Färbung gegen den übrigen Dotter leicht absticht [2]). Diese Keimschicht, welche der Bauchseite des künftigen Embryo entspricht, breitet sich allmälig nach allen Seiten hin aus, überwächst so die ganze Dottermasse, bis sich ihre Ränder zuletzt der Bauchseite gegenüber auf dem Rücken an einander schliessen. An dieser Keimschicht lässt sich ein äusseres, sogenanntes seröses und ein

---

8) Vgl. Straus, Considérations etc. Pl. 3. u. 5.

9) Vgl. meine Bemerkungen in der entomolog. Zeitung 1840. pag. 137. und Brullé in den Annal. de l. soc. entomol. de France, Tom. 7. 1838. pag. LIII. Der an der Basis des Abdomen, bei den männlichen Individuen von Blaps angebrachte goldglänzende Haarbüschel entspricht den Haarpinseln von Dermestes insofern nicht, als ersterer nicht aus dem Innern der Käfer hervorragt, sondern nur einen äusseren Haarauswuchs darstellt.

1) Das Keimbläschen lässt sich an keinem gelegten Eie der Insekten auffinden, ja es ist sogar in den, noch innerhalb der Tuben befindlichen Insekten-Eiern verschwunden, so dass sein Verschwinden von dem Befruchtungsakte nicht abzuhängen scheint.

2) Beobachtungen über die frühesten Vorgänge der Entwickelung des Embryo im Insekten-Eie haben Herold (Disquisitiones de animal. vertebr. carent. in ovo formatione. 1835—38.) an Sphinx Ligustri und Musca vomitoria, Kölliker (Observationes de prima Insectorum genesi. 1842. oder in den Annal. d. sc. nat. Tom. 20. 1843. pag. 253. Pl. 10—12.) an Chironomus, Simulia und Donacia angestellt. Die weitere Entwickelung des in der Ausbildung bereits vorgeschrittenen Insekten-Embryo hat dagegen Rathke (in Meckel's Archiv 1832. pag. 371. Taf. IV. und in Müller's Archiv, 1844. pag. 27. Taf. II.) an Blatta orientalis und Gryllotalpa vulgaris, und Nicolet (Recherches etc. pag. 18. Pl. 1.) an den Poduriden verfolgt.

inneres mucöses Blatt unterscheiden. Innerhalb des serösen Blattes entwickelt sich in der Mittellinie der Bauchseite das Nervencentrum als Bauchmark, während sich aus dem Schleimblatte ein Halbkanal hervorbildet, der nach und nach den Dotter umfasst und denselben zuletzt vollständig als Darmschlauch in seine Höhle einschliesst. Die verschiedenen Anhänge des Verdauungskanals entstehen nachher durch blosse Einschnürung und Ausstülpung desselben, die übrigen Organe der Leibeshöhle dagegen entwickeln sich aus besonderen Keimanlagen. Von der äusseren Oberfläche des serösen Blattes sprossen die Mundtheile, die Tastorgane, die Beine und andere Körperfortsätze hervor, die sich wie der Körper selbst durch Einschnürungen gliedern, während sich zwischen den beiden Blättern der Keimschicht, dem Bauchmarke gegenüber das Rückengefäss ausbildet. Diese allmälige Entwickelung des Insekten-Embryo geht auf Kosten des Dotters vor sich, der immer mehr aus dem Darmschlauche verschwindet.

Berichtigungen und Zusätze.

S. 25. §. 23. Anm. 2. Dass die Kerne der Infusorien bei der Vermehrung der letzteren eine wichtige Rolle spielen, geht auch aus einer Beobachtung Focke's hervor, nach welcher sich in dem Kerne von *Loxodes Bursaria* mehre junge Individuen entwickelten. Vergl. Amtlich. Bericht über die zweiundzwanzigste Versammlung deutscher Naturforscher in Bremen. Abth. II. pag. 110.

S. 29. §. 27. Anm. 1. Ueber die Nesselorgane der Tubularien und Aktinien vergleiche man Wagener in Müller's Archiv. 1847. pag. 195. Taf. 8.

S. 33. §. 32. Anm. 1. Ueber die beweglichen vogelkopfähnlichen und geisselförmigen Körper gewisser *Bryozoen* vergleiche man noch Van Beneden, Recherches sur l'anatomie, la physiologie et le développement des Bryozoaires, in den Nouv. Mémoires de Bruxelles etc. Tom. 18. 1845. p. 14. Pl. II. III., und Reid in the Annals of nat. hist. Vol. 16. 1845. p. 385. Pl. 12.

S. 35. §. 34. Anm. 5. Von Nordmann (Versuch einer Monographie des Tergipes. p. 88.) werden die Randkörper der frei umherschwimmenden Campanularien als Gehörorgane beschrieben.

S. 35. §. 36. Anm. 1. Frey und Leuckart (Beiträge a. a. O. p. 6.) bezweifeln ebenfalls das constante Vorkommen einer Oeffnung an den Tentakelspitzen der Actinien.

S. 38. §. 37. Anm. 5. Einen nach unten offenen und mit der Leibeshöhle in unmittelbarer Verbindung stehenden Magen fand Sars (Fauna littoral. Norveg. p. 21.) bei Lucernaria, Frey und Leuckart (Beiträge etc. p. 3.) dagegen bei Actinia und verschiedenen anderen Anthozoen.

S. 47. §. 45. Die Reihe derjenigen Polypen, welche als geschlechtslose (ammenartige) Individuen selbstständige medusenartige Individuen erzeugen, ist durch mehre neuere Beobachtungen vermehrt worden. (Vgl. Van Beneden: Recherches sur l'Embryogénie des Tubulaires.

1844. Pl. I. und IV. über Tubularia und Eudendrium, Sars, Fauna littor. Norveg. p. 7. Tab. I. über Podocoryna und Perigonimus, Dujardin in den Annal. d. sc. nat. Tom. 4. 1845. p. 257. Pl. 14. und 15. oder in Froriep's neuen Notizen. Bd. 40. p. 1. über verschiedene Hydrinen.) Es ist zwar an diesen medusenartigen Individuen die Entwicklung der Geschlechtsorgane noch nicht beobachtet worden, indessen berechtigen die an den medusenartigen Individuen von ***Syncoryne ramosa*** und ***Coryne Fritillaria*** wahrgenommenen Geschlechtstheile zu dem Schlusse, dass sich auch die medusenartige Brut anderer ***Hydrinen*** und ***Sertularinen*** mit der Zeit zu geschlechtlichen Generationen ausbilden werden. Wenn auf diese Weise die medusenartigen und geschlechtlichen Individuen der Hydrinen und Sertularinen als die vollkommenen Generationen, die polypenartigen und geschlechtslosen Individuen als die unvollkommenen Generationen angesehen werden müssen, so wird man, wie dies schon von verschiedenen Seiten vorgeschlagen worden ist, diese einem Generationswechsel unterworfenen Thiere nicht mehr bei den ***Polypen*** belassen können, sondern passender in die Klasse der ***Acalephen*** zu stellen haben.

S. 48. §. 46. Anm. 2. Cercarienförmige Spermatozoïden beobachteten, ausser Wagner (Icones zootomicae. Tab 34. Fig. 7. und 12.) in Veretillum und Hydra, noch Van Beneden (Recherches sur l'organisation des Laguncula. Pl. 1. und Recherches sur l'anatomie, la physiologie et le développement des Bryozoaires. Pl. 5. in den Nouv. Mémoires de Bruxelles etc. Tom. 18.) in Laguncula und Halodactylus, Rathke (in Wiegmann's Archiv. 1844. Bd. I. p. 161. Taf. 5. Fig. 6.) und Steenstrup (Untersuchung über das Vorkommen des Hermaphroditismus in der Natur. p. 66. Taf. I. Fig. 18. e.) in Coryne, so wie Kölliker (die Bildung der Saamenfäden in Bläschen als allgemeines Entwicklungsgesetz, im achten Bande der neuen schweizer. Denkschriften. p. 48. fig. 20. 21. 22. und 24.) bei Pennaria, Eudendrium und Sertularia. Vollkommen fadenförmige Spermatozoïden beobachtete Kölliker dagegen in Crisia.

S. 50. §. 48. In diesem §. muss die Abtheilung 2. und 3. wegfallen, indem die Geschlechtsorgane bei allen Anthozoen an der inneren Fläche der Leibeshöhle befestigt sind. Vergl. Frey und Leuckart, Beiträge etc. p. 13.

S. 51. §. 50. Andere Beispiele von Anthozoen mit äusseren Geschlechtswerkzeugen in Form von Eier- oder Saamenkapseln haben Van Beneden (Recherches sur l'embryogénie des Tubulaires. Pl. 5. und 6.), Rathke (in Wiegmann's Archiv. 1844. Bd. I. Taf. 5.) und Sars (Fauna littor. Norveg. p. 7. Tab. II.) bei ***Hydractinia***, ***Coryne*** und ***Podocoryna*** beobachtet. Vergl. ausserdem das, was Frey und Leuckart (Beiträge etc. p. 28.) hierüber zusammengestellt haben. Es lassen sich übrigens auch diese äusseren Eier- und Saamenkapseln als nicht vollkommen ausgebildete weibliche und männliche Individuen betrachten, wodurch die Träger solcher Eier- oder Saamenkapseln mit den in §. 45. aufgeführten geschlechtslosen Individuen in die Kategorie ammenartiger Generationen gestellt werden können, welche, bald mehr bald weniger selbstständig entwickelt, geschlechtliche Generationen hervorzubringen im Stande sind.

S. 52. §. 52. Anm. 1. Den Furchungsprozess des Dotters hat Van Beneden an den Eiern von ***Pedicellina*** beobachtet. Vgl. dessen Recherches sur l'anatomie des Bryozoaires (suite), in den Nouv. Mémoires de Bruxelles etc. Tom. 19. p. 18. Pl. 2.

S. 53. §. 52. Anm. 2. Infusorienartige Junge beobachtete auch Steenstrup (Untersuchungen a. a. O. p. 66. Taf. 1. fig. 21.) bei ***Coryne squamata***, und Sars (Fauna littor. Norveg. p. 7. Tab. II. fig. 7—11.) bei ***Podocoryna carnea.*** Die von Reid (in den Annals of nat. hist. Vol. 16. 1845. pag. 392. und 397. Pl. 12. fig. 9. und 13.) bei ***Pedicellina echinata*** innerhalb der Leibeshöhle und bei ***Flustra avicularis*** in besonderen Eierkapseln beobachteten rundlichen Eier, welche sich mit Flimmercilien umherbewegten, sind wol auch Embryone gewesen.

S. 57. §. 55. Von Wagener (in Müller's Archiv. 1847. p. 183. Taf. 8. fig. 4—5.) sind ganz eigenthümliche lange Haargebilde beschrieben worden, welche die Rippen der ***Beroë*** und ***Cydippe*** besetzt halten und vor ihrem freien Ende auf einer kolbenförmigen Anschwellung eine Menge gestielter Knöpfchen tragen.

S. 59. §. 57. Die knorpeligen Schwimmstücke der Siphonophoren verhalten sich bei den Ortsbewegungen ganz passiv, indem nur die ihre Höhle auskleidende muskulöse Membran, als eigentlicher Schwimmsack, durch kräftige Kontraktionen das Schwimmen bewirkt. Vgl. Sars, Fauna littor. Norveg. p. 33. und 42.

S. 62. §. 60. Anm. 4. Nach den Beobachtungen von Frey und Leuckart (Beiträge etc. p. 39.) zeigte der in dem Gehörorgane einer Cydippe enthaltene Otolithen-Haufe tanzende Bewegungen, welche deutlich von Flimmercilien der Gehörkapsel verursacht wurden.

S. 63. §. 61. Anm. 8. Hollard erklärte bei ***Velella*** die mit einer centralen Oeffnung nach aussen mündenden Kanäle geradezu für eine Verdauungshöhle, in deren Wandungen derselbe sogar bräunliche leberartige Massen bemerkt haben will. Vgl. die Annal. d. sc. nat. Tom. 3. 1845. p. 249. Pl. 4. bis. oder Froriep's neue Notizen. Bd. 36. p. 3. fig. 17—19.

S. 65. §. 62. Anm. 1. Das von Will mit so vieler Bestimmtheit beschriebene Blutgefässsystem der Acalephen hat weder von Bergmann, noch von Frey und Leuckart (Beiträge etc. p. 38.) nach zahlreichen angestellten Untersuchungen eine Bestätigung erhalten können.

S. 68. §. 64. Anm. 8. Wasserführende und wahrscheinlich zur Respiration dienende Kanäle hat Sars (Fauna littor. Norveg. p. 34. und 42. Tab. VI. fig. 3. g. g. und Tab. VII. fig. 3. c.) bei den *Physophoriden* und *Diphyiden* innerhalb der knorpeligen Schwimmstücke beobachtet. Auch von Hollard werden die hohlen röhrenförmigen Tentakeln der *Velella*, welche andere Naturforscher für ebenso viele Magen ausgeben wollen, als wasserführende Röhren betrachtet, und auf diese Weise wie die Tentakelfüsschen der Echinodermen zu einem Wassergefässsysteme gerechnet. Vergl. die Annal. d. sc. nat. Tom. 3. 1845. p. 250. oder Froriep's neue Notizen. Bd. 36. p. 4.

S. 69. §. 66. Durch die genauen Untersuchungen von Sars (Fauna littor. Norveg. p. 11. Tab. IV. fig. 8—12.) ist jetzt auch eine Vermehrung mittelst Knospenbildung bei den Acalephen festgestellt worden, indem derselbe an der äusseren Fläche des röhrenförmigen Magens von *Cytaei octopunctata* und aus den vier Ovarien von *Thaumantias multicirrata* kleine glockenförmige, dem Mutterthiere ähnliche Quallen hervorsprossen und sich ablösen sah. Bei der mit *Agalma* verwandten Röhrenqualle *Agalmopsis* beobachtete Sars (ebendas. p. 38. Tab. VI. fig. 14—17.) zwischen den Fangfäden und den röhrenförmigen Magen glockenförmige Körper hervorsprossen, welche sich zuletzt lostrennten und gleich Scheibenquallen frei umher schwammen. Auch bei *Diphyes* kommt nach Sars (ebendas. p. 43. Tab. VII. fig. 11. b. fig. 13. b. und fig. 14.) eine ähnliche Vermehrungsweise durch Knospenbildung vor.

S. 70. §. 67. Anm. 2. Ueber die Spermatozoïden der Scheibenquallen vergleiche man noch Kölliker in den neuen schweizer. Denkschriften, Bd. VIII. a. a. O. p. 47. Taf. II. fig. 18. von Cassiopeia.

S. 70. §. 67. Anm. 3. Nach Sars (Fauna littor. Norveg. p. 38.) besitzen die Spermatozoïden von Agalmopsis eine cercarienförmige Gestalt.

S. 71. §. 69. Anm. 7. In den männlichen oder weiblichen Individuen von *Cephea* fand ich die Hoden und Ovarien ganz auf dieselbe Weise angeordnet und gebildet wie in den Medusen.

S. 72. §. 69. Anm. 11. Bei *Velella* erkannte Hollard (in den Annal. d. sc. nat. Tom. 3. 1845. p. 251. Pl. 4. bis. fig. 33—34. oder in Froriep's neuen Notizen. Bd. 36. p. 4. fig. 21—22.) an der Basis der röhrenförmigen Tentakeln (Magen) traubenartige Eierstöcke. An der Röhrenqualle *Agalmopsis* beobachtete Sars (a. a. O. p. 37. Tab. V.) zwischen den Fangfäden ebenfalls traubenförmige Geschlechtsorgane (Ovarien), doch erkannte derselbe (a. a. O. p. 38. und 43.) zugleich auch im Grunde der glockenförmigen, durch Knospenbildung entstandenen Individuen bei *Agalmopsis* Hoden und bei *Diphyes* Ovarien, wodurch man sich veranlasst sieht, die verschiedenen Siphonophoren, wie die Hydrinen und Sertularinen, als zusammengesetzte ammenartige

Thiere zu betrachten, welche durch Generationswechsel, mittelst Knospenbildung, glockenförmige geschlechtliche Individuen erzeugen.

S. 72. §. 70. Anm. 2. Bei meinem letzten Aufenthalte in Triest (im Herbste 1847) habe ich mich überzeugen können, dass auch die Brut von *Cephea Wagneri* sich, ganz auf dieselbe Weise wie bei den Medusen, aus infusorienartigen Wesen zu polypenartigen jungen Thieren entwickelt.

S. 76. §. 72. Anm. 1. Ueber die in der Cutis der Holothurinen eingelagerten Kalkkörperchen vergleiche man Koren in Froriep's neuen Notizen. Bd. 35. p. 18. fig. 6—9. und im Archiv skandinavischer Beiträge für Naturgeschichte. Th. I. p. 449.

S. 78. §. 73. Anm. 4. Auch Koren fand bei den Holothurien *Thyone fusus* und *Cuvieria squamata* den Knochenring aus zehn Kalkstücken zusammengesetzt. Vgl. Froriep's neue Notizen. Bd. 35. p. 19. und 36. fig. 4. und 16.

S. 86. §. 80. Anm. 9. Nach Quatrefages besitzt *Echiurus Gaertneri* ein knotiges Bauchmark, wodurch also die Echiuriden sich noch enger an die Anneliden anschliessen. Vgl. die Annales d. sc. nat. Tom. 7. 1847. p. 332. Pl. 6. fig. 4.

S. 98. §. 88. Anm. 7. Im Vorderleibe des *Echiurus Gaertneri* hat Quatrefages drei herzartige Anschwellungen des Blutgefässsystems unterscheiden können, nämlich ein cor ventrale am Bauchgefässe, ein cor dorsale am Rückengefässe und ein unter dem Darmschlauche gelegenes cor mesentericum; von welchen das letztere durch einen gewundenen Gefässstamm mit dem cor ventrale und durch einen engen Gefässring mit dem Rückengefässe in Verbindung stand. Vgl. Annal. d. sc. nat. a. a. O. p. 324. Pl. 6. fig. 4.

S. 103. §. 92. Anm. 11. Auch *Thyone* und *Cuvieria* besitzen nach Koren (a. a. O. p. 20. und 36. fig. 2. und 11.) nur einen einzigen grossen blasenförmigen Anhang am Wassergefäss-Ringe.

S. 107. §. 97. Anm. 10. Die Verhältnisse der Geschlechtstheile des *Echinaster sanguinolentus* hat Sars in seiner Fauna a. a. O. p. 48 ausführlich dargestellt.

S. 110. §. 98. Anm. 1. Eine sehr ausführliche Darstellung der Entwicklung von *Echinaster* hat Sars (a. a. O. p. 47. und Taf. VIII.) geliefert. Es scheinen sich übrigens nicht alle Asteroïden nach diesem Typus zu entwickeln, da jetzt Koren und Danielssen (in den Annal. d. sc. nat. Tom. 7. 1847. p. 347. Pl. 7. fig. 7—9.) nachgewiesen haben, dass die von Sars zuerst beobachtete *Bipinnaria asterigera* in der That ein junger Seestern ist, der sich mittelst eines besonderen sehr complicirten und mit vielen Ruderorganen ausgestatteten Anhanges umherbewegt, und sich später von diesem Schwimmstücke lostrennt; wobei letzteres noch mehre Tage im Wasser isolirt umherrudert. Dergleichen, von jungen Seesternen abgelöste Schwimmstücke waren es vielleicht, welche von Müller und Wagener bei Helgoland angetroffen und als *Actinotrocha branchiata* beschrieben und abgebildet wurden. Vgl. Müller's Archiv. 1846. p. 101. Taf. 5. fig. 1—2. u. 1847. p. 202. Taf. 9. fig. 1—6.

Ueber die Entwicklung der Echiniden haben verschiedene Naturforscher durch Anwendung künstlicher Befruchtung interessante Aufschlüsse erhalten. Nach den von Baer zuerst im Jahre 1845 angestellten Versuchen (in dem Bulletin de la Classe physico-mathématique de l'Académie des sciences de St. Pétersbourg. Tom. V. p. 234. oder in Froriep's neuen Notizen. Bd. 39. p. 36.) verwandelten sich die künstlich befruchteten Eier des Echinus esculentus und lividus, nach Vollendung eines totalen Durchfurchungs-Prozesses, in rundliche, mit Flimmercilien bedeckte infusorienartige Körper. Dufossé und Derbès (in den Annal. d. sc. nat. Tom. 7. 1847. p. 44. und Tom. 8. p. 80. Pl. 5.) war es gelungen, an Echinus esculentus die Entwicklung der infusorienartigen Embryone noch weiter zu verfolgen. Dieselben nahmen nach und nach eine birnförmige Gestalt an und setzten sich mittelst eines Stieles am dünneren Afterende fest, während am dickeren Mundende Tentakeln hervorsprossten und mehre lange kalkhaltige Stacheln zum Vorschein kamen. Gleichzeitig bildete sich im Inneren dieser jungen Seeigel der Verdauungskanal aus.

Ein von Müller (s. dessen Archiv, 1846. p. 108. Taf. 6. fig. 2—3. und 1847. p. 160.) unter dem Namen ***Pluteus paradoxus*** zuerst beschriebenes kleines Seethier, welches von einem, aus sechs divergirenden kalkigen Fortsätzen gebildeten, staffeleiartigen Gerüste gestützt wird und mittelst Flimmercilien umherschwimmt, ist später von dem Entdecker als der Jugendzustand einer Ophiura erkannt worden.

S. 136. §. 111. Anm. 2. H. Meckel glaubt ebenfalls, dass das oben beschriebene Gefässsystem der Trematoden mit dem, diesen Helminthen eigenthümlichen Absonderungsorgane in einem unmittelbaren Zusammenhange stehe. Vergl. Müller's Archiv. 1846. pag. 2. Taf. I. fig. 2.

S. 144. §. 115. Anm. 12. Ueber die Entwicklung der haarförmigen Spermatozoïden in den Trematoden vergleiche man Kölliker, Die Bildung der Saamenfäden in Bläschen, a. a. O. p. 44. fig. 31.

S. 153. §. 117. Anm. 8. Die birnförmigen Spermatozoïden des Strongylus auricularis, welche mit einem kurzen Stiele versehen sind, so wie die runden, zellenförmigen und gekernten Spermatozoïden der Ascaris acuminata sind von Reichert, in seinem Beitrage zur Entwicklungsgeschichte der Saamenkörperchen bei den Nematoden, sehr schön dargestellt worden. Derselbe Naturforscher hat zugleich nachgewiesen, dass durch endogene Zeugung diese Spermatozoïden, je vier innerhalb einer Zelle, ihre Entstehung finden. Vergl. Müller's Archiv. 1847. p. 88. Taf. 6.

S. 162. §. 121. Anm. 1. und 2. Quatrefages hat in seiner Monographie über Seeplanarien (in den Annal. d. sc. nat. Tom. 4. 1845. p. 146. Pl. 8. fig. 9—10.) ebenfalls verschiedener Hautorgane erwähnt, welche theils als Stacheln, theils als Nesselorgane in der Haut gewisser Dendrocoelen eingebettet liegen.

S. 164. §. 123. Anm. 1. Das im Nacken gelegene Doppelganglion, mit seinen ausstrahlenden Nervenstämmen ist von Quatrefages (a. a. O. p. 172. Pl. 4—6.) an verschiedenen Dendrocölen sehr deutlich nachgewiesen worden.

S. 164. §. 124. Anm. 2. Ueber die Augen der Seeplanarien vergleiche man ebenfalls Quatrefages a. a. O. p. 178. Pl. 3. Das von Oersted als ein Auge gedeutete Organ der *Monocelis* ist nach genaueren Untersuchungen von Frey und Leuckart (Beiträge a. a. O. p. 83. Taf. I. fig. 18.) für ein Gehörwerkzeug erkannt worden, indem sich der Glaskörper jenes sogenannten Auges als Otolith, und die beiden Linsen als zwei bogenförmige Fortsätze herausstellten, welche letztere henkelartig an den Otolithen befestigt sind. Beide Naturforscher (a. a. O. p. 82. Taf. I. fig. 17.) überzeugten sich ferner, dass auch *Convoluta paradoxa Oerst.* mit einer einzigen, in der Mittellinie des Nackens gelegenen Gehörkapsel ausgestattet ist, welche einen, von lilafarbiger Flüssigkeit umgebenen Otholiten enthält.

S. 170. §. 128. Anm. 4. Nach den sehr detaillirten Untersuchungen, welche Quatrefages (a. a. O. p. 163. Pl. 4—8.) an verschiedenen Seeplanarien angestellt hat, besitzen die weiblichen und männlichen Fortpflanzungsorgane dieser Dendrocoelen zwei besondere, am Bauche hintereinander gelegene Geschlechtsöffnungen, von welchen sich die hinterste als Vulva zu erkennen gibt. Diese führt in einen bald kürzeren bald längeren Blindschlauch (vagina oder bursa copulatrix), welcher seitlich von den beiden Eierleitern durchbohrt wird, während aus der vorderen männlichen Geschlechtsöffnung der Penis hervorgeschoben wird.

S. 172. §. 129. Anm. 1. Die von mir zuerst beobachteten merkwürdigen Bewegungen der Dotterzellen in den Eiern von Planaria hat Kölliker bei Planaria lactea bestätigen können. Vgl. Wiegmann's Archiv. 1846. Bd. I. p. 291. Taf. 10. Ob die selbstständigen Bewegungen, welche Quatrefages (a. a. O. p. 169. Pl. 7. fig. 6—9.) in den Eierleitern von Polycelis pallidus an grösseren runden Dottermassen beobachtet hat, in dieselbe Kategorie gehören, bleibt dahin gestellt, da dieser Naturforscher selbst vermuthet, es könnten diese beweglichen Dottermassen vielleicht die Embryone jener Planarie gewesen sein.

S. 185. §. 140. Anm. 2. Nachdem Kölliker (in den neuen schweizer. Denkschriften. Bd. 8. a. a. O. Taf. 2. fig. 31 a.) die Spermatozoïden von Megalotrocha alboflavicans jetzt abgebildet hat, erkenne ich in diesen Abbildungen keine Zitterorgane, so dass, wie ich früher vermuthete, eine Verwechslung dieser Organe mit Saamenkörpern hier wol nicht Statt gefunden haben kann.

S. 186. §. 142. und S. 188. §. 143. Nachdem Kölliker (in den Verhandlungen der schweizerischen naturforschenden Gesellschaft bei ihrer Versammlung zu Chur 1844. p. 89.) und Quatrefages (in den Annal. d. sc. nat. Tom. 6. 1846. p. 173.) ihre Untersuchungen über den inneren Bau der Nemertinen bekannt gemacht haben, habe ich mich bei meinem letzten Aufenthalte in Triest 1847 gleichfalls überzeugt, dass diese Würmer den Turbellarien beizuzählen sind, und den Namen ***Strudelwürmer*** mit Recht verdienen, da ihr Körper über und über mit einem ausgezeichneten Flimmerüberzug bedeckt ist.

S. 201. §. 151. Anm. 1. Frey und Leuckart (Beiträge a. a. O. p. 81.) haben die von mir als Gehörwerkzeuge gedeuteten Organe der ***Arenicola*** einer genauen Untersuchung unterworfen, und sich dadurch veranlasst gesehen, meiner Deutung beizustimmen.

S. 204. §. 154. Anm. 1. Nach Quatrefages (in den Annal. d. sc. nat. Tom. 6. 1846. p. 243. etc.) soll der durch die Axe der Nemertinen sich hinziehende Darmkanal, nebst Mundöffnung, eine von dem übrigen cavum abdominis abgesonderte und, durch eine sphinkterartige Mündung nach aussen geöffnete mittlere Leibeshöhle darstellen. Es ist dies gewiss eine unrichtige Auffassung der Organisation dieser Würmer, welche schon durch den Inhalt jener Höhle allein widerlegt wird.

S. 210. §. 156. Anm. 1. Ausser dem, in den Blutgefässen circulirenden Blute scheint auch die in der Leibeshöhle der Chaetopoden enthaltene Flüssigkeit bei dem Ernährungsprozesse eine wichtige Rolle zu spielen, da die Eier und Spermatozoïden, welche sich bei diesen Thieren oft in einem noch sehr unvollkommenen Zustande von den Ovarien und Hoden ablösen, sich aber innerhalb der Leibeshöhle, wahrscheinlich unter dem Einflusse jener Ernährungsflüssigkeit noch vollkommen ausbilden. Vgl. Quatrefages, Ueber das Blut der Anneliden, in den Annal. d. sc. nat. Tom. 5. 1846. p. 379. oder in Schleiden und Froriep's Notizen, Bd. I. p. 85.

S. 221. §. 162. Anm. 4. An ***Filograna implexa*** beobachtete Sars (Fauna littor. Norveg. p. 87. Taf. 10. fig. 18—19.) eine Vermehrung durch Quertheilung, indem sich vom Schwanzende dieser Serpula ein Junges ablöste. Auch bei einer mit Serpula verwandten ***Protula*** erkannte ich einen ganz ähnlichen Theilungsprozess. Nach Milne Edwards (in den Annal. d. sc. nat. Tom. 3. 1845. p. 180. Pl. 11.) gehen bei der mit Phyllodoce verwandten ***Myrianida fasciata***, an einem und demselben Individuum, sechs Junge aus eben so vielen hintereinander liegenden Theilungsstellen hervor. Nach Frey und Leuckart (Beiträge a. a. O. p. 94. Taf. II. fig. 1.) wachsen auch bei *Syllis prolifera* mehre Junge zugleich vom Schwanzende hintereinander hervor.

S. 223. §. 163. Anm. 1. Ueber die Spermatozoïden der Anneliden vergleiche man besonders noch Kölliker in den neuen schweizer. Denkschriften. Bd. VIII. a. a. O. p. 33.

S. 224. §. 165. Anm. 1. und 2. Ich habe mich jetzt an lebenden Individuen von *Tetrastemma* deutlich überzeugt, dass die Eier aus der Leibeshöhle durch viele seitliche Oeffnungen der Leibeswandung nach aussen hervortreten können. Gleichzeitig war ich auch im Stande, mich an den Nemertinen zu überzeugen, dass die Wandung des Darmkanals (der mittleren Leibeshöhle nach Quatrefages) nicht die Keimstätte der Geschlechtsorgane sind, wie Quatrefages behauptet, der zugleich den allerdings noch räthselhaften Rüssel der Nemertinen zu dem Darmkanal dieser Thiere stempeln will. Es tragen übrigens die sehr detaillirten Abbildungen, welche dieser Naturforscher (a. a. O.) von den Wandungen des Darmkanals der Nemertinen geliefert hat, auch durchaus nicht das Gepräge eines Eierstocks, da sie nicht die geringste Spur von Eierkeimen enthalten.

S. 226. §. 166. Anm. 1. Nach den genaueren Untersuchungen von Filippi (lettera sopra l'anatom. e lo sviluppo delle Clepsine, p. 16. Tav. I. fig. 5.), Grube (Untersuch. über die Entwickl. der Clepsinen, p. 6. Taf. III. fig. 3.), und Fr. Müller (in Müller's Archiv. 1846. p. 138. Taf. 8.) erscheinen die beiden Ovarien bei Clepsine und Nephelis als lange gewundene Stränge, welche von zwei muskulösen, mehr oder weniger langgestreckten Schläuchen umschlossen werden. Diese letzteren gehen nach oben unmittelbar in die Eierleiter über, nehmen die von den Ovarien sich lostrennenden Eier auf und schaffen sie durch peristaltische Bewegungen weiter.

S. 231. §. 168. Anm. 3. Nach Krohn's Beobachtung (s. Wiegmann's Archiv. 1845. Bd. I. p. 182.) sollen sich bei *Alciopa* sogar Eier und Spermatozoïden frei in der Leibeshöhle entwickeln, ohne dass es dazu besonderer Organe als Eierstöcke und Hoden bedürfe. Frey und Leuckart (Beiträge a. a. O. p. 88.) wollen dieselbe Erscheinung bei *Nereis*, *Syllis*, *Phyllodoce*, *Aonis*, *Ammotrypane*, *Ephesia*, *Hermella*, *Vermilia*, *Fabricia* und *Spirorbis* beobachtet haben, und erklären sogar das Vorkommen von Ovarien und Hodendrüsen in gewissen Anneliden (*Aphrodite*, *Arenicola*) für Ausnahmen.

S. 231. §. 168. Anm. 4. Der mehrmals angeführte Aufsatz von Koch und Kölliker über die Entwicklung der Ringelwürmer ist jetzt in dem achten Bande der neuen schweizer. Denkschriften erschienen.

S. 233. §. 169. Anm. 3. Auch das von Müller und Busch (in Müller's Archiv, 1846. p. 104. Taf. 5. fig. 3—5. und 1847. p. 187.

Taf. 8. fig. 1—3.) als *Mesotrocha sexoculata* beschriebene neue Thier ist wol nichts anderes, als eine junge Anneliden-Larve.

S. 238. §. 172. Anm. 4. Die oben angeführten, von Kölliker und Löwig über die Struktur des Mantels der Tunikaten angestellten Untersuchungen sind jetzt in den Annal. d. sc. nat. Tom. 5. 1846. p. 193. Pl. 5—7. vollständig bekannt gemacht worden. S. auch Froriep's neue Notizen, Bd. 40. p. 81.

S. 261. §. 187. Anm. 1. Deshayes hat die Existenz von den Sehwerkzeugen bei den *Pectineen* zurückgewiesen, wogegen Duvernoy die Randkörper am Mantel dieser Acephalen als Augen anerkennt (s. l'Institut. 1845. p. 52. und 88.). Es ist auffallend, dass Deshayes gerade die so vollkommen entwickelten Augen der Pectineen nicht als Sehorgan gelten lassen will, während derselbe mehr Ursache gehabt hätte, bei Phallusia, Arca, Ostrea und anderen Acephalen die Anwesenheit der Augen in Zweifel zu ziehen, denn nachdem ich bei meinem letzten Aufenthalte in Venedig und Triest an lebenden Individuen von Arca, Ostrea, Pinna und anderen Lamellibranchien, so wie von verschiedenen Ascidien die sorgfältigsten Untersuchungen angestellt hatte, war es mir trotz aller Mühe nicht möglich gewesen, die von Will (a. a. O.) mit so vieler Bestimmtheit gelieferte Darstellung der Sehwerkzeuge an den genannten Acephalen bestätigen zu können; in den meisten Fällen sind mir diese von Will als Augen beschriebenen Körper als blosse warzenförmige und verschieden gefärbte Auswüchse des Mantels erschienen, welchen durchaus die für ein Auge nothwendigen optischen Hülfswerkzeuge fehlten.

S. 269. §. 190. Anm. 4. Ueber die feinere Struktur der Leber bei den Lamellibranchien vergleiche man H. Meckel in Müller's Archiv, 1846. pag. 9. Taf. I. und Karsten in den Nov. Act. Nat. Cur. Tom. 21. pag. 302. Tab. 20.

S. 270. §. 191. Anm. 1. Ueber die Blutcirculation der Molluscen hat jetzt Milne Edwards eine ausführliche Arbeit bekannt gemacht, worin derselbe das zum Theil lacunale Blutcirculations-System der *Pinna* durch sorgfältige Injectionsversuche dargestellt hat. Vgl. die Annales d. sc. nat. Tom. 8. 1847. p. 77. Pl. 4.

S. 271. §. 192. Anm. 3. Auch nach Sars Beobachtung (Fauna littor. Norveg. p. 66.) geht die Blutcirculation bei *Salpa runcinata* ausserhalb der Aorta und Hohlvene in wandungslosen Bahnen vor sich.

S. 278. §. 194. Anm. 18. Diesen eigenthümlichen Kiemenapparat von Mytilus hat Sharpey (in der Cyclopaedia of anatomy. Vol. I. p. 621.) genauer beschrieben. Ich konnte im Herbst 1847 an lebenden Individuen von Mytilus, Arca und Pecten die Angaben Sharpey's vollkommen bestätigen, und hebe nur den folgenden merkwürdigen Umstand aus dem Verhalten dieses Kiemenapparates hervor. Die einzelnen bandförmigen Kiemenfäden der genannten Muschelthiere sind auf beiden Seiten mit mehren napfförmigen Wülsten besetzt, durch welche diese Fäden untereinander zusammenkleben und so eine Art Gitter darstellen. Werden diese gitterförmigen Kiemen stark gezerrt, so trennen sich zuletzt die zusammenklebenden Wülste der Kiemenfäden; anfangs weichen dieselben nur langsam von einander, indem je zwei Wülste durch einen, aus zarten Fäden zusammengesetzten und quer herüberlaufenden Strang zusammengehalten werden; bei stärkerer Zerrung reisst aber dieser Strang in seiner Mitte durch und nun stellen beide Hälften einen Büschel beweglicher Flimmercilien dar, welche aus der Grube der Wülste hervorragen (s. Sharpey a. a. O. fig. 305. E. a.). Welchen Zwecken dieser, bei dem Aneinanderkleben der Kiemenwülste gänzlich verborgene Flimmerapparat dienen soll, ist mir bis jetzt gänzlich ein Räthsel geblieben.

S. 281. §. 196. Anm. 1. Nach Deshayes besitzt *Teredo* am Vorderleibsende eine zwischen den Schalen verborgene Drüse, welche mit dem Munde dieses Bohrwurms in Verbindung stehen, und mittelst ihres Sekrets die Auflösung des Holzes während des Bohrens bewirken soll. Es verdient dieser Drüsen-Apparat, welcher auch bei anderen, in Kalkstein lebenden Bohrmuscheln vorkommen soll, noch einer näheren Untersuchung. Vgl. Comptes rendus. Tom. 22. p. 38. und 300. oder Froriep's neue Notizen. Bd. 37. p. 324. und Bd. 38. p. 103.

S. 285. §. 198. Anm. 2. Die Saamenmasse von Polyclinum, Botryllus, Didemnum, Diazona und Phallusia enthält cercarienförmige Spermatozoïden, die von Salpa hingegen haarförmige Spermatozoïden. Vgl. Kölliker in den neuen schweizer. Denkschriften. Bd. 8. a. a. O. p. 43. fig. 30. 49. 53—57.

S. 286. §. 199. Anm. 3. Nachdem Sars (a. a. O. p. 77.) die ein zeln lebenden Salpen für eine Ammengeneration erklärt hat, wären die aggregirten Salpen als die geschlechtlichen Generationen zu betrachten, obgleich bis jetzt weder Sars noch Krohn (s. Froriep's neue Notizen, Bd. 40. p. 151. oder Annal. d. sc. nat. Tom. 6. 1846. p. 110.) die Eierstöcke dieser Thiere nachweisen konnten; wenigstens schweigen beide Naturforscher über die, von andern Beobachtern erwähnten violett gefärbten Ovarien-Streifen der Salpen.

S. 290. §. 199. Anm. 14. Auch bei *Teredo navalis* traf ich die Brut im Inneren der Kiemen an.

S. 291. §. 200. Anm. 2. Ueber die Entwicklung der Ascidien findet man jetzt die oben angeführten Untersuchungen von Van Beneden in den Mémoires de l'Académie de Bruxelles etc. Tom. 20. 1847. Pl. 2—3., und von Kölliker in den Annales d. sc. nat. Tom. 5. 1846. p. 217. Pl. 7. niedergelegt.

S. 292. §. 200. Anm. 6. und 8. In der jüngsten Zeit ist der Generationswechsel bei den Salpen, wie er von Chamisso zuerst dargestellt wurde, durch Sars und Krohn (a. a. O.) vollkommen bestätigt worden. Es muss indessen auffallen, dass nach Krohn's Ansicht die Stelle, an welcher das einzige Ei der aggregirten Salpen hervorsprosst, ein Ovarium sein soll, während die ganze Entwicklung einer solchen vereinzelten Salpe mehr für eine innere Sprossenbildung spricht.

S. 294. §. 200. Anm. 11. Durch Lowén erfahren wir, dass die Jungen der Lamellibranchiaten *Modiola* und *Kellia* nach einem ganz anderen Typus gestaltet sind, indem zwischen ihren beiden, nur wenig klaffenden Schalen zwei nach aussen umgebogene und mit lebhaft schwingenden Flimmercilien besetzte Lappen (als Mantel?) hervorragen, mit deren Hülfe diese Thierchen umherschwimmen (vgl. Archiv skandinavischer Beiträge zur Naturgeschichte, Th. I. p. 155. Taf. I. fig. 9—11.). Bei *Teredo navalis* beobachtete ich ebenfalls eine frei umherschwimmende Brut, welche ein, aus der Schalenspalte hervorgeschobenes und starkflimmerndes fussartiges Organ als Schwimmwerkzeug benutzte.

S. 294. §. 200. Anm. 13. Die Brut von *Kellia* trägt nach Lowén's Beobachtung (a. a. O.) ebenfalls einen Byssus-Faden am Fusse.

S. 309. §. 208. Anm. 5. Ueber das Nervensystem der *Pteropoden* vergleiche man noch Souleyet in den Comptes rendus. Tom. 17. nr. 14. oder in Froriep's neuen Notizen. Bd. 28. p. 84.

S. 320. §. 213. Anm. 5. Eine sehr ausführliche Darstellung der Mundtheile und Reibzunge von Patella, Buccinum, Doris, Halyotis, Paludina und Limax haben wir jüngst durch Lebert erhalten. Vgl. Müller's Archiv. 1846. p. 435. Taf. 12—14.

S. 321. §. 214. Anm. 1. Darmflimmerung beobachteten Krohn (a. a. O. p. 8.) und Wilms (Observationes de Sagitta. Dissertat. Berol. 1846. p. 12.) auch bei *Sagitta*.

S. 327. §. 216. Anm. 1. und S. 331. §. 218. Anm. 5. In der bereits angeführten Arbeit über die Blutcirculation der Mollusken hat Milne Edwards von *Patella*, *Haliotis*, *Helix*, *Aplysia*, *Thetis* und *Triton* ausführlich nachgewiesen, dass auch die Cephalophoren ein unvollständig geschlossenes Blutgefässsystem besitzen, und dass sich hier die Aorta in einen geräumigen lacunalen Sinus ergiesst, der das Gehirn, die Speicheldrüsen, den Schlund und dessen Muskeln, so wie die zurückgezogene Zunge enthält, und mithin einen Theil der Leibeshöhle ausmacht. Vergl. die Annal. d. sc. nat. Tom. 8. 1847. p. 37. Pl. 1—3. oder Schleiden und Froriep's Notizen. Bd. V. p. 1. fig. 1—4.

S. 327. §. 217. Anm. 1. Wilms (a. a. O. p. 11.) konnte in *Sagitta* ebenfalls kein Herz unterscheiden.

S. 329. §. 218. Anm. 1. Trotz des Mangels eines Herzens und

eines Blutgefässsystems konnte Wilms (a. a. O. p. 12.) in der Leibeshöhle der *Sagitta* eine regelmässige Blutströmung beobachten, welche wahrscheinlich von Flimmerorganen unterhalten wurde.

S. 343. §. 224. Anm. 6. In jüngster Zeit ist dieser Drüsenkanal der Land-Gasteropoden von Leidig für den Sitz des Geruchsinnes erklärt worden. Vgl. Schleiden und Froriep's Notizen. Bd. 4. p. 24. oder the Annals of nat. hist. Vol. 20. p. 210.

S. 346. §. 226. Anm. 1. Ueber die Geschlechtsorgane von *Sagitta* vergl. man auch die Untersuchungen von Wilms (a. a. O. p. 12.).

S. 348. §. 227. Anm. 3. Nach Kölliker's Darstellung (Rhodope, nuovo genere die Gasteropodi, in dem Giornale dell' Istituto Lombardo di scienze etc. Tom. 16. Milano. 1847. fig. 2.) sind an der gemeinschaftlichen traubigen Geschlechtsdrüse von *Rhodope* die Eierstocks- und Hodenschläuche als obere und untere Drüsenfollikel von einander geschieden.

S. 350. §. 227. Anm. 3. Nach der Angabe von Leuckart (zur Morphologie und Anatomie der Geschlechtsorgane. 1847. p. 128.) soll für die Zwitterdrüse der Gasteropoden ein gemeinschaftlicher Ausführungsgang vorhanden sein, wobei die Eier der Eierstocksfollikel nach innen die Wandungen der Hodenfollikel durchbohren und dadurch in den gemeinschaftlichen Ausführungsgang gelangen.

S. 359. §. 229. Anm. 2. Die ausführliche Darstellung der Entwicklungsgeschichte von Actaeon viridis hat Vogt später in den Annal. d. sc. nat. Tom. 6. 1846. pag. 5. Pl. 1—4. gegeben. Vergl. auch Schleiden und Froriep's Notizen. Bd. II. p. 177. fig. 1—12.

S. 360. §. 229. Anm. 4. Lowén erkannte auch an den Heterobranchien *Elysia*, *Bulla*, *Bullaea*, so wie an den Pectinibranchien *Lacuna*, *Cerithium*, *Eulima* ganz ähnlich geformte. mittelst zweier Segellappen umherschwimmende Junge. Vgl. Archiv. skandinav. Beiträge a. a. O. Th. I. 1845. p. 154. Taf. 1. fig. 1—8.

S. 376. §. 239. Anm. 1. Die primitive Zusammensetzung der Ganglien erscheint bei den Cephalopoden nach den Untersuchungen von Lebert und Robin (in Müller's Archiv. 1846. p. 128.) sehr merkwürdig, indem sich hier ausserordentlich grosse Ganglienkugeln vorfinden, welche bis auf 0,1 Mm. Durchmesser besitzen und mehre Kerne zugleich einschliessen.

S. 394. §. 251. Anm. 1. und S. 396. §. 252. Anm. 11. Milne Edwards hat auch das, durch weite Sinus unterbrochene Blutgefässsystem der Loliginen beschrieben (in den Annal. d. sc. nat. Tom. 8. p. 53.), aber auch hierbei das Wassergefässsystem unerwähnt gelassen. Da in neuerer Zeit der Umstand immer häufiger zur Sprache gebracht wird, dass bei verschiedenen wirbellosen Thieren das Blutgefässsystem an gewissen Stellen des Körpers nach aussen geöffnet sei und auf diese Weise Wasser von aussen her in sich aufnehmen könne, so ist es gegenwärtig eine wichtige Aufgabe, zu untersuchen, in welcher direkten oder indirekten Verbindung das Wassergefässsystem, welches bei den Molluscen, Würmern und Zoophyten so allgemein verbreitet vorkommt, mit dem Blutcirculationssysteme dieser Thiere stehen. Vielleicht entspricht das Wassergefässsystem, wenn es wirklich mit dem Blutgefässsysteme zusammenmünden sollte, einem Lymphsysteme, wiewol es etwas Widerstrebendes hat, dass ein System von Kanälen, welche einen Theil von Ernährungsflüssigkeiten bei sich führen, nach aussen hin geöffnet sein soll.

S. 395. §. 252. Anm. 7. In diesem Venensysteme erkannten Lebert und Robin (s. Müller's Archiv. 1846. p. 130.) bei Sepia officinalis eine Klappe, welche den Rückfluss des Blutes nach dem Kopfe hindert.

S. 410. §. 259. Anm. 4. Dass die Spermatophoren von den männlichen Cephalopoden nicht weiter als bis in die Mantelhöhle ihrer Weibchen geschafft werden, geht aus den Beobachtungen von Lebert und Robin hervor (a. a. O. p. 135. oder in den Annal. d. sc. nat. Tom. 4. 1845. p. 95. Pl. 9. fig. 5—6.), welche bei einem weiblichen Loligo einen Haufen Spermatophoren in der Nähe des Eierleiters, an der inneren Fläche der Mantelhöhle fest kleben sahen.

S. 420. §. 264. Anm. 1. Mikroskopische Untersuchungen über die Struktur des Hautskelets der *Decapoden* sind kürzlich von Lavalle bekannt gemacht worden. Vgl. die Annal. d. sc. nat. Tom. 7. 1847. pag. 352. oder in Schleiden und Froriep's Notizen. Bd. 4. pag. 441.

S. 435. §. 272. Anm. 20. Das Bauchmark von *Caprella* stimmt nach Frey und Leuckart's Untersuchungen (Beiträge a. a. O. p. 102.) mit dem von Cyamus ziemlich überein.

S. 443. §. 276. Anm. 5. Frey und Leuckart (Beiträge a. a. O. p. 114. Taf. II. Fig. 18.) haben die von ersterem als Gehörwerkzeug gedeuteten Organe in den Schwanzklappen von *Mysis* genauer beschrieben. Abgesehen von den beiden, gegen alle Analogie mit steifen Borsten besetzten Otolithen bleibt dem Zweifel über die richtige Deutung jener Organe immer noch ein Spielraum geöffnet, da auch diesmal beide Naturforscher keinen, zu diesen sogenannten Gehörkapseln der Mysis herantretenden Sinnesnerven wahrnehmen konnten.

S. 455. §. 280. Anm. 7. Bei den Caprellen beobachteten Frey und Leuckart (Beiträge a. a. O. p. 104.) wie bei Cyamus zwei einfache Leberschläuche.

S. 463. §. 284. Anm. 2. Die wandungslose Blutströmung in den Caprellen, welche schon von Wiegmann (s. dessen Archiv 1839. Bd. I. pag. 111.) beobachtet worden war, wurde von Frey und Leuckart (a. a. O. p. 104. Taf. II. Fig. 19—20.) bestätigt und ähnlich wie bei den Amphipoden gesehen.

S. 483. §. 290. Anm. 4. Bei den Siphonostomen enthalten die Hoden ebenfalls zellenförmige Spermatozoïden. Vgl. Frey und Leuckart, Beiträge a. a. O. p. 135. Taf. II. Fig. 21. von Caligus.

S. 504. §. 294. Anm. 6. Die Abhandlung Rathke's über die Entwickelung der Wasserassel befindet sich auch in den Annal. d. sc. nat. Tom. II. 1834. p. 139. Pl. 11.

S. 517. §. 301. Anm. 9. Zu Newport's Abhandlung vergleiche man die Abbildung Fig. 37. in Froriep's neuen Notizen Bd. 39. pag. 81.

S. 530. §. 309. Anm. 1. Van Beneden hat in den Extremitäten der ***Pycnogoniden*** eine regelmässige Blutströmung wahrgenommen, welche Bewegung durch contraktile, an der Basis der Beine angebrachte Membranen unterhalten werden soll. Vergl. l'Institut. nr. 627. oder Froriep's neue Notizen Bd. 37. p. 72.

S. 531. §. 310. Anm. 3. Zu Newport's Abhandlung vergleiche man auch die Abbildungen Fig. 38—40. in Froriep's neuen Notizen Bd. 39. p. 81.

S. 543. §. 316. Anm. 3. Dieser, neben dem Keimbläschen in den unentwickelten Eiern verschiedener Spinnen enthaltene Kern ist auch von Wittich beobachtet worden. S. dessen Dissertatio, Observationes quaedam de Aranearum ex ovo evolutione. Halis 1845. Fig. I. A.

S. 552. §. 320. Anm. 1. Zur Entwickelungsgeschichte der Araneen hat auch Wittich (a. a. O.) Beiträge geliefert.

S. 552. §. 320. Anm. 2. Eine sehr genaue Darstellung des Nervensystems von ***Sarcophaga haemorrhoidalis*** hat Léon Dufour geliefert. Vgl. die Mémoires présentés par divers savants à l'Académie des sciences de l'Institut de France. Tom. IX. 1846. pag. 562. Pl. 1. fig. 16.

S. 553. §. 320. Anm. 5. Ueber das Nervensystem der Larve und Puppe von Sarcophaga vergleiche man Léon Dufour a. a. O. Pl. 1. fig. 12—15.

S. 581. §. 334. Anm. 1. Neuerdings sind von Erichson die Antennen der Insekten abermals für Geruchsorgane angesprochen worden, indem die vielen kleinen Gruben, welche sich an diesen Fühlern vorfinden, nach innen durch dünne, gegen Geruchseindrücke empfindliche Membranen abgeschlossen sein sollen. Vgl. die von Erichson 1847 ausgegebene Gelegenheitsschrift, de fabrica et usu antennarum in insectis.

S. 602. §. 338. Anm. 35. Die Metamorphose des Verdauungskanals von ***Sarcophaga haemorrhoidalis*** hat ebenfalls Léon Dufour (in den Mémoires etc. Tom. IX. p. 580. Pl. 3.) ausführlich dargestellt.

S. 607. §. 340. Anm. 1. Léon Dufour bringt seine irrige Ansicht über das Rückengefäss und die Blutcirculation der Insekten in.

den Mémoires a. a. O. Tom. IX. pag. 595. und 601. noch einmal zur Sprache.

S. 621. §. 344. Anm. 8. Bei der Verpuppung der Syrphiden und Musciden gehen die hinteren Athemöffnungen ein, während die beiden vorderen Stigmata allein thätig bleiben und bei den Syrphiden häufig als zwei kurze Röhren vom Nacken in die Höhe ragen.

S. 625. §. 345. Anm. 6. Ueber das Tracheensystem der Larve und Puppe von Sarcophaga haemorrhoidalis vergleiche man Léon Dufour in den Mémoires a. a. O. p. 572. Pl. 2.

Druck von A. W. Hayn in Berlin.

Druckfehler.

S. 27	Zeile 1	von unten	statt	„nicht vollständig“ lies nicht immer vollständig.
S. 37	- 11	- -	-	„Veritellum“ lies Veretillum.
S. 49	- 24	- oben	-	„aufgerichteten“ lies aufgereihten.
S. 76	- 16	- unten	-	„Echinoïden“ lies Echiniden.
S. 83	- 2	- oben	-	„Echinoïden“ lies Echinoïdeen.
S. 113	- 13	- unten	-	„Nov. Acad.“ lies Nov. Act. Acad.
S. 120	- 18	- -	-	„hatten“ lies halten.
S. 126	- 21	- oben	-	„Nervensystem beschrieben“ lies Nervensystem des Strongylus Gigas beschrieben.
S. 128	- 16	- unten	-	„Cestoden, noch“ lies Cestoden überhaupt, noch.
S. 243	- 2	- -	-	„Capenter“ lies Carpenter.
S. 244	- 3	- -	-	„Lutaria“ lies Lutraria.
S. 260	- 4	- oben	-	„Die Sinnesorgane“ lies Diese Sinnesorgane.
S. 282	- 21	- -	-	„besimmten“ lies bestimmten.
S. 354	- 8	- unten	-	„Bei Lymnaeus, Planorbis, Physa“ lies Bei Planorbis, Physa.
S. 368	- 23	- oben	-	„Insertionszellen“ lies Insertionsstellen.
S. 382	- 15	- unten	-	„mit ihren bei Octopus“ lies mit ihren Oeffnungen bei Octopus.
S. 451	- 11	- oben	-	„Dieselbe wird“ lies Dasselbe wird.
S. 499	- 8	- -	-	„welchen sie vielleicht“ lies welchen sich vielleicht.
S. 506	- 6	- -	-	„haben alle vier“ lies haben stets vier.
S. 593	- 22	- -	-	„Proventiculus“ lies Proventriculus.

FSC
www.fsc.org
MIX
Papier | Fördert gute Waldnutzung
FSC® C083411

Kolibri 360 GmbH
Ferdinand-Jühlke-Straße 7
99095 Erfurt, Deutschland
produktsicherheit@kolibri360.de